Unreal Engine 5 完全自学教程

崔润（同步 Sch） 编著

人民邮电出版社
北京

图书在版编目（CIP）数据

Unreal Engine 5完全自学教程 / 崔润编著. -- 北京 : 人民邮电出版社, 2023.8
ISBN 978-7-115-61301-1

Ⅰ. ①U… Ⅱ. ①崔… Ⅲ. ①虚拟现实－程序设计－教材 Ⅳ. ①TP391.98

中国国家版本馆CIP数据核字(2023)第116502号

内 容 提 要

本书系统讲解了 Unreal Engine 5 的功能，并结合案例讲解实际应用的方法与技巧。

全书共 15 章，从 Unreal Engine 5 编辑器的应用领域和快速有效的学习方法讲起，通过打造游戏世界的内容初步介绍了 Unreal Engine 5 的蓝图用法和常用功能，然后逐步讲解了蓝图可视化脚本系统、计算逻辑、常用组件、添加物理碰撞、可移动角色、场景物体蓝图、控件蓝图与 UI 动画、粒子特效、游戏数据与细节处理、通信交流功能、AI 功能、2D 绘制与动画等内容，并在最后一章通过制作第三人称角色扮演游戏串联巩固前面所讲的知识，既能加深读者对单一功能的印象，也能提高实际应用的能力。全流程的讲解方式可以让读者在全面掌握编辑器操作的同时了解实际制作的思维逻辑。书中的案例能让读者理解所讲的知识点，深入理解功能的原理，以及这些功能可以制作的内容和效果。本书力求让读者掌握拼接蓝图、添加模型、修改材质等技能，并举一反三，探索出远超书中所讲解的技巧与实现方法。

本书适合游戏设计师、游戏开发者阅读，也适合作为院校游戏类专业和培训机构相关课程的教材。

◆ 编　　著　崔润（同步 Sch）
责任编辑　杨　璐
责任印制　马振武

◆ 人民邮电出版社出版发行　　北京市丰台区成寿寺路 11 号
邮编　100164　　电子邮件　315@ptpress.com.cn
网址　https://www.ptpress.com.cn
涿州市般润文化传播有限公司印刷

◆ 开本：787×1092　1/16
印张：25.75　　　2023 年 8 月第 1 版
字数：964 千字　　　2024 年 8 月河北第 10 次印刷

定价：169.00 元

读者服务热线：(010)81055410　印装质量热线：(010)81055316
反盗版热线：(010)81055315
广告经营许可证：京东市监广登字 20170147 号

前言

在快速发展的信息时代，Unreal Engine已经不单单是一款为制作游戏而生的软件了。随着Lumen和Nanite的问世，加上继承了Unreal Engine 4的强大功能，Unreal Engine 5已经可以为影视、建筑和汽车等多种行业提供服务，可视化编程（蓝图）更是大大降低了学习Unreal Engine 5的成本，让读者能够更轻松地学习。

同时，蓝图的面向对象编程思想，以及与C++函数命名大同小异的蓝图与函数命名，更是为使用C++编写蓝图或函数代码奠定了基础（UEC++），也为后续深入研究Unreal Engine 5铺下了基石。

无论是学生，还是相关领域的从业者，现在学习Unreal Engine 5都是非常恰当的选择。在Unreal Engine 5中不仅能编写程序，还可以使用强大的Niagara粒子特效、材质等多个模块，你总能找到适合自己的模块并学习下去。

无论是通过本书初步学习Unreal Engine 5，还是今后深入钻研，你都需要拥有一颗保持好奇的心、敢于探索的精神、举一反三的意识。具备了这3点，才可以在今后轻松解决学习中的困难，一步步走向知识的殿堂。

内容特点

1.文字+配图的讲解形式可以让读者清晰地知道自己应该做哪一步，不会遗漏步骤，进行的操作也不会与书中的内容产生偏差，能更好地实现效果。

2.每章都包含基础功能讲解和案例制作，在学习基础功能后通过案例制作加深印象，学会活用功能，以制作出更精美的案例。

3.以软件操作和蓝图讲解为主要内容，不断加深读者的记忆，让读者可以更熟练地操作Unreal Engine 5，大大提高开发速度。

4.以章、节为结构，系统地将每章需要学习的内容一一罗列出来并讲解，不会混淆同一类型的内容，并且可以加快读者的学习速度。

5.书中的提示和疑难问答模块可以在一定程度上解决读者在使用Unreal Engine 5时遇到的难题，帮助读者更好地掌握高效率使用软件的技巧。

内容安排

第1章：讲解Unreal Engine 5的基础知识，学习如何在官网中下载并安装Unreal Engine 5，了解如何导入资源。

第2章：了解Unreal Engine 5的基本操作，包括改变操作视角、放置资产及快捷操作等，学会搭建场景关卡和建筑关卡。

第3章：介绍可视化编程的入门知识，使用Unreal Engine 5的蓝图功能写入简单的逻辑，让游戏变得更完善。

第4章：介绍一些常用的数学节点，在蓝图中可以进行数学运算，实现加减血量、计算位置等功能。

第5章：介绍Unreal Engine 5的组件，讲解如何制作组件并附加到Actor上，并将其单独写入蓝图。

第6章：添加物理碰撞效果，让模型可以与世界产生物理反应，同时与蓝图进行链接，实现更复杂的交互效果。

第7章：制作可移动的角色，涉及的内容包括按键输入、角色动画，以及角色蓝图中封装好的函数的调用等。

第8章：制作开关门、电梯运行等关卡交互功能，并且使它们可以与角色产生交互。

第9章：介绍Unreal Engine 5中有关于UI（用户界面）的知识，包括UI动画、UI交互、主菜单及暂停界面。

第10章：介绍Niagara粒子特效的基本操作，制作特效并将其应用在关卡中。

第11章：讲解Unreal Engine 5中数据处理方面的内容，还包含关于震动、破碎、动画通知等方面的内容。

第12章：讲解Unreal Engine 5中蓝图之间的通信交流功能，包括在不同蓝图之间传递数据，以及继承、接口等内容。

第13章：使用行为树功能制作可以与角色交互的AI，其能主动攻击角色，同时可以随机移动。

第14章：讲解Unreal Engine 5中的2D游戏功能，制作简单的2D角色和移动动画。

第15章：根据前14章所讲的知识，制作一个第三人称RPG（角色扮演游戏）的Demo（样本、原型）。

资源与支持

本书由数艺设出品,“数艺设”社区平台（www.shuyishe.com）为您提供后续服务。

配套资源

素材文件：模型、材质、图片素材

实例文件：视频源文件

效果文件：视频最终效果文件

教学视频：所有案例的具体操作过程

资源获取请扫码

（提示：微信扫描二维码关注公众号后，输入本书51页左下角的5位数字，获得资源获取帮助。）

“数艺设”社区平台，为艺术设计从业者提供专业的教育产品。

与我们联系

我们的联系邮箱是 szys@ptpress.com.cn。如果您对本书有任何疑问或建议，请您发邮件给我们，并请在邮件标题中注明本书书名及ISBN(国际标准书号)，以便我们更高效地做出反馈。

如果您有兴趣出版图书、录制教学课程，或者参与技术审校等工作，可以发邮件给我们。如果学校、培训机构或企业想批量购买本书或“数艺设”出版的其他图书，也可以发邮件联系我们。

如果您在网上发现针对“数艺设”出品图书的各种形式的盗版行为，包括对图书全部或部分内容的非授权传播，请您将怀疑有侵权行为的链接通过邮件发给我们。您的这一举动是对作者权益的保护，也是我们持续为您提供有价值的内容的动力之源。

关于“数艺设”

人民邮电出版社有限公司旗下品牌“数艺设”，专注于专业艺术设计类图书出版，为艺术设计从业者提供专业的图书、视频电子书、课程等教育产品。出版领域涉及平面、三维、影视、摄影与后期等数字艺术门类，字体设计、品牌设计、色彩设计等设计理论与应用门类,UI设计、电商设计、新媒体设计、游戏设计、交互设计、原型设计等互联网设计门类，环艺设计手绘、插画设计手绘、工业设计手绘等设计手绘门类。更多服务请访问“数艺设”社区平台www.shuyishe.com。我们将提供及时、准确、专业的学习服务。

目录

第11章 游戏数据与细节处理

第12章 通信交流功能

第13章 实现简单的AI功能

第 1 章 打开新世界的大门

■ 学习目的

Unreal Engine 5 为用户提供了一个强大的框架，许多领域的产品制作都能借助 Unreal Engine 5 实现。本章讲解 Unreal Engine 5 的应用领域，并演示如何使用 Unreal Engine 5 创建项目、导入资源与修改首选项设置。

■ 主要内容

- Unreal Engine 5 的应用领域
- 如何快速、有效地学习 Unreal Engine 5
- Unreal Engine 5 的专业术语
- 新建项目与导入资源
- Unreal Engine 5 首选项设置

1.1 Unreal Engine 5的应用领域

Unreal Engine 5是强大的多功能开发工具，不仅适用于游戏行业，还适用于生活中的诸多领域，如影视、建筑、直播和家装等。同时，Unreal Engine 5不仅支持PC平台游戏的开发，还支持iOS和安卓平台游戏的开发、VR和AR内容开发、HTML5和Linux游戏的开发等。

1.1.1 游戏领域

Unreal Engine 5具备开发及发行跨平台游戏与固定场地的娱乐设施所需的一切工具和功能，且所有工具和功能都能够直接使用。它不仅具有免费的源代码访问权限，还有强大的C++API和蓝图可视化脚本，能让开发者以多种方式制作出差异化的作品。

初代的Unreal Engine是由渲染、碰撞检测、图形、AI、网络和文件系统等功能集成的一个完整的引擎，人们使用这款引擎开发出了《魔域幻境》和《虚幻竞技场》等游戏。目前最新的引擎版本是Unreal Engine 5，使用Unreal Engine开发的游戏数不胜数，如《堡垒之夜》《无主之地》等。

Unreal Engine 5制作游戏的功能非常完善，它提供了特效、材质、UI和可视化蓝图等多种不同功能，因为蓝图是一种入门门槛较低的可视化编程方式，所以越来越多的人选择使用Unreal Engine 5开发游戏，效果如图1-1所示。

图1-1

1.1.2 影视领域

从高品质的视觉预览、虚拟制片到可以大大节省制片时间的摄像机内VFX和最终像素渲染，Unreal Engine 5正在揭开影视领域的全新篇章。无论是制作分集动画、真人动作大片，还是短视频，其实时工作流程都有大幅革新，让影视从业者对创意的实现能力达到全新水平。

Unreal Engine 5强大的渲染功能和内置的定序器功能可以让用户轻而易举地输出虚拟短片、制作虚拟视频，或者制作游戏中的过场动画，效果如图1-2所示。

图1-2

1.1.3 建筑领域

使用Unreal Engine 5可以轻松修改DCC、CAD和BIM格式的文件，大幅减少建模的时间。Unreal Engine 5的光线实时追踪和后期处理等功能可以用于修改建筑外观，且它支持多平台部署和蓝图可视化修改，效果如图1-3所示。

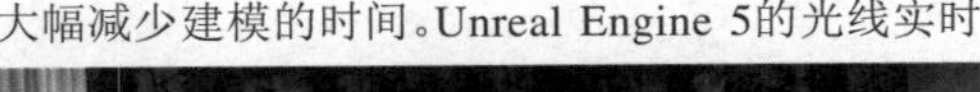

Unreal Engine 5为用户提供了两种强大的新功能，即Nanite系统与Lumen系统。Nanite系统支持用户将由数以亿计的三角面组成的模型加载到关卡中，大幅度减少了模型的面数限制，可以使关卡拥有更丰富的模型细节。Lumen系统为引擎提供了持续的动态光源参与场景，并且增加了可以和程序交互的新功能。Nanite系统与Lumen系统也可以运用在游戏领域中，它们的使用场景不局限于建筑领域。

图1-3

1.2 如何快速、有效地学习Unreal Engine 5

学习Unreal Engine 5前需要先了解相关的学习方法，以及经常使用的专业术语，这样可以降低学习难度，有助于读者快速学会制作游戏。

1.2.1 Unreal Engine 5的学习方法

学习Unreal Engine 5首先需要一台可以流畅运行的计算机，接着需要读者具有发散性思维与刻苦精神，还需要读者跟随案例练习时不放弃、思进取。做到以上几点后，读者最终可以达到一个较为理想的高度，如图1-4所示。

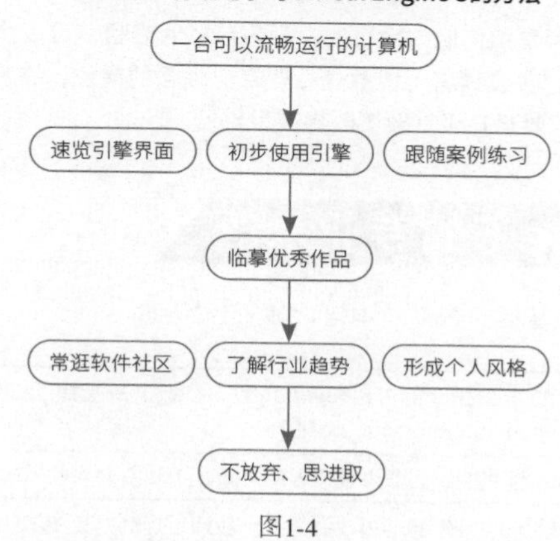

图1-4

• 选购一台合适的计算机：由于Unreal Engine 5带来的画质提升比较明显，且其对计算机性能的要求较高，需要有一台可以流畅运行Unreal Engine 5的计算机才可以开始学习。它对计算机的配置要求如表1-1所示。

表1-1

硬件	配置
操作系统	必须是Windows 7（64位）或Windows 10（64位），推荐Windows 10（64位）
处理器	64位的Intel或AMD处理器，主频至少2.8GHz，推荐Intel i9 10900k及以上
内存	至少8GB内存，推荐32GB或更高的内存
显卡	NVIDIA Geforce GTX 1080及以上，推荐NVIDIA Quadro RTX 2080及以上
磁盘空间	至少30GB或更大的磁盘空间，安装软件和制作项目时需要更多的可用空间，推荐至少预留10GB
显示器分辨率	1920px×1080px显示器，16位颜色和512MB或更大的专用VRAM，条件允许时可使用两个显示器
Internet	必须联网才能完成下载

• 选择学习方向：Unreal Engine 5是一款功能复杂的引擎，想要学好Unreal Engine 5，应该先决定想要学习的方向，再选择想重点学习的内容，如图1-5所示。本书虽然以制作游戏为主，但是使用的功能与其他领域大同小异，读者也可以选择钻研材质、Niagara粒子特效等内容。

图1-5

• 独自思考寻求多个解决方案：不要一直跟随教程中的操作对引擎进行学习，即使要达到相同的目的，也有数种解决方案，如果一味地跟随教程，放弃拓展与思考，会导致学习进度缓慢。

• 不要生搬硬套：虽然本书会告诉读者某个功能的用法与相关参数的含义，还会在案例中给出相应的参数设置，但是这些参数的值只针对这个案例，换成其他案例，哪怕是使用同样的功能，参数设置也会不一样，如图1-6所示。

图1-6

• 查看他人制作的项目：看看其他工程师是如何制作项目的，学习前辈的经验，可以快速提升自己的能力。

• 坚持不懈地学习：经过对本书的学习，各位读者可以胜任一些专业性强的岗位，在想好专攻的方向后，就要朝着这个方向不断努力，就像RPG（角色扮演游戏）一样，要想升级就要不断地获取经验。

1.2.2 Unreal Engine 5的专业术语

在学习Unreal Engine 5之前，需要先掌握一些专业术语，如表1-2所示。

表1-2

Actor	所有可以被放到关卡的对象都是Actor，Actor一般支持三维变换（平移、旋转、缩放），可以在蓝图或C++中控制Actor对象的生成与销毁
AI（人工智能）	AI是一种由程序控制而非人类输入的对象，游戏中的人物一般都有AI逻辑
Controller（控制器）	控制器分为玩家控制器与AI控制器，一般通过控制场景中的Pawn及Pawn的派生类，对玩家或AI进行特定操作，Controller与Pawn的关系类似于棋手与棋子的关系
Animation（动画）	动画可以指在定序器中播放的动画，也可以指骨架网格体在建模软件中生成的骨骼动画
Animation Sequence（动画序列）	动画序列常指在建模软件中用骨架网格体创建的三维动画，如人物步行、跑步等三维动画
Asset（资产）	资产是可以导入Unreal Engine 5"内容浏览器"面板的资源，包括动画序列、纹理、音效、静态或骨架网格体等
Blueprint（蓝图）	蓝图是一种功能完善的游戏脚本，用户可以使用蓝图快速编写脚本并让引擎按照期望的方式执行编写的脚本。本书除部分内容提及C++外，基本会通过讲解蓝图来让读者入门Unreal Engine 5
Character（角色）	角色是Pawn的派生类，因为继承了Pawn，所以它可以受到控制器的控制。Unreal Engine 5中有丰富的人形角色控制函数，包括跳跃、蹲下、游泳、飞行和完善的运动组件
Class（类）	类在Unreal Engine 5中常用于定义某种对象，类中含有其对应的类属性，因为类具有继承性，所以用户能够轻松地完成没有类时无法完成的动作。 可以在编辑代码时使用原生C++定义类
Blueprint Class（蓝图类）	蓝图类是一种存在于"内容浏览器"面板中的资产，一般统称蓝图类为蓝图，蓝图类继承自C++里的父类
Collision（碰撞）	碰撞是物理引擎防止对象重叠的一种手段，通过代码防止两个物体因为碰撞而穿插到一起，给用户一种物体为实心物体的错觉。Unreal Engine 5中的碰撞功能十分完善
Component（组件）	组件可以添加到Actor上，无法独立存在。将组件添加到Actor上，Actor可以轻松访问组件上的功能
GameMode（游戏模式）	游戏模式是当前游戏的规则，如玩家如何加入或退出游戏、是否可以暂停游戏、获胜条件等。游戏模式在多人联网的状态下只存在于服务器上，玩家需要用GameState获得游戏状态
GameState（游戏状态）	游戏状态中保存着每一个玩家在游戏中复制给每一个客户端的信息，表示每一个玩家的联网状态，如游戏分数、比赛是否开始等。游戏模式在多人联网的状态下应当为游戏状态实时更新数据
Level（关卡）	关卡是可以承载部分资产、Actor和几何体的游戏区域，基本上玩家可以看到的东西都在关卡里

（续表）

Material（材质）	材质是应用于网格体、对网格体的视觉效果产生影响的资产，可以将其理解为一个涂在某个网格体上的涂层，为网格体带来丰富的颜色。Unreal Engine 5有一套完整的材质编辑器，可以用来调整材质的纹理、颜色和凹凸等效果
Pawn	Pawn是Actor的派生类，可以通过控制器对Pawn进行控制，使Pawn执行操作
PlayerState（玩家状态）	玩家状态是一个玩家或AI在游戏中存储的信息，如玩家在游戏里的分数和血量等
World（世界）	世界是一个容器，包含了游戏中的所有关卡，在世界中可以处理关卡流送和动态创建Actor

1.3 Unreal Engine 5的安装与资源的添加

安装Unreal Engine 5前需要下载Epic Games，以获得最新版本的游戏引擎。Epic Games会在有新版本引擎时告知用户可以选择升级，确保引擎一直是最新版本。

重点

1.3.1 引擎下载与安装

Unreal Engine 5是可以免费使用的引擎，在官网中能够直接下载。

1.安装Epic Games

通过在浏览器中搜索Unreal Engine 5找到Unreal Engine 5的官网，单击页面右上角的“下载”按钮，如图1-7所示，开始下载Unreal Engine 5。

图1-7

跳转到下一个页面后选择一个合适的许可类型，建议初学者以创作者的身份获得许可，单击“选择”按钮，如图1-8所示。

这时会要求使用Epic账号进行登录，没有Epic账号的读者需要注册一个账号，建议通过邮箱进行注册。登录后会自动开始下载Epic Games安装包。下载完成后单击“安装”按钮 安装(I) 便可成功安装Epic Games，如图1-9所示。

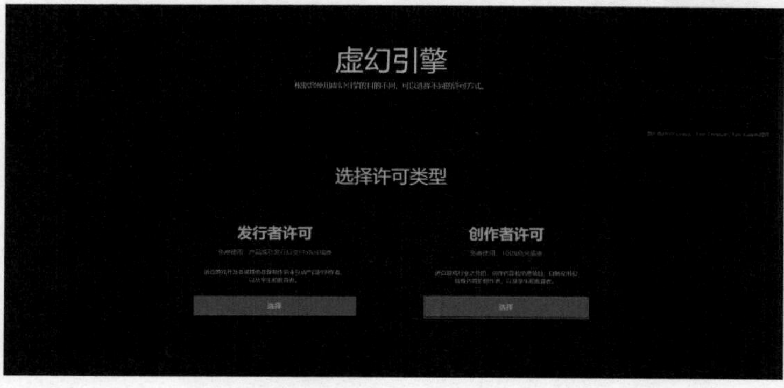

图1-8

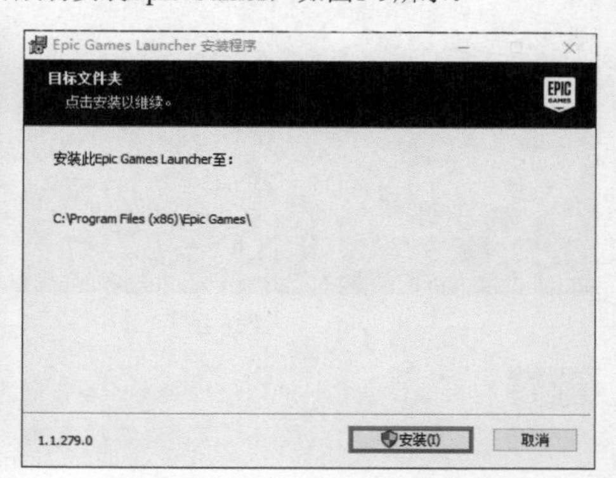

图1-9

2.安装Unreal Engine 5

打开Epic Games后使用Epic账号进行登录，便可进入Epic主界面，如图1-10所示。

进入“库”面板，在“引擎版本”的右侧单击“添加”按钮添加一个新的引擎。初次安装引擎时需要在这里选择一个引擎版本，建议选择最新版本，确定后单击“安装”按钮，如图1-11所示。

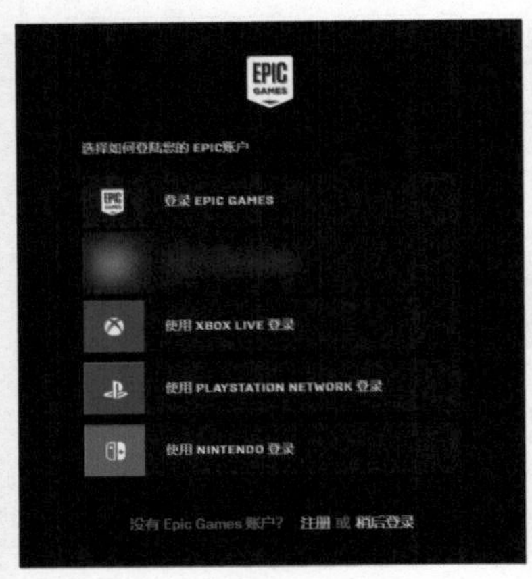

图1-10

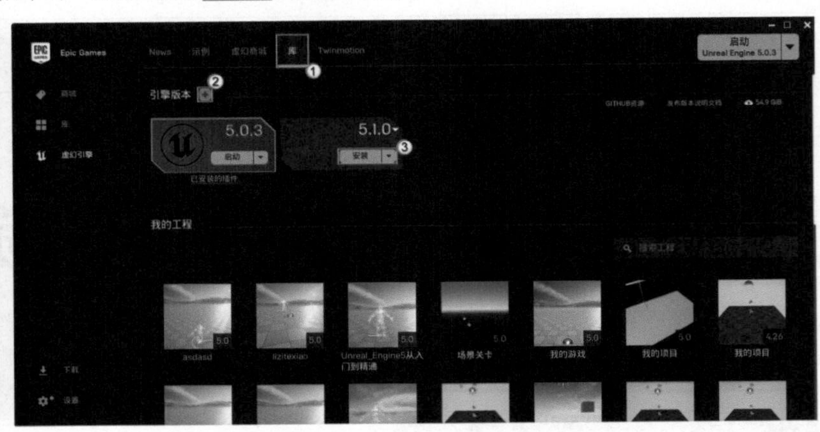

图1-11

提示 笔者选择的5.1.0是编写本书时的最新版本，因为Unreal Engine随时可能推出更新的版本，所以这里下载的版本仅供参考。

1.3.2 新建项目与添加内容

打开安装完成的Unreal Engine 5，接下来创建用于学习Unreal Engine 5的第1个项目。

1.新建项目

在打开的“新建项目”对话框中选择需要新建的项目类型，Unreal Engine 5提供了4种项目类型，如图1-12所示。

选择“游戏”类型，此时可以选择一个合适的模板，模板中会包含一些有关此类游戏的蓝图、游戏设置等内容，使用模板创建的项目中会存在已经制作完成的蓝图与资源。为了更好地演示引擎的操作，这里选择“空白”，暂时不添加初学者内容包，我们将在后面的内容中学习如何添加初学者内容包。单击“创建”按钮便可创建项目，如图1-13所示。

图1-12

图1-13

提示 在为项目命名时最好使用英文，虽然随着Unreal Engine 5的更新与完善，使用中文命名时出现问题的概率越来越低，但是以中文命名的项目依然可能存在不可预知的问题。

重要参数介绍

◇ **蓝图：**项目的编程方式，可切换为“C++”，也可在进入项目后修改。

◇ **目标平台：**可切换到移动设备，Unreal Engine 5支持手机、平板电脑等移动设备。

◇ **质量预设：**项目的图像质量，目标平台是“桌面”时一般选择“最大”。

◇ **初学者内容包：**初学者内容包里有一些模型、材质、特效、贴图、音效和蓝图的设定。

◇ **光线追踪：**画质方面的设置，可根据计算机性能与面向的人群选择性开启。

2.添加内容

Unreal Engine 5为开发者提供了专门用于学习的初学者内容包，初学者内容包中包含了一系列简单的资产，如图1-14所示。

使用快捷键Ctrl+Space打开“内容浏览器”面板，单击“添加”按钮 +添加 或在空白处单击鼠标右键，执行“添加功能或内容包”菜单命令，如图1-15所示。

图1-14

图1-15

在“将内容添加到项目”对话框中，下方会出现对应的功能包名称。切换到“内容”面板并选择“初学者内容包”，单击“添加到项目”按钮 添加到项目 ，如图1-16所示，经过短暂的等待后便可将初学者内容包添加到项目中。

回到“内容浏览器”面板中，“内容”文件夹下出现“StarterContent”文件夹则表示添加成功，如图1-17所示。

图1-16

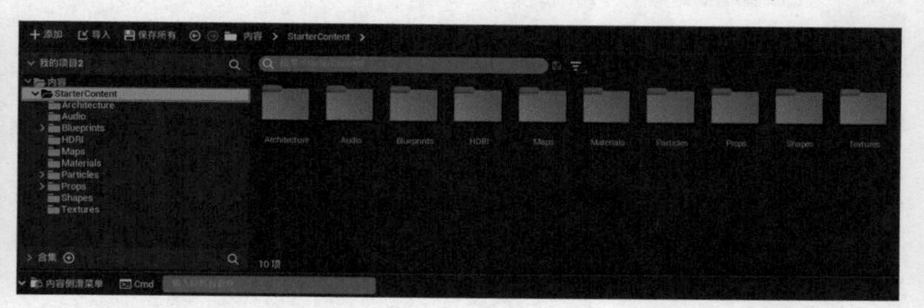
图1-17

1.3.3 在虚幻商城下载或购买素材

初学者内容包中只提供了基础内容，Epic Games中存在提供进阶内容的“虚幻商城”。“虚幻商城”是用于购买和添加Unreal Engine 5素材的商城，该商城中还有开发者们上传的自己制作的模型、动画、蓝图，甚至是项目。这其中既有免费内容，也有付费内容。打开Epic Games，切换到“虚幻引擎>虚幻商城”面板，如图1-18所示。

图1-18

商城中的每个游戏资源都是完整的，并且种类丰富、风格多样，读者可以根据需求寻找合适的资源，包括场景和角色资源等。本书统一使用官方提供的免费资源。执行“免费>永久免费内容合集”菜单命令，如图1-19所示。

跳转到只有免费内容的界面后，可通过翻页查找合适的资源，也可以在搜索框中输入具体的资源名称后按Enter键查找，在要使用的资源上单击“添加到购物车”按钮，如图1-20所示，即可将资源添加到购物车中。

图1-19

图1-20

“购物车”按钮在搜索框的右侧，单击“购物车”按钮即可对添加的资源进行结算；单击“去支付”按钮，如图1-21所示，购买的资源便会被添加到“库”面板中。

回到Epic Games的“库”面板中，在“保管库”中查找自己购买的资源。保管库中的资源有3种类别：第1种是道具，可以直接添加到已经存在的工程中，其按钮为“添加到工程”；第2种是工程资源，可以新建一个以该资源为模板的工程，其按钮为“创建工程”；第3种是代码插件，其按钮为“安装到引擎”，如图1-22所示。

图1-21

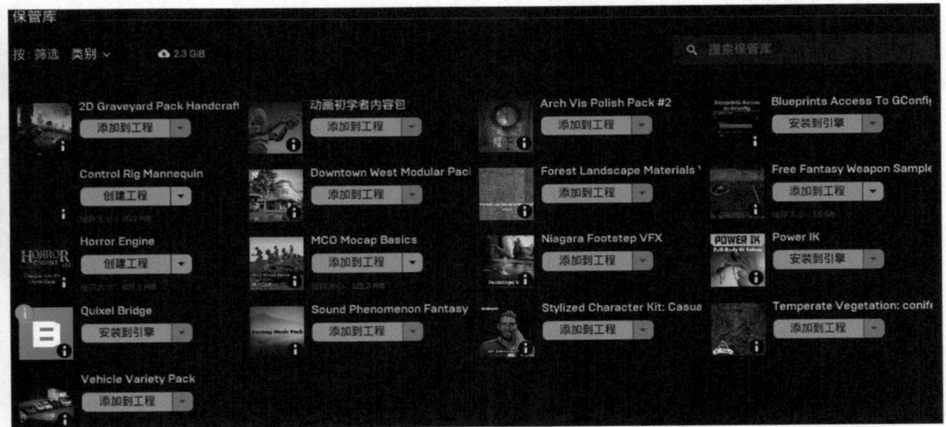

图1-22

以虚幻商城中的免费资源“Free Furniture Pack”为例，在商城中结算后在“库”面板中搜索“Free Furniture Pack”，接着单击“添加到工程”按钮，如图1-23所示。

在弹出的“选择要添加资源的工程”对话框中选择“我的项目”工程，接着单击“添加到工程”按钮，如图1-24所示。

图1-23

选择要添加资源的工程

图1-24

提示 虽然低版本的资源可以安装到高版本的引擎中，但是高版本的资源不可向下兼容。如果使用的资源版本比当前使用的引擎版本低，则需要勾选“显示所有工程”选项并选择一个接近的版本才能安装。

回到项目中，在“内容浏览器”面板中可以看到添加的资源，如图1-25所示。

图1-25

1.3.4 导入不同类型的文件

可以通过直接将资源拖曳到“内容浏览器”面板中的方式导入资源，如FBX、PNG和WAV等格式的可以被Unreal Engine 5识别的文件。若想导入UASSET文件，则需要打开项目文件夹，将文件放在“内容”文件夹中。

1.添加一般模型

使用快捷键Ctrl+Space打开“内容浏览器”面板，在“内容浏览器”面板的空白处单击鼠标右键并执行“新建文件夹”菜单命令，创建一个新的文件夹并将其命名为“CH01”，如图1-26所示。

图1-26

打开“资源文件>素材文件>CH01”文件夹，找到“Chair”文件。回到Unreal Engine 5中，使用快捷键Ctrl+Space打开“内容浏览器”面板，拖曳“Chair”文件到“内容浏览器”面板的空白处，如图1-27所示。

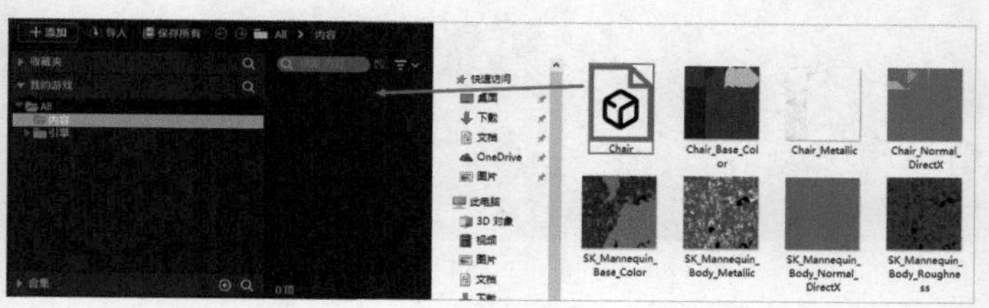

图1-27

提示 FBX文件是专门用于模型、动画和影视渲染的文件。

松开鼠标左键即可打开“FBX导入选项”对话框，其中的选项是有关FBX文件的导入选项，因为希望导入一个Static Mesh（静态网格体），所以并不需要具备骨骼，可以不勾选“骨骼网格体”选项，单击“导入所有”按钮  导入所有 或“导入”按钮 导入 即可将其导入项目中，如图1-28所示。

可以看到“Chair”文件出现在了“内容浏览器”面板中，如图1-29所示。

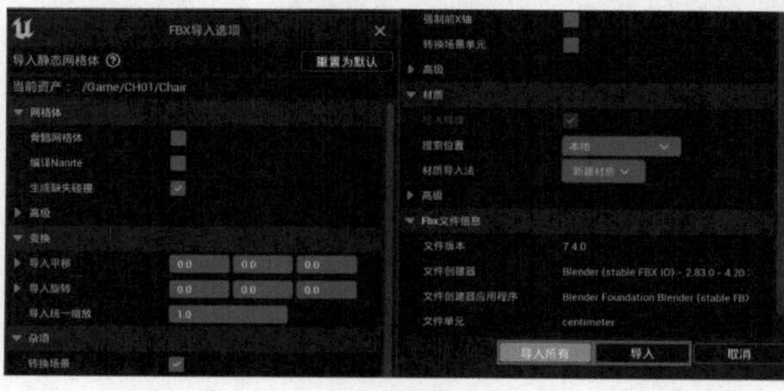

图1-28

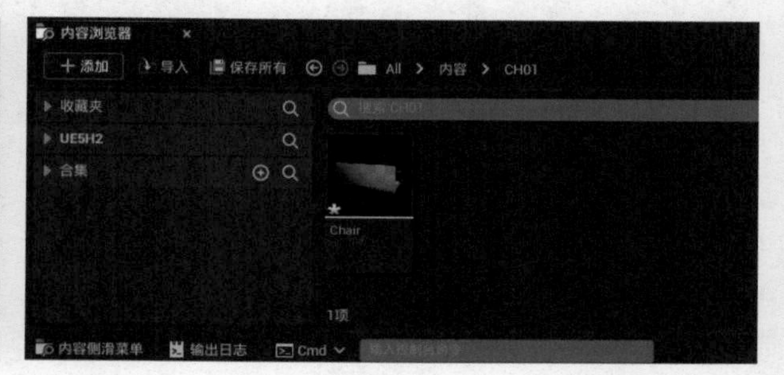

图1-29

♛ 重点

2.添加人物模型

打开“资源文件>素材文件>CH01”文件夹，在其中找到人物模型文件“SK_Mannequin”，按照之前的方法拖曳“SK_Mannequin”文件到“内容浏览器”面板中的空白处，如图1-30所示。

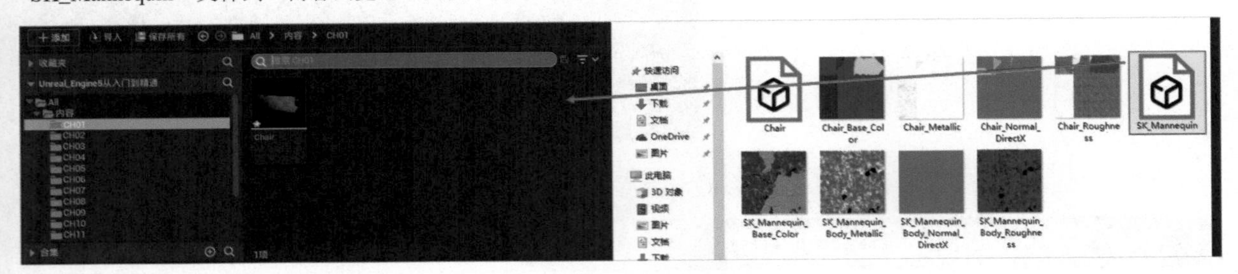

图1-30

Unreal Engine 5可识别导入的模型是否具有骨骼并自动选择是否勾选“骨骼网格体”选项，单击“导入所有”按钮 导入所有 或“导入”按钮 导入 即可将其导入，如图1-31所示。

观察导入的文件，如图1-32所示。除了模型外，还有Unreal Engine 5为用户自动创建的另外4个文件，其中有材质、骨骼和物理资源等。具有紫色条状标识的文件为具有骨骼的网格体；具有黄色条状标识的文件为物理资源，用于管理骨骼网格体发生的碰撞与骨骼角度限制等；具有浅蓝色条状标识的文件为骨骼，一个骨骼可以使用多个相同骨骼的网格体进行替换；具有浅绿色条状标识的文件是材质。导入人物模型后会出现骨骼网格体、物理资源与骨骼文件，如果没有取消勾选“导入纹理”选项或勾选了“导入动画”选项，还会出现材质或动画文件。

图1-31

图1-32

问：如何为人物模型添加材质?

答：从文件夹中找到人物模型的材质，使用与之前相同的方法，拖曳4个资源到“内容浏览器”面板中，如图1-33所示。

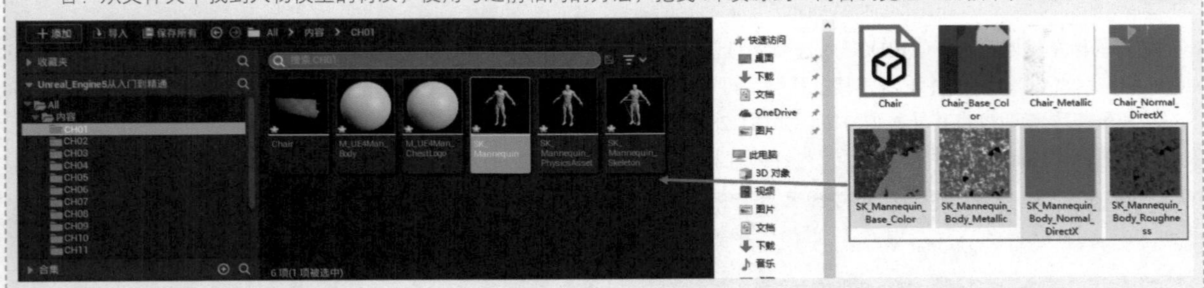

图1-33

选择“SK_Mannequin_Base_Color”并单击鼠标右键，执行“创建材质”菜单命令即可创建一个新的材质球，如图1-34所示。

双击新建的材质球，打开“材质编辑器”窗口。拖曳“SK_Mannequin_Body_Metallic”“SK_Mannequin_Body_Normal_DirectX”“SK_Mannequin_Body_Roughness”到“材质图表”面板中的空白处，如图1-35所示。

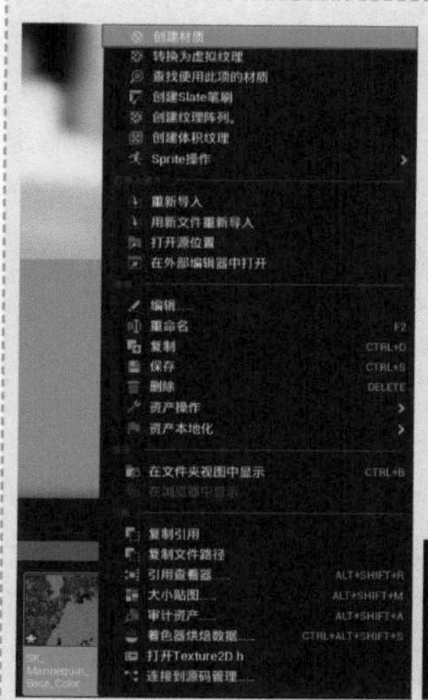
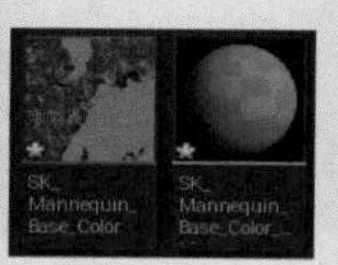

图1-34

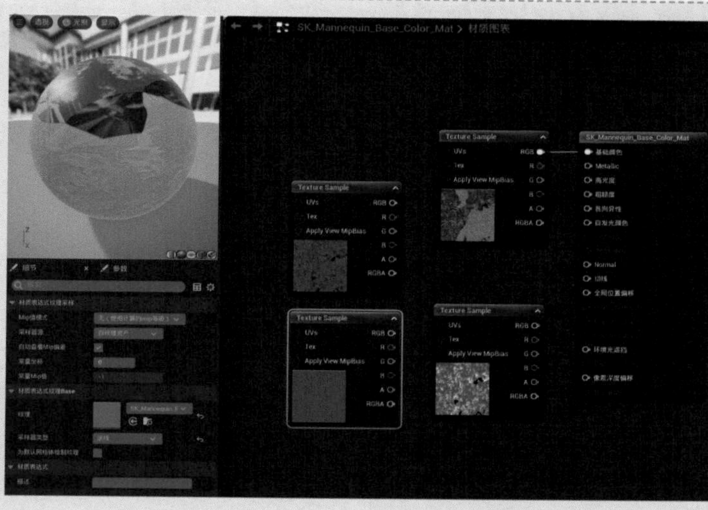

图1-35

先在“内容浏览器”面板中单击并拖曳具有红色条纹标识的纹理文件到“材质编辑器”窗口的空白处，然后分别将纹理连接到对应的引脚上，如将SK_Mannequin_Body_Metallic纹理连接到“Metallic”引脚，SK_Mannequin_Body_Normal_DirectX纹理连接到“Normal”引脚，SK_Mannequin_Body_Roughness纹理连接到“粗糙度”引脚，左侧的“材质预览”面板中将同步显示添加纹理后的效果，如图1-36所示，依次单击左上方的“应用”按钮 应用 和“保存”按钮 保存 后回到“内容浏览器”面板。

双击打开“SK_Mannequin”文件，在“资产详情”面板中设置“Material Slots”中的“元素0”为刚才创建的“SK_Mannequin_Base_Color_Mat”材质球，模型经过短暂加载后将添加该材质，如图1-37所示。

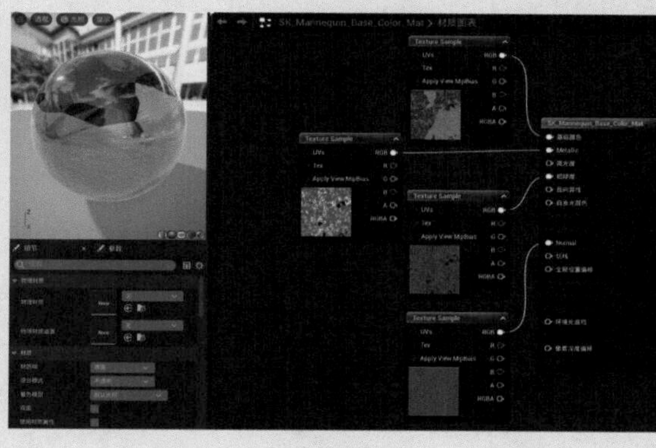
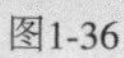

图1-36

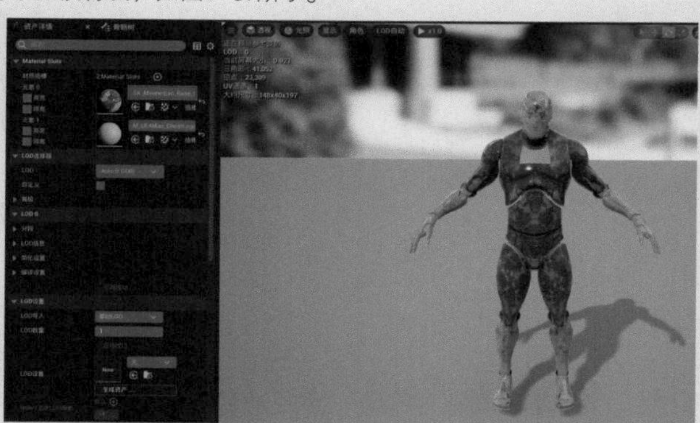

图1-37

为了防止开发过程中引擎崩溃导致数据丢失，可以使用快捷键Ctrl+Space打开“内容浏览器”面板，然后单击“保存所有”按钮 保存所有，在弹出的“保存内容”对话框中单击“保存选中项”按钮 保存选中项，保存所有资源，如图1-38和图1-39所示。

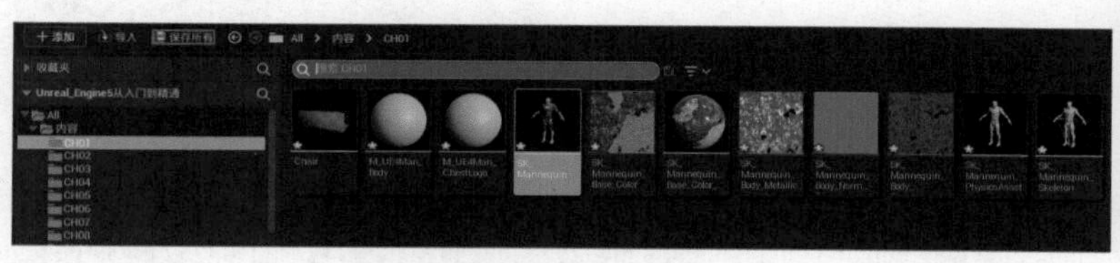

图1-38

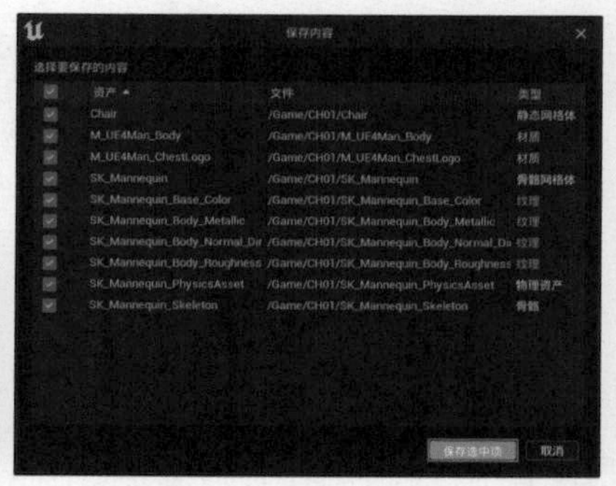

图1-39

1.4 Unreal Engine 5首选项与运行优化设置

使用软件比较重要的事是根据需求设置首选项。引擎的默认设置已经为用户提供了较为舒适的操作环境，若用户想要自定义引擎功能，可以执行“编辑>编辑器偏好设置”菜单命令，如图1-40所示，打开“编辑器偏好设置”窗口。

在“通用-性能”卷展栏中用户可以根据自己的需要调整Unreal Engine 5对计算机的使用情况，如图1-41所示，如勾选“显示帧率和内存”选项后可以在“视口”面板中实时查看当前帧数。

图1-40

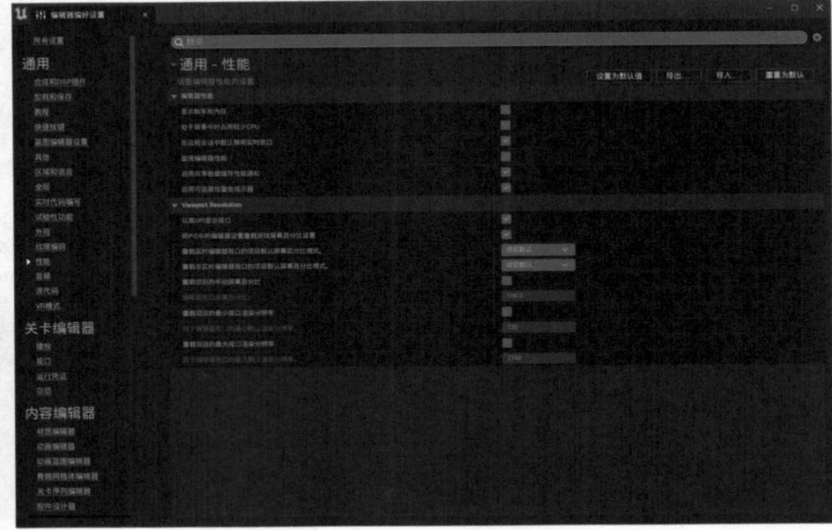

图1-41

在“通用-外观”卷展栏中单击“激活主题”右侧的“复制此主题并编辑”按钮新建一个外观，设置外观并重命名后将其保存，下次可以在此处打开或设置新建的引擎外观，如图1-42所示。

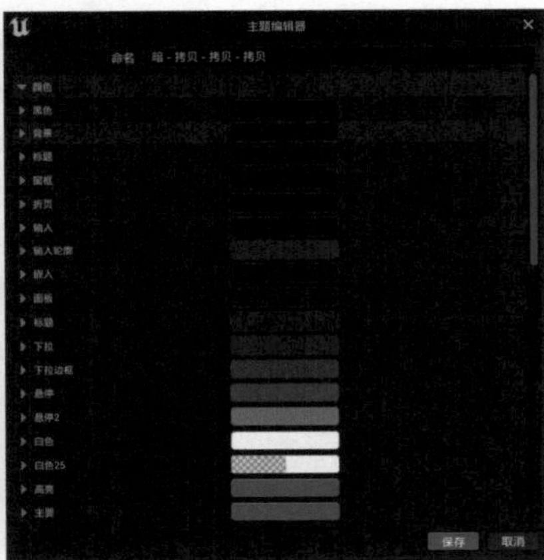

图1-42

如果需要修改引擎画质，则可以在引擎主界面右上角单击“设置”按钮，在“引擎可延展性设置”菜单中设置需要的参数，以达到修改画质的效果，如图1-43所示。

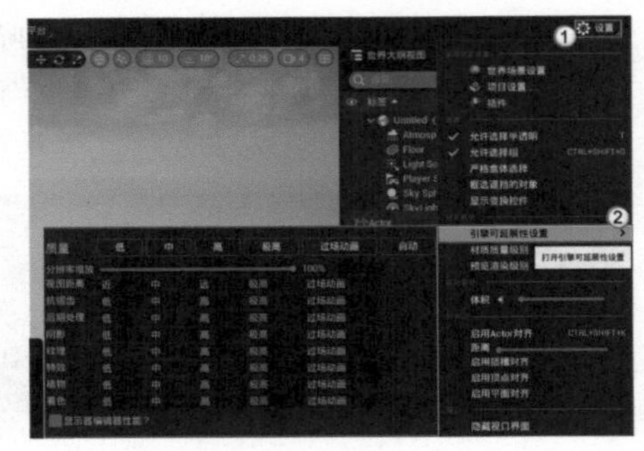

图1-43

提示 也可以通过蓝图或代码在游戏中实时设置不同的画质。

第2章 打造游戏世界

■ 学习目的

根组件为具有三维变换能力的场景组件的Actor类及其派生类，可以被放置并显示在关卡中。一般通过“内容浏览器”面板拖曳到关卡中的模型会自动生成Static Mesh Actor（静态网格体Actor）和Skeletal Mesh Actor（骨骼网格体Actor），创建的蓝图Actor是基于Actor类的蓝图类，可以写入蓝图使Actor具有一定的能力与逻辑，也可以从“内容浏览器”面板中拖曳到关卡中。Actor本身并不具有三维变换能力，而根组件可使Actor具有三维变换的能力。

■ 主要内容

- 控制编辑器
- 快捷操作
- 蓝图的用法
- 其他常用功能

2.1 Unreal Engine 5编辑器

在了解Unreal Engine 5的基本知识后，便可以开始学习引擎的使用方法了。本节会讲解编辑器中常用的功能、基本操作和快捷键操作，通过不断地练习，读者能熟练使用编辑器。

2.1.1 修改引擎语言

在目前的版本中，中文可能存在一些翻译问题，不习惯的读者可以将其换成英文或自己擅长的语言。不过对初学者来说，将引擎语言设置成中文能更快速地掌握Unreal Engine 5。执行“编辑>编辑器偏好设置”菜单命令，如图2-1所示，即可打开“编辑器偏好设置”窗口进行设置。若默认语言为非中文，也可以根据此步骤设置引擎语言为中文。

图2-1

在搜索框中搜索“语言”，即可快速在“通用”组中找到“通用 - 区域和语言”卷展栏，读者可以根据自身情况对“编辑器语言”和“预览游戏语言”进行设置，如图2-2所示。

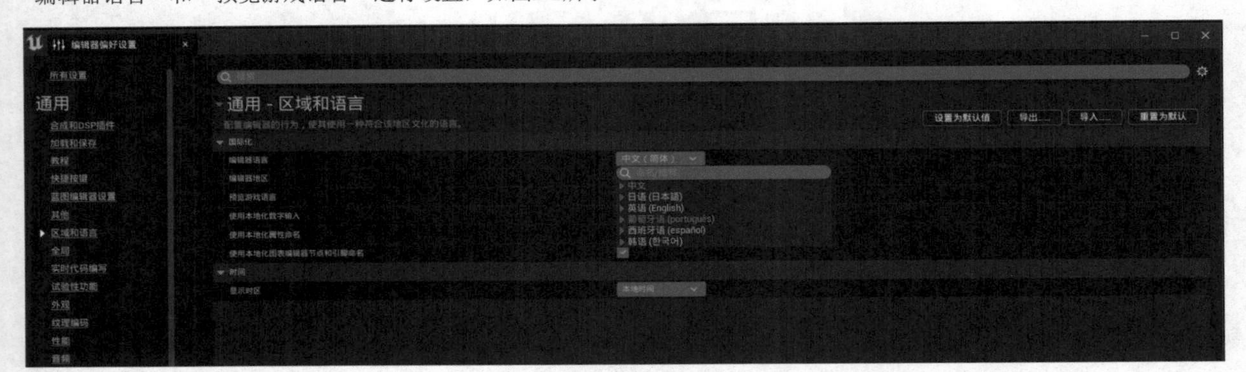

图2-2

提示 在蓝图部分无法通过中文搜索到相关内容时，笔者会使用英文搜索，由于命名问题，图片内容可能与文字描述的内容不同，建议以文字为准。

2.1.2 新建关卡

执行“文件>新建关卡”菜单命令，在弹出的“新建关卡”对话框中选择“Open World”后单击“创建”按钮 创建 ，新建一个关卡，如图2-3所示。

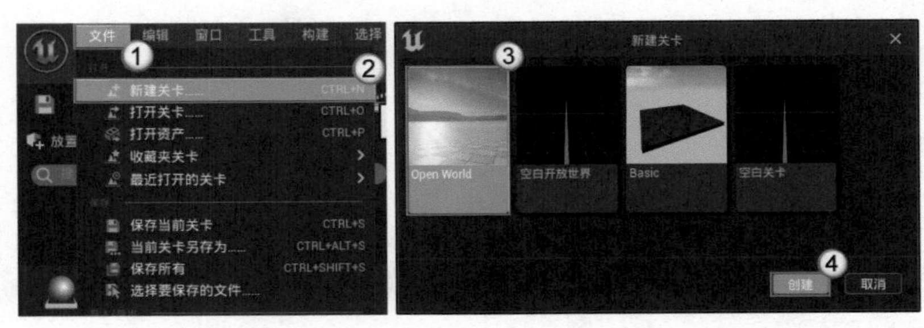

图2-3

新关卡的界面如图2-4所示。使用快捷键Ctrl+S打开“将关卡另存为”对话框，修改关卡的保存路径与名称后单击“保存”按钮 保存 ，保存关卡到指定路径，如图2-5所示。

图2-4

图2-5

重点

2.1.3 视口的移动方法

如果想自由调整模型的位置，就需要掌握视口的移动方法。在视口中按住鼠标右键，鼠标指针将会被隐藏，此时可以通过拖曳鼠标来控制视口中的摄像机方向，以检视地图，如图2-6所示。

图2-6

在按住鼠标右键时，按W、A、S、D键可以让视角在上、下、左、右4个方向上移动，按Q键和E键可以分别控制视角的上升和下降，如图2-7所示。

图2-7

在按住鼠标右键时，按Z键和C键可以控制摄像机的视角，松开鼠标右键后摄像机恢复为原本的视角，如图2-8所示。

图2-8

提示 不论是关卡的视口，还是蓝图的视口，都可以使用上述方法控制视角。

2.1.4 “大纲”面板与聚焦

由于Unreal Engine 5支持Double精度，所以其地图可被扩展到相当大的范围。如果单个关卡中存在很多资产就很难找到某一个特定的资产，本小节将使用“大纲”面板与快捷键快速找到并聚焦视角到指定资产上。

1. “大纲”面板

“大纲”面板中的内容是以层级树的形式显示的，如图2-9所示，通过选择层级树中的选项可以快速选中关卡中的资产并对其进行修改。单击关卡中的某个资产后，“大纲”面板中的相应选项也会被选中。由此可见，“大纲”面板中的某一个选项就是关卡中的单个对象的名称，在关卡中使用鼠标右键单击对应资产，所得到的效果一致。

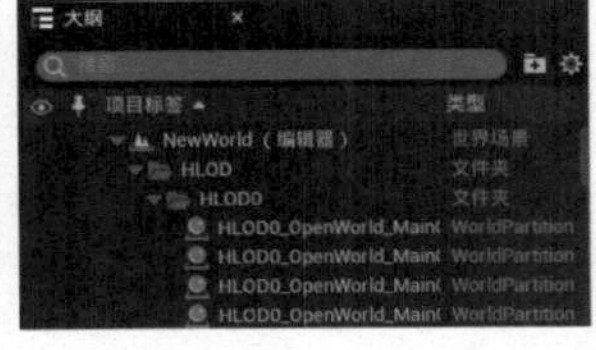

图2-9

技术专题：显示指定资产

单击“视图选项”按钮，可以对资产的显示情况进行更加详细的操作，如勾选“仅选定”选项，如图2-10所示，这时“大纲”面板中只会显示在关卡中被选中的物体。

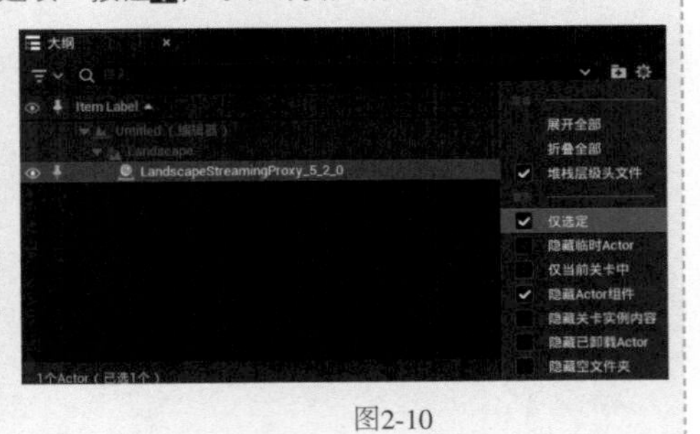

图2-10

单击资产名称左侧的眼睛按钮可以隐藏资产，也可以单击鼠标右键后执行“可视性>隐藏选中项”菜单命令或选择资产后按H键隐藏资产，如图2-11所示。使用快捷键Ctrl+H可重新显示资产。

图2-11

2.聚焦

聚焦是在视口中快速切换视角到资产上的一种方法，聚焦到某一处后当前视角也会调整。在视口中选择资产，按F键便可迅速聚焦到资产上，如图2-12所示。

图2-12

在“大纲”面板中选择资产名称后按F键也能使视角聚焦到资产上，还可以双击“大纲”面板中的资产名称使摄像机迅速聚焦到资产处，如图2-13所示。

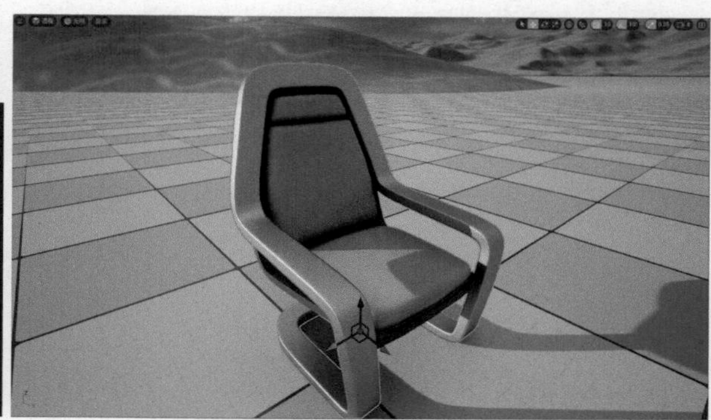

图2-13

重点

2.1.5 运行游戏

在Unreal Engine 5中运行游戏的模式有两种，一种是Play In Editor(PIE)，另一种是Simulate In Editor(SIE)。在工具栏中直接单击“运行”按钮可以快速进入上一次使用的运行模式，如图2-14所示。默认为PIE运行模式，快捷键为Alt+P。单击“修改游戏模式和游戏设置”按钮，执行“模拟”菜单命令则可切换到SIE运行模式，快捷键为Alt+S，如图2-15所示。

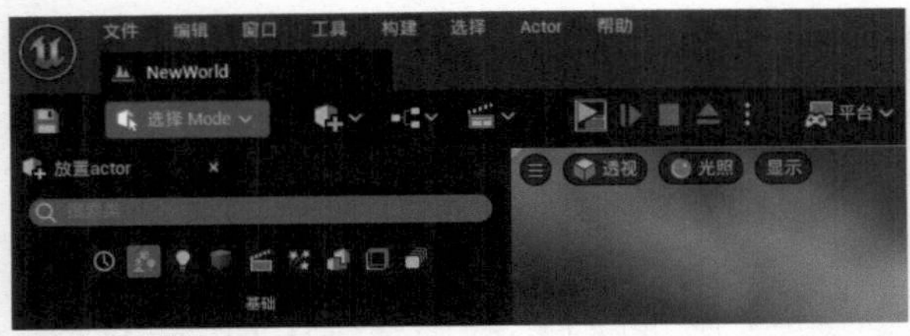

图2-14

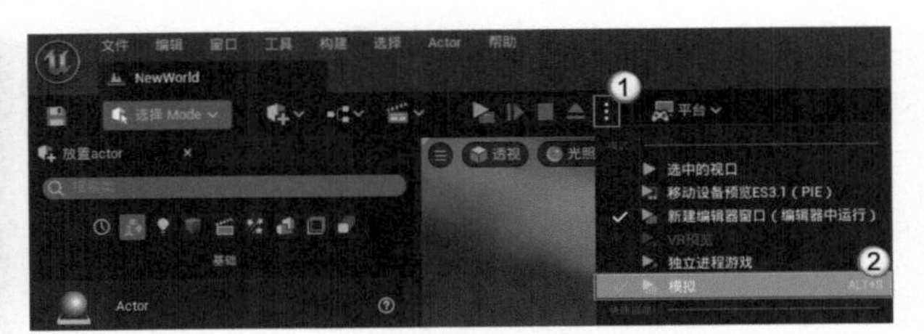

图2-15

1.PIE运行模式

如果在PIE运行模式中运行游戏，系统将会默认让玩家操控一个名为“DefaultPawn”的飞行物，玩家的视角在此飞行物上，可以通过鼠标和键盘对视角进行控制。

单击“运行”按钮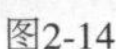后“关卡编辑器”面板中将提示“点击使用鼠标控制”，如图2-16所示，按照提示单击该面板，即可通过正常的编辑器操作方式来移动飞行物，观察其在不同角度下的效果。

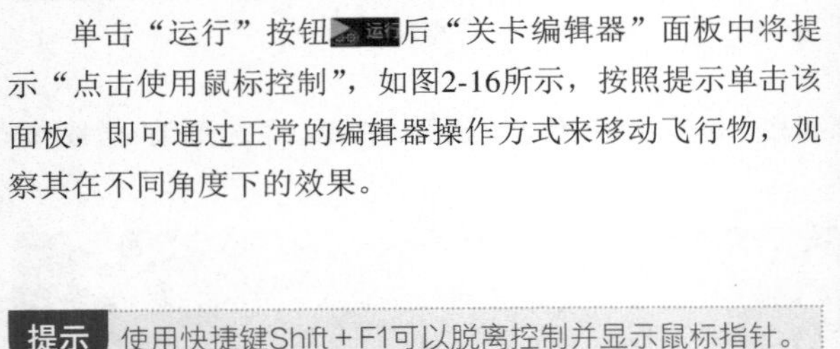

提示 使用快捷键Shift＋F1可以脱离控制并显示鼠标指针。

图2-16

2.SIE运行模式

在SIE运行模式下系统不会生成由玩家控制的Pawn，但是可以通过正常的编辑器操作方式随意操作关卡中的资产，而且写入的蓝图也会被模拟运行，如图2-17所示。

不论是在PIE运行模式下，还是在SIE运行模式下，用户所做的所有操作都与运行游戏之前保存的关卡没有任何关系。当然，在SIE运行模式下用户可以手动保存修改的内容。首先进入SIE运行模式，接着随意修改一个物体的位置并在该物体的右键菜单中执行“保留模拟变更”菜单命令，如图2-18所示。保留模拟变更后按Esc键停止运行游戏，这时椅子会移动到在SIE运行模式下被保存的位置。

图2-17

图2-18

提示 默认物体有时在游戏中不可被移动，这时就需要在右侧的“细节”面板中将“移动性”设置为“可移动”，如图2-19所示。后面会更加详细地介绍“细节”面板中的功能，这里只简单提及该功能。

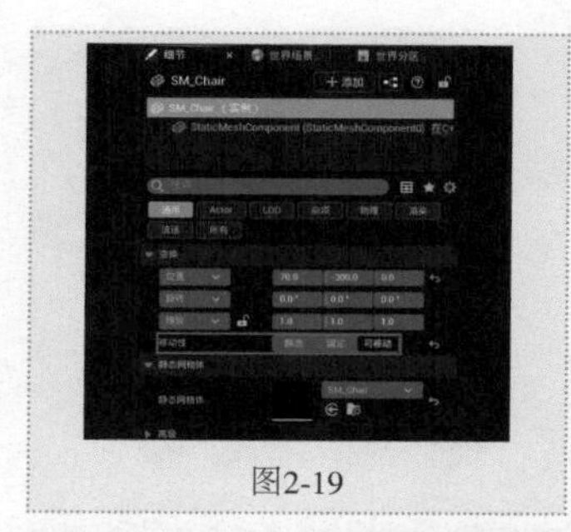

图2-19

3.自由切换两种运行模式

PIE运行模式和SIE运行模式可以自由地切换。当进入PIE运行模式时，用户会进入控制模式（控制Pawn时，鼠标指针不可见），使用快捷键Shift+F1可以显示鼠标指针，这时单击“和玩家控制器分离，允许常规编辑器控制”按钮即可切换到SIE运行模式，如图2-20所示。

单击“和玩家控制器分离，允许常规编辑器控制”按钮后该按钮会变成“连接到玩家控制器，允许正常的gameplay控制”按钮，如图2-21所示，再次单击后便会回到PIE运行模式。

图2-20

图2-21

4.在指定位置生成玩家

在想要作为玩家出生点的位置单击鼠标右键，执行“放置Actor>Player Start”菜单命令创建出生点，如图2-22所示。

单击“修改游戏模式和游戏设置”按钮，执行“默认玩家出生点”菜单命令即可修改默认的摄像机位置，如图2-23所示。进入PIE运行模式后玩家将会默认生成在新建的出生点处，如果想在当前摄像机位置出生，执行“当前相机位置”菜单命令即可。

图2-22

图2-23

技术专题：在指定位置开始游戏

如果玩家的出生点不在需要调试的位置，那么可以单击鼠标右键来指定关卡中的某个位置，使玩家在这个指定的位置生成并开始游戏。在右键菜单中执行“从此处运行”菜单命令使编辑器进入运行模式，如图2-24所示，玩家会生成在鼠标右键单击的位置，按Esc键即可退出运行模式。

图2-24

2.1.6 显示信息

进入PIE运行模式后按;键可以让视角离开Pawn，显示当前鼠标指针处的信息，如坐标、模型、材质等，可以根据这些信息来对游戏内容进行调试，如图2-25所示。

图2-25

2.1.7 保存自己的资源

如果在制作游戏项目时突然弹出一个对话框，这表示引擎已崩溃，可以将信息栏向下滑动查看崩溃的主要信息，如图2-26所示。此时可以单击“Send and Restart”按钮 Send and Restart 发送错误报告并重启Unreal Engine 5，如图2-27所示。

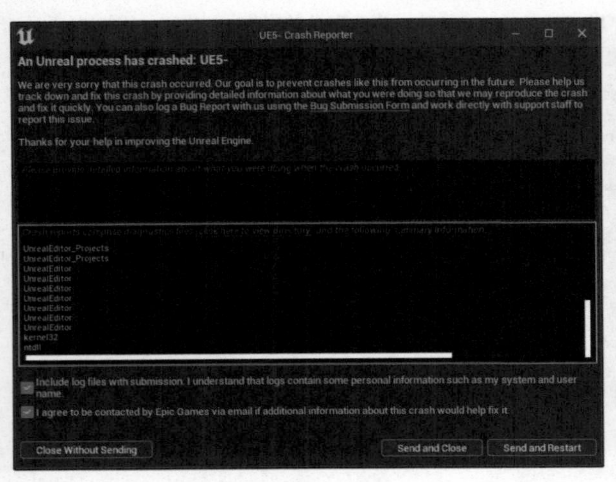

图2-26

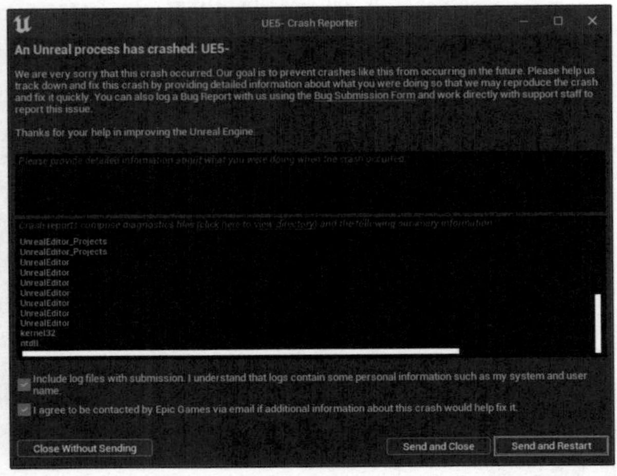

图2-27

由于游戏项目涉及的内容较多，同时各个文件都比较大，因此多多少少会存在一些Bug。Bug轻则影响使用，重则导致项目报废，所以定期保存和备份项目是非常重要的。可以使用快捷键Ctrl＋S保存当前操作，如果一次操作了许多的资产，那么可以使用快捷键Ctrl＋Space打开“内容浏览器”面板并单击“保存所有”按钮 保存所有 进行保存，如图2-28所示。

图2-28

蓝图、材质、模型等资产的保存方法与项目类似，还可以双击打开资产，在左上角单击“保存”按钮 保存 进行保存，如图2-29所示。

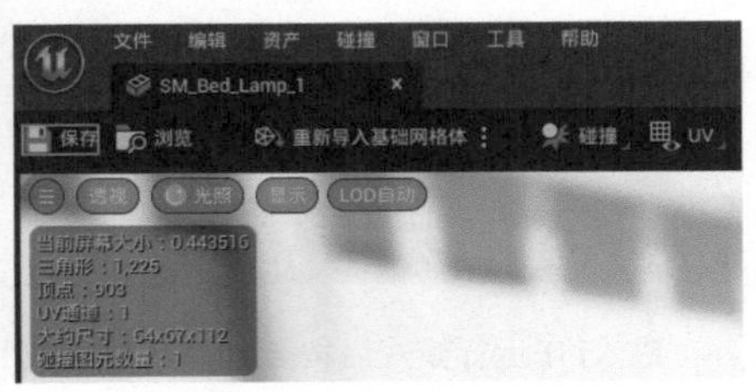

图2-29

2.2 三维物体的移动

三维物体如果要在一个关卡中移动，就需要改变其在关卡对应空间中的形态。Unreal Engine 5中用变换结构体来保存物体的移动信息，这个结构体是由两个向量结构体与一个旋转体结构体组成的，向量结构体和旋转体结构体均包含3个浮点型，因此可以认为一个变换结构体由9个浮点型构成。

变换结构体包含一个位置信息（向量结构体）、一个旋转信息（旋转体结构体）和一个缩放信息（向量结构体）。

2.2.1 添加物体与过滤资产

Unreal Engine 5中用于体现模型效果的资产通常是从外部导入的FBX文件，FBX文件由多个三角面构成，一般可以直接导入引擎，FBX文件中的材质、骨骼与动画也会随模型一并导入。

1.添加物体

使用以下几种方式可在关卡中添加物体。使用快捷键Ctrl＋Space打开“内容浏览器”面板，将已经导入“内容浏览器”面板的外部资源拖曳到关卡中，如图2-30所示。

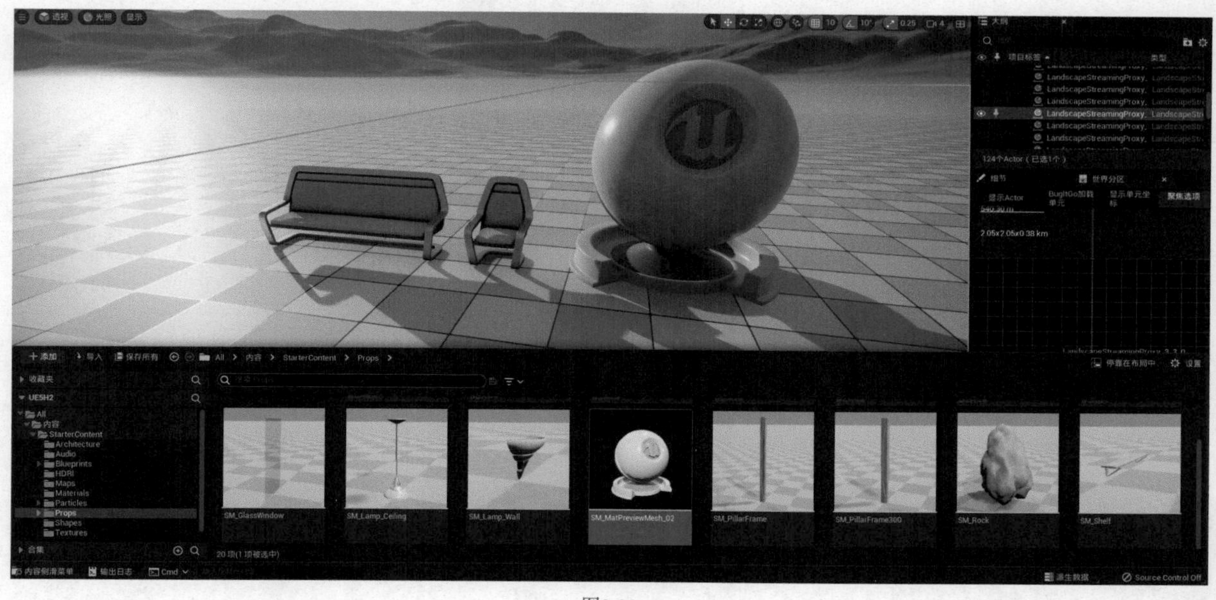

图2-30

Unreal Engine 5内置了多种用于制作游戏项目的3D模型和C++类。“放置actor”面板中有一些可以构成关卡的基本资产，其中包含天空球、单组件封装的Actor和形状等，还包含一些可以自由修改模型的几何体，如图2-31所示。

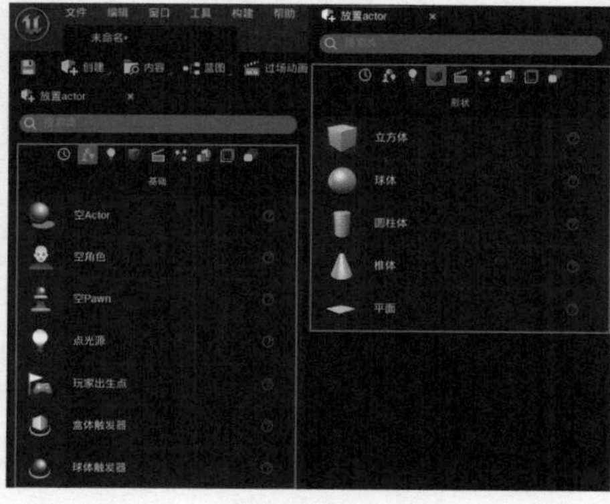

图2-31

提示 如果看不到“放置actor”面板，那么需要执行“窗口＞放置Actor”菜单命令打开“放置actor”面板，如图2-32所示。

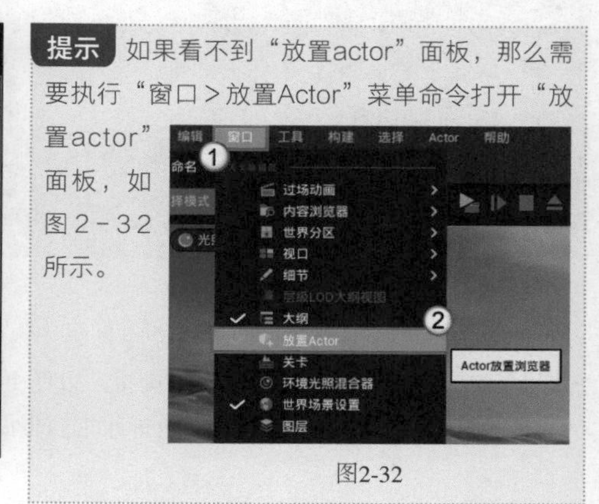

图2-32

在打开的“放置actor”面板中，将“立方体”拖曳到关卡中即可添加Actor，如图2-33所示。

观察“细节”面板，“静态网格体”卷展栏中的Cube是指该模型使用的网格，如图2-34所示，可以在其下拉列表中选择其他网格，关卡中的立方体会改变为与所选网格对应的形状。如果设置“静态网格体”为“Shape_NarrowCapsule”，则关卡中的模型显示为胶囊体，如图2-35所示。

图2-33

图2-34

图2-35

技术专题：模型三维操作提示

在Unreal Engine 5中，每个具有三维变换能力的资产均有一个中心点，对该资产进行移动、旋转等操作均会以该中心点为基准。在本例中，选中立方体后就可以看到这个立方体的移动坐标系，这个坐标系的原点就是立方体的中心点，其中红色轴代表x轴，绿色轴代表y轴，蓝色轴代表z轴，如图2-36所示。

图2-36

2.过滤资产

为了快速找到需要的模型，可以单击“内容浏览器”面板中的“添加一个资产过滤器”按钮并选择需要过滤的资产类型，如图2-37所示。

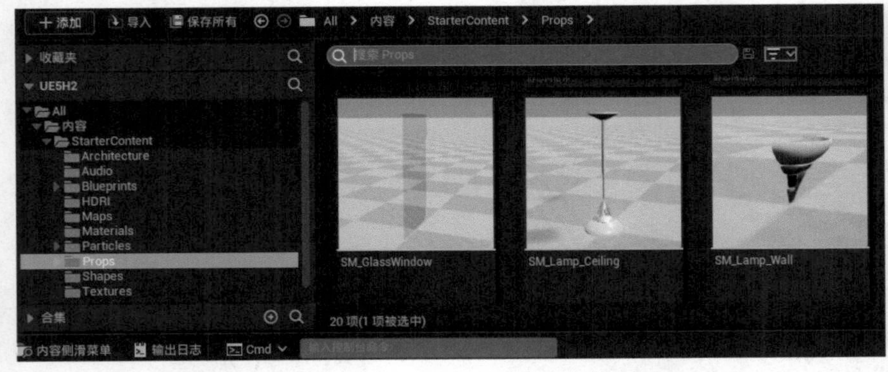

图2-37

如果执行“静态网格体”菜单命令，则“内容浏览器”面板中会显示项目中存在的静态网格体，如图2-38所示。在“其他资产”组中选择要过滤的资产类型，以便更快地找到需要的资产。“静态网格体”是Unreal Engine 5中的资产类型之一，这种资产可以被直接拖曳到关卡中作为模型展示，也可以作为“静态网格体”组件存在于蓝图中。

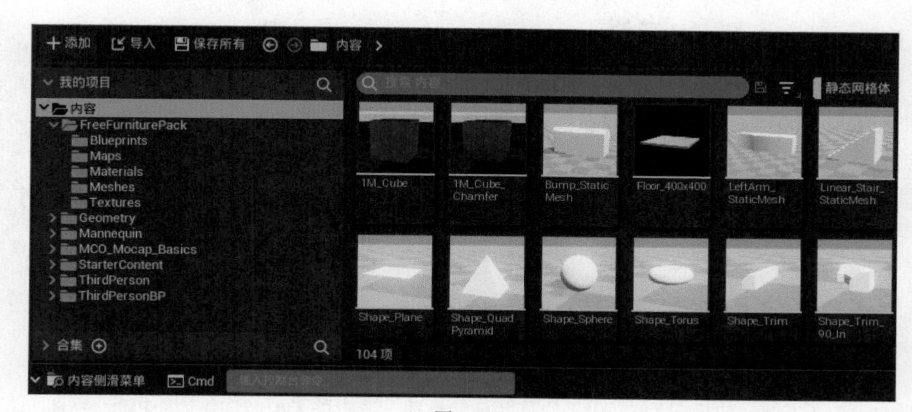

图2-38

2.2.2 控制物体

添加了三维物体后我们将学习如何控制这些物体，视口的右上角有一个工具栏，其中的工具从左到右依次是“选择Object”工具、“选择并平移对象”工具、“选择并旋转对象”工具、“选择并缩放对象”工具、“在世界关卡和本地（对象）空间之间循环变形小工具坐标系”工具、“打开编辑器的表面对齐功能”工具、“启用/禁用拖动物体时与网格对齐”工具、“启用/禁用将对象与旋转网格对齐”工具、“启用/禁用将对象与缩放网格对齐”工具、“摄像机速度”工具和“最大化或恢复此视口”工具，如图2-39所示。

图2-39

1.移动物体

“选择并平移对象”工具（快捷键为W）用于选择并移动物体。在没有选择操作工具时，单击关卡中的物体会默认选择“选择并平移对象”工具，也可以在选中物体后按W键切换为该工具。使用该工具时会出现平移操作轴，单击并拖曳某个轴可在相应方向上移动物体，例如，单击红色x轴并向正方向移动物体，效果如图2-40所示。

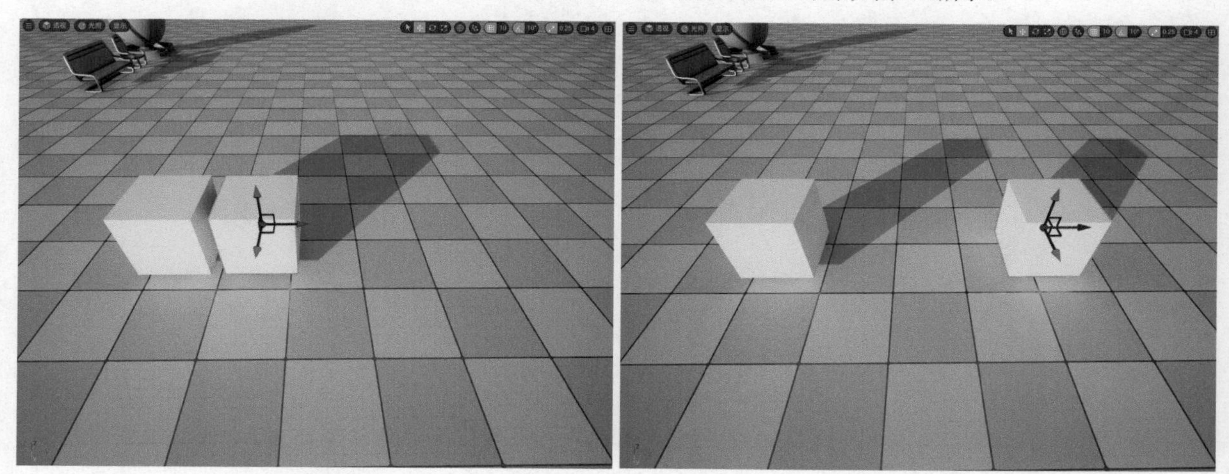

图2-40

除此之外，使用操作轴上的块面也可以快速改变物体的位置。可以看到坐标系的每两个轴之间都有一个块面，拖曳不同颜色的块面可使物体在不同平面上移动。拖曳红绿块面可使物体在*xy*平面上移动，拖曳蓝绿块面可使物体在*yz*平面上移动，拖曳红蓝块面可使物体在*xz*平面上移动，如图2-41所示。

图2-41

2.旋转物体

“选择并旋转对象”工具（快捷键为E）用于选择并旋转物体。选中关卡中的物体后按E键，物体上会出现旋转操作轴。这时单击其中一个轴并拖曳即可使物体绕该轴进行旋转，如图2-42所示。

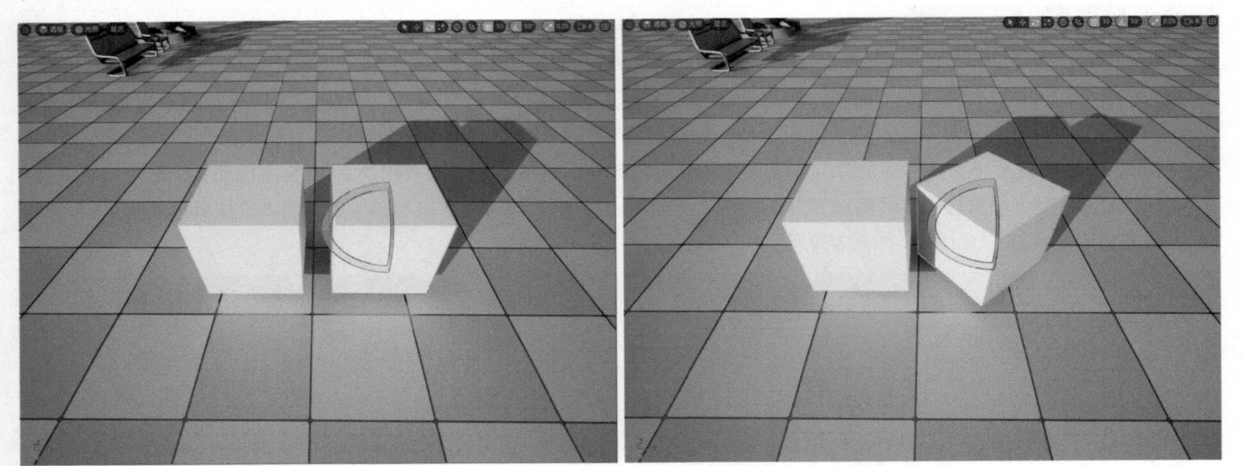

图2-42

问：如何自定义模型的锚点？

答：对导入的外部模型来说，其锚点在建模软件中一般已经被放在合适的位置了。如果模型的锚点偏离期望的位置，如图2-43所示，可以通过建模软件修改模型的锚点，也可以在Unreal Engine 5中快速修改模型的锚点。

按E键调出旋转操作轴，可以发现模型是绕着锚点旋转的，且锚点在模型的底部，如图2-44所示。

图2-43

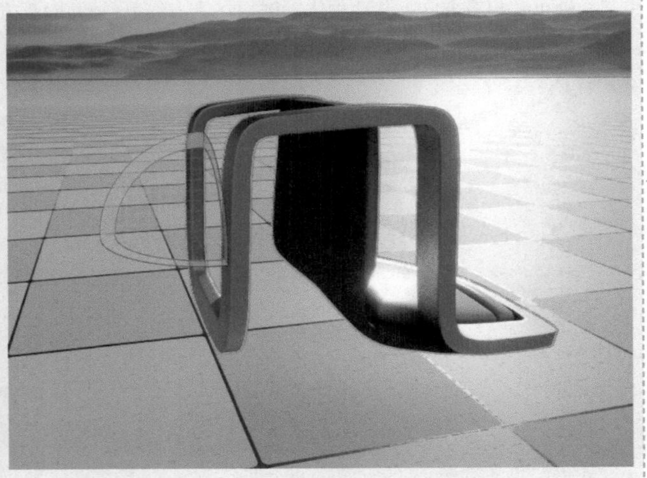

图2-44

在模型中选择一个点，如模型的中点，单击鼠标右键并执行“锚点 > 在此处设置枢轴偏移”或“锚点 > 在此处设置枢轴偏移（对齐）”菜单命令，如图2-45所示，均可将锚点变换到自定义的位置。

变换锚点的位置后需要在右键菜单中执行“锚点 > 设置为枢轴偏移”菜单命令，对该锚点进行应用，再次旋转时模型就会绕着自定义的锚点进行旋转，如图2-46和图2-47所示。

图2-45

图2-46

图2-47

3.缩放物体

“选择并缩放对象”工具（快捷键为R）用于选择并缩放物体。选中物体后按R键，物体上会出现缩放操作轴，单击并拖曳某个轴可以分别调整物体的长、宽、高，拖曳原点可以调整物体的整体大小，如图2-48所示。

图2-48

4.使物体与网格对齐

观察关卡下方，可以看到网格状平板，该平板随相关参数设置的变化而变化。物体是在网格上进行移动的，相同面积下的网格数量越多，代表可以摆放物体的位置越多，移动精度越高，如图2-49所示。

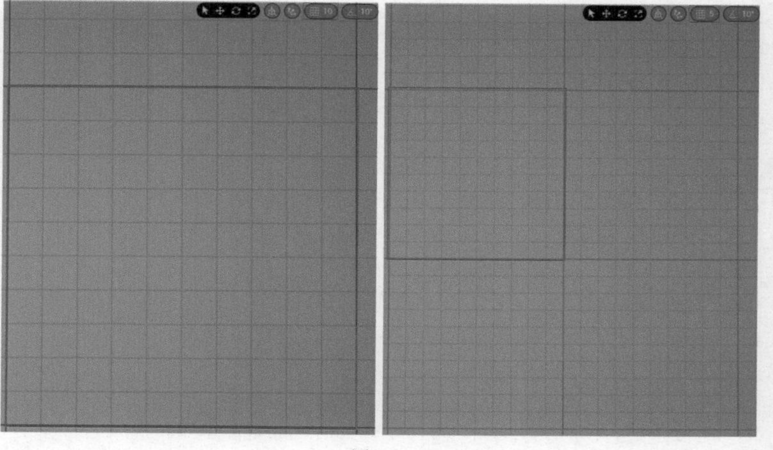
图2-49

“启用/禁用拖动物体时与网格对齐”工具▦可以使物体自动对齐网格或使自动对齐失效，在右侧可以设置网格的对齐大小，如图2-50所示。

“启用/禁用将对象与旋转网格对齐”工具▦可以设置或取消旋转度数限制，在右侧可以设置单次拖曳旋转操作轴时旋转的度数，如图2-51所示。

“启用/禁用将对象与缩放网格对齐”工具▦可以设置或取消缩放限制，在使用该工具时可以修改缩放对齐大小，如图2-52所示。

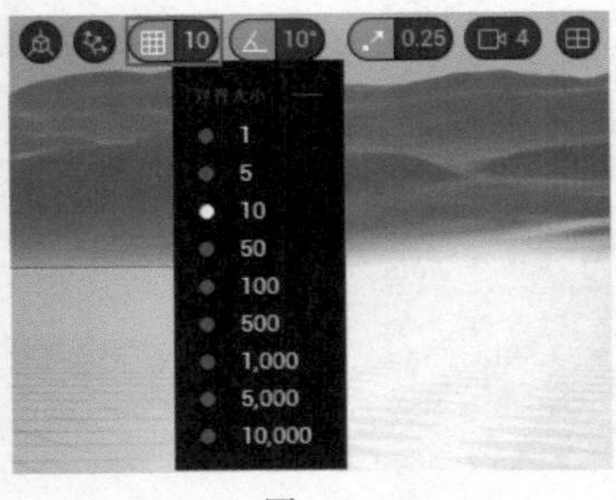

图2-50

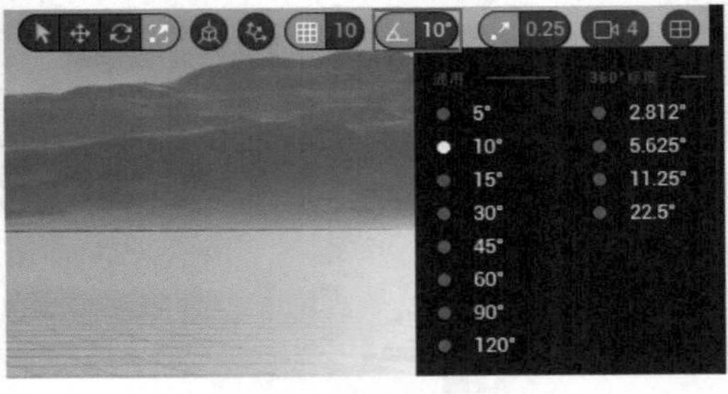

图2-51

图2-52

案例训练：拼接两个物体

实例文件　资源文件 > 实例文件 > CH02 > 案例训练：拼接两个物体

素材文件　无

难易程度　★☆☆☆☆

学习目标　将两个正方体拼接成一个长方体

在拼接两个物体时可能会出现不能贴紧的情况，此时可以将“设置位置网格对齐值”设置为较小的值来解决这个问题，拼接效果如图2-53所示。

图2-53

01 在“放置actor”面板中拖曳两个正方体到视口中，如图2-54所示。如果不修改“设置位置网格对齐值”而直接拼接，会出现缝隙过大或重叠的情况，如图2-55所示。

图2-54

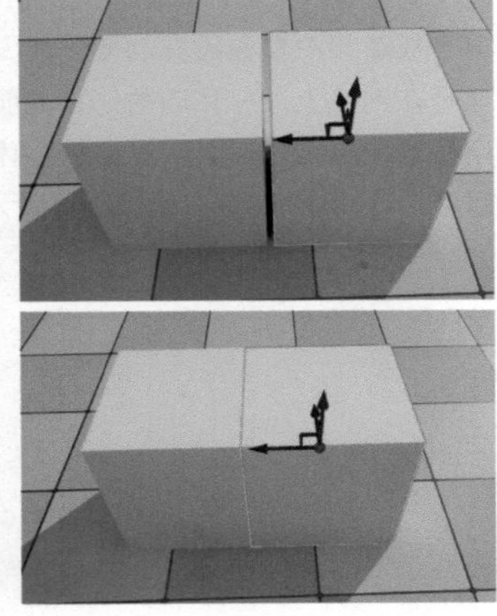
图2-55

02 因为目前的“设置位置网格对齐值”为10，所以很难将两个正方体整齐地对接。尝试设置“设置位置网格对齐值”为1，可以发现网格变得更密集了，如图2-56所示。

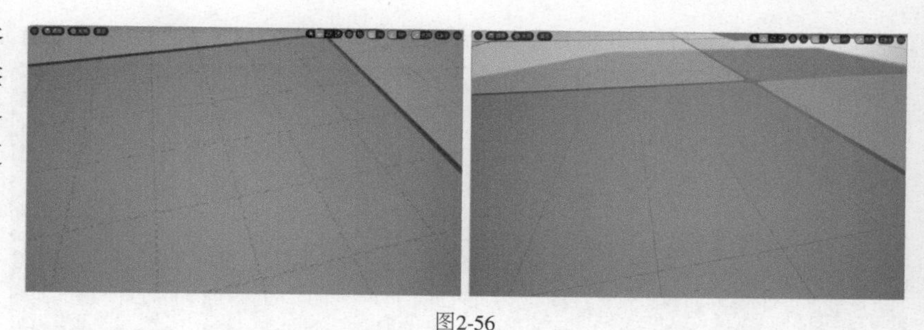

图2-56

03 选择“选择并平移对象”工具，任意选择一个正方体并拖曳x轴，使其缓慢地移动，两个正方体可以被完全拼接在一起，如图2-57和图2-58所示。

图2-57

图2-58

2.3 初识蓝图

蓝图是一种方便且快捷的编程方式，对初学者来说非常友好，使用蓝图节点能完成一个游戏功能或游戏流程的开发。蓝图的系统灵活、功能强大，可以借助C++对蓝图进行拓展。蓝图可以实现一个游戏中的大部分功能，极高的开放性让用户可以通过蓝图控制材质与特效，提高开发效率。蓝图这种可视化且能实现效果的功能十分适合初学者。

重点

2.3.1 创建Actor

有三维变换根组件的Actor支持移动、旋转和缩放等三维变换，也支持在游戏中被代码生成或销毁，同时，其还有自己的逻辑。本小节将介绍如何创建一个“Actor”类蓝图。为了更快地找到资产，并使软件面板更整洁，可通过创建文件夹的方式来对文件进行分类。在“内容浏览器”面板中单击鼠标右键并执行“新建文件夹”菜单命令，如图2-59所示，即可创建文件夹。

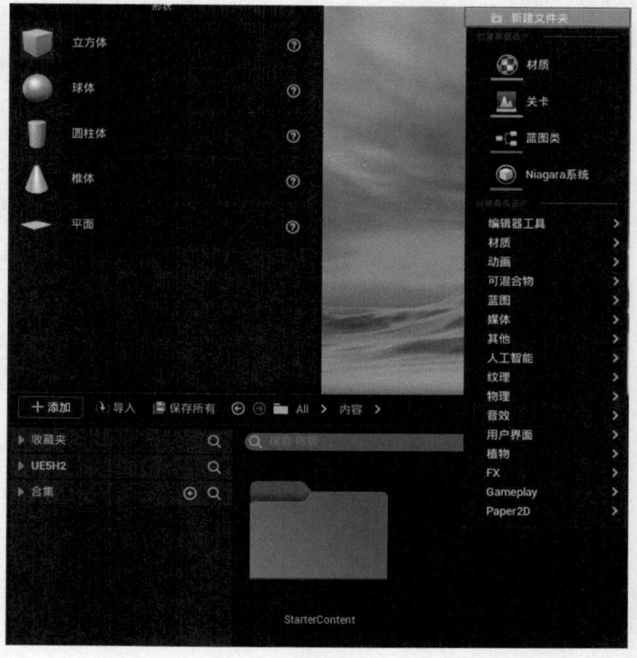

图2-59

创建一个新的文件夹并将其命名为“CH02”，然后在“CH02”文件夹上单击鼠标右键并执行“设置颜色”菜单命令，在“取色器”对话框中设置“颜色”为蓝色（R:0.015，G:0.02，B:0.6）后单击“确定”按钮 确定 ，如图2-60所示。

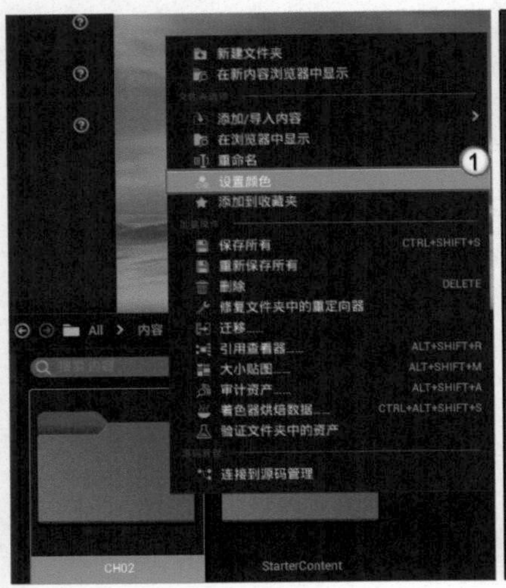

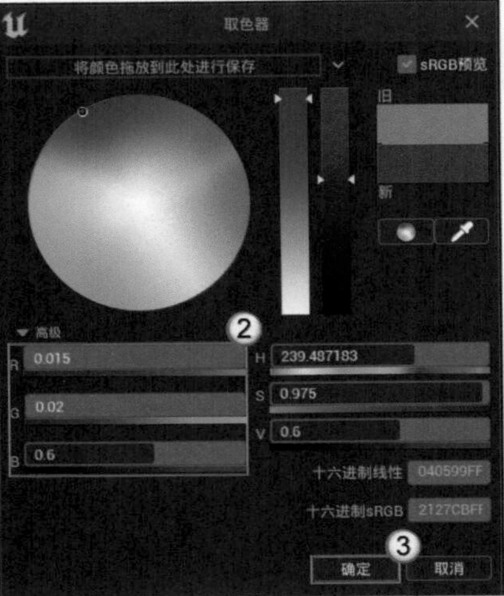

图2-60

双击进入“CH02”文件夹，在“内容浏览器”面板中的空白位置单击鼠标右键并执行“蓝图>蓝图类”菜单命令，如图2-61所示，打开“选取父类”对话框。

打开的“选取父类”对话框中定义了很多可以被蓝图继承的类，这些类都是基本的和常用的蓝图。因为Actor类可以添加组件并且可以写入蓝图逻辑，所以选择“Actor”选项，创建蓝图，将蓝图命名为“BP_Test”，选择“BP_Test”蓝图并按快捷键Ctrl＋S保存资产，如图2-62所示。

图2-61

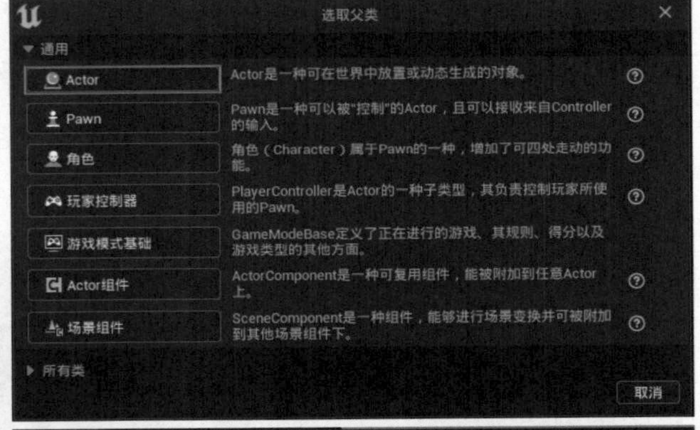

图2-62

技术专题：如何判断是否已保存资产

当资产预览图的左下方存在图标时代表该资产暂未保存或保存后有过修改，该图标消失则代表该资产保存成功，如图2-63所示。

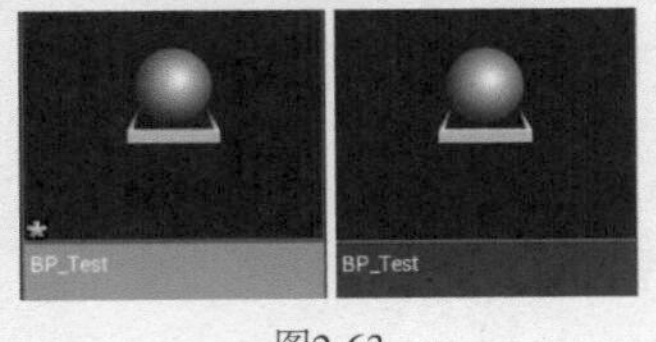

图2-63

2.3.2 打开“蓝图编辑器”窗口

创建Actor蓝图后即可开始编辑Actor蓝图，有以下3种快速打开“蓝图编辑器”窗口的方法。

第1种：在“内容浏览器”面板中的蓝图上单击鼠标右键并执行“编辑”菜单命令，如图2-64所示。

第2种：双击“BP_Test”蓝图。

第3种：先将蓝图拖曳到关卡中，然后选中关卡中的蓝图，接着按快捷键Ctrl+E或单击“细节”面板中的“编辑蓝图”按钮并执行“打开蓝图编辑器”菜单命令，如图2-65所示。

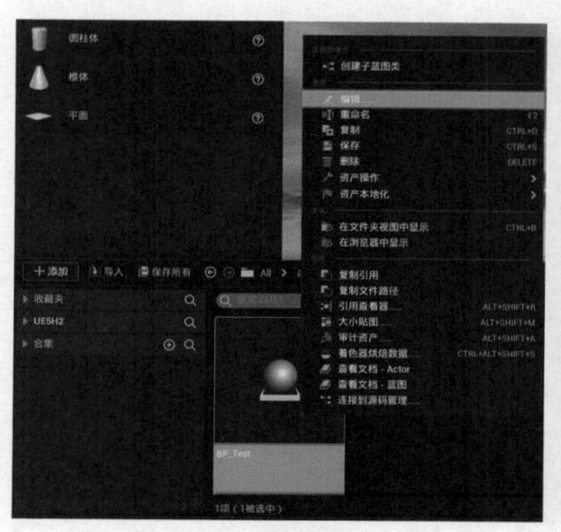

图2-64

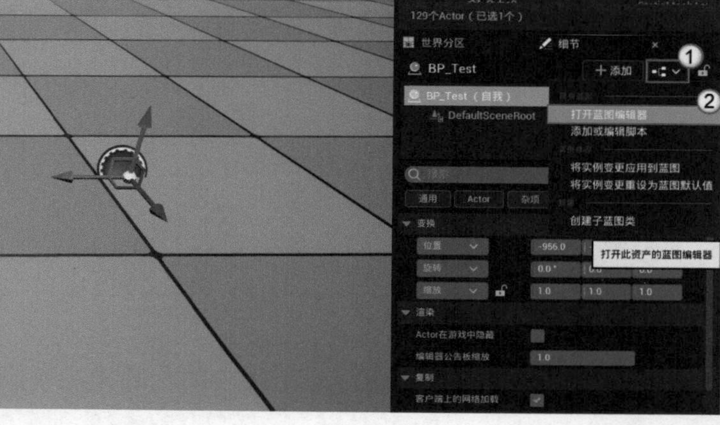

图2-65

问：为什么使用以上方法后没有打开“蓝图编辑器”窗口？

答：这种情况可能是进入了“蓝图编辑器”窗口的“类默认值”面板，该面板中只显示默认值的纯数据蓝图，如图2-66所示，出现这种情况不会对接下来的操作产生影响，单击“打开完整蓝图编辑器”超链接便可打开“蓝图编辑器”窗口。

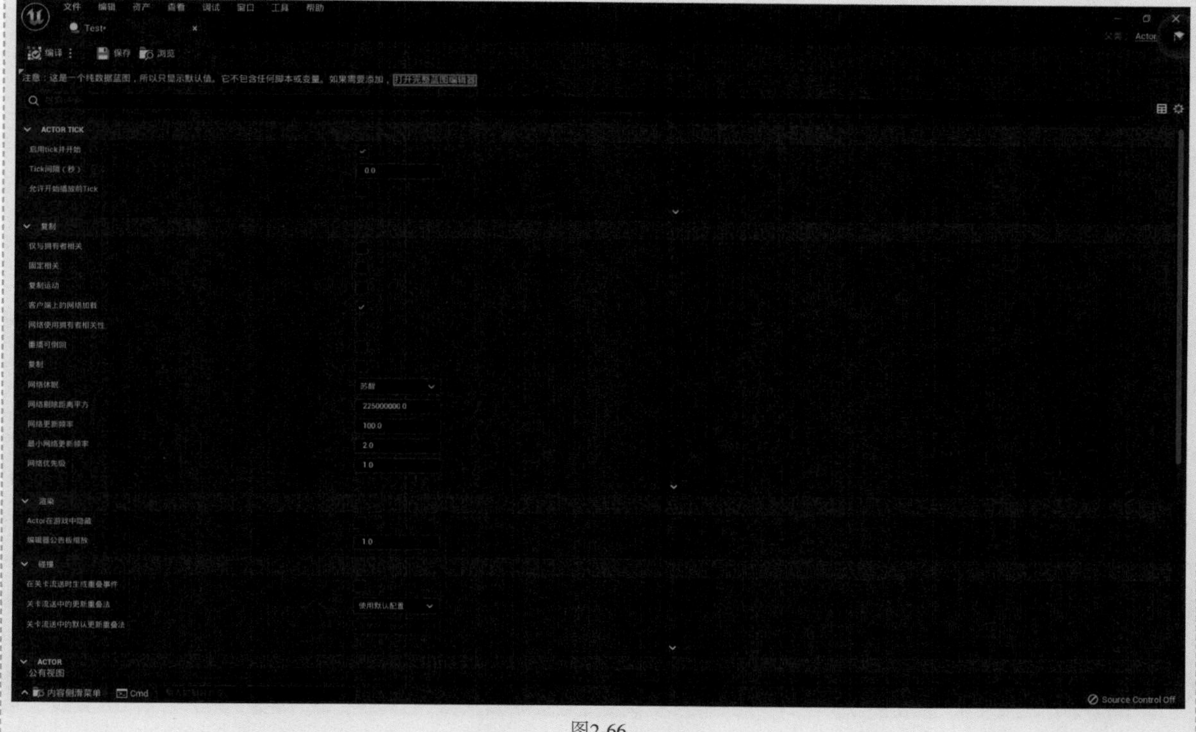

图2-66

“蓝图编辑器”窗口涉及的内容很多，并且功能复杂，接下来会一步步地讲解。由于不能在一小节中将需要学习的内容全部讲完，读者需要记住“组件”“我的蓝图”“视口”“事件图表”“细节”这5个关键面板，如图2-67所示。

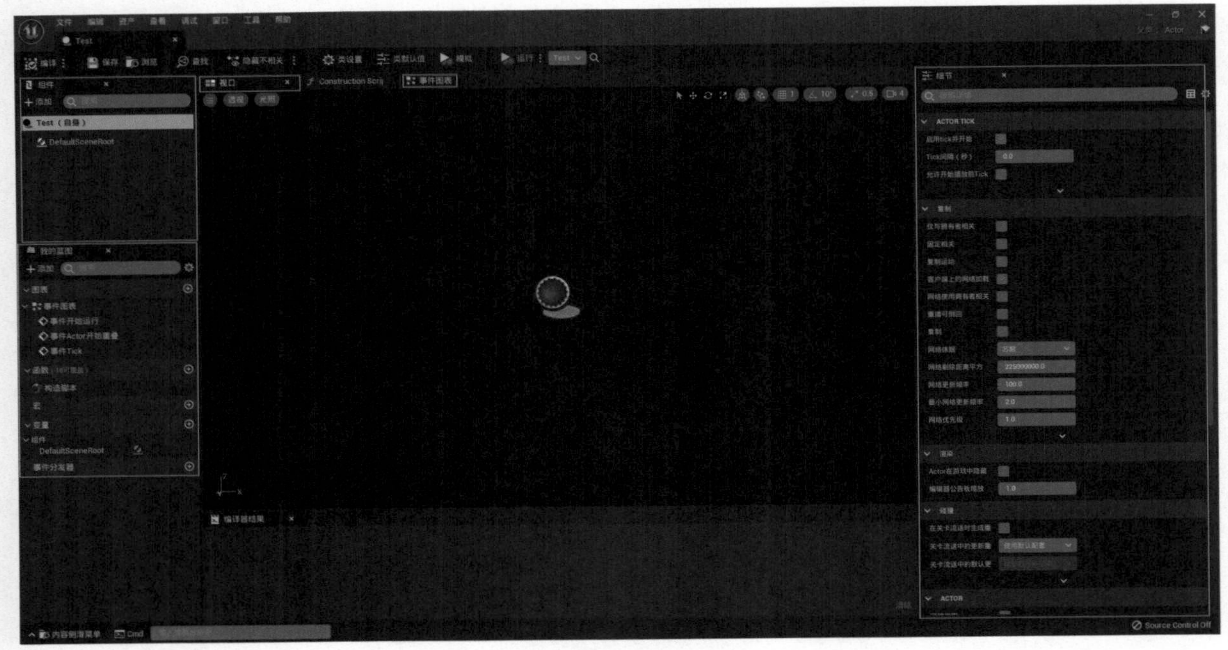

图2-67

重要面板介绍

◇ **组件：** 用于添加或编辑组件。

◇ **我的蓝图：** 用于添加和编辑图表、事件、宏、变量和函数。

◇ **视口：** 和关卡视口相似，只显示Actor中的内容。

◇ **事件图表：** 蓝图的主编辑器，蓝图逻辑需要在该编辑器中编写。

◇ **细节：** 用于设置和修改Actor的默认值。

2.3.3 使用“打印字符串”节点输出字符串

本小节将讲解如何创建蓝图节点并输出“Hello World”字符串。在“我的蓝图”面板中双击“事件图表”选项或单击“事件图表”按钮事件图表进入“事件图表”面板，如图2-68所示。

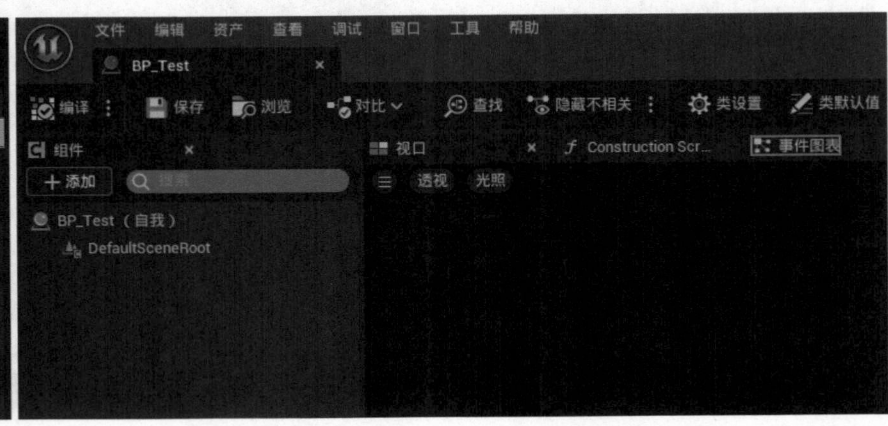

图2-68

提示 如果不小心关闭了窗口中的面板，可以打开“窗口”菜单，根据需求勾选对应面板，如图2-69所示。

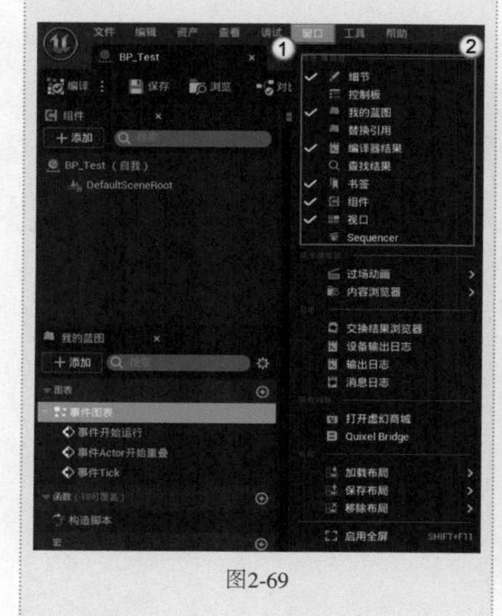

图2-69

在“事件图表”面板中的空白处单击鼠标右键，会弹出“此蓝图的所有操作”界面，如图2-70所示，变量、函数、宏等大部分节点都会显示在这个界面中，在搜索框中输入节点名称可以快速找到对应节点。勾选“情景关联”选项时系统会根据当前引脚智能搜寻可使用的节点，取消勾选“情景关联”选项后可以显示全部节点。

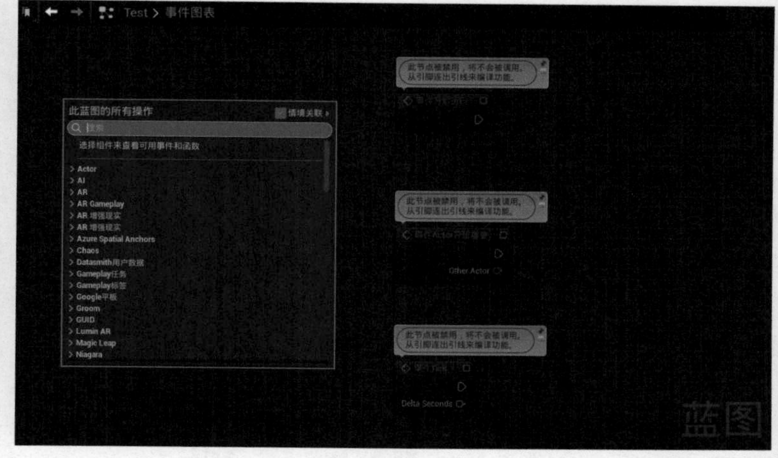

图2-70

只有在使用“打印字符串”节点时才可以在屏幕上输出字符串。在搜索框中输入“打印字符串”，此时会出现“打印字符串”节点，如图2-71所示，选择该节点便可将其添加到“事件图表”面板中。

“打印字符串”节点实际上是一个C++封装函数，节点名称左侧的*f*代表函数（该字母并不特指使用C++制作的封装函数，在“蓝图编辑器”窗口中创建的函数的名称左侧也有*f*），如图2-72所示。

图2-71

图2-72

技术专题：如何查看节点源码

如果安装了Visual Studio（VS）和相关环境，并且精通代码相关知识，双击节点即可跳转到VS中查看源码，在VS中可以制作需要的蓝图和节点等，如图2-73所示。

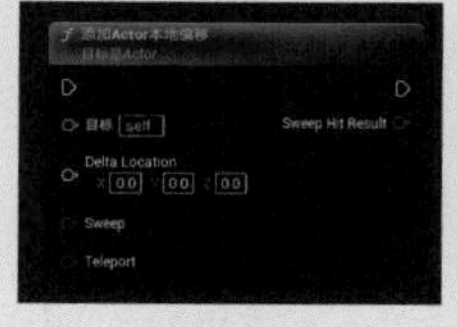

图2-73

节点的左上方和右上方分别有一个白色箭头，这是比较常用的白色引脚。一般的非纯节点都会有白色引脚，必须连接左侧的白色引脚到事件上才可以执行该节点。下方的“In String”是一个String引脚，也是这个函数的参数之一，该引脚可以被其他的String类型的线所连接，也可以在其中手动输入一个值。单击下拉按钮打开卷展栏可以看到完整的蓝图引脚，如图2-74所示。

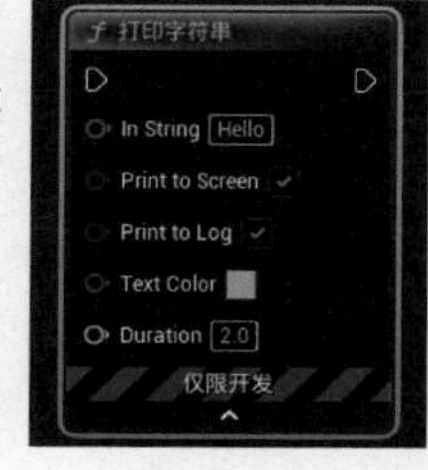

图2-74

重要引脚介绍

◇ **Print to Screen（输出到屏幕）：**是否输出到屏幕，默认勾选。

◇ **Print to Log（输出到日志）：**是否输出到日志，默认勾选。

◇ **Text Color：**设置颜色。

◇ **Duration：**显示时长（≥0），如果时长为0，那么只执行一帧。

在“打印字符串”节点的“In String”引脚中输入“Hello World”，如图2-75所示。

图2-75

如果要执行该节点，则需要一个事件，事件会触发与其连接的节点，使节点可以被执行。如果一个事件连接着一串执行节点，那么这一串执行节点会按顺序被执行。较常见的执行节点是“事件开始运行”节点。按住P键并在“事件图表”面板中的空白处单击，即可创建“事件开始运行”节点，如图2-76所示。

按住“事件开始运行”节点右侧的白色引脚，并将其拖曳到“打印字符串”节点左侧的白色引脚上，松开鼠标左键即可完成连接，如图2-77所示。在游戏开始运行后，“事件开始运行”节点会被执行一次。

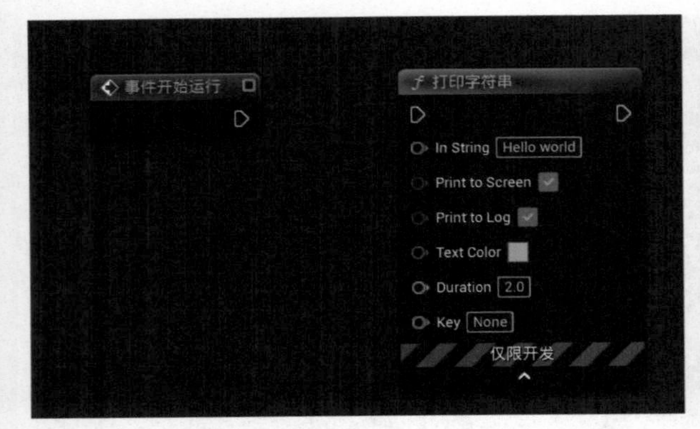

图2-76

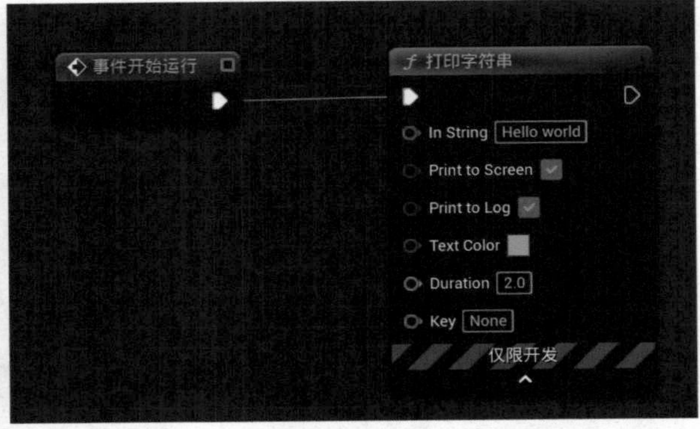

图2-77

单击“编译”按钮（快捷键为F7）后单击“保存”按钮，然后将“BP_Test”蓝图拖曳到关卡中，如图2-78所示（如果之前已经将蓝图拖曳到了关卡中，那么这次就不用再执行该操作，执行该操作的目的是保证关卡中只存在一个实例化对象）。

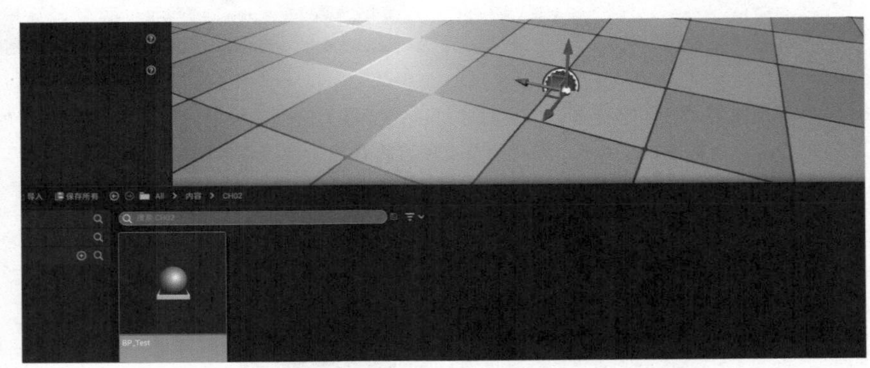

图2-78

单击“运行”按钮运行游戏，此时视口的左上角将会弹出“Hello world”字符串，如图2-79所示。

可以看到在开始运行时，原来的白色引脚线变成了橙色，如图2-80所示，它代表着节点的执行流向，经常用于检查节点的连接或数值是否有误。

图2-79

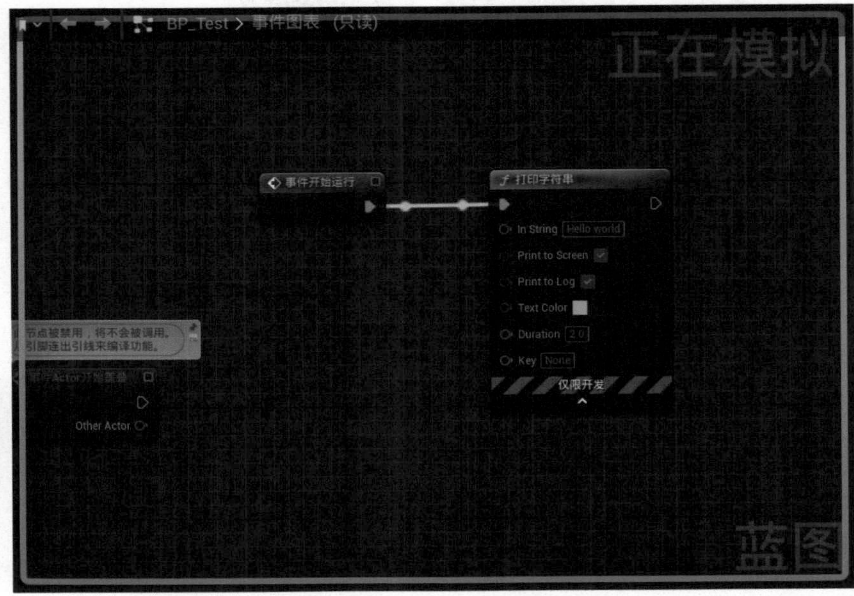

图2-80

运行游戏后,“蓝图编辑器”窗口中的“未选中调试对象”下拉列表中会包含在关卡中添加的蓝图，如果在关卡中添加了一些相同的蓝图，选择某一蓝图后其调试内容将会变为指定的实例化对象，如图2-81所示。

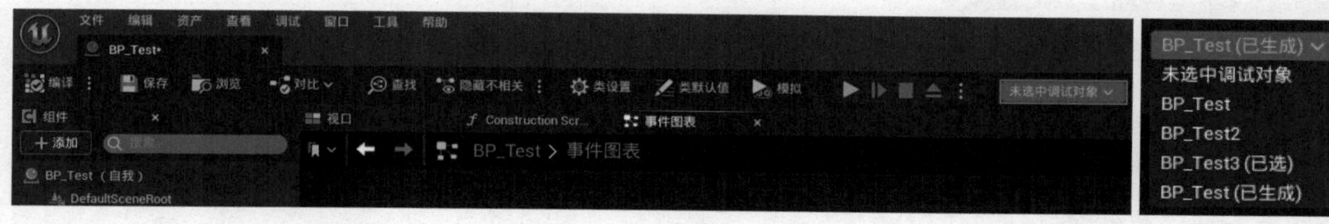

图2-81

2.3.4 蓝图书签

蓝图书签是一种可以保存蓝图在众多蓝图中的位置，并且快速重定向到指定蓝图位置的一种标记方法。如果创建了很多蓝图，并且有很多蓝图节点，则可以通过蓝图书签迅速找到指定的蓝图。打开任意一张蓝图的“事件图表”面板，单击面板左上方的“新建书签”按钮即可添加一个书签，如图2-82所示。

注意，此时需要为书签重命名，如将其重命名为“Test Bookmark”，然后单击“添加”按钮，如图2-83所示。如果想要移除书签，只需要再次单击“新建书签”按钮，再单击“移除”按钮即可，如图2-84所示。

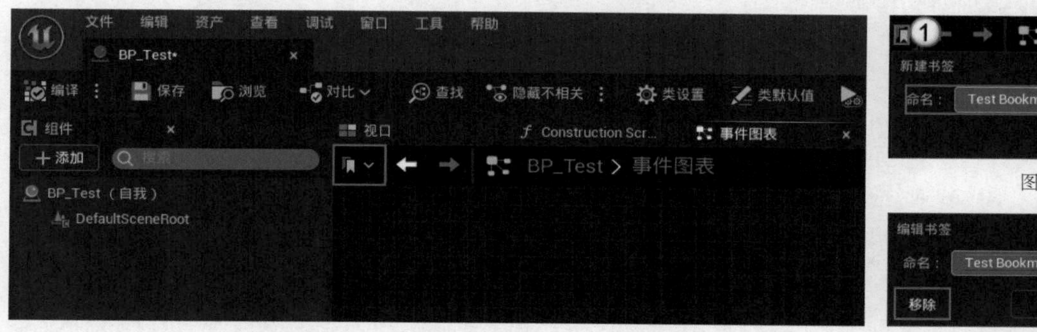

图2-82

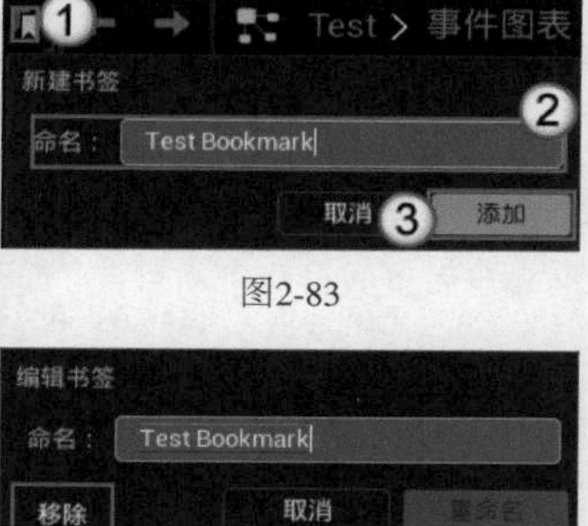

图2-83

图2-84

提示 书签保存的是蓝图目前所在的位置，可以在一张蓝图的不同位置保存数个书签。

执行“窗口>书签”菜单命令，如图2-85所示，打开“书签”面板，双击该面板中的“Test Bookmark”可将其传送到对应的位置，如图2-86所示。若在此张蓝图的另外一个位置重新创建一个不同名称的书签并单击“编译”按钮，则“书签”面板中会出现新的书签，双击该书签仍然可以传送到相应的位置。

图2-85

图2-86

重点

2.3.5 关卡蓝图

每一个关卡都有属于自己的关卡蓝图，关卡蓝图是一个关卡的全局事件图，在其中可以引用关卡中的对象，也可以制作普通的蓝图节点。

1.在关卡蓝图中引用对象

单击“蓝图”按钮 蓝图 并执行“打开关卡蓝图”菜单命令，如图2-87所示，打开“关卡蓝图”窗口，如图2-88所示。在“关卡蓝图”窗口中可以创建节点，还可以创建事件、变量、函数、宏、新图表、书签和连线等。

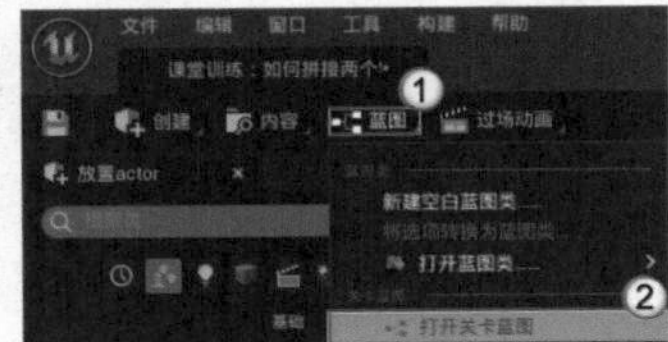

图2-87

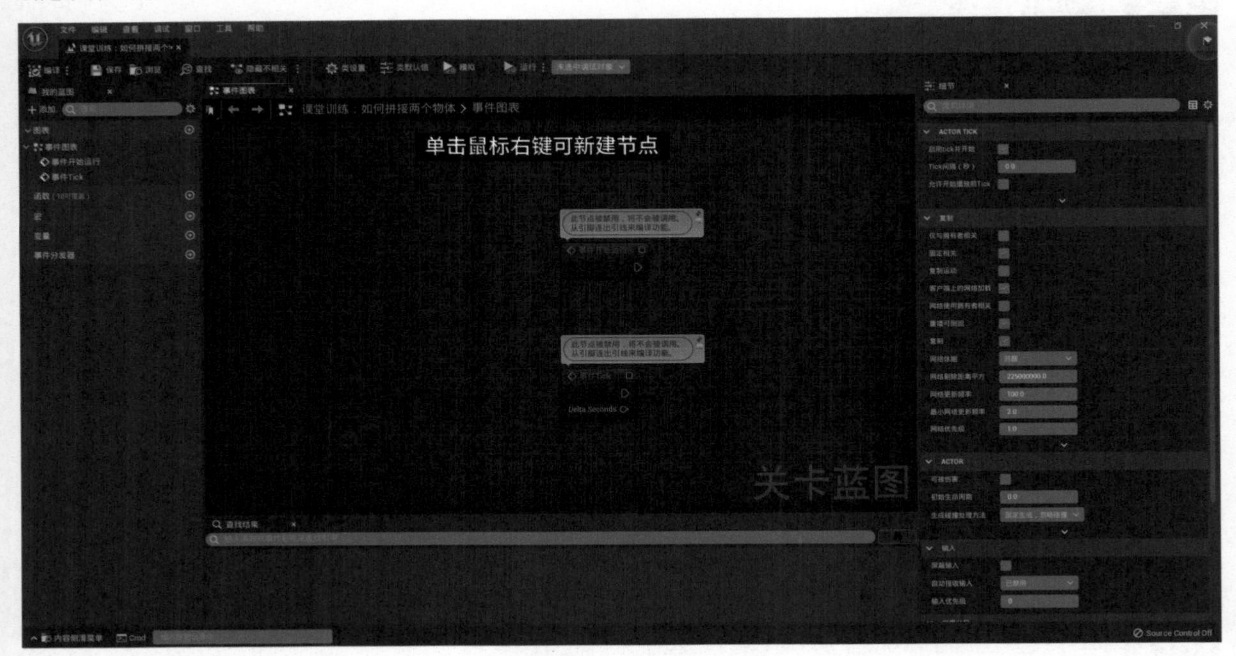

图2-88

关卡蓝图的一个特点是可以直接引用关卡中的Actor对象，这是关卡蓝图特有的功能。将“大纲”面板中的蓝图拖曳到“关卡蓝图”窗口中，如置入“BP_Test”蓝图，如图2-89所示。引用“BP_Test”蓝图后可以直接得到该蓝图的属性、默认值和自定义事件等。

图2-89

2.在关卡蓝图中运行蓝图节点

创建一个"打印字符串"节点，并将其连接到"关卡蓝图"窗口中的"事件开始运行"节点，在"In String"引脚中输入"Hello"并依次单击"编译"按钮 编译 和"保存"按钮 保存，如图2-90所示。

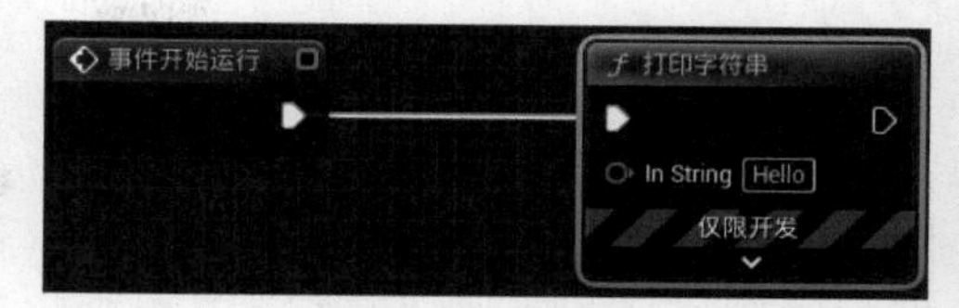

图2-90

技术专题：无视情境搜索节点

将输出引脚拖曳到空白处新建节点时，"情境关联"功能会根据引脚类型自动筛选出适合这个引脚的节点，如果筛选出的节点与自己想要的不一致，或者没有筛选出原本可以搜到的节点，可以取消勾选"情境关联"选项，拖曳"事件开始运行"节点的白色引脚 到空白处后松开鼠标左键，在"可执行操作"界面中直接搜索"打印字符串"节点，如图2-91所示。

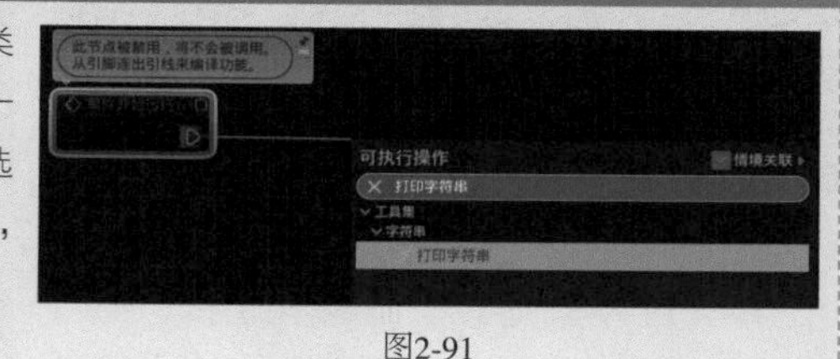

图2-91

进入PIE运行模式，可以看到界面左上角出现了两个"Hello字符串"，其中一个为"BP_Test"蓝图中的"Hello"，另外一个为关卡蓝图中的"Hello"，如图2-92所示。

图2-92

提示 如果要对两个字符串进行区分，那么可以单击"打印字符串"节点下方的下拉按钮 打开卷展栏，单击"Text Color"引脚右侧的色块，为文字设置不同的颜色，如图2-93所示。

图2-93

2.3.6 查看引用

"BP_Test"蓝图在"关卡蓝图"窗口中作为引用对象被添加到"事件图表"面板中，也就是说这个名为"BP_Test"的引用对象是名为"BP_Test"蓝图的实例化对象的完美"替身"，通过此引用可以得到关卡中的引用对象的全部信息。如果删除了关卡中名为"BP_Test"的对象，那么该引用将会失效；同理，如果删除了"内容浏览器"面板中的"BP_Test"蓝图，关卡中的实例化对象也会被一并删除，引用也会随之作废。

如果对象在别的地方被引用了，可以选中该对象，然后单击鼠标右键并执行"编辑>删除"菜单命令（快捷键为Delete），弹出"消息"对话框，单击"是"按钮 是 删除该对象，如图2-94所示。

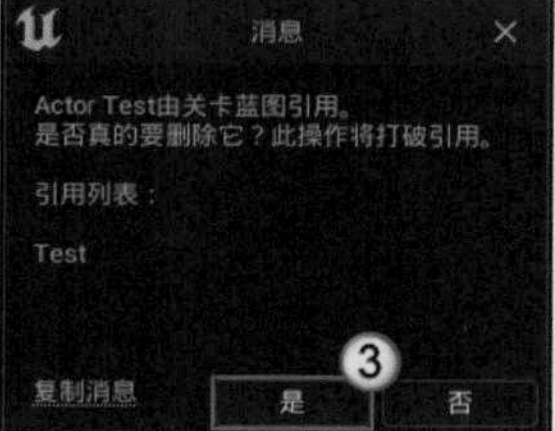

图2-94

此时打开“关卡蓝图”窗口可以看到该引用已经损坏，如图2-95所示，因为此引用对应着放置在世界中的Test对象，世界中的Test对象被删除，所以Test对象的引用会损坏。

图2-95

现在我们通过人物模型来查看资产之间的引用。经过之前的操作，我们可以获得一套比较完整的模型，其拥有骨骼网格体、材质、纹理、骨架和物理资源，如图2-96所示。

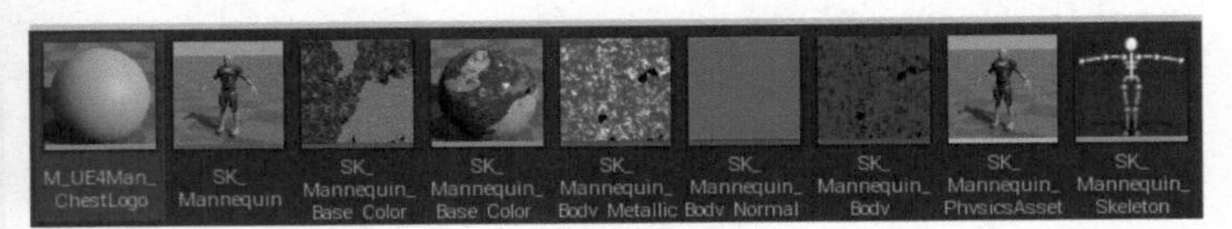

图2-96

在“内容浏览器”面板中选择“SK_Mannequin”模型并单击鼠标右键，执行“引用查看器”菜单命令或按快捷键Alt＋Shift＋R，如图2-97所示。

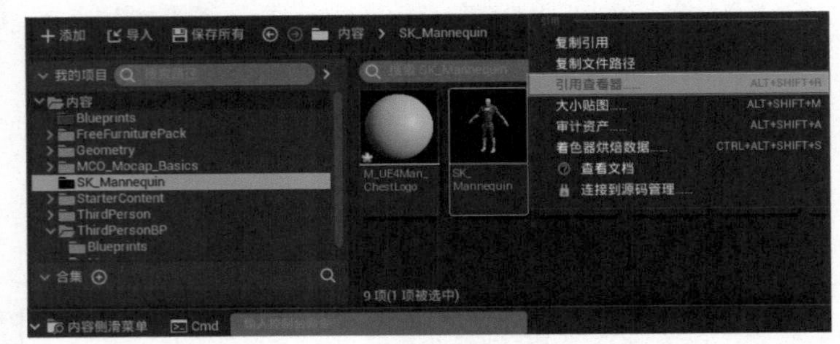

图2-97

设置“搜索深度限制”为12后可以看到材质中的纹理引用，这就是一个骨骼网格体的引用表，如图2-98所示。在“引用查看器”面板中可以直观地观察到当前资产有没有在某个地方被引用，从而防止用户因误操作而删除引用。

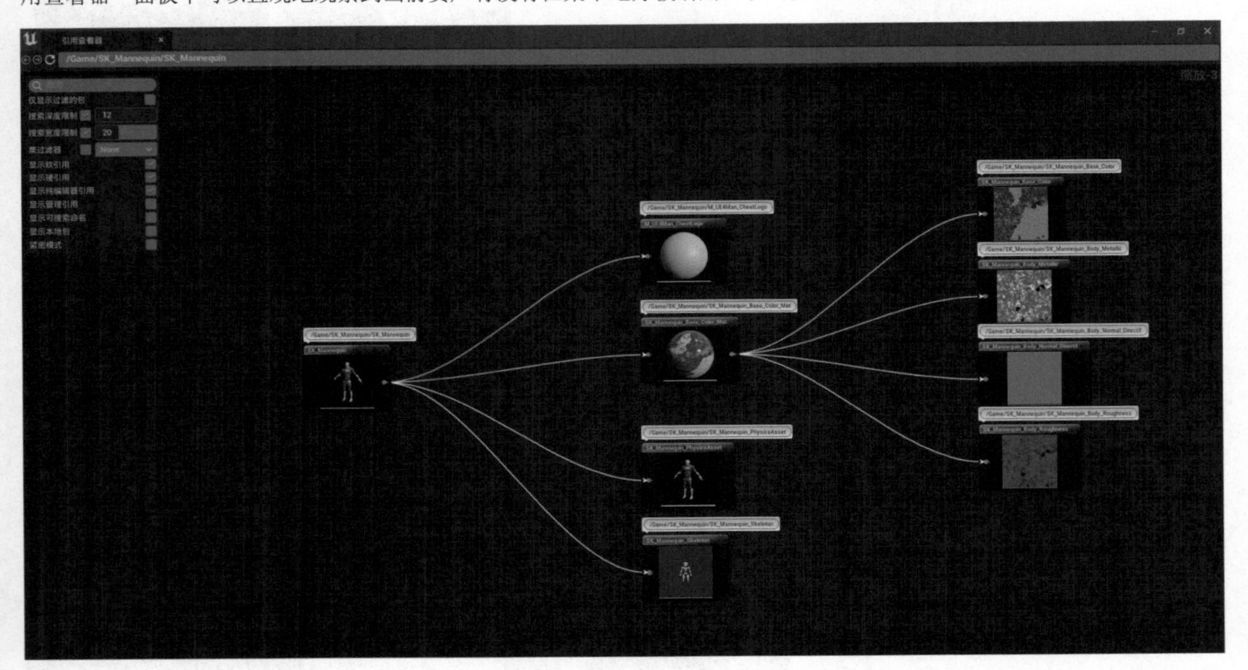

图2-98

在强行删除被引用的资源时会出现“Delete Assets”对话框，例如随意删除一张纹理，可以将删除的纹理替换为其他纹理，选择合适的纹理并单击“替换引用”按钮 替换引用 就可以无损替换，如图2-99所示。除了模型材质，蓝图之间的引用也是可以查看的，只是目前没有太多的蓝图可供操作。

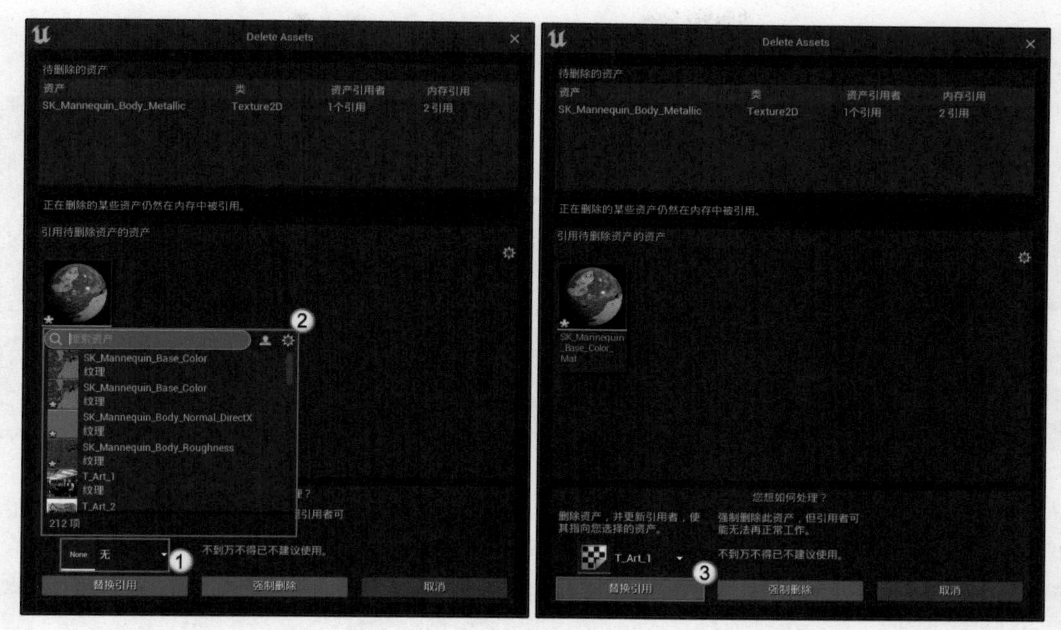
图2-99

2.3.7 打印关卡中的资产名称

使用快捷键Ctrl＋Space打开“内容浏览器”面板，在空白处单击鼠标右键，执行“蓝图类”菜单命令，创建一个“Actor”蓝图并命名为“BP_TestName”，选择该资产并按快捷键Ctrl＋S进行保存，如图2-100所示。

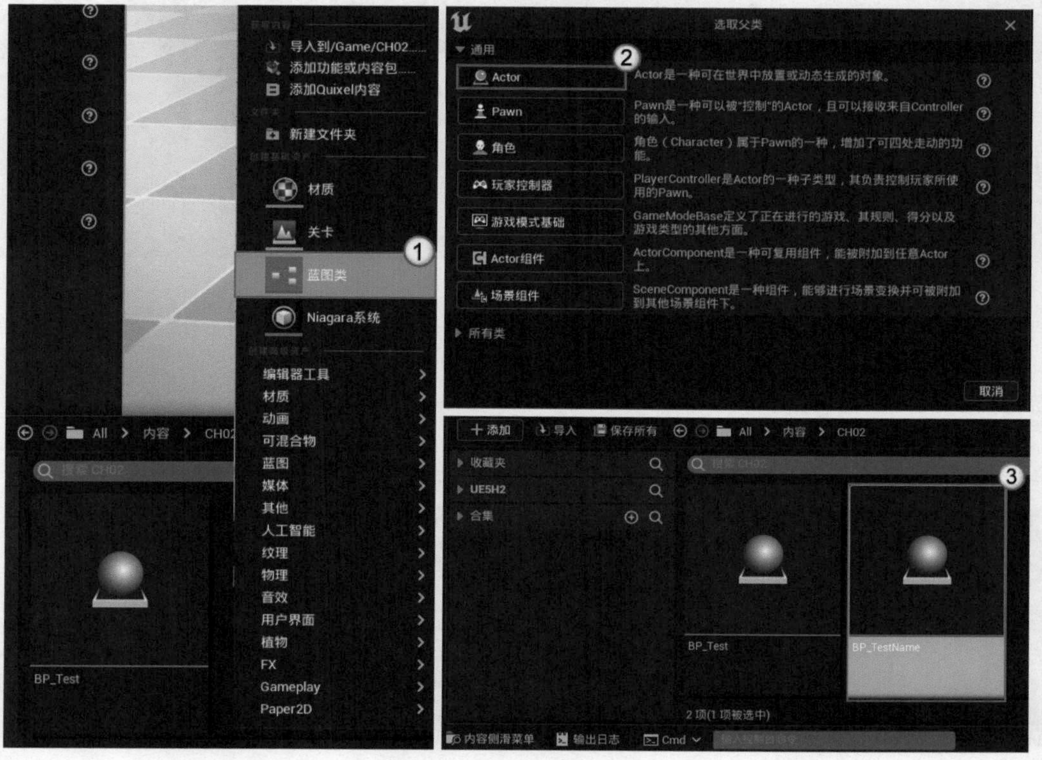
图2-100

拖曳“BP_TestName”蓝图到关卡中，单击“供用户编辑或创建的世界场景蓝图列表”按钮后执行“打开关卡蓝图”菜单命令，如图2-101所示，打开“关卡蓝图”窗口。

图2-101

在“大纲”面板中通过搜索找到关卡中的“BP_TestName”实例化对象，并将此对象拖曳到“事件图表”面板中，如图2-102所示。

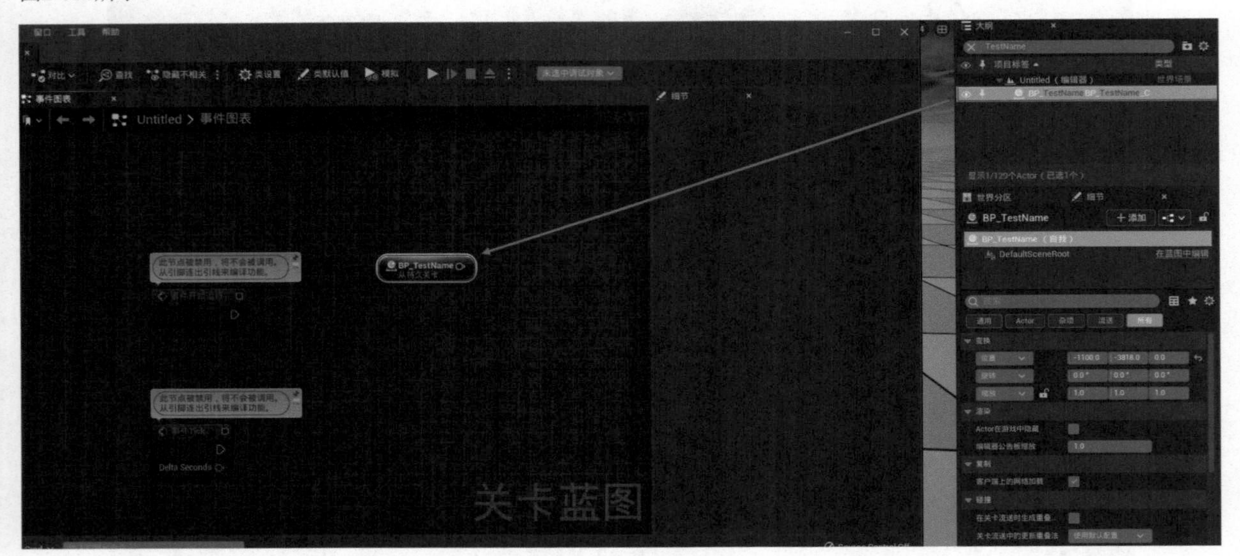

图2-102

新建一个“打印字符串”节点并将其连接到“事件开始运行”节点上，打开“打印字符串”节点的卷展栏，设置“Duration”为10.0，连接“BP_TestName”到“In String”引脚上，如图2-103所示。

系统会自动生成一个能够连接两个引脚的节点，在本例中，将Actor对象连接到字符串类型的引脚上时会自动生成“获取显示命名”节点，如图2-104所示。

编译并保存后进入PIE运行模式，界面左上角会自动显示对象的名称，如图2-105所示。

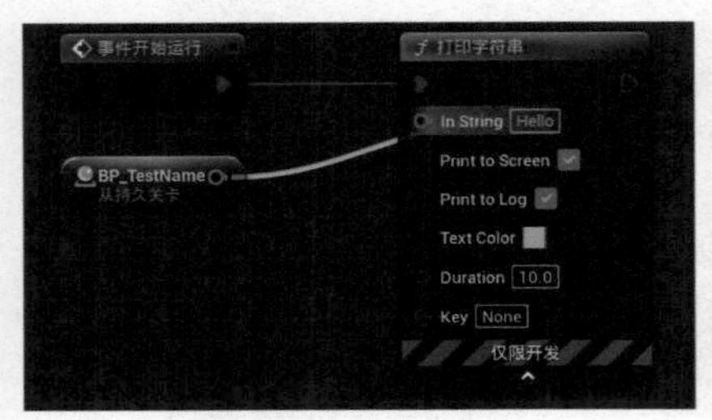

图2-103

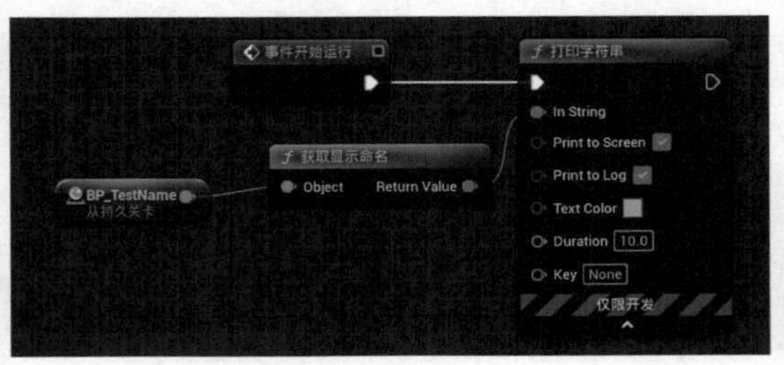

图2-104

图2-105

2.4 提高工作效率的方法

对初学者来说，除了基本操作之外，合理的引擎控制方式也可以大幅提高工作效率，本节会简单地讲解一些提高工作效率的好方法。

2.4.1 界面布局

有一个适合自己的界面布局非常重要，界面布局不只影响着操作时的舒适度，也影响着使用Unreal Engine 5时的效率。

1.调整界面布局的方法

在Unreal Engine 5中，每一个面板都可以被随意拖曳放置。例如，打开“内容浏览器”面板，单击右上方的“停靠在布局中”按钮 停靠在布局中 即可使其一直显示，将鼠标指针移动到面板名称上，按住鼠标左键并拖曳鼠标便可将其放置到想要的地方，如图2-106和图2-107所示。

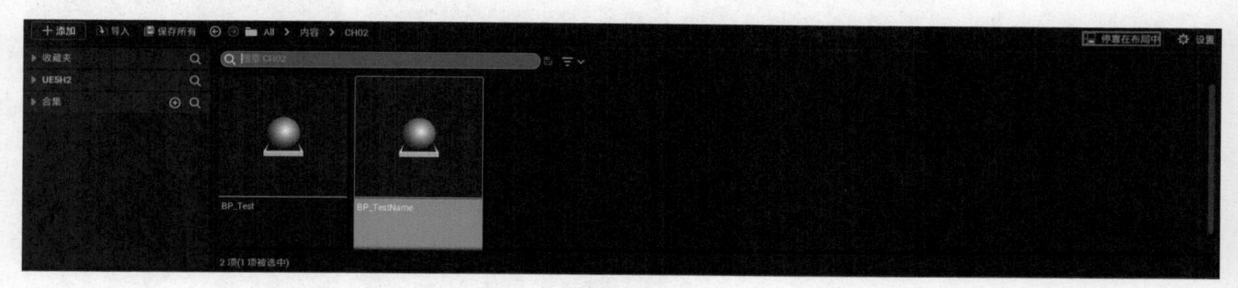

图2-106

图2-107

提示 保持“内容浏览器”面板一直显示可以提高工作效率，因为不必一直执行打开“内容浏览器”面板的操作，减少了不必要的操作步骤。

在“视口”面板中单击左上角的“透视”按钮，在弹出的下拉菜单中可以修改观察物体的方向或形式，有6个方位视图可供选择，如图2-108所示。

Unreal Engine 5和大多数软件一样可以保存和加载界面预设布局，执行“窗口>保存布局>另存布局或导出布局”菜单命令可导出已经设定好的布局，如图2-109所示。如果下一次不小心打乱布局或需要切换不同的布局，可以一键切换，保存后执行“窗口>加载布局”菜单命令，就会看到已经保存的布局。

如果界面被布置得混乱或面板在布局的过程中消失，那么可以执行“窗口>加载布局>默认编辑器布局”菜单命令，如图2-110所示，使界面恢复为默认布局。

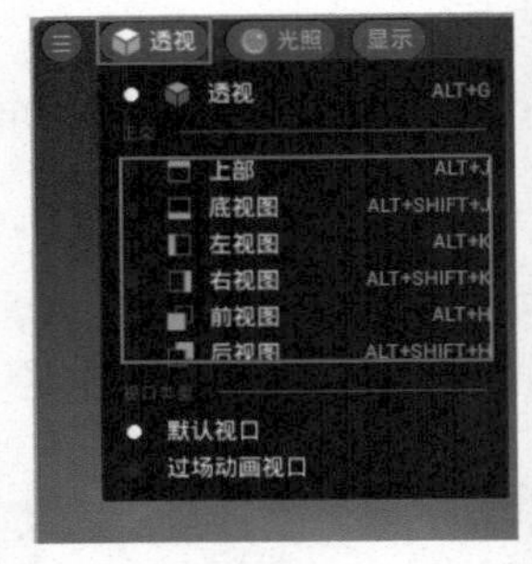

图2-108

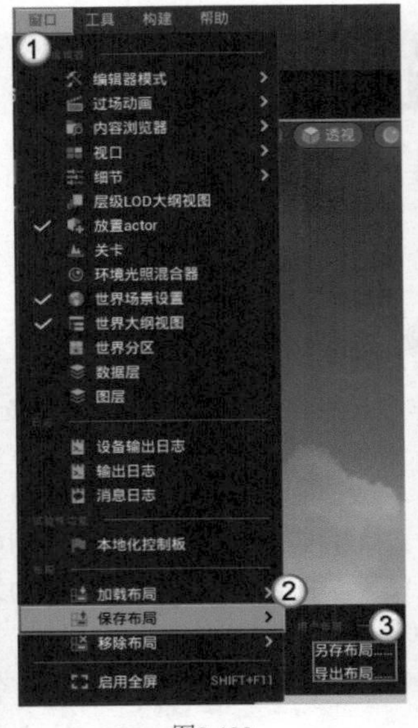

图2-109

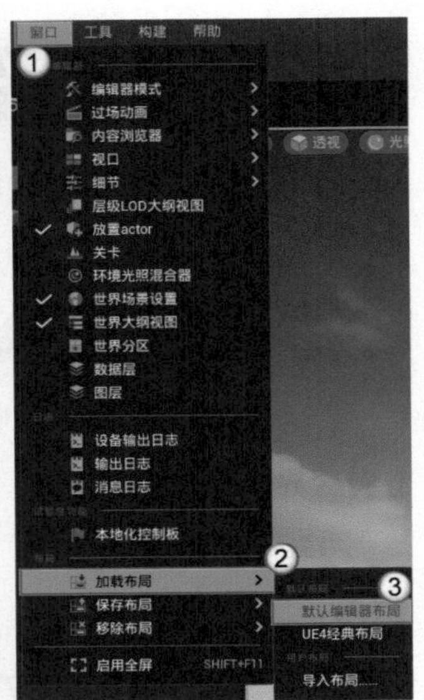

图2-110

在面板选项卡上单击鼠标右键可以打开“选项”菜单，执行“折叠选项卡”菜单命令可以隐藏选项卡，如图2-111所示。

此时看到面板左上角出现了一个蓝色三角形按钮，如图2-112所示，单击该按钮即可重新显示面板选项卡。

图2-111

图2-112

提示 大部分有选项卡的面板都可以执行此操作。

2.推荐初学者使用的界面

对初学者来说，需要经常使用Unreal Engine 5才可以熟悉操作并找到适合自己的界面布局，默认的编辑器界面布局如图2-113所示，下面介绍两种因操作目的不同而不同的界面布局形式。

图2-113

第1种：搭建关卡布局。搭建关卡时的主要操作对象是模型、蓝图和特效等，这些内容一般都在不同的文件夹中，而来回切换文件夹非常麻烦。一般可以在界面中放置3个“内容浏览器”面板，并在其中打开不同的资源，因为“细节”面板在制作关卡时使用的次数较少，所以可以适当缩小“细节”面板以确保有更多的地方用来放置“内容浏览器”面板，如图2-114所示。

图2-114

技术专题：切换四视图

单击“视口”面板右上方的“最大化或恢复此视口”按钮，界面会变成四视图，如图2-115所示。

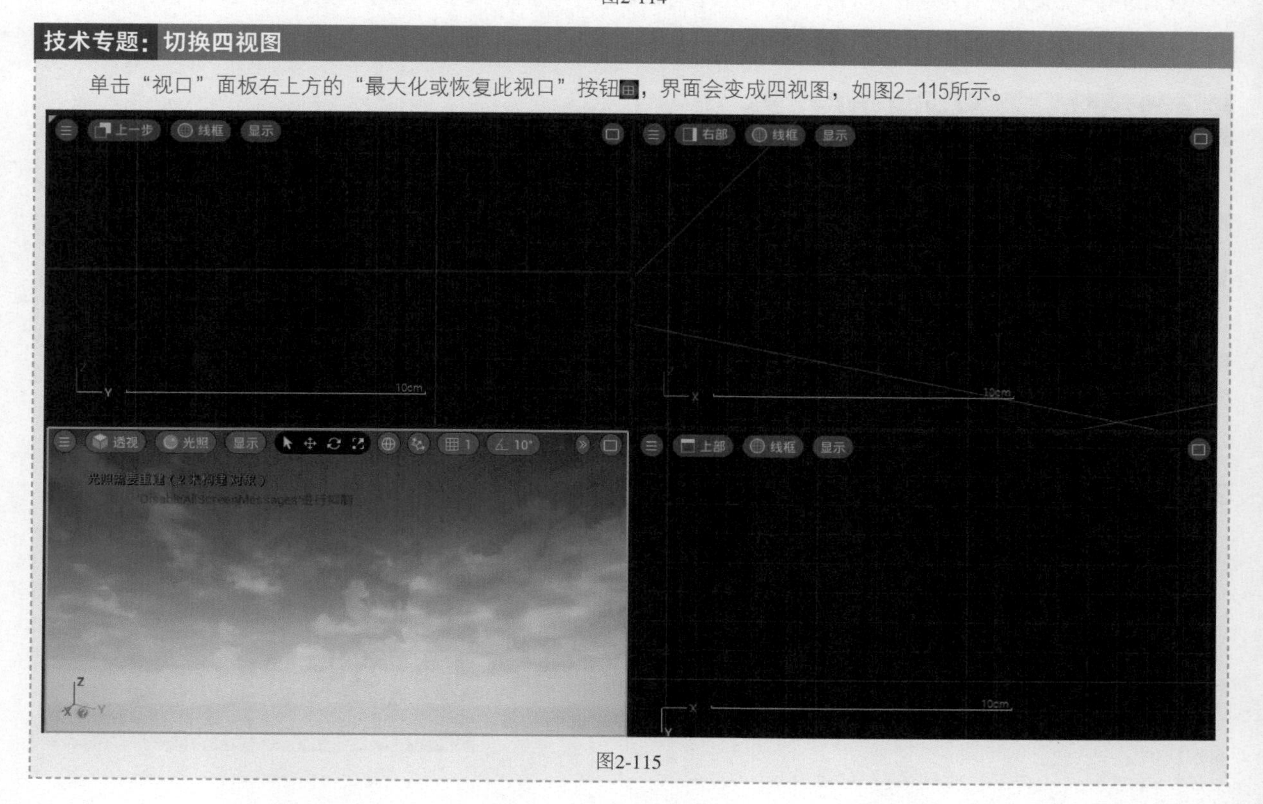

图2-115

验证码：22007

第2种：蓝图调试布局。除了蓝图的调试，制作粒子特效、材质时也可以使用这个界面布局，如图2-116所示。因为操作对象较为单一，所以只使用了一个“内容浏览器”面板；因为“细节”面板的使用频率较高，所以放大了“细节”面板；因为修改蓝图、粒子特效和材质时主要在“视口”面板中观察最终效果，所以“视口”面板也被调整得较大。

图2-116

以上这两种布局形式只是笔者个人的习惯，初学者可以将这两种界面布局作为参考，最终找到适合自己的界面布局。若屏幕分辨率很高，可以将各个面板缩小以容纳更多的内容。

2.4.2 快捷操作与快捷键

Unreal Engine 5为用户提供了数种便于开发的快捷操作与快捷键，学会一些快捷操作与快捷键不仅可以提升开发速度，还可以降低在操作时被打断思路的可能性。

1.快捷切换窗口

使用快捷键Ctrl＋Tab可以打开“更换窗口”界面，不松开Ctrl键并再次按Tab键可以切换到另外的窗口，松开Ctrl键会显示选择的窗口，如图2-117所示。

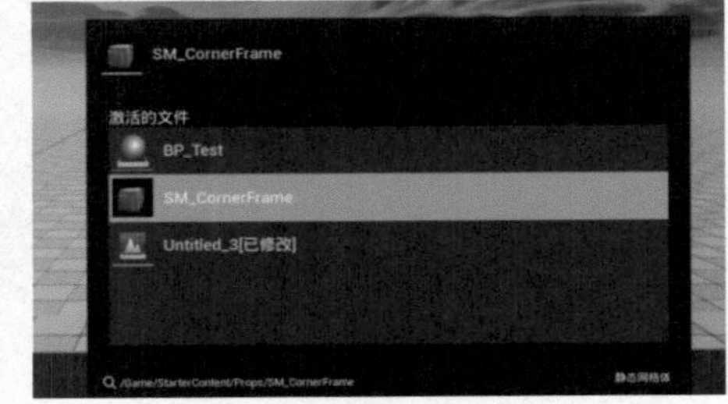

图2-117

2.开启多个面板

Unreal Engine 5支持开启多个“内容浏览器”面板、“细节”面板和“视口”面板，每一个新开启的面板都是独立的，开启多个面板时，可以同时浏览不同的目录，提高工作效率。

在执行“窗口>内容浏览器”菜单命令时，可以看到已经默认开启了一个“内容浏览器”面板且最多可同时开启4个，如图2-118所示。同理，“细节”面板和“视口”面板也支持同时开启多个，新开启的面板的功能和默认的完全一致。

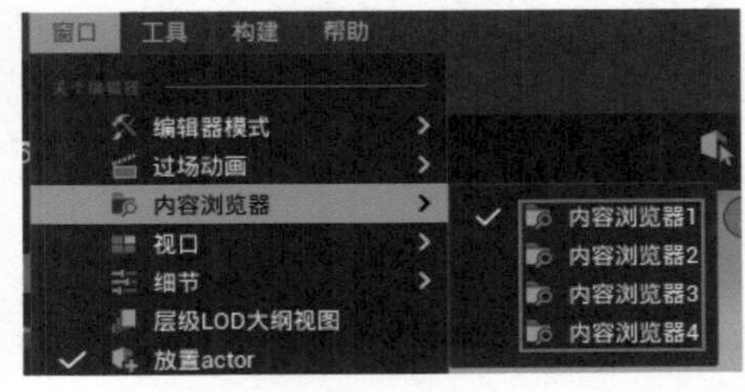

图2-118

3.快捷键

表2-1所示是一些在编辑过程中经常使用的快捷键，编辑蓝图的快捷键会在后面的内容中一一讲解。

表2-1

视图	视图模式 （进入PIE运行模式后可以按F1～F5键快速切换视图模式）	基本操作	物体编辑 （选择关卡资产后）	编辑器模式
顶视图：Alt+J	仅光照：Alt+6	视口全屏：F11	物体平移：W	选择：Shift+1
底视图：Alt+Shift+J	细节光照：Alt+5	保存：Ctrl+S	物体旋转：E	地形：Shift+2
左视图：Alt+K	默认：Alt+4	撤销：Ctrl+Z	物体缩放：R	植物：Shift+3
右视图：Alt+Shift+K	无光照：Alt+3	重做：Ctrl+Y	聚焦：F	笔刷编辑：Shift+4
前视图：Alt+H	笔刷线框：Alt+2	截图：Alt+F9	在"内容浏览器"面板中定位所选资产：Ctrl+B	网格体绘制：Shift+5
后视图：Alt+Shift+H	—	复制：Ctrl+C	打开所选资产（编辑）：Ctrl+E	—
—	—	粘贴：Ctrl+V	重命名：F2	—
—	—	—	拷贝：Ctrl+W	—

案例训练：快速搭建一个关卡

实例文件　素材文件>实例文件>CH02>案例训练：快速搭建一个关卡

素材文件　虚幻商城>Free Fantasy Weapon Sample Pack

难易程度　★☆☆☆☆

学习目标　使用编辑器快速搭建一个关卡

此案例将使用虚幻商城中的免费资源“Free Fantasy Weapon Sample Pack”完成关卡的搭建，如图2-119所示，最终效果如图2-120所示。

图2-119

图2-120

01 在虚幻商城中将资源“Free Fantasy Weapon Sample Pack”加入购物车并购买。在“库”面板中单击该资源的“添加到工程”按钮 添加到工程 ，添加完成后启动Unreal Engine 5，如图2-121所示。

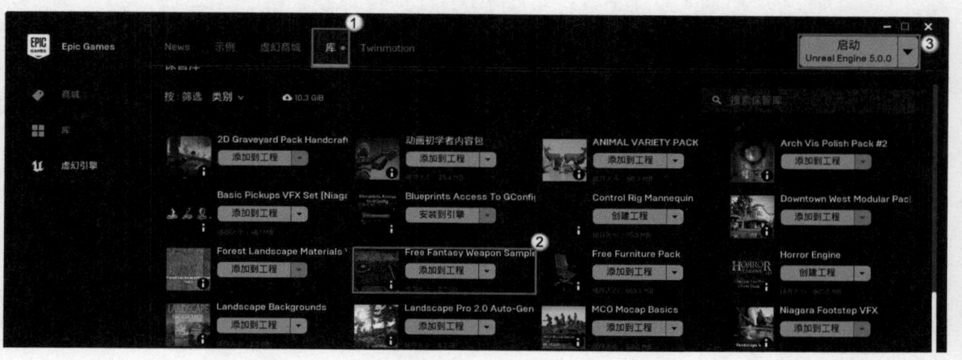

图2-121

02 新建一个关卡，并在“内容浏览器”面板中依次打开“Weapon_Pack>Mesh>Set”文件夹，将“SM_Floor”资产拖曳到关卡中，如图2-122所示。

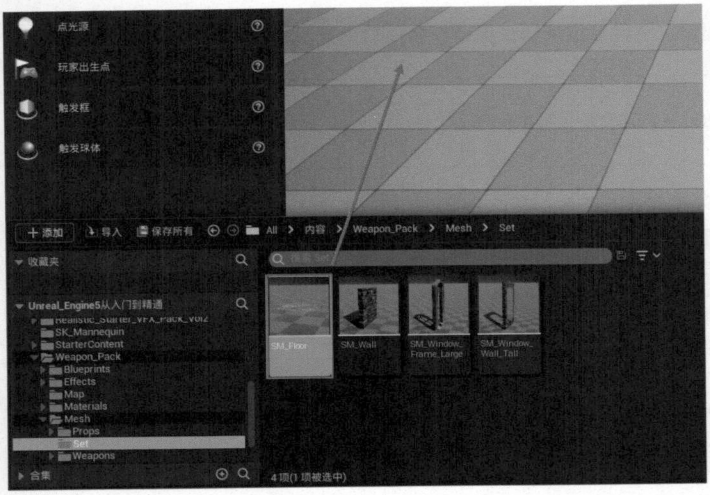

图2-122

03 选择地板，出现移动坐标系后按住Alt键并拖曳地板，复制出一个相同的地板，并将两个地板拼接在一起，如图2-123所示。

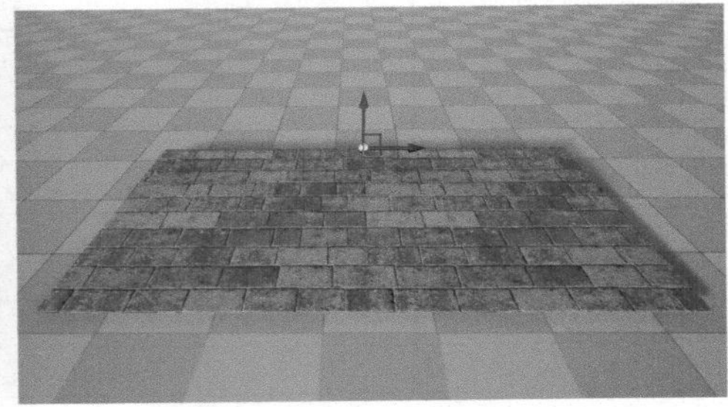

图2-123

04 按住Ctrl键的同时选择两个地板，按住Alt键并拖曳地板，生成新的地板，将4个地板拼接在一起，如图2-124所示。

05 选择4个地板，再次按住Alt键并拖曳复制出更多的地板，完成地面的搭建，如图2-125所示。地板之间可能会存在缝隙，完成关卡的搭建后使用构建光照功能即可快速找到缝隙。

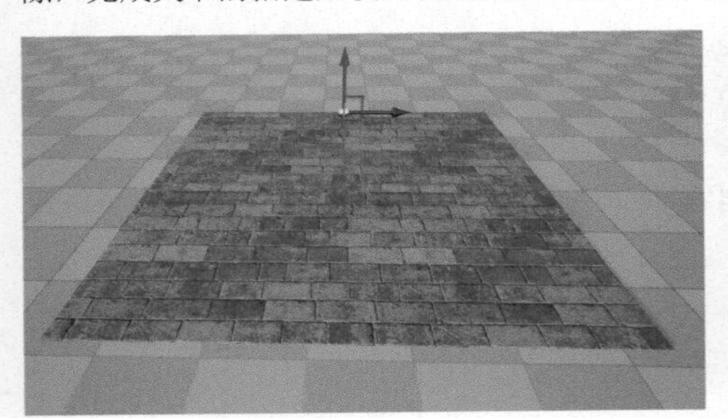

图2-124

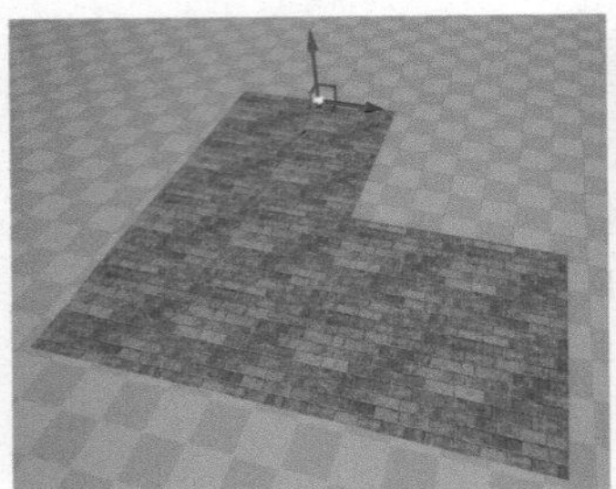

图2-125

06 在“内容浏览器”面板中打开“Weapon_Pack>Mesh>Props>Interior”文件夹，拖曳“SM_Table”资产到关卡中并将其摆放在地板上，如图2-126所示。

图2-126

07 适当添加一些碗到桌面上，添加一些椅子和其他物体到地板上，如图2-127所示，各位读者可以根据自己的想法添加物体。

图2-127

08 使用“选择并旋转对象”工具或“选择并缩放对象”工具调整物体的角度、大小，直至达到想要的状态。至此，一个简单的关卡就搭建完成了，如图2-128所示。

图2-128

重点

综合训练：搭建场景关卡

实例文件 资源文件 > 实例文件 > CH02 > 综合训练：搭建场景关卡

素材文件 虚幻商城 > tropical Vegetation: Ground Plants

难易程度 ★★☆☆☆

学习目标 更加熟练地使用关卡编辑器

在虚幻商城中下载“tropical Vegetation: Ground Plants”免费资源并将其添加到工程中，如图2-129所示，通过“地形”模式和“植物”模式搭建场景，最终效果如图2-130所示。

图2-129

图2-130

01 执行“文件>新建关卡”菜单命令，在打开的“新建关卡”对话框中选择“Basic”模板，单击“创建”按钮创建新建一个关卡，如图2-131所示。

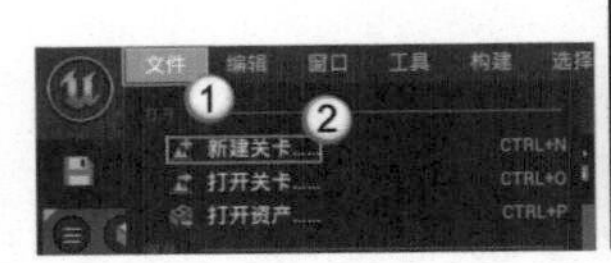

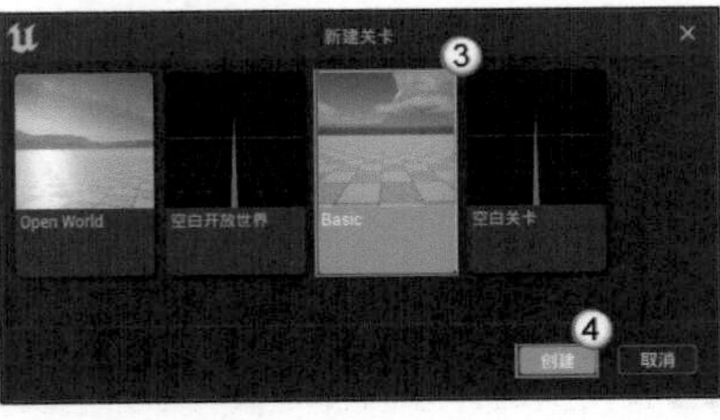

图2-131

02 进入关卡后在“大纲”面板中选择自带的“Floor”并按Delete键将其删掉，单击界面左上角的“选择模式”按钮选择模式，设置模式为“地形”，如图2-132所示。

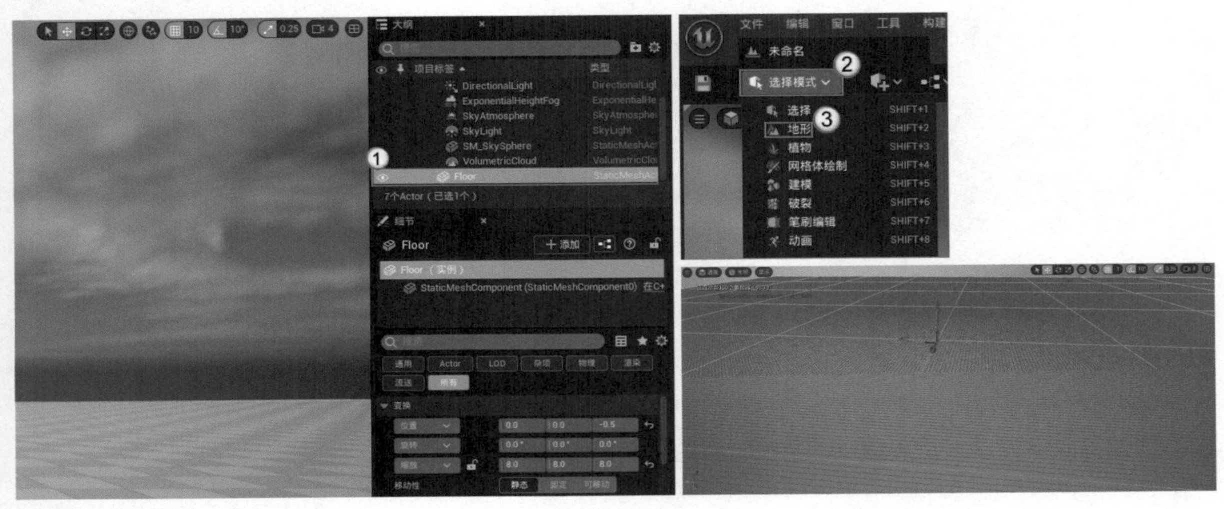

图2-132

03 打开“PN_tropical GroundPlants>Materials”文件夹，拖曳“MA_Ground”文件到“地形”面板的“材质”中，并单击“创建”按钮创建创建地形，如图2-133所示。

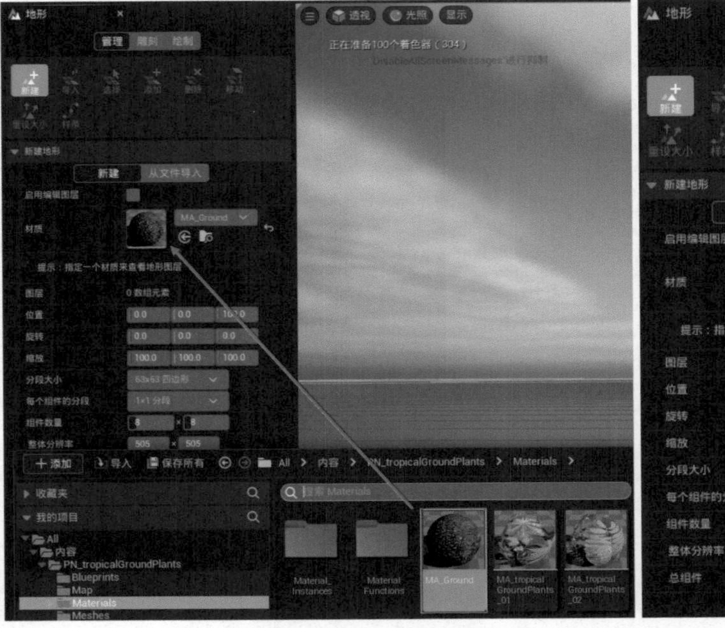

图2-133

04 按住鼠标左键并拖曳鼠标，对地形进行雕刻，在本例中会雕刻出一个周围都是山的地形，改变“工具强度”与“笔刷尺寸”两个参数可以让笔刷具有不一样的效果，如图2-134所示。

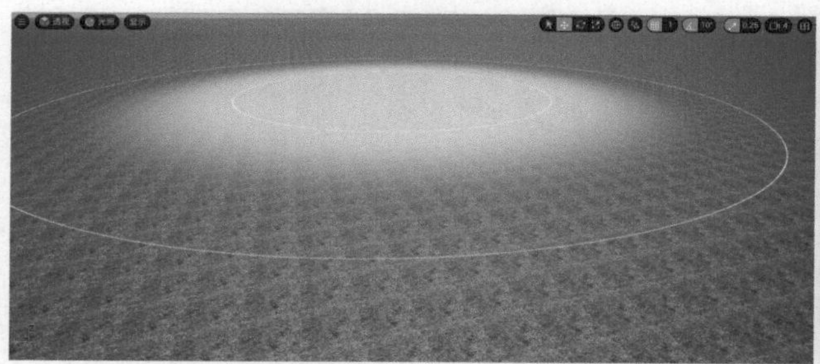

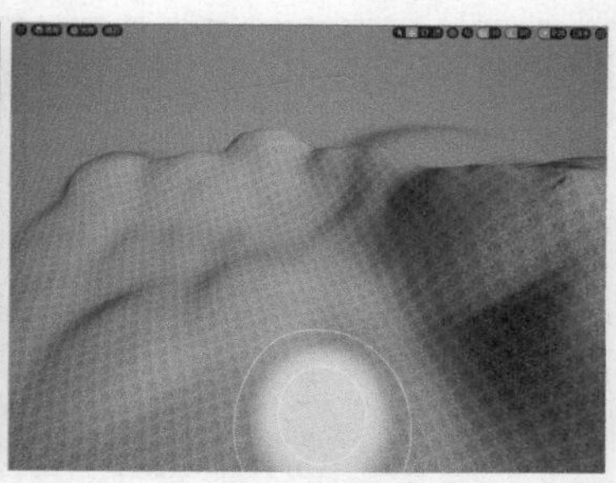

图2-134

05 从“地形”模式切换到“植物”模式，如图2-135所示，打开“PN_tropicalGroundPlants>Meshes”文件夹，拖曳文件夹中的植被模型到“植被”面板中，然后对地面进行刷涂，如图2-136所示，这样一个简单的场景关卡就搭建完成了。

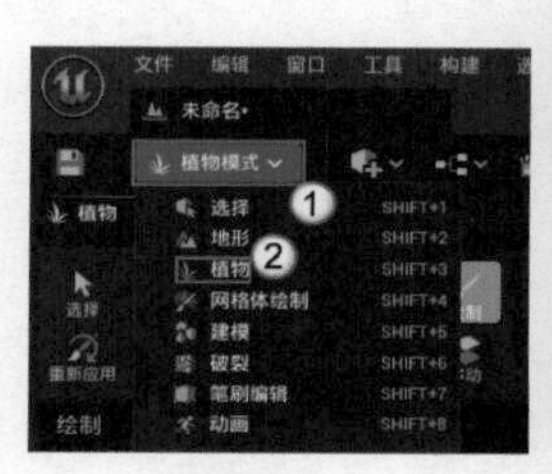

图2-135

图2-136

综合训练：搭建建筑关卡

实例文件　资源文件>实例文件>CH02>综合训练：搭建建筑关卡

素材文件　初学者内容包

难易程度　★★☆☆☆

学习目标　学会搭建一个内含家具、灯光与门的正方体房屋

使用Unreal Engine 5自带的初学者内容包可以快速地搭建一个房屋，最终效果如图2-137所示。

图2-137

01 使用快捷键Ctrl+Space打开“内容浏览器”面板，在该面板中单击“添加”按钮 +添加 ，执行“添加功能或内容包”菜单命令。在弹出的对话框中进入“内容”选项卡后选择“初学者内容包”，再单击右下角的“添加到项目”按钮 添加到项目 ，如图2-138所示，添加内容到项目中。

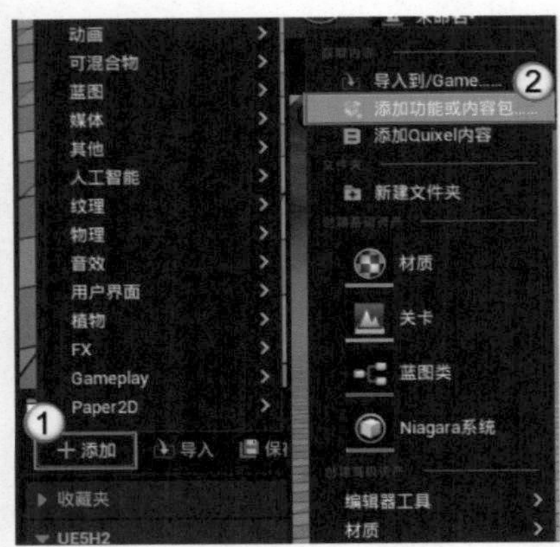

图2-138

02 在“内容浏览器”面板中打开“StarterContent＞Architecture”文件夹，拖曳“Floor_400×400”资产到关卡中，如图2-139所示。

03 选择添加的地板，按W键将视角移动至合适的位置，按住Alt键并拖曳坐标轴，生成一个新的受坐标轴控制的模型，如图2-140所示。缓慢拖曳地板，使两块地板对接，形成一个长方体。如果不能完美拼接，可以设置“设置位置网格对齐值”为较小的数值后再尝试，如图2-141所示。

图2-139

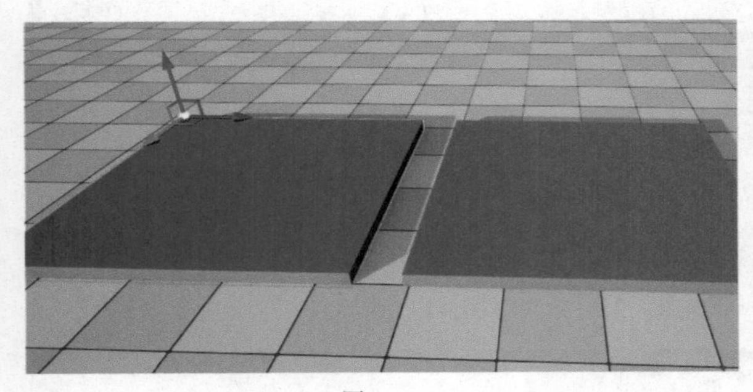

图2-140

图2-141

04 在关卡中选择第一块地板，按住Ctrl键后选择另外一块地板，这样可以同时选中两块地板。此时，按住Alt键并拖曳坐标轴，可同时复制这两块地板，如图2-142所示。

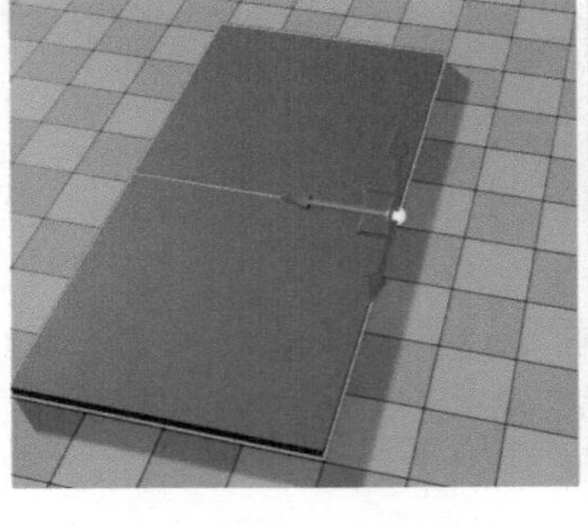

图2-142

05 将两块长方体对接，也就是将4块地板对接，形成一个更大的长方体作为房间的地板，如图2-143所示。

06 进入“内容浏览器”面板，打开“StarterContent＞Materials”文件夹，拖曳“M_Brick_Clay_New”资产到地板上，更改地板的材质，如图2-144所示。

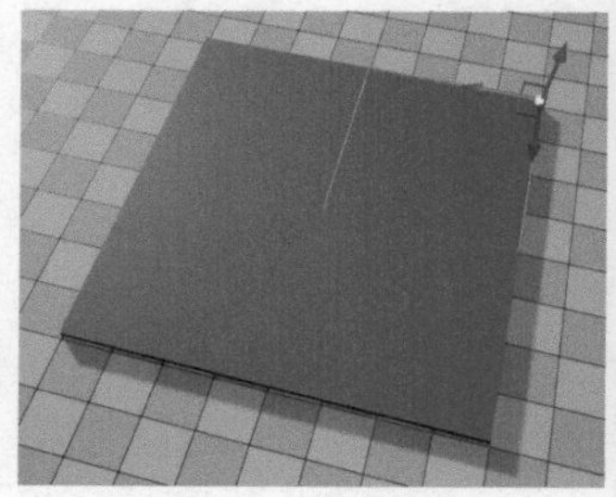

图2-143

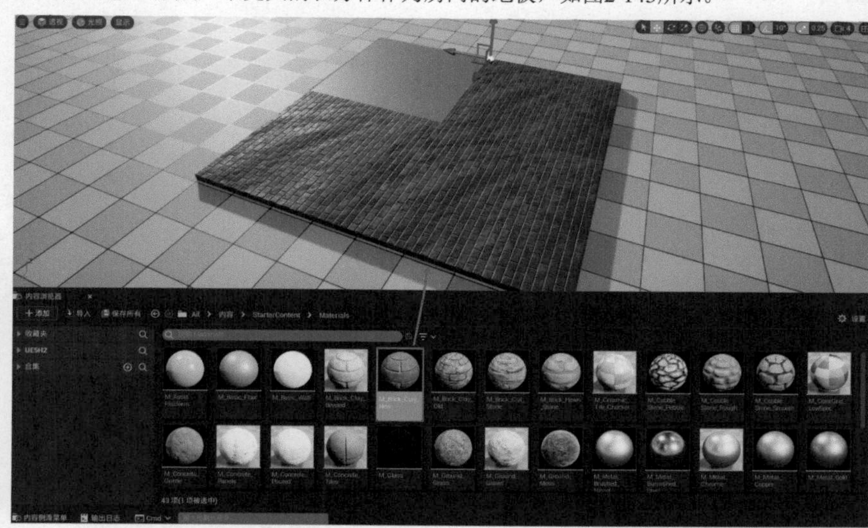

图2-144

07 打开“StarterContent＞Props”文件夹，根据个人喜好拖曳资产到关卡中，按W键与E键修改资产的位置与角度，使其与其他资产形成良好的组合效果，如图2-145所示。

图2-145

08 回到“StarterContent＞Architecture”文件夹，拖曳“Wall_Door_400×300”资产到关卡中，使其与地板对接，作为房屋的门框，如图2-146所示。

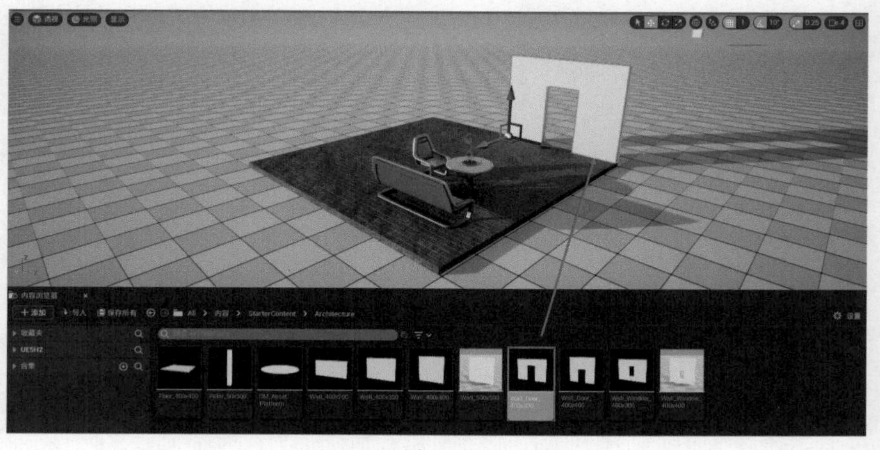

图2-146

09 将“Wall_400×300”资产拖曳到关卡中并使其紧贴门框，作为一面墙壁，如图2-147所示。选择墙壁后按E键进入“选择并旋转对象”模式，按住Alt键并拖曳鼠标，使墙壁绕z轴旋转90°，如图2-148所示。

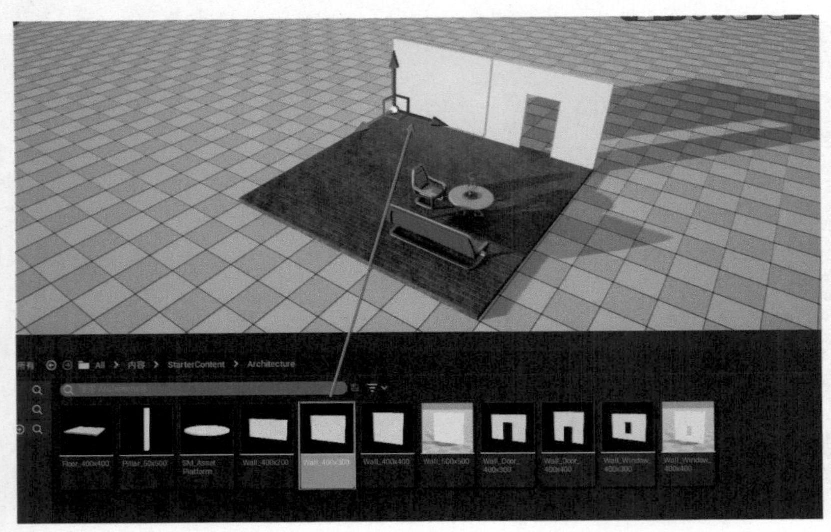

图2-147

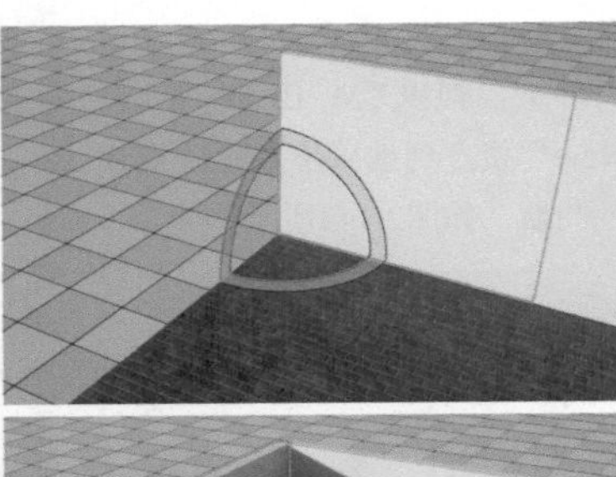

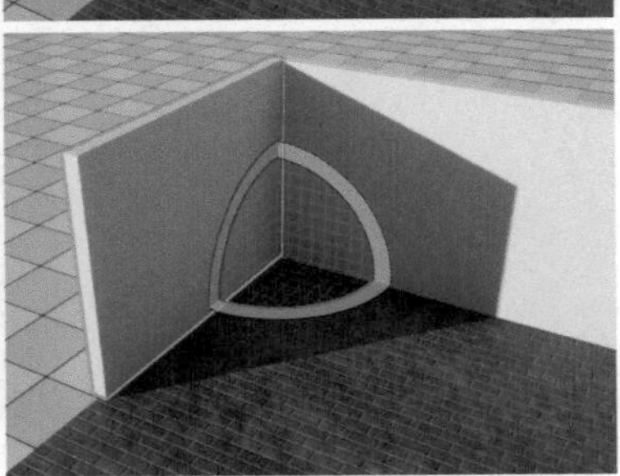

图2-148

10 选择新建的墙壁，按W键进入“选择并平移对象”模式，按住Alt键并拖曳墙壁，将墙壁复制一份并使两面墙紧贴在一起，如图2-149所示。

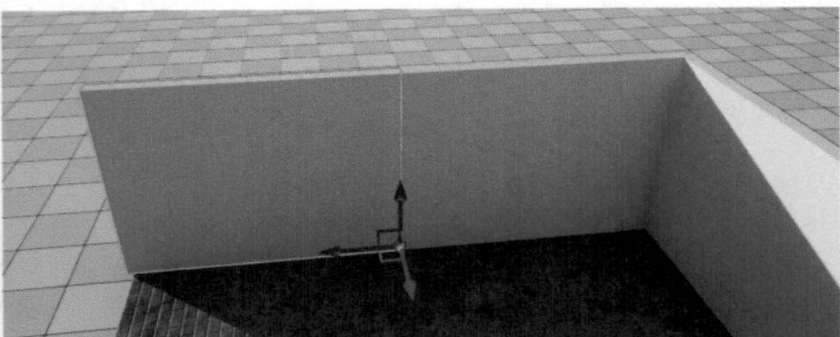

图2-149

11 再次拖曳两个“Wall_400×300”资产到地板上，如图2-150所示。拖曳“Wall_Window_400×300”资产到地板上，最后添加剩余的墙壁，效果如图2-151所示。

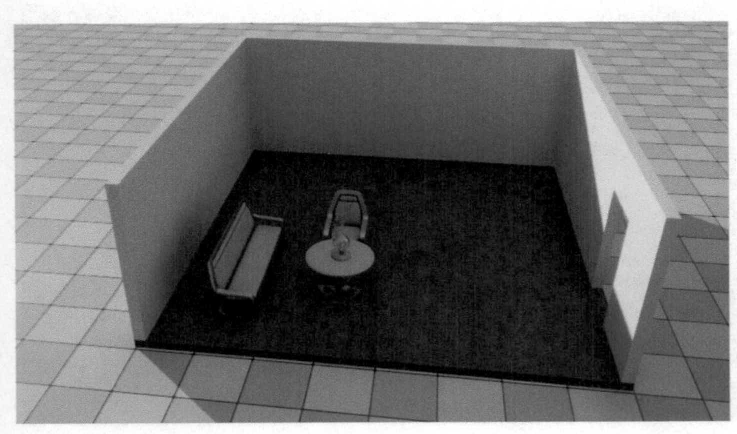

图2-150

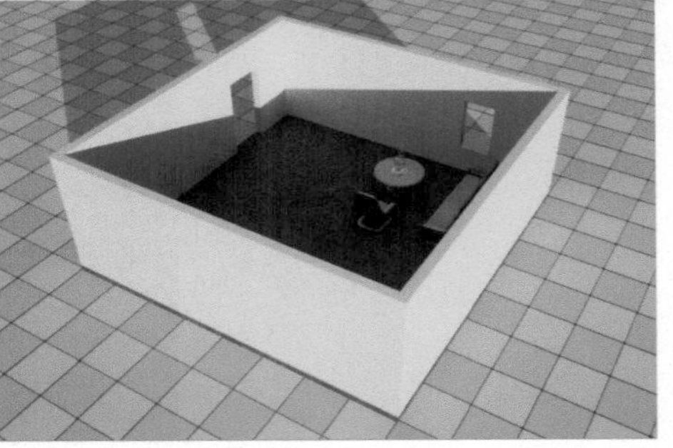

图2-151

12 打开“StarterContent>Materials”文件夹，并将材质“M_Brick_Clay_New”拖曳到墙壁上，如图2-152所示。

图2-152

13 按住Ctrl键选择全部地板，按住Alt键并将地板向上拖曳到墙壁顶部作为屋顶，如图2-153所示。

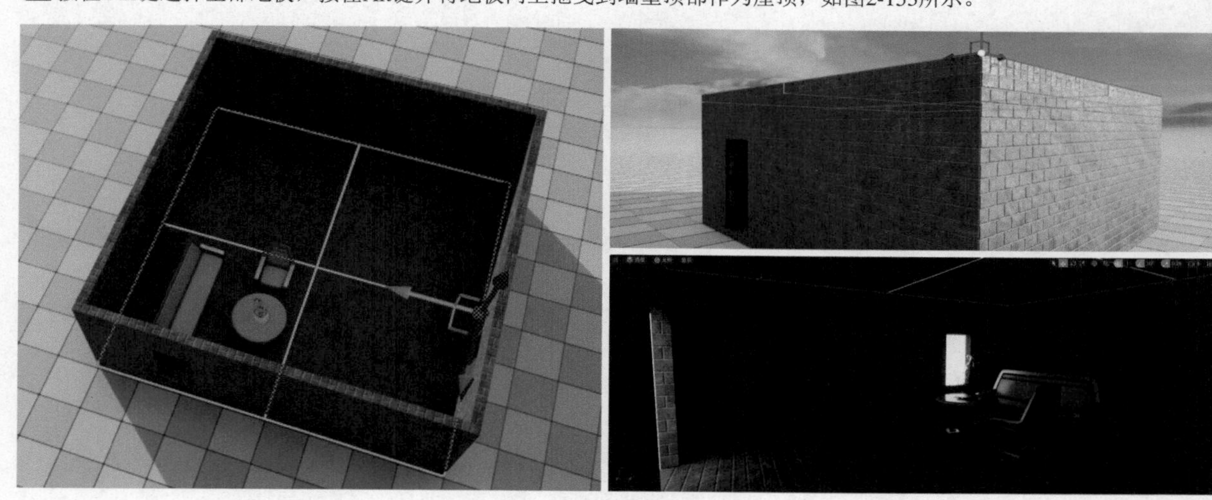

图2-153

14 打开“StarterContent>Props”文件夹，将“SM_DoorFrame”资产拖曳到墙壁上预留的门洞中，拖曳“SM_Door”资产到门框中，如图2-154所示。移动视角到有窗户的墙壁上，将“SM_Glass_Window”资产拖曳到窗户上，如图2-155所示。

图2-154

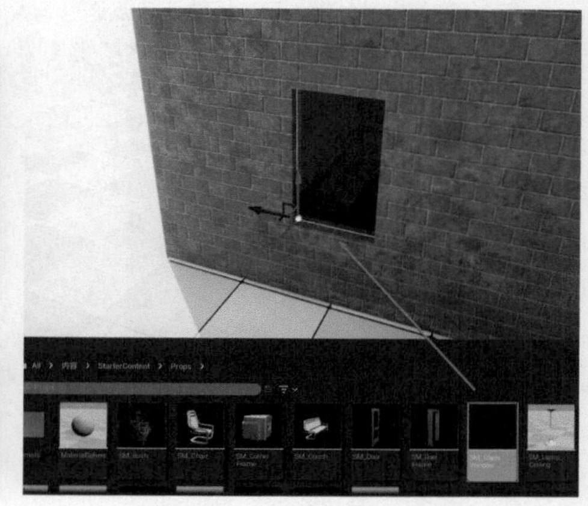

图2-155

15 因为房间在添加屋顶后整体环境很暗，所以需要在房间中添加一个光源。打开“StarterContent＞Blueprints”文件夹，拖曳“Blueprint_CeilingLight”资产到关卡中，如图2-156所示。这样一个小平房就搭建完成了，如图2-157所示。

图2-156

图2-157

问：为什么墙面衔接处会出现一闪一闪的效果?

答：这是因为模型之间有重叠，可以通过调整模型的位置让重叠面错开，从而解决这个问题，如图2-158所示。

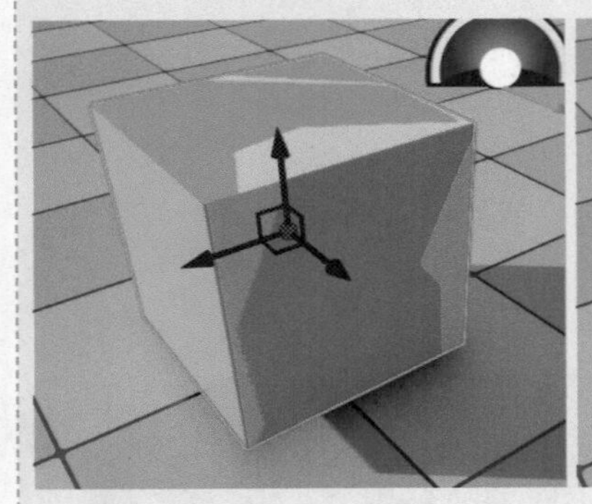
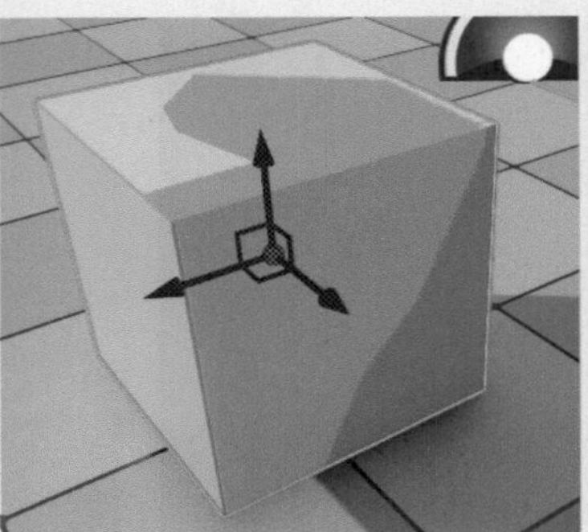
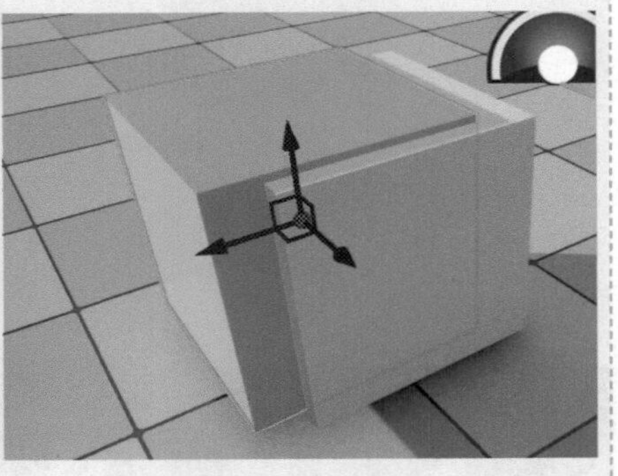

图2-158

第 3 章 蓝图可视化脚本系统

■ 学习目的

Unreal Engine 5 作为市面上一款功能较为完善的游戏引擎，其中蓝图可视化脚本系统是其特色功能之一。蓝图凭借着模块化的程序、灵活的系统和可通过 C++ 来添加新的蓝图节点等多种优势，成为众多游戏开发初学者优先使用的工具，让用户能更轻松地体验游戏开发的乐趣。本章将介绍 Unreal Engine 5 蓝图可视化脚本系统，与读者一起领略蓝图的魅力。

■ 学习重点

- 用蓝图控制默认值
- 如何创建变量
- 如何添加注释
- 简单的流程控制
- 了解按键映射
- 熟练使用快捷键

3.1 控制简单变量

本节将详细讲解与蓝图编写相关的各种注意事项，简单介绍蓝图的几种实用功能与变量。

重点

3.1.1 “细节”面板

“细节”面板是一个属性编辑器（查看器），用于修改一张蓝图或某一个变量等具有的特定属性，这些特定属性包括变量的默认值、变量的类型等，面板中显示的特定属性会随着选中的内容的变化而变化。当没有选择任何内容时，“细节”面板中也不会显示任何内容，如图3-1所示。这说明该面板是一个关联情景面板。

当选择关卡中的内容时，“细节”面板中会显示一系列默认值，这些默认值都是内容可以设置的特定属性，如图3-2所示。

图3-1

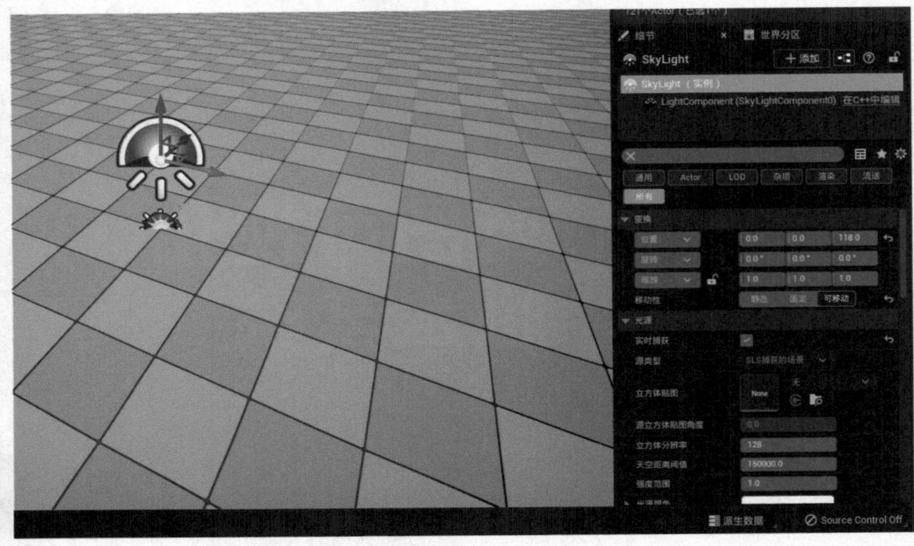

图3-2

> **提示** 在搜索框中输入内容的关键词便可快速找到想要设置的内容，后续我们会通过蓝图控制所选内容的属性。

3.1.2 事件

前面讲解了常用的“事件开始运行”节点，这只是事件的基本用法。本小节将详细讲解各种事件的使用方法和如何创建并调用自定义事件。

1.常用事件

事件图表中的蓝图的初始节点是一个事件，创建的“Actor”类蓝图默认包含3个未启用的事件，除了这3个事件外，用户还可以根据需求使用Unreal Engine 5中的其他事件。

事件开始运行

可以在“事件图表”面板的空白位置按住P键并单击，也可以在空白位置单击鼠标右键并输入“事件开始运行”，创建一个“事件开始运行”节点，如图3-3所示。该节点的运行条件是在运行游戏后，对应事件的载体被生成在关卡上并开始执行。因为只能执行一次，所以该事件多用于创建UI、初始化变量、播放开场动画和播放重生动画等。

图3-3

> **提示** “事件开始运行”节点在被触发时，不一定指的是在引擎中开始运行，而可能是指目前被写入“事件开始运行”节点的Actor的出生。当Actor出生时，则会调用一次自己蓝图中的“事件开始运行”节点。因为关卡蓝图本质上是一个Actor类的蓝图，所以关卡蓝图中的“事件开始运行”节点在一开始就会执行。

事件Tick

在“事件图表”面板的空白位置单击鼠标右键并输入“事件Tick”，即可创建一个“事件Tick”节点，如图3-4所示。

默认生成的Actor会自带“事件Tick”节点，用于每Tick触发一次事件，每Tick的处理间隔可以通过“打印字符串”节点连接的“事件Tick”节点下方的“Delta Seconds”输出引脚查看，如图3-5所示。

图3-4

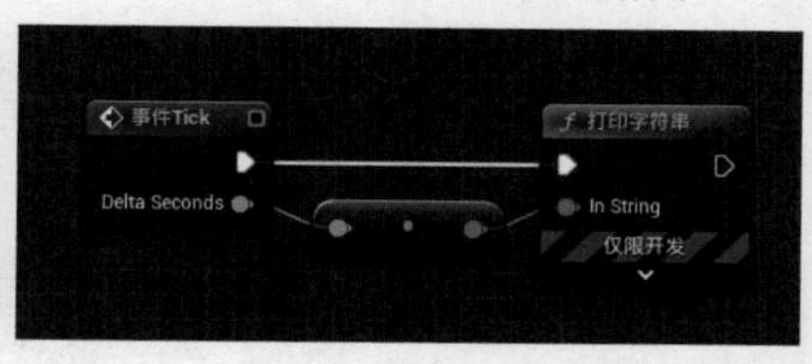

图3-5

提示 “事件Tick”节点会在每帧都执行一次事件，制作较为复杂的项目时，如果经常使用每帧执行的功能会导致系统性能变差，这时可以取消勾选，不使用Tick的Actor中的“Tick启用”选项。“以事件设置定时器”或“时间轴”节点可以在需要时使用，不需要时回收，从而进行优化，这些知识将在后面的内容中进行讲解。

事件Actor开始重叠

该事件会在对应Actor与另外一个Actor重叠在一起时执行，如图3-6所示。

在“蓝图编辑器”窗口的“组件”面板中选择“DefaultSceneRoot”组件，这时在右侧“细节”面板下方的“事件”卷展栏中存在3个事件，单击添加按钮 + 便可将对应的事件生成在事件图表中，如图3-7所示。

图3-6

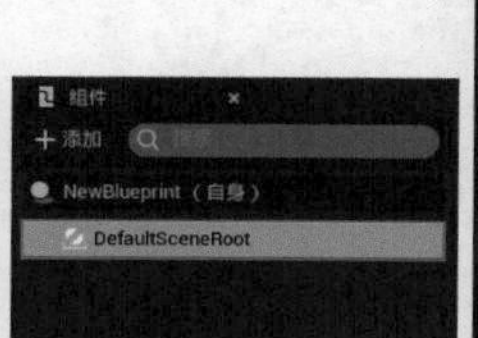

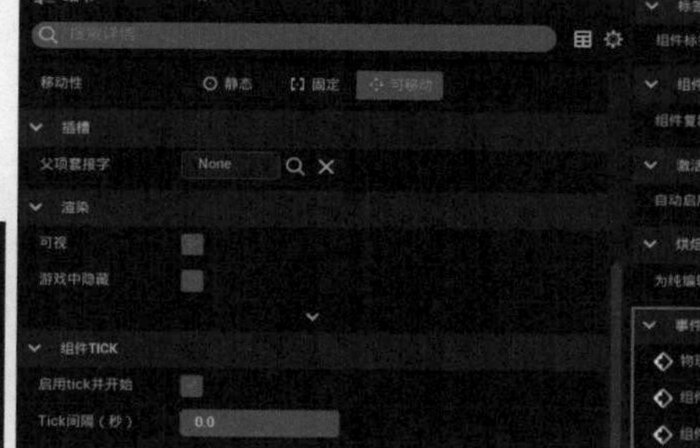

图3-7

提示 此处只是使用“DefaultSceneRoot”组件来演示，不同的组件生成的事件不同。

2.自定义事件

如果默认事件满足不了制作需求，那么可以创建“自定义事件”节点，如图3-8所示。“自定义事件”节点是创作者自己定义的执行流起始端，可以在任何地方调用（前提是必须传入指定的对象），也可以使用事件分发器等。

在“事件图表”面板的空白位置单击鼠标右键并输入“自定义事件”，创建一个“自定义事件”节点，这是一个拥有自定义名称和参数的节点，为了便于讲解，双击该节点名称并将其重命名为“Testing”，如图3-9所示。

创建“打印字符串”节点并将其输入引脚连接到“Testing”节点的输出引脚，在“In String”引脚中输入“Hello World”，如图3-10所示。

图3-8

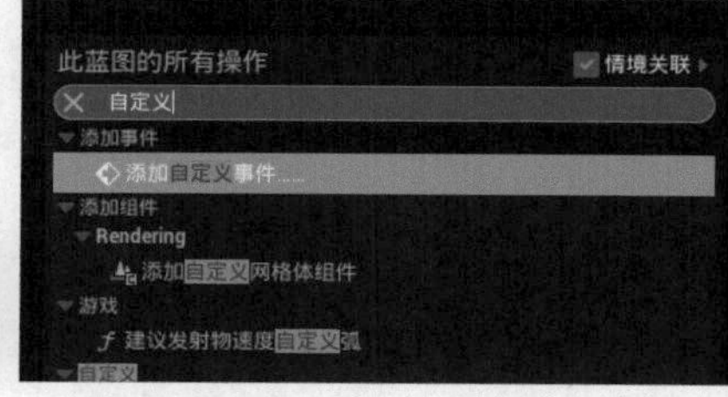

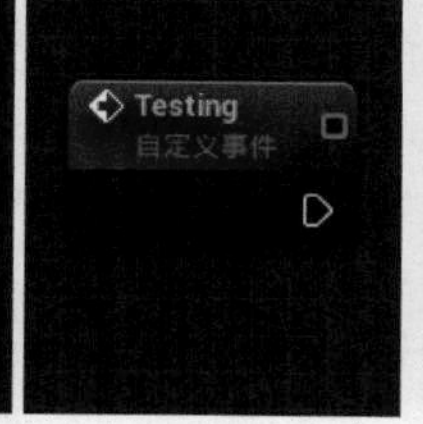

图3-9

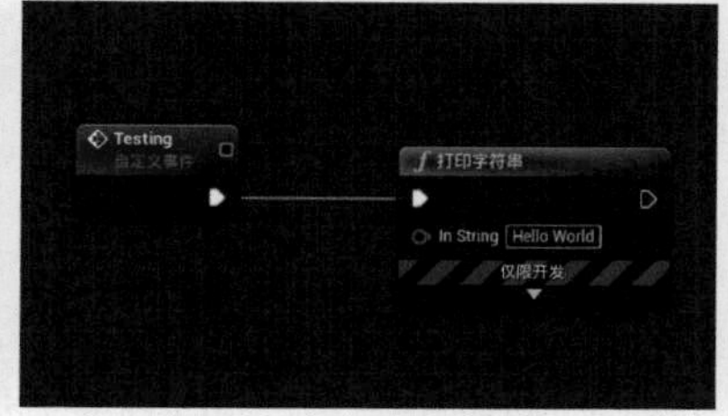

图3-10

因为这个节点没有被任何事件调用，所以无论如何也不会产生执行流。在空白处单击鼠标右键并输入“自定义事件”节点的名称“Testing”，在搜索结果中找到名为“Testing”的自定义事件函数，调用此函数便会使“Testing”节点执行，如图3-11所示。

现在只需要使用另外一个“事件开始运行”节点来调用自定义事件的“Testing”节点便可触发Testing事件，如图3-12所示。编译并保存后将蓝图拖曳到关卡中，进入PIE运行模式或SIE运行模式，便可看到在左上角输出的“Hello World”字符串，如图3-13所示。

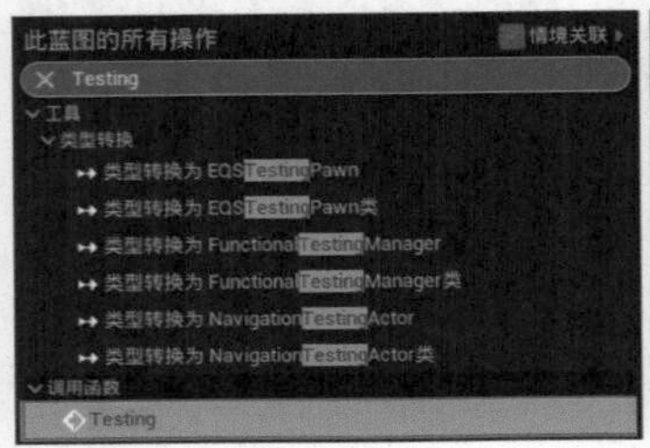
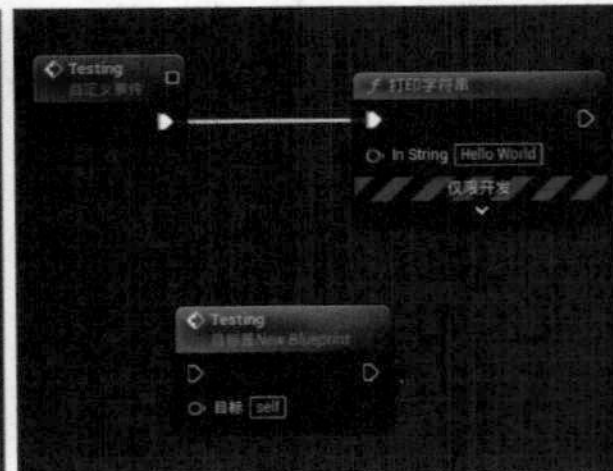

图3-11

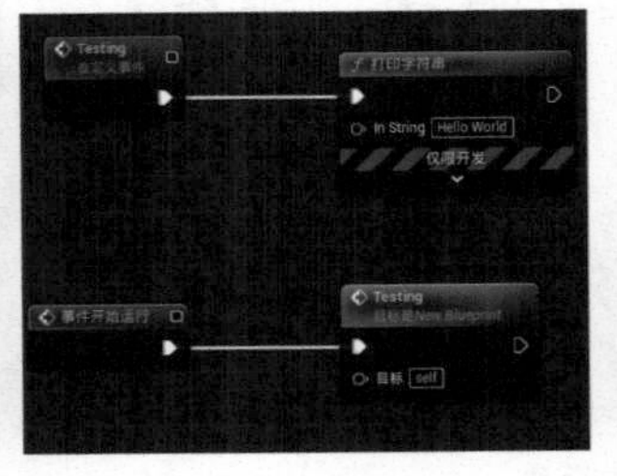

图3-12

图3-13

“自定义事件”节点的适用范围很广泛，不是只能被调用。“自定义事件”节点还有一个非常重要的功能，那就是可以自定义输入值的类型，在讲解变量时会讲到它的使用方法。

添加一个“以事件设置定时器”节点，如图3-14所示，该节点可以绑定一个事件，并且使这个事件在某个时间段或某段时间后重复执行或单次执行，“Looping”引脚用于控制是否循环。

连接“事件开始运行”节点和“以事件设置定时器”节点，将“以事件设置定时器”节点的“Event”引脚连接到“Testing”节点的“委托”引脚▣上。勾选“Looping”选项并设置“Time”为0.1，编译并保存后进入PIE运行模式或SIE运行模式，屏幕上会持续输出字符串，如图3-15所示。

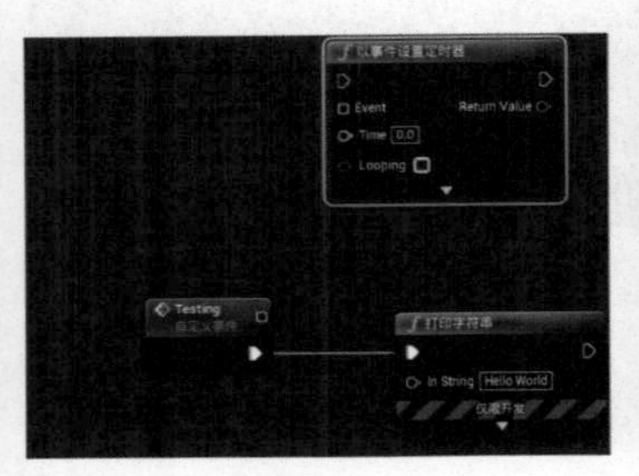

图3-14

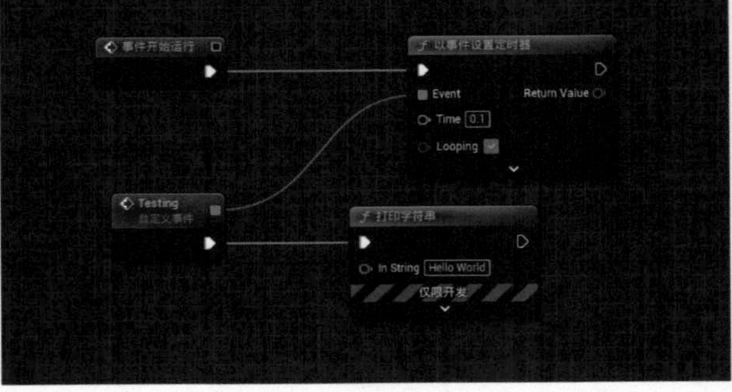

图3-15

提示 “自定义事件”节点可以在蓝图过多时起到梳理线的作用，减少线的数量能让蓝图被更多的人看懂，也能让制作者在很长时间后再次打开蓝图时看懂其中的内容。

3.1.3 用蓝图控制默认值

大部分默认值都可以直接被使用的蓝图控制，随机选择一个资产，“细节”面板中详细列出了可供用户手动设置的默认值，如图3-16所示。这些默认值都可以通过蓝图设置，在运行的过程中让蓝图自动执行某些操作。如果角色的生命值为1000，当其生命值低于500时会变身，可以通过蓝图自动控制变身后的角色的模型和动画，而不是在角色生命值低于500时在角色的“细节”面板中手动设置其模型和动画。

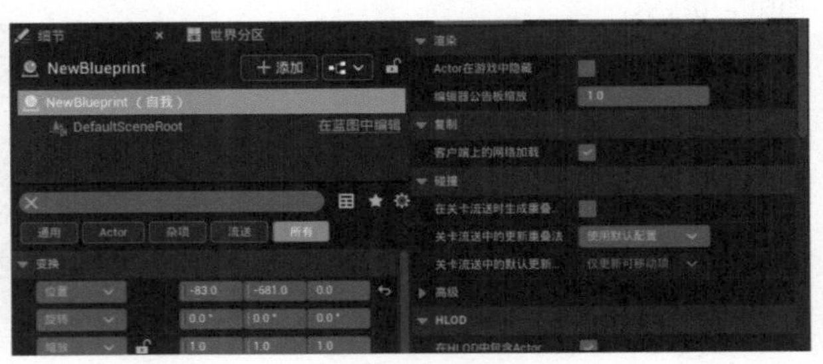

图3-16

“细节”面板中的默认值都是变量，变量存在两种操作方式，即GET（获取）和SET（设置），如图3-17所示。GET可以得到变量的值，SET可以设置变量的值。下面用一个非常简单的例子来说明这两种操作方式的原理。

“细节”面板的“渲染”卷展栏中有“Actor在游戏中隐藏”选项，如图3-18所示，该选项用于控制Actor是否在游戏中显示。

在“事件图表”面板的空白位置单击鼠标右键，输入“获取Actor Hidden In Game”，创建一个“Actor在游戏中隐藏”节点，如图3-19所示。如果在“细节”面板中勾选此选项，那么Actor将会在游戏中被隐藏起来。

图3-17

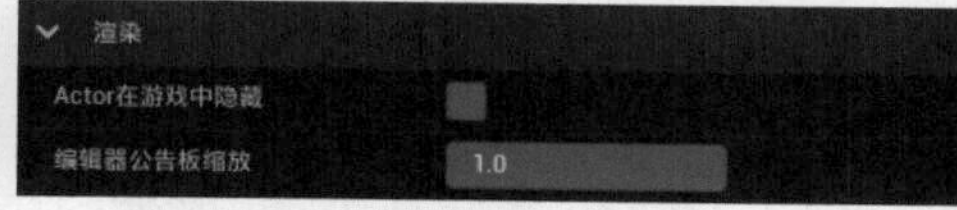

图3-18

图3-19

为了方便观察，在“组件”面板中单击“添加”按钮，选择“立方体”选项，在“视口”面板中可以发现对应模型已经存在，如图3-20所示。进入PIE运行模式或SIE运行模式后，Actor依旧显示在关卡中，如图3-21所示。

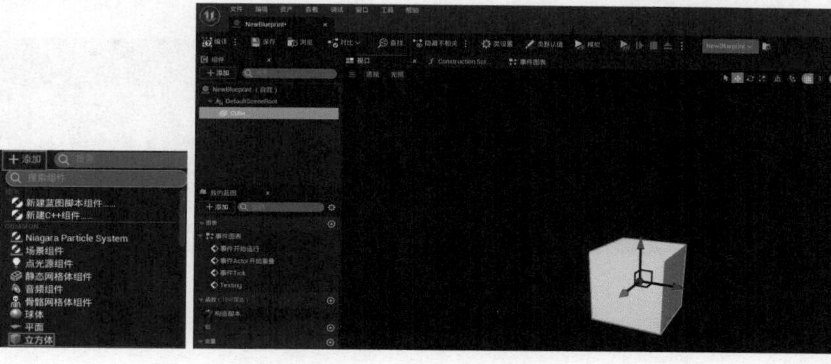

图3-20

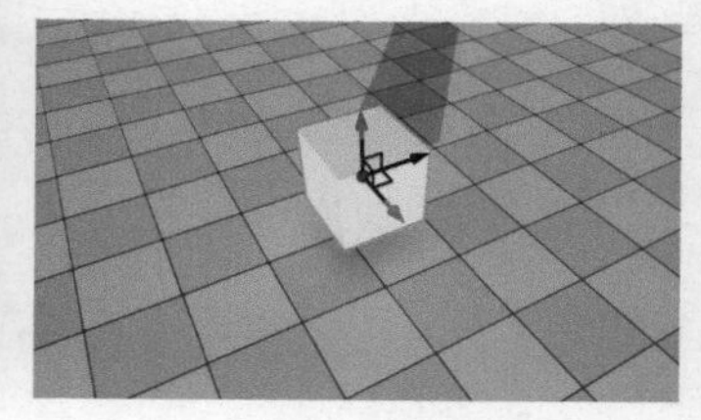

图3-21

回到“事件图表”面板，在空白处单击鼠标右键并输入“设置Actor在游戏中隐藏”，创建对应节点。想设置的变量部分以函数的形式存在，部分以变量的形式存在。“设置Actor在游戏中隐藏”节点中的“New Hidden”引脚控制Actor是否被隐藏，勾选“New Hidden”选项后回到游戏中，发现Actor已经被隐藏了，如图3-22所示。

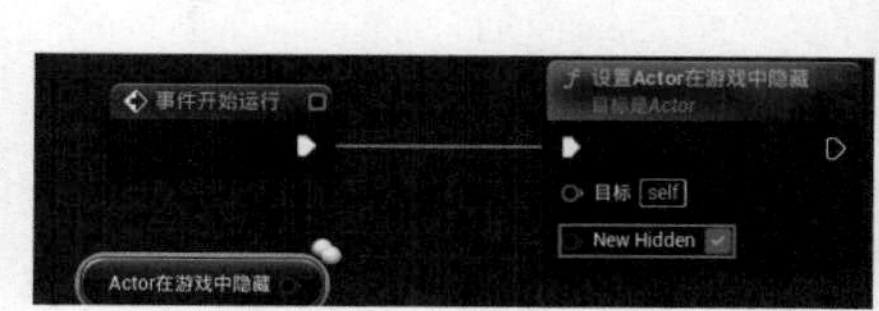

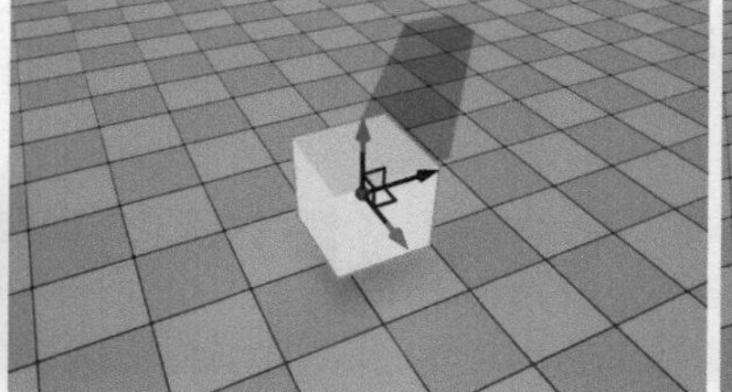

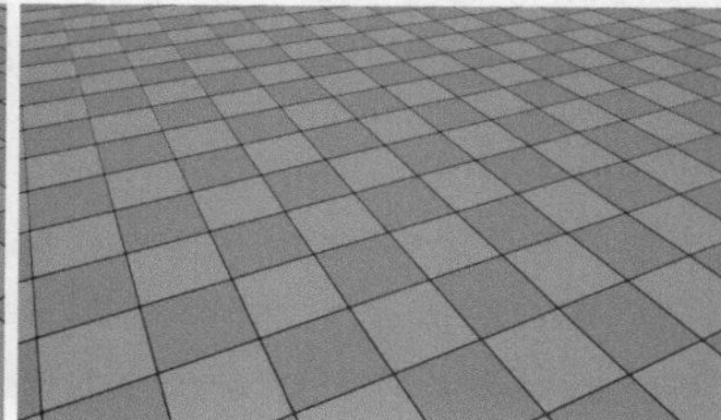

图3-22

提示 勾选“New Hidden”选项的效果和在“细节”面板中勾选“Actor在游戏中隐藏”选项的效果一致。

取消勾选“New Hidden”选项后将“设置Actor在游戏中隐藏”节点的输出引脚连接到“打印字符串”节点的输入引脚，将“Hidden”的值传入“In String”引脚中，如图3-23所示。编译并保存后运行游戏，可以看到左上角出现“false”，代表该值为假，Actor没有被隐藏，如图3-24所示。

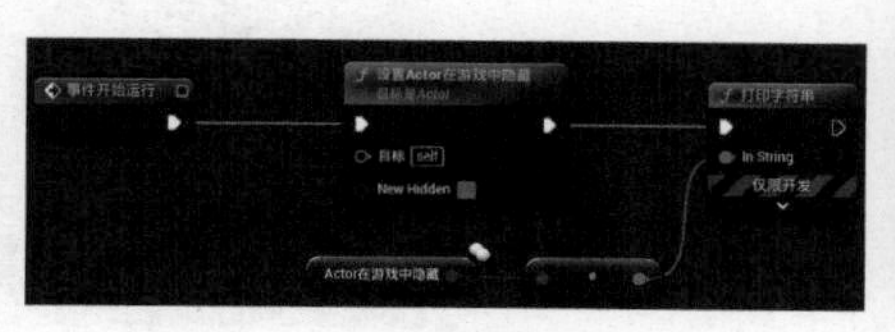

图3-23

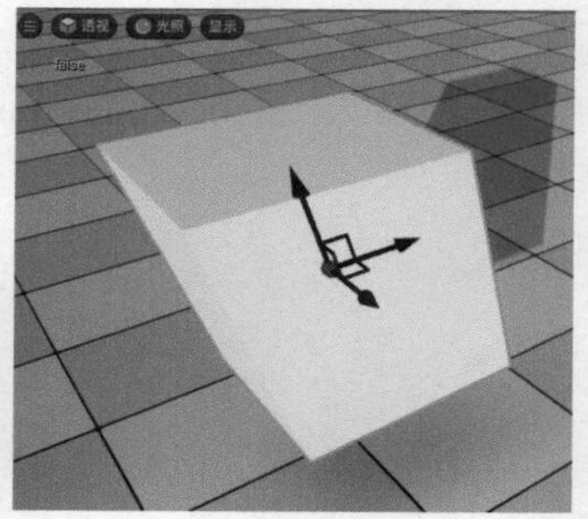

图3-24

回到“事件图表”面板中勾选“New Hidden”选项并重新进入游戏，可以发现Actor消失了，同时左上角出现“true”，如图3-25所示，证明GET到的参数是SET后的参数。

图3-25

3.1.4 构造脚本

“构造脚本”函数用于初始化蓝图，这种初始化不仅可以在进入PIE运行模式或SIE运行模式前初始化变量和默认值，还可以用蓝图节点添加组件或以某个指定的倍数（随自己的喜好设置）、某个指定的高度生成网格体（如迷宫、墙板和楼梯等）。在“Actor”类蓝图的“蓝图编辑器”窗口中，双击“我的蓝图”面板中的“构造脚本”函数便可打开“Construction Script”面板，如图3-26所示。

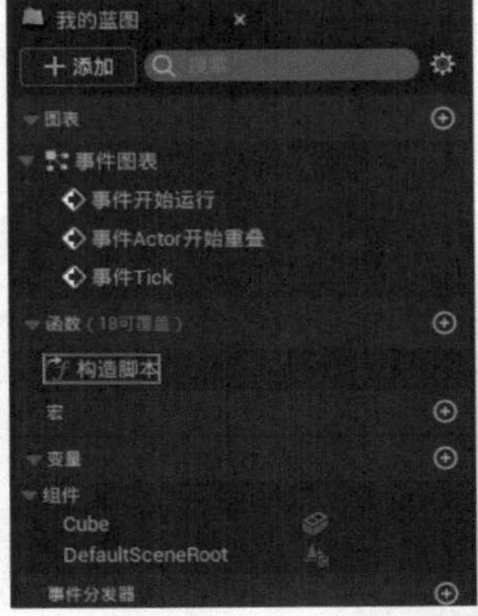

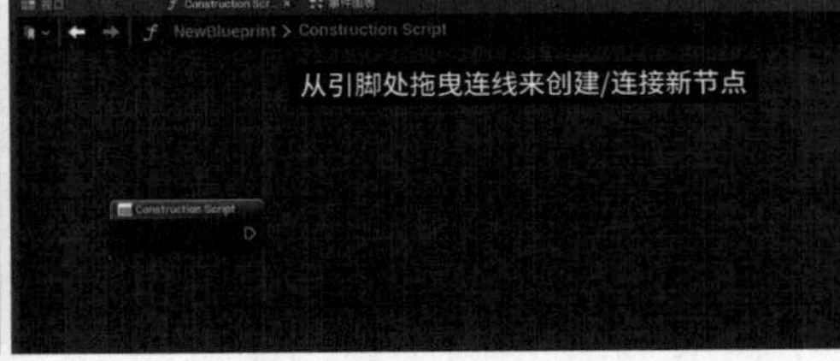

图3-26

提示 很多内容都可以使用“构建脚本”函数制作，如迷宫生成器（当然也可以使用其他方法制作迷宫生成器）。

3.1.5 注释

注释可以被标注在蓝图执行流的上方，用户可以编写注释，使蓝图更清晰，便于重拾记忆（即便是亲自编写的蓝图，也可能会因为时间过久而遗忘）或让其他人快速理解自己创建的蓝图。

1.添加注释

在“事件图表”面板的空白位置单击鼠标右键后搜索“添加注释”并选择“为选项添加注释”选项，或框选节点后按C键，添加一个注释。拖曳注释框的边界线可以缩放注释框或调整注释框的位置，使其适应置入的蓝图，如图3-27所示。

图3-27

2.修改注释

选择注释，在“细节”面板中可以对注释的名称、颜色和字体大小等进行设置，如设置“注释文本”为“Simple Blueprint”，“评论颜色”为“红色”，“字体大小”为18，如图3-28所示。

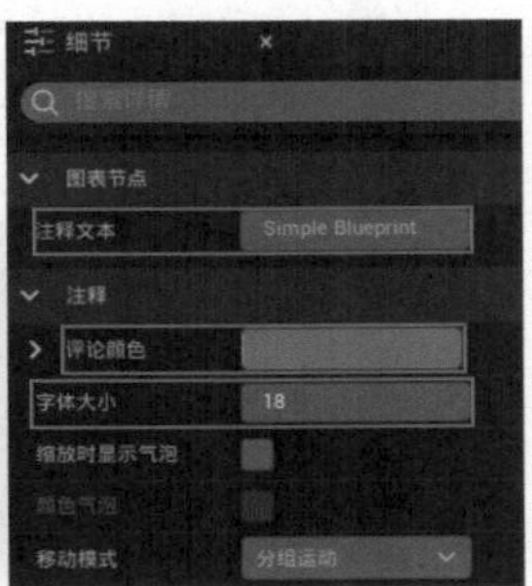

图3-28

技术专题：为系列蓝图快速添加注释

选择一系列蓝图后按C键，可以快速为系列蓝图添加注释，如图3-29所示。

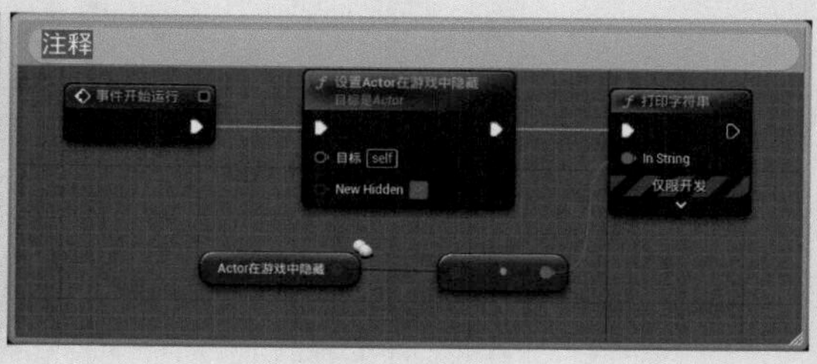

图3-29

执行“窗口>书签”菜单命令，打开“书签”面板，单击“编译”按钮编译后可以在“书签”面板中查看添加的注释，如图3-30所示。

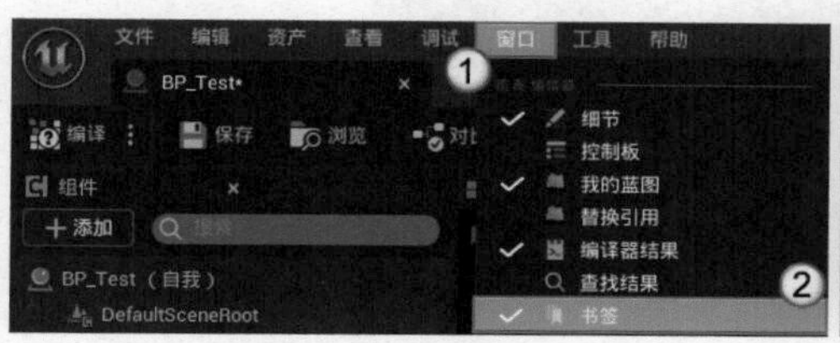

图3-30

重点

3.1.6 变量

变量是一个游戏的重要组成部分。在普通的RPG中，角色和怪物在对战时通常具有几个基本数值系统，如角色属性数值系统（包括生命值、魔法值等）。如果角色的生命值是100点，在受到5点攻击力的攻击后，角色的生命值就会下降到95点。生命值作为一个浮点型变量，可以通过设置变量存储的值来达到修改生命值的效果，下面用一个例子说明事件的运行流程。

设置一个“生命值”浮点型变量，在调用损伤事件后将触发一个公式，即“生命值−损伤=剩余生命值”。套用到本例中是100−5=95，新的数值将被赋给“生命值”变量，如图3-31所示。

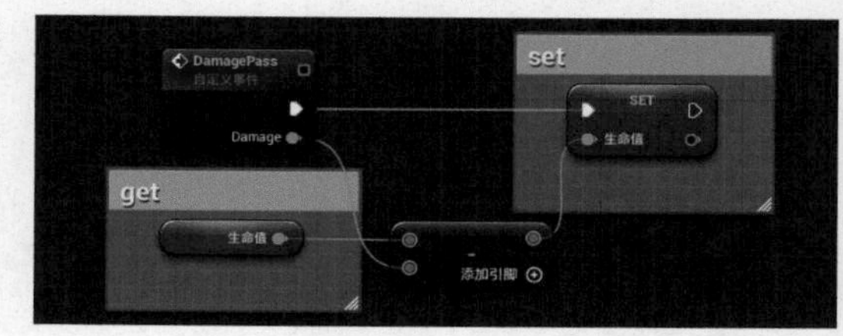

图3-31

问：为什么单击鼠标右键后搜索不到自己新建的变量或其他内容呢？

答：有两个方法可以解决这个问题。第1个，当完成一个新的操作后，对新内容进行编译并保存，养成良好的操作习惯。第2个，检查并确认搜索的变量名称是否与新建的变量名称一致。

如果是不能搜索到按键，可以尝试搜索“键盘”来找到需要的按键。

Unreal Engine 5蓝图中提供了数种变量，用户手动创建的类也可以作为一种变量类型（引用、软引用或类引用、软类引用），不同变量的颜色不同，便于区分，如图3-32所示。

图3-32

进入“蓝图编辑器”窗口，在“我的蓝图”面板中单击“变量”右侧的“变量”按钮，创建一个变量，选中变量后可以在“细节”面板中设置“变量命名”“变量类型”“私有”等选项，如图3-33所示。

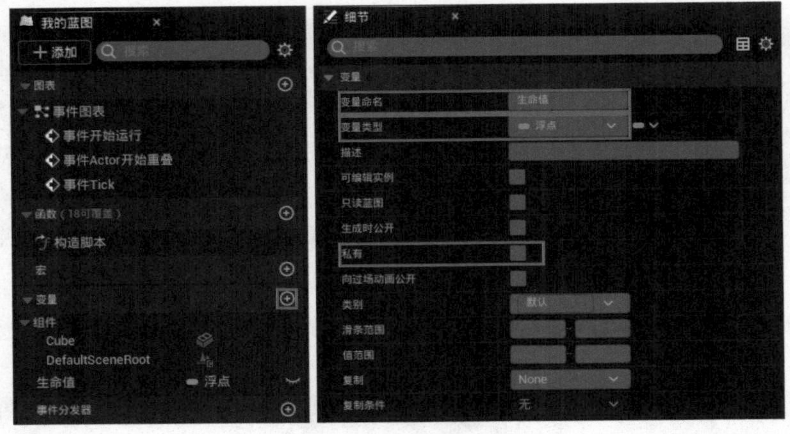

图3-33

变量类型介绍

◇ **布尔（Boolean）：** 默认值有True和False两种，通常情况下用于只有两种情况的判断（隐藏或显示、浮空或落地），新手在没有理解枚举概念时，通常会用多个布尔值加上Branch来判断多个条件（这种方法不是很好）。

◇ **字节（Byte）：** 0～255的整数值。

◇ **整数（Integer）：** –2147483648～2147483647的整数值，表示整数时一般使用该变量（如等级）。

◇ **64位整数（Integer64）：** –9223372036854775808～9223372036854775807的整数值，是C++中的Long类型。

◇ **浮点（Float）：** 带小数的数值类型，如8.182、18.283、9782.2812。Unreal Engine 5中有单精度浮点和双精度浮点，两者可以互相转换。

◇ **命名（Name）：** 用于在游戏中识别事物的一段文本。

◇ **字符串（String）：** 一组字符，如Hello World。

◇ **文本（Text）：** 向用户显示的文本内容，本地化的文本通常为该类型。

◇ **向量（Vector）：** 3个数字组成的集（x、y、z），可以用于表示3D坐标并进行物理计算，或者表示RGB颜色。

◇ **旋转体（Rotator）：** 定义3D空间中旋转物体的一组数字。

◇ **变换（Transform）：** 结合平移（3D位置）、旋转和缩放的数据集。

◇ **对象（Object）：** 如光源、Actor、静态网格体、摄像机和SoundCue等蓝图对象。

将变量拖曳到“事件图表”面板中，松开鼠标左键后可以选择获取变量的值或设置变量的值，如图3-34所示。选择某个选项即可创建对应的节点，也可以在拖曳时按Ctrl键或Alt键来快速选择GET或SET方式，如图3-35所示。

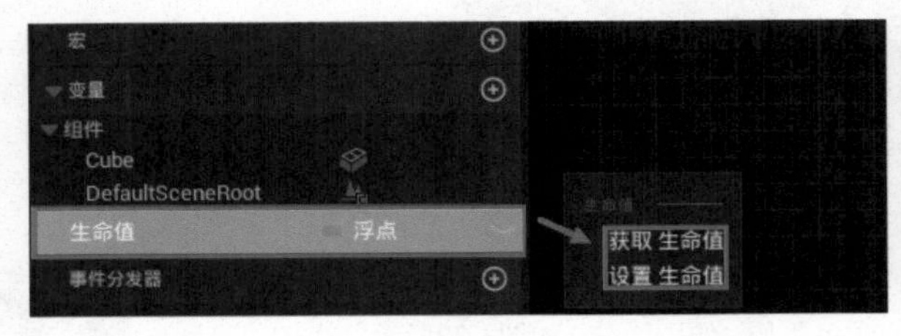

图3-34

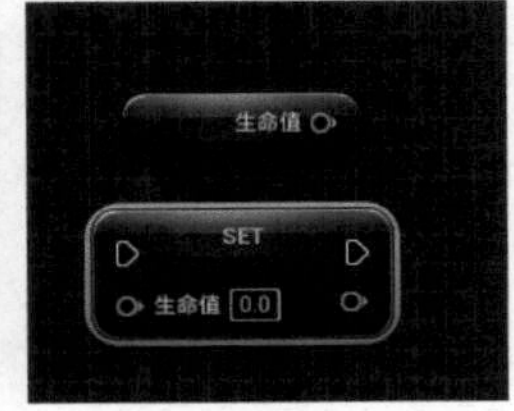

图3-35

技术专题：为节点单独添加注释

将鼠标指针停留在任意节点上，节点的左上方会出现“开启评论气泡”按钮，单击该按钮后可以为节点单独添加注释，如图3–36所示。

图3-36

3.2 简单的流程控制

在蓝图执行流中，复杂的蓝图不只具备设置默认值的功能，更复杂的项目会有更复杂的节点连接方法。本节将介绍蓝图中用于进行流程控制的节点，这些节点有助于用户通过蓝图实现更复杂的功能。

重点

3.2.1 分支

在流程控制中，最基本的内容非“分支”节点莫属，该节点用于根据布尔值为“真”或“假”为执行流选择一条路。

1.理解“分支”节点

在“事件图表”面板的空白处单击鼠标右键并输入“分支”，生成一个“分支”节点（或按住B键并单击空白处）。“分支”节点中有4个引脚，分别是一个白色输入引脚、两个白色输出引脚和一个布尔输入引脚，如图3-37所示。“布尔”变量存在True（真）与False（假）两种默认值，在引擎中通过勾选相应选项来控制其值。

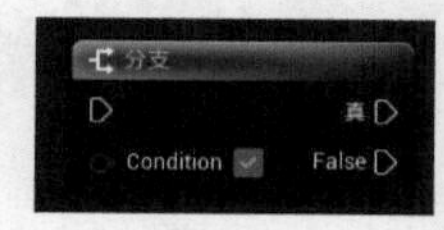

图3-37

当“Condition”输入“True”时，执行流将从“分支”节点的“True”引脚处流出；当“Condition”输入为“False”时，执行流将从节点的“False”引脚处流出。明白了这个概念就能理解该节点能够完成的事情，它的原理类似于C++中的if函数，在蓝图中可以将整型、比较和等于等内容输出为布尔值。当需要检测角色的生命值是否等于0时，就可以使用图3-38所示的方法。

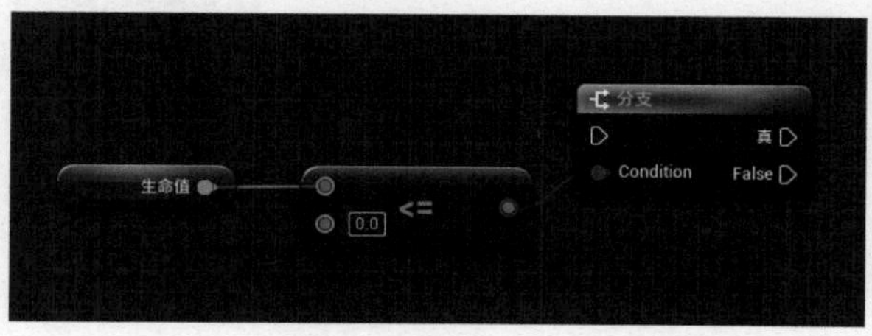

图3-38

提示 使用“Compare Float”宏节点检测生命值是更简单的方法，这里仅做演示，如图3-39所示。

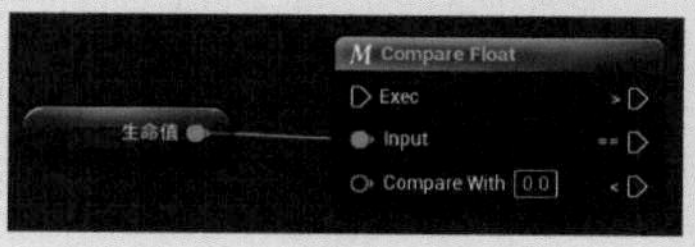

图3-39

2.使用“分支”节点

将自己创建的布尔型变量连接到“Condition”引脚上，这样“Condition”的参数将会跟随布尔型变量的值变化。单击“蓝图”按钮 蓝图，执行“打开关卡蓝图”菜单命令，打开“关卡蓝图”窗口，新建一个名为“Boolean”的变量，并设置“变量类型”为“布尔”，如图3-40所示。

分别创建“事件开始运行”节点、“分支”节点和两个“打印字符串”节点，并将“Boolean”变量拖曳到“事件图表”面板中，将节点按照图3-41所示的形式连接。

图3-40

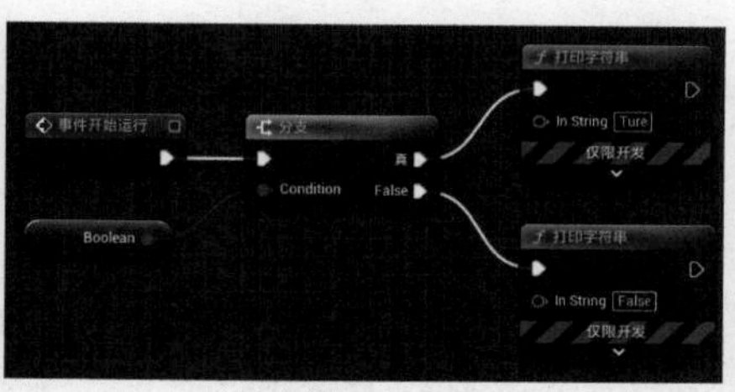

图3-41

单击“编译”按钮 编译 后选择“Boolean”变量，在“细节”面板中勾选“Boolean”选项，再次单击“编译”按钮 编译 后单击“保存”按钮 保存，进入PIE运行模式后可以发现输出结果为“True”，如图3-42所示。

回到“蓝图编辑器”窗口，在“细节”面板中取消勾选“Boolean”选项，单击“编译”按钮 编译 后单击“保存”按钮 保存，进入PIE运行模式后可以发现输出结果为“False”，如图3-43所示。

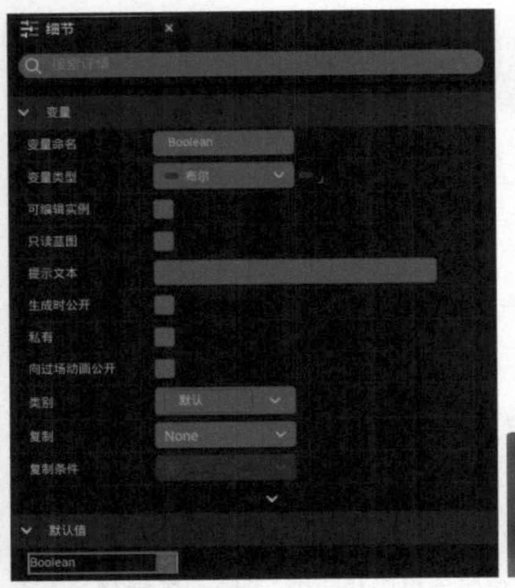

图3-42

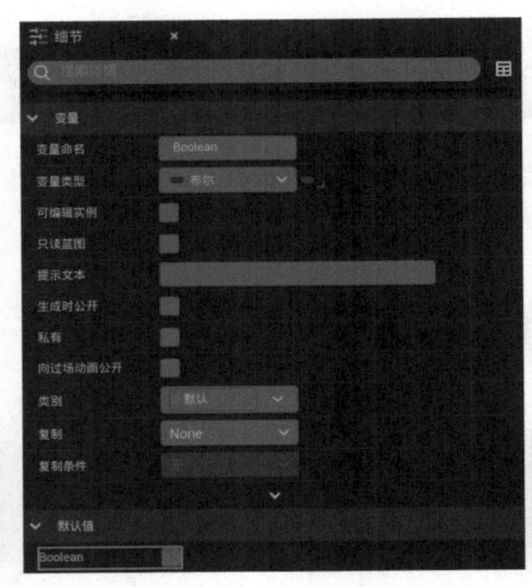

图3-43

3.2.2 Gate

图3-44

"Gate"（门）节点的名称很形象，它像门一样可以开关，用于决定流程是否通过该节点。在"事件图表"面板中单击鼠标右键并输入"Gate"，生成一个"Gate"节点（或按住G键并单击空白位置）。该节点一共包含6个引脚，分别是4个输入引脚、一个输出引脚和一个布尔引脚，如图3-44所示。

当执行流到"Enter"引脚时，"Gate"节点会检测此门是否打开。如果门打开了，那么就允许执行流从"Exit"引脚通过；如果门没有打开，那么执行流将不会通过"Exit"引脚，会停留在这个节点上。"Open"引脚可以控制此门的打开，"Close"引脚可以控制此门的关闭，"Toggle"引脚可以切换此门的状态（由开变关、由关变开），"Start Closed"引脚用于确保门从一开始就是关闭的。

3.2.3 Flip Flop

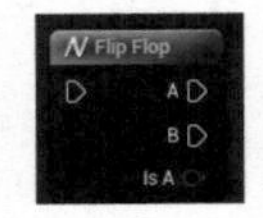

图3-45

生成一个"Flip Flop"节点，可以看到该节点一共包含4个引脚，分别是一个白色输入引脚、两个白色输出引脚和一个布尔输出引脚，如图3-45所示。当执行流从左侧的输入引脚第1次输入时会执行A，第2次输入时会执行B，该节点用于控制两条执行流路径的切换。

分别创建"事件开始运行"节点、"自定义事件"（命名为"Timer"）节点、"以事件设置定时器"节点、"Flip Flop"节点和两个"打印字符串"节点并将它们连接起来，如图3-46所示。

将"以事件设置定时器"节点中的"Event"输入引脚连接至"Timer"节点上，并设置"Time"为1.0，勾选"Looping"选项，如图3-47所示。

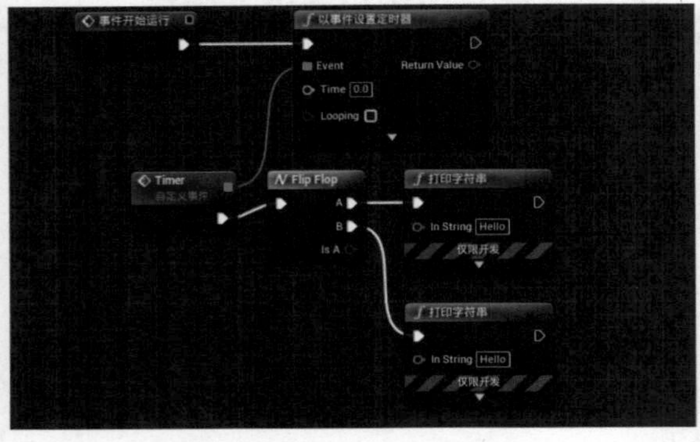

图3-46

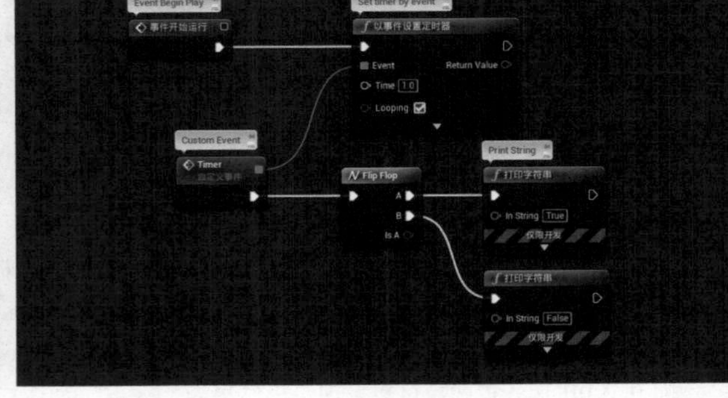

图3-47

单击“编译”按钮编译后单击“保存”按钮保存，进入PIE运行模式。“以事件设置定时器”节点会让蓝图每秒执行一次自定义事件。“Flip Flop”节点会让蓝图在第一个一秒输出“True”，第二个一秒输出“False”，如此反复，如图3-48所示。

图3-48

3.2.4 延迟

“延迟”节点用于延迟蓝图执行流。生成一个“延迟”节点，可以看到该节点一共有3个引脚，分别是一个白色输入引脚、一个白色输出引脚和一个浮点型输入引脚“Duration”，如图3-49所示。

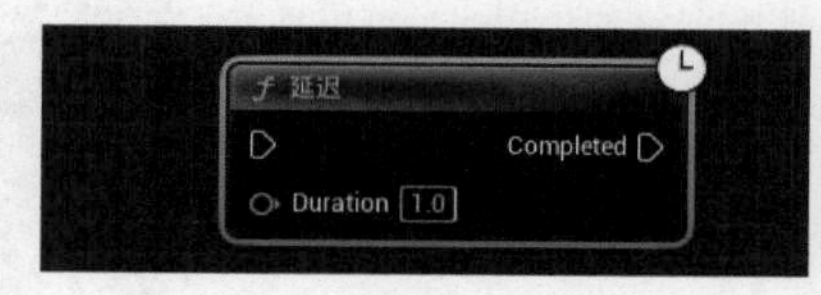

图3-49

创建“事件开始运行”“延迟”“打印字符串”节点并将它们连接起来，如图3-50所示。当执行流到达“延迟”节点的白色输入引脚时，该节点会等待一个“Duration”的时间后再从“Completed”引脚输出执行流。在第一次触发后，该节点必须要等待一个“Duration”的时间才能继续执行，该节点的输入引脚在等待时间结束之前会失效。

设置“Duration”为1.0，“In String”为“Hello World”。编译并保存后进入PIE运行模式，可以看到“Hello World”在延迟一秒后出现，如图3-51所示。

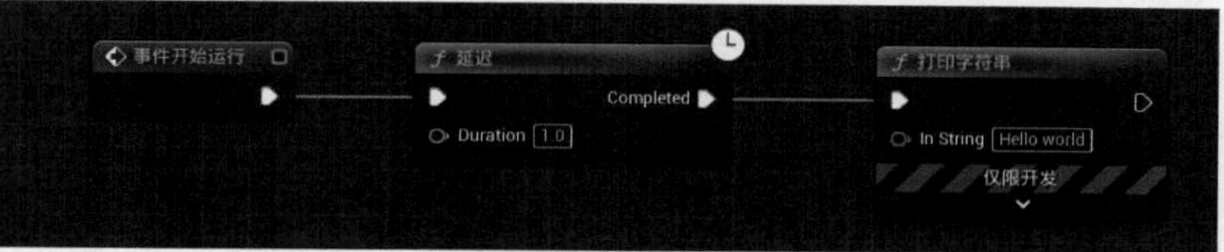

图3-50

图3-51

3.2.5 Do Once

“Do Once”节点，顾名思义为只执行一次的节点。生成一个“Do Once”节点（按住O键并单击空白位置）。“Do Once”节点一共有4个引脚，分别是两个白色输入引脚、一个白色输出引脚和一个布尔型输入引脚，如图3-52所示。

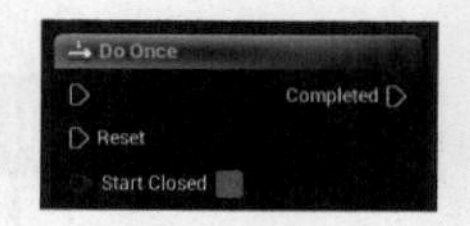

图3-52

在没有勾选“Start Closed”选项时，执行左上方的白色输入引脚后执行流会成功通过，但是当执行流通过一次后必须先执行“Reset”输入引脚才可以重新执行左上方的白色输入引脚，调用“Reset”输入引脚不会使节点继续执行。在勾选“Start Closed”选项时，必须先执行“Reset”输入引脚才可以让执行流通过。

3.2.6 For Loop

蓝图中存在专门用于实现循环的“For Loop”节点和“For Each Loop”节点。生成一个“For Loop”节点（注意不要和“For Each Loop”节点混淆），可以看到“For Loop”节点一共有6个引脚，分别是白色输入引脚、“First Index”整型输入引脚、“Last Index”整型输入引脚、“Loop Body”输出引脚、“Index”整型输出引脚和“Completed”输出引脚，如图3-53所示。

图3-53

“First Index”引脚和“Last Index”引脚决定开始循环的位置和结束循环的位置，如果“First Index”为1，“Last Index”为10，那么“Loop Body”引脚会重复触发10次。输入0～9、2～11或3～12等区间的首尾数值，如图3-54所示，“Loop Body”引脚也会触发10次，只不过输出的值会不同。

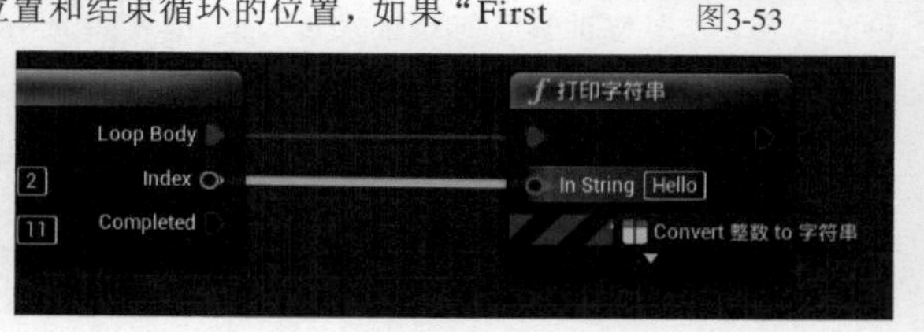

图3-54

创建“事件开始运行”“For Loop”“打印字符串”节点并将它们连接起来，如图3-55所示。进入PIE运行模式后可以看到白色输入引脚只被调用了一次，但在“For Loop”节点中进行了1～10的循环，“Index”输出引脚输出的是当前循环到的“Index”，如图3-56所示。

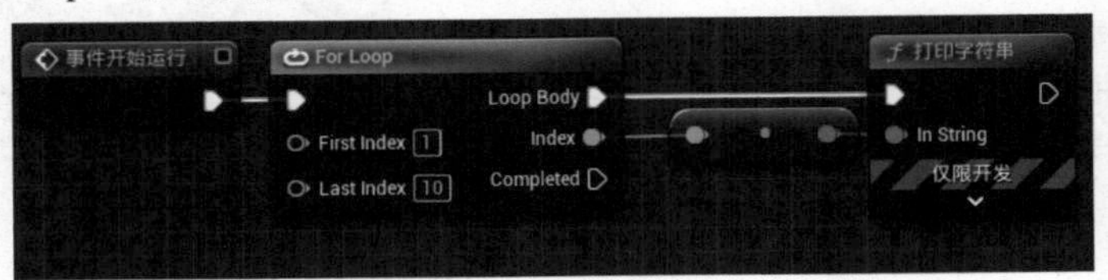

图3-55

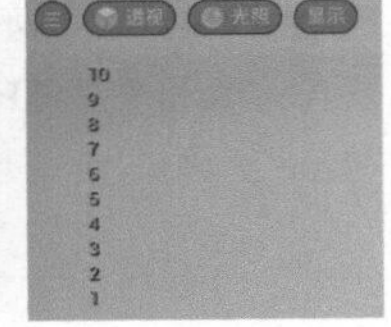
图3-56

“Completed”作为循环结束后执行的引脚，可以连接新的“打印字符串”节点，如图3-57所示，以在循环完成后输出“Completed”。进入PIE运行模式后可以看到循环完毕后出现了“Completed”，如图3-58所示。

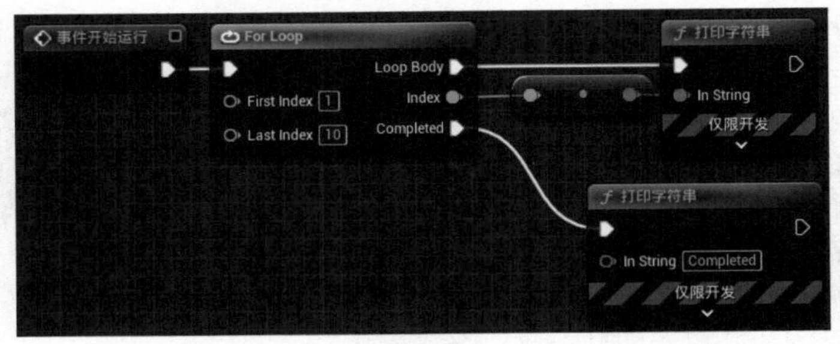

图3-57

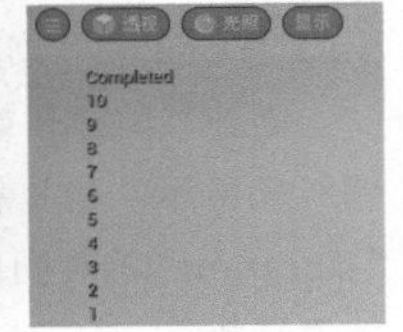
图3-58

3.2.7 While Loop

“While Loop”是另外一种循环节点，也用于重复执行。生成一个“While Loop”节点，可以看到该节点一共有4个引脚，分别为白色输入引脚、“Loop Body”输出引脚、“Completed”输出引脚、“Condition”布尔型输入引脚，如图3-59所示。

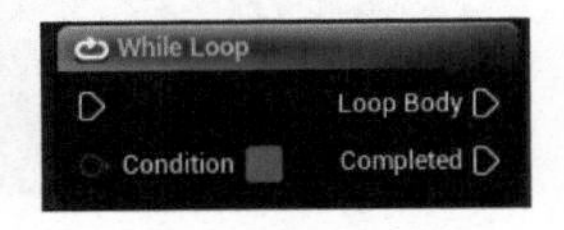

图3-59

这个节点是否循环是根据“Condition”来判断的，当勾选“Condition”选项时为“True”，“Loop Body”引脚会被重复执行；当未勾选“Condition”选项时为“False”，“Loop Body”引脚将停止并完成执行。

提示 在循环量很大时很容易造成无限循环而导致游戏崩溃，使用时请务必注意循环量。

3.2.8 序列

“序列”节点用于执行多个蓝图执行流。生成一个“序列”节点，可以看到在该节点中能够通过单击“添加引脚”按钮来添加输出引脚，如图3-60所示。执行左侧白色输入引脚后，“序列”节点会依次执行“Then0”引脚、“Then1”引脚等。

图3-60

3.3 按键映射

本节将详细讲解如何进行按键响应，如按鼠标或键盘时执行事件。对于游戏来说，按键输入是不可或缺的内容，玩家可以使用键盘上的W、A、S、D键控制角色的移动，也可以使用鼠标左键、右键控制角色的操作，本节将讲解如何对游戏传入按键。执行“编辑>项目设置”菜单命令，打开“项目设置”窗口，然后切换到“引擎-输入”卷展栏，在“绑定”卷展栏中有“操作映射”和“轴映射”两种映射方式，如图3-61所示。

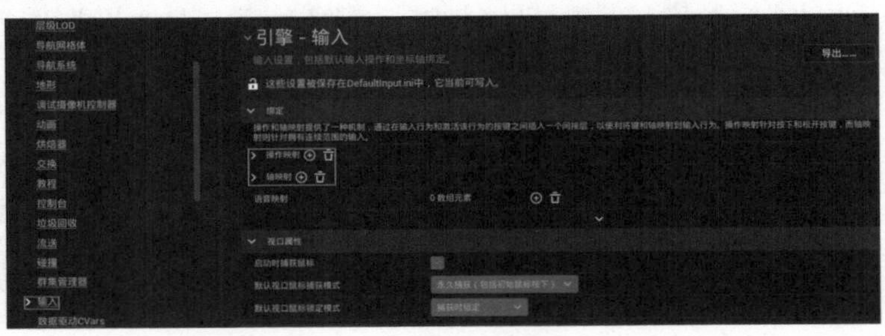

图3-61

3.3.1 操作映射

“操作映射”提供了专门针对按住和松开的输出引脚，如按住鼠标左键、松开E键等。单击“操作映射”右侧的“添加”按钮添加一个新的“操作映射”，将其命名为“Click”并在下方默认为“None”的下拉列表框中找到“鼠标左键”，如图3-62所示。

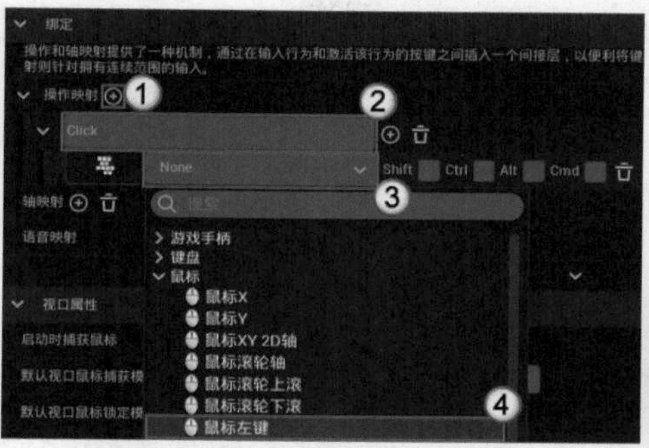

图3-62

图3-63

单击“蓝图”按钮，执行“打开关卡蓝图”菜单命令后打开“关卡蓝图”窗口，创建一个“输入操作Click”节点，该节点的两个白色输出引脚分别为“Pressed”（按下）和“Released”（松开），如图3-63所示。

创建两个“打印字符串”节点并分别与两个白色输出引脚连接，进入PIE运行模式后，按住鼠标左键会出现“Pressed”，松开鼠标左键会出现“Released”，如图3-64所示。

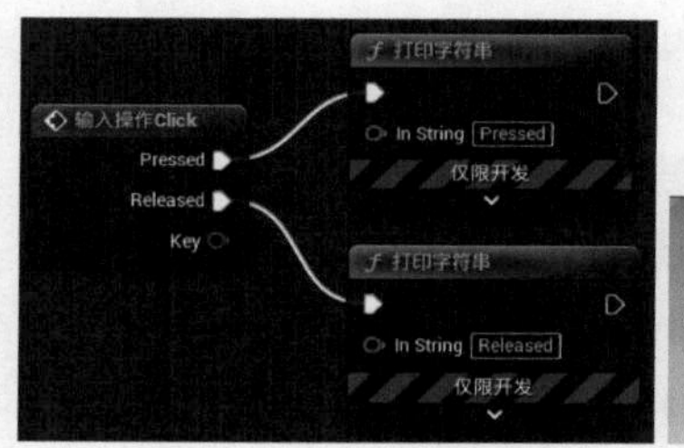

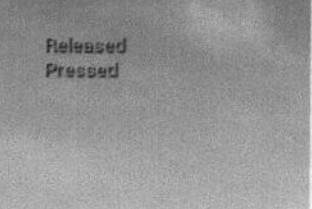

图3-64

技术专题：如何启用Actor输入

因为操作映射是写在关卡蓝图中的，系统默认允许接收输入，所以可以直接使用。当前控制器、关卡蓝图和被控制的角色不需要或无法启用Actor输入，“Actor”类蓝图则需要使用“启用输入”节点启用输入，如图3-65所示。

图3-65

3.3.2 轴映射

“轴映射”是针对持续操作的映射，节点会持续执行，并且可以为不同按键选择不同的幅度，如摇杆的拖动程度影响角色的移动速度等。

再次打开“项目设置”窗口，找到“引擎 - 输入”卷展栏。单击“轴映射”右侧的“添加”按钮新建一个轴映射，将其名字改为“Move”，设置“None”为“W”，“缩放”为1.0后关闭“项目设置”窗口，如图3-66所示。

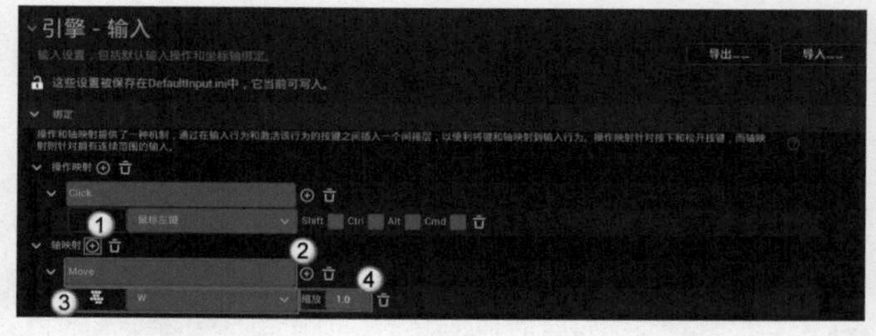

图3-66

单击“蓝图”按钮，执行“打开关卡蓝图”菜单命令，打开“关卡蓝图”窗口，在“事件图表”面板中创建“输入轴Move”节点，如图3-67所示。

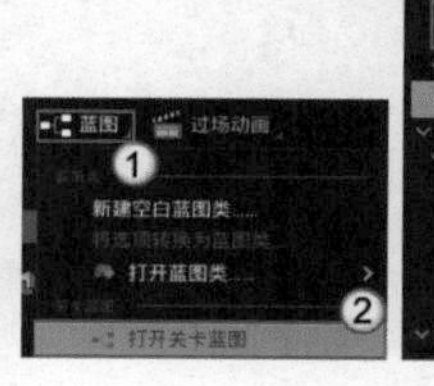

图3-67

因为轴映射是针对持续操作的，所以先用“打印字符串”节点并输入“Hello”查看效果，编译并保存后进入PIE运行模式，可以发现不管按任何键都会持续执行操作，如图3-68所示。

图3-68

回到“关卡蓝图”窗口中，连接“Axis Value”引脚与“In String”引脚，系统会自动创建转换节点，如图3-69所示。进入PIE运行模式，在没有按W键时默认输出0.0，在按W键时输出1.0，如图3-70所示。

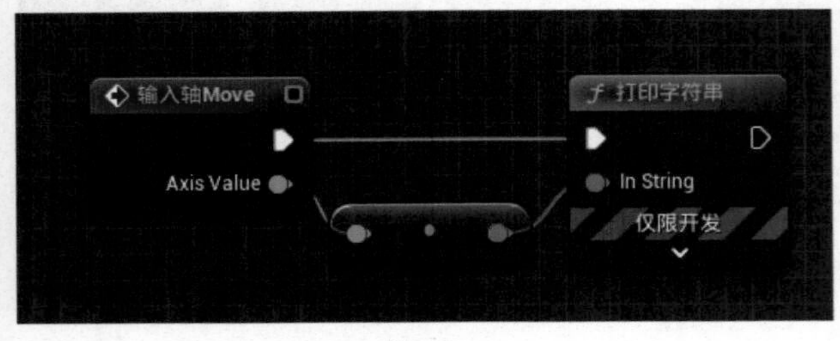

图3-69

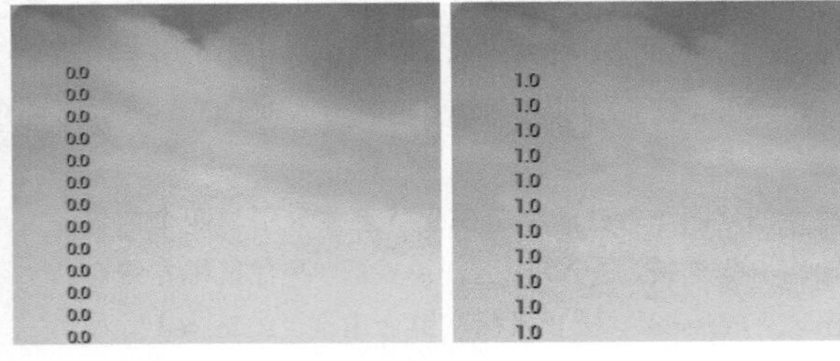
图3-70

在添加轴映射时可以发现，当设置“W”的“缩放”为1.0时，按W键“Axis Value”引脚的输出也为1.0。可以回到“项目设置”窗口中添加一个新的轴映射，单击“Move”映射右侧的“添加”按钮添加一个新的按键。设置“None”为“S”，“缩放”为-1.0，如图3-71所示。回到PIE运行模式，按S键时会输出-1.0，如图3-72所示。这种按键映射的用途很广，且通常用于持续输入，如移动、飞行和旋转视角等。

图3-71

图3-72

案例训练：按键计数器

实例文件 资源文件>实例文件>CH03>案例训练：按键计数器

素材文件 无

难易程度 ★☆☆☆☆

技术掌握 使用按键映射与节点完成运算

使用“操作映射”添加按键计数功能，如按Q键时数值加1，按E键时数值减1，通过与其他功能的配合可以实现在游戏中增减分数、金币数等的操作，如图3-73所示。

01 执行“编辑>项目设置”菜单命令，打开“项目设置”窗口，进入“引擎-输入”卷展栏，单击两次“操作映射”右侧的“添加”按钮，添加两个“操作映射”。设置其中一个名字为“Add”,“None”为“Q”，设置另一个名字为“Subtract”,“None”为“E”，如图3-74所示。

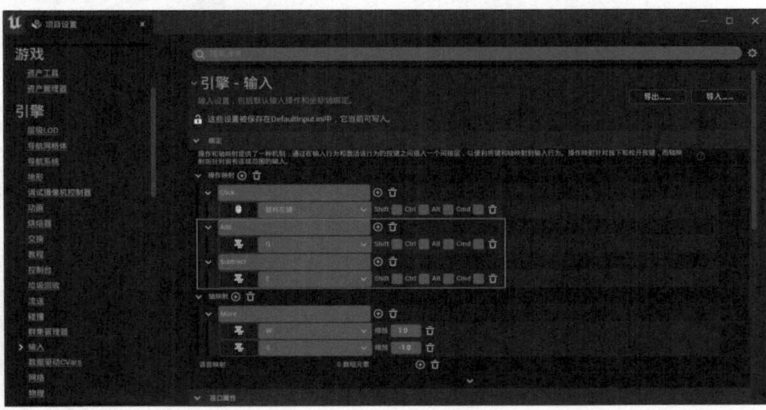

图3-73

图3-74

02 关闭“项目设置”窗口并打开“关卡蓝图”窗口，将新创建的“Add”和“Subtract”输入操作添加到关卡蓝图中，如图3-75所示。

03 这时需要一个变量来对当前的计数进行存储，因为是要进行逐步加1的计数操作，所以最合适的就是整型变量。在“我的蓝图”面板下方单击“变量”按钮新建一个变量，设置其名称为“Current_Number”，“类型”为“整数”，如图3-76所示。

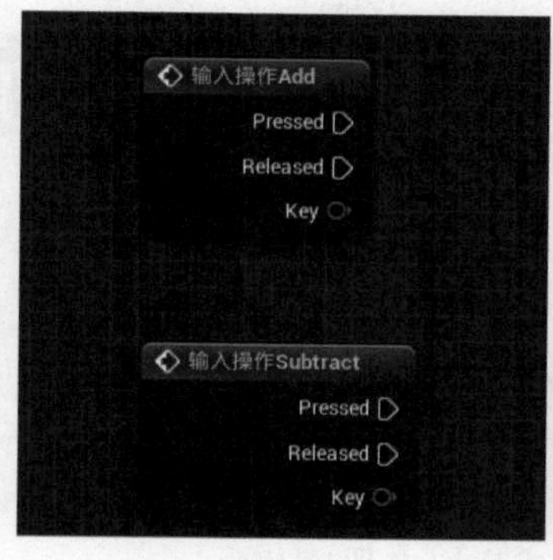

图3-75

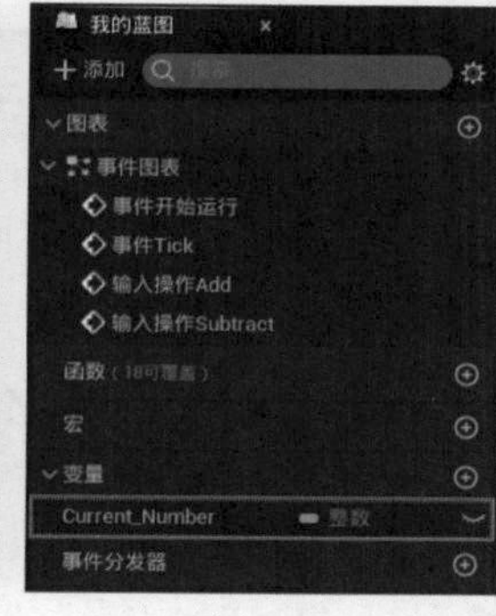

图3-76

04 单击“编译”按钮，“细节”面板中出现了“默认值”卷展栏，如图3-77所示。在“我的蓝图”面板中按住Ctrl键并拖曳“Current Number”变量到“事件图表”面板中，按住Alt键并再次拖曳该变量，如图3-78所示。

图3-77

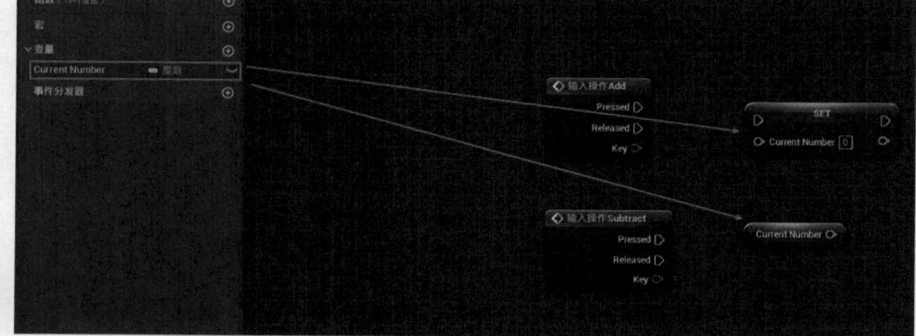

图3-78

05 分别生成GET和SET的变量，需要使用SET来设置变量的默认值，使用GET来得到默认值，还需要使用“加”节点来对变量进行相加处理，如图3-79所示。

06 这样按Q键时就会执行加操作映射，从而使整型变量等于整型变量加1。对减操作也做相同的处理，使用“减”节点来对整型变量进行相减处理，如图3-80所示。

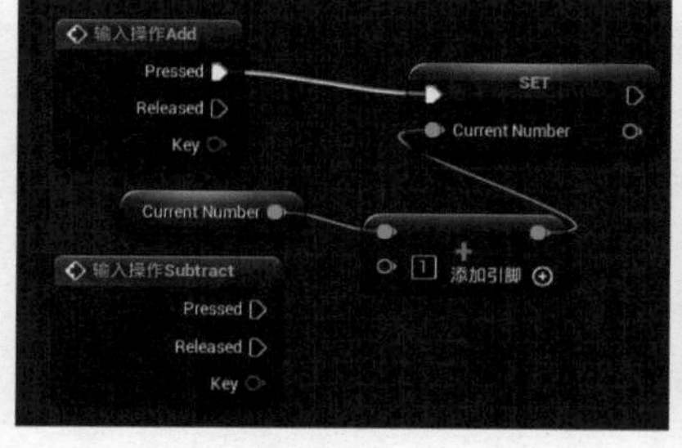

图3-79

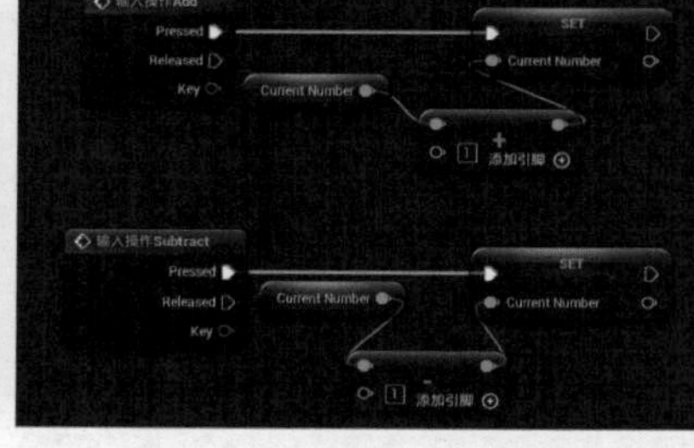

图3-80

07 添加两个“打印字符串”节点，以输出当前数值，编译并保存后运行游戏，按Q键时数值加1，按E键时数值减1，如图3-81和图3-82所示。

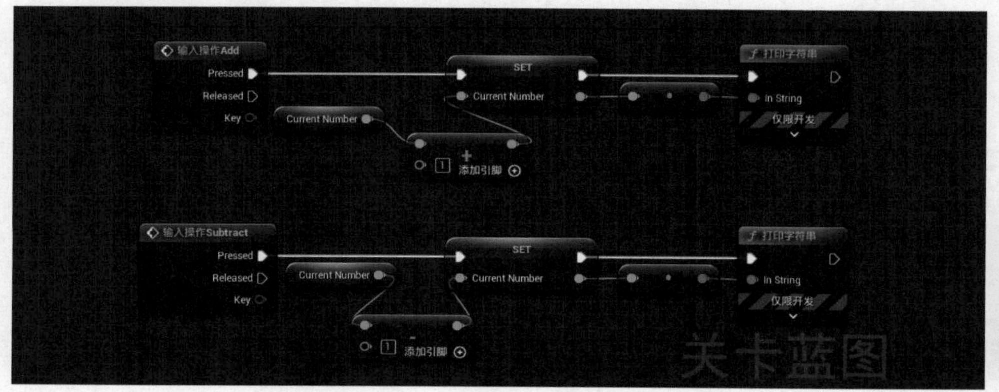

图3-81

图3-82

3.4 其他有关流程控制的节点

本节将会讲解关于流程控制的其他节点，这些节点会在以后知识学习得更加全面后派上用场，这里仅讲解如何使用这些节点。

3.4.1 For Each Loop

进入“关卡蓝图”窗口，在“事件图表”面板的空白处按住F键并单击或直接单击鼠标右键并输入“For Each loop”，生成节点，如图3-83所示。

该节点的作用是遍历（遍历数组即对一个数组内的所有元素进行循环查找）一个数组中的所有元素。假设数组中有10个元素，则“Loop Body”引脚会执行10次，“Array Index”引脚会从0～9循环，“Array Element”引脚会从头到尾输出指定Index的元素。

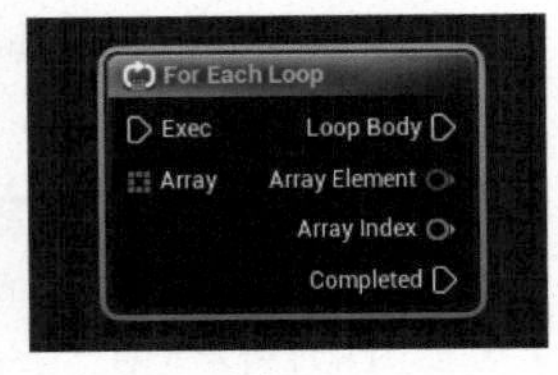

图3-83

提示 与此节点功能相反的是“Reverse For Each Loop”节点，该节点的功能是反方向遍历数组。

3.4.2 For Each Loop with Break

在“事件图表”的空白处单击鼠标右键，输入“For Each Loop with Break”生成对应节点，如图3-84所示，此节点与“For Each Loop”节点的功能相似，不过当“Break”输入引脚接收到信号时该节点会停止循环。

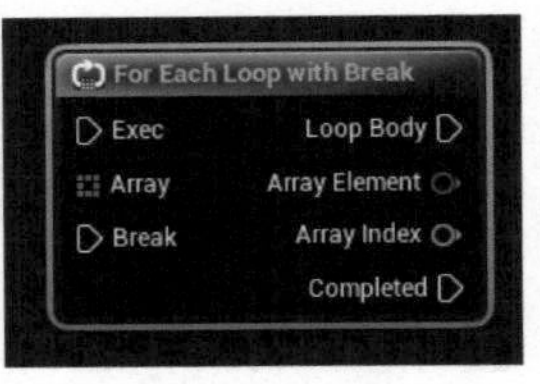

图3-84

3.4.3 MultiGate

在“事件图表”面板的空白处按住M键并单击，或直接在空白处单击鼠标右键并输入“MultiGate”，生成节点，如图3-85所示。“MultiGate”节点的功能有很多，与“Gate”节点不同，“MultiGate”节点有很多个门，并且可以控制循环进入指定的门或进入随机的门。

图3-85

3.4.4 可再触发延迟

在“事件图表”面板的空白处单击鼠标右键并输入“可再触发延迟”，生成节点，如图3-86所示。“可再触发延迟”节点在收到一次执行信号后能再次收到信号，当再次被执行时将会重新开始倒计时。

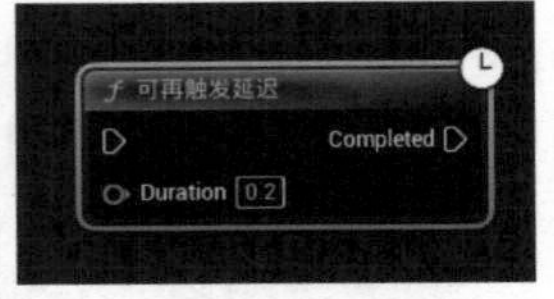

图3-86

3.5 手柄控制

Unreal Engine 5支持除鼠标、键盘外的其他控制器输入，如手柄和VR手柄等。

3.5.1 手柄按键

手柄输入和按键输入相同，不需要特别的节点支持，只需要为按键选择对应的“轴映射”或“操作映射”即可。在“项目设置”窗口的“引擎 - 输入”卷展栏中，展开“None”下拉列表框，在“游戏手柄”卷展栏中可以找到对应的手柄设置，如图3-87所示。

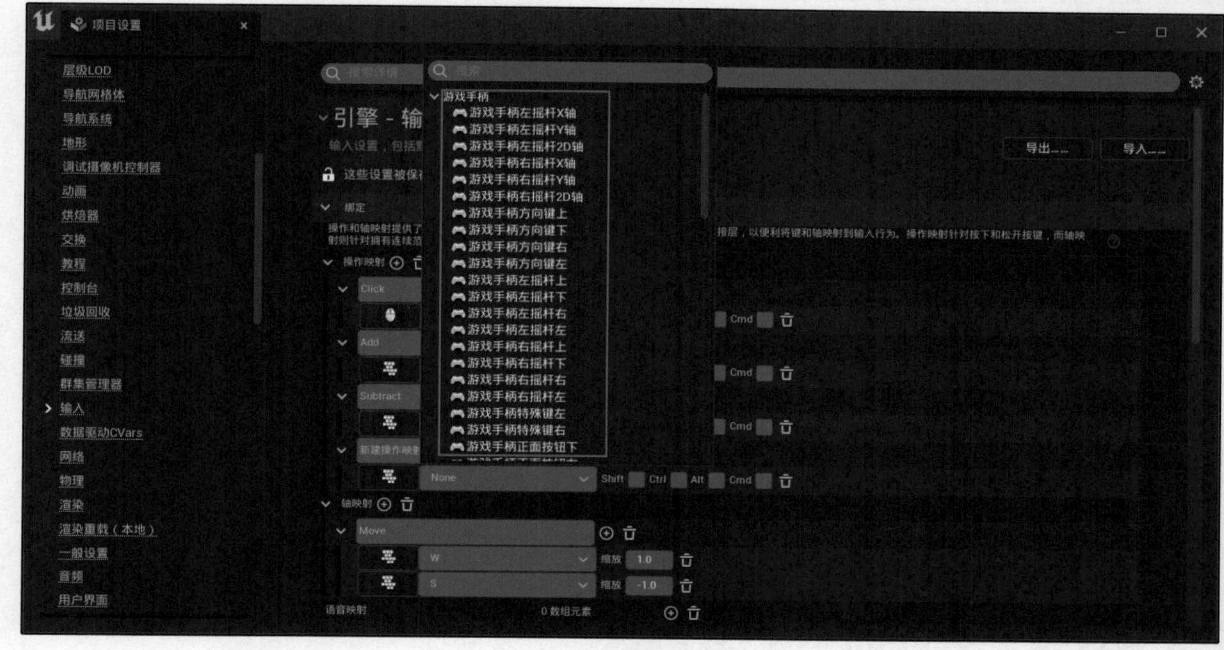

图3-87

在关卡蓝图中可以通过添加并连接“为手柄键”节点和“打印字符串”节点检测按键是否为手柄键，如图3-88所示，如果一个“操作映射”中同时存在使用键盘与手柄的操作，可以使用“为手柄键”等此类节点对不同控制器的操作进行判定，从而用不同的方式进行操控。

图3-88

3.5.2 VR按键

VR有很多款式，主流的HTC Vive和Oculus go等VR设备在Unreal Engine 5中都获得了支持。可以直接输入VR设备的型号来查询按键，如图3-89所示。

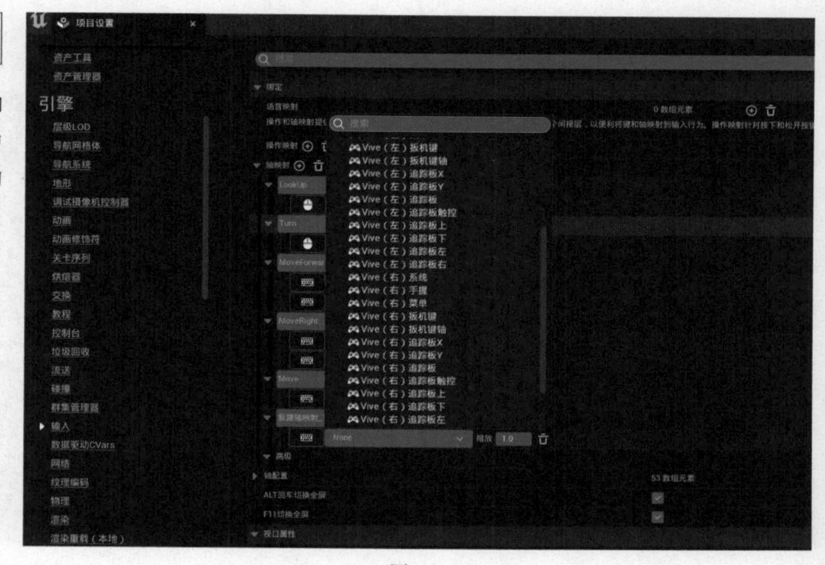

图3-89

3.6 蓝图中的快捷操作与快捷键

上一章讲解了在编辑器中使用的快捷键和快捷操作，本节会讲解“关卡蓝图”窗口中的常用快捷操作与快捷键。

重点

3.6.1 蓝图中的快捷操作

表3-1

选中一个或多个蓝图节点的情况下	未选中节点时的操作	对线的操作
复制：Ctrl＋C	按住O键并单击，生成“Do Once”节点	拖曳引脚快速连接
粘贴：Ctrl＋V	按住S键并单击，生成“序列”节点	将引脚拖曳到空白处可以快速创建节点
拷贝：Ctrl＋W	按住D键并单击，生成“延迟”节点	按住Alt键并单击已连接节点可以快速断开
剪切：Ctrl＋X	按住F键并单击，生成“For Each Loop”节点	按住Ctrl键并单击已连接节点可以断开并快速重新连接
删除：Delete	按住G键并单击，生成“Gate”节点	双击线段可以添加节点，以变更路线
添加注释：C	按住B键并单击，生成“分支”节点	
	按住N键并单击，生成“Do N”节点	
	按住M键并单击，生成“MultiGate”节点	

3.6.2 有关变量和分类的快捷键

选择已经创建的变量，按F2键可快速修改其名称，如图3-90所示。使用快捷键Ctrl＋C可复制变量，使用快捷键Ctrl＋V可粘贴变量，使用快捷键Ctrl＋W可拷贝变量，使用快捷键Ctrl＋X可剪切变量。

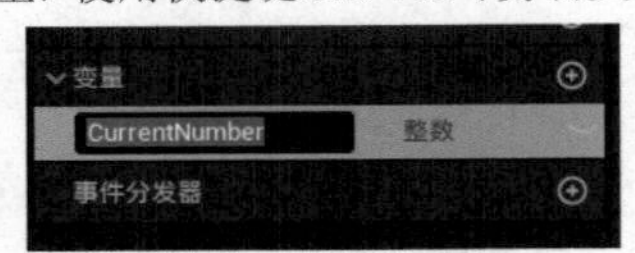

图3-90

在“细节”面板中设置“类别”为“默认”并手动输入一个名称，便可以创建一个新的分类。此分类会显示在“类别”下拉列表中，输入名称后按Enter键生效，如图3-91所示。

生效后在“我的蓝图”面板中就会出现此分类，拖曳变量可调整变量的位置与分类，如图3-92所示。

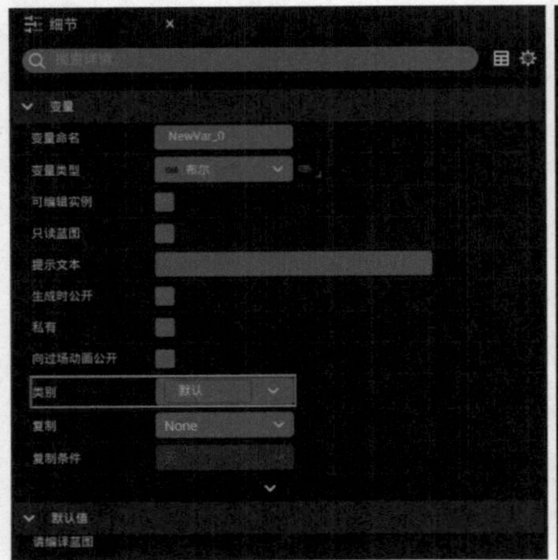

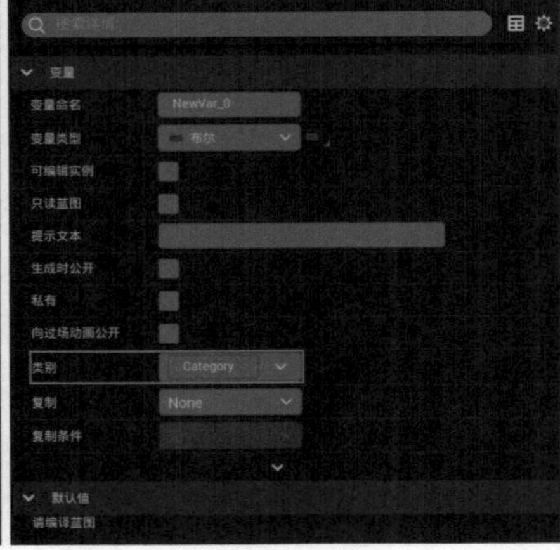

图3-91

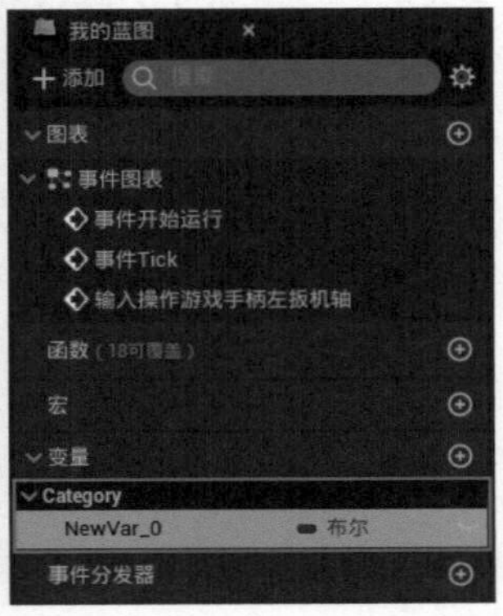

图3-92

3.7 简单的随机功能

Unreal Engine 5中有很多随机的蓝图节点供用户使用，如“随机布尔”节点和“切换整型”节点。读者可以使用本章所讲知识来实现一个简单的随机功能。

图3-93所示的蓝图实现的是一个十分简单的随机功能，“随机布尔”节点会随机输出“True”或“False”两个值，使用“分支”节点可以使执行流走不同的路线。

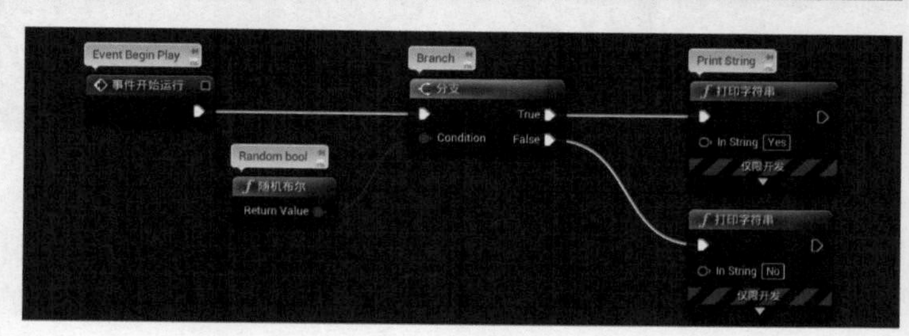

图3-93

使用“切换整型”节点时存在6种可能性，如图3-94所示。该节点能实现更复杂的随机功能，使用“范围内随机浮点”节点随机生成一个0和1之间的小数，并检测这个小数是否大于等于0.1（可以随意修改），这样就有10%的概率通过，如图3-95所示。

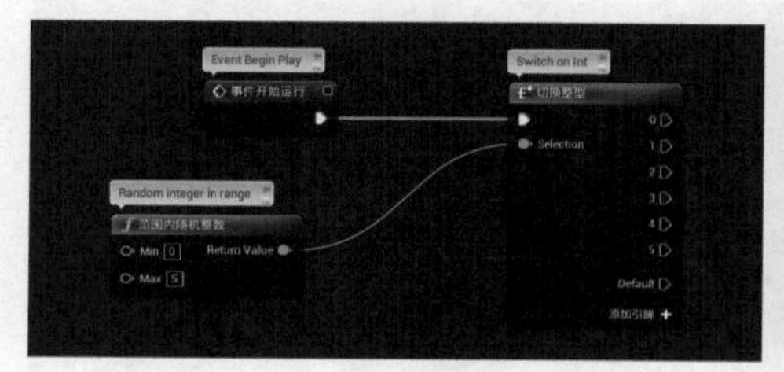

图3-94

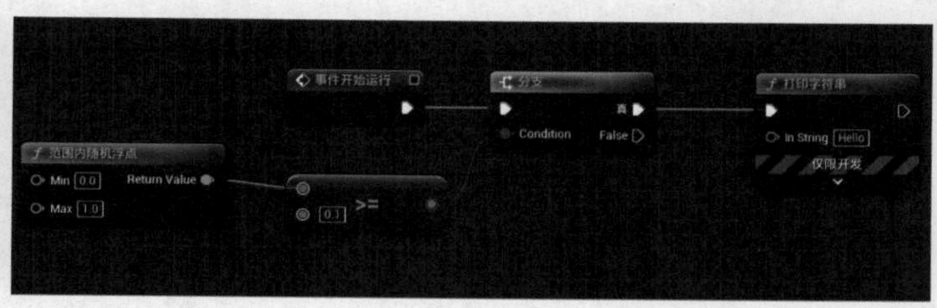

图3-95

3.7.1 “MultiGate”节点

上面介绍了两种随机方式，接下来使用“MultiGate”节点制作随机系统。在“事件图表”面板的空白处按住M键并单击，生成“MultiGate”节点，如图3-96所示。

将“Is Random”布尔值切换为“True”，将“Loop”布尔值切换为“True”，这样输入后就可以在“Out 0”引脚和“Out 1”引脚之间随机输出，如图3-97所示。可以单击“添加引脚”按钮 添加引脚 +，添加的白色输出引脚越多，单个引脚是输出引脚的可能性就越低。

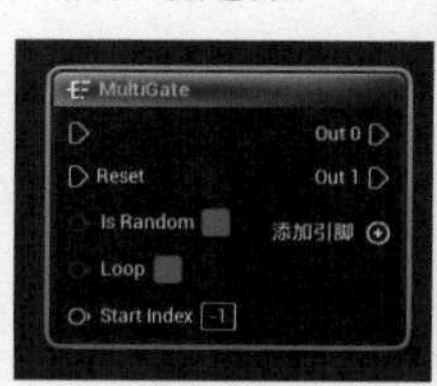

图3-96

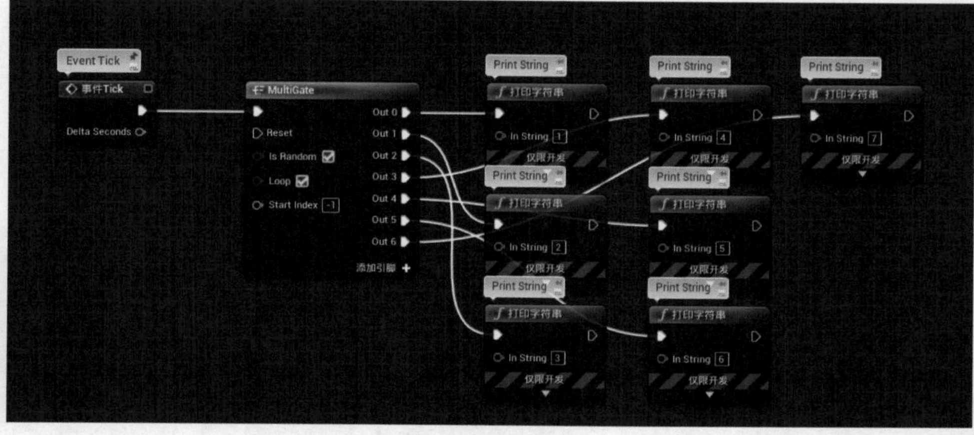

图3-97

3.7.2 嵌套循环

嵌套循环是指一个循环套着另外一个循环，如图3-98所示。这是一种比较考验计算机配置的做法，受蓝图效率的影响，在Unreal Engine 5的蓝图中使用大数值嵌套循环会降低游戏帧率。

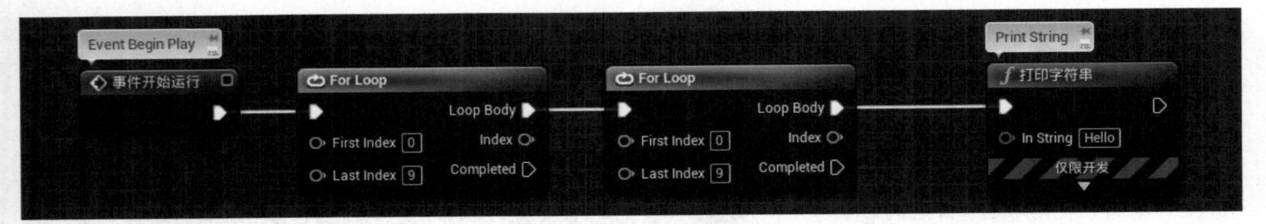

图3-98

当“Last Index”为9，“First Index”为0时，这个节点会循环执行10遍，因为第1个节点的“Loop Body”引脚连接的是另外一个“For Loop”节点，所以每执行一次第1个节点都会使第2个节点循环执行10遍，也就是说在第1个“Loop Body”结束时总共循环了100遍。这种循环的用处很多，如生成方阵、摆阵型和做计算等。若使用格式化文本固定X:Y的格式，就可以输出方阵的坐标，如图3-99所示。

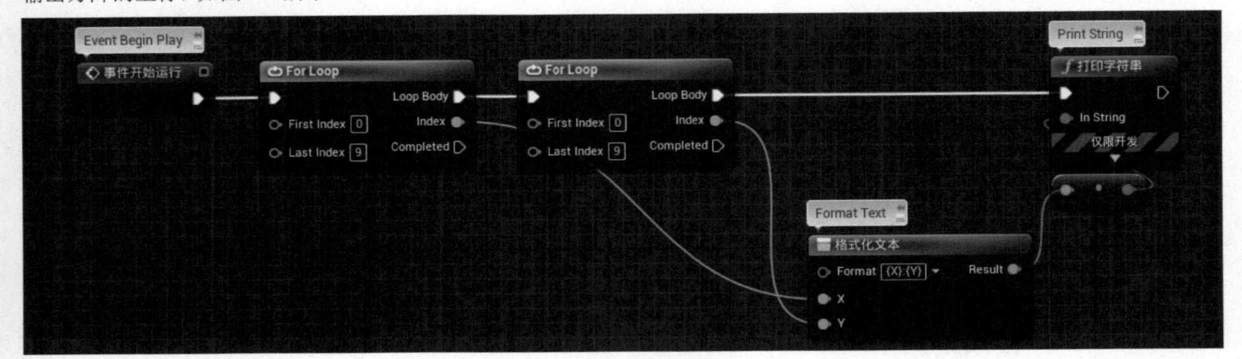

图3-99

综合训练：实现技能冷却

实例文件　资源文件 > 实例文件 > CH03 > 综合训练：实现技能冷却

素材文件　无

难易程度　★★☆☆☆

技术掌握　使用计时器等功能制作游戏中的常用功能

根据本章所学知识制作技能冷却效果，最终效果如图3-100所示。

01 单击“供用户编辑或创建的世界场景蓝图列表”按钮，执行“打开关卡蓝图”菜单命令，打开“关卡蓝图”窗口，在“关卡蓝图”窗口中使用“R”节点释放技能，如图3-101所示。

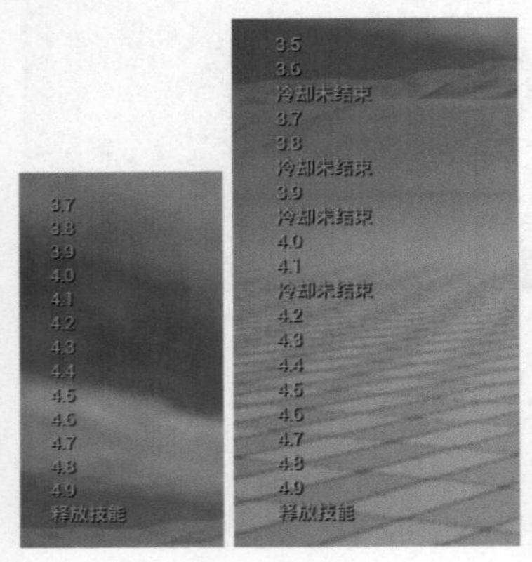

图3-100

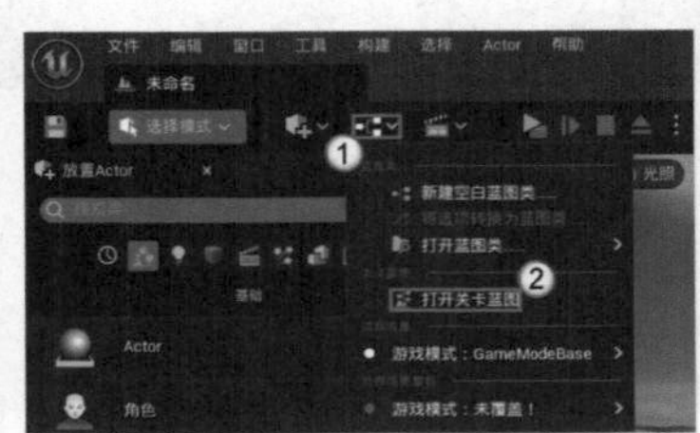

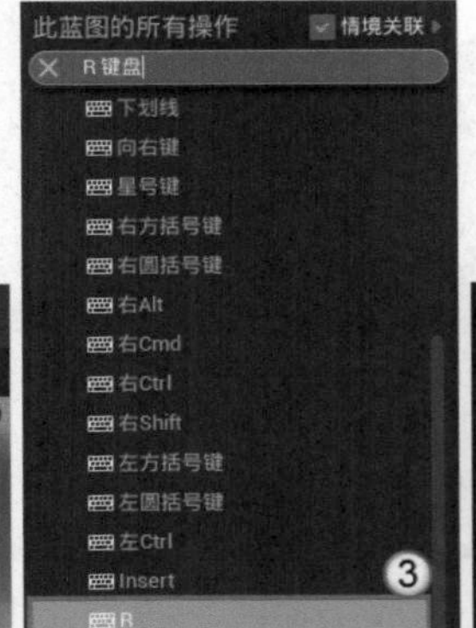

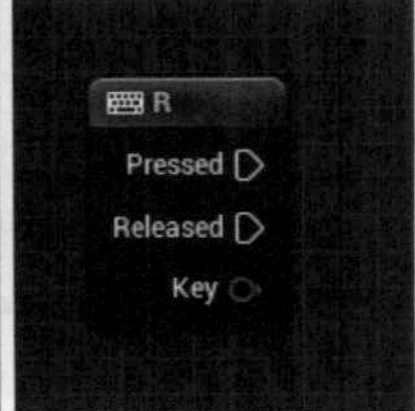

图3-101

02 新建一个“自定义事件”节点并命名为“CoolDown”，新建一个“以事件设置定时器”节点，并将两个节点连接起来，设置“Time”为0.1，勾选“Looping”选项，如图3-102所示。

03 在“我的蓝图”面板中单击“变量”按钮新建一个变量，在“细节”面板中设置“变量命名”为“冷却时间”,“变量类型”为“浮点”，完成后单击“编译”按钮，如图3-103所示。

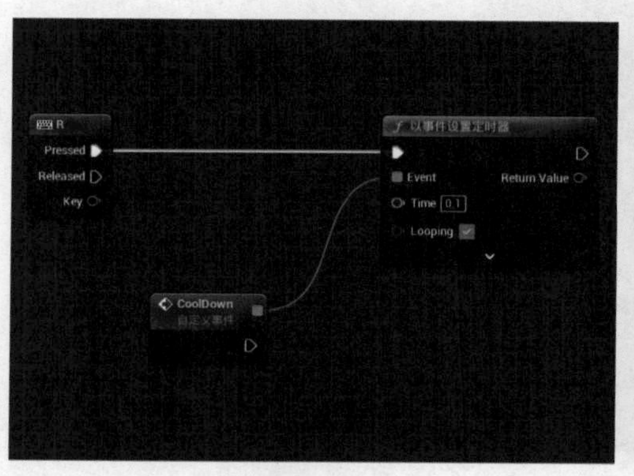

图3-102

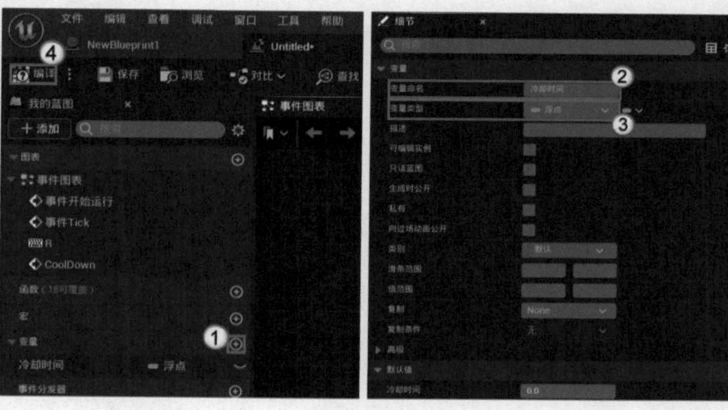

图3-103

04 按住Alt键并拖曳“冷却时间”变量到“事件图表”面板中，在“R”节点后使用“分支”节点检测冷却时间是否小于等于0.0，如果为真，则设置“冷却时间”为5.0并执行“以事件设置定时器”节点，如图3-104所示。

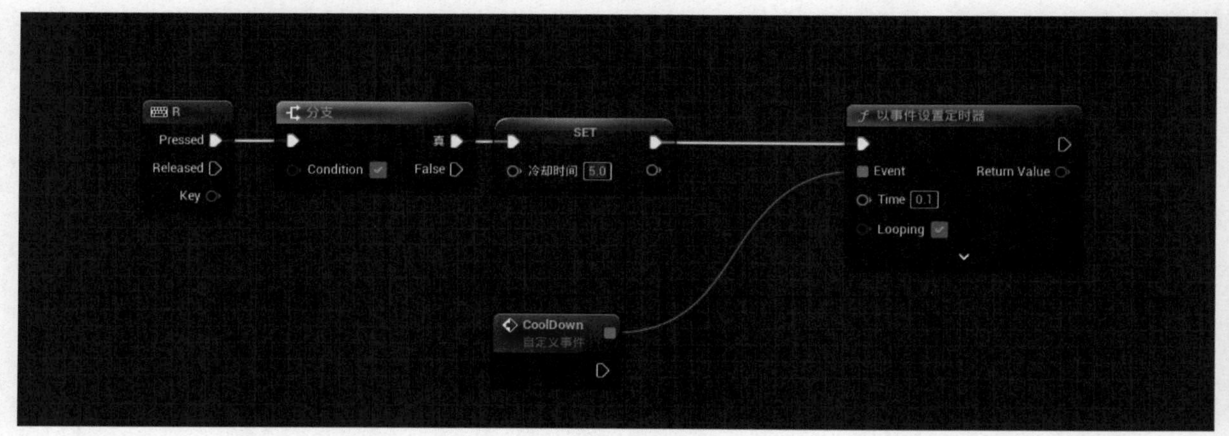

图3-104

05 在“CoolDown”节点后添加一个“设置冷却时间”节点。要实现每隔0.1秒冷却时间减去0.1，需要添加一个“冷却时间”节点和“减”节点并设置“B”引脚为0.1，如图3-105所示。

06 当“冷却时间”小于等于0.0时，使用“Compare Float”节点比较冷却时间，使用“以句柄清除定时器並使之无效”节点清除定时器，连接“Handle”引脚到“以事件设置定时器”的“Return Value”引脚，如图3-106所示。

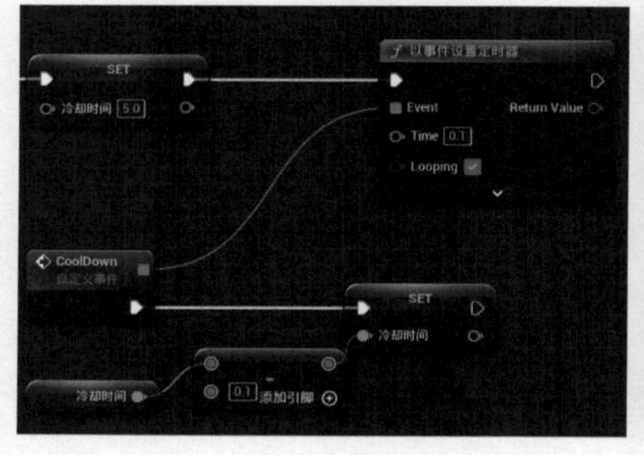

图3-105

图3-106

07 生成两个“打印字符串”节点，如图3-107所示，输出“释放技能”和每次冷却时间减少后变量的值，从而达到输出剩余冷却时间的效果。

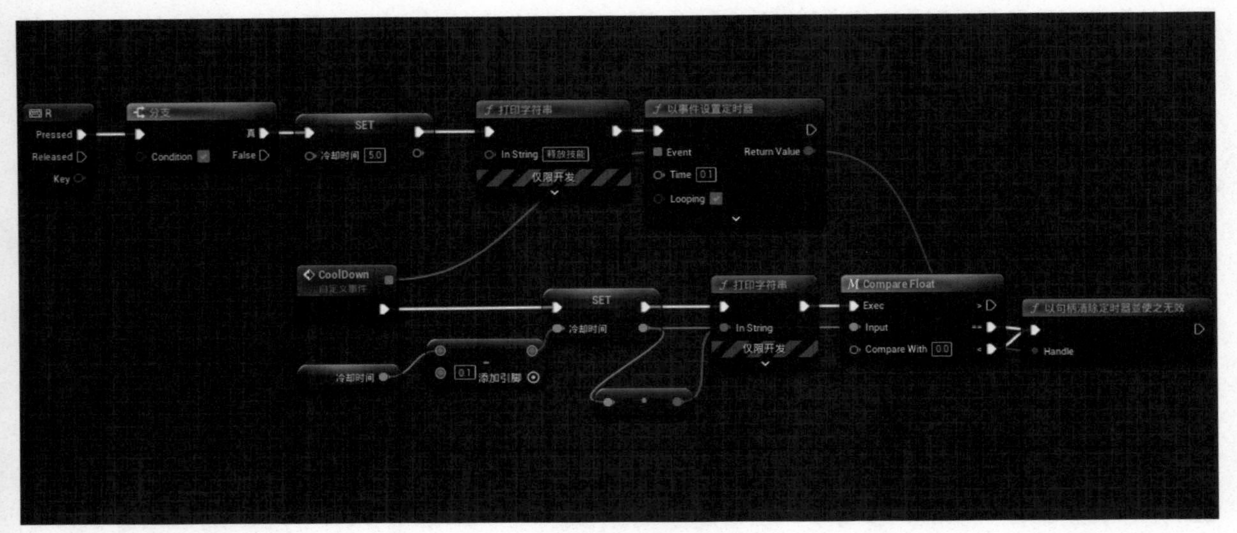

图3-107

08 编译并保存后进入PIE运行模式，按R键时输出“释放技能”和剩余冷却时间，在倒计时过程中再次按R键，则会输出“冷却未结束”，如图3-108所示。

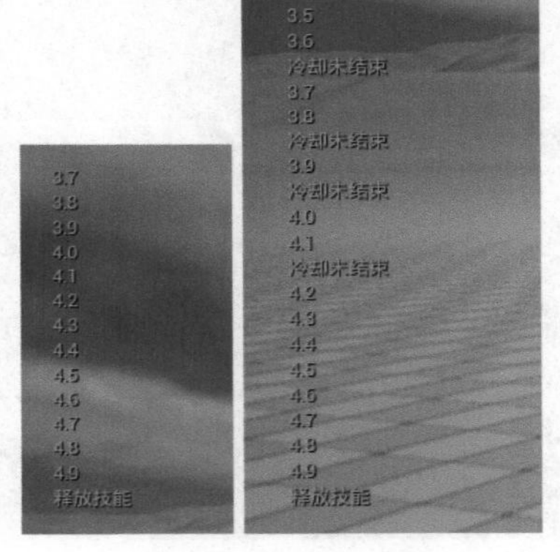

图3-108

第4章 了解计算逻辑

■ 学习目的

制作复杂的关卡时简单蓝图已经不能满足各位读者的需求，有许多地方要用到数学计算，如计算向量和标量、蓝图流中的结构等，本章将会讲解标量、向量的简单计算等知识。

■ 学习重点

- 学会简单的标量计算
- 学会简单的向量计算
- 学会创建函数与宏
- 学会创建函数库与宏库
- 学会生成方阵

4.1 简单标量计算

本节讲解的主要内容是浮点型数值或整型数值之间的计算，包括加减乘除、平方与平方根、取余运算和绝对值等4种简单的运算。

重点

4.1.1 加减乘除

整型和浮点型是两种比较常用的变量类型，这两种类型的变量可以用于存储标量。每个计算节点的输入引脚都有两个，可以视为A与B。则加减乘除分别为A＋B、A−B、A×B和A÷B，如图4-1所示。要生成以上4种节点，单击鼠标右键并输入“+”（加）、“−”（减）、“*”（乘）和“/”（除）4个字符即可。

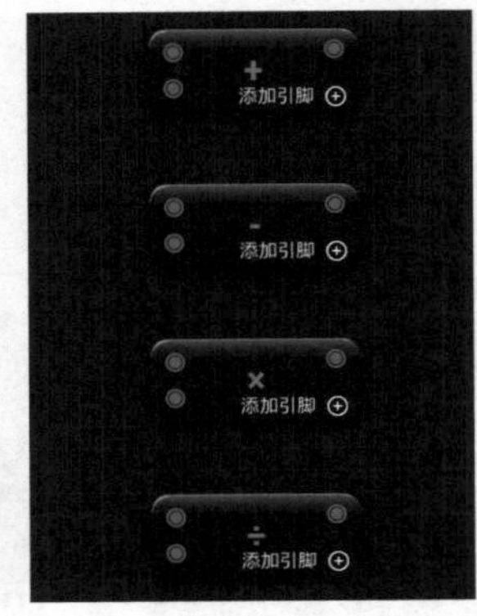

图4-1

提示 灰色引脚为“通配符”,“通配符”是蓝图中的一种引脚类型，可以在宏中定义通配符，通配符会随着连接类型的变化而变化。如加法运算，当连接整型引脚（绿色）到通配符上时，通配符就会变成整型引脚。

结果从右侧的输出引脚输出，图4-2所示的计算为20−(10+5)，进入PIE运行模式后使用“打印字符串”节点输出的结果为5。

在通配符上单击鼠标右键，执行“转换引脚”菜单命令后可以在弹出的子菜单中找到想要设置的类型，如图4-3所示。也可以直接拖曳具有类型属性的引脚到通配符上，通配符会自动转换为拖曳引脚的类型。

可以对输入引脚的类型进行单独修改，如现在设置第1个输入引脚为“整数”型，那么设置第2个输入引脚为“浮点（双精度）”型后，节点会变成“整型＋浮点型”节点，从而输出整型变量，如图4-4所示。

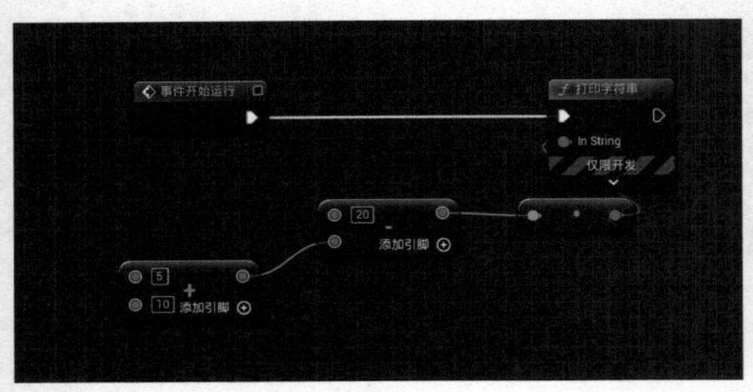

图4-2

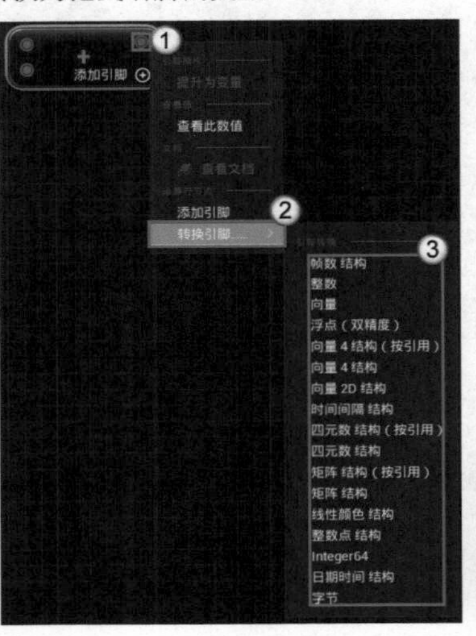

图4-3

图4-4

4.1.2 平方与平方根

在“事件图表”面板中搜索“平方”生成“平方”节点，如图4-5所示。“平方”节点只能输入浮点型数字，如果想输入整型数字则需要先对节点进行转换，转换后的节点的名称为“ToFloat（Integer）”。输出结果是输入变量的二次方。

在“事件图表”面板中搜索“平方根”生成“平方根”节点，如图4-6所示。“平方根”节点可以对数字进行开方，例如输入4返回2，输入9返回3。

图4-5

图4-6

4.1.3 取余运算

使用“%”节点可以进行取余运算，有字节、整型和浮点型3种用于计算不同类型变量的节点，如图4-7所示。取余运算可以算出除法运算的余数为多少，输出结果是除法运算中未除尽的部分，如输入27与6，27÷6＝4余3，结果为3。

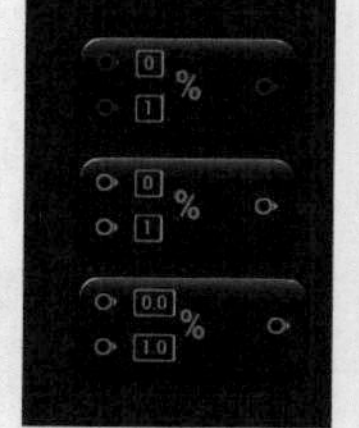

图4-7

4.1.4 绝对值

使用“绝对值”节点可以算出数字的绝对值，该节点有Integer64类型、Integer类型和Float类型，如图4-8所示。

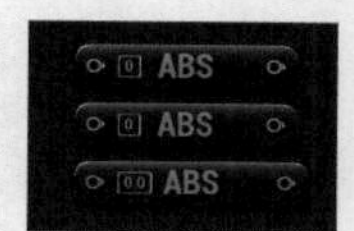

图4-8

4.1.5 简单数字运算

后面会讲解一种名为数学表达式的计算方法，这种方法可以通过直接输入公式来达到计算的效果。本小节主要演示两种使用普通节点进行的运算，目的是让读者习惯使用计算节点。

第1种计算：（1.72＋8.13）÷2.5，如图4-9所示。

第2种计算：4.0^2×[（8－4）×5]，如图4-10所示。

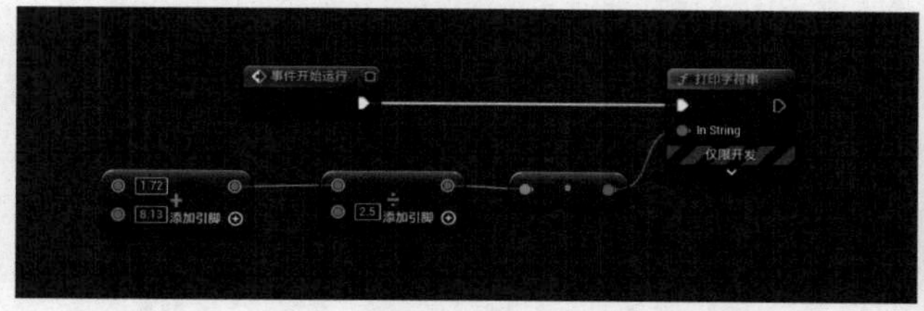

图4-9

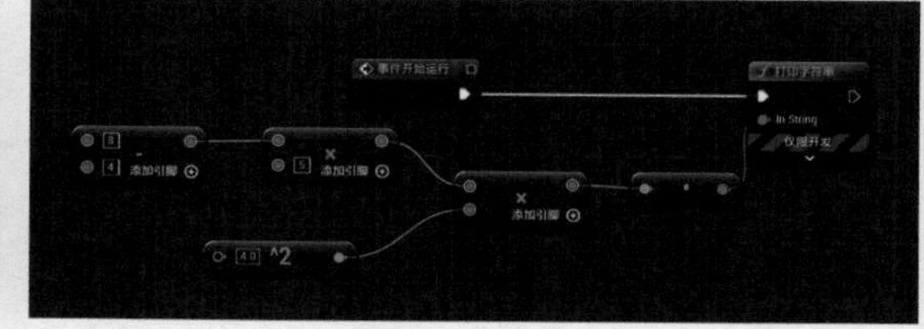

图4-10

4.2 简单向量计算

可以将向量理解为有3个浮点型数字的结构体，向量在更多情况下用来表示方向、位置、速度和冲量等。向量可以进行四则运算，黄色的线框通常代表参与运算的是向量。可以使用“加”“减”“乘”“除”4个节点对向量进行运算，如图4-11所示。

使用鼠标右键单击通配符，执行“转换引脚>向量”菜单命令，设置引脚类型为“向量”，如图4-12所示。

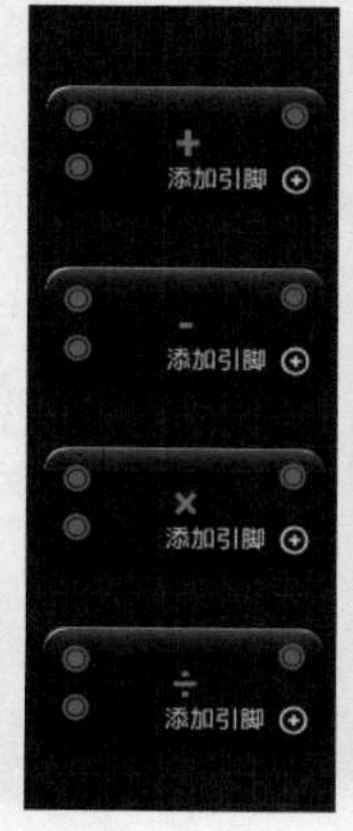

图4-11

图4-12

这时“加”节点已经被设置为向量的“加”节点，在对向量进行相加时会遵循X+X、Y+Y、Z+Z的原则，然后从右侧输出结果。将其他节点也设置为向量的节点，如图4-13所示。

减、乘、除的运算方法同理，如果想对某一向量的X、Y、Z进行同一种运算，则可以将输入引脚的其中一个修改为“浮点型”或“整型”。这样X、Y、Z会分别与“浮点型”或“整型”变量做运算，如图4-14所示。

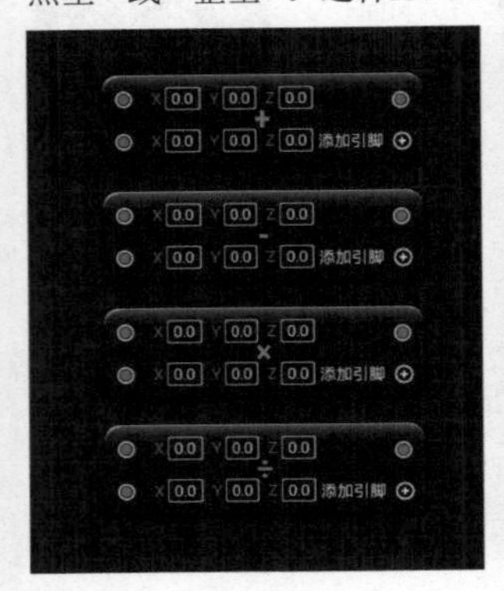

图4-13

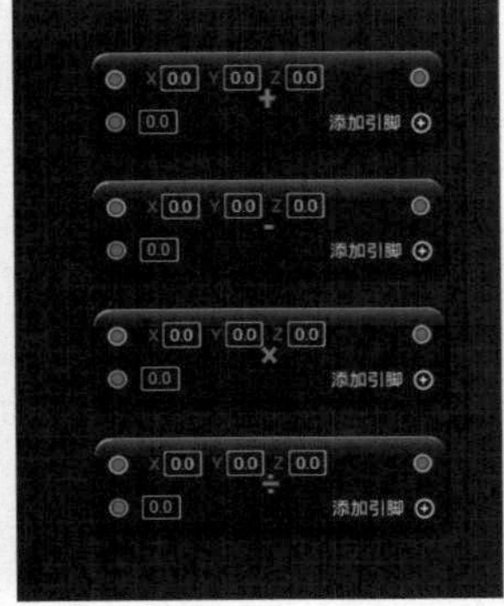

图4-14

为节点添加数字后，进行的运算为X=2.0+3.0，Y=2.0+3.0，Z=2.0+3.0，结果为X=5.0，Y=5.0，Z=5.0，如图4-15所示。

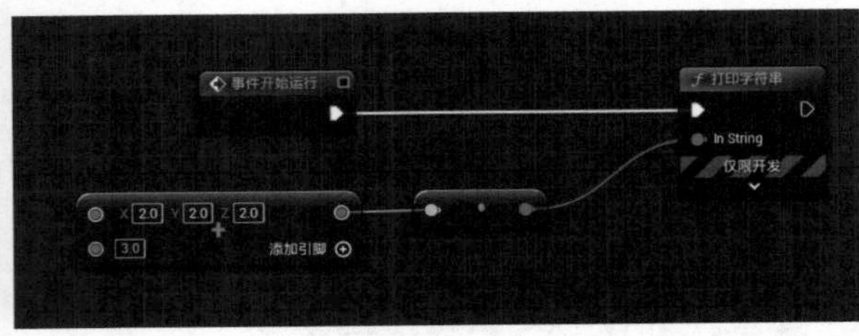

图4-15

4.2.1 在场景中生成线段

本小节将会讲解“渲染”中的“调试”节点。在“事件图表”面板的空白处单击鼠标右键，输入“调试”后可以在“渲染>调试”卷展栏中看到很多不同类型的绘制节点，如图4-16所示，这些节点用来绘制不同类型的图形，开发者通常在对游戏内容进行调试时使用它们。

创建“绘制调试线条”节点，如图4-17所示。这个节点可以用于绘制一条线段，“Line Start”引脚与“Line End”引脚分别用于定义线段开始的位置与线段结束的位置，“Line Color”引脚用于设置线段的颜色，“Duration”引脚和“Thickness”引脚用于设置线段的存在时间与线段的厚度。

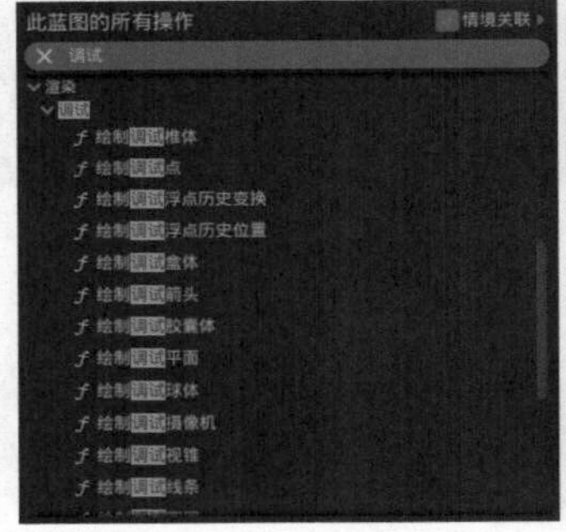

图4-16

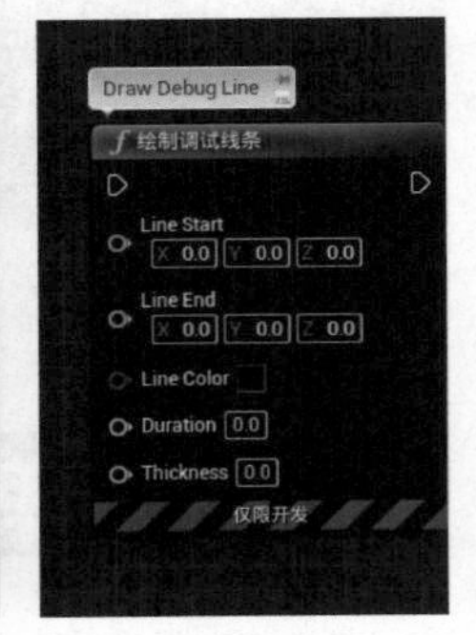

图4-17

如果在“Line Start”引脚与“Line End”引脚中只输入默认值，则会在世界中手动输入的位置处生成线段起点与终点。在关卡中添加两个立方体，如图4-18所示，可以在“细节”面板中查看立方体的位置。

左侧立方体的位置为（X:597.0，Y:-270.0，Z:100.0），如图4-19所示。

右侧立方体的位置为（X:611.0，Y:150.0，Z:108.0），如图4-20所示。

图4-18

提示 每个人添加的立方体的位置都可能不一样，根据自己添加的立方体的位置进行后续操作即可。

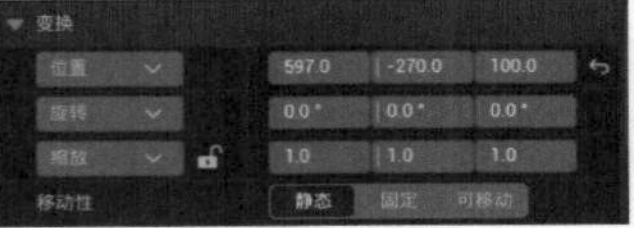

图4-19

图4-20

将两个立方体的坐标位置分别复制到“绘制调试线条”节点的“Line Start”引脚与“Line End”引脚中。设置“Duration”为一个较大的数字，“Duration”的增大会使线段存在的时间延长；同时，为了清楚地展示线段，设置“Thickness”为10.0。最后将节点连接到“事件开始运行”节点，如图4-21所示。

编译并保存后进入PIE运行模式，发现两个立方体之间生成了一条线段，如图4-22所示。

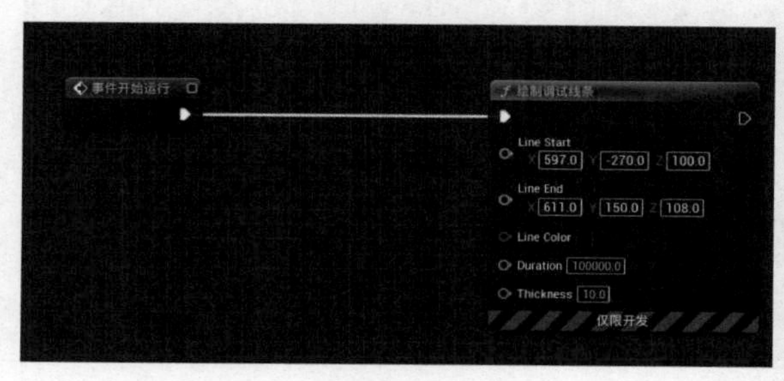

图4-21

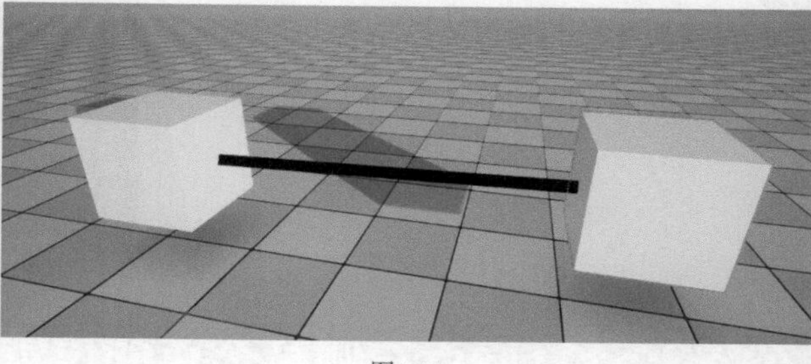

图4-22

我们在前面的内容中学习了引用的方法，可以通过引用得到两个立方体的实时位置。直接将两个立方体从“大纲”面板中拖曳到“事件图表”面板中，如图4-23所示。

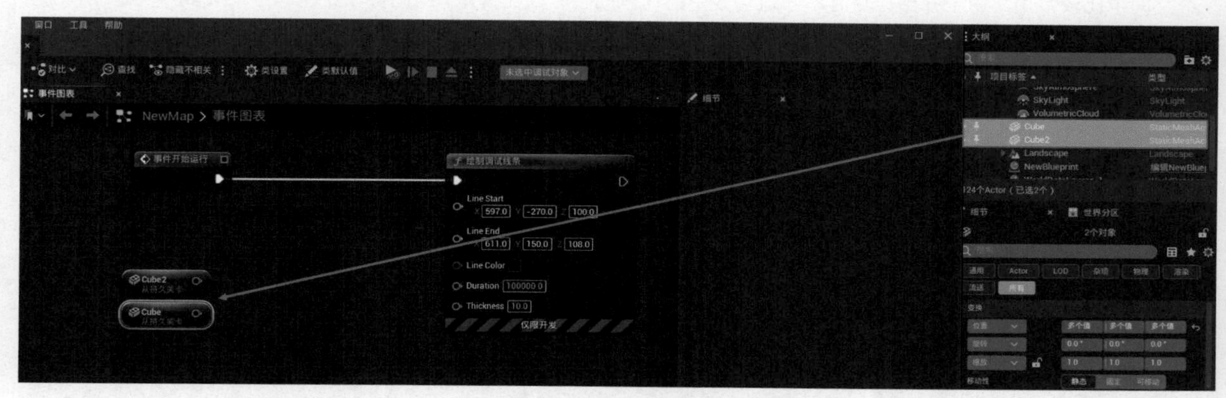

图4-23

通过“获取Actor位置”节点可以得到Cube与Cube2的位置（可以将位置表示为向量），如图4-24所示。

编译并保存后可以在场景中随意改变立方体的位置，进入PIE运行模式后可以看到，因为是通过引用得到的位置，所以只要存在立方体，无论将立方体移动到哪个位置都可以构成线段，如图4-25所示。

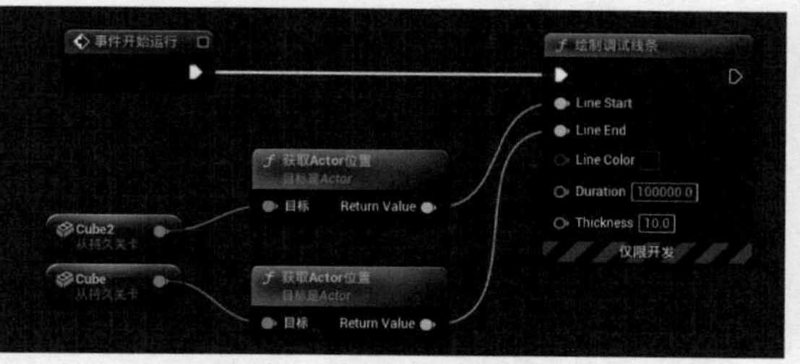

图4-24

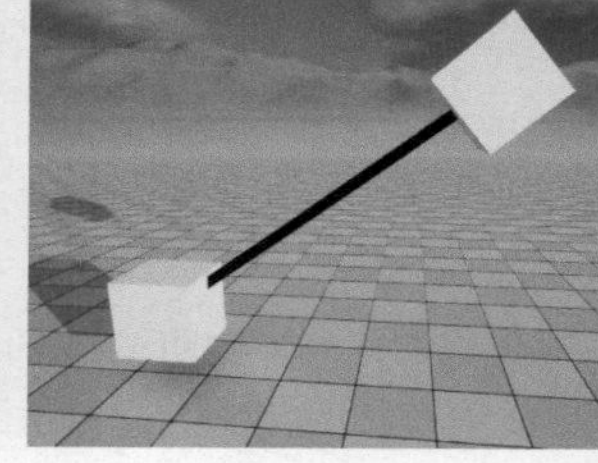

图4-25

重点

4.2.2 获取方向

向量不仅可以表示位置，还可以表示方向，是游戏开发中不可或缺的、基础的数学知识之一，数学知识掌握得不太好的读者可能需要花一些时间去理解向量的作用。

提示 通常情况下表示旋转方向会使用Rotator而不用Vector，Vector一般用于计算等。但它们两个可以相互转换。

Unreal Engine 5蓝图自带了很多可以获取方向的节点，如图4-26所示。左侧3个节点为数学计算节点，通过输入旋转值来获取方向向量；右侧3个节点为变换节点，通过输入Actor名称来获取方向向量。

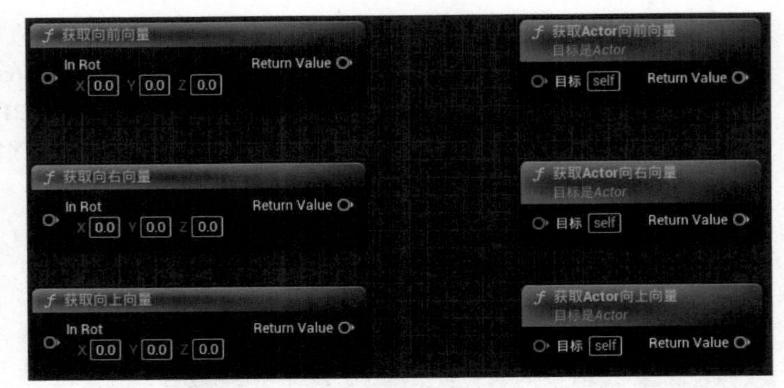

图4-26

4.2.3 计算原点右侧某个点的位置

可以通过一些基本计算得出一个物体向前、向右、向上和向斜上方等方向运动一段距离后的位置，这种计算在后面的三维空间中比较常用。由于开始计算时不知道场景中的物体的正方向在哪里，因此可以新建一个“Actor”类蓝图，使用“Arrow”组件来确定正方向（在后面的内容中会详细讲解该组件）。

在“内容浏览器”面板中单击鼠标右键，执行“蓝图类”菜单命令，创建一个“Actor”类蓝图并命名为“VectorCalculation”，如图4-27所示。

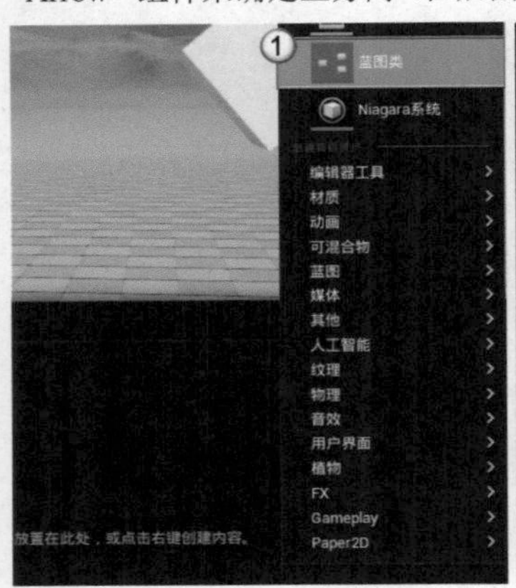
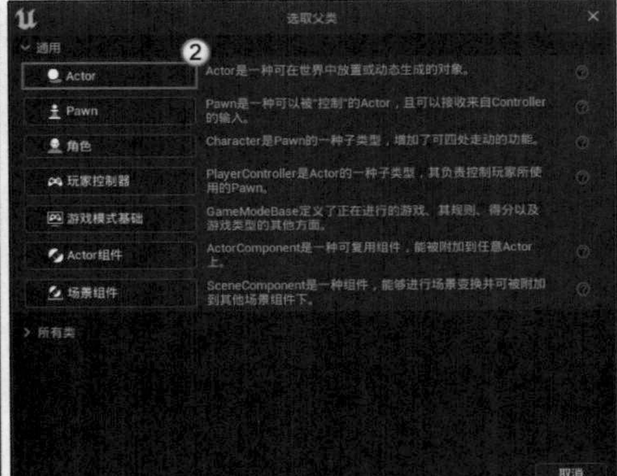
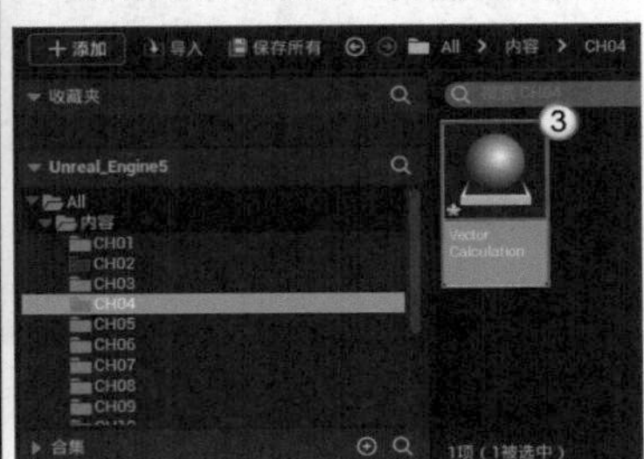

图4-27

双击打开蓝图，单击“组件”面板中的“添加”按钮，搜索“箭头”后添加“箭头组件”，如图4-28所示。

生成的默认方向即Actor的正方向，单击箭头后在“细节”面板中能够看到默认的“旋转”值为（X:0.0°，Y:0.0°，Z:0.0°），如图4-29所示。

图4-28

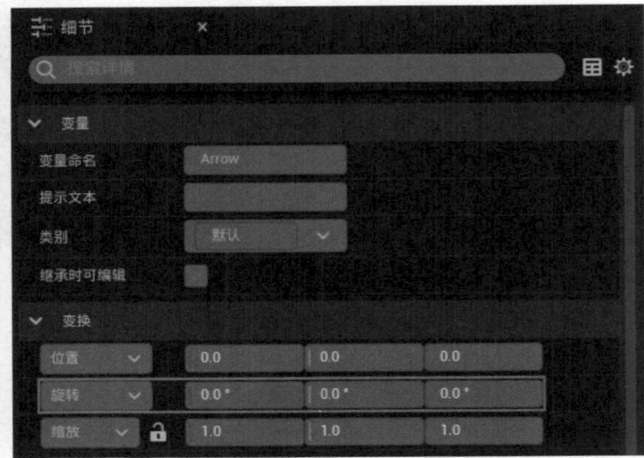

图4-29

打开“细节”面板中的“渲染”卷展栏，取消勾选“游戏中隐藏”选项，如图4-30所示。编译并保存后关闭“蓝图编辑器”窗口，将“VectorCalculation”蓝图拖曳到关卡中便可看到箭头朝向，如图4-31所示。

接下来开始计算位置，单击“供用户编辑或创建的世界场景蓝图列表”按钮并执行“打开关卡蓝图”菜单命令，如图4-32所示，进入“关卡蓝图”窗口。

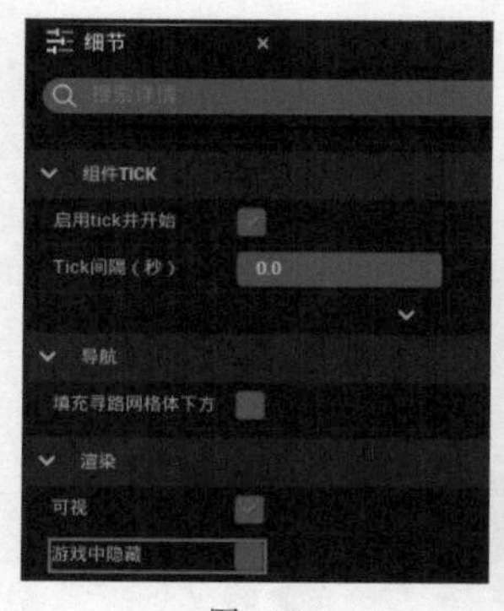

图4-30

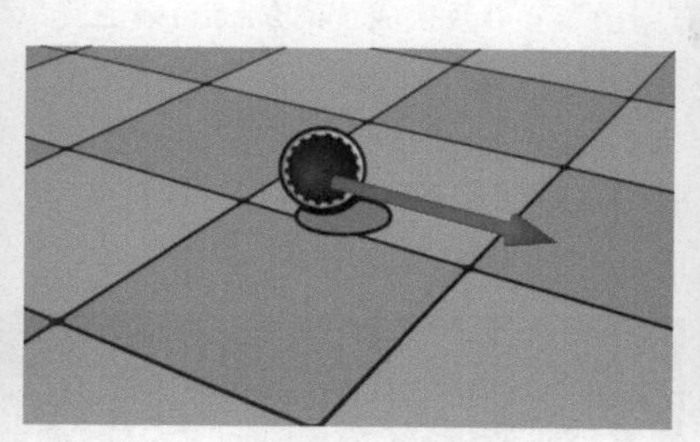

图4-31

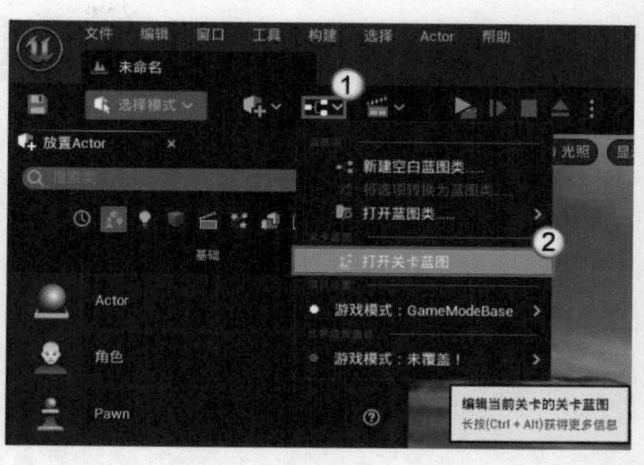

图4-32

将“大纲”面板中的“VectorCalculation”拖曳到“关卡蓝图”窗口的“事件图表”面板中，如图4-33所示。因为要计算的是某个位置右侧某个距离的另一个位置，所以在开始计算时需要获取初始位置。创建一个“获取Actor位置”节点并连接“VectorCalculation”节点，如图4-34所示。

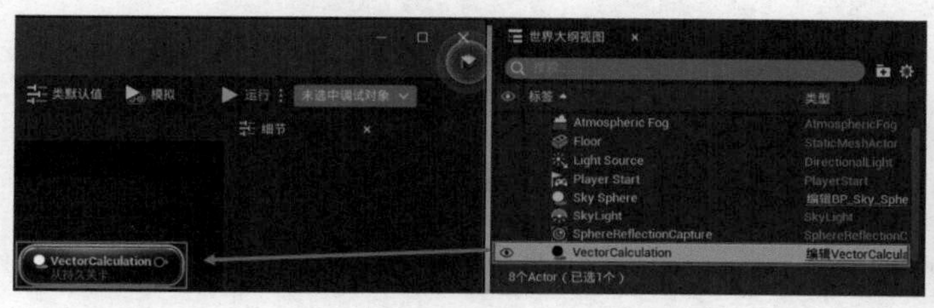

图4-33

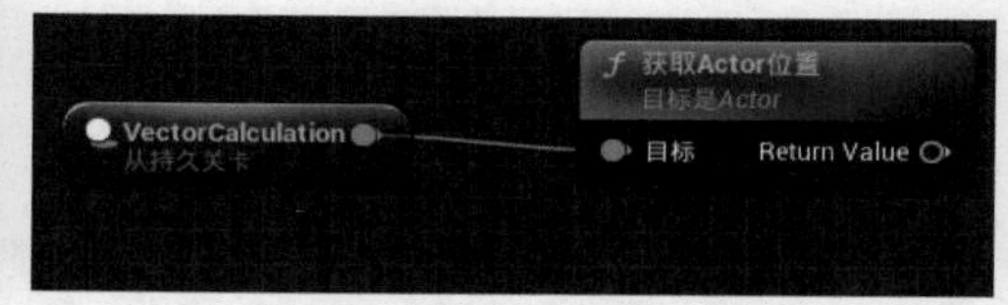

图4-34

默认情况下可以使用“获取Actor向右向量”节点得到Actor向右的位置，这时可以直接将引用的“VectorCalculation”作为“获取Actor向右向量”的目标，如图4-35所示。

将向量乘以一个浮点数或整数便可延长移动的距离且不改变方向（乘以负数则会变成相反的向量）。假设要将距离延长500倍，可直接将向右向量×500（浮点数和整数都可以），如图4-36所示。

得到的结果一定要和原来的位置相加，才可以得到以原来位置为基础向某个方向移动一定距离后的位置，如图4-37所示。

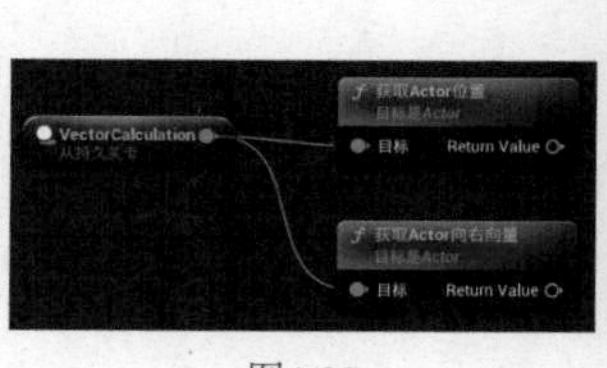

图4-35

图4-36

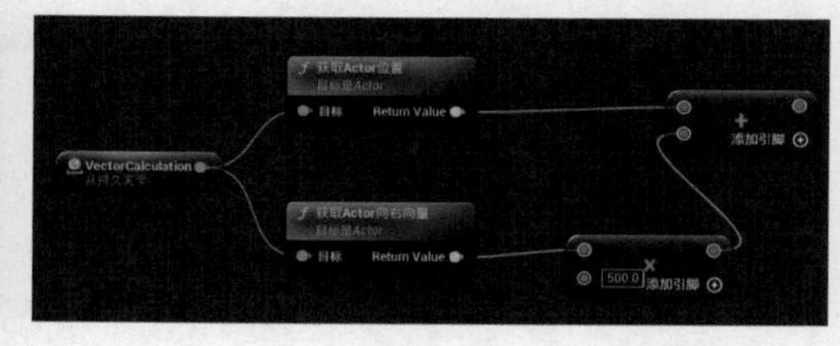

图4-37

最后得到的向量结果就是“VectorCalculation”向右移动500个单位后的位置。创建一个“绘制调试球体”节点，将“Center”引脚连接到“加”节点的输出引脚上并设置“Duration”参数，将“事件开始运行”节点连接到“绘制调试球体”节点上，如图4-38所示。编译并保存后，球体在箭头右侧500个单位处生成，如图4-39所示。

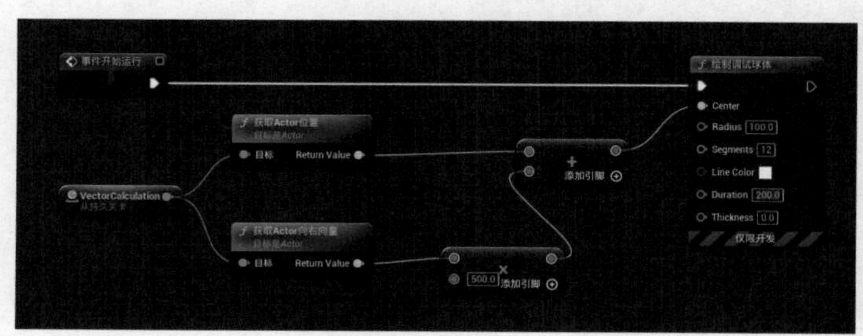

图4-38

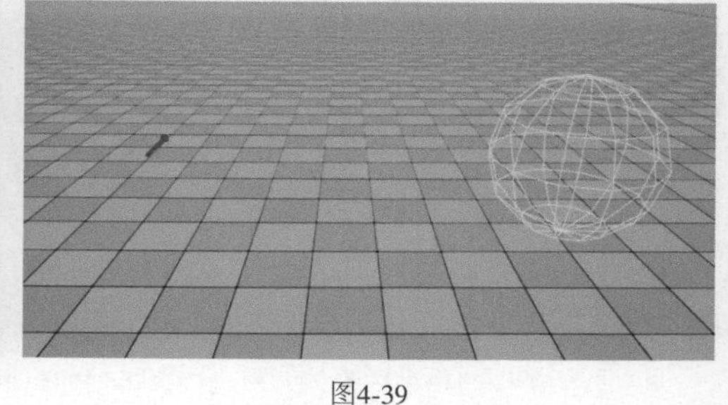

图4-39

4.2.4 计算原点上方某个点的位置

有了刚才的经验，现在只需要将“获取Actor向右向量”节点替换成“获取Actor向上向量”节点便可得到原点上方的某个点的位置，如图4-40所示。

使用“绘制调试线条”节点，在Actor所在位置与计算结果之间生成一个存在时长为100、厚度为10的黑色线段。双击任意连接线可以将连接线打结并梳理其方向，连接“Line Start”引脚到“获取Actor位置”节点，连接“Line End”引脚到输出最终运算结果的引脚，编译并保存后进入PIE运行模式，如图4-41所示。

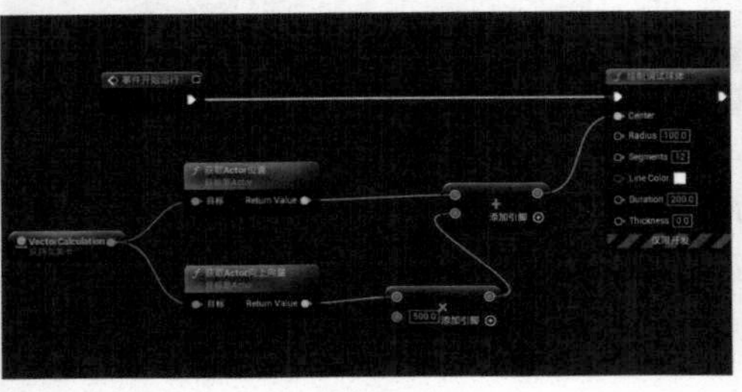

图4-40

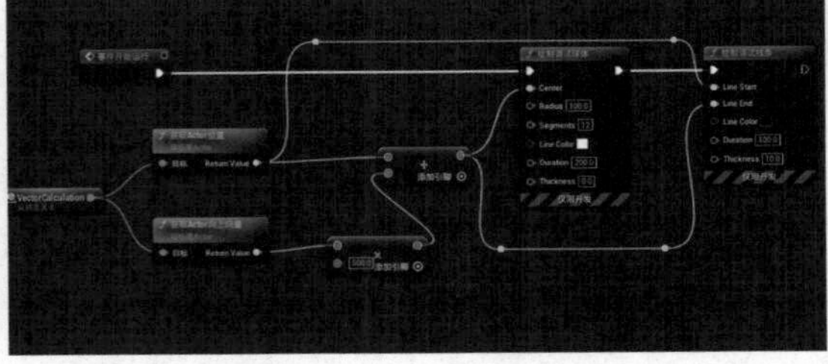

图4-41

技术专题：连接线的梳理与打结

当连接的节点过多时，混乱、交错的连接线会让蓝图的可读性变差，将连接线打结并梳理其方向可以使蓝图更清晰、美观，不同类型的节点的连接线产生的“Knot”(连接线上的圆点)不同，如图4-42所示。

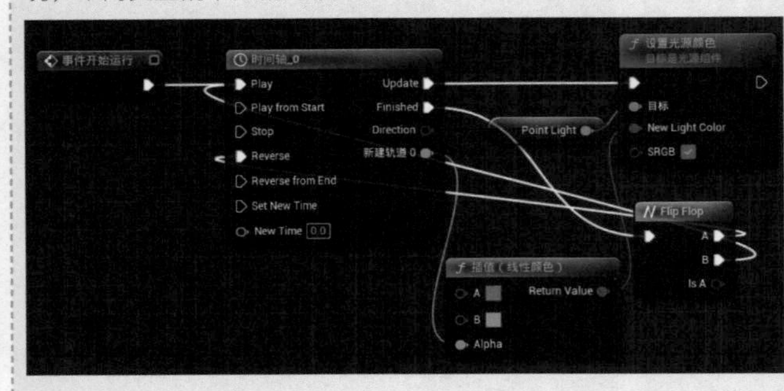

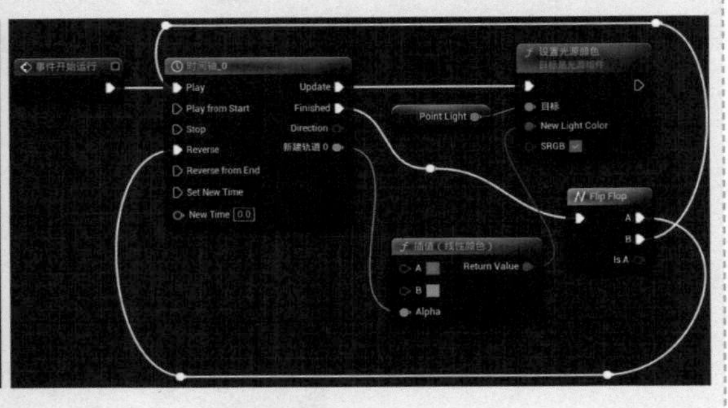

图4-42

将与向量相乘的数字改为负数，会在相反的方向生成球体。如果设置“乘”节点的第2个输入引脚为-100，则会在箭头下方100个单位处生成球体，如图4-43所示。

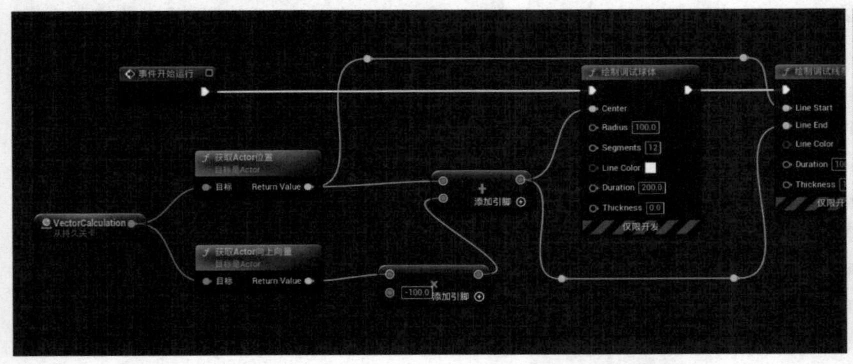

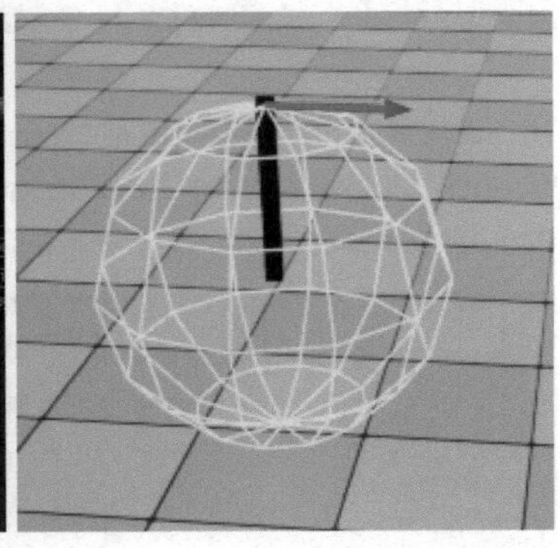

图4-43

提示 与“获取Actor向右向量”节点和“获取Actor向上向量”节点作用相同的还有“获取Actor向前向量”节点，可以通过将三者的输出结果与正数、负数相乘来得到任何位置。

4.2.5 向量长度

在Unreal Engine 5的蓝图中，既可以使用默认的“向量长度”节点来得到向量的模，也可以手动计算长度，如图4-44所示。

手动计算长度需要使用公式，在前面的内容中我们学习了“平方根”节点，这里学习使用“拆分向量”节点与分割结构体引脚的方法，可以通过“拆分向量”节点使向量以3个浮点型的形式存在，如图4-45所示。不仅变换节点可以拆分，旋转和结构体等多种类型的组合节点在通常情况下也可以拆分（也有部分节点不行）。

图4-44

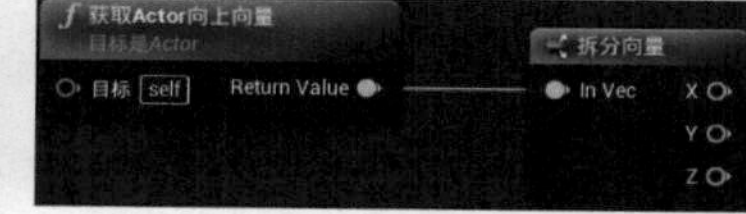

图4-45

拆分后可以得到X、Y、Z这3个值，使用鼠标右键单击节点并执行“分割结构体引脚”菜单命令也可以达到相同的效果，如图4-46所示。

计算向量长度的公式用于进行3个值的平方计算和开方计算，使用“平方”节点分别对X、Y、Z这3个值进行平方计算，如图4-47所示。

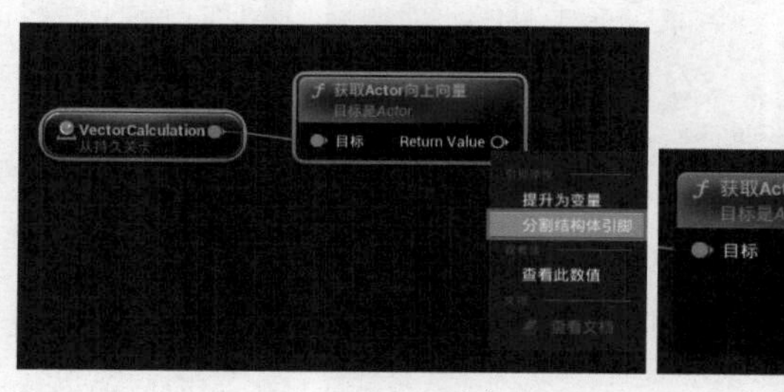

图4-46

图4-47

使用“加”节点将3个值的平方值相加，使用“平方根”节点开方，如图4-48所示，最终结果就是向量的长度。

与使用默认的“向量长度”节点得出的结果对比，如图4-49所示，可以发现两者相等。

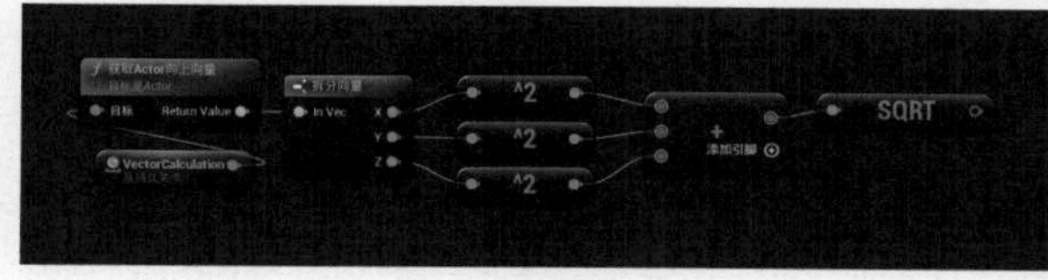

图4-48

图4-49

进行对比时可以使用“Compare Float”节点与“等于”节点，“等于”节点的输入引脚是两个通配符，接着根据需要将其引脚转换为想要的引脚类型，方法与进行加减乘除运算时的相同，如图4-50所示。

创建“等于”节点，从这个节点输入两个浮点型数值，两个数值一致则返回“True”，不一致则返回“False”。连接“分支”节点，如果布尔值为“真”则会输出“Hello”，如图4-51所示。编译并保存后进入PIE运行模式，两种方法的计算结果相等，如图4-52所示。

图4-50

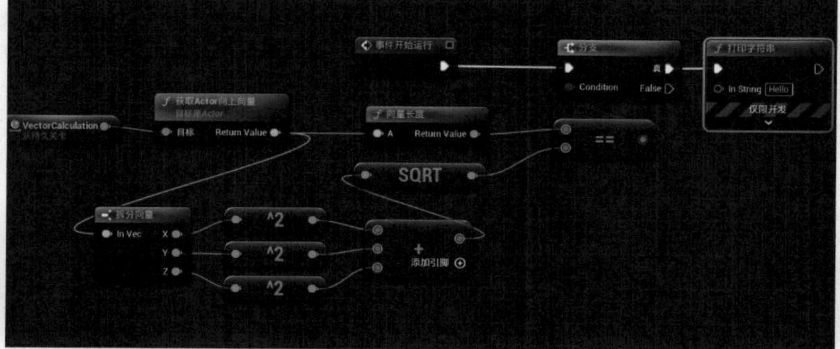

图4-51

图4-52

4.3 其他计算方法

除了最基本的计算，Unreal Enigne5还提供了很多有用的节点，用于完成不同情况下的计算。

4.3.1 数学表达式

输入数学表达式，可以在节点内部自动生成对应的计算节点。数学表达式不仅可以计算“浮点”型变量，也可以计算“向量”等多种类型的变量。

在“关卡蓝图”窗口的“事件图表”面板的空白处单击鼠标右键，在搜索框中输入“添加数学表达式”并选择相应的选项，即可创建“UnexpectedTokenType”节点，如图4-53所示。

在数学表达式里，未被定义名称的位置就是公式的输入位置，如果需要输入A、B并执行A+B操作，可以直接将该节点命名为“A+B”，如图4-54所示。

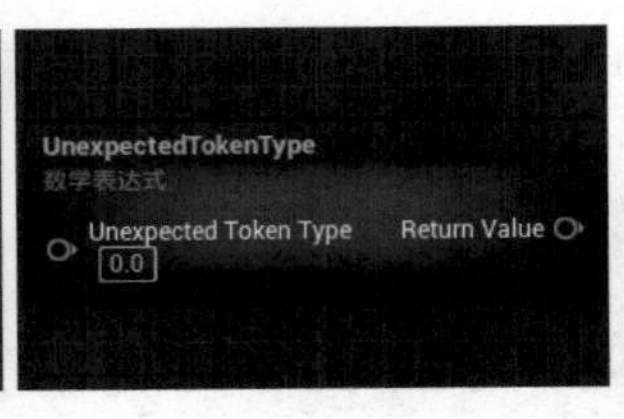

图4-53

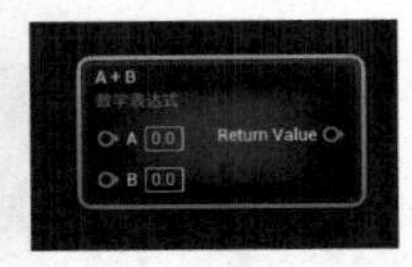

图4-54

可以看到A、B两个值已经出现在了节点的输入处，并且有一个输出值。在使用这个节点的输出值时，节点会自动对A与B进行运算。双击打开这个节点，可以看到其内容与进行加法运算时的节点无异，如图4-55所示。

尝试将节点命名为“pow(A,B)”，如图4-56所示，这样输出值就是A的B次方。

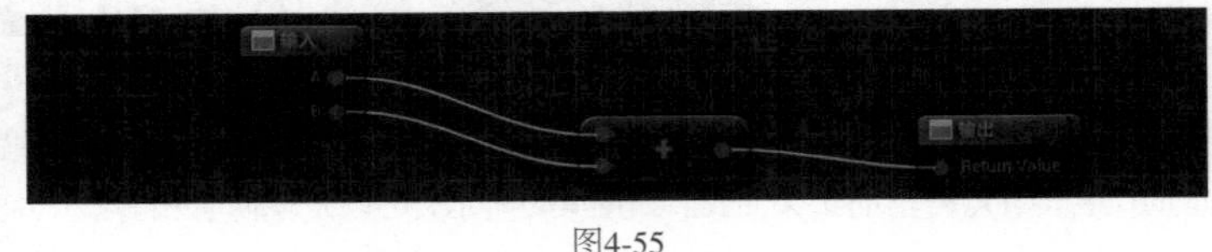

图4-55

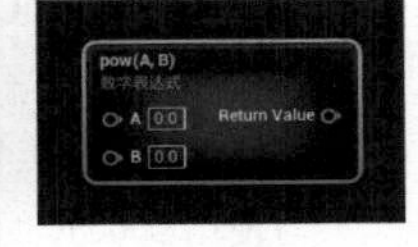

图4-56

还可以尝试更复杂的运算“round(((((pow(A,B))+B)/B)%10))”（需使用半角符号），如图4-57所示。双击查看节点，如图4-58所示。

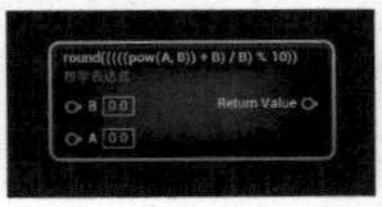

图4-57

图4-58

提示 “Round”“Truncate”“Ceil”“Floor”节点会将浮点型值转换为整型值。

数学表达式中不仅可以使用三角函数（Sin、Cos、Tan等）和区间限定函数（Min、Max、Clamp），还可以直接调用变量。如果左侧变量表中已经创建好了“浮点”变量，那么将变量名输入数学表达式的名称栏中，就可以直接在数学表达式中引用变量。

图4-59

在“我的蓝图”面板的“变量”卷展栏中单击“变量”按钮，新建一个“浮点”变量并命名为“Float”，如图4-59所示。

在蓝图中创建一个名为“Float+1”的“数学表达式”节点，如图4-60所示。可以发现“Float”并没有作为输入值出现，这是因为这里的数学表达式直接使用了变量中的“Float”作为输入值。双击该节点查看变量，如图4-61所示。

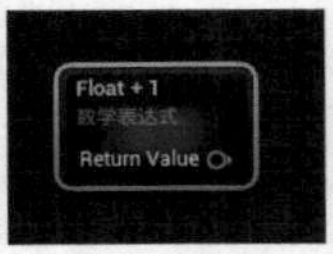

图4-60

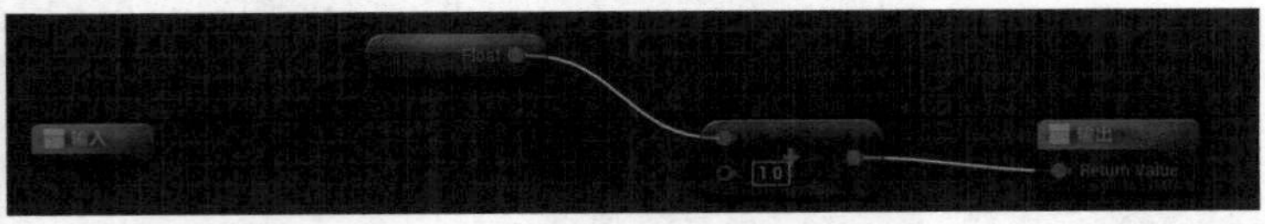

图4-61

数学表达式也可以构建向量、旋转体和变换节点。向量“vec(x,y,z)”节点如图4-62所示。旋转体“rot(r,p,y)”节点如图4-63所示。

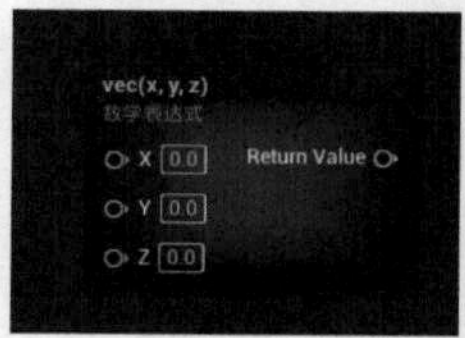

图4-62

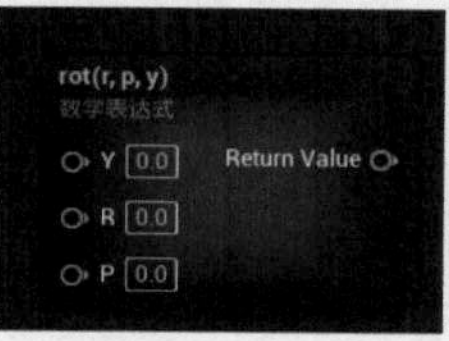

图4-63

问：使用数学表达式时，为什么无法引用已经存在的变量？

答：这是因为在引用“数学表达式”节点时使用了全角符号，如图4-64所示。如果在输入时使用了半角符号，那么在引用时也必须使用半角符号，如果输入的变量名字与存在的名字不一致则无法引用。

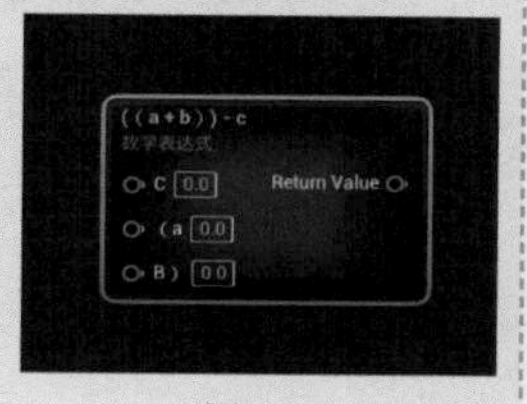

图4-64

4.3.2 创建数值

Unreal Engine 5的蓝图中具有可以直接创建一段某种类型的文字的节点，如图4-65所示，这种节点的输入值与输出值一致，大多数情况下用于整理蓝图和输入不可直接输入的引脚。

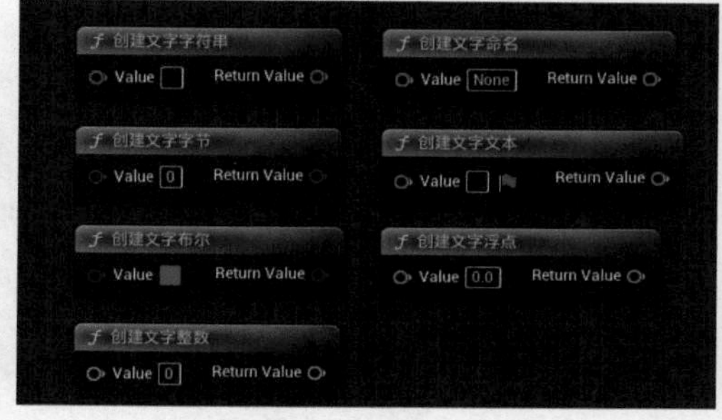

图4-65

重点

4.3.3 时间轴

“时间轴”节点的内部是一个函数图形，具有时间与数值两个变量（x轴与y轴）。在“事件图表”面板的空白处单击鼠标右键，输入“时间轴”，创建“时间轴”节点，如图4-66所示。

图4-66

重要参数介绍

◇ **Play**：正常的开始。

◇ **Play from Start**：在执行时无论目前的时间到哪，都会重新开始执行。

◇ **Reverse**：正常的反向开始（从时间轴末尾开始执行）。

◇ **Reverse from End**：在执行时会重新反向执行。

双击“时间轴”节点进入“时间轴”面板，单击“轨道”按钮 + 轨道 并选择“添加浮点型轨道”可添加轨道，在“时间轴”面板中使用鼠标右键单击轨道名可以设置轨道名称，如图4-67所示。

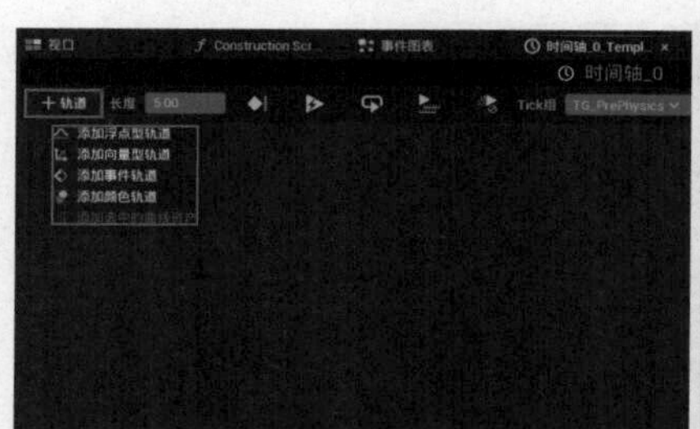

图4-67

可以通过设置“长度”来控制整个时间轴的长度，如图4-68所示。“长度”的时间单位为秒，具体数值需要根据使用场景来设置。

图4-68

与制作动画的方式类似，在“时间轴”节点中也需要通过添加关键帧来确定位置。在“时间轴”面板中单击鼠标右键，执行“添加关键帧到CurveFloat_0”菜单命令即可添加关键帧，如图4-69所示。

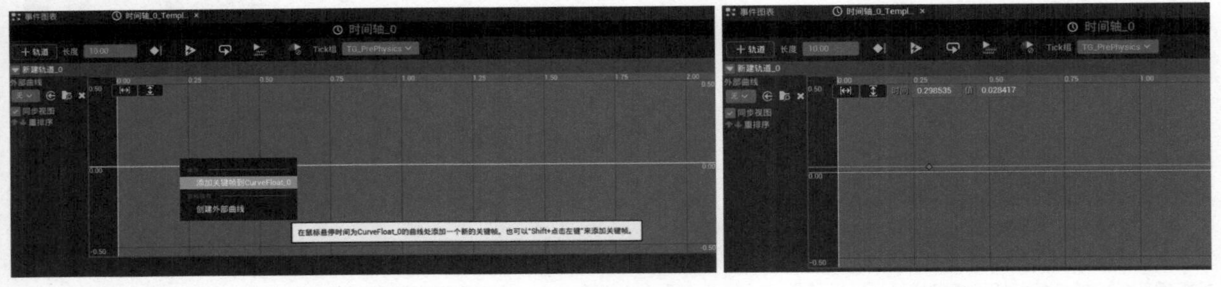

图4-69

继续在另一个地方添加关键帧，如图4-70所示。这样一个基础轨迹就构建完成了，在执行此节点时节点的“浮点型轨迹”返回值会随着时间变化。可以看到节点上已经多出了“新建轨道0”输出引脚，如图4-71所示。

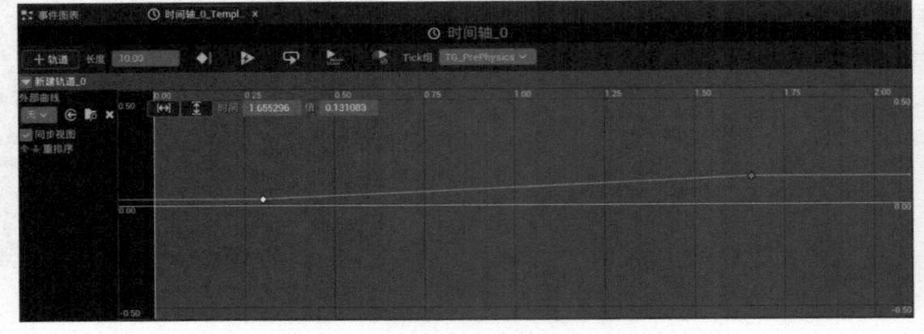

图4-70

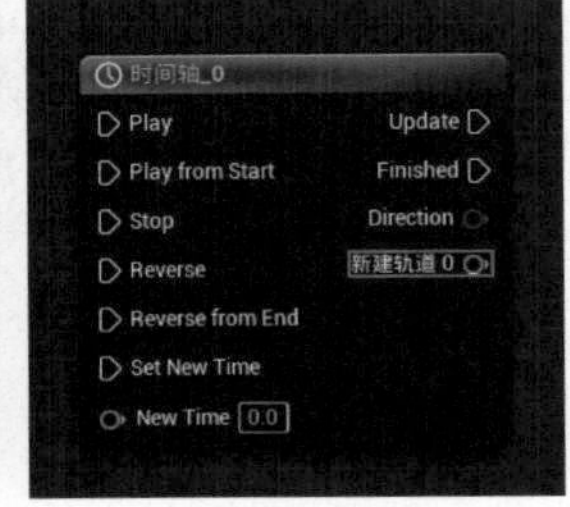

图4-71

“时间轴”节点一般在执行一次后便会开始运行轨道，不需要多次执行。右侧的“Update”输出引脚会在每一帧持续执行，“浮点”型输出引脚会随着时间的变化而变成时间线上的值。使用“打印字符串”节点进行测试，如图4-72所示。编译并保存后进入PIE运行模式，可以看到运行正常，如图4-73所示。

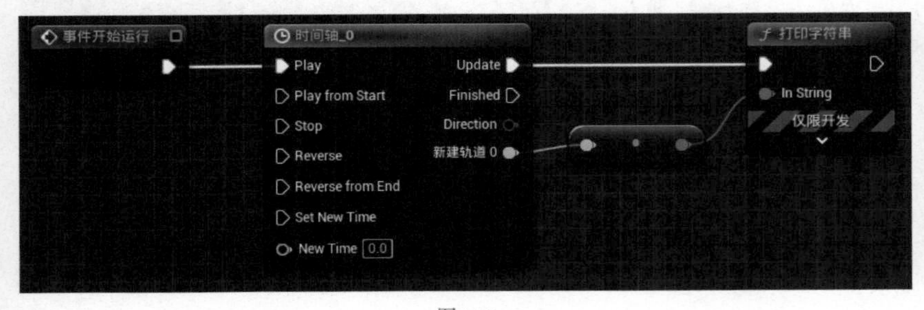

图4-72

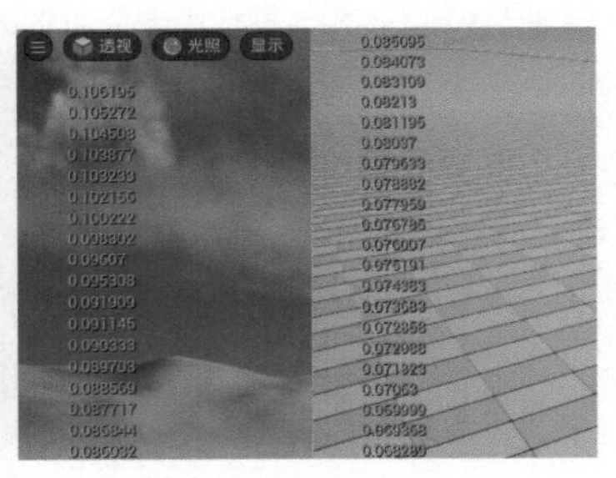

图4-73

在“时间轴”节点播放完成后会执行一次“Finished”引脚，为“时间轴”节点连接一个“打印字符串”节点能够提示用户播放已完成，如图4-74所示。

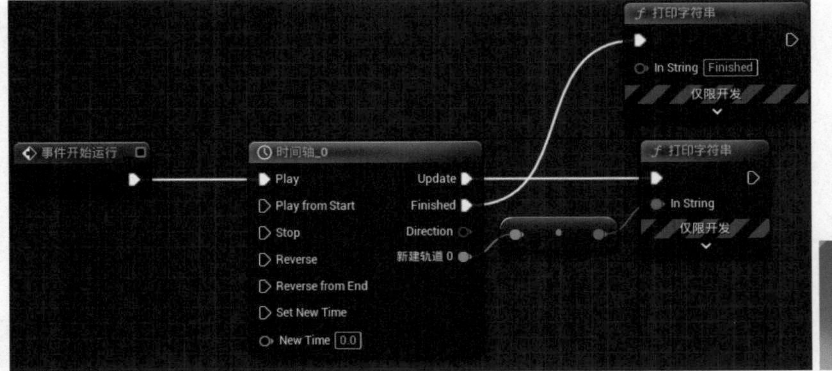

图4-74

4.4 函数与宏

在开发过程中为了保证图表的美观和提高开发效率，需要制作一些可重复调用的节点模块，本节将介绍函数与宏。

重点

4.4.1 函数

在使用Unreal Engine 5中的节点时，部分节点的左上方会有*f*标志，如图4-75所示，这代表此节点是一个函数。在蓝图中可以通过已有函数定义一个新的函数。

图4-75

进入“关卡蓝图”窗口，在“我的蓝图”面板的“函数”卷展栏中单击右侧的“函数”按钮，创建一个新的函数并命名为“Vector Calculation”，如图4-76所示。

函数一般用于计算或封装一些需要重复执行的节点。由于函数的特性，在函数中不能使用“延迟”和“时间轴”等具有延迟性的节点。函数可以返回值，也可以不返回。双击打开函数，输入“添加返回节点”并添加一个“返回节点”节点，如图4-77所示，返回值有多种类型。也可以单击“细节”面板中的“输出”右侧的“新建输出参数”按钮创建新的返回值，如图4-78所示。

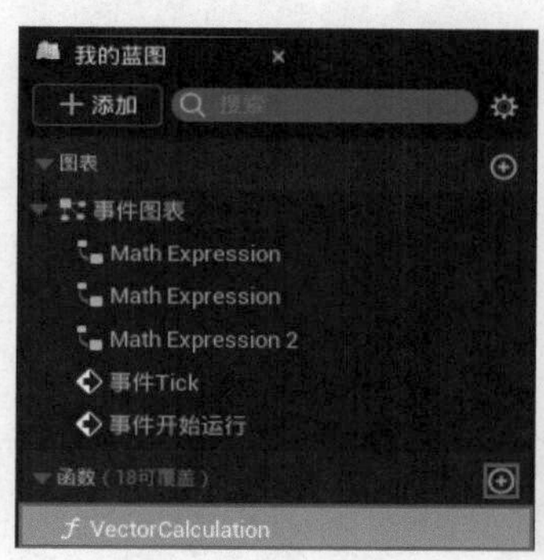

图4-76

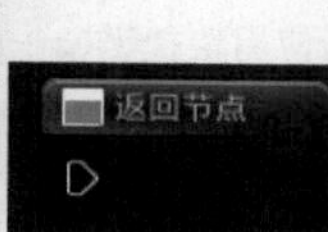

图4-77

图4-78

在“我的蓝图”面板中将“Vector Calculation”函数拖曳到“事件图表”面板的空白处便可直接调用函数，如图4-79所示，执行流经过此函数时会自动进行运算并得到一个返回值。

双击打开“Vector Calculation”函数，新建“Compare Int”和“Compare Float”节点，其能够比较数字的大小，并能从指定引脚处输出参数，如图4-80所示。

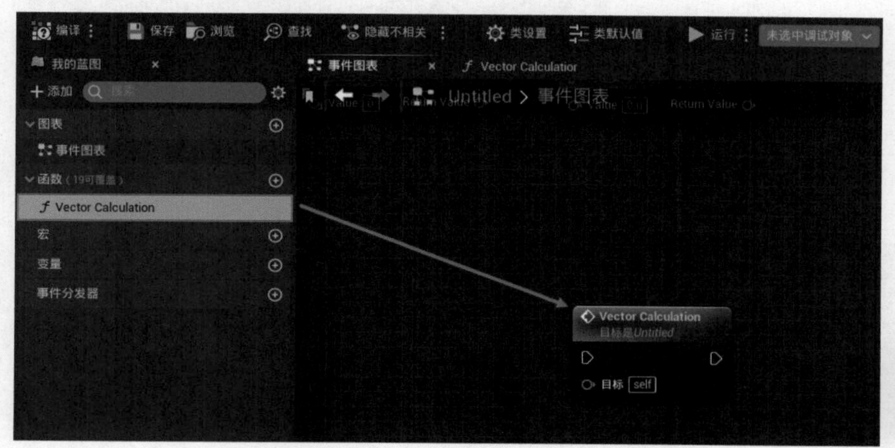

图4-79

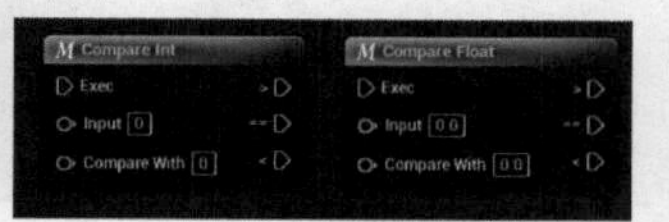

图4-80

这种类型的节点在执行时会比较“Input”输入值与“Compare With”输入值的大小，一般会存在以下3种情况。

第1种：“Input”输入值大于“Compare With”输入值时从“>”引脚处输出。

第2种：“Input”输入值等于“Compare With”输入值时从“==”引脚处输出。

第3种：“Input”输入值小于“Compare With”输入值时从“<”引脚处输出。

这种节点与大部分流程控制节点一样，由宏构成，使用函数对数值进行比较。假设输入值A（向量）的Z值大于输入值B（浮点型）则输出“True”，如果小于等于则输出“False”。双击进入函数，选中函数节点，在右侧“细节”面板中的“输入”卷展栏中新建两个输入值，分别为A（向量）和B（浮点型），如图4-81所示。

使用“拆分向量”节点将函数中的“A”输出引脚分为3个浮点型引脚，使用“Compare Float”节点将Z值与“B”输出引脚进行比较，如图4-82所示。

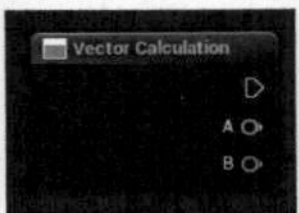

图4-81

图4-82

因为需要输出“True”或“False”，所以可以使用布尔值变量作为输出，创建一个“返回节点”，如图4-83所示，在“细节”面板中的“输出”卷展栏中新建一个布尔型输出引脚。

如果返回值有多种可能，就可以随意复制“返回节点”。因为这里要返回两种可能，所以只需要将“返回节点”复制两份，如图4-84所示。选中节点后可以使用快捷键Ctrl+W进行复制，也可以使用快捷键Ctrl+C和Ctrl+V复制粘贴节点。

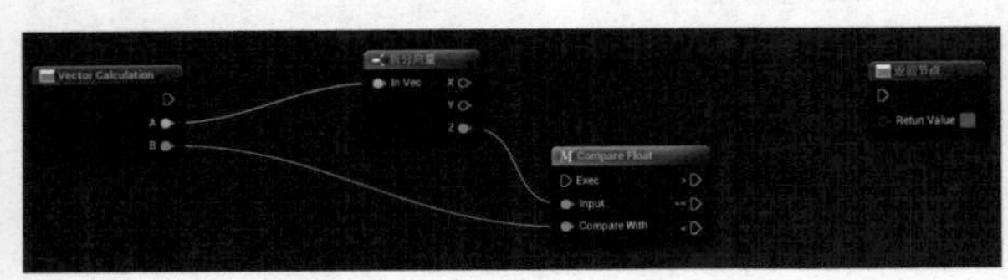

图4-83

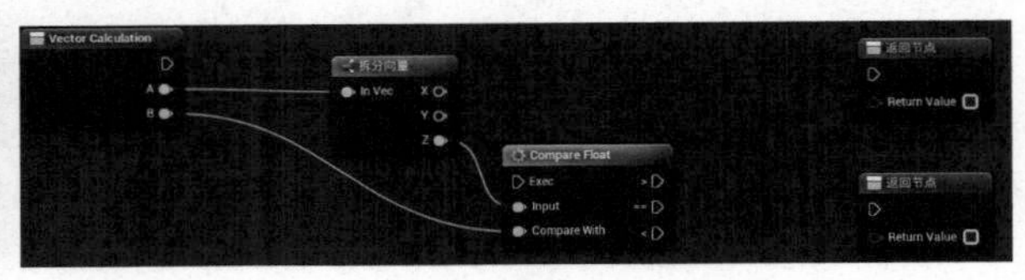

图4-84

因为假设Z值大于输入值B时输出“True”，所以将“Compare Float”节点的“>”输出引脚连接到返回值为“True”的节点上。勾选第1个“返回节点”的“Return Value”选项并将其连接到“>”输出引脚，将“Compare Float”节点的另外两个输出引脚连接到第2个“返回节点”，如图4-85所示。

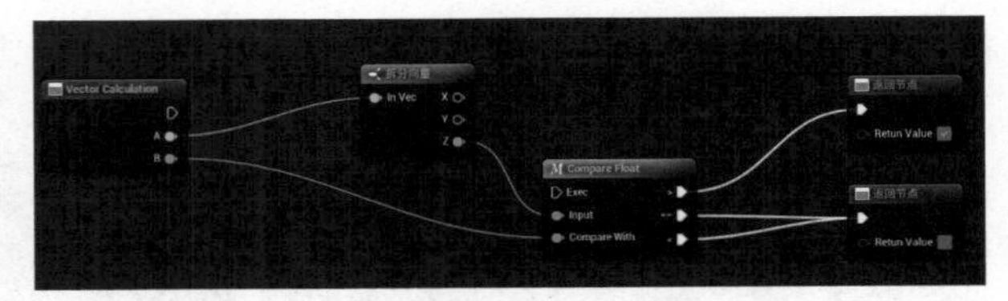

图4-85

比较重要的一点是，具有白色输入引脚的节点必须需要一个开头部分才可以正常执行。将“Vector Calculation”函数的白色输出引脚连接到“Compare Float”节点的“Exec”引脚上，如图4-86所示。如此函数便构成了，如图4-87所示。

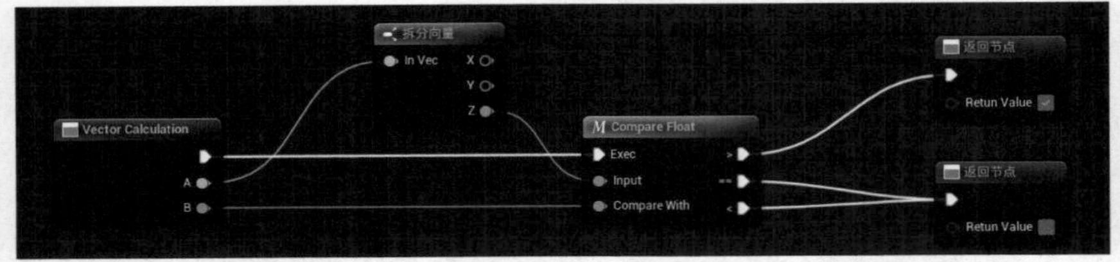

图4-86

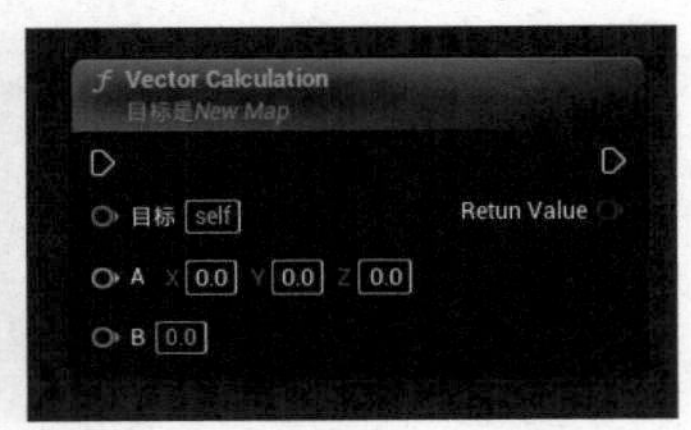

图4-87

使用“事件开始运行”节点与“打印字符串”节点对函数进行测试，设置“Z”为20.0，“B”为10.0，如图4-88所示，则应返回True。编译并保存后进入PIE运行模式，结果显示为“True”，如图4-89所示。

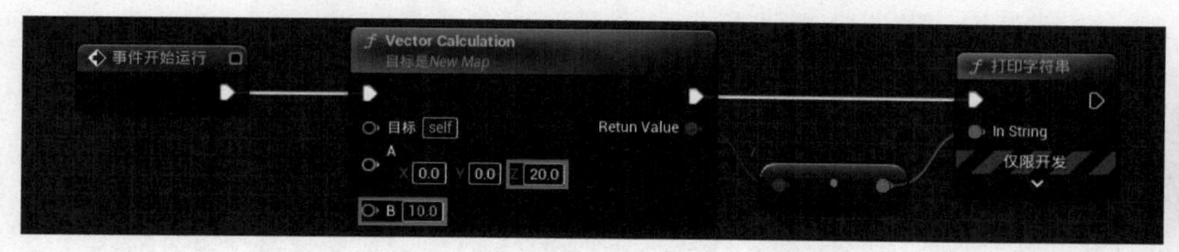

图4-88

图4-89

纯函数和非纯函数有一定的区别，纯函数没有白色执行引脚，只有在调用输出值时才会运行函数。选中函数，在“细节”面板中勾选“纯函数”选项后可以看到函数节点的执行引脚消失了，如图4-90所示。

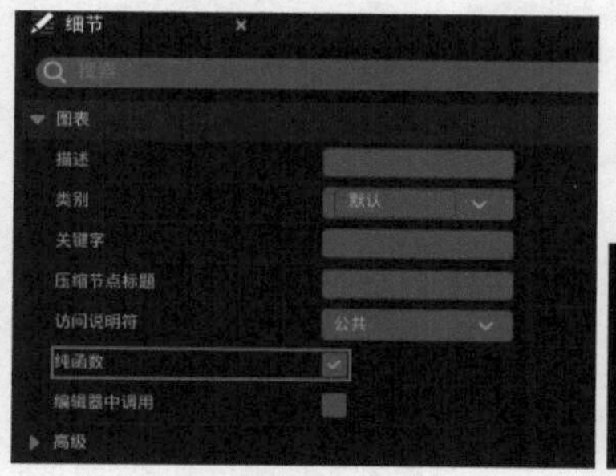

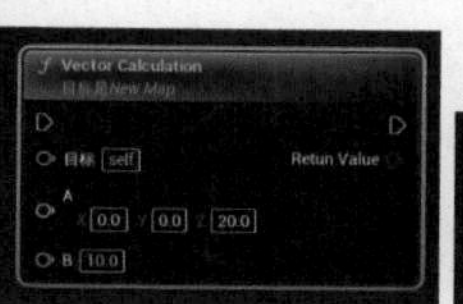

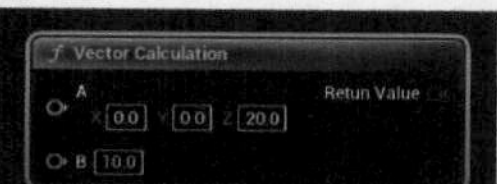

图4-90

4.4.2 宏

前面讲解的流程控制多半是由宏实现的，宏和函数有很多共同点，它们都只需要写一遍便可随时调用。虽然在宏中可以使用“延迟”等节点，但是依然不可以使用“时间轴”“事件”等节点（“折叠”节点可以使用，因为“折叠”节点是压缩后的普通图表）。

在“我的蓝图”面板中单击“宏”右侧的“宏”按钮，创建一个新的宏并命名为“AND”，如图4-91所示。

制作一个具有两个布尔输入值的宏，当两个布尔输入值同时为“True”时，输出值会通过一个输出引脚输出；如果其中有一个不为“True”或两个都为“False”，输出值会通过另一个输出引脚输出。

将“AND”宏拖曳到“事件图表”面板中，在没有白色执行引脚或其他输入、输出引脚时，如图4-92所示，我们需要在“细节”面板中添加白色输入或输出引脚。

输入值需要一个白色引脚和两个布尔型引脚，输出值需要两个白色引脚用于代表可能出现的情况，如图4-93所示。

图4-91

图4-92

图4-93

使用“AND”节点可以判断两个值是否都为真，如果都为真，则输出为真，如图4-94所示。

接着使用“分支”节点对布尔值进行判断，这样一个简单的宏就构成了，如图4-95所示。

图4-94

图4-95

也可以选择不添加白色执行引脚，生成一个只操作数据的宏。创建一个“事件开始运行”节点，使用“打印字符串”节点进行测试，勾选“A”和“B”引脚时，输出内容应为1，如图4-96所示。编译并保存后进入PIE运行模式，显示1则表示成功，如图4-97所示。

勾选“A”或“B”引脚，编译并保存后再次进入PIE运行模式，显示2则表示成功，如图4-98所示。

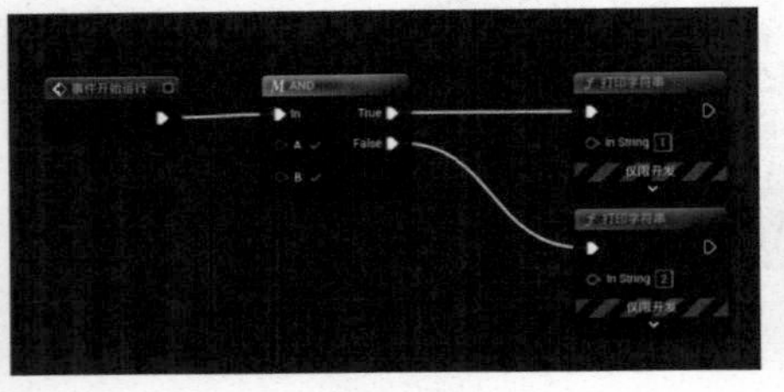

图4-96

图4-97

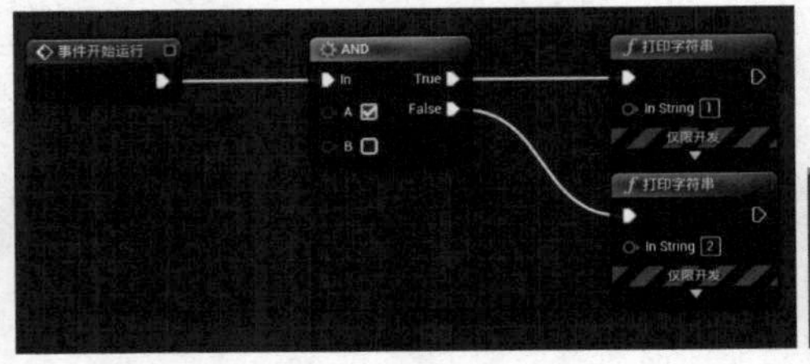

图4-98

技术专题：折叠节点

选择想要折叠的节点后单击鼠标右键，执行“折叠节点”菜单命令即可折叠节点，再次单击鼠标右键并执行“展开节点”菜单命令即可展开节点，如图4-99所示。节点可以被折叠为宏和函数等，被折叠的节点可以添加输入值与输出值，也可以和普通图表一样使用“时间轴”“事件”等节点。

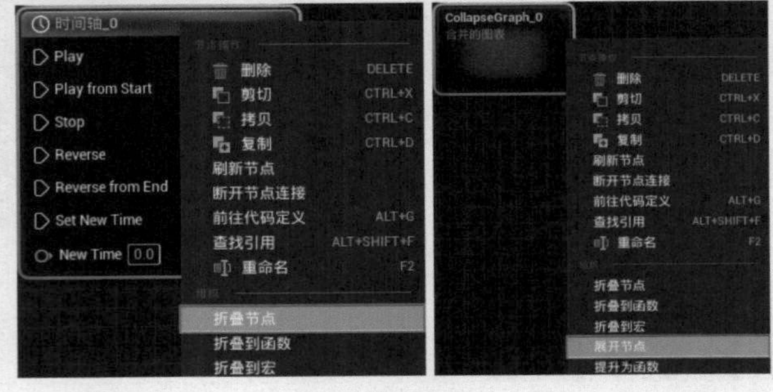

图4-99

4.5 库

目前的函数与宏都是在同一张蓝图中添加的，在其他蓝图中调用函数或宏时需要引用此蓝图，可以创建函数库或宏库来让部分蓝图类使用此库中的函数或宏。

4.5.1 蓝图函数库

在“内容浏览器”面板的空白处单击鼠标右键，执行“蓝图>蓝图函数库”菜单命令，新建蓝图函数库并命名为“FunctionLib”，如图4-100所示。

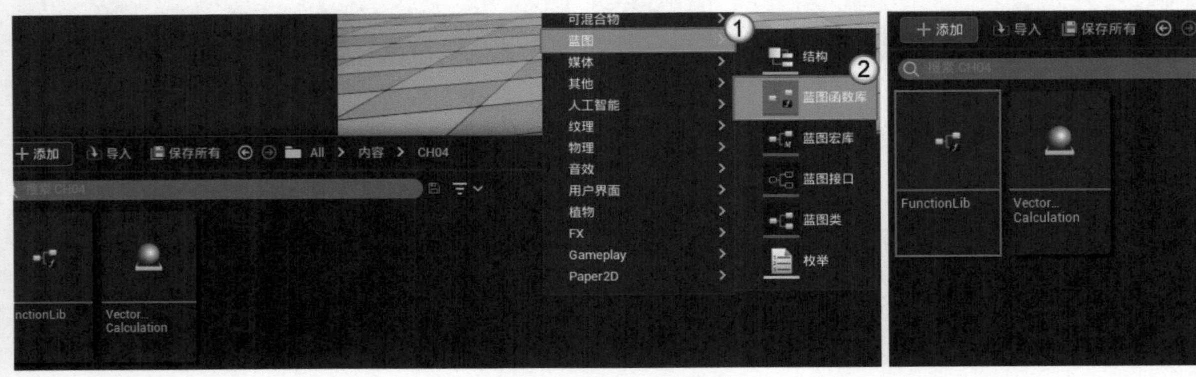

图4-100

双击打开函数库，和在普通蓝图中添加函数的方法一样，在“我的蓝图”面板中单击“函数”按钮便可新建函数，还可以在“细节”面板中添加输入值与输出值，如图4-101所示。

当需要使用函数时可以在“事件图表”面板中直接输入函数的名称，例如输入“新函数”，就可以看到“Function Lib”卷展栏中的新函数，如图4-102所示。

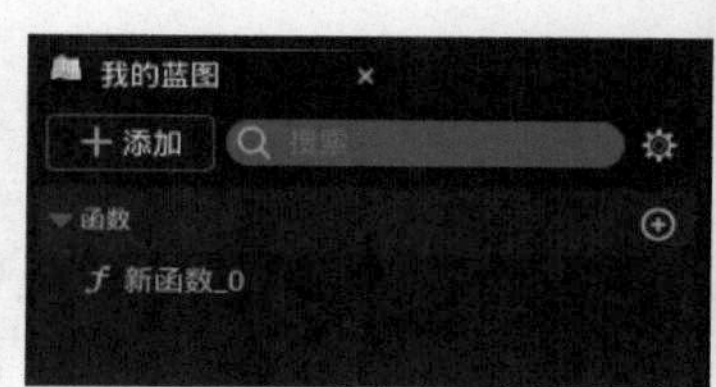

图4-101

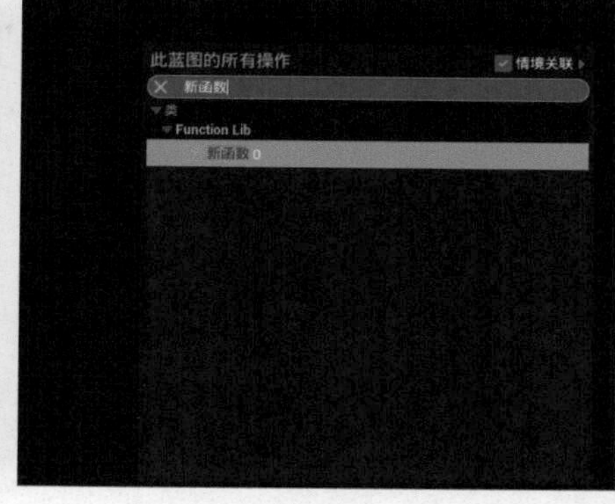

图4-102

4.5.2 蓝图宏库

在“内容浏览器”面板的空白处单击鼠标右键，执行“蓝图>蓝图宏库”菜单命令，如图4-103所示，创建蓝图宏库。

需要为蓝图宏库选取一个父类，如果在“选取父类”对话框中选择“Actor”类，则宏库中的内容只能在Actor类中使用，如图4-104所示。

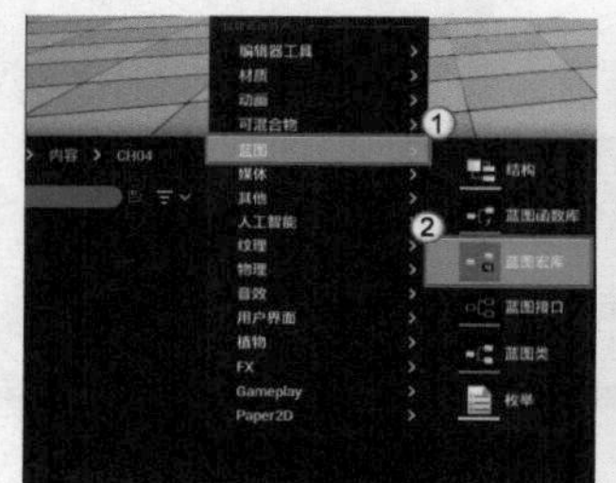

图4-103

图4-104

也可以选择“Object”类，其在下方的“所有类”卷展栏中，选择“Object”类会使全部Object类的派生类都可以使用此宏库中的内容。选择“Object”类并单击“选择”按钮，将蓝图宏库命名为“MacroLib”，如图4-105所示。

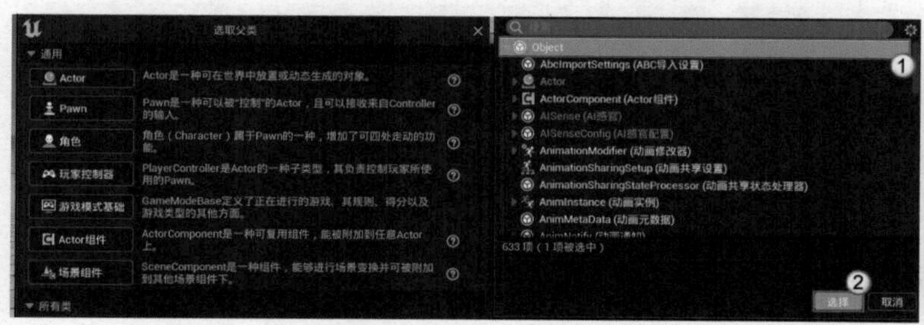

图4-105

双击打开蓝图宏库，宏库与函数库的使用方法没有区别，在“我的蓝图”面板中新建宏后，可以在蓝图中直接搜索找到它，如图4-106所示。

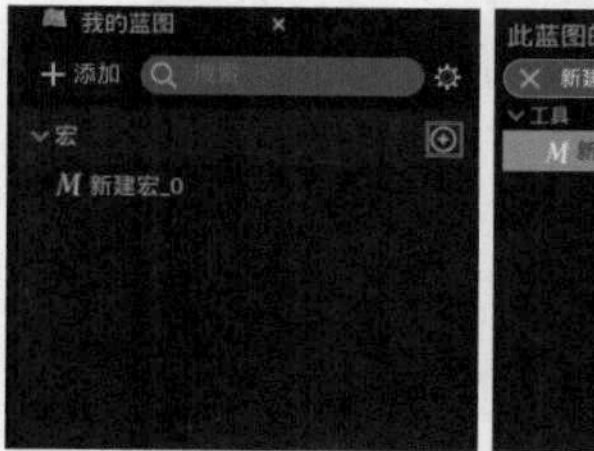

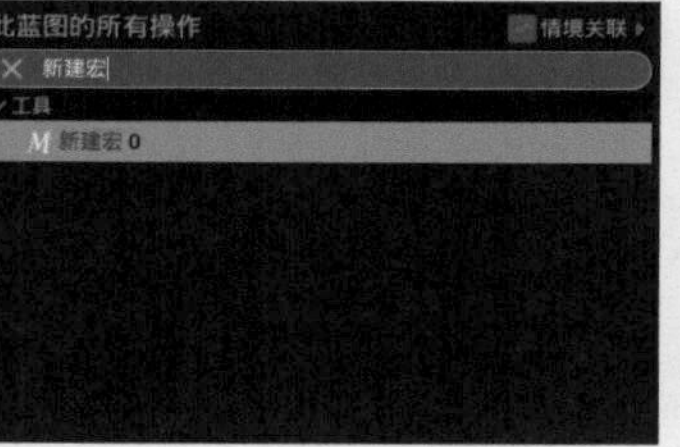

图4-106

4.6 其他节点

本节将讲解几种常用的节点，玩家在玩游戏的过程中可能需要在不同的条件下获取不同的数值，或者执行不同的内容，这种功能通过“选择”和“Switch on”两种节点即可快速实现。

4.6.1 “选择”节点

在“事件图表”面板的空白处单击鼠标右键，搜索“select”后选择“选择”，创建“选择”节点，如图4-107所示。

“选择”节点在默认情况下有数个通配符，它们的类型可以根据用户的要求或外部输入进行更改。“Return Value”输出引脚会返回索引为“Index”输入的输入引脚，在“Index”下方的下拉列表框中可以设置变量的类型，默认情况下是“通配符”，如图4-108所示。

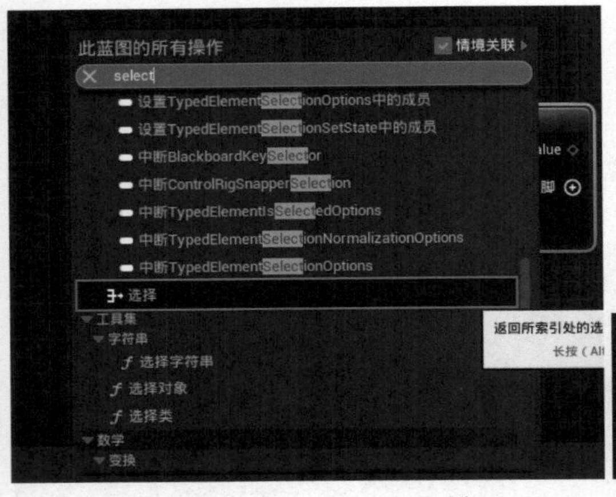

图4-107

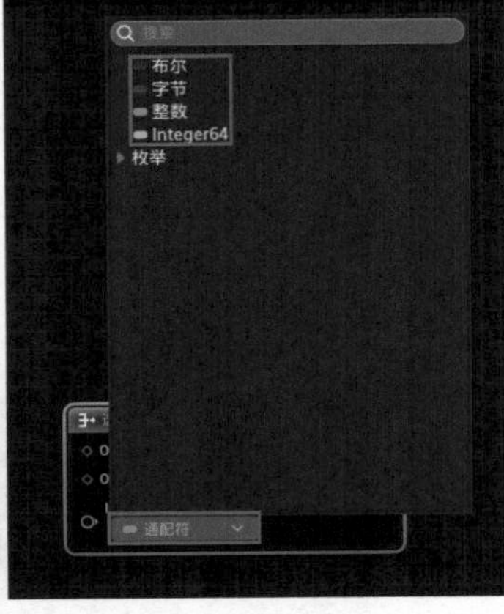

图4-108

如果设置“Index”为“布尔”，那么当“Index”引脚的输入为“真”时，“Return Value”引脚会返回True选项的引用。当“False”为5，“真”为10，且勾选“Index”选项时“Return Value”的值会变成10，如果没有勾选则会返回5，如图4-109所示。

设置“Index”为“整数”，当“Index”输出为0时返回“Hello”，输出为1时返回“World”，如图4-110所示。

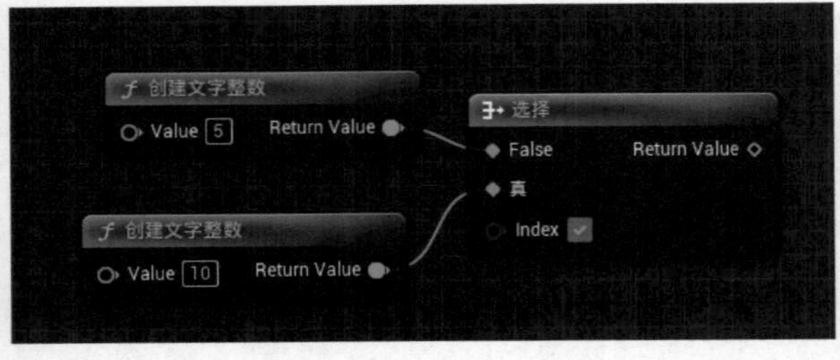

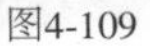
图4-109

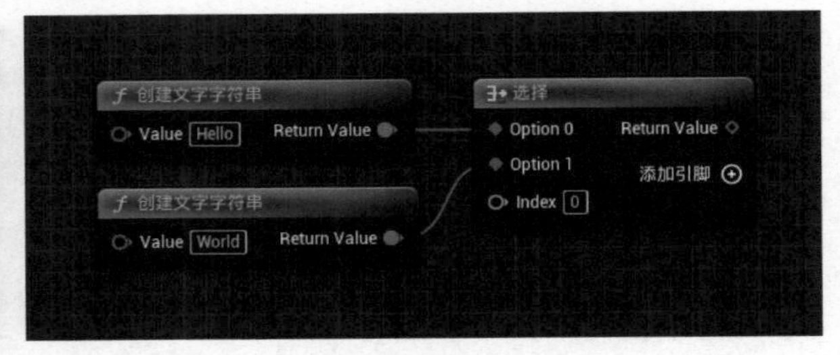

图4-110

4.6.2 “Switch on”节点

虽然“Switch on”节点包含的节点类型很多，但是常用的只有“切换整型”节点和“开启字符串”节点，其中一个输入整型值，另一个输入字符串，如图4-111所示。输入不同参数时系统会根据参数类型搜索并执行恰当的引脚，如果没有搜索到则会从“Default”引脚开始执行。

图4-111

1.切换整型

“切换整型”节点和“选择”节点的功能相似，当“Selection”的值为0时，执行流通过第1个引脚，不通过其他引脚，如图4-112所示。

单击“添加引脚”按钮⊕添加引脚后可以执行指定编号的引脚，在本例中当“Selection”为0时输出“Hello”，当“Selection”为1时输出“World”，如图4-113所示。

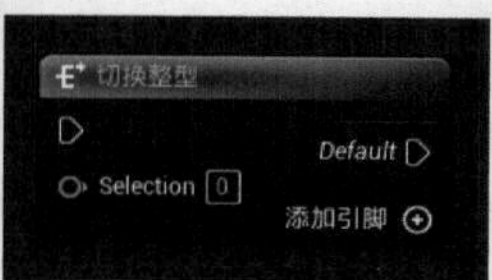

图4-112

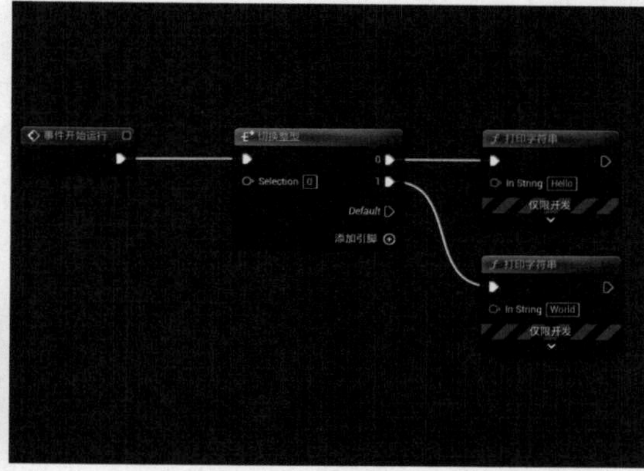

图4-113

2.开启字符串

添加“开启字符串”节点后同样需要单击“添加引脚”按钮⊕添加引脚，选择此节点后“细节”面板中会出现“索引”参数，设置“索引[0]”“索引[1]”“索引[2]”分别为“X”“Y”“Z”，如图4-114所示。

可以通过“Selection”引脚控制“X”“Y”“Z”的输出，当“Selection”为“Z”时将会执行与“Z”引脚相连的“打印字符串”节点，返回结果为“Z”；如果“Selection”不是规定的字符，那么会从“Default”引脚开始执行，如图4-115所示。

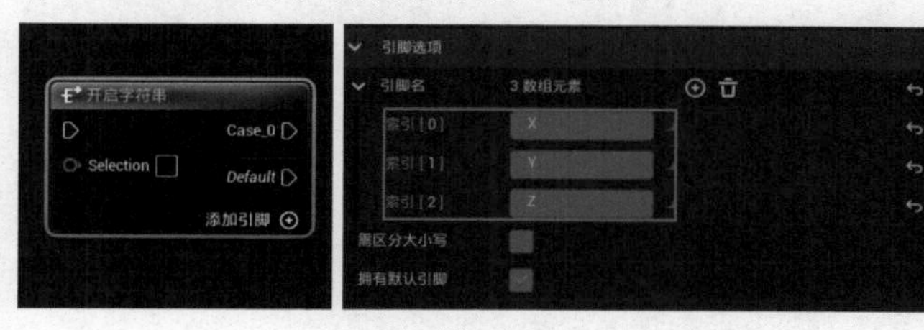

图4-114

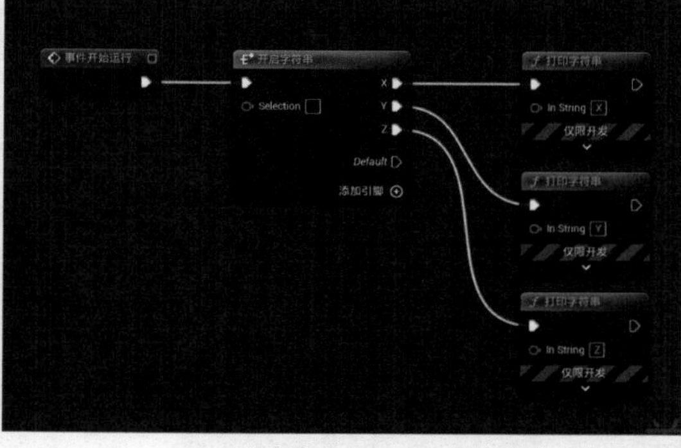

图4-115

技术专题：开启枚举（Switch On）

新建的任意枚举节点也可以被检测到，只需要输入“Switch on＋枚举名称”就可以将“Selection”引脚变为枚举类型并控制对应的白色引脚的执行，如图4-116所示。

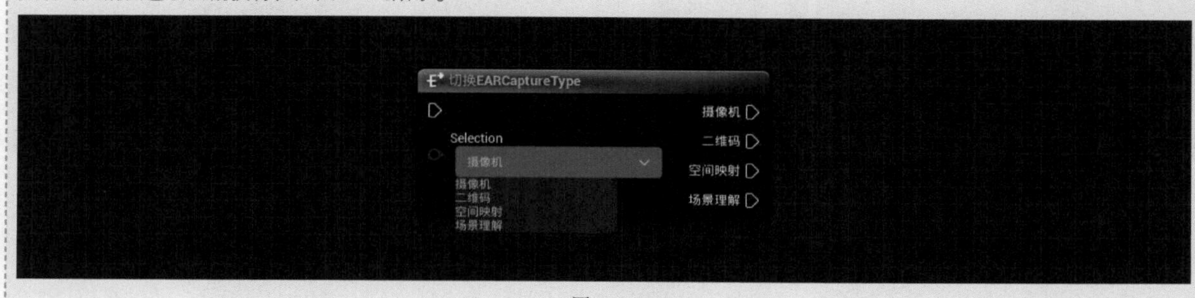

图4-116

4.7 伤害数据

本节用前面讲解的节点知识制作一个简单的伤害计算公式，在进行伤害判定前需要构想一个简单的伤害计算公式，其中的HP表示血量，AR表示护甲，DM表示伤害。在拥有护甲时，护甲和血量在每次受到攻击时都会同时减少，且血量减少的幅度会比没有护甲时小。梳理后可以明白拥有护甲时受到的伤害和没有护甲时受到的伤害有两种计算方式。

重点

4.7.1 有护甲时的伤害计算

假设有护甲时角色受到的伤害只有原来的30%，并且会扣掉以伤害为基准120%的护甲，那么计算公式为“剩余HP=HP-（0.3×DM）”和“剩余AR=AR-（DM×1.2）”。

提示 （0.3×DM）和（DM×1.2）是两个简单的运算，为了防止计算出现差错，可以养成添加括号的好习惯。

护甲为0时的公式为“剩余HP=HP-DM”，以这个思路就可以在蓝图中实现简单的伤害计算。新建一个“Actor”类蓝图，在“我的蓝图”面板中创建3个“浮点”型变量并分别命名为“HP”“AR”“DM”，如图4-117所示。

新建一个名为“Damage”的“自定义事件”节点来制作受伤事件，选中新建的事件，在“细节”面板中单击“新建输入参数”按钮添加一个输入值，将其命名为“Damage”并设置“引脚类型”为“浮点”，如图4-118所示。

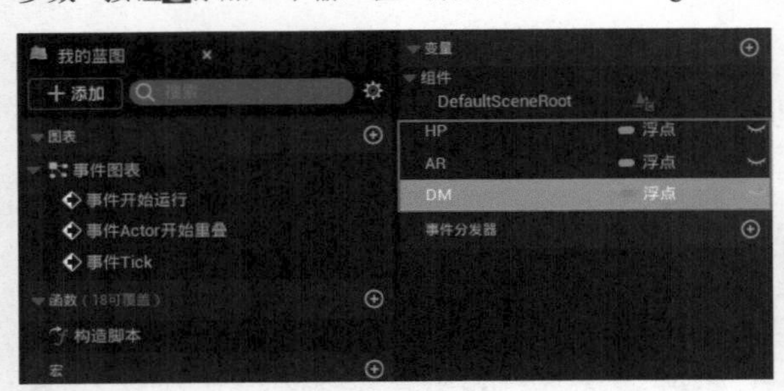

图4-117

图4-118

在“事件图表”面板中单击鼠标右键，输入“k”后找到名为“K”的按键，创建“K”节点，如图4-119所示。再次单击鼠标右键并输入“damage”，新建一个“Damage”节点，如图4-120所示。

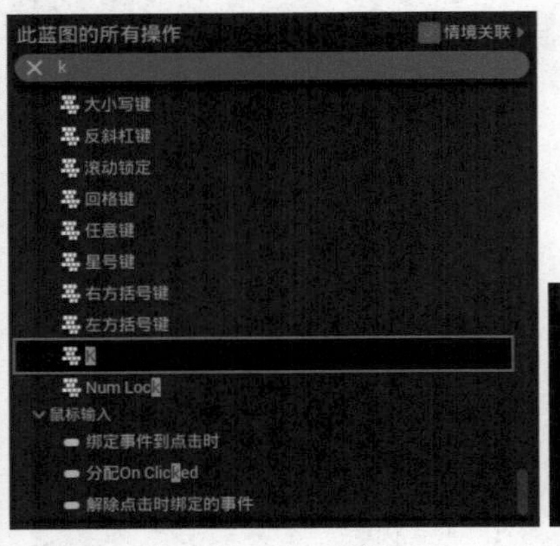

图4-119

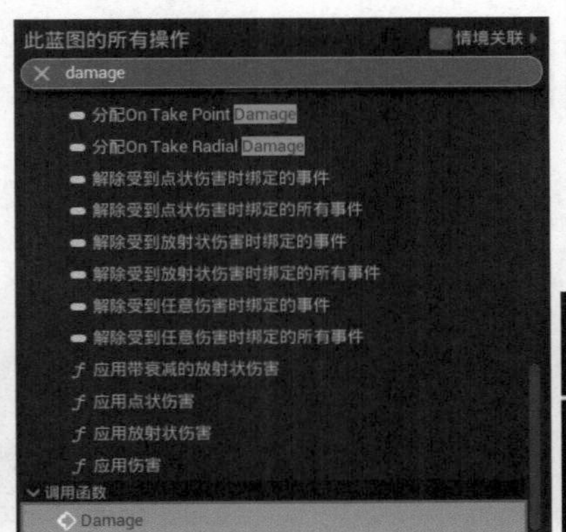

图4-120

按住Ctrl键，在“我的蓝图”面板中将“DM”变量拖曳到“事件图表”面板中，调用“Damage”节点并使其与“K”节点相连，如图4-121所示。

完成这一步后就可以开始进行计算，“剩余HP=HP-（0.3×DM）”和“剩余AR=AR-（DM×1.2）”是有护甲时的计算公式，使用的条件是具有护甲。可以使用“Compare Float”节点检测角色是否拥有护甲，按住Ctrl键并将“AR”变量拖曳到“事件图表”面板中，连接“Damage”“AR”“Compare Float”节点，如图4-122所示。

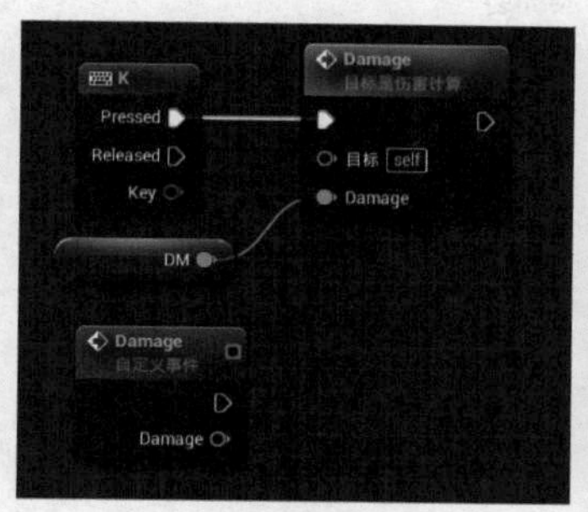

图4-121

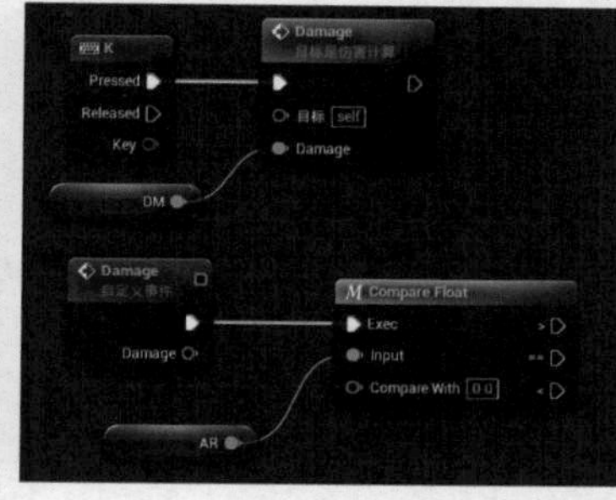

图4-122

AR大于0时护甲存在，执行存在AR时的伤害计算，先减少HP或先减少AR对计算结果没有影响。将“Damage”节点上的Damage使用“乘”节点乘以0.3后，使用“减”节点使HP减去乘后的结果，再使用“SET”节点回到“HP”变量，如图4-123所示。

使用“乘”节点将Damage乘以1.2后，使用“减”节点使AR减去乘后的结果，最后将结果赋给AR，如图4-124所示。

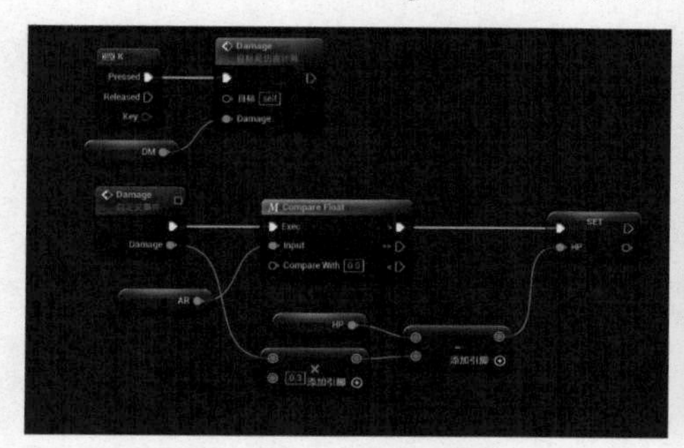

图4-123

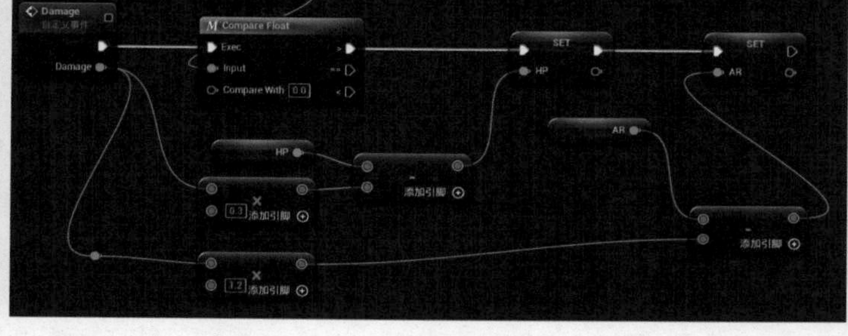

图4-124

4.7.2 无护甲时的伤害计算

护甲被破坏后的计算是在AR小于等于0时进行的，只需要将血量减去伤害值即可。连接“Compare Float”节点中“= =”引脚与“<”引脚到“HP”变量的“SET”节点，使用“减”节点将HP减去Damage，设置HP为得到的结果，如图4-125所示。

可以在计算后使用“打印字符串”节点检测当前的护甲与血量，使用“格式化文本”节点进行文本的格式化，如图4-126所示。

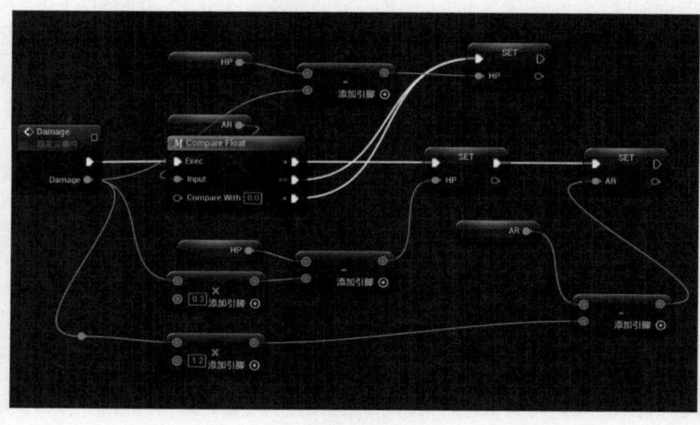

图4-125

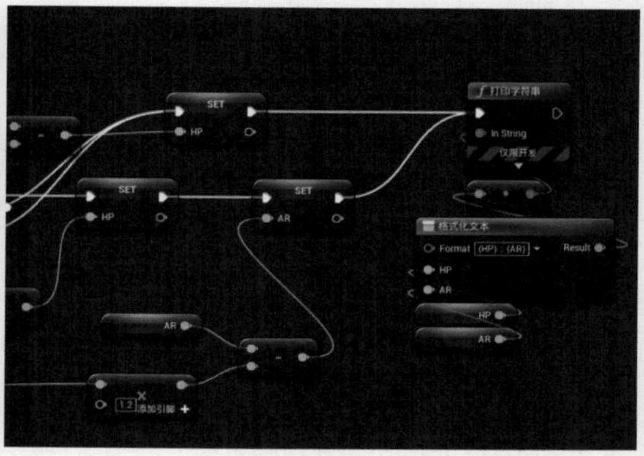

图4-126

在“细节”面板中分别设置“HP”“AR”“DM”3个变量的“默认值”分别为100、100和10，最终的伤害计算蓝图如图4-127所示。

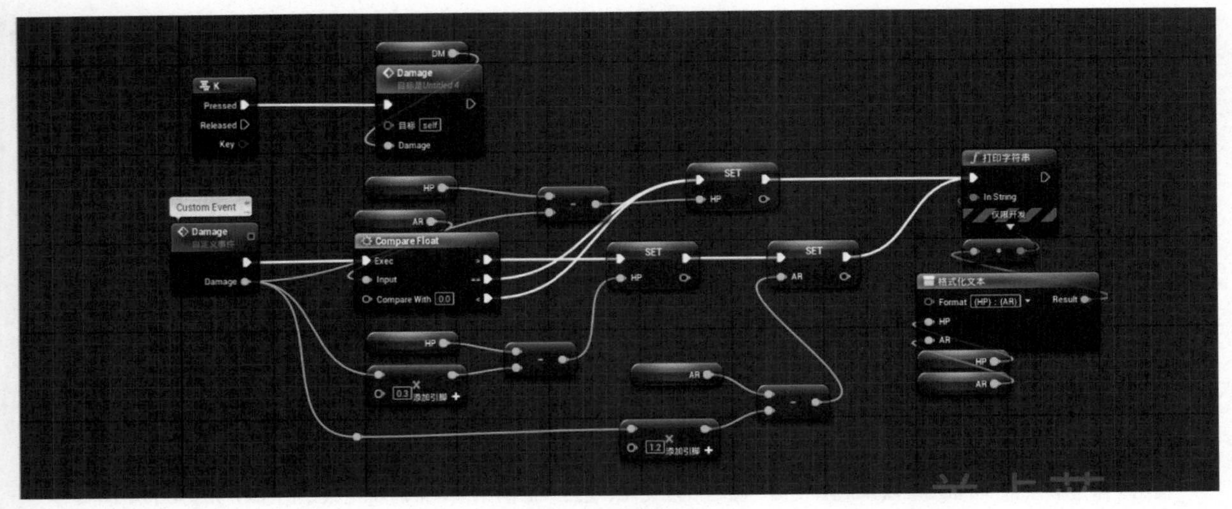

图4-127

在“事件图表”面板中的“事件开始运行”节点后连接“启用输入”节点。“获取玩家控制器”节点可以通过开启按键实现对这个Actor的控制，将其拖曳到新建的关卡中，如图4-128所示。

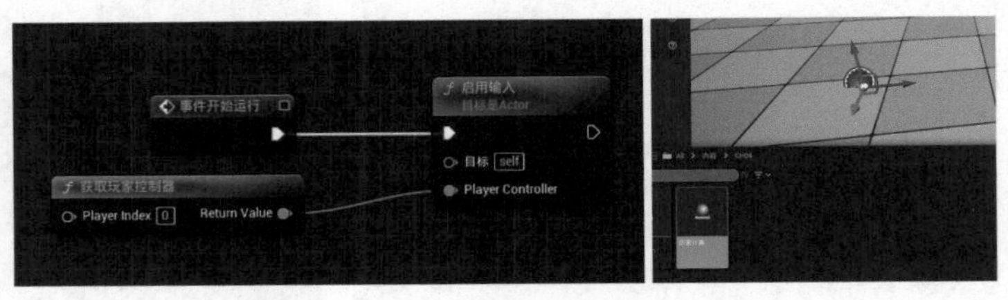

图4-128

编译并保存后进入PIE运行模式，每次按K键后得到的结果都会在屏幕右上角显示出来，第1次按K键显示HP与AR数值，如图4-129所示。第2次按K键后发现HP与AR数值均在减小，如图4-130所示。

多次按K键后HP与AR数值持续减小，当AR值小于0时，每次按K键后的HP扣除值为Damage值，如图4-131所示。

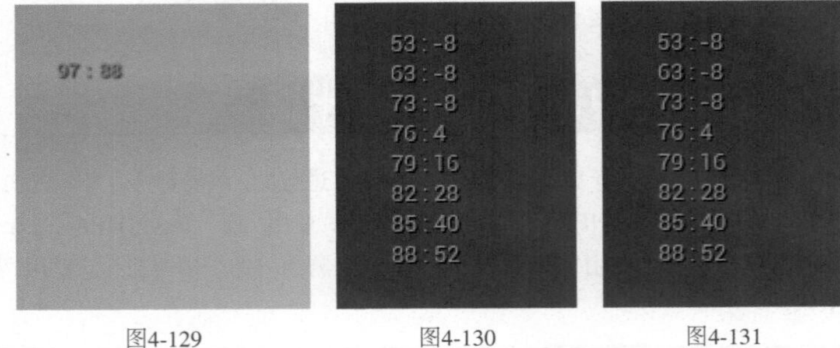

图4-129 图4-130 图4-131

综合训练：生成方阵

实例文件 资源文件 > 实例文件 > CH04 > 综合训练：生成方阵

素材文件 无

难易程度 ★★☆☆☆

技术掌握 利用循环节点和向量制作方阵

本案例将会使用前面介绍的嵌套循环制作方阵。为了制作方阵，需要让每一个方块都有一个属于自己的坐标，该坐标代表其位置，如（1，1）和（8，3）等。为了方便计算，可以将不同方块的x轴与y轴乘以一个不同的数值来表示间隔。如果（0，0）的位置是（0，0，z），则（0，1）的位置是（0，100，z），（10，20）的位置是（1000，2000，z），这样计算可以设定每个方块的位置。

先使用嵌套循环计算x轴，假设x轴有10个坐标，为1时循环10次y轴，为2时再循环10次y轴。以此类推，则会出现（1，1）~（1，10）和（2，1）~（2，10），每次将坐标与一个数值相乘便得到了间距，最终效果如图4-132所示。

图4-132

提示 因为生成的方阵是只有x轴与y轴的方阵，所以只需要两个坐标便可以找到方阵中的所有个体，但是在三维世界中即便是二维方阵也依然需要z轴，z轴影响整个方阵的上下位移。

01 创建一个可以生成方阵的Actor而不是将它写在关卡蓝图中，这样做有利于随时改变方阵的位置（跨地图或同一地图内）。在“内容浏览器”面板中创建一个“Actor”类蓝图并命名为“Spawner”，如图4-133所示。

02 双击打开“Spawner”蓝图，首先确定x轴与y轴的循环，然后创建两个“For Loop”节点。第1个“For Loop”节点的“First Index”为1,“Last Index”为10，那么这个“For Loop”节点的“Loop Body”引脚会连续脉冲10次，每次都会执行第2个“For Loop”节点；第2个“For Loop”节点的参数与第1个完全一致，所以在第1个“For Loop”节点脉冲的时候，第2个“For Loop”节点也会脉冲10次，最终第2个“For Loop”节点的“Loop Body”引脚会执行100次，如图4-134所示。

图4-133

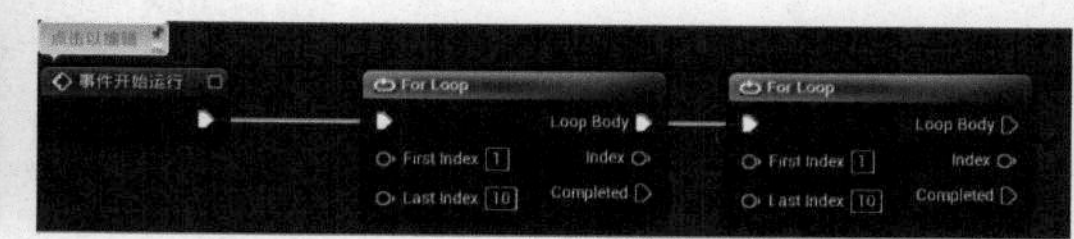

图4-134

03 分别将两个“For Loop”节点的“Index”引脚与一个任意浮点值相乘，第1个“For Loop”节点相乘的浮点值是x轴的间距，第2个是y轴的间距。使用“创建文字浮点”节点生成一个值为200.0的常量，如图4-135所示。

04 使用“创建向量”节点将第1个“For Loop”节点的间距结果设置为“X”，将第2个“For Loop”节点的间距结果设置为“Y”，如图4-136所示。

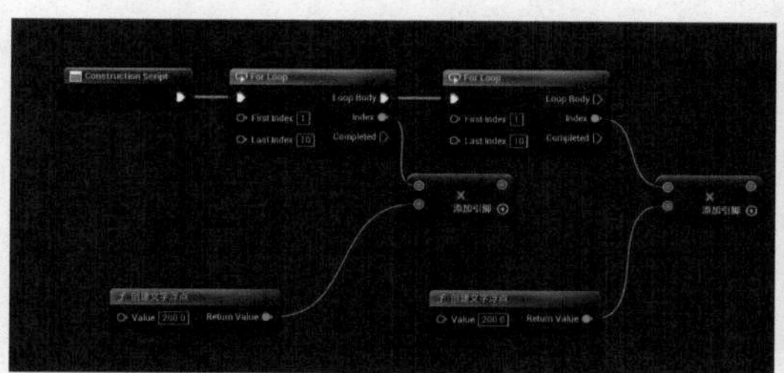

图4-135

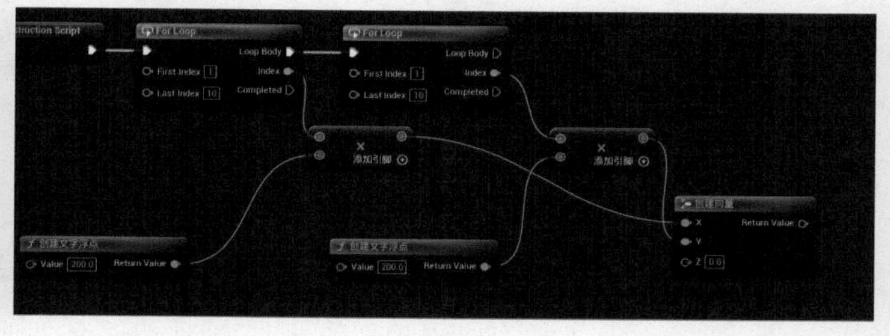

图4-136

05 接下来开始生成方阵。添加“添加静态网格体组件”节点，将该节点连接到“For Loop”节点的“Loop Body”引脚上，如图4-137所示。

图4-137

06 使用鼠标右键单击“Relative Transform”引脚，执行“分割结构体引脚”菜单命令。接着将“创建向量”节点的输出值连接到“Relative Transform Location”引脚上，如图4-138所示。

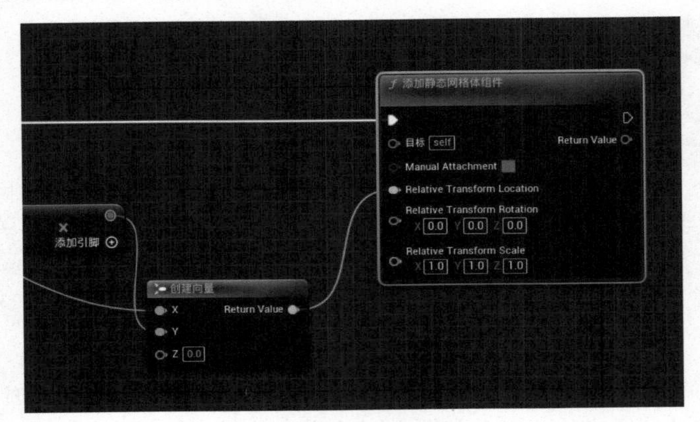

图4-138

07 选择“添加静态网格体组件”节点，在“细节”面板中设置“静态网格体”为“Shape_Cube”，如图4-139所示。也可以设置为其他模型，如人物和动物方阵等。

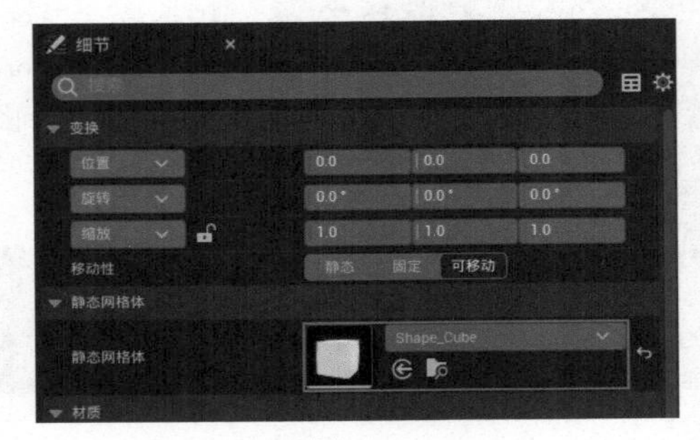

图4-139

08 编译并保存后关闭“关卡蓝图”窗口，在“内容浏览器”面板中拖曳“Spawner”蓝图到关卡中，进入PIE运行模式后可以看到方阵，如图4-140所示。

图4-140

第5章 常用组件

■ 学习目的

前面的内容中多次使用了组件，本章会详细介绍各种组件的内容与实际应用。组件可以分为 Actor 组件和场景组件。Actor 组件通常用来实现逻辑，可以将同一个 Actor 组件附加到不同的 Actor 中实现同样的程序效果，Actor 组件不具有三维变换功能；部分场景组件可以用于为模型制作视觉效果，也有部分是明显可视且能够被用户控制的具有三维变换功能的组件。两者都可以被添加到 Actor 上，根组件决定了 Actor 的三维变换功能。

如果要在关卡中添加一个可以控制的光源来实现触发式开关灯效果，将蓝图节点全部写在关卡蓝图中是一种低效且不实用的方法。本章将研究组件的使用方式并在专属蓝图中控制对应的组件，实现各种有趣的效果。

■ 学习重点

- 在“Actor”类蓝图中添加场景组件与 Actor 组件
- 学会使用常用组件
- 学会新建并使用 Actor 组件
- 将组件附加到另一个组件或 Actor 上
- 了解组件效果

5.1 基本组件

本节内容涉及一些常用的组件，如光源组件、摄像机组件、音频组件、移动组件和样条组件。这些组件可以为游戏开发提供便利，接下来将依次讲解这些组件。

重点

5.1.1 光源组件

在添加光源组件前需要为组件创建一个蓝图，单击“内容浏览器”面板左侧的“添加”按钮 +添加 并执行“新建文件夹”菜单命令，新建一个文件夹并命名为“CH05”，用于存放第5章的全部内容，如图5-1所示。

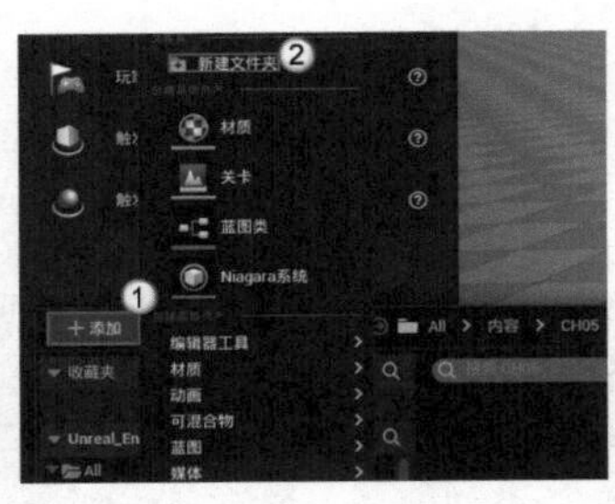

图5-1

双击打开“CH05”文件夹，在“内容浏览器”面板的空白处单击鼠标右键，执行“蓝图类”菜单命令后新建一个“Actor”类蓝图并命名为“BP_LightComponentTest”，如图5-2所示。选中蓝图并使用快捷键Ctrl＋S将其保存。

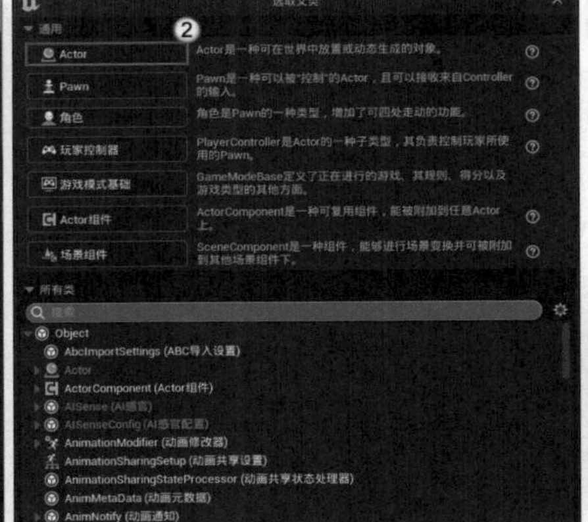

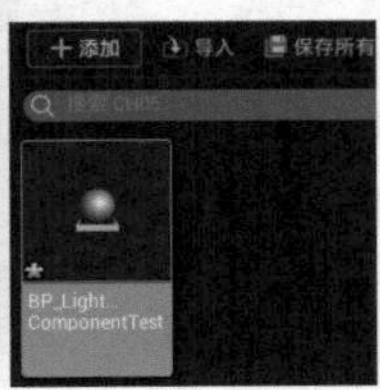

图5-2

提示 为了便于区分，也为了防止读者在学习时混淆，为所有蓝图名称添加前缀“BP_”，而“LightComponentTest”是“光组件测试”的英文。

1.点光源组件（PointLight）

“点光源组件”是典型的光源组件之一，这个组件可以在关卡中散发光芒。在“细节”面板中可以设置光源的相关参数，如光源亮度、光照颜色等。

双击进入“BP_LightComponentTest”蓝图，在左上角的“组件”面板中单击“添加”按钮 +添加 并执行“点光源组件”菜单命令，如图5-3所示，新建一个点光源组件。创建后光源和光照范围会显示在视口中，如图5-4所示。

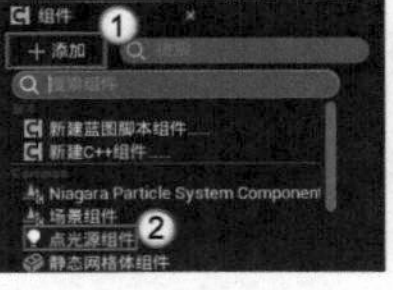

图5-3

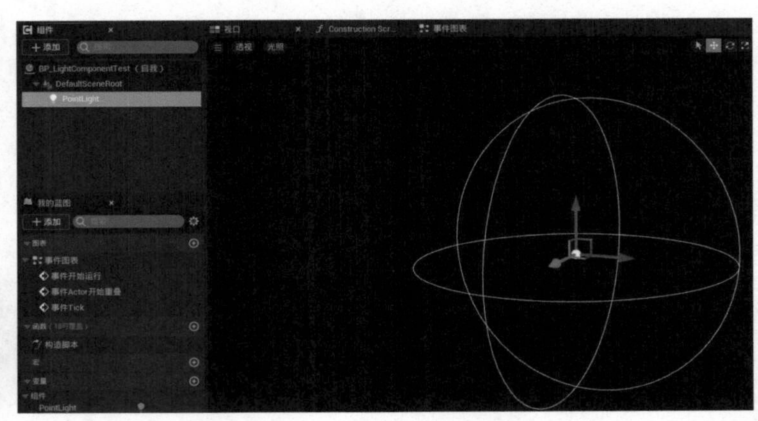

图5-4

在“组件”面板中可以看到“PointLight”是“DefaultSceneRoot”的子组件，这说明“PointLight”并不是根组件。因为决定整个Actor的三维变换功能的组件是根组件，所以拖曳“PointLight”到“DefaultSceneRoot”上，位置变换后新建的点光源组件成了根组件，如图5-5所示。

编译并保存后关闭“蓝图编辑器”窗口，在“内容浏览器”面板中拖曳“BP_LightComponentTest”蓝图到关卡中。选择新建的Actor并按W键切换到“选择并平移对象”模式，向上拖曳蓝色的z轴，将灯泡置于地板上方，可以看到地板被照亮，如图5-6所示。

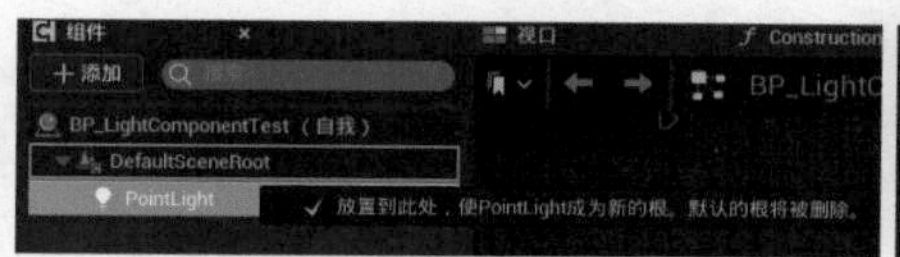

图5-5

图5-6

2.聚光源组件（SpotLight）

如果要添加其他组件，需要删除原来的组件以防止效果叠加。打开“BP_LightComponentTest”蓝图，使用鼠标右键单击“PointLight”，执行“删除”菜单命令删除点光源组件。单击“添加”按钮 ＋添加 并执行“聚光源组件”菜单命令，如图5-7所示，添加一个聚光源组件。

提示 根组件被删除后，“DefaultSceneRoot”默认成为根组件。

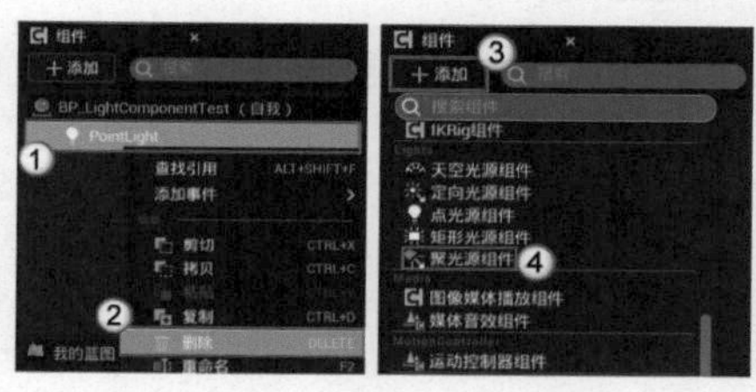

图5-7

当视口中出现聚光灯图标与光照范围时说明操作正确，因为此时对哪个组件是根组件没有明确要求，所以不用将“SpotLight”拖曳到“DefaultSceneRoot”上，如图5-8所示。

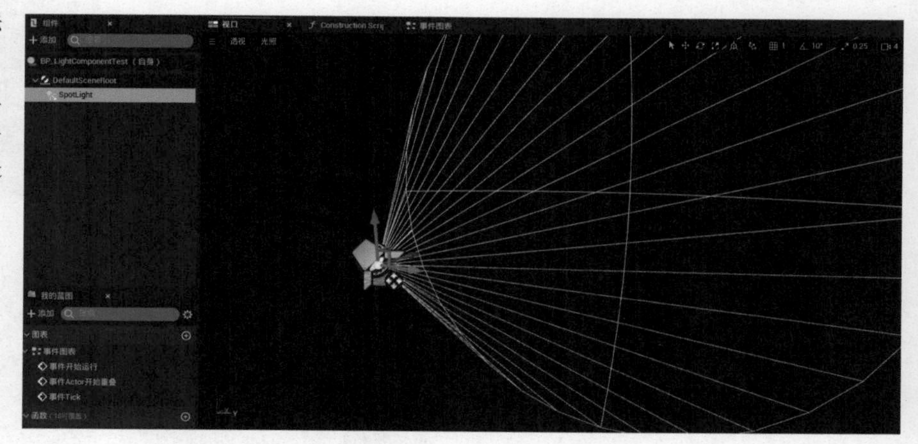

图5-8

编译并保存后关闭“蓝图编辑器”窗口，刚才拖曳到关卡中的蓝图已经变成了聚光源，如图5-9所示。这说明对组件进行的设置会实时同步到关卡中的对应蓝图上。

选择关卡中的蓝图，按E键切换到“选择并旋转对象”模式，拖曳绿色的y轴，将聚光源旋转90°，使其朝向地板并查看光照效果，如图5-10所示。

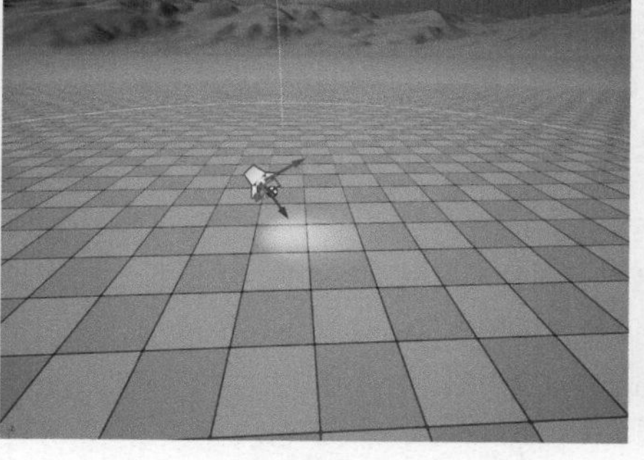

图5-9

图5-10

3.矩形光源组件（RectLight）

打开“蓝图编辑器”窗口，使用鼠标右键单击“SpotLight”，执行“删除”菜单命令删除聚光源组件。单击“添加”按钮 +添加 并执行“矩形光源组件”菜单命令，如图5-11所示，添加一个矩形光源组件。

编译并保存后关闭“蓝图编辑器”窗口，可以看到矩形光源组件成功出现在关卡中并照亮了地板，如图5-12所示。

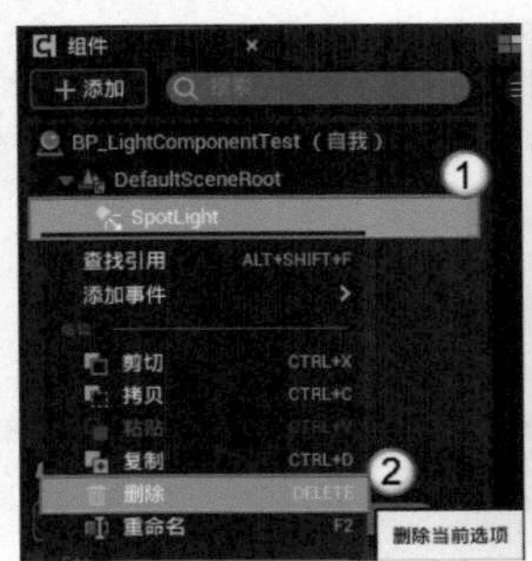

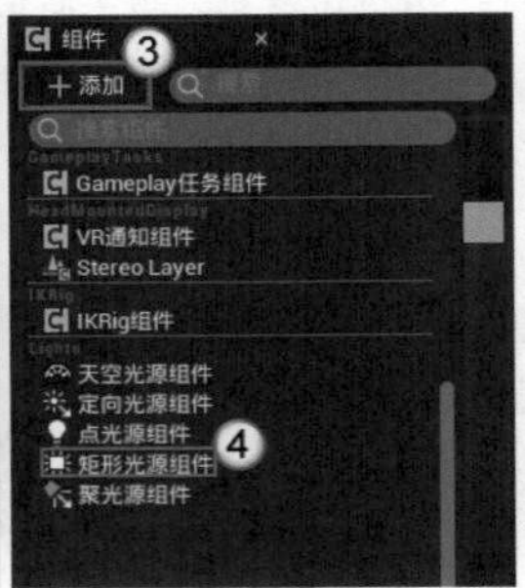

图5-11

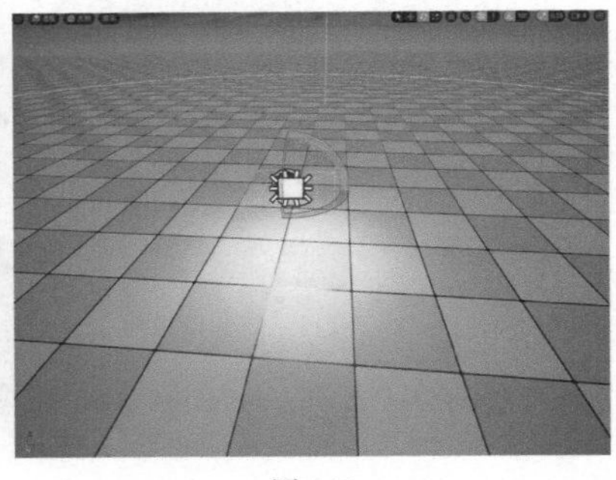

图5-12

4.设置组件参数

打开“蓝图编辑器”窗口，在“组件”面板中选择任意光源组件，这里以矩形光源组件为例，在右侧的“细节”面板中可以查看该组件的默认设置，设置不同的参数可以使组件产生不同的效果，如图5-13所示。

图5-13

重要参数介绍

◇ **源宽度、源高度：** 可以调整矩形光源组件的大小（矩形光源组件专有）。

◇ **强度：** 调整光源的亮度。

◇ **光源颜色：** 调整光源的颜色。

◇ **衰减半径：** 设置光源的可见度。

设置“源宽度”与“源高度”均为500.0，“强度”为50000.0，如图5-14所示，编译并保存后关闭“蓝图编辑器”窗口。可以看到关卡中的光源大小和亮度发生了改变，如图5-15所示。

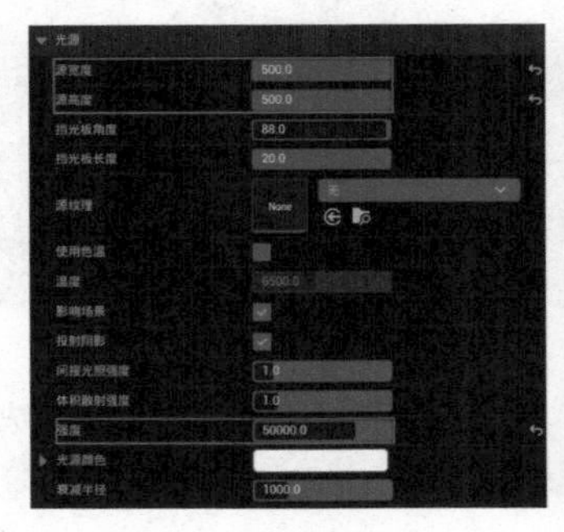

图5-14

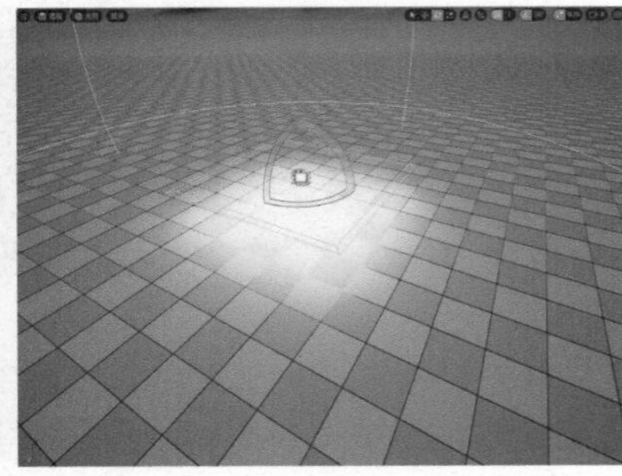

图5-15

5.1.2 摄像机组件

摄像机是游戏开发中的重要组件之一，通过摄像机可以观察整个关卡，切换摄像机的视角可以实现不同的功能，如实现第一人称和第三人称视角。新建一个“Actor”类蓝图并命名为“BP_CameraComponent”，如图5-16所示。

图5-16

双击打开“BP_CameraComponent”蓝图，在“组件”面板中单击“添加”按钮 添加一个摄像机组件，如图5-17所示。若视口中出现了摄像机模型，则代表添加成功，如图5-18所示。

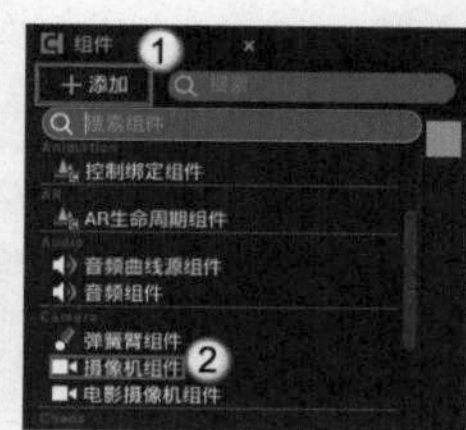

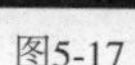

图5-17

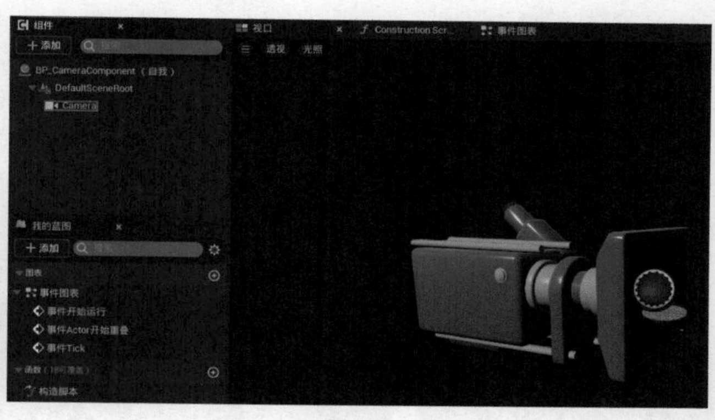

图5-18

编译并保存后回到关卡中，从“内容浏览器”面板中拖曳“BP_CameraComponent”蓝图到关卡中，选择蓝图后，视口右下角会出现摄像机的视角，如图5-19所示。

打开“BP_CameraComponent”蓝图后再次添加一个摄像机组件，让两个摄像机存在于同一张蓝图中，如图5-20所示。选择新建的摄像机，按W键进入“选择并平移对象”模式并移动摄像机，再按E键进入“选择并旋转对象”模式并略微旋转摄像机，如图5-21所示。

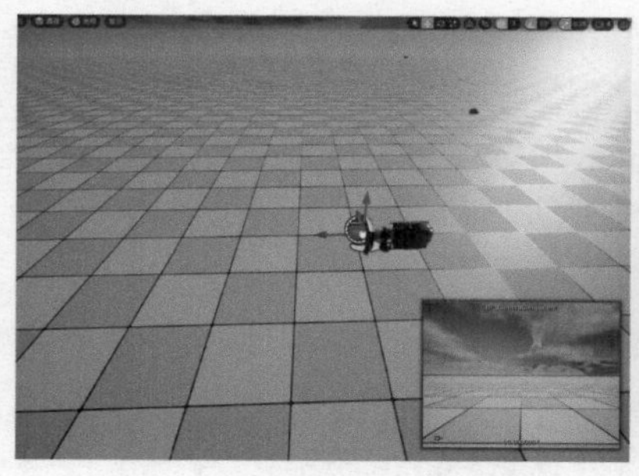

图5-19

图5-20

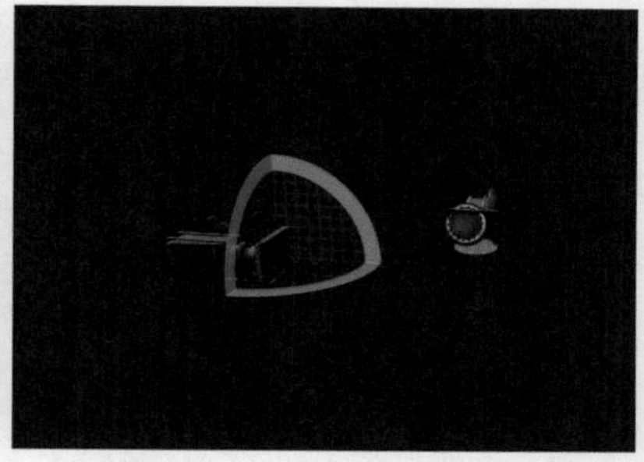

图5-21

因为默认只能开启一个摄像机，所以为了防止出现问题，在“细节”面板中取消勾选“Camera1”的“自动启用”选项，如图5-22所示。

在蓝图的“事件图表”面板中添加节点，以便使用按键控制摄像机的切换。在“事件开始运行”节点后连接一个“启用输入”节点，再添加一个“获取玩家控制器”节点，并连接“Return Value”引脚到“Player Controller”引脚上，如图5-23所示，这样Actor就可以接收玩家的输入。

图5-22

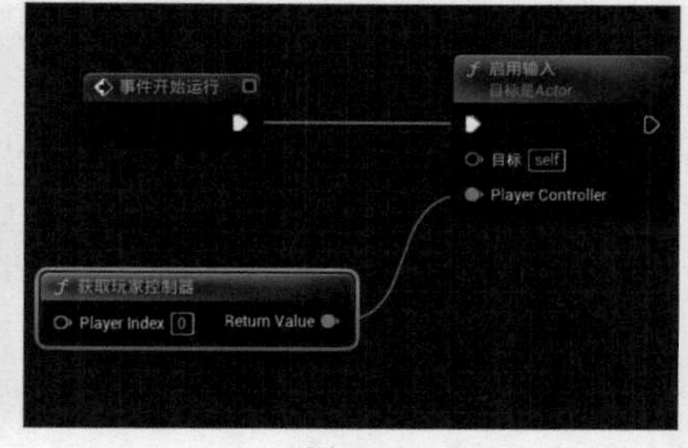

图5-23

在“事件图表”面板的空白处单击鼠标右键并搜索“键盘”，新建一个“F”节点，在“组件”面板中拖曳“Camera”和“Camera1”到“事件图表”面板中，如图5-24所示。

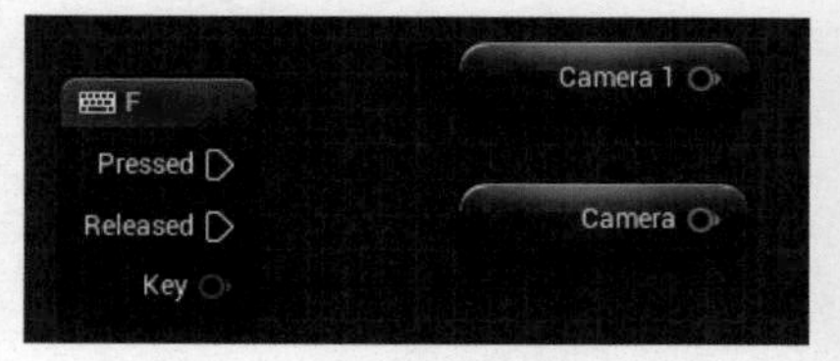

图5-24

因为“Camera1”默认没有启用，而“Camera”默认启用，所以默认视角是“Camera”的视角，当按F键时会切换到“Camera1”的视角，再次按F键时会回到“Camera”的视角。

新建一个“Flip Flop”节点，这个节点可以实现在第1次按F键时执行A，在第2次按F键时执行B。将“Camera1”与在空白处新建的“设置激活”节点连接起来，如图5-25所示，可以生成决定组件是否启用的节点。

连接“F”“Flip Flop”“设置激活”节点并勾选“New Active”选项，如图5-26所示，这样在第1次按F键时会启用“Camera1”。

为了防止冲突，启用“Camera1”的同时需要取消启用“Camera”，复制一个“设置激活”节点，连接“Camera”与第2个“设置激活”节点，取消勾选“New Active”选项，如图5-27所示。

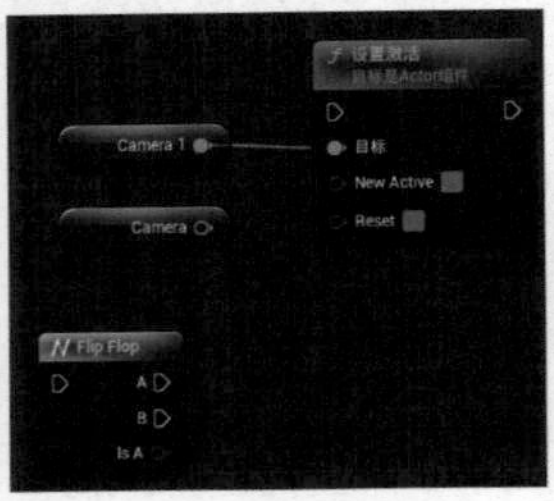

图5-25

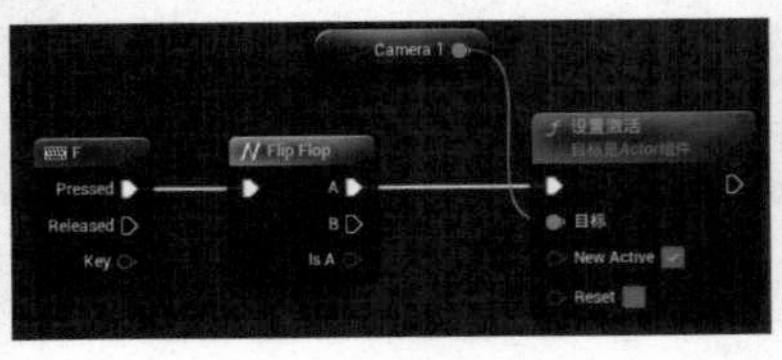

图5-26

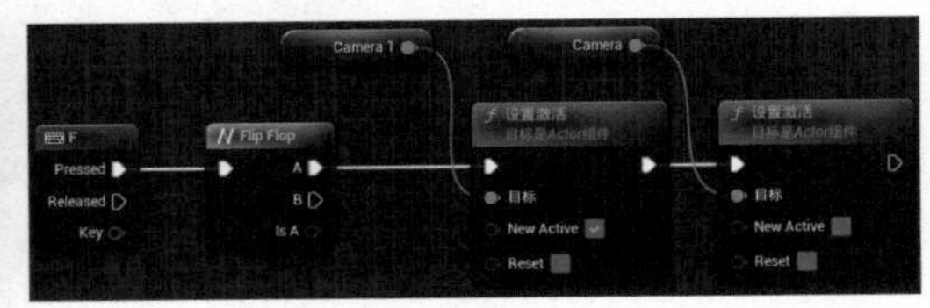

图5-27

第2次按F键时需要反向设置摄像机，复制两个摄像机节点和两个“设置激活”节点，将复制的“设置激活”节点连接到“B”引脚，取消勾选复制的两个“设置激活”节点的“New Active”选项，如图5-28所示。

编译并保存后关闭“蓝图编辑器”窗口，打开“关卡蓝图”窗口并从“大纲”面板中拖曳“BP_CameraComponent”到“关卡蓝图”窗口中，如图5-29所示。

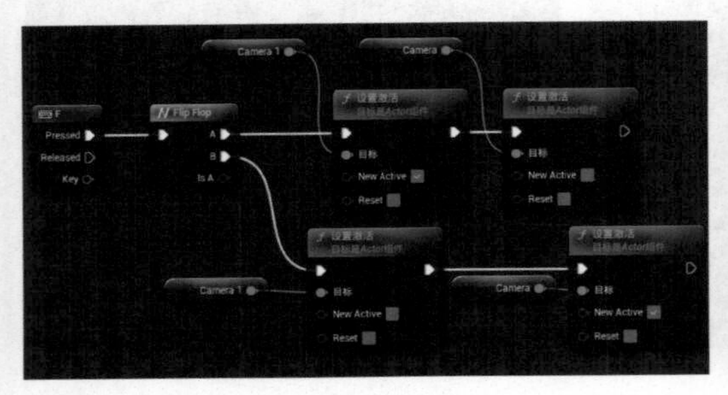

图5-28

图5-29

新建一个“使用混合设置视图目标”节点与“事件开始运行”节点并将两者相连，连接“BP_CameraComponent”节点到“New View Target”引脚，如图5-30所示。

新建一个“获取玩家控制器”节点并连接到“目标”引脚上，“使用混合设置视图目标”节点可以使当前摄像机的视角缓慢地混合到一个新的目标上，“Blend Time”引脚可以设置混合时间，设置为0.0时表示没有混合时间，如图5-31所示。

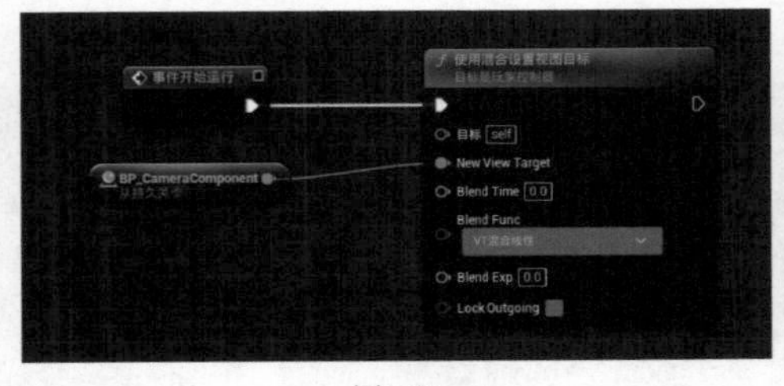

图5-30

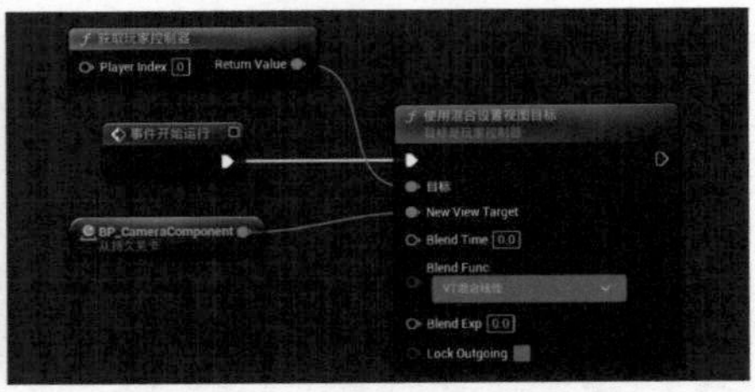

图5-31

编译并保存后关闭“蓝图编辑器”窗口，进入PIE运行模式后显示第1个摄像机的视角，按F键后切换为第2个摄像机的视角，再次按F键后回到第1个摄像机的视角，如图5-32所示。

图5-32

5.1.3 音频组件

在第1章中我们添加了引擎自带的初学者内容包“StarterContent”，其中的“Audio”文件夹中有一些音频可以作为学习素材，如图5-33所示。

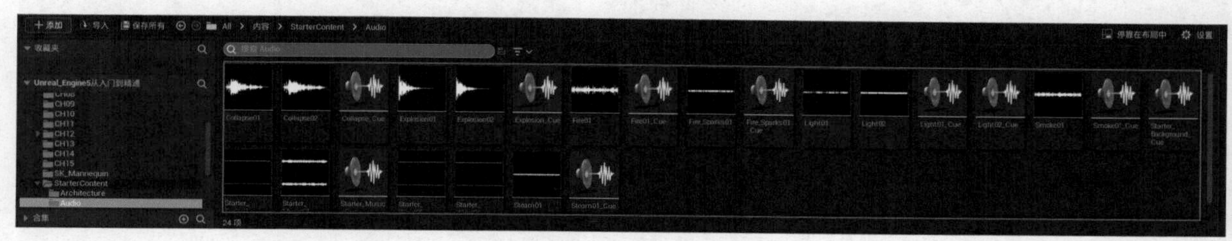

图5-33

在“CH05”文件夹中新建一个“Actor”类蓝图并命名为“BP_SoundComponent”，如图5-34所示。双击打开蓝图，在“组件”面板中单击“添加”按钮+添加添加一个音频组件，如图5-35所示。

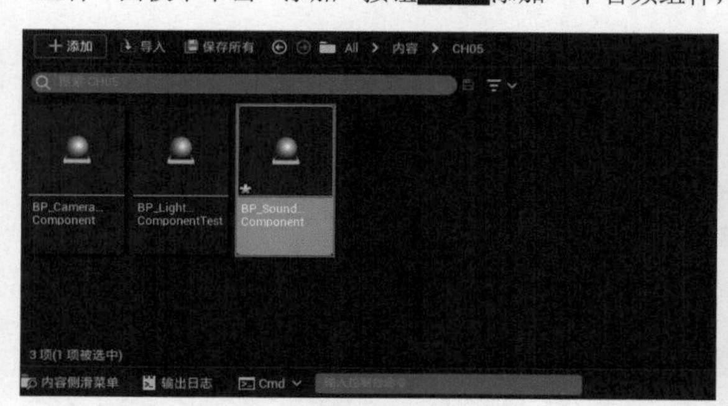

图5-34

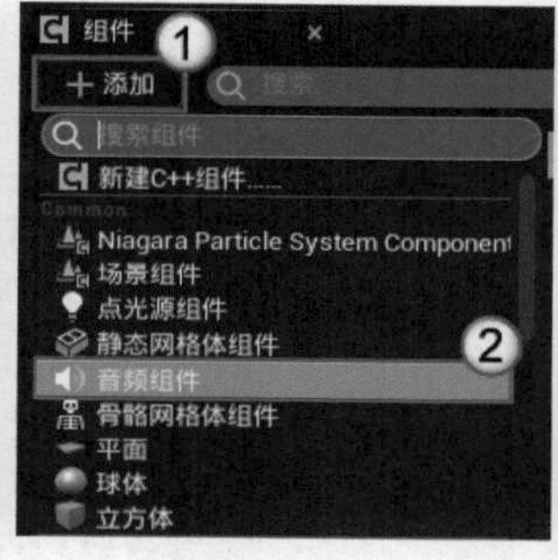

图5-35

选择音频组件后，在“细节”面板中设置“音效”为“Explosion01”，即初学者内容包中的音频，如图5-36所示。

编译并保存后将蓝图拖曳到关卡中，如图5-37所示，运行后会立刻播放该音频。如果在“细节”面板中取消勾选“自动启用”选项，如图5-38所示，那么音频在开始运行时不会自动播放。

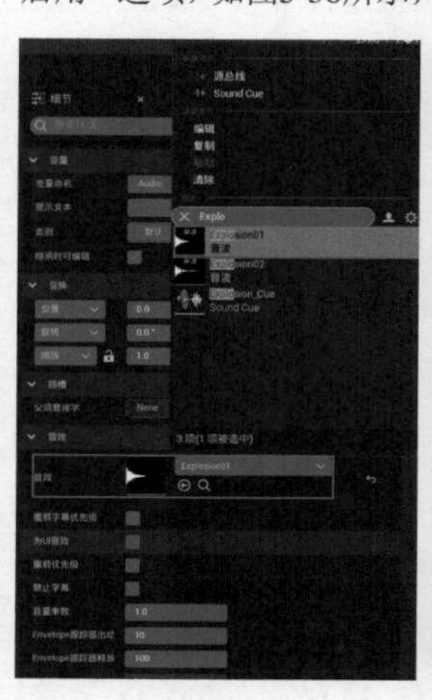

图5-36

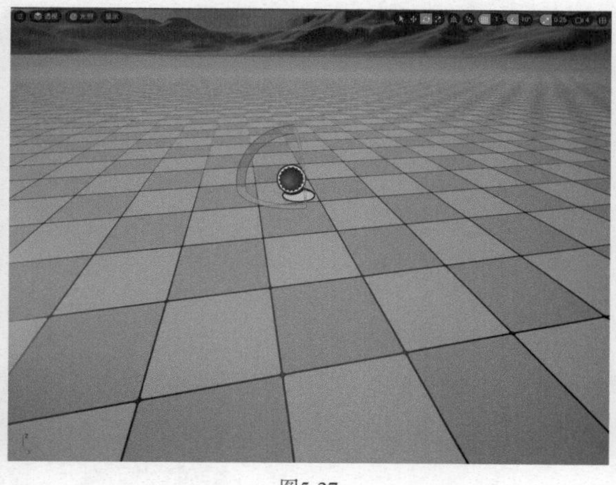

图5-37

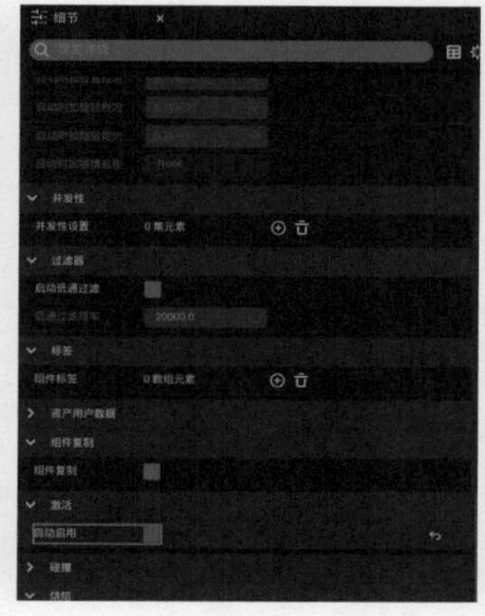

图5-38

这时需要搭配蓝图才可以播放音频。进入“蓝图编辑器”窗口，添加一个“启用输入”节点和“获取玩家控制器”节点并将它们连接起来，如图5-39所示。

可以使用0键来播放音频，创建一个“0”节点和“播放”节点，创建“播放”节点时会自动导入“Audio”组件，如图5-40所示。编译并保存后进入PIE运行模式，按0键时会播放音频。

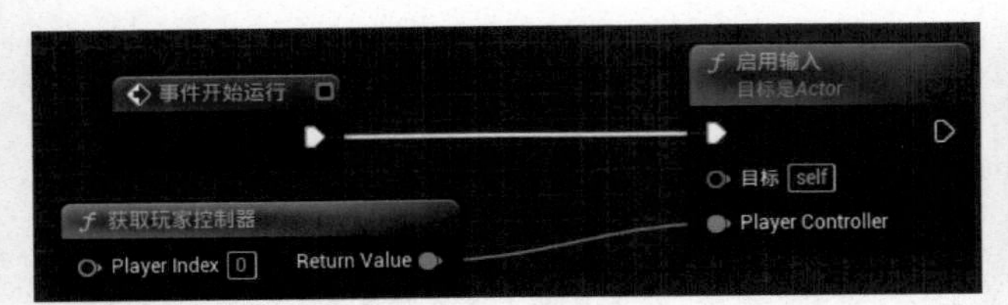

图5-39

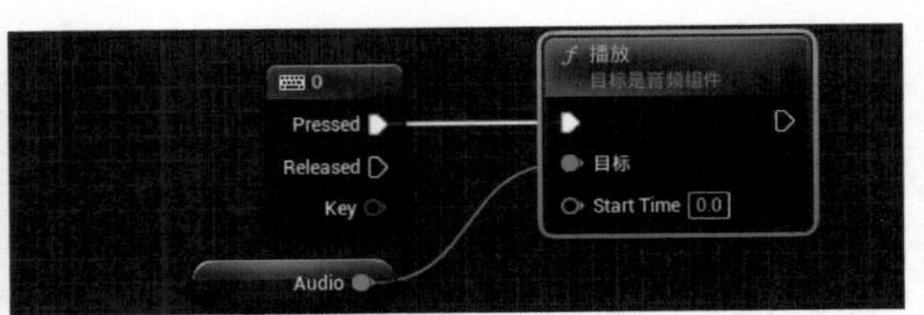

图5-40

5.1.4 移动组件

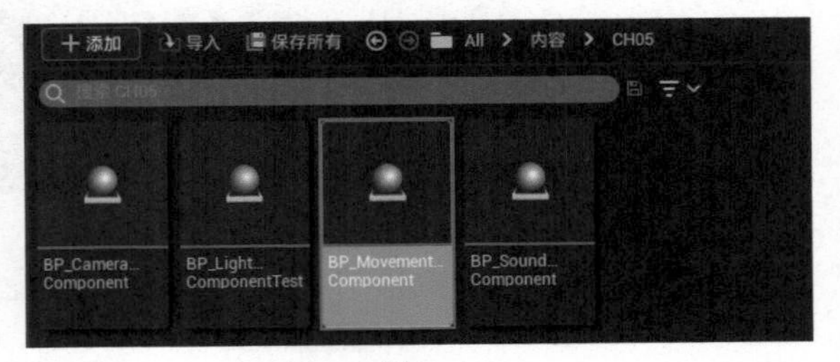

图5-41

新建一个“Actor”类蓝图并命名为“BP_MovementComponent”，如图5-41所示。移动组件属于Actor组件，Actor组件不能进行三维变换，也不能被附加到其他场景组件下，一般用于可复用的地方，如背包系统。

1.发射物移动组件

双击进入蓝图，在“组件”面板中单击“添加”按钮添加一个发射物移动组件，再次单击“添加”按钮添加一个立方体组件，如图5-42所示。

选择发射物移动组件，在“细节”面板中设置“初始速度”与“最大速度”为1000.0，“发射物重力范围”为0.1，如图5-43所示。

图5-42

图5-43

编译并保存后回到关卡中，将“BP_MovementComponent”蓝图拖曳到关卡中，进入PIE运行模式后可以发现发射物沿一个方向飞行并受重力影响，如图5-44所示。

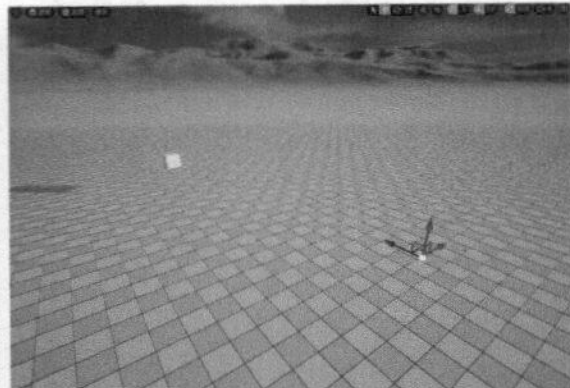

图5-44

2.插值到移动组件

回到“蓝图编辑器”窗口后删除发射物移动组件，单击“添加”按钮，新建一个插值到移动组件，如图5-45所示。

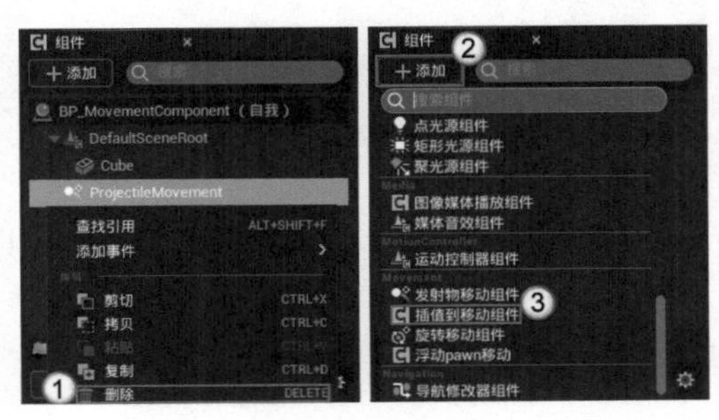

图5-45

选择新建的组件，在“细节”面板中可以设置物体的运动规律，设置“时长”为3.0，“时长”决定着每个索引需要的混合时间。单击“控制点”右侧的“添加元素”按钮5次，创建索引[0]～索引[4]共5个索引项，分别设置“位置控制点”为（X:0.0，Y:0.0，Z:0.0）、（X:0.0，Y:1000.0，Z:0.0）、（X:1000.0，Y:1000.0，Z:0.0）、（X:1000.0，Y:0.0，Z:0.0）、（X:0.0，Y:0.0，Z:0.0），如图5-46所示。

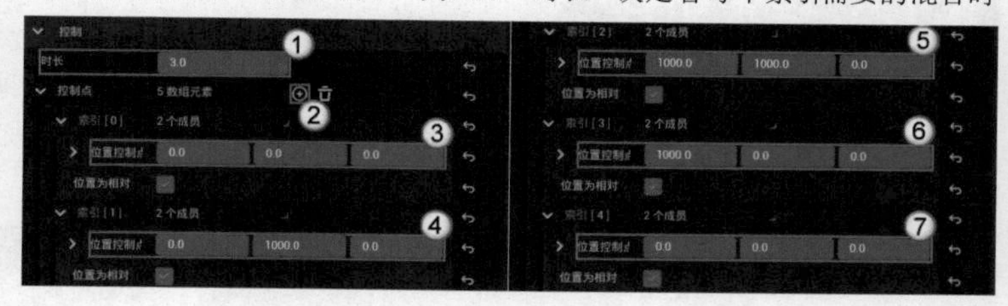

图5-46

这样立方体会先被设置在索引[0]的位置，勾选“位置为相对”选项后立方体将会在根组件的位置出现，然后用3秒的时间移动到索引[1]的位置，再用3秒的时间移动到索引[2]的位置，以此类推。编译并保存后进入PIE运行模式，可以看到立方体正在按照设置的方式移动，如图5-47所示。

图5-47

提示 如果不勾选“位置为相对”选项，立方体会移动到世界中的指定位置，而不是根据当前位置移动。

3.旋转移动组件

旋转移动组件通常用于控制物体自身的旋转，如游戏中的掉落物在空中旋转等，用途十分广泛。回到“蓝图编辑器”窗口，删除插值到移动组件，新建一个旋转移动组件，如图5-48所示。

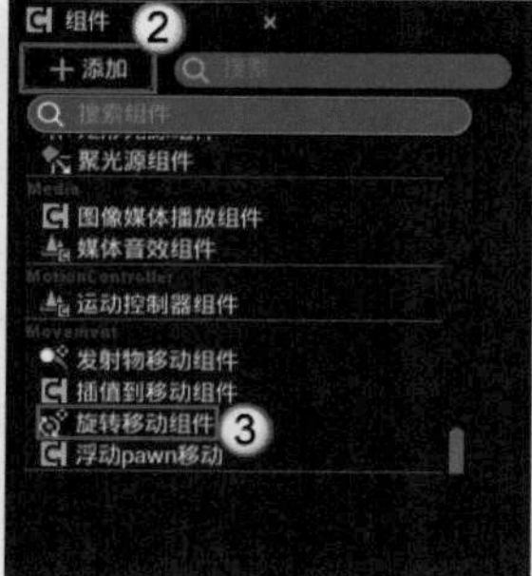

图5-48

选择旋转移动组件后，在“细节”面板中可以设置相关参数，“旋转速率”用于设置当前旋转速度，可以设置X、Y、Z这3个值来实现任意方向的旋转，默认Z值为180.0，物体进行水平旋转。“枢轴平移”用于设置物体的旋转中心，如图5-49所示。

设置“枢轴平移”的Y值为300.0，如图5-50所示。编译并保存后运行游戏，可以发现立方体的旋转中心改变了，如图5-51所示。以上组件均属于Actor组件，在下一节中会讲解如何创建一个Actor组件。

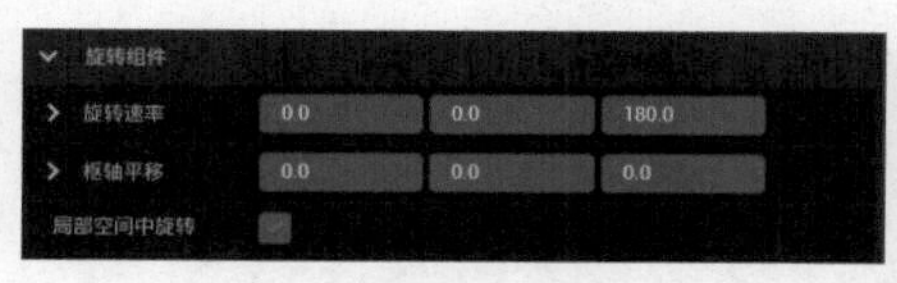

图5-49

图5-50

图5-51

5.1.5 样条组件

样条组件作为场景组件可以在关卡中生成一条线，在得到线上信息的同时可以实现一些效果，如过山车、轨道模型等。新建一个“Actor”类蓝图并命名为“BP_Spline”，如图5-52所示。双击打开蓝图，在“组件”面板中单击“添加”按钮 + 添加 ，添加一个样条组件，如图5-53所示。

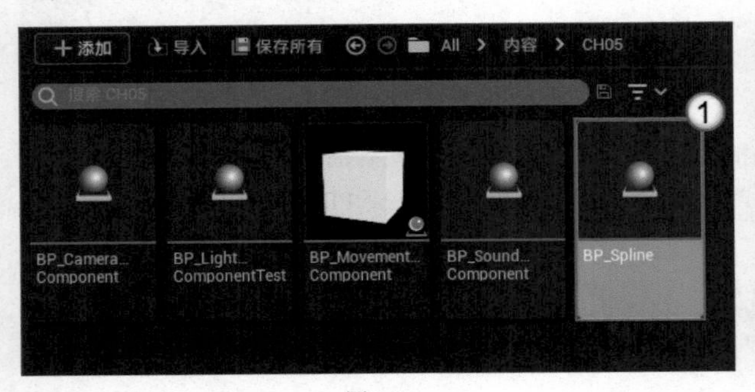

图5-52

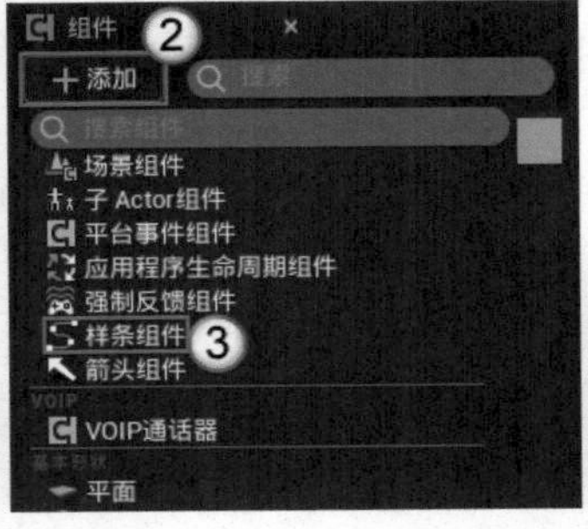

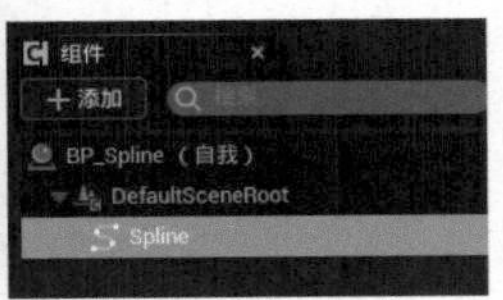

图5-53

编译并保存后在“内容浏览器”面板中拖曳“BP_Spline”蓝图到关卡中，可以看到该组件生成了一条样条线，如图5-54所示。

选择样条线上的任意锚点后会在样条线中心生成一条紫色的调节线，拖曳锚点可以修改线条的形状，如图5-55所示。

在“选择并平移对象”模式下按住Alt键并拖曳一端的锚点可以生成新的锚点，如图5-56所示。

图5-54

图5-55

图5-56

5.2 创建组件

创建一个Actor组件后可以将此组件挂载到任意Actor上。如果将背包系统的逻辑写入Actor组件后为所有存在背包的Actor添加此组件，就可以避免在每个需要背包的Actor中重复写入背包系统。Actor组件的界面和正常Actor蓝图相比，除了视口消失外，其他的几乎无异，在Actor组件中可以写出自己的逻辑。

重点

5.2.1 创建Actor组件

在“内容浏览器”面板中单击鼠标右键，执行“蓝图类”菜单命令，在“选取父类”对话框中选择“Actor组件”选项即可创建Actor组件，如图5-57所示。

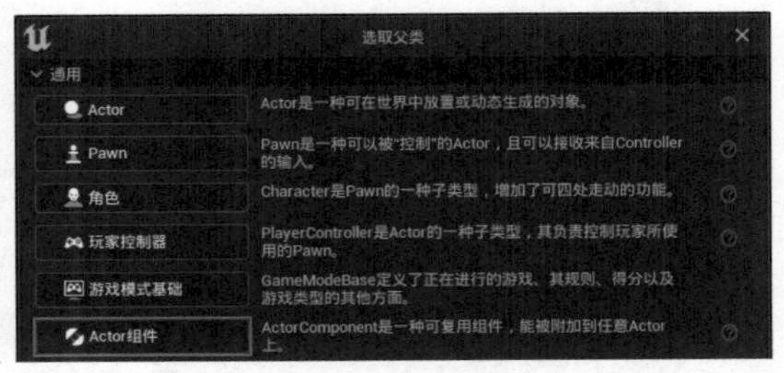

图5-57

5.2.2 在Actor组件中添加变量与函数

在“内容浏览器”面板中双击“BP_ActorComponent”蓝图，打开“关卡蓝图”窗口，如图5-58所示。

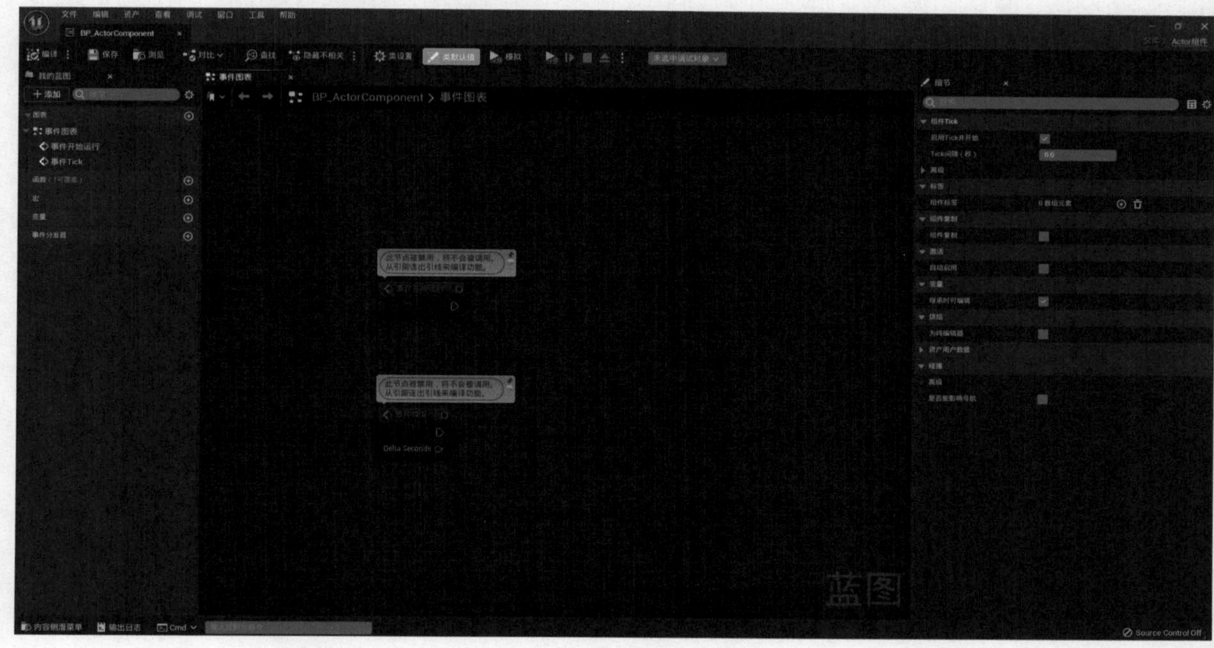

图5-58

在Actor组件中添加变量与函数的方法和在普通蓝图中完全一致，在“我的蓝图”面板中单击“变量”按钮或“函数”按钮即可新建变量或函数。单击“变量”按钮新建一个变量并命名为“Health”，设置“类型”为“浮点”。单击“函数”按钮新建一个函数并命名为“OnDamage”，如图5-59所示。

选择函数后在“细节”面板中单击“输入”右侧的“新建输入参数”按钮新建一个输入值并命名为“Damage”，设置“类型”为“浮点”，如图5-60所示。

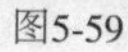

图5-59

图5-60

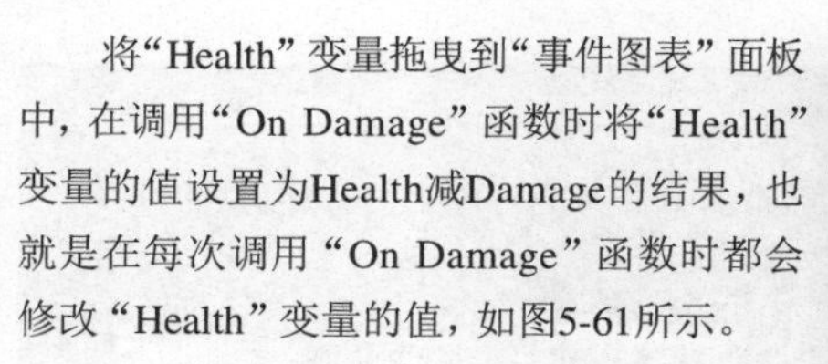

将“Health”变量拖曳到“事件图表”面板中，在调用“On Damage”函数时将“Health”变量的值设置为Health减Damage的结果，也就是在每次调用“On Damage”函数时都会修改“Health”变量的值，如图5-61所示。

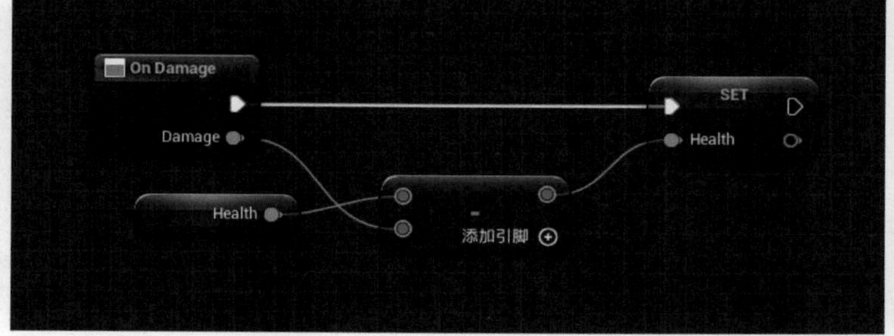

图5-61

5.2.3 在Actor中应用Actor组件

Actor、Pawn或Character等Actor的派生类蓝图都可以安装Actor组件，新建一个“Actor”类蓝图并命名为“BP_Actor”，如图5-62所示。

双击进入“BP_Actor”蓝图，在“组件”面板中单击“添加”按钮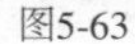后选择“BP Actor Component”，创建一个新组件，如图5-63所示。

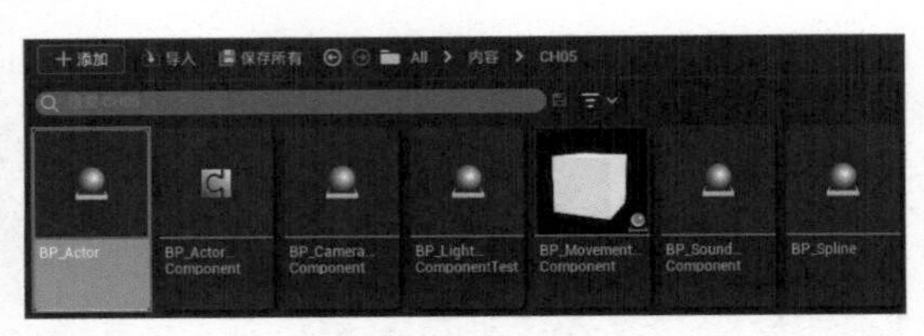

图5-62

选择新建的Actor组件，在“细节”面板中可以找到“Health”变量，每个对象都有一个单独的Actor组件，可以在不同的蓝图中进行不同的设置。现在设置该蓝图的“Health”为100.0，如图5-64所示。

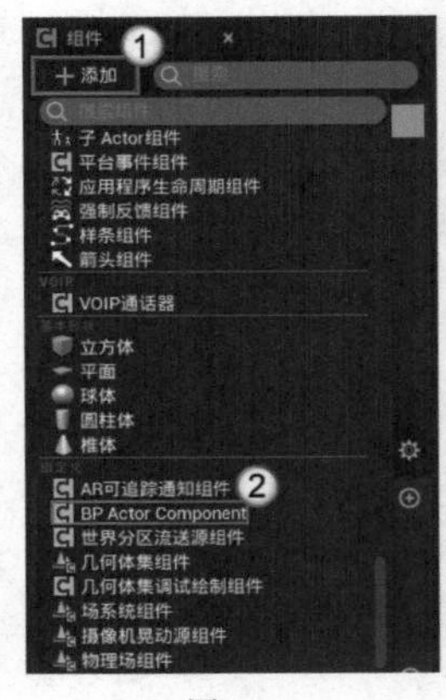

图5-63

图5-64

在“组件”面板中拖曳新建的“BP Actor Component”组件到“事件图表”面板中，拖曳输出引脚到空白处后调用“On Damage”函数，设置“Damage”为25.0。使用“打印字符串”节点输出“Health”变量的值，如图5-65所示。

编译并保存后关闭“蓝图编辑器”窗口，在“内容浏览器”面板中拖曳“BP_Actor”蓝图到关卡中，进入PIE运行模式，若左上角出现75.0，如图5-66所示，则代表操作正确。

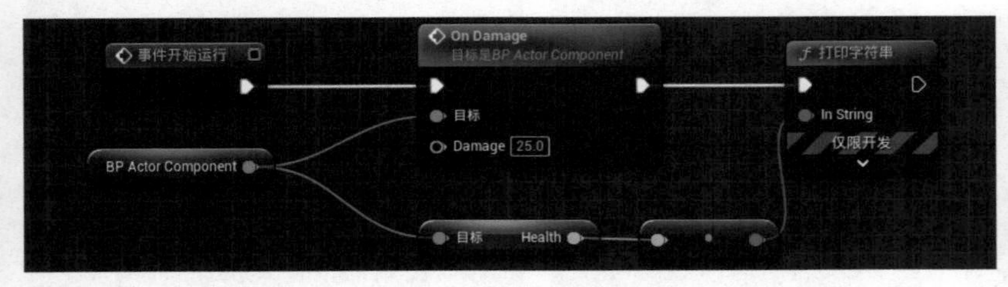

图5-65

图5-66

重点

5.3 附加节点

附加节点可以将一个Actor组件附加到另一个Actor组件上。如果要将Actor附加到某个组件上，可以使用“附加Actor到组件”节点；如果要将组件附加到某个组件上，可以使用“将组件附加到组件”节点；如果要将Actor附加到某个Actor上，可以使用“附加Actor到Actor”节点，如图5-67所示。

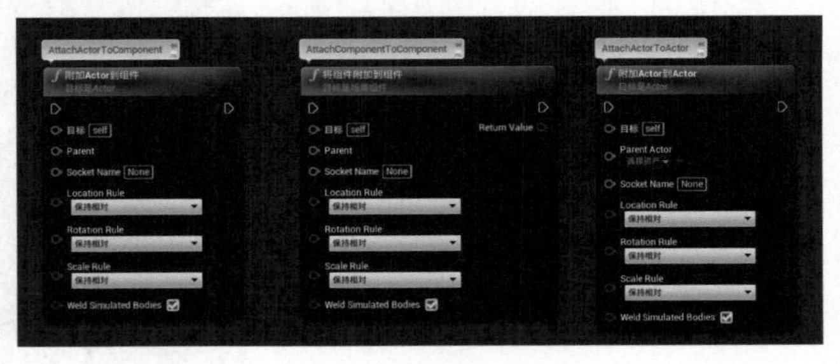

图5-67

5.3.1 将组件附加到另一个组件

新建一个“Actor”类蓝图并命名为“BP_Attach”，双击打开“BP_Attach”蓝图。在“组件”面板中添加一个立方体组件和一个静态网格体组件，如图5-68所示。

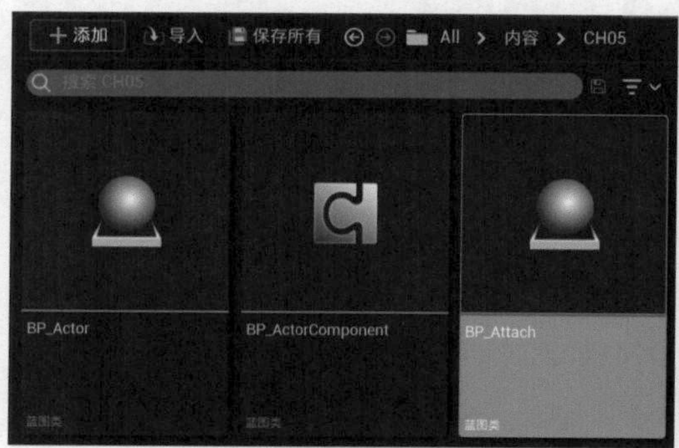

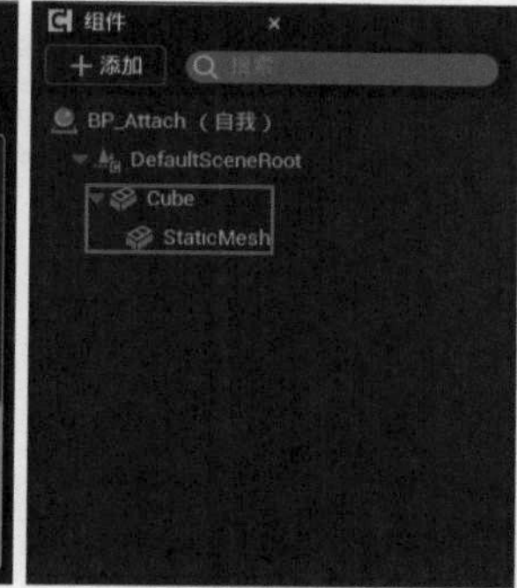

图5-68

此时静态网格体组件是立方体组件的子组件，需要拖曳静态网格体组件到立方体组件上使它们成为同级组件，将静态网格体组件命名为“Narrow”，如图5-69所示。

图5-69

选择“Narrow”组件，在“细节”面板中设置“静态网格体”为“Shape_NarrowCapsule”，如图5-70所示。在视口中按W键进入“选择并平移对象”模式，将“Narrow”组件移动到旁边，如图5-71所示。

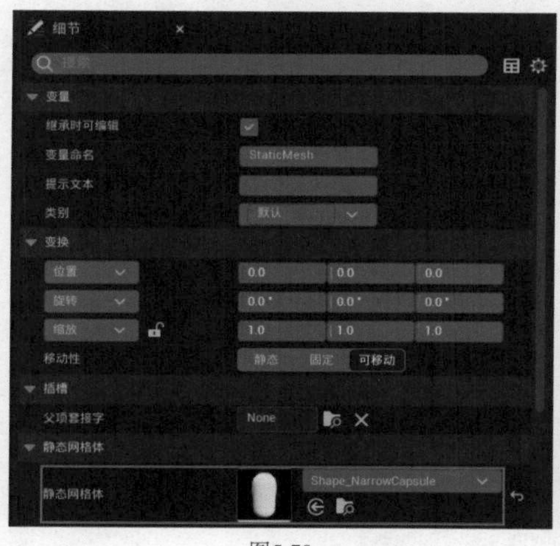

图5-70

图5-71

进入“Construction Script”面板，“Construction Script”面板可以使一些操作在进入PIE运行模式前就在编辑器中生效。将立方体组件和静态网格体组件拖曳到“Construction Script”面板中，添加一个“将组件附加到组件”节点，如图5-72所示。

连接“Construction Script”节点到“将组件附加到组件”节点，连接“目标”引脚到“Narrow”引脚，连接“Parent”引脚到“Cube”引脚，这样就将“Narrow”组件附加到了“Cube”组件下，设置“Location Rule”“Rotation Rule”“Scale Rule”为“对齐到目标”，如图5-73所示。

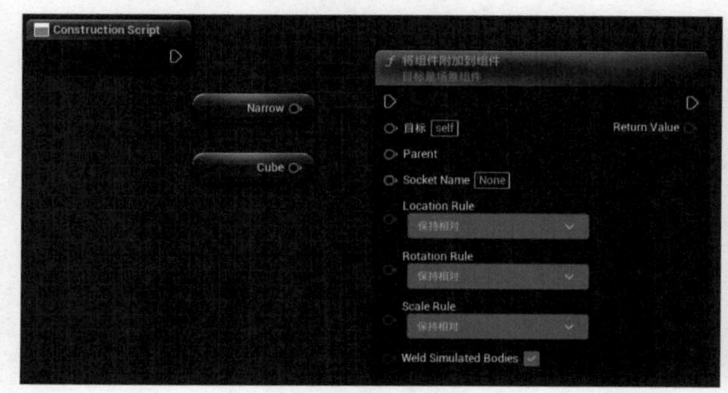

图5-72

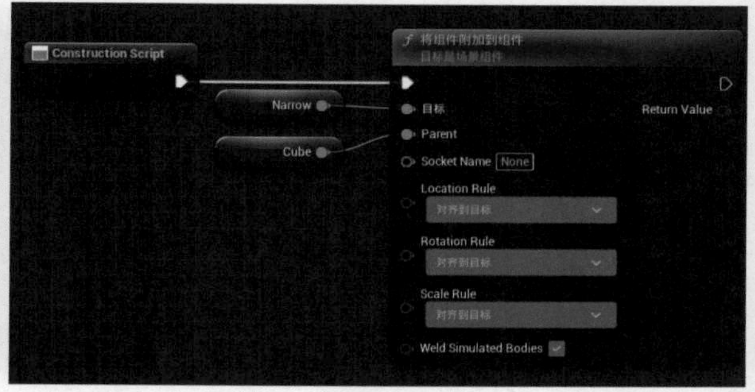

图5-73

编译并保存后回到视口中，可以看到胶囊体已经附加并对齐在立方体上，当移动或旋转立方体时胶囊体也会移动或旋转，如图5-74所示。

图5-74

5.3.2 将Actor附加到组件上

将Actor附加到组件上的方法与将组件附加到组件的方法类似，只不过这次需要使用"附加Actor到组件"节点。创建一个"Actor"类蓝图并命名为"BP_Attached Narrow"，如图5-75所示。

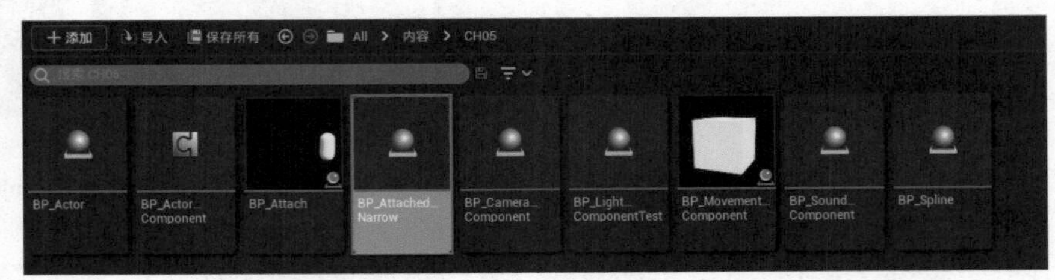

图5-75

双击打开蓝图，在"组件"面板中新建一个静态网格体组件，在"细节"面板中设置"静态网格体"为"Shape_NarrowCapsule"，如图5-76所示。

双击打开"BP_Attached Narrow"蓝图，进入"Construction Script"面板后删除所有节点与组件。在"组件"面板中单击"添加"按钮+添加，新建一个立方体组件，如图5-77所示。

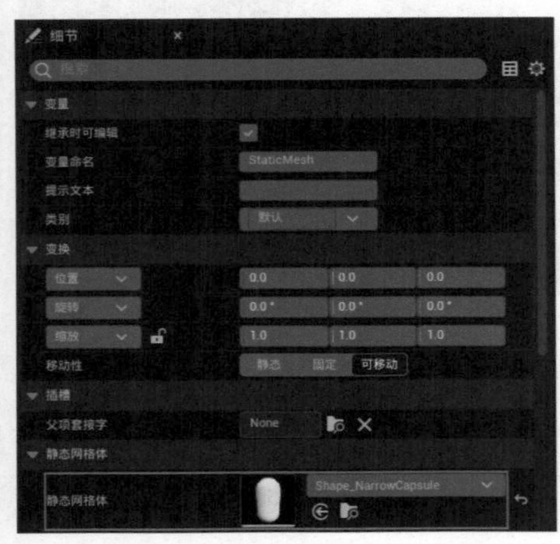

图5-76

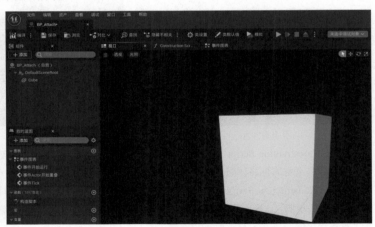

图5-77

在"事件图表"面板中添加一个"生成Actor BP Attached Narrow"节点，设置"Class"为"BP Attached Narrow"，使用鼠标右键单击"Spawn Transform Location"引脚并执行"分割结构体引脚"菜单命令，出现可以设置的参数，对下方两个引脚进行同样的操作，结果如图5-78所示。这样便在世界的（X:0.0，Y:0.0，Z:0.0）位置处生成了一个实例化对象，"Return Value"引脚是此对象的引用。

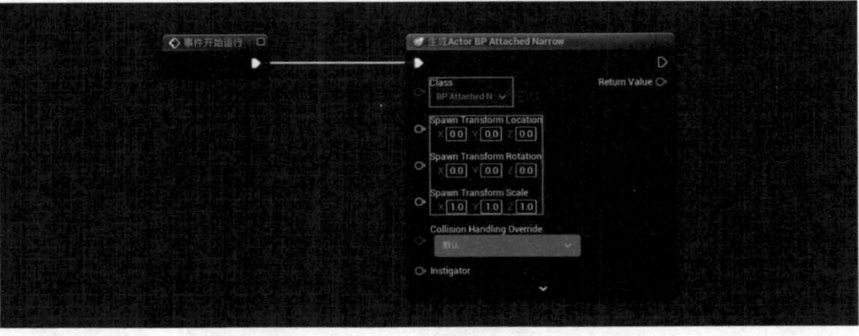

图5-78

使用“附加Actor到组件”节点将Actor附加到立方体组件上，设置“Location Rule”“Rotation Rule”“Scale Rule”为“对齐到目标”，如图5-79所示。

保存并编译后关闭“蓝图编辑器”窗口，在“内容浏览器”面板中将“BP_Attached Narrow”蓝图拖曳到关卡中，进入PIE运行模式后发现已经附加成功，如图5-80所示。

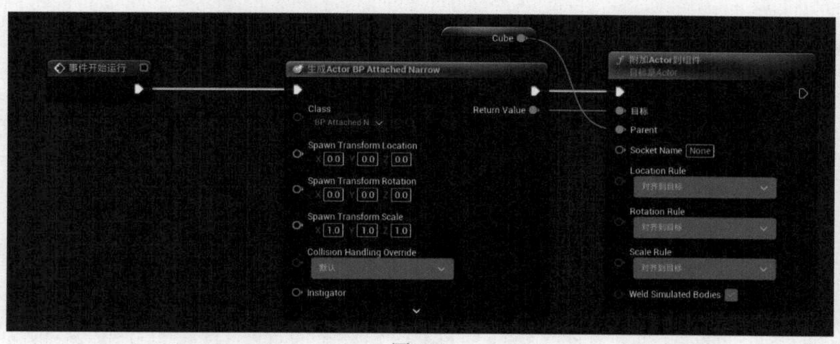

图5-79

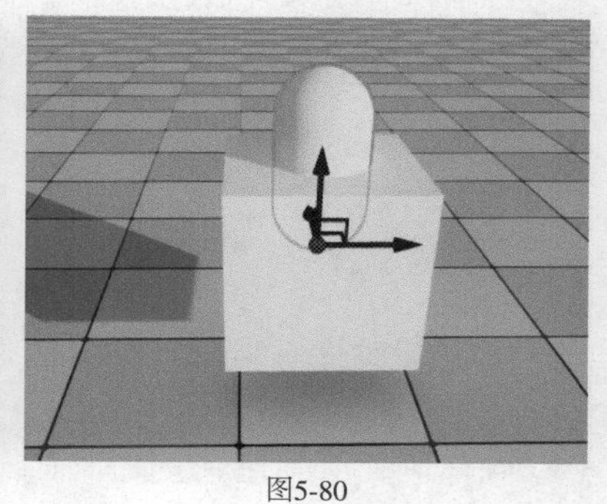

图5-80

5.4 按键开关

本节将使用按键事件与组件属性进行联合功能的制作，加深读者对修改组件中的变量与控制按键的方法的印象。

重点

5.4.1 按键开关灯

在5.1.1小节中通过设置光源组件的“强度”来改变光照的效果，现在可以尝试使用蓝图动态地改变光照强度。新建一个“Actor”类蓝图并命名为“BP_Light”，双击打开蓝图，在“组件”面板中添加一个聚光源组件，如图5-81所示。

进入“事件图表”面板，新建“事件开始运行”节点、“启用输入”节点与“获取玩家控制器”节点，将“启用输入”节点分别与另外两个节点连接在一起，让玩家能通过键盘控制灯光，将“SpotLight”组件直接拖曳到“事件图表”面板中，如图5-82所示。

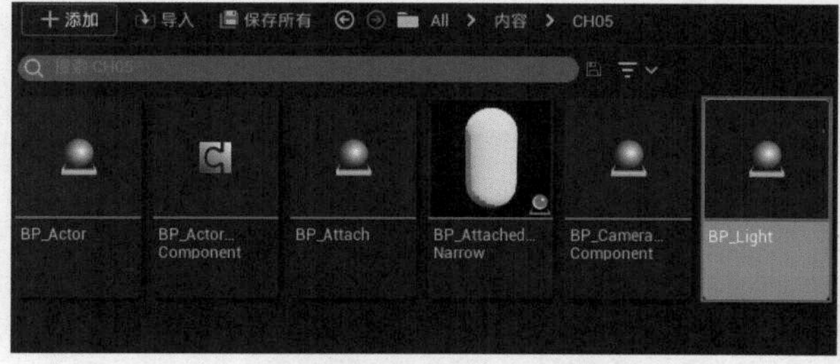

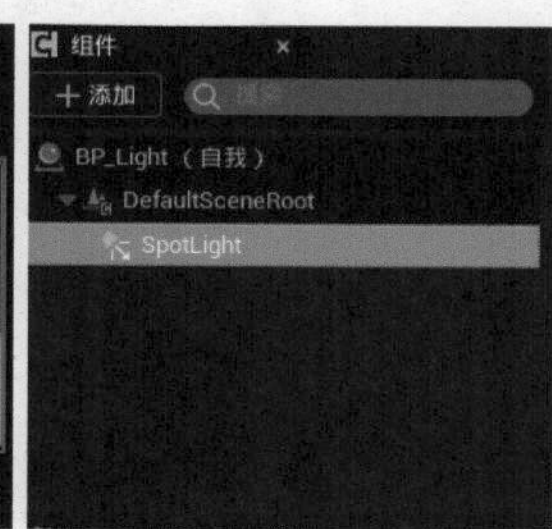

图5-81

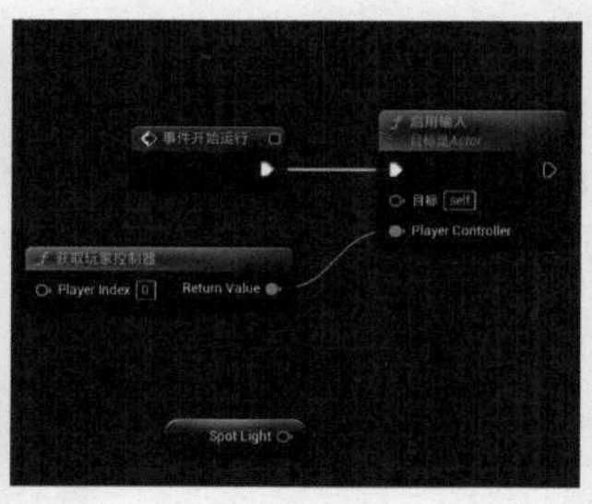

图5-82

新建一个“设置强度”节点，连接“Spot Light”节点到“目标”引脚上，设置“New Intensity”为30000.0，“New Intensity”用于控制聚光源组件的强度，使用“0”节点来控制灯的开关，如图5-83所示。

新建一个“Flip Flop”节点，连接左侧白色引脚到“0”节点的“Pressed”输出引脚上，当按0键时会触发A，再次按0键时会触发B。复制一个“设置强度”节点，将其与“Spot Light”节点连接起来，设置“New Intensity”为0.0，如图5-84所示。

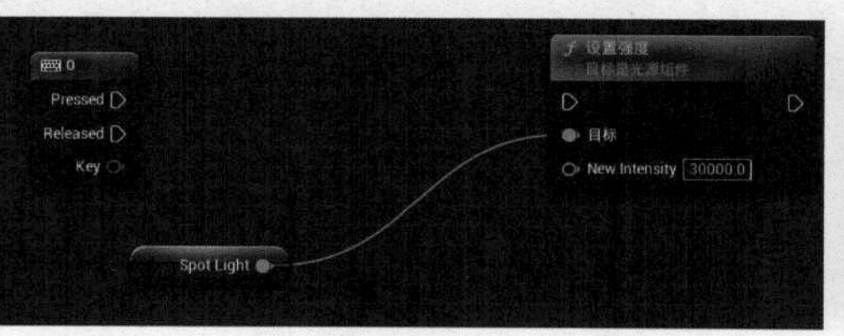

图5-83

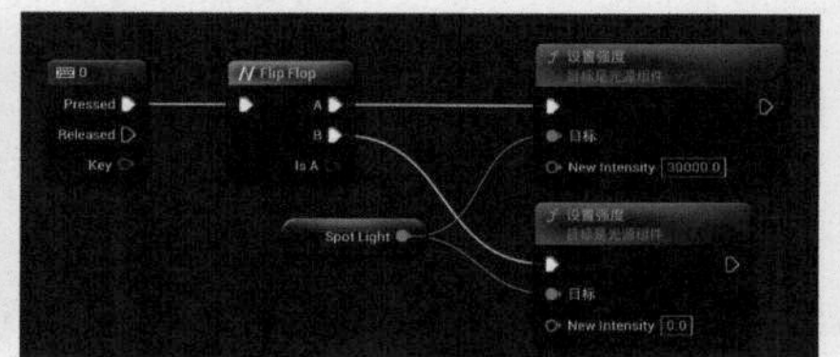

图5-84

选择“Spot Light”节点，在“细节”面板中设置“强度”为0.0后编译并保存蓝图，如图5-85所示。将“BP_Light”蓝图拖曳到关卡中，修改灯的朝向，使光照向地面，如图5-86所示。进入PIE运行模式后按0键时灯亮，再按0键时灯灭，这样就创建了一个可以控制开关的灯，如图5-87所示。

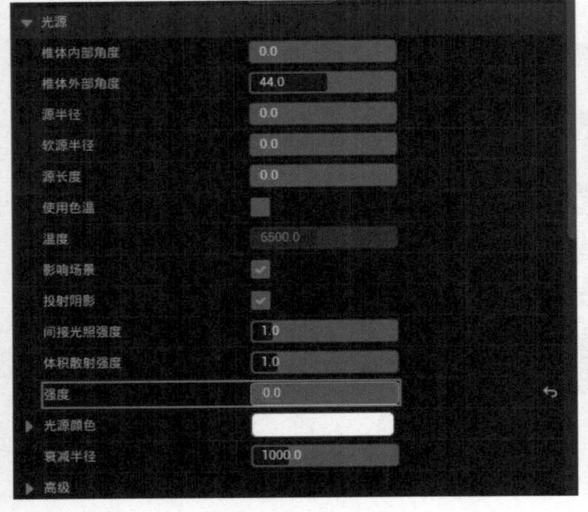

图5-85

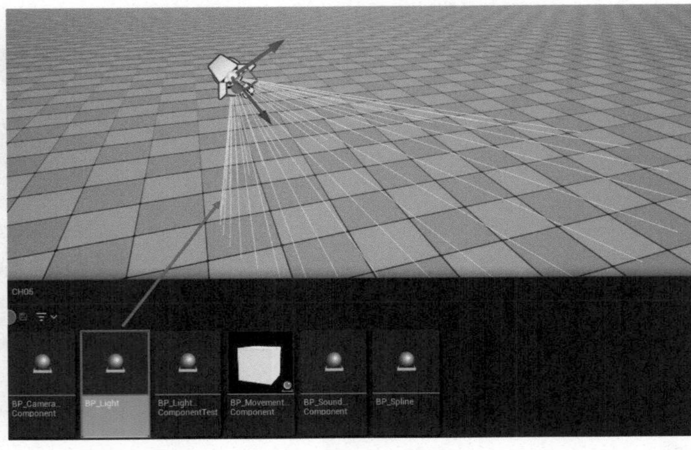

图5-86

图5-87

5.4.2 按键上升平台

新建一个“Actor”类蓝图并命名为“BP_Lift”，双击打开蓝图，在“组件”面板中新建一个立方体组件，拖曳立方体组件到“DefaultSceneRoot”组件上，替换根组件，如图5-88所示。

选择立方体组件，在“细节”面板中设置“变换”为(X:5.0，Y:5.0，Z:0.3)，“材质”为初学者内容包中的“M_Metal_Copper”，如图5-89所示。

图5-88

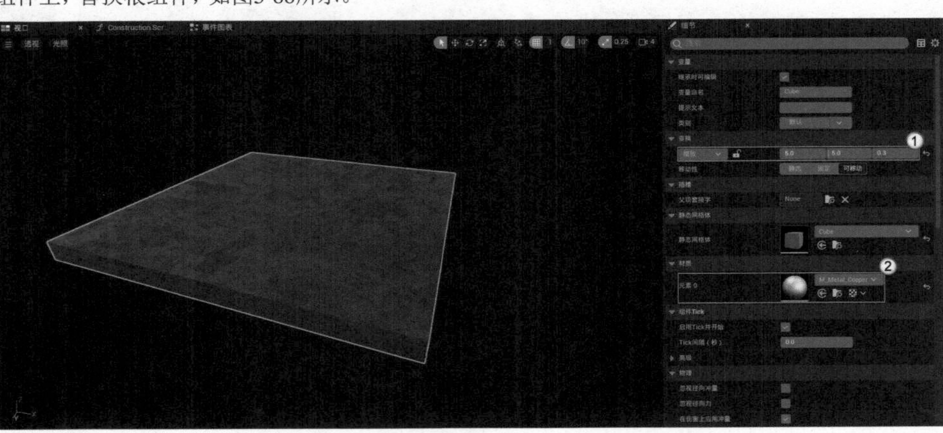

图5-89

先在“组件”面板中添加一个插值到移动组件；然后选择该组件并在“细节”面板中设置“时长”为5.0；接着单击两次“控制点”右侧的“添加元素”按钮，新建两个索引项，设置“索引[1]”的“位置控制点”为（X:0.0，Y:0.0，Z:400.0）；最后取消勾选“自动启用”选项，如图5-90所示。

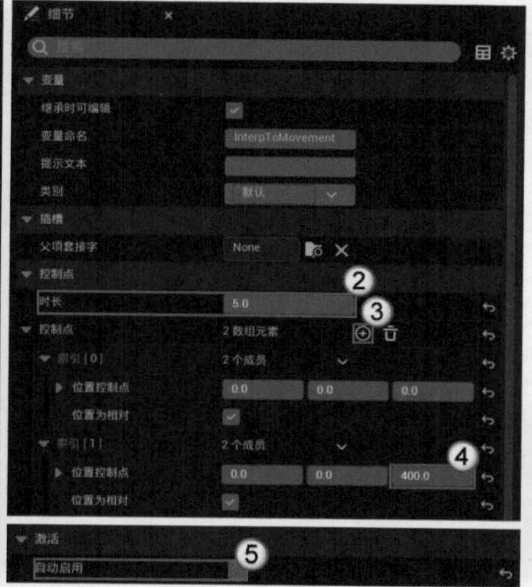

图5-90

进入“事件图表”面板，在“事件开始运行”节点后连接“启用输入”节点，添加“获取玩家控制器”节点，并连接其“Return Value”引脚到“Player Controller”引脚上，如图5-91所示。

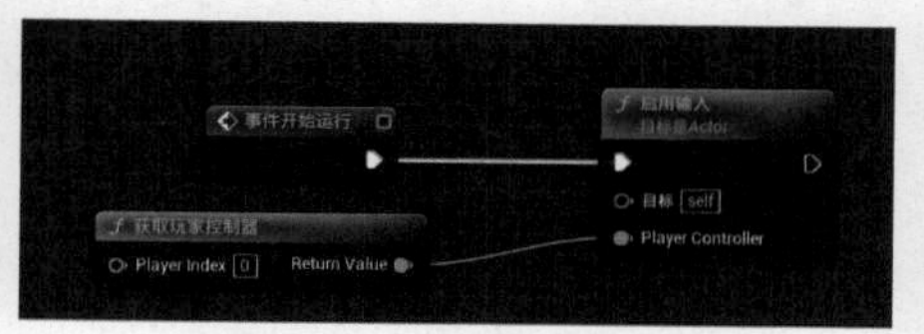

图5-91

将“组件”面板中的“InterpToMovement”组件拖曳到“事件图表”面板中，接着使用“1”节点控制平台的激活，如图5-92所示。

按1键后使用“设置激活”节点激活平台，勾选“New Active”选项后会启用插值到移动组件的功能，如图5-93所示。

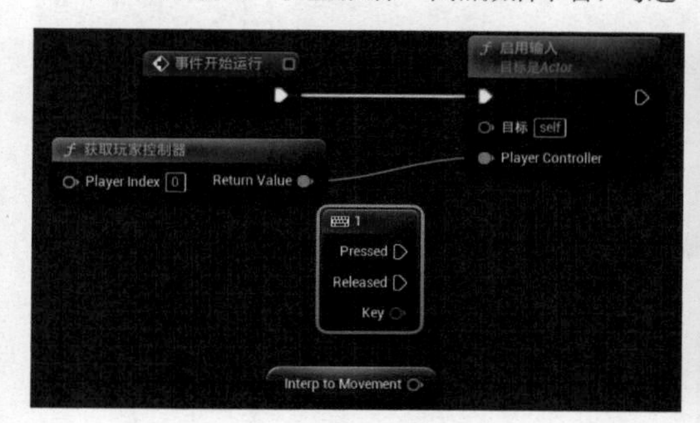

图5-92

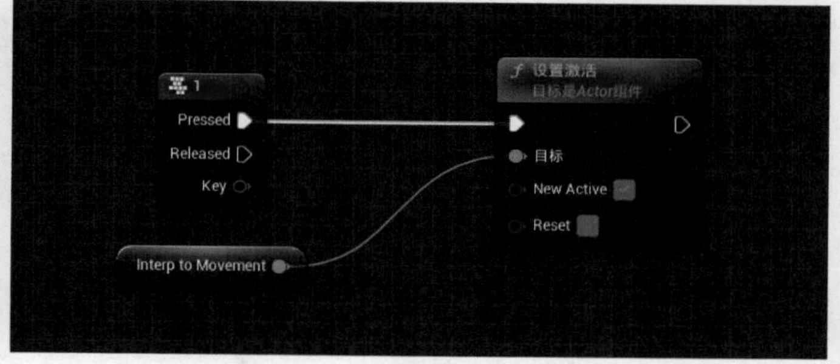

图5-93

编译并保存后将“BP_Lift”蓝图拖曳到关卡中，如图5-94所示。进入PIE运行模式，按1键后平台缓缓上升代表操作正确，如图5-95所示。

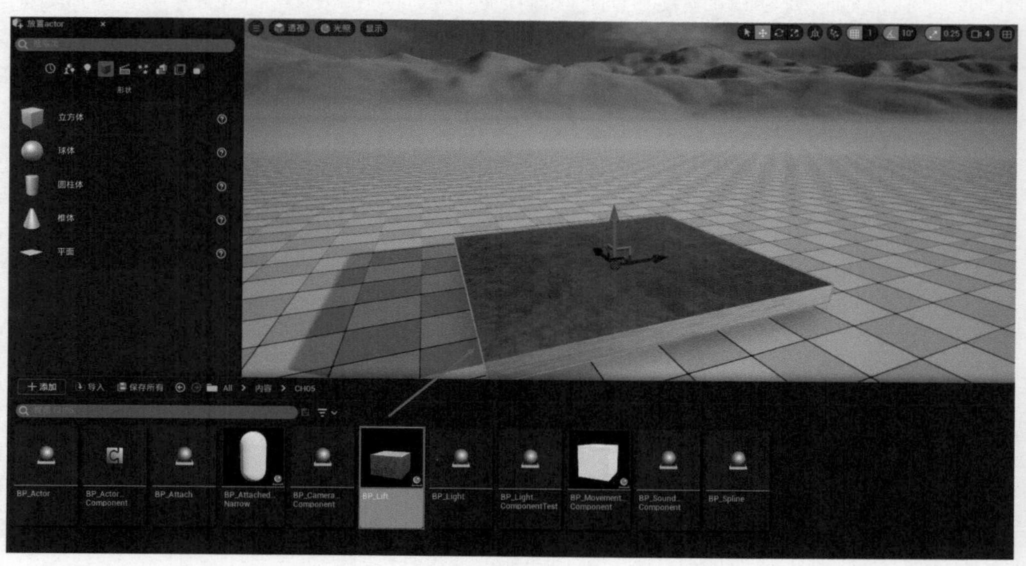

图5-94

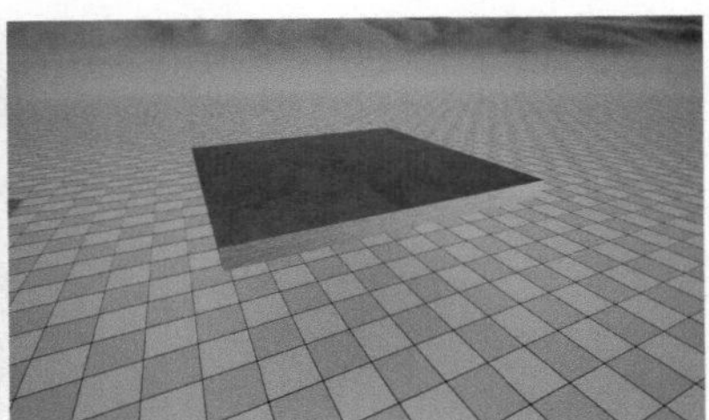

图5-95

案例训练：制作闪烁灯

实例文件　资源文件＞实例文件＞CH05＞案例训练：制作闪烁灯

素材文件　无

难易程度　★☆☆☆☆

技术掌握　使用“延迟”节点与组件变量实现灯光闪烁的效果

许多游戏会用一些闪烁的灯来营造氛围，在蓝图中制作闪烁灯的方法有很多种，本案例会使用一种简单的方法，并且将制作好的灯放入在第2章搭建的场景中，如图5-96所示。

图5-96

技术专题：用数组的方式制作闪烁灯

用数组的方式制作闪烁灯的优点在于可以很方便地添加间隔时间，如图5-97所示。

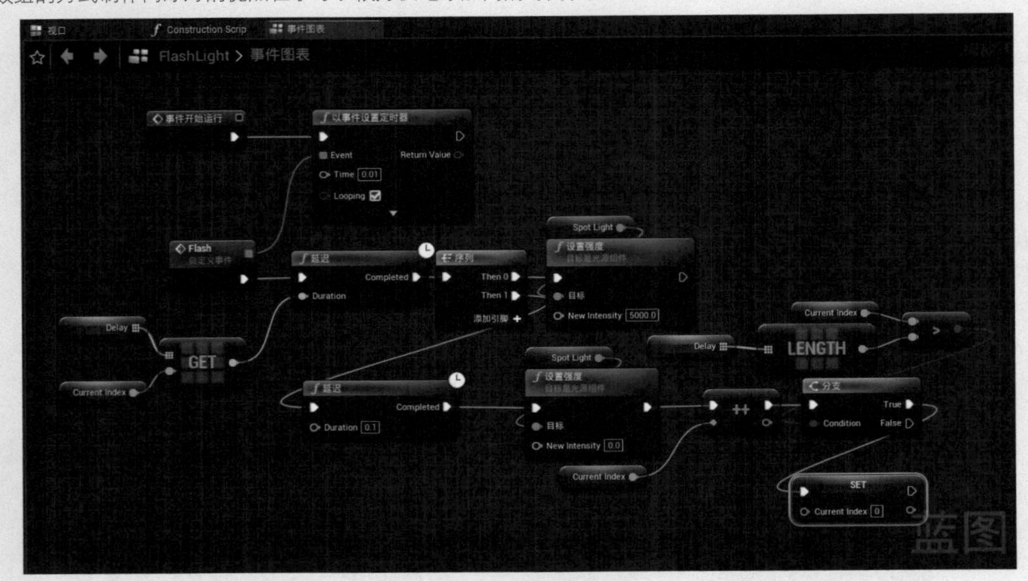

图5-97

01 在“内容浏览器”面板中单击“添加”按钮 ＋添加，执行“添加功能或内容包”菜单命令，在弹出的“将内容添加到项目”对话框中进入“内容”选项卡后选择“初学者内容包”，再单击右下角的“添加到项目”按钮 添加到项目，如图5-98所示。

图5-98

02 在“内容浏览器”面板的空白处单击鼠标右键，执行“蓝图类”菜单命令，新建一个“Actor”类蓝图并命名为“BP_Light”，如图5-99所示。

图5-99

03 双击打开“BP_Light”蓝图，在左上角的“组件”面板中新建一个静态网格体组件，并设置组件的“静态网格体”为初学者内容包中的“SM_Lamp_Ceiling”模型，如图5-100所示。

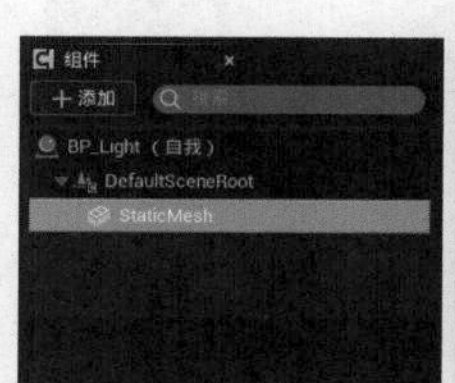

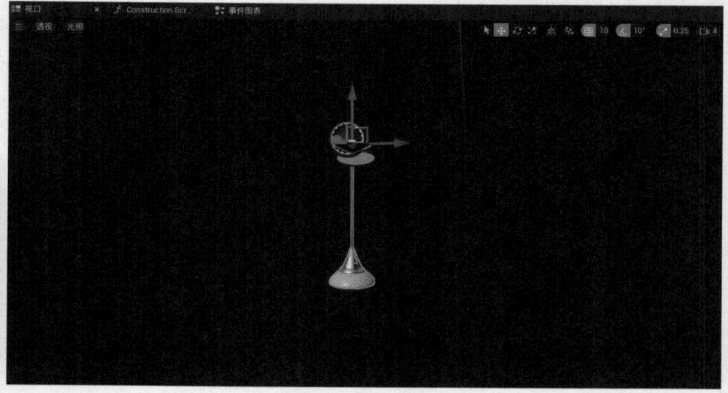

图5-100

04 在“组件”面板中新建一个聚光源组件，将聚光源组件附加到静态网格体组件中，设置聚光源组件的“变换”为模型的位置，如图5-101所示。

图5-101

05 进入“事件图表”面板，如果要实现闪烁效果，就需要在一个随机间隔内重复开关灯。新建“范围内随机浮点”节点并设置“Min”为0.1，“Max”为0.2，将随机产生的数值限制在这个范围内，同时连接“延迟”节点，如图5-102所示。

06 从“组件”面板中拖曳聚光源组件到蓝图中，新建一个“设置强度”节点，使其与“延迟”节点的“Completed”引脚相连并设置“New Intensity”为5000.0，如图5-103所示。

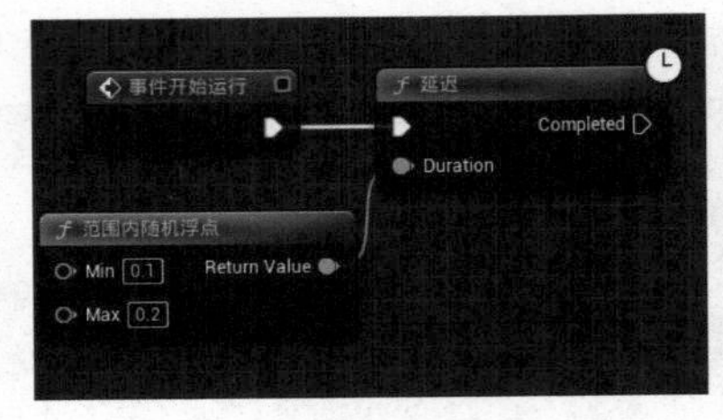

图5-102

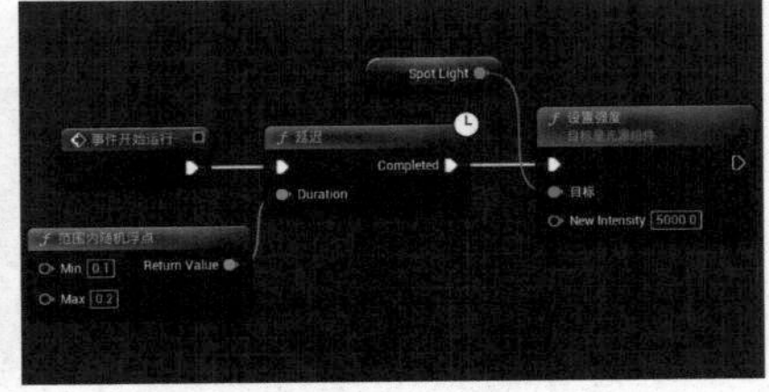

图5-103

07 复制“延迟”“范围内随机浮点”“设置强度”节点，再从0.1到0.2之间随机产生一个数值并设置“New Intensity”为0.0，如图5-104所示。

08 连接第2个“设置强度”节点到第1个“延迟”节点，从而完成一次循环。双击连接线，添加一个小型节点用于梳理连接线，如图5-105所示。

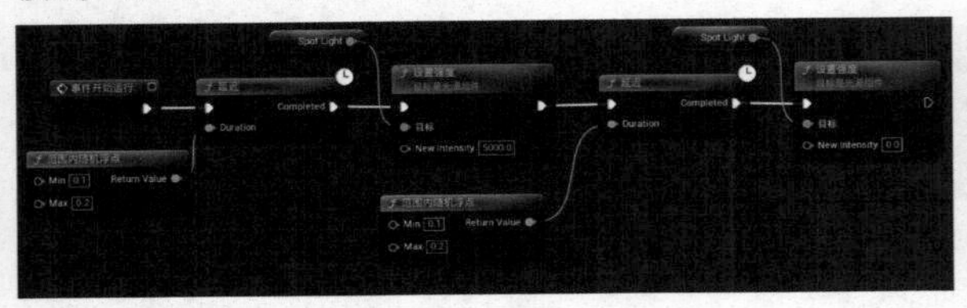

图5-104

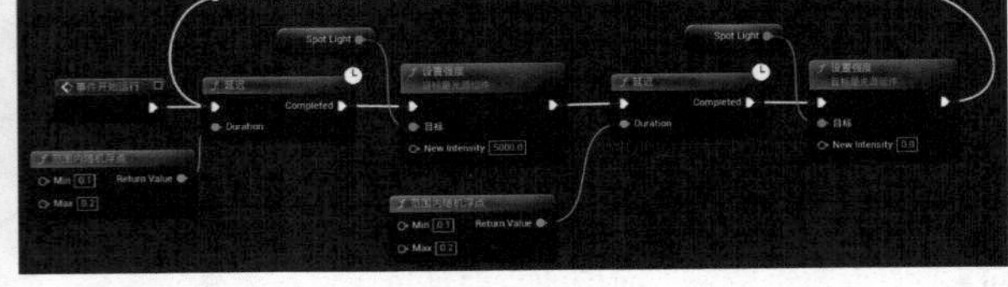

图5-105

09 编译并保存后将“BP_Light”蓝图拖曳到第2章搭建的关卡中，进入PIE运行模式，灯光快速闪动代表操作正确，如图5-106所示。

图5-106

问：如何让灯光的照射范围更大？

选择光源组件，如果是聚光源，则可以通过在“细节”面板中设置“椎体内部角度”与“椎体外部角度”两个参数，如图5-107所示，控制聚光源的照射范围。

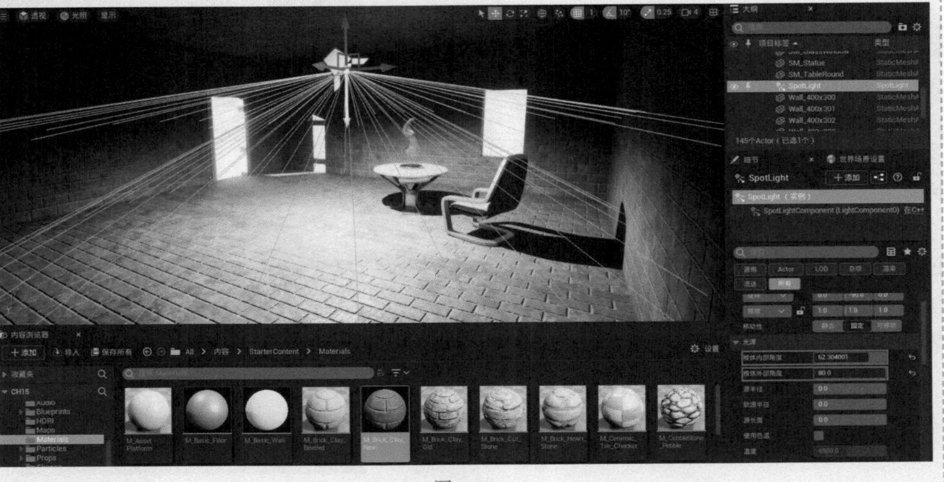

图5-107

如果是点光源，则可以通过增大“源半径”实现在一定范围内让灯光更亮的效果，如图5-108所示。

图5-108

5.5 使用蓝图控制组件

使用蓝图调用组件的函数或设置组件的变量可以在游戏运行过程中使组件拥有不同功能，例如在游戏运行过程中通过控制光源组件的颜色，使组件在关卡中发出不同颜色的光等。

5.5.1 颜色交替效果

新建一个“Actor”类蓝图并命名为“BP_ColorLight”，双击打开该蓝图，在“组件”面板中添加一个点光源组件并设置“强度”为30000.0，“光源颜色”为绿色（R:0.0，G:1.0，B:0.000911），如图5-109所示。

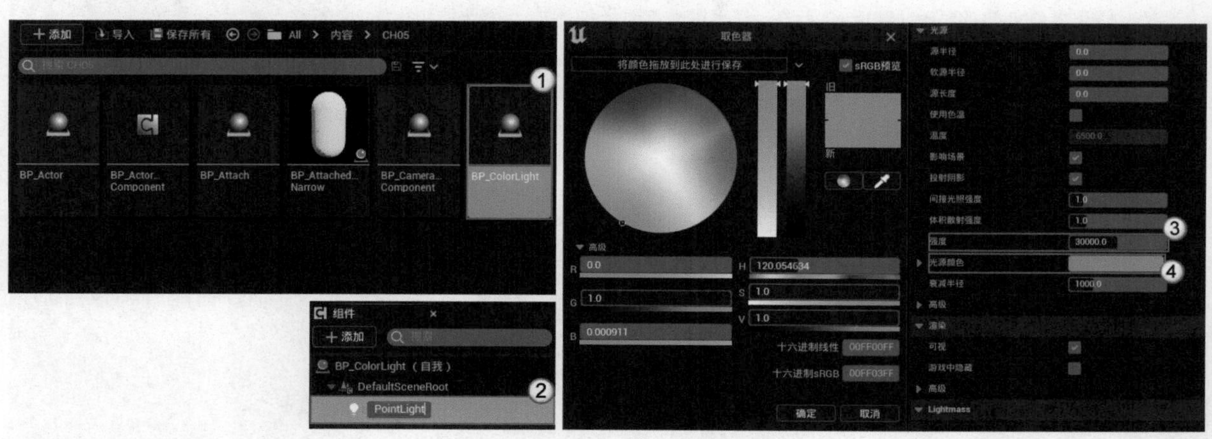

图5-109

添加一个“设置光源颜色”节点到“事件图表”面板中时，系统会自动添加“Point Light”节点，设置“New Light Color”为红色（R:1.0，G:0.0，B:0.0），复制一个“设置光源颜色”节点，设置“New Light Color”为绿色（R:0.0，G:1.0，B:0.0），如图5-110所示。

新建一个“以事件设置定时器”节点，设置“Time”为3.0后勾选“Looping”选项，使用“Flip Flop”节点分别连接两个“设置光源颜色”节点，如图5-111所示。

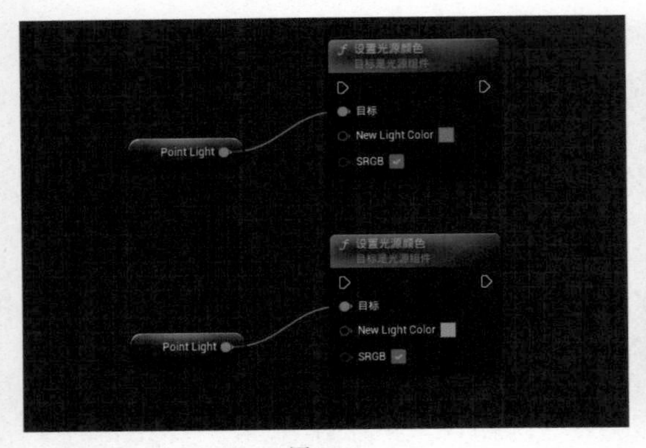

图5-110

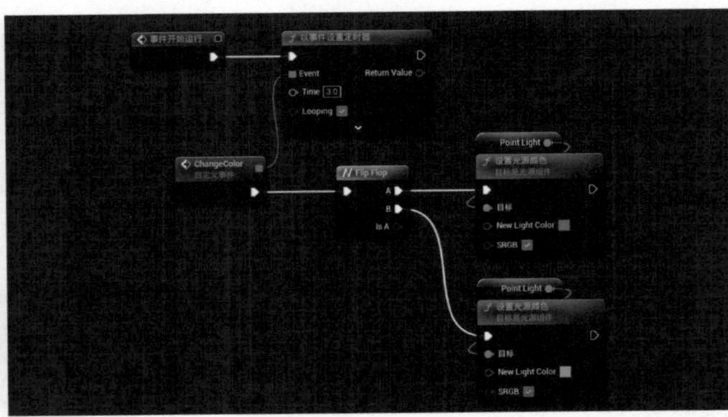

图5-111

编译并保存后拖曳“BP_ColorLight”蓝图到关卡中，进入PIE运行模式后可以看到颜色持续交替变化，如图5-112所示。

图5-112

5.5.2 让物体沿轨迹行走

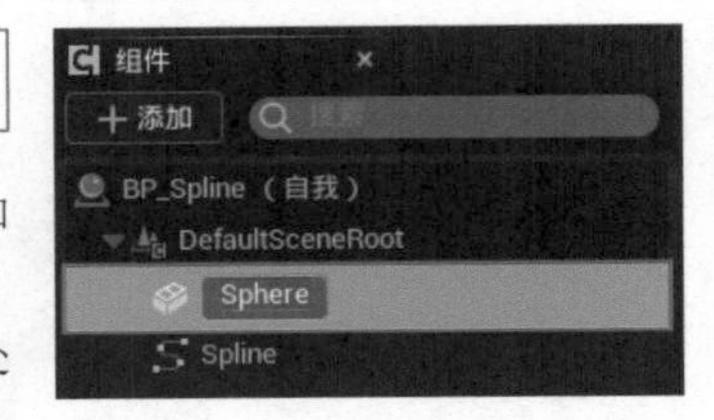

图5-113

双击打开之前创建的“BP_Spline”蓝图，在“组件”面板中添加一个球体组件，如图5-113所示。

将“Spline”组件与球体组件拖曳到“事件图表”面板中，使用“获取样条输入键处的位置”节点通过Key得到当前线段Key处的位置，设置“Coordinate Space”为“场景”，如图5-114所示。

添加一个“设置世界位置”节点并将其连接到球体组件和新建的“事件开始运行”节点上，连接“New Location”引脚到“获取样条输入键处的位置”节点的“Return Value”引脚上，如图5-115所示。

图5-114

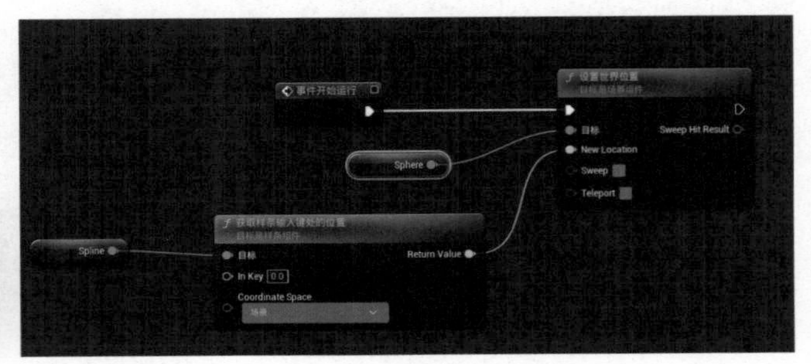

图5-115

新建一个“时间轴”节点，如图5-116所示。双击打开“时间轴”面板，单击“轨道”按钮+ 轨道后执行“添加浮点型轨道”菜单命令添加轨道，设置“长度”为10.00，接着在轨道上单击鼠标右键并执行“添加关键帧到”菜单命令两次，新建两个关键帧，如图5-117所示。

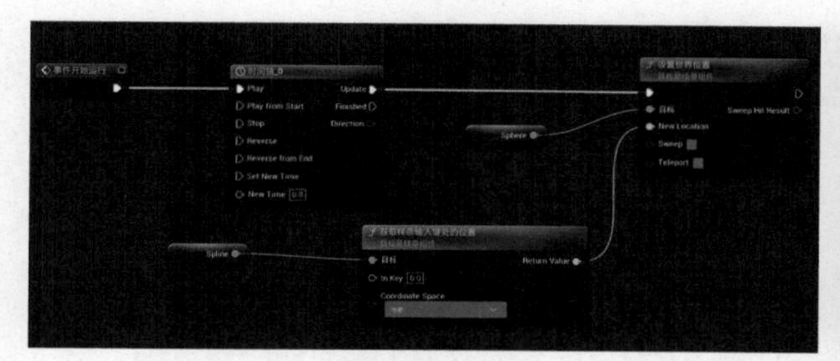

图5-116

图5-117

设置第1个关键帧的“时间”为0.0，“值”为0.0，设置第2个关键帧的“时间”为10.0，“值”为1.0，依次单击“缩放进行水平匹配”按钮和“缩放进行垂直匹配”按钮，使关键帧的位置与面板匹配，如图5-118所示。

图5-118

回到“事件图表”面板，使用“获取样条点数量”节点连接“Spline”组件。因为“In Key”引脚会在一条线段中找到对应Key的位置，所以样条点越多，“In Key”引脚的可操作范围就越大，这条线段中的Key会被视作一个整体。将“获取样条点数量”节点与“时间轴”节点的“新建轨道0”相乘后连接到“In Key”引脚上，如图5-119所示。

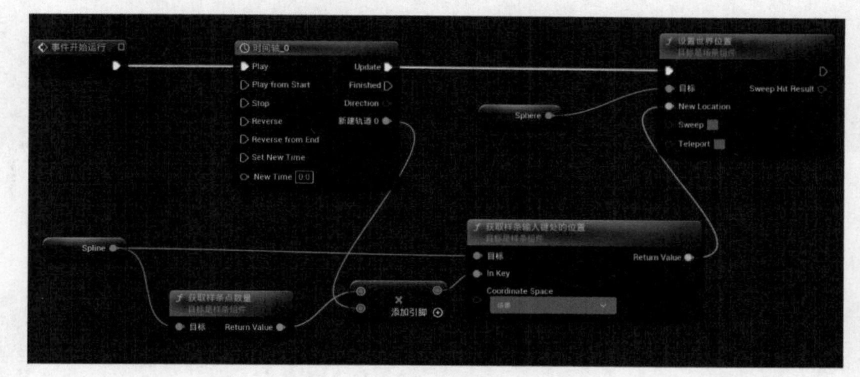

图5-119

编译并保存后将“BP_Spline”蓝图拖曳到关卡中，同时按住Alt键和W键并快速拖曳出长线条，进入PIE运行模式，小球沿着轨迹移动代表操作正确，如图5-120所示。

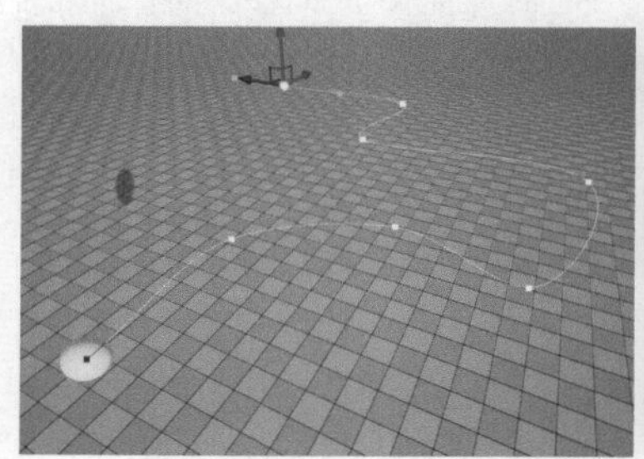

图5-120

综合训练：制作红绿渐变灯

实例文件　资源文件 > 实例文件 > CH05 > 综合训练：制作红绿渐变灯
素材文件　无
难易程度　★★☆☆☆
技术掌握　使用“时间轴”“设置光源颜色”等节点实现灯光颜色渐变的效果

可以使用红绿渐变灯或其他颜色的渐变灯制作霓虹效果、赛博朋克风格的场景等，这种灯还适合用于渲染氛围，效果如图5-121所示。

图5-121

01 新建一个“Actor”类蓝图并命名为“BP_ColorLight”，双击打开该蓝图，在“组件”面板中新建一个点光源组件，如图5-122所示。

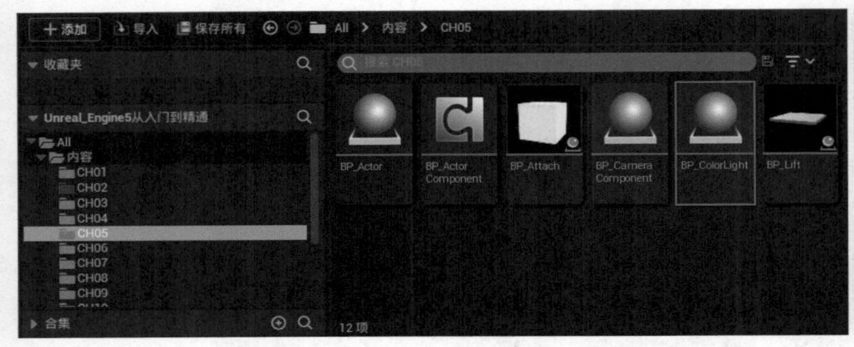

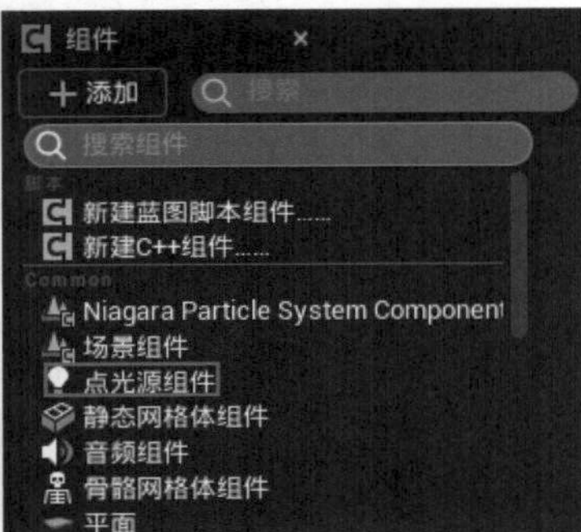

图5-122

02 在“细节”面板中设置“强度”为30000.0，如图5-123所示。进入“事件图表”面板，新建一个针对“Point Light”组件的“设置光源颜色”节点并将其连接到“事件开始运行”节点上，如图5-124所示。

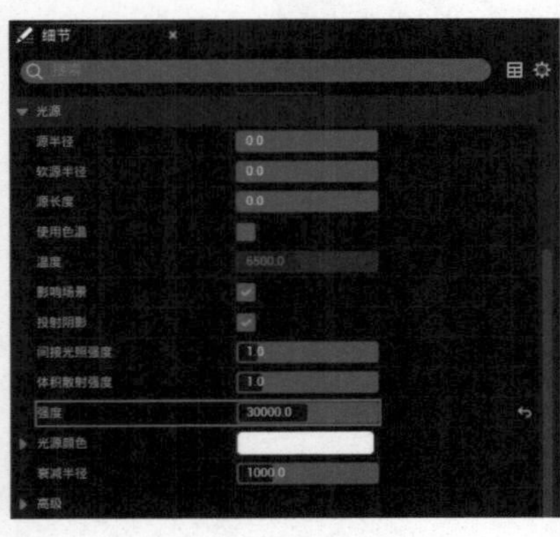

图5-123

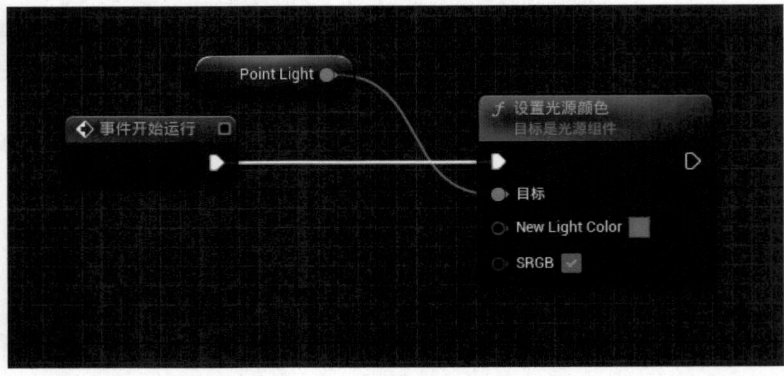

图5-124

03 新建一个“时间轴”节点并连接“Play”引脚到“设置光源颜色”节点的输出引脚上，如图5-125所示。双击打开“时间轴”节点，单击“轨道”按钮 +轨道 后执行“添加浮点型轨道”菜单命令添加轨道，设置“长度”为1.00，如图5-126所示。

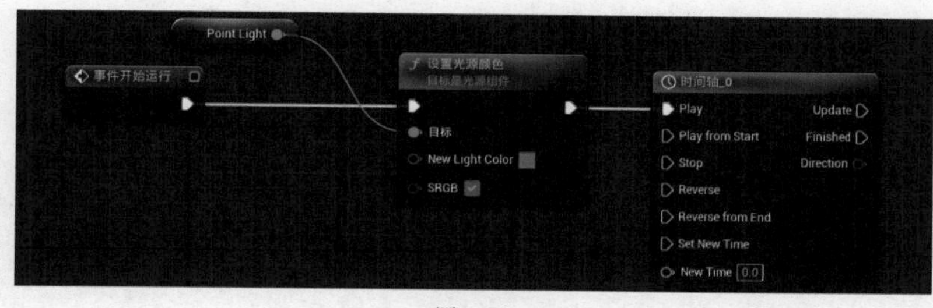

图5-125

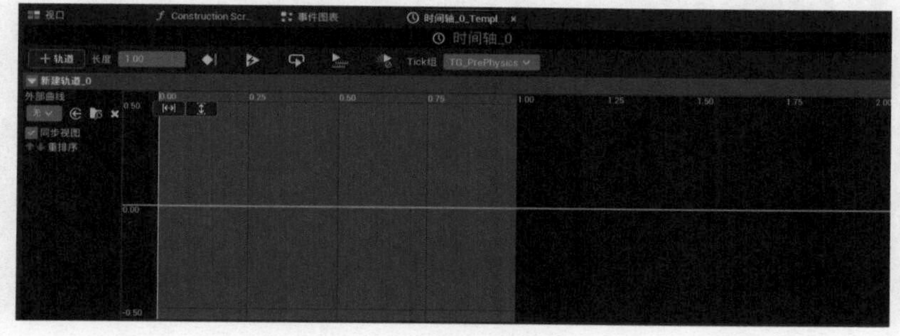

图5-126

04 在轨道上单击鼠标右键并执行“添加关键帧到”菜单命令两次，添加两个关键帧，设置第1个关键帧的“时间”和“值”为0.0，第2个关键帧的“时间”和“值”为1.0，如图5-127所示。

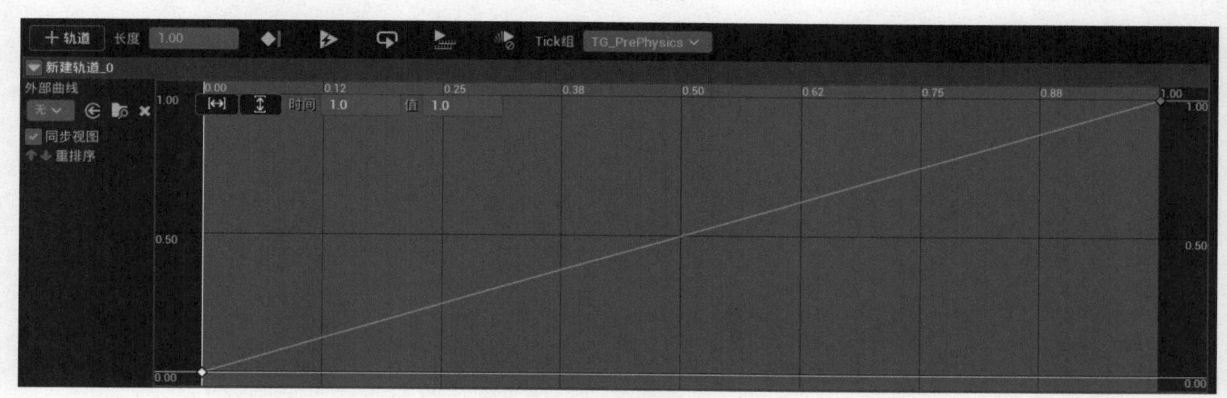

图5-127

05 回到“事件图表”面板，添加一个“插值（线性颜色）”节点，将“新建轨道0”引脚连接到“Alpha”引脚上。当从“Alpha”引脚输入的值为0时，“Return Value”引脚会返回红色（R:1.0，G:0.0，B:0.0）；为1时，“Return Value”引脚会返回绿色（R:0.0，G:1.0，B:0.0）；介于0和1之间时，“Return Value”引脚会按照比例返回A与B的混合色，如图5-128所示。

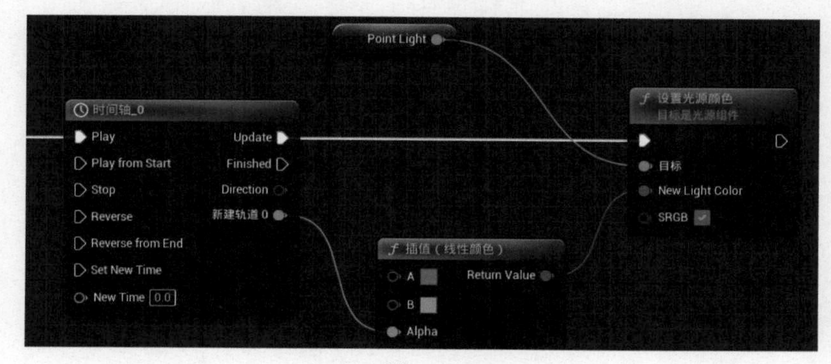

图5-128

06 添加一个“Flip Flop”节点，连接“Flip Flop”节点的“A”引脚到“时间轴”节点的“Reverse”引脚上，连接“B”引脚到“时间轴”节点的“Play”引脚上，如图5-129所示。

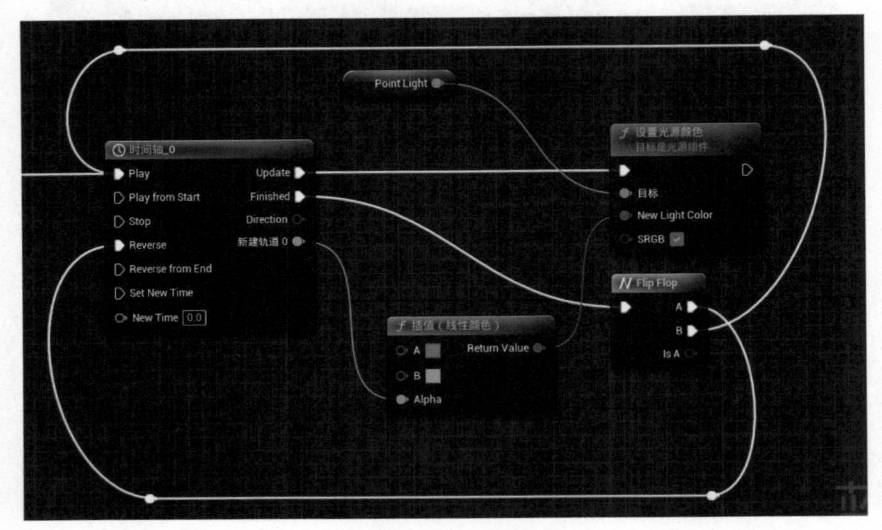

图5-129

07 编译并保存后将“BP_ColorLight”蓝图拖曳到关卡中，将灯光对准地面，进入PIE运行模式后可以看到灯光颜色在缓慢改变，如图5-130所示。

图5-130

第6章 添加物理碰撞

■ 学习目的

碰撞是物理引擎中重要的组成部分之一，本章会讲解如何为模型添加物理碰撞，生成事件和射线检测等内容。

■ 主要内容

- 添加碰撞
- 设置碰撞通道
- 让碰撞与蓝图产生信息交互
- 射线检测
- 制作空气墙

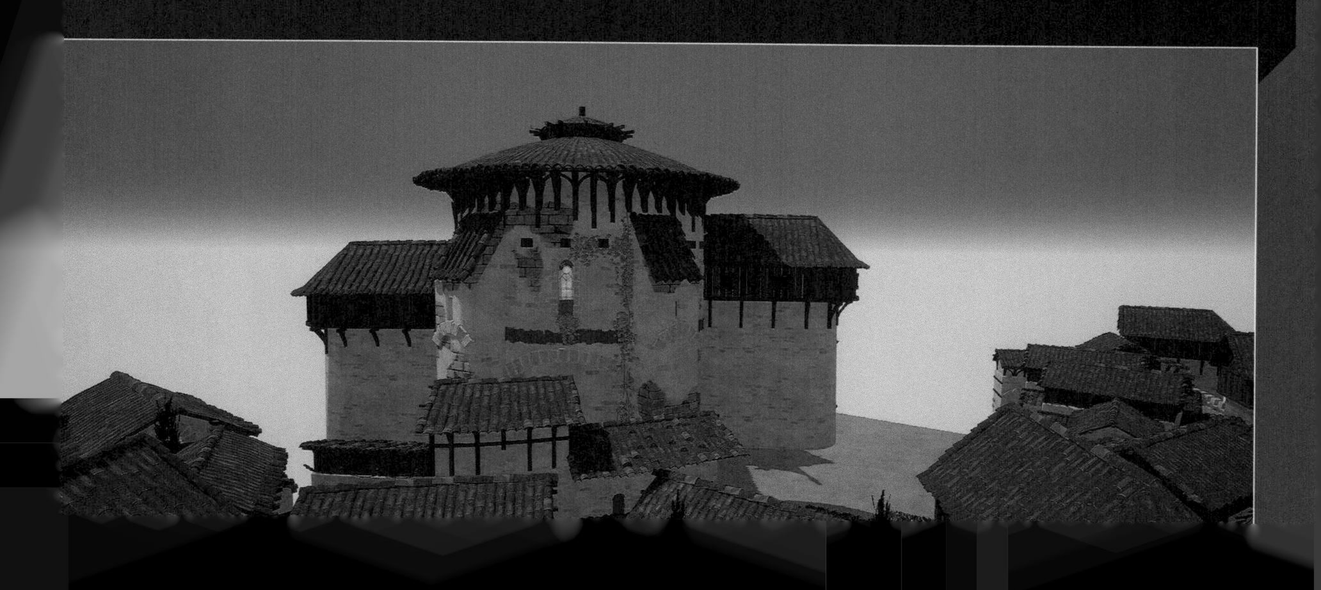

6.1 简单碰撞

游戏中逼真的物理效果离不开模型之间的碰撞，本节将讲解如何为模型添加碰撞，并设置碰撞参数。

重点

6.1.1 添加碰撞

引擎中的模型一般会存在碰撞，导入的物体一般也会自动生成一个可供虚拟的碰撞系统侦测的碰撞，而有些模型不存在碰撞，如果遇到没有碰撞的模型，就需要手动为其添加碰撞。

打开“StarterContent＞Props”文件夹，找到“SM_Rock”静态网格体并将其拖曳到关卡中，选择模型后在“细节”面板中发现不能勾选“模拟物理”选项，如图6-1所示，说明此模型默认没有碰撞。

图6-1

双击“SM_Rock”进入“静态网格体编辑器”窗口，单击左上角的“显示”按钮显示后执行“简单碰撞”菜单命令，发现模型没有什么变化，这时执行“碰撞＞添加球体简化碰撞”菜单命令，为模型添加一个简单碰撞，如图6-2所示。

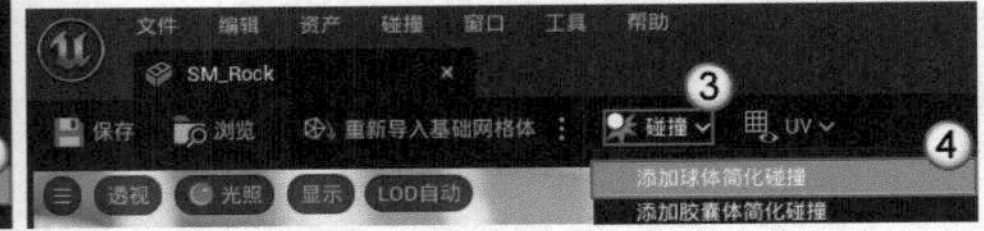

图6-2

模型外围出现的绿色线框代表当前模型的碰撞体积，绿色线框的范围是模型的碰撞范围，如图6-3所示，该模型会和在此范围内的其他模型产生碰撞。

图6-3

执行“显示>复杂碰撞”菜单命令后可以查看模型的复杂碰撞体积，如图6-4所示，复杂碰撞是按照模型的三角面生成的碰撞。

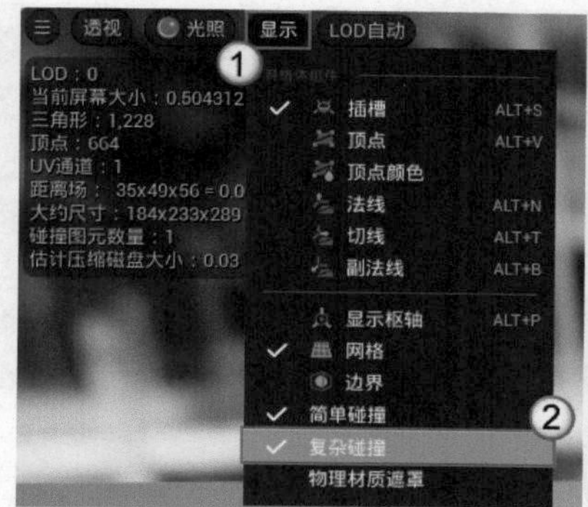

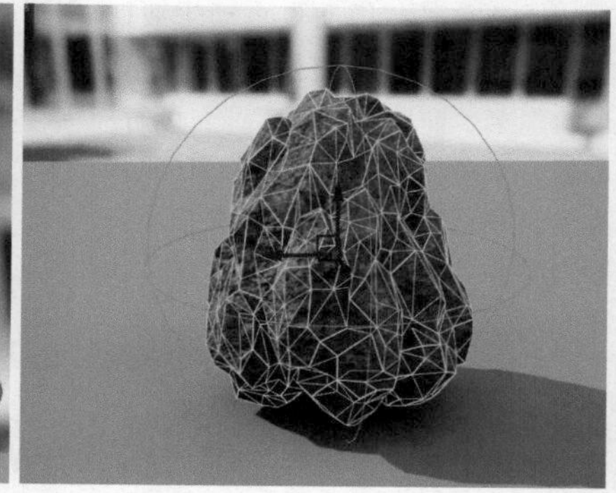

图6-4

如果要应用复杂碰撞，则需要在右侧的“细节”面板中打开“碰撞”卷展栏，设置“碰撞复杂度”为“将复杂碰撞用作简单碰撞”，如图6-5所示。

系统会根据模型生成碰撞，绿色线框的范围是简单碰撞范围，蓝色线框的范围是复杂碰撞范围，可以看到蓝色线框比绿色线框更加贴合模型，如图6-6所示。虽然这样可以使模型具有更真实的碰撞效果，适用于大楼等复杂模型，但是应用复杂碰撞后的模型不再支持模拟物理功能。

图6-5

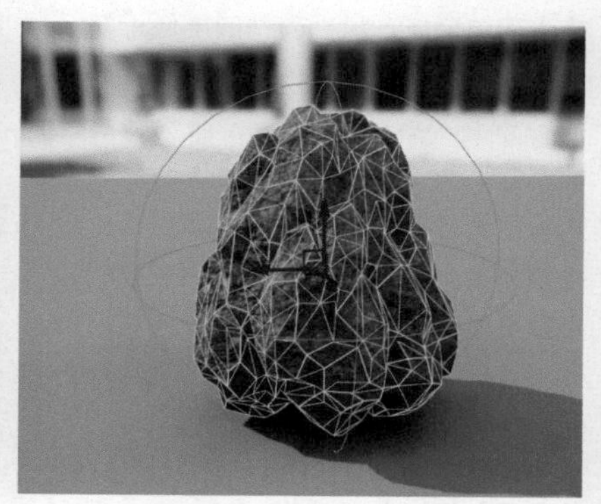

图6-6

设置“碰撞复杂度”为“项目默认”，在“显示”菜单中取消勾选“复杂碰撞”选项，这样可以将复杂碰撞删除。假设要删除模型默认携带的简单碰撞，可以选择绿色线框后按Delete键，如图6-7所示。

图6-7

如果想要使用凸包自动生成碰撞，则需要执行“碰撞＞自动凸包碰撞”菜单命令，打开“凸包分解”面板。系统会根据“凸包数量”“最大外壳顶点数”“凸包精确度”3个参数自动生成不同精细度的凸包，如图6-8所示。

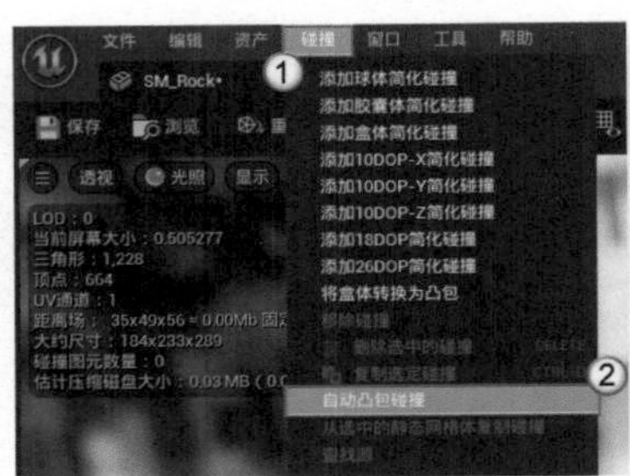

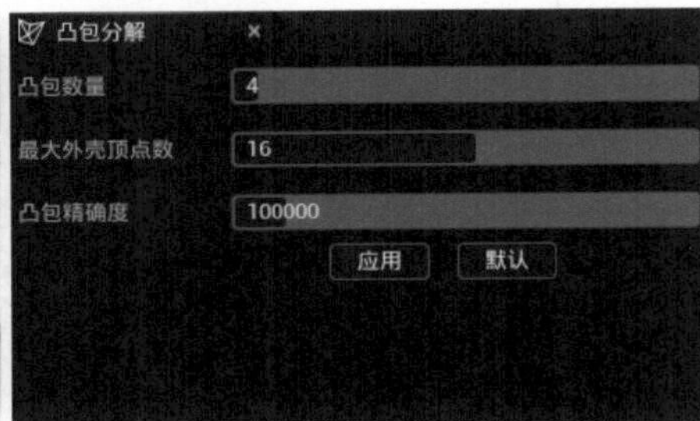

图6-8

单击“应用”按钮后系统会自动构建碰撞，使用凸包生成的碰撞为简单碰撞，虽然其精细度低于复杂碰撞，但是它更适用于需要实时计算的模型，如图6-9所示。删除新建的凸包，设置上述3个参数均为最大值后重新应用凸包，经过计算后碰撞会被添加到模型上，可以看到生成的碰撞更精细了，如图6-10所示。

图6-9

图6-10

6.1.2 模拟物理

使用快捷键Ctrl＋S保存设置好的模型并将其拖曳到关卡中，在“细节”面板中可以看到“模拟物理”选项可以勾选了，也可以设置“线性阻尼”和“启用重力”等参数，如图6-11所示。勾选“模拟物理”选项后进入PIE运行模式，石头会从空中落到地上，在山坡上滚动且与地面产生物理反应，如图6-12所示。

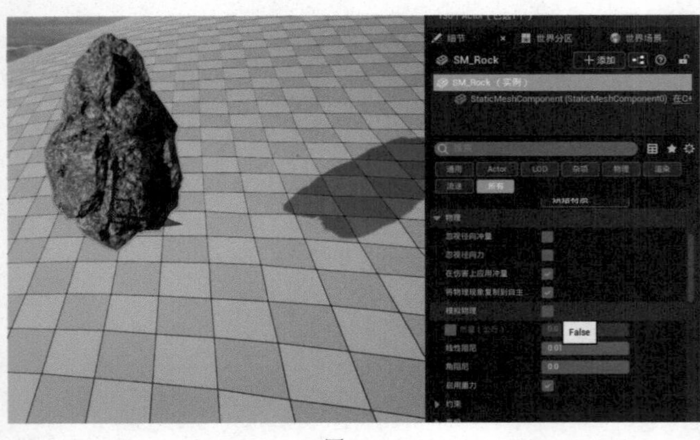

图6-11

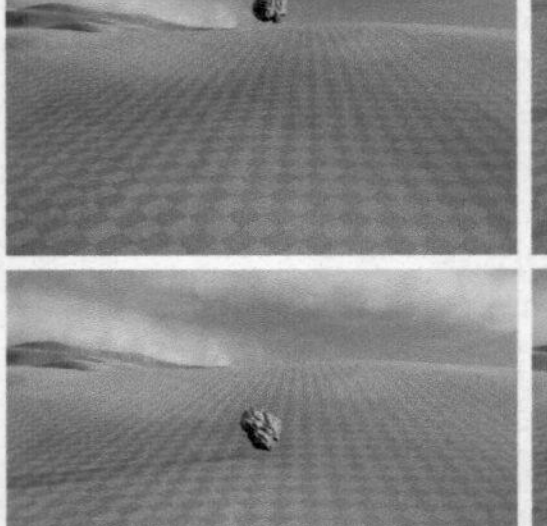

图6-12

提示 如果模型的“模拟物理”选项不可勾选或进入PIE运行模式后模型没有掉落，请按照上一小节的步骤为模型添加碰撞。

在蓝图中可以使用“设置模拟物理”节点开启模拟物理功能。先在关卡中选择石头模型，然后在右侧“细节”面板中单击“将此Actor转换为可重复使用、能拥有脚本行为的蓝图”按钮，在弹出的“从选项创建蓝图”对话框中单击“选择”按钮，如图6-13所示。可以看到该模型资产被转换为了一个可以被写入逻辑的蓝图，如图6-14所示。

图6-13

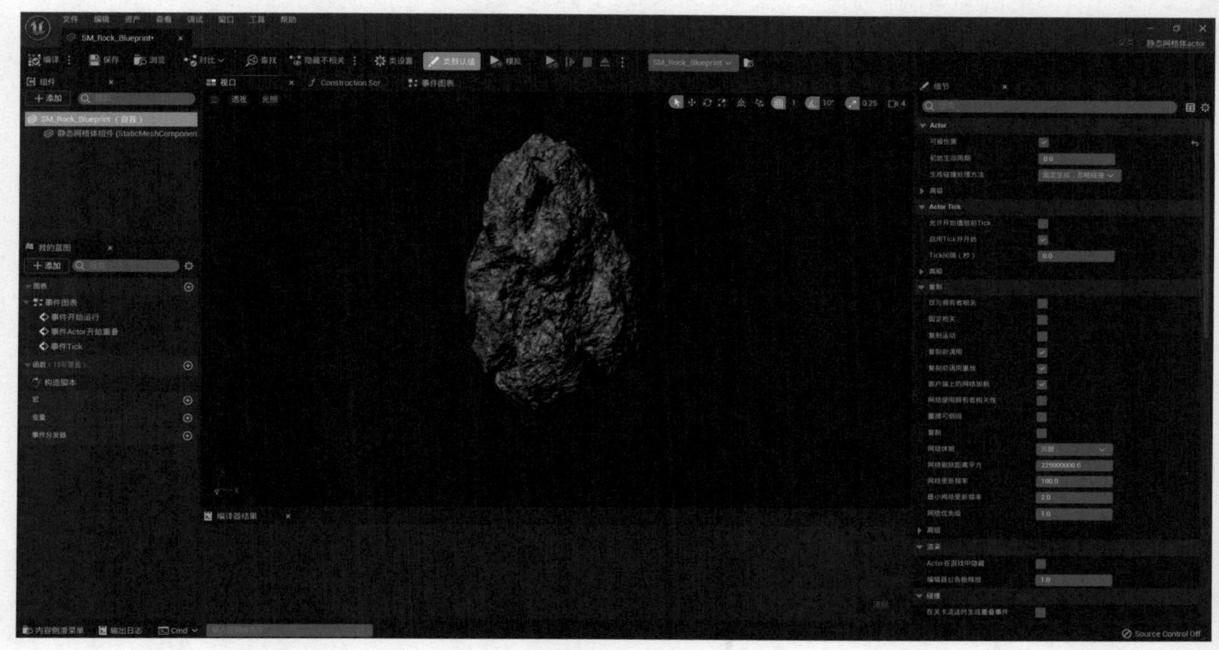

图6-14

进入“事件图表”面板，从“组件”面板中拖曳“静态网格体组件”到“事件图表”面板中，添加一个“设置模拟物理”节点，并将“目标”引脚连接到“静态网格体组件”节点上，勾选“Simulate”选项，如图6-15所示。

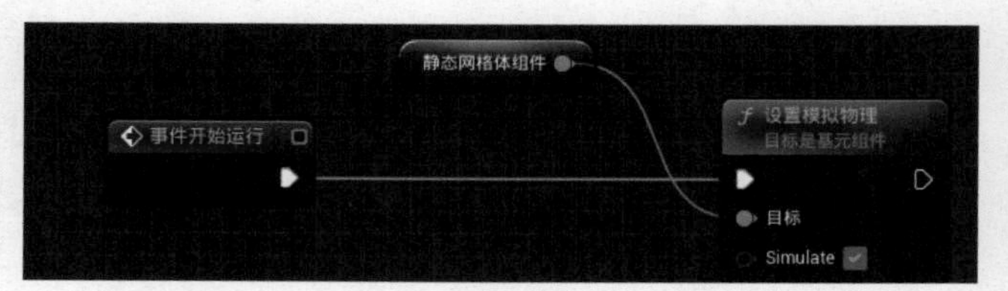

图6-15

提示 “Simulate”引脚的作用是开关模拟物理功能，勾选“Simulate”选项时开启模拟物理功能，反之则关闭，关闭时模型不会产生物理效果，如图6-16所示。

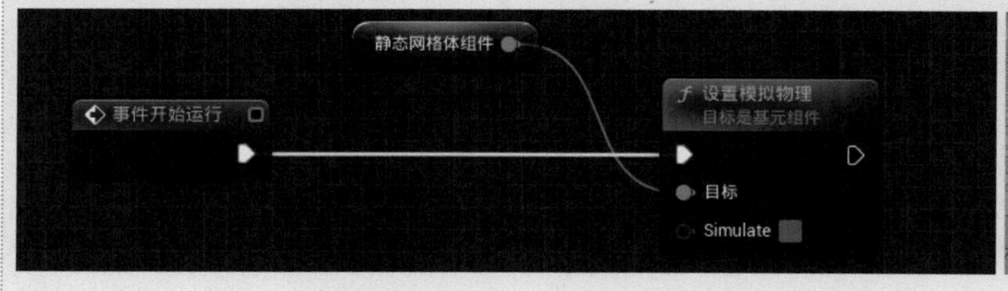

图6-16

编译并保存后进入PIE运行模式，可以发现模型有正常的物理效果，如图6-17所示。

图6-17

提示 大部分“细节”面板中的默认值都可以使用蓝图节点进行设置，本例中的重力、阻尼等参数都可以使用蓝图进行修改，如图6-18所示。

图6-18

6.1.3 碰撞设置

在“内容浏览器”面板中拖曳“SM_Rock”资产到关卡中，同时在“放置Actor”面板中拖曳一个立方体到关卡中，设置立方体的“缩放”参数，使立方体看起来像一堵墙，最后勾选两个模型的“模拟物理”选项，效果如图6-19所示。

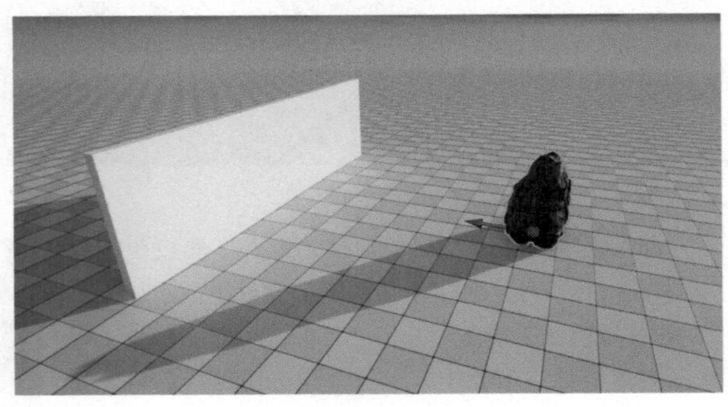

图6-19

使用快捷键Alt＋S进入SIE运行模式，选择石头后将石头往墙的方向拖曳，可以发现石头与墙发生了碰撞，无法穿过墙面，如图6-20所示。

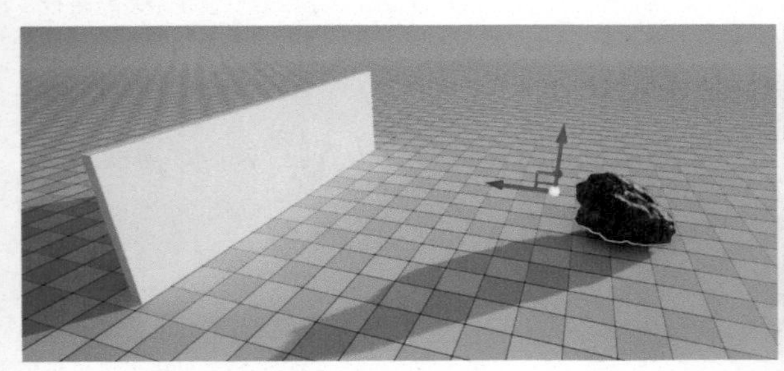

图6-20

在墙和石头的“细节”面板中设置“碰撞预设”为“Custom”，可以看到石头目前的“对象类型”为“PhysicsBody”，墙的“对象类型”为“WorldStatic”，墙的“物体响应”组中的“PhysicsBody”设置为了“阻挡”，因此墙会阻挡石头的运动，如图6-21所示。

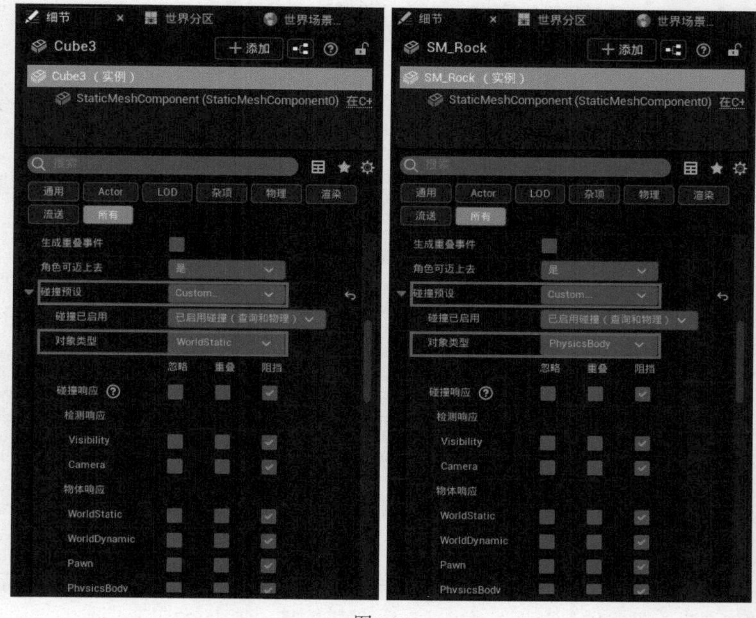

图6-21

选择墙后将“PhysicsBody”设置为“忽略”，进入SIE运行模式，向墙的方向拖曳石头，可以发现墙无视了石头的碰撞，石头直接穿过了墙，如图6-22所示。

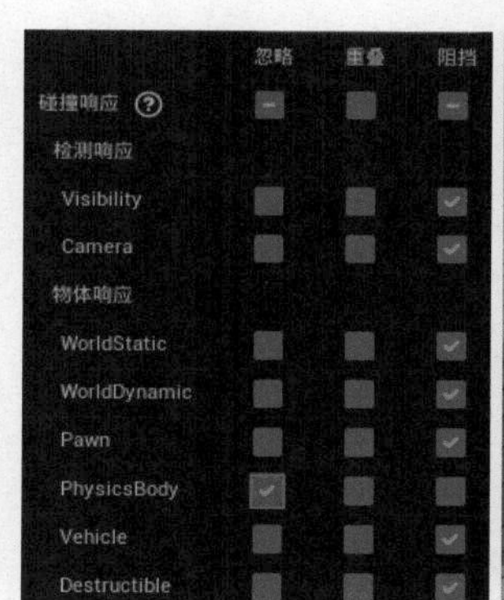

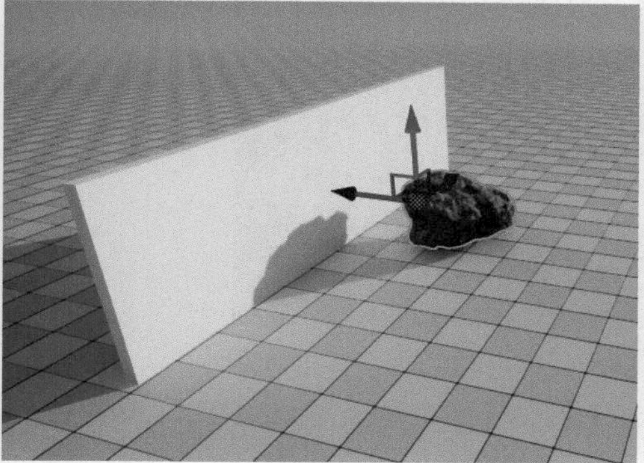

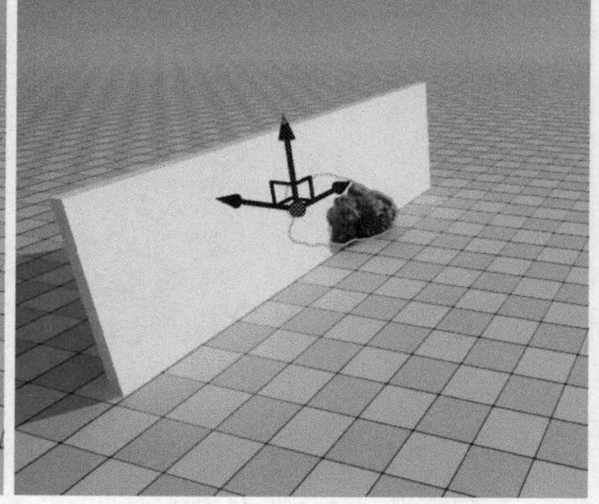

图6-22

因为墙的“物体响应”组中的“PhysicsBody”为“忽略”，所以墙忽略了“对象类型”为“PhysicsBody”的石头。假设石头的“对象类型”为墙的“物体响应”组中为“阻挡”的类型，则石头依然会被墙阻挡。例如设置石头的“对象类型”为“WorldStatic”，如图6-23所示，进入SIE运行模式后拖曳石头可以看到石头与墙发生了碰撞，如图6-24所示。

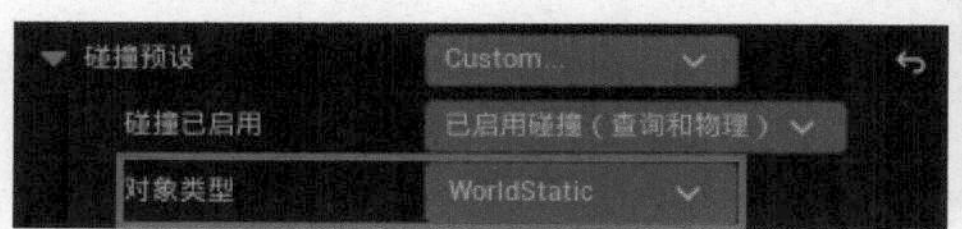

图6-23

图6-24

6.1.4 碰撞通道

前面几个小节中添加的碰撞为Unreal Engine 5自带的碰撞通道，除此之外，还可以手动在某个项目中添加单独的碰撞通道。执行“编辑>项目设置”菜单命令，如图6-25所示，打开“项目设置”窗口。

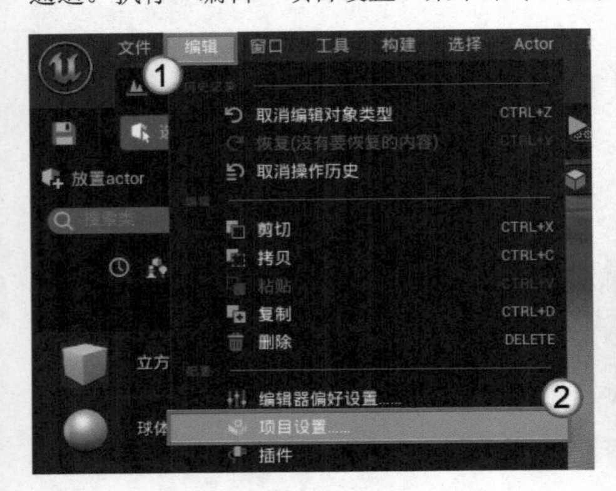

图6-25

在“引擎 - 碰撞”卷展栏中可以添加对应的通道，“Trace Channels”适用于检测响应，在后面的射线检测中会使用，如图6-26所示。

图6-26

单击“Object Channels”卷展栏中的“新建Object通道”按钮，在打开的“新建通道”对话框中设置“命名”为“Cube”后单击“接受”按钮，如图6-27所示。

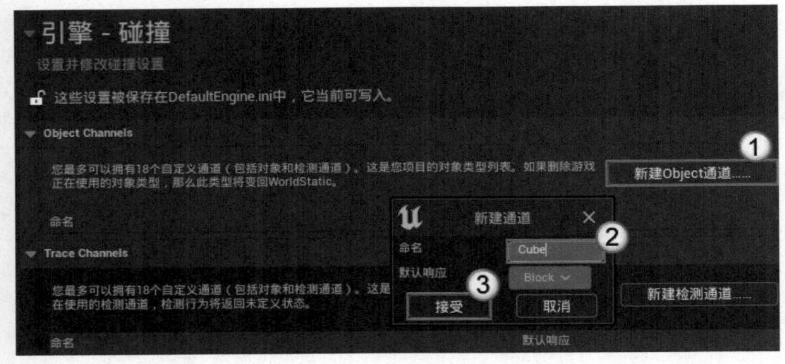

图6-27

提示 “默认响应”参数中，“Ignore”表示忽略，“Overlap”表示重叠，“Block”表示阻挡，如图6-28所示。

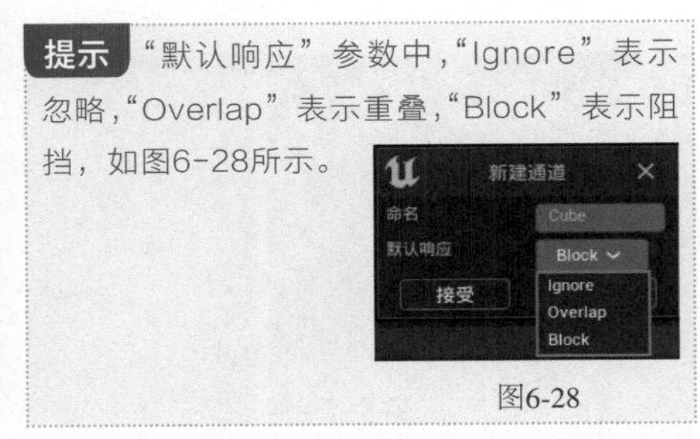

图6-28

当在“项目设置”窗口中成功添加新的碰撞通道后，模型的“对象类型”下拉列表中会出现添加的通道，如图6-29所示。“碰撞响应”组中也会出现添加的通道，如图6-30所示。

图6-29

图6-30

6.2 碰撞蓝图

碰撞可能会触发一些事件，通过事件执行功能可以让碰撞与蓝图产生交互，例如当一个模型掉落在地上时触发删除模型的事件。

重点

6.2.1 碰撞生成事件

可以在蓝图中或关卡蓝图中为组件设置碰撞事件。在视口中使用鼠标右键单击场景中的模型，执行“添加事件”菜单命令。

在蓝图中可以让模型组件在碰撞时触发事件。新建一个“Actor”类蓝图并命名为“BP_Rock”，双击进入蓝图后添加一个静态网格体组件，如图6-31所示。

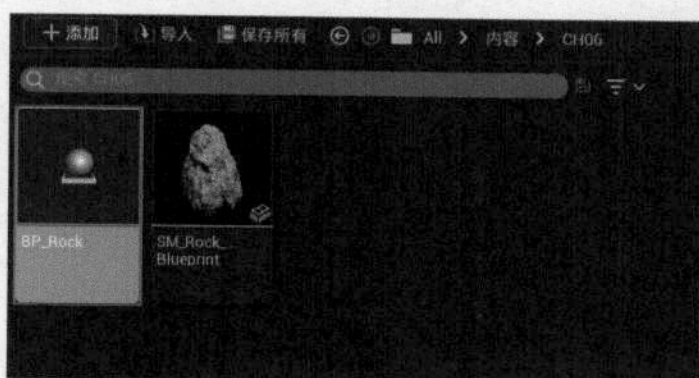

图6-31

选择静态网格体组件，在“细节”面板中设置“静态网格体”为“SM_Rock”，勾选“模拟生成命中事件”选项，如图6-32所示。

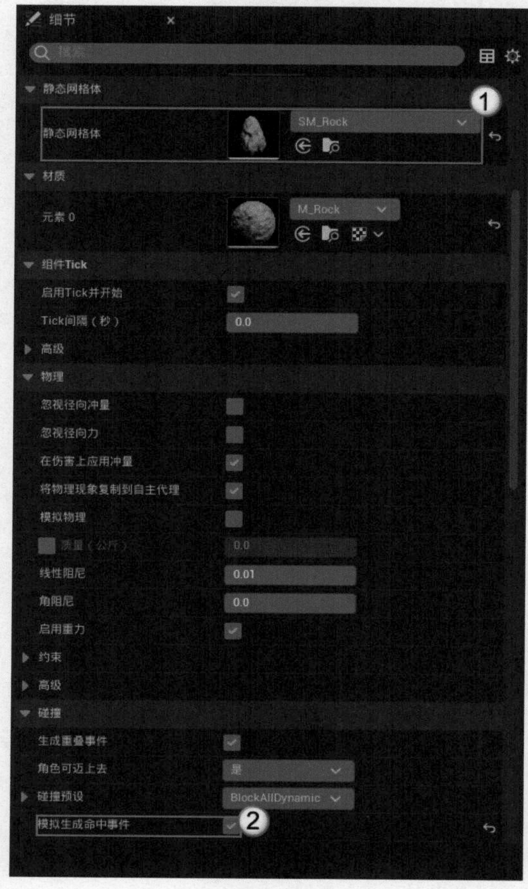

图6-32

在下方的“事件”卷展栏中单击“组件命中时”右侧的“添加”按钮 + ，添加一个“组件命中时”事件，接着在“事件图表”面板中添加一个“打印字符串”节点并使其与“组件命中时”事件相连，如图6-33所示。

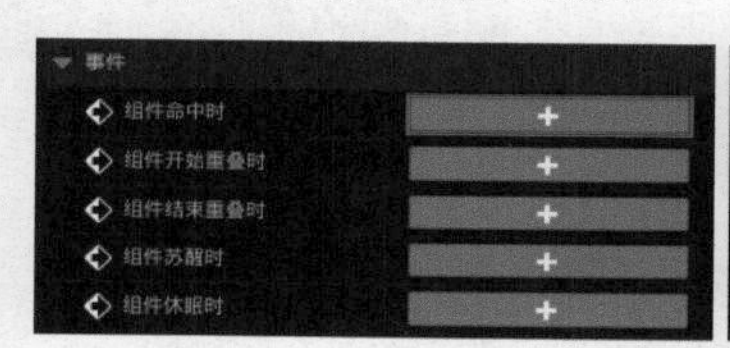

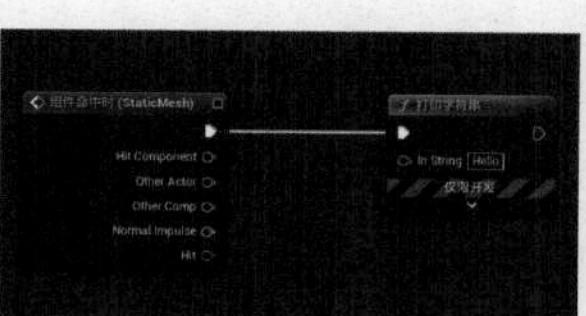

图6-33

在“细节”面板中勾选“模拟物理”选项，设置“碰撞预设”为“Custom”,“对象类型”为“Cube”，如图6-34所示。

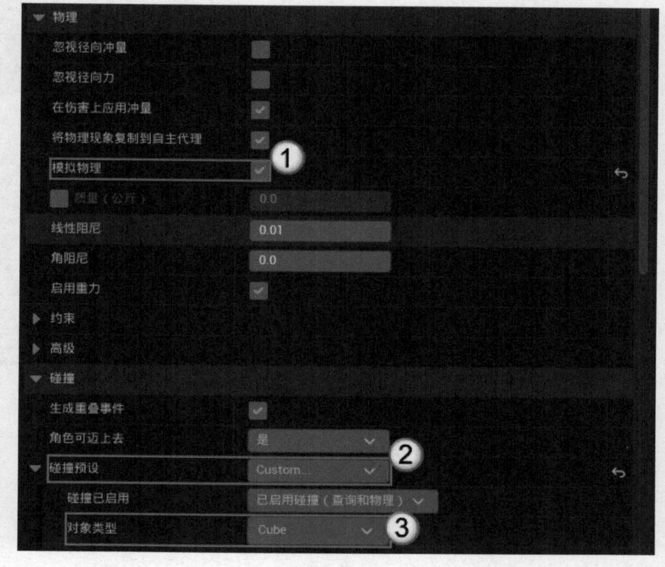

图6-34

拖曳“StaticMesh”组件到根组件“DefaultSceneRoot”上，使其成为新的根组件，如图6-35所示。

编译并保存后拖曳“BP_Rock”蓝图到关卡中，进入SIE运行模式，拖曳石头撞击墙时会输出“Hello”，如图6-36所示。

图6-35

图6-36

问：碰撞事件为什么没有执行？

答：碰撞事件分为命中事件和重叠事件，如果碰撞事件没有执行，可以从以下两个方面排查问题。

第1个：碰撞设置问题。需要在“碰撞预设”卷展栏中检查对指定物体类型进行的设置是否正确，如要让“Pawn”重叠，就不能设置“Pawn”为“阻挡”，如图6-37所示。

第2个：对应选项未勾选。如果想使用命中事件，则需要勾选“模拟生成命中事件”选项；如果想使用重叠事件，则需要勾选“生成重叠事件”选项。

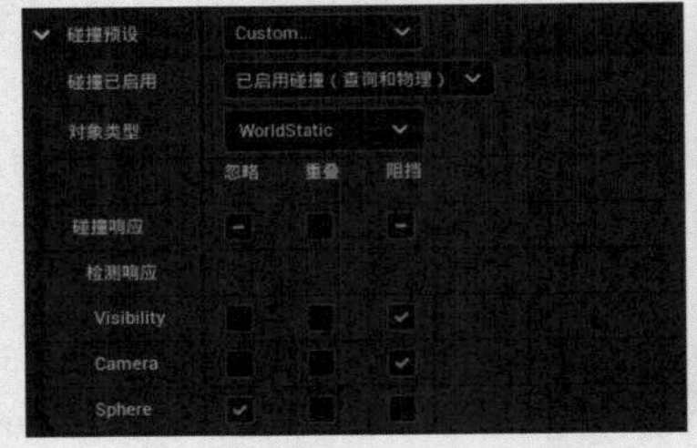

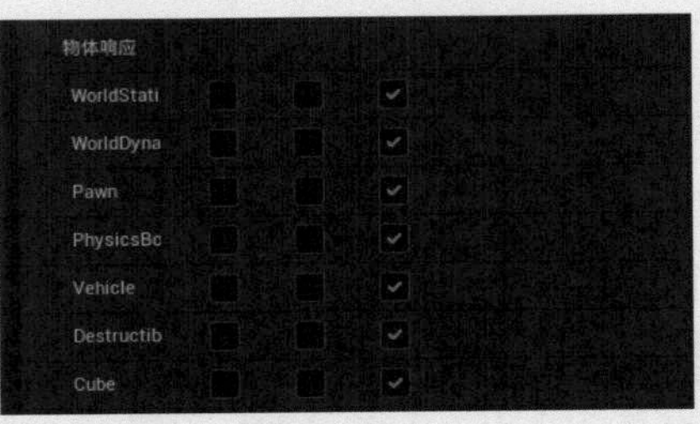

图6-37

6.2.2 碰撞后摧毁物体

双击打开“BP_Rock”蓝图，在“事件图表”面板中添加一个“销毁Actor”节点并用其代替“打印字符串”节点。“销毁Actor”节点可以使指定的Actor被销毁，如果其“目标”引脚不与其他引脚相连，则会销毁自身，如图6-38所示；如果连接“目标”引脚到“Other Actor”引脚上，则会销毁所有触碰到的物体，如图6-39所示。

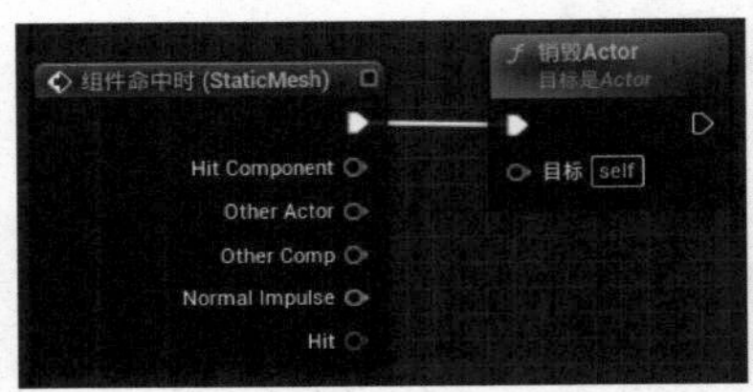

图6-38

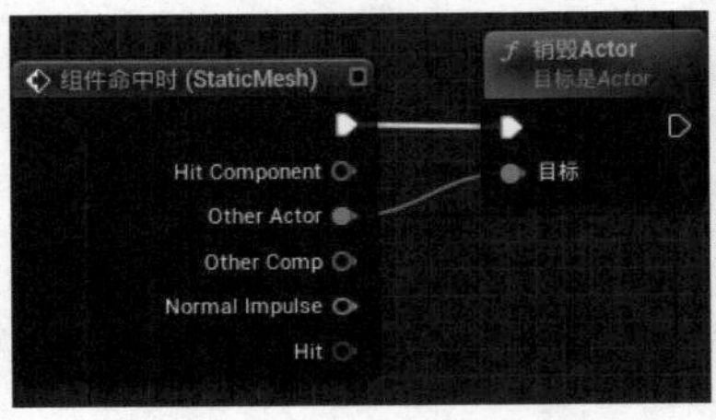

图6-39

6.2.3 碰撞体积

碰撞体积可以和模型或Actor产生碰撞，碰撞体积是一个透明的正方体，经常被用于表示某一个范围或空间，Actor与碰撞体积重叠时会触发碰撞事件。在“放置Actor”面板中搜索“Trigger”，可以看到不同形状的碰撞触发器，如图6-40所示。

将“触发框”拖曳至关卡中并选择该Actor，打开关卡蓝图，在空白处单击鼠标右键，“此蓝图的所有操作”界面中会显示所选的内容，如图6-41所示。

打开“为Trigger Box UAID 244BFE01D0A00B0601 2108296431添加事件＞碰撞”卷展栏，添加一个“添加On Actor Begin Overlap”节点，如图6-42所示。

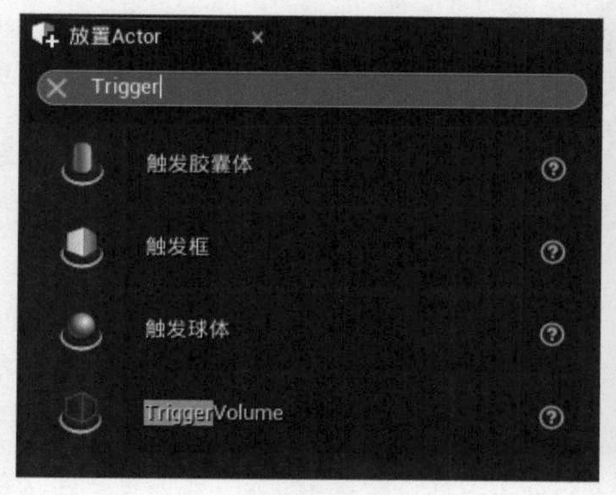

图6-40

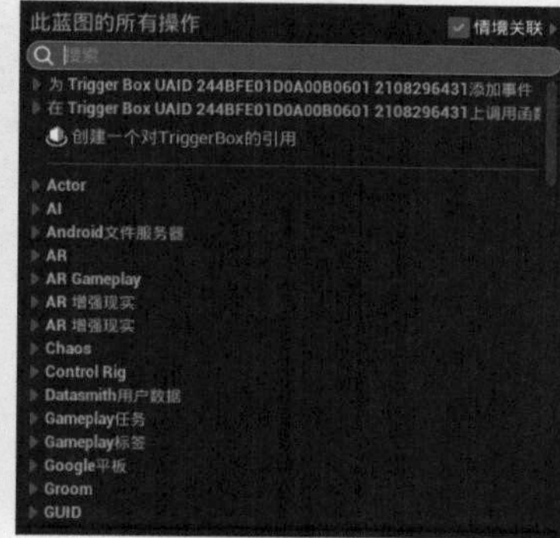

图6-41

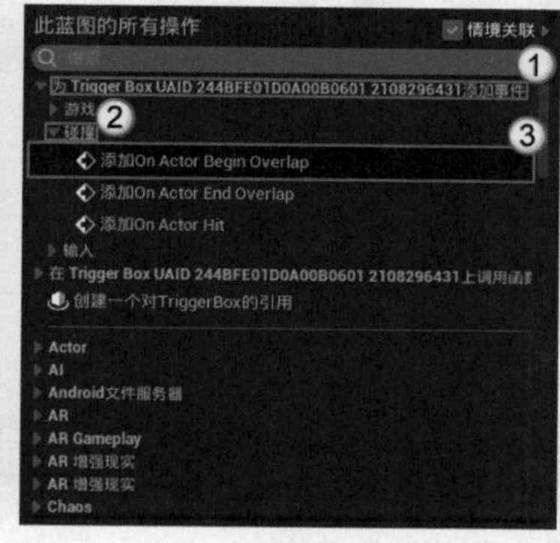

图6-42

新建一个“打印字符串”节点并使两者相连，如图6-43所示，当Actor与碰撞体积重叠时，会输出“Hello”。

在关卡中选择“TriggerBox”，在“细节”面板中可以观察到大部分物体类型的“碰撞响应”为“重叠”，表示允许对象穿过自身但会触发重叠检测，如图6-44所示。设置“碰撞预设”为“Custom”，如图6-45所示。

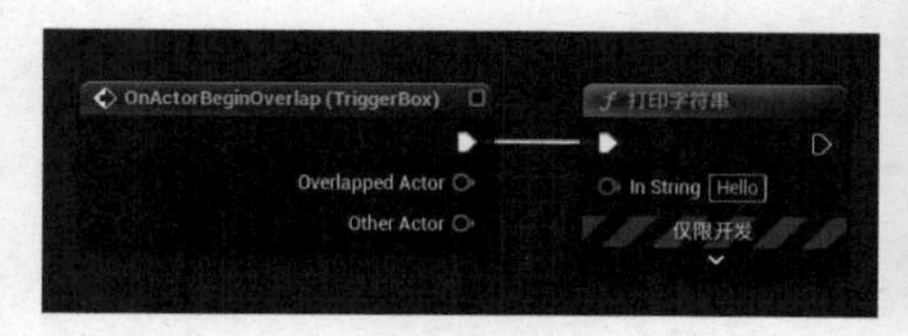

图6-43

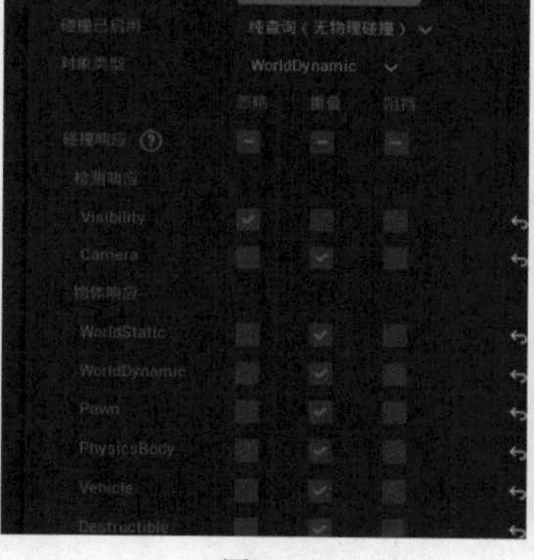

图6-44

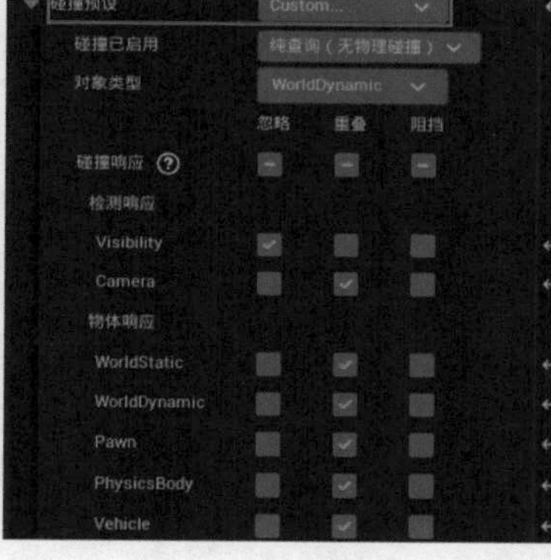

图6-45

打开“BP_Rock”蓝图，删除已创建的“组件命中时(Static Mesh)”节点，以防止产生错误的碰撞结果，当有Actor经过触发器时会执行触发器的“OnActorBeginOverlap”事件，如图6-46所示。

进入“关卡蓝图”窗口，添加一个“OnActorEndOverlap(BP_Cylinder)”节点和“打印字符串”节点，如图6-47所示，当Actor离开触发器时会输出“Out”。

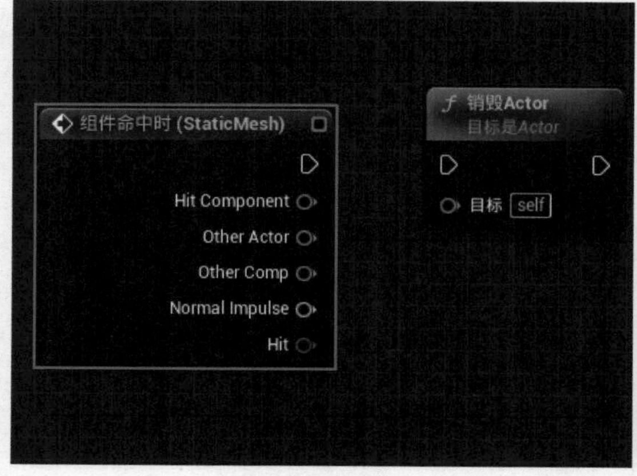

图6-46

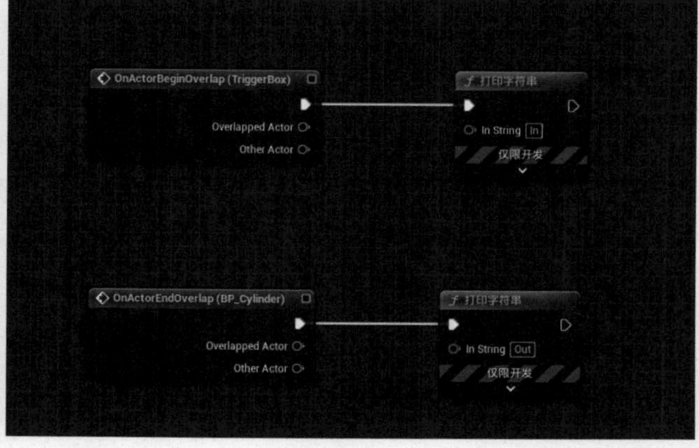

图6-47

编译并保存后进入SIE运行模式，反复使石头与“触发框”发生碰撞，这样可以不断输出内容，如图6-48所示。

图6-48

6.3 射线检测

射线是有效获取内容信息的工具之一，一般的射线会被要求输入一个起点与一个终点，两点相连形成一条线段。线段可以与指定的对象发生碰撞，也可以与自定义通道发生碰撞，并且可以获得碰撞点的信息。

重点

6.3.1 线条射线检测

射线的发射功能与“绘制调试线条”节点相似，只是射线在蓝图中具有反馈内容信息的功能（如击中位置、碰撞Actor和组件等，这些信息在蓝图中会以结构体的形式返回）。

可以在蓝图中使用“按通道进行线条追踪”节点与“针对Object进行线条追踪”节点进行射线检测，如图6-49所示。

在“内容浏览器”面板中新建一个“Actor”类蓝图并命名为“BP_LineTrace”，双击进入蓝图，在“组件”面板中单击两次“添加”按钮 + 添加 ，新建两个场景组件并将它们分别命名为“Start”与“End”，使它们属于平级关系，如图6-50所示。

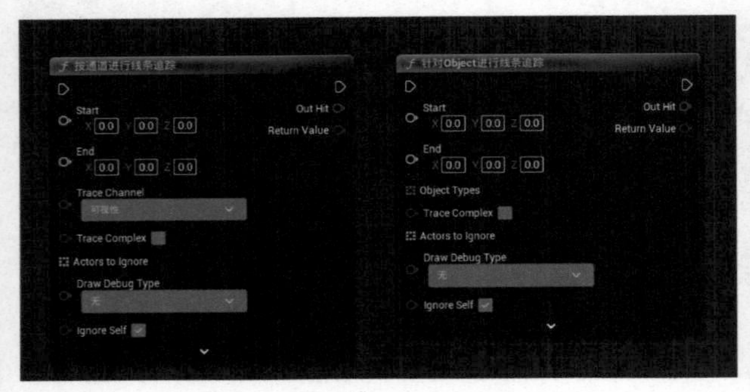

图6-49

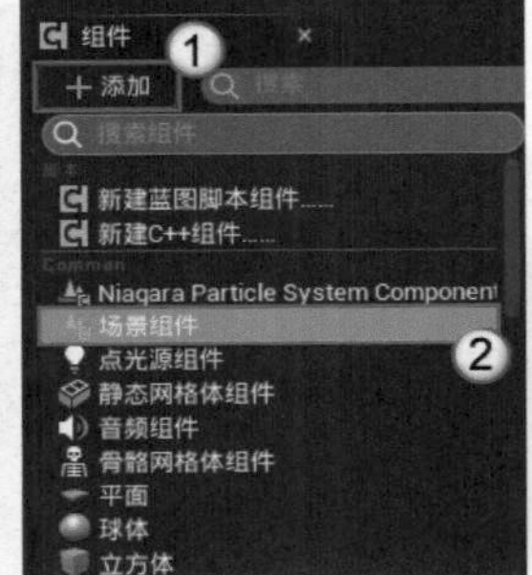

图6-50

提示 之前学习“绘制调试线条”节点时没有涉及组件功能，所以当时使用的是通过向量确定位置的方法，在学习组件后可以通过调试组件位置来确定线段端点的位置。

拖曳“Start”组件与“End”组件到视口中的两个不同位置，如图6-51所示。接着在“事件图表”面板中新建一个“针对Object进行线条追踪”节点并将其连接到“事件开始运行”节点，产生射线，如图6-52所示。

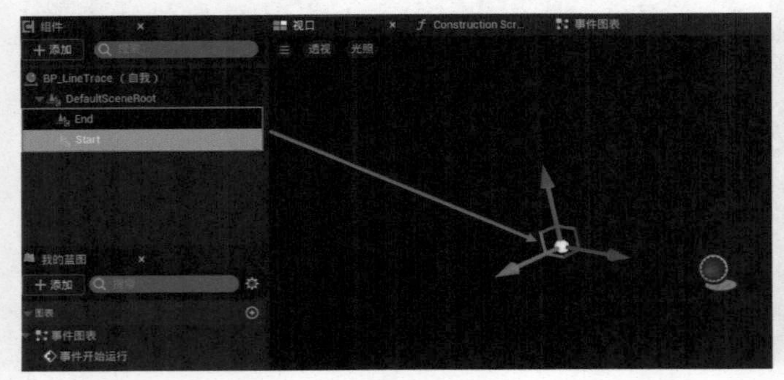

图6-51

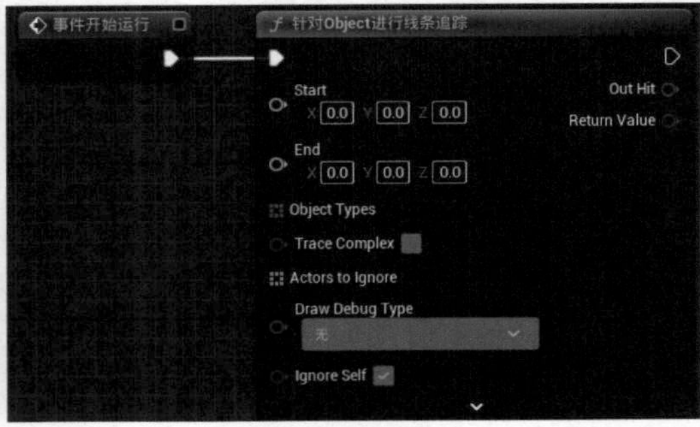

图6-52

拖曳“Start”组件与“End”组件到“事件图表”面板中，新建两个“获取世界位置”节点并分别连接到“Start”引脚和“End”引脚上，如图6-53所示，得到两个组件的世界位置。

“Object Types”引脚是一个枚举数组，目前可以使用“创建数组”节点来创建一个数组，如图6-54所示。“创建数组”节点的引脚默认是一个通配符，可以通过连接其他引脚来变换类型。

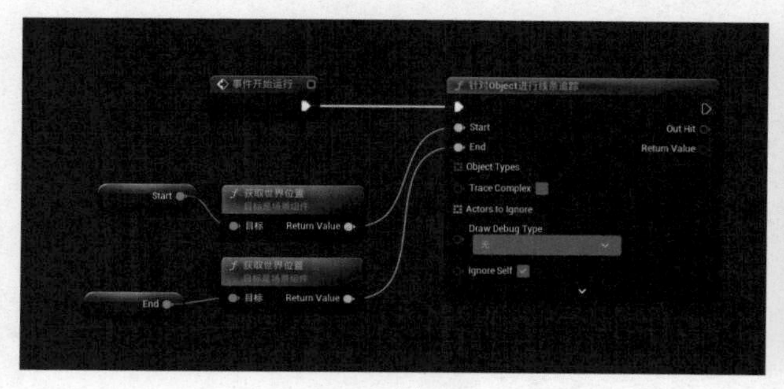

图6-53

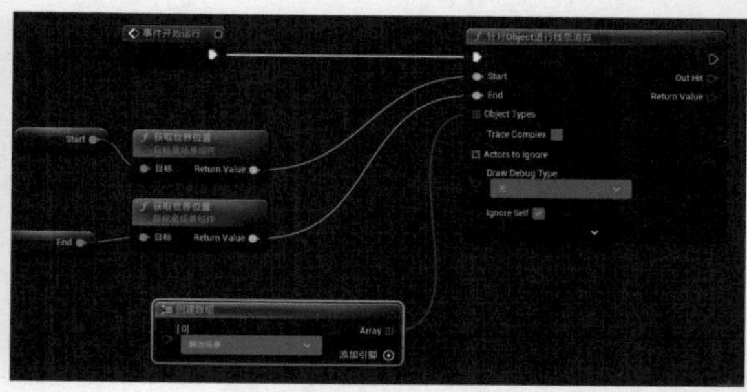
图6-54

可以为“创建数组”节点添加引脚，如果“[0]”索引为“静态场景”，那么“对象类型”为“静态场景”的模型将不会产生交互，设置“Draw Debug Type”为“针对时长”，如图6-55所示。

可以打开“针对Object进行线条追踪”节点的卷展栏并设置追踪颜色和时长，设置“创建数组”节点的“[0]”索引为“Cube”，如图6-56所示。

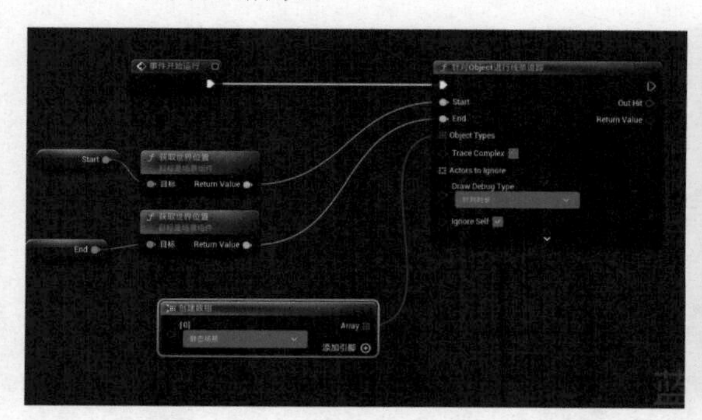
图6-55

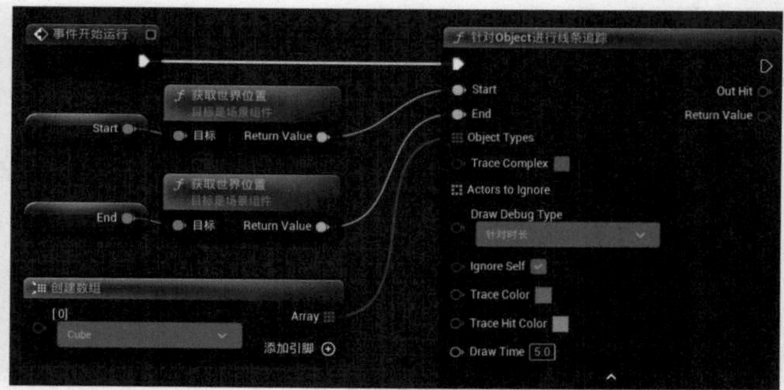

图6-56

编译并保存后关闭“蓝图编辑器”窗口，将“BP_LineTrace”蓝图拖曳到关卡中，进入PIE运行模式，可以看到两个组件之间生成了射线，如图6-57所示。

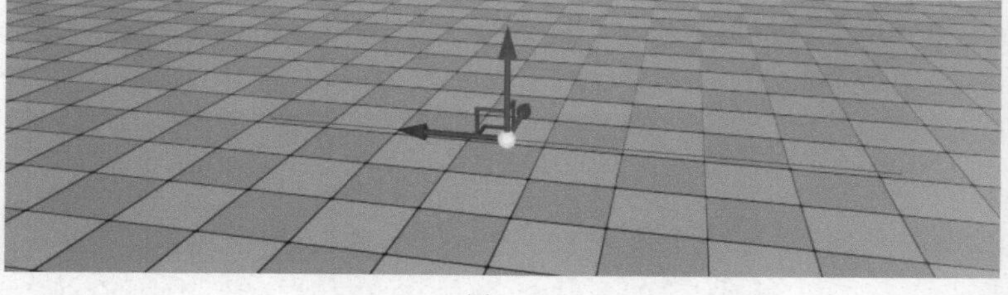
图6-57

在射线中添加一个正方体，可以看到成功发生了碰撞，如图6-58所示。如果没有在“细节”面板中设置“对象类型”为“Cube”，则不会发生碰撞，如图6-59所示。

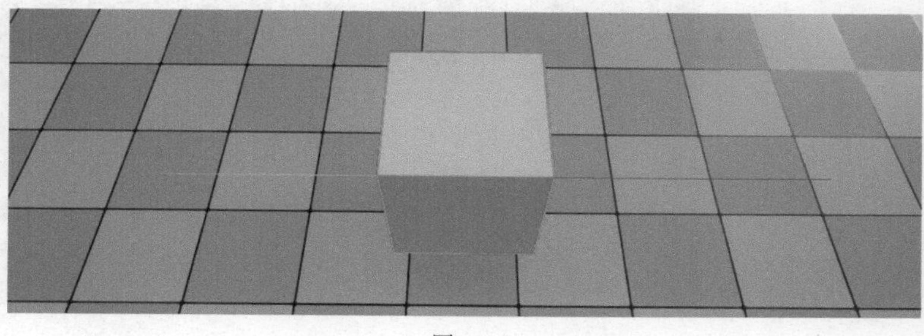
图6-58

图6-59

6.3.2 球形射线检测

在上一小节中学习了“对象类型”的用法，现在学习使用“通道”检测球体的方法，如图6-60所示。检测球体与检测线条的不同表现在“Radius”引脚上，检测的球体可以被指定一个半径，使线段变成球体。

新建一个“按通道进行球体追踪”节点，用于替换上一小节中的“针对Object进行线条追踪”节点和“创建数组”节点，“Trace Channel”无法使用对象类型进行判定，它自带了两个Trace，一个为“可视性”，另一个为“摄像机”，如图6-61所示。

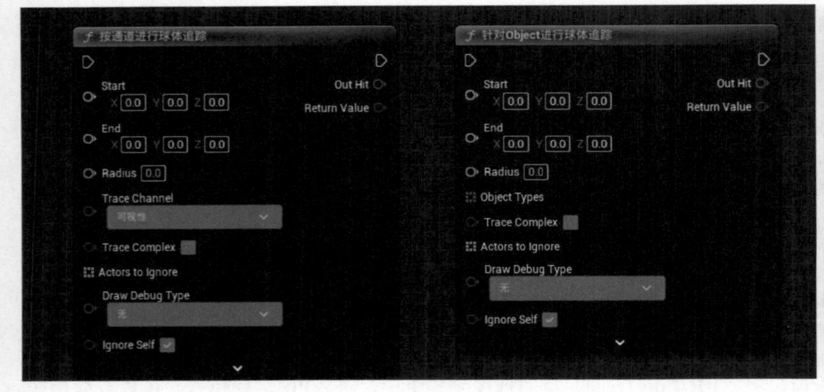

图6-60

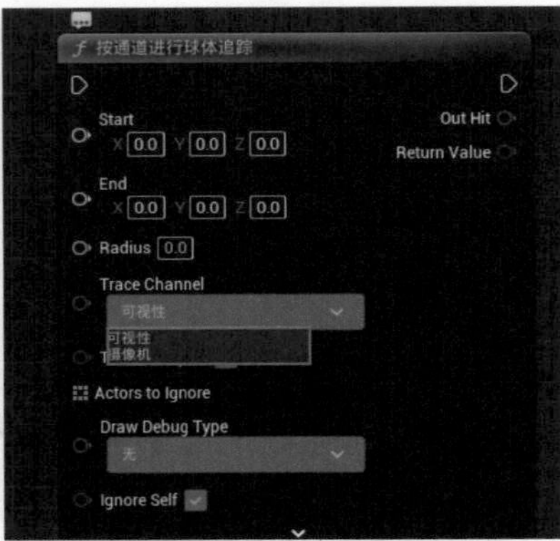

图6-61

在“项目设置”窗口的“引擎 - 碰撞”卷展栏中添加检测通道，单击“新建检测通道”按钮 新建检测通道... ，在“新建通道”对话框中设置“命名”为“Sphere”,“默认响应”为“Ignore”，否则所有的组件都可以产生响应，最后单击“接受”按钮 接受 ，如图6-62所示。

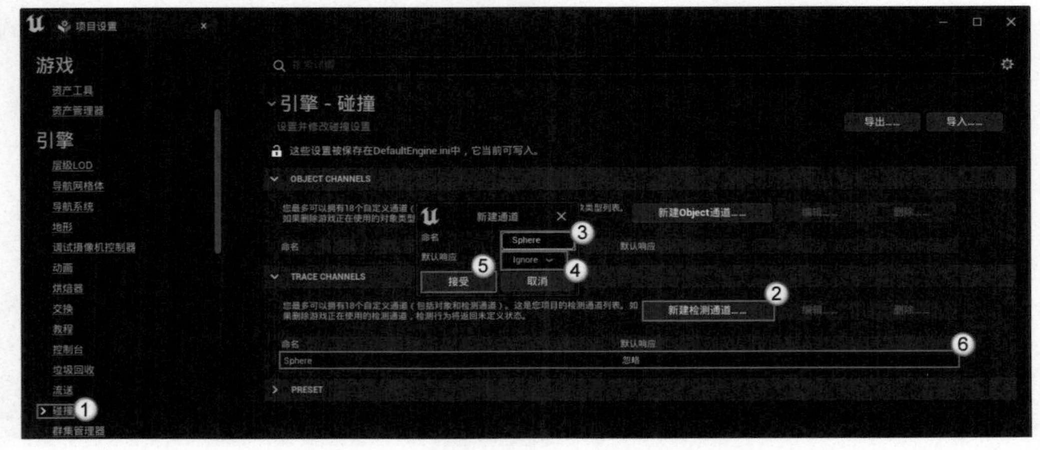

图6-62

需要编译才可显示新建的通道，编译后设置“Radius”为20.0,“Trace Channel”为“Sphere”,“Draw Debug Type”为“针对时长”，如图6-63所示。

编译并保存后在关卡中选择立方体，在“细节”面板中勾选“Sphere”通道的“阻挡”选项，如图6-64所示。进入PIE运行模式，发现可以无视地板并检测到立方体，如图6-65所示。

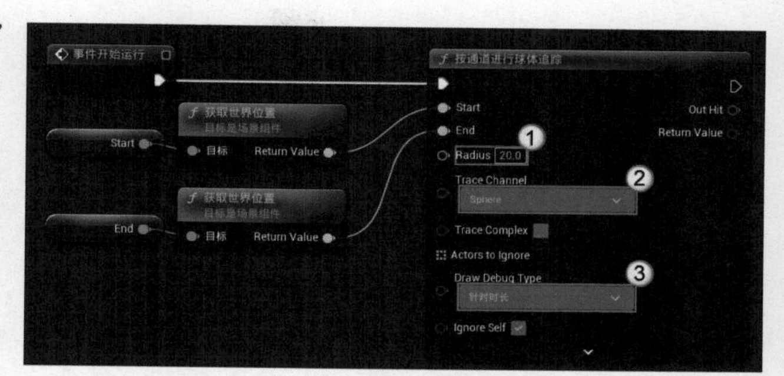

图6-63

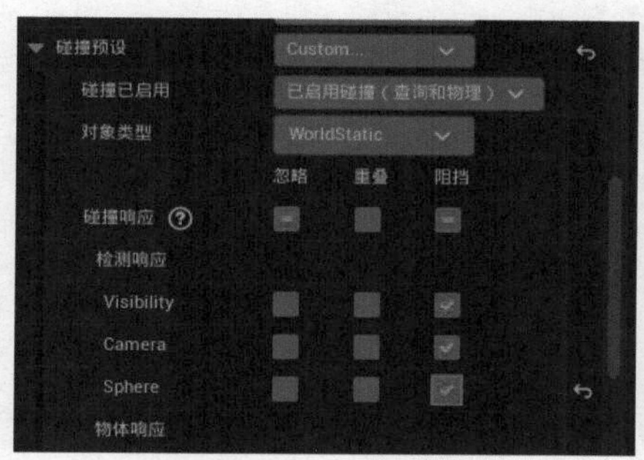

图6-64

图6-65

提示 “按通道进行线条追踪”节点依然适用于上述操作。

6.3.3 多射线检测

多射线检测与单一射线检测的功能差别不大，只是会碰到多个开启重叠通道的物体，并会在检测到阻挡通道后终止检测，返回存储了碰撞信息的数组，如图6-66所示。

射线可以碰撞多个物体并将获取的信息添加到返回数组中，通常情况下可以通过“For Each Loop”节点对数组进行遍历。使用“按通道进行多球体追踪”节点替换原本的节点，设置“Radius”为20.0,“Trace Channel”为“Sphere”,“Draw Debug Type”为“针对时长”，遍历Out Hits的返回值后，输出每一个碰撞的Actor的名字，如图6-67所示。

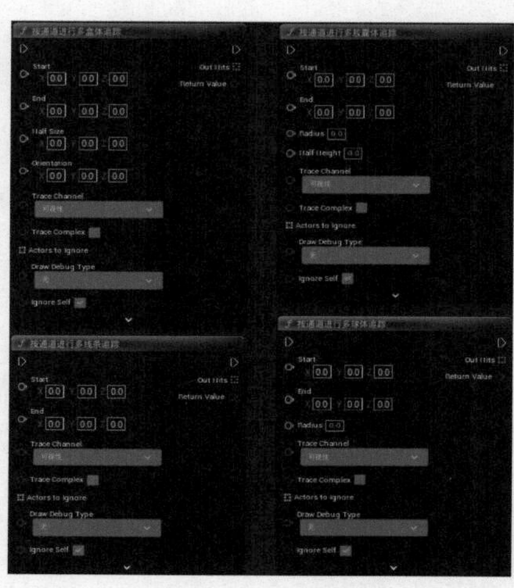

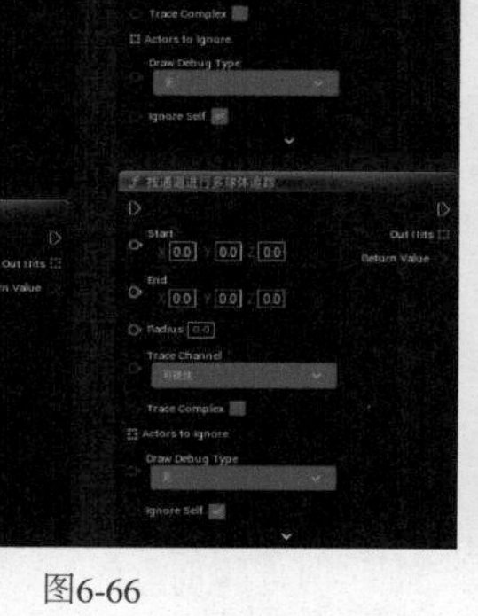

图6-66

图6-67

只有设置立方体的“检测响应”为“重叠”，这样才可以使立方体被多射线检测的射线通过，如果多射线检测的“检测响应”为“阻挡”，那么射线将会终止检测。将关卡中的立方体变窄后设置“Sphere”为“重叠”，如图6-68所示。

复制出3个立方体，并使4个立方体按顺序排列，编译并保存后进入PIE运行模式，所有的立方体均被检测到了且它们的名字被成功输出，如图6-69所示。

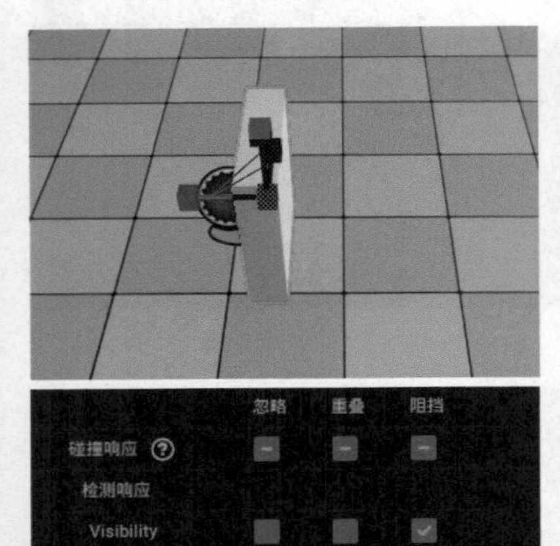

图6-68

图6-69

提示 图中的绿色线段是被阻挡的线段，红色线段是可以进行正常检测的线段。绿色点是没有被阻挡的触碰点，不会影响后续检测，红色点是检测结束时触碰的点。

设置第2个（从左往右）立方体的“Sphere”为“阻挡”，射线会自由穿过第1个立方体，到第2个立方体的右侧时被阻挡，同时也不会检测到第1个立方体，如图6-70所示。

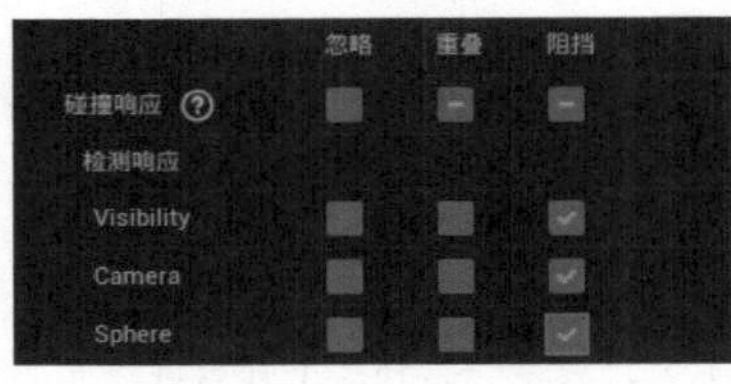

图6-70

问：为什么多射线检测的射线无法穿透模型?

答：需要设置对应的检测通道的“检测响应”为“重叠”，这样模型才可以被检测到且不会影响多射线检测的射线。

6.3.4 碰撞信息

可以在蓝图中使用“Out Hit”引脚连接一个“中断命中结果”节点，如图6-71所示，从而获得撞击点的信息。在发生撞击时,“Return Value”引脚会输出“True”,“Out Hit”引脚会输出关于撞击的信息，如可以使用“打印字符串”节点输出撞击位置的坐标参数，如图6-72所示。

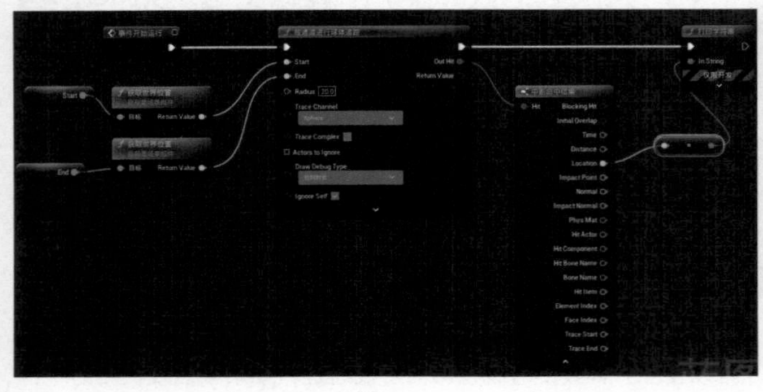

图6-71

图6-72

6.4 胶囊体射线与碰撞蓝图

本节将会讲解胶囊体射线检测与如何使用蓝图控制碰撞等知识。

6.4.1 胶囊体射线检测

在射线检测中，除了盒体、球体和线段等形状之外，还有胶囊体，因为其他3个检测方式可以完成大部分工作，而且使用方法一样，所以较少使用胶囊体进行检测。可以设置“Radius”与“Half Height”来确定胶囊体的体积，如图6-73所示。

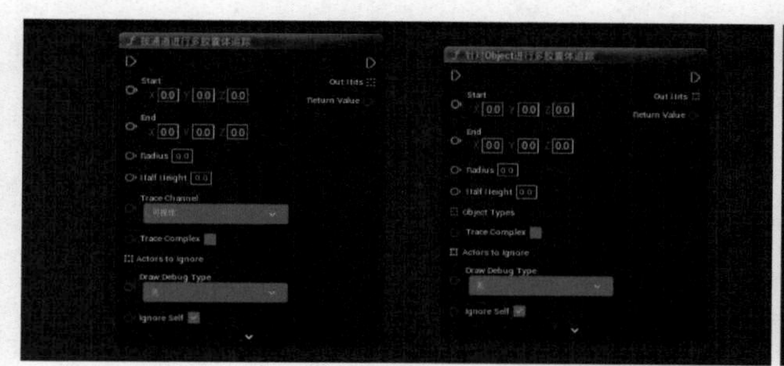

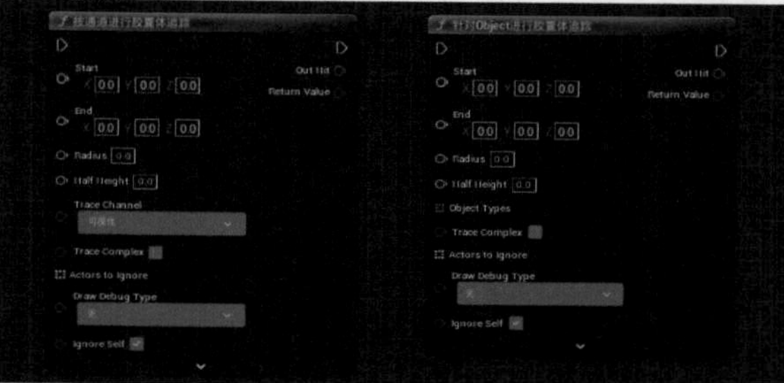

图6-73

6.4.2 开启/关闭碰撞

在关卡中选择物体，在“细节”面板中设置“碰撞已启用”为“无碰撞”是较快关闭碰撞的方法，如图6-74所示。虽然这样物体既不会检测到射线，也不会与世界中的其他物体发生碰撞，但是也不可开启模拟物理功能。

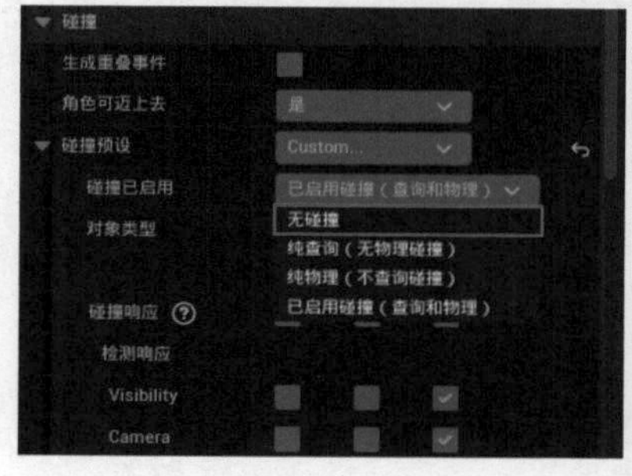

图6-74

重要参数介绍

◇**纯查询（无物理碰撞）：**支持射线等内容，不支持模拟物理功能与命中事件检测等。

◇**纯物理（不查询碰撞）：**支持模拟物理功能与命中事件检测等，但无法处理射线等内容。

◇**已启用碰撞（查询和物理）：**支持碰撞。

技术专题：使用蓝图控制碰撞

还可以使用以下蓝图节点快速设置碰撞，如图6-75所示。“设置Actor启用碰撞”节点可以为整个Actor设置是否启用碰撞（包括其中的所有组件），“设置碰撞已启用”节点可以设置4种不同的碰撞模式，“设置获取所有通道的碰撞响应”节点可以设置所有通道的响应为“New Response”，“设置通道的碰撞响应”节点可以设置指定通道为指定响应。

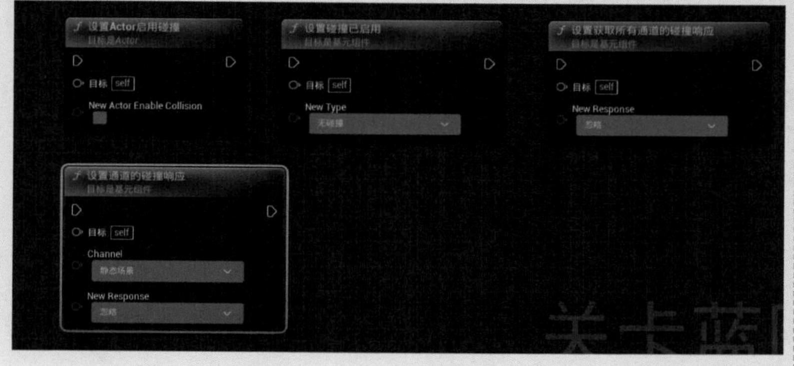

图6-75

6.4.3 制作游戏中的空气墙

使用游戏引擎制作的游戏通常使用引擎中的碰撞阻挡物体。在Unreal Engine 5中可以把“放置Actor”面板中的“BlockingVolume”(阻挡体积）资产作为空气墙，如图6-76所示。进入PIE运行模式后,“模拟物理”状态下的物体撞击该资产时会被阻挡，如图6-77所示。

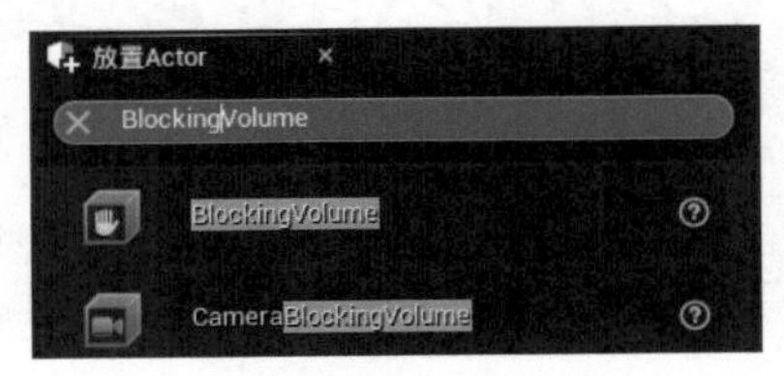

图6-76

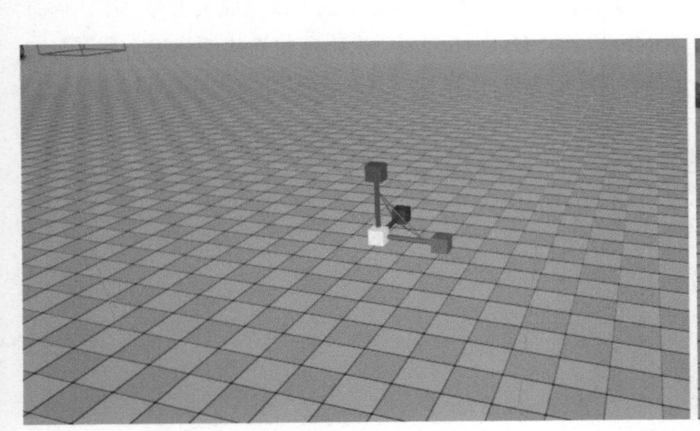

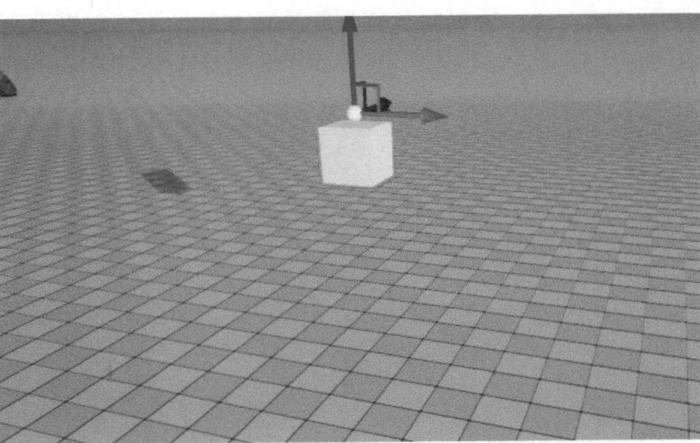

图6-77

综合训练：制作“石头雨”

素材位置 资源文件 > 实例文件 > CH06 > 综合训练：制作“石头雨”
实例位置 无
教学视频 ★★☆☆☆
学习目标 掌握模拟物理功能，学会制作碰撞效果

该案例将制作一场“石头雨”，石头会不断地从天空中落下，并且在落地时与地面产生碰撞效果，如图6-78所示。

图6-78

01 在“内容浏览器”面板中单击鼠标右键，执行“蓝图类”菜单命令后新建一个“Actor”类蓝图并命名为“BP_RockRain”，如图6-79所示。

02 双击打开初学者内容包中的“SM_Rock”模型，单击“碰撞”按钮碰撞并执行“自动凸包碰撞”菜单命令，如图6-80所示，添加一个自动凸包碰撞。

图6-79

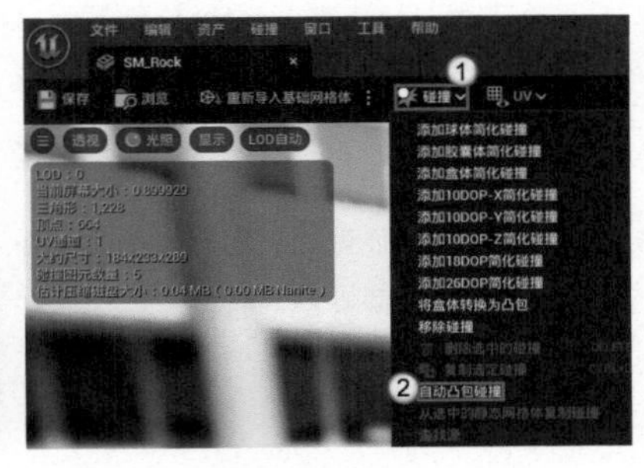

图6-80

03 在“凸包分解”面板中设置“凸包数量”为64,“最大外壳顶点数”为32,“凸包精确度”为320000，设置完成后单击“应用”按钮 应用 ，如图6-81所示。

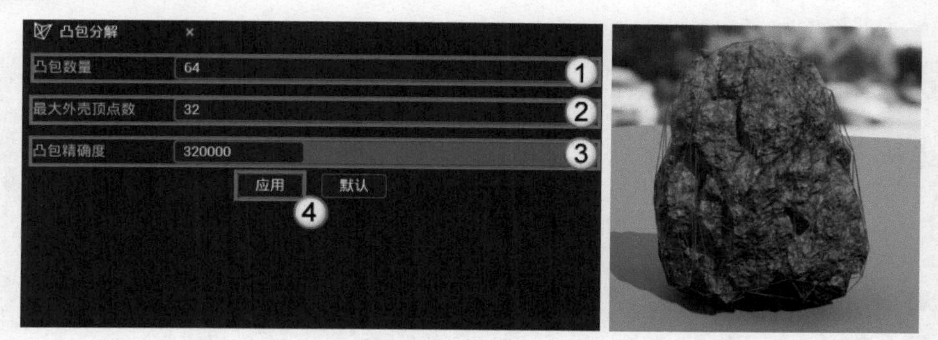

图6-81

04 双击打开“BP_RockRain”蓝图，在“事件图表”面板中找到“事件Tick”节点，使用“添加静态网格体组件”节点连接“延迟”节点，如图6-82所示。

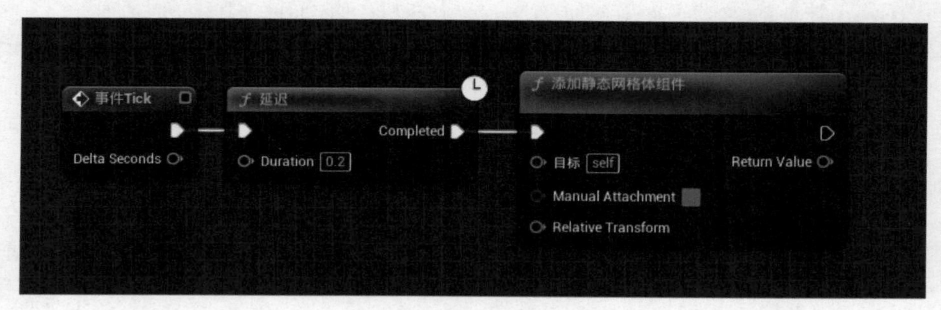

图6-82

05 选择“添加静态网格体组件”节点，在“细节”面板中设置“静态网格体”为“SM_Rock”，并勾选“模拟物理”选项，如图6-83所示。

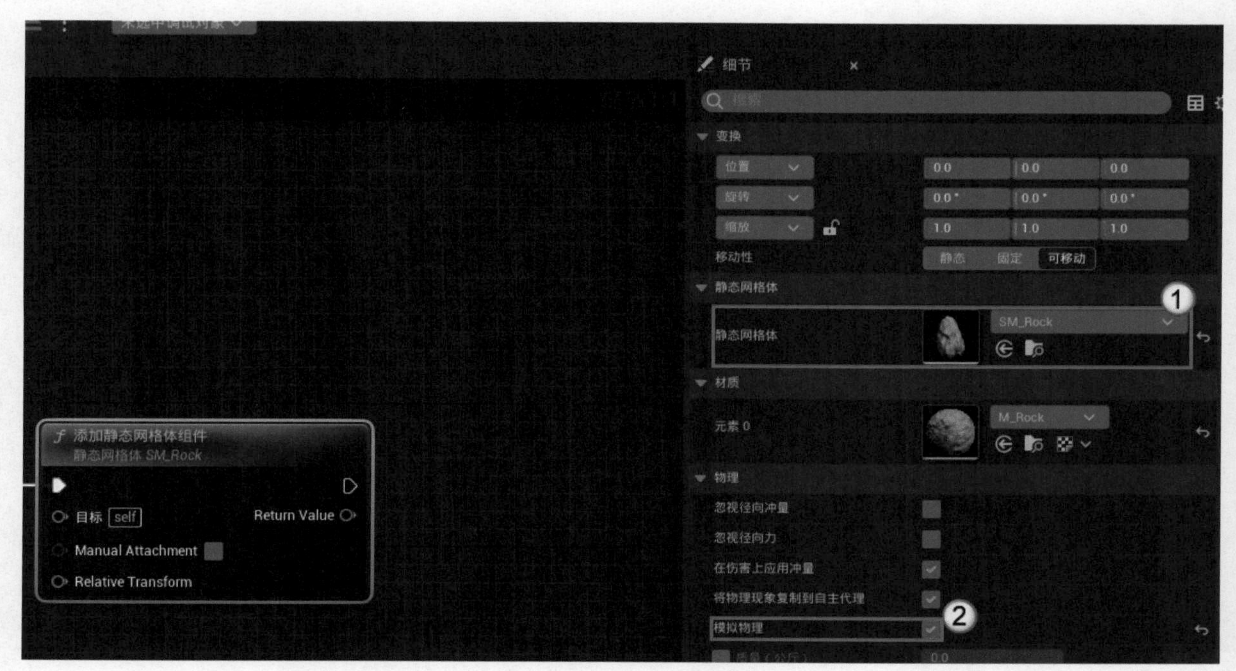

图6-83

06 新建两个“范围内随机浮点”节点，并设置两个节点的“Min”均为-500.0,“Max”均为500.0，将两个节点的“Return Value”引脚分别连接到“创建向量”节点的“X”和“Y”引脚上，使用“创建变换”节点将最终结果传输到“Relative Transform”引脚，如图6-84所示。

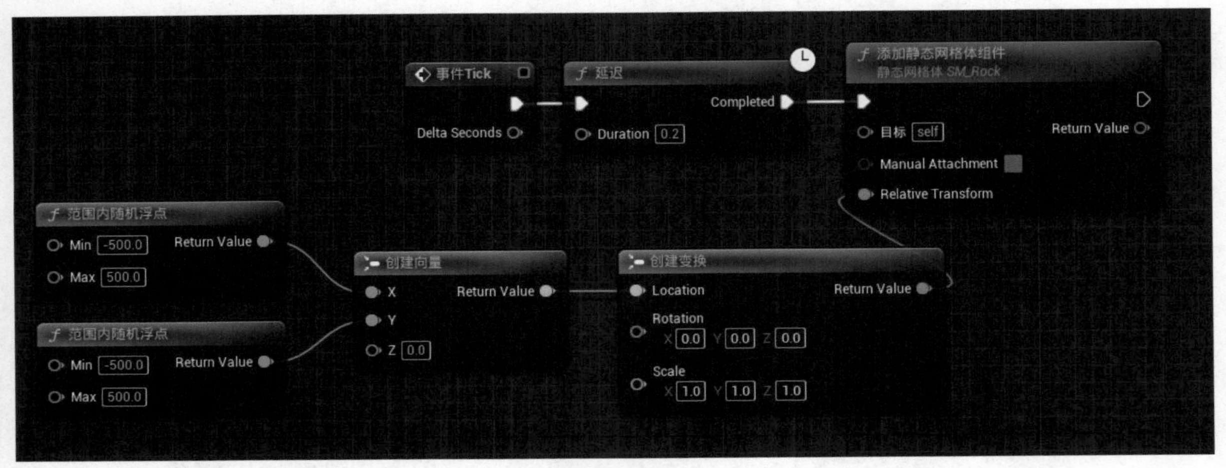

图6-84

07 编译并保存后拖曳“BP_RockRain”蓝图到关卡中，进入SIE运行模式后可以看到天空中下起了“石头雨”，如图6-85所示。

图6-85

第 7 章 可移动角色

■ 学习目的

本章将会讲解如何创建 Pawn 类的派生类——角色类蓝图，并使用引擎为角色类蓝图封装节点、为角色制作特殊功能、操控角色等。

■ 主要内容

- 操控角色视野
- 动画蓝图
- 播放蒙太奇
- 为角色添加简单的技能
- 随机移动功能

7.1 角色蓝图

“角色”类蓝图作为Pawn类的派生类，继承了“Pawn”类蓝图可被指定控制器占有的功能，同时又封装了专属于角色的函数与组件，是初学者用来创建可操作角色的不二之选；同时，由于Pawn类是Actor类的派生类，因此也可以在“角色”类蓝图中使用Actor类中封装的函数。

重点

7.1.1 角色

“角色”类蓝图中封装了很多对控制角色非常有帮助的功能。在“内容浏览器”面板的空白处单击鼠标右键，执行“蓝图类”菜单命令后创建一个“角色”类蓝图并命名为“BP_Player”，如图7-1所示，将“BP_Player”蓝图拖曳到关卡中并使用快捷键Ctrl＋S保存此蓝图。

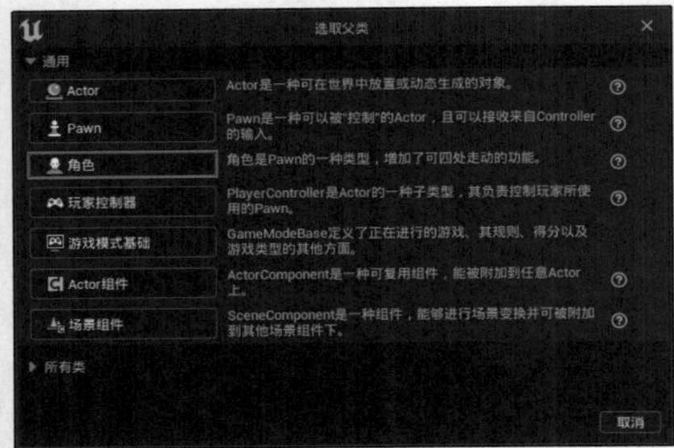

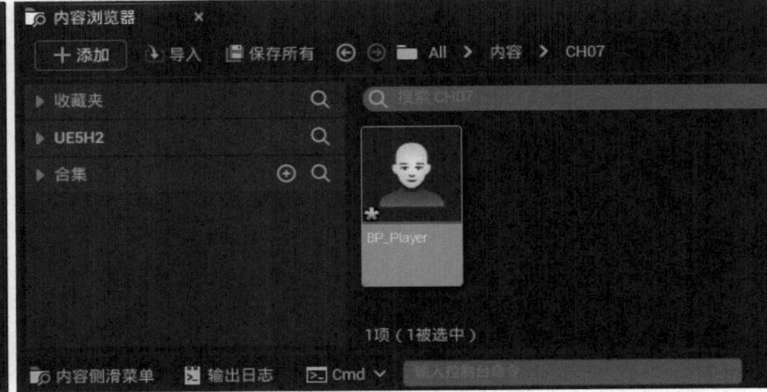

图7-1

双击打开“BP_Player”蓝图，可以在“组件”面板中发现“角色”类蓝图有4个组件，如图7-2所示，其继承了引擎C++中的Character类，会默认携带一个“网格体（CharacterMesh0）”组件，可以在该组件中放入角色的模型，“角色移动（CharMoveComp）”组件中封装了很多可供用户使用的函数。

“角色”类蓝图可以使用“Actor”类蓝图与“Pawn”类蓝图中的函数（事件），也可以使用其他封装好的函数（事件），如图7-3所示。

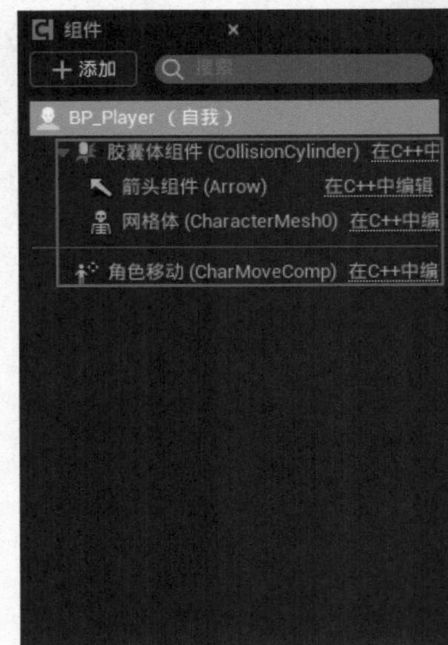

图7-2

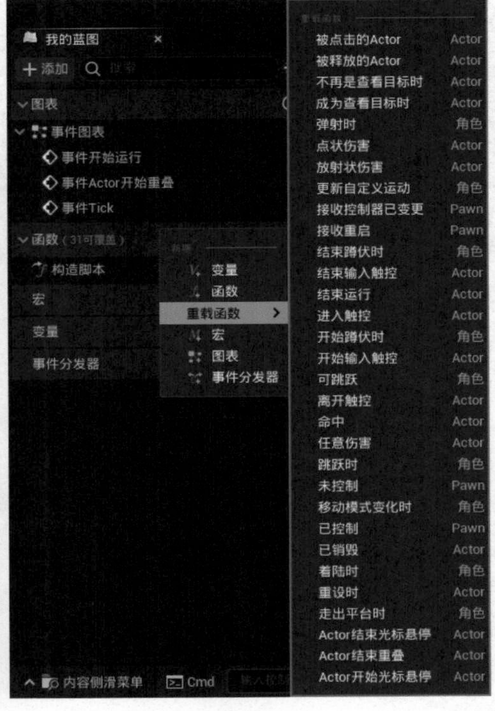

图7-3

7.1.2 控制器

控制器虽然属于Actor类，但并非物理Actor(也无法被手动放到关卡中)，它可以被分为“玩家控制器”与“AI控制器”，如图7-4所示。一般情况下，玩家使用玩家控制器控制Pawn，AI使用AI控制器控制Pawn，游戏角色可以通过控制器接收来自用户的输入。

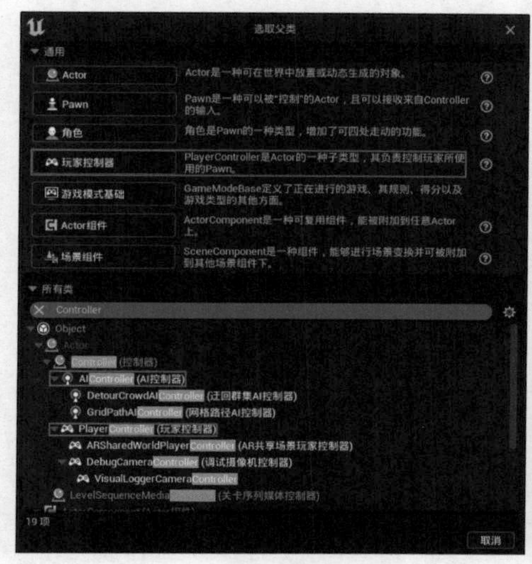

图7-4

创建一个“玩家控制器”类蓝图并命名为“BP_PlayerController”，选中新建的“BP_PlayerController”蓝图并使用快捷键Ctrl＋S将其保存，如图7-5所示。

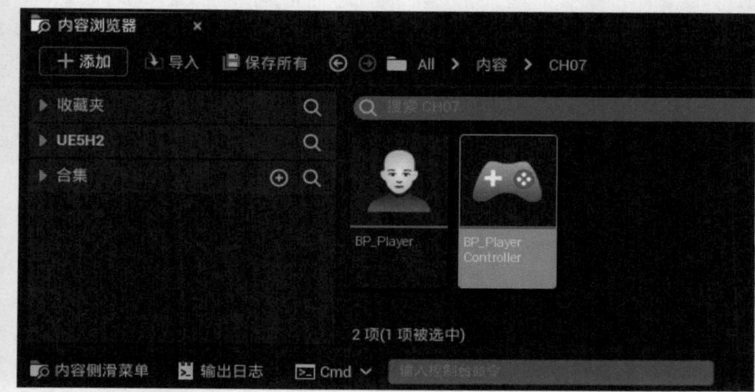

图7-5

虽然“玩家控制器”类蓝图在修改“Pawn”类中“自动控制玩家”参数为勾选的情况下会自动生成一个玩家控制器并占有Pawn，但是需要在“游戏模式基础”类蓝图中对默认的玩家控制器与默认的Pawn进行关联。接下来创建一个“游戏模式基础”类蓝图。

7.1.3 游戏模式

游戏模式定义了目前正在进行的游戏，通常用于控制队伍得分、游戏规则及其他内容，可以在单一关卡中设置游戏模式，以快速使用游戏模式中关于角色、控制器的预设配置。游戏模式只能在服务端上获取，如果是单机游戏或是在服务端中，也可以使用“Get Game Mode”节点直接获取游戏模式的对象引用。

在“内容浏览器”面板的空白处单击鼠标右键并执行“蓝图类”菜单命令，选择“游戏模式基础”类，创建一个游戏模式并命名为“BP_GameMode”，如图7-6所示。

双击打开“BP_GameMode”蓝图，在“细节”面板中的“类”卷展栏中可以设置新建的玩家与控制器，设置“玩家控制器类”为“BP_PlayerController”,“默认pawn类”为“BP_Player”，如图7-7所示。

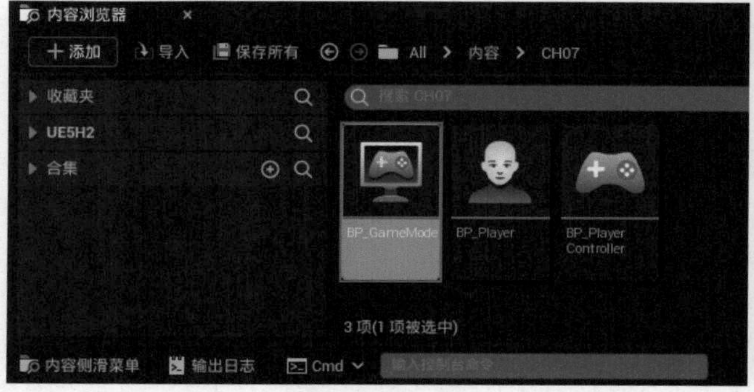

图7-6

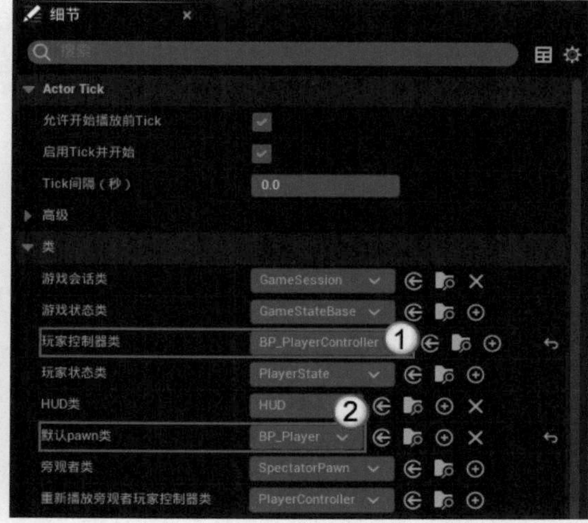

图7-7

编译并保存后回到关卡中，在“世界场景设置”面板中设置“游戏模式重载”为“BP_GameMode”，如图7-8所示。如果没有显示“世界场景设置”面板，则需要执行“窗口>世界场景设置”菜单命令，如图7-9所示。

使用快捷键Ctrl＋S保存关卡后进入PIE运行模式，如果发现不能使用鼠标和键盘控制角色，就代表目前已占有角色，需要为角色添加视野和移动操作，如图7-10所示。

图7-8

图7-9

图7-10

7.1.4 视野操控

如果要控制角色的视野，就需要先为角色添加摄像机组件，以获取其视野。如果是第三人称游戏，可以在弹簧臂组件中添加摄像机组件，该组件能够实时保持与玩家的距离，如图7-11所示。

双击打开“BP_Player”蓝图，在“组件”面板中单击“添加”按钮 ＋添加 后添加一个弹簧臂组件，接着选择创建好的弹簧臂组件“SpringArm”并添加一个摄像机组件，如图7-12所示。

图7-11

图7-12

编译并保存后回到关卡中，执行“编辑>项目设置”菜单命令进入“项目设置”窗口，在“引擎 - 输入”卷展栏中添加轴映射，用于控制摄像机。添加两个新的轴映射并分别命名为“LookUp”与“Turn”，将“LookUp”的按键设置为“鼠标Y”，设置“缩放”为-1.0，将“Turn”的按键设置为“鼠标X”，设置“缩放”为1.0，如图7-13所示，这两个轴映射分别控制摄像机的上下转向和左右转向。

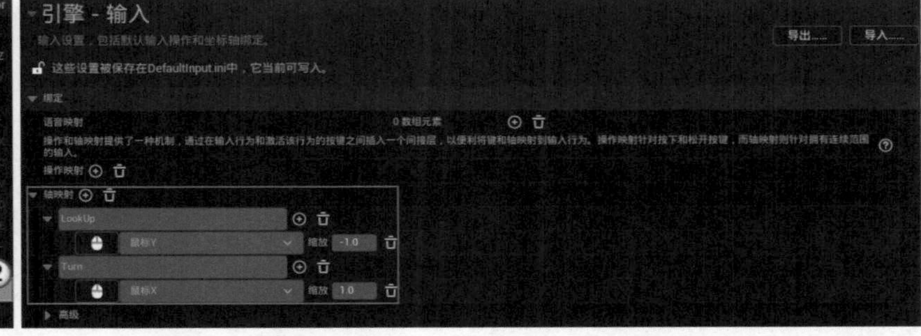

图7-13

回到“BP_Player”蓝图中，添加“LookUp”与“Turn”两个轴输入事件，分别连接“添加控制器Pitch输入”节点与“添加控制器Yaw输入”节点，如图7-14所示。

编译并保存后回到关卡中，进入PIE运行模式后控制Yaw轴摄像机（Yaw轴摄像机指的是摄像机的左右移动），发现无法控制视野，这是因为没有在弹簧臂组件的“细节”面板中勾选“使用Pawn控制旋转”选项，如图7-15所示。勾选后再次编译并保存，进入PIE运行模式即可操控视野，如图7-16所示。

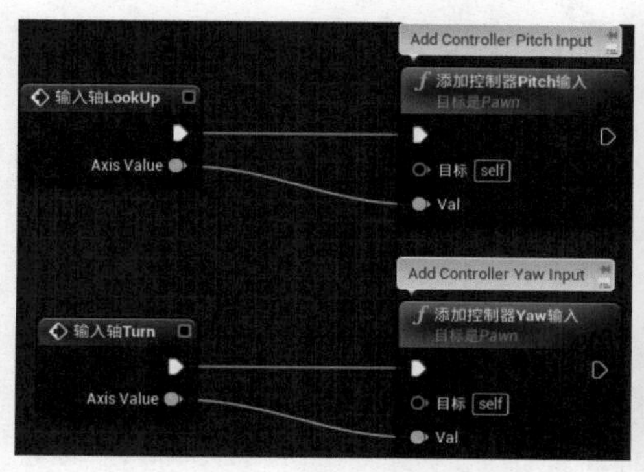

图7-14

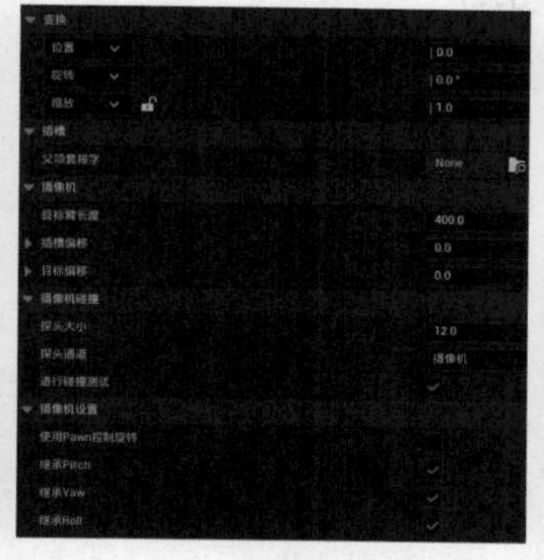

图7-15

图7-16

7.1.5 移动操作

接下来为角色添加移动操作，执行“编辑>项目设置”菜单命令，打开“项目设置”窗口，在“轴映射”卷展栏中添加“MoveForward”与“MoveRight”轴映射，分别设置按键为“W”“S”“A”“D”,“缩放”分别为1.0、-1.0、-1.0和1.0，如图7-17所示。

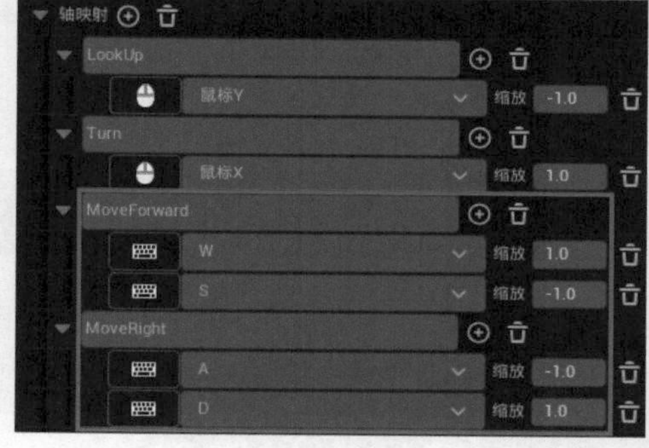

图7-17

移动操作可以通过“添加移动输入”节点实现，如图7-18所示，该节点会使Pawn向某个世界方位移动,“Scale Value”引脚控制移动的缩放效果，其为负数时Pawn将反向移动。

连接“World Direction”引脚到其他节点上，可以控制角色向世界中的某个方向移动，还可以使用玩家自己的方向动态计算出移动的方向。如果要向前移动，那么可以使用“获取Actor向前向量”节点，向右移动则使用“获取Actor向右向量”节点，如图7-19所示。

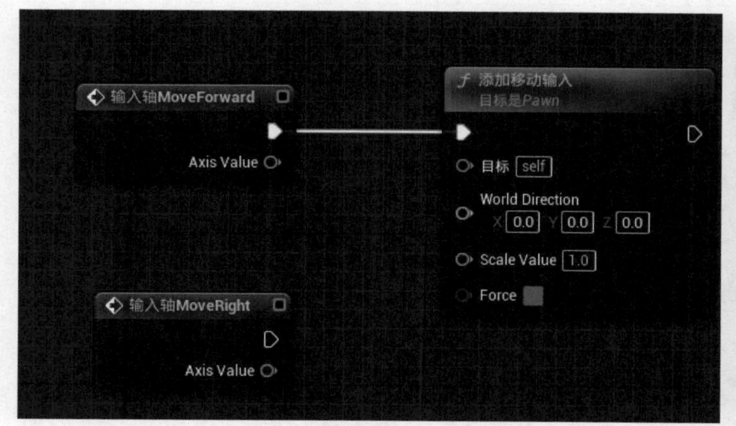

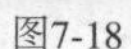
图7-18

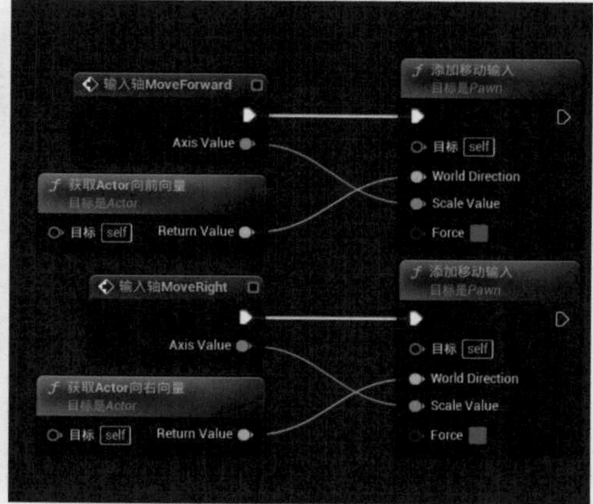

图7-19

编译并保存后进入PIE运行模式，通过按键或拖曳鼠标控制角色的移动或视野，如图7-20所示。

图7-20

7.1.6 跳跃

“角色”类蓝图的封装函数“跳跃”与“停止跳跃”可以为角色提供跳跃功能。将“跳跃”与“停止跳跃”节点分别连接到“空格键”节点的“Pressed”与“Released”引脚上，如图7-21所示。“细节”面板里的“角色移动：上跳/下落”卷展栏中的“跳跃Z速度”用于设置跳跃高度，如图7-22所示。

编译并保存后关闭“蓝图编辑器”窗口，进入PIE运行模式后按Space键跳跃，如图7-23所示。

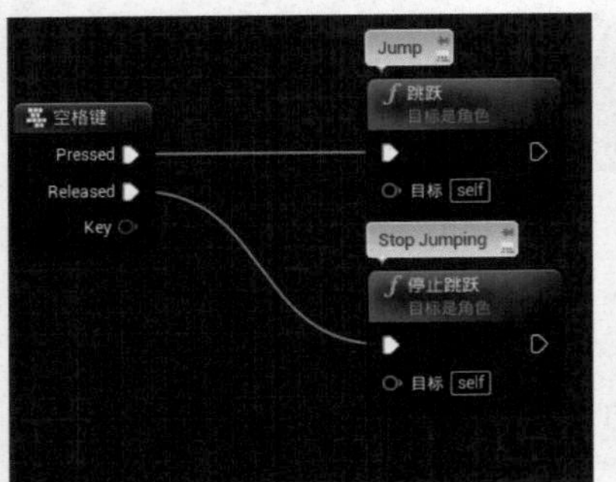

图7-21

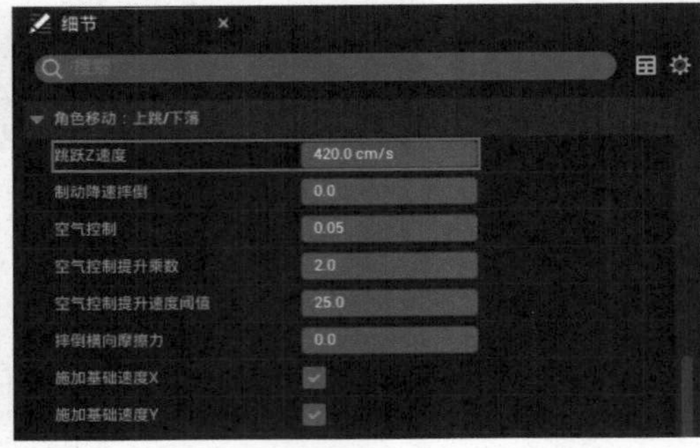

图7-22

图7-23

7.2 人物动画

通常情况下，需要使用动画序列或动画蓝图将具有骨架的动画播放在具有相同骨架的骨骼网格体上，有时还需要使用蒙太奇对动画进行衔接或播放需要单次播放的动画。

7.2.1 添加人物模型

在第1章中为名为“SK_Mannequin”的人物模型添加了贴图。双击打开上一节创建的“BP_Player”蓝图，在“组件”面板中选择“网格体（CharacterMesh0）”组件，在“细节”面板中的“网格体”卷展栏中设置“骨骼网格体”为“SK_Mannequin”，如图7-24所示。

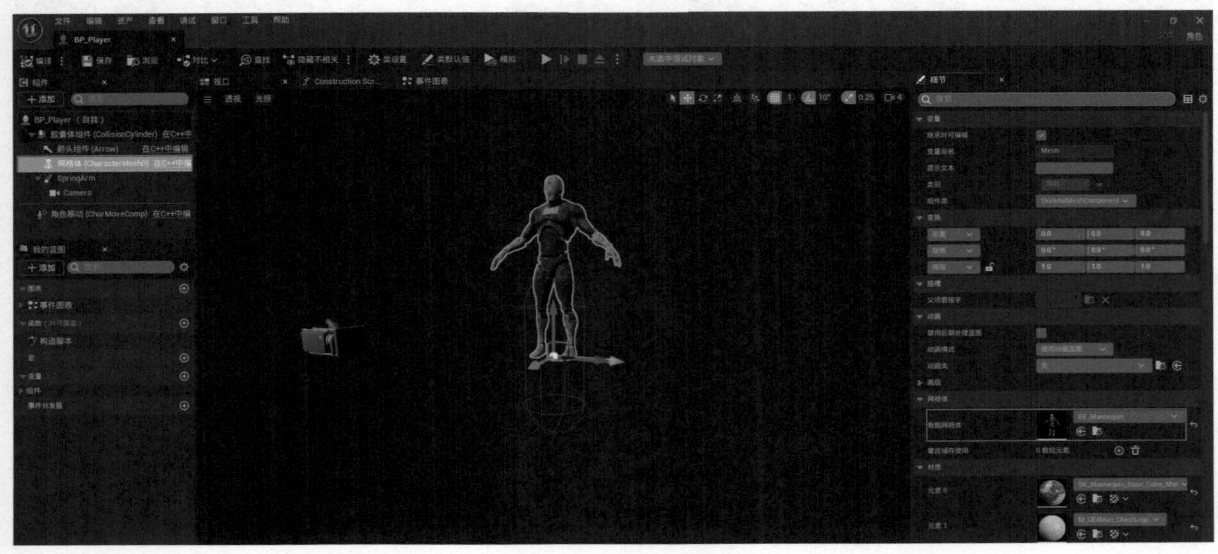

图7-24

在视口中调整模型的正方向为蓝色箭头指向的方向，使鞋底与胶囊体底部处于同一平面，如图7-25所示。编译并保存后关闭“蓝图编辑器”窗口，进入PIE运行模式后可以看到该模型，如图7-26所示。

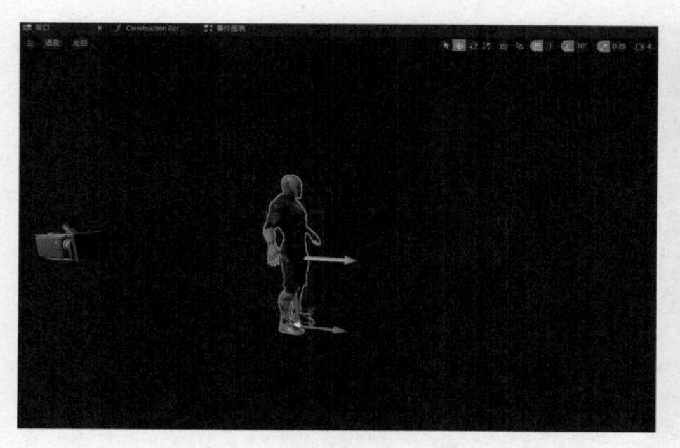

图7-25

图7-26

重点

7.2.2 动画蓝图

动画蓝图是用来控制某个骨骼网格体动画的蓝图。动画蓝图中不仅有事件图表，还有专门用于控制动画混合等复杂功能的动画图表，在其中可以播放动画序列与混合动画。动画图表为用户提供了多种用于控制动画的节点，使用户可以制作出优秀的动画效果。动画图表中也有可以直接控制骨骼的节点。

在“内容浏览器”面板中单击鼠标右键，然后执行“动画>动画蓝图”菜单命令，如图7-27所示。

创建动画蓝图时需要选择一个骨骼。在打开的“创建动画蓝图”对话框中选择“SK_Mannequin_Skeleton”，单击“创建”按钮创建蓝图，设置蓝图名称为“ABP_Mannequin”，如图7-28所示。

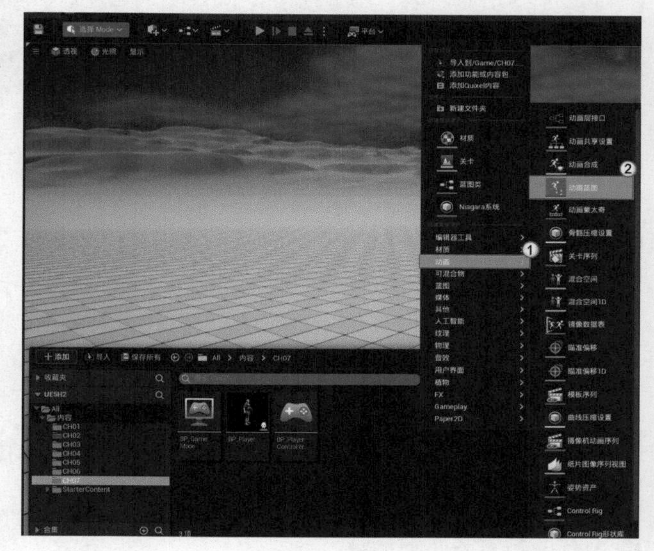

图7-27

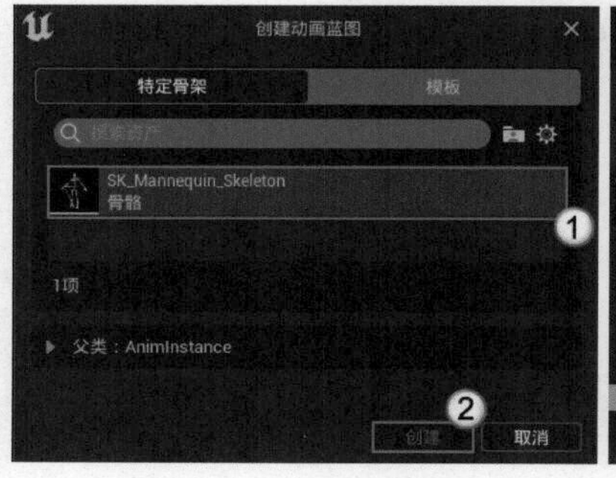

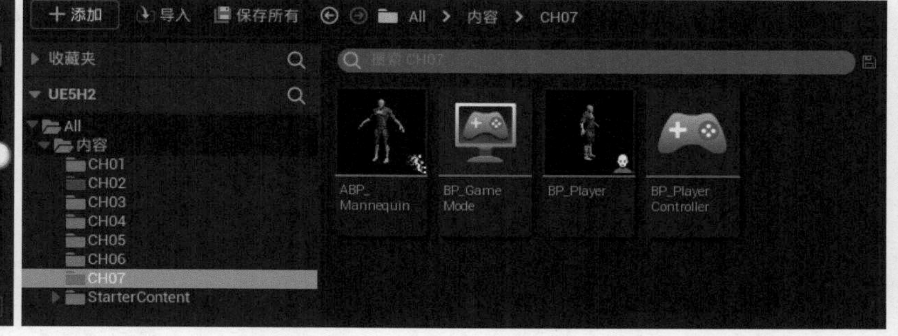

图7-28

提示 选择骨骼是很重要的一步，动画无法播放或无法正常显示的原因可能是骨骼错误。在虚幻商城购买资源并将资源导入Unreal Engine 5后，基于虚幻商城的默认骨骼模型制作的动画通常会带有一个新的骨骼，尽量删除此骨骼并对动画序列进行重定向。

双击打开动画蓝图，在“我的蓝图”面板中双击“动画图表”卷展栏中的“AnimGraph”，打开动画图表，在动画图表中添加动画，将最终结果连接到“Result”引脚后，便可将动画应用到指定的骨骼网格体上，如图7-29所示。

图7-29

提示 动画蓝图的“事件图表”面板与普通蓝图的大体无异，可以在其中添加变量、函数、宏和事件等。

7.2.3 混合空间

混合空间分为混合空间和混合空间1D，可以使用两个浮点数或一个浮点数对面板上的动画进行混合。动画蓝图的动画图表中默认开放了一个或两个浮点数，并且会返回在轴上混合的姿势。虚幻商城的免费资源中有“MCO Mocap Basics”包，购买该资源后，回到自己的保管库并将其添加到工程中，如图7-30所示。

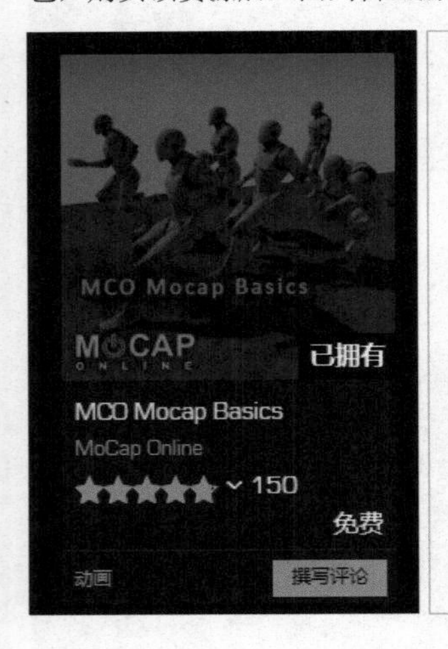

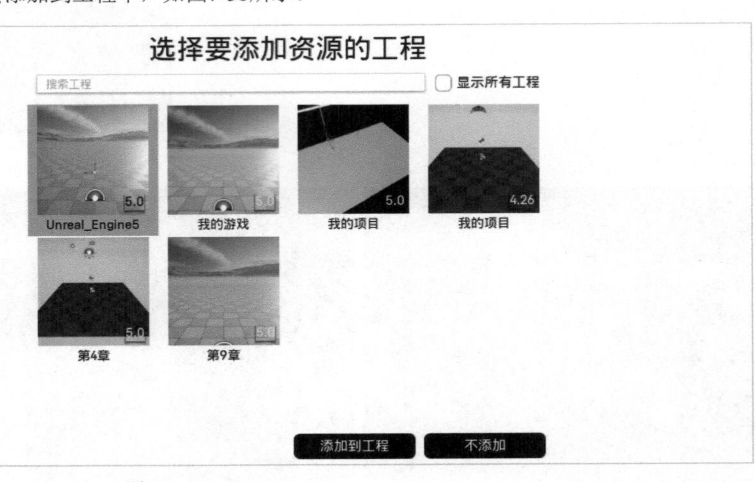

图7-30

“内容浏览器”面板中多出了“MCO_Mocap_Basics”文件夹，在“Character>Mesh”文件夹中选择4个原本存在的骨骼后单击鼠标右键，执行“删除”菜单命令或按Delete键，在“Delete Assets”对话框中单击“强制删除”按钮 强制删除 ，以防在后续操作中将骨骼弄混，如图7-31所示。

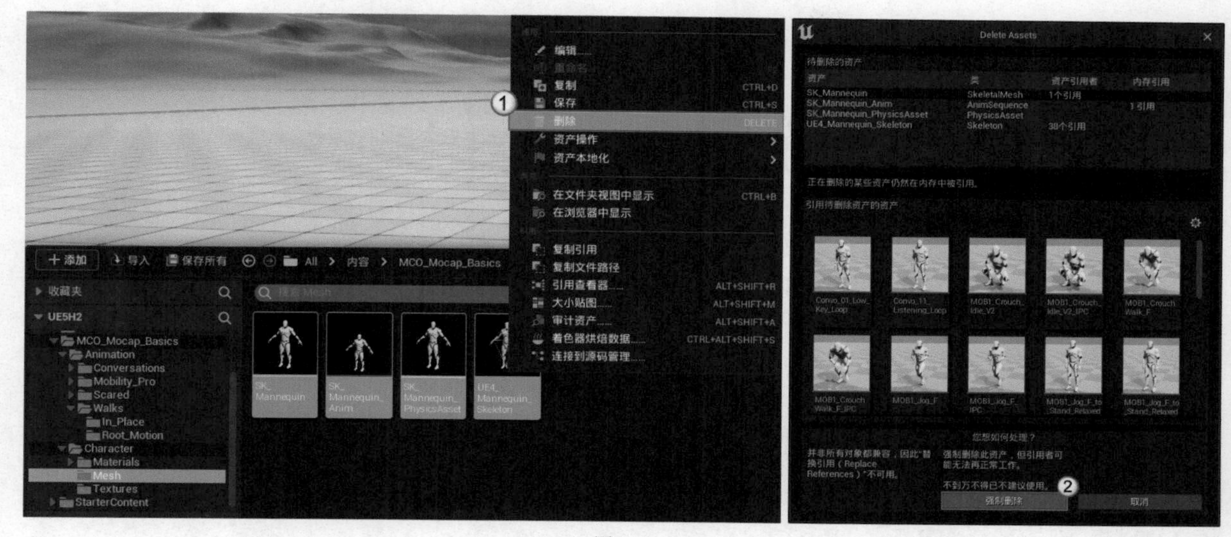

图7-31

提示 删除骨骼后需要将动画重定向到已存在的骨骼上（因为已有骨骼和虚幻商城中的大部分人形骨骼一致，所以可以进行重定向操作，否则需要手动修改），可以在具体介绍中查看动画是否支持虚幻商城中的人形骨骼。

删除骨骼后可以看到“MCO_Mocap_Basics>Animation>Mobility_Pro>In_Place”文件夹中的动画变黑，代表没有找到骨骼，双击动画后会弹出“消息”对话框，单击“是”按钮，打开“选取替换骨架”对话框，选择“SK_Mannequin_Skeleton”骨骼，单击“确定”按钮，如图7-32所示。

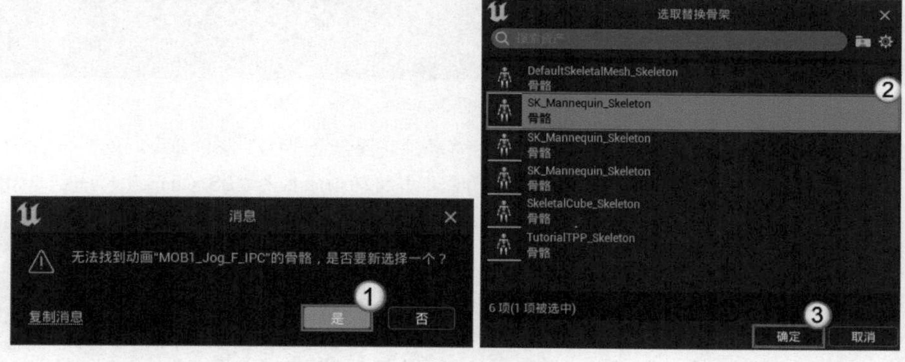

图7-32

对“In_Place”文件夹下的“MOB1_Jog_F_IPC”和“MOB1_Stand_Relaxed_Idle_v2_IPC”动画重复上述操作，绑定已有的骨骼，如图7-33所示。

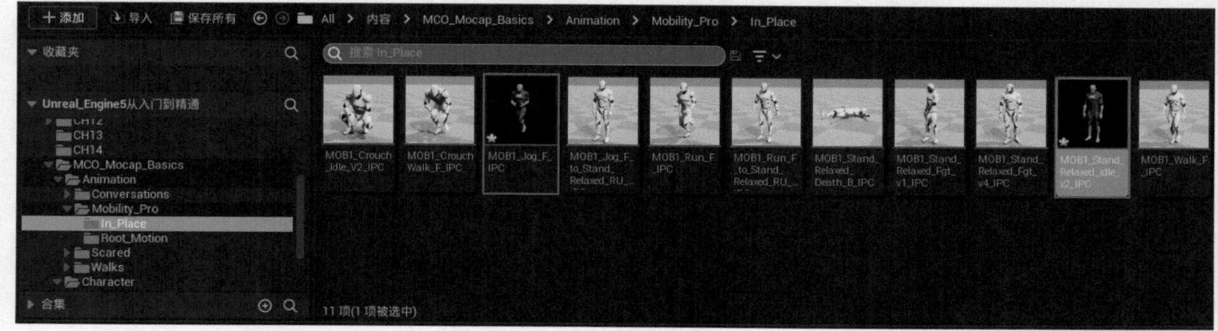

图7-33

重定向成功后选择一个绑定了已有骨骼的组件作为动画的预览资源，双击动画后打开“动画编辑器”窗口，发现动画能正常显示，如图7-34所示。

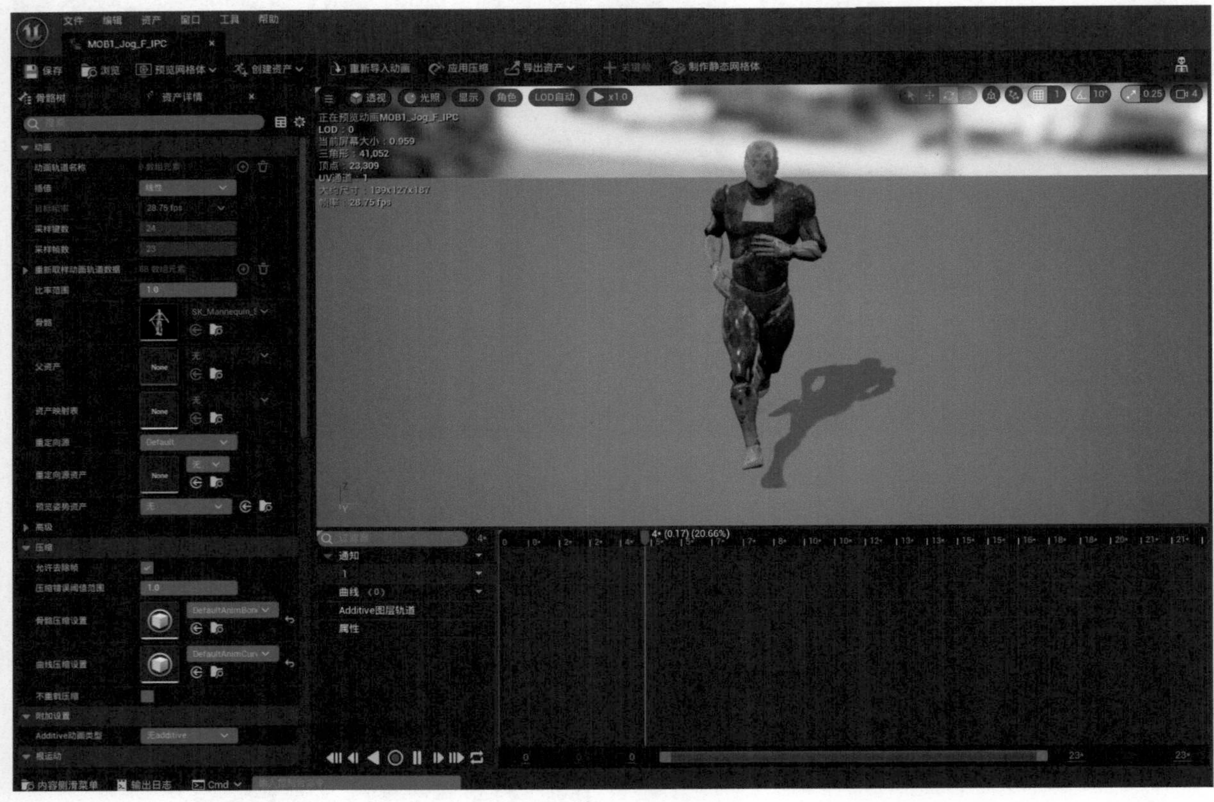

图7-34

在“内容浏览器”面板中的空白处单击鼠标右键并执行“动画>混合空间1D”菜单命令，创建一个新的混合空间1D，在“选取骨骼”对话框中选择“SK_Mannequin_Skeleton”骨骼，并将动画命名为“BS_CharacterWalk”，如图7-35所示。

图7-35

双击打开“BS_CharacterWalk”动画的“动画编辑器”窗口，可以看到只存在一个时间轴，如图7-36所示。混合空间1D在动画图表中会自动暴露水平坐标的名称，可以通过浮点型变量为混合空间1D设置坐标位置，且能够随意设置最小轴值。

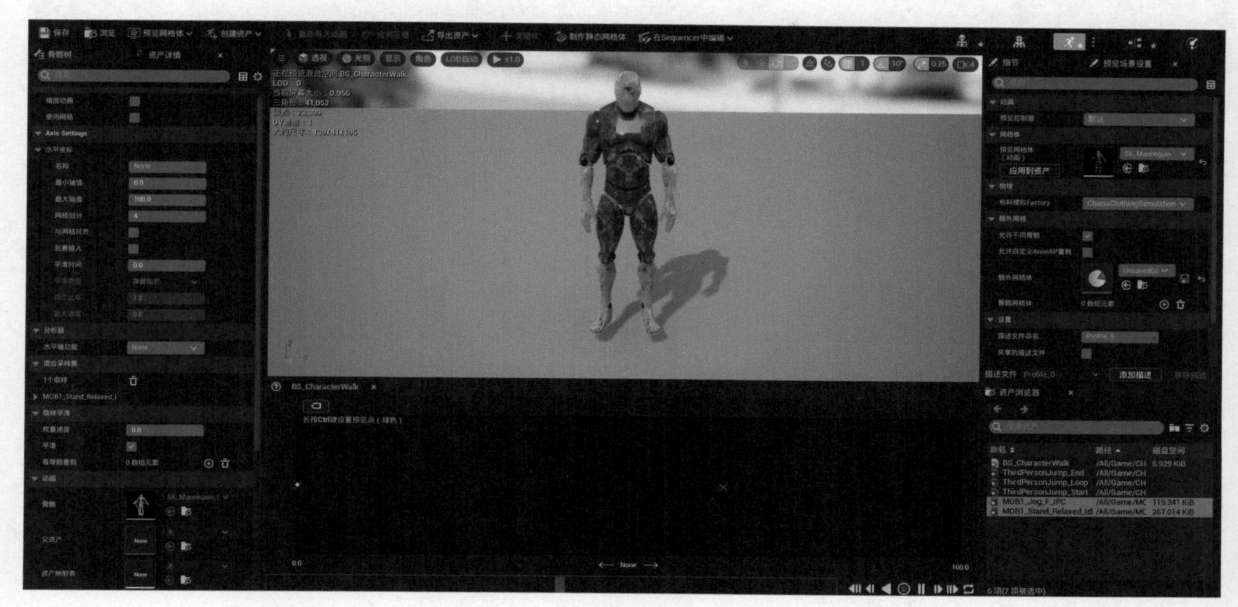

图7-36

在“资产浏览器”面板中将动画序列“MOB1_Stand_Relaxed_Idle_v2_IPC”拖曳到时间轴上的最小值处，按住Shift键并将动画序列“MOB1_Jog_F_IPC”拖曳到最大值处，让动画对齐水平线，如图7-37所示。

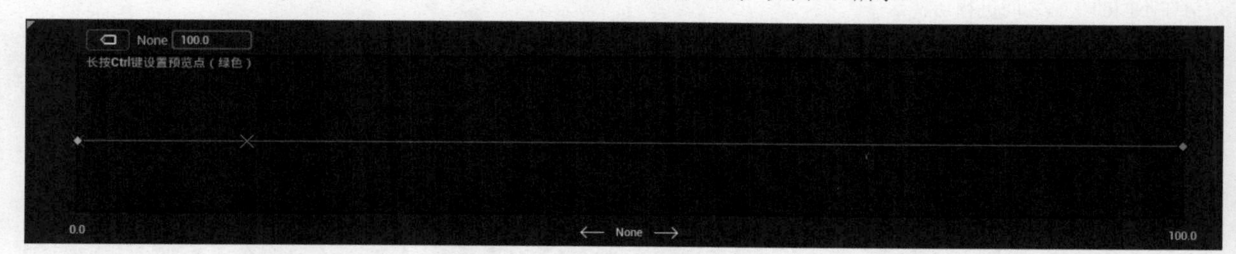

图7-37

在“资产详情”面板的“Axis Settings＞水平坐标”卷展栏中设置“名称”为“Speed”,“最大轴值”为360.0，如图7-38所示。将时间轴上的最大值拖曳到360.0处后保存并关闭“动画编辑器”窗口，如图7-39所示。可以通过传入的浮点型变量对动画进行混合，按住Ctrl键并拖曳鼠标或拖曳绿色符号时可以查看动画在不同数值下的混合情况。

图7-38

图7-39

回到动画图表，从“资产浏览器”面板中拖曳“BS_CharacterWalk”到“动画图表”面板中并连接到“输出姿势”节点，当“Speed”为0时默认为站立动作，设置“Speed”为360.0，此时角色开始移动，如图7-40所示。

图7-40

提示 “Speed”引脚可以通过浮点型变量进行设置。

7.2.4 状态切换

在动画图表中可能会涉及多种序列或混合空间的切换，虽然动画图表提供了整型、枚举型等可供选择分支的节点，但是这些节点一般无法完成复杂的条件变换。

在“动画图表”面板中删除“BS_CharacterWalk”节点，在空白处单击鼠标右键后搜索“State Machines”，创建一个状态机并命名为“Movement”，再将其连接到“输出姿势”节点，如图7-41所示。在状态机中可以创建状态，并可通过布尔值在不同的状态之间进行切换。

双击打开“Movement”状态机，发现只存在一个“Entry”节点，此节点需要连接一个新的状态。在空白处单击鼠标右键并执行“添加状态”菜单命令，将状态命名为“Idle/Walk”后连接到“Entry”节点，如图7-42所示。

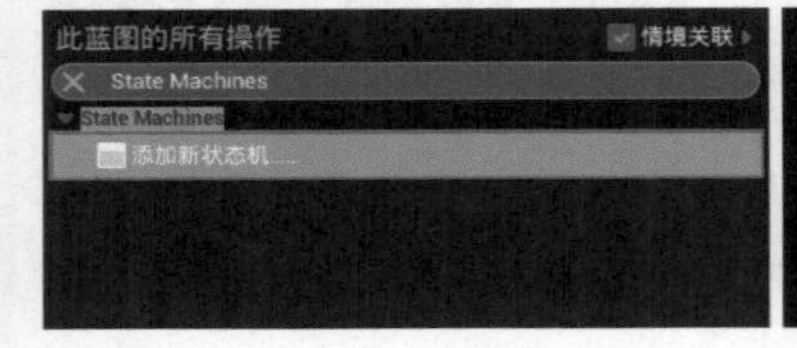

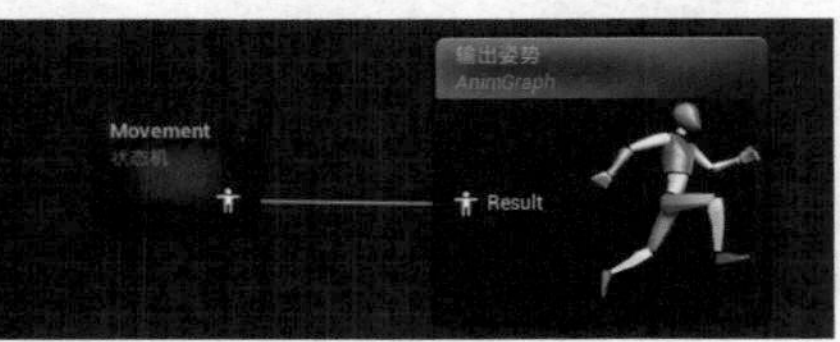

图7-41

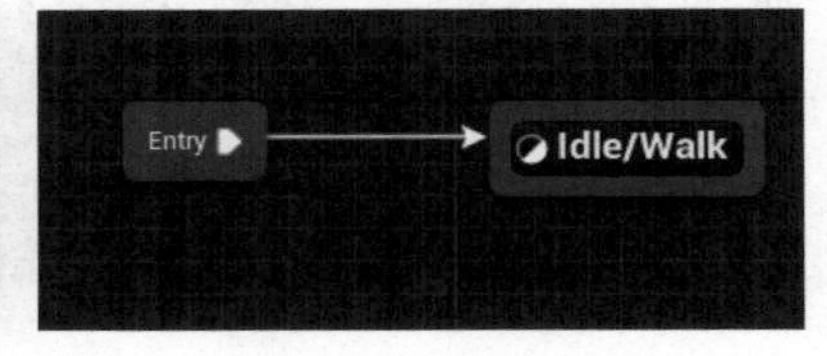

图7-42

双击打开“Idle/Walk”状态，其中有“输出动画姿势”节点，代表该状态的输出动画。在“我的蓝图”面板中创建一个名为“Speed”的浮点型变量并将其拖曳到“动画图表”面板中，从“资产浏览器”面板中拖曳“BS_CharacterWalk”到“动画”面板中，最后将它们连接起来，如图7-43所示。

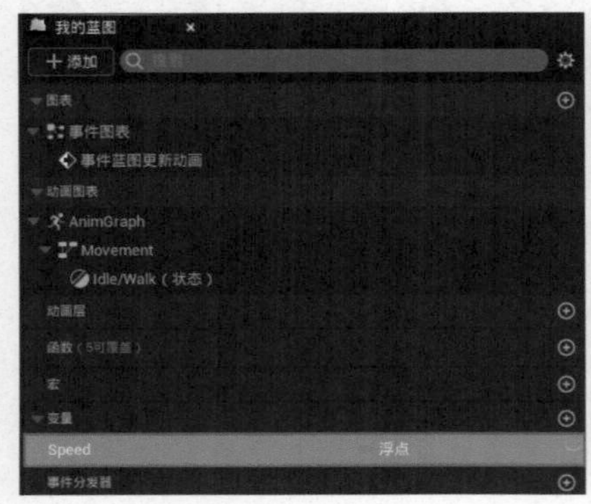

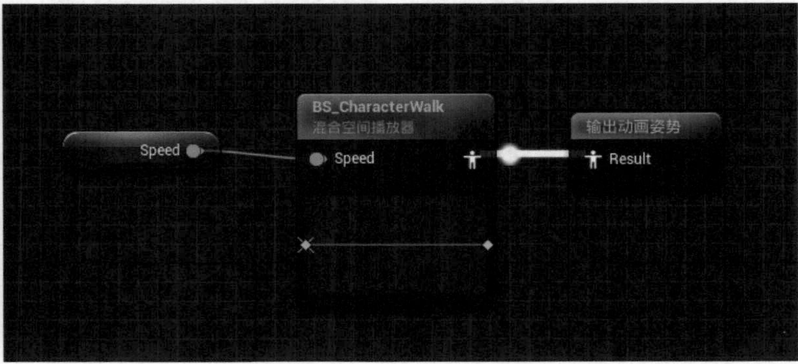

图7-43

进入“事件图表”面板，设置当前角色的速度长度为“Speed”，其与“角色移动”组件中的“最大行走速度”基本一致（满速状态下）。用图表中自带的“尝试获取Pawn拥有者”节点连接“获取速度”节点，使用“向量长度”节点计算出速度的长度，如图7-44所示。

在“我的蓝图”面板中将“Speed”变量SET拖曳到“事件图表”面板中，连接“向量长度”节点的返回值到“Speed”引脚上，连接“SET”节点到“事件蓝图更新动画”节点上，此节点每Tick执行一次，如图7-45所示。

图7-44

图7-45

打开“BP_Player”蓝图，在“组件”面板中选择“网格体（CharacterMesh0）”组件，在“细节”面板中设置“动画模式”为“使用动画蓝图”,“动画类”为新建的“ABP_Mannequin_C”，将动画蓝图附加到网格体上，如图7-46所示。

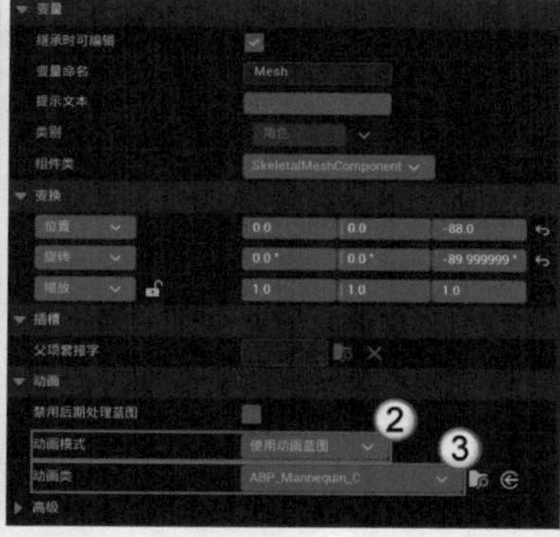

图7-46

选择“角色移动（CharMoveComp）”组件，为了让动画的观感较好，设置“最大行走速度”为360.0cm/s，如图7-47所示。因为在混合空间中设置的水平坐标的“最大轴值”为360.0，所以即便设置的最大行走速度超过了360.0，也只会播放在混合空间中最大值为360.0的位置的动画。

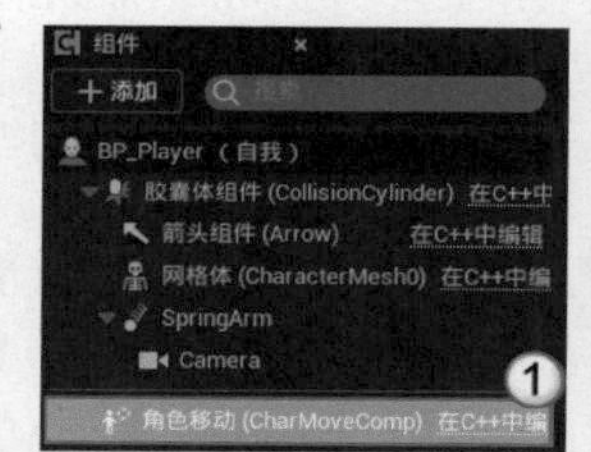

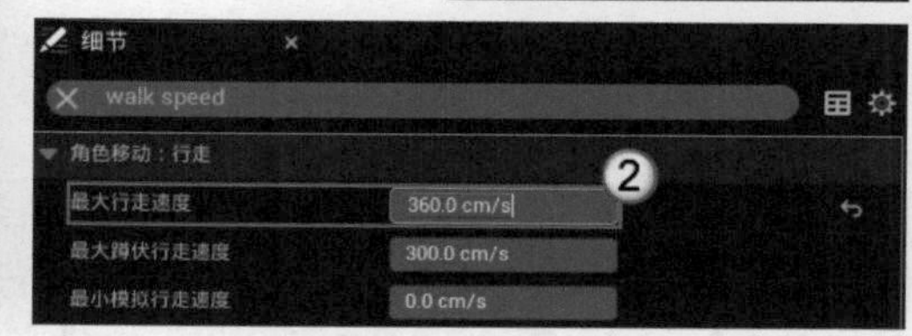

图7-47

编译并保存后进入PIE运行模式，移动角色时会播放动画，如图7-48所示。在移动时发现角色不会朝向移动的方向，这是因为当前朝向是Actor的向前向量的方向。

图7-48

在“组件”面板中选择“BP_Player(自我)”并在“细节”面板中取消勾选“使用控制器旋转Yaw”选项，如图7-49所示。然后选择“角色移动（CharMoveComp）”组件，在“细节”面板中勾选“将旋转朝向运动”选项，如图7-50所示。

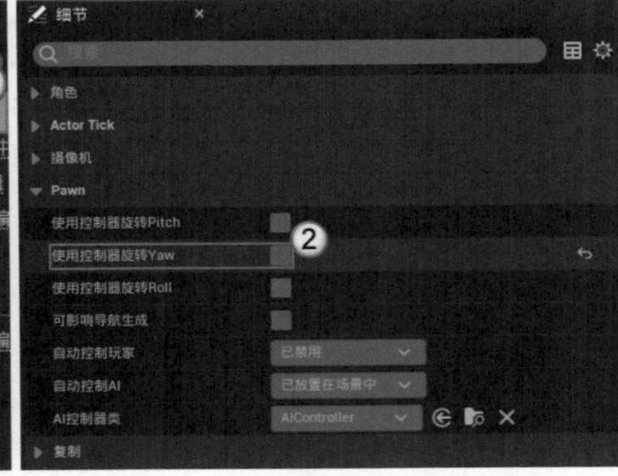

图7-49

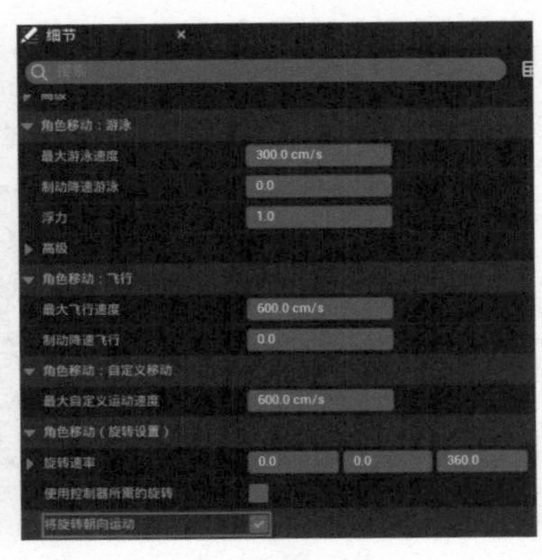

图7-50

删除“获取Actor向前向量”节点和“获取Actor向右向量”节点，新建一个“获取控制旋转”节点（目标是Pawn），使用鼠标右键单击“Return Value”引脚后执行“分割结构体引脚”菜单命令，如图7-51所示。

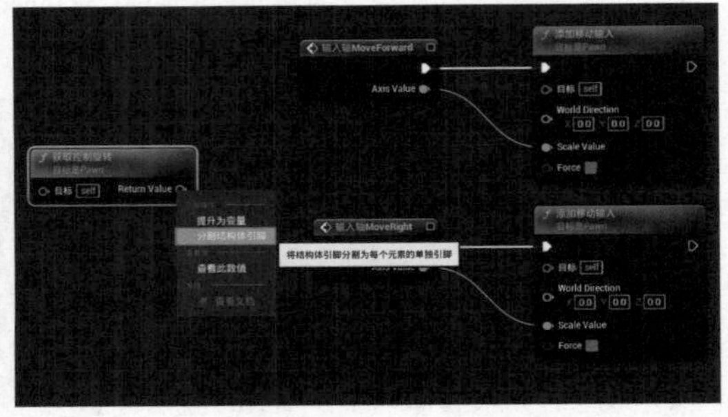

图7-51

创建一个“创建旋转体”节点并将其连接到“获取控制旋转”节点的“Return Value Z(Yaw)”引脚上，如图7-52所示。此操作会排除x轴与y轴的输入，让移动方向不会因视角的上下运动而产生偏移。

新建“获取向前向量”节点与“获取向右向量”节点，将两者都连接到“创建旋转体”节点的“Return Value”引脚上，并分别连接到两个“添加移动输入”节点的“World Direction”引脚上，如图7-53所示。

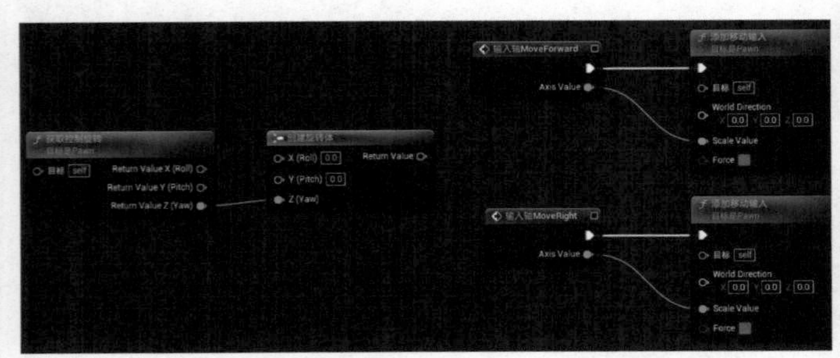

图7-52

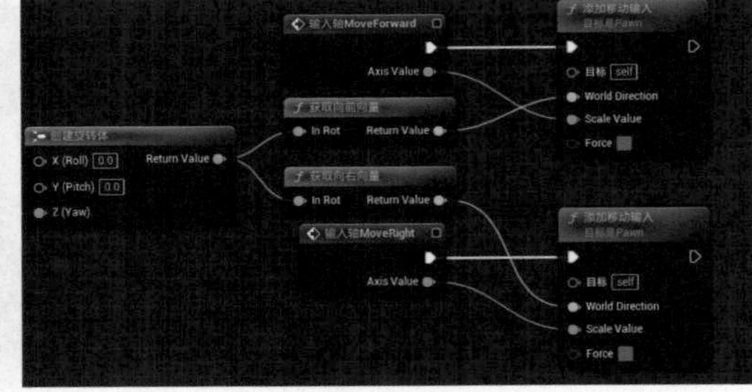

图7-53

编译并保存后进入PIE运行模式，按W、A、S和D键移动角色，可以看到角色的朝向会随着移动方向的变化而改变，如图7-54所示。

图7-54

7.2.5 跳跃动画

打开“资源文件>素材文件>CH07>Game”文件夹，将其中的“ThirdPersonJump_End”“ThirdPersonJump_Loop”“ThirdPersonJump_Start”文件拖曳到“内容浏览器”面板中，如图7-55所示。

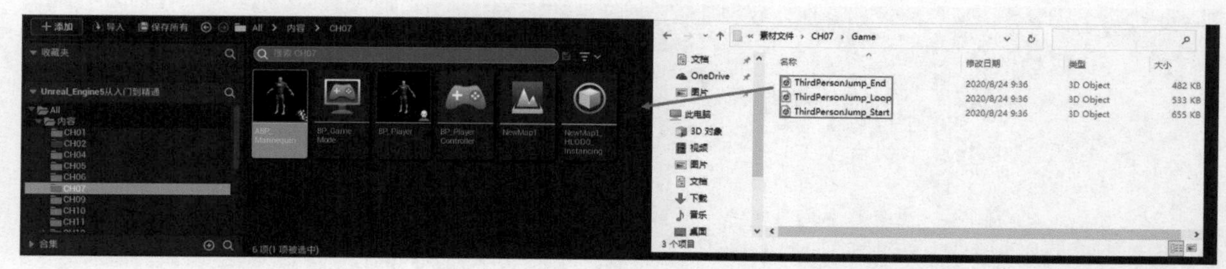

图7-55

在弹出的“FBX导入选项”对话框中设置“骨骼”为“SK_Mannequin_Skeleton”，单击“导入所有”按钮 导入所有 完成导入，如图7-56所示。

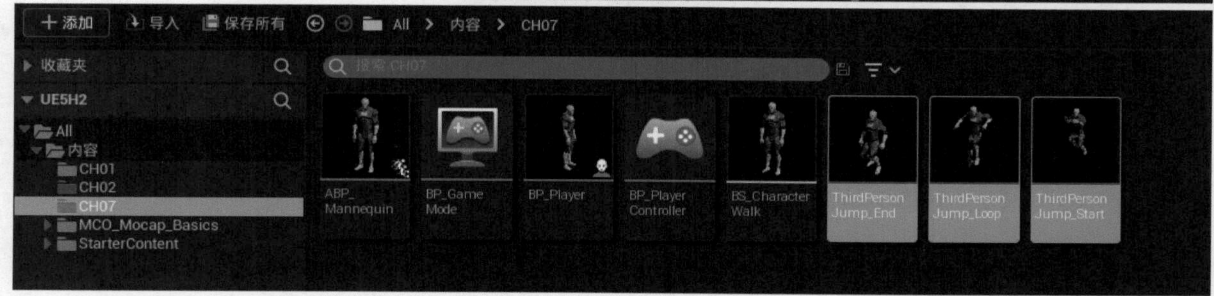

图7-56

进入“ABP_Mannequin”动画蓝图的“Movement”状态机，目前蓝图中存在3个动画，因为需要先播放起跳动画，再播放循环动画，最后播放落地动画，所以需要在3个状态间进行切换。由于起跳默认是在站立或移动过程中开始的，因此可以让“Idle/Walk”状态连接一个新的名为“StartJump”的状态，如图7-57所示。

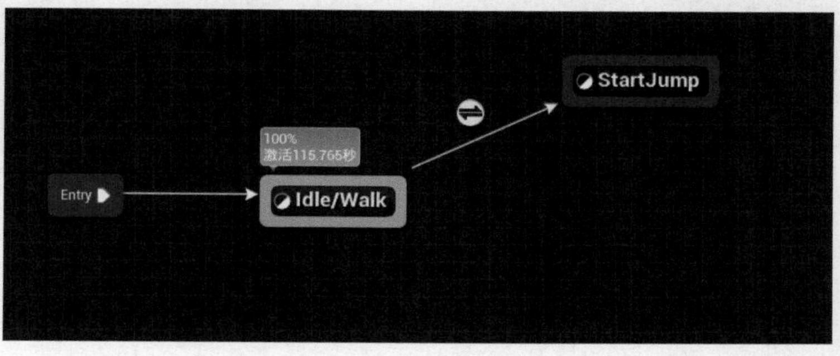

图7-57

提示 可以看到连接线上存在一个白色按钮，此按钮代表着条件，当按钮内的布尔返回值为“True”时，将会沿着箭头方向进行状态切换。

双击打开“StartJump”状态，在“资产浏览器”面板中添加“ThirdPersonJump_Start”动画并将其连接到“输出动画姿势”节点上，如图7-58所示。选择动画，在“细节”面板中取消勾选“循环动画”选项（起跳通常只执行一次），如图7-59所示。

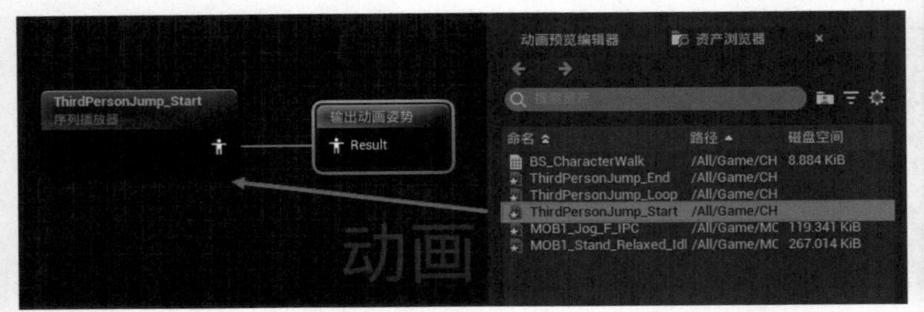

图7-58

图7-59

起跳动画完成后需要紧跟循环动画，在“StartJump”状态后新建一个状态并命名为“StartLoop”，如图7-60所示。

双击打开“StartLoop”状态，在“资产浏览器”面板中添加一个“ThirdPersonJump_Loop”动画并将其连接到“输出动画姿势”节点上，如图7-61所示。因为在空中的时间不定，玩家可能会一直掉落，所以不必取消勾选“循环动画”选项。

图7-60

图7-61

当玩家落地时其状态会从在空中时的状态切换到落地时的状态，在“StartLoop”状态后新建一个状态并命名为“EndJump”，将其作为落地动画，如图7-62所示。

双击打开“EndJump”状态，在“资产浏览器”面板中添加“ThirdPersonJump_End”动画并将其连接到“输出动画姿势”节点上，取消勾选“循环动画”选项，如图7-63所示。跳跃完成后回到“Idle/Walk”状态，这样就完成了跳跃动画，如图7-64所示。

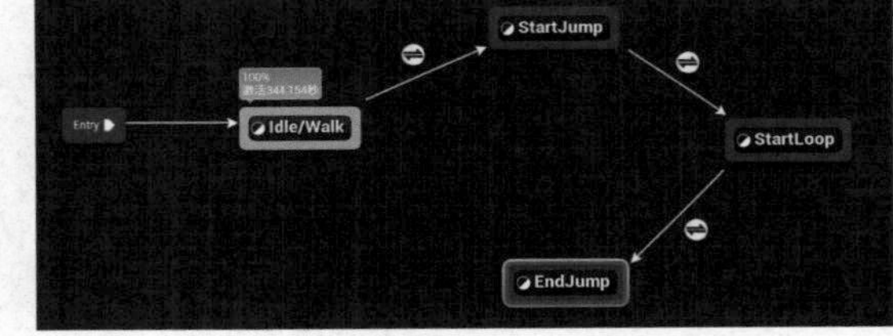

图7-62

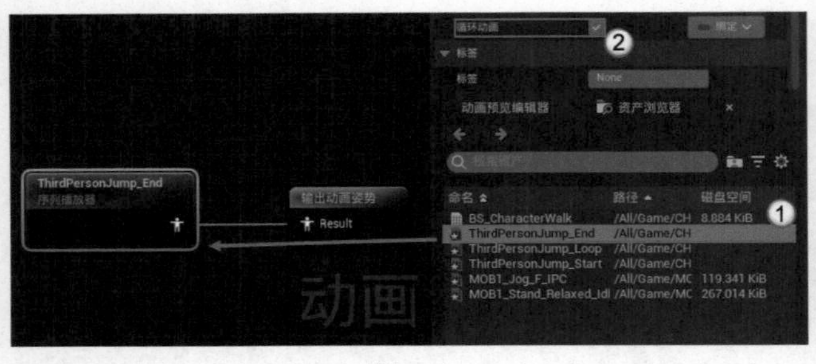

图7-63

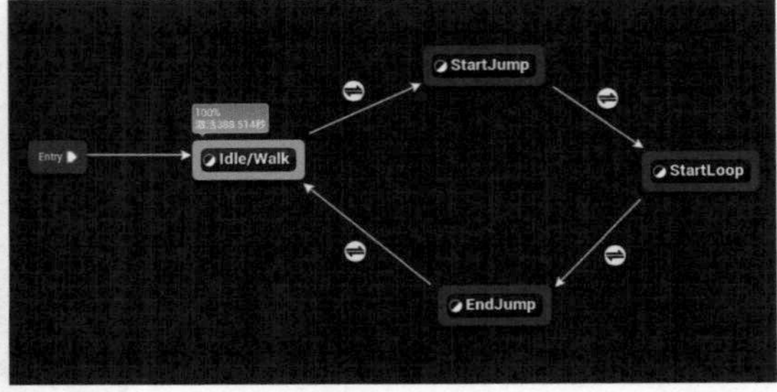

图7-64

接着需要用一个布尔值来判断角色是否离地。移动组件中有一个名为“正在掉落”的函数，可以在“事件图表”面板中将此函数的返回值设置为一个新的布尔型变量。使用“获取移动组件”节点获得“尝试获取Pawn拥有者”节点的返回值，如图7-65所示。

新建一个“正在掉落”节点，用于检测当前Pawn是否在掉落，在“我的蓝图”面板中新建一个名为“Is in Air”的布尔型变量，并将其设置为“正在掉落”节点的返回值，如图7-66所示。

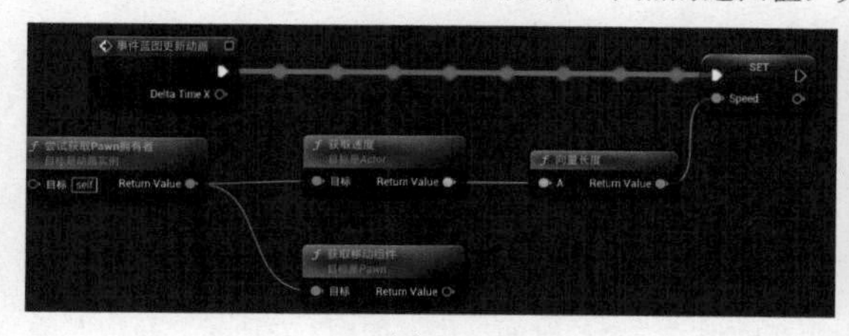

图7-65

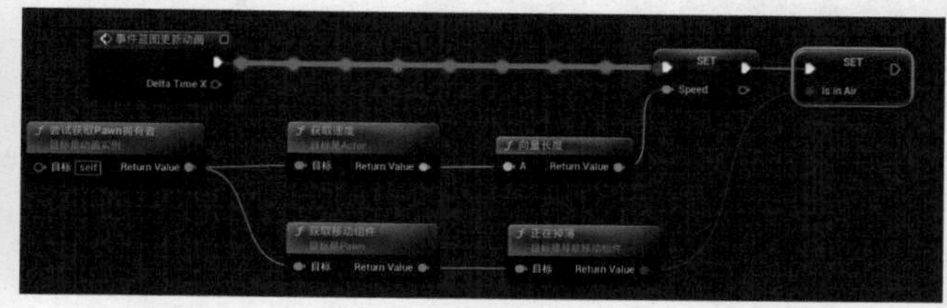

图7-66

双击“Idle/Walk”状态到“StartJump”状态的连接线，新建“Is in Air”变量并将其连接到“Can Enter Transition”引脚，如图7-67所示。

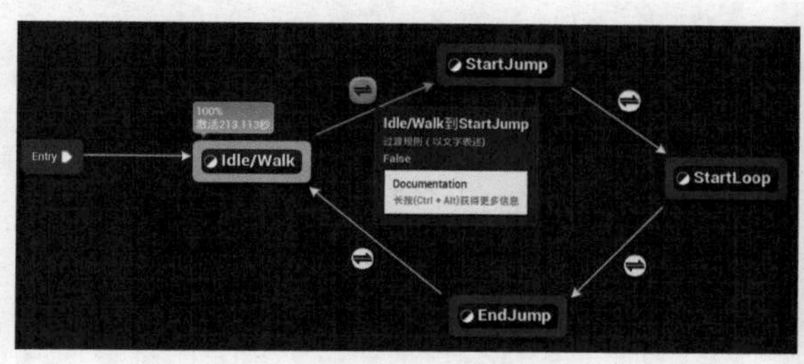

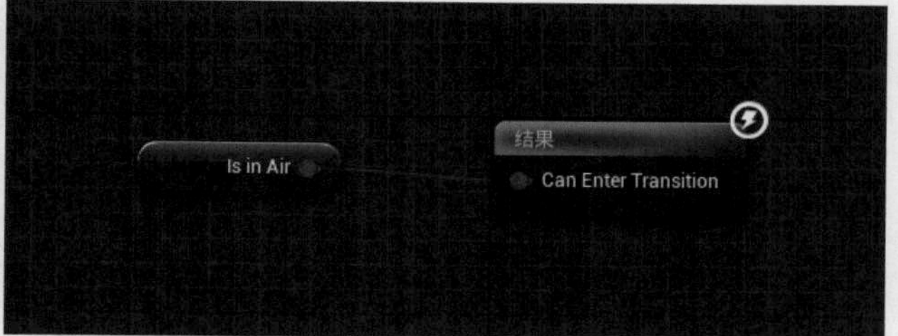

图7-67

双击“StartJump”状态到“StartLoop”状态的连接线，使用“获取相关剩余动画时间（StartJump）”节点获取上一个状态下的动画剩余时间，假设动画剩余时间小于10%为开启条件，添加一个“小于”节点并设置为0.1，如图7-68所示。

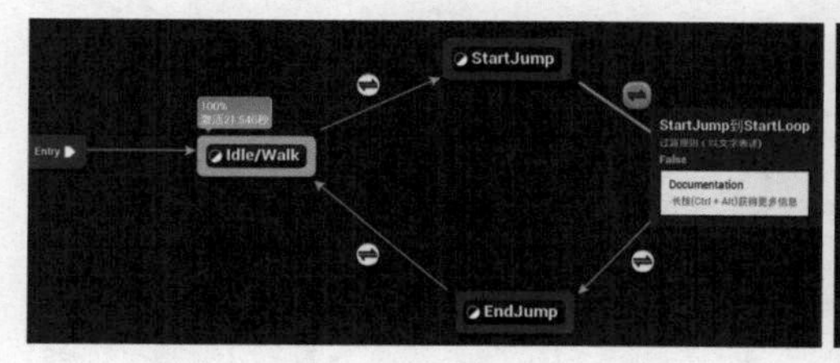

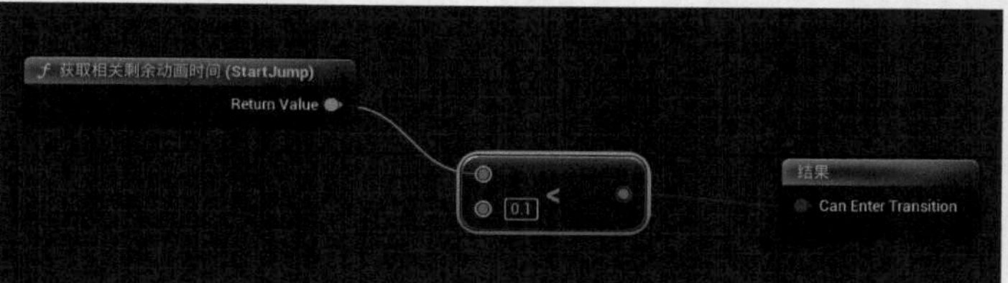

图7-68

双击“StartLoop”状态到“EndJump”状态的连接线，使用“NOT”节点将“Is in Air”的值反过来，如图7-69所示。将在空中的状态反过来后，就代表着不在空中，需播放落地动画。

图7-69

双击“EndJump”状态到“Idle/Walk”状态的连接线，创建一个“获取相关剩余动画时间（EndJump）”节点（与之前创建的节点不是同一个状态，不要复制）和一个“小于”节点并设置为0.1，如图7-70所示。编译并保存后进入PIE运行模式，按Space键后可以看到角色跳跃成功，如图7-71所示。

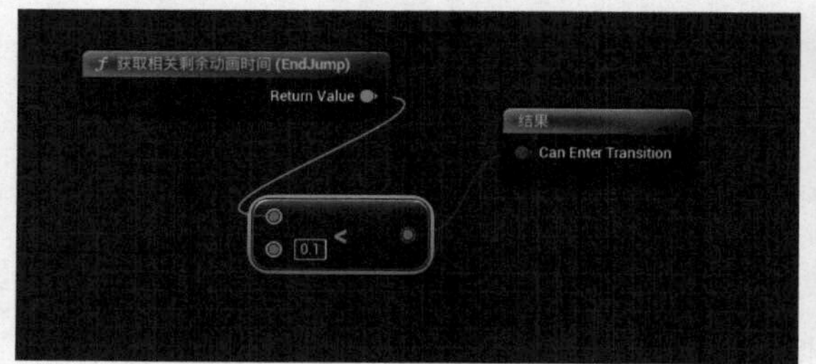

图7-70

图7-71

重点

7.2.6 播放蒙太奇

蒙太奇通常用来播放某一段动画，它可以通过函数控制动画的播放，也可以根据要求重复播放某个动作，还可以让角色边跑步边做出动作。具有位移的根运动动画可以通过蒙太奇播放，蒙太奇支持根运动。

在“内容浏览器”面板中的“ThirdPersonJump_Start”动画上单击鼠标右键，执行“创建>创建动画蒙太奇”菜单命令，如图7-72所示，创建一个蒙太奇。

如果想要让一个蒙太奇播放多个动画序列，可以将动画序列直接拖曳到蒙太奇的时间轴中，如图7-73所示。轨道左侧有插槽，动画图表执行流中必须包含此插槽，蒙太奇才可以被正常播放。在“资产浏览器”面板中将“ThirdPersonJump_Loop”与“ThirdPersonJump_End”动画拖曳到“ThirdPersonJump_Start”序列后方，如图7-74所示。

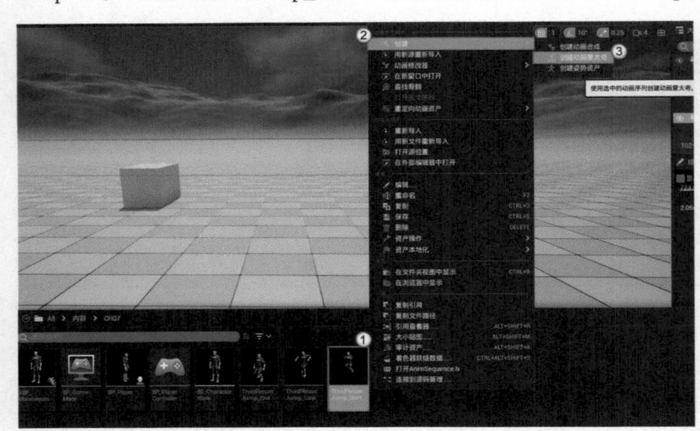

图7-72

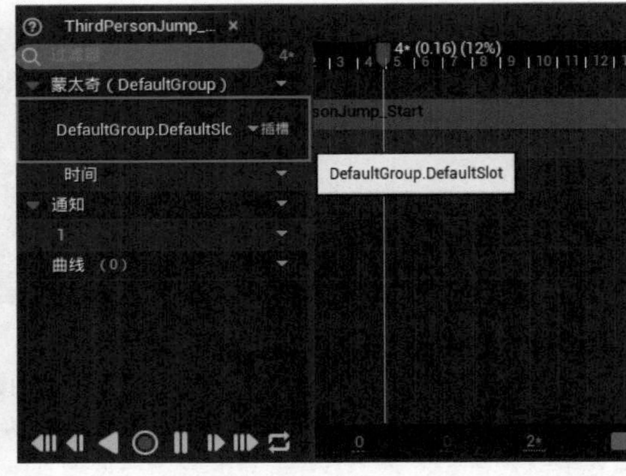

图7-73

图7-74

执行“窗口>动画插槽管理器”菜单命令打开“动画插槽管理器”面板，如图7-75所示，单击“添加插槽”按钮可以往默认组里添加插槽，如果想同时播放多个蒙太奇，可以对插槽进行分组。

默认的插槽为“（插槽）DefaultSlot”，可以在“动画图表”面板中添加插槽，选择插槽后可以在“细节”面板中设置相关参数，如图7-76所示。

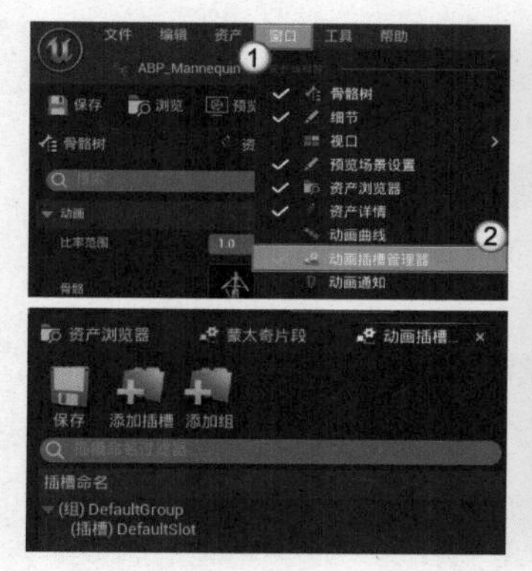

图7-75

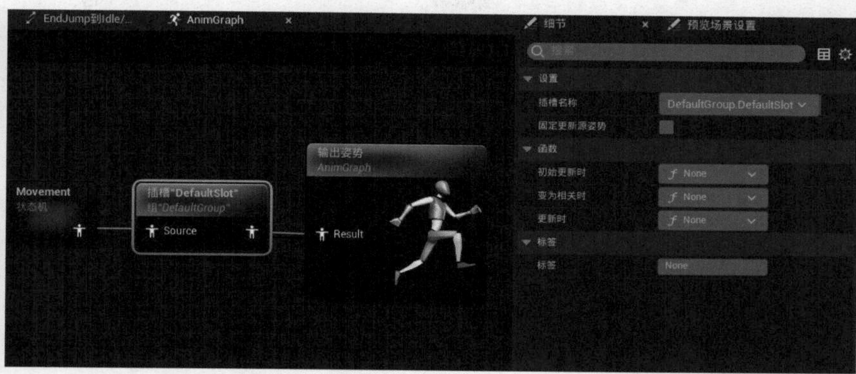

图7-76

Unreal Engine 5中存在多个可以播放蒙太奇的节点，“角色”类蓝图中自带的“播放动画蒙太奇”节点会使继承它的网格体播放蒙太奇，也就是可以在“角色”类蓝图中或目标为某角色的实例时使用“播放动画蒙太奇”节点。除了该节点之外，也可以在动画蓝图的“事件图表”面板中使用“蒙太奇播放”节点播放蒙太奇，如图7-77所示。

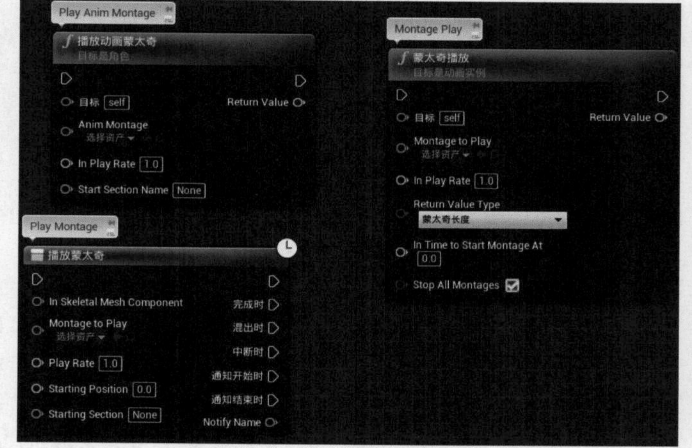

图7-77

技术专题：“蒙太奇播放”节点

由于“蒙太奇播放”节点的目标是动画实例，要在其他蓝图中使用“蒙太奇播放”节点，就需要添加一个“获取动画实例”节点。例如在“角色”类蓝图中可以使用“获取动画实例”节点和“蒙太奇播放”节点播放蒙太奇。连接“目标”引脚到需要播放蒙太奇的组件上，如“BP_Player”蓝图中的“网格体”，将“蒙太奇播放”节点连接到“Tab键”节点上，此时按Tab键就可以进行播放，如图7-78所示。

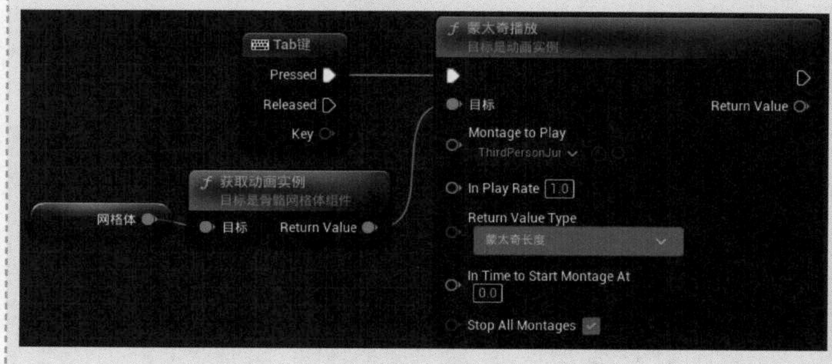

图7-78

案例训练：制作可操作角色

实例文件　资源文件 > 实例文件 > CH07 > 案例训练：制作可操作角色

素材文件　虚幻商城 > 动画初学者内容包

难易程度　★★☆☆☆

学习目标　利用“角色”类蓝图、动画蓝图和按键等相关知识制作一个可操作的角色

大多数游戏最重要的要素之一就是有一个可以接收输入并实时反馈效果的可操作角色。本案例将使用虚幻商城中的免费资源制作一个可操作的角色。打开虚幻商城，在商城中购买免费资源“动画初学者内容包”后将其添加到工程中，如图7-79所示，最终效果如图7-80所示。

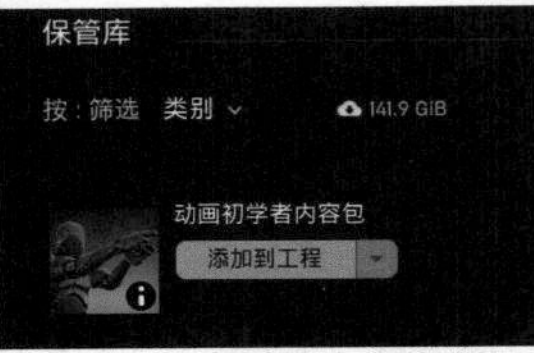

图7-79

图7-80

01 在“内容浏览器”面板中新建一个文件夹并命名为“Example01”，接着在“Example01”文件夹中新建一个“角色”类蓝图并命名为“BP_ControlledCharacter”，如图7-81所示。

02 执行“编辑>项目设置”菜单命令进入“项目设置”窗口，在“引擎-输入”卷展栏中新建4个轴映射，将轴映射的名称分别改为“LookUp”“Turn”“MoveForward”“MoveRight”，将“LookUp”映射绑定在“鼠标Y”上，设置“缩放”为-1.0，将“Turn”映射绑定在“鼠标X”上，设置“缩放”为1.0，将“MoveForward”映射与“MoveRight”映射分别用“W”“S”“A”“D”键控制，注意“A”与“S”的“缩放”要设置为负数，如图7-82所示。

图7-81

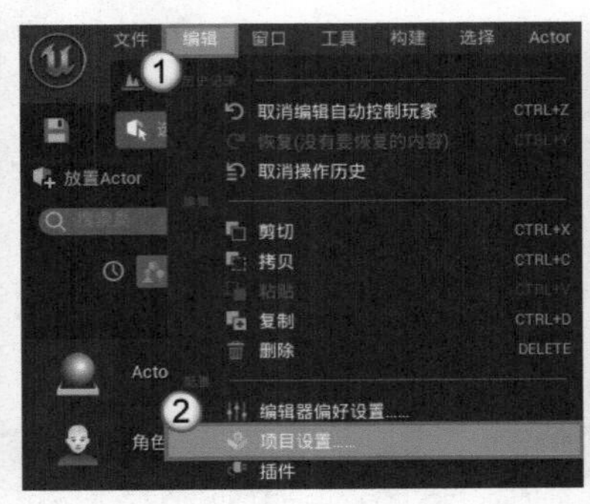

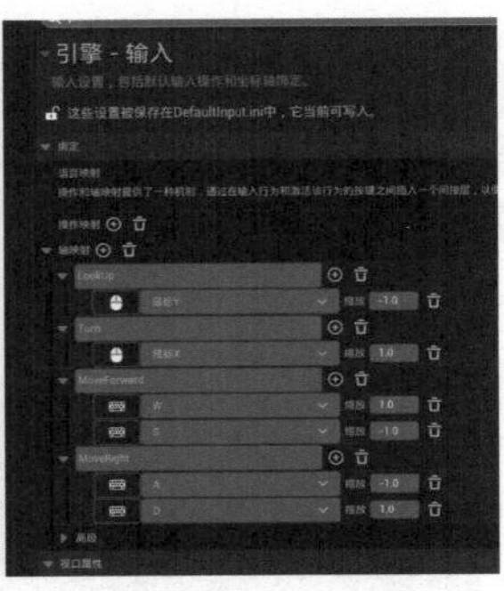

图7-82

03 进入图表，新建“LookUp”“Turn”“MoveForward”“MoveRight”4个输入轴事件，同时将“输入轴LookUp”和“输入轴Turn”事件分别连接到“添加控制器Pitch输入”与“添加控制器Yaw输入”两个函数上，如图7-83所示。

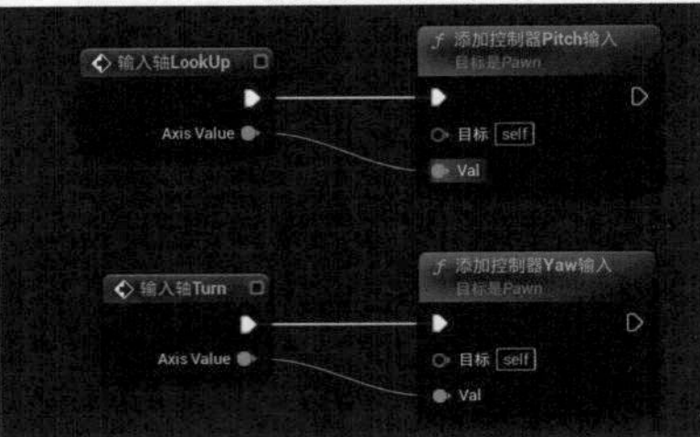

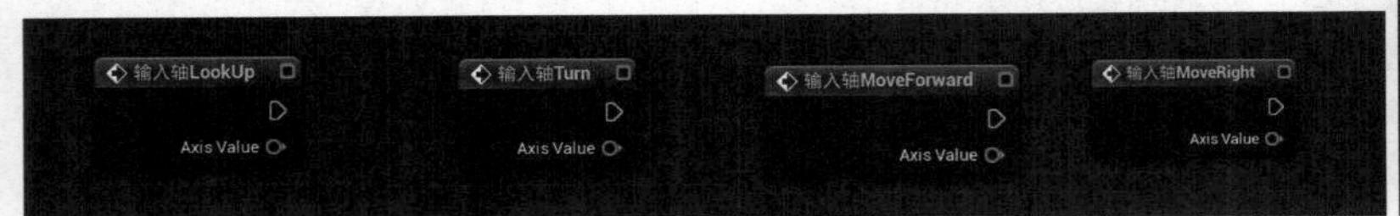

图7-83

04 使用“获取控制旋转”节点连接“拆分旋转体”节点，新建“创建旋转体”节点并只连接两个“Z(Yaw)”引脚，如图7-84所示。

05 将“获取向前向量”与“获取向右向量”两个节点都连接到“创建旋转体”节点的“Return Value”引脚上，如图7-85所示。

图7-84

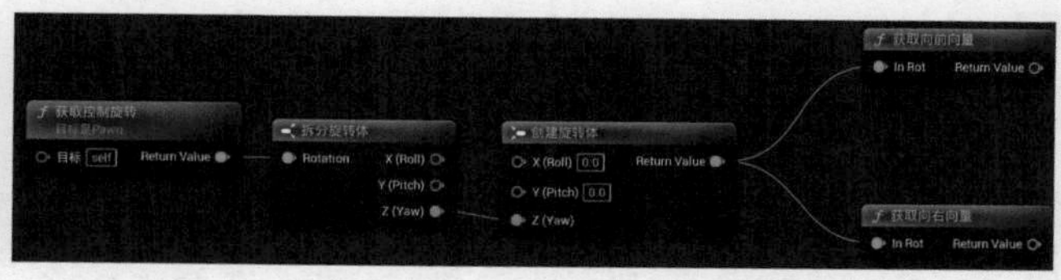

图7-85

06 新建两个“添加移动输入”节点，分别连接“输入轴MoveForward”节点和“输入轴MoveRight”节点的“Axis Value”引脚到两个“添加移动输入”节点的“Scale Value”引脚上，再分别连接两个向量到两个“添加移动输入”节点的“World Direction”引脚，其中MoveForward对应“获取向前向量”，MoveRight对应“获取向右向量”，如图7-86所示。

07 进入视口，在“组件”面板中选择“网格体（CharacterMesh0）”组件，在“细节”面板中设置“骨骼网格体”为虚幻商城中的“SK_Mannequin”，如图7-87所示。

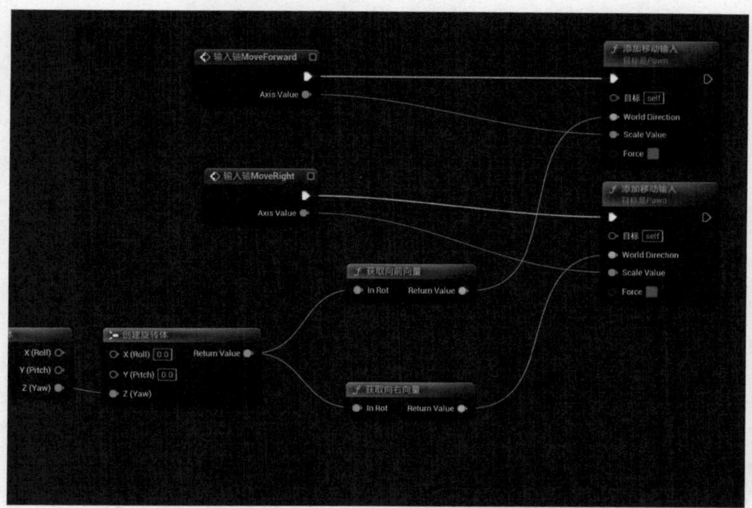

图7-86

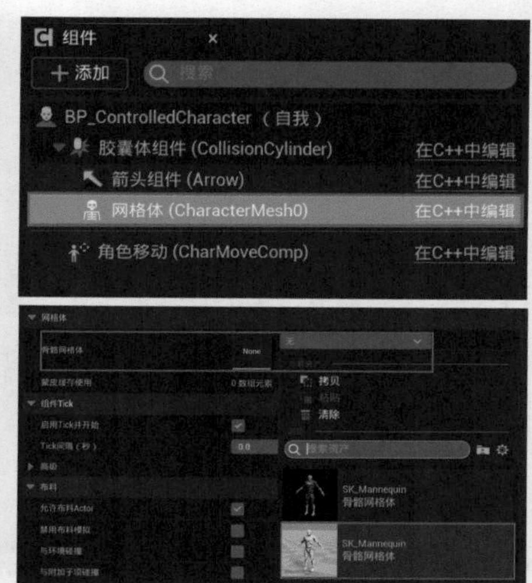

图7-87

提示 这里使用白色的模型是为了防止和之前导入的模型混淆。

08 让模型朝向正前方，且脚底与胶囊体底部处于同一个平面，如图7-88所示，这此时组件的“位置”为（X:0.0，Y:0.0，Z:−88），“旋转”为（X:0.0，Y:0.0，Z:−90）。

09 在“细节”面板中设置“动画类”为“UE4ASP_HeroTPP_AnimBlueprint”，如图7-89所示，这个蓝图会随着内容包一并被导入Unreal Engine 5，因此可以直接使用此动画蓝图作为动画。

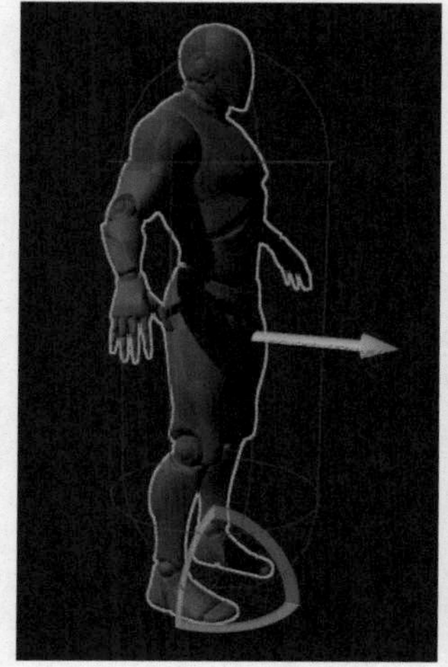

图7-88

图7-89

10 在“组件”面板中为胶囊体组件添加一个弹簧臂组件，该组件的名字为“SpringArm”，再为弹簧臂组件添加一个摄像机组件，如图7-90所示。

11 选中弹簧臂组件，在“细节”面板中勾选“使用Pawn控制旋转”选项后编译并保存蓝图，如图7-91所示。

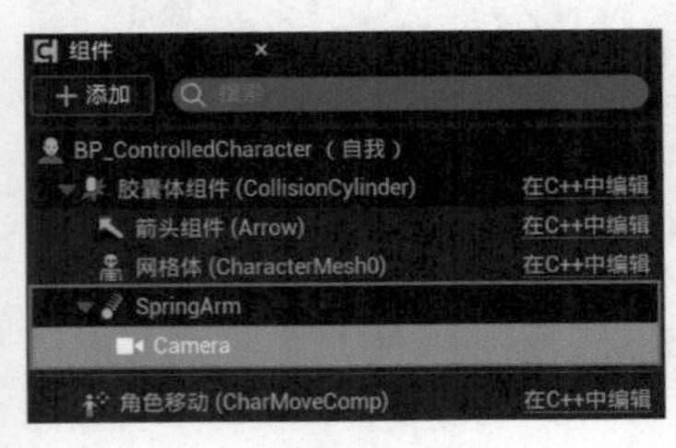

图7-90

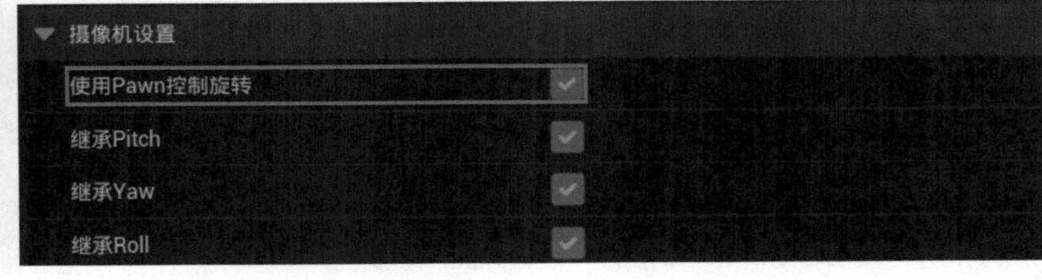

图7-91

12 将新建的角色拖曳到关卡中，选择角色后在“细节”面板中设置“自动控制玩家”为“玩家0”，如图7-92所示。设置完成后使用快捷键Ctrl＋S进行保存，进入PIE运行模式后就可以看到一个可以操作的角色，如图7-93所示。

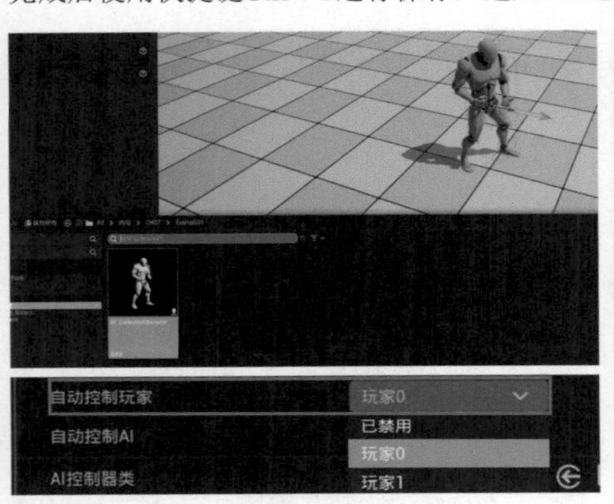

图7-92

图7-93

7.3 按键配置的导入或导出

如果在项目设置中配置了操作角色的按键，不愿意在新项目中再次配置，就可以通过导入和导出操作将按键配置导出并在新项目中导入，导出的文件可以一直保存在计算机上并能被随时调用。本节将为大家讲解如何导出和导入自己的配置内容。

7.3.1 导出配置文件

打开“项目设置”或“编辑器偏好设置”等窗口时，右上角会出现“导出”按钮与“导入”按钮，如图7-94所示。单击“导出”按钮，选择一个保存位置后修改文件名，单击“保存”按钮，可导出配置文件，如图7-95所示。

图7-94

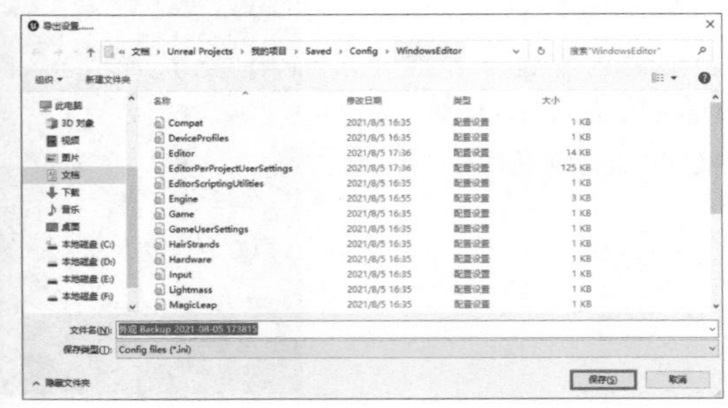

图7-95

7.3.2 导入配置文件

单击右上角的“导入”按钮，在“导入设置”对话框中选择刚才导出的文件后单击“打开”按钮，这样便可导入配置文件，如图7-96所示。此功能一般用于不同项目需要相同设置，或者每个项目都需要某个默认设置等的情况。

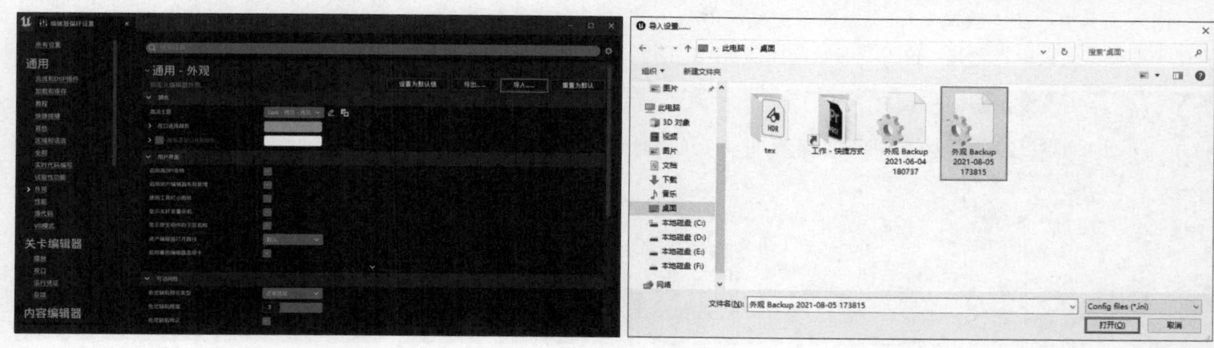

图7-96

7.4 简单的角色技能

在学习了基础的角色制作方法后可以使用蓝图制作一些简单的角色技能。

7.4.1 指定距离传送

可以使用“瞬移”节点对某个Actor进行传送，如图7-97所示。“Dest Location”与“Dest Rotation”引脚用于设置Actor被传送后的位置与朝向。可以通过“目标”引脚指定某个Actor并对其进行传送，也可以通过向量计算出以Actor自身为起点的某个位置后对其进行传送。

如果想将角色传送到距自身1000个单位的位置，可以使用其自身位置加上向前的方向乘以1000.0的结果，再将最终结果传入“Dest Location”引脚，最后将“Dest Lotation”引脚的值作为角色的当前位置（朝向不会变动），如图7-98所示。

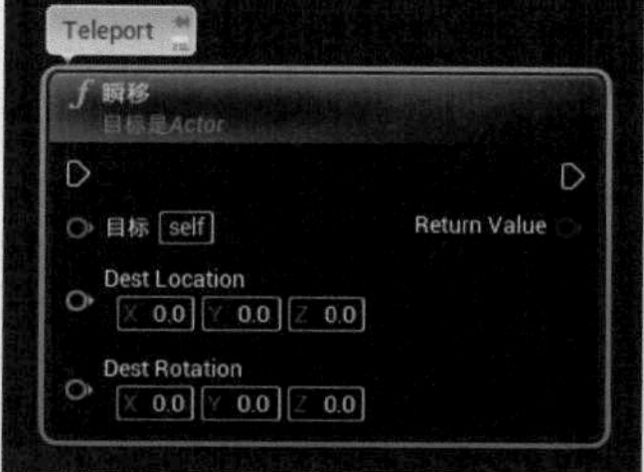

图7-97

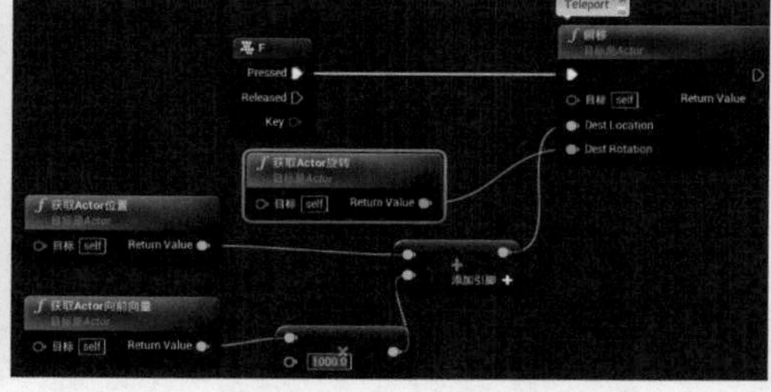

图7-98

编译并保存后进入PIE运行模式，按F键发现传送成功，如图7-99所示。“瞬移”节点可以用于所有Actor类和其派生类，它不是角色类的专用节点，也就是说可以使用此节点传送任意Actor。

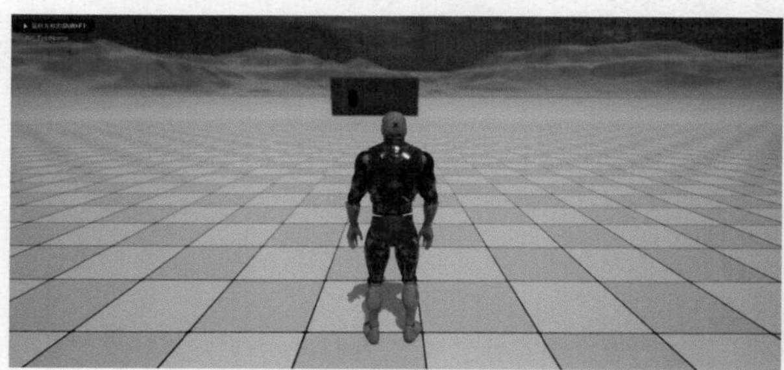

图7-99

7.4.2 指定位置传送

直接为“瞬移”节点指定“位置”与“旋转”参数，可以使目标Actor瞬移到指定位置且旋转指定角度。打开“BP_Player”蓝图，新建一个“鼠标右键”节点和一个“瞬移”节点并将它们连接起来，如图7-100所示。

回到关卡中，在“放置Actor”面板中拖曳一个Actor到关卡中，选择此Actor后在“细节”面板中查看其“位置”参数，如图7-101所示。

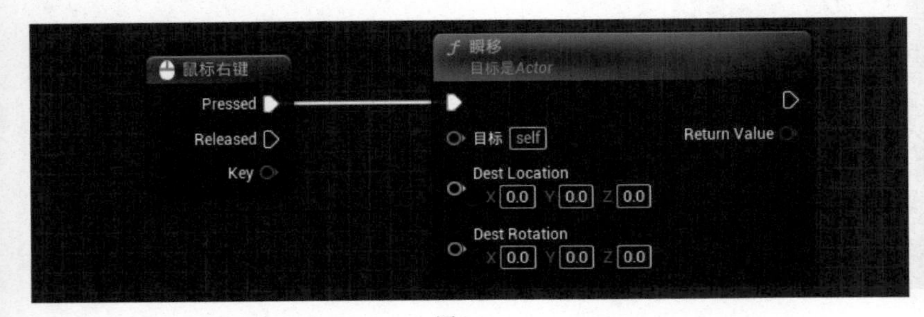

图7-100

图7-101

将“位置”参数复制到“瞬移”节点的“Dest Location”引脚中，如图7-102所示。编译并保存后进入PIE运行模式，单击鼠标右键后角色就被传送到指定坐标了，如图7-103所示。

图7-102

图7-103

重点

7.4.3 发射角色

可以在“角色”类蓝图中使用“弹射角色”节点，这个节点可以使角色具有一个发射速度。添加一个“弹射角色”节点并设置“Launch Velocity”的“Z”值为1000.0，如图7-104所示。

在执行“弹射角色”节点的同时会触发“事件弹射时”事件。新建“事件弹射时”节点，此节点会返回弹射速度等信息，将该节点连接到“打印字符串”节点后，在“打印字符串”节点中输入“Hello”，如图7-105所示。

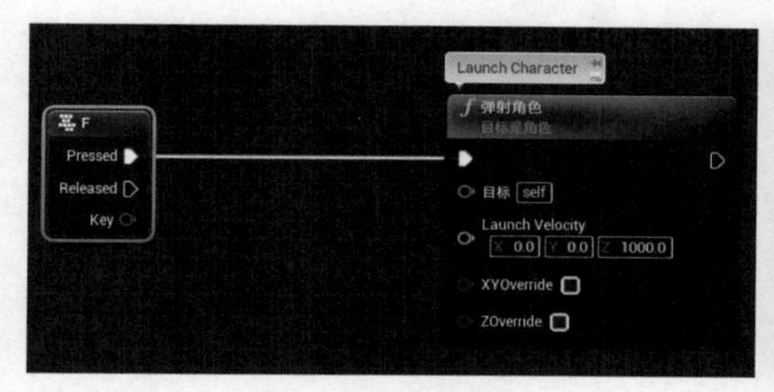

图7-104

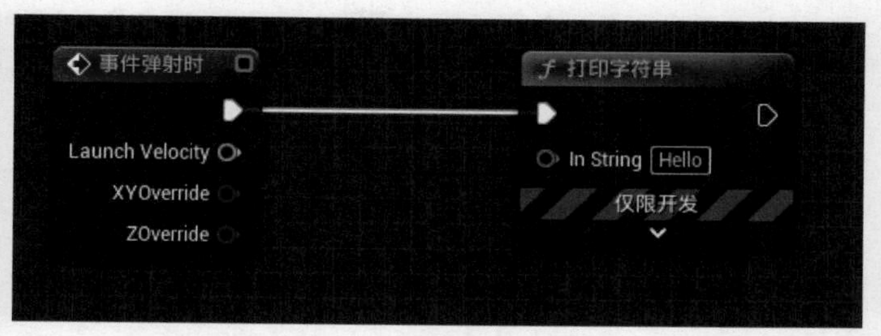

图7-105

编译并保存后进入PIE运行模式，按F键时角色向上弹跳且左上角输出了“Hello”，如图7-106所示。

图7-106

7.4.4 落地事件

新建一个“事件着陆时”节点，角色落地时可以执行此节点。如果添加一个“打印字符串”节点并将两个节点连接起来，那么在角色跳跃后或发射后落地时会输出结果，如图7-107所示。

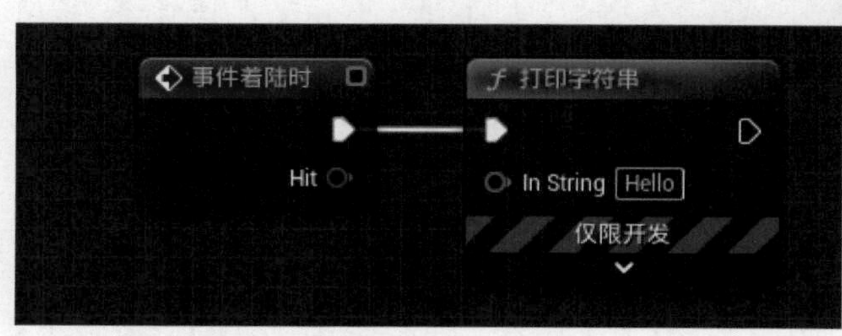

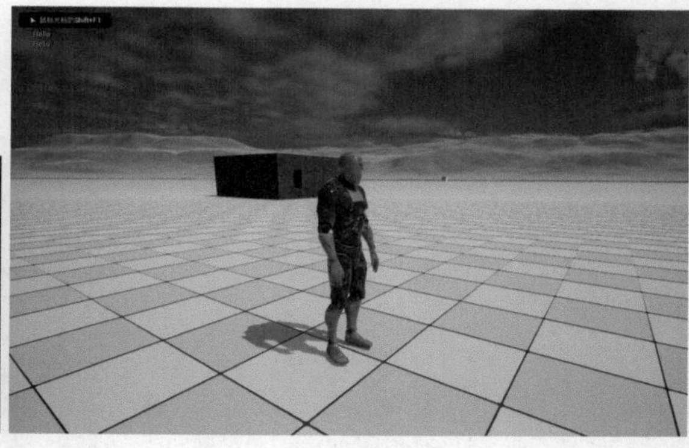

图7-107

案例训练：制作弹跳板

实例文件　资源文件 > 实例文件 > CH07 > 案例训练：制作弹跳板
素材文件　虚幻商城 > 初学者内容包
难易程度　★★☆☆☆
学习目标　运用“弹射角色”节点、组件和简单的向量计算制作一个弹跳板

根据不同需求，游戏关卡中会出现不同的可供触发的关卡机关，本案例将制作一个弹跳板，弹跳板会将角色向弹跳板朝向的方向弹射出去，如图7-108所示。

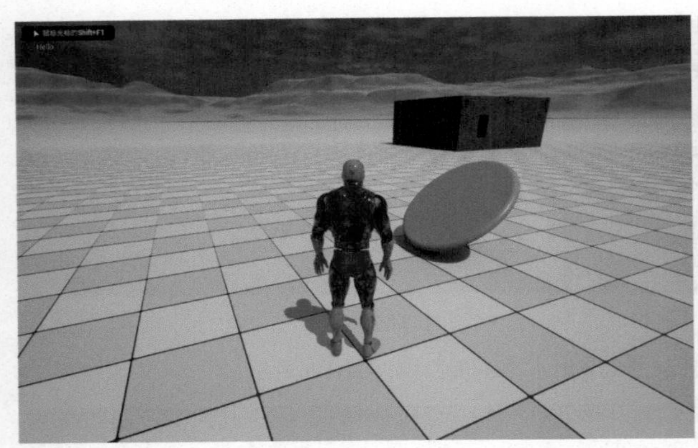

图7-108

01 在“内容浏览器”面板的空白处单击鼠标右键，执行“蓝图类”菜单命令，新建一个“Actor”类蓝图并命名为“BP_SpringBoard”，如图7-109所示。

02 双击打开蓝图，进入视口，在“内容浏览器”面板中打开“内容>StarterContent>Architecture”文件夹，拖曳“SM_AssetPlatform”文件到“组件”面板中，如图7-110所示。

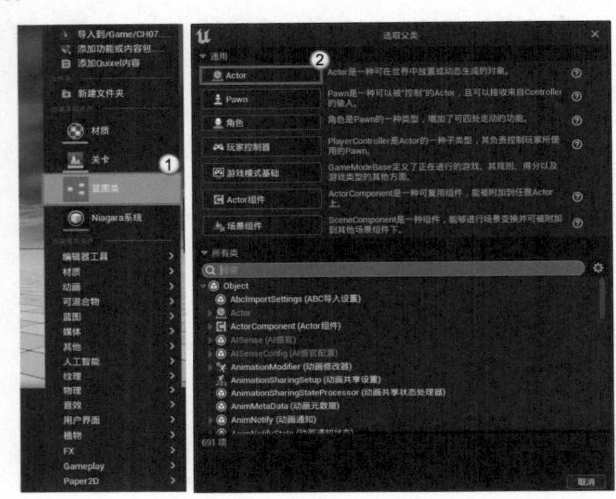

图7-109

图7-110

03 在“组件”面板中单击“添加”按钮＋添加，为蓝图添加一个“Box Collision”碰撞组件（名称为“Box”），设置碰撞组件的“缩放”参数，使其完全覆盖跳板，如图7-111所示。

04 在蓝图中添加一个箭头组件，如图7-112所示，设置箭头组件的“旋转”参数，使箭头组件朝上，并将两个组件调整为模型的下级。

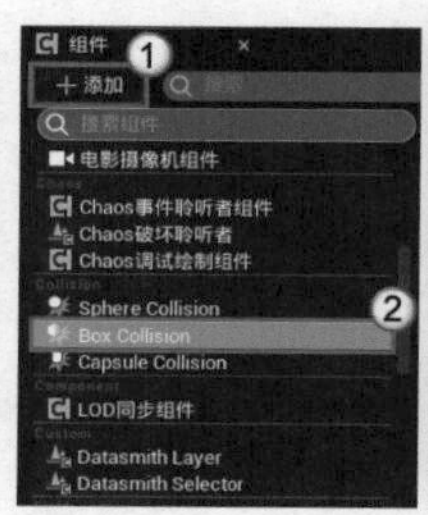

图7-111

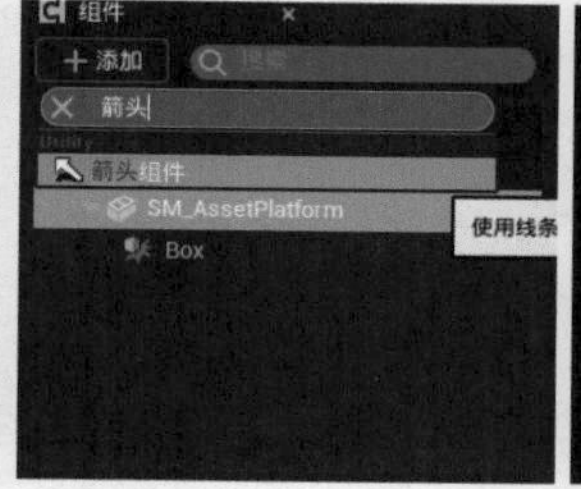

图7-112

05 选择“Box”碰撞组件，在“细节”面板中单击“组件开始重叠时”事件右侧的“添加”按钮＋，此时系统会自动切换到蓝图中，如图7-113所示。

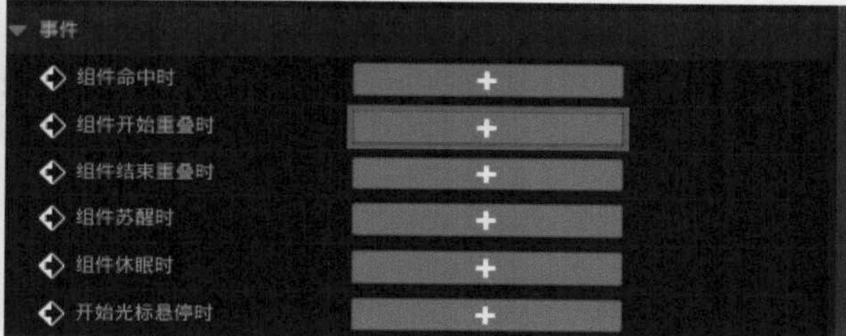

图7-113

06 使用“类型转换为Character”节点的“Object”引脚连接“Other Actor”引脚，然后使用“弹射角色”节点连接“类型转换为Character”节点，如图7-114所示。

07 创建一个“获取向前向量”节点，使用“乘”节点将返回结果乘3000.0，使用鼠标右键单击“乘”节点的第2个引脚后执行“转换引脚＞浮点（双精度）”菜单命令，使该引脚变成浮点型，并将其连接到“Launch Velocity”引脚，如图7-115所示。

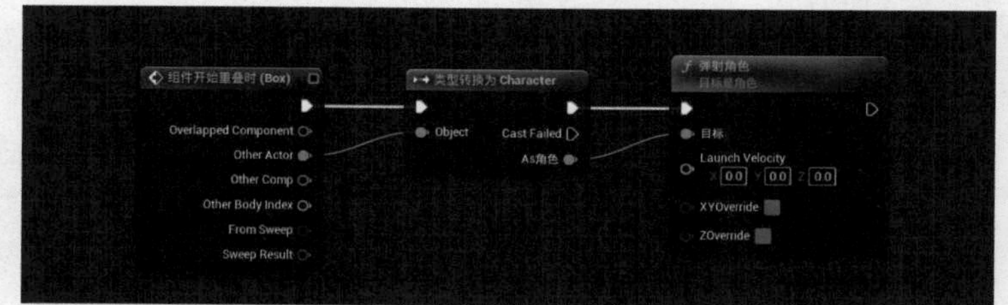

图7-114

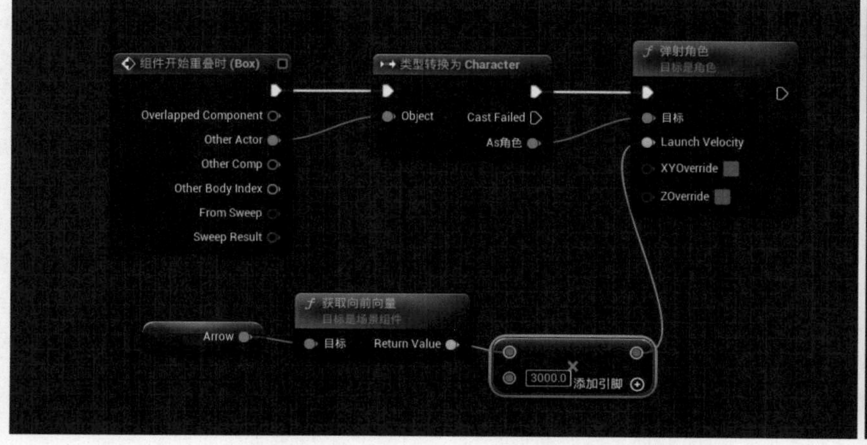

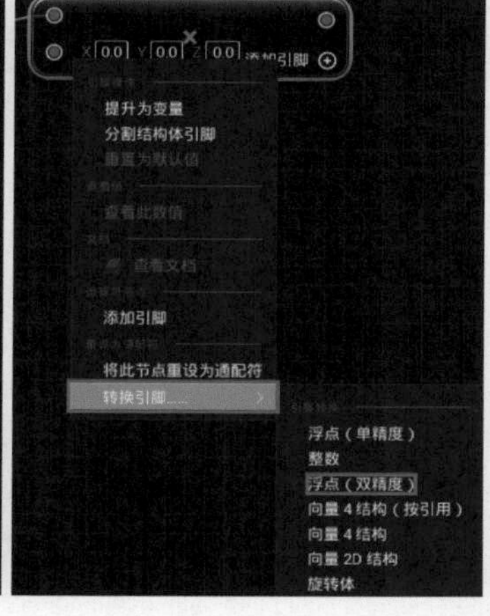

图7-115

08 编译并保存后拖曳“BP_SpringBoard”蓝图到关卡中，设置模型的“旋转”参数后进入PIE运行模式，角色跳跃到模型上时会朝着指定方向被弹射出去，如图7-116所示。

图7-116

7.5 随机移动

可以使用一些功能使角色在某个范围内随机移动，下面讲解两种不同的实现随机移动的方式。

7.5.1 半径内随机移动

Unreal Engine 5的导航系统中自带了用于计算由原点和某个半径生成的圆中的随机位置的节点，可以使用“获取可导航半径内的随机点”节点传入一个Origin（起始位置）与一个Radius（半径），如图7-117所示。

从“放置actor”面板中拖曳“NavMeshBoundsVolume”（导航网格体边界体积）碰撞到关卡中，按P键可以查看碰撞范围，如图7-118所示。

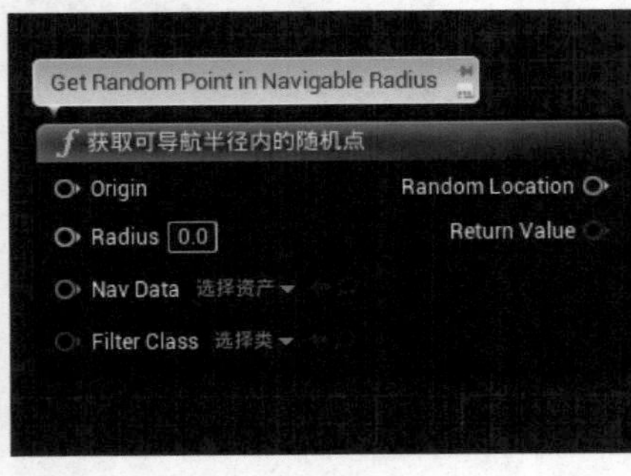

图7-117

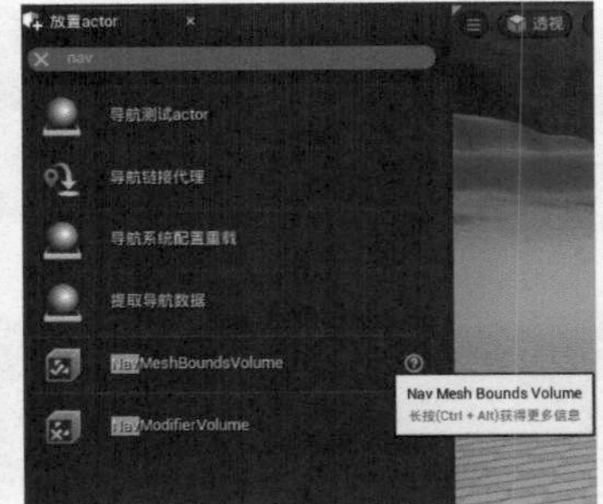

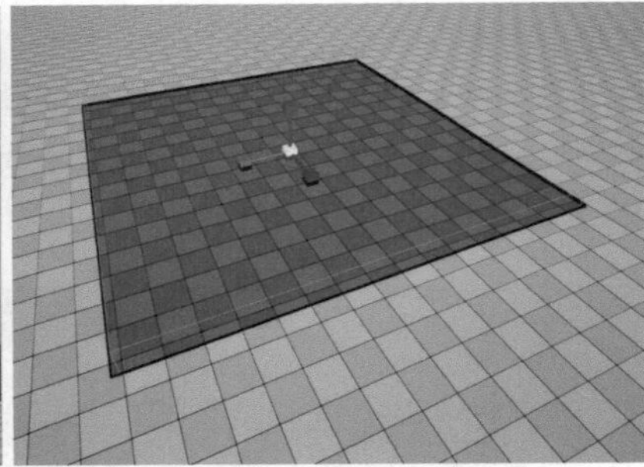

图7-118

进入“BP_Player”蓝图，新建一个“获取可导航半径内的随机点”节点，设置“Radius”为2000.0后，使用“拆分向量”节点连接“Random Location”引脚，使用“创建向量”节点连接“拆分向量”节点的“X”与“Y”引脚，让角色只在平面上进行随机移动，使用“获取Actor位置”节点连接“获取可导航半径内的随机点”节点的“Origin”引脚，如图7-119所示。

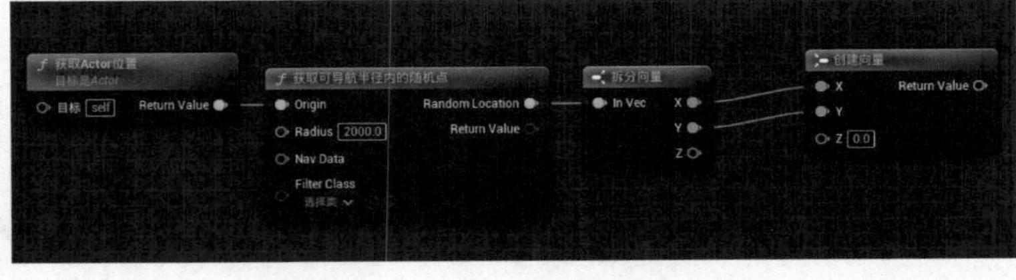

图7-119

新建一个“获取Actor位置”节点并将其连接到新建的“拆分向量”节点上，将原来的“拆分向量”节点的“Z”引脚连接到“创建向量”节点的“Z”引脚上，如图7-120所示。

新建一个“0”节点和“设置Actor位置”节点，将最终计算结果输入“设置Actor位置”节点，并使用“0”节点对其进行控制，如图7-121所示。编译并保存后进入PIE运行模式，可以看到角色在指定范围内随机移动，如图7-122所示。

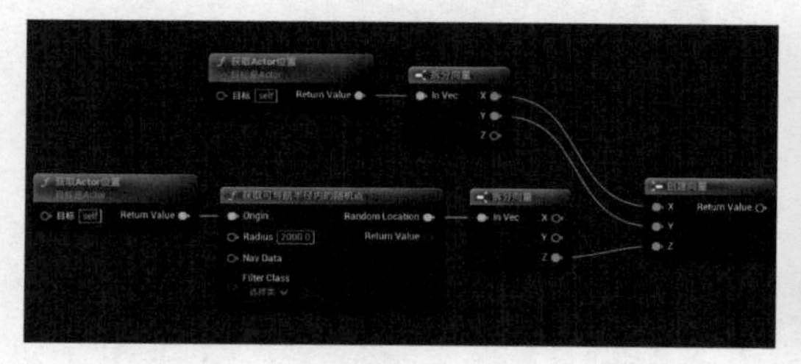

图7-120

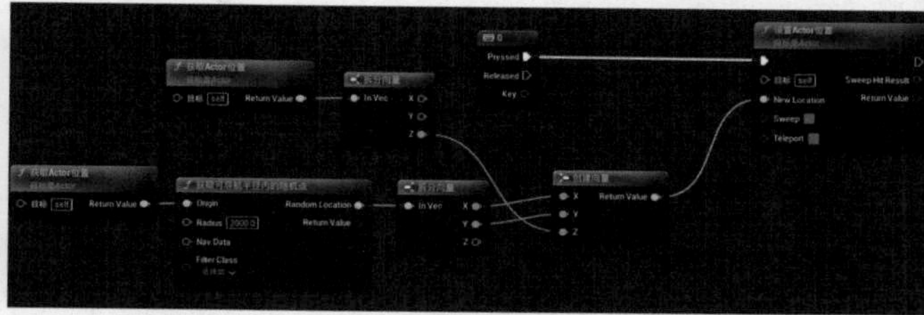

图7-121

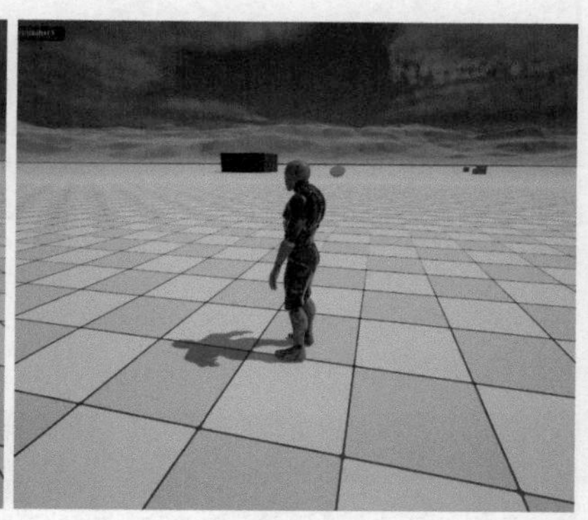

图7-122

提示 随机移动只在导航系统内生效，若是离开导航系统则角色会返回（X:0.0,Y:0.0,Z:0.0）处，请确保导航系统拥有足够大的可以容下随机移动范围的空间。

7.5.2 在物体附近随机移动

如果要让角色在某一个物体附近随机移动，可以在“关卡蓝图”窗口中设置角色与目标物体的引用，通过随机计算让角色只在目标物体附近随机移动。

打开“放置Actor”面板，拖曳“点光源”到关卡中；进入“关卡蓝图”窗口，将“大纲”面板中的“PointLight”拖曳到“事件图表”面板中，如图7-123所示。

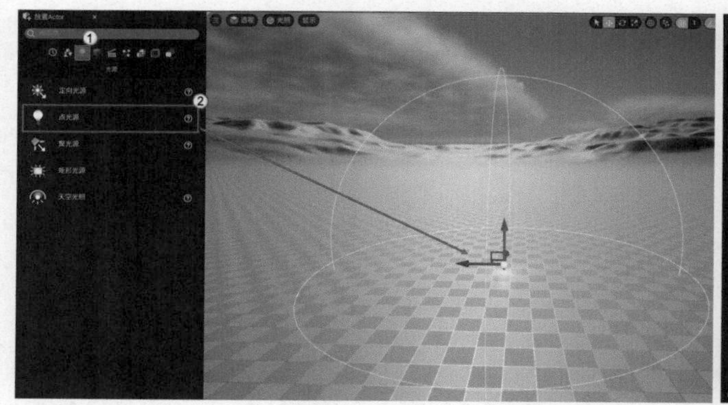

图7-123

使用“1”节点连接“获取类的所有actor”节点，设置“Actor Class”为“BP Player”蓝图，并使用“GET”节点得到数组中下标为0的元素，如图7-124所示。

使用两个“获取Actor位置”节点分别连接“PointLight”节点与“GET”节点，再使用两个“拆分向量”节点分别连接两个“获取Actor位置”节点，如图7-125所示。

创建两个“范围内随机浮点”节点，设置两个节点的“Min”与“Max”分别为-1000.0与1000.0后连接“加”节点，如图7-126所示。

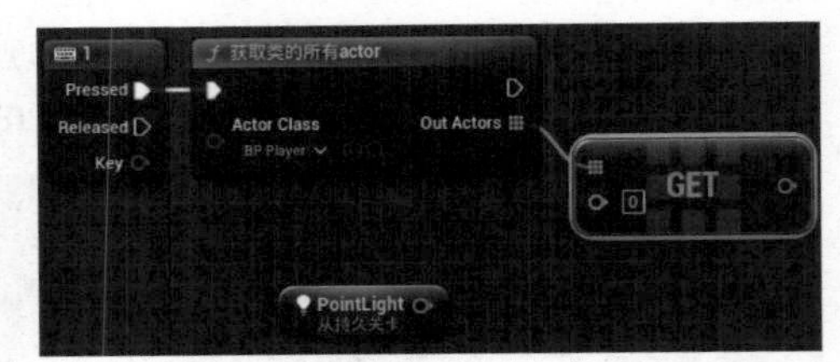

图7-124

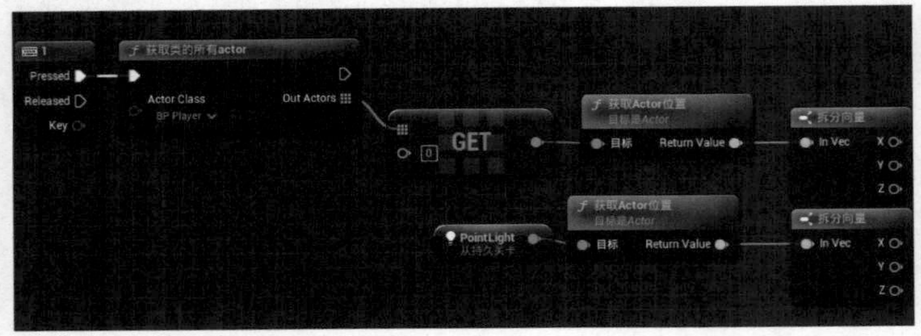

图7-125

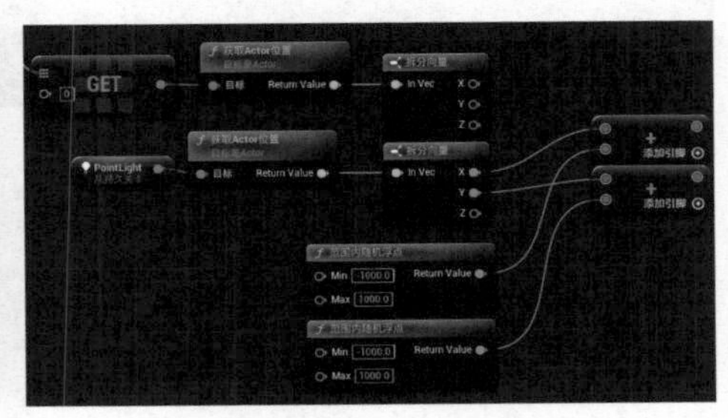

图7-126

使用“创建向量”节点将角色的z轴与灯的x轴、y轴合并，同时向“设置Actor位置”节点传入从关卡中得到的角色的随机移动位置，如图7-127所示。

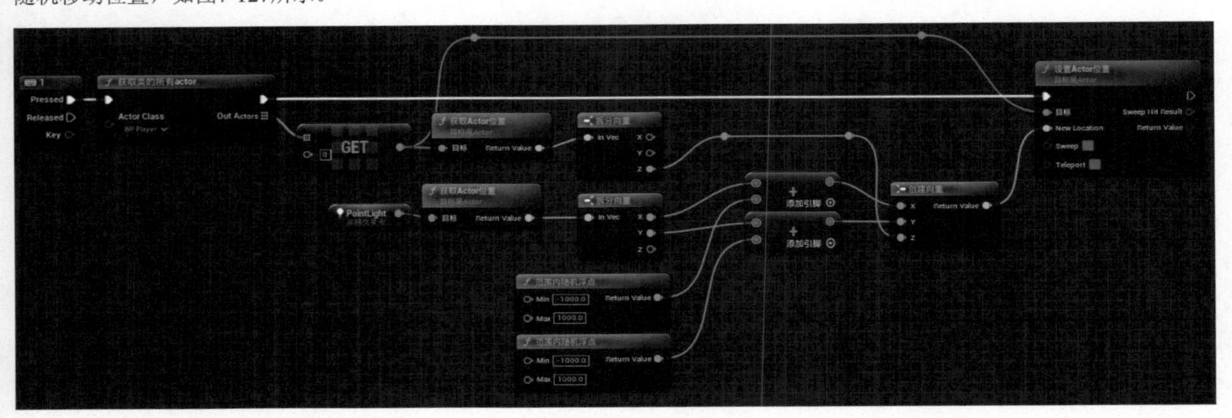

图7-127

编译并保存后进入PIE运行模式，按1键后角色会在光源附近不断移动，如图7-128所示。

图7-128

案例训练：制作一个正方体生成器

实例文件 资源文件 > 实例文件 > CH07 > 案例训练：制作一个正方体生成器
素材文件 无
难易程度 ★☆☆☆☆
学习目标 使用随机移动功能制作每次都会在不同位置生成正方体的正方体生成器

随机移动功能看似简单，实际上可以应用到很多实用且有趣的游戏机关上，如在地面上随机生成物品，随机生成可以写入蓝图等。将这个功能复杂化后还可以让每次进入游戏时产生的地图都不一样，最终效果如图7-129所示。

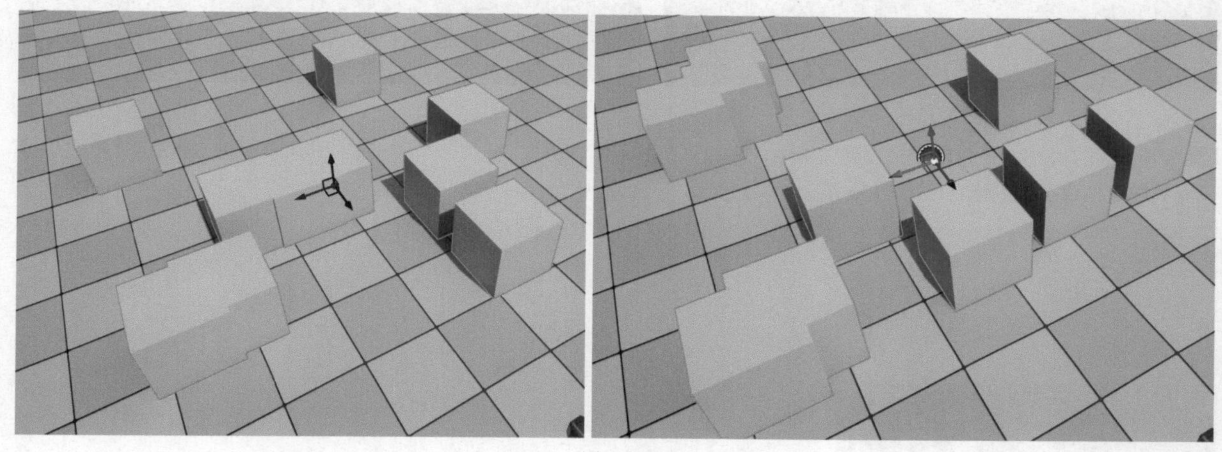

图7-129

01 在“内容浏览器”面板中新建一个“Actor”类蓝图并命名为“BP_Spawner”，如图7-130所示，双击打开蓝图。

02 进入“Construction Script”面板，在构造脚本函数后新建“For Loop”节点，设置“Last Index”为9，如图7-131所示。

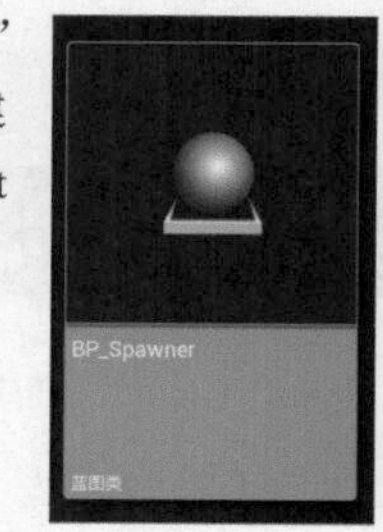

图7-130

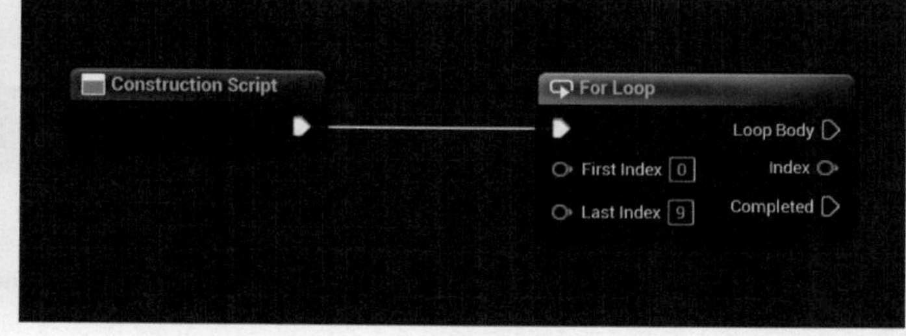

图7-131

03 添加“添加静态网格体组件”节点，选择该节点后在“细节”面板中设置“静态网格体”为“Shape_Cube”，如图7-132所示。

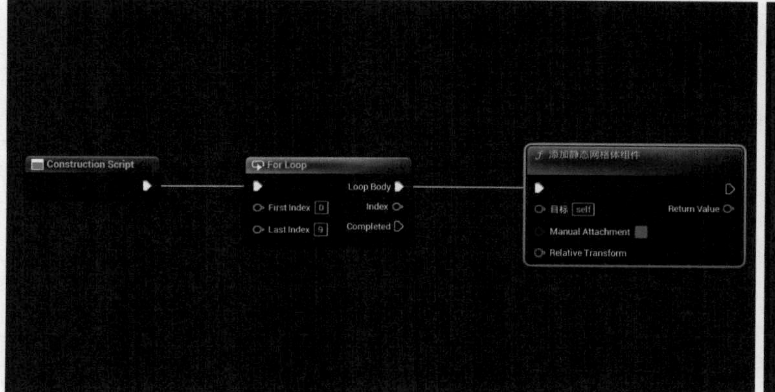

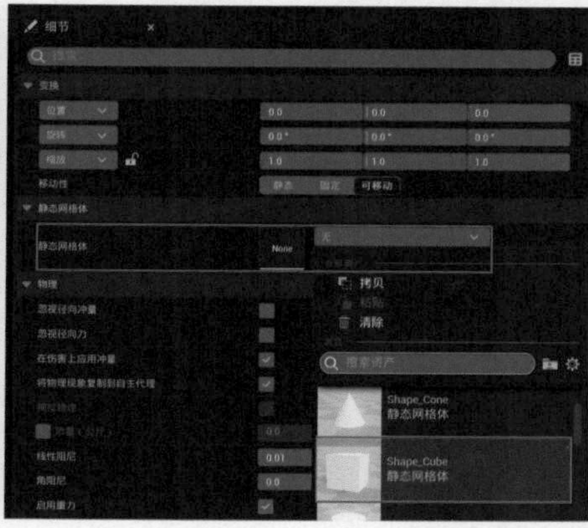

图7-132

04 使用“创建变换”节点连接“添加静态网格体组件”节点的“Relative Transform”引脚，并连接“Location”引脚到“创建向量”节点上，如图7-133所示。

05 新建两个“范围内随机浮点”节点，将两个节点分别连接到“创建向量”节点的“X”引脚与“Y”引脚上，设置两个“范围内随机浮点”节点的“Min”为-300.0,“Max”为300.0，如图7-134所示。

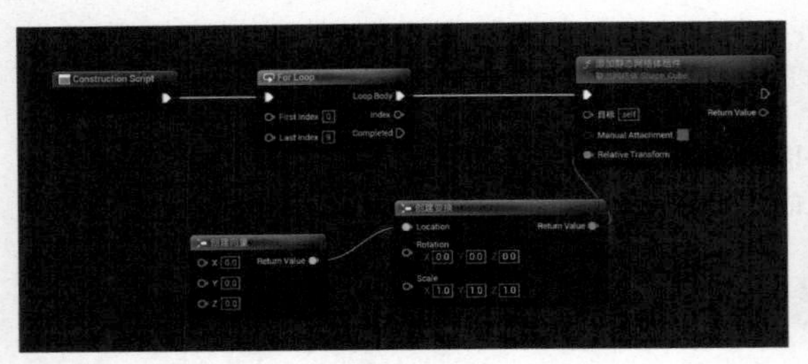

图7-133

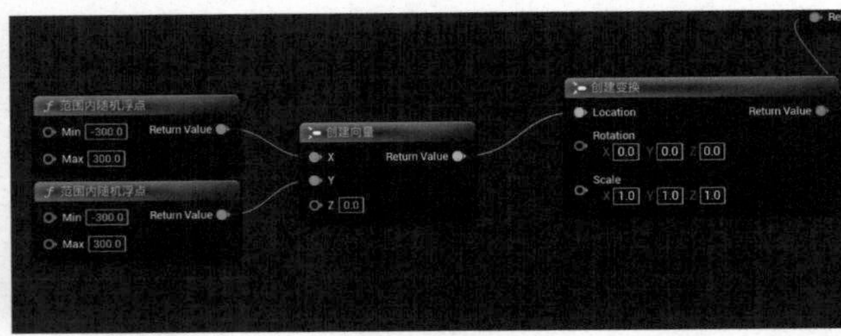

图7-134

06 编译并保存蓝图，再将蓝图拖曳到关卡中，添加蓝图时即可随机生成正方体，如图7-135所示。进入PIE运行模式后可以看到随机生成了正方体，如图7-136所示。

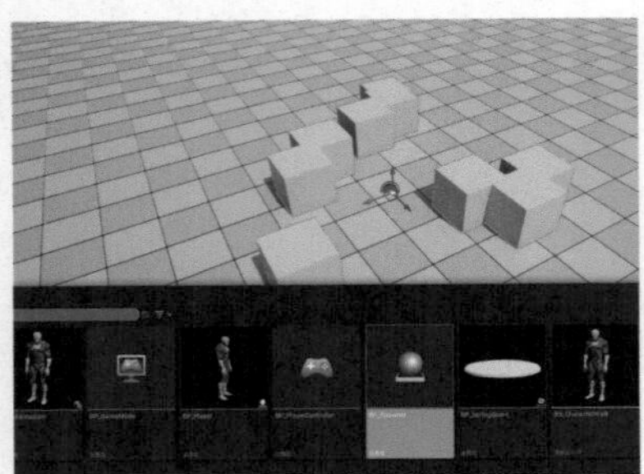

图7-135

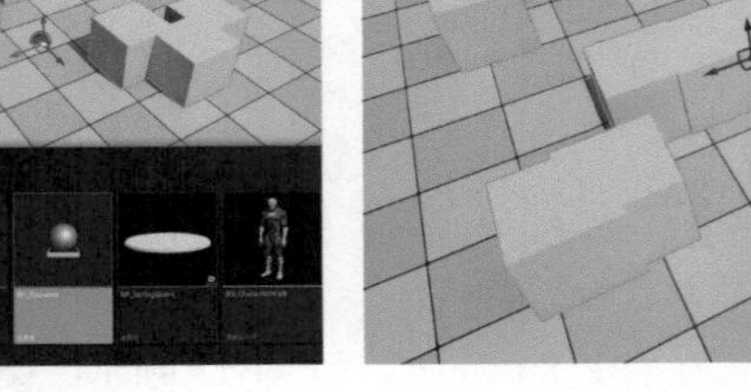

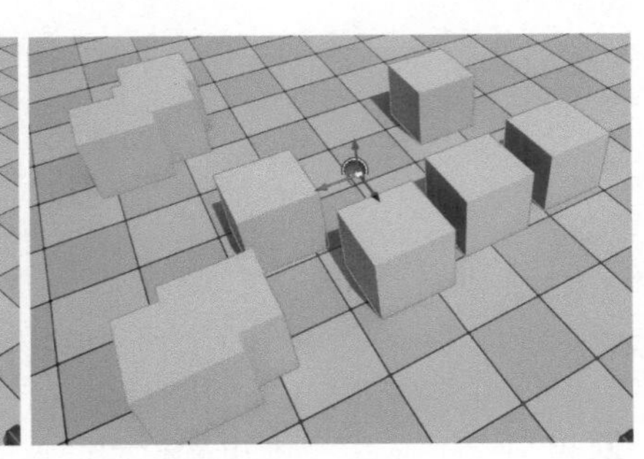

图7-136

7.6 VR控制

Unreal Engine 5支持VR功能，在使用VR功能前需要通过Steam下载SteamVR，同时需要一个支持SteamVR的VR头盔。笔者使用的是HTC Vive头盔，安装并连接好VR设备后打开Unreal Engine 5。

7.6.1 获取VR手柄的位置

在“内容浏览器”面板中新建一个“Pawn”类蓝图并命名为“VRPawn”，如图7-137所示，双击进入“VRPawn”蓝图。

在“组件”面板中单击“添加”按钮 **+添加** 新建一个运动控制器组件，如图7-138所示。这个组件会捕获手柄的位置并实时使组件的位置与手柄相同，在此组件下方添加任意模型，模型就会随着手柄的移动而改变位置。

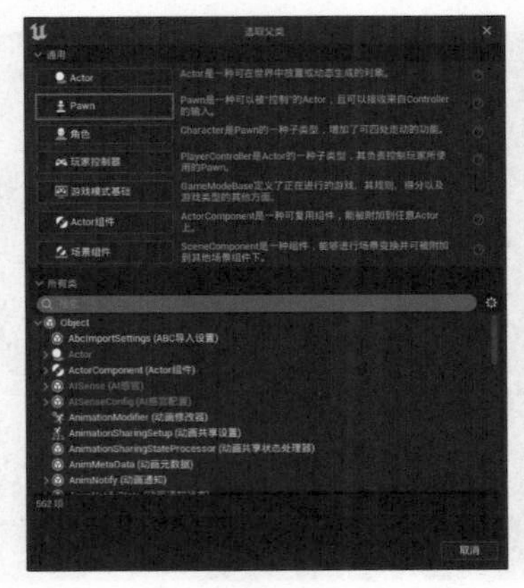

图7-137

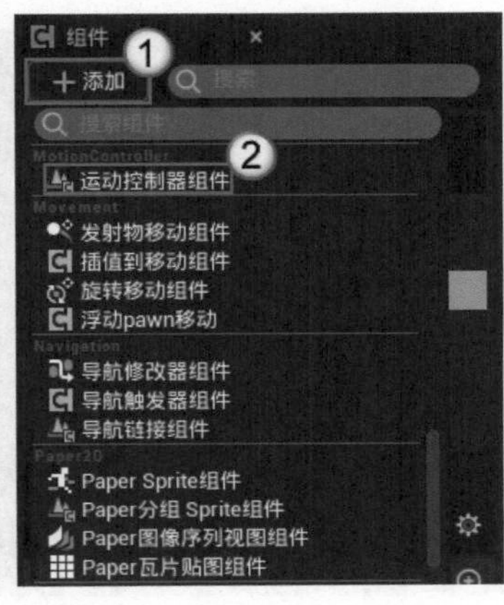

图7-138

在运动控制器组件的下方添加一个球体组件，这个球体组件可以作为角色的手部模型，如图7-139所示。

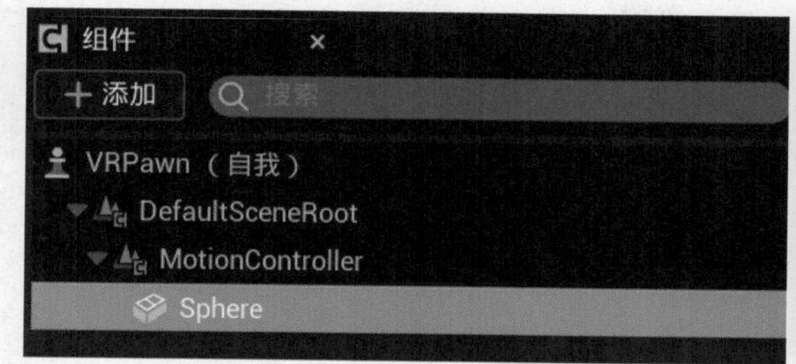

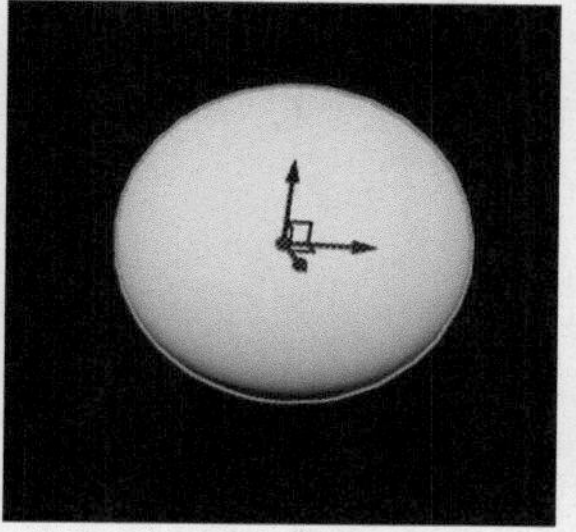

图7-139

编译并保存后拖曳“VRPawn”蓝图到关卡中，选择蓝图后在“细节”面板中设置“自动控制玩家”为“玩家0”，如图7-140所示。进入VR预览模式，移动左侧手柄时，球体会跟着手柄移动，如图7-141所示。

图7-140

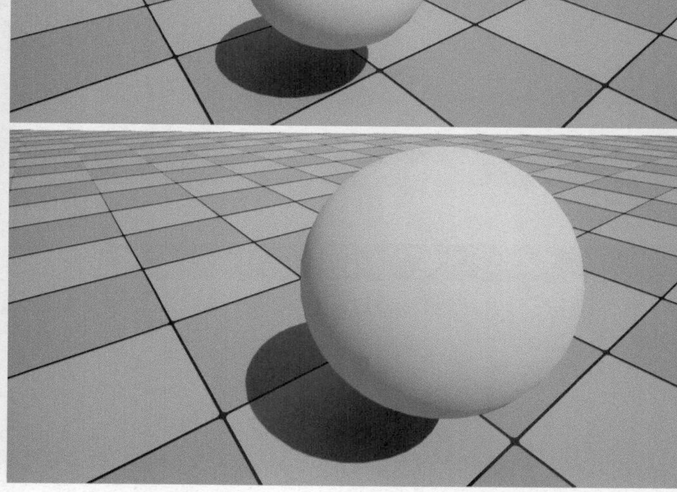

图7-141

7.6.2 双手手柄

将运动控制器组件和球体组件各复制一份，选择复制得到的运动控制器组件后在“细节”面板中设置“运动源”为“Right”，如图7-142所示，这样运动控制器组件就会自动捕获右手手柄的位置。

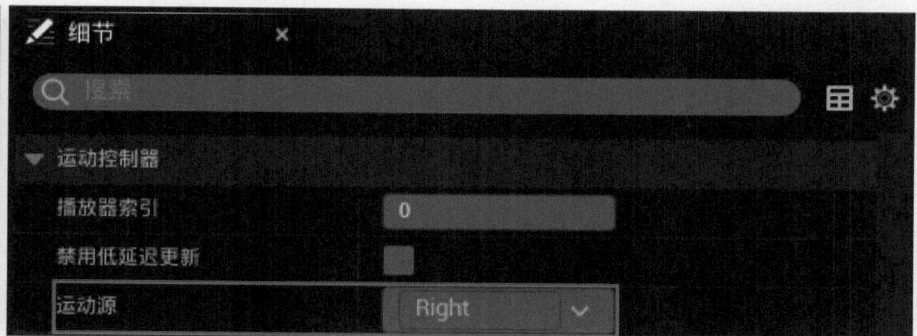

图7-142

编译并保存后进入PIE运行模式，可以使用双手手柄控制两个球体的移动，如图7-143所示。

图7-143

问：制作VR游戏与制作普通游戏的方法有什么区别吗？

答：制作VR游戏时对蓝图的使用与制作普通游戏时几乎一致，也就是说除了需要使用少量VR游戏专用的蓝图节点以外，可以用制作普通游戏的方法去制作VR游戏。

第8章 场景物体蓝图

■ 学习目的

本章将会讲解如何制作闯关游戏中的机关、障碍物等用于增加游戏难度的内容。制作一个简单的机关的方法有数种，不要被书中的内容限制。

■ 主要内容

- 使用蓝图控制关卡中物体的移动
- 使用蓝图制作关卡中的机关
- 在关卡中控制实例
- 制作双开门、电梯等
- 创建过场动画

8.1 蓝图控制

可以使用蓝图制作一些需要重复执行的机关，这些机关不需要添加碰撞或控制组件等，只要存在于场景中便会开始移动。

8.1.1 上下反复移动

创建一个“Actor”类蓝图并命名为“Up2Down”，双击蓝图进入“蓝图编辑器”窗口，在“组件”面板中单击“添加”按钮后为蓝图添加一个立方体组件，如图8-1所示。

有多种方法可以实现上下反复移动的效果，此处使用插值到移动组件快速为蓝图添加运动效果。单击“添加”按钮，搜索“插值到移动组件”后选择该组件，在“细节”面板中的“控制>控制点”卷展栏中单击3次“添加元素”按钮，添加3个索引项，如图8-2所示。

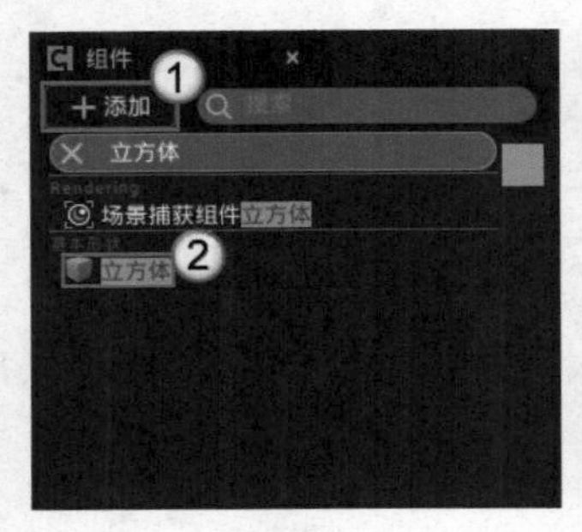

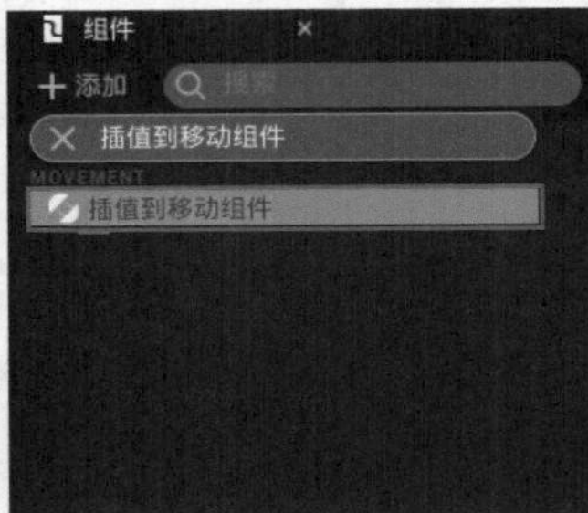

图8-1

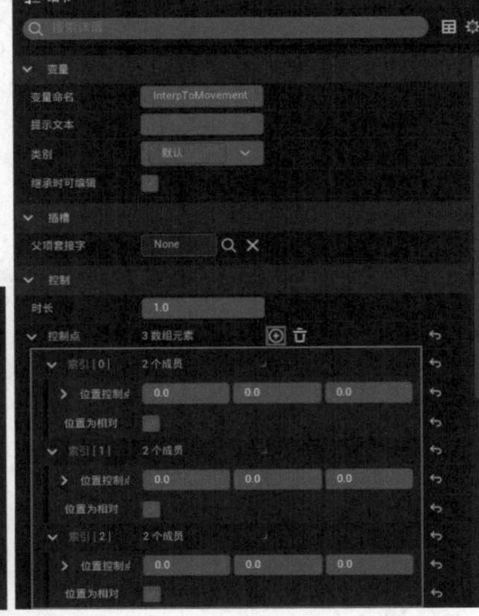

图8-2

设置第2个“位置控制点”的Z值为1000.0,“时长”为5.0，如图8-3所示，这样可以使立方体在上下1000个单位内移动。

在“事件图表”面板中使用“事件开始运行”“延迟”“重新开始移动”节点让立方体每隔一段时间就重新开始移动。可以用组件的“获取Duration”节点（需取消勾选“情境关联”选项）连接“延迟”节点的“Duration”引脚，并且将“重新开始移动”节点的输出引脚连接到“延迟”节点的输入引脚上，如图8-4所示。

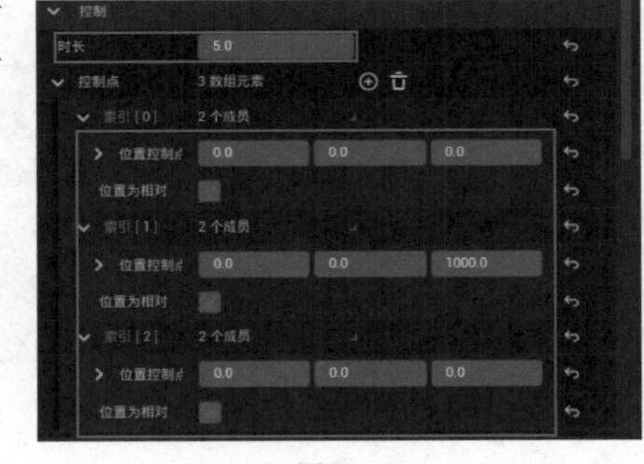

图8-3

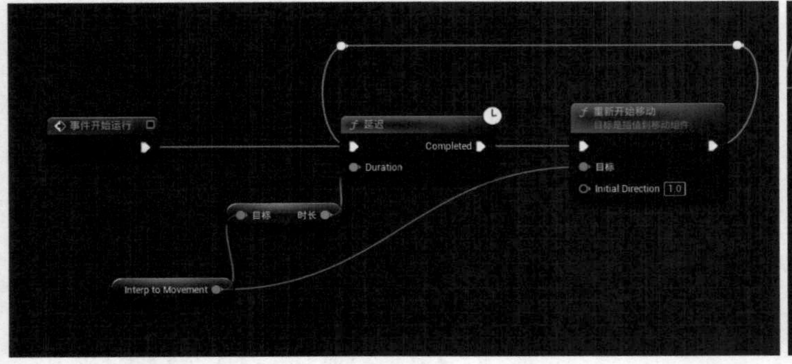

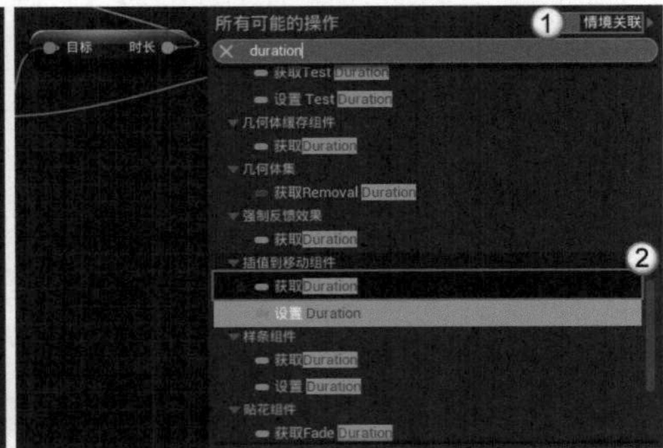

图8-4

编译并保存后拖曳蓝图到关卡中，进入PIE运行模式后可以看到正方体在不断地上下移动，如图8-5所示。

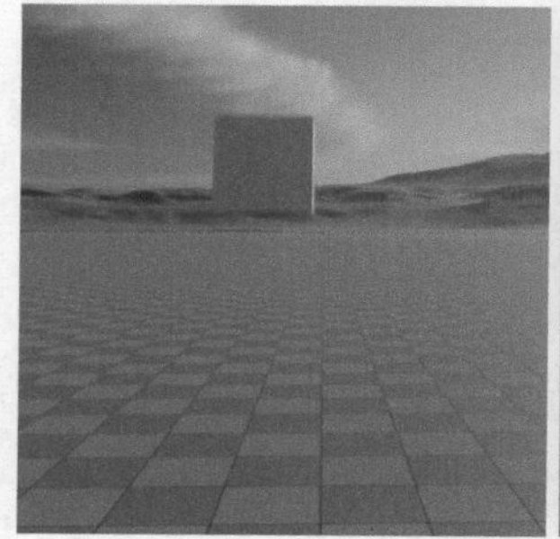

图8-5

8.1.2 左右反复移动

可以使用另外一种方法制作使物体左右移动的蓝图，新建一个“Actor”类蓝图并命名为“Left2Right”。双击打开蓝图，在“组件”面板中单击“添加”按钮＋添加后添加一个立方体组件，如图8-6所示。

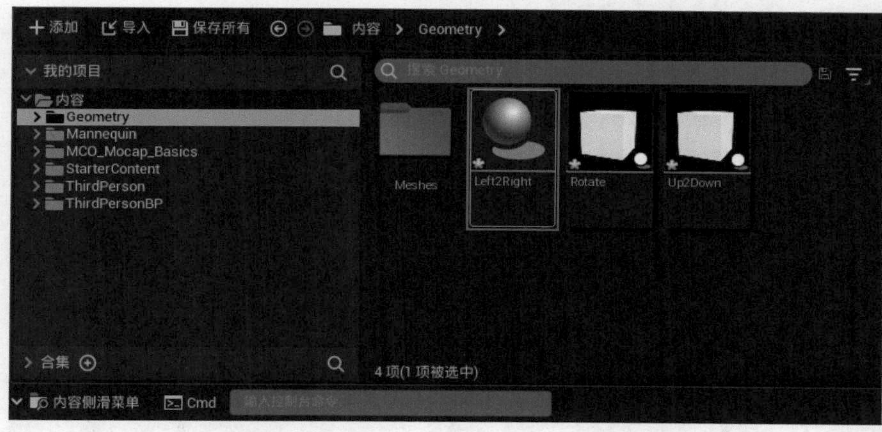

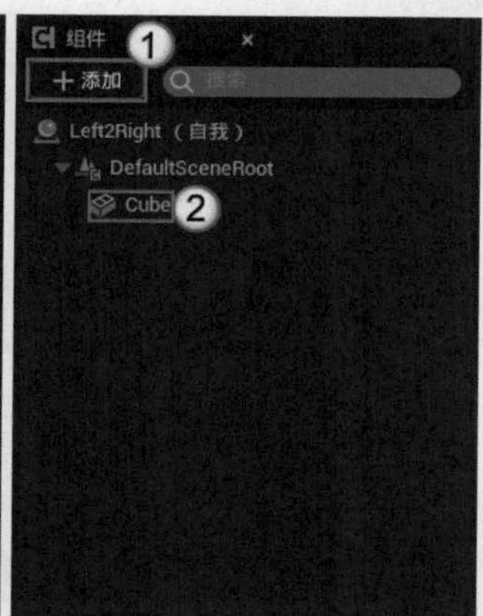

图8-6

进入“事件图表”面板，添加一个“设置Actor位置”节点，用于设置立方体的位置，再将其连接到“事件Tick”节点上，如图8-7所示。

可以使用“事件Tick”节点和“V插值到”节点实时混合立方体的位置，连接“Delta Time”引脚到“获取场景差量（秒）”节点，设置“Interp Speed”为5.0，将“Current”引脚与“获取Actor位置”节点相连，如图8-8所示。

图8-7

在“我的蓝图”面板中创建一个“向量”类型的变量并且命名为“Target Location”，如图8-9所示。

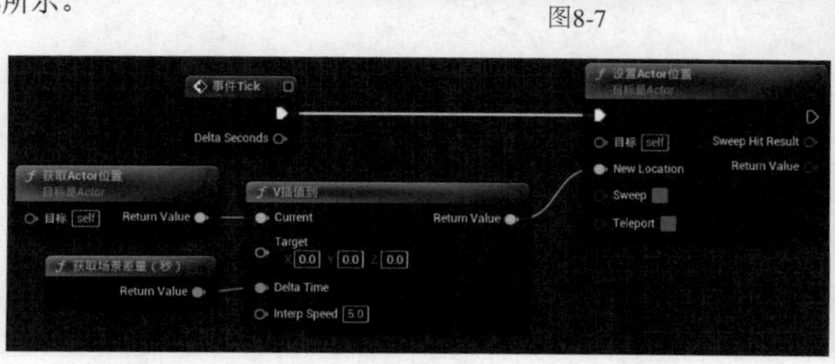

图8-8

图8-9

创建一个“获取Actor向右向量”节点和一个“获取Actor位置”节点，将“获取Actor向右向量”节点乘以1000.0，然后将计算结果与“获取Actor位置”节点的返回值相加，最后将结果输入“SET”节点，如图8-10所示。

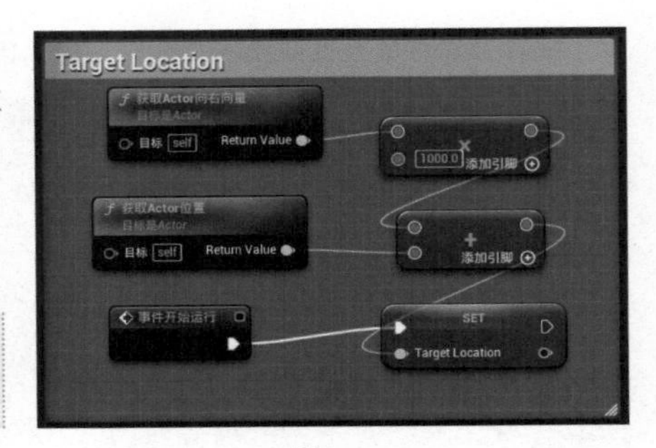

图8-10

提示 进行这一步前需要使用鼠标右键单击“乘”节点，转换引脚类型为“浮点（双精度）”。

添加一个“延迟”节点，设置“Duration”为5.0。为了让物体回到初始位置，复制上面节点并设置“乘”节点为-1000.0，使用“延迟”节点延迟5秒后连接回第1次设置的位置，开始往返循环，如图8-11所示。

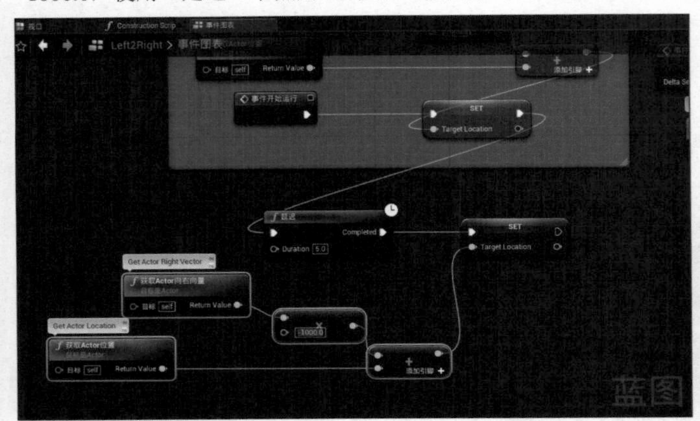

图8-11

将“设置Actor位置”节点连接到“事件Tick”节点上，并使用“V插值到”节点将节点的返回值连接到“New Location”引脚上，分别将“获取Actor位置”节点与自定义的“Target Location”变量连接到“Current”引脚与“Target”引脚上，接着将“获取场景差量(秒)”节点连接到“Delta Time”引脚上即可，如图8-12所示。

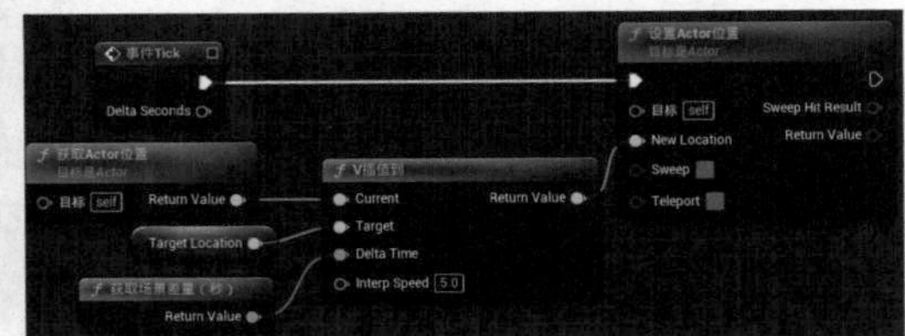

图8-12

完整的蓝图如图8-13所示。编译并保存后将蓝图拖曳到关卡中，进入PIE运行模式，可以看到立方体会在1000个单位的范围内反复左右移动，如图8-14所示。当“Interp Speed”为5.0时物体的移动速度可能过快，这时可以将其设置为1.0。

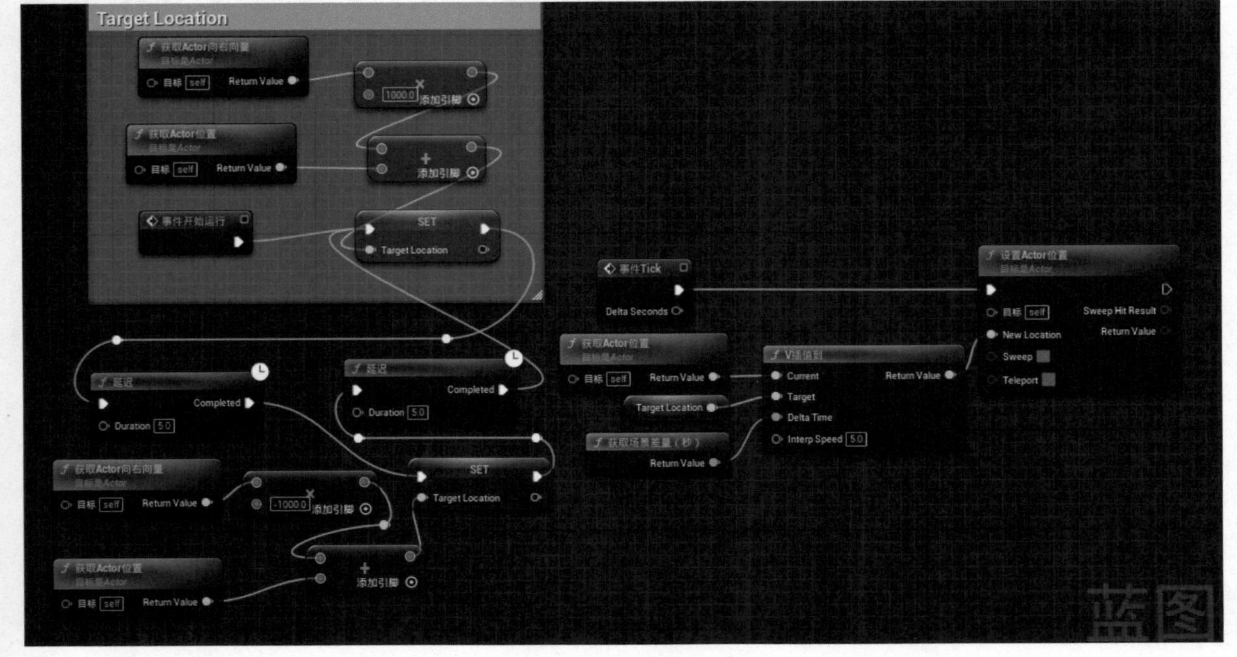

图8-13

图8-14

8.1.3 持续旋转

在“内容浏览器”面板中创建一个新的“Actor”类蓝图并命名为“Rotate”，在“Rotate”蓝图中可以使用旋转移动组件让立方体旋转。添加一个立方体组件后添加旋转移动组件，如图8-15所示。

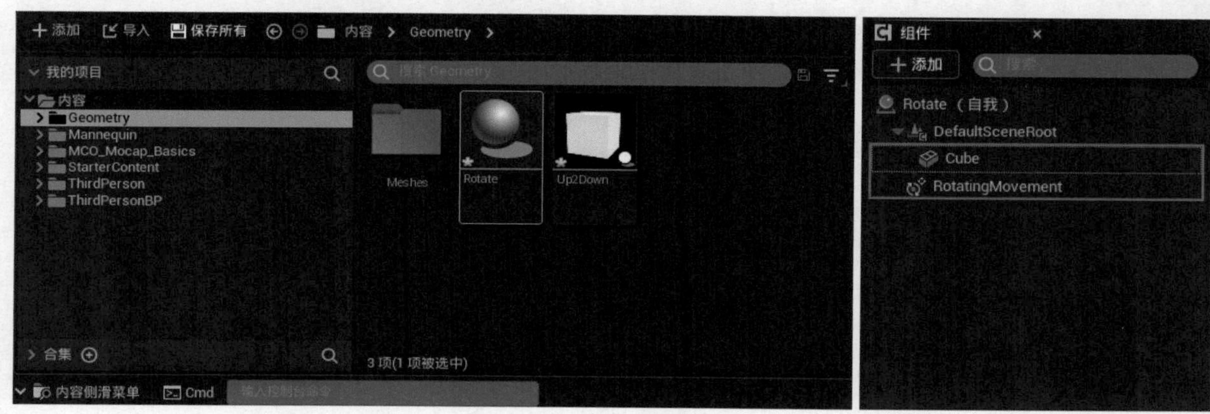

图8-15

选择旋转移动组件，可以通过改变“旋转速率”的Z值使物体旋转，默认值为180.0，如图8-16所示。编译并保存后关闭“蓝图编辑器”窗口，在“内容浏览器”面板中将蓝图拖曳到关卡中，进入PIE运行模式后看到物体在原地旋转，如图8-17所示。

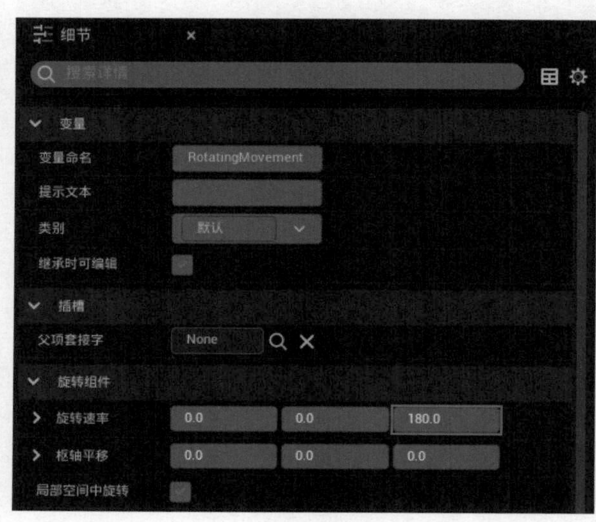

图8-16

图8-17

8.2 碰撞蓝图控制

我们在第6章中学习了如何为模型添加碰撞，本节将使用碰撞触发物体的移动，制作一些有趣的场景机关。

8.2.1 升降梯

创建一个“Actor”类蓝图并命名为“BP_Lift”。双击进入“蓝图编辑器”窗口，在“组件”面板中单击“添加”按钮+添加后添加一个静态网格体组件，选择该组件后在“细节”面板中设置“静态网格体”为“Floor_400×400”，如图8-18所示。

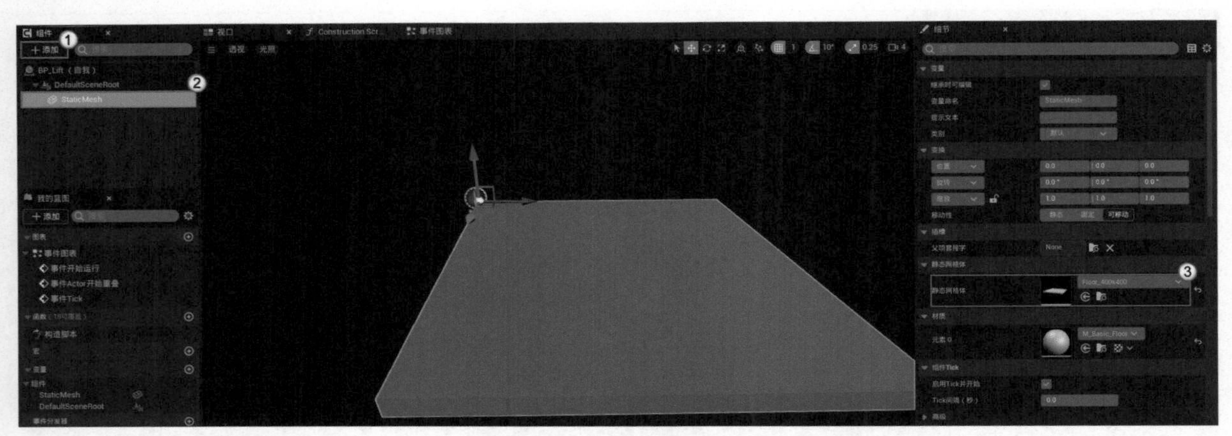

图8-18

再单击“添加”按钮+添加添加一个“Box Collision”组件（名称为“Box”），用于检测蓝图中是否发生了触碰。“Box”组件需要附加到静态网格体组件上，并使其大小与整个地板的大小相同。选择“Box”组件，在“细节”面板中设置“位置”为（X:200.0，Y:200.0，Z:0.0），“缩放”为（X:7.0，Y:7.0，Z:1.0），如图8-19所示。

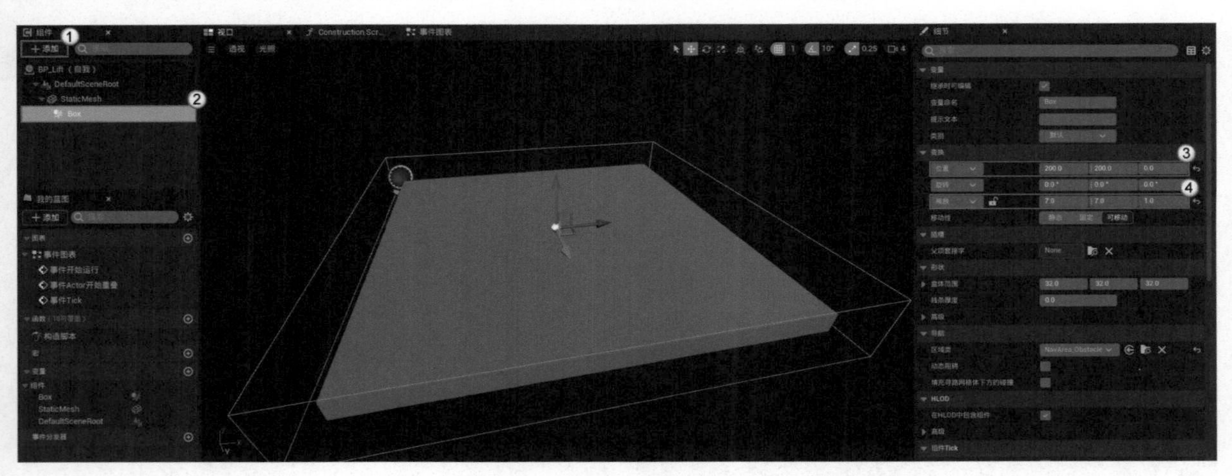

图8-19

在“细节”面板中的“事件”卷展栏中单击“组件开始重叠时”事件右侧的“添加”按钮+，为“Box”组件创建事件，接着使用“打印字符串”节点输出“Hello”，如图8-20所示。

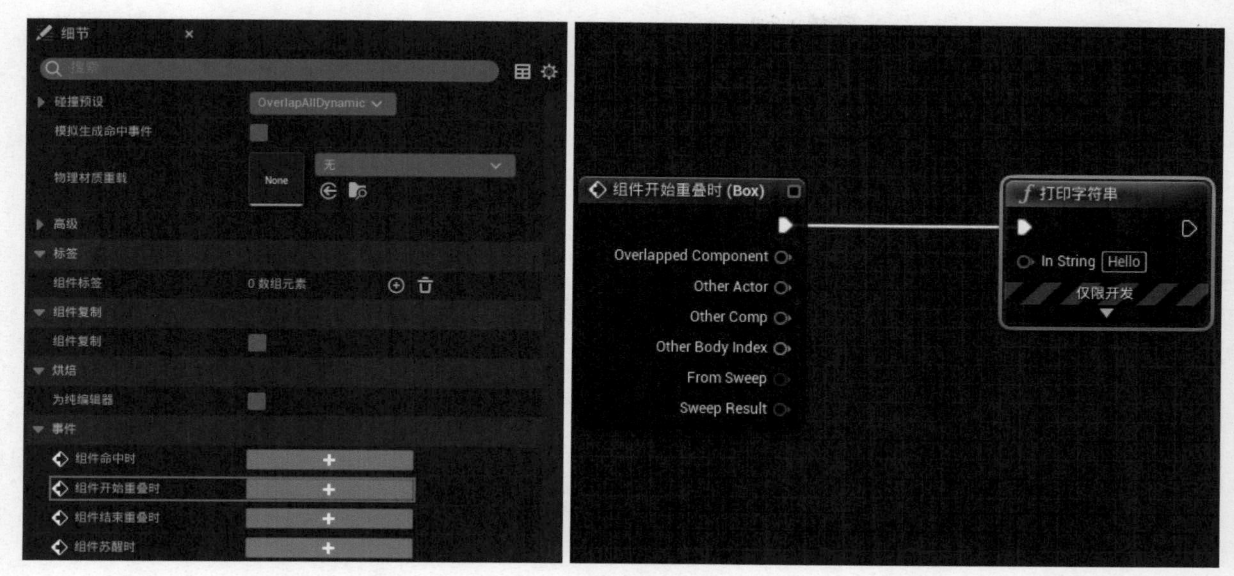

图8-20

编译并保存后，在“内容浏览器”面板中拖曳“BP_Lift”蓝图到关卡中，如图8-21所示。

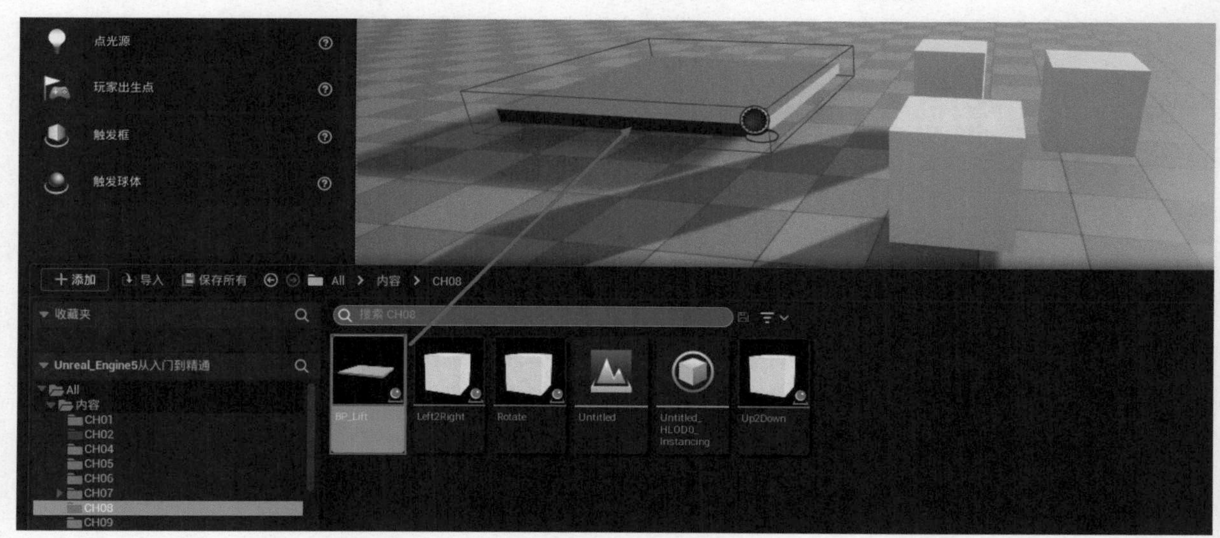

图8-21

在“世界场景设置”面板中设置“游戏模式重载”为第7章创建的“BP_GameMode”，如图8-22所示。

回到“BP_Lift”蓝图的“事件图表”面板中，可以使用“时间轴”节点和“设置相对位置”节点使地板成为上下浮动的升降梯。创建一个“时间轴”节点并将其连接到“组件开始重叠时(Box)”节点，如图8-23所示。

图8-22

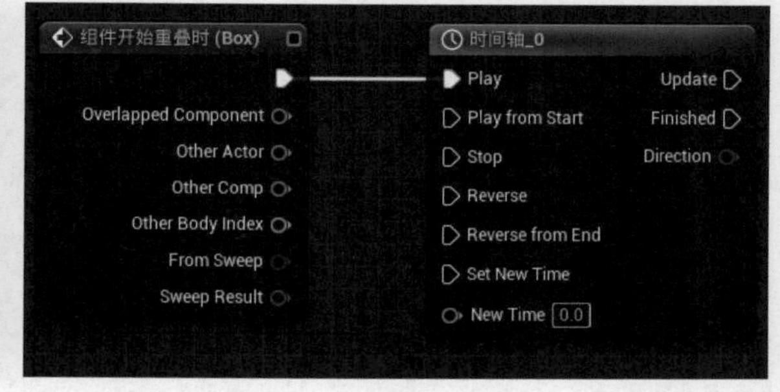

图8-23

进入“时间轴”面板，单击“轨道”按钮 添加一个浮点型轨道，设置“长度”为3.00，如图8-24所示。添加第1个关键帧，设置“时间”与“值”为0.0；添加第2个关键帧，设置“时间”为3.0,“值”为400.0。使用鼠标右键单击关键帧，执行“自动”菜单命令，开启自动切线功能，如图8-25所示。

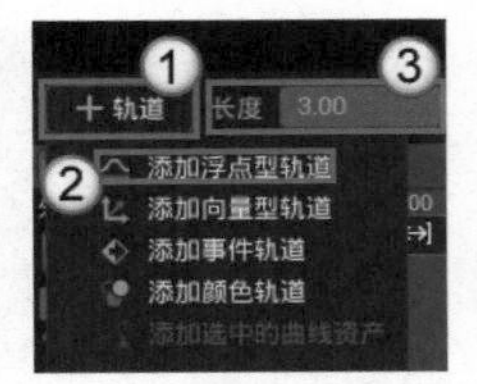

图8-24

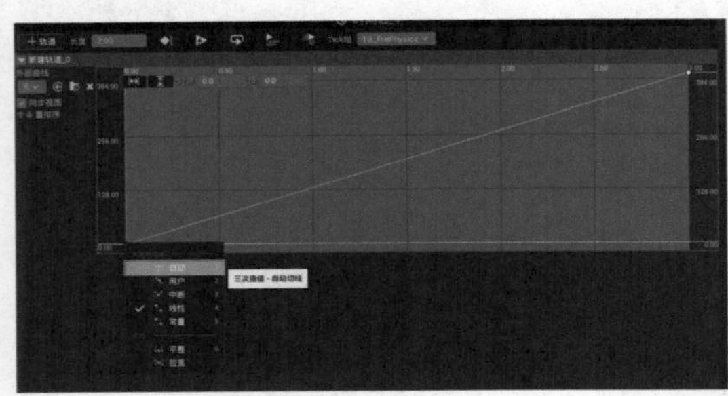
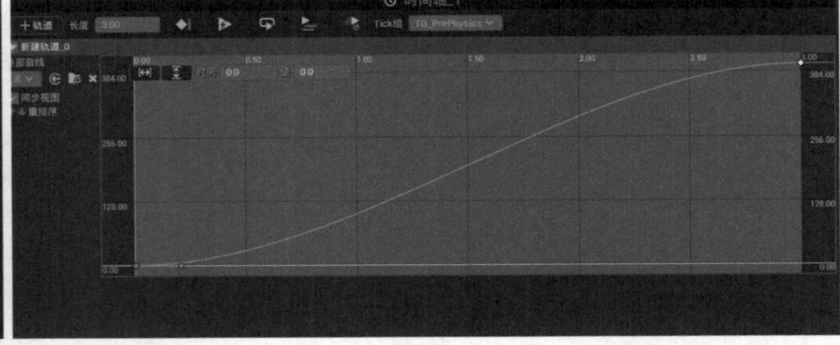

图8-25

完成后回到“事件图表”面板，新建一个“设置相对位置”节点和一个“创建向量”节点，将“Z”引脚连接到“新建轨道0”引脚上，将“Return Value”引脚连接到“设置相对位置”节点的“New Location”引脚上，如图8-26所示。

图8-26

为了防止程序重复执行，添加一个“Do Once”节点，在每次执行完成,“时间轴”节点发出“Finished”信号时重置“Do Once”节点，如图8-27所示。

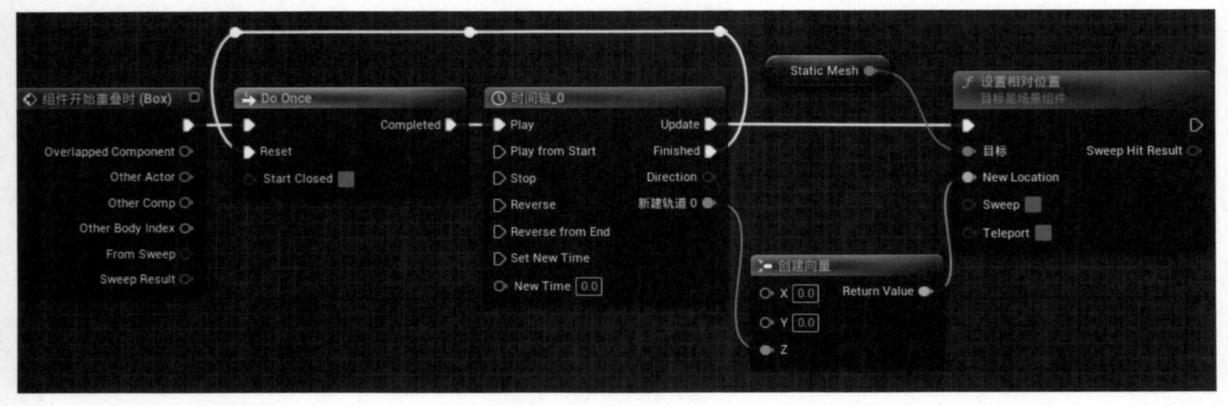

图8-27

当角色第2次站在升降梯上时需要使升降梯下降，添加“Flip Flop”节点，在第1次执行时连接“Play”引脚，在第2次执行时连接“Reverse”引脚，如图8-28所示，这样就可以做到重复触发后朝相反方向移动。

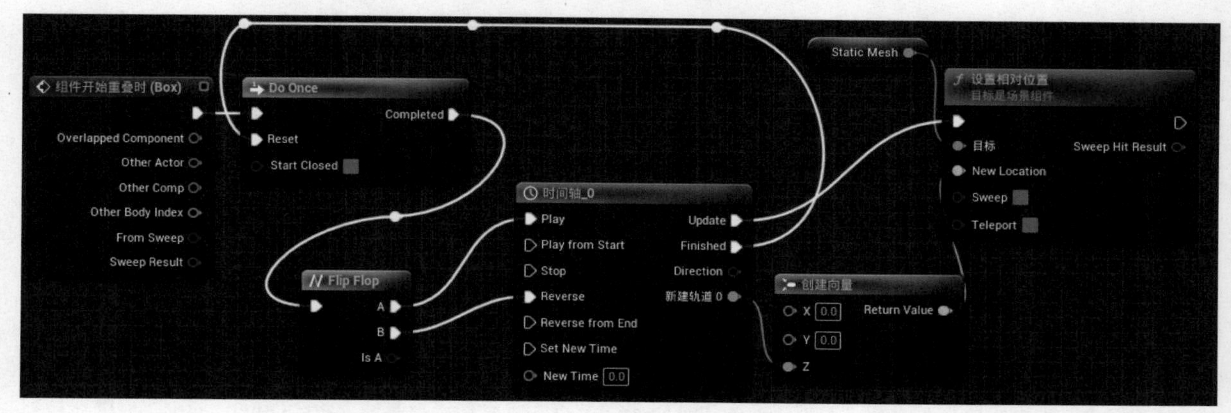

图8-28

编译并保存后进入PIE运行模式，操控角色走到升降梯上，会发现升降梯开始缓慢地向上移动，移动400.0的距离后停止移动，如图8-29所示。如果操控角色跳跃，使角色再次触碰到升降梯，会使升降梯向下移动，如图8-30所示。

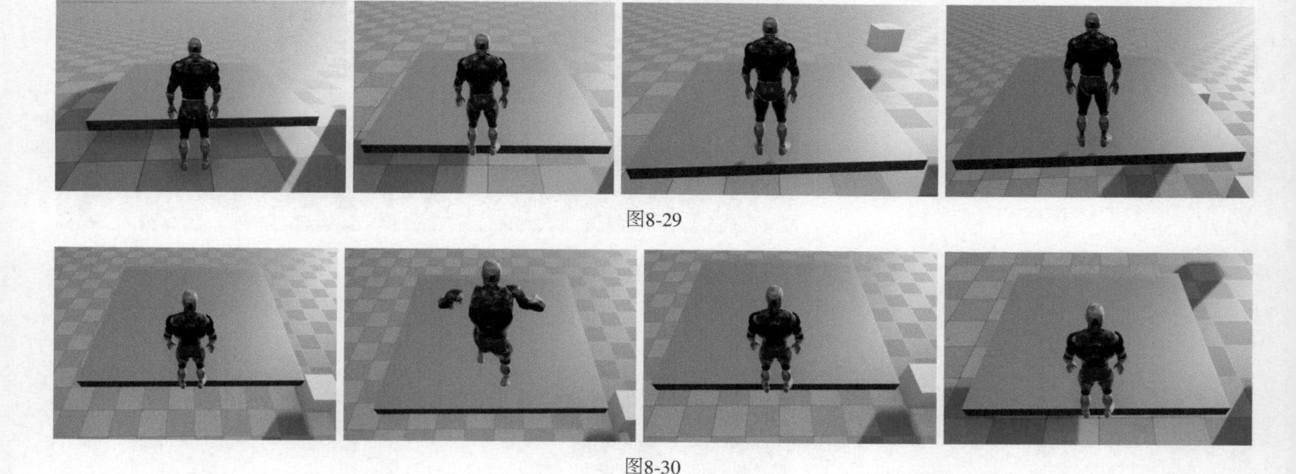

图8-29

图8-30

8.2.2 弹跳板

创建一个“Actor”类蓝图并命名为“Launch_Pad”，双击蓝图进入“蓝图编辑器”窗口，在“组件”面板中单击“添加”按钮 +添加 添加一个静态网格体组件，在“细节”面板中设置“静态网格体”为“Floor_400×400”，如图8-31所示。

图8-31

在“组件”面板中添加一个“Box Collision”组件，设置“位置”为（X:200.0，Y:200.0，Z:0.0），“缩放”为（X:7.0，Y:7.0，Z:1.0），并在“细节”面板中单击“组件开始重叠时”事件右侧的“添加”按钮 + ，如图8-32所示。

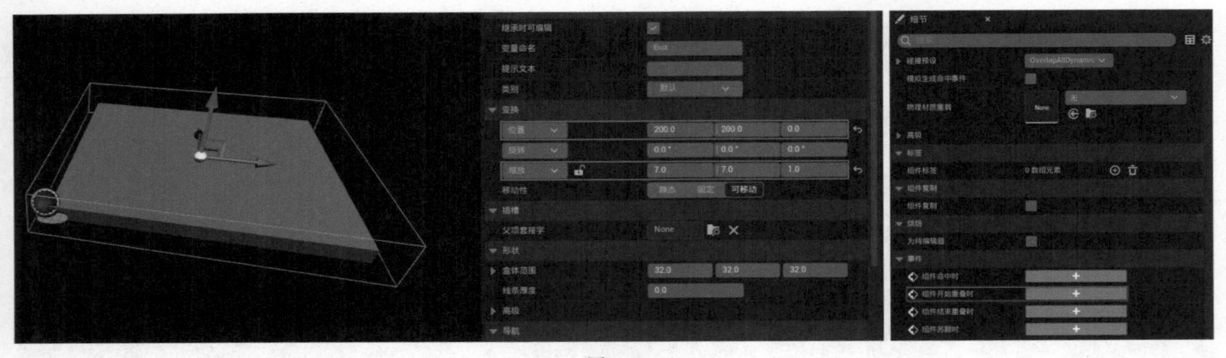

图8-32

添加一个“弹射角色”节点和“类型转换为Character”节点并将它们连接起来，将“Other Actor”引脚连接到“Object”引脚，将事件类型转换为Character后连接到“弹射角色”节点，连接“As角色”引脚到“目标”引脚，设置“Launch Velocity”的“Z”值为1000.0，如图8-33所示。

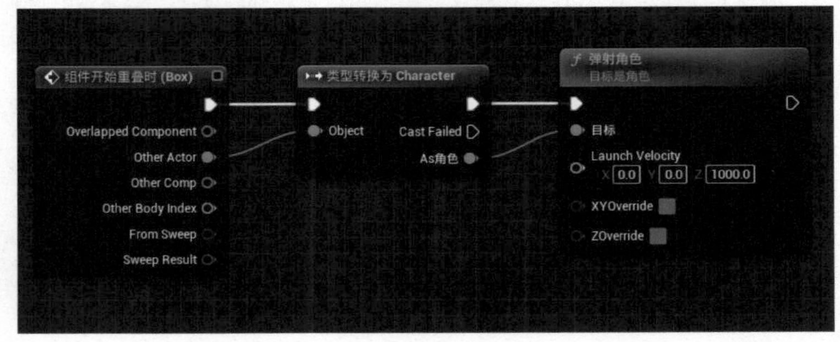

图8-33

提示 在“角色”类蓝图中直接使用“弹射角色”节点不会报错，是因为此函数存在于“角色”类蓝图中，而在其他类型的蓝图中调用此函数时需要给予其目标，所以需要使用“类型转换为Character”节点。

编译并保存后关闭“蓝图编辑器”窗口，将蓝图拖曳到关卡中，进入PIE运行模式，当角色触碰到弹跳板时会触发弹跳，如图8-34所示。

图8-34

提示 可以将“弹射角色”节点换成“跳跃”节点，当角色站到弹跳板上时会触发跳跃功能。同理，也可以使用“播放动画蒙太奇”节点，在角色踩上去时会播放蒙太奇。

8.2.3 具有方向的弹跳板

上一小节创建的弹跳板会使角色沿z轴向上弹跳，如果将箭头组件绑定在弹跳板上，将获得的向前向量乘以一个系数便可创建出一个具有方向的弹跳板。

打开“Launch_Pad”蓝图，在“组件”面板的静态网格体组件中添加一个箭头组件，接着在视口中调整箭头的方向，使其与弹跳板垂直，如图8-35所示。

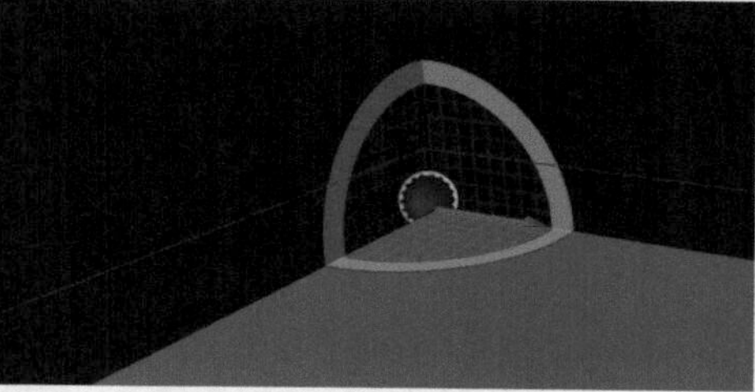
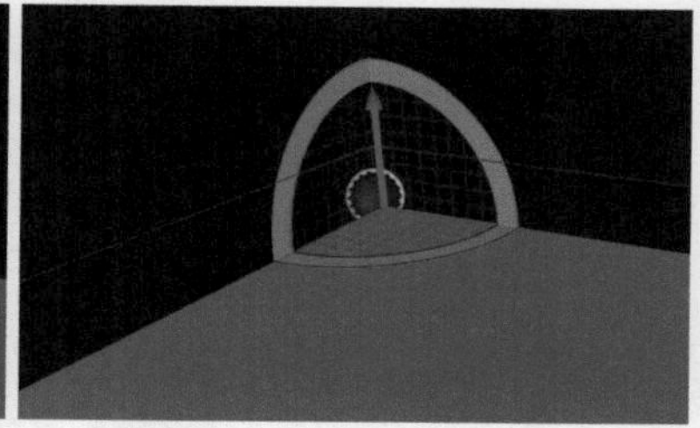

图8-35

在“事件图表”面板中使用“获取向前向量”节点得到箭头的向前向量，因为箭头朝上，所以箭头的向前向量就是朝上的（相对于世界），乘以系数1000.0可以增加向量的长度，如图8-36所示，用户可以根据自己的需求乘以不同的系数。

编译并保存后回到场景中，将弹跳板旋转一定角度，进入PIE运行模式，控制角色跳上弹跳板，发现角色成功朝指定方向弹跳，如图8-37所示。

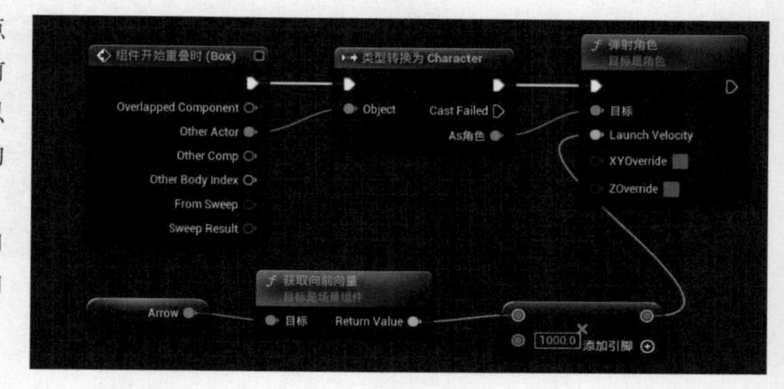

图8-36

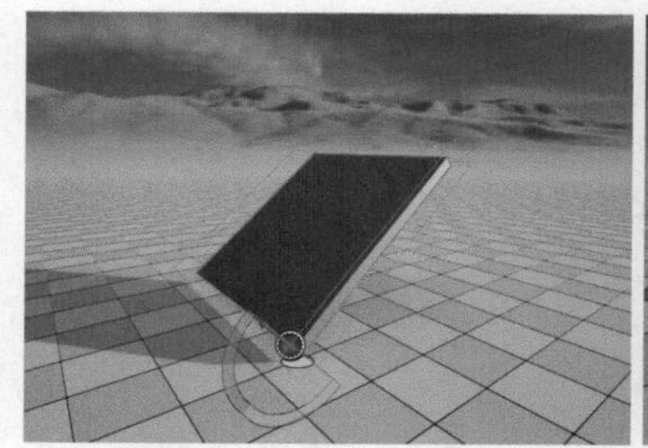
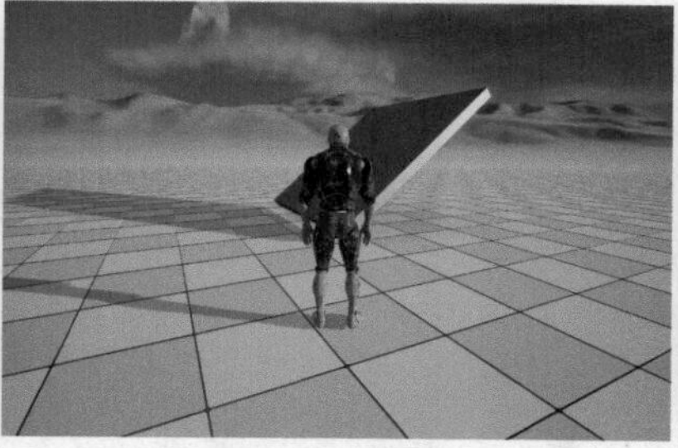

图8-37

8.2.4 尖刺陷阱

本小节将介绍游戏中一个实用的小机关，当角色触碰到该机关时会触发某些机制，可以用来制作陷阱等。

打开“资源文件>素材文件>CH08”文件夹，可以看到“刺”文件和4个刺纹理文件，可以在“内容浏览器”面板中新建一个“Stab”文件夹用于存放尖刺陷阱的模型与纹理。将模型和纹理拖曳到引擎中，在弹出的“FBX导入选项”对话框中单击“导入所有”按钮导入所有，如图8-38所示。

图8-38

问：导入后引擎报错怎么办？

答：在导入资源时多多少少都会出现一些问题，只要不是红色报错，就几乎可以无视，用户可以根据自己的需求去处理问题，出现图8-39所示的情况时就可以直接关闭“消息日志”窗口。

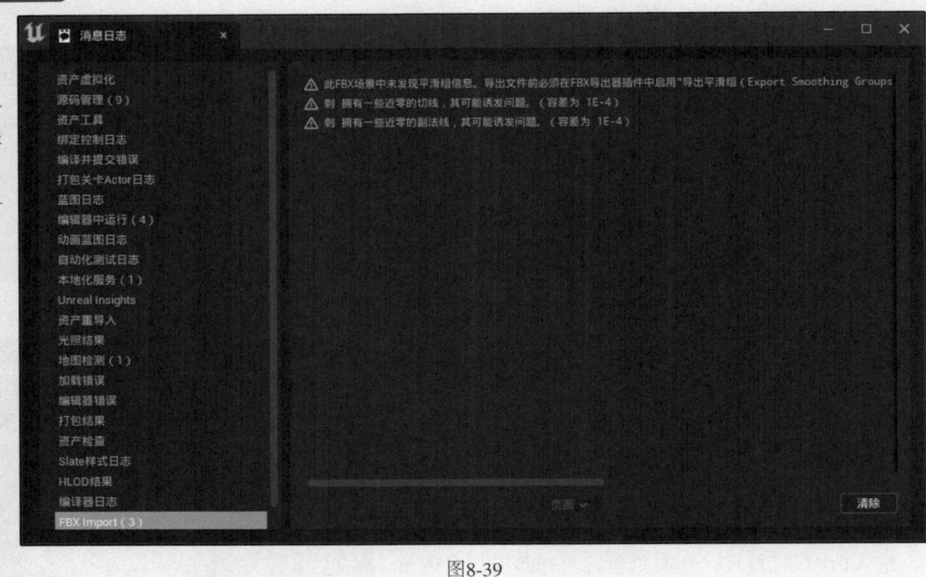

图8-39

在“内容浏览器”面板中单击鼠标右键，执行“材质”菜单命令新建一个材质并命名为“M_Stab”，如图8-40所示。

双击材质打开“材质编辑器”窗口，在“内容浏览器”面板中将导入的纹理拖曳到“材质图表”面板中，连接对应引脚，让材质读取来自不同纹理的属性，如图8-41所示。

图8-40

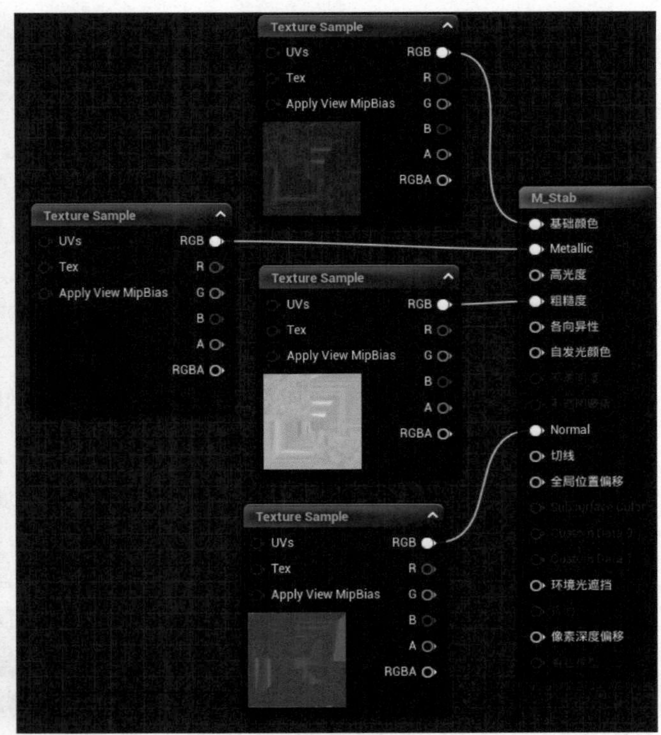

图8-41

编译并保存后关闭“材质编辑器”窗口，在“内容浏览器”面板中将材质“M_Stab”拖曳到“细节”面板中的“材质插槽”卷展栏的“元素0”中，如图8-42所示。

图8-42

新建一个“Actor”类蓝图并命名为“BP_Stab”，双击打开该蓝图，在“组件”面板中单击“添加”按钮＋添加后添加一个静态网格体组件，如图8-43所示。在“细节”面板中设置“静态网格体”为导入的“刺”纹理，如图8-44所示。

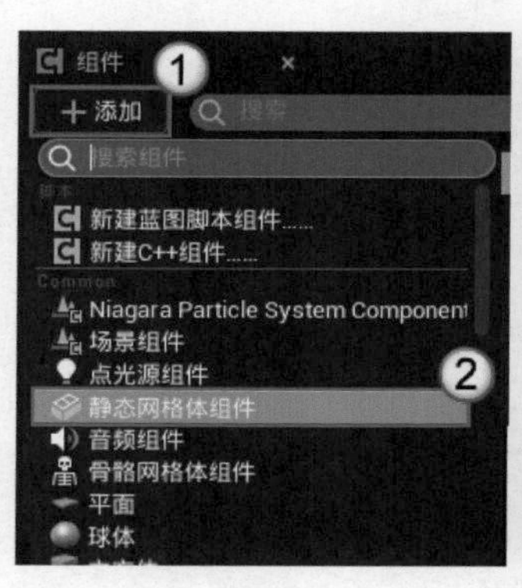

图8-43

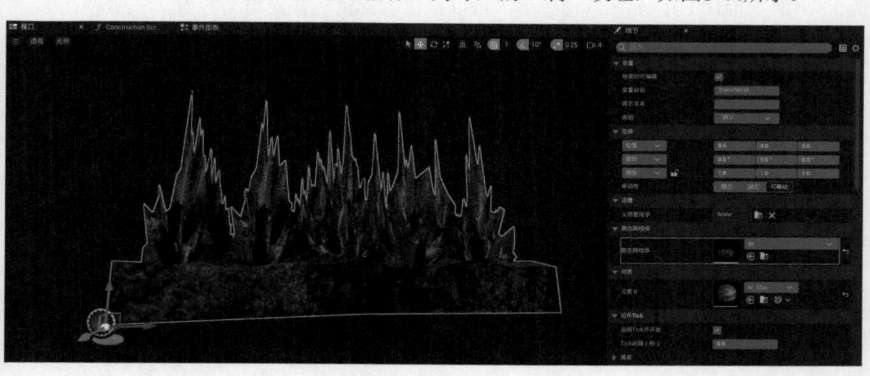

图8-44

继续添加一个“Box Collision”组件，使其与静态网格体组件同级，将其设置为与尖刺相同的大小，并将其放在“刺”模型的正上方，如图8-45所示。

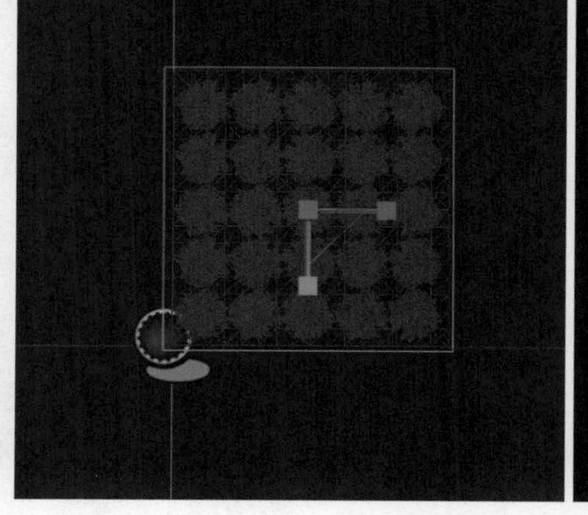

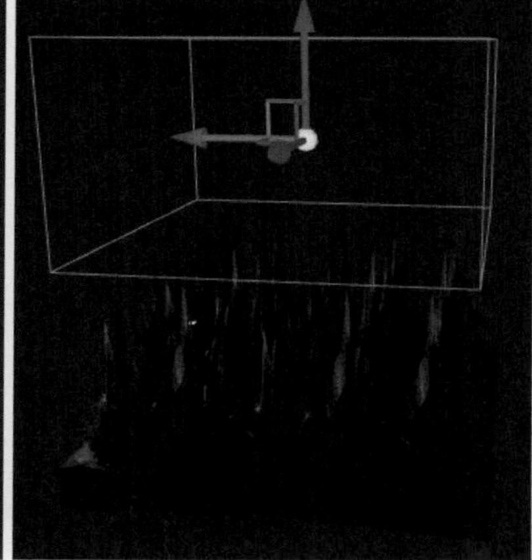

图8-45

提示 可以先使用快捷键Alt + J切换到顶视图，再设置“Box Collision”组件的大小与位置。

在“细节”面板的“事件”卷展栏中为碰撞体添加一个“组件开始重叠时”事件，如图8-46所示。可以使用“时间轴”节点在玩家触碰到碰撞体时增加尖刺的Z值，形成尖刺弹出效果。在“事件图表”面板中添加一个“时间轴”节点并连接事件，如图8-47所示。

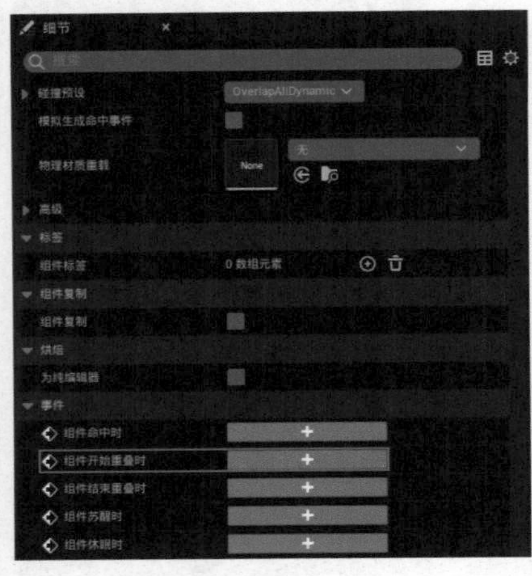

图8-46

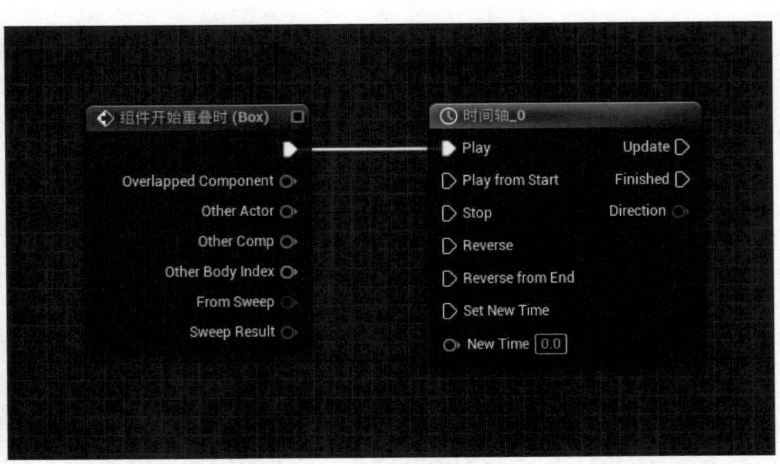

图8-47

打开“时间轴”面板，因为只需要改Z值，所以添加一个浮点型轨道即可。由于陷阱的尖刺需要在非常短的时间内弹出，因此设置“长度”为0.30。添加第1个关键帧，设置“时间”为0.0，“值”为0.0；添加第2个关键帧，设置“时间”为0.3，“值”为100.0，如图8-48所示。可以根据实际情况决定是否设置“关键帧插值”为“自动”。

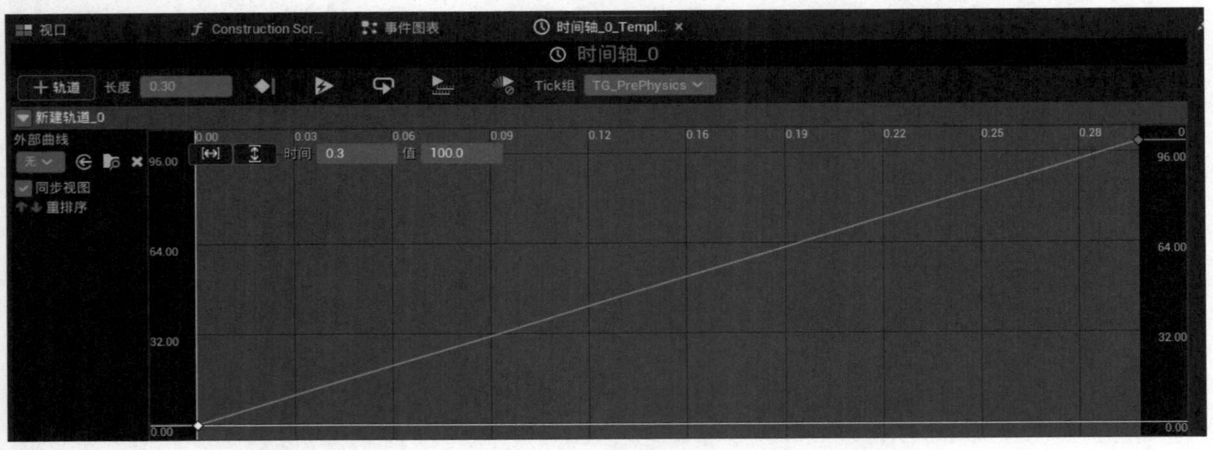

图8-48

回到“事件图表”面板中，使用“设置相对位置”节点设置静态网格体组件的相对位置，如图8-49所示。

提示 如果新建的是“设置相对位置”节点，那么“目标”引脚不会自动连接“Static Mesh”节点，需要从“组件”面板中拖曳“Static Mesh”组件到“事件图表”面板中并将其连接到“设置相对位置”节点的“目标”引脚。

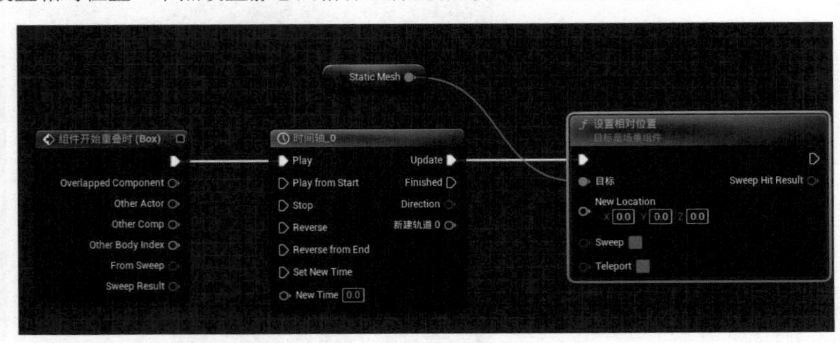

图8-49

因为不需要修改X值与Y值，只需要对模型的上下移动进行控制，所以创建一个“创建向量”节点，将“新建轨道0”引脚连接到“Z”引脚，如图8-50所示。

按住S键并在空白处单击，生成“序列”节点，因为尖刺陷阱需要在一段时间后回到原位，所以可以使用“延迟”节点使尖刺延迟1秒后回到原位。将“Completed”引脚与“Reverse”引脚相连，如图8-51所示，这样就可以使尖刺陷阱在1秒后落下。

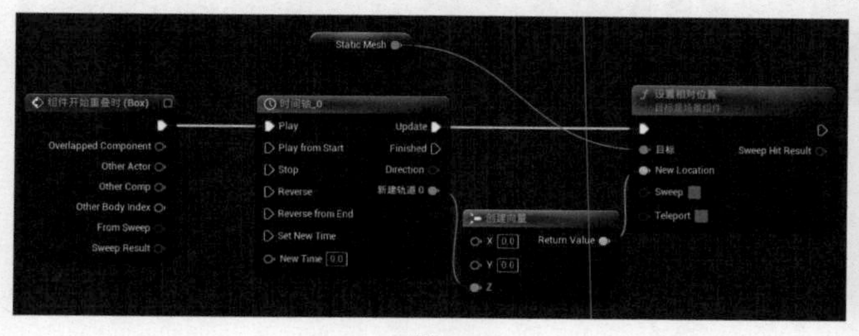

图8-50

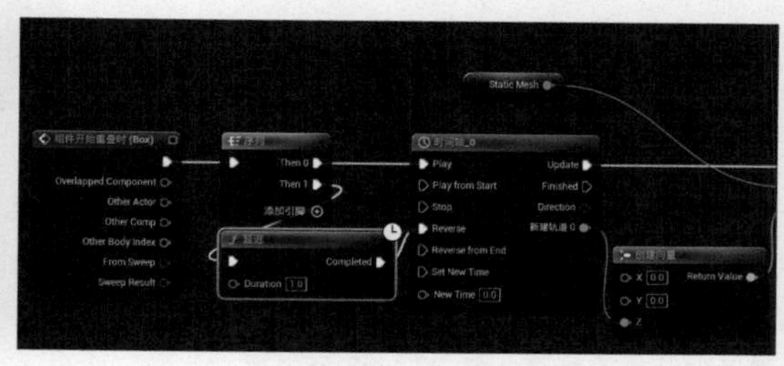

图8-51

编译并保存后关闭“蓝图编辑器”窗口，将蓝图拖曳到关卡中，将刺隐藏在地板下方，并且露出部分碰撞体积，如图8-52所示。进入PIE运行模式，控制角色前进并踩在新建的尖刺陷阱上，发现陷阱可以成功弹出，如图8-53所示。

图8-52

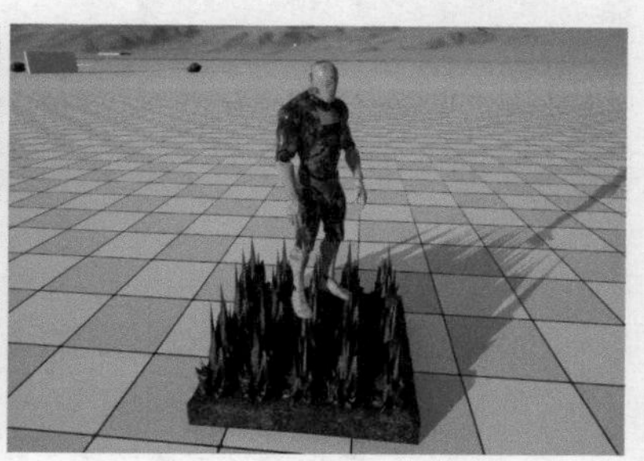

图8-53

8.3 外部控制变量

如果要根据需求设置一些特定的参数，或者设置某一个实例化对象的参数，则需要将变量暴露出来以供外部访问。

如果目前拥有“Enemy”类蓝图，那么可以将3个“Enemy”类蓝图拖曳到关卡中，这样运行后就会得到3个Enemy类的实例化对象。如果需要设置其中一个Enemy类实例化对象的血量为100，设置另外两个Enemy类实例化对象的血量为50，则需要在外部单独控制单个对象。

重点

8.3.1 暴露变量

创建一个“Actor”类蓝图并命名为“Enemy”，双击打开蓝图，在“我的蓝图”面板中单击“变量”按钮新建一个变量，将其命名为“HP”并设置“变量类型”为“整数”，如图8-54所示，单击“编译”按钮编译进行编译，这是因为需要修改变量的默认值。

在“细节”面板中勾选“可编辑实例”和“生成时公开”选项，如图8-55所示，然后单击“编译”按钮编译。

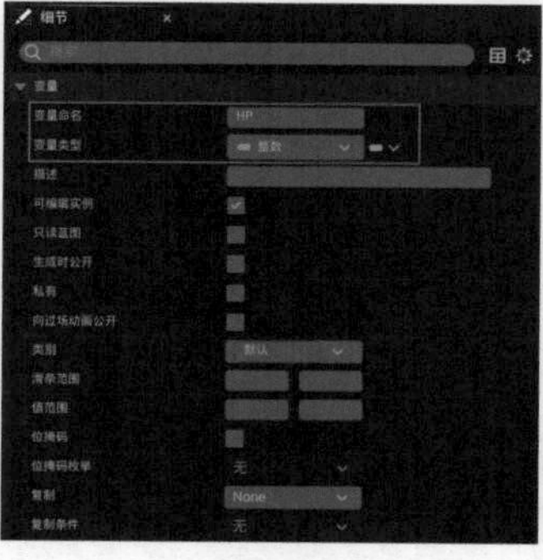

图8-54

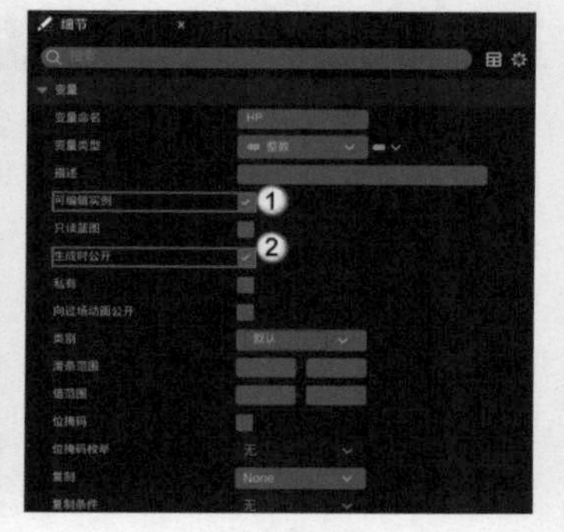

图8-55

在“组件”面板中添加一个文本渲染组件，该组件可以提示当前实例化对象的“HP”参数，在“事件图表”面板中添加一个“设置文本”节点，如图8-56所示。

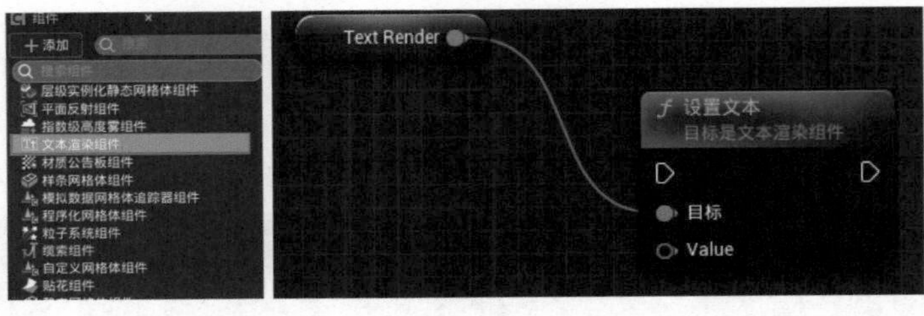

图8-56

连接“事件Tick”节点到“设置文本”节点，新建一个“转换为文本（整型）”节点，按住Ctrl键拖曳“HP”变量到“事件图表”面板中，将这些节点连接起来，如图8-57所示。

编译并保存后关闭“蓝图编辑器”窗口，在“内容浏览器”面板中拖曳3个“Enemy”类蓝图到关卡中，此时可以设置单个对象的暴露变量，如图8-58所示。

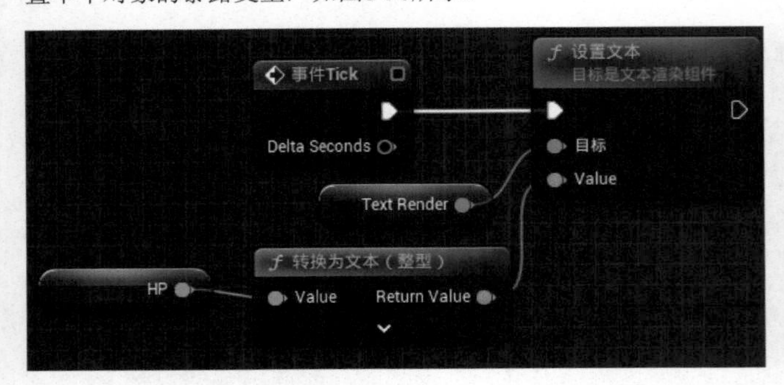

图8-57

图8-58

在“细节”面板中设置蓝图的“HP”参数，第1个为-50，第2个为50，第3个为100，如图8-59所示。进入PIE运行模式后，每个蓝图的参数都成了不同的、有需要的参数，如图8-60所示。

图8-59

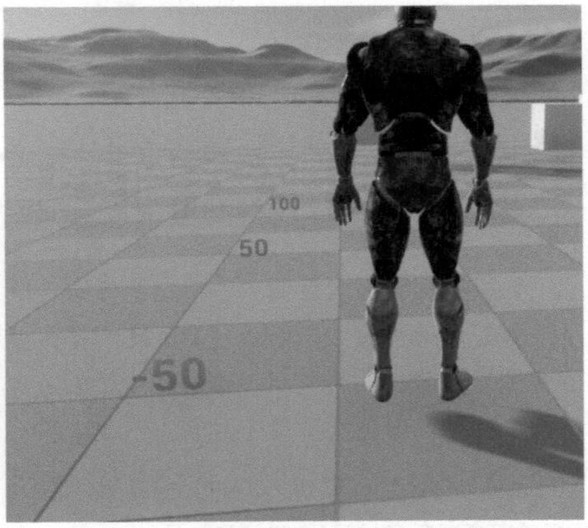

图8-60

8.3.2 在生成时控制

双击打开“Enemy”类蓝图，选择“HP”变量后在“细节”面板中勾选“生成时公开”选项，如图8-61所示。可以在游戏中通过程序生成蓝图，以便设置不同的参数。

提示 勾选“生成时公开”选项时必须勾选“可编辑实例”选项，如果只勾选“生成时公开”选项将会报错。

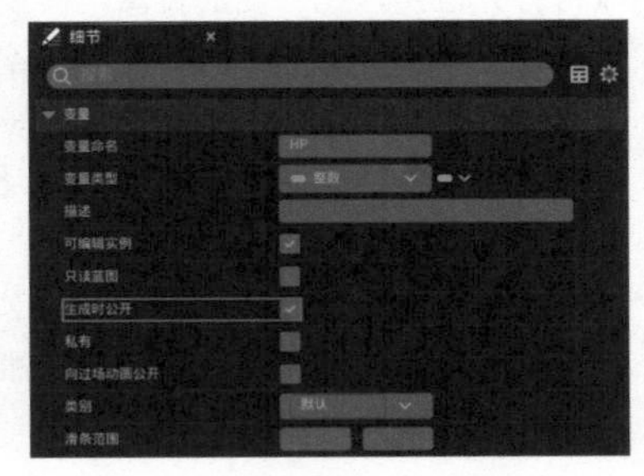

图8-61

在上一小节中讲解了如何在关卡中设置单个对象的值，在勾选“生成时公开”选项后可以使用“生成Actor NONE”节点在游戏中生成新的实例化对象，勾选了“生成时公开”选项的变量将会被注册在“生成Actor NONE”节点的参数中。

当为“从类生成Actor”节点传入一个“Spawn Transform”时，调用此节点会返回一个“Return Value”参数，此参数是新生成的“Enemy”对象的引用，如图8-62所示。

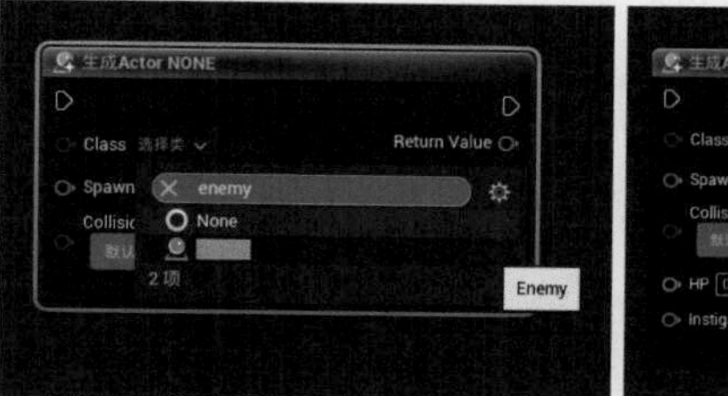

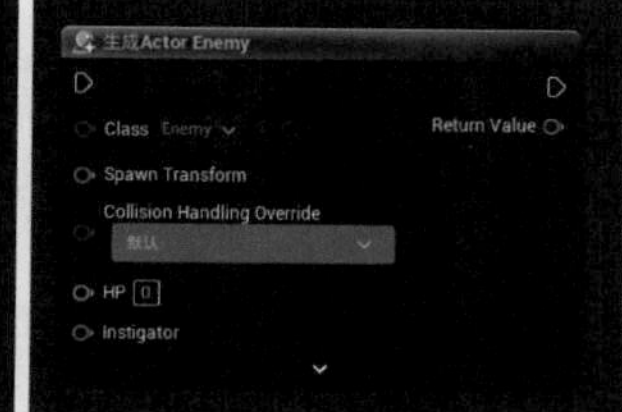

图8-62

案例训练：生成一个彩色方阵

实例文件　资源文件 > 实例文件 > CH08 > 案例训练：生成一个彩色方阵

素材文件　无

难易程度　★★☆☆☆

学习目标　掌握“For Loop”节点和碰撞体积

本案例将生成一个彩色的大型立方体方阵，最终效果如图8-63所示。

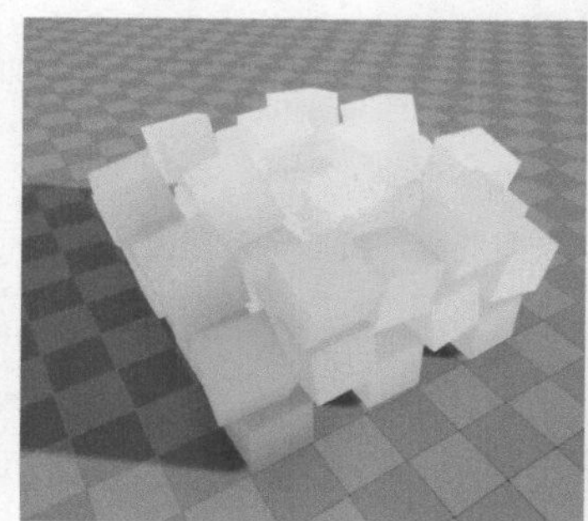

图8-63

01 新建一个“Actor”类蓝图并命名为“BP_BaseCube”，双击进入蓝图后在“组件”面板中添加一个立方体组件，如图8-64所示。

02 新建一个材质并命名为“M_Cube”，通过设置材质的颜色控制单个模型的颜色，颜色由方阵管理器分配给每一个“BP_BaseCube”蓝图。双击打开“M_Cube”材质，在“材质图表”面板中按住V键并单击，新建一个“Param”节点并连接到“自发光颜色”引脚，如图8-65所示。

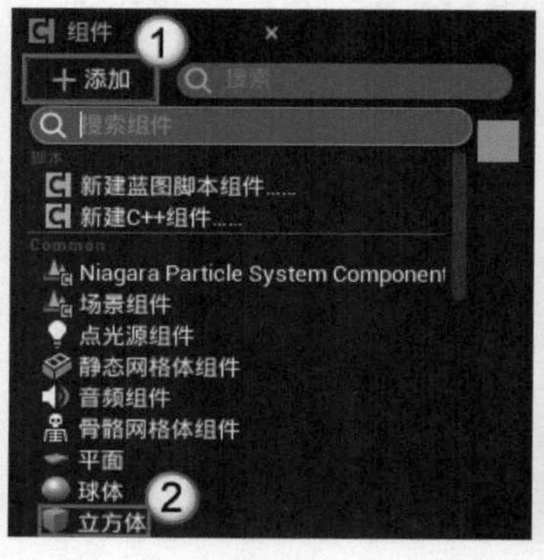

图8-64

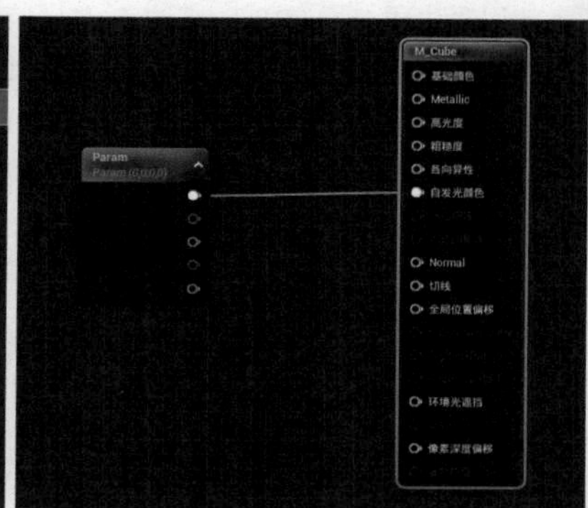

图8-65

提示 需要记住该节点的名称为“Param”，在后续的操作中会使用该名称。

03 进入“BP_BaseCube”蓝图，选择立方体组件，在“细节”面板中设置“元素0”为“M_Cube”，如图8-66所示。新建3个名称分别为“R”“G”“B”的浮点型变量并在“细节”面板中勾选“可编辑实例”与“生成时公开”选项，如图8-67所示。

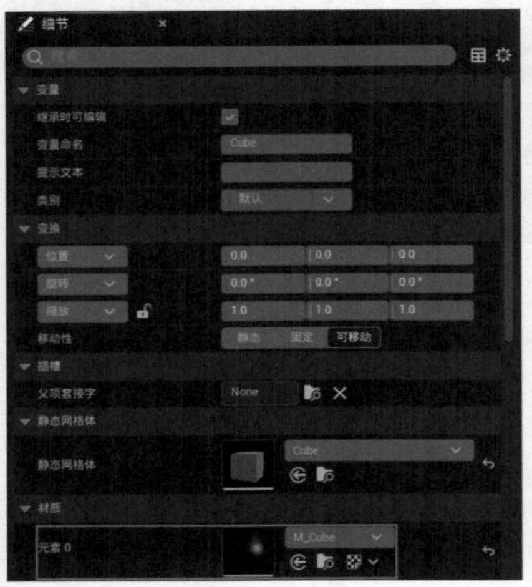

图8-66

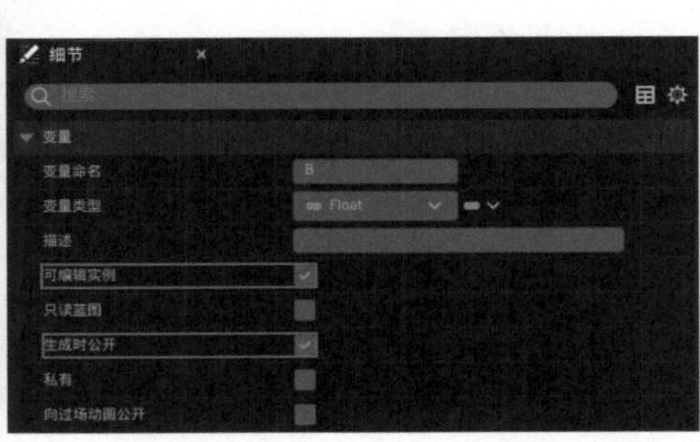

图8-67

提示 进行完这一步后一定要编译，否则后续过程中无法识别变量，读者需要养成在每个过程操作完成后编译、保存的好习惯。

04 进入“事件图表”面板，在“事件开始运行”节点后连接“在材质上设置向量参数值”节点，设置“Parameter Name”为传参节点“Param”，创建“创建向量”节点并分别连接“R”“G”“B”3个浮点型变量，最后将返回值连接到“Parameter Value”引脚，如图8-68所示。

05 新建一个“Actor”类蓝图并命名为“BP_CubeManager”，双击打开蓝图，创建一个“事件开始运行”节点和3个“For Loop”节点，将它们依次连接起来，设置3个“Last Index”均为4，如图8-69所示。这样每个“For Loop”节点都会被遍历5次，最终会生成125个正方体。

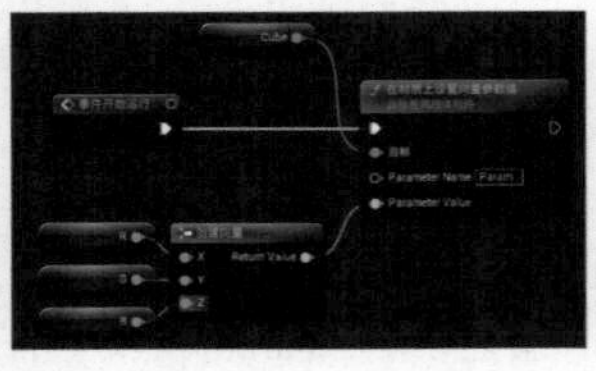

图8-68

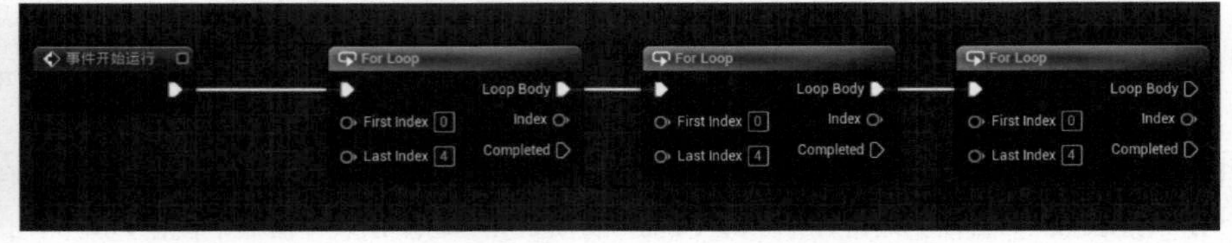

图8-69

06 使用“生成Actor BP Base Cube”节点连接第3个“For Loop”节点并设置“Class”为“BP Base Cube”，此时会出现“R”“G”“B”这3个浮点型引脚，如图8-70所示。

07 因为材质的设定，“R”“G”“B”的值在0到1之间较为合适，如果大于1就会有更强的自发光效果。所以需要用“Index”引脚加1后的结果除以“Last Index＋1”，将最终结果按顺序连接到“R”“G”“B”引脚，如图8-71所示。

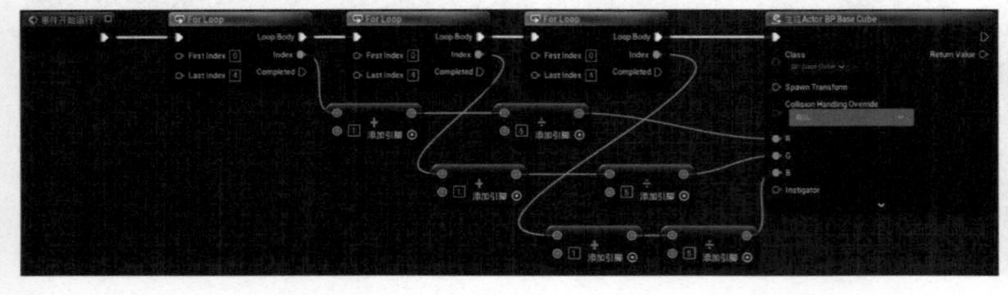

图8-70

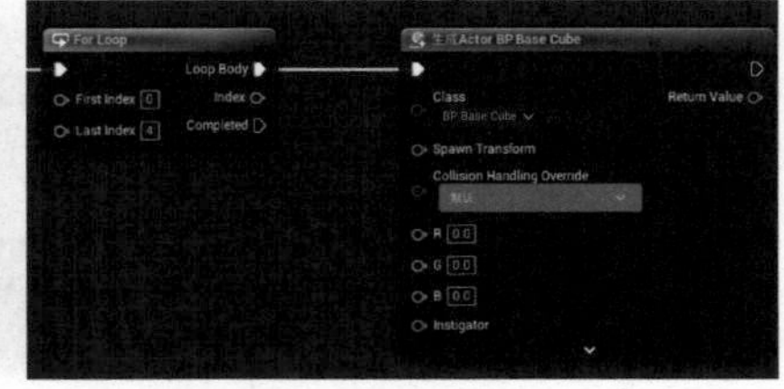

图8-71

提示 提前加1的目的是防止0参与除法运算，3个“除”节点的输出引脚需要设置为“浮点（双精度）”类型。

08 使用“乘”节点将每个“Index”引脚乘以100，设置3个“乘”节点的输出引脚为“浮点（双精度）”类型，添加一个“创建向量”节点后将3个“乘”节点分别连接到其“X”“Y”“Z”引脚上，如图8-72所示。

09 添加一个“创建变换”节点并将其连接到“Spawn Transform”引脚，将“Location”引脚连接到“创建向量”节点的返回值加上“获取Actor位置”节点的返回值的结果，如图8-73所示。

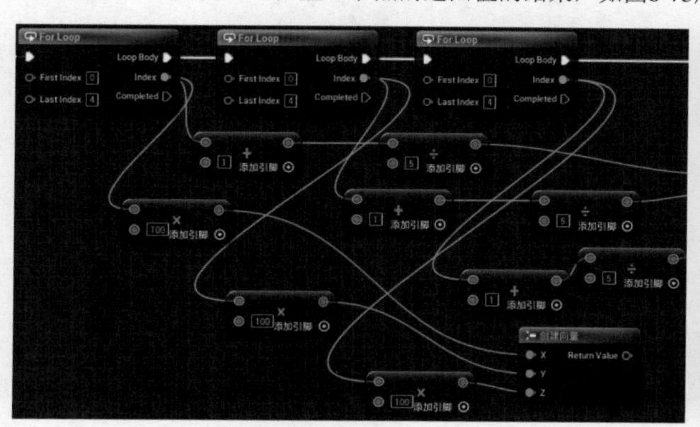

图8-72

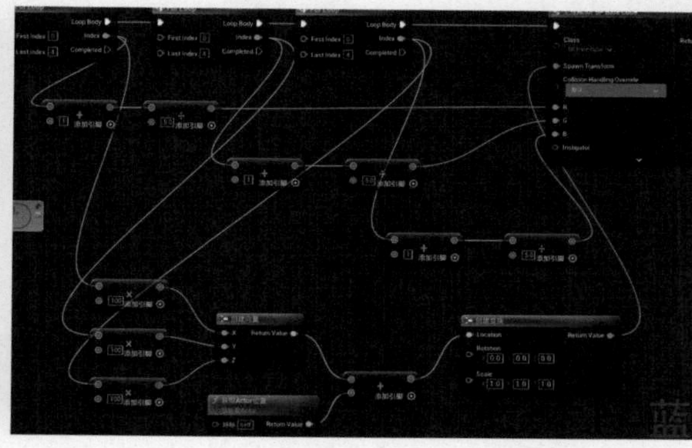

图8-73

10 编译并保存后将“BP_CubeManager”蓝图拖曳到关卡中，进入SIE运行模式，可以看到关卡中生成了一个形状规则的彩色方阵，如图8-74所示。

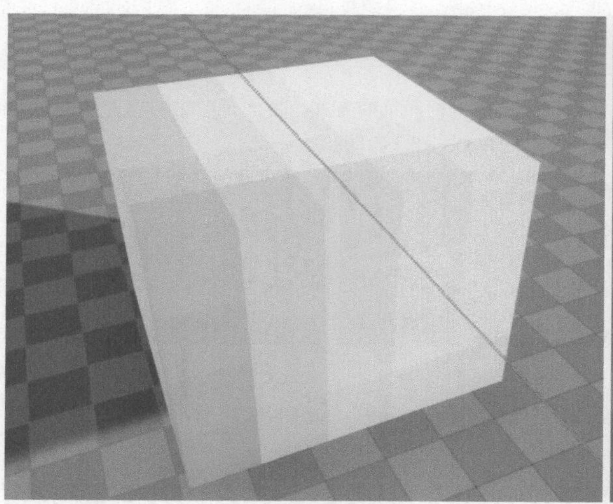

图8-74

问：为什么运行后的方阵是不规则的？

答：生成的方阵为不规则形状，如图8-75所示，这是因为间距与正方体边长一致，为避免出现重叠，部分立方体不能生成。可以在“BP_CubeManager”蓝图中设置“Collision Handling Override”为“固定生成，忽略碰撞”，也可以设置3个“乘”节点的输出引脚类型为“浮点（双精度）”后输入100.01，如图8-76所示。

图8-75

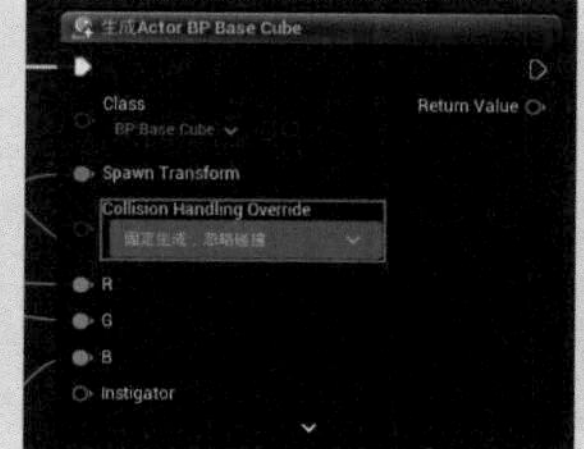

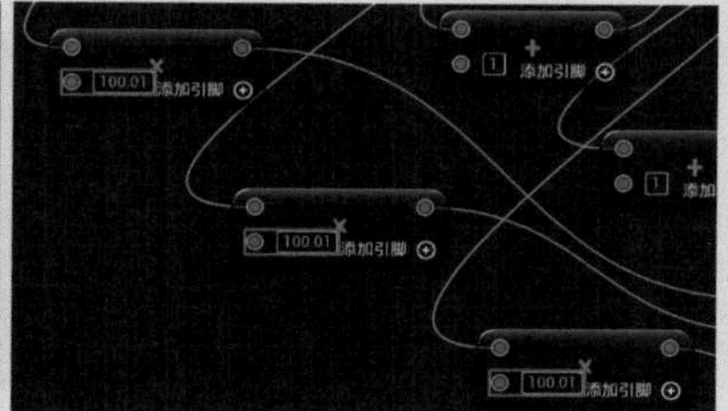

图8-76

11 进入“BP_BaseCube”蓝图，选择立方体组件，在“细节”面板中勾选“模拟物理”选项，编译并保存后再次进入SIE运行模式，可以看到方阵存在坍塌的物理效果，如图8-77所示。

图8-77

8.4 开关门

本节将在蓝图中制作可以被控制的门，有多种类型的门可以实现。下面对“普通开关门”和“双开门”的制作方式进行讲解。

重点

8.4.1 靠近开门与离开关门

使用碰撞体积检查人物是否靠近或离开门，以此判断是否开关门。这是一种简单的方式，后面还会学习如何通过玩家与门之间的距离判断是否开关门。创建一个“Actor”类蓝图并命名为“BP_Door”，如图8-78所示。

双击打开蓝图，在“组件”面板中单击“添加”按钮+添加，创建两个静态网格体组件，一个命名为“DoorFrame”，另一个命名为“Door”。因为它们分别代表门框与门，并且门通常要被安装到门框中，所以将“Door”组件附加到“DoorFrame”组件中，如图8-79所示。

图8-78

图8-79

在“细节”面板中设置“DoorFrame”组件的“静态网格体”为“SM_DoorFrame”，如图8-80所示。设置“Door”组件的“静态网格体”为“SM_Door”，移动门到门框中，如图8-81所示。

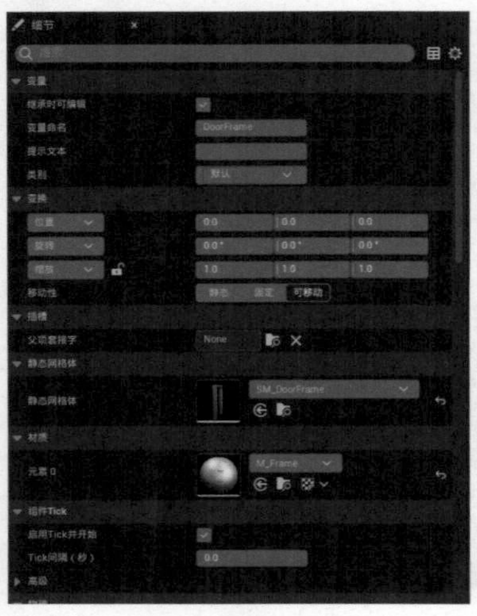

图8-80

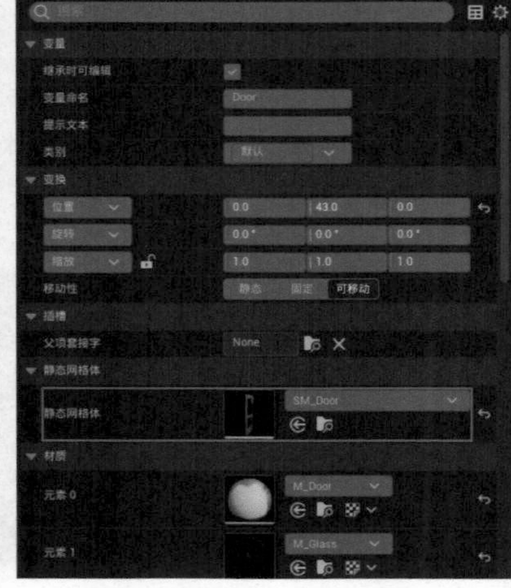

图8-81

如果需要开门，就需要使门旋转，添加一个“Box Collision”组件且使其覆盖整个门，用于检测角色是否碰撞到门，如图8-82所示。

在“细节”面板中为“Box Collision”组件添加“组件开始重叠时”与“组件结束重叠时”两个事件，如图8-83所示。

一般来说门会根据z轴的相对位置进行旋转，只需要设置Z值为90.0便会开门。进入“事件图表”面板，新建一个“时间轴”节点，将“组件开始重叠时（Box）”与“组件结束重叠时（Box）”两个节点分别连接到“Play”引脚与“Reverse”引脚，如图8-84所示。

图8-82

图8-83

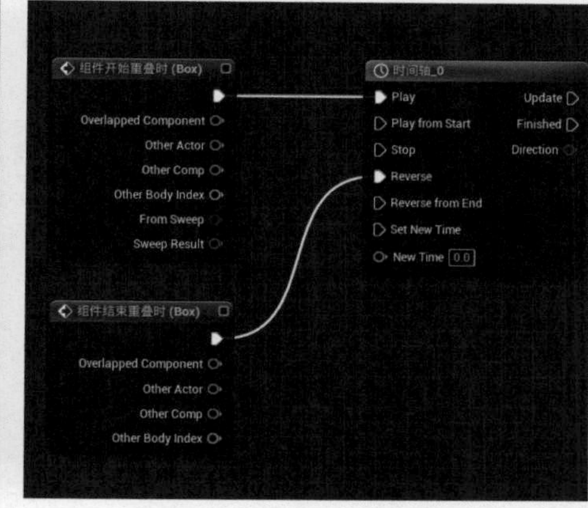

图8-84

进入“时间轴”节点，因为只需要改z轴，所以创建一个浮点型轨道并设置“长度”为1.00。添加第1个关键帧，设置“时间”为0.0,“值”为0.0；添加第2个关键帧，设置“时间”为1.0,“值”为90.0。在关键帧上单击鼠标右键后执行“自动”菜单命令，开启自动切线功能，如图8-85所示。

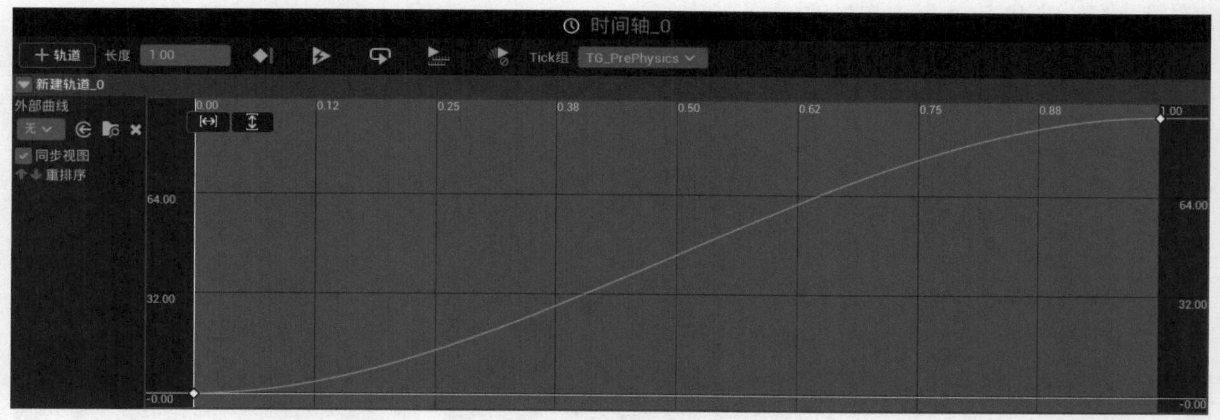

图8-85

回到“事件图表”面板，新建一个“设置相对旋转”节点，将“Door”变量添加到“事件图表”面板中，如图8-86所示。使用鼠标右键单击“New Rotation”引脚后执行“分割结构体引脚”菜单命令，如图8-87所示。

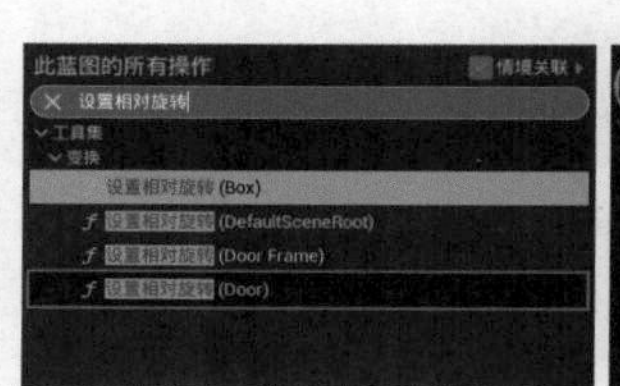

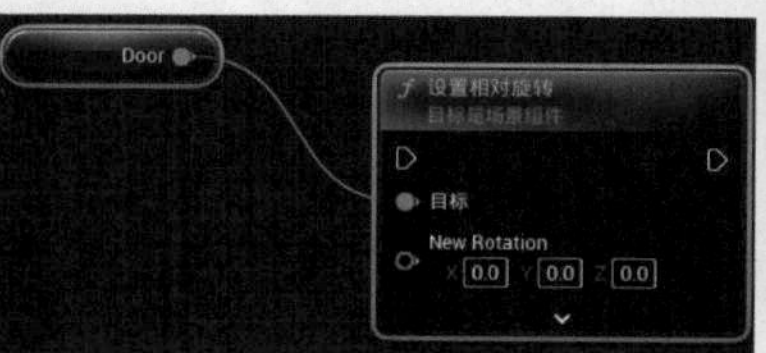

图8-86

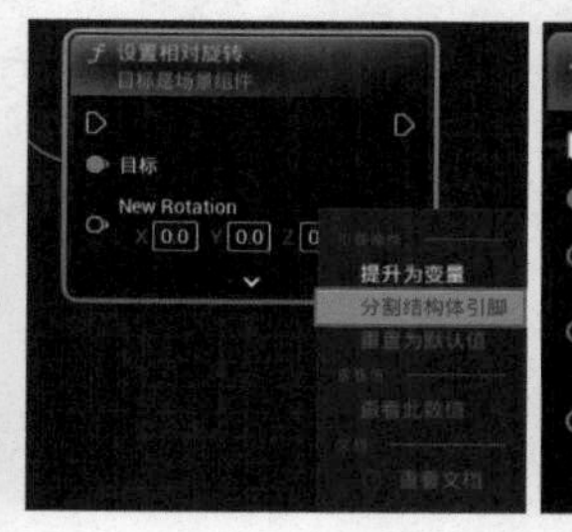

图8-87

连接“Update”引脚与“设置相对旋转”节点的输入引脚，连接“新建轨道0”引脚与“New Rotaion Z(Yaw)”引脚，如图8-88所示。编译并保存后将“BP_Door”蓝图拖曳到关卡中，进入PIE运行模式，移动角色，可以发现当角色靠近门时门会自动打开，角色远离门后门会自动关闭，如图8-89所示。

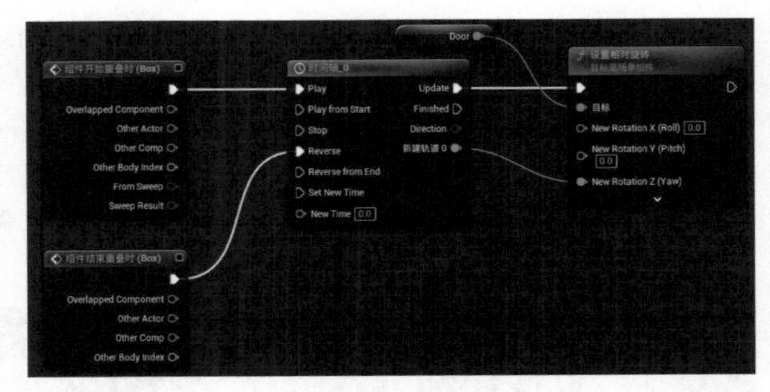

图8-88

图8-89

8.4.2 双开门

制作双开门需要同时控制两个网格体，其制作方法与单开门大致相同，通过移动门实现开、关门。创建一个“Actor”类蓝图并命名为“BP_Doors”，如图8-90所示。

双击打开蓝图，在“组件”面板中单击“添加”按钮 ＋添加 ，添加两个静态网格体组件，将它们设为平级并分别命名为“DoorLeft”与“DoorRight”，如图8-91所示。

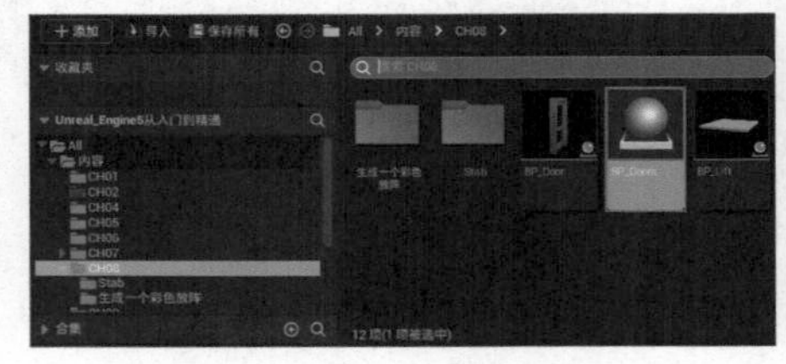

图8-90

图8-91

在“细节”面板中设置两个组件的“静态网格体”为“SM_Door”，设置“DoorLeft”组件的“位置”参数的Y值为90.0，设置“DoorRight”组件的“位置”参数的Y值为-90.0，设置“旋转”参数的Z值为-180.0°，如图8-92所示，最终效果如图8-93所示。

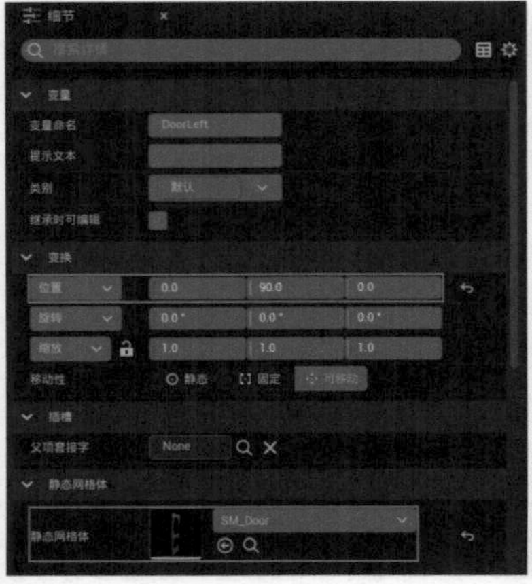
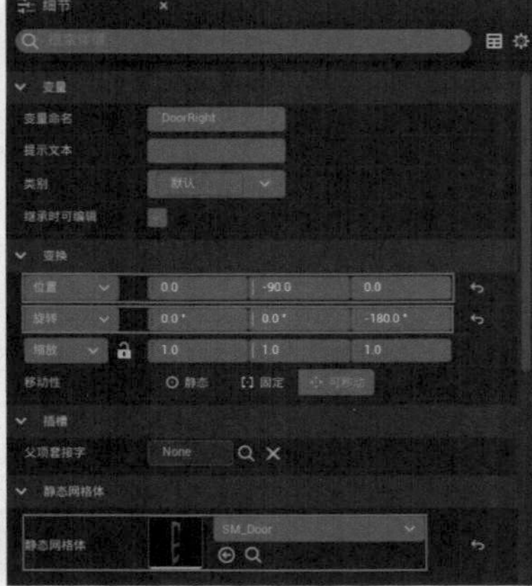

图8-92

图8-93

在“组件”面板中单击“添加”按钮 ＋添加 后添加一个“Box Collision”组件（名称为“Box”），使其与门同级并完全包裹住门，如图8-94所示。

为“Box”组件添加“组件开始重叠时”与“组件结束重叠时”两个事件，进入“事件图表”面板，如图8-95所示。

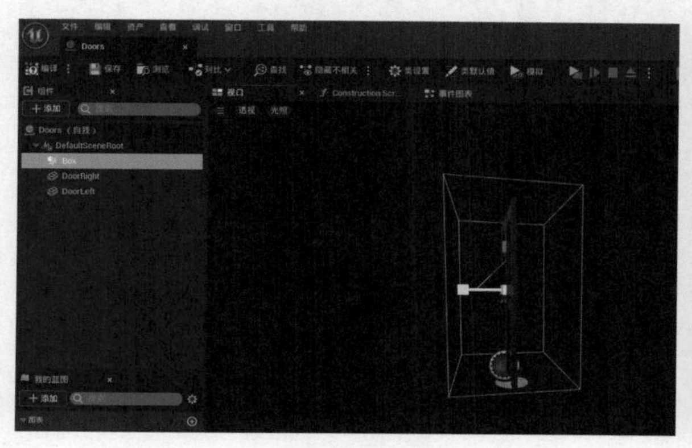

图8-94

图8-95

用两个“时间轴”节点设置相对位置，可以使用“序列”节点同时设置两个时间轴，用“组件开始重叠时”事件的“序列”节点连接两个“Play”引脚，用“组件结束重叠时”事件的“序列”节点连接两个“Reverse”引脚，如图8-96所示。

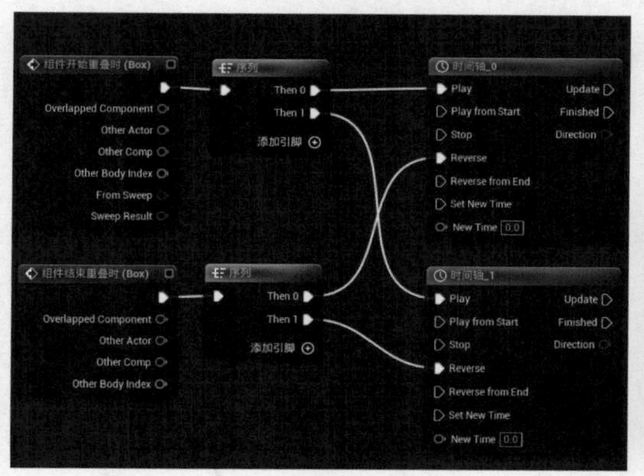

图8-96

双击打开第1个“时间轴”节点，添加一个浮点型轨道并设置“长度”为1.00，新建两个关键帧并分别设置“时间”为0.0和1.0，“值”为90.0和180.0，在关键帧上单击鼠标右键，执行“自动”菜单命令，开启自动切线功能，如图8-97所示。

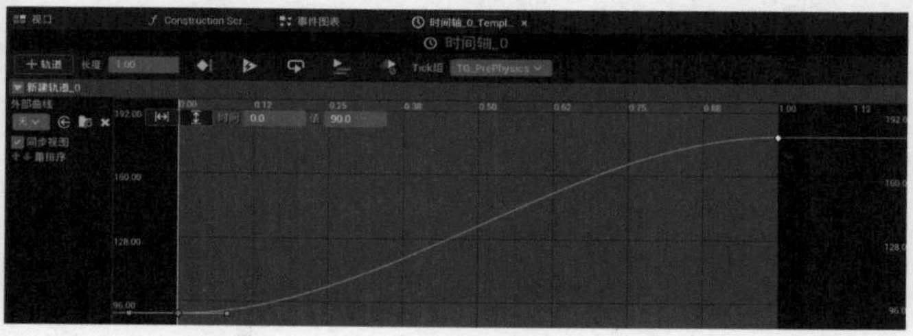

图8-97

回到“事件图表”面板，添加一个“设置相对位置”节点并连接“Update”引脚和该节点的白色输入引脚，连接“新建轨道0”引脚与“New Location Y”引脚（需要先执行“分割结构体引脚”菜单命令），如图8-98所示。

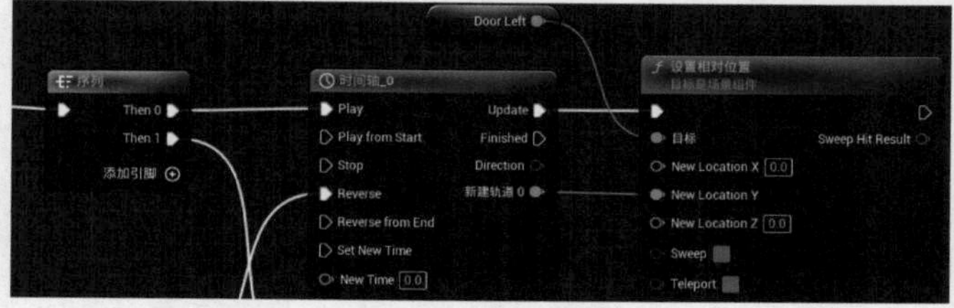

图8-98

双击打开第2个“时间轴”节点，添加一个浮点型轨道并设置“长度”为1.00，因为默认位置的Y值为-90.0，所以需要使时间轴从-90.0处移动到-180.0处。创建两个新的关键帧，分别设置“时间”为0.0和1.0，“值”为-90.0和-180.0，在关键帧上单击鼠标右键，执行“自动”菜单命令，开启自动切线功能，如图8-99所示。

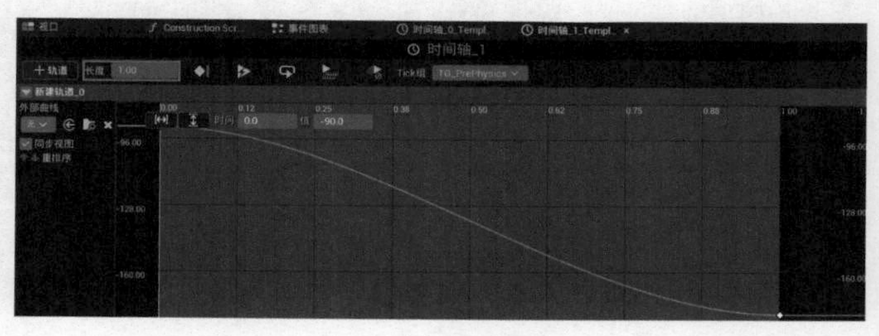

图8-99

使用“设置相对位置”节点连接“Update”引脚，连接“新建轨道0”引脚与“New Location Y”引脚（需要先执行“分割结构体引脚”菜单命令），如图8-100所示。

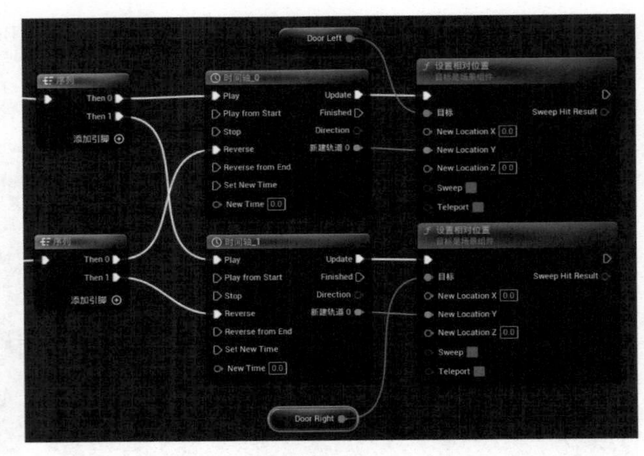

图8-100

编译并保存后拖曳“BP_Doors”蓝图到关卡中，进入PIE运行模式，当角色移动到门口时门缓慢打开，角色离开后门缓慢关闭，如图8-101所示。

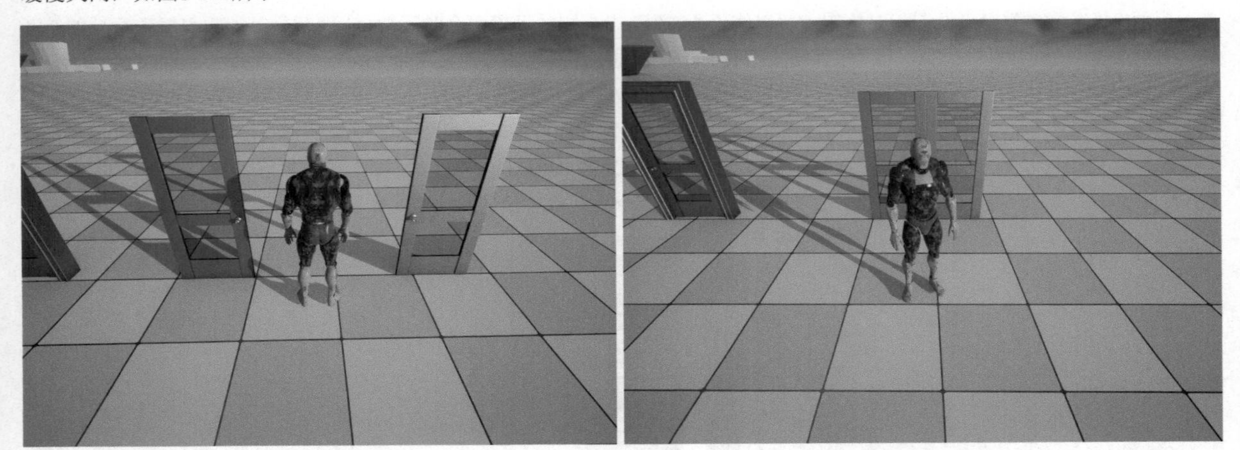

图8-101

技术专题：制作升降活塞门

升降活塞门的制作方法和普通门没有太大的区别，只需要设置旋转Rotation的z轴为向上，然后移动Location的z轴即可，升降活塞门的蓝图如图8-102所示。

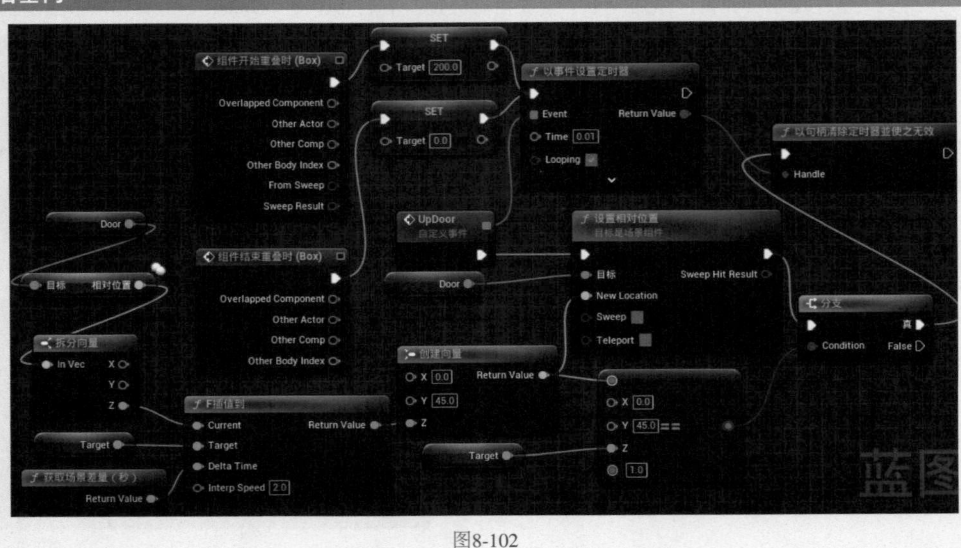

图8-102

8.5 电梯功能

本节将使用学习过的蓝图功能制作一个电梯，可以使用1、2、3、4、5等数字键移动电梯到指定层数。

8.5.1 指定层数

创建一个“Actor”类蓝图并命名为“BP_Elevator”，双击进入蓝图，在“组件”面板中单击“添加”按钮＋添加后添加一个静态网格体组件并命名为“Lift”，在“细节”面板中设置“静态网格体”为“Floor_400×400”，如图8-103所示。

在“我的蓝图”面板中单击“变量”按钮⊕，新建一个“整数”类型的变量并命名为“CurrentFloor”，如图8-104所示，该变量代表当前的层数，会被用来计算不同层之间的距离。

在“事件图表”面板中添加对应键盘输入1、2、3、4、5的按键操作节点，如图8-105所示。

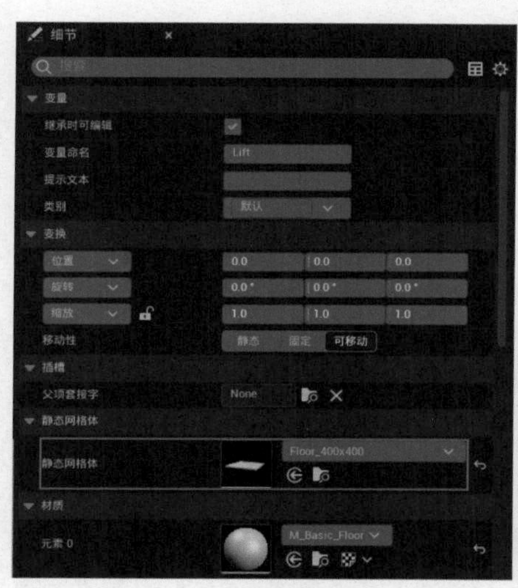

图8-103

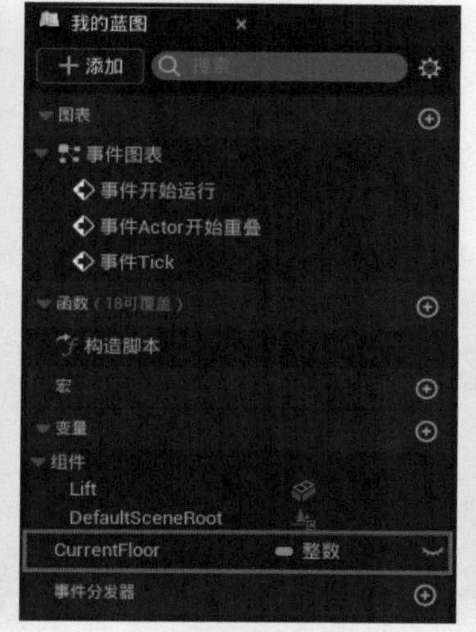

图8-104

图8-105

新建一个“自定义事件”节点并命名为“ChangeFloor”，在“细节”面板中添加一个名为“InputFloor”的“整数”类型的输入，如图8-106所示。

新建一个“自定义事件”节点并命名为“Blend”，添加一个“以事件设置定时器”节点并将其连接到“ChangeFloor”节点，设置“Time”为0.01并勾选“Looping”选项，连接“Event”引脚到“Blend”节点上，如图8-107所示。

图8-106

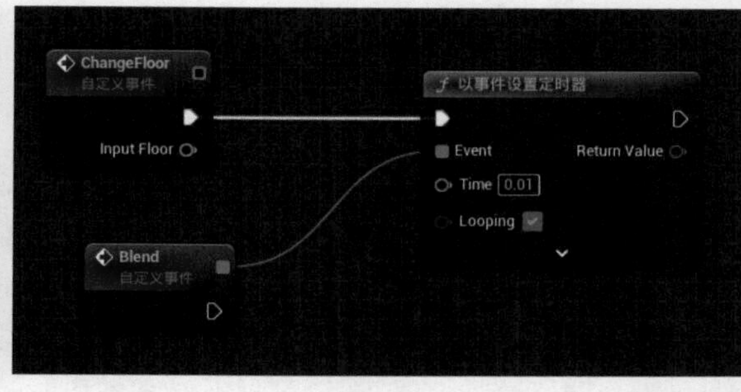

图8-107

创建5个“ChangeFloor”调用函数节点,“Lift”组件的Z值默认为0，假设每层的高度为300.0，则第1层为0(“Current Floor”为0)，第2层为300(“Current Floor”为1)。调用创建的自定义事件，输入1时从“Input Floor”引脚传入0，输入2时传入1，以此类推，如图8-108所示。

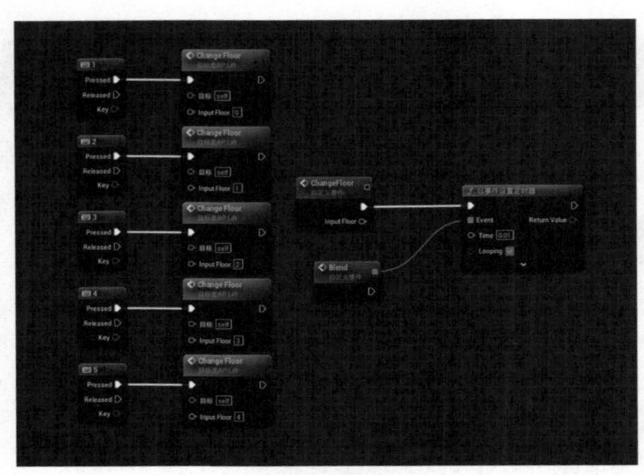
图8-108

8.5.2 升降

在上一小节中，我们完成了创建计时器，并且连接自定义事件的操作，下面直接使用“设置相对位置”节点设置相对位置，用“乘”节点将“Input Floor”引脚乘以300.0，如图8-109所示。

在“New Location”引脚上单击鼠标右键，执行“分割结构体引脚”菜单命令分割引脚。添加一个“F插值到”节点并连接其“Target”引脚到“乘”节点的输出引脚，连接其“Return Value”引脚到“New Location Z”引脚，如图8-110所示。

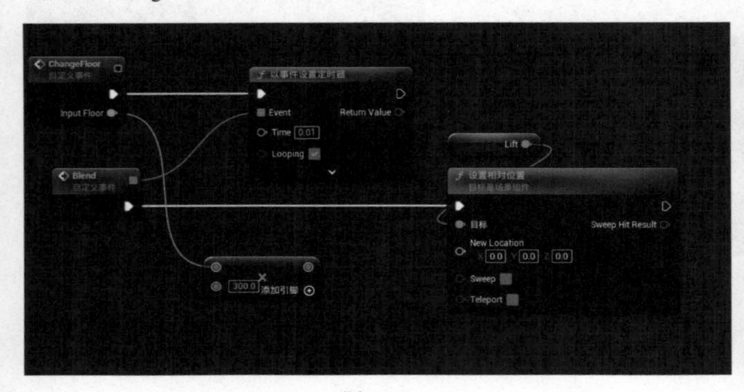
图8-109

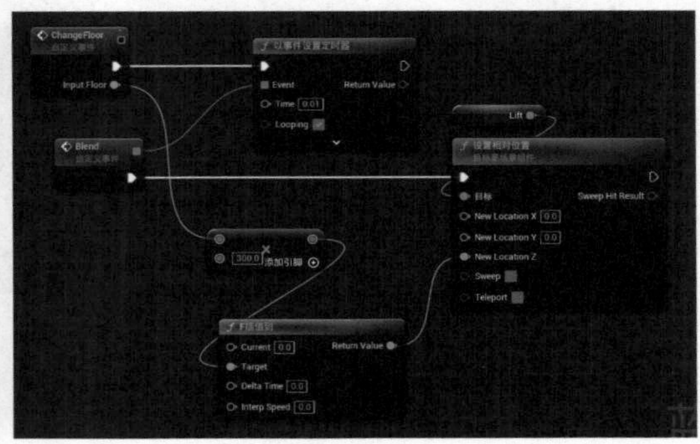
图8-110

添加一个“获取Lift”变量节点并将其连接到“获取Relative Location”节点，使用鼠标右键单击“相对位置”引脚并执行“分割结构体引脚”菜单命令，连接“相对位置 Z”引脚到“Current”引脚上，新建一个“获取场景差量（秒）”节点并将其连接到“Delta Time”引脚，设置“Interp Speed”为0.5，如图8-111所示。

使用“分支”节点检测电梯是否到达指定层数，到达后清空计时器，防止继续混合，如图8-112所示。

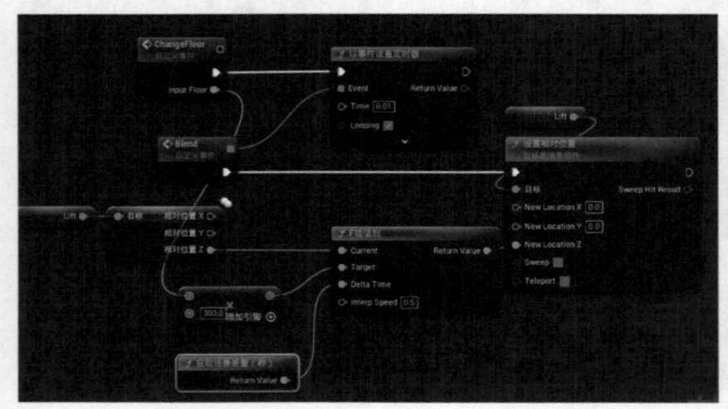
图8-111

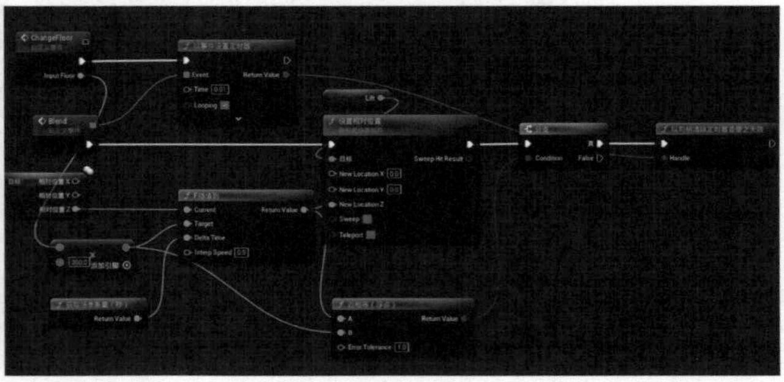

图8-112

在“组件”面板中添加一个文本渲染组件，将该组件附加到“Lift”组件，使用“设置文本”节点设置文本内容为当前层数，如图8-113所示。

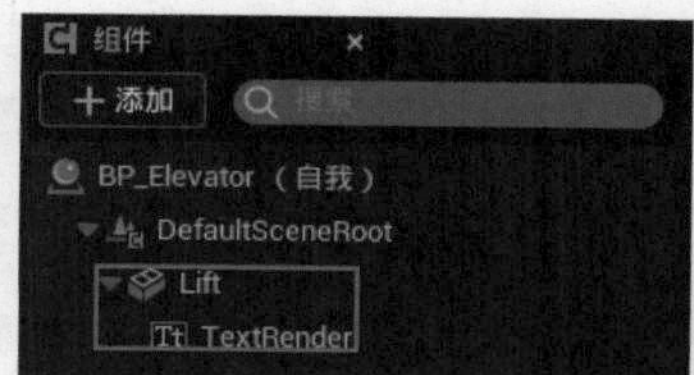

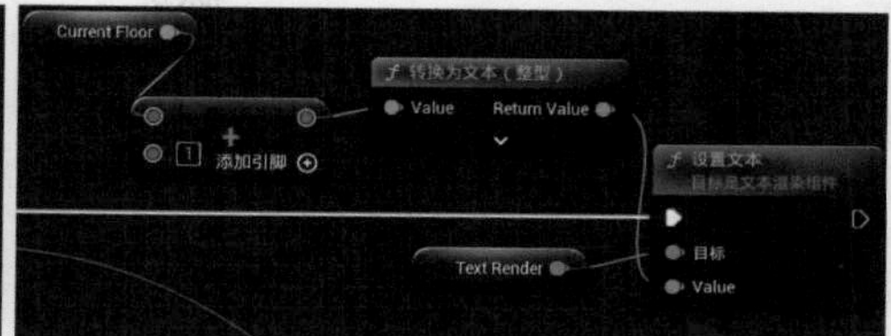

图8-113

使用“获取玩家控制器”节点和“启用输入”节点启用Actor的输入，如图8-114所示。编译并保存后拖曳“BP_Elevator”蓝图到关卡中，进入PIE运行模式，移动角色到电梯上，按下数字键后电梯会移动到指定层数，如图8-115所示。

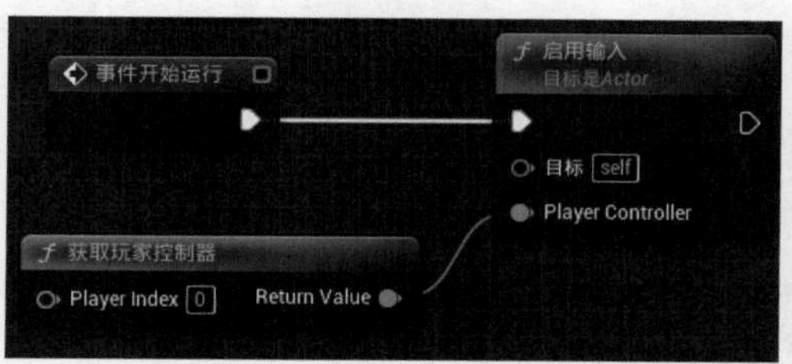

图8-114

图8-115

8.6 过场动画

本节将简单讲解关于过场动画的内容，玩家在玩游戏的过程中可以在一定时刻触发过场动画。使用Unreal Engine 5强大的定序器功能可以方便、快捷地制作过场动画，下面进行具体介绍。

重点

8.6.1 创建新的定序器

单击“关卡序列对象”按钮并执行“添加关卡序列”菜单命令，在弹出的“资产另存为”对话框中选择保存位置后设置“命名”为“TestSequence”，单击“保存”按钮后系统会自动在关卡中生成一个关卡序列，如图8-116所示。

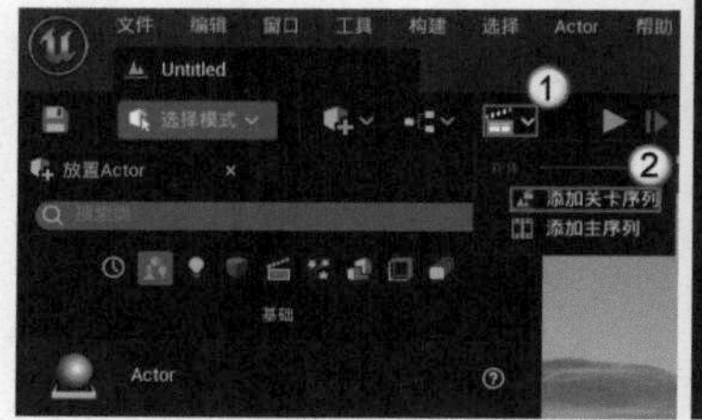

图8-116

主界面的下方出现了一个用来编辑关卡序列的“Sequencer”(关卡序列编辑器）面板，如图8-117所示。

图8-117

8.6.2 摄像机和帧

在“Sequencer”面板中添加一个摄像机作为过场动画的视角。在“Sequencer”面板的左上角单击“新建相机并将其设为当前相机剪切”按钮便可新建一个摄像机，如图8-118所示。

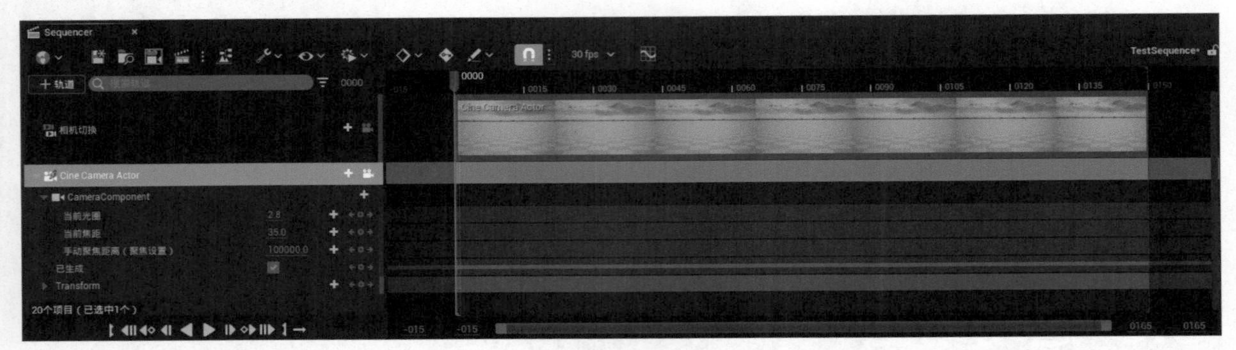

图8-118

新建摄像机后，默认视口会被绑定在该摄像机上。可以单击摄像机右侧的“从视口解锁Cine Camera Actor”按钮将视口锁定到摄像机上，再次单击此按钮可以解锁摄像机，如图8-119所示。

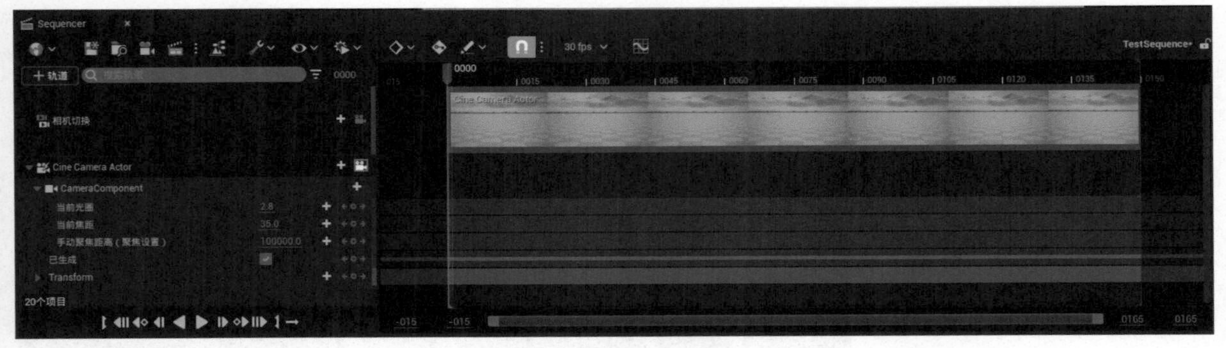

图8-119

也可以单击视口左上角的“停止使用当前视口来控制actor”按钮脱离控制，如图8-120所示。

图8-120

在视口中移动视角到一个合适的位置，在“Sequencer”面板中选择“Transform”后按Enter键，添加一个以当前摄像机为视角的关键帧，如图8-121所示。

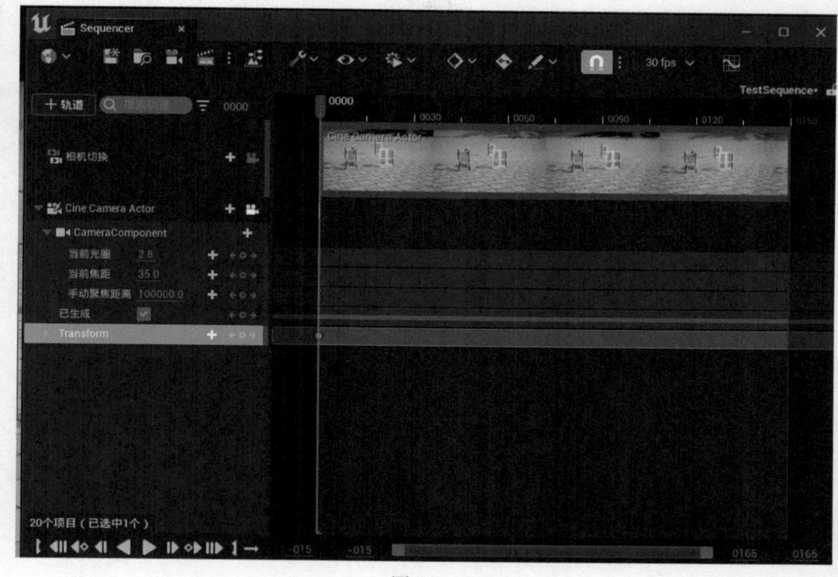

图8-121

提示 也可以单击“在当前时间添加新关键帧”按钮新建一个关键帧。

拖曳时间线到“0150”帧处，在视口中移动视角到另外一个指定位置后，使用相同方法添加一个关键帧，如图8-122所示。

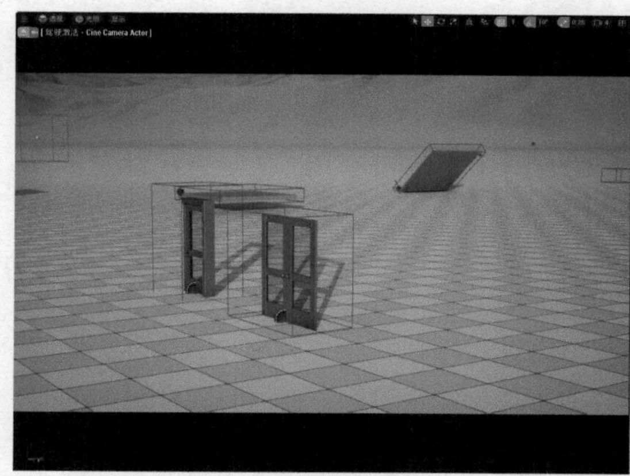

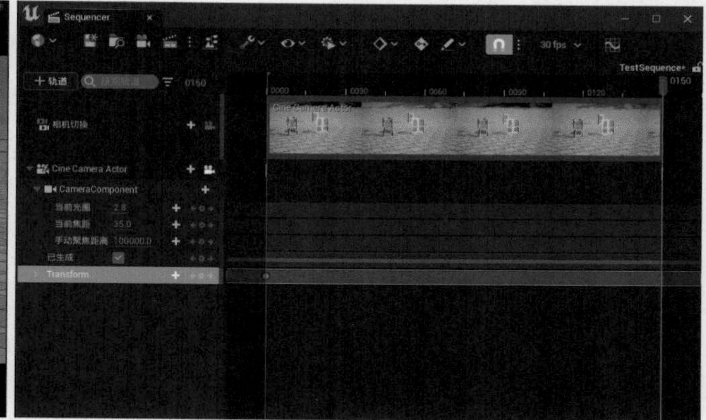

图8-122

这样就拥有了两个关键帧，这两个关键帧之间的场景会混合位置，拖曳时间线可以看到位置已经被混合，如图8-123所示。

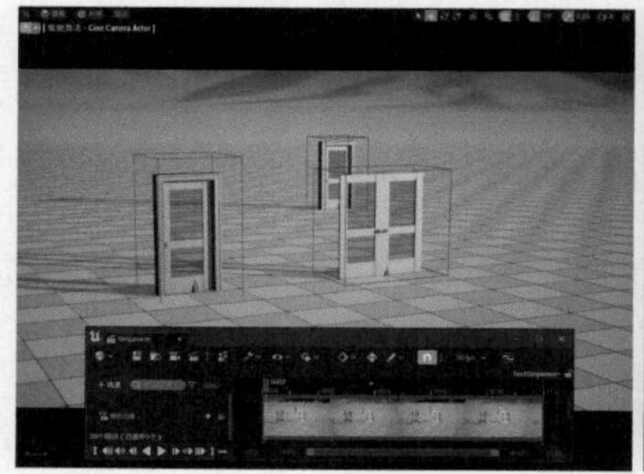

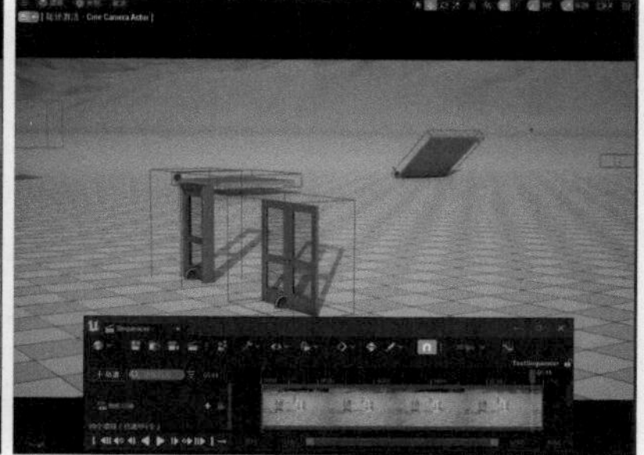

图8-123

8.6.3 添加事件

可以使用定序器的事件功能在游戏运行过程中调用事件，使有事件输入的Actor达到预期的效果。选择“BP_Door”蓝图，如图8-124所示。

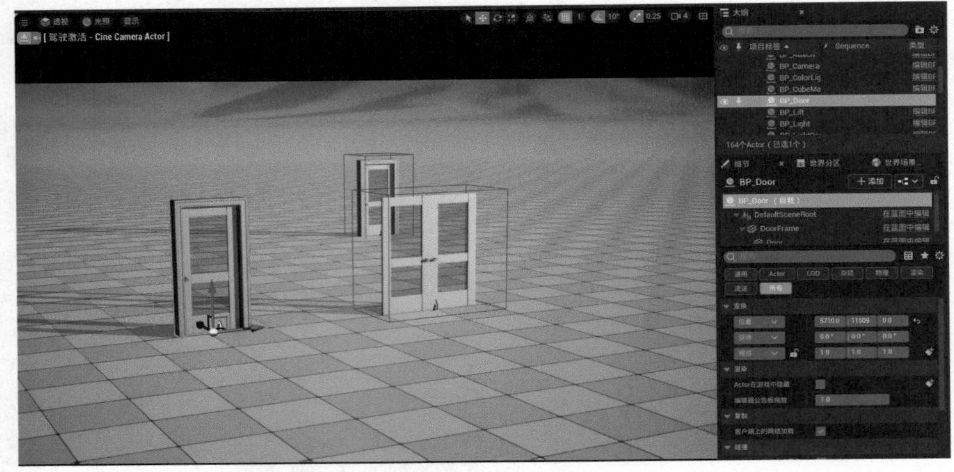

图8-124

在“Sequencer”面板中单击左上角的“轨道”按钮+轨道，定序器会加载出当前选择的资产，执行“Actor到Sequencer>添加‘BP_Door’”菜单命令，如图8-125所示。

双击打开“BP_Door”蓝图，新建一个“自定义事件”节点并命名为“OpenDoor”，连接该节点到“时间轴”节点的“Play”引脚，如图8-126所示。

图8-125

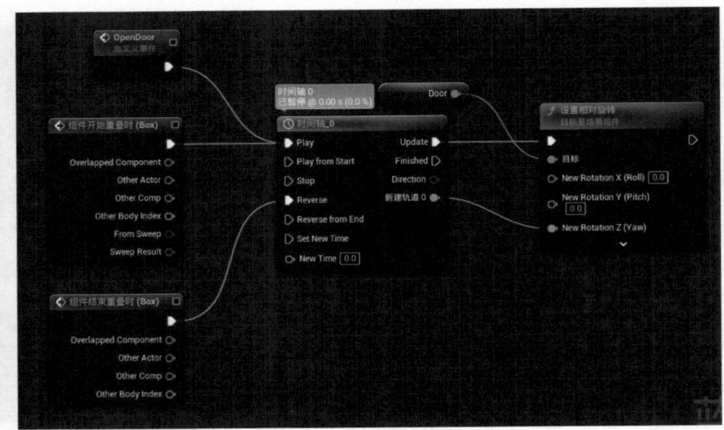

图8-126

在“BP_Door”轨道上单击“轨道”按钮+轨道，执行“事件>触发器”菜单命令，如图8-127所示，新建一个触发器事件。

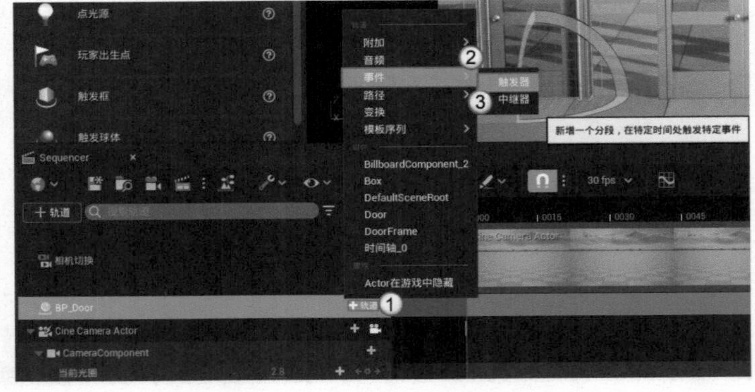

图8-127

拖曳时间线到“0060”帧处，单击“事件”右侧的“在当前时间添加关键帧”按钮添加一个关键帧，如图8-128所示。

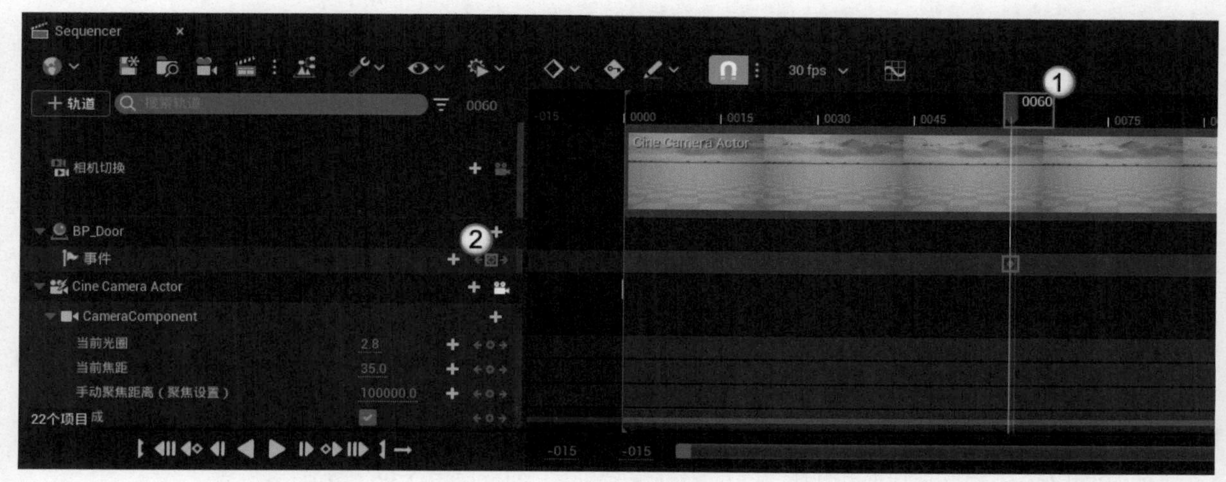

图8-128

使用鼠标右键单击新建的关键帧，执行“属性>解除绑定>快速绑定>BP Door C>类>BP Door>Open Door”菜单命令，如图8-129所示，这样关键帧就绑定在事件中了。

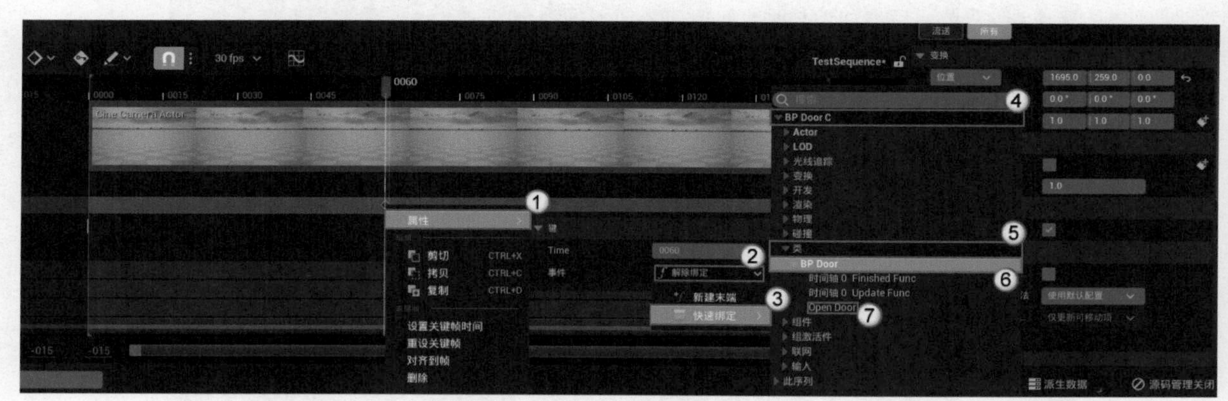

图8-129

拖曳“TestSequence”关卡序列到关卡中，选择该序列后在“细节”面板中勾选“自动播放”选项，如图8-130所示，过场动画会在事件运行时开始播放。

进入PIE运行模式，在第60帧时会触发事件，门自动打开，如图8-131所示。

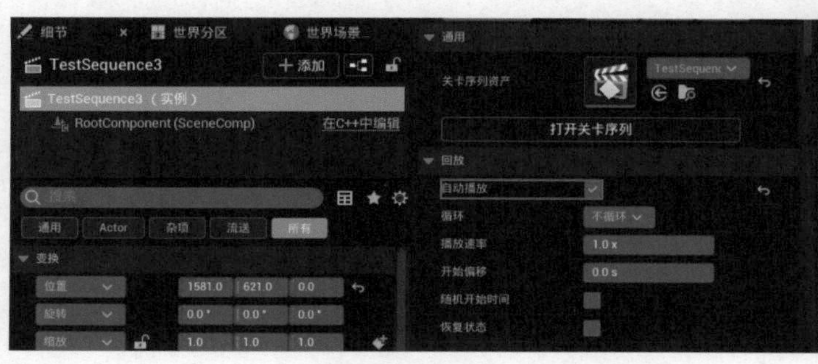

图8-130

图8-131

案例训练：制作简易过场动画

实例文件 资源文件 > 实例文件 > CH08 > 案例训练：制作简易过场动画

素材文件 无

难易程度 ★★☆☆☆

学习目标 使用蓝图制作过场动画

本案例将创建一个碰撞箱，当角色踩上碰撞箱时开始播放过场动画，如图8-132所示。

图8-132

01 新建一个“Actor”类蓝图并命名为“BP_Anim”，打开蓝图后在“组件”面板中添加一个“Box Collision”组件（名称为“Box”），在“细节”面板中添加一个“组件开始重叠时”事件，如图8-133所示。

图8-133

02 编译并保存后拖曳“BP_Anim”蓝图到关卡中，然后根据需求缩小或放大碰撞箱，如图8-134所示。新建一个名为“Anim”的关卡序列，如图8-135所示。

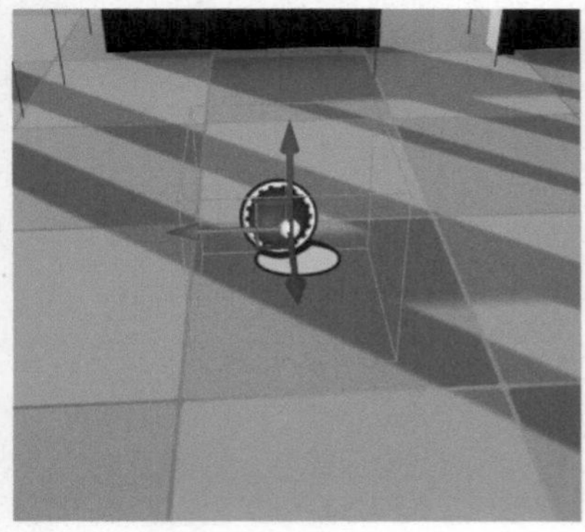

图8-134

图8-135

03 在“Sequencer”面板中单击“新建相机并将其作为当前相机剪切”按钮为定序器添加一个新的摄像机，移动摄像机视角到碰撞箱附近，如图8-136所示。

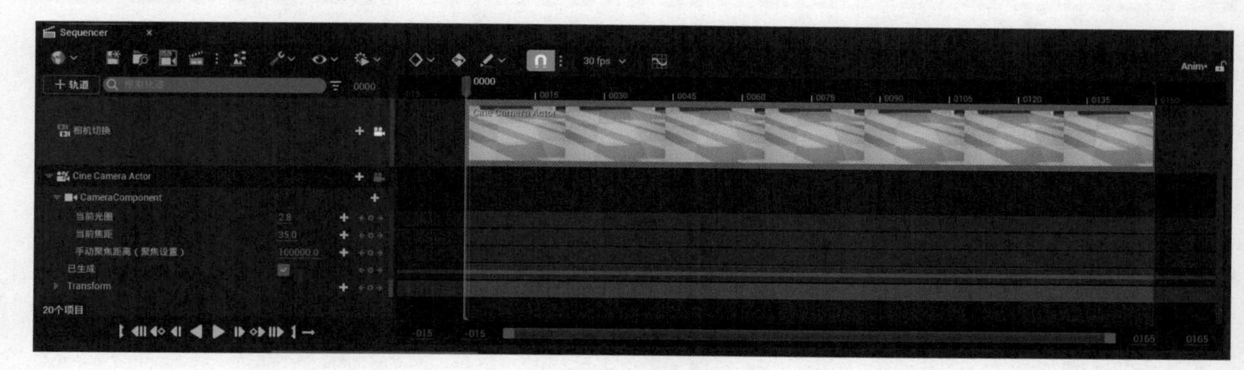

图8-136

04 在当前位置添加一个关键帧，拖曳时间线到“0150”帧处，调整摄像机位置后添加第2个关键帧，如图8-137所示。

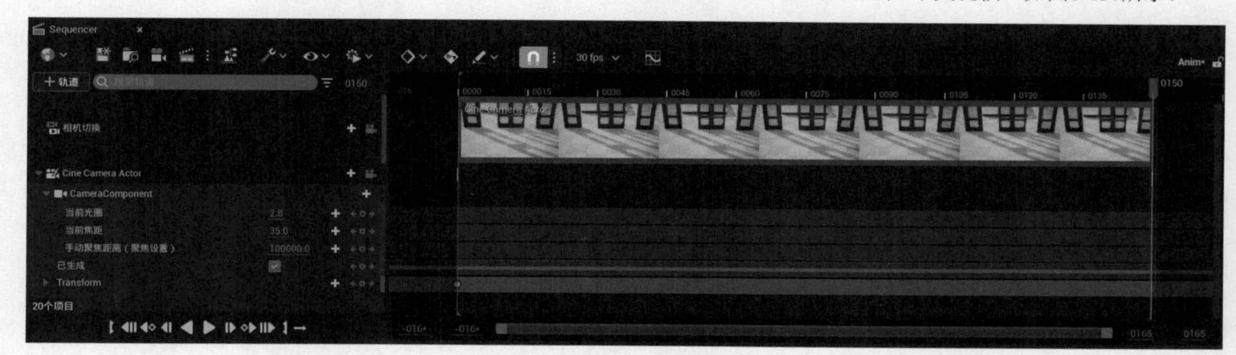

图8-137

05 新建关键帧后进入“BP_Anim”蓝图，添加一个“创建关卡序列播放器”节点并连接“组件开始重叠时（Box）”节点，设置“Level Sequence”为“Anim”，用“Return Value”引脚连接新的“播放”节点（位于播放器中），如图8-138所示。

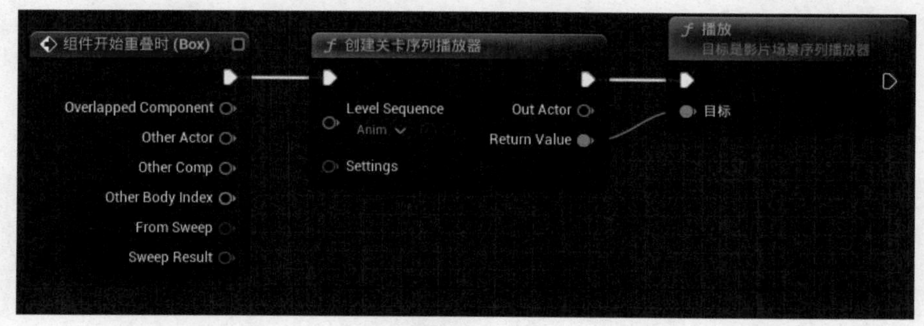

图8-138

06 编译并保存后进入PIE运行模式，角色踩上碰撞箱时会播放过场动画，如图8-139所示。

图8-139

综合训练：制作星球环绕效果

实例文件　资源文件 > 实例文件 > CH08 > 综合训练：制作星球环绕效果

素材文件　无

难易程度　★★★☆☆

学习目标　全面掌握旋转移动组件的用法

使用本章讲解的知识制作一个星球环绕的效果，最终效果如图8-140所示。

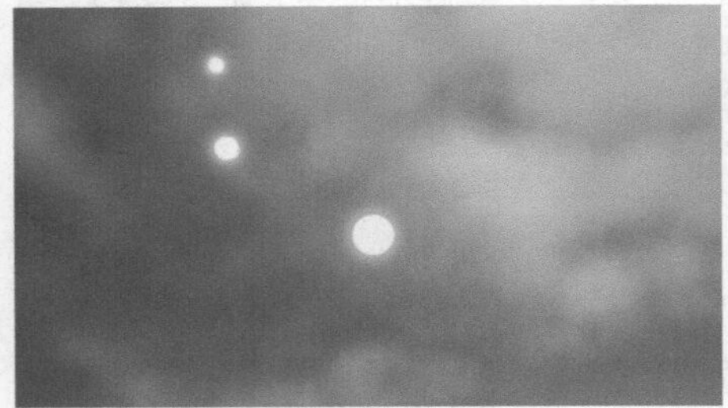

图8-140

01 在“内容浏览器”面板中新建3个“Actor”类蓝图并分别命名为“BP_Moon”“BP_Earth”“BP_Sun”，如图8-141所示。

02 双击打开“BP_Moon”蓝图，在“组件”面板中添加一个球体组件和一个旋转移动组件，如图8-142所示。

图8-141

图8-142

03 打开“BP_Earth”蓝图，在“组件”面板中添加一个球体组件和一个旋转移动组件，设置球体组件的“缩放”为（X:2.0，Y:2.0，Z:2.0），再将一个子Actor组件附加到球体组件下，如图8-143所示。

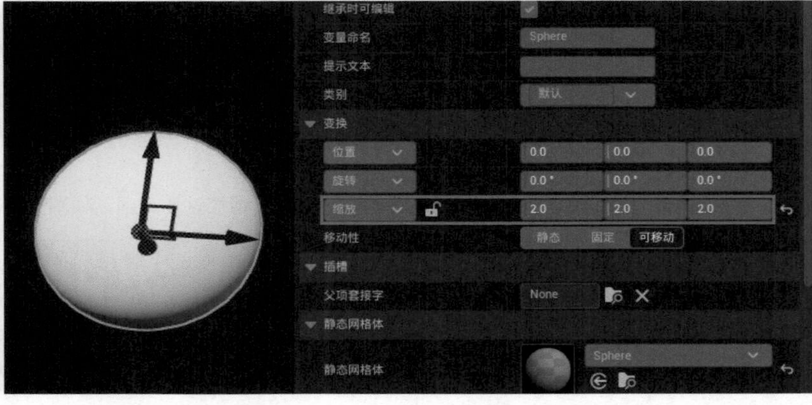

图8-143

04 选择子 Actor组件，在“细节”面板中设置“子Actor类”为“BP_Moon”,“位置”为(X:-400.0,Y:0.0,Z:0.0)，如图8-144所示。

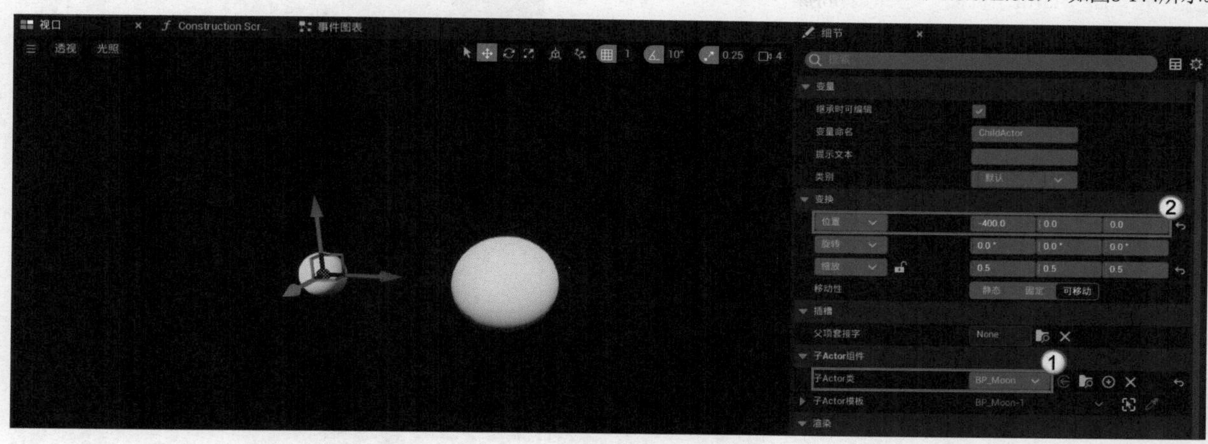

图8-144

05 打开“BP_Moon”蓝图，选择旋转移动组件，在“细节”面板中设置“枢轴平移”为(X:800.0,Y:0.0,Z:0.0)，如图8-145所示。

06 打开“BP_Sun”蓝图，在“组件”面板中新建一个球体组件，新建一个子 Actor组件并将其附加到球体组件下，在“细节”面板中设置球体组件的“缩放”为（X:4.0,Y:4.0,Z:4.0)，如图8-146所示。

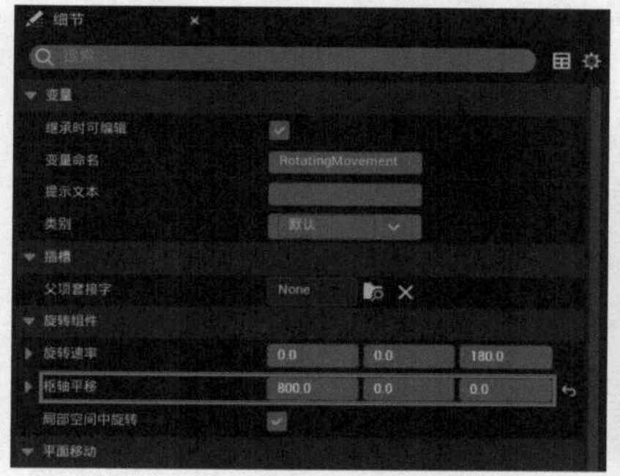

图8-145

图8-146

07 选择子 Actor组件，在“细节”面板中设置“子Actor类”为“BP_Earth”,“位置”为（X:-400.0,Y:4.0,Z:4.0)，如图8-147所示，效果如图8-148所示。

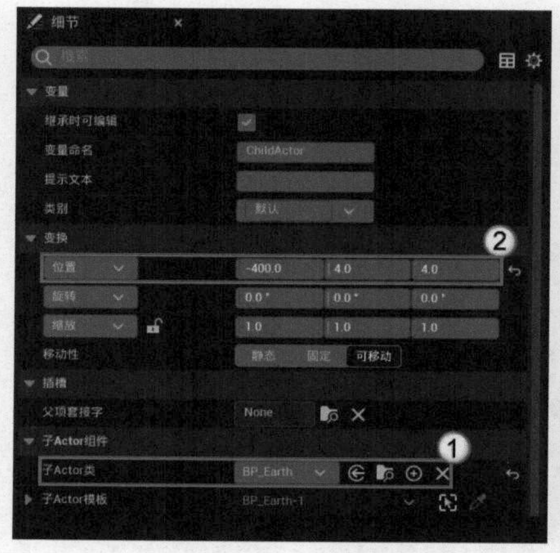

图8-147

图8-148

08 打开“BP_Earth”蓝图，选择旋转移动组件，在“细节”面板中设置“旋转速率”为（X:0.0，Y:0.0，Z:90.0），“枢轴平移”为（X:1600.0，Y:0.0，Z:0.0.），如图8-149所示。

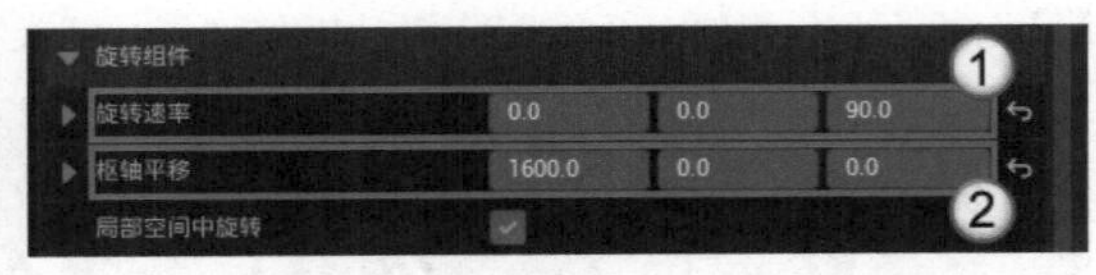

图8-149

09 在“内容浏览器”面板中新建一个材质并命名为“M_Planet”，打开材质后按住V键并单击图表空白处，生成“Param”节点，将“Multiply”节点乘以100后连接到“自发光颜色”引脚，如图8-150所示。

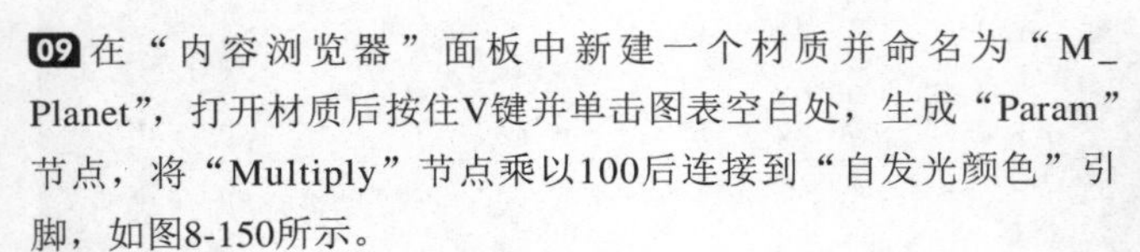

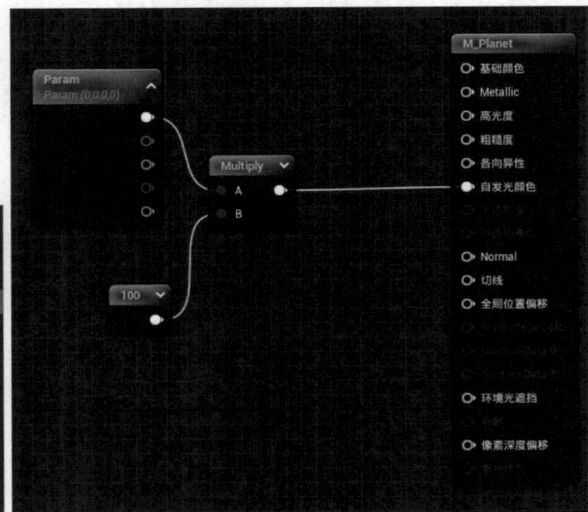

图8-150

提示 按住1键并单击图表空白处创建一个标量节点，选择该节点后在“细节”面板中设置标量的“值”，如图8-151所示。

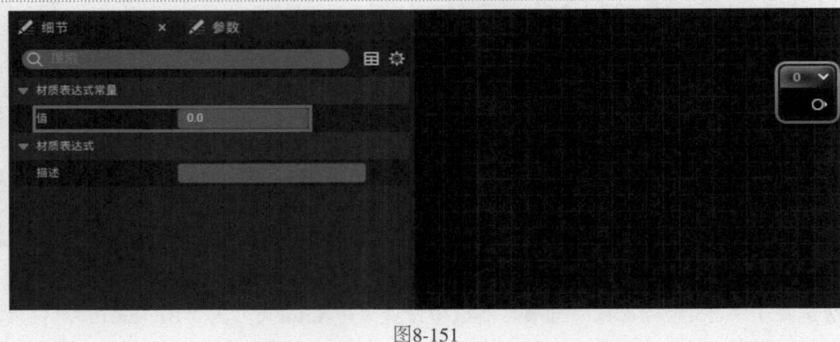

图8-151

10 使用鼠标右键单击材质“M_Planet”，执行“创建材质实例”菜单命令3次，新建3个材质实例，分别命名为“M_Star_Sun”“M_Earth”“M_Satellite_Moon”，如图8-152所示。

图8-152

11 分别打开“M_Star_Sun”“M_Earth”“M_Satellite_Moon”材质实例，在“细节”面板中勾选“Param”选项并分别设置“颜色”为红色（R:1.0，G:0.0，B:0.0）、蓝色（R:0.0，G:0.3，B:1.0）和米色（R:0.5，G:0.5，B:0.4），如图8-153所示。

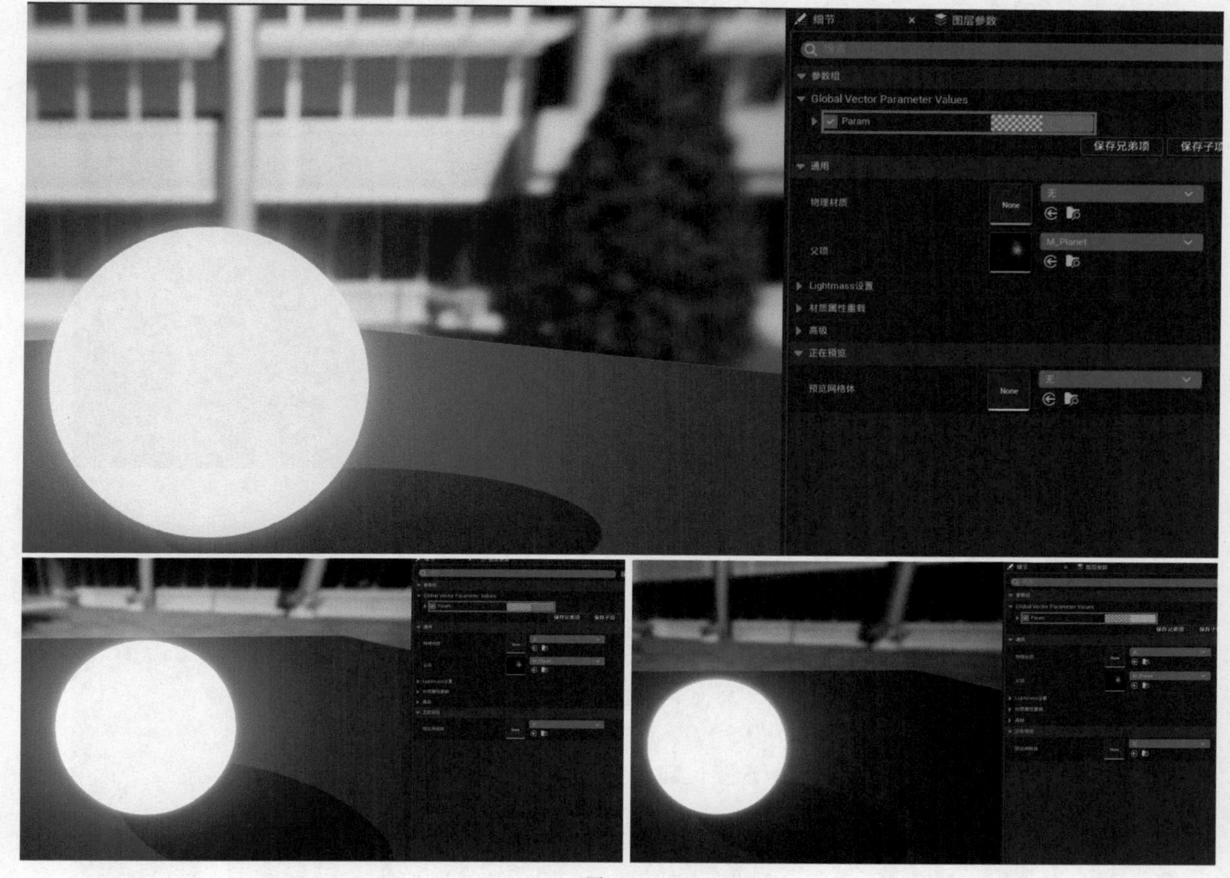

图8-153

12 打开“BP_Sun”蓝图，选择球体组件，在“细节”面板中设置“材质>元素0”为“M_Star_Sun”，如图8-154所示。

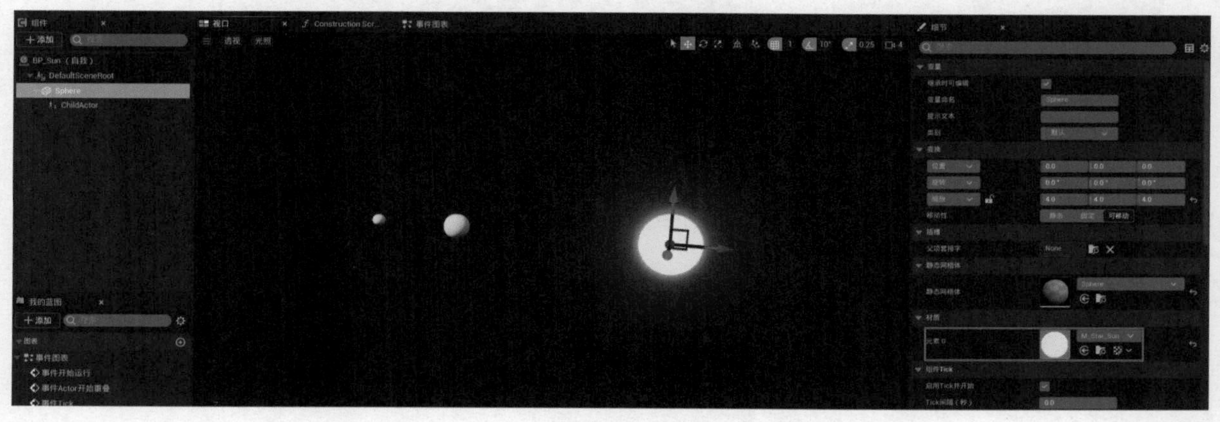

图8-154

13 分别打开“BP_Earth”与“BP_Moon”蓝图，并分别设置球体组件的“材质>元素0”为“M_Earth”和“M_Satellite_Moon”，如图8-155和图8-156所示。

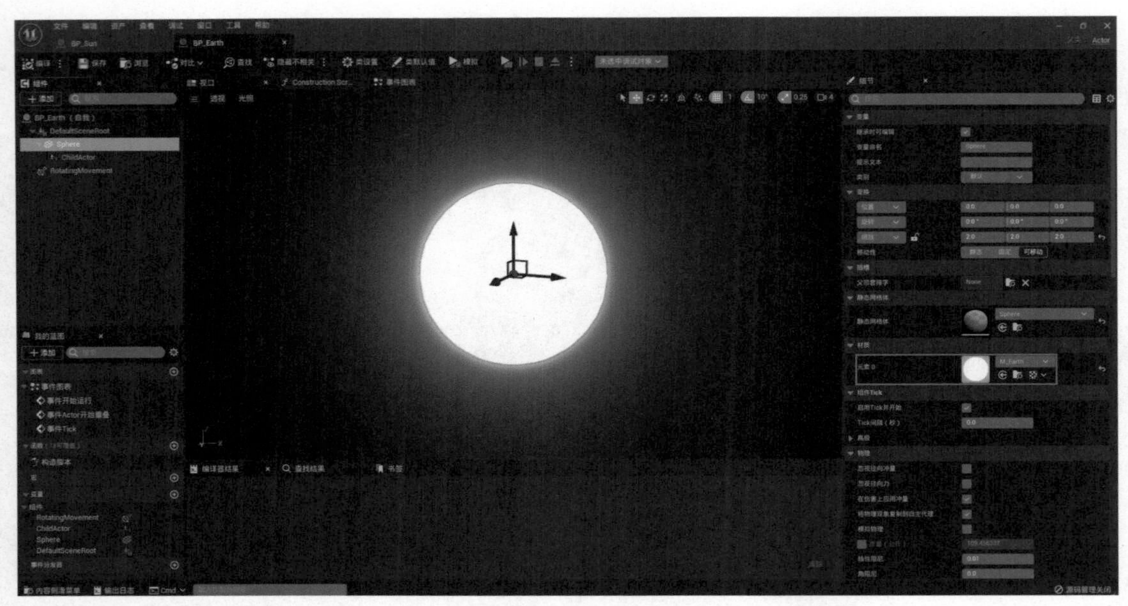

图8-155

图8-156

14 编译并保存后拖曳3个蓝图到关卡中，进入SIE运行模式后可以看到3个星球在转动，BP_Moon围绕着BP_Earth旋转，BP_Earth围绕着BP_Sun旋转，如图8-157所示。

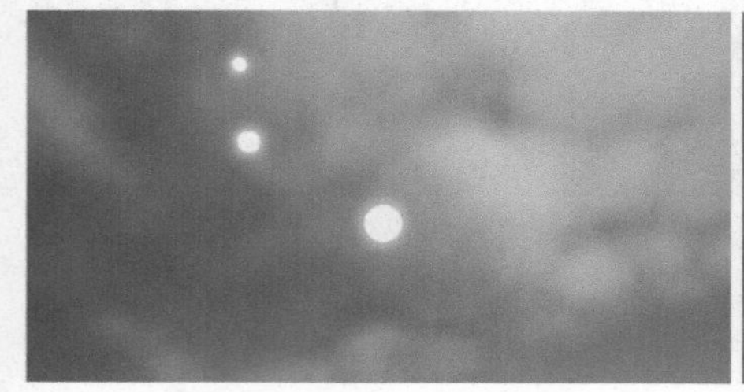

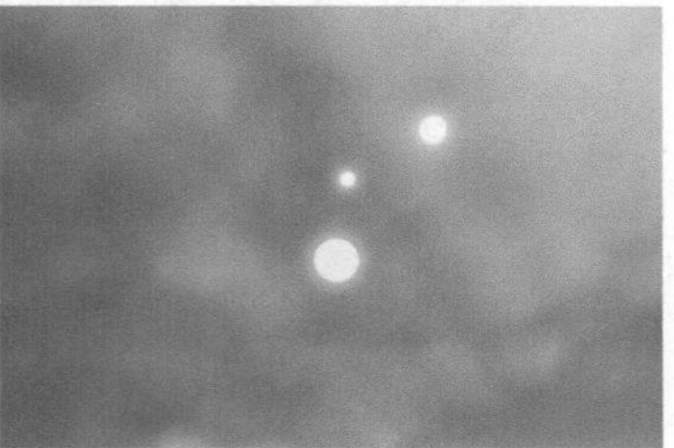

图8-157

第9章 控件蓝图与UI动画

■ 学习目的

UI 面板可以将需要的数据可视化并把可视化后的数据显示在屏幕上，方便玩家在玩游戏的过程中实时获取数据。本章将讲解如何在 Unreal Engine 5 中创建 UI、显示 UI 并通过与 UI 交互触发某些事件。玩家在玩游戏的过程中经常遇到需要输入或持续显示的 UI，使用控件蓝图可以方便地绘制 UI 并在其中写入蓝图。

■ 主要内容

- 创建控件蓝图
- 添加或修改控件蓝图中的子控件
- 设置 UI 动画
- 让控件蓝图获得来自其他蓝图的变量
- 控件组件
- 开始游戏与退出游戏

9.1 控件蓝图的相关内容

本节主要讲解如何创建控件蓝图，以及如何在蓝图中添加子控件、添加文字和添加事件等。

9.1.1 创建控件蓝图

本小节将简单地讲解如何创建控件蓝图。在“内容浏览器”面板中单击鼠标右键并执行“用户界面>控件蓝图”菜单命令，在弹出的“选择新控件蓝图的根控件”对话框中单击“用户控件”按钮 用户控件 ，如图9-1所示，创建一个名为“UI_TestWidget”的控件蓝图。

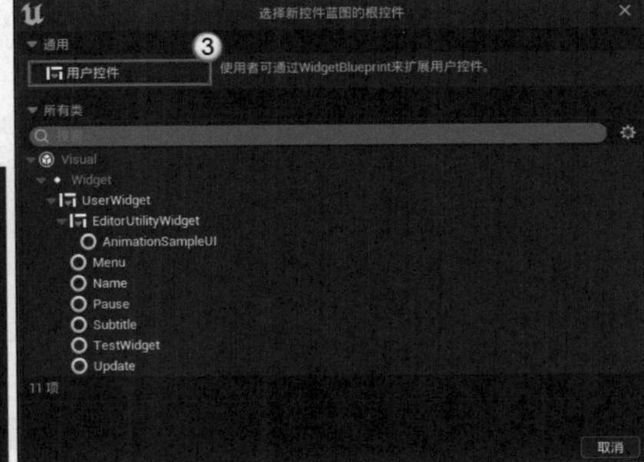

图9-1

双击打开“UI_TestWidget”控件蓝图，在“控制板”面板中找到“画布面板”，拖曳“画布面板”到视口的中心位置，“画布面板”会被添加到左下角的“层级”面板中，并且视口中会出现绿色边框，如图9-2所示。

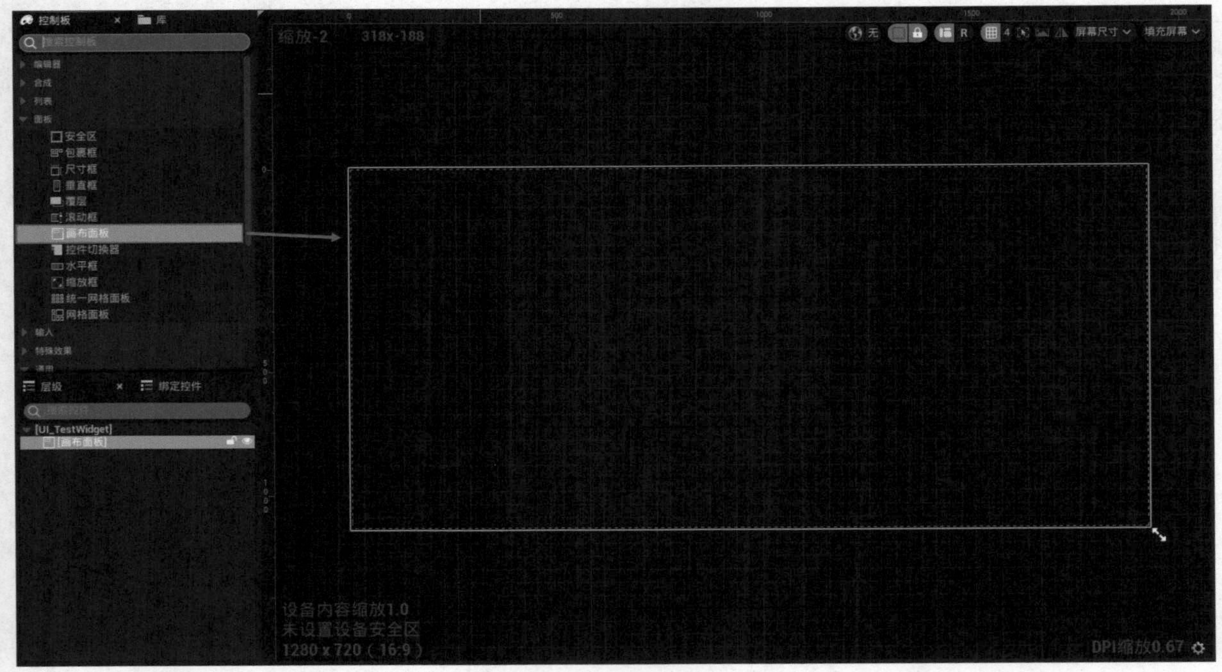

图9-2

“画布面板”可以有多个子项，并且各个子项的种类和层级可以任意变换，非常适用于布局UI。在“控制板”面板中拖曳“文本”子控件到“画布面板”中，如图9-3所示。

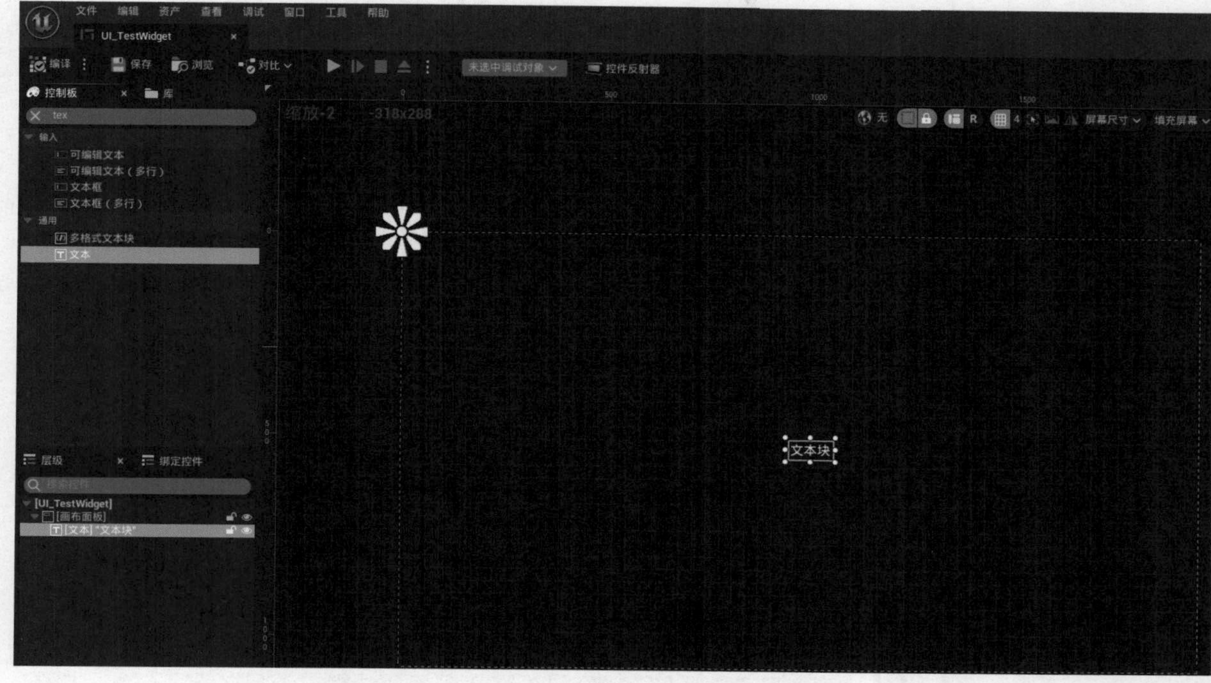

图9-3

单击“供用户编辑或创建的世界场景蓝图列表”按钮，执行“打开关卡蓝图”菜单命令，如图9-4所示，打开“关卡蓝图”窗口。

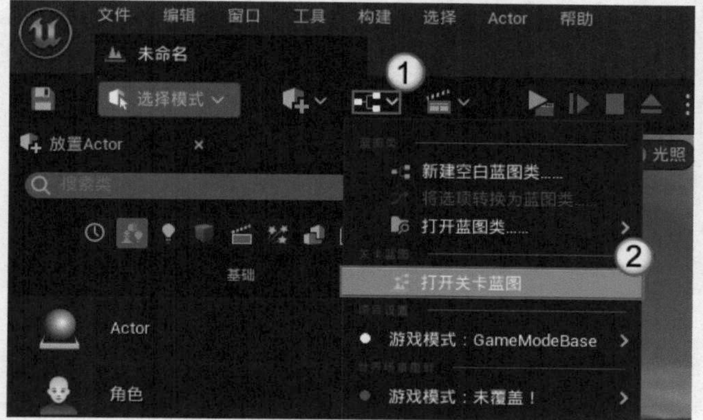

图9-4

在“事件开始运行”节点后连接“创建UI Test Widget控件”节点，在“创建UI Test Widget控件”节点中设置“Class”为“UI Test Widget”，如图9-5所示。

在“创建UI Test Widget控件”节点后连接“添加到视口”节点，连接“目标”引脚到“Return Value”引脚，如图9-6所示。

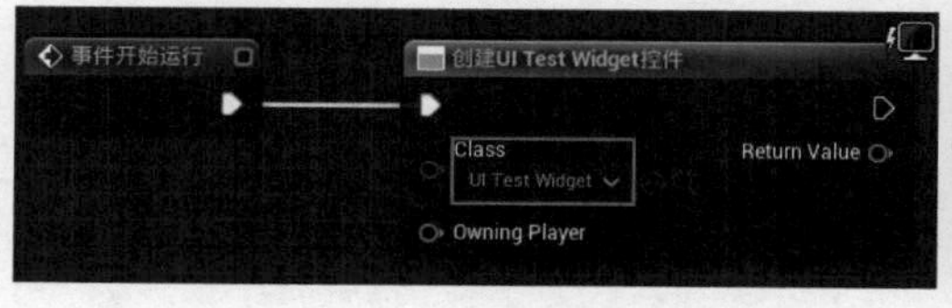

图9-5

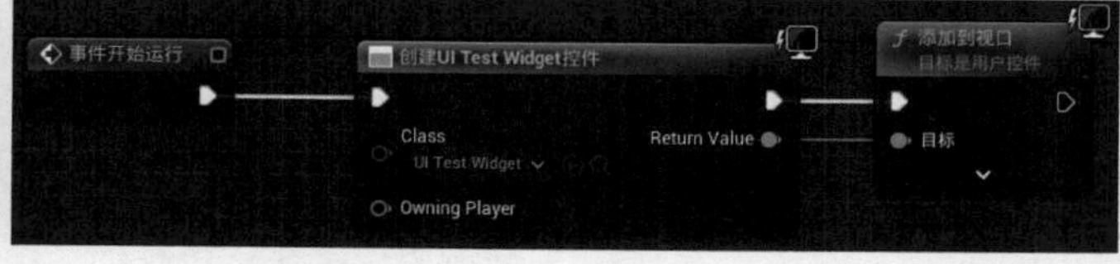

图9-6

编译并保存后进入PIE运行模式，画面中央出现了新建的“文本块”，如图9-7所示。“文本块”的位置由控件蓝图中的“文本”子控件在“画布面板”中的位置决定。

图9-7

技术专题：其他显示UI的方式

也可以使用“添加到播放器屏幕”节点将控件添加到玩家屏幕上，如图9-8所示。

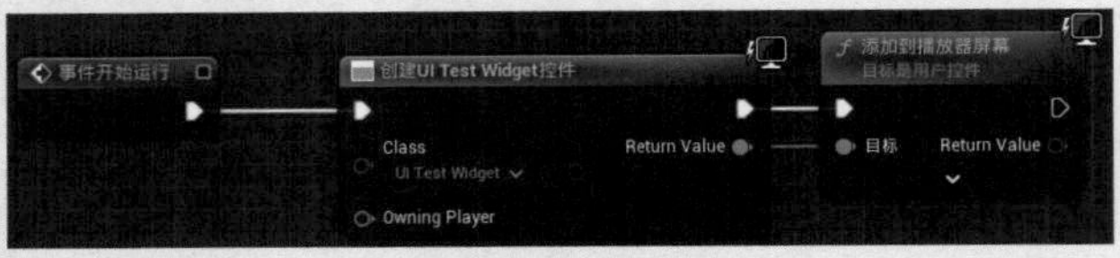

图9-8

♛ 重点

9.1.2 添加子控件

控件蓝图中可以添加多种子控件，这些子控件需要在“控制板”面板中添加，且它们根据效果和用法的不同被分成了12类，如图9-9所示。写好的控件蓝图也可以作为子控件被添加到其他控件蓝图中。

图9-9

丰富多样的子控件为UI提供了很高的操作可能性，其中不仅有“按钮”和“文本”等交互性子控件，也有“图像”等具有显示功能的子控件，还有“垂直框”“水平框”“滚动框”等整理子控件，如图9-10所示。

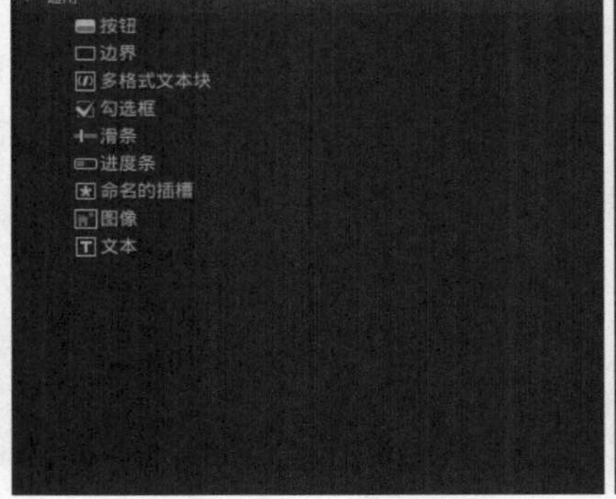

图9-10

利用“控制板”面板中的搜索框可以快速找到需要的子控件，如搜索“border”即可快速找到“边界”子控件，拖曳此子控件到“画布面板”中，如图9-11所示。

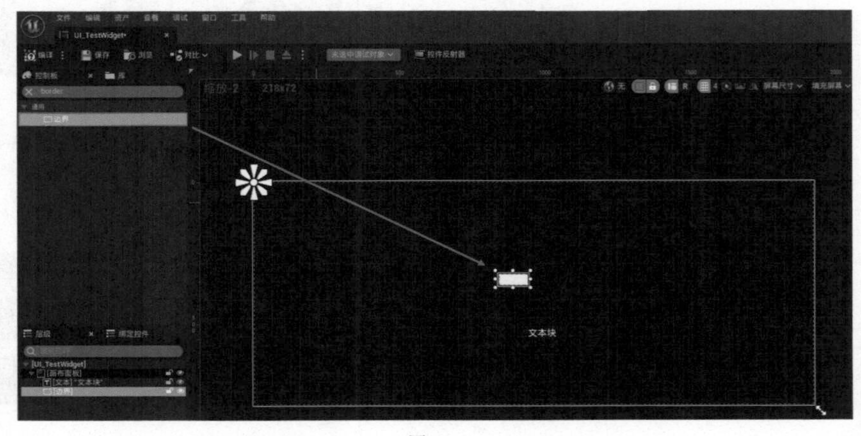

图9-11

选择新建的“边界”子控件，可以在“细节”面板中设置“画布面板”下的子控件的锚点与位置，“锚点”表示该子控件在画板中的位置固定，会受屏幕显示比例的影响固定在某一个方向，如左上角或右上角，如图9-12所示。

打开“锚点”下拉列表，选择右下角的方形全屏时系统会调整锚点的位置，“位置X”“位置Y”“尺寸X”“尺寸Y”会被替换为“偏移左侧”“偏移顶部”“偏移右侧”“偏移底部”，如图9-13所示。这些锚点分别被固定在屏幕中的不同位置，如第1个固定在左上角，屏幕被拉长或拉高时，子控件都与左上角保持固定距离，不会受到影响。

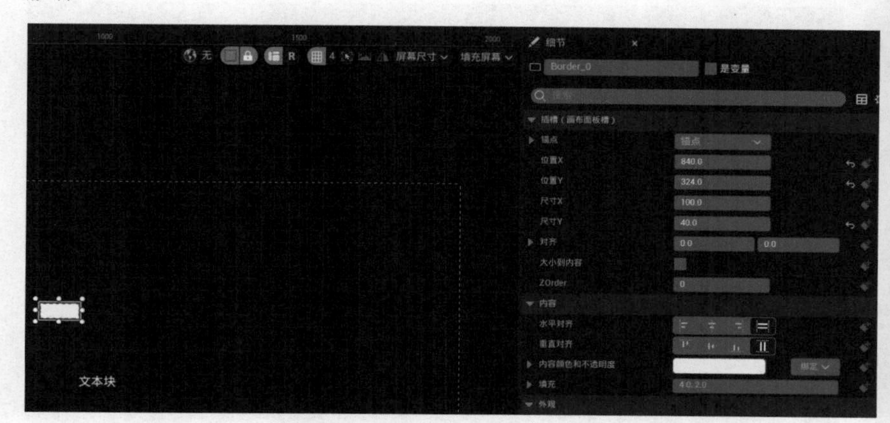

图9-12

图9-13

设置4个偏移选项的参数均为0.0会使“边界”子控件铺满画板，如图9-14所示。编译并保存后进入PIE运行模式，游戏视角被白色的“边界”子控件铺满，如图9-15所示。

图9-14

图9-15

9.1.3 子控件属性

与其他蓝图中的组件相似，子控件也有一个属于自己的“细节”面板，只需要单击某个子控件，右侧的“细节”面板中便会显示此子控件的可设置参数，如图9-16所示。

选择“边界”子控件，在“细节”面板中的“外观”卷展栏中可以设置“笔刷颜色”为其他颜色。例如设置“笔刷颜色”为黑色（R:0.0,G:0.0,B:0.0),“A”通道为0.5，如图9-17所示。

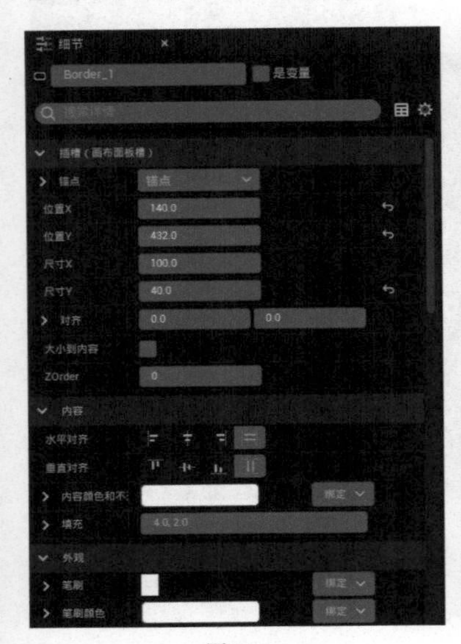

图9-16

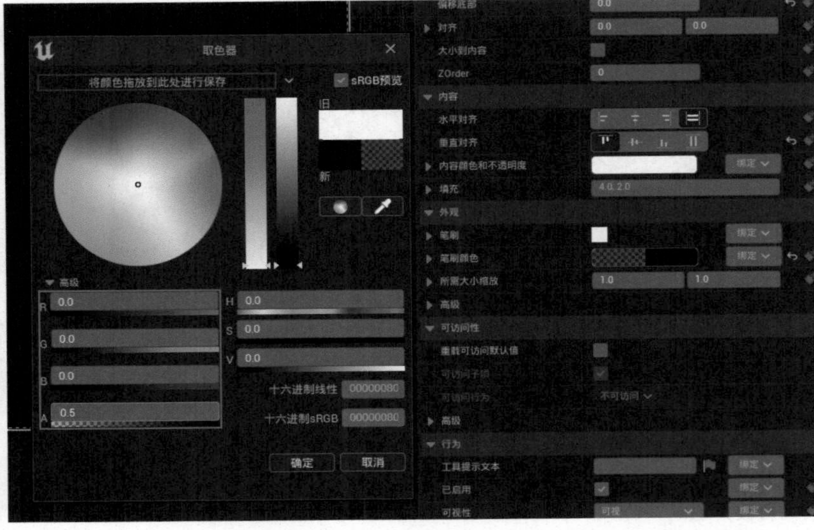

图9-17

编译并保存后进入PIE运行模式，可以看到屏幕中出现了黑色透明遮罩，并且“文本块”也一并被遮住了，如图9-18所示。

在“层级”面板中将“文本”子控件拖曳到“边界”子控件下方，此时“文本块”会显示在屏幕中，不受“边界”子控件的影响，如图9-19所示。可以使用该方法修改UI的层级，使需要显示、可以被单击的子控件位于上层。

图9-18

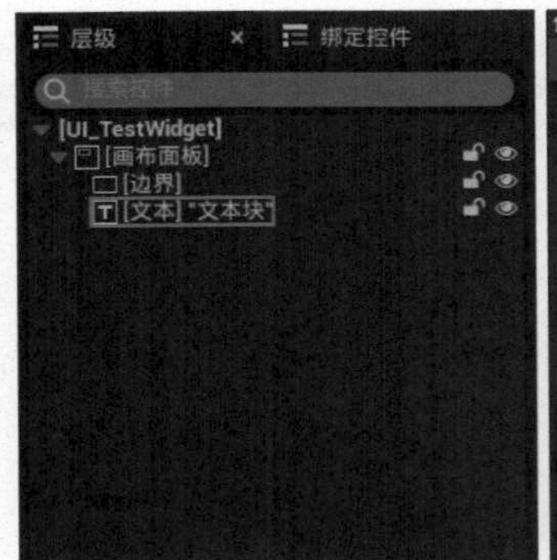

图9-19

选择“文本”子控件，在“细节”面板的“内容”卷展栏中找到“文本”参数，设置“文本”为“从入门到精通”，画板中的文本也会随之发生变化，如图9-20所示。

图9-20

在“细节”面板中设置文字的“锚点”在画板正中心，如图9-21所示，防止文字因屏幕拉伸而改变位置。

拖曳“文本”子控件到画板中心处，进入PIE运行模式，可以看到文本内容位于屏幕中心，如图9-22所示。

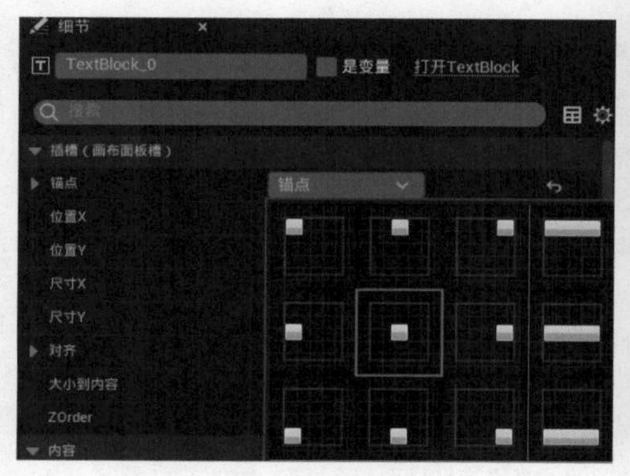

图9-21

图9-22

9.1.4 控件事件

支持玩家交互的控件通常会有很多的事件可供使用，例如“按钮”“滑动条”“编辑框”等子控件包含的一些操作事件可以使玩家在单击时触发蓝图等功能。在“控制板”面板中拖曳“按钮”子控件到“画布面板”下，选择“按钮”子控件后在“细节”面板中可以看到能够添加的事件，如图9-23所示。

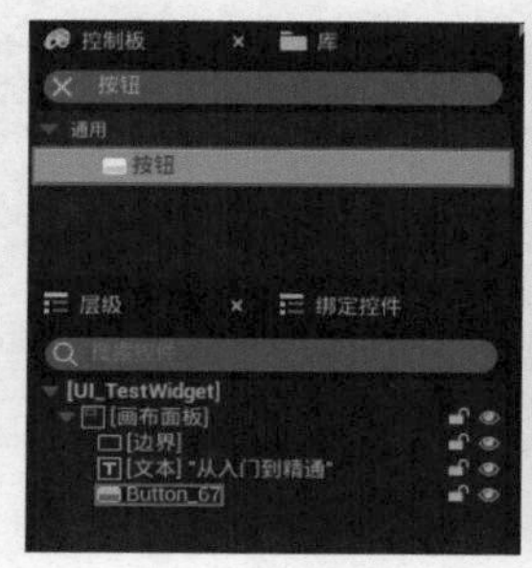

图9-23

单击事件对应的“添加”按钮 + 添加想要的事件，对此子控件进行某些操作将会触发指定事件。如果添加“点击时”事件，则在单击按钮时会触发某个事件，可以在此事件后面添加需要执行的蓝图，如图9-24所示。

鼠标指针在游戏中一般是被隐藏起来的，并且只对游戏的操作输入有反应，可以使用“获取玩家控制器”节点获取鼠标指针。回到“关卡蓝图”窗口，添加一个“获取玩家控制器”节点，用于快速获取玩家的控制器，如图9-25所示。

图9-24

图9-25

拖曳“获取玩家控制器”节点的“Return Value”引脚到空白处后搜索“设置Show Mouse Cursor”节点，添加“SET”，添加后将其连接到“添加到视口”节点并勾选“显示鼠标光标”选项，这样即可在游戏中显示鼠标指针，如图9-26所示。

添加“设置仅输入模式UI”节点，连接“Player Controller”引脚到“获取玩家控制器”节点的“Return Value”引脚，此节点会让引擎失去对游戏的控制，使玩家仅可操作控件，若想在玩游戏的过程中恢复对游戏的控制，可以使用“设置仅输入模式游戏”节点，如图9-27所示。

图9-26

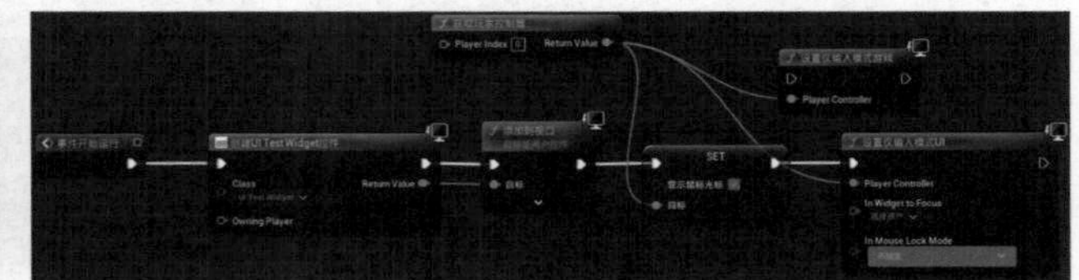
图9-27

编译并保存后回到“UI_TestWidget”控件蓝图，在“点击时”事件后使用“打印字符串”节点输出“Hello”，如图9-28所示。

在“细节”面板中设置“按钮”子控件的“锚点”为画板中心，调整按钮到文字下方，如图9-29所示。

添加一个“文本”子控件到“按钮”子控件中，在“细节”面板中设置“文本”为“开始学习”，如图9-30所示。

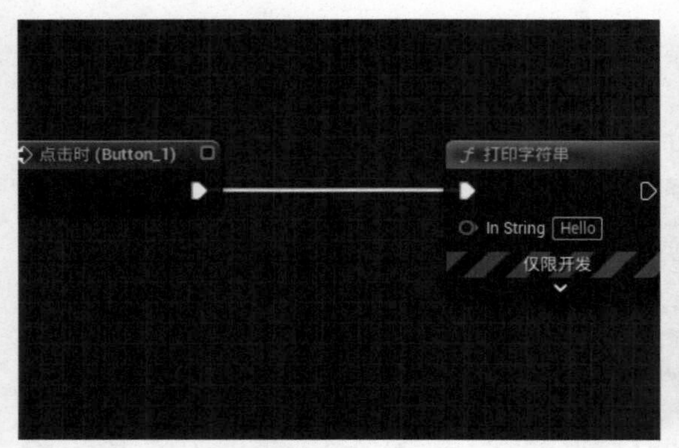

图9-28

图9-29

图9-30

编译并保存后进入PIE运行模式，单击"开始学习"按钮 开始学习 后，屏幕左上角会出现"Hello"，如图9-31所示。

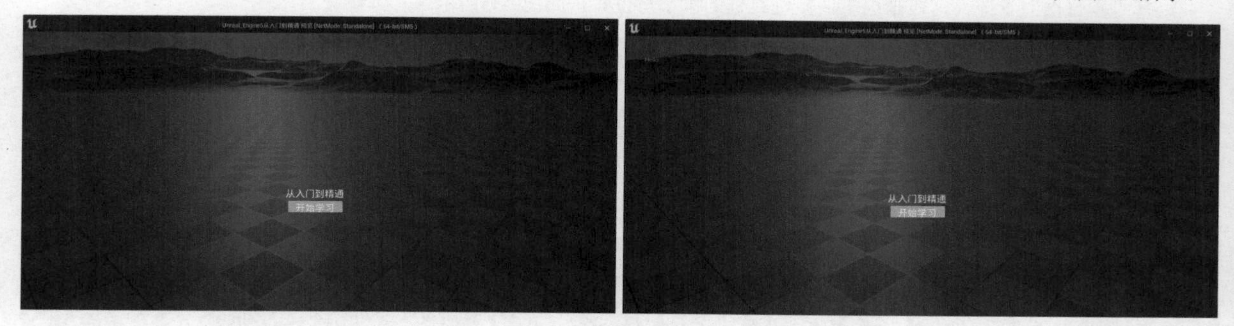

图9-31

9.1.5 排版

在创建UI时使用"水平框""垂直框""尺寸框"等子控件可以限定框中子控件的排序方式，这些子控件通常可以容纳多个子控件，如图9-32所示。

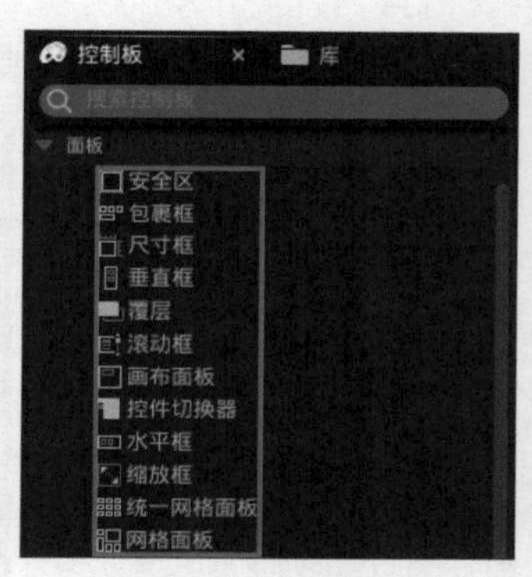

图9-32

双击打开"UI_TestWidget"控制蓝图，拖曳"垂直框"子控件到"画布面板"下，设置"锚点"在画板正中心处，将垂直框调整到按钮下方，如图9-33所示。

图9-33

提示 如果拖曳"垂直框"子控件到其他层级，那么效果相较于书中显示的会有所区别。

在“层级”面板中拖曳“按钮”子控件到“垂直框”下，按钮将会被垂直框容纳，如图9-34所示。

选择“垂直框”子控件，在画板中调整垂直框的大小与位置，如图9-35所示。

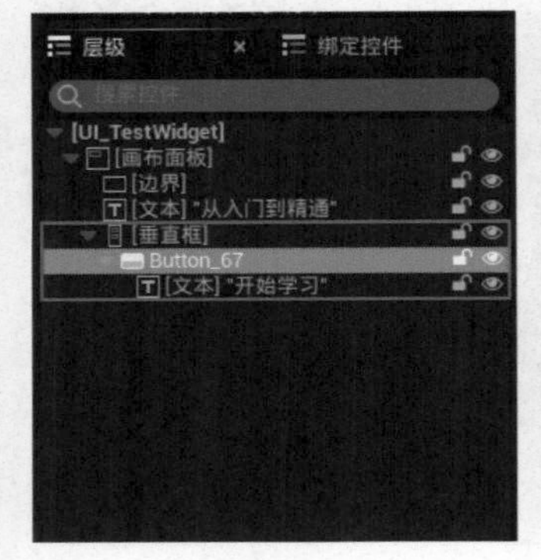

图9-34

图9-35

选择“按钮”子控件后使用快捷键Ctrl+C和Ctrl+V将其复制一个，由于按钮在垂直框的下一级，复制后会在此层级下再生成一个按钮，两个按钮在垂直框中垂直排列，如图9-36所示。

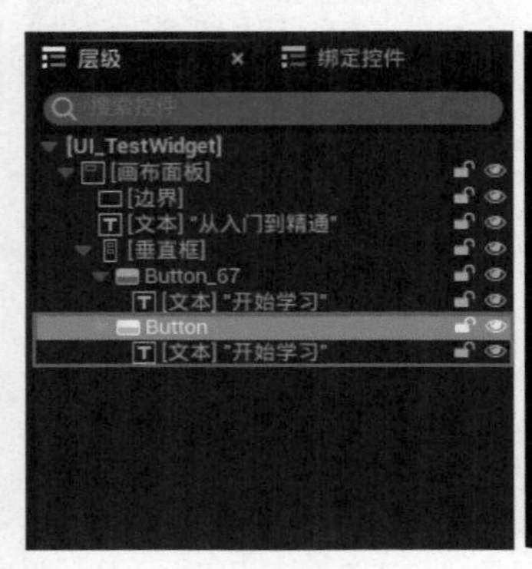

图9-36

提示 若将“按钮”子控件拖曳到“水平框”层级下，则两个按钮将横向排列，如图9-37所示。

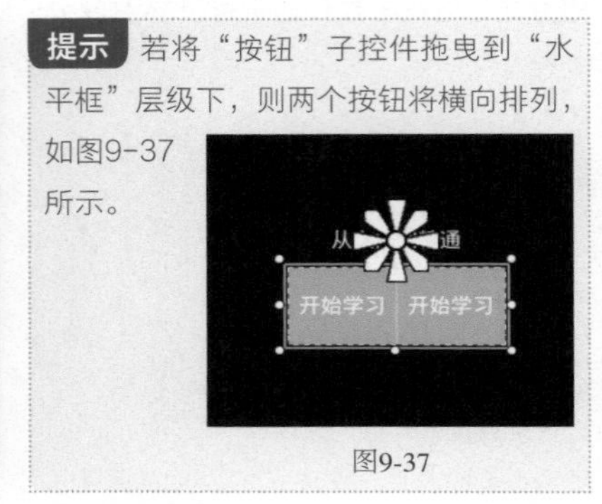

图9-37

选择第2个“按钮”子控件，在“细节”面板中设置“尺寸”为“填充”，则第2个按钮会自动填充垂直框剩下的空间，如图9-38所示。

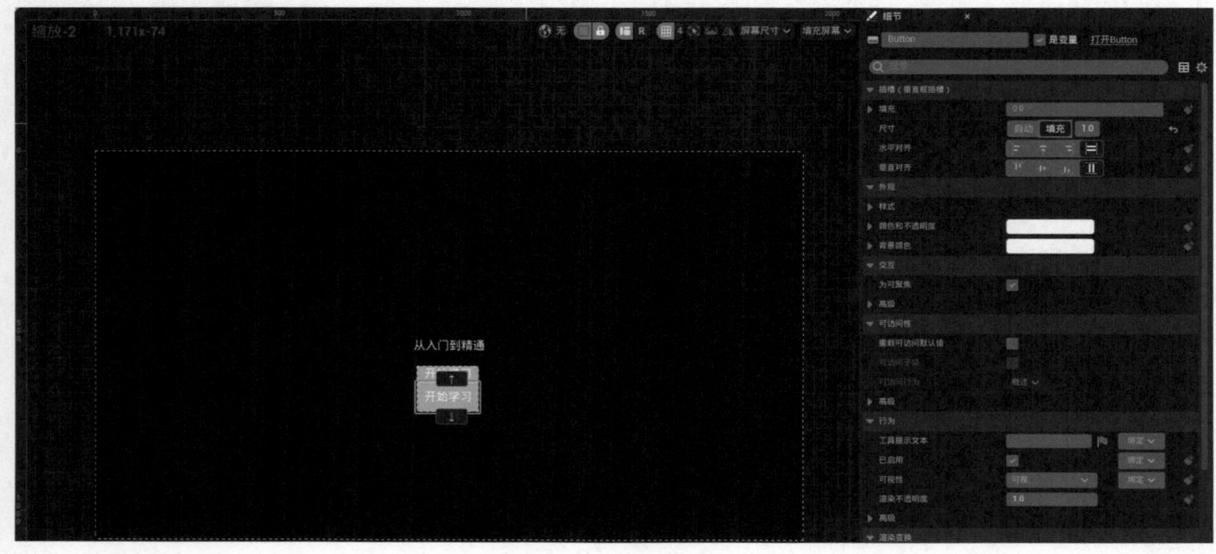

图9-38

选择第2个“文本”子控件，在“细节”面板中设置“文本”为“结束学习”，如图9-39所示。

选择第2个“按钮”子控件，在“细节”面板中新建一个“点击时”事件，在“事件图表”面板中添加一个“退出游戏”节点并将其连接到“点击时”事件，如图9-40所示。

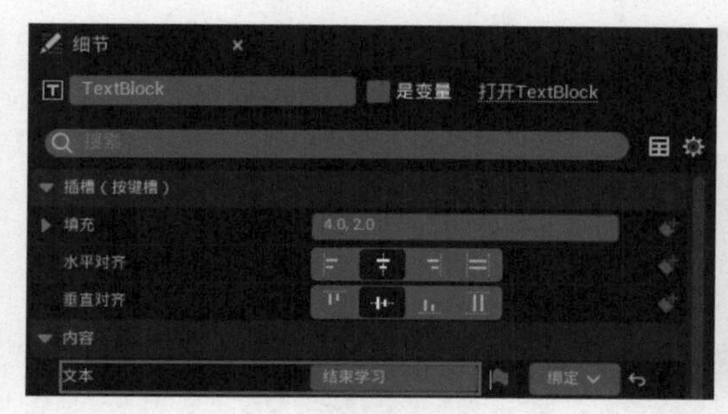

图9-39

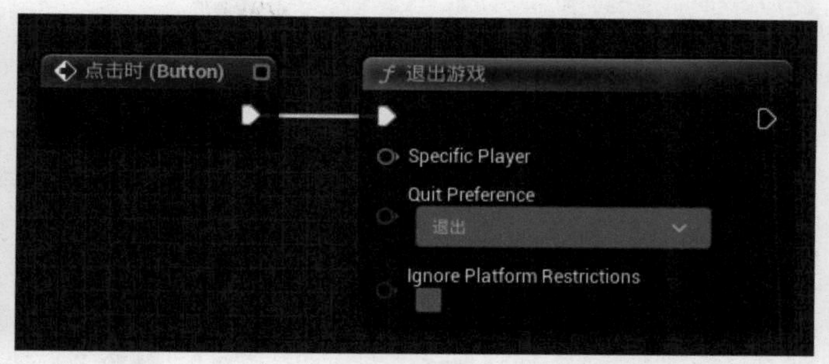

图9-40

编译并保存后进入PIE运行模式，单击“结束学习”按钮即可退出游戏，如图9-41所示。

图9-41

9.1.6 函数绑定

使用函数绑定功能可以实时设置某一控件的某一参数，在函数中可以使用计算公式、引用等，最终返回值会被传递给控件，使控件的某一参数被修改。

在“控制板”面板中拖曳“文本”子控件到“边界”子控件下，如图9-42所示。

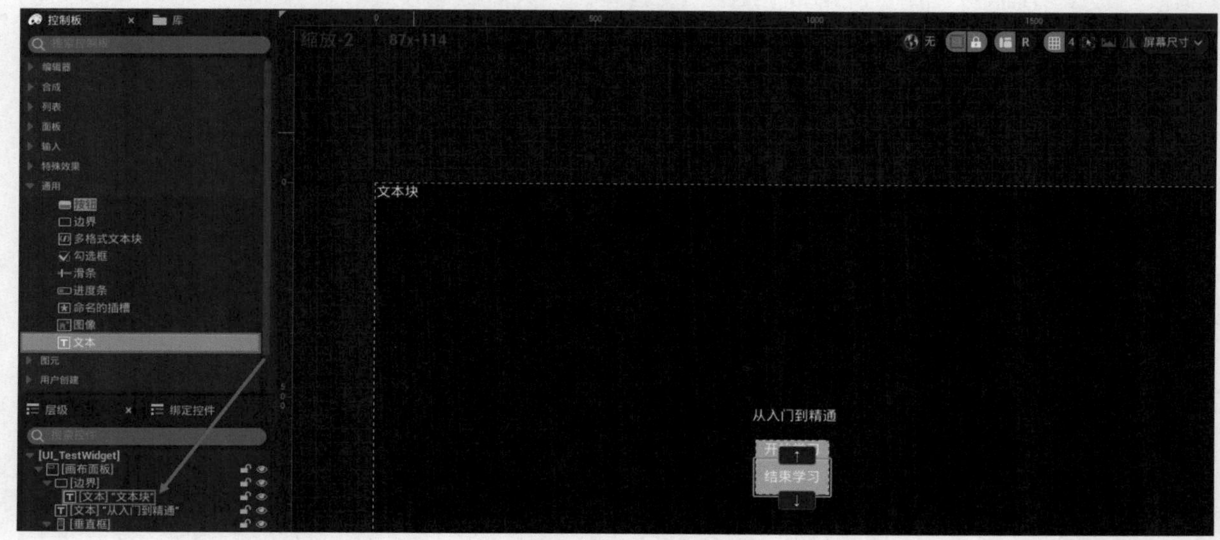

图9-42

用“文本”子控件显示当前游戏的帧数（FPS）。要使帧数实时显示在屏幕上，需要选择“文本”子控件，在“细节”面板中打开“绑定”下拉列表并单击“创建绑定”按钮，如图9-43所示。

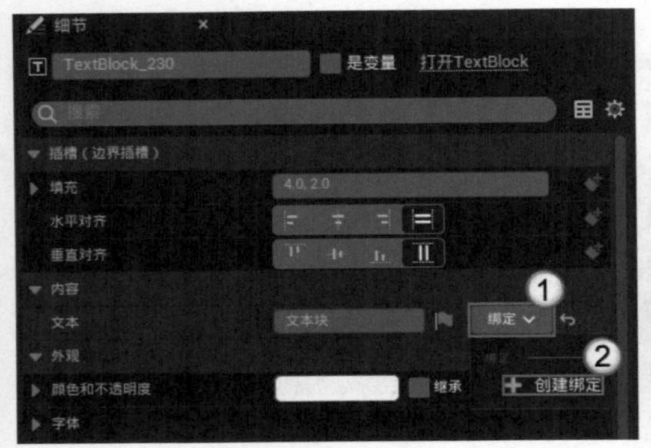

图9-43

此时Unreal Engine 5会新建一个函数并提供一个返回值，如图9-44所示。此函数不可添加返回值或输入，否则会报错，返回值只能和想要修改的参数相对应。

图9-44

添加一个“获取场景差量（秒）”节点和“除”节点，使用鼠标右键单击“除”节点的一个引脚，执行“转换引脚>浮点（双精度）”菜单命令将该引脚转换为浮点型，如图9-45所示。

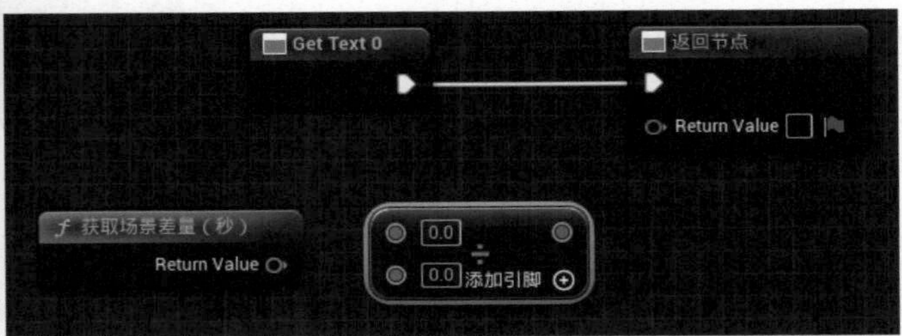

图9-45

使用1.0除以“获取场景差量（秒）”节点的返回值后，将其连接到“返回节点”的“Return Value”引脚，系统会自动创建“到文本（Double）”节点，如图9-46所示。

编译并保存后进入PIE运行模式，可以看到屏幕左上角显示了游戏的实时帧数，如图9-47所示。

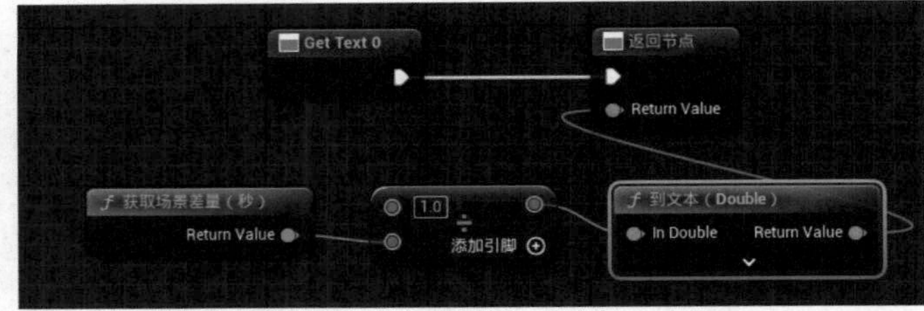

图9-46

图9-47

9.2 UI动画

可以通过在UI上添加动画来实现指定的效果，添加动画可以使UI的切换变得更平滑，也可以在触发某些事件时显示某些特定效果。

重点

9.2.1 创建动画

双击打开“UI_TestWidget”控件蓝图，在“设计器”面板中单击左下角的“动画”按钮或使用快捷键Ctrl+Shift+Space打开“动画”面板，如图9-48所示。

单击“动画”按钮添加一个新的动画并命名为“TestAnimation”，选择动画后，“时间轴”面板中会自动显示被选择的动画，如图9-49所示。

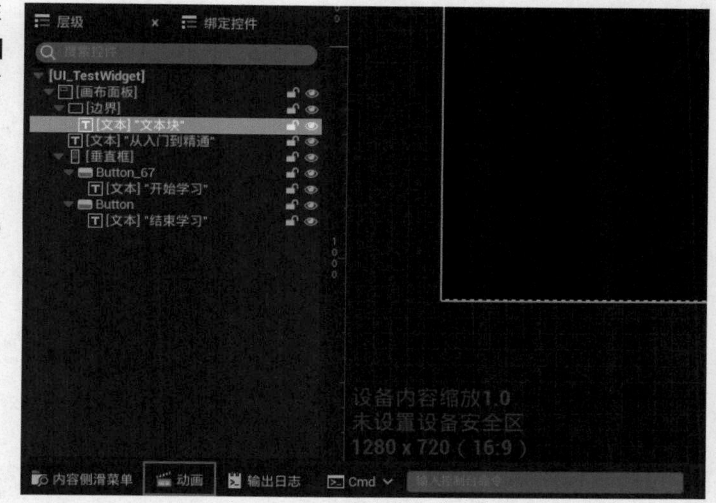

图9-48

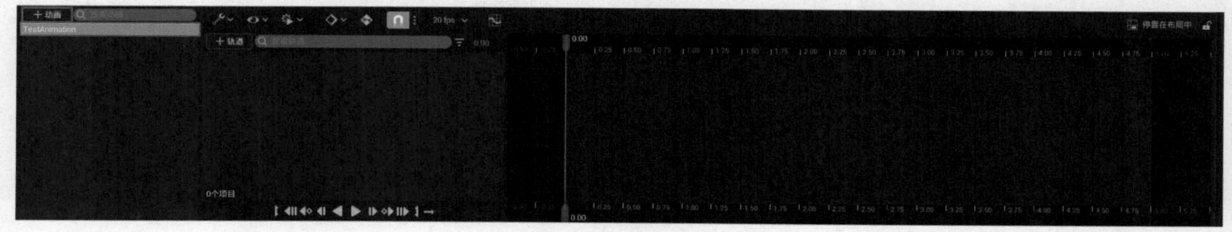

图9-49

单击“时间轴”面板上方的“轨道”按钮，执行“所有已命名控件>TextBlock_0”菜单命令，如图9-50所示，“TextBlock_0”子控件会自动添加到轨道上。

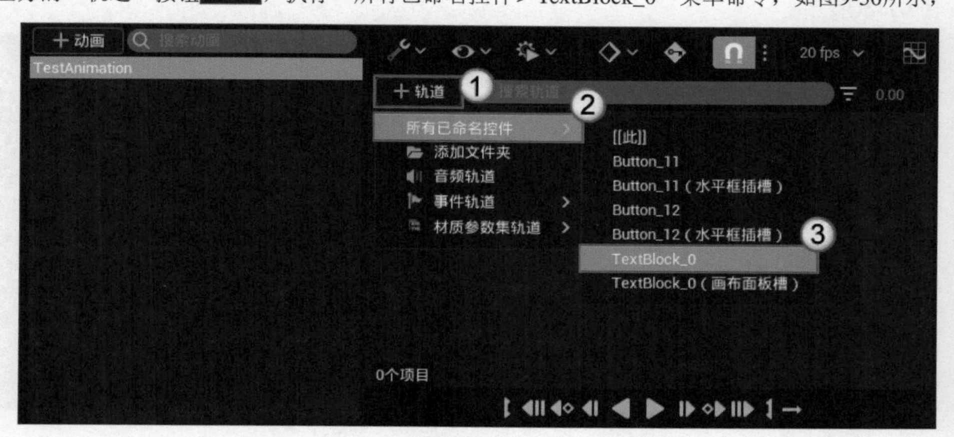

图9-50

在“TextBlock_0”轨道上单击右侧的“轨道”按钮➕轨道，可以选择性地添加想要修改的内容，如位置、旋转、颜色或文本内容等，如图9-51所示。

也可以直接在“细节”面板中单击“添加此属性的一个关键帧”按钮添加对应设置，如图9-52所示。

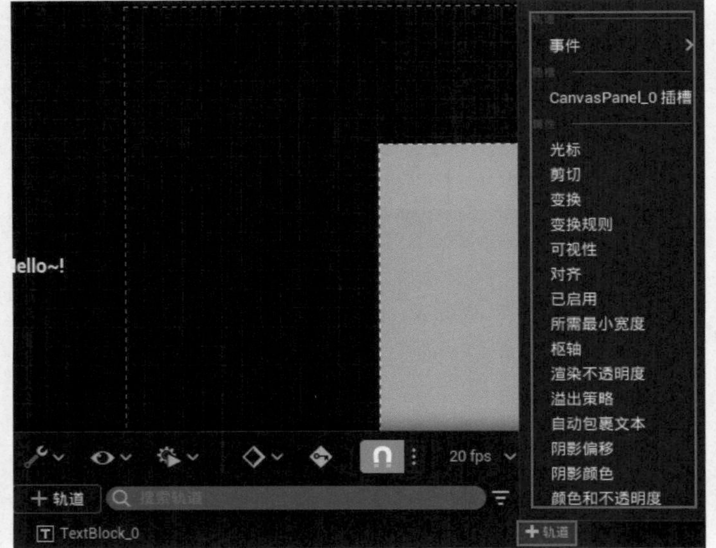

图9-51

图9-52

设置“位置X”为–200.0，单击“添加此属性的一个关键帧”按钮，时间轴上会自动出现指定内容，如图9-53所示。

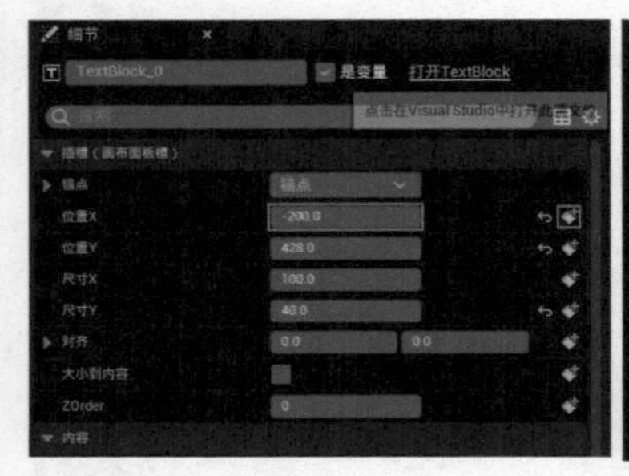
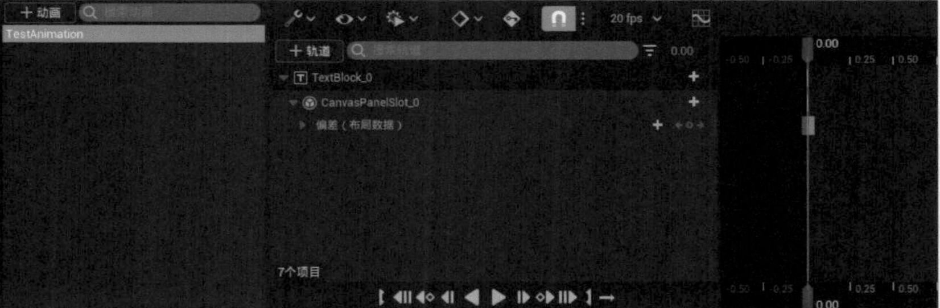

图9-53

将时间线拖曳到1.00处，设置“位置X”为200.0后再次单击“添加此属性的一个关键帧”按钮添加一个关键帧，如图9-54所示。

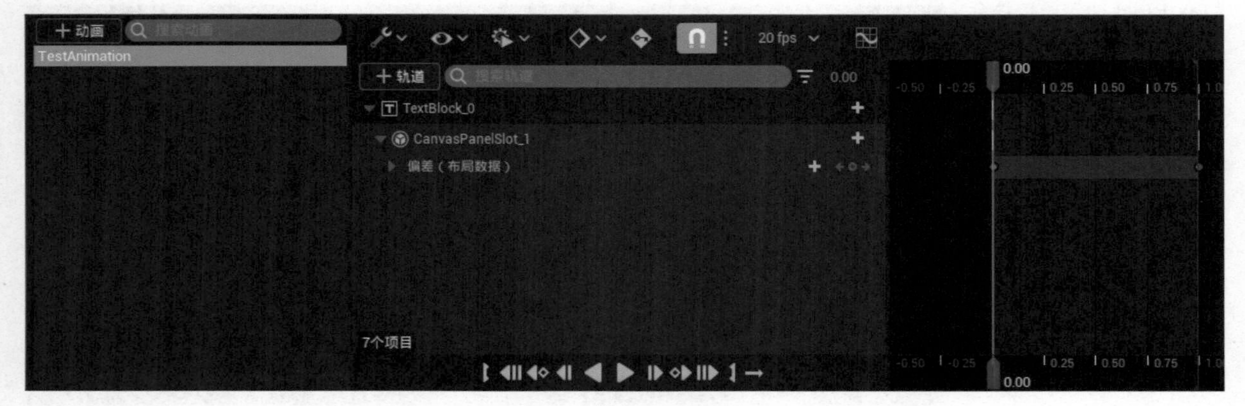

图9-54

在两个关键帧之间拖曳时间线，可以看到文本会在-200.0～200.0这个范围内移动，如图9-55所示。

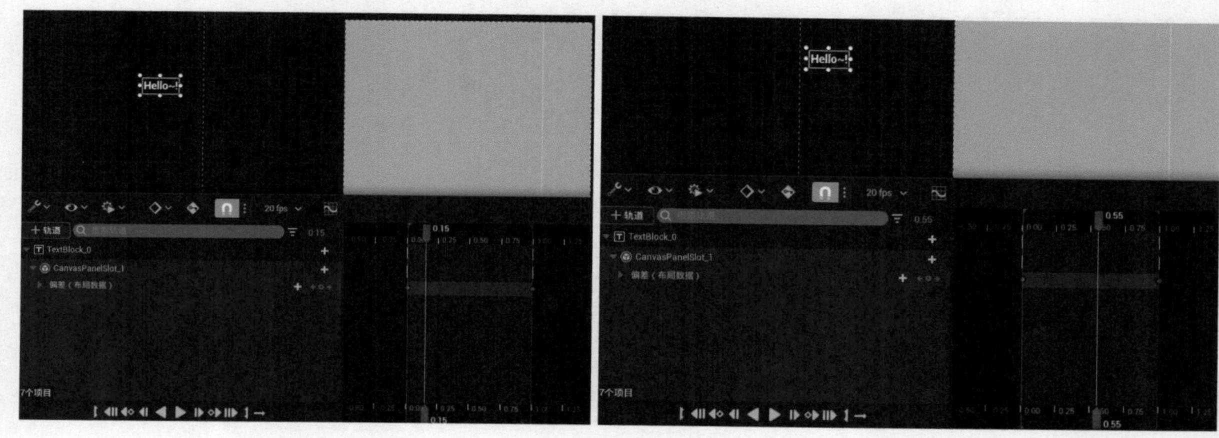

图9-55

9.2.2 设置颜色

使用UI动画设置颜色可以让控件在某个时刻实现颜色过渡。在“动画”面板上单击“轨道”按钮+轨道，执行“所有已命名控件>Button_11”菜单命令，将“按钮”子控件添加到时间轴上，如图9-56所示。

在0.00处单击“背景颜色”的“添加此属性的一个关键帧”按钮，将颜色设置为默认的白色即可，如图9-57所示。

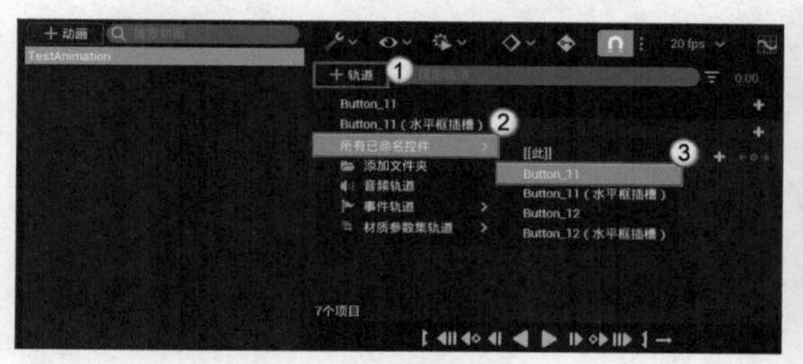

图9-56

图9-57

将时间线移动到1.00处，设置“背景颜色”为红色后单击“添加此属性的一个关键帧”按钮，再次添加一个关键帧，如图9-58所示。

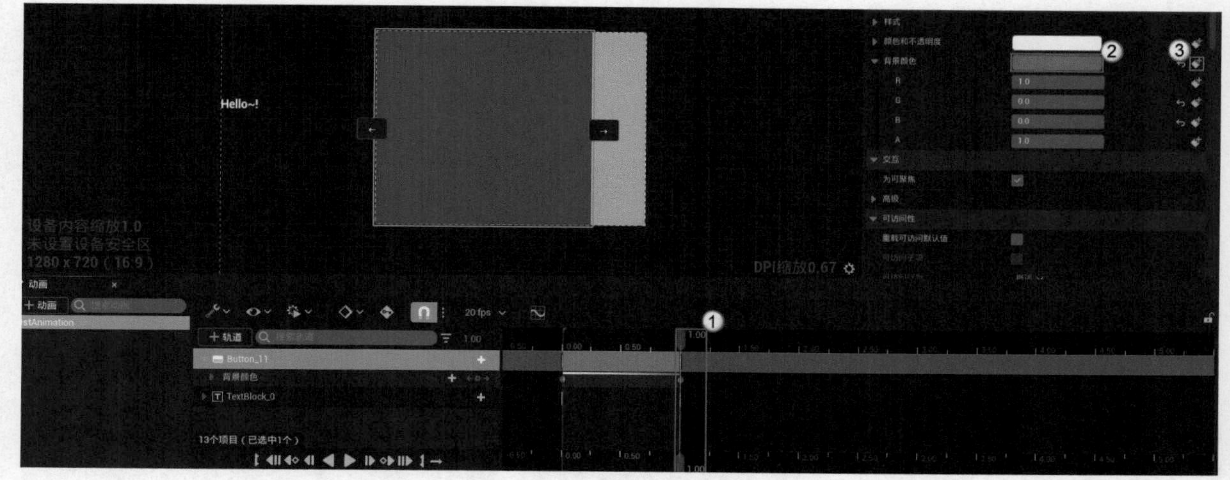

图9-58

拖曳时间线可以查看指定时间的颜色混合程度，如图9-59所示。

图9-59

9.2.3 设置大小

在游戏中可以使用UI动画控制按钮大小。新建一个“按钮”子控件并将其拖曳到“画布面板”下，在画板中移动按钮到空旷的位置，如图9-60所示。

图9-60

单击“动画”按钮打开“动画”面板，单击“动画”按钮新建一个动画并命名为“ButtonAnimation”，选择新的“按钮”子控件后单击“轨道”按钮，执行“所有已命名控件>Button_43”菜单命令，将“按钮”子控件添加到时间轴上，如图9-61所示。

在“细节”面板中分别单击“尺寸X”与“尺寸Y”右侧的“添加此属性的一个关键帧”按钮，如图9-62所示。

图9-61

图9-62

在“动画”面板中拖曳时间线到1.00处，在“细节”面板中设置“尺寸X”与“尺寸Y”均为300.0并分别单击“添加此属性的一个关键帧”按钮，如图9-63所示。

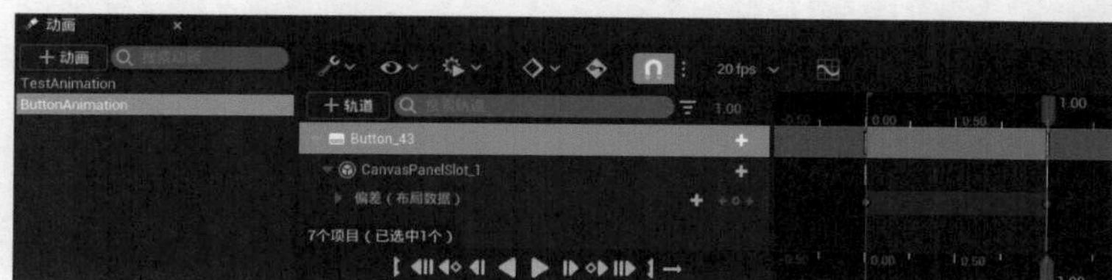

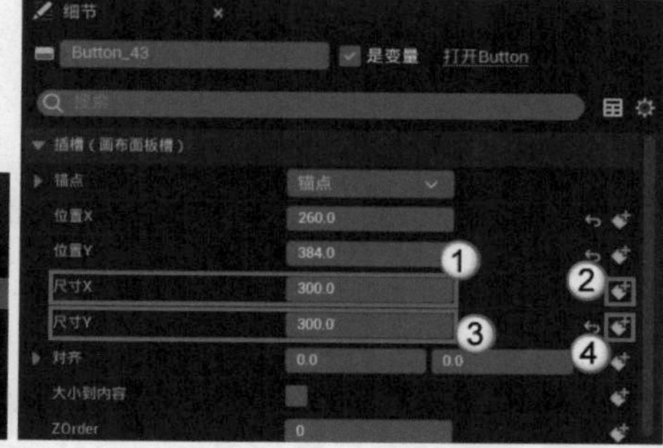

图9-63

此时“按钮”子控件的大小会在1秒内从100.0×30.0变到300.0×300.0，在“动画”面板中拖曳时间线可以观察对应的效果，如图9-64所示。

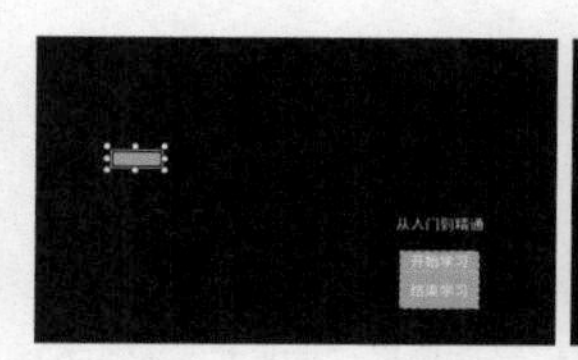

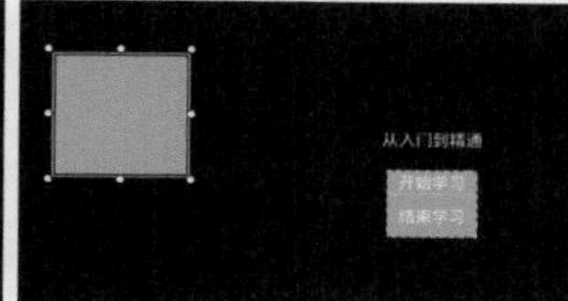

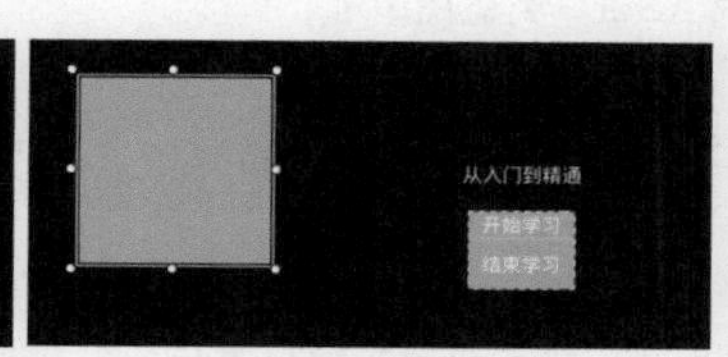

图9-64

9.2.4 播放动画

添加蓝图可以播放刚才制作的动画，单击“图表”按钮进入“事件图表”面板，使用“事件构造”和“事件预构造”节点（此节点在创建时会被执行一次）播放动画，如图9-65所示。

在“我的蓝图”面板中可以看到“变量”卷展栏下有一个名为“ButtonAnimation”的变量，此变量是创建动画时默认生成的，将该变量拖曳到“事件图表”面板中，如图9-66所示。

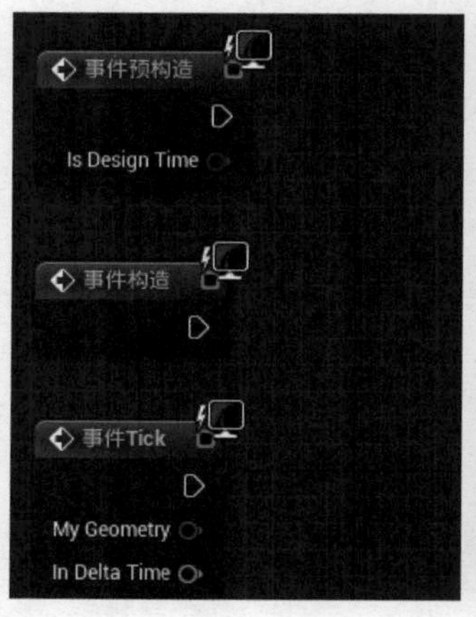

图9-65

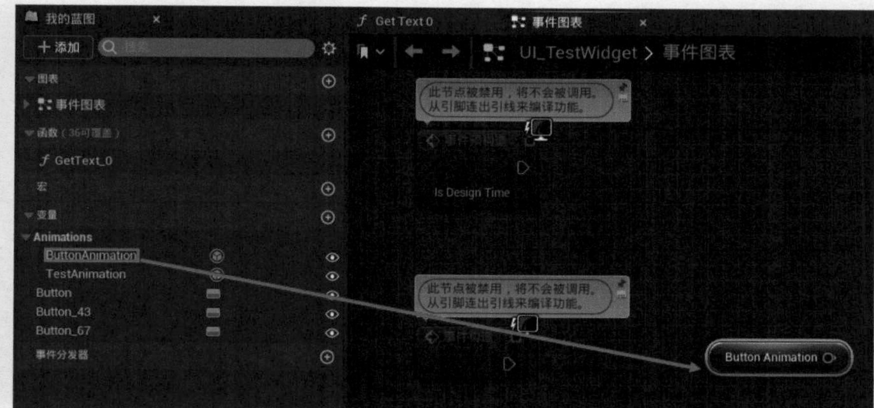

图9-66

添加一个“播放动画”节点，连接“In Animation”引脚到“Button Animation”动画，将“事件构造”节点连接到“播放动画”节点，如图9-67所示。编译并保存蓝图后进入PIE运行模式，可以看到控件成功播放了动画，如图9-68所示。

图9-67

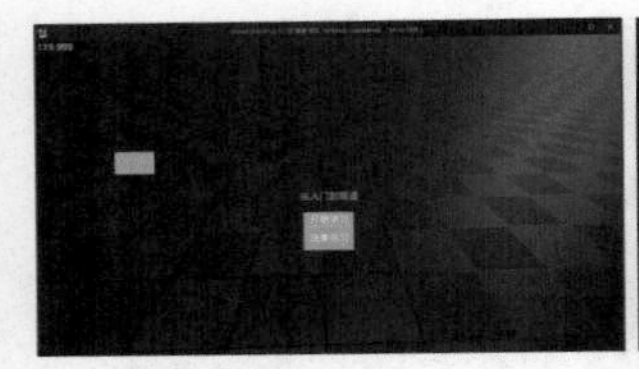
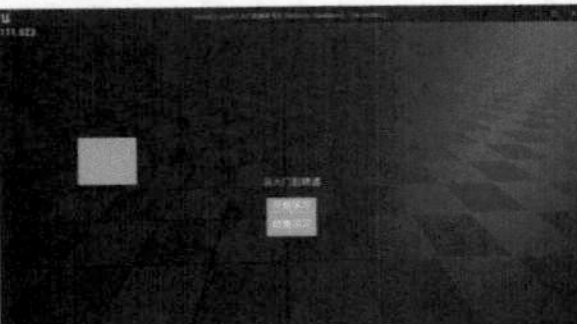
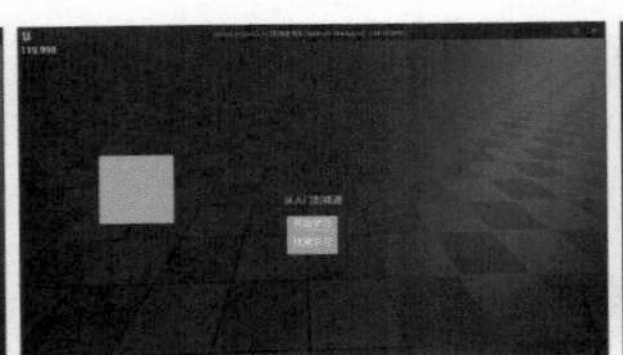

图9-68

9.3 控件蓝图的一些使用方法

本节会讲解控件蓝图的一些使用方法，包括如何将外部数据传入控件、如何移除控件、如何将控件作为组件添加到“Actor”类蓝图中等。

9.3.1 暴露UI变量

可以在创建控件时为控件添加一些来自外部的信息，如角色的引用等，这样就可以在控件中通过角色的引用得到角色中的变量、函数等来自“角色”类蓝图的内容。还可以为控件传入其他变量，让控件自由调用传入的值。

双击打开“UI_TestWidget”控件蓝图，单击右上角的“图表”按钮进入控件的“事件图表”面板，如图9-69所示。

图9-69

在“我的蓝图”面板中单击“变量”按钮添加一个新的变量并命名为“Test”，设置“变量类型”为“整数”，勾选“可编辑实例”与“生成时公开”选项，如图9-70所示。

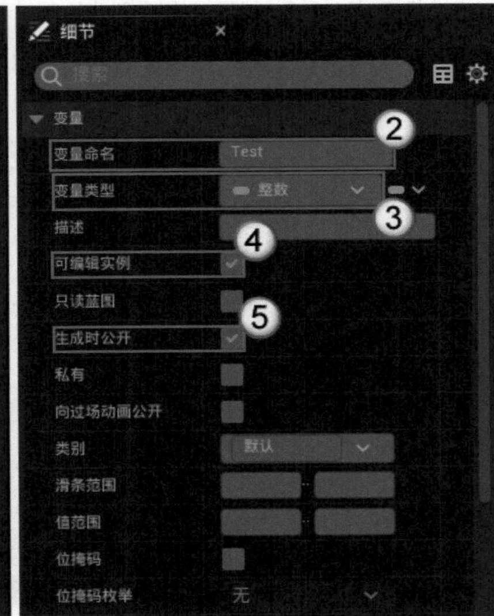

图9-70

问：在控件蓝图中勾选了变量的“可编辑实例”选项，为什么变量没有在使用“创建控件”节点时作为参数暴露出来？

答：可能存在3个原因。

第1个：在添加或修改变量后需要编译蓝图，让Unreal Engine 5识别到我们对蓝图的修改。

第2个：需要同时勾选“生成时公开”选项，勾选“生成时公开”选项的前提是勾选了“可编辑实例”选项，如图9-71所示。

第3个：对于已经设置好，但后续暴露了新的变量的“创建控件”节点，需要使用鼠标右键单击该节点并执行“刷新节点”菜单命令，如图9-72所示，以重新加载此节点。

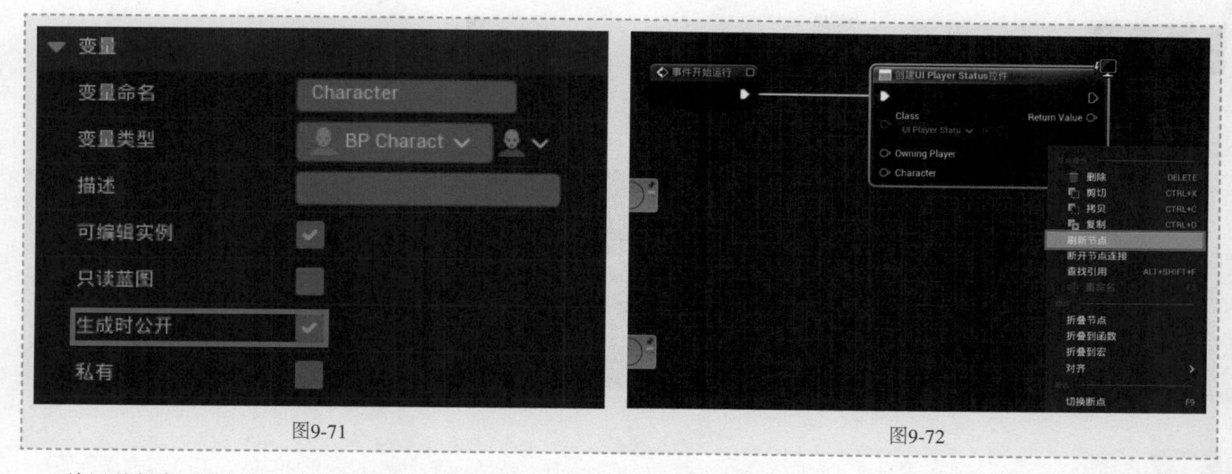

图9-71　　　　图9-72

编译并保存后关闭“UI_TestWidget”控件蓝图，打开“关卡蓝图”窗口，使用鼠标右键单击“创建Test Widget控件”节点，执行“刷新节点”菜单命令，如图9-73所示。

创建的“Test”整型变量已经可以在控件被创建时传入，如图9-74所示。在创建变量时设置“Test”参数，在创建好的控件中“Test”变量会被设置成相同的内容。

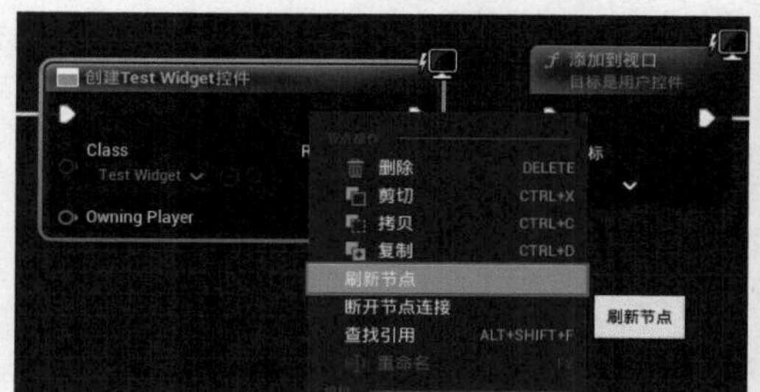

图9-73

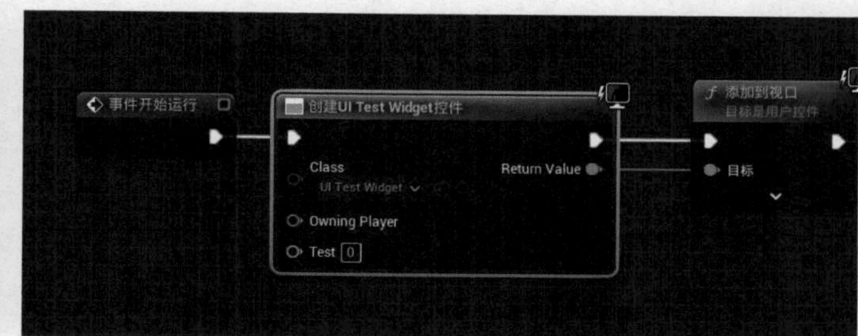

图9-74

重点

9.3.2 使用传入变量

双击打开“UI_TestWidget”控件蓝图并进入“事件图表”面板，连接“打印字符串”节点与“点击时（Button_1）”节点，将“Test”变量拖曳到图表中并与“In String”引脚连接，连接后系统会自动生成转换节点，如图9-75所示。

回到“关卡蓝图”窗口中，设置“创建UI Test Widget控件”节点的“Test”为12，如图9-76所示。

编译并保存后进入PIE运行模式，单击“开始学习”按钮 开始学习 后屏幕左上角会显示数字12，如图9-77所示。

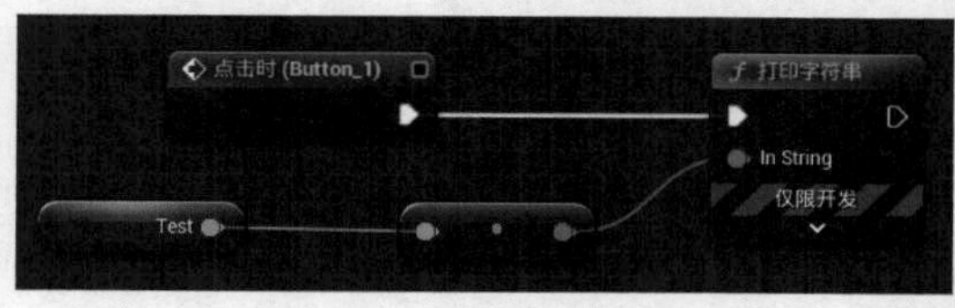

图9-75

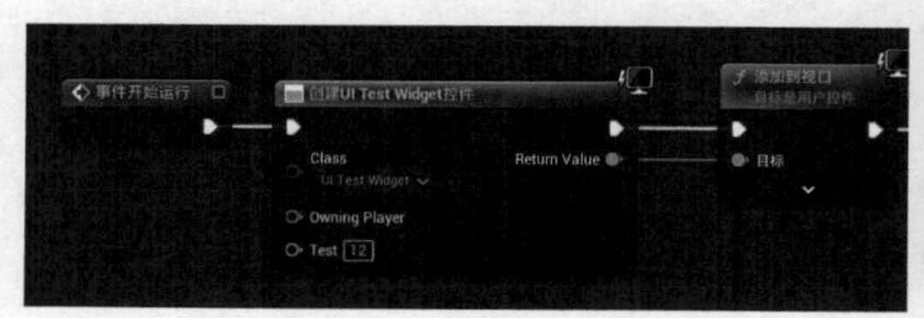

图9-76

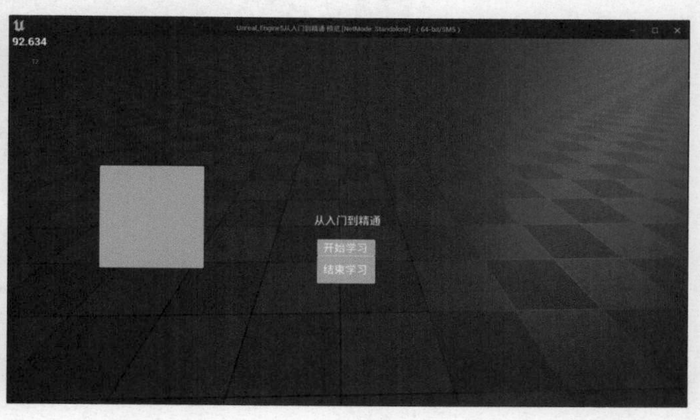

图9-77

9.3.3 移除控件

当想要从屏幕中移除控件时，可以使用“从父项中移除”节点。在游戏中的某些特殊情况下可能需要删除控件并使用新的控件，此时就可以使用该功能。

双击进入“UI_TestWidget”控件蓝图，添加一个“延迟”节点并设置“Duration”为5.0，再添加一个“从父项中移除”节点并将它们连接起来，如图9-78所示。

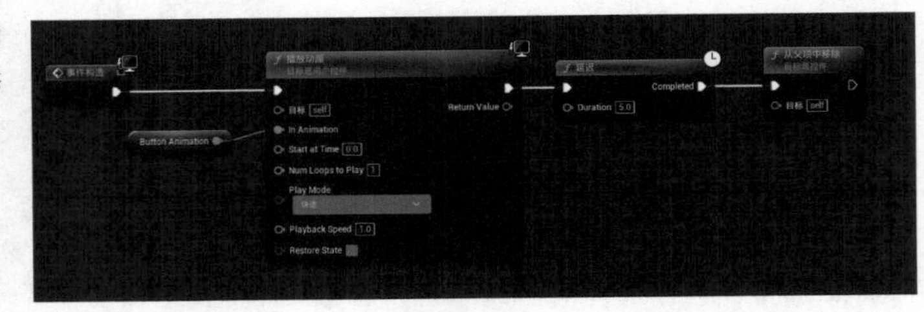

图9-78

提示 因为“从父项中移除”节点是写在控件蓝图中的，所以“目标”为默认的“self”即可。self指代的便是要删除的控件蓝图本身。

编译并保存后进入PIE运行模式，等待5秒后所有控件均被移除，如图9-79所示。

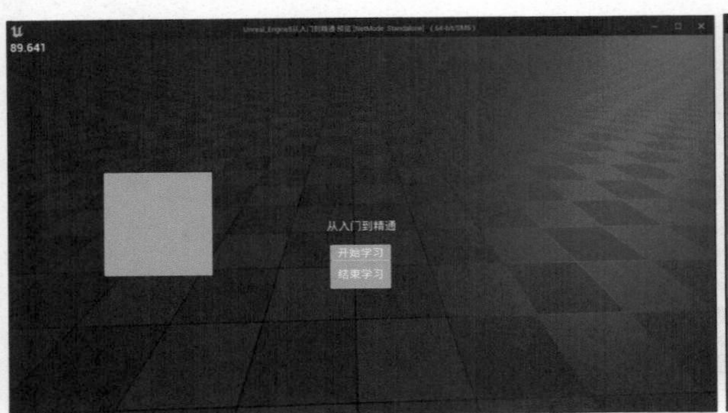

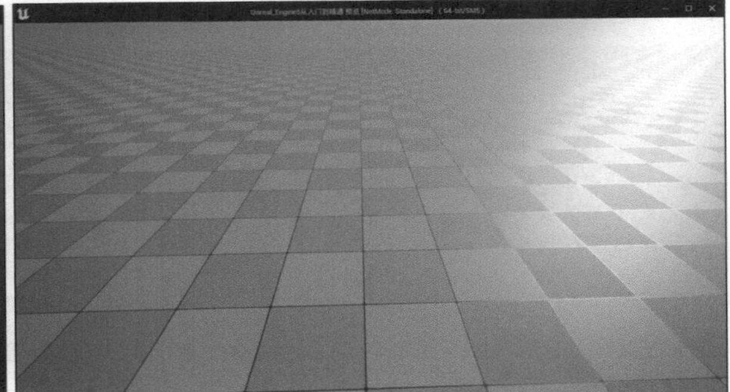

图9-79

技术专题：移除其他类型蓝图中的控件

要想在其他类型的蓝图中移除控件，就需要连接对应的目标，如图9-80所示。

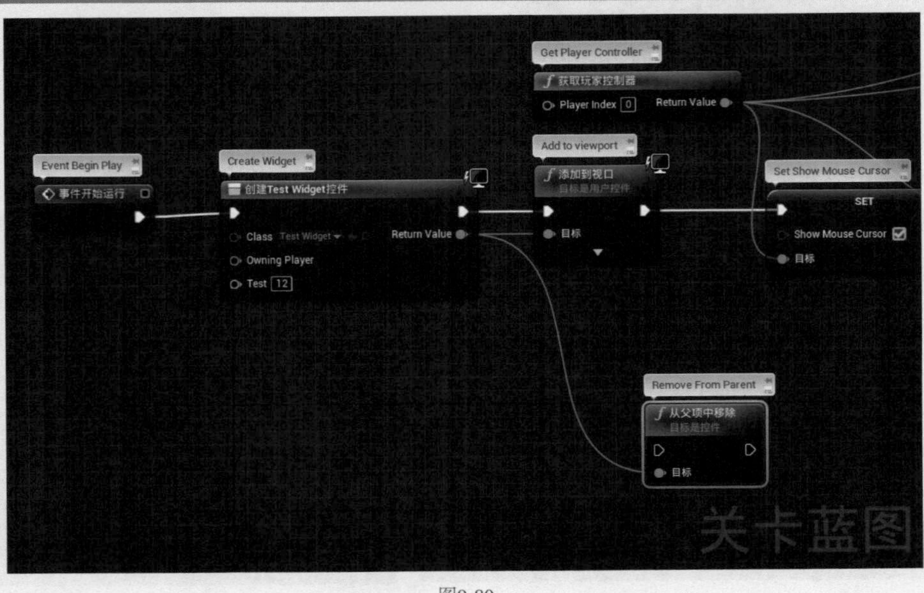

图9-80

9.3.4 将控件作为组件放入“Actor”类蓝图

游戏中的部分角色的头顶上方会显示血量，本小节将讲解如何在“Actor”类蓝图中创建可以显示的控件。

打开“关卡蓝图”窗口，按住Alt键并单击“时间开始运行”节点的输出引脚，使其与“创建Test Widget控件”节点断开连接，如图9-81所示，断开后编译并保存蓝图。

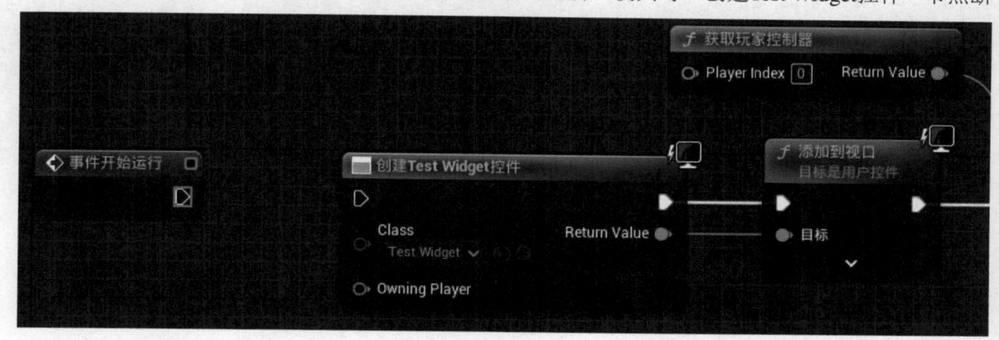

图9-81

在“内容浏览器”面板的空白处单击鼠标右键，新建一个“Actor”类蓝图并命名为“BP_ShowWidget”，如图9-82所示。

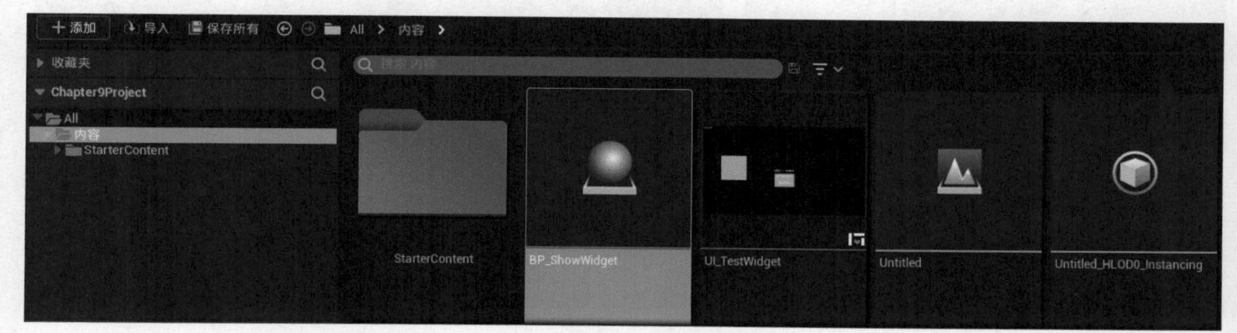

图9-82

双击打开“BP_ShowWidget”蓝图，在“组件”面板中单击“添加”按钮后添加一个“控件组件”，在“细节”面板中设置“控件类”为“UI_TestWidget”，如图9-83所示。

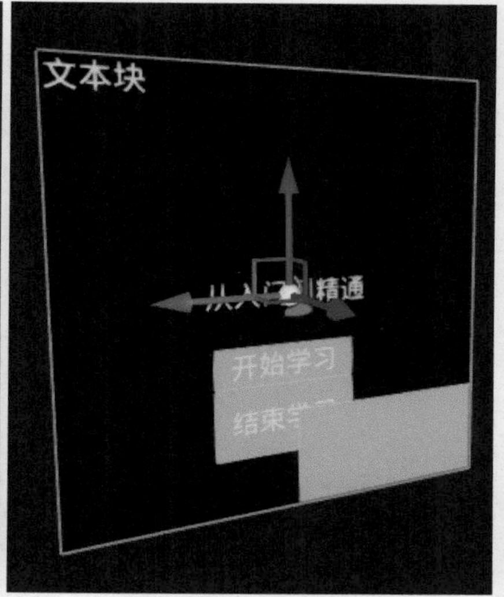

图9-83

设置“绘制大小”为1920与1080，调整控件的大小，如图9-84所示。编译并保存后关闭“蓝图编辑器”窗口，在“内容浏览器”面板中拖曳“BP_ShowWidget”蓝图到关卡中，此时能显示控件，如图9-85所示。

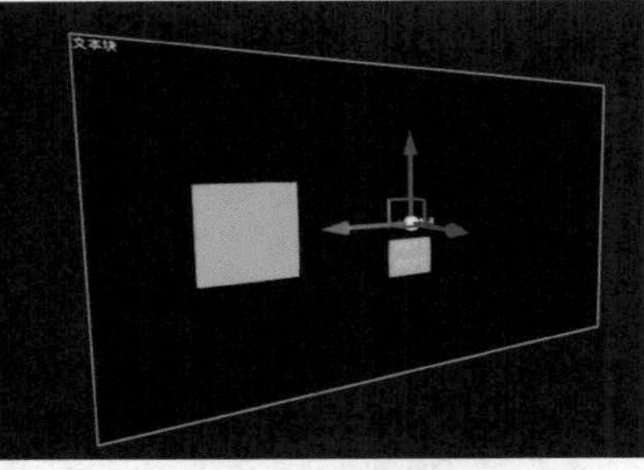

图9-84

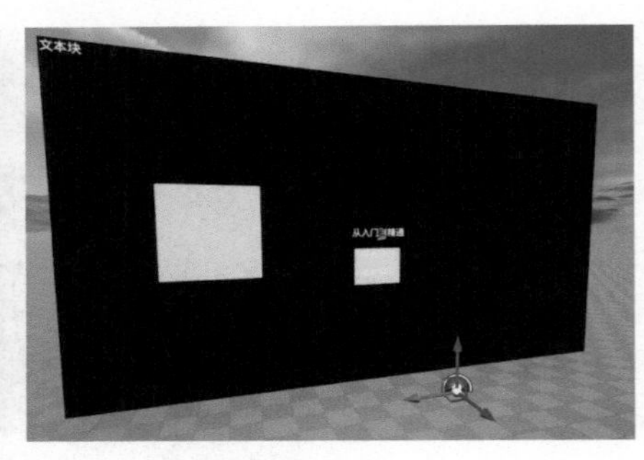

图9-85

回到“BP_ShowWidget”蓝图，选择“控件组件”，在“细节”面板下方的“用户界面”卷展栏中设置“空间”为“屏幕”，如图9-86所示。

编译并保存后进入PIE运行模式，控件蓝图会在“控件组件”处实时显示，如图9-87所示。

图9-86

图9-87

9.3.5 获得控件组件的引用

双击打开“BP_ShowWidget”蓝图，在“组件”面板中拖曳“Widget”组件到“事件图表”面板中，如图9-88所示。

图9-88

因为默认的“Widget”节点不是指定的控件类，而是控件组件，所以需要使用“获取用户控件对象”节点得到用户控件的对象引用。添加一个“获取用户控件对象”节点，用于获取控件组件中实例化的控件对象，如图9-89所示。

此时通过节点得到的内容不是创建的用户控件，需要使用“类型转换为UI_TestWidget”节点将用户控件转换到“UI_TestWidget”蓝图的用户控件的子控件上，从“As UI Test Widget”引脚输出的是对象的引用，还可以得到“UI_TestWidget”蓝图中的“Test”整型变量，将它们连接起来，如图9-90所示。

图9-89

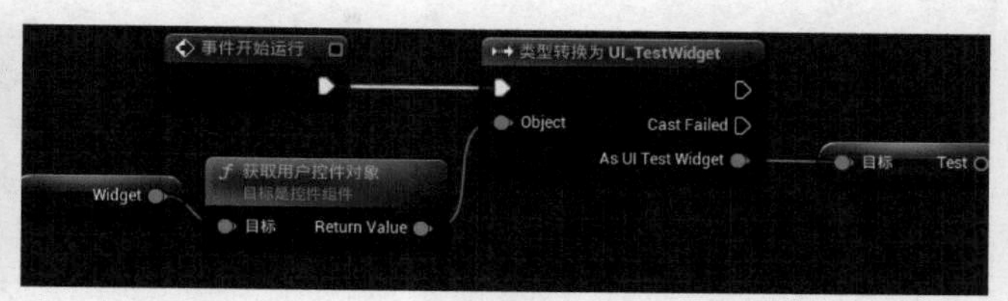

图9-90

案例训练：显示物品名称

实例文件 资源文件 > 实例文件 > CH09 > 案例训练：显示物品名称
素材文件 无
难易程度 ★★☆☆☆
学习目标 在物品的附近显示其名称

如果一款游戏中存在很多角色，就需要在角色附近显示出其名称，以便区分。要实现这一效果，可以使用“控件组件”功能。本案例将在一个Actor附近显示其名称，效果如图9-91所示。

图9-91

01 在“内容浏览器”面板中单击鼠标右键后新建一个“Actor”类蓝图并命名为“Item”，再新建一个“控件蓝图”并命名为“Name”，如图9-92所示。

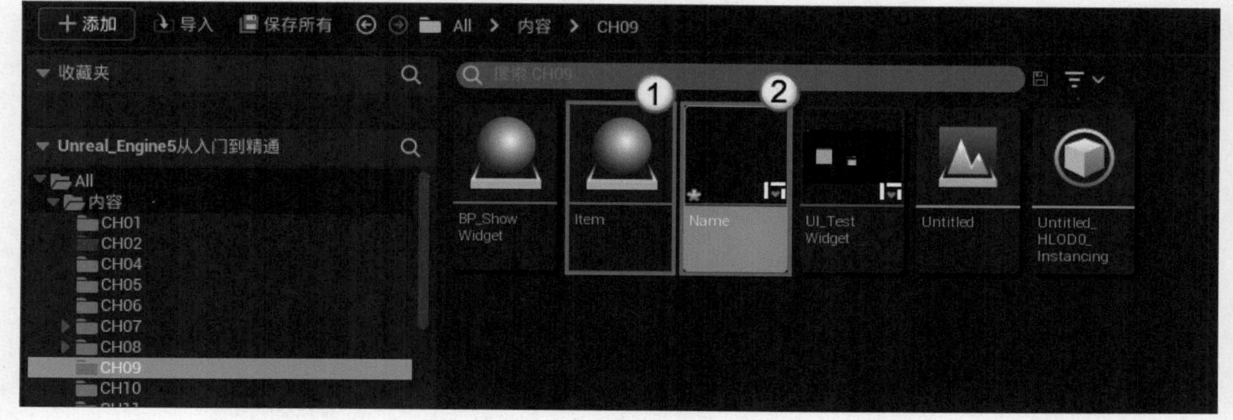

图9-92

02 双击打开“Name”控件蓝图，在视口的右上角可以设置控件的尺寸，设置“模式”为“自定义”,“宽度”为600,“高度”保持不变，如图9-93所示。

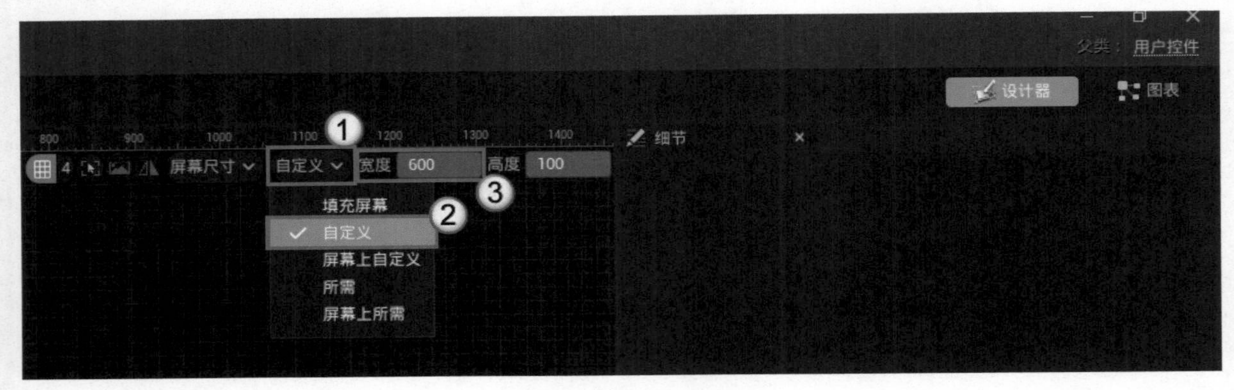

图9-93

03 在“控制板”面板中添加一个“文本”子控件，接着在“细节”面板中设置“外观>字体>尺寸”为60，如图9-94所示，效果如图9-95所示。

图9-94

图9-95

04 在“内容浏览器”面板中双击打开“Item”蓝图，在“组件”面板中添加一个“Widget”组件，在“细节”面板的“用户界面”卷展栏中设置“空间”为“屏幕”,“控件类”为“Name”，如图9-96所示。

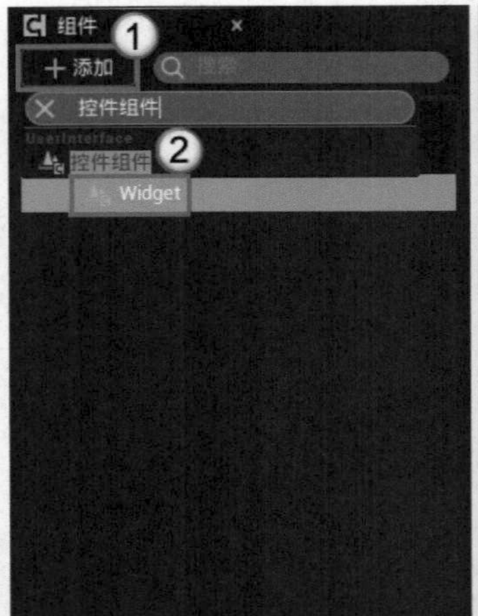

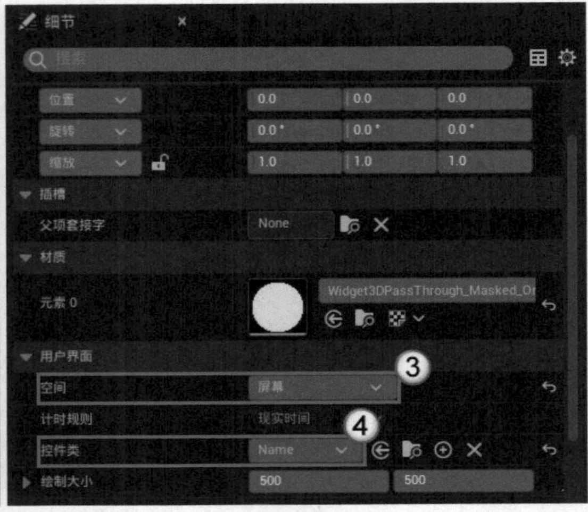

图9-96

05 在“我的蓝图”面板中单击“变量”按钮新建一个变量，设置“变量命名”为“Name”,“变量类型”为“命名”，勾选“可编辑实例”与“生成时公开”选项，如图9-97所示。

06 回到“Name”控件蓝图中，将“文本”子控件与一个函数绑定。在“细节”面板中打开“绑定”下拉列表，单击“创建绑定”按钮 创建绑定，如图9-98所示。

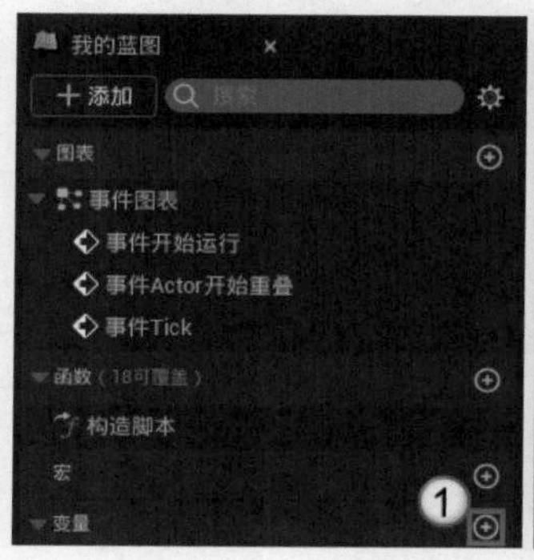

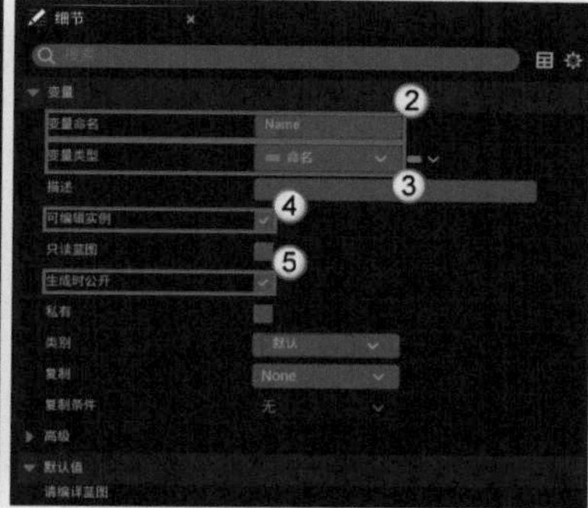

图9-97

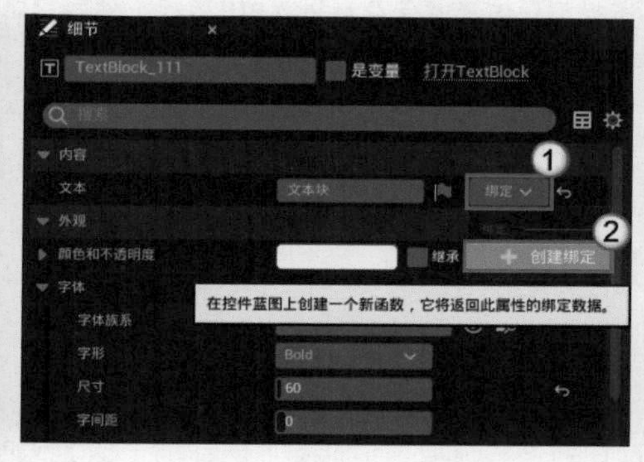

图9-98

07 此时打开了一个函数蓝图，此函数的返回值决定了文本的内容。使用鼠标右键单击“Return Value”引脚，执行“提升为变量”菜单命令，在“细节”面板中设置“变量命名”为“Name”，如图9-99所示。

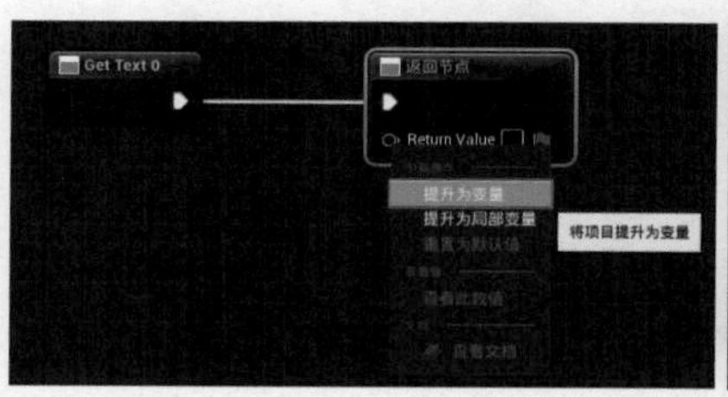

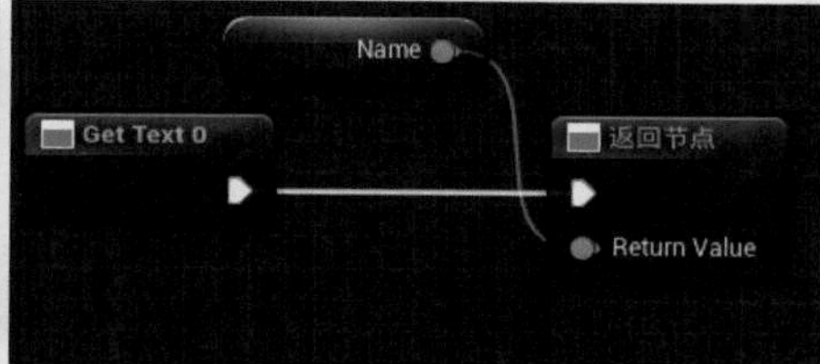

图9-99

08 回到“Item”蓝图，在“组件”面板中拖曳“Widget”组件到“事件图表”面板中并将其连接到“获取用户控件对象”节点，如图9-100所示。

09 添加一个“类型转换为Name”节点，拖曳“As Name”引脚到空白处后新建一个“SET”节点，如图9-101所示。

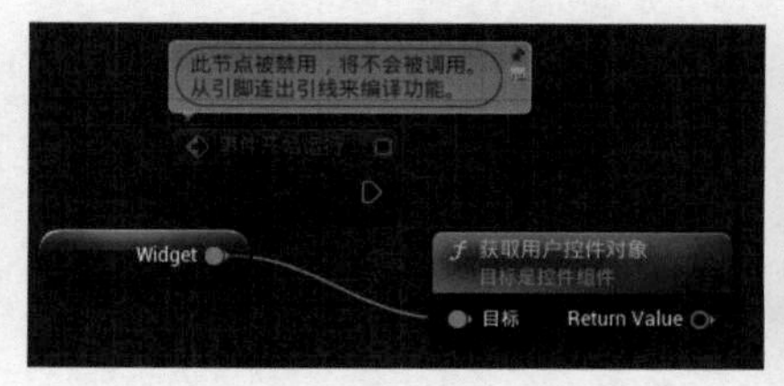

图9-100

图9-101

10 在“我的蓝图”面板中将“Name”组件拖曳到“事件图表”面板中，使用“转换为文本（名称）”节点设置“Name”（控件）中的“Name”（文本型变量）变量为“Name”（“Item”蓝图中的命名型变量），如图9-102所示。

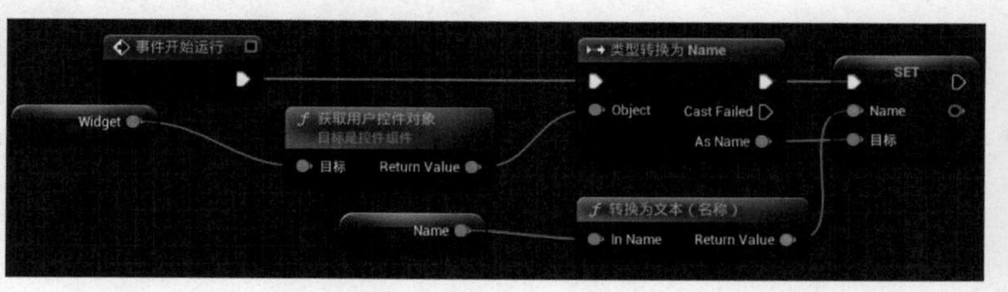

图9-102

11 拖曳“Item”蓝图到关卡中，在“细节”面板中设置“Name”为“物品”，如图9-103所示，添加一个静态网格体组件并为“Name”赋予一个椅子模型。编译并保存后进入PIE运行模式，最终效果如图9-104所示。

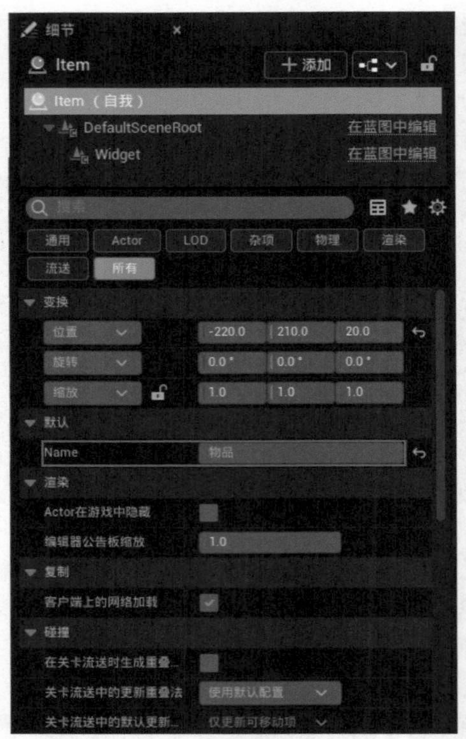

图9-103

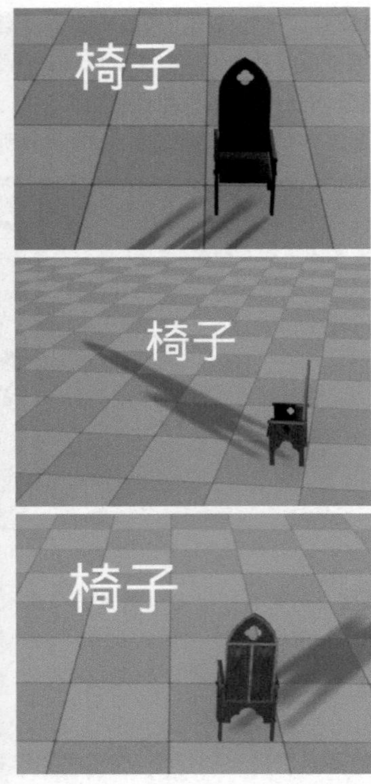

图9-104

9.4 主菜单

本节将讲解如何完整地创建一个游戏的主菜单并使其拥有开始游戏和退出游戏的功能。

9.4.1 基础设置

游戏中的主菜单一般包含开始游戏和退出游戏这两个基本功能。在“内容浏览器”面板中单击鼠标右键，创建一个控件蓝图并命名为“Menu”，如图9-105所示。

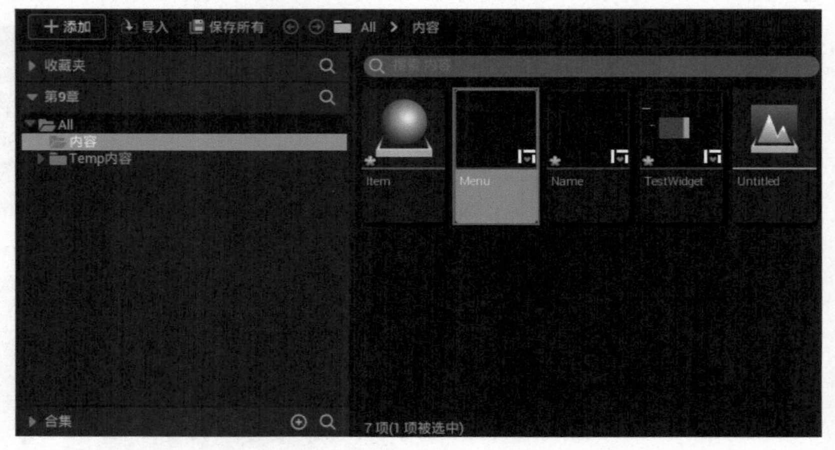

图9-105

双击打开“Menu”控件蓝图，在“控制板”面板中添加一个“画布面板”子控件，再添加一个“垂直框”子控件并将其拖曳到“画布面板”下，如图9-106所示。

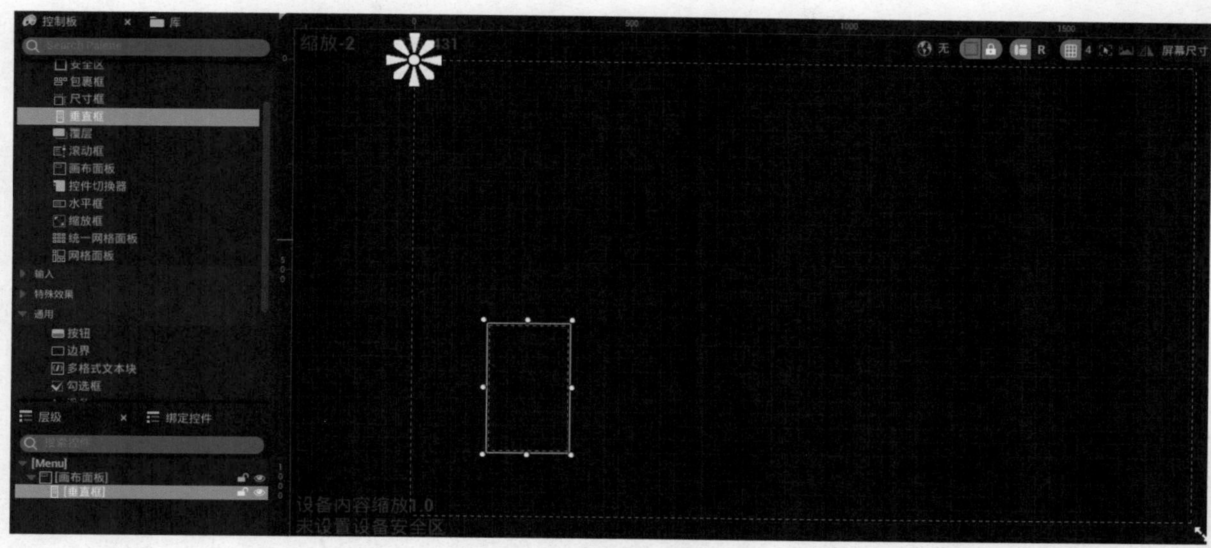

图9-106

在“控制板”面板中拖曳3个“按钮”子控件到“垂直框”子控件下，按钮会自动在垂直框中对齐，如图9-107所示。

分别拖曳3个“文本”子控件到“按钮”子控件下，分别设置“文本”为“开始游戏”“设置”“退出游戏”，如图9-108所示。

图9-107

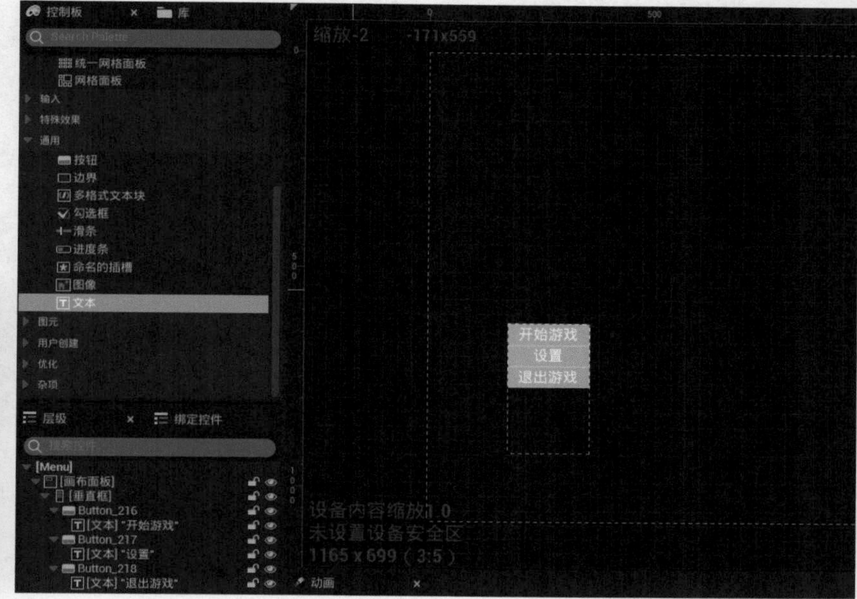

图9-108

9.4.2 开始游戏与退出游戏

如果要在游戏中实现单击一个按钮后开始游戏，单击另一个按钮后退出游戏的效果，则需要为这两个按钮分别添加一个“点击时”事件。分别选择两个按钮，在“细节”面板中单击“点击时”事件右侧的“添加”按钮 + ，如图9-109所示。

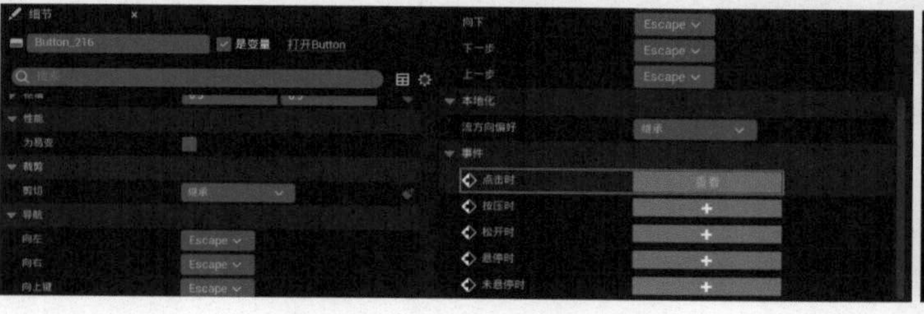

图9-109

在“内容浏览器”面板中找到当前关卡的名字，将其复制下来，如图9-110所示。

在单击“开始游戏”按钮时使用“打开关卡（按名称）”节点打开关卡，将复制的名称粘贴到“Level Name”引脚中，单击“退出游戏”按钮后执行“退出游戏”节点，如图9-111所示。

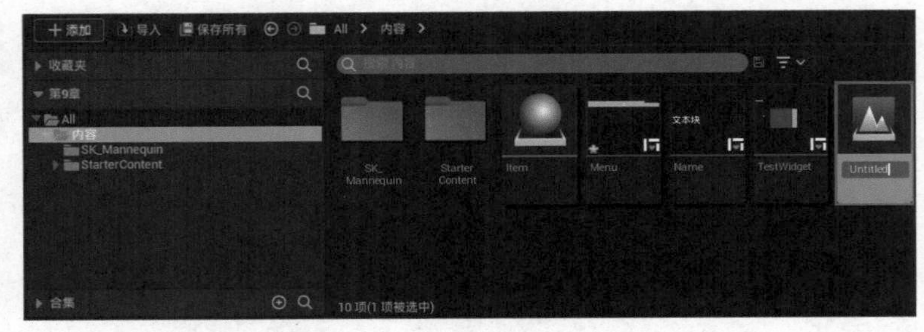

图9-110

在“内容浏览器”面板中单击鼠标右键，执行“关卡”菜单命令，新建一个空关卡并命名为“MenuLevel”，如图9-112所示。

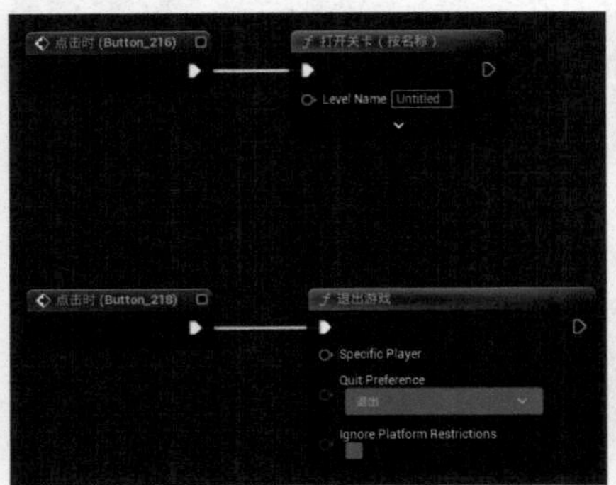

图9-111

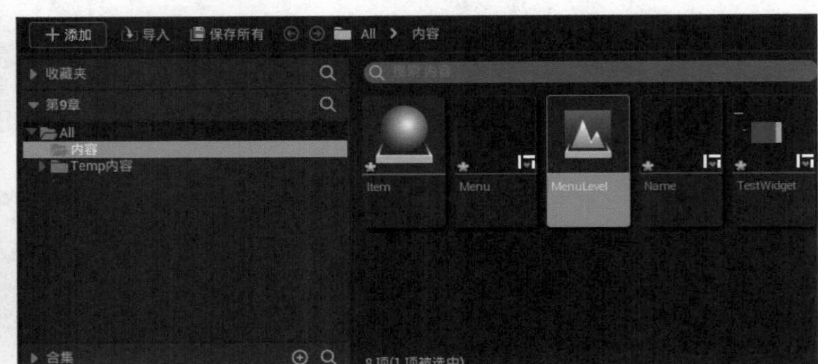

图9-112

双击打开“MenuLevel”关卡，在“事件开始运行”节点后依次连接“创建Menu控件”节点与“添加到视口”节点，在屏幕中添加刚才制作的主菜单控件蓝图。设置“Class”为“Menu”，如图9-113所示。

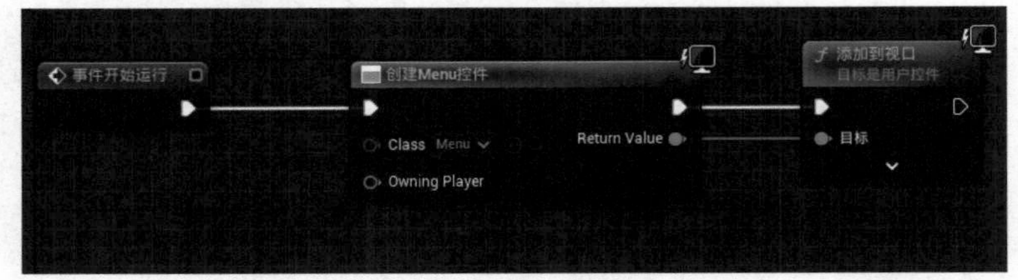

图9-113

添加一个“SET”节点与一个“设置仅输入模式UI”节点，将两者都连接到“获取玩家控制器”节点上，如图9-114所示。

编译并保存后进入PIE运行模式，可以看到游戏中出现了3个按钮，如图9-115所示。单击“开始游戏”按钮 开始游戏 则传送到关卡中，单击“退出游戏”按钮 退出游戏 则退出游戏。

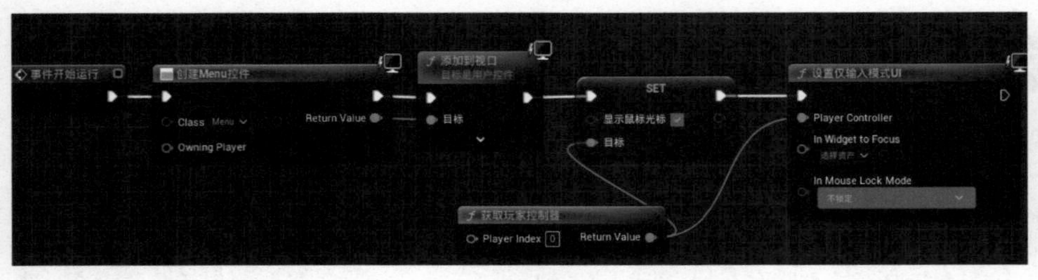

图9-114

图9-115

提示 如果被传送到新的关卡中后无法有效控制角色，可以在被传送到的关卡的“关卡蓝图”窗口中设置“设置Show Mouse Cursor”为“假”，并且调用“设置仅输入模式游戏”节点。

9.4.3 过渡动画

可以为屏幕上的3个按钮添加过渡动画，如从左侧移动过来后按顺序归位。双击打开“Menu”控件蓝图，新建一个动画并命名为“Start”，如图9-116所示。

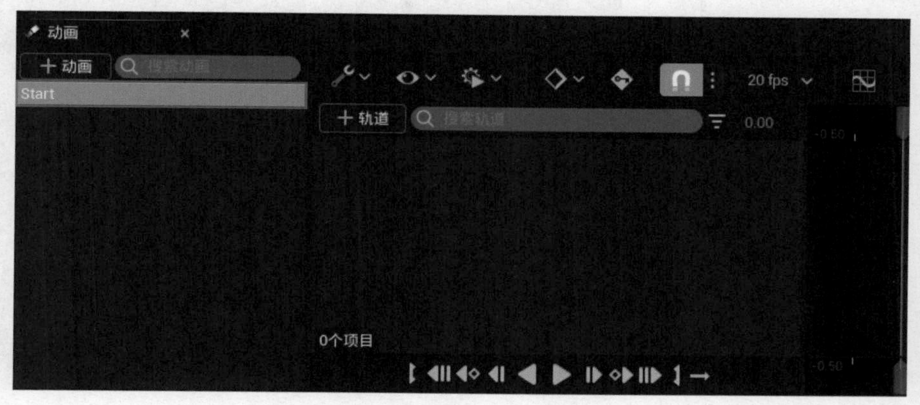

图9-116

选择第1个按钮，在“细节”面板中设置“渲染变换>变换>平移”卷展栏中的“X”为-400.0，单击右侧的“添加此属性的一个关键帧”按钮，如图9-117所示。

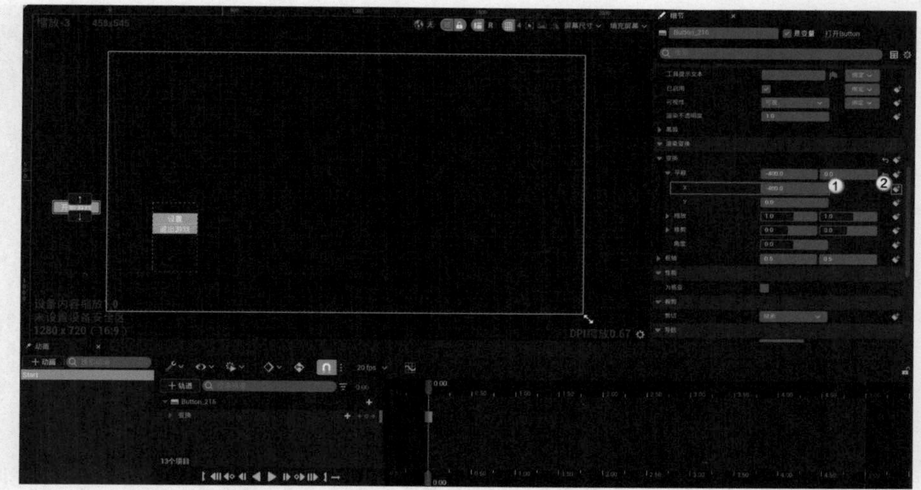

图9-117

拖曳时间线到0.25处，设置“X”为0.0后再次单击“添加此属性的一个关键帧”按钮，如图9-118所示。

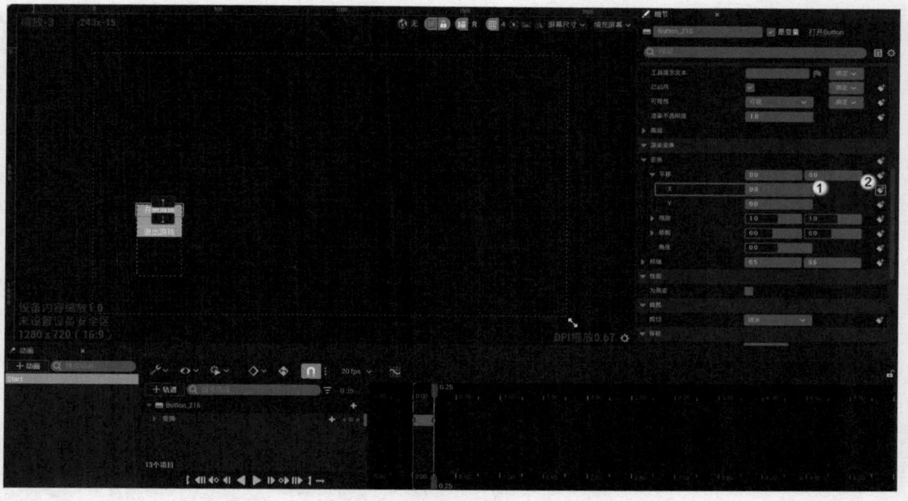

图9-118

选择第2个按钮，拖曳时间线到0.12处，设置“X”为-400.0并单击“添加此属性的一个关键帧”按钮，如图9-119所示。

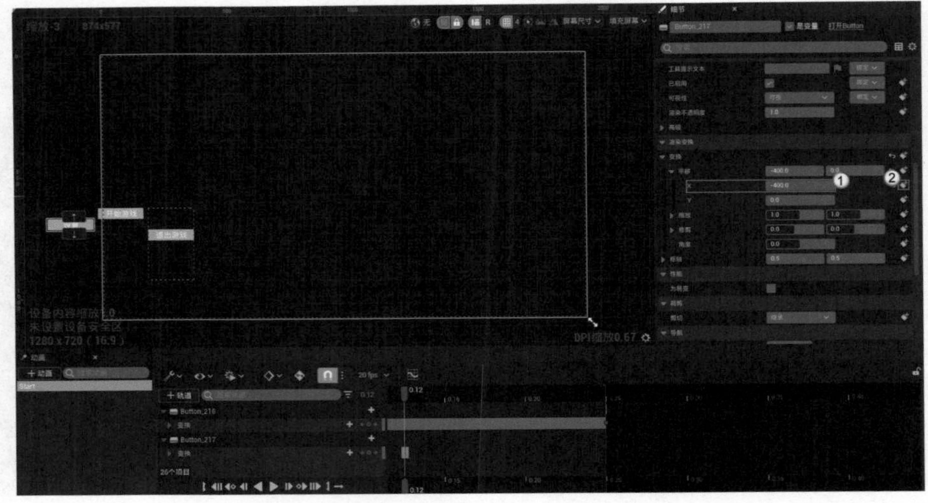

图9-119

拖曳时间线到0.38处，设置“X”为0.0后再次单击“添加此属性的一个关键帧”按钮，如图9-120所示。

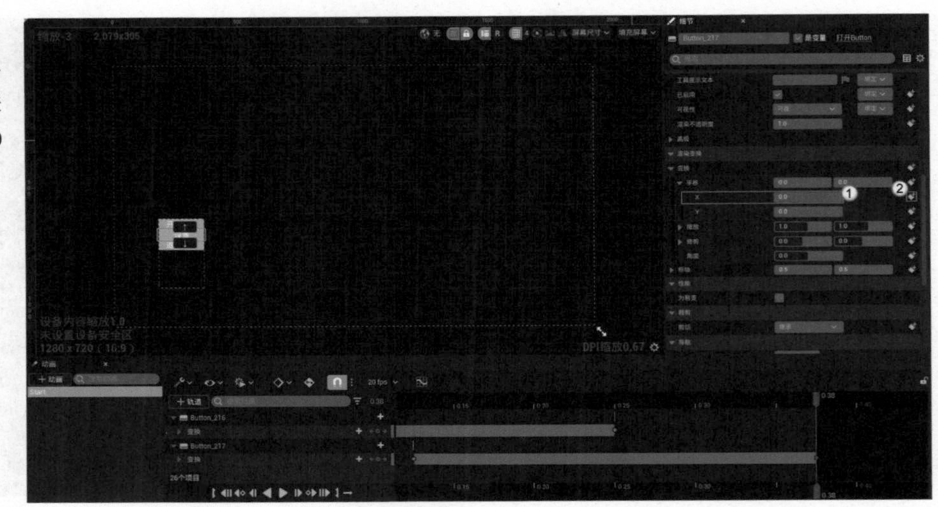

图9-120

选择第3个按钮，拖曳时间线到0.25处，设置“X”为-400.0后单击“添加此属性的一个关键帧”按钮，如图9-121所示。

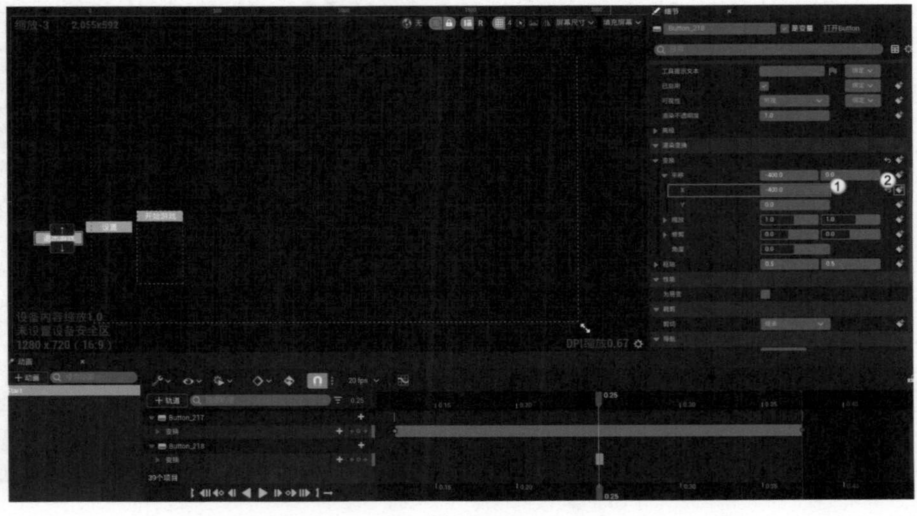

图9-121

拖曳时间线到0.50处，设置“X”为0.0后单击“添加此属性的一个关键帧”按钮，如图9-122所示。

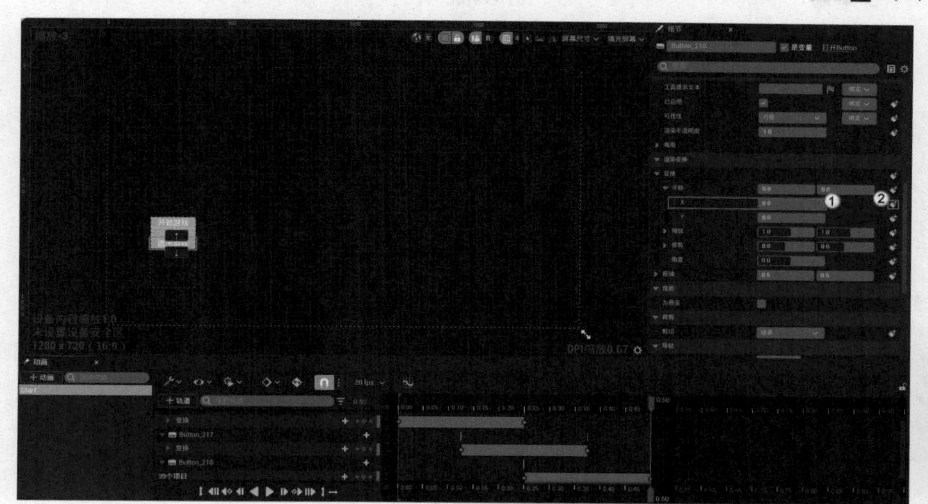

图9-122

创建好动画后单击“图表”按钮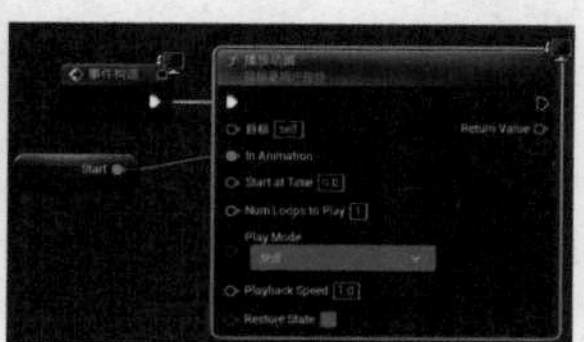进入“事件图表”面板，使用“播放动画”节点播放动画，如图9-123所示。

图9-123

编译并保存后进入PIE运行模式，进入游戏后按钮会按照设置的轨迹出现，如图9-124所示。

图9-124

9.4.4 图片与边框装饰

简单的装饰可以让UI变得更美观。打开本书的“素材文件>CH09”文件夹，拖曳“TestGame”文件到“内容浏览器”面板中，如图9-125所示。

图9-125

双击打开“Menu”控件蓝图，在“控制板”面板中将“图像”子控件拖曳到画板中，如图9-126所示。

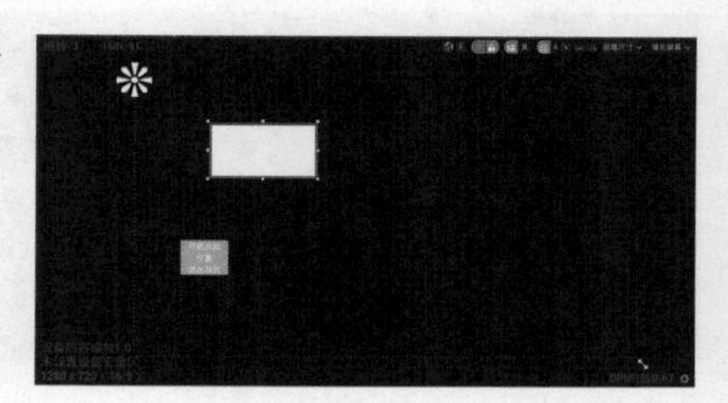

图9-126

在“细节”面板中设置“外观>笔刷”卷展栏中的“图像”为“TestGame”，也可以直接将“TestGame”文件拖曳到视口中，如图9-127所示。

将“图像”子控件调整到合适的大小与位置，编译并保存后进入PIE运行模式，如图9-128所示。

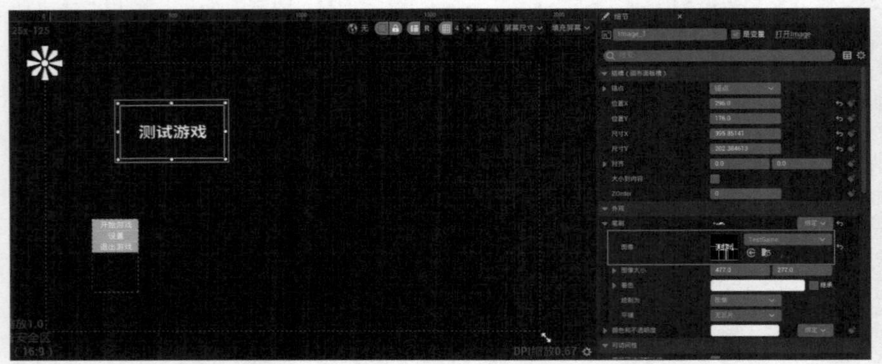

图9-127

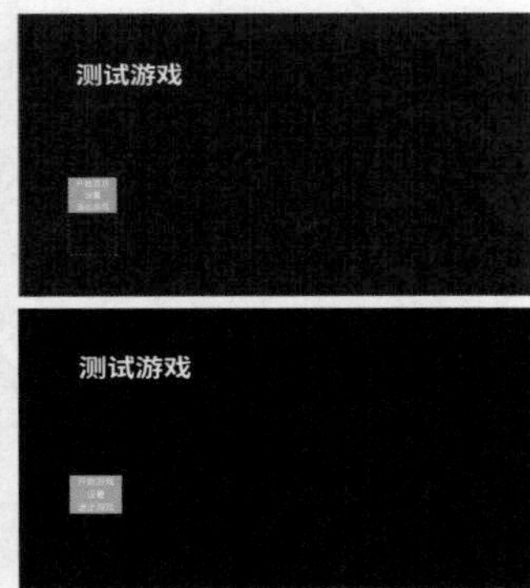

图9-128

综合训练：制作游戏暂停界面

实例文件 资源文件>实例文件>CH09>综合训练：制作游戏暂停界面

素材文件 无

难易程度 ★★☆☆☆

学习目标 学会制作能用按键控制的暂停界面

大部分游戏在运行过程中都可以通过按键暂停在当前位置，并且可以在该界面中选择结束游戏或继续游戏。本案例将制作一个简易的暂停界面，如图9-129所示。

图9-129

01 在“内容浏览器”面板中单击鼠标右键，执行“用户界面>控件蓝图”菜单命令，新建一个控件蓝图并命名为“Pause”，如图9-130所示。

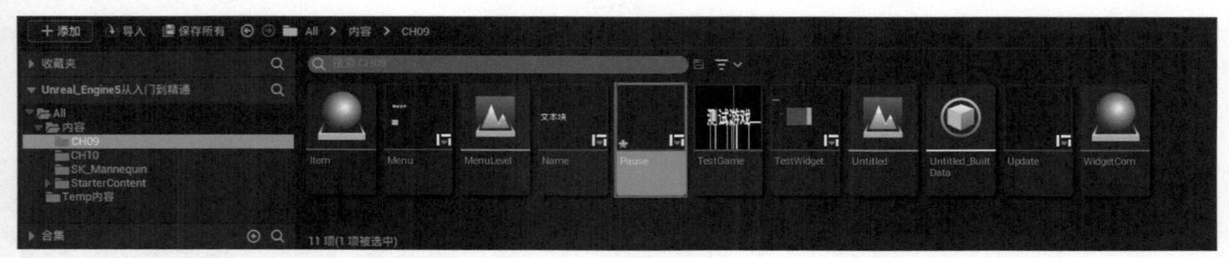

图9-130

02 双击打开“Pause”控件蓝图，首先新建一个“画布面板”子控件，然后新建一个“垂直框”子控件，如图9-131所示。

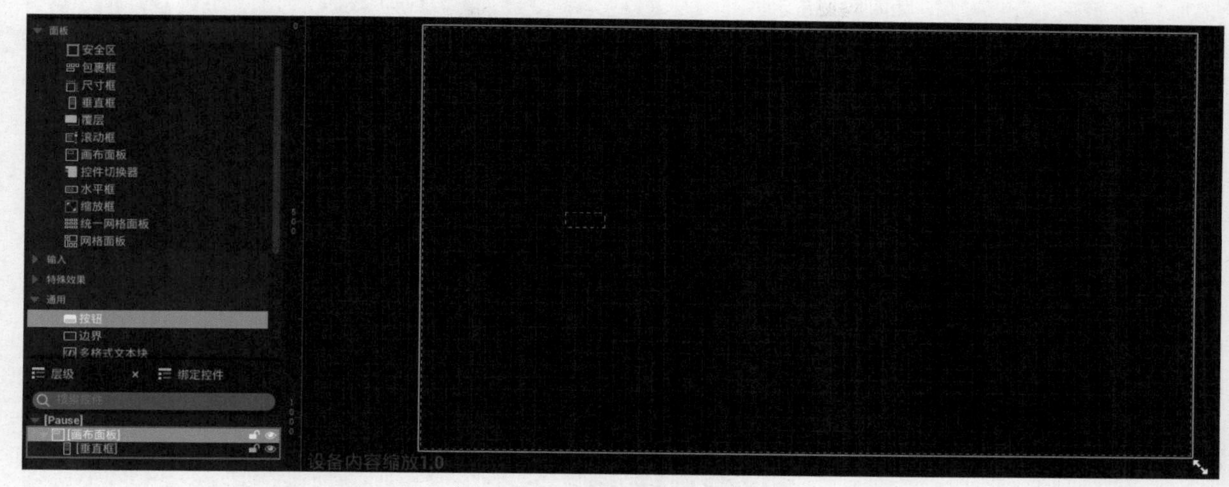

图9-131

03 添加两个“按钮”子控件到“垂直框”子控件下，再添加两个“文本”子控件到“按钮”子控件下，具体设置如图9-132所示。

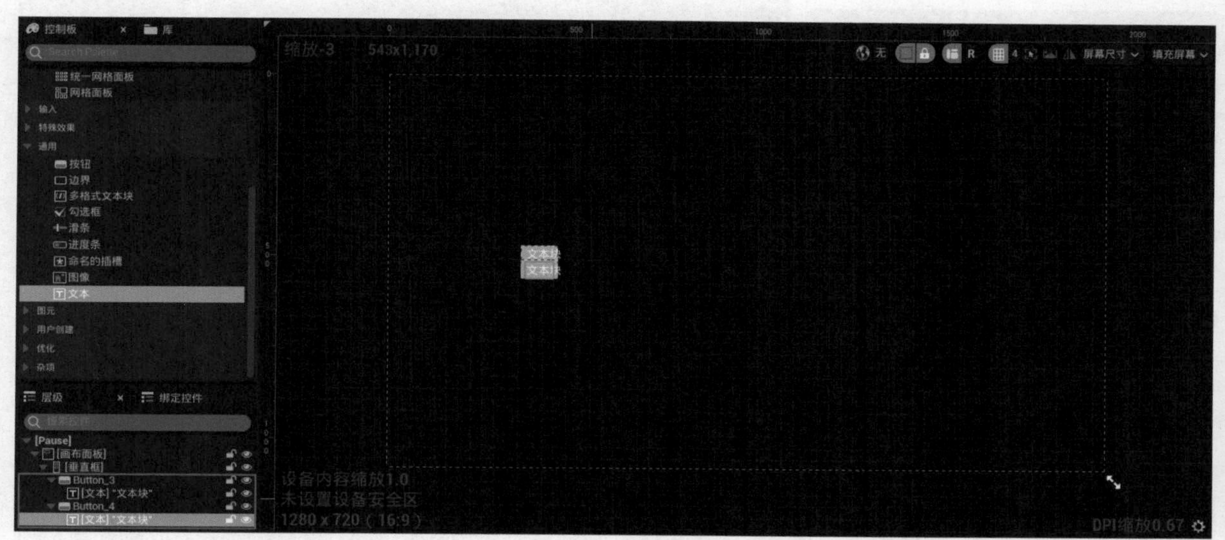

图9-132

04 分别在两个“文本”子控件的“细节”面板中设置“文本”为“继续游戏”与“结束游戏”，如图9-133所示。接着调整“垂直框”子控件的大小与位置，将其放置到“画布面板”子控件的左上角，如图9-134所示。

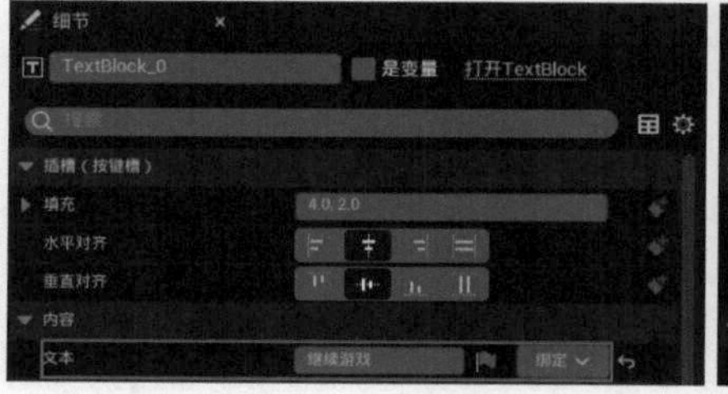

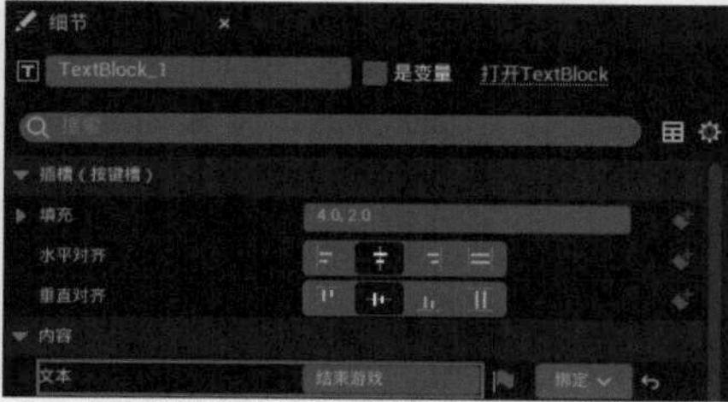

图9-133

图9-134

05 单击"图表"按钮 进入"事件图表"面板，分别选择两个Button变量后单击"点击时"事件右侧的"添加"按钮，如图9-135所示。

06 使用"设置游戏已暂停"节点暂停游戏，勾选"Paused"选项时暂停游戏，取消勾选时继续游戏，如图9-136所示。

07 使用"获取玩家控制器""设置仅输入模式游戏""SET"节点关闭鼠标指针的显示与恢复对游戏的控制，使用"从父项中移除"节点在继续游戏时删除暂停控件，如图9-137所示。

图9-135

图9-136

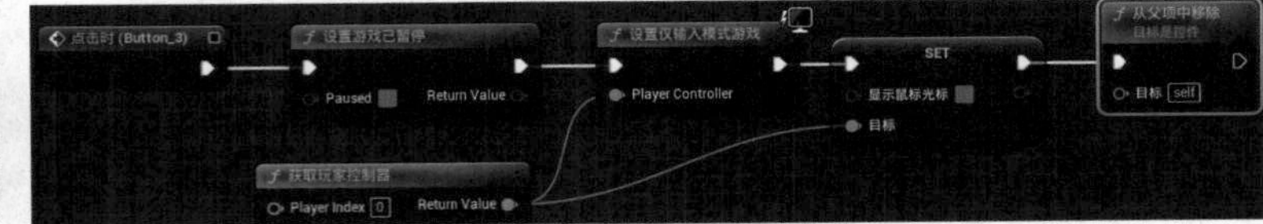

图9-137

08 使用"退出游戏"节点退出游戏，如图9-138所示。这样一个完整的蓝图就构建完成了，如图9-139所示。

图9-138

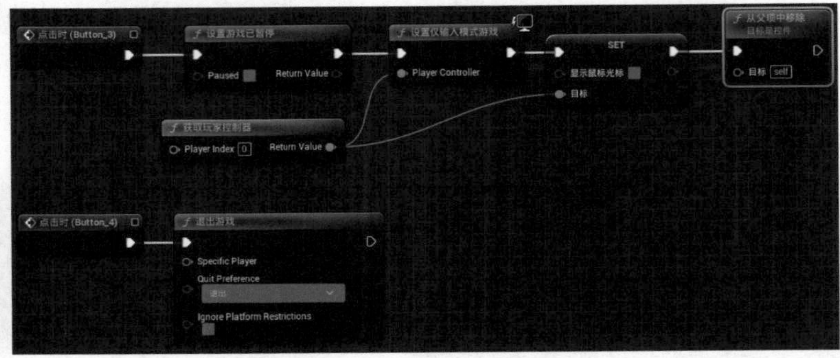

图9-139

09 进入第7章创建的"BP_Player"蓝图，添加"P"节点后连接"创建UI Pause控件"节点，将"Class"设置为"UI Pause"，连接"创建UI Pause控件"节点和"添加到视口"节点，如图9-140所示。

10 新建一个"SET"节点与一个"设置仅输入模式UI"节点并连接到"添加到视口"节点，勾选"显示鼠标光标"选项并将两个节点均连接到"获取玩家控制器"节点上，如图9-141所示。编译并保存后进入PIE运行模式，按P键后会出现暂停界面，如图9-142所示。

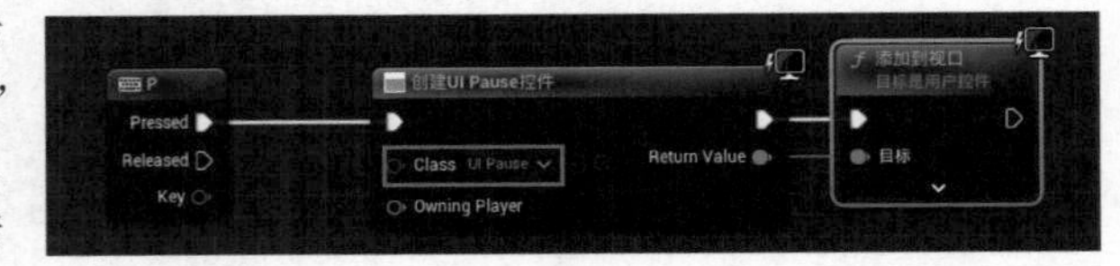

图9-140

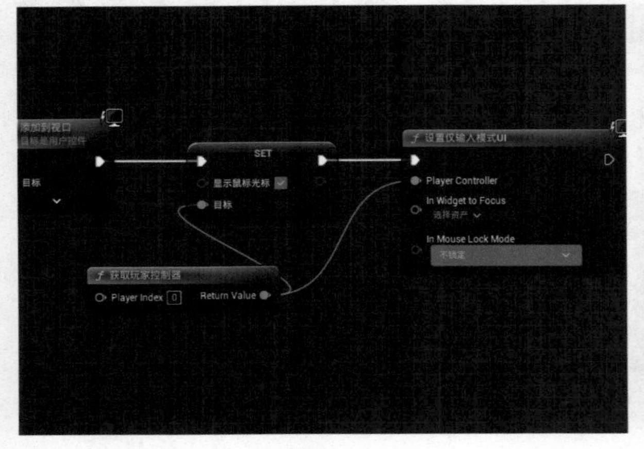

图9-141

图9-142

第10章 粒子特效

■ 学习目的

粒子特效是游戏的一个重要组成部分，粒子特效可以使游戏变得更精致、有趣，也经常被用来直观地表现效果。常用的特效有角色的技能特效、挥剑时的剑气特效、场景中燃烧着的火焰特效、角色身上的Buff特效等。

■ 主要内容

- 创建Niagara粒子特效
- 使用蓝图控制Niagara粒子特效
- 制作游戏小特效

10.1 Niagara粒子特效

本节将创建一个粒子发射器，并介绍如何使用粒子发射器制作简单的粒子特效，如下雪、烟雾特效等。

10.1.1 粒子发射器

如果想创建一个可以拖曳到关卡中的粒子特效，就需要使用粒子发射器，也就是Niagara发射器。可以把Niagara发射器理解为一个模块，一个Niagara系统中可以有很多个模块，也就是可以有很多个发射器。

在“内容浏览器”面板的空白处单击鼠标右键，执行“FX>Niagara发射器”菜单命令，如图10-1所示。

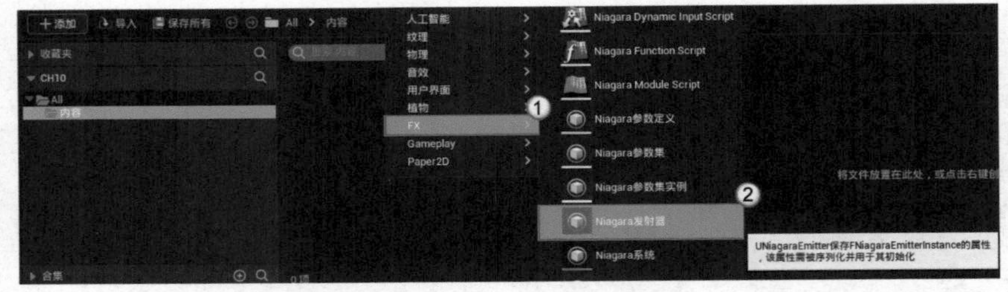

图10-1

可以通过对单一发射器进行修改与对多个发射器进行合并，制作出无数种不同的效果。在“为发射器选择一个起始点”对话框中选择“新建发射器”选项，单击“下一步”按钮 下一步> ，如图10-2所示。

模板中有各种各样的预设粒子，如飘浮粒子、喷射粒子和射线等，这些是比较基础的特效。可以选择便于修改的基本粒子“Simple Sprite Burst”，单击“完成”按钮 完成 ，再将其重命名为“Sprite”，最后单击“保存所有”按钮 保存所有 ，如图10-3所示。

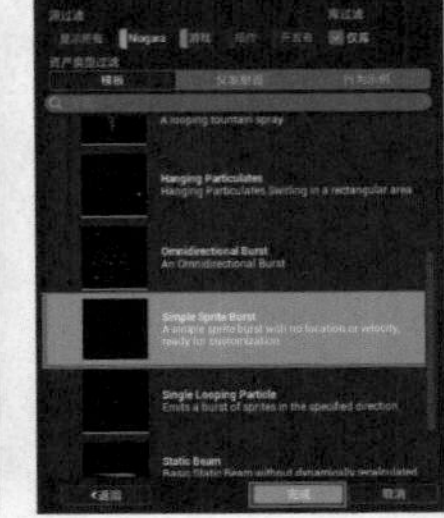

图10-2

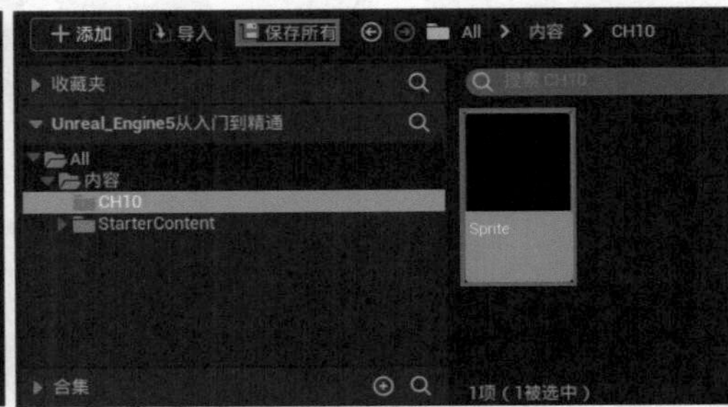

图10-3

重点

10.1.2 粒子生成速度

双击“Sprite”发射器进入“粒子编辑器”窗口，如图10-4所示。

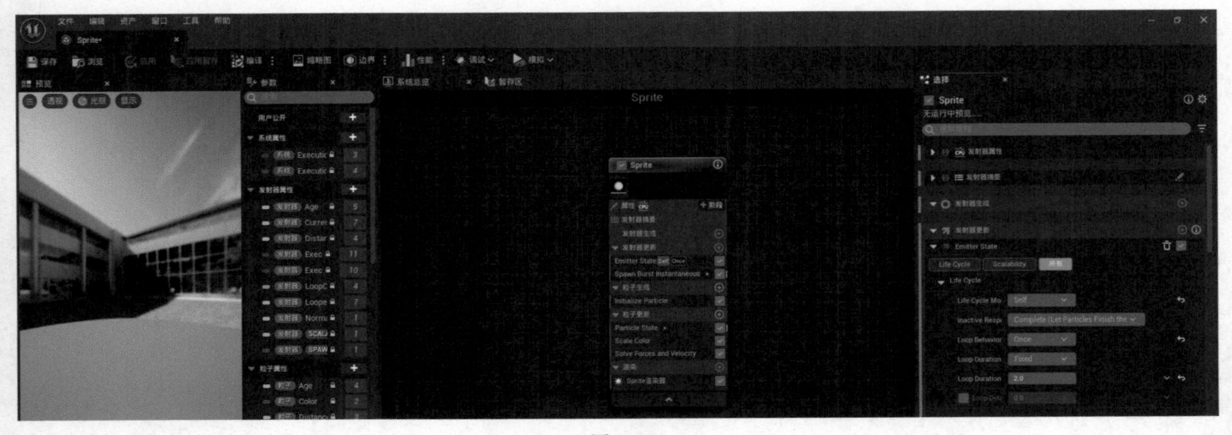

图10-4

在右侧的“选择”面板中可以看到粒子默认显示为“无运行中预览”，目前的粒子生成由“Spawn Burst Instantaneous”模块负责，“Spawn Count”代表粒子的生成数量，“Spawn Time”代表粒子的生成时间，如图10-5所示。

设置“Spawn Count”为10，在左侧的“预览”面板中观看效果，粒子数量为10时没有产生明显的效果变化，这是因为所有粒子的生成位置一致，如图10-6所示。

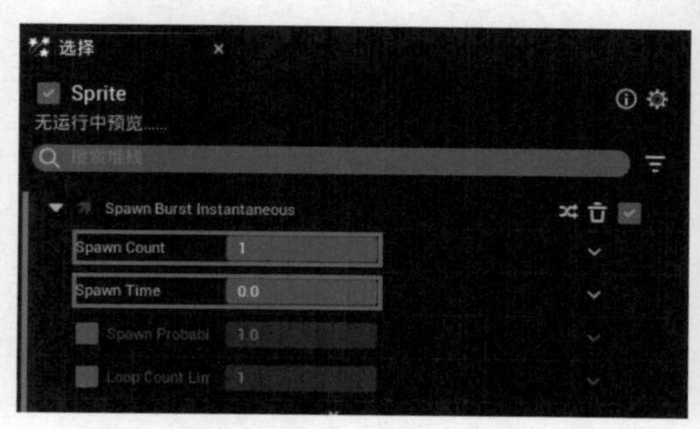

图10-5

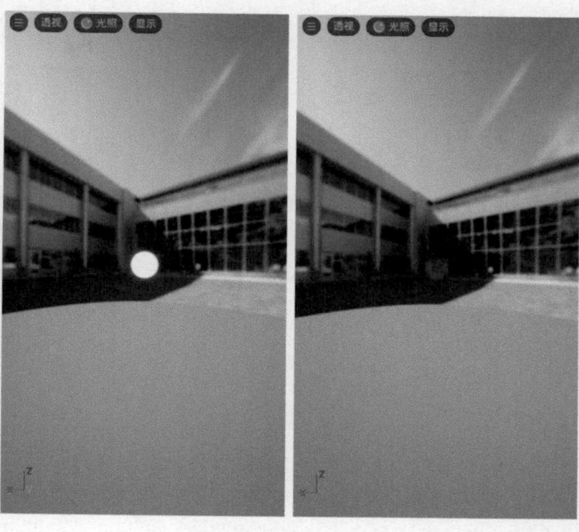

图10-6

如果要使用不同的粒子创建模块，可以单击“删除此模块”按钮删除“Spawn Burst Instantaneous”模块，如图10-7所示。

找到“发射器更新”卷展栏，单击“将一个新模块添加到此组”按钮，在“新增模块”面板中搜索“Spawn Rate”（生成速率）模块并创建，如图10-8所示。

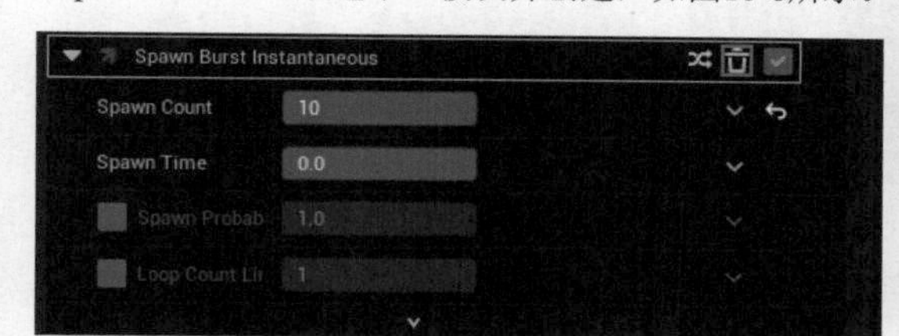

图10-7

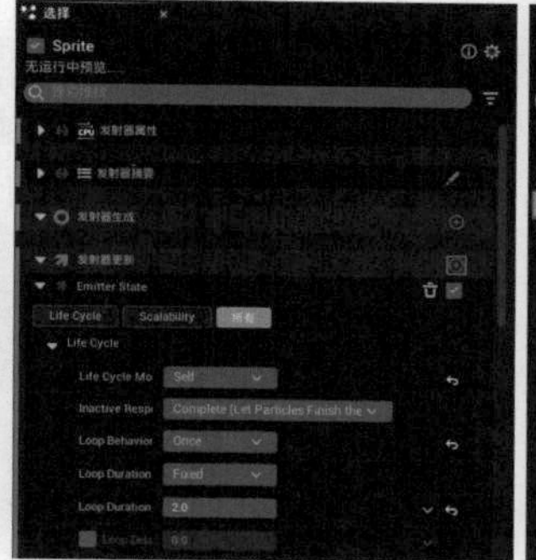

图10-8

在“选择”面板中设置“SpawnRate”为100.0，在“预览”面板中可以看到粒子开始持续生成，如图10-9所示。

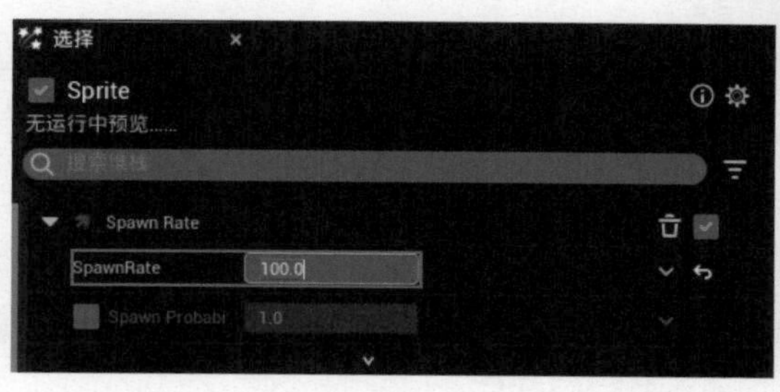

图10-9

10.1.3 粒子寿命

按速率生成的粒子的数量会在达到一个峰值后开始下降，这是因为当前粒子不是无限循环粒子，如图10-10所示。

图10-10

打开“Emitter State”卷展栏，设置“Loop Duration”为需要持续的时长，以增加粒子持续生成的时间，如图10-11所示。

也可以设置“Loop Duration Mode”为“Infinite”，如图10-12所示，这样粒子便会持续生成，不受时间影响。

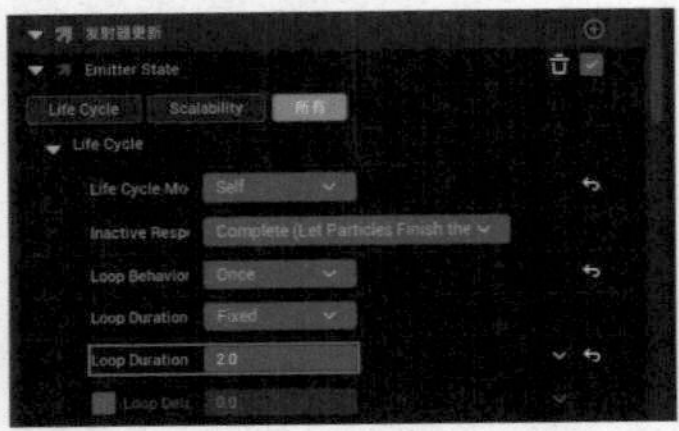

图10-11

图10-12

提示 粒子在“粒子编辑器”窗口中可能仍存在时长限制，将粒子添加到系统后再放入关卡中便没有了时长限制。

因为目前在持续生成粒子，死亡一个粒子便会重生一个，所以粒子数保持在200个左右（当“SpawnRate”为100.0，单个粒子的“Lifetime”为2.0时）。延长单个粒子的寿命后，粒子活得更久，存在于屏幕中的粒子也会更多。在“Initialize Particle”模块中设置“Lifetime”为5.0，如图10-13所示。

当单个粒子的寿命达到5.0时，粒子死亡的时间会延后，屏幕中的粒子会增多，如图10-14所示。

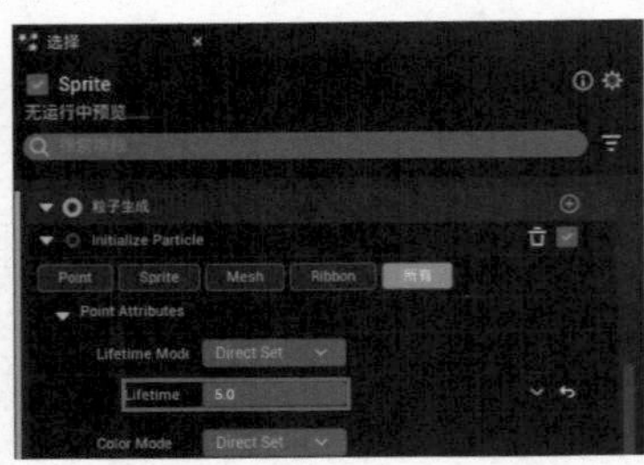

图10-13

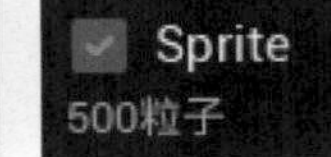

图10-14

重点

10.1.4 新增模块

Niagara发射器中的模块有很多，本小节将通过实例讲解部分常用模块的使用方法。

1.Gravity Force

重力需要在“粒子更新”卷展栏中添加，因为重力是一个持续不变的力，如果想在粒子生成时添加重力，就需要另外的前置模块的支持。单击“粒子更新”右侧的“将一个新模块添加到此组”按钮，在“新增模块”面板中选择“Gravity Force”模块，如图10-15所示。

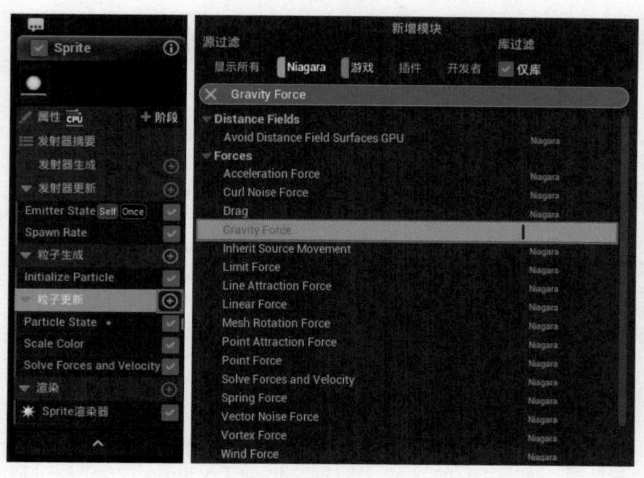

图10-15

技术专题：模块顺序出现问题

如果在添加模块后出现问题，可以直接单击“修复问题”按钮 修复问题 ，如图10-16所示，系统会自动将模块调整到合适的位置。

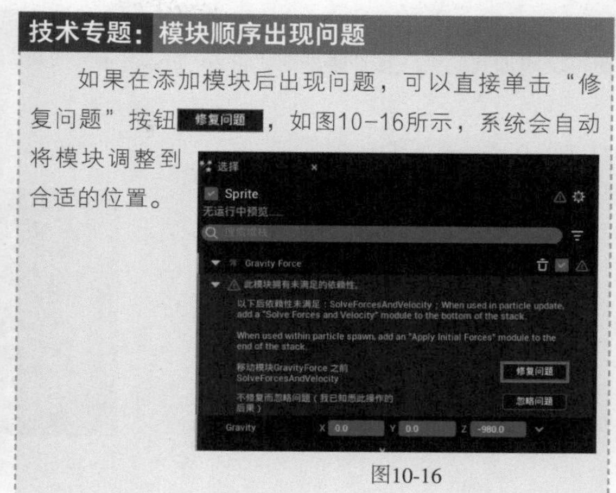

图10-16

可以看到粒子生成后因受到重力的影响而向下坠落，如图10-17所示。

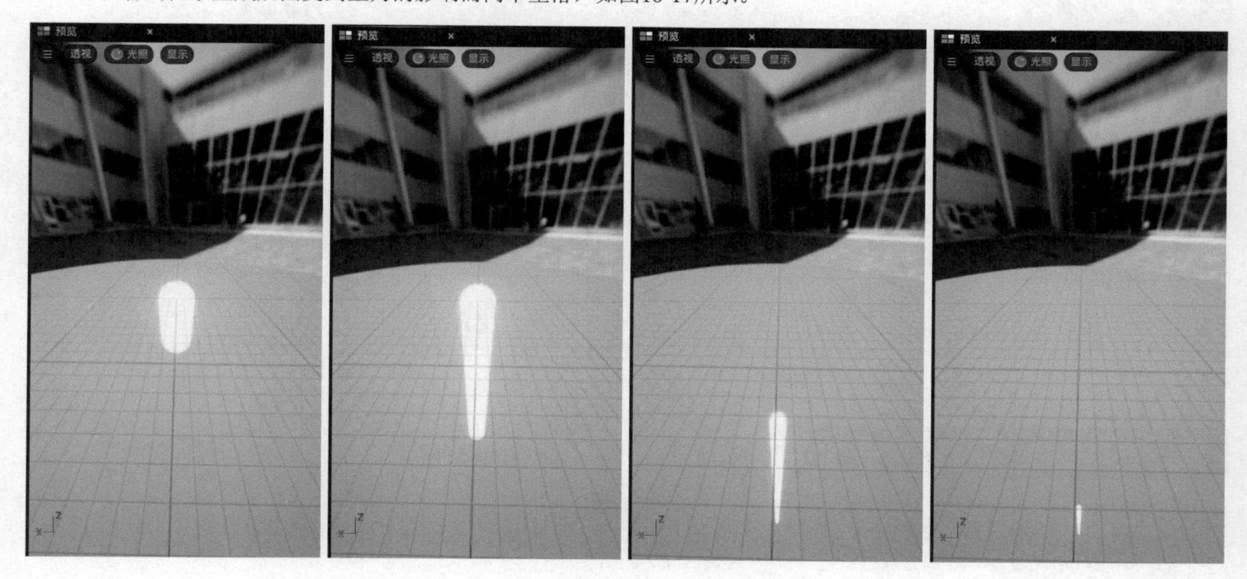

图10-17

选择“Gravity Force”模块，在右侧的“选择”面板中通过设置“X”“Y”“Z”的值来控制重力的方向与大小，如图10-18所示。

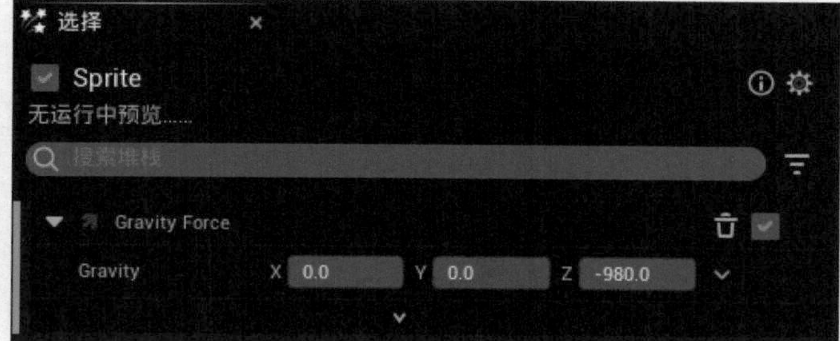

图10-18

2.Shape Location

如果想控制粒子的生成位置，可以使用“Shape Location”模块，此模块最好添加在“粒子生成”卷展栏中，如果添加到“粒子更新”卷展栏中，则粒子会在每帧都进行随机运动。单击“粒子生成”右侧的“将一个新模块添加到此组”按钮添加“Shape Location”模块，如图10-19所示。

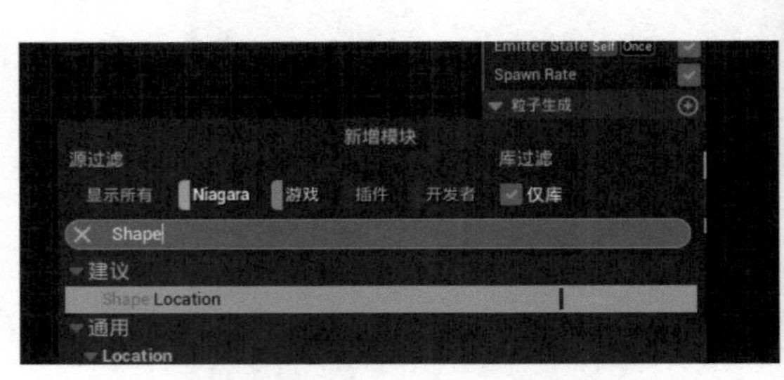

图10-19

可以看到粒子在一个球体范围中生成，接着受重力影响坠落，如图10-20所示。选择“Shape Location”模块后可以在“选择”面板中的“Shape Primitive”下拉列表中设置生成范围的形状，如图10-21所示，并且不同的形状具有不同的属性。

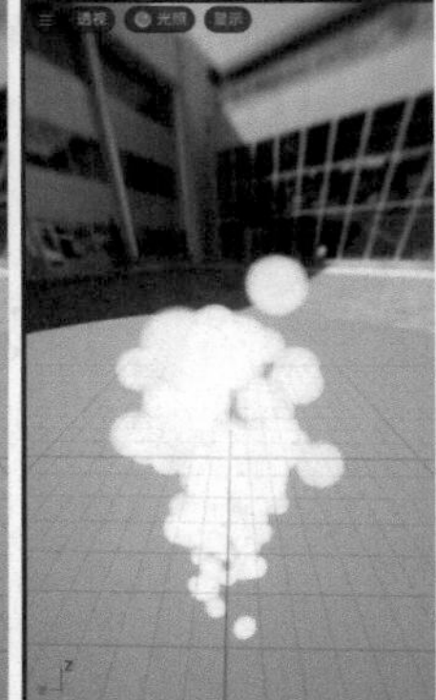

图10-20

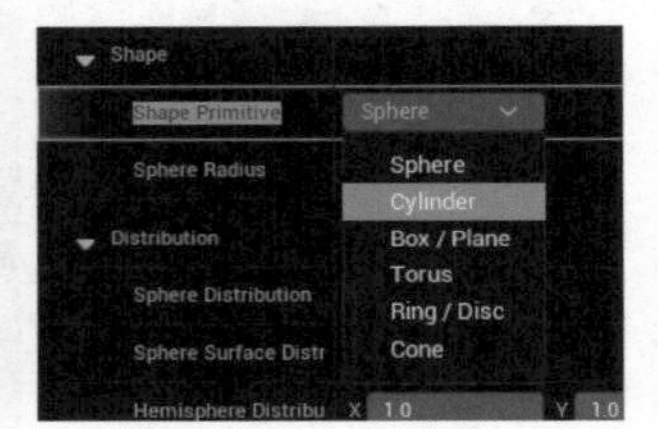

图10-21

案例训练：制作下雪特效

实例文件　资源文件 > 实例文件 > CH10 > 案例训练：制作下雪特效
素材文件　无
难易程度　★★☆☆☆
学习目标　使用Niagara粒子系统制作下雪特效

雪天是游戏中十分常见的天气，本案例将使用Niagara粒子系统制作一个下雪特效，天空中会持续生成雪并掉下来，如图10-22所示。

图10-22

01 在“内容浏览器”面板中单击鼠标右键，执行“FX>Niagara发射器”菜单命令，如图10-23所示。在“为发射器选择一个起始点”对话框中选择“新建发射器”选项后单击“下一步”按钮[下一步>]，选择“Simple Sprite Burst”选项后单击“完成”按钮[完成]，完成创建，如图10-24所示。

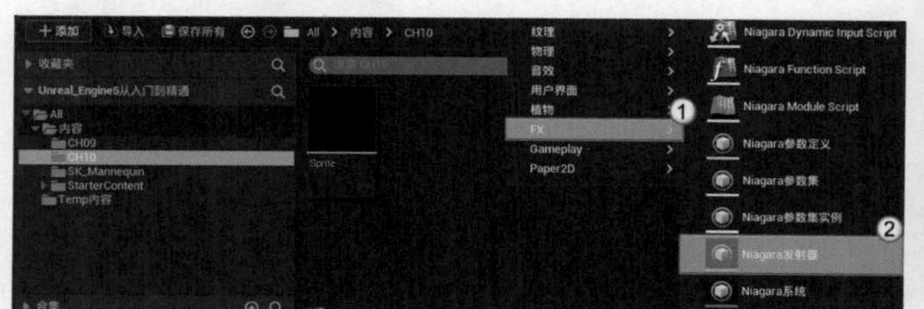

图10-23

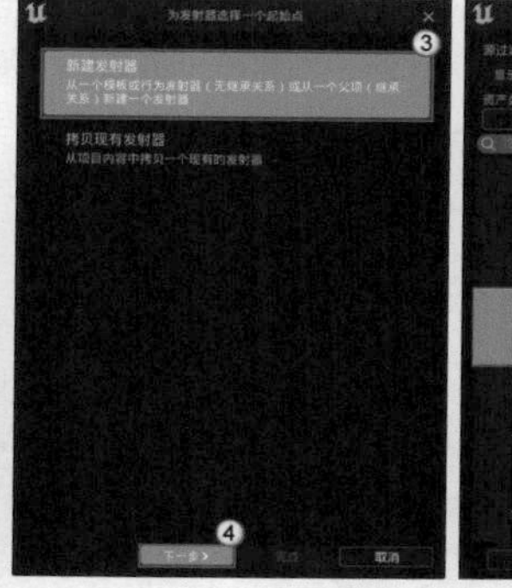

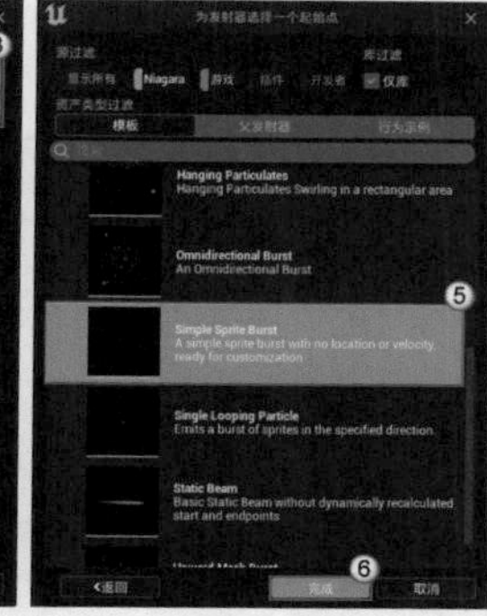

图10-24

02 将发射器命名为“Snow”后双击打开发射器，删除“发射器更新”卷展栏中的“Spawn Burst Instantaneous”模块，单击“将一个新模块添加到此组”按钮⊕后添加“Spawn Rate”模块，如图10-25所示。

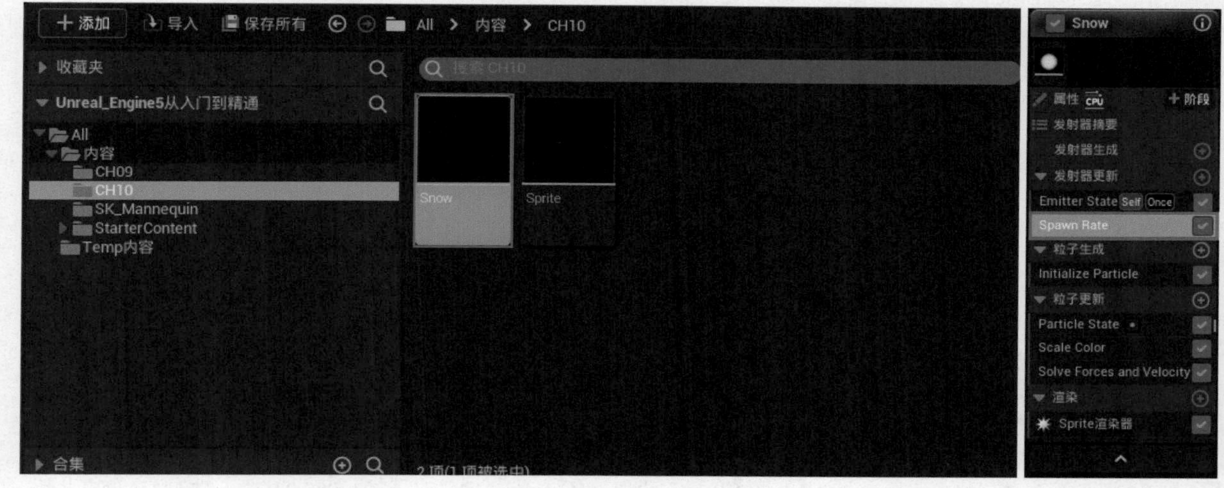

图10-25

03 选择“Spawn Rate”模块，在“选择”面板中设置“SpawnRate”为5000.0，如图10-26所示，这时可以看到粒子增多。

04 选择“Emitter State”模块，设置“Loop Duration Mode”为“Infinite”，这样就可以无限生成粒子，如图10-27所示。

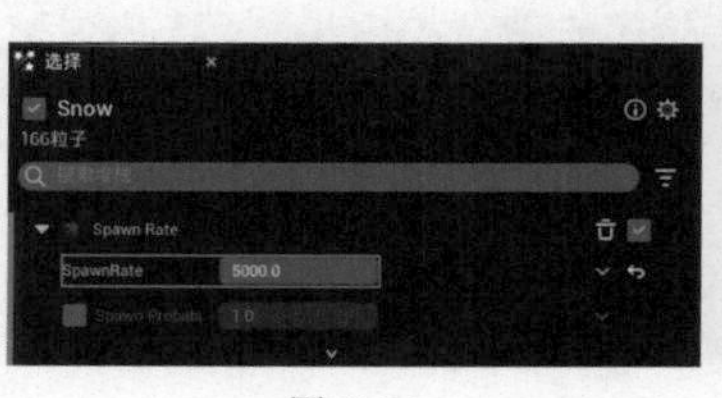

图10-26

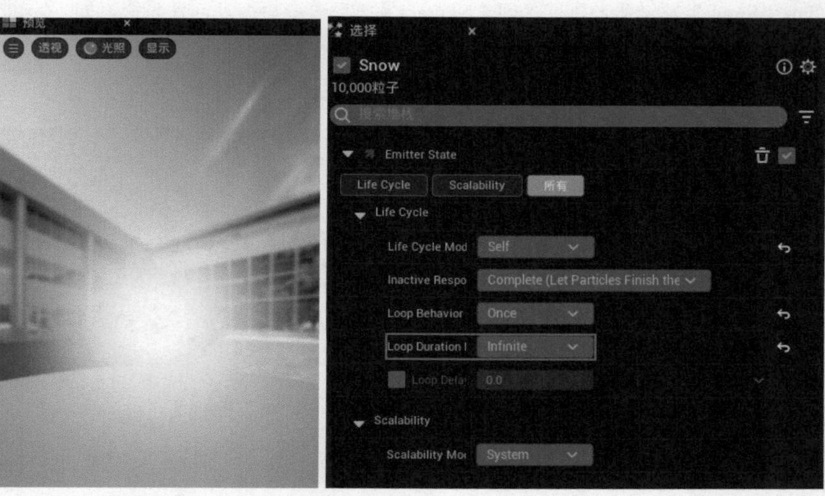

图10-27

05 选择“Initialize Particle”模块，设置“Lifetime”为10.0，让每个粒子的寿命均为10秒，也就是说一个粒子存在10秒后才会被删除，设置“Uniform Sprite Size”为10.0（后面会使用其他方法让此值随机变化），如图10-28所示。

06 单击“粒子更新”右侧的“将一个新模块添加到此组”按钮后添加一个“Curl Noise Force”模块，如图10-29所示。

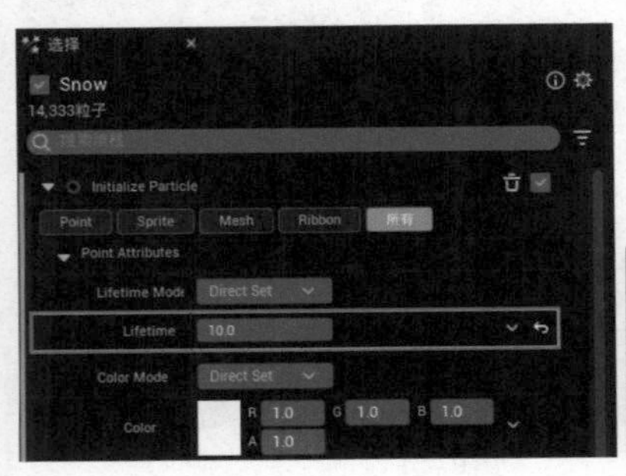

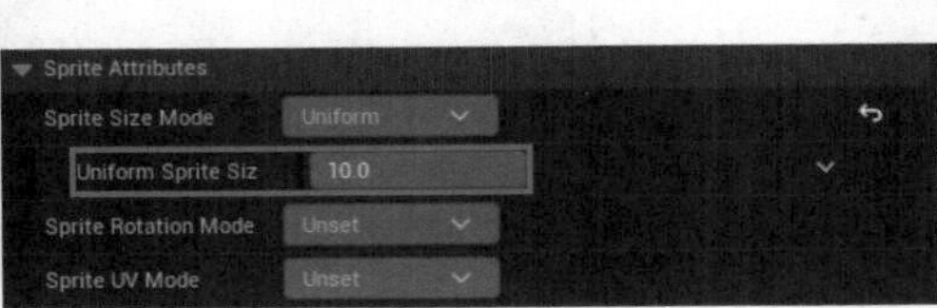

图10-28

图10-29

07 选中“Curl Noise Force”模块，在“选择”面板中设置“Noise Strength”为100.0，可以看到粒子产生了一些变化，如图10-30所示。

图10-30

08 在“粒子生成”卷展栏中添加一个“Shape Location”模块，接着在“选择”面板中设置“Shape Primitive”为“Box/Plane”，再设置“Box Midpoint”的“Z”值为0.5，使生成区间沿*z*轴偏移2000个单位。设置“Box Size”的“X”与“Y”值为2000.0，从而扩大生成范围，如图10-31所示。

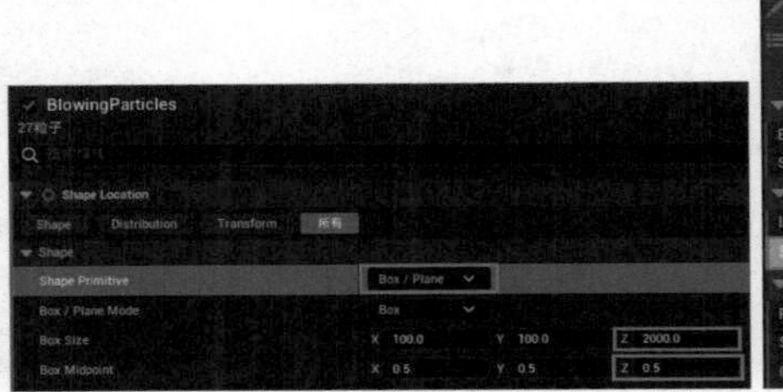

图10-31

09 在“粒子更新”卷展栏中添加一个“Gravity Force”模块。“Gravity”的“Z”值为–980.0时粒子的坠落速度有些快，可以设置“Z”值为–300.0，如图10-32所示。

10 保存后关闭“粒子编辑”窗口，在“内容浏览器”面板中使用鼠标右键单击“Snow”发射器，执行“创建Niagara系统”菜单命令，创建系统，如图10-33所示。将得到的系统拖曳到关卡中就可以得到一个下雪特效，如图10-34所示。

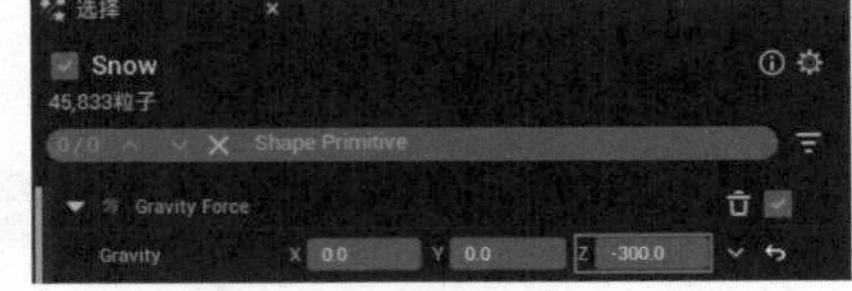

图10-32

图10-33

图10-34

案例训练：制作烟雾特效

实例文件 资源文件 > 实例文件 > CH10 > 案例训练：制作烟雾特效

素材文件 资源文件 > 素材文件 > CH10 > 案例训练：制作烟雾特效

难易程度 ★★★☆☆

学习目标 使用素材在Niagara粒子系统中制作出烟雾特效

本案例将使用本书提供的资源制作一个烟雾特效，将发射器拖入关卡中后会源源不断地产生烟雾，如图10-35所示。

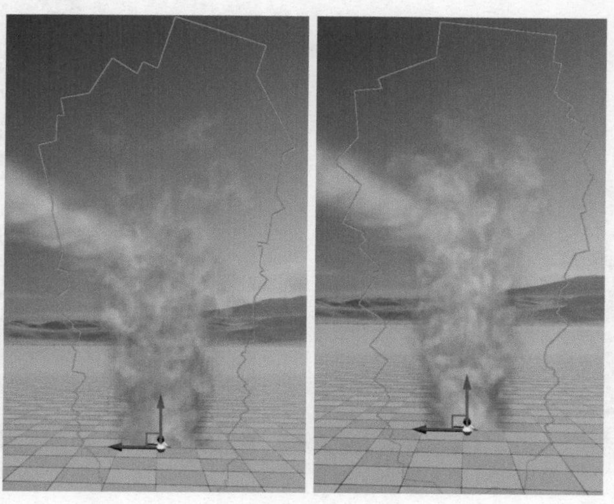

图10-35

01 打开本书的“资源文件>素材文件>CH10”文件夹，将“Smoke”文件拖曳到“内容浏览器”面板中，如图10-36所示。

图10-36

02 在“内容浏览器”面板的空白处单击鼠标右键，执行“材质”菜单命令，新建一个材质并命名为“M_Smoke”，如图10-37所示。

03 双击打开“M_Smoke”材质，在“细节”面板中设置“混合模式”为“半透明”，如图10-38所示。

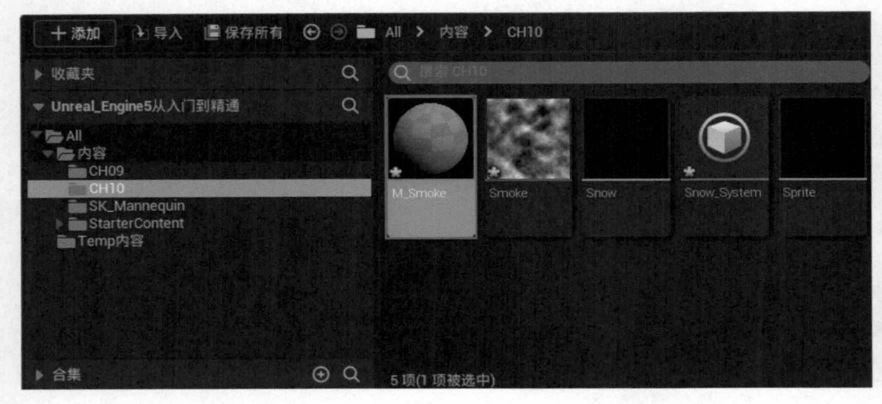

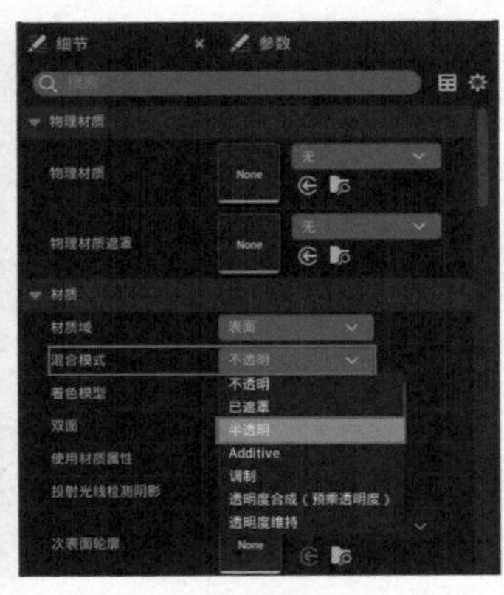

图10-37　　图10-38

04 在“内容浏览器”面板中将“Smoke”纹理拖曳到“材质图表”面板中，使用鼠标右键单击纹理后执行“转换为纹理对象”菜单命令，如图10-39所示。

05 按住F键并单击“材质图表”面板的空白处，生成一个空函数，如图10-40所示。

06 在“细节”面板中展开“材质函数”右侧的“无”下拉列表后单击齿轮按钮，勾选“显示引擎内容”选项，接着搜索并选择“Motion_4WayChaos”函数，如图10-41所示。

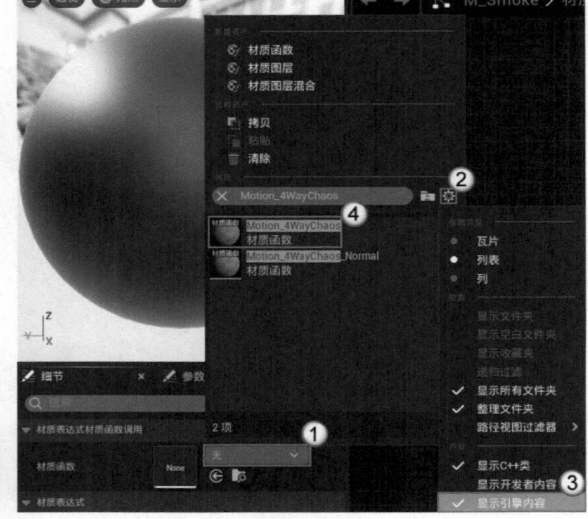

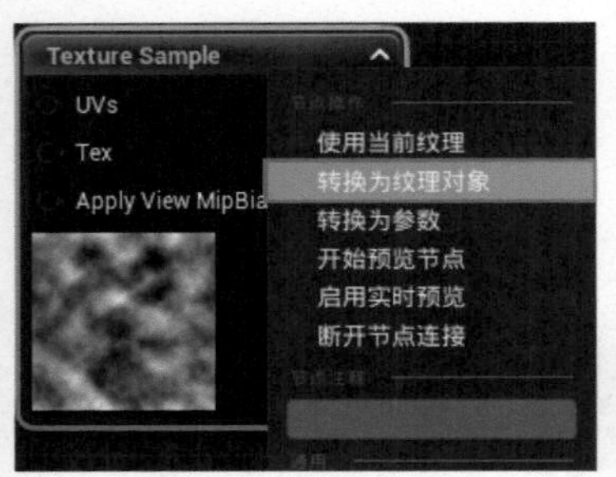

图10-39　　图10-40　　图10-41

07 将“Texture Object”节点连接到函数的“Texture(T2d)”引脚上，如图10-42所示。

08 添加一个“Add(0,)”节点（数学分类），用来相加两个值，再添加一个“Mask(R)”节点（数学分类），在“细节”面板中只勾选“R”通道，再将几个节点连接起来，如图10-43所示。

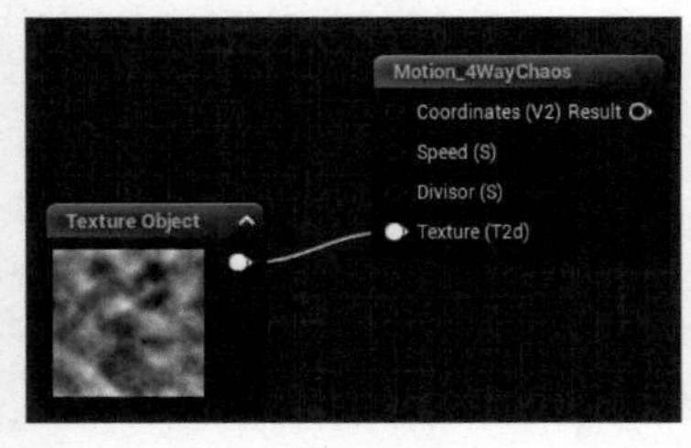

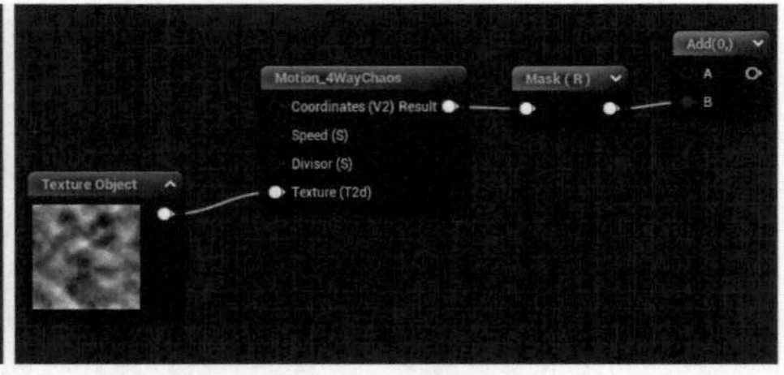

图10-42　　图10-43

09 添加一个“TexCoord”节点（坐标分类），将它的输出引脚连接到“Add”节点的“A”输入引脚上，如图10-44所示。

10 添加一个“RadialGradientExponential”节点（杂项分类），将“Add”节点的输出引脚连接到它的“UVs(V2)”引脚上，如图10-45所示。

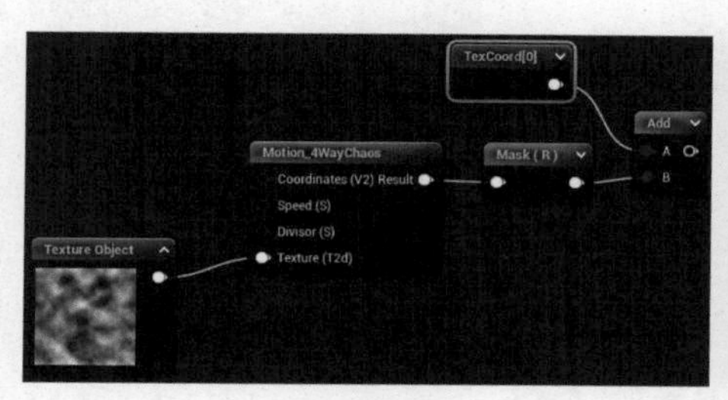

图10-44

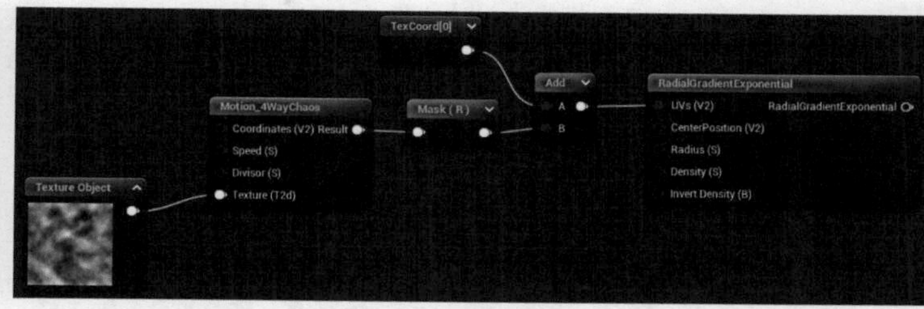

图10-45

11 按住1键后单击“材质图表”面板，新建两个常量并使用“Append”节点将它们连接起来，再将返回值连接到“CenterPosition(V2)”引脚上，如图10-46所示。

12 在“细节”面板中设置第1个常量的“值”为0.8，第2个常量的“值”为0.75。再添加两个常量并将它们分别连接到“Radius(S)”引脚与“Density(S)”引脚，设置第1个常量的“值”为0.4，第2个常量的“值”为1，如图10-47所示。

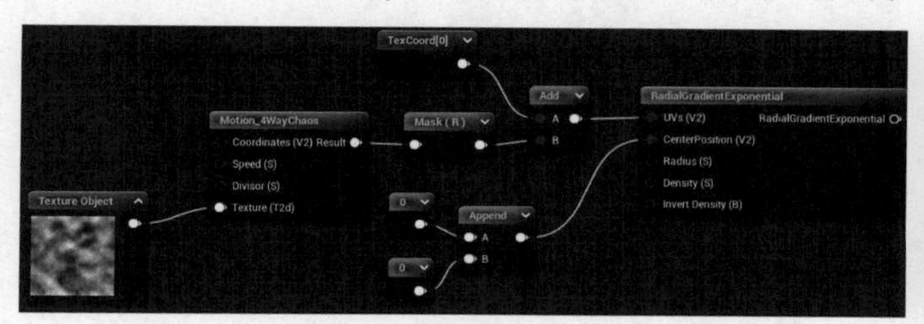

图10-46

图10-47

13 按住M键后单击“材质图表”面板，添加一个“Multiply”节点，再添加一个“Particle Color”节点，将它们按照图10-48所示的方式连接起来。

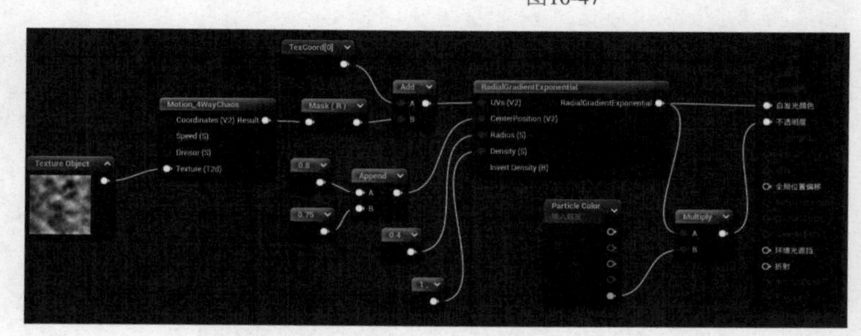

图10-48

14 单击“应用”按钮 应用 和“保存”按钮 保存 后关闭“材质编辑器”窗口。在“内容浏览器”面板中单击鼠标右键，创建一个基于“Fountain”模板的Niagara发射器并命名为“E_Smoke”，如图10-49所示。

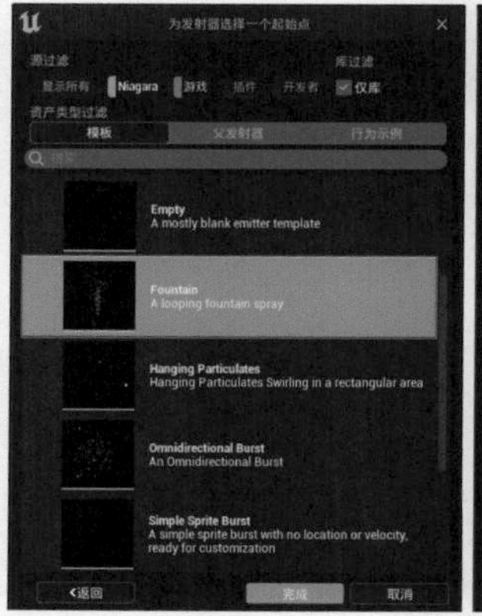

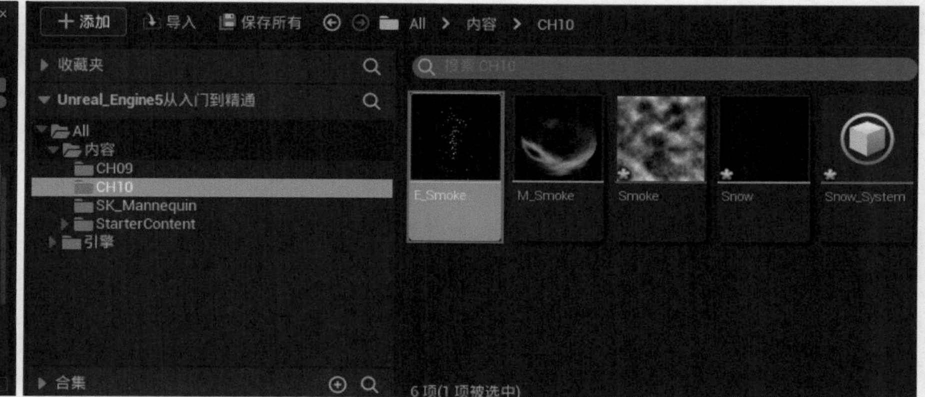

图10-49

15 双击打开粒子发射器，选择“Sprite渲染器”模块，在“选择”面板中设置“材质”为“M_Smoke”，如图10-50所示。

16 在“Initialize Particle”模块中设置“Sprite Size Mode”为“Non-Uniform”，“Sprite Size”的“X”与“Y”值均为300.0，如图10-51所示。删除“粒子更新”卷展栏中的“Gravity Force”模块后得到烟雾效果，如图10-52所示。

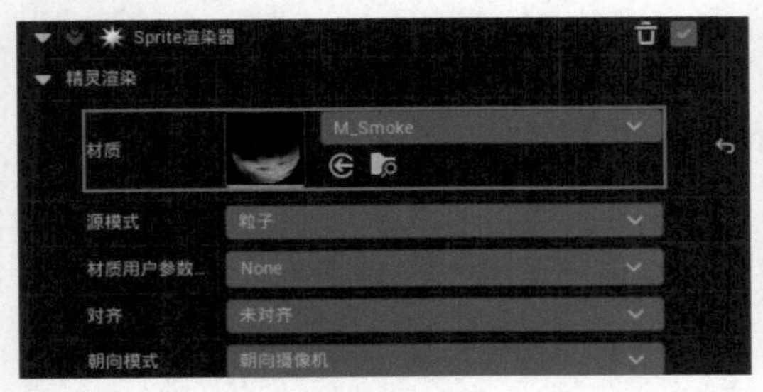

图10-50

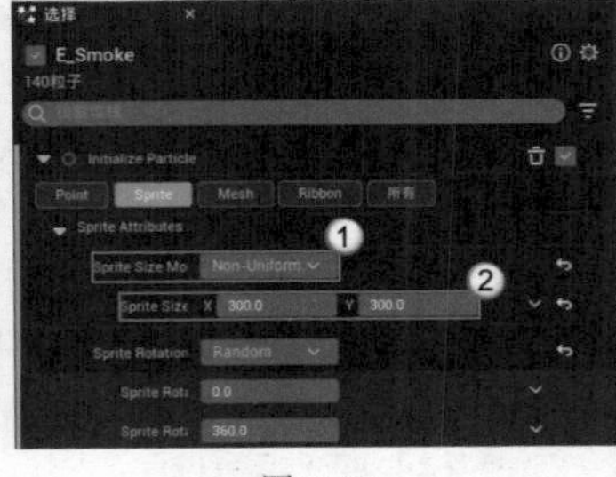

图10-51

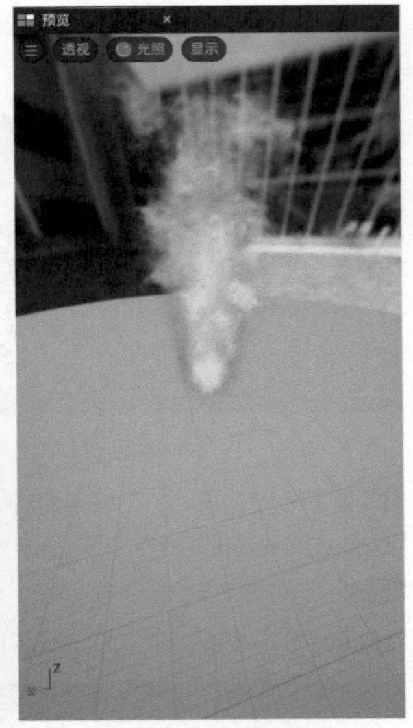

图10-52

17 保存后关闭“粒子编辑”窗口，在“内容浏览器”面板中的“E_Smoke”发射器上单击鼠标右键，执行“创建Niagara系统”菜单命令后将新建的系统拖曳到关卡中，如图10-53所示，最终效果如图10-54所示。

图10-53

图10-54

10.2 变量切换

在设置参数时往往会遇到一些不方便解决的问题，如想让粒子的大小是一个范围内的随机值，或者让一个向量的3个值相同，这时就可以通过手动设置参数的类型来达到需要的效果。

重点

10.2.1 曲线

“曲线”类型的变量可以随着时间的变化调整对应值的大小，非常适合用于制作需持续变化的粒子特效，如放大后缩小、需要修改重力的粒子等。

双击打开“E_Smoke”发射器，在“粒子更新”卷展栏中添加一个“Scale Velocity”模块，如图10-55所示。

在“选择”面板中可以看到“Scale Velocity”模块是一个“向量”类型的模块。单击“Velocity Scale”右侧的箭头按钮，在打开的面板中搜索“Vector From Curve”并选择“Vector from Curve”，如图10-56所示。

使用“Vector from Curve”时向量会变成3条可以控制的曲线，如图10-57所示。因为曲线是连续的，所以更合适在持续更新的图表中使用，可以让参数在某一个时间达到某一个值。

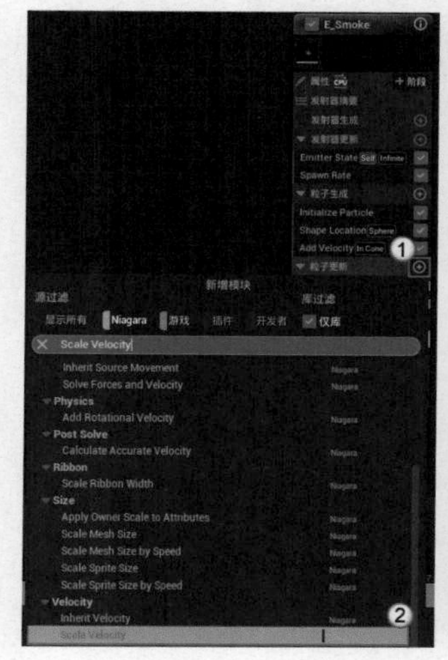

图10-55

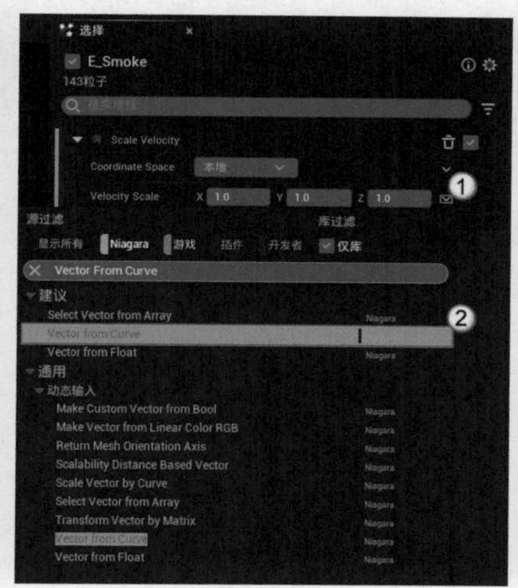

图10-56

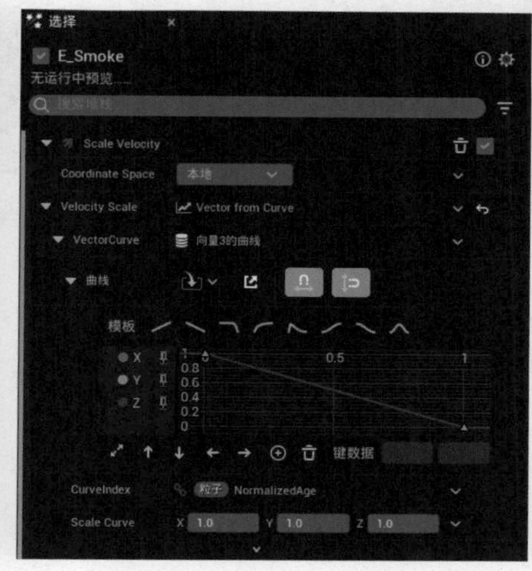

图10-57

10.2.2 颜色

双击打开“Snow”发射器，选择“Scale Color”模块，如图10-58所示，可以看到Alpha通道与R、G、B通道是分开的，R、G、B通道控制的是粒子的颜色，而Alpha通道控制的是粒子的不透明度。

勾选“Scale RGB”选项并单击其右侧的箭头按钮，在打开的面板中选择“Make Vector from Linear Color RGB”，如图10-59所示。可以看到，现在已经可以通过“Scale RGB”卷展栏设置颜色了，尝试设置“Color”为粉色（R:1.0，G:0.3，B:0.78），如图10-60所示。

图10-60

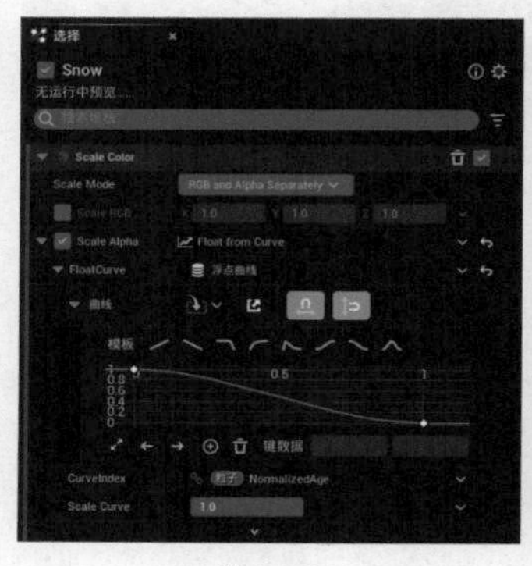

图10-58

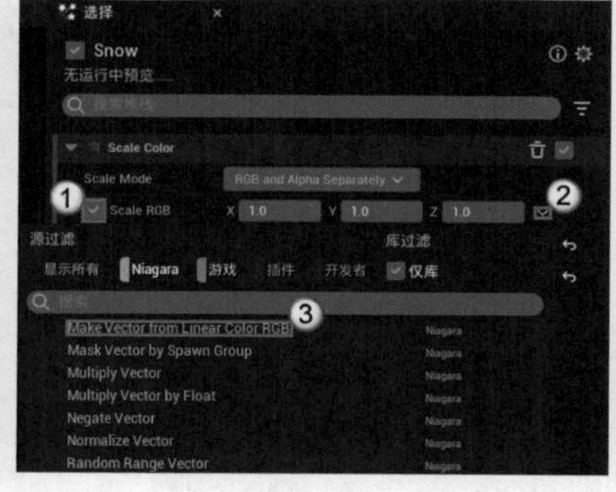

图10-59

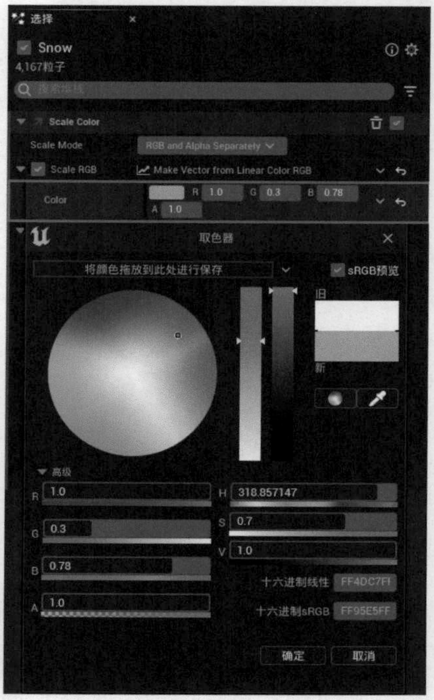

也可以设置颜色为“颜色曲线”，在游戏运行过程中动态改变粒子的混合颜色，达到渐变效果。单击“Color”右侧的箭头按钮，在打开的面板中选择“Color from Curve”后可以看到粒子随着时间的变化而改变颜色，如图10-61所示。

如果设置“颜色曲线”为红色和绿色，则粒子的上半部分是红色，下半部分是绿色，如图10-62所示。

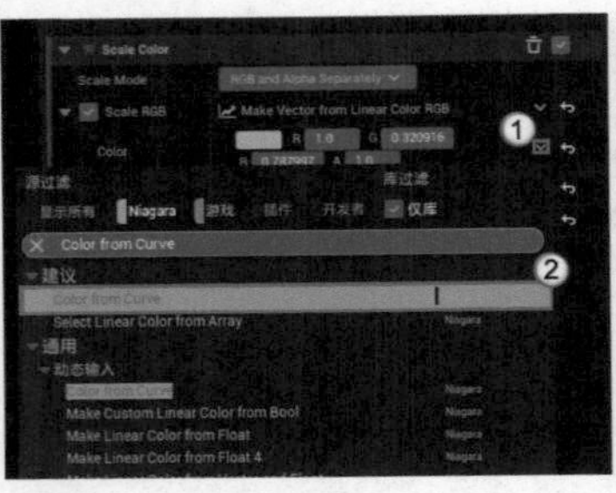

图10-61

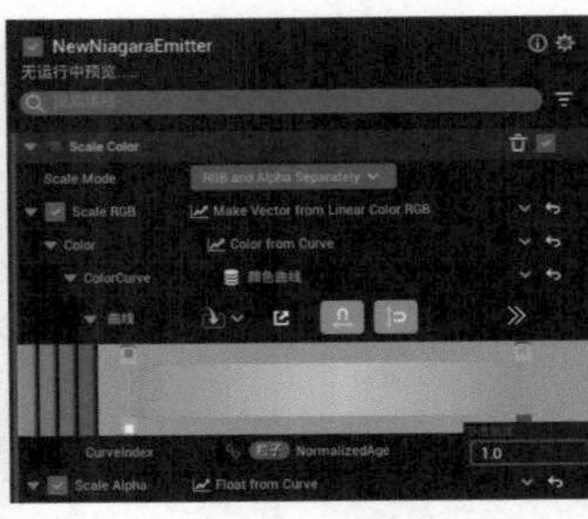

图10-62

10.2.3 浮点

向量型变量一般可以被转换为浮点型变量，这与在蓝图中转换节点类型相似，一般会同时将x、y、z轴转换为相同的浮点型变量。选择“Initialize Particle”模块，设置“Sprite Size Mode”为“Non-Uniform”，单击“Sprite Size”右侧的箭头按钮，在打开的面板中选择“Vector 2DFrom Float”，如图10-63所示。粒子的大小将由一个浮点型变量控制，而不是由2D向量控制。

使用此方法可以让雪花具有随机大小，同时也可以固定粒子的x与y轴缩放，使粒子等比缩放。设置“Value”为“Random Range Float”,“Minimum”为1.0,“Maximum”为10.0，即单个粒子的大小范围为1～10，如图10-64所示。

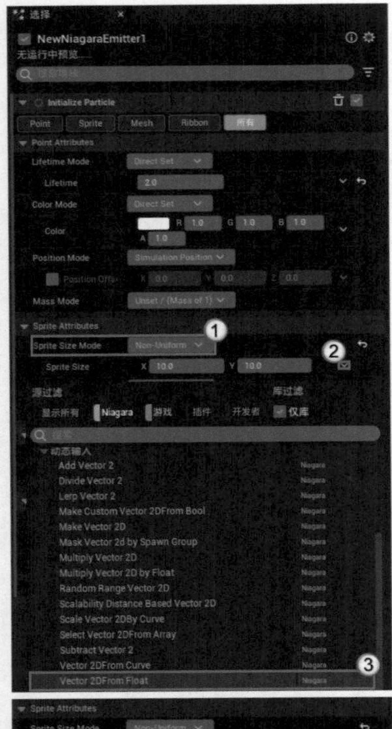

图10-63

图10-64

案例训练：制作角色的飘浮特效

实例文件 资源文件 > 实例文件 > CH10 > 案例训练：制作角色的飘浮特效

素材文件 无

难易程度 ★★☆☆☆

学习目标 学会使用Niagara粒子系统

本案例将使用Niagara粒子系统中封装好的模块将粒子拼凑成一个角色模型，从而更好地掌握Niagara粒子系统的使用方法，最终效果如图10-65所示。

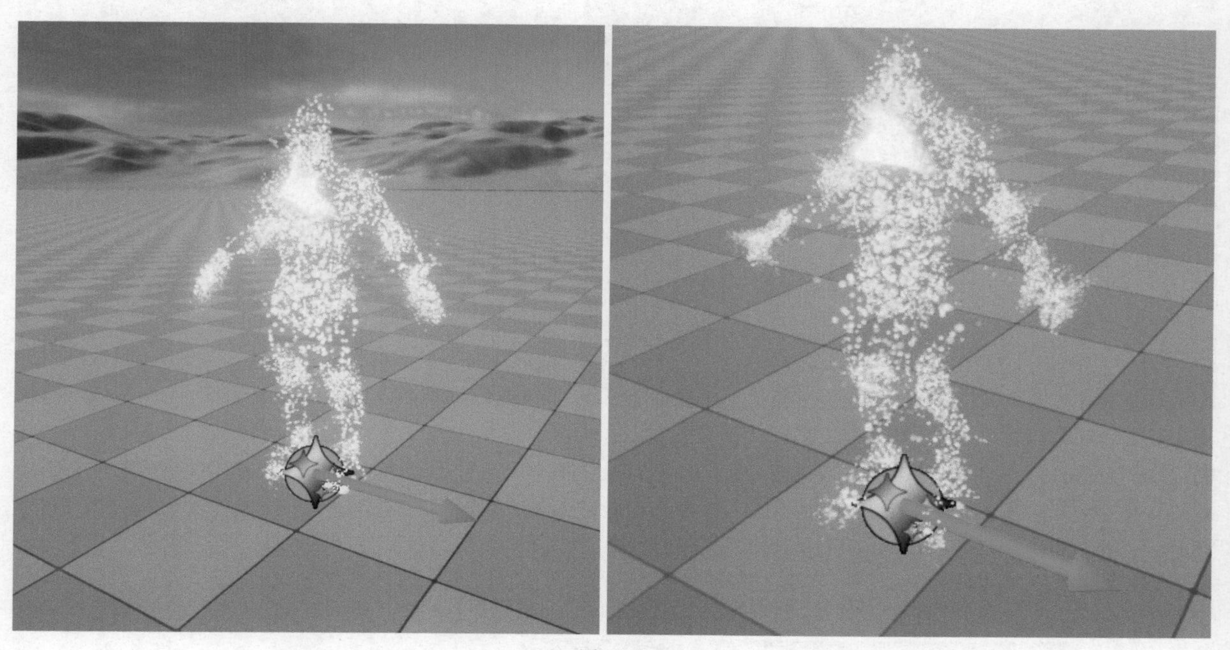

图10-65

01 在“内容浏览器”面板中新建一个Niagara发射器，使其继承“Simple Sprite Burst”模板并将其命名为“E_Floating”，如图10-66所示。

图10-66

02 在“粒子生成”卷展栏中新建一个“Initialize Mesh Reproduction Sprite”模块，如图10-67所示，这个模块可以使粒子按照角色模型的形状生成在对应的位置。

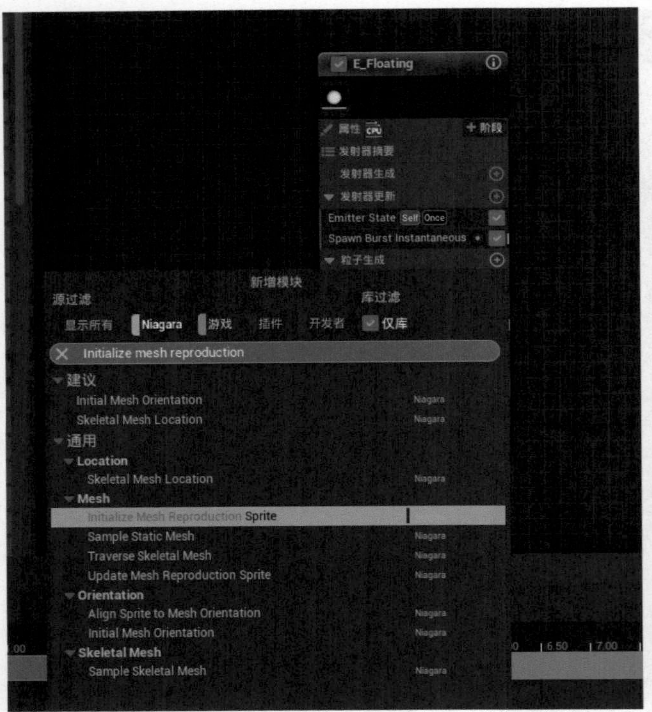

图10-67

03 选择“Initialize Mesh Reproduction Sprite”模块，在“选择”面板中设置“预览网格体”为“SK_Mannequin”后单击“CPU访问错误”右侧的“立即修复”按钮 立即修复，如图10-68所示。

图10-68

04 删除“发射器更新”卷展栏中的“Spawn Burst Instantaneous”模块，新建一个“Spawn Rate”模块，在“选择”面板中设置“SpawnRate”为10000.0，如图10-69所示。此时角色模型已经变成了粒子状态，如图10-70所示。

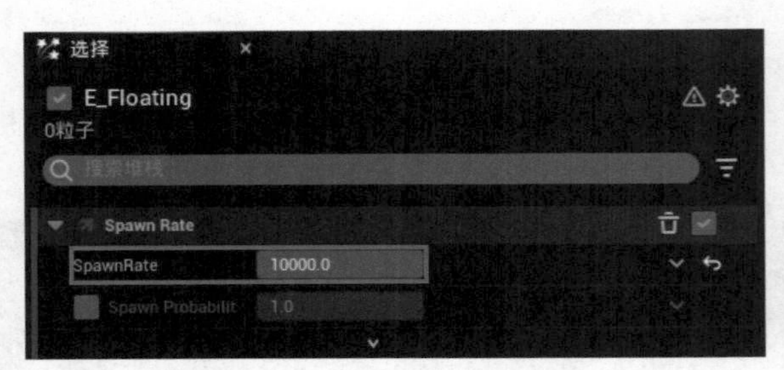

图10-69

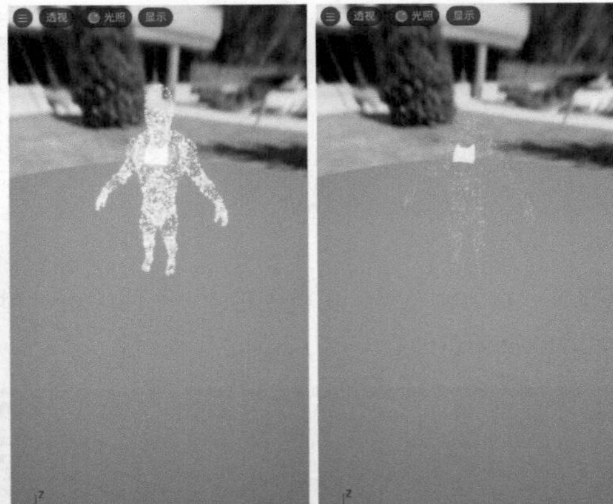

图10-70

05 选择“Emitter State”模块，在“选择”面板中设置“Loop Duration Mode”为“Infinite”，如图10-71所示。

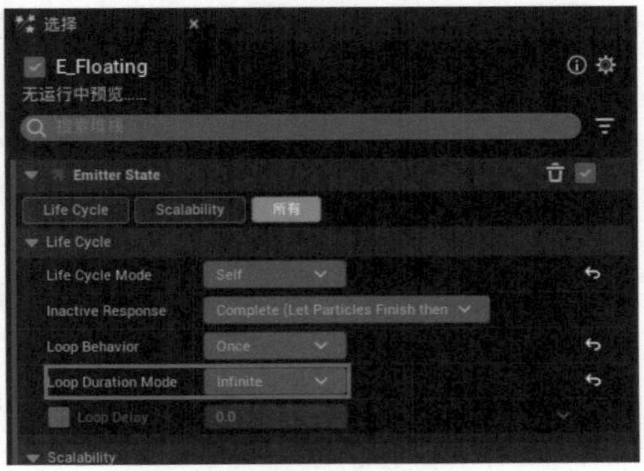

图10-71

06 在“粒子更新”卷展栏中添加一个“Curl Noise Force”模块，可以看到粒子目前处于飘浮状态，如图10-72所示。

07 选择“Scale Color”模块，在“选择”面板中勾选“Scale RGB”选项，设置类型为“Make Vector from Linear Color RGB”，打开“Color”卷展栏并设置类型为“Color from Curve”，创建曲线，如图10-73所示。

图10-72

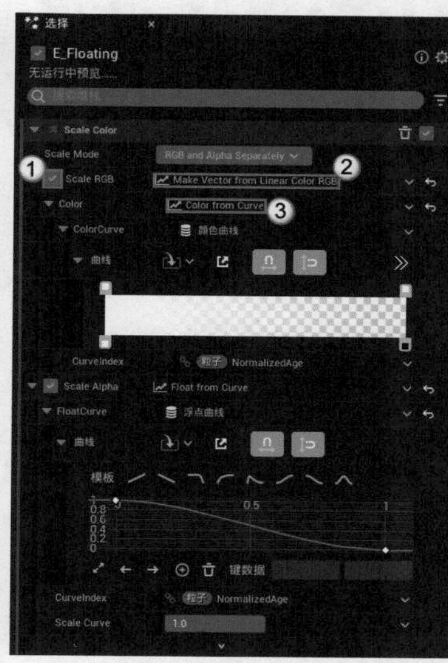

图10-73

08 在“曲线”卷展栏中设置左上角的游标颜色为浅蓝色（R:0.0，G:1.0，B:0.0），右上角的游标颜色为绿色（R:1.0，G:5.0，B:0.0），删除下方的游标，如图10-74所示。这样粒子的颜色会随着时间的推移从浅蓝色渐变为绿色，如图10-75所示。

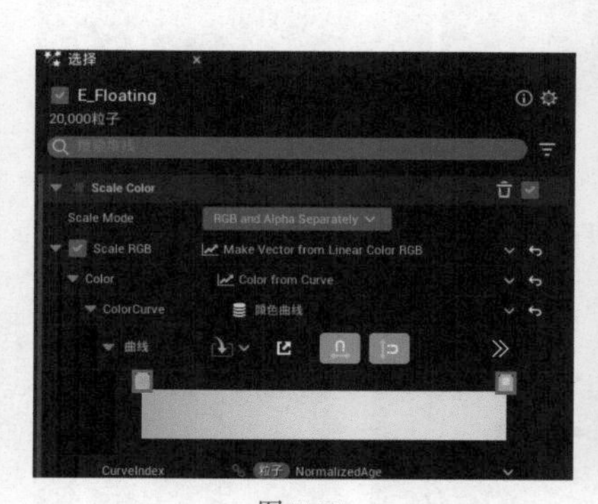

图10-74

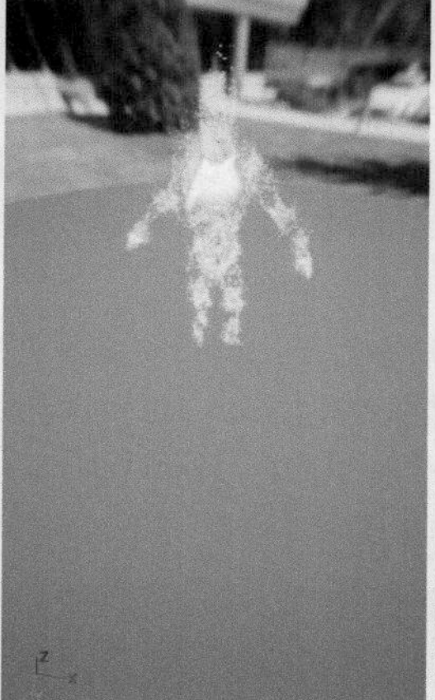
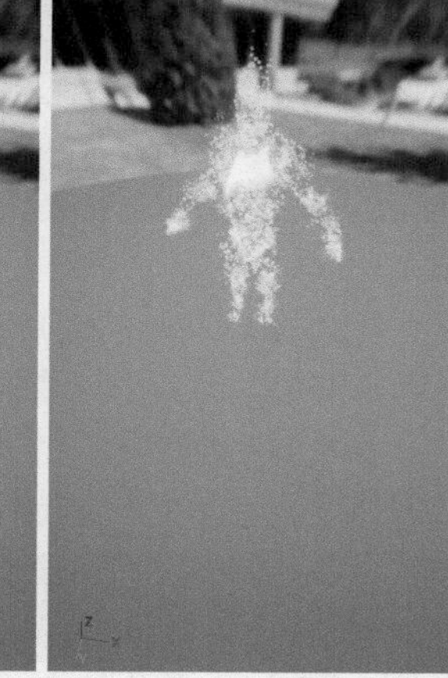

图10-75

09 编译并保存后回到关卡中，使用鼠标右键单击“E_Floating”发射器，执行“创建Niagara系统”菜单命令，如图10-76所示。拖曳新建的粒子系统到关卡中，可以看到一个飘浮的、由粒子组成的角色，如图10-77所示。

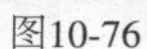

图10-76

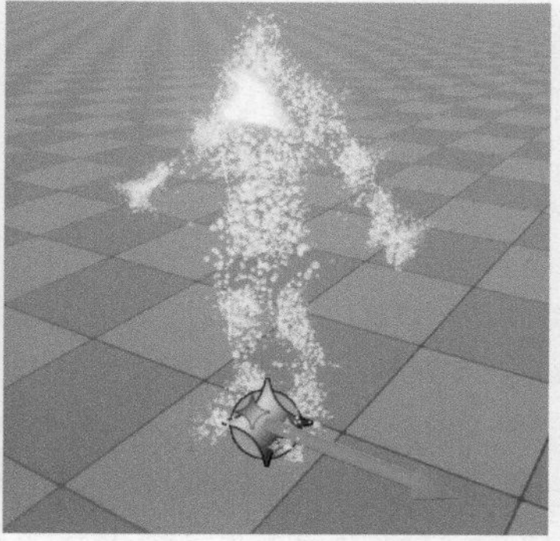

图10-77

10.3 外部变量控制

在制作变量时，经常需要在外部控制一个Niagara系统中的某个数值，可以利用蓝图对Niagara系统的参数进行设置，从而使Niagara系统达到不一样的效果。

10.3.1 粒子系统

在“内容浏览器”面板中单击鼠标右键，执行“Niagara系统”菜单命令，在弹出的“为系统选择一个起始点”对话框中可以选择已经存在的发射器系统，也可以复制现有系统，本案例选择“来自所选发射器的新系统”选项后单击“下一步”按钮，选择“Directional Burst”模块后单击“将选择的发射器添加到发射器”按钮，最后单击“完成”按钮，完成创建，如图10-78所示。

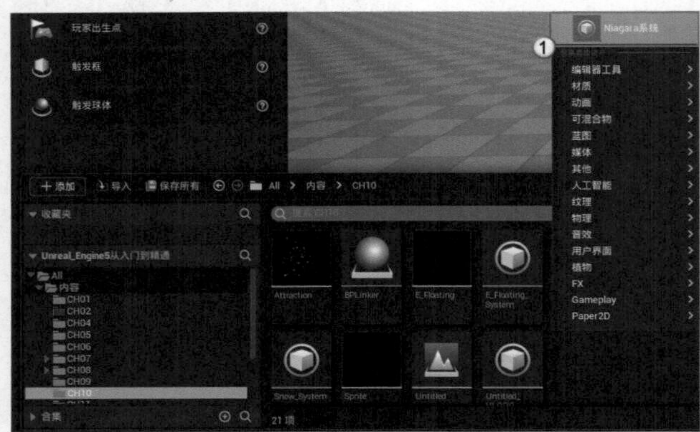

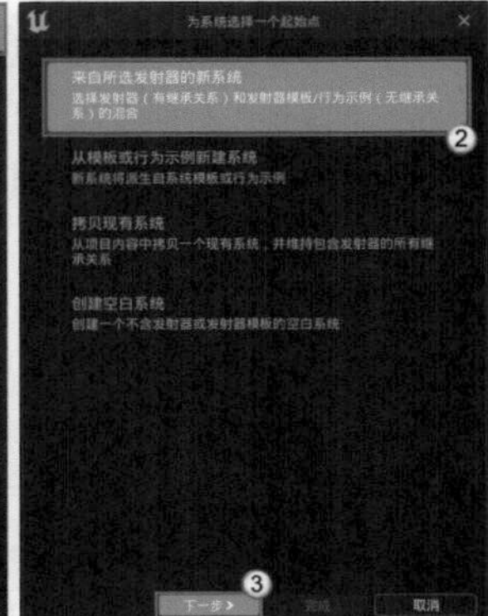

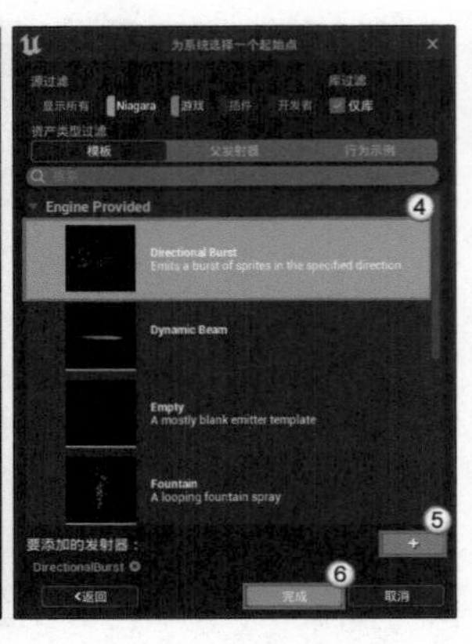

图10-78

将Niagara系统命名为“Flow”并双击打开，删除“发射器更新”卷展栏中的“Spawn Burst Instantaneous”模块，单击“将一个新模块添加到此组”按钮后添加“Spawn Rate”模块并在“选择”面板中设置“SpawnRate”为10000.0，如图10-79所示。

选择“Emitter State”模块，设置“Loop Duration Mode”为“Infinite”，如图10-80所示。

选择“Initialize Particle”模块，设置“Lifetime Min”为10.0,“Lifetime Max”为15.0，如图10-81所示。

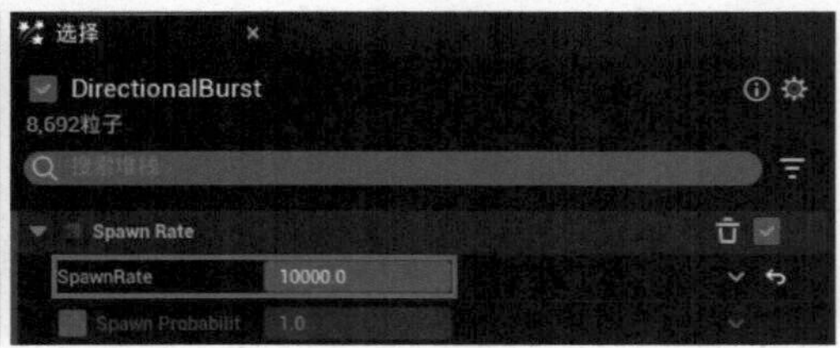

图10-79

图10-80

图10-81

在“粒子更新”右侧单击“将一个新模块添加到此组”按钮后新建一个“Collision”模块，如图10-82所示，这个模块可以让粒子拥有碰撞效果。

在“系统总览”面板中选择“属性”选项，在“选择”面板中设置“模拟目标”为“GPU计算模拟”，勾选“固定边界”选项后设置“最小”为(X:-10000，Y:-10000，Z:-10000)，“最大”为(X:10000，Y:10000，Z:10000)，如图10-83所示，这样可以大幅度降低CPU占用率。

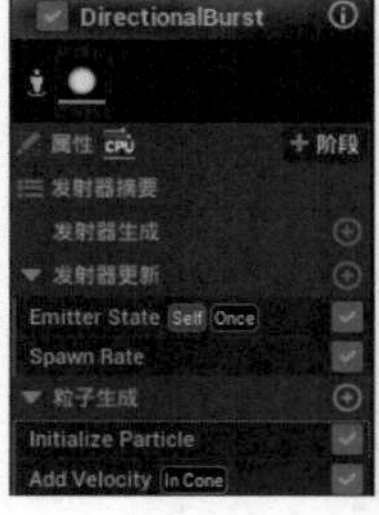

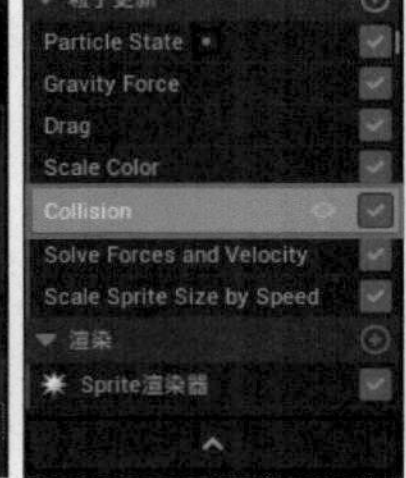

图10-82

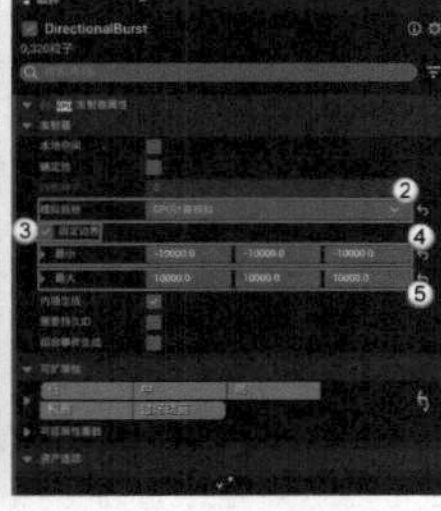

图10-83

拖曳“Flow”发射器到关卡中，并搭建一个小型的阻挡物，可以看到粒子被阻挡后改变了方向，如图10-84所示。

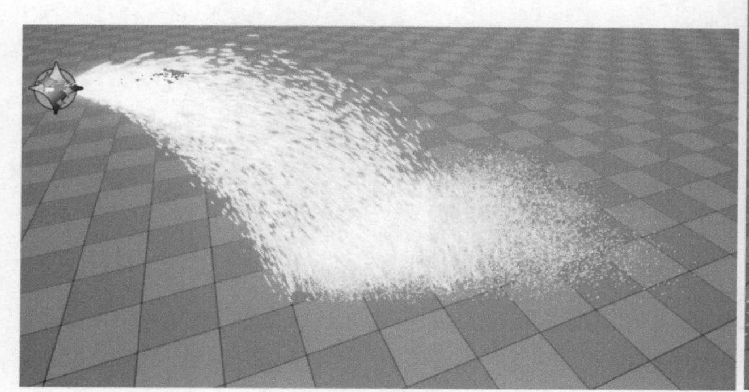

图10-84

10.3.2 设置变量

可以将指定参数设置成变量，在蓝图中的粒子系统引用该变量后可以根据变量名快捷设置相关参数。

在“参数”面板中单击“用户公开”右侧的“添加”按钮 **+**，创建一个新的浮点型变量并命名为“Rate”，如图10-85所示，可以用该变量来控制粒子的生成速度。

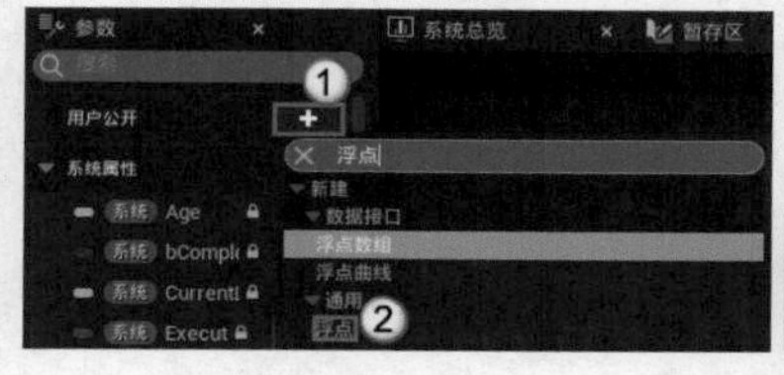

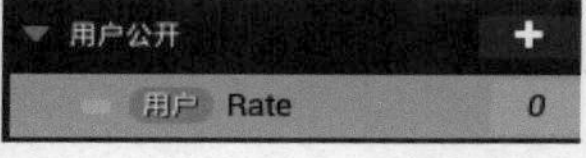

图10-85

选择发射器的“Spawn Rate”模块，拖曳“Rate”变量到“SpawnRate”参数上，如图10-86所示。“SpawnRate”参数将会由“Rate”变量控制，只需要在外部设置“Rate”变量的值，就可以改变内部的“SpawnRate”参数。

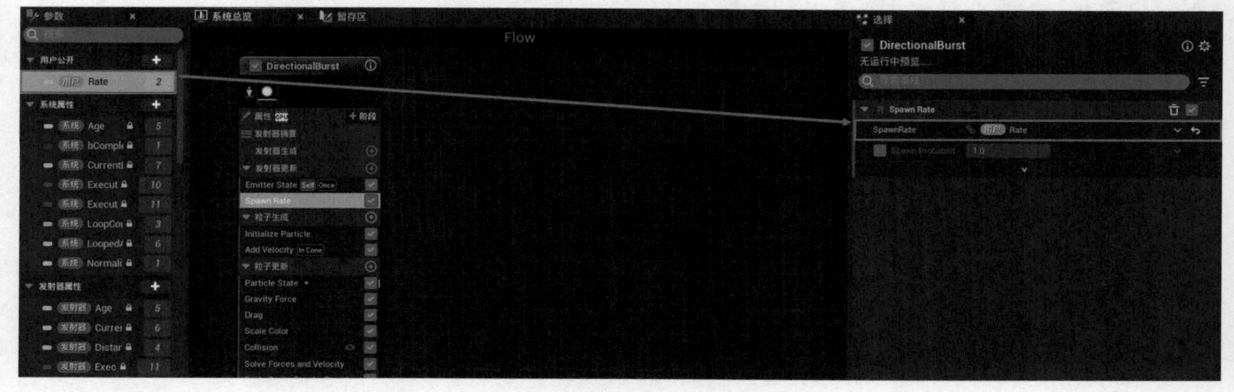

图10-86

问：为什么在蓝图中修改“用户公开”卷展栏中的变量时对应的参数没有反应？

答：可能存在3个原因。

第1个：输入的变量名称不正确，如大小写、特殊符号等有错误。

第2个：变量没有被应用在Niagara系统的模块中。

第3个：变量不在Niagara系统中的“用户公开”卷展栏下。

重点

10.3.3 使用蓝图控制变量

可以在蓝图中设置“Rate”变量的值。在“大纲”面板中拖曳“Flow”到蓝图中，因为“Rate”是浮点型变量，所以可以使用“设置Niagara变量（浮点）”节点来设置它，如图10-87所示。

新建一个“事件开始运行”节点后连接几个节点，设置“In Variable Name”为“Rate”,“In Value”为需要的值，如100.0，如图10-88所示，这样Niagara系统中的“SpawnRate”就会被设置为100.0。保存并编译后进入PIE运行模式，效果如图10-89所示。

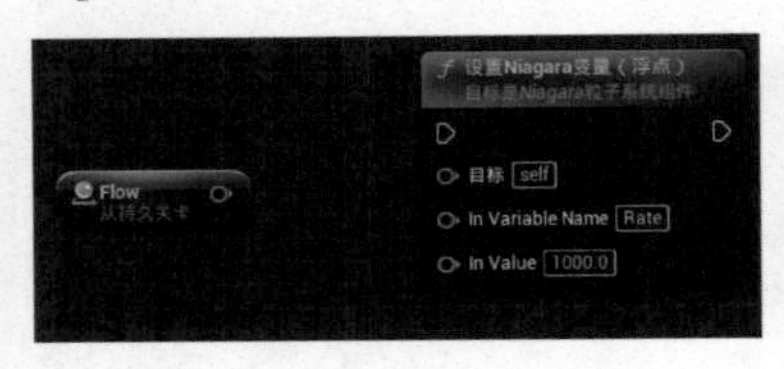

图10-87

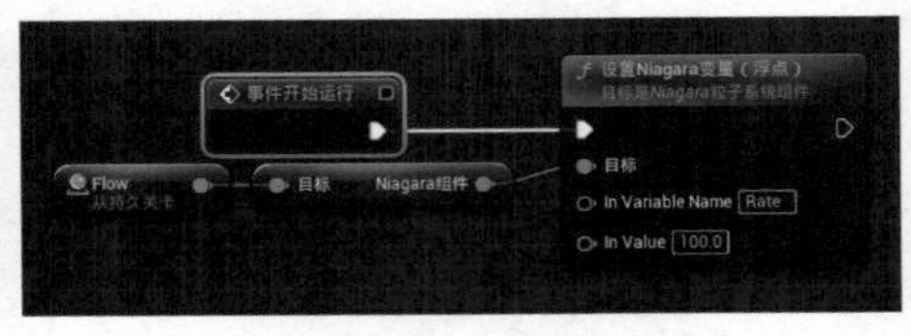

图10-88

图10-89

如果设置“In Value”为10000.0，编译并保存后再次进入PIE运行模式，就能看到粒子喷射的速度加快了100倍，如图10-90所示。

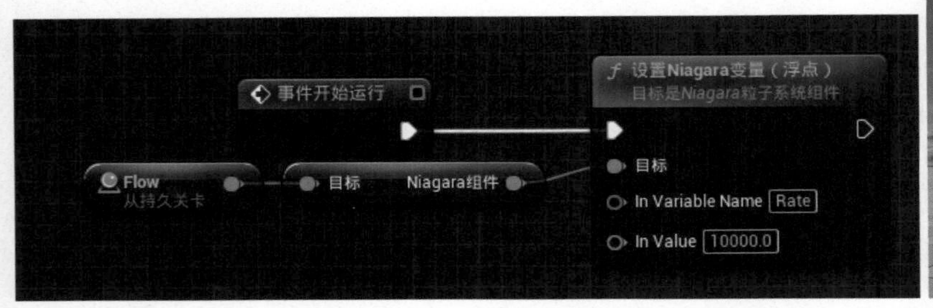

图10-90

案例训练：制作粒子被某物体吸引的特效

实例文件 资源文件 > 实例文件 > CH10 > 案例训练：制作粒子被某物体吸引的特效

素材文件 无

难易程度 ★★★☆☆

学习目标 用物体吸引一个范围内的所有粒子

本案例将让所有粒子均被某一个位置的物体吸引，一定范围内的所有粒子都会缓慢地朝着此位置移动，且可以实时得到物体的位置，让粒子被物体吸引，如图10-91所示。

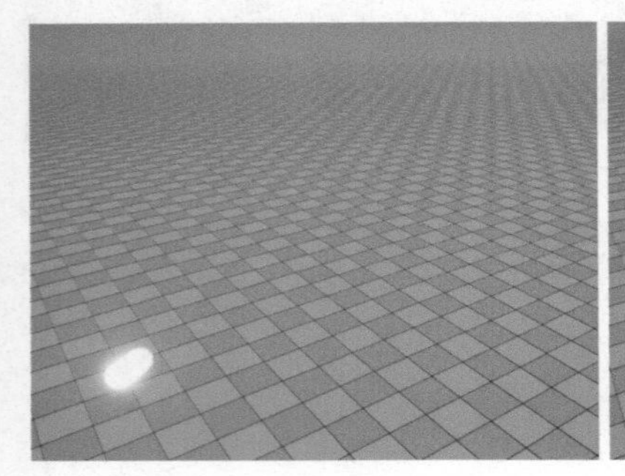

图10-91

01 在“内容浏览器”面板中的空白处单击鼠标右键，执行“FX＞Niagara发射器”菜单命令创建一个粒子发射器，选择“Simple Sprite Burst”模板并将发射器命名为“Linker”，如图10-92所示。

02 双击打开“Linker”发射器，删除“发射器更新”卷展栏中自带的“Spawn Burst Instantaneous”模块，单击“将一个新模块添加到此组”按钮后添加“Spawn Rate”模块，如图10-93所示。

图10-92

图10-93

03 选择“Spawn Rate”模块，在“选择”面板中设置“SpawnRate”为100.0，如图10-94所示。

04 在“粒子更新”卷展栏中添加“Point Attraction Force”模块，如图10-95所示。因为需要在外部修改被吸引的粒子的属性，所以勾选“Attractor Position”选项并单击右侧的箭头按钮，在打开的面板中选择“新本地值”，如图10-96所示。

图10-94

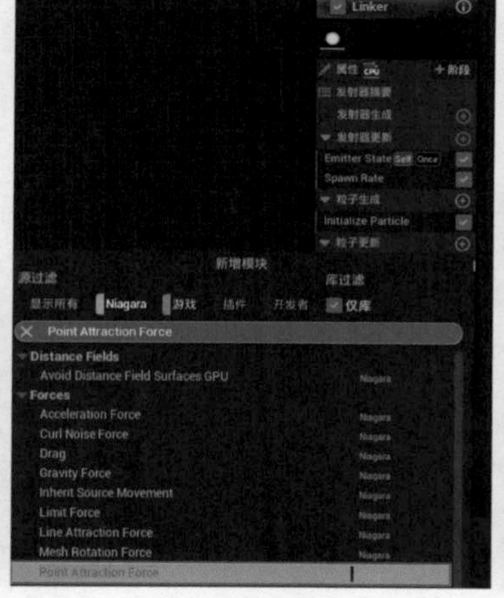

图10-95

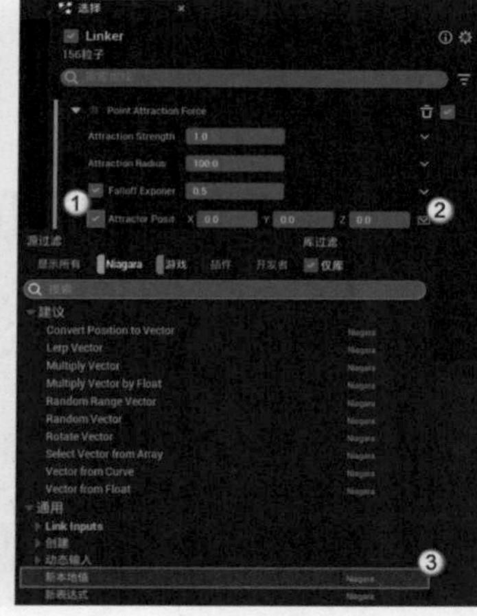

图10-96

05 设置“Attraction Strength”为30.0，“Attraction Radius”为6000.0，从而保证物体可以吸引附近6000个单位半径内的粒子，暂时设置“Attractor Position”的“X”值为100.0，如图10-97所示。可以发现粒子被吸引到了指定的位置，如图10-98所示。

图10-97

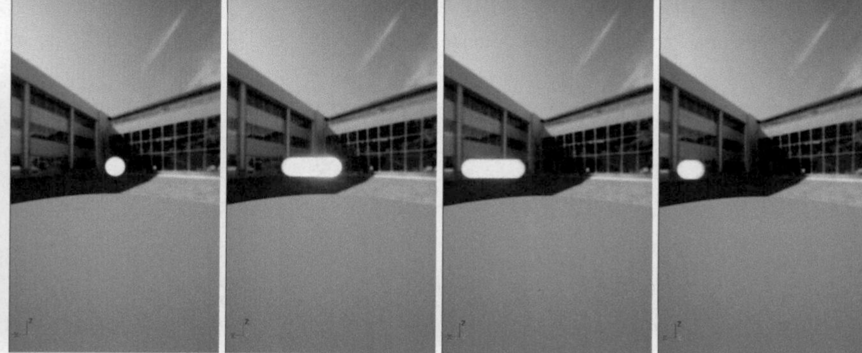

图10-98

06 选择“Spawn Rate”模块，设置“SpawnRate”为1000.0，如图10-99所示。选择“Emitter State”模块，设置“Loop Duration Mode”为“Infinite”，如图10-100所示。

07 保存发射器后在“内容浏览器”面板中使用鼠标右键单击“Linker”发射器，执行“创建Niagara系统”菜单命令新建系统，如图10-101所示。

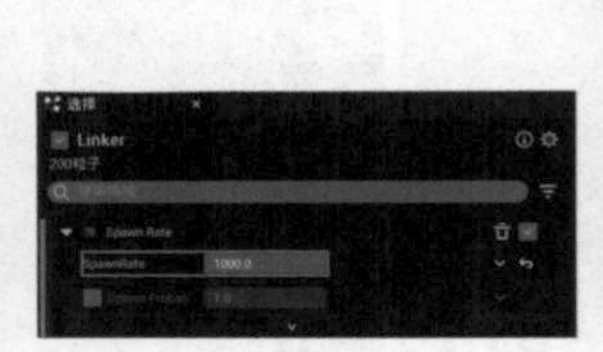

图10-99

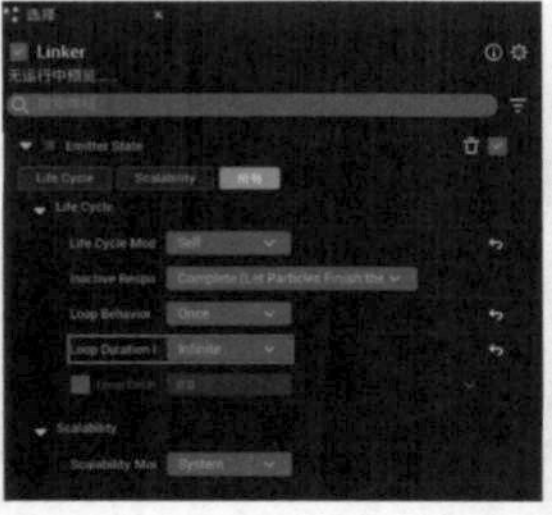

图10-100

图10-101

08 双击打开系统，在“参数”面板中单击“用户公开”右侧的“添加”按钮 + 后新建一个“Vector”型变量并命名为“End”，如图10-102所示。

09 拖曳“End”变量到“Point Attraction Force”模块的“Attractor Position”参数上，如图10-103所示。

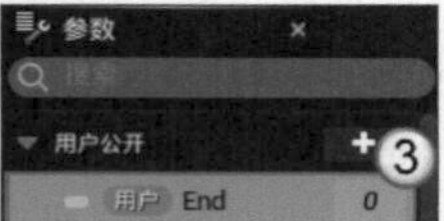

图10-102

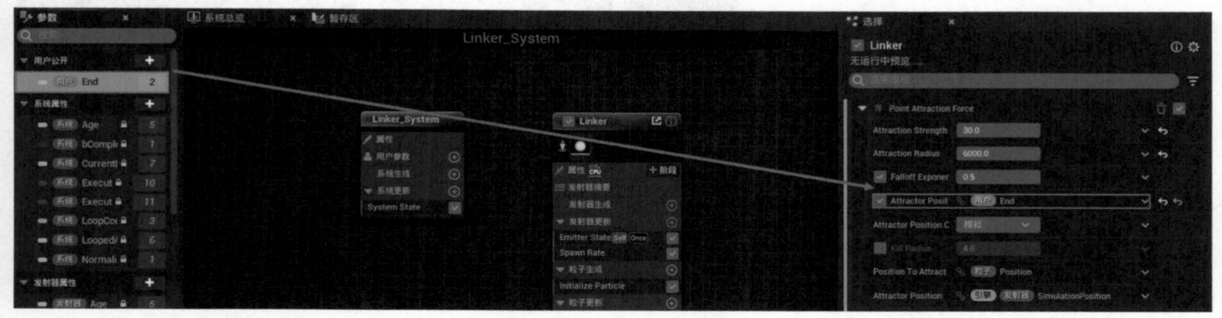

图10-103

10 在“内容浏览器”面板中单击鼠标右键，执行“蓝图类”菜单命令，新建一个“Actor”类蓝图并命名为“BPLinker”，如图10-104所示。

11 双击进入蓝图，在“组件”面板中搜索并选择“Niagara Particle System Component”，如图10-105所示。可以将特效放入此组件中，让其在“Actor”类蓝图中生效。

12 选择“Niagara Particle System Component”组件，在“细节”面板中设置“Niagara>Niagara系统资产”为“Linker_System”，如图10-106所示。

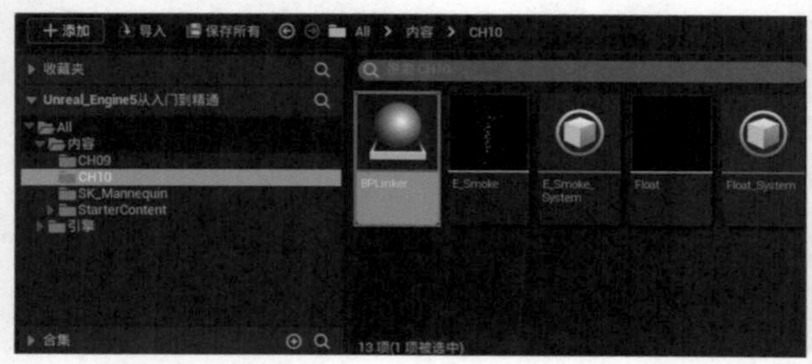

图10-104

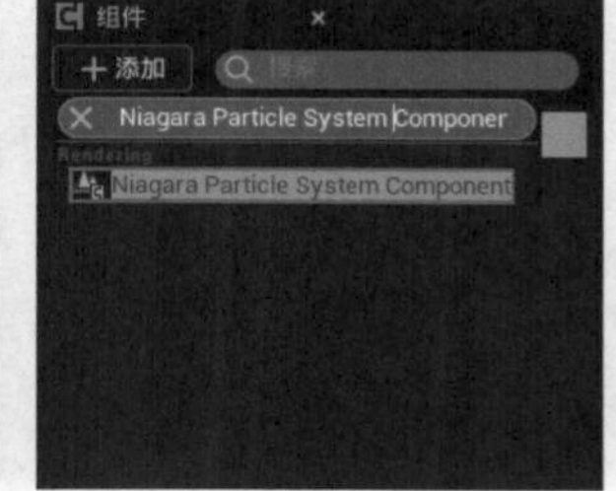

图10-105

图10-106

13 切换Niagara系统后可以在“细节”面板的“重载参数”卷展栏中自由修改被公开的变量，如图10-107所示。还可以通过蓝图修改变量，新建一个Actor对象引用变量并命名为“Other”，勾选“可编辑实例”选项，如图10-108所示。

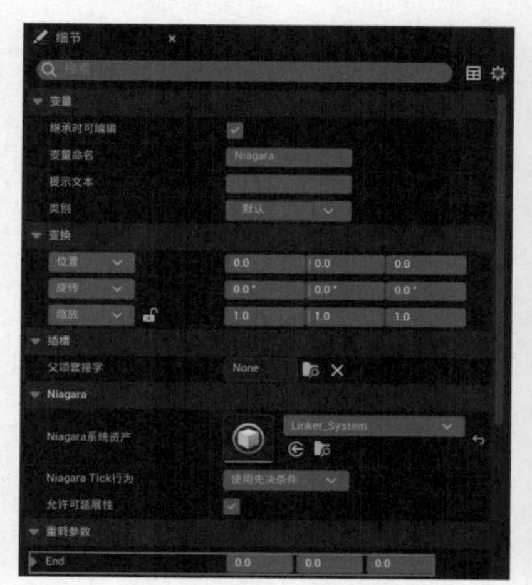

图10-107

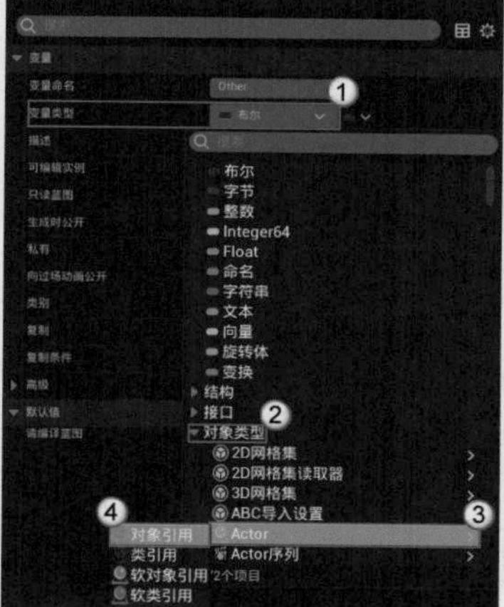

图10-108

14 进入“Construction Script”面板，按住Ctrl键并拖曳“Other”变量到图表中，使用“获取Actor位置”节点得到该变量的位置。使用“设置Niagara变量（矢量3）”节点设置Niagara系统中的“End”变量为“获取Actor位置”节点的返回值，如图10-109所示。

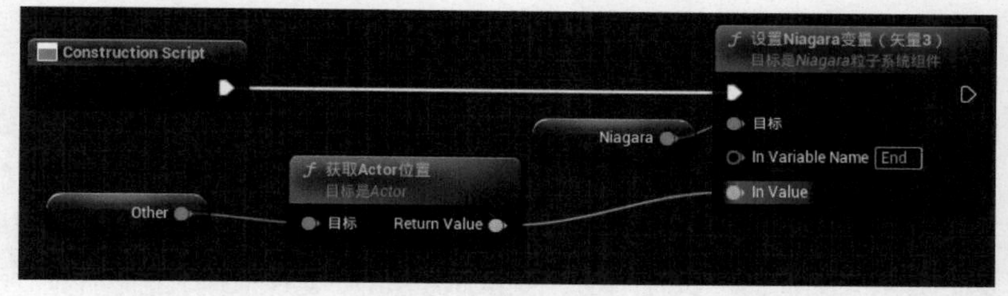

图10-109

15 编译并保存后将蓝图拖曳到关卡中并选择蓝图，在“细节”面板中设置被公开的Actor对象引用变量为自己想要的Actor，本案例设置“Other”为“BPLinker”，如图10-110所示。运行后可以看到粒子移动到设置的位置，如图10-111所示。

图10-110

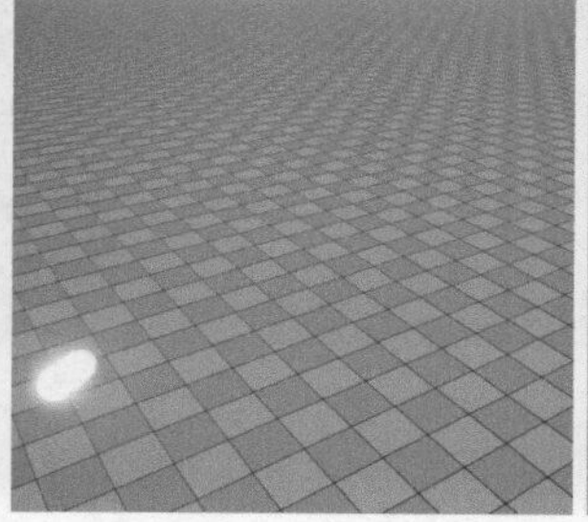

图10-111

综合训练：制作游戏小特效

实例文件　资源文件 > 实例文件 > CH10 > 综合训练：制作游戏小特效

素材文件　无

难易程度　★★★☆☆

学习目标　学会Niagara系统的使用方法

前面讲解了粒子发射器、粒子系统的相关内容和如何创建、删除模块，如何使用不同的模块制作不同的效果，以及如何在外部控制变量等。本案例将运用所讲的知识，制作一个游戏中的小特效，最终效果如图10-112所示。

图10-112

1.制作魔法球

01 新建一个以“Simple Sprite Burst”为模板的Niagara发射器并命名为“MainBall”，双击打开“MainBall”发射器，如图10-113所示。

02 删除自带的“Spawn Burst Instantaneous”模块，添加一个“Spawn Rate”模块，设置“SpawnRate”为100.0，如图10-114所示。

图10-113

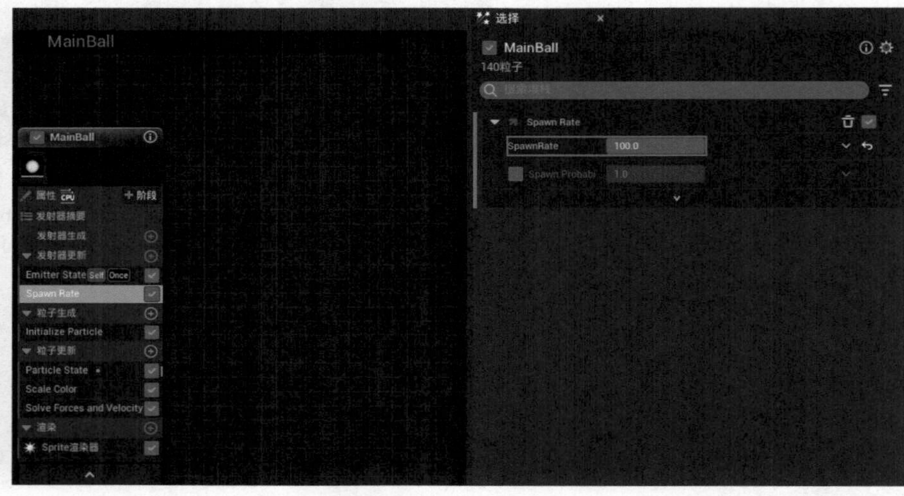

图10-114

03 选择“Emitter State”模块，设置“Loop Duration Mode”为“Infinite”，魔法球中心部分就制作完毕了，如图10-115所示。

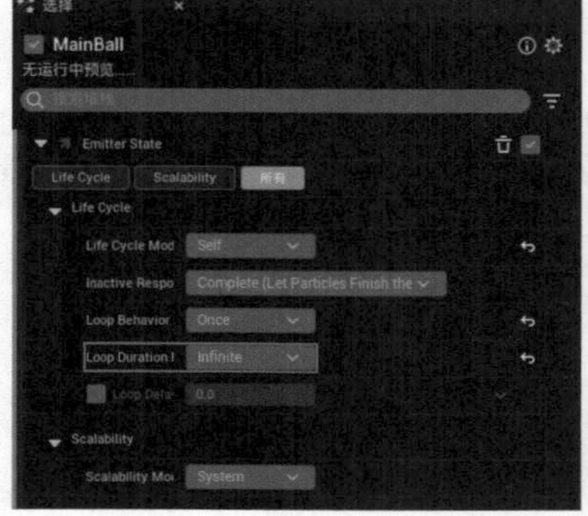

图10-115

04 再次新建一个以“Simple Sprite Burst”为模板的Niagara发射器并命名为“RotationalSphere”，双击打开该发射器，如图10-116所示。

05 删除自带的“Spawn Burst Instantaneous”模块，添加一个“Spawn Rate”模块，设置“SpawnRate”为100.0，如图10-117所示。

图10-116

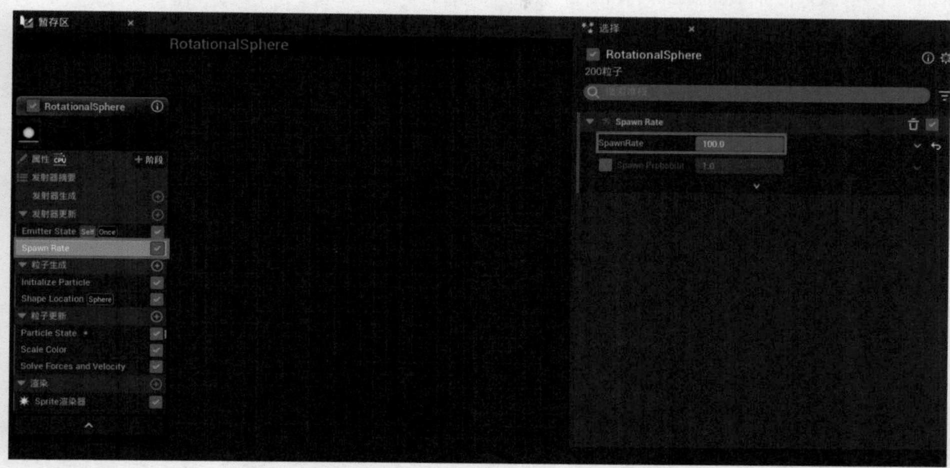

图10-117

06 在“粒子生成”卷展栏中添加一个“Shape Location”模块并设置“Sphere Radius”为50.0，如图10-118所示。

07 选择“Initialize Particle”模块，设置“Sprite Size Mode”为“Non-Uniform”，接着单击“Sprite Size”右侧的箭头按钮 ，在打开的面板中选择“Random Range Vector 2D”，设置“Minimum”的“X”“Y”值均为5.0，“Maximum”的“X”“Y”值均为10.0，如图10-119所示。

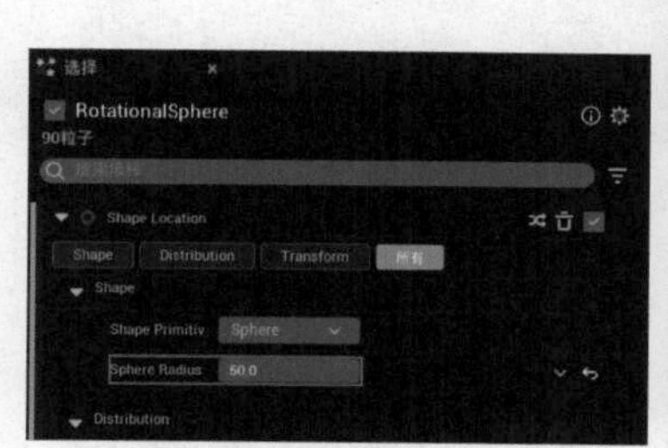

图10-118

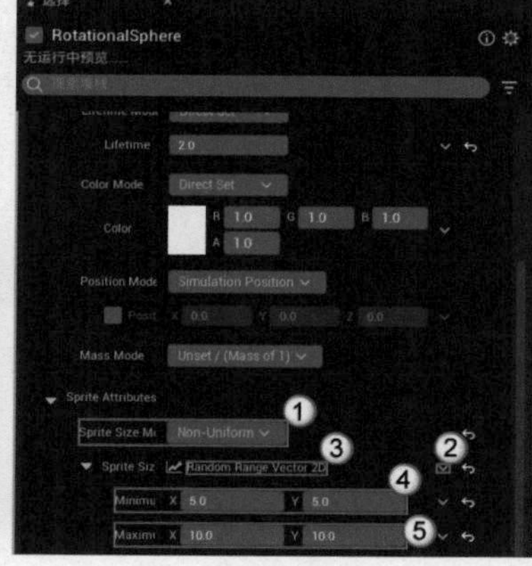

图10-119

08 选择“Emitter State”模块，设置“Loop Duration Mode”为“Infinite”，如图10-120所示。选择“Scale Color”模块，勾选“Scale RGB”选项并设置类型为“Make Vector from Linear Color RGB”，如图10-121所示。

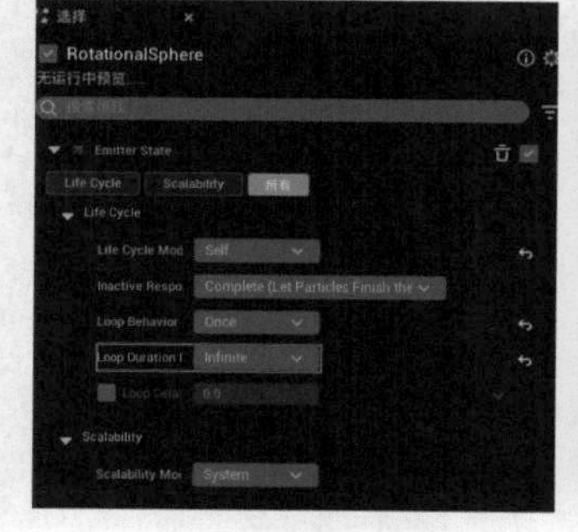

图10-120

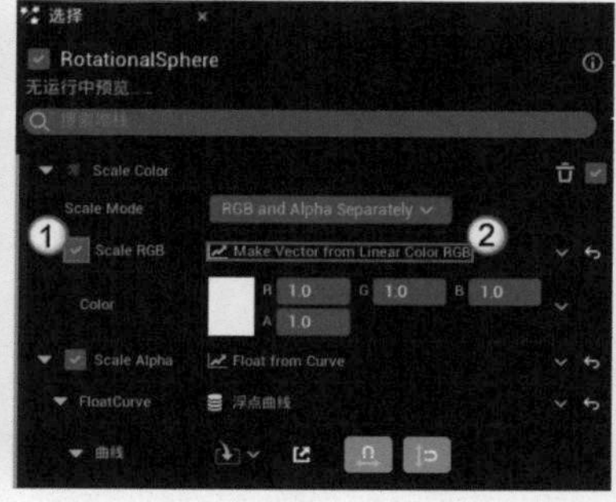

图10-121

09 使用“Random Range Linear Color”设置“Make Vector from Linear Color RGB”的参数，分别设置颜色为红色与黄色，如图10-122所示。

10 在“内容浏览器”面板中使用鼠标右键单击“MainBall”发射器，执行“创建Niagara系统”菜单命令生成Niagara系统，如图10-123所示。

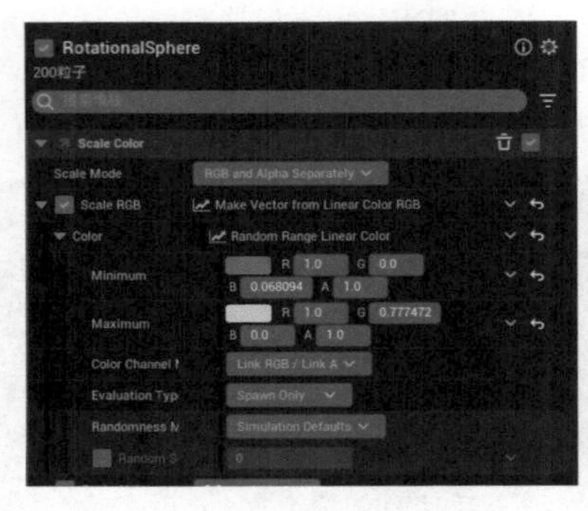

图10-122

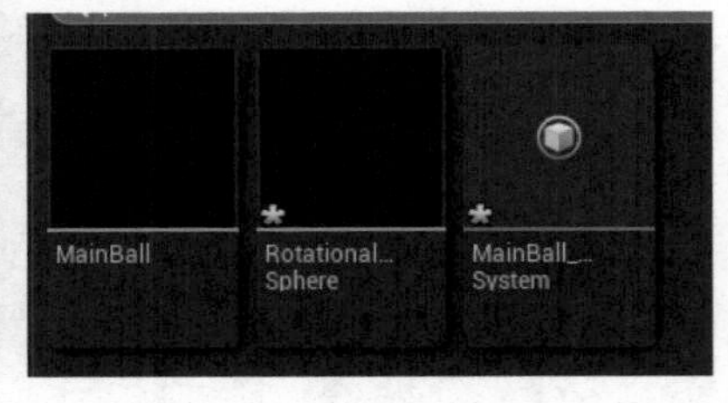

图10-123

11 双击打开“MainBall_System”系统，在“时间轴”面板中单击“轨道”按钮＋轨道，然后在“发射器>父发射器”中添加“Rotational Sphere”发射器，如图10-124所示。这样一个魔法球就制作完成了，如图10-125所示。

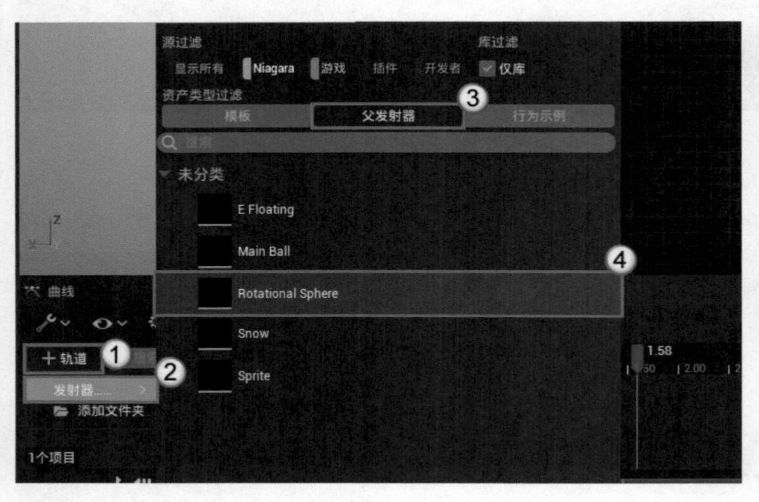

图10-124

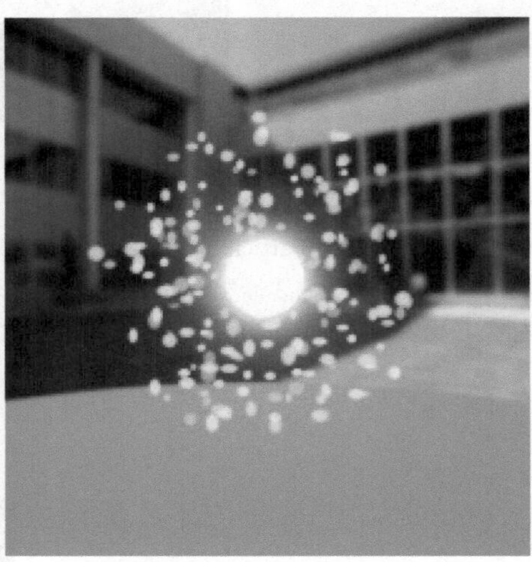

图10-125

2.添加扩散特效

01 基于“Simple Sprite Burst”模板新建一个Niagara发射器并命名为“E_Spread”，双击打开“E_Spread”发射器，在“发射器更新”卷展栏中删除“Spawn Burst Instantaneous”模块，新建一个“Spawn Rate”模块，设置“SpawnRate”为500.0，如图10-126所示。

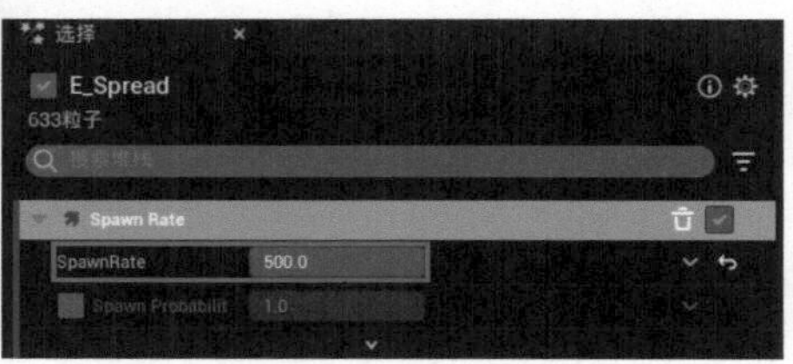

图10-126

02 在“粒子生成”卷展栏中新建一个“Shape Location”模块，设置“Shape Primitive”为“Sphere”，“Sphere Radius”为150.0，如图10-127所示。

03 选择“Emitter State”模块，设置“Loop Duration Mode”为“Infinite”，如图10-128所示。

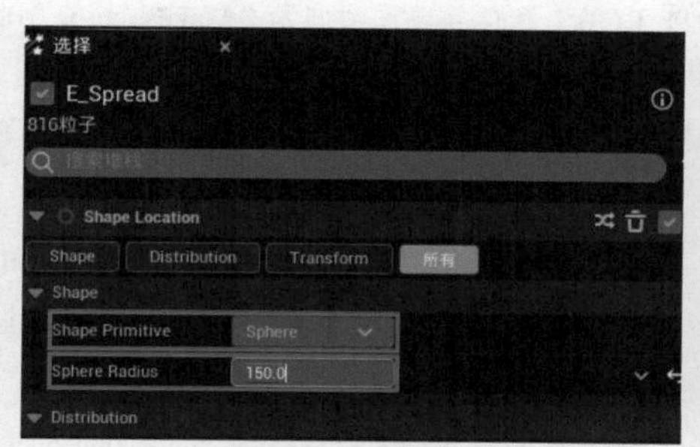

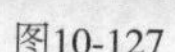

图10-127

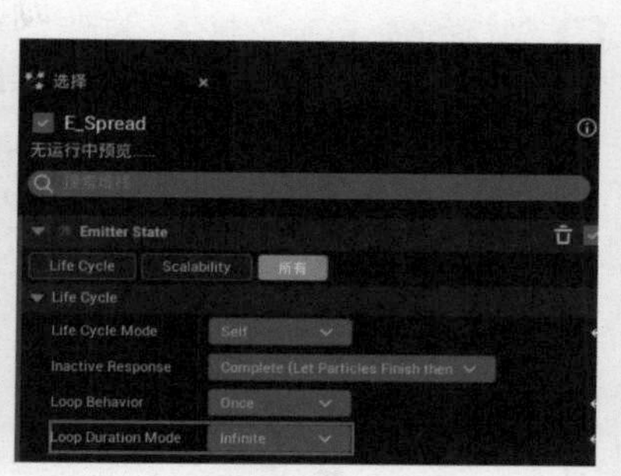

图10-128

04 在“粒子更新”卷展栏中添加“Curl Noise Force”模块，设置“Noise Strength”为100.0，“Noise Frequency”为100.0，如图10-129所示。

05 在“粒子更新”卷展栏中添加“Point Force”模块，设置“Force Strength”为800.0，如图10-130所示。

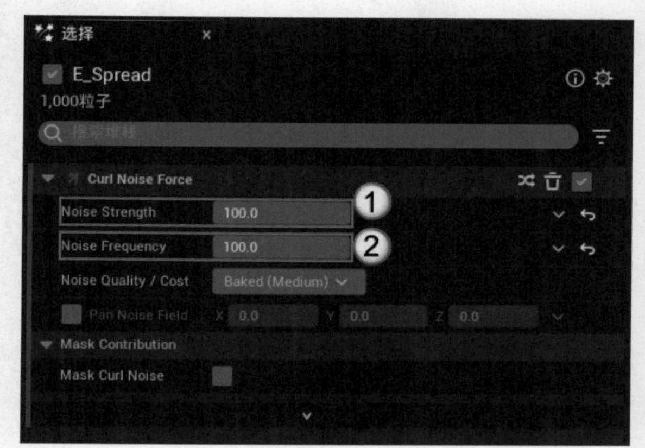

图10-129

图10-130

06 选择“Scale Color”模块，勾选“Scale RGB”选项并设置类型为“Make Vector from Linear Color RGB”，应用后可以设置“Color”为蓝色（R:0.0，G:0.0，B:10.0），如图10-131所示。

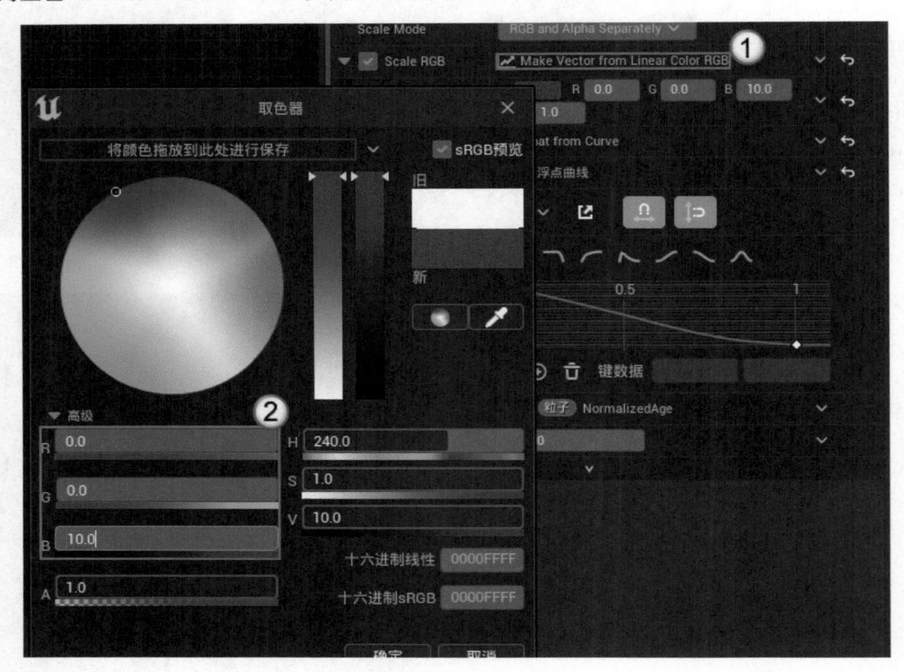

图10-131

07 当粒子有颜色时其会产生自发光效果，保存后以该发射器为基础新建一个粒子系统，如图10-132所示。拖曳“E_Spread_System”系统到关卡中，进入SIE运行模式后可以看到粒子呈扩散状，如图10-133所示。

图10-132

图10-133

第11章 游戏数据与细节处理

■ 学习目的

本章将讲解一些数据处理方面的内容，读者学会这些内容后就可以使用更方便、快捷的方法实现相同的功能，这部分内容是游戏开发中重要的基础内容。同时，因为游戏细节处理方面的一些功能不太适合放到其他内容中讲解，所以本章会一同讲解这些用于优化游戏、方便开发的功能。

■ 主要内容

- 数组、集合和映射等容器
- 结构体与数据表
- 破碎网格体
- 添加震动效果
- 动画通知与音效

11.1 容器

如果需要在一个变量中同时存储多个元素，那么使用容器是较好的选择，如“数组”等。当制作背包系统时背包中会存在很多物品，保存每个物品的变量会非常复杂且无意义，此时可以使用数组容纳所有物品，并且可以通过数组方便地得到、删除或添加物品。容器的应用是Unreal Engine 5的重要部分，从底层框架的搭建到游戏的开发都离不开容器的应用。

重点

11.1.1 数组

蓝图可以使用数组作为变量保存数据，可以把数组简单地想象为只能存放一组单一类型变量的容器。例如浮点型数组只能存放单个或多个浮点型的变量。

数组的用法非常广泛，接下来将讲解如何创建数组和如何使用数组。

1.创建数组

新建一个“Actor”类蓝图并命名为“Array”，双击打开蓝图。在“我的蓝图”面板中新建一个“文本”型变量并命名为“TextArray”，如图11-1所示，单击“编译”按钮编译蓝图。

选择“TextArray”变量，在“细节”面板中单击“变量类型”右侧的箭头按钮，设置“容器类型”为“数组”，如图11-2所示，然后编译蓝图。

编译后“TextArray”变量的默认值变为“0数组元素”，单击“添加元素”按钮3次，如图11-3所示，为数组添加3个元素，分别为“索引[0]”“索引[1]”“索引[2]”。

图11-1

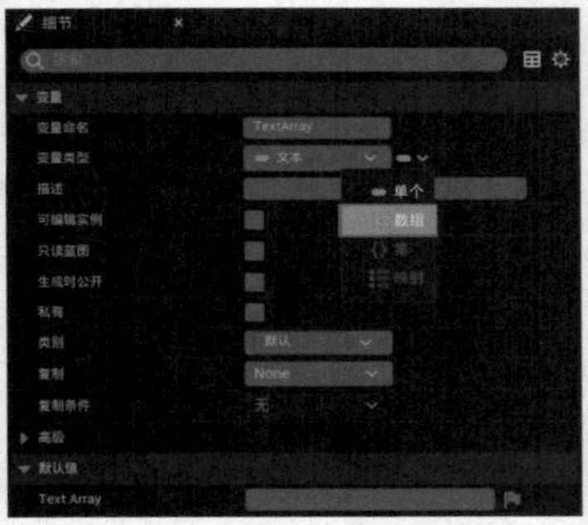

图11-2

图11-3

提示 数组中的元素从0开始计数，如果数组中存在3个元素，则其长度为3，而索引值只到2。

设置“索引[0]”为“Apple”,“索引[2]”为“Banana”,“索引[3]”为“Coin”，如图11-4所示，设置完成后编译蓝图。

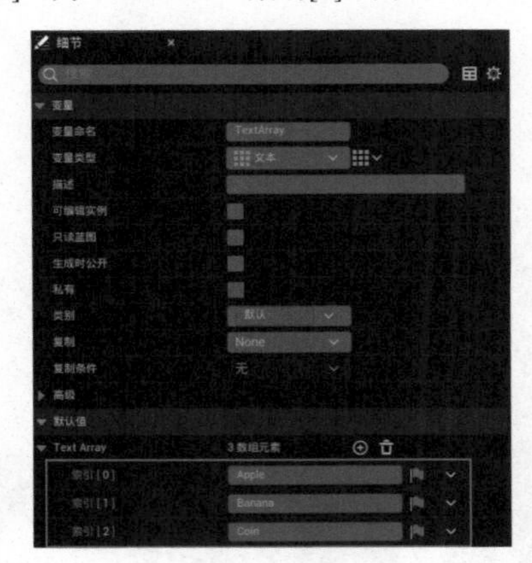

图11-4

2.通过索引获取值

按住Ctrl键，在“我的蓝图”面板中拖曳“TextArray”变量到“事件图表”面板中，如图11-5所示。

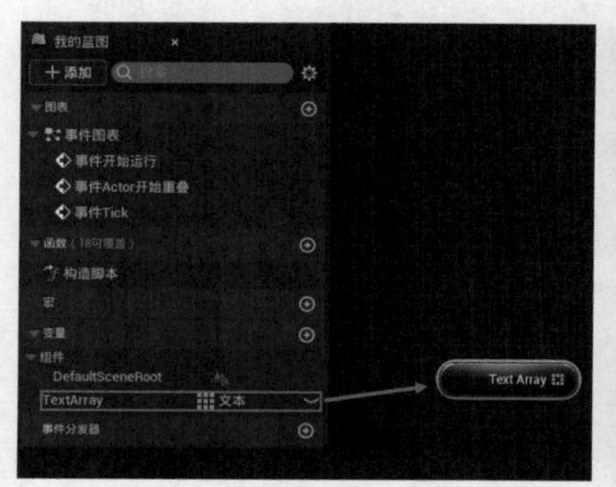

图11-5

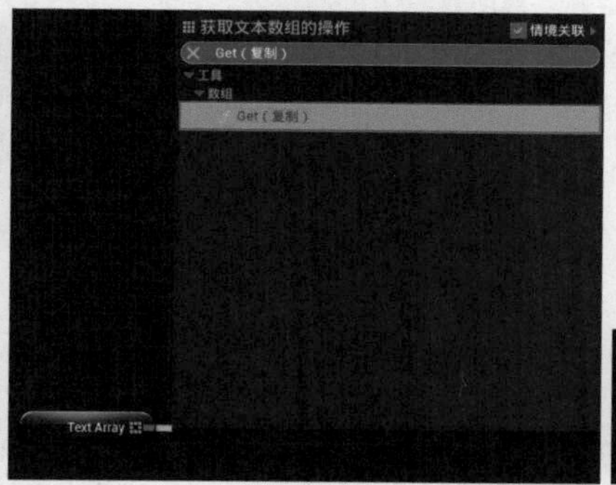

拖曳引脚到空白处后新建一个“Get(复制)”节点（名称为“GET”），该节点有两个参数，如图11-6所示。第1个是通配符数组参数，可以连接任意数组；第2个是索引，需要指定某个Index。

图11-6

“索引[0]”的参数为“Apple”，则在“GET”节点中，从第2个引脚输入0时返回值为“Apple”。可以使用“打印字符串”节点连接返回值，如图11-7所示。

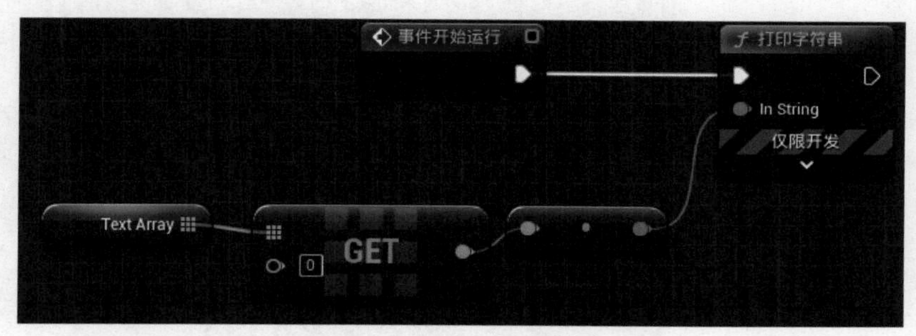

图11-7

编译并保存后拖曳“Array”蓝图到关卡中，进入PIE运行模式后输出“Apple”，如图11-8所示。

回到蓝图中设置第2个引脚为1，编译并保存，因为“索引[1]”在数组中为“Banana”，所以进入PIE运行模式后会输出“Banana”，如图11-9所示。

图11-8

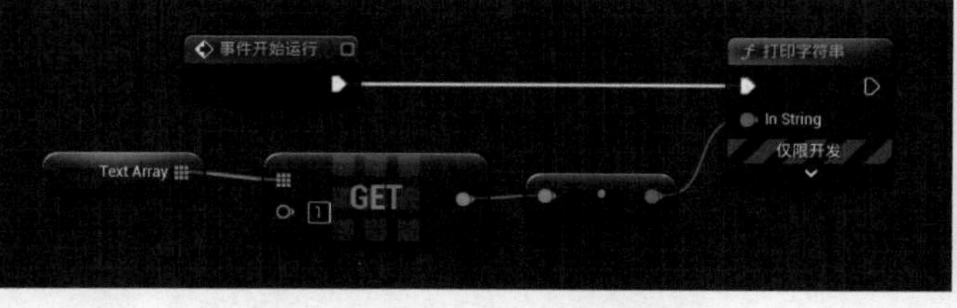

图11-9

因为“TestArray”变量中只存在3个元素，所以只能使用3个索引来得到这3个元素，如图11-10所示，如果第2个引脚大于2，则会报错。

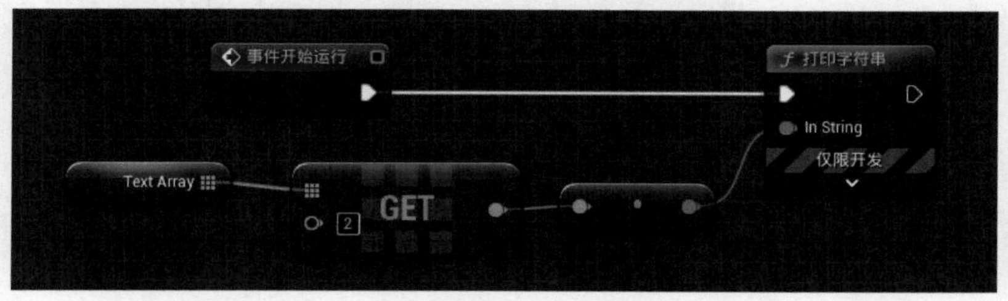

图11-10

3.遍历数组

“For Each Loop”节点会让数组从0开始遍历。“Array Element”引脚会输出对应元素,“Array Index”引脚会输出对应元素的索引值，如图11-11所示。

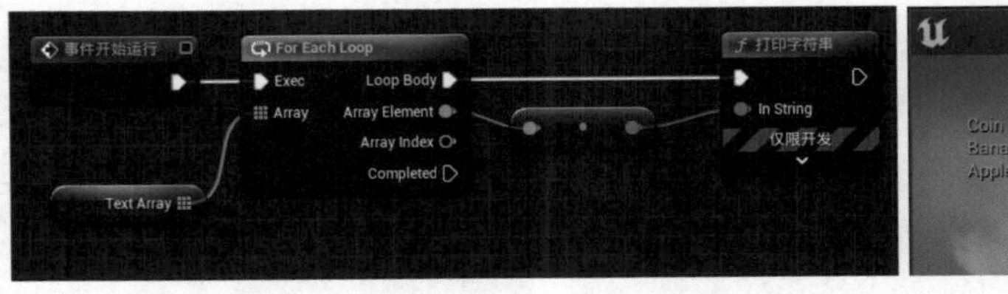

图11-11

添加“附加”节点，连接“Array Element”引脚与其对应的索引，因为元素与索引是一一对应的关系，所以在显示元素时还会显示此元素在数组中的位置，在完成遍历后使用“打印字符串”节点输出“已完成”，如图11-12所示。

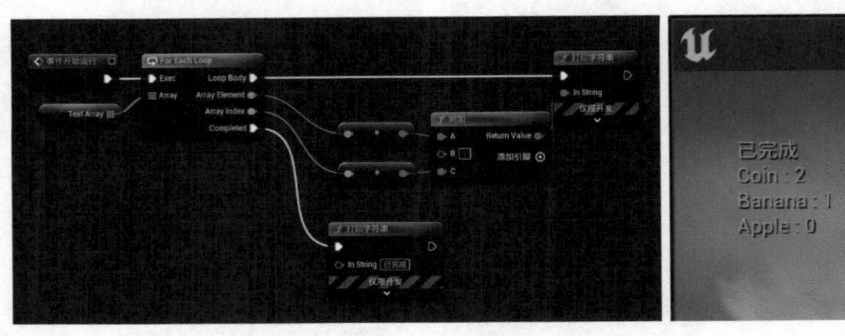

图11-12

使用“Reverse for Each Loop”节点可以从数组的最后一个元素遍历到第1个元素，其使用方法与“For Each Loop”节点相同但遍历方向相反，如图11-13所示。

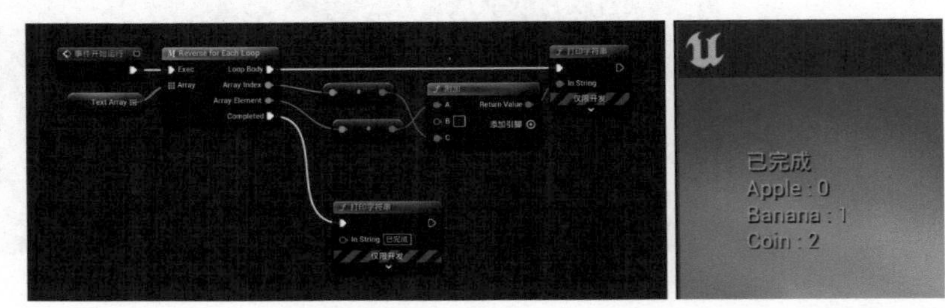

图11-13

4.为数组添加元素

如果要为数组添加一个新的元素，可以使用“ADD”节点（数组中）。将需要添加元素的数组连接到“ADD”节点，如图11-14所示，在第2个引脚中输入想要添加的内容,“ADD”节点会返回一个索引值。

假设当前数组共有3个元素，使用“ADD”节点时会自动添加第4个元素，返回索引值3(因为从0开始计数,0、1、2、3共4个)。在“Test Array”数组中添加一个元素并命名为“Shoes”，如图11-15所示。

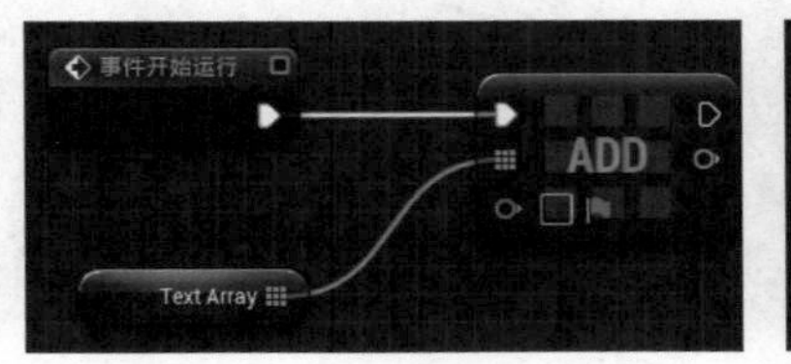

图11-14

图11-15

此时可以返回数组的长度，使用“LENGTH”节点连接“Text Array”数组与“打印字符串”节点，最终输出的结果为4，如图11-16所示。

> **提示** 数组的长度指的是当前数组内元素的数量，而不是最大的下标，如果想要通过“LENGTH”节点得到数组中最后一个元素的下标，则需要将得到的长度减去1。

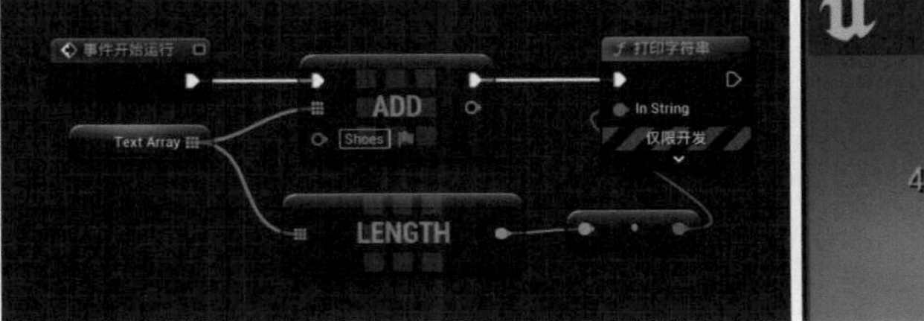

图11-16

如果用“ADD”节点返回的索引值连接“打印字符串”节点，那么最后返回的值应该为3，也就是新添加的元素的索引值（数组中的元素的索引值分别为0、1、2、3，3正好位于第4个位置），如图11-17所示。

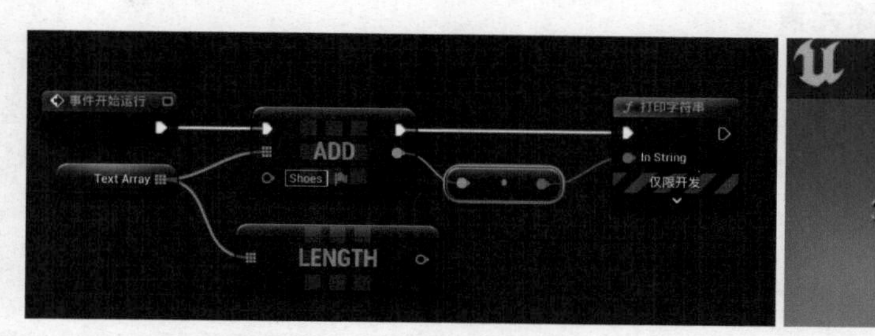

图11-17

添加“Shoes”元素后，尝试获取并输出该元素，如图11-18所示。

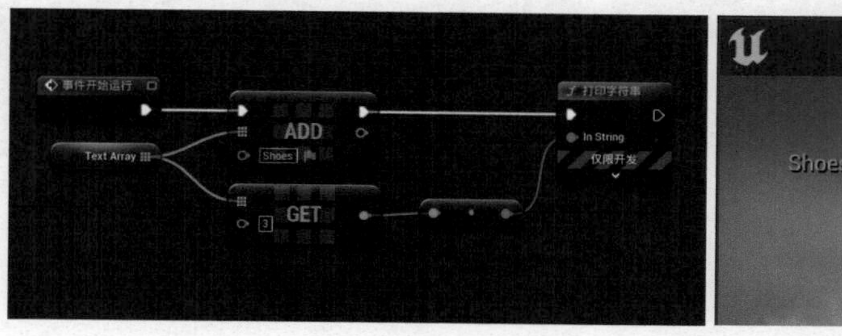

图11-18

5.设置数组中的某一个元素

使用“设置阵列元素”节点可以为指定数组的指定索引对应的元素赋予指定的值，通过“Size to Fit”布尔引脚可以设置是否将元素个数调整到合适的数量，例如使用“设置阵列元素”节点设置索引为2的元素为“tomato”，如图11-19所示。

这样“Text Array”数组中的索引为2的元素“Coin”就会被替换成“tomato”，使用“打印字符串”节点输出索引为2的元素，如图11-20所示。

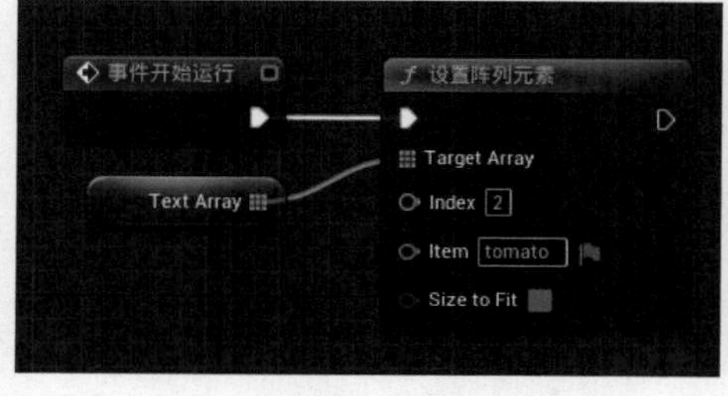

图11-19

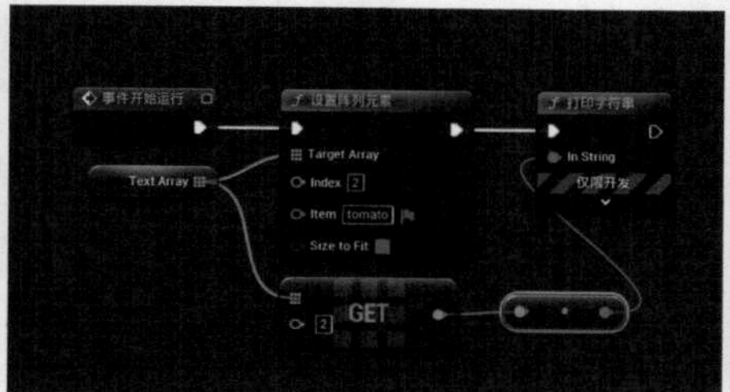

图11-20

因为这个数组只有3个元素，所以索引值只能到2。如果要使用“设置阵列元素”节点设置“索引[2]”以上的元素，则需要勾选“Size to Fit”选项，这样引擎会自动扩充数组到需要设置的索引处，未勾选“Size to Fit”选项时设置超出索引范围的元素就会报错。这里设置索引为5的元素为“Potato”，蓝图以及未勾选和勾选“Size to Fit”选项的结果如图11-21所示。

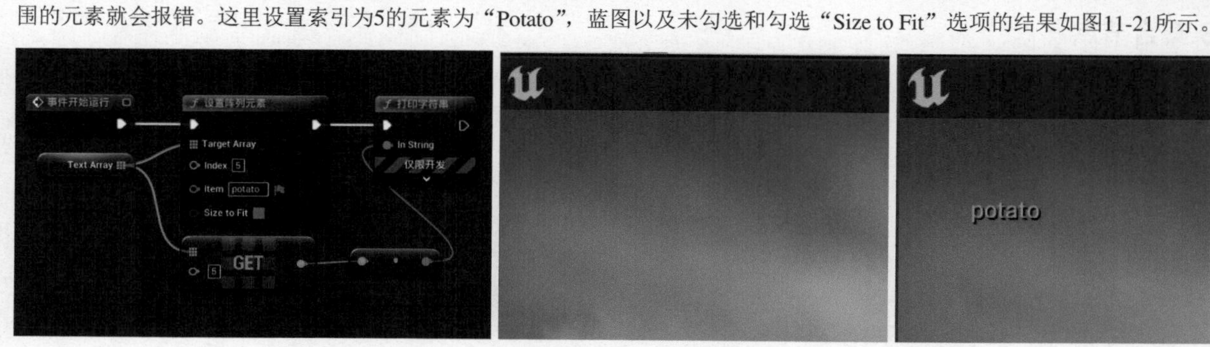

图11-21

6.清除与移除元素

目前蓝图中存在3个元素，分别为“Apple”“Banana”“Coin”，使用“CLEAR”（清除）节点可以一次性删除数组中的所有元素，如图11-22所示。如果当前数组的长度为3，调用“CLEAR”节点后长度将会变成0。

使用“REMOVE INDEX”（移除索引）节点可以移除指定索引对应的元素。如果输入1，则“Banana”元素会被删除，如图11-23所示。

使用“REMOVE”（移除）节点可以移除一个数组中所有具有指定内容的元素。如果在该节点的引脚中输入“Banana”，那么调用该节点后会删除所有包含“Banana”的元素，如图11-24所示。

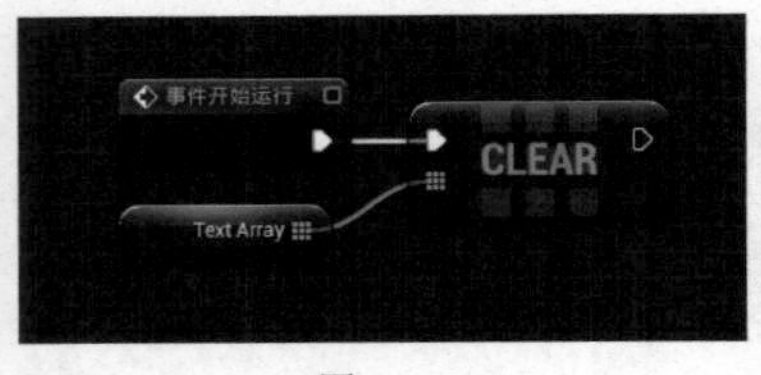

图11-22

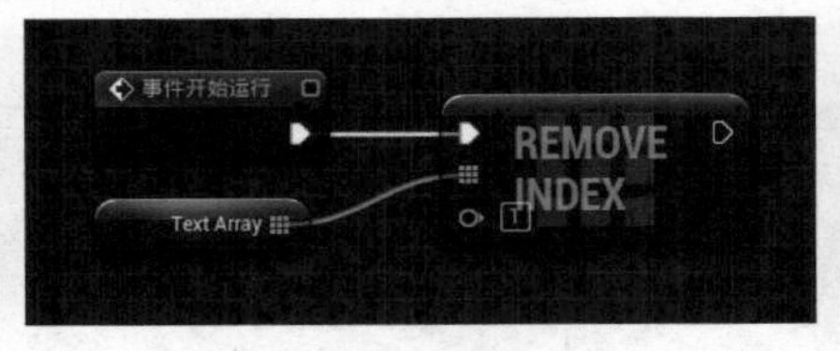

图11-23

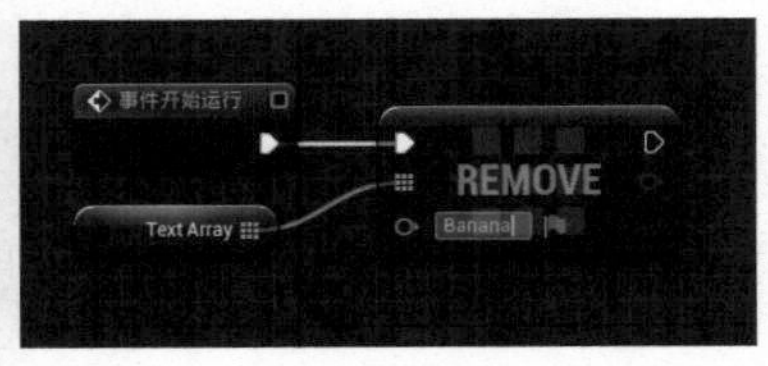

图11-24

11.1.2 集合

集合是容器的一种，集合中内置的函数可以使集合进行交集、并集等操作。虽然可以保存相同类型的元素到集合中，但是集合中的元素必须是唯一的。如果“字符串”集合中已有“Apple”元素，那么这个集合中不能再存在第2个“Apple”元素。

1.创建集合

在“Array”蓝图中新建一个“字符串”型变量并命名为“TestSet”，单击“变量类型”右侧的箭头按钮，设置“容器类型”为“集”，如图11-25所示。

编译并保存蓝图后，“默认值”卷展栏中会出现集合中的元素，虽然可以在“默认值”卷展栏中添加元素，但是集合中不能有两个相同的元素，并且元素不能为空，如图11-26所示。

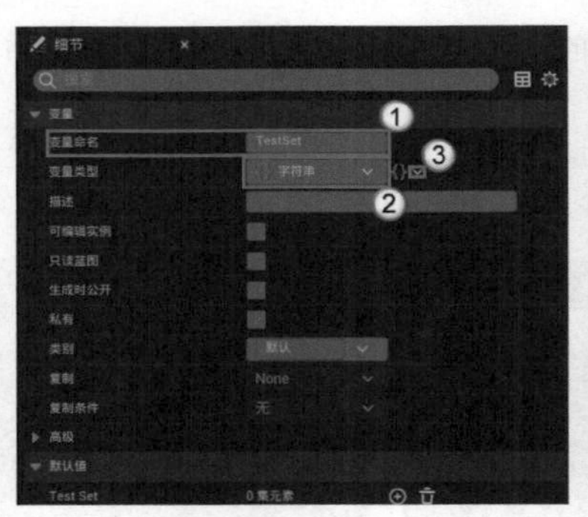

图11-25

图11-26

2.集合转换为数组

集合与映射都可以通过特定的节点转换为数组，使用“TO ARRAY”节点可以将集合转换为数组，并且将两者的索引一一对应，如图11-27所示。如果集合的索引0对应的元素为“Chair”，则数组的索引0对应的元素也为“Chair”。

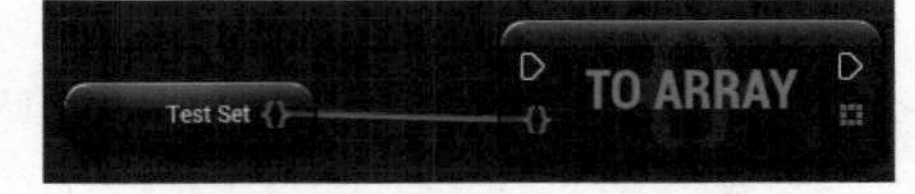

图11-27

3.集合节点

假设有集合A与B，当A∩B时，“INTERSECTION”（交集）节点会取A与B的共有元素并返回新的集合，如图11-28所示。如果A的元素为“Chair”“Desk”“Apple”，B的元素为“Chair”“Banana”“Apple”，则返回的集合中有“Chair”与“Apple”两个元素。

假设有集合A与B，当A∪B时，“UNION”（联合）节点会取A与B的所有元素并返回新的集合，返回时，A与B共有的元素会被移除一个，如图11-29所示。如果A的元素为“Chair”“Desk”“Apple”，B的元素为“Chair”“Banana”“Apple”，则返回的集合中的元素有“Chair”“Banana”“Desk”“Apple”。

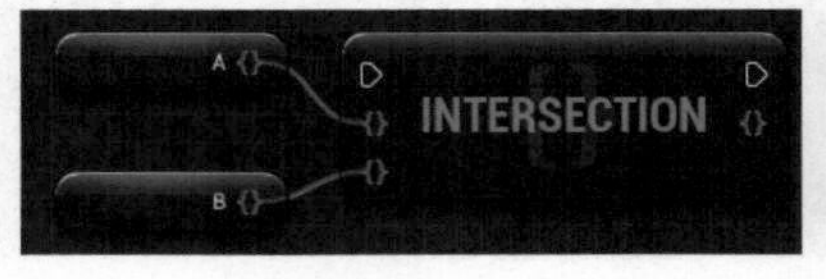

图11-28

图11-29

4.添加与删除

集合也存在对应的“ADD”与“CLEAR”节点。使用“ADD”节点可以在集合中添加指定元素，但是添加的元素不能与已经存在的元素相同，否则会添加失败；使用“CLEAR”节点（工具集中）会删除集合内的所有元素，如图11-30所示。

使用“REMOVE ITEMS”节点可以删除指定元素，因为集合中没有重复存在的元素，所以使用“REMOVE ITEMS”节点可以直接删除对应的元素，如图11-31所示。

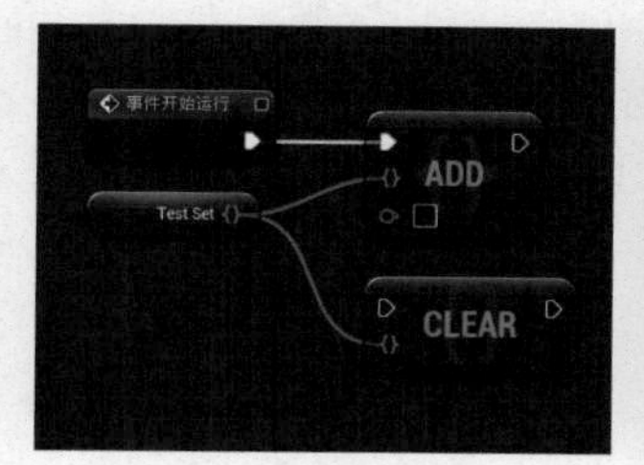

图11-30

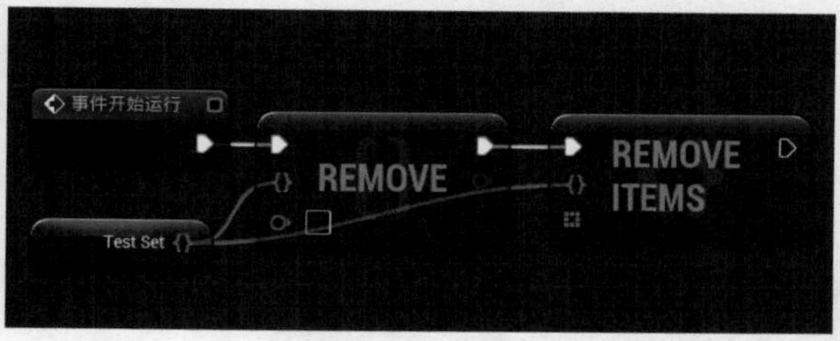

图11-31

11.1.3 映射（字典）

映射的一个元素中存在Key与Value两种内容，与集合一样，一个映射中只能存在唯一的Key，而Value是与Key一对一绑定的，Value与Key不同，Value可以不是唯一的。

1.创建映射

新建一个“字符串”型变量并命名为“StringMap”，设置“容器类型”为“映射”，值的类型为“整数”，如图11-32所示。

编译蓝图后在“细节”面板中新增两个元素，每个Key与对应映射是一一对应的，元素中左侧的为Key，右侧的为Key对应的Value，如图11-33所示。

图11-32

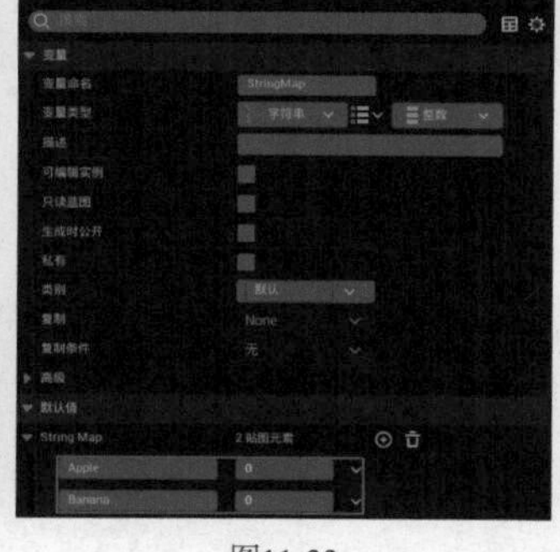

图11-33

技术专题：集合与映射

映射与集合都不能具有未被定义的值，并且元素中的Key必须为唯一值，如图11-34所示。

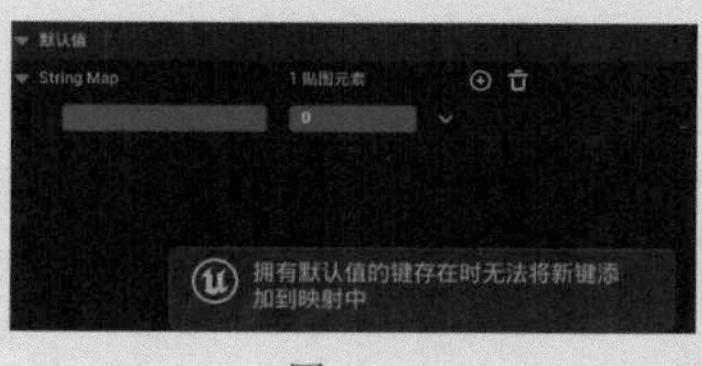

图11-34

2.得到Keys与对应映射的值

可以使用“VALUES”节点与“KEYS”节点获得Keys与对应映射的值，如图11-35所示，返回值均为数组。

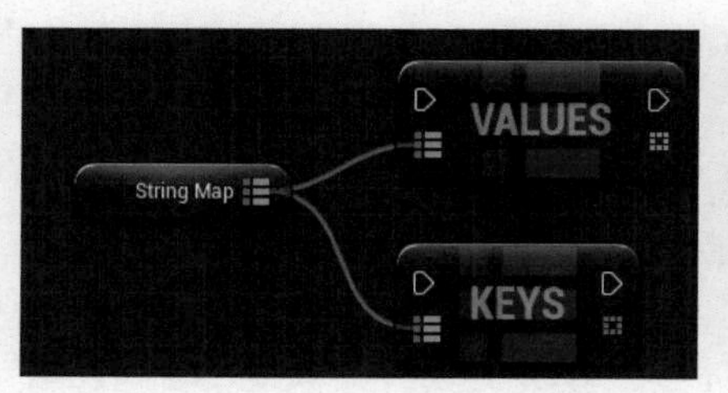

图11-35

3.添加与清除值

使用映射专用的“ADD”节点和“CLEAR”节点可以添加或清除映射的值，如图11-36所示。

使用“REMOVE”节点可以删除指定的元素，如图11-37所示。

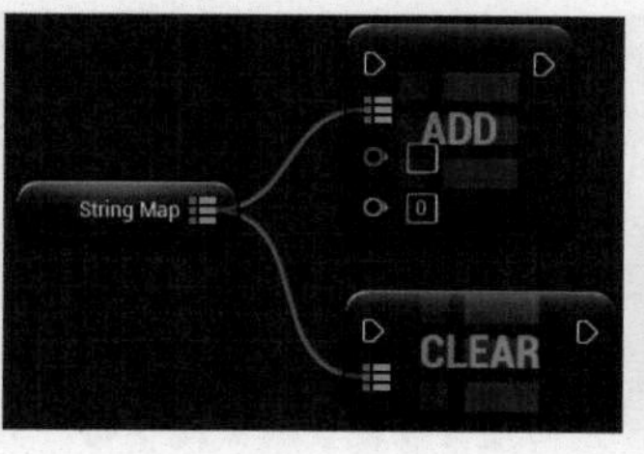

图11-36

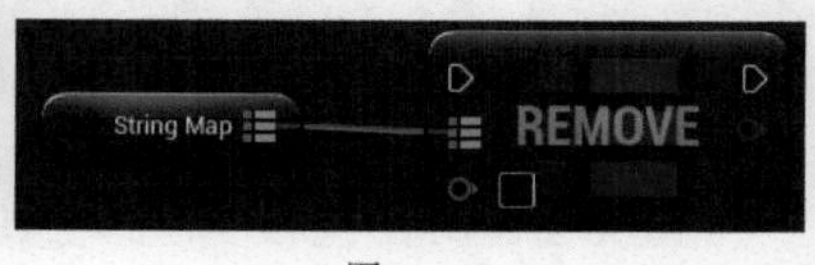

图11-37

11.2 结构体与数据表

结构体是一种由一系列变量组成的结构型数据，在一个结构体中可以根据需求加入不同的变量、数组等内容，在蓝图中经常使用的“向量”(Vector）和“旋转”(Rotator）等就属于结构体（包含3个“浮点”型变量）。

数据表是一种基于结构体创建的表格，表格的行由结构体记录的类型决定，列由用户定义的名称决定，在蓝图中创建的结构体可以直接作为数据表的行结构。

重点

11.2.1 创建结构体

在“内容浏览器”面板中的空白处单击鼠标右键，执行“蓝图>结构”菜单命令，新建一个结构体并命名为“StItem”，如图11-38所示。因为一款游戏中存在多个物品，所以通常需要用一个结构体来存储物品的基本信息，如物品的名称、备注等。

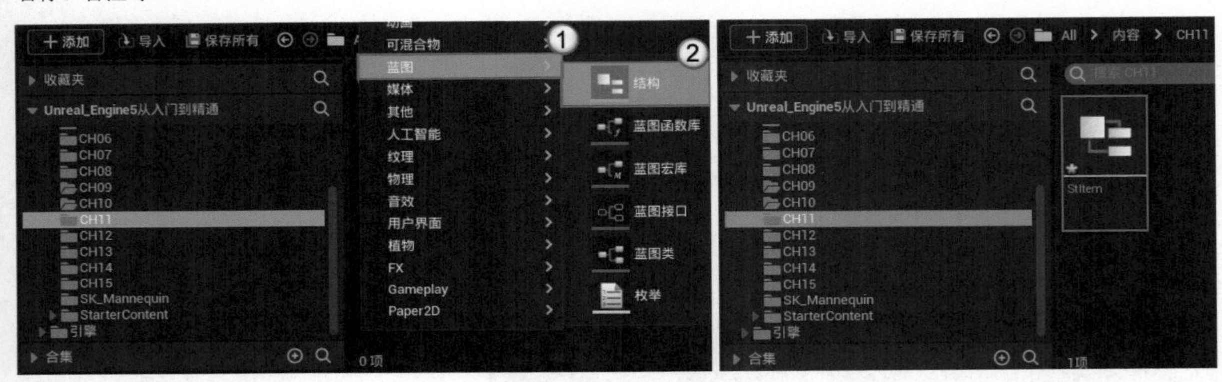

图11-38

双击“StItem”结构体，打开此结构体的编辑界面，单击“添加变量”按钮为此结构体添加一个新的变量，如图11-39所示。

图11-39

设置第1个变量的“名称”为“Name”,“类型”为“命名”，用来代表物品的名称；设置第2个变量的“名称”为“Lore”,“类型”为“文本”，用来代表物品的备注，如图11-40所示。

图11-40

创建完成后单击“保存”按钮，之后便可以在任意蓝图中将“StItem”结构体作为变量的“类型”，如图11-41所示。

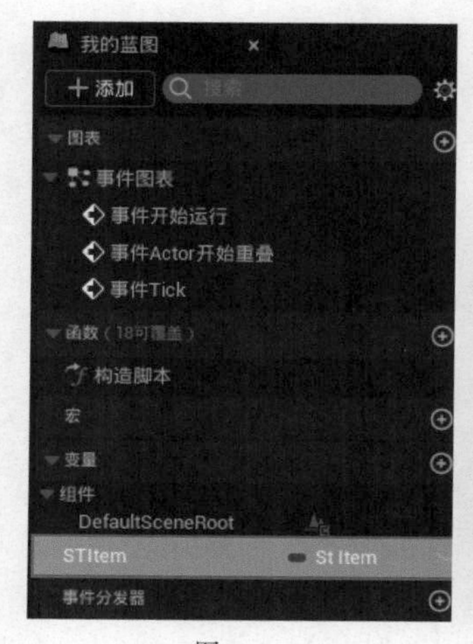

图11-41

按住Ctrl键并拖曳“STItem”变量到“事件图表”面板，使用“中断STItem”节点将结构体分割后可以得到结构体内的成员变量，使用“设置STItem中的成员”节点可以改变结构体中的某一个成员，如图11-42所示。选择“设置STItem中的成员”节点后，在“细节”面板中勾选想要设置的成员，节点便会暴露参数，如图11-43所示。

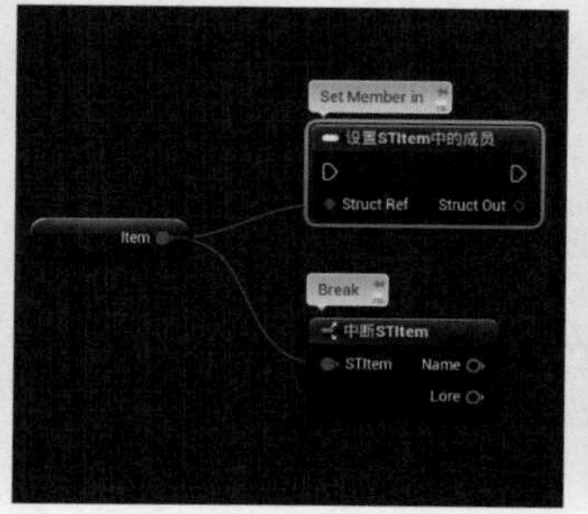

图11-42

图11-43

使用“创建STItem”节点创建一个结构体，参数为成员变量，返回的内容是创建的结构体，如图11-44所示。

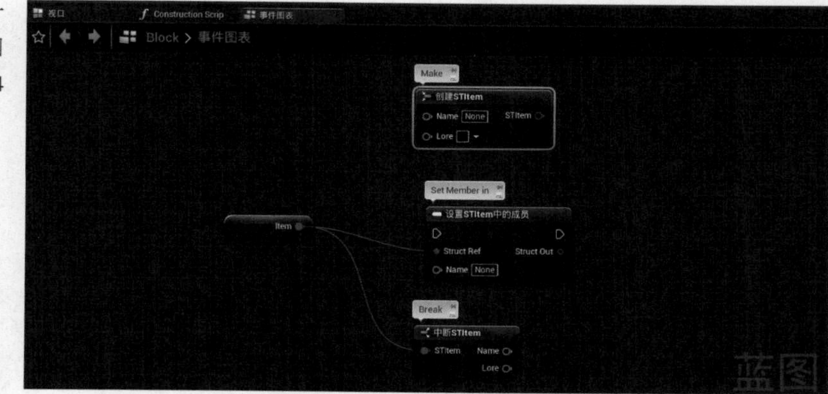

图11-44

重点

11.2.2 创建数据表

在蓝图中新建的结构体可以直接作为数据表的行结构，在“内容浏览器”面板的空白处单击鼠标右键，执行“其他>数据表格”菜单命令，在弹出的“选取行结构”对话框中选择“StItem”并单击“确定”按钮 确定 ，如图11-45所示。

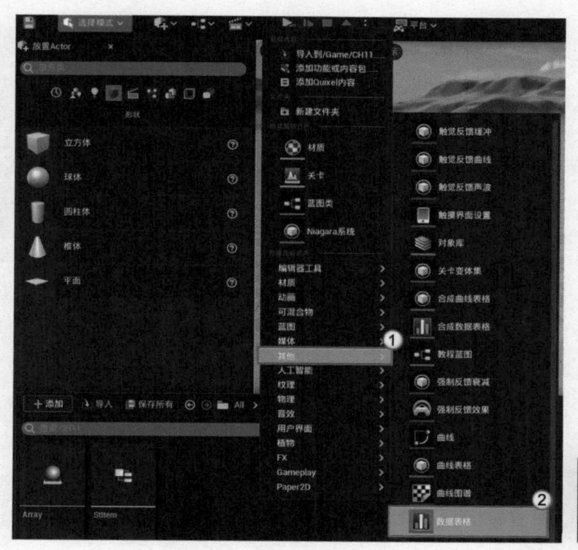

图11-45

将其命名为“Item_Data_Table”后双击打开，可以看到数据表中存在“StItem”结构体中的成员变量，如图11-46所示。

单击“添加”按钮 添加 为数据表添加行，设置“行命名”为“Apple”，随意设置“Name”与“Lore”的内容，如图11-47所示。

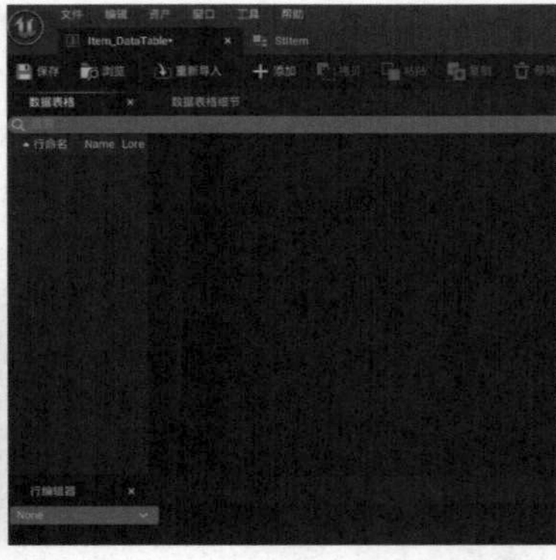

图11-46

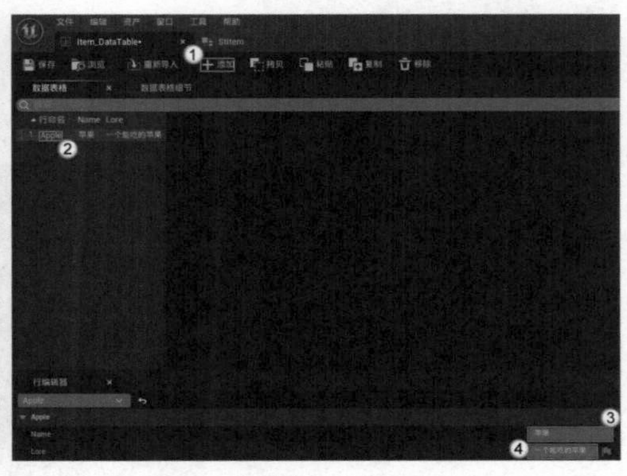

图11-47

如果存在多个属性，可以再次单击“添加”按钮 添加，设置“行命名”为“Banana”，并设置“Name”与“Lore”的内容，如图11-48所示。

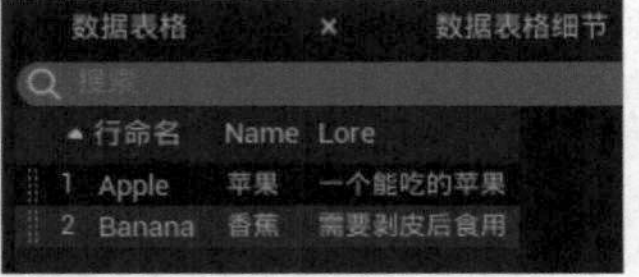

图11-48

提示 “行命名”可以理解为物品的ID，在数据表上可以通过行命名得到某一行的所有信息，并将信息反馈到蓝图（C++）中。

11.2.3 得到数据表的某一行

向“获得数据表格行Item_DataTable”节点中传入行命名，节点会返回一个结构体，结构体中有这一行的所有数据。通过这种方法可以根据行命名快速得到需要的数据。

新建一个“Actor”类蓝图并命名为“Item_Checker”，双击打开蓝图，在蓝图中通过节点调用一行的数据。添加一个“获得数据表格行Item_DataTable”节点（需要搜索“Get Data Table Row”），设置“Data Table”为“Item_DataTable”，如图11-49所示。

图11-49

“Row Name”引脚有一个用于引用数据表的下拉列表框，在其中能够选择已经创建的数据表。

程序在节点执行后会自动在指定的“Data Table”数据行中查找“Row Name”数据是否存在，如果存在，就会从“找到的行”引脚输出，并且“输出行”引脚会输出一个具有内容的创建“Data Table”行结构的结构体，如图11-50所示。反之，则从“Row Not Found”引脚输出。

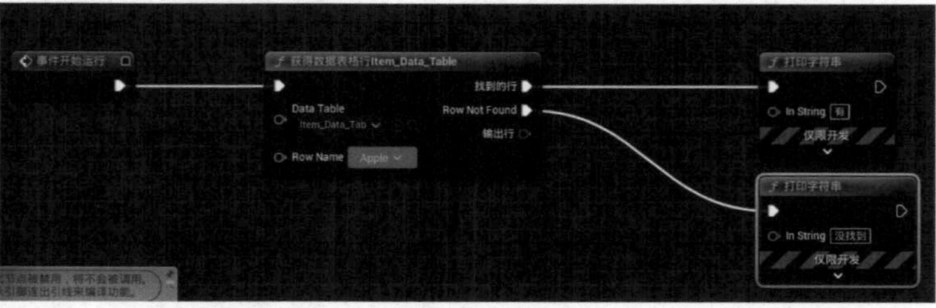

图11-50

使用“事件开始运行”节点连接“获得数据表格行”Item_DataTable节点，使用“中断STItem”节点将“输出行”引脚中断，新建一个“格式化文本”节点，在“Format”引脚中输入如下代码。

```
{Name}
{Lore}
```

输入后连接“Name”与“Lore”引脚，将“格式化文本”节点的“Result”引脚连接到“打印字符串”节点上，如图11-51所示。

设置“Row Name”引脚为变量时，默认的值会自动成为默认值，如果需要可以选择变量并在“细节”面板中修改其默认值，如图11-52所示。

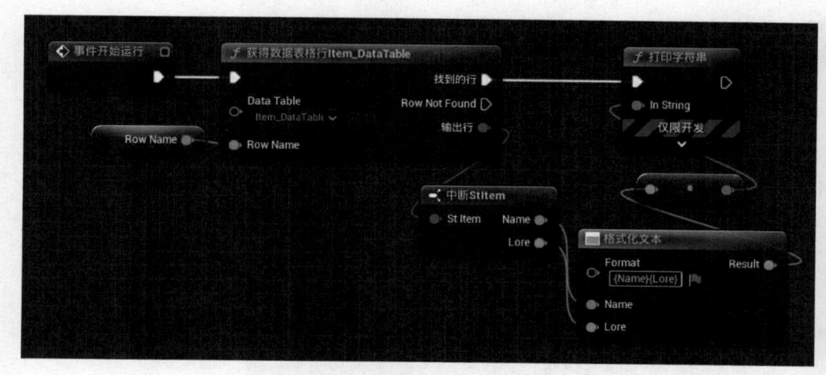

图11-51

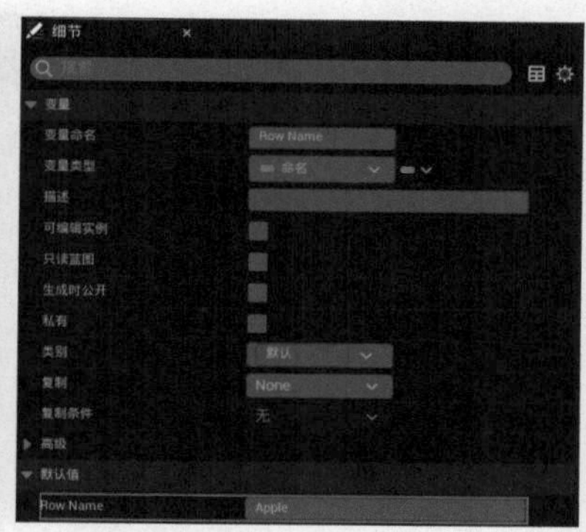

图11-52

编译并保存蓝图后拖曳蓝图到关卡中，进入PIE运行模式，左上角会显示“Apple”行的内容，如图11-53所示。回到蓝图中设置“Row Name”变量为“Banana”，如图11-54所示。

编译并保存后进入PIE运行模式，可以看到输出的内容为“Banana”行的内容，如图11-55所示。

图11-53

图11-54

图11-55

11.2.4 导入、导出数据表

打开“资源文件＞素材文件＞CH11”文件夹，其中的“Data.csv”文件是一个基于“StItem”结构体创建的CSV文件，直接拖曳该文件到“内容浏览器”面板中会弹出“数据表选项”对话框，如图11-56所示。

设置“选择DataTable的行类型”为“StItem”，单击“应用”按钮 应用 导入数据表，如图11-57所示，双击打开“Data”数据表后可以看到数据表中的内容，如图11-58所示。

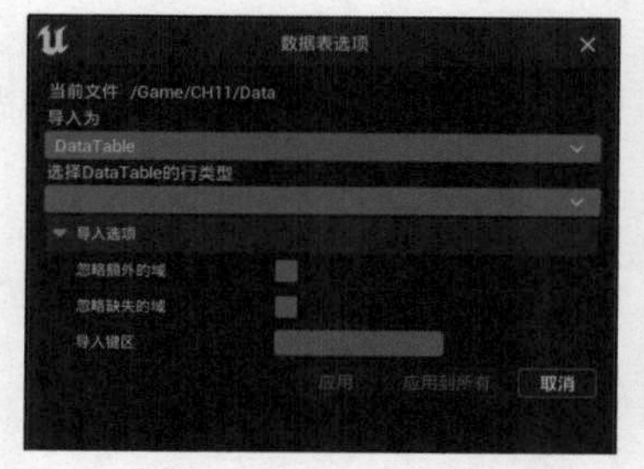

图11-56

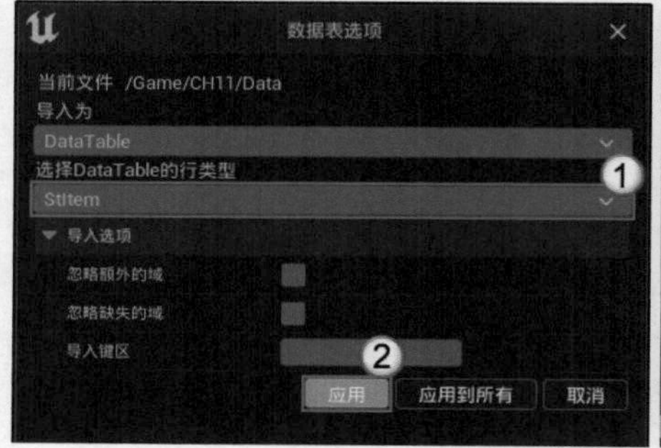

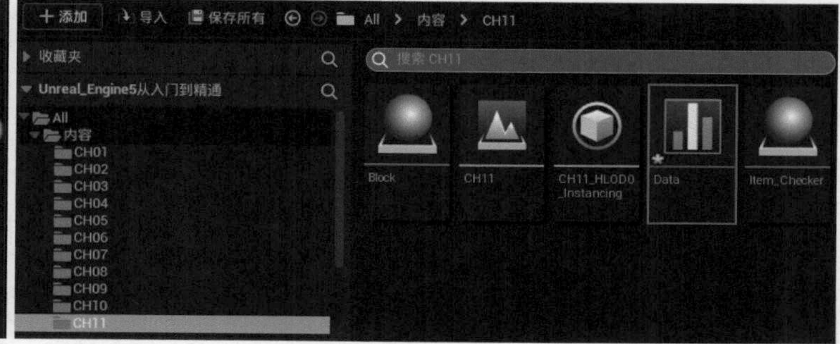

图11-57

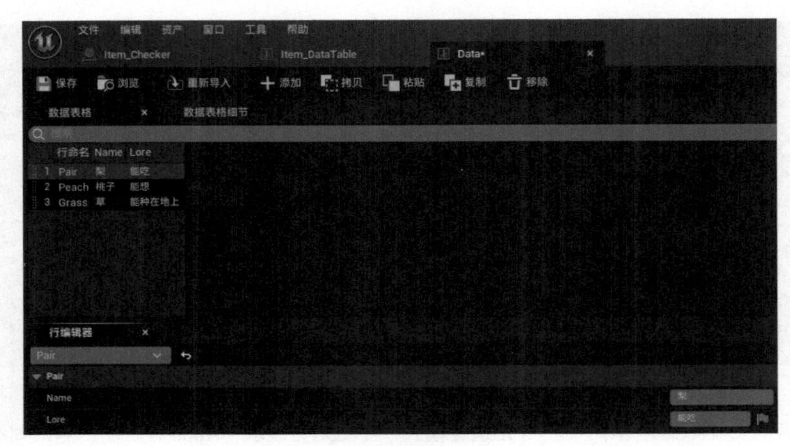

图11-58

11.2.5 编辑数据表

使用记事本打开“资源文件>素材文件>CH11>Data.csv”文件，该文件中存在3行内容，第1行为行命名与结构体的成员变量名称等，通常情况下写成“Name,xxxx,xxxx”，成员变量之间需要用一个逗号隔开，如图11-59所示。

第2行与第3行是单独的内容，与第1行的内容一一对应。例如，Grass（对应Name），草（对应Name），能种在地上（对应Lore）。可以在记事本中编辑对应内容，将更改后的内容导入数据表就会得到更改后的效果。

提示 在输入逗号时，需要使用半角符号，不能使用全角符号。

Data - 记事本
文件(F) 编辑(E) 格式(O) 查看(V) 帮助(H)
Name,Name,Lore
Pair,梨,能吃
Peach,桃子,能想
Grass,草,能种在地上

图11-59

11.3 破碎

Unreal Engine 5中有破碎功能，使用破碎功能可以很方便地将网格体破碎成一定形状的碎块。本节将为读者简单地讲解如何创建破碎的网格体。拖曳初学者内容包中的“SM_Rock”资产到关卡中，将为这个石头添加破碎效果，如图11-60所示。

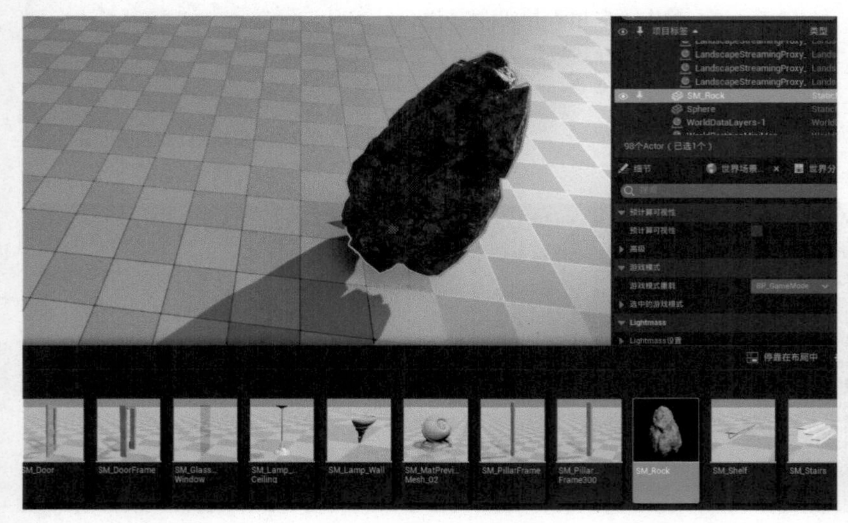

图11-60

展开“选择模式”下拉列表，选择“破裂”选项或使用快捷键Shift+6从“选择”模式切换到“破裂”模式，如图11-61所示，打开“破裂”面板。

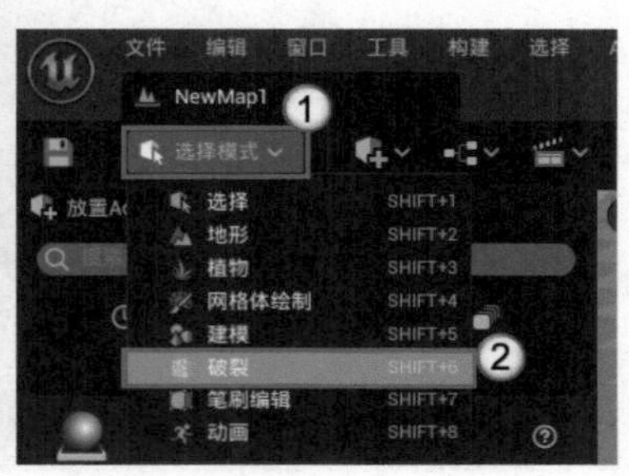

图11-61

选择关卡中的石头后，单击左侧“Generate”卷展栏中的“新建”按钮，在弹出的“选择路径”窗口中选择合适的存储位置后单击“创建几何体集”按钮新建一个破碎文件，如图11-62所示。

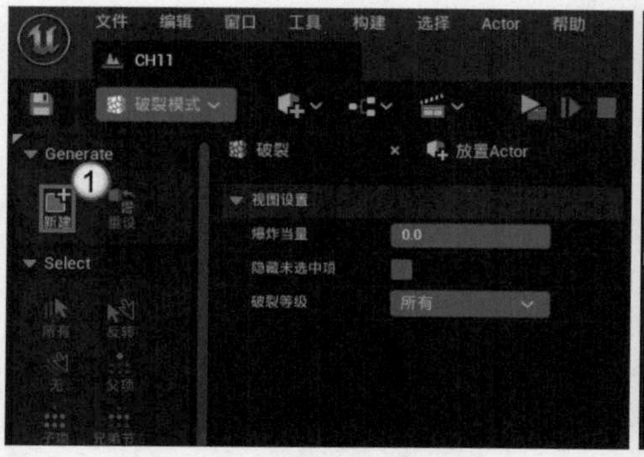

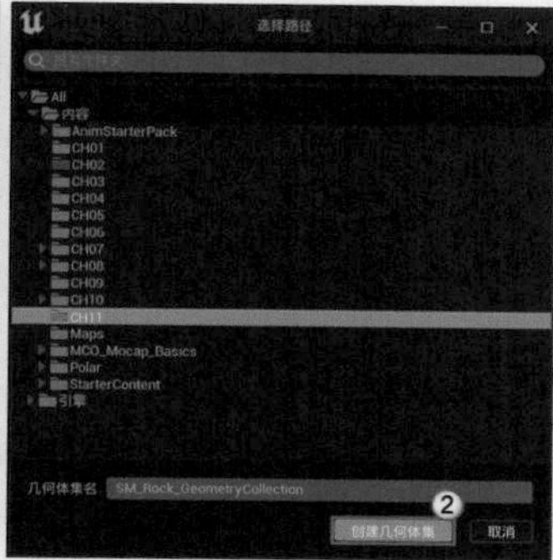

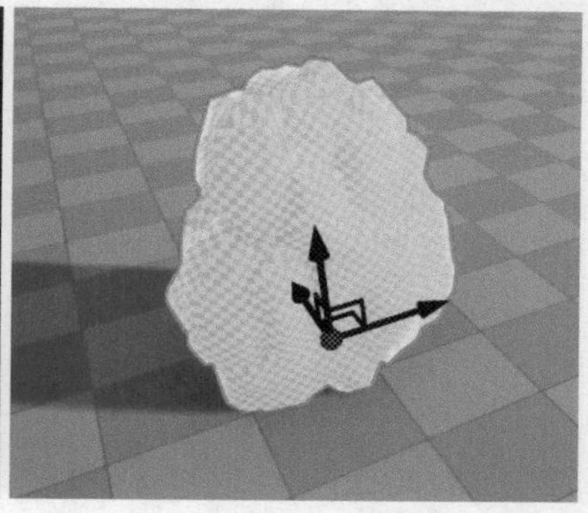

图11-62

在左侧的“Fracture”卷展栏中单击“统一”按钮，创建一个基础破碎，如图11-63所示。

单击“破裂”按钮，设置“爆炸当量”为1.0，如图11-64所示。进入SIE运行模式后可以看到石头成功被破碎，如图11-65所示。

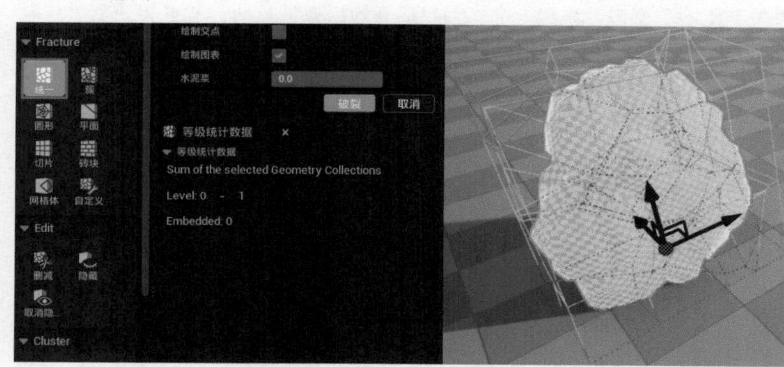

图11-63

图11-64

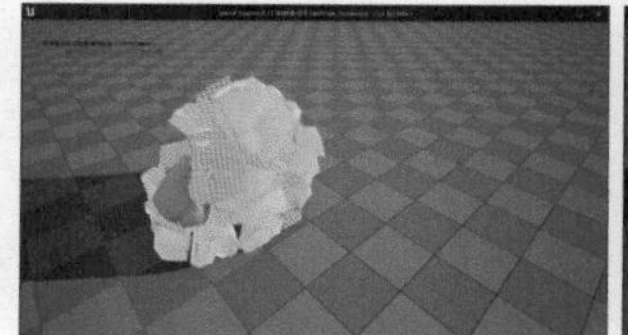

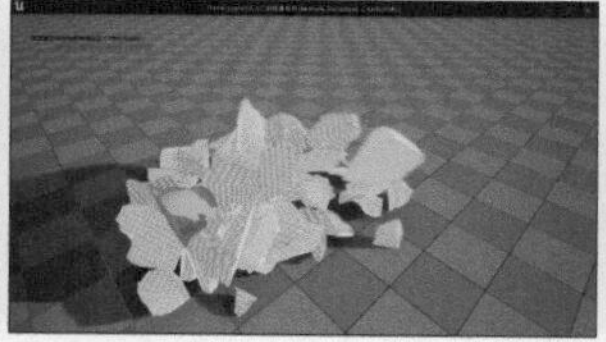

图11-65

11.4 震动

摄像机震动与手柄震动可以让游戏有更强的打击感，在攻击或碰撞时产生的震动感会让玩家拥有更好的游戏体验。

11.4.1 摄像机震动

在“内容浏览器”面板中的空白处单击鼠标右键并执行“蓝图类”菜单命令，在“选取父类”对话框中找到“MatineeCameraShake (Matinee摄像机晃动)”，选择后单击“选择”按钮，如图11-66所示，新建一个蓝图并命名为“BP_CameraShake”。

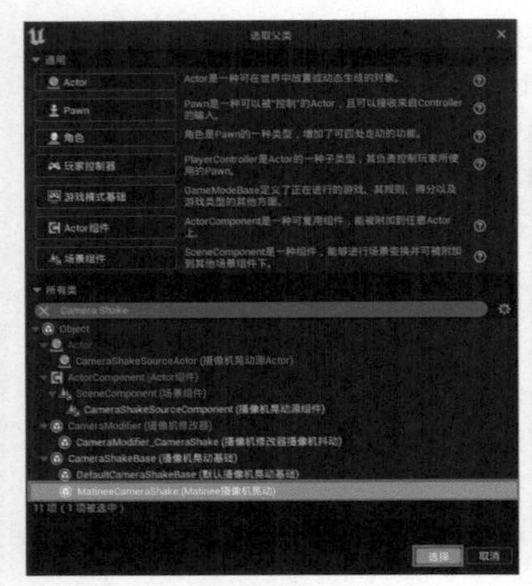

图11-66

双击打开“BP_CameraShake”蓝图，在“细节”面板中随意设置“振荡时长”“旋转振荡”“位置振荡”“FOV振荡”可以产生各种震动效果，如图11-67所示。

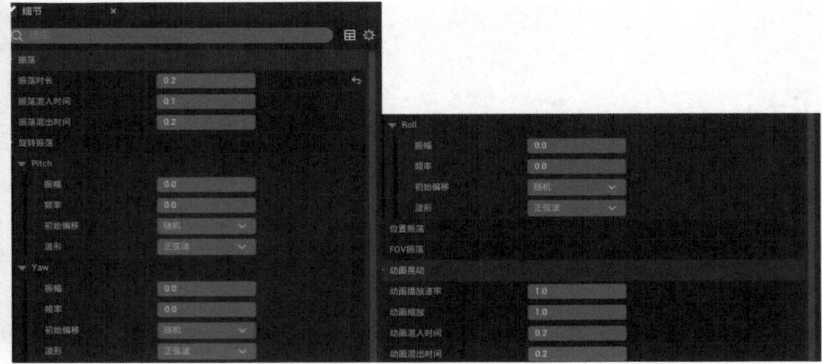

图11-67

设置“振荡时长”为0.2,“旋转振荡”中的“Pitch”“Yaw”“Roll”的“振幅”均为1.0，如图11-68所示。设置完成后编译并保存蓝图。

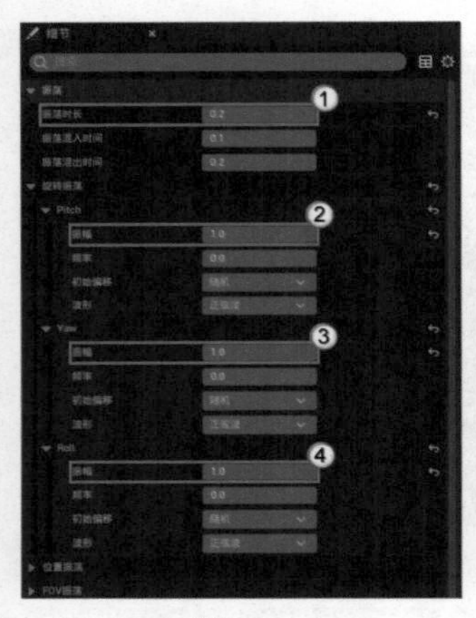

图11-68

打开“关卡蓝图”窗口，添加一个“客户端开始摄像机晃动”节点和一个“获取玩家控制器”节点并连接“目标”引脚到“Return Value”引脚，使用“K”节点触发震动，设置“Shake”为“BP Camera Shake”，如图11-69所示。编译并保存后进入PIE运行模式，按K键后屏幕产生震动。

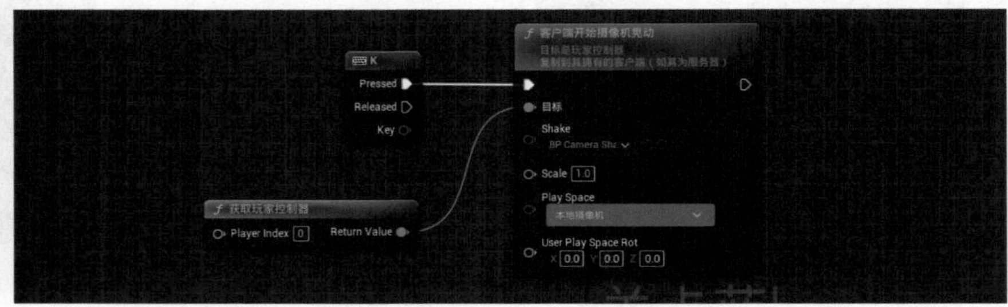

图11-69

11.4.2 手柄震动

在“内容浏览器”面板中的空白处单击鼠标右键，执行“其他>强制反馈效果”菜单命令，新建一个效果并命名为“PadFeedBack”，如图11-70所示。

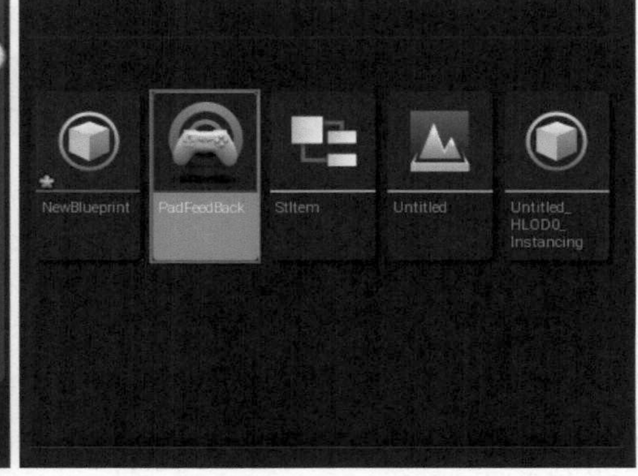

图11-70

双击打开“PadFeedBack”效果，打开“通道细节＞索引[0]”卷展栏后可以设置曲线，如图11-71所示。

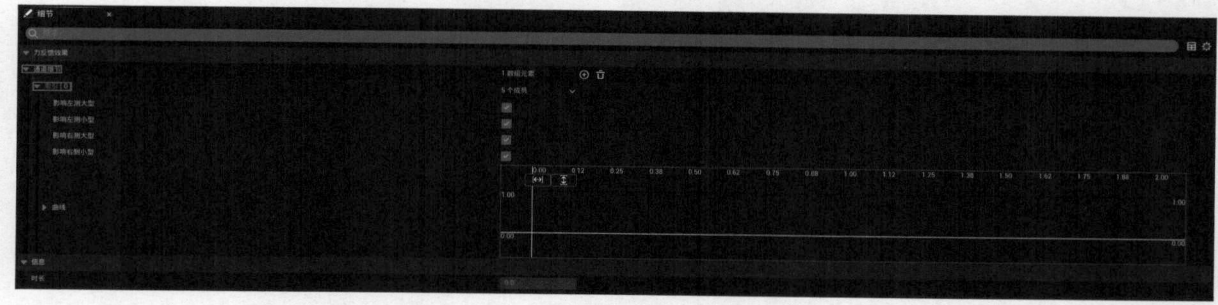

图11-71

曲线的y轴代表时间，x轴代表程度，在时间轴上单击鼠标右键并执行“添加关键帧到None”菜单命令添加关键帧，设置关键帧处的震动为想要的效果，时间越长震动的周期越长，程度越大手柄的震动幅度越大，如图11-72所示。

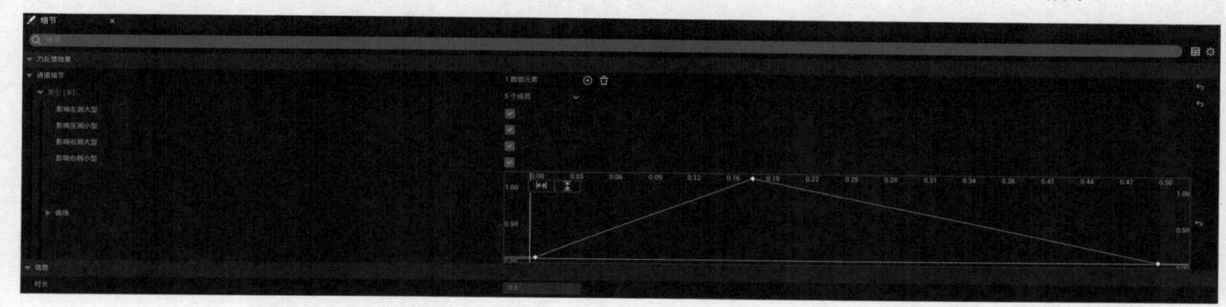

图11-72

为计算机连接一个带有震动功能的手柄，在“内容浏览器”面板中单击“PadFeedBack”效果的“播放选中的力反馈效果”按钮，手柄震动，如图11-73所示。

进入“关卡蓝图”窗口，添加“在位置处生成力反馈”节点，设置“Force Feedback Effect”为“PadFeedBack”，如图11-74所示。进入PIE运行模式，按K键触发震动。

图11-73

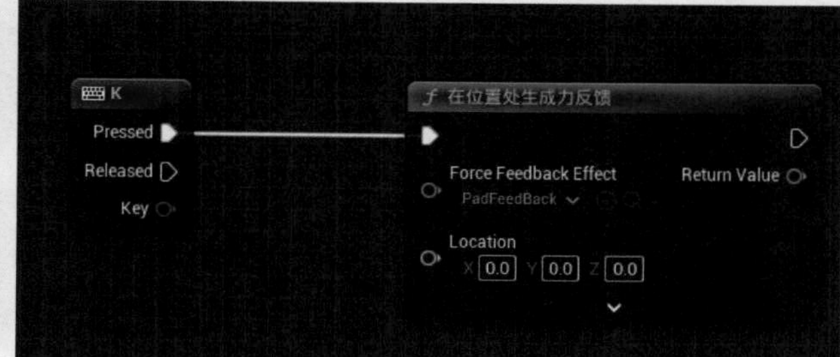

图11-74

11.5 动画通知与音效

在游戏中可以使用动画通知让动画播放到某一帧时执行一个事件，也可以在指定帧处播放音效、特效等。

11.5.1 动画通知

双击打开导入的动画包中的“MOB1_Stand_Relaxed_Idle_v2_IPC”动画，在时间轴中单击鼠标右键，执行“添加通知>新建通知”菜单命令新建一个通知并命名为“Idle”，如图11-75所示。

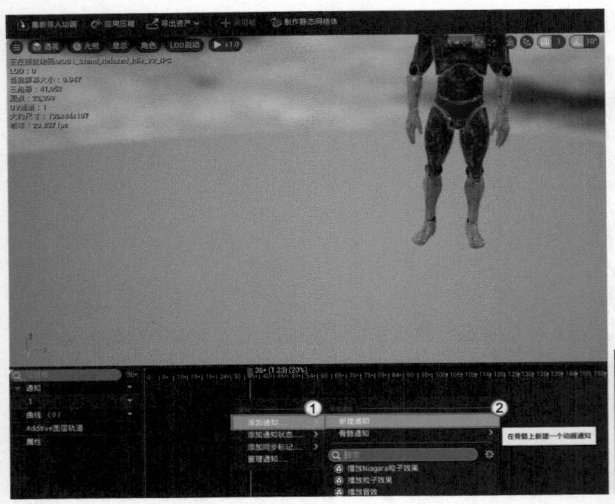

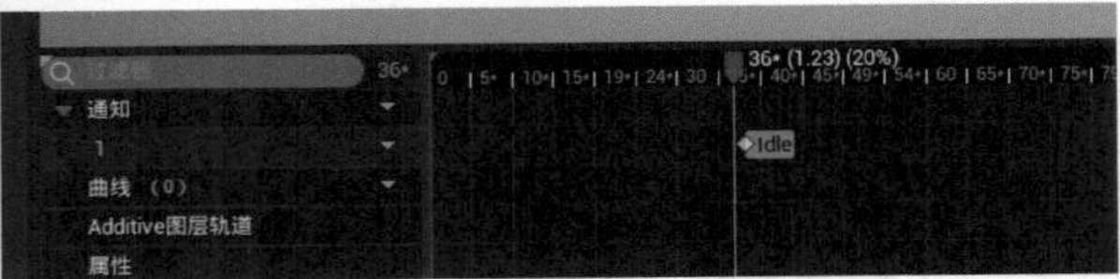

图11-75

因为需要在人物保持不动时播放此动画，所以直接进入第7章创建的动画蓝图。在“事件图表”面板中新建“AnimNotify_Idle”节点，新建动画通知事件，如图11-76所示，然后使用“打印字符串”节点查看动画通知的效果。

编译并保存后进入PIE运行模式，使人物待在原地不动，可以看到左上角持续输出“Hello”，如图11-77所示。

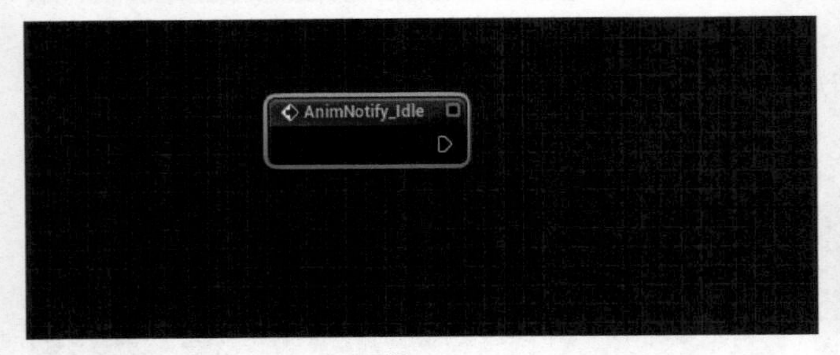

图11-76

图11-77

11.5.2 动画通知音效

回到动画序列中，在时间轴中单击鼠标右键并执行“添加通知>播放音效”菜单命令，如图11-78所示，添加一个通知音效。选中创建的通知音效，在“细节”面板中设置“音效”为初学者内容包中的“Collapse01”文件，如图11-79所示，当动画通知播放时会具有音效。

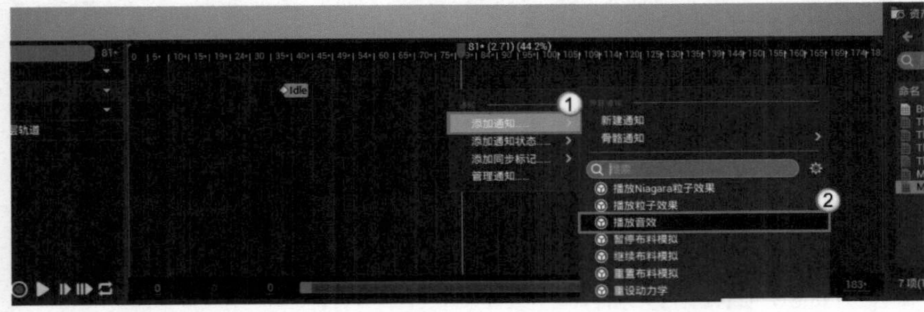

图11-78

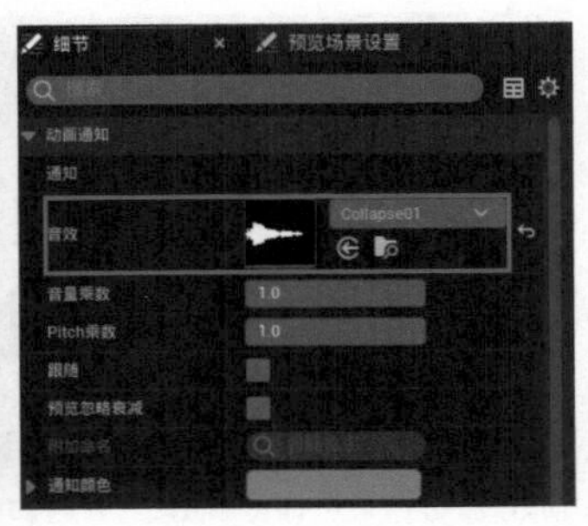

图11-79

综合训练：文本显示器

实例文件	资源文件 > 实例文件 > CH11 > 综合训练：文本显示器
素材文件	无
难易程度	★★☆☆
学习目标	学会使用蓝图控件与作为子控件的蓝图控件

文本显示器会根据数组中的元素数量，动态分配控件并显示在主控件上，最终效果如图11-80所示。

清平乐·红笺小字
红笺小字，说尽平生意。鸿雁在云鱼在水，惆怅此情难寄。
斜阳独倚西楼，遥山恰对帘钩。人面不知何处，绿波依旧东流。

图11-80

01 在“内容浏览器”面板中新建一个“用户控件”控件蓝图并命名为“UI_TestBrowser”，如图11-81所示。

02 打开“UI_TestBrowser”控件蓝图，在“控制板”面板中添加一个“画布面板”到“层级”面板中，如图11-82所示。

图11-81

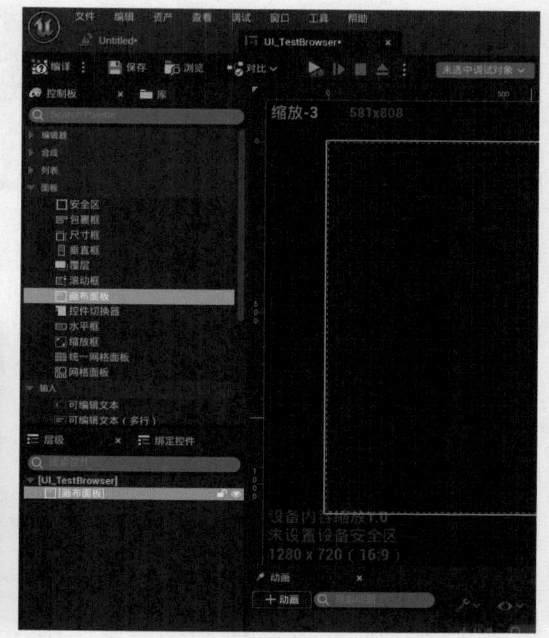

图11-82

03 添加一个“滚动框”子控件到“画布面板”中，在“细节”面板中设置“锚点”为全屏幕，调整滚动框在画板中的位置与尺寸，如图11-83所示。

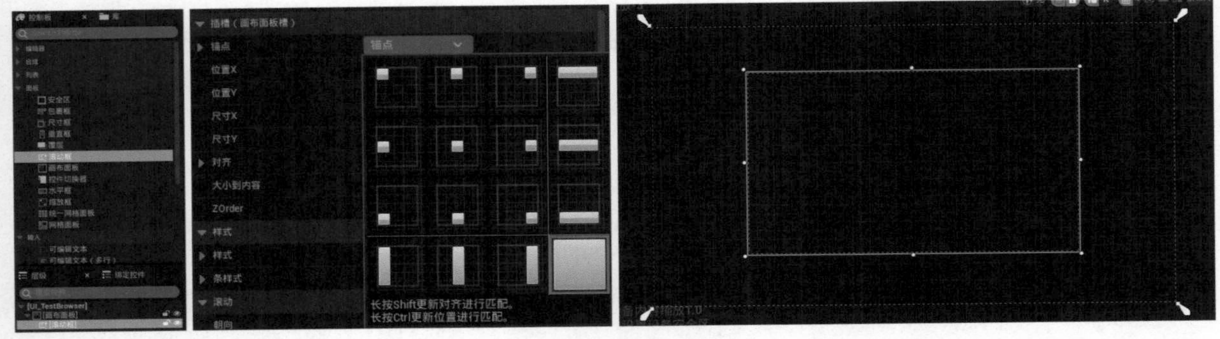

图11-83

04 在“内容浏览器”面板中新建一个“用户控件”控件蓝图并命名为“UI_SingleText”，如图11-84所示。

05 打开“UI_SingleText”控件蓝图，将“控制板”面板中的“文本”子控件拖曳到“层级”面板中，在“细节”面板中勾选“自动包裹文本”选项，设置“包裹规则”为“允许逐字符包裹”，勾选“是变量”选项后变量中会多出子控件的变量，如图11-85所示。

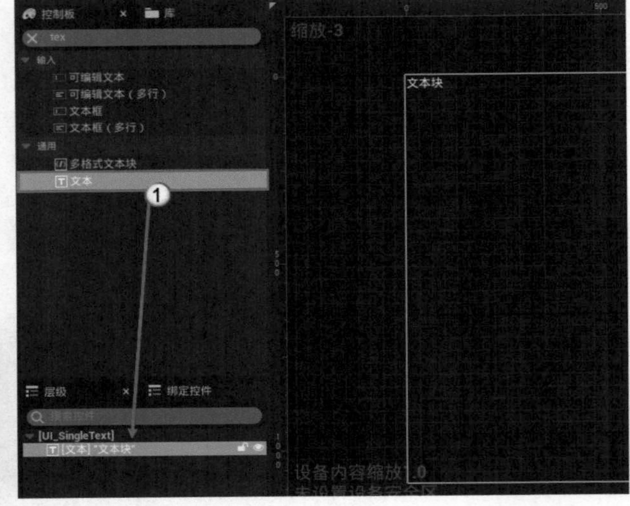

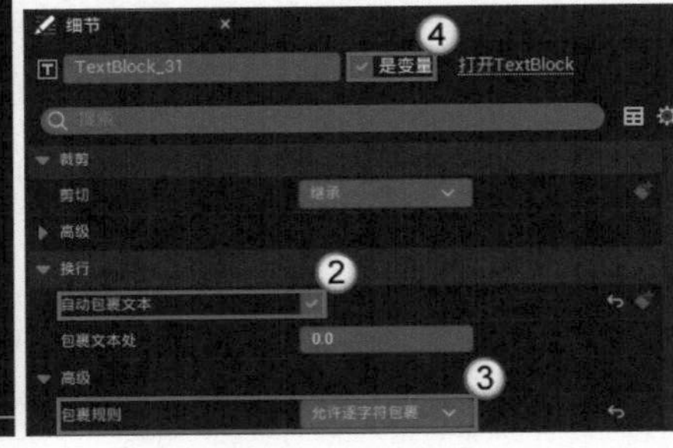

图11-84

图11-85

06 进入“事件图表”面板，使用“事件构造”节点连接“设置文本（文本）”节点，并将“文本”子控件连接到“目标”引脚，如图11-86所示。

07 使用鼠标右键单击“In Text”引脚并执行“提升为变量”菜单命令，选择生成的变量，在“细节”面板中勾选“可编辑实例”与“生成时公开”选项，如图11-87所示。

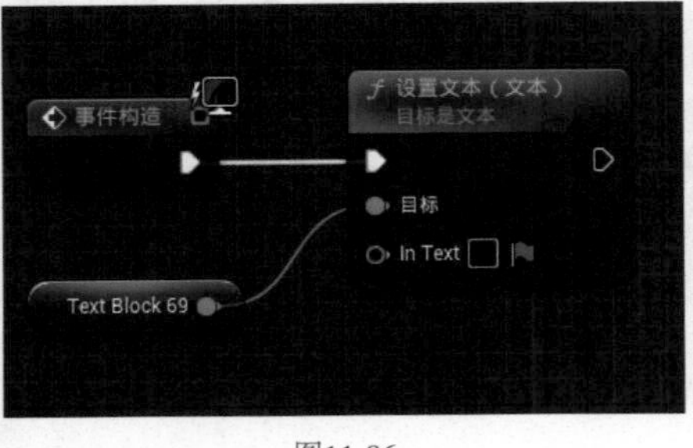

图11-86

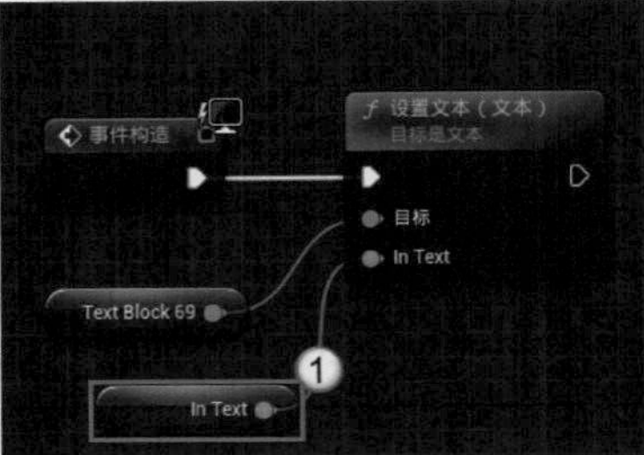

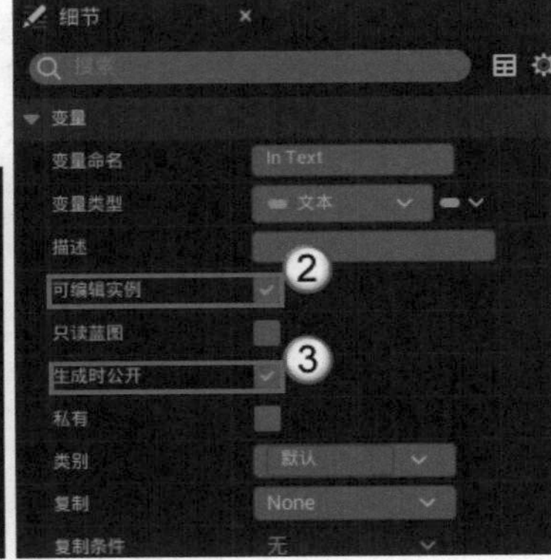

图11-87

08 打开“UI_TestBrowser”蓝图，在“我的蓝图”面板中单击“变量”按钮新建一个变量，在“细节”面板中设置“变量命名”为“Texts”,“变量类型”为“文本”，如图11-88所示。

图11-88

09 选中滚动框，进入“设计器”面板，勾选“是变量”选项，如图11-89所示。回到“事件图表”面板，使用“For Each Loop”节点遍历“Texts”变量并将其连接到“事件构造”节点上，如图11-90所示。

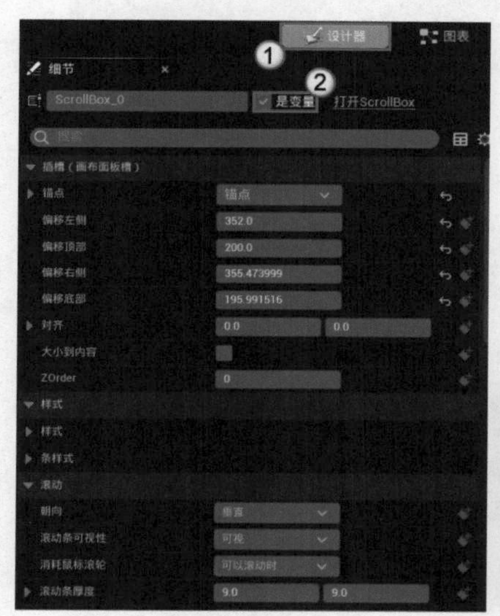

图11-89

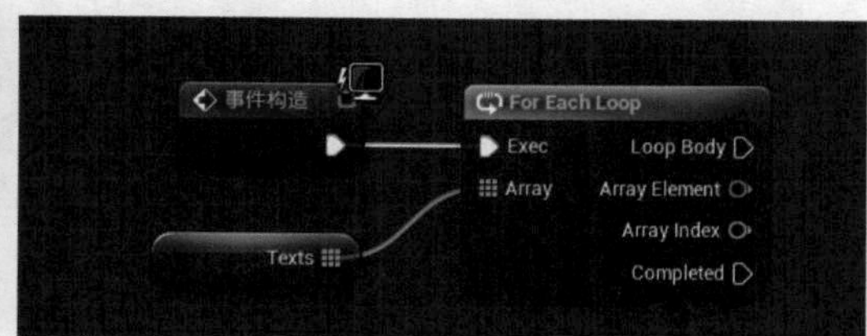

图11-90

10 创建“创建UI Single Text控件”节点，设置“Class”为“UI Single Text”，此时节点会公开“In Text”引脚，直接将其连接到“Array Element”引脚上；创建“添加子项”节点，连接“目标”引脚到滚动框变量上，连接“Content”引脚到“Return Value”引脚上，如图11-91所示。

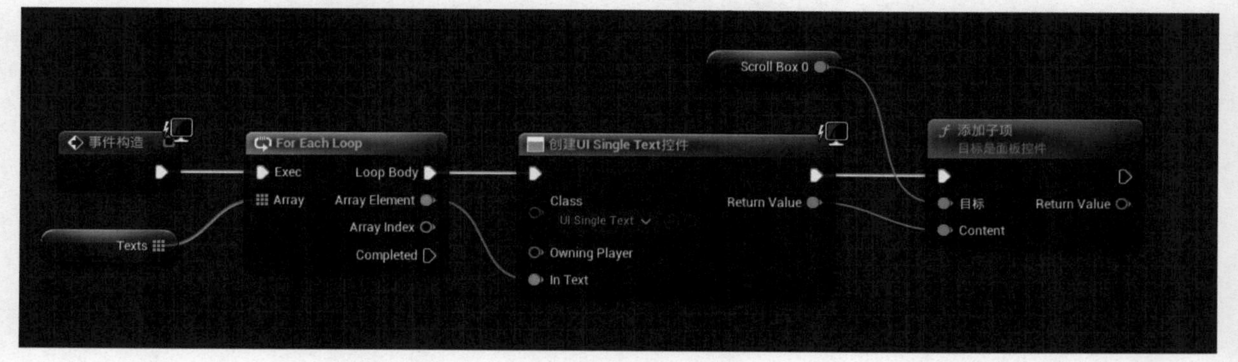

图11-91

11 单击“编译”按钮编译蓝图，选择“Texts”变量，在“默认值”卷展栏中新建几个元素并输入文本，在文本的末尾可以使用快捷键Shift+Enter换行，如图11-92所示。

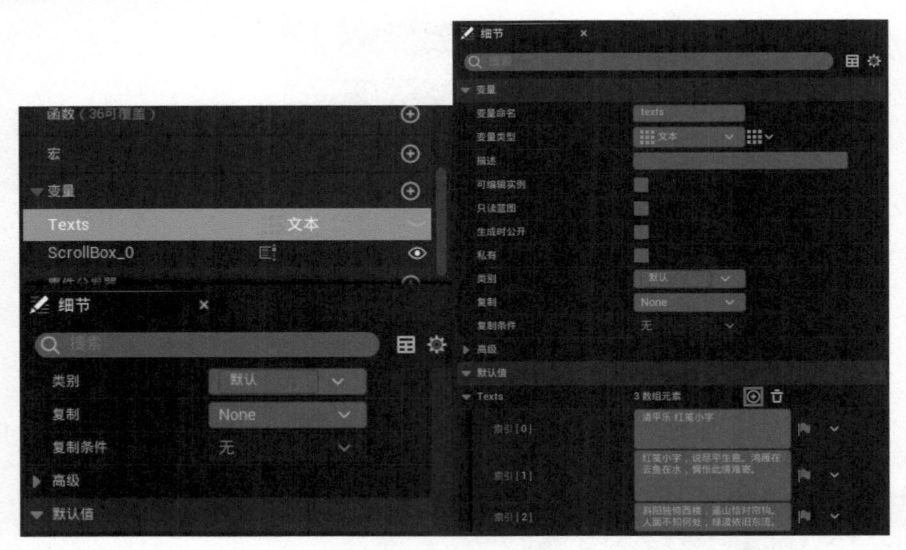

图11-92

12 打开“关卡蓝图”窗口，创建“创建UI Test Browser控件”节点与“添加到视口”节点，设置“Class”为“UI Text Browser”，如图11-93所示。编译并保存后进入PIE运行模式，文本会显示在屏幕中，如图11-94所示。

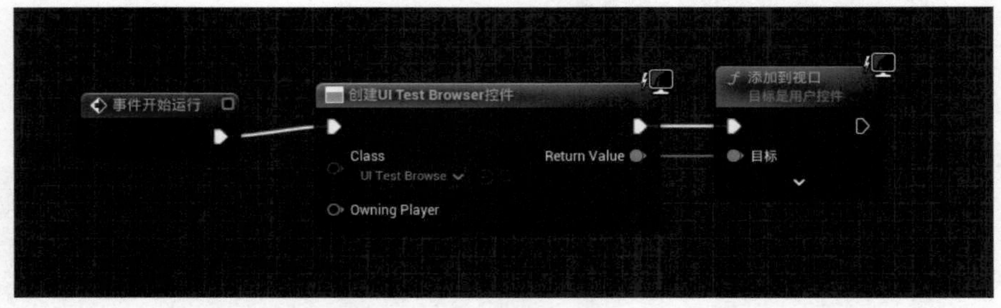

图11-93

图11-94

第12章 通信交流功能

■ 学习目的

本章将会讲解如何在两个蓝图之间进行通信交流，如何在不同的蓝图间传递数据，如何继承和转换，如何使用 Unreal Engine 5 提供的接口实现数据传输等。学会这些知识后读者可以制作出种类丰富的效果，同时可以锻炼程序思维，让制作出的蓝图更简洁、有效。

■ 主要内容

- 父类与子类继承
- 函数与事件的重写
- 转换节点
- 蓝图接口

12.1 继承

继承是面向对象编程的重要概念之一，例如将白色杯子作为原型杯子，可以制作红色、绿色、黄色和蓝色4种颜色的杯子，这4种不同颜色的杯子都是基于原型杯子产生的新杯子。在编程中也可以用相同的方式去理解继承，原型杯子是父类，而不同颜色的杯子则是继承了原型杯子的子类。子类会继承父类的函数、变量，同时可以在父类的基础上重写函数、修改变量。

使用继承会让游戏和其他项目的应用架构变得更精密，并且易于修改，节约开发时间，良好的架构也会使得成品的运行状态更佳。

12.1.1 创建子类蓝图

如果要通过继承父类创建新的子类蓝图，就需要创建一个父类蓝图作为基础。在“内容浏览器”面板中新建一个“Actor”类蓝图并命名为“BP_Fruit”，如图12-1所示。

使用鼠标右键单击“BP_Fruit”蓝图，执行“创建子蓝图类”菜单命令，基于“BP_Fruit”蓝图创建一个子类蓝图并命名为“BP_Apple”，如图12-2所示。

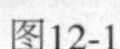
图12-1

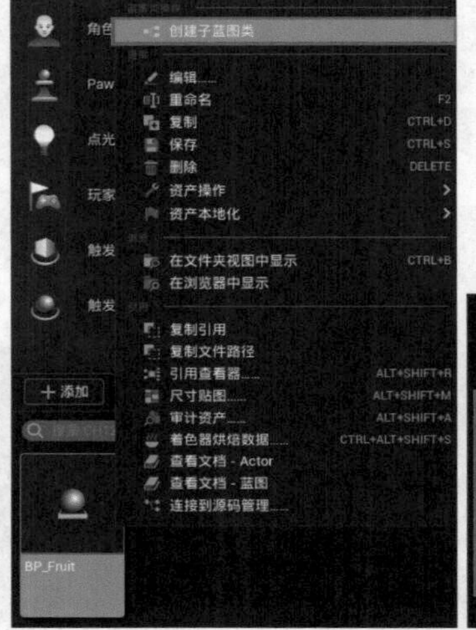

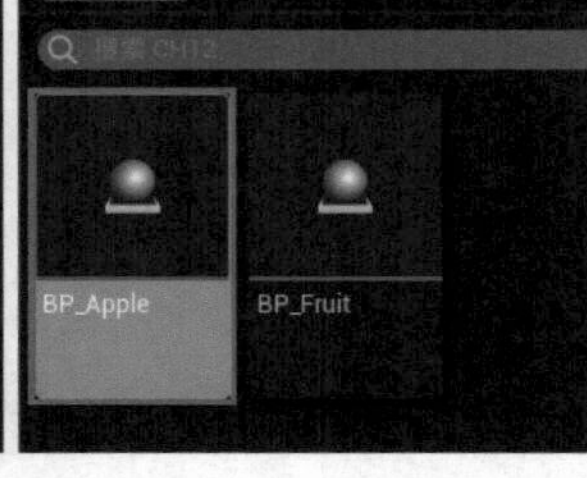

图12-2

双击打开“BP_Fruit”蓝图，在“我的蓝图”面板中单击“函数”按钮新建一个函数并命名为“HasBeenEaten”，如图12-3所示。创建后编译蓝图。

双击打开“BP_Apple”蓝图，在“事件图表”面板中单击鼠标右键，可以找到“Has Been Eaten”函数，说明“BP_Apple”蓝图成功继承了“BP_Fruit”蓝图的函数，如图12-4所示。

回到“BP_Fruit”蓝图，在“我的蓝图”面板中单击“变量”按钮新建一个“浮点”型变量并命名为“Freshness”，如图12-5所示。

图12-3

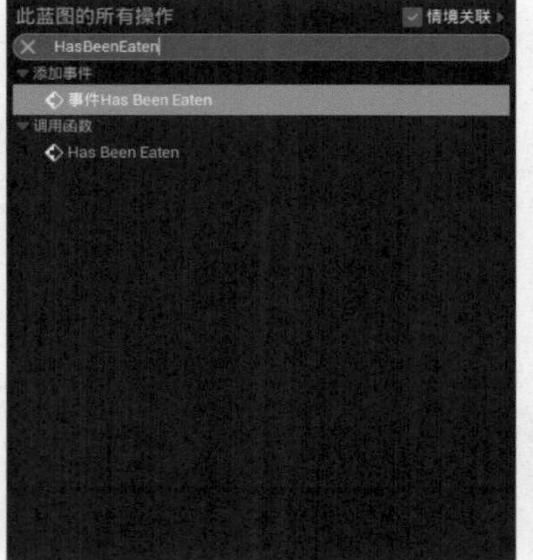

图12-4

图12-5

回到子类蓝图“BP_Apple”中，在“组件”面板中选择“BP_Apple(自我)”组件，可以在“细节”面板中找到“Freshness”变量，这代表继承成功，如图12-6所示。

图12-6

可以在“BP_Apple”蓝图中单独设置“Freshness”的值，这个值只属于当前蓝图，不会影响父类蓝图或其他子类蓝图。设置“Freshness”为500.0，如图12-7所示。

回到“BP_Fruit”蓝图，使用“事件开始运行”节点连接“打印字符串”节点，连接“Freshness”变量到“打印字符串”节点的“In String”引脚，如图12-8所示。

编译并保存后拖曳“BP_Apple”蓝图到关卡中，进入SIE运行模式后可以看到左上角输出了500.0，如图12-9所示。因为“打印字符串”节点在父类蓝图“BP_Fruit”中，所以“事件开始运行”节点也在子类蓝图中被调用了。

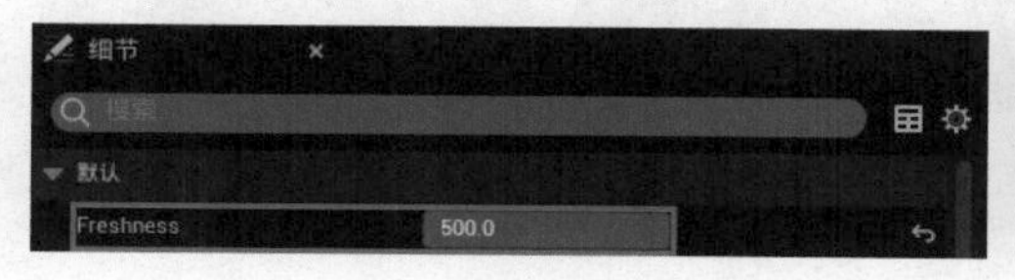

图12-7

图12-8

图12-9

重点

12.1.2 函数继承与重写

在父类中新建的函数可以在子类中直接调用，这就是函数的继承。如果需要让子类中继承的函数实现和父类中的函数不一样的效果，可以使用函数重写功能重写子类中的函数，重写函数后会保留函数名，只是内容发生了变化。

1.函数继承

在“BP_Fruit”蓝图中新建一个函数并命名为“SpawnParticle”，如图12-10所示。

在“Spawn Particle”函数后添加“在位置处生成发射器”节点，同时使用“获取Actor位置”节点的“Return Value”引脚连接“Location”引脚，如图12-11所示。

图12-10

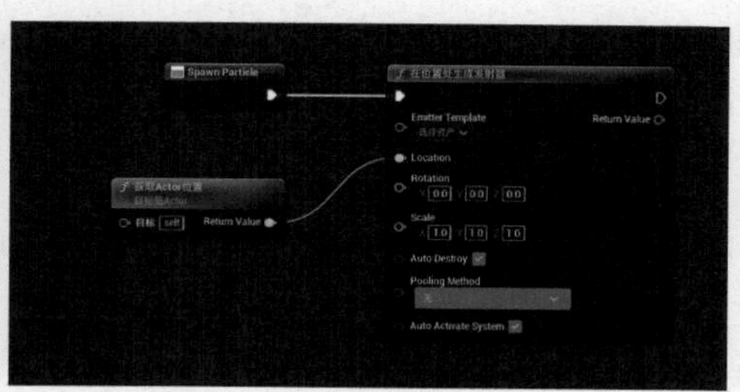

图12-11

提示 此处使用的为旧版Cascade粒子特效，与新版Niagara特效在使用的节点上有一定出入，具体使用哪个节点应依特效和实际内容而定。

拖曳“Emitter Template”引脚到空白处后执行“提升为变量”菜单命令，如图12-12所示，新建一个变量。因为希望可以在函数外部自由设置变量，所以不可以执行“提升为局部变量”菜单命令。完成后编译并保存蓝图。

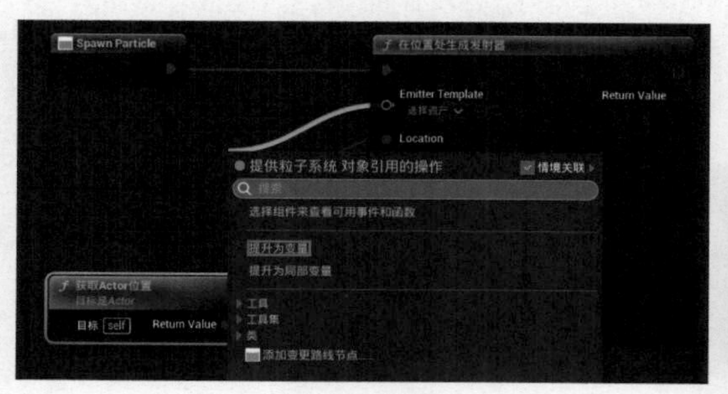

图12-12

回到“事件图表”面板，在“事件开始运行”节点后连接“Spawn Particle”函数，如图12-13所示。注意，要在“BP_Fruit”蓝图中操作，以便将设置应用到所有的子类。

图12-13

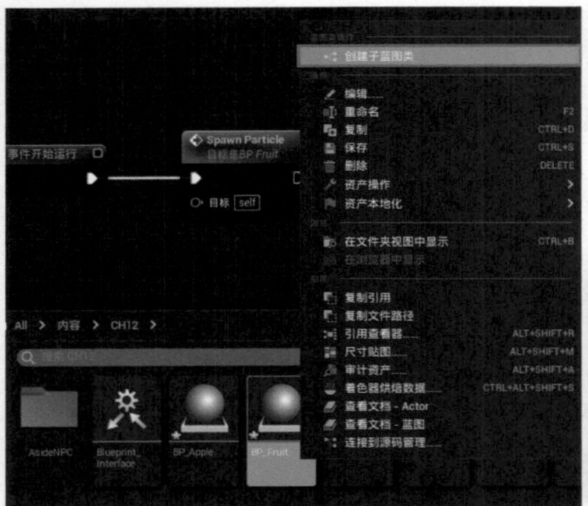
图12-14

在“内容浏览器”面板中使用鼠标右键单击“BP_Fruit”蓝图，执行“创建子蓝图类”菜单命令，新建一个子类蓝图并命名为“BP_Banana”，如图12-14所示。

打开“BP_Apple”蓝图，设置“BP_Apple(自我)”组件的“Emitter Template”为初学者内容包中的“P_Fire”，如图12-15所示。

图12-15

打开“BP_Banana”蓝图，设置“BP_Banana(自我)”组件的“Emitter Template”为初学者内容包中的“P_Explosion”，如图12-16所示。

编译并保存后拖曳“BP_Apple”蓝图和“BP_Banana”蓝图到关卡中，进入PIE运行模式后可以看到“BP_Apple”蓝图播放了火焰粒子特效，“BP_Banana”蓝图播放了爆炸特效，如图12-17所示。这说明两个子类均继承了父类的函数，并且成功以不同的变量执行了蓝图。

图12-16

图12-17

2.函数重写

进入“BP_Banana”蓝图，在“我的蓝图”面板中单击“重载”按钮，选择“Spawn Particle”函数，如图12-18所示。

图12-18

此时会进入“事件图表”面板，生成函数节点后还会生成一个“父类:Spawn Particle”节点，如图12-19所示。调用此节点时会调用父类中的内容，也就是播放爆炸特效；如果断开与父类的连接，那么在调用时就只会执行函数在这个子类中写下的内容，不会调用父类。

断开与“父类:Spawn Particle”节点的连接，使用“打印字符串”节点连接“Spawn Particle”函数，设置“In String”为“This is a banana”，如图12-20所示。

图12-19

图12-20

编译并保存蓝图后进入SIE运行模式，“BP_Banana”蓝图没有播放爆炸特效，且左上方输出了“This is a banana”字样，这说明已经成功重写了函数，如图12-21所示。

图12-21

重点

12.1.3 事件继承与重写

蓝图中的事件与C++中的函数是一种内容，蓝图中的事件可以代替大部分函数。与函数相同，事件也可以被继承和重写。事件和函数可以相互转换。

至于什么时候需要使用事件，什么时候需要使用函数，要根据具体情况确定。函数虽然可以被重复调用，并且存在返回值，非常适合在图表中穿插使用，但是不能存在“延迟”等异步节点。而事件虽然可以被重复调用，但是不具有返回值，只适合单项执行而不适合穿插在执行流中使用。

1.事件继承

打开“BP_Fruit”蓝图，在“事件图表”面板中新建一个“自定义事件”节点并命名为“TestEvent”，用其连接函数“Spawn Particle”，如图12-22所示。

在调用“TestEvent”事件后会执行“Spawn Particle”函数，虽然这看上去与直接调用“Spawn Particle”函数无异，但是有了事件的参与，就可以在执行函数时使用异步节点“延迟”。新建“延迟”节点并用其连接“打印字符串”节点，新建“Self”节点和“获取显示命名”节点，连接“Return Value”引脚与“In String”引脚，如图12-23所示。

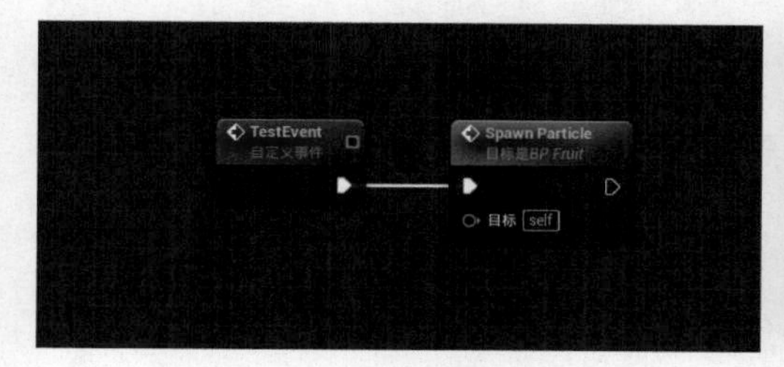

图12-22

图12-23

在“事件开始运行”节点后调用“Test Event”节点，如图12-24所示，这样在调用“TestEvent”事件时不仅会执行“Spawn Particle”函数，还会输出目标的名称。

编译并保存后回到关卡中，进入SIE运行模式，可以看到左上角输出了蓝图的名称，同时“BP_Apple”蓝图也播放了火焰粒子特效，如图12-25所示，这说明每个子类都执行了事件。

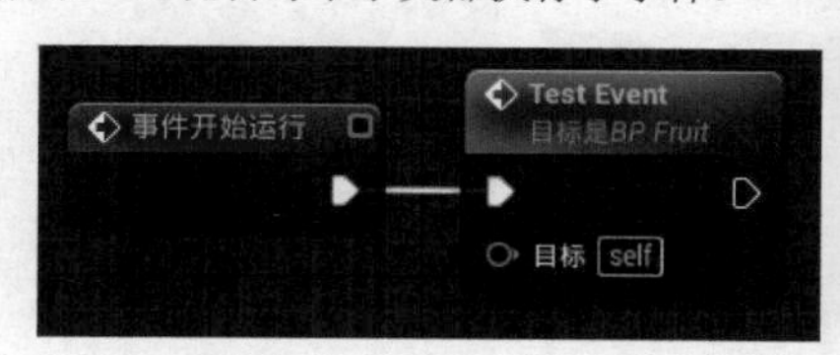

图12-24

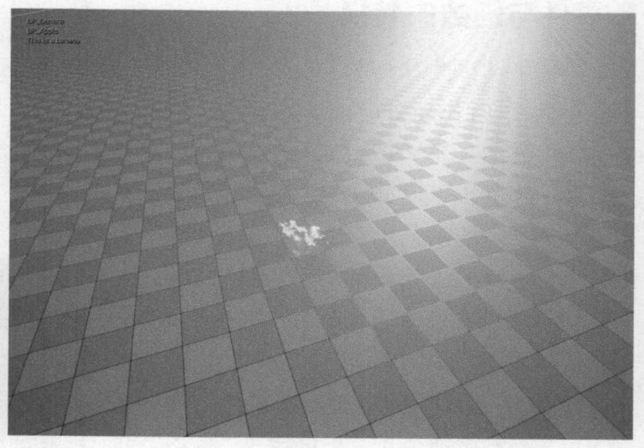

图12-25

2.事件重写

在“BP_Fruit”蓝图中创建的自定义事件“TestEvent”可以在子类中被重新写入。打开“BP_Apple”蓝图，在“事件图表”面板中新建“事件Test Event”节点，如图12-26所示。

图12-26

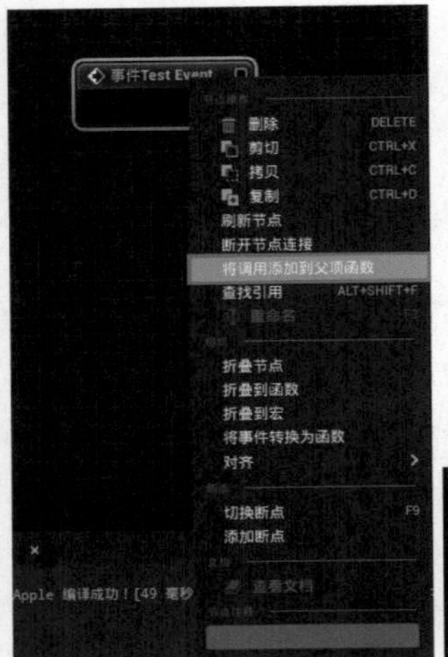

由于“事件开始运行”节点本身就作为事件被继承了，当父类使用“事件开始运行”节点调用自己创建的“TestEvent”事件时，子类也会被调用“事件开始运行”节点与自己继承的“TestEvent”事件。

因此在开始运行后，子类中新建的“事件Test Event”事件也会产生执行流，但此时没有调用父类的函数，所以此事件将不会执行父类事件的内容。使用鼠标右键单击此事件，执行“将调用添加到父项函数”菜单命令后，如图12-27所示，子类也会执行父类事件的内容。

在“父类:Test Event”节点后连接“打印字符串”节点，设置“In String”为“我是Apple事件的重写内容！”，如图12-28所示。编译并保存后进入SIE运行模式。

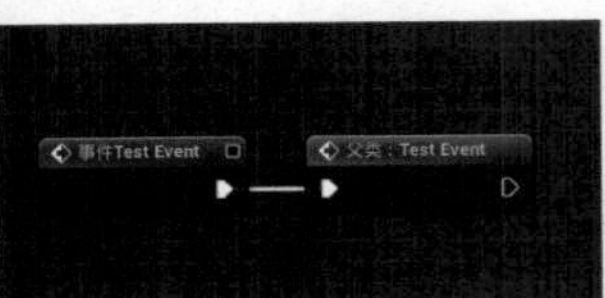

图12-27

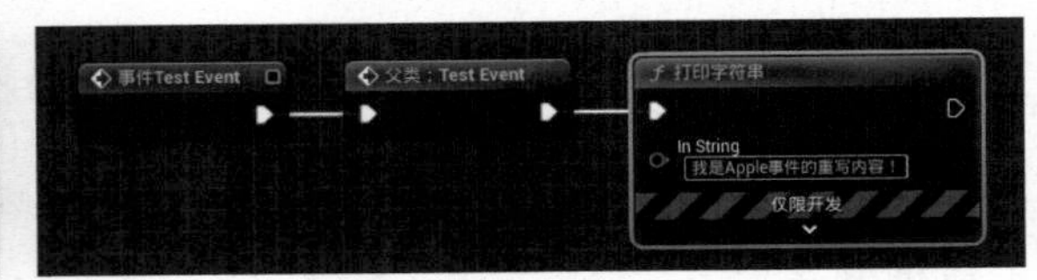

图12-28

左上角会输出“我是Apple事件的重写内容！”，如图12-29所示。如果要让指定的子类不执行父类事件的内容，只执行自己重写的内容，可以删除“父类：Test Event”节点。

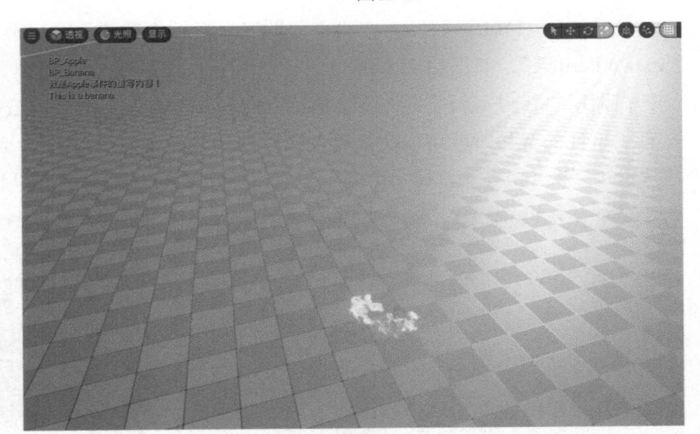

图12-29

提示 在敌人、角色等蓝图的制作中也可以使用继承功能，继承能让用户更方便地、具有框架性地创建形形色色的蓝图。

3.事件与函数的转换

事件可以转换为函数，进入“BP_Fruit”蓝图，新建“自定义事件”节点并命名为“Event2Function”，如图12-30所示。

使用鼠标右键单击“Event2Function”函数节点，执行“将函数转换为事件”菜单命令，如图12-31所示，将函数转换为事件。此操作仅可用于没有返回值的函数，若在“细节”面板中的“输出”卷展栏中新建了返回变量，则不能将函数转换为事件。

使用鼠标右键单击“Event2Function”事件节点，执行“将事件转换为函数”菜单命令，如图12-32所示，将事件转换为函数。此操作仅可转换普通节点，不可转换“延迟”和“时间轴”等异步节点。

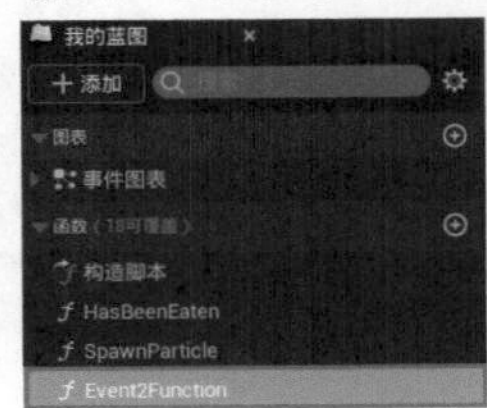

图12-30

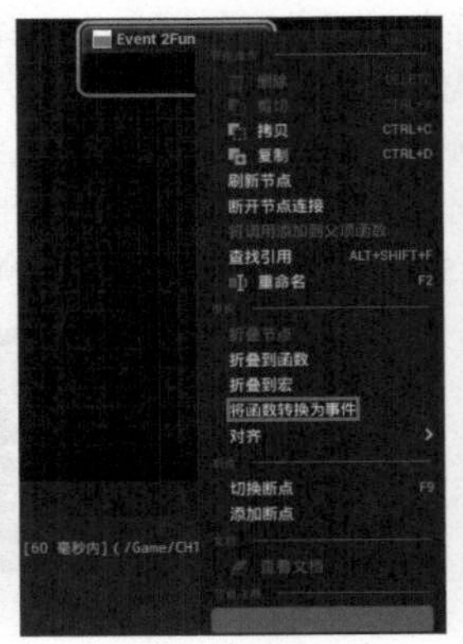

图12-31

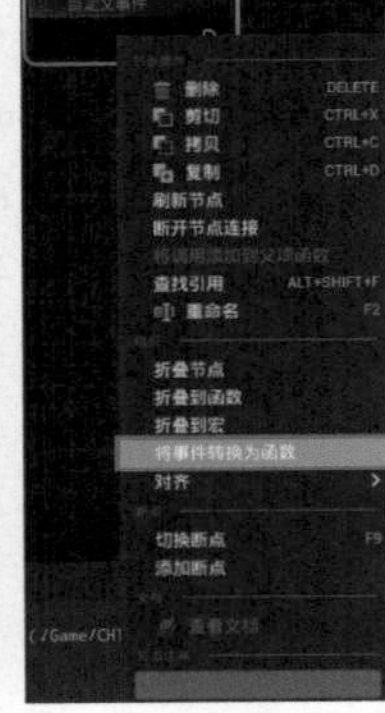

图12-32

继承的概念略微抽象，读者在学习完本节后可能并未明白继承究竟可以用来做什么，这是非常正常的。在常见的背包系统中，虽然可以使用数组添加不同的物品到背包中，但是背包中的每一个物品都没有写入需要的内容，如物品的名称、属性和重量等。因为物品自身不携带这些内容，所以需要新建一个父类蓝图，在这个父类蓝图中写入相关内容后创建子类蓝图，这样子类蓝图就继承了父类蓝图的名称、属性和重量等变量并可以自由设置；同时，将新建的物品蓝图设置为数组，这样数组就可以容纳相同类型的物品了，子类蓝图与父类蓝图的类型相同，所以它也可以写入数组。

12.2 转换

子类蓝图可以轻松地转换到父类蓝图中，如果一个把父类作为类型的变量中存在对子类的引用，则可以将此父类转换到子类中。读者通过下面的学习会对转换有一个较为清晰的理解。

12.2.1 父类变量容纳子类

在“内容浏览器”面板中删除上一节创建的“BP_Fruit”“BP_Apple”“BP_Banana”蓝图，新建一个“Actor”类蓝图并命名为“BP_Geometry”，作为父类，如图12-33所示。

双击打开“BP_Geometry”蓝图，在“事件图表”面板中新建“自定义事件”节点并命名为“PrintValue”。新建一个“浮点”型变量并命名为“GeometrySize”，如图12-34所示。

图12-33

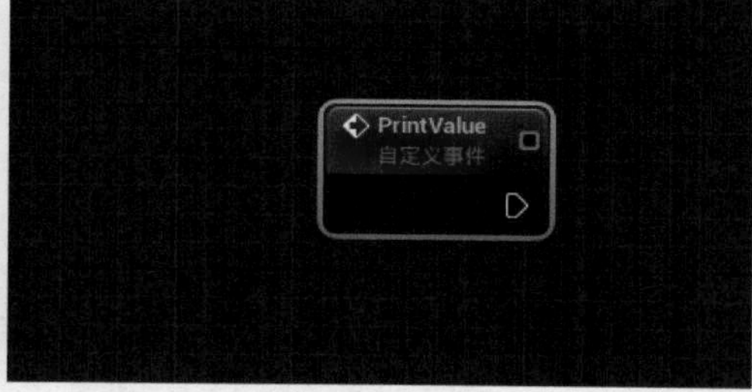

图12-34

在“PrintValue”事件后连接“打印字符串”节点，连接“Geometry Size”变量到“In String”引脚，如图12-35所示。这样在调用此事件时会输出“BP_Geometry”实例化对象的“Geometry Size”参数。

在“组件”面板中新建一个静态网格体组件，如图12-36所示，编译并保存蓝图。在“内容浏览器”面板中使用鼠标右键单击“BP_Geometry”蓝图，执行“创建子蓝图类”菜单命令，依次创建两个新的子类并分别命名为“BP_Cube”和“BP_Cylinder”，如图12-37所示。

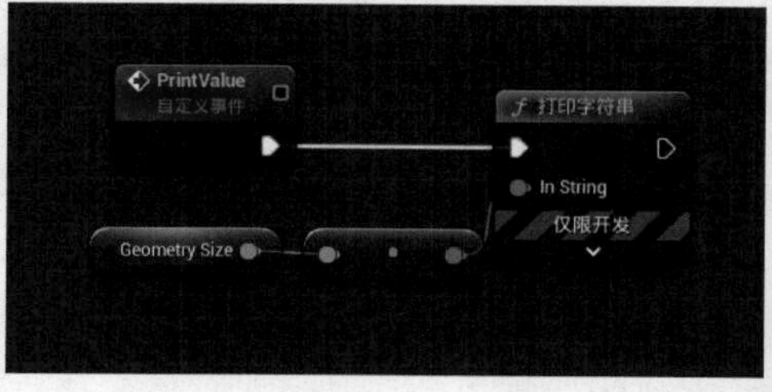

图12-35

图12-36

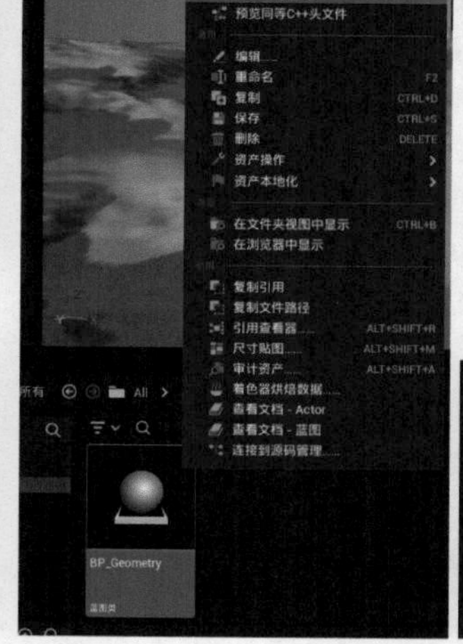

图12-37

双击打开“BP_Cube”蓝图，在“组件”面板中可以看到静态网格体组件一起被继承了，如图12-38所示。与函数和变量一样，组件中的属性和组件本身都会被继承下来，同时也可以在此蓝图中进行相关设置而不影响父类与其他子类。

图12-38

选择“BP_Cube(自我)”组件，设置“Geometry Size”为100.0；选择静态网格体组件，设置“静态网格体”为“Shape_Cube”，如图12-39所示。完成后编译并保存蓝图。

双击打开“BP_Cylinder”蓝图，选择“BP_Cylinder(自我)”组件并设置“Geometry Size”为200.0；选择静态网格体组件并设置“静态网格体”为“Shape_Cylinder”，如图12-40所示。完成后编译并保存蓝图。

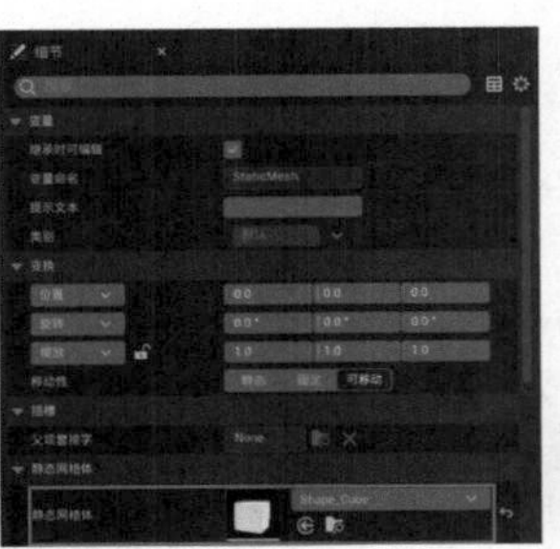
图12-39

图12-40

进入“关卡蓝图”窗口，使用“事件开始运行”节点连接“获取类的所有actor”节点，将鼠标指针放置到“Out Actors”引脚上时可以看到弹出的内容的第2行为“Actor对象引用数组”，如图12-41所示，说明这个数组是Actor类型的对象引用数组。设置“Actor Class”为“BP Geometry”，再次放置鼠标指针到引脚上会发现第2行内容变成了“BP Geometry对象引用数组”，如图12-42所示，这说明返回的对象引用数组的类型为“BP_Geometry”。

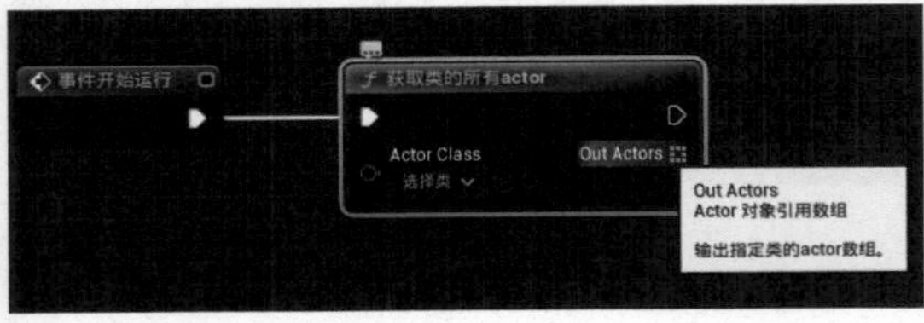

图12-41

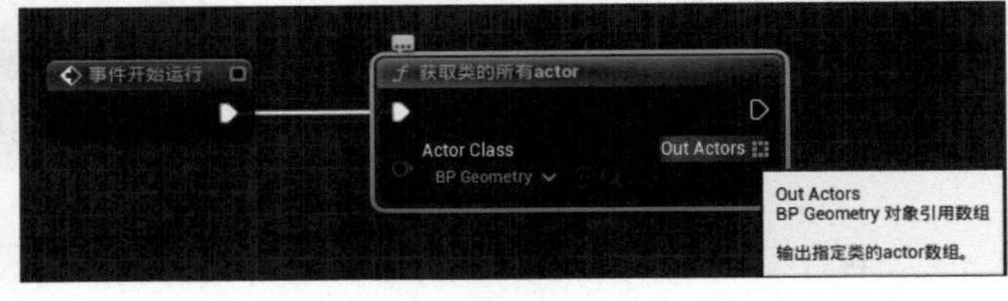

图12-42

提示 使用“获取类的所有actor”节点可以得到关卡中一个Actor类实例化的所有对象，并且返回对应类型的对象引用数组。

使用“For Each Loop”节点可以遍历数组中的元素，返回的“Array Element”的类型为从“Array”引脚传入的对象引用数组的类型。“Loop Body”引脚会重复执行，每次执行都会从“Array Element”数组中返回一个元素，如图12-43所示。

图12-43

使用“打印字符串”节点输出“Array Element”的显示名称，如图12-44所示。编译并保存后，添加“BP_Cube”和“BP_Cylinder”两个蓝图到关卡中，如图12-45所示。

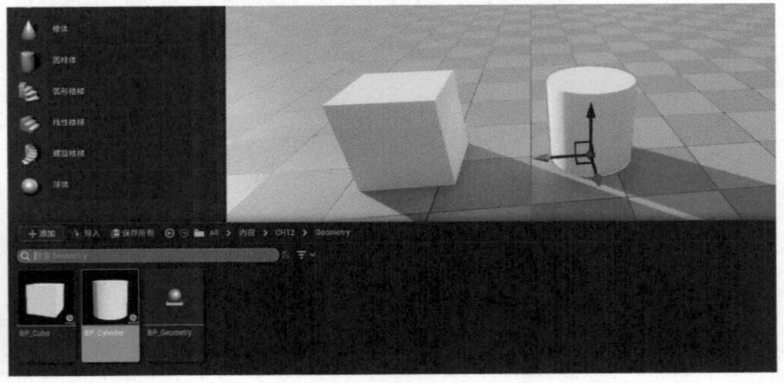
图12-45

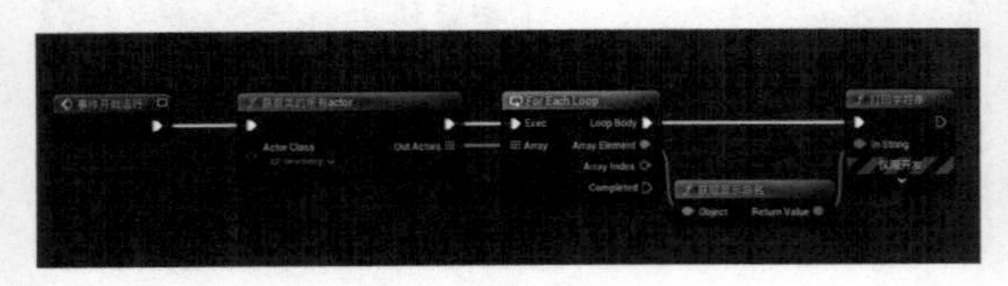
图12-44

进入SIE运行模式，虽然在“关卡蓝图”窗口中的“获取类的所有actor”节点中设置的引用数组类型是“BP_Geometry”，返回的“Array Element”的类型也是“BP_Geometry”，但是成功输出了“BP_Geometry”蓝图的子类“BP_Cube”和“BP_Cylinder”，如图12-46所示。

从上面的内容中可以看出父类作为对象引用变量的类型时可以容纳子类，并且此引用的变量、函数等属性都是子类中的属性。若子类有新建的变量或函数，虽然不会影响对象引用变量的兼容性，但是转换到父类后无法通过父类调出新建的变量或函数。

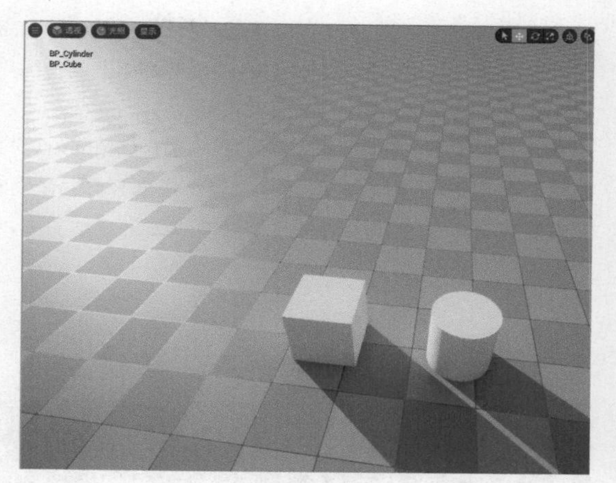

图12-46

12.2.2 使用转换节点

我们在前面的学习中已经使用过转换节点，如第7章中的“BP_SpringBoard”蓝图，如图12-47所示。这个蓝图使用了“类型转换为Character”节点，因为任意一个可触发重叠事件的Actor都可以进入弹跳板的弹射范围，所以这个转换节点有两个用途。

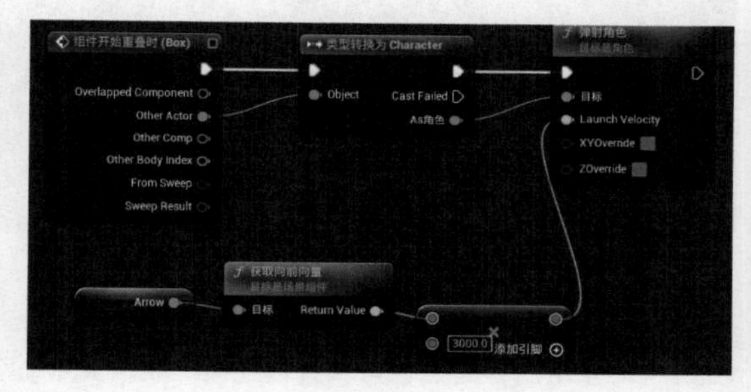

图12-47

第1个用途是限制可以进行弹跳的Actor为玩家。玩家的蓝图为“BP_Player”，是“角色”类的子类，如果直接转换到“角色”类就可以让所有“角色”类执行“弹射角色”节点，当然BP_Player也不例外。如果触发重叠事件的Actor不是“角色”类及其派生类的对象，那么将会触发“类型转换为Character”节点的“Cast Failed”引脚，不会正常执行“弹射角色”节点。

第2个用途是只让“角色”类及其派生类使用“弹射角色”函数。“弹射角色”节点名称下方有“目标是角色”文字，说明只有“角色”类和其派生类才可以使用此函数，这与函数继承一样，只有其自身的子类才可以使用此函数，而其他类则不行。如此一来，连接“As角色”引脚到“目标”引脚上就可以直接使用“弹射角色”节点了。

问：使用“转换类型为”节点时无法搜索到指定的类怎么办？

答：编译蓝图后关闭当前界面并重新打开，打开指定的类并编译，回到创建位置重新创建即可。

12.2.3 单击转换

进入“关卡蓝图”窗口，在“事件开始运行”节点后连接“Set ”节点，连接“获取玩家控制器”节点到“目标”引脚上，如图12-48所示。

添加“按通道获取光标下的命中结果”节点，连接该节点的“目标”引脚到“获取玩家控制器”节点，使用“中断命中结果”节点拆分“Hit Result”引脚，如图12-49所示。

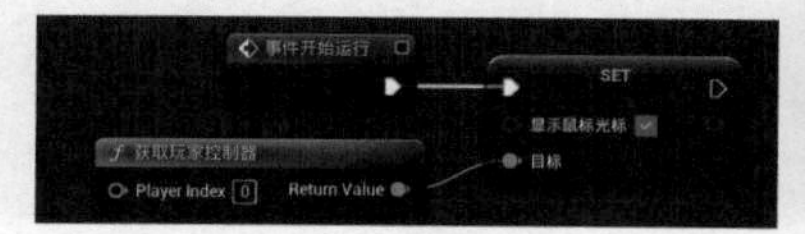

图12-48

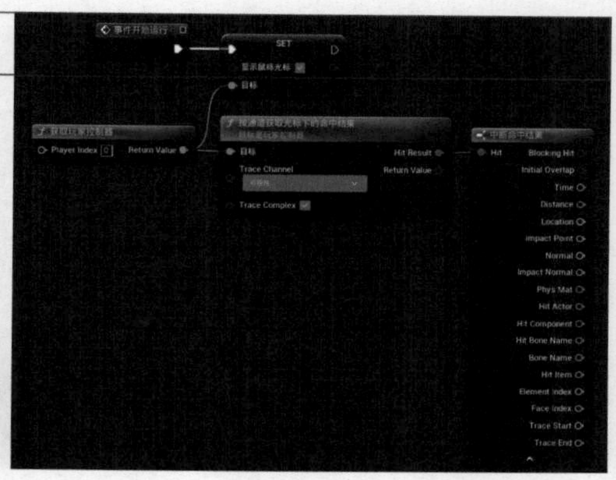

图12-49

添加“类型转换为BP_Geometry”节点，连接“Object”引脚到“中断命中结果”节点的“Hit Actor”引脚上，使用“鼠标左键”事件连接类型转换节点，如图12-50所示。

使用“打印字符串”节点输出“As BP Geometry”引脚的显示名称，如图12-51所示。编译并保存后进入PIE运行模式，单击关卡中的模型，左上角会出现两个蓝图的对象显示名称，如图12-52所示。

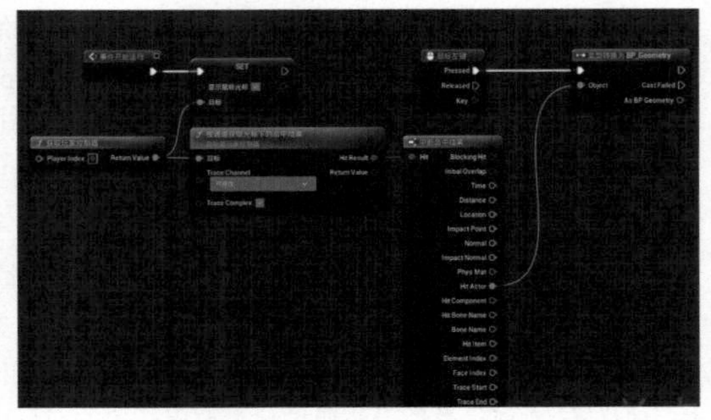

图12-50

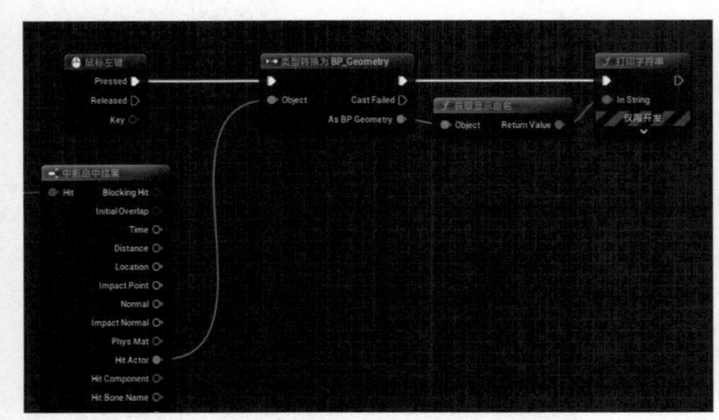

图12-51

图12-52

单击“BP_Cube”蓝图，虽然“Hit Actor”引脚会返回“BP_Cube”对象引用，但是返回的是以Actor为类型的“BP_Cube”对象引用；当然也可以直接连接“获取显示命名”节点，直接在左上角输出名称。将类型转换为“BP_Geometry”后，就只有单击“BP_Geometry”蓝图及其派生类蓝图时才会正常执行“打印字符串”节点，否则会执行“Cast Failed”引脚，如图12-53所示。同时转换后也可以调用只在“BP_Geometry”类中才存在的属性。

转换后的对象引用可以使用此对象中的函数或变量，直接得到父类中的“Geometry Size”变量，如图12-54所示。

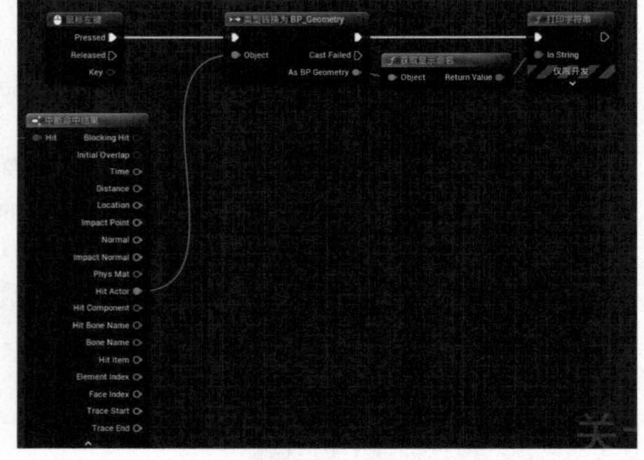

图12-53

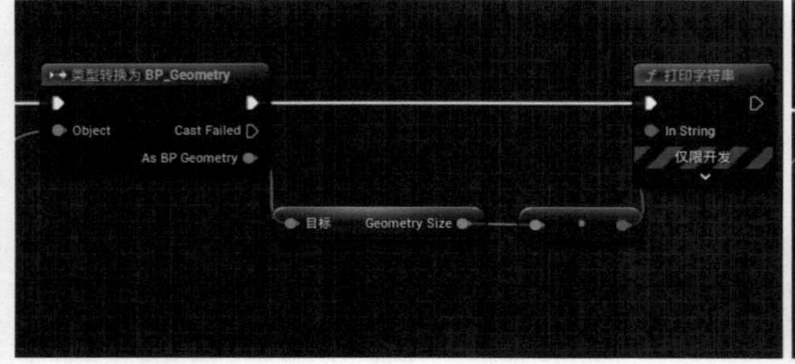

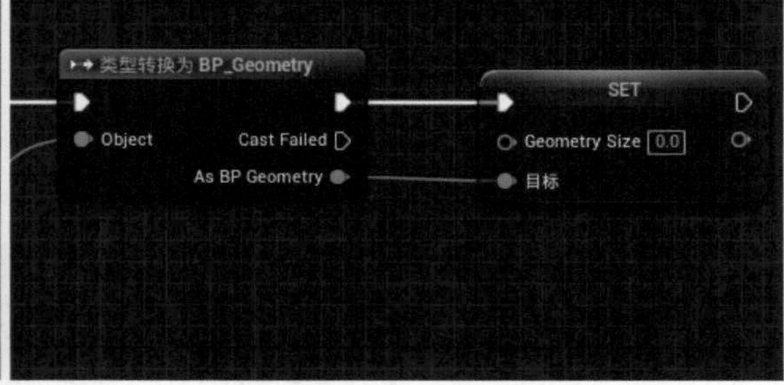

图12-54

12.3 蓝图接口

蓝图接口通过将函数写入接口，再将接口添加到类设置中，使得继承接口的类可以使用接口中的函数传输数据。这样做的好处是可以在父类不同，却想实现同样功能的类中通过接口中的函数完成数据传输。如新建一个“角色”类蓝图“BP_Character”，在“BP_Character”蓝图中新建一个“自定义事件”节点并命名为“OnDamage”。那么只有“BP_Character”类及其派生类能继承“OnDamage”事件，且可以被调用事件，而其他蓝图就不可以被调用函数或事件。

如果将函数写入接口，在想要被调用函数的类中添加接口，就可以在不同的类中调用接口中的函数。

重点

12.3.1 创建蓝图接口与添加函数

为了在多个蓝图之间通信，需要创建一个蓝图接口并在其中添加函数。

1.创建蓝图接口

在“内容浏览器”面板的空白处单击鼠标右键并执行“蓝图>蓝图接口”菜单命令，即可创建一个蓝图接口，为了方便后续讲解，这里将新建的“蓝图接口”命名为“Blueprint_Interface”，如图12-55所示。

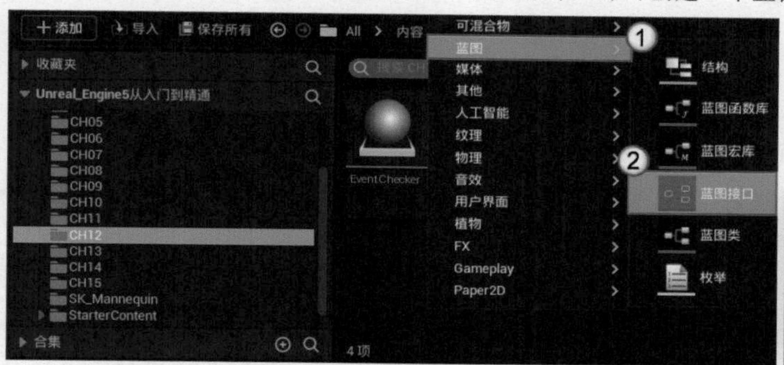

图12-55

2.在蓝图接口中添加函数

打开“Blueprint_Interface”蓝图接口，在“我的蓝图”面板中单击“添加”按钮+添加并执行“函数”菜单命令，新建一个函数，为了后期可以快速找到该函数将其命名为“DamagePass”，如图12-56所示。

可以用蓝图接口在蓝图之间传递各种各样的变量，选择新建的函数后，可以在“细节”面板中单击“输入”右侧的“新建输入参数”按钮⊕创建任意类型变量的参数，如图12-57所示。

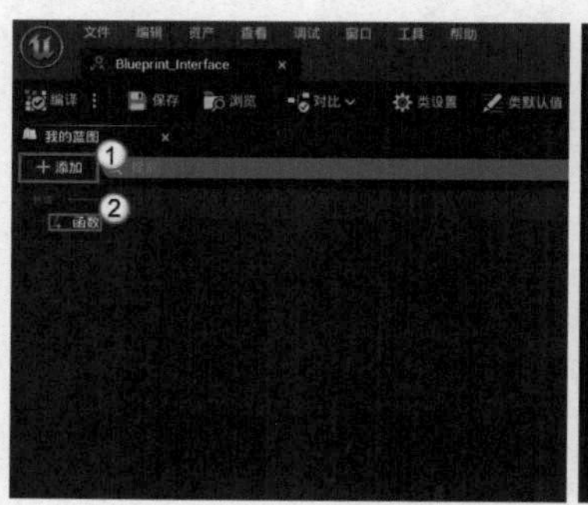

图12-56

图12-57

新建两个参数，一个是“浮点”型变量“Damage”的参数，另一个是“命名”型变量“Causer”的参数，可以在这两个参数的卷展栏中设置“默认值”(目前还不需要)，如图12-58所示。

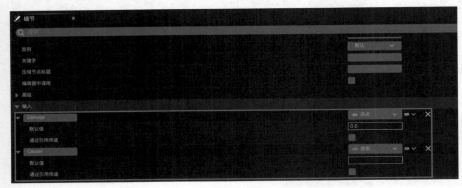

图12-58

提示 完成设置后一定要编译蓝图，否则在进行后续操作时会出现问题。

12.3.2 添加到类设置

蓝图接口中的函数可以在完全不同的类中被调用，创建两个不同的蓝图后通过“类设置”为它们添加同一个蓝图接口。在“内容浏览器”面板中新建两个“Actor”类蓝图，一个命名为“Monster”，另一个命名为“Human”，如图12-59所示。

双击打开“Human”蓝图，在“组件”面板中单击“添加”按钮后添加一个立方体组件，拖曳立方体组件到“DefaultSceneRoot”组件上并将其覆盖，如图12-60所示。

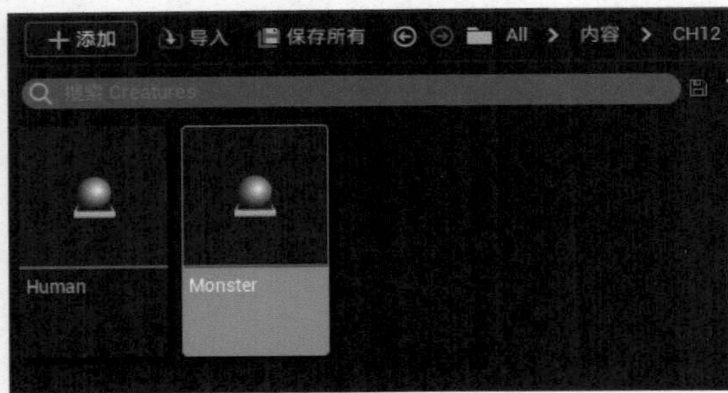

图12-59

图12-60

在“Human”蓝图的工具栏中单击“类设置”按钮，接着在“细节”面板中单击“添加”按钮并选择之前创建的“Blueprint_Interface”蓝图接口，如图12-61所示，最后编译蓝图。

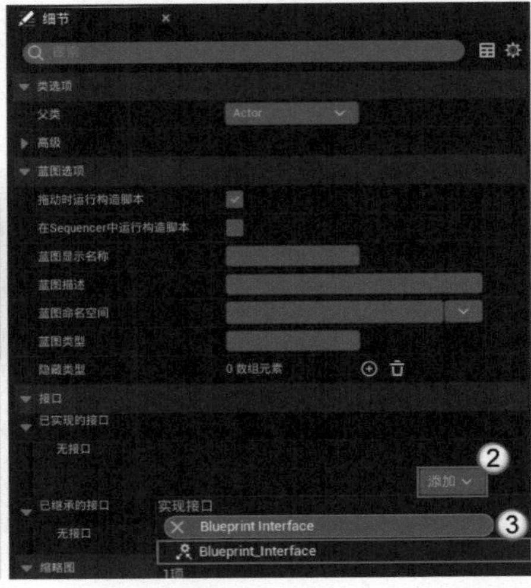

图12-61

在“Monster”蓝图中执行的操作大致相同，只是在添加组件时要添加球体组件，如图12-62所示，添加完成后编译蓝图。

图12-62

12.3.3 蓝图接口通信

进入“Human”蓝图的“事件图表”面板，添加蓝图接口中的“DamagePass”函数，添加“事件Damage Pass”节点，如图12-63所示。因为“DamagePass”函数是从蓝图接口中继承下来的，所以即便与“Monster”类不是同一类，“Monster”类通过继承的接口也可以使用“DamagePass”函数。

为了检查是否能收到信息，在后方添加一个“打印字符串”节点，可以使用“格式化文本”节点使“打印字符串”节点输出的内容更简洁、直观，设置“Format”引脚为“{Causer}:{Damage}”后将它们连接起来，如图12-64所示。

在“Monster”蓝图中执行上述操作，编译并保存后将“Human”蓝图和“Monster”蓝图拖曳到关卡中，如图12-65所示。

图12-63

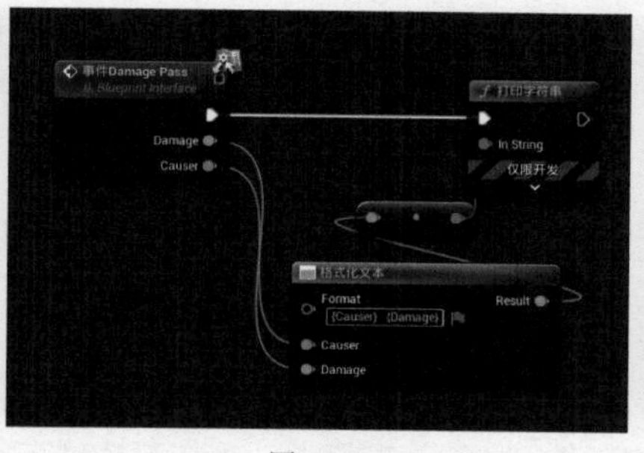

图12-64

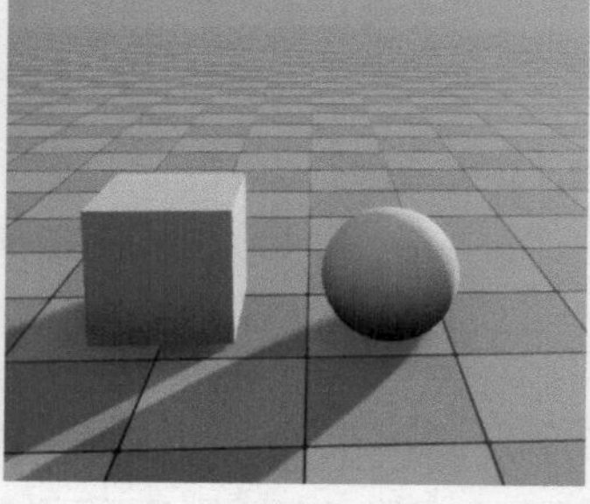
图12-65

技术专题：删除蓝图接口

在“Human”蓝图中使用类设置时，单击蓝图接口的“关闭”按钮可以删除蓝图接口，如图12-66所示。

这时系统会询问是否要把接口函数转换为蓝图的一部分，如图12-67所示。如果单击“是”按钮，则图表中基于蓝图接口的事件都会变为自定义事件；如果单击“否”按钮，则图表中的所有基于蓝图接口的事件都会消失。

图12-66

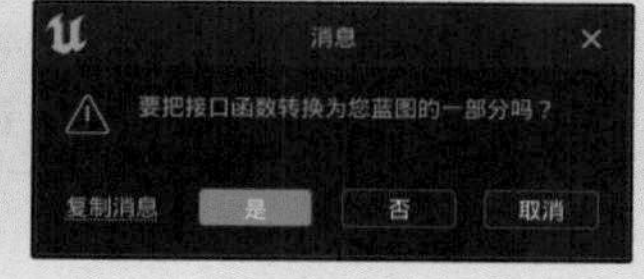

图12-67

打开“关卡蓝图”窗口，找到12.2.3小节中的蓝图。删除“类型转换为BP_Geometry”节点和“Set Geometry Size”变量，直接使用“Damage Pass”节点调用函数，设置“Damage”为25.0，“Causer”为“Self”，如图12-68所示。

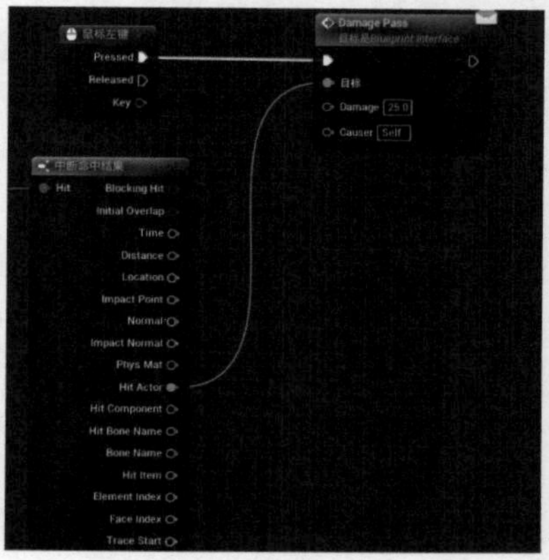

提示 如果没有特殊限定，如只允许某一类执行“DamagePass”事件，则可以不使用转换节点，可对任意类调用“DamagePass”函数。

图12-68

如果没有在被调用的类中重写“DamagePass”函数，那么函数将不会被调用。

编译并保存后进入PIE运行模式，单击关卡中的“Human”蓝图与“Monster”蓝图，可以看到两个蓝图都在左上角输出了伤害值，如图12-69所示。

图12-69

12.4 NPC对话系统

本节使用父类、子类与自定义事件、数组、数据表、结构体等制作一个简单的NPC对话系统，本节内容结合了多种知识点。

12.4.1 NPC基础蓝图

使用继承功能创建不同的NPC蓝图，有继承关系的NPC蓝图只需要在父类中规定好对话框架，再在子类中修改对话内容，就可以快速让不同的NPC有不同的对话。不需要为每一个NPC都写一个对话系统，那样非常不便利。

1.NPC蓝图

在“内容浏览器”面板中的空白处单击鼠标右键，新建一个文件夹并命名为“AsideNPC”，本小节创建的所有蓝图都会被放置到这个文件夹中，如图12-70所示。

进入“AsideNPC”文件夹，新建一个“角色”类蓝图并命名为“ASide_Master”，这个蓝图是所有NPC蓝图的父类，如图12-71所示。

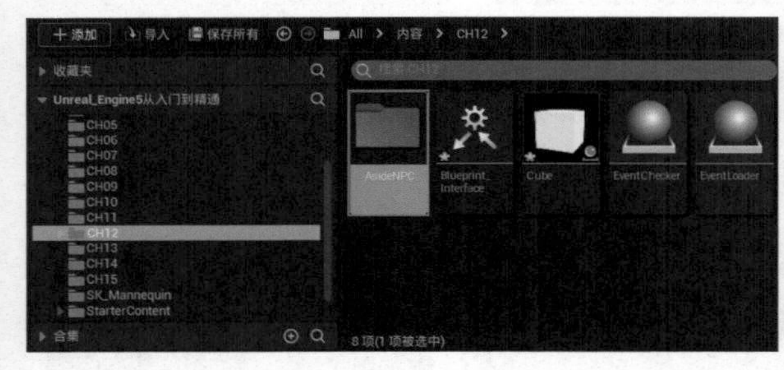

图12-70

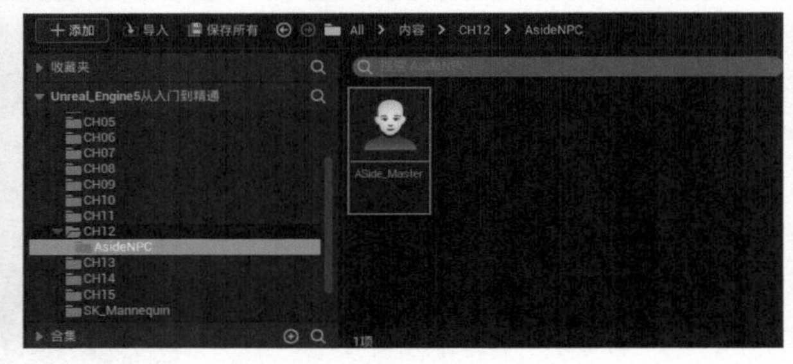

图12-71

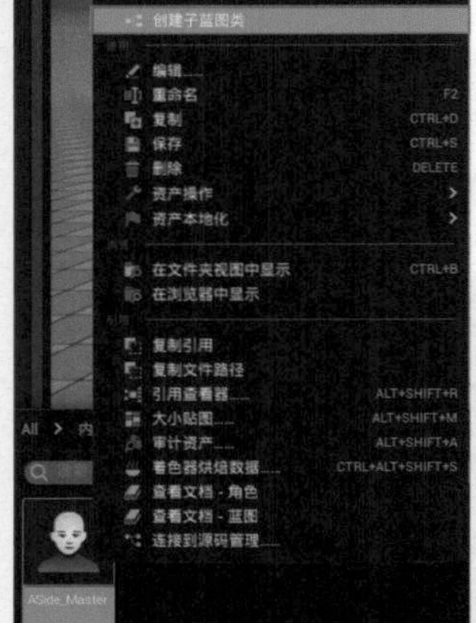

接下来创建NPC蓝图，可以直接创建“ASide_Master”蓝图的子类蓝图。使用鼠标右键单击“ASide_Master”蓝图，执行“创建子蓝图类”菜单命令，新建一个子类蓝图并命名为“ASideA”，如图12-72所示。

继续创建两个子类蓝图并分别命名为“ASideB”和“ASideC”，单击“保存所有”按钮保存所有保存项目，如图12-73所示。

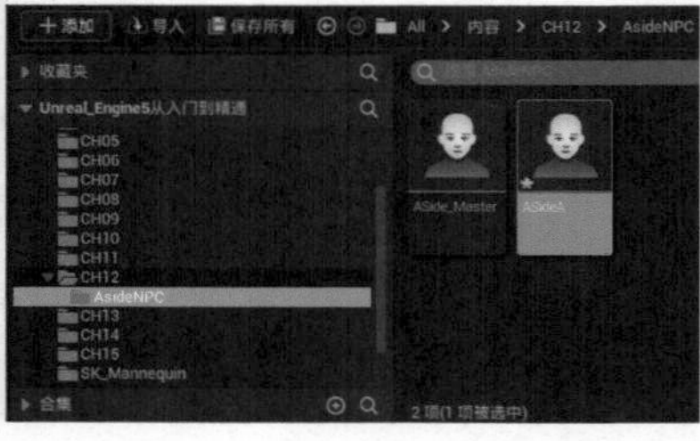

图12-72

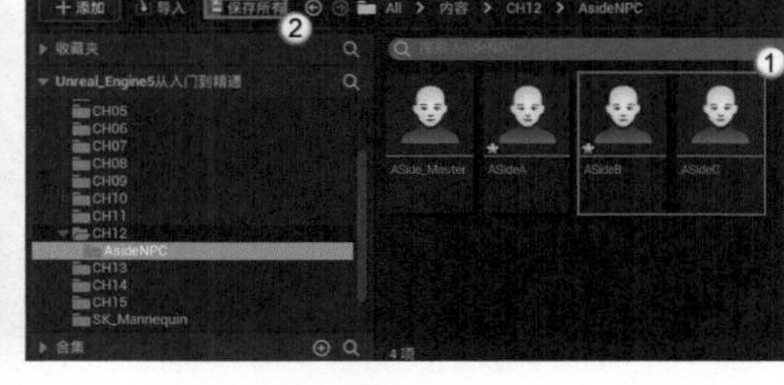

图12-73

2.对话数据表

在“内容浏览器”面板中新建一个结构体并命名为“STASide”，需要以这个结构体为数据表的行结构。双击打开“STASide”结构体，需要用两个变量分别代表对话内容与对话时间。因为无法确定对话的数量，所以数组变量是较好的选择。新建两个数组变量，一个是“文本”型的“Test”，另一个是“浮点”型的“Delay”，如图12-74所示。

图12-74

在“内容浏览器”面板中新建一个以“STASide”结构体为行结构的数据表，将其命名为“Data_STASide”，如图12-75所示。

双击打开数据表，新建3行数据并分别设置“行命名”为“A”“B”“C”，在“Text”与“Delay”数组变量中添加对话内容和对话时间，序列与序列对应，如图12-76所示。随机添加3组对话内容与对话时间，如图12-77所示。

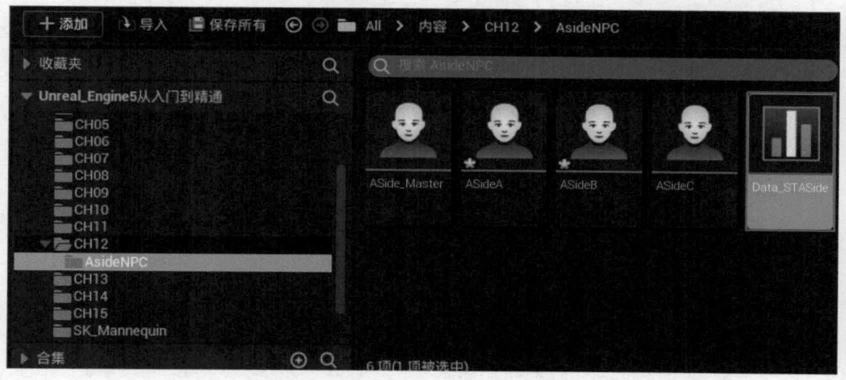

图12-75

	行命名	Text	Delay
1	A	("你好","很高兴见到你","再见")	(1,2,3)
2	B	("今天天气真好","阳光很温暖","我需要去健身了")	(3,2,1)
3	C	("请问","这里怎么走","谢谢")	(2,2,2)

图12-76

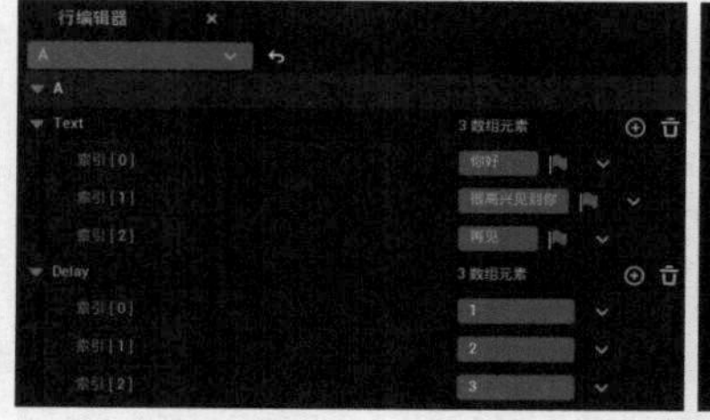

图12-77

12.4.2 玩家与NPC之间的蓝图通信

双击打开“ASide_Master”蓝图，因为“ASideA”“ASideB”“ASideC”蓝图都是它的子类，所以只需要在“ASide_Master”蓝图中创建“自定义事件”节点，编译后子类会继承该事件。创建一个“自定义事件”节点并命名为“Chat”，如图12-78所示。

图12-78

进入“ASide_Master”蓝图的“组件”面板，选择网格体组件后在“细节”面板中设置“骨骼网格体”为“SK_Mannequin”，如图12-79所示。设置组件的“变换”参数，如图12-80所示，使角色朝着箭头指向的方向。

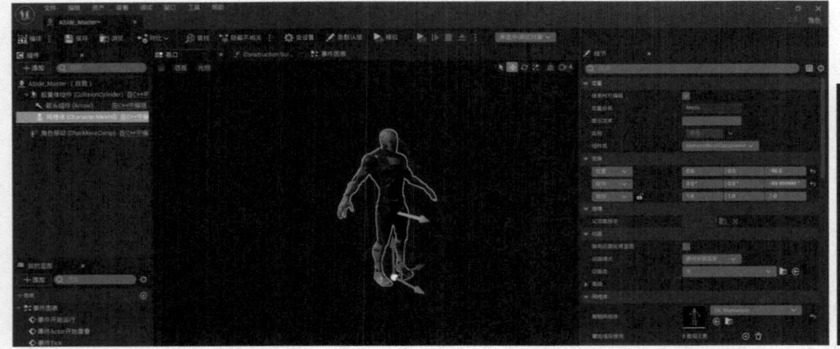

图12-79

图12-80

单击“变量”按钮新建一个“文本”型变量并命名为“TitleName”，如图12-81所示。

打开“ASideA”“ASideB”“ASideC”蓝图，分别设置3个蓝图的自我组件的“Title Name”为“A”“B”“C”，与数据表中的名称对应，如图12-82所示。

图12-81

图12-82

完成后编译并保存蓝图，拖曳“ASideA”“ASideB”“ASideC”3个蓝图到关卡中，如图12-83所示。

打开第7章中的“BP_Player”蓝图，在蓝图中使用“E”节点连接“按通道进行球体追踪”节点，使用“获取Actor位置”节点得到角色的当前位置并连接该节点的“Return Value”引脚到“Start”引脚；同时使用“获取Actor向前向量”节点得到向前向量，将向前向量乘以400.0的结果与当前位置相加，最后将结果连接到“End”引脚，如图12-84所示。

使用“中断命中结果”节点连接“Out Hit”引脚，设置“Radius”为50.0，从“中断命中结果”引脚转换到“ASide_Master”蓝图，这样就可以直接调用“ASide_Master”蓝图中的“Chat”函数了，如图12-85所示。

图12-83

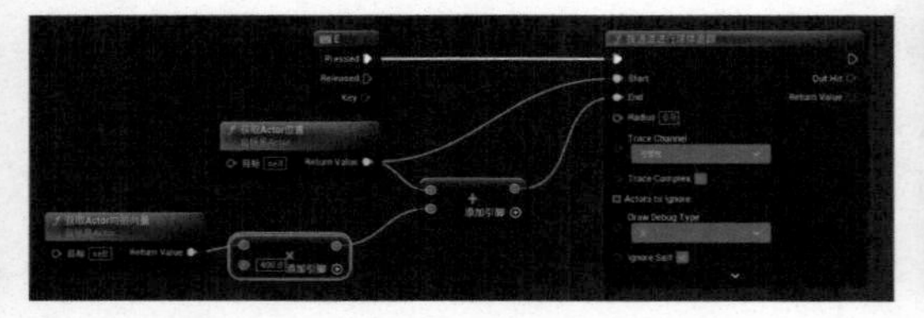

图12-84

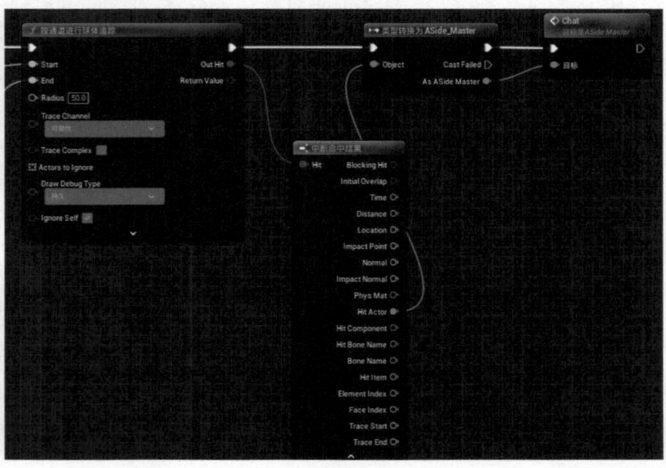

图12-85

综合训练：实现字幕UI

实例文件　实例文件 > CH12 > 综合训练：实现字幕UI
素材文件　无
难易程度　★★★☆☆
学习目标　掌握继承功能、数据表和控件蓝图的使用方法

使用控件蓝图与继承功能等制作出游戏中的有不同对话内容的NPC，如图12-86所示。

图12-86

01 新建一个控件蓝图并命名为“UI_Subtitle”，双击打开控件蓝图。在“控制板”面板中找到“画布面板”子控件并将其拖曳到“层级”面板中，如图12-87所示。

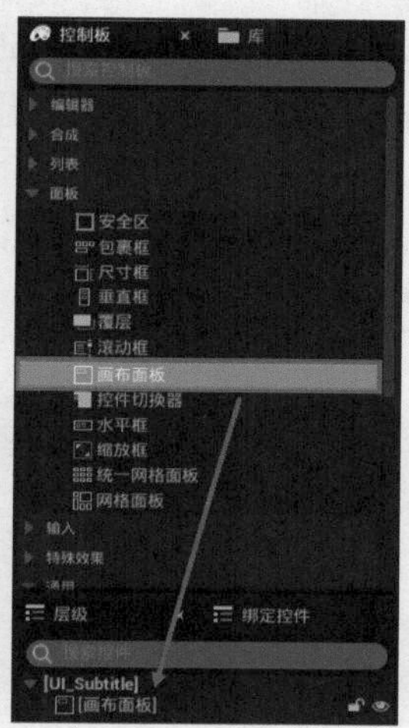

图12-87

02 添加“文本”子控件到“层级”面板中，在“细节”面板中设置“锚点”在正下方，如图12-88所示。设置“对齐”为“对齐到中间”，打开“文本”右侧的“绑定”下拉列表，单击“创建绑定”按钮 创建绑定 新建一个函数绑定，如图12-89所示。

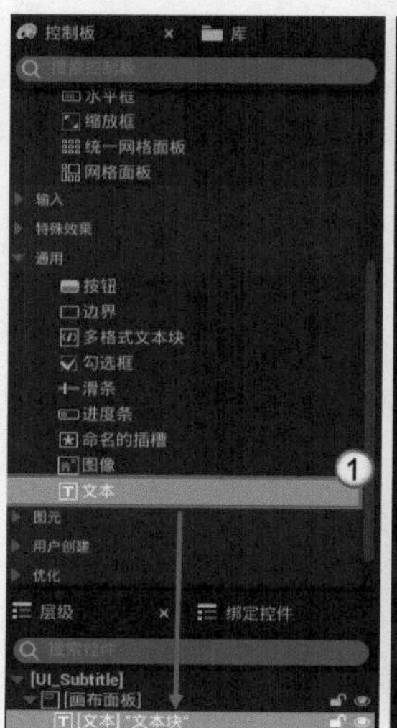

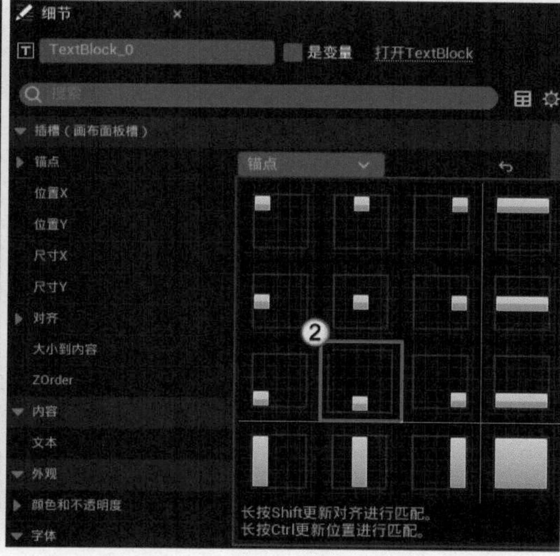

图12-88

图12-89

03 拖曳“Return Value”引脚到空白处，执行“提升为变量”菜单命令新建一个变量，将变量命名为“Current Text”，如图12-90所示。

04 回到“UI_Subtitle”控件蓝图的“事件图表”面板，在“事件构造”节点后连接“获得数据表行NONE”节点，设置“Data Table”为“Data_STASide”，如图12-91所示。

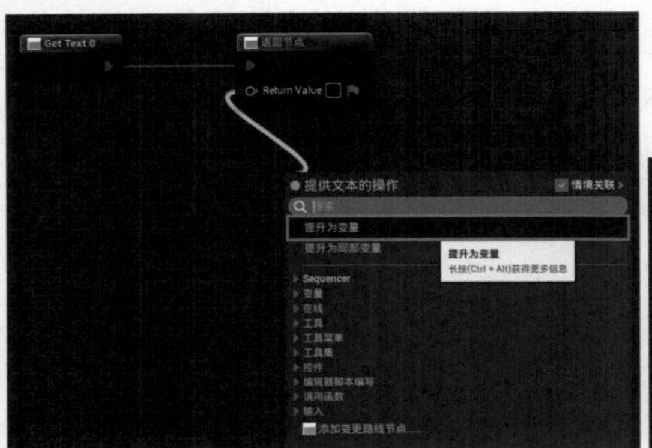

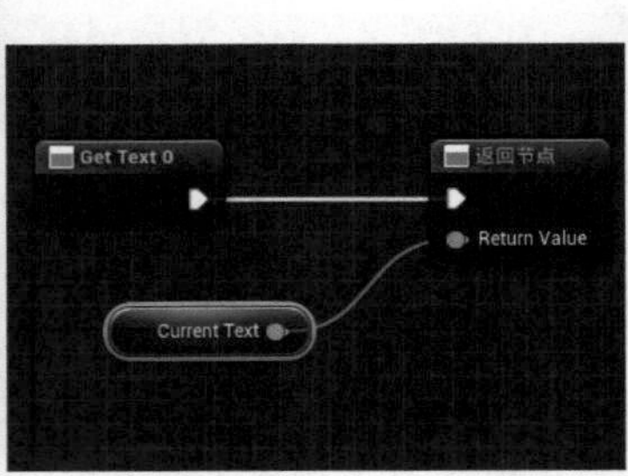

图12-90

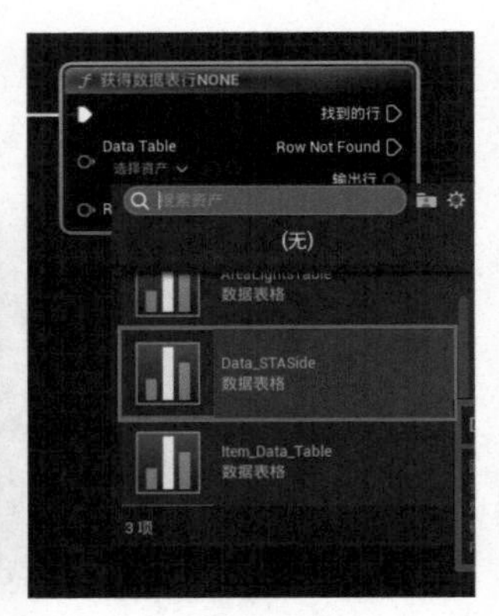

图12-91

05 拖曳“Row Name”引脚到空白处并执行“提升为变量”菜单命令新建一个变量，选择变量后在“细节”面板中勾选“可编辑实例”与“生成时公开”选项，如图12-92所示。使用同样的方法新建一个“输出行”变量，如图12-93所示。完成后编译并保存蓝图。

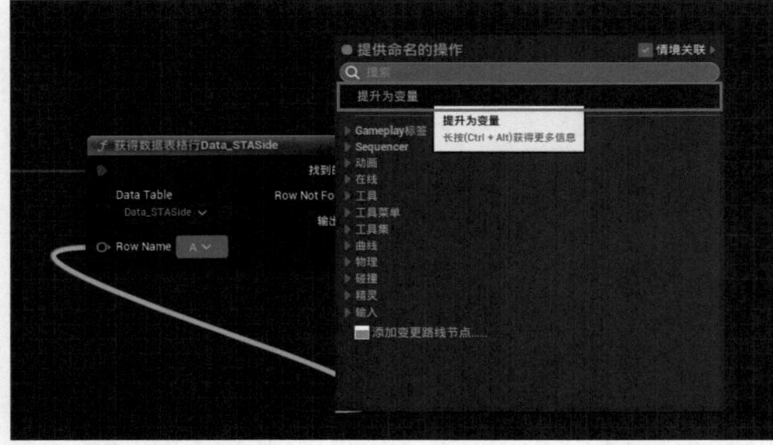

图12-92

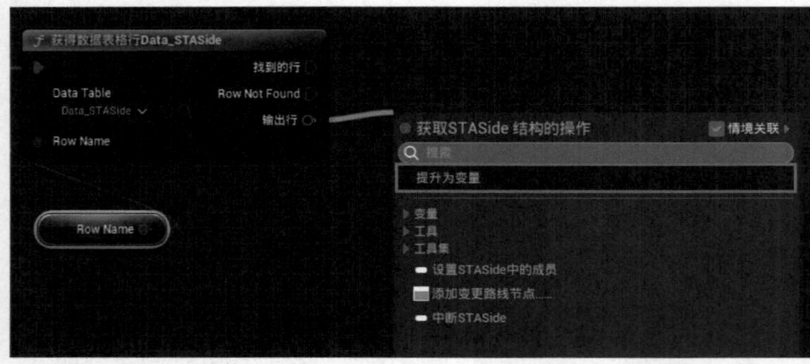

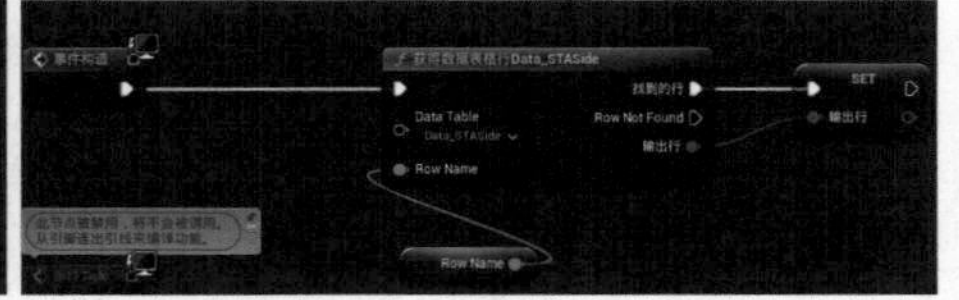

图12-93

06 拖曳“输出行”变量到“事件图表”面板中，使用“中断STASide”节点拆开“STASide”结构体，如图12-94所示。新建一个“整数”型变量并命名为“CurrentIndex”，如图12-95所示。完成后编译并保存蓝图。

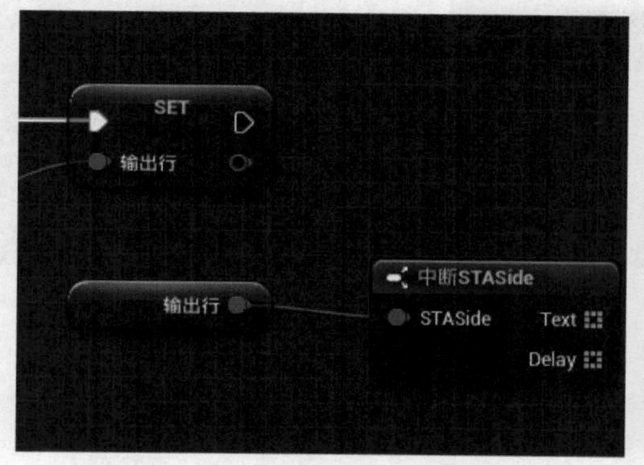

图12-94

图12-95

07 添加“GET”节点，连接其“数组”引脚到“中断STASide”节点的“Text”引脚，连接“整型”引脚到新建的“Current Index”变量，用输出引脚连接“Current Text”引脚，如图12-96所示。

08 再次添加“GET”节点，并连接“Delay”引脚和“Current Index”变量，将输出引脚连接到“延迟”节点，如图12-97所示。

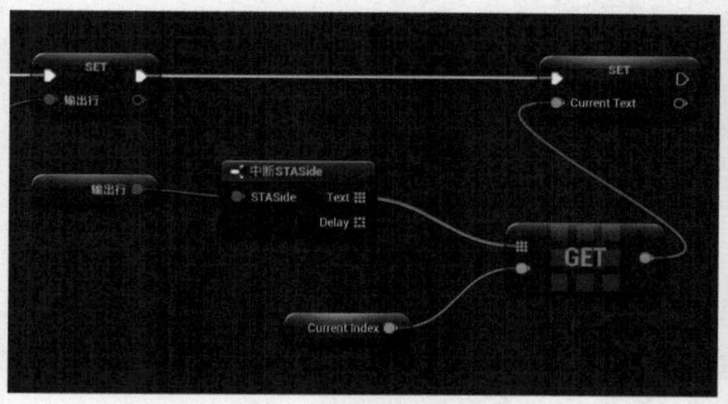

图12-96

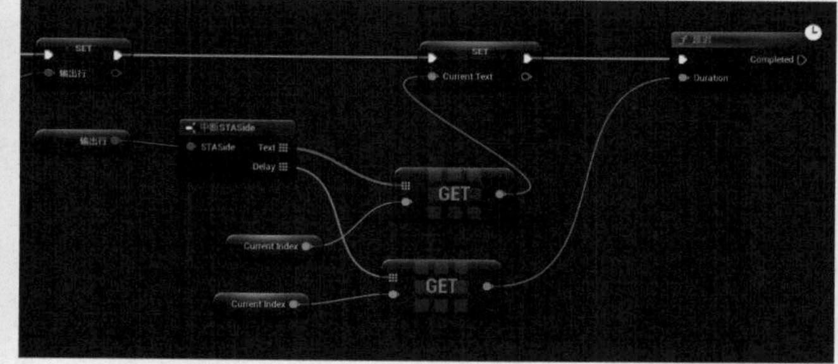

图12-97

09 使用“LENGTH”节点连接“Text”引脚，将得到的值减去1后使用“Compare Int”节点与“Current Index”节点做比较，如图12-98所示，如果当前播放的索引等于最大索引，就结束此控件的运行。

10 如果小于，则说明还没有播放完毕，此时可以在“<”引脚处连接“++”节点，将“Current Index”变量连接到“++”节点后，连接输出引脚至“SET”节点，完成循环，如图12-99所示。

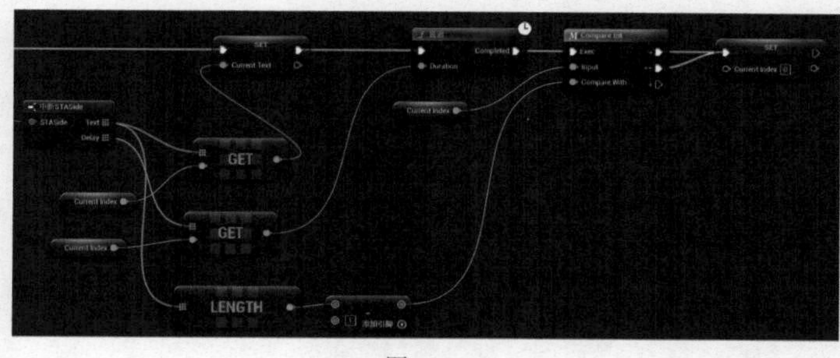

图12-98

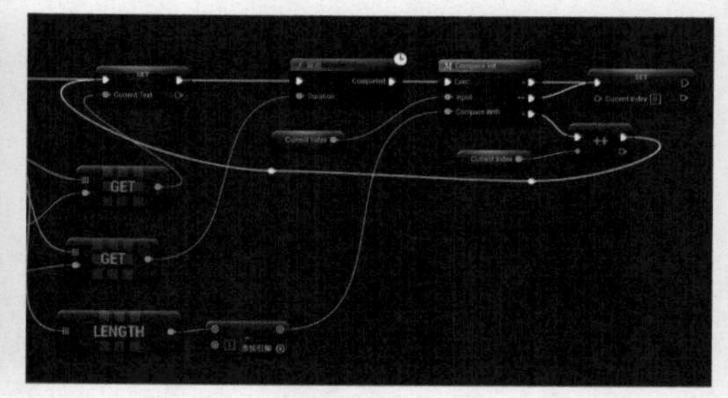

图12-99

11 播放结束后删除此控件，在“SET”节点后添加“从父项中移除”节点，如图12-100所示。

12 打开“ASide_Master”蓝图，在“事件图表”面板中找到“Chat”事件，添加“创建UI Subtitle控件”节点，设置“Class”为“UI Subtitle”，连接“Title Name”变量到“Row Name”引脚，如图12-101所示。因为文本不能直接转换为行名称，所以可以使用“转换为字符串（文本）”节点连接变量到“Row Name”引脚。

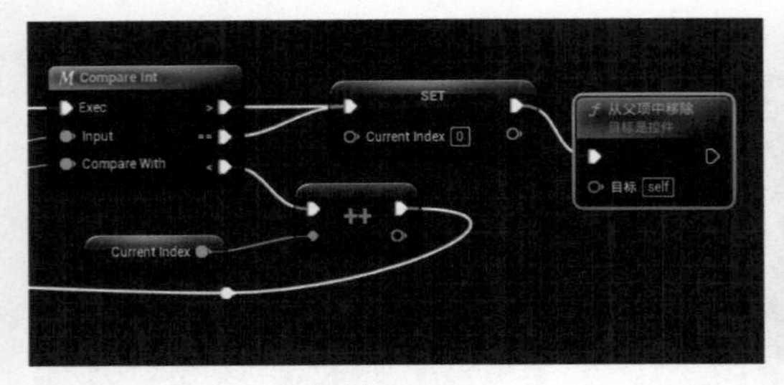

图12-100

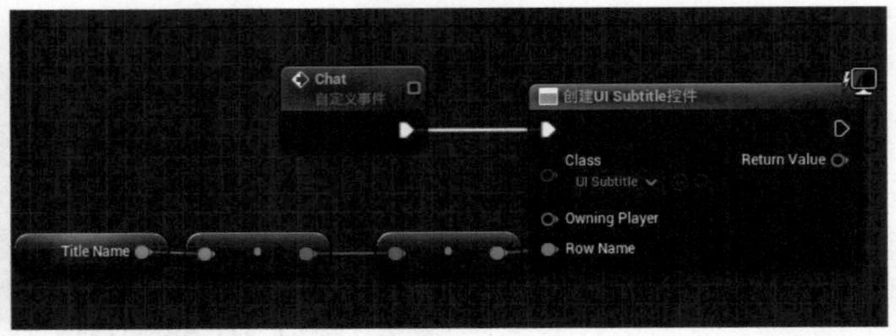

图12-101

13 在“组件”面板中选择胶囊体组件，在“细节”面板中设置“碰撞预设”为“Custom”，设置“Visibility”为“阻挡”，如图12-102所示。

图12-102

14 使用“添加到视口”节点将新建的“UI_Subtitle”控件添加到关卡中，如图12-103所示。编译并保存后进入PIE运行模式，对着NPC按下E键就会显示字幕，如图12-104所示。

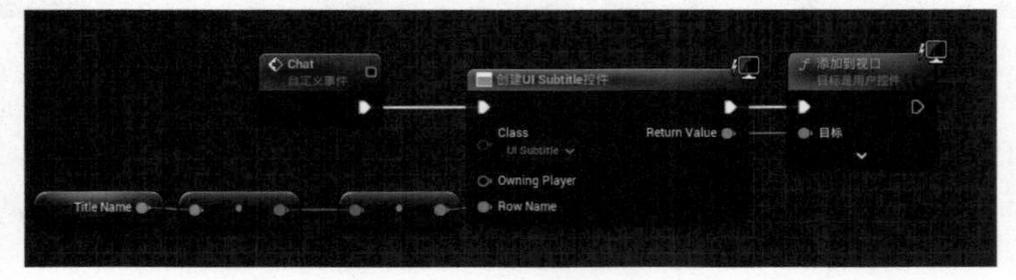

图12-103

图12-104

第13章 实现简单的AI功能

■ 学习目的

本章将使用行为树搭建一个简单的 AI 系统，实现角色在关卡中随机移动、移动到指定地点和跟随玩家操作等功能。

■ 学习重点

- 行为树
- AI 感知组件
- 自动攻击
- 自动行走

13.1 行为树

行为树是Unreal Engine 5中的用于设计AI的系统，也是一个树状图，可以在控制器中被运行，AI会根据树状图的不同条件执行不同的功能。

13.1.1 创建AI行为树

如果只需要制作一个人形AI，那么“角色”类蓝图是最好的选择；如果要制作非人形AI，那么“Pawn”类蓝图是最好的选择。因为这里需要为人物模型添加一个人形AI，所以新建一个“角色”类蓝图并命名为“AI”，如图13-1所示。这个“角色”类蓝图就可以作为AI。

双击打开“AI”蓝图后为蓝图添加一个模型，在“组件”面板中选择“网格体（CharacterMesh0）”，在“细节”面板中设置“骨骼网格体”为“SK_Mannequin”，如图13-2所示。

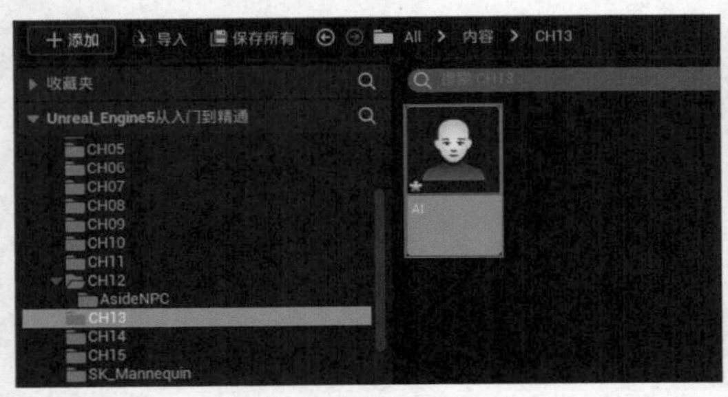

图13-1

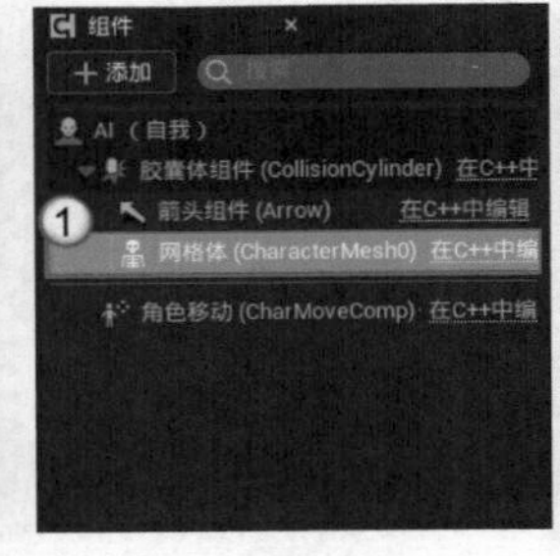

图13-2

修改网格体组件的“变换”参数，使得角色朝向蓝色箭头所指的方向，设置“位置”为（X:0.0，Y:0.0，Z:−88.0），“旋转”为（X:0.0°，Y:0.0°，Z:−90.0°），如图13-3所示。

新建一个蓝图，在“选取父类”对话框中选择“AIController（AI控制器）”，单击“选择”按钮 选择 ，这样就可以通过继承“AIController”创建一个子类，将其命名为“BP_AIController”，如图13-4所示。

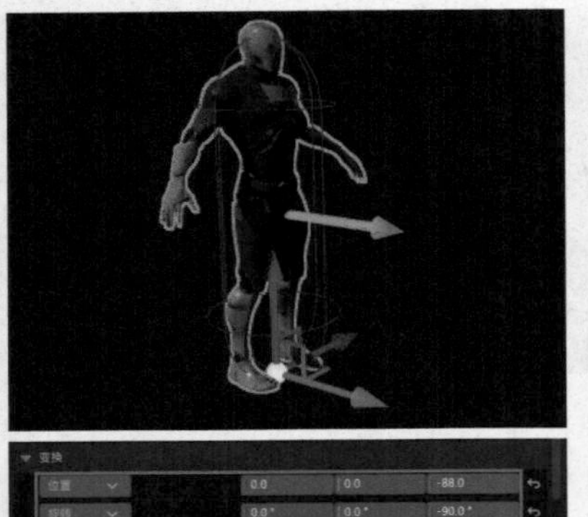

图13-3

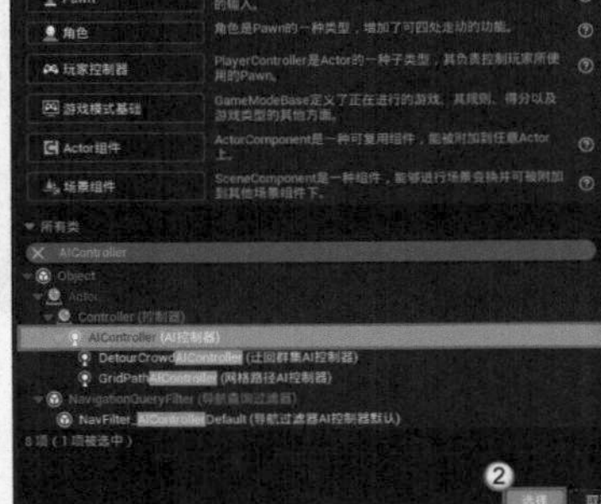

图13-4

打开“AI”蓝图，选择“AI（自我）”组件后在“细节”面板中设置“AI控制器类”为“BP_AIController”，如图13-5所示。让“角色”类蓝图默认的控制器为新建的控制器，这样就可以在控制器中运行行为树。完成后编译并保存蓝图。

在“内容浏览器”面板中的空白处单击鼠标右键，执行“人工智能>行为树”菜单命令，新建一个行为树并命名为“BT_AI”，如图13-6所示。

图13-5

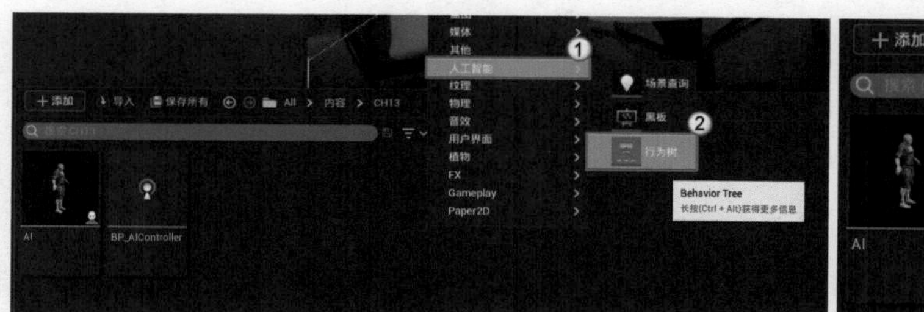

图13-6

打开“BT_AI”行为树，图表正中心的“根”是行为树的起点，在右侧有“细节”和“黑板”两个面板，单击工具栏中的“新建黑板”按钮新建黑板新建一个黑板，如图13-7所示。

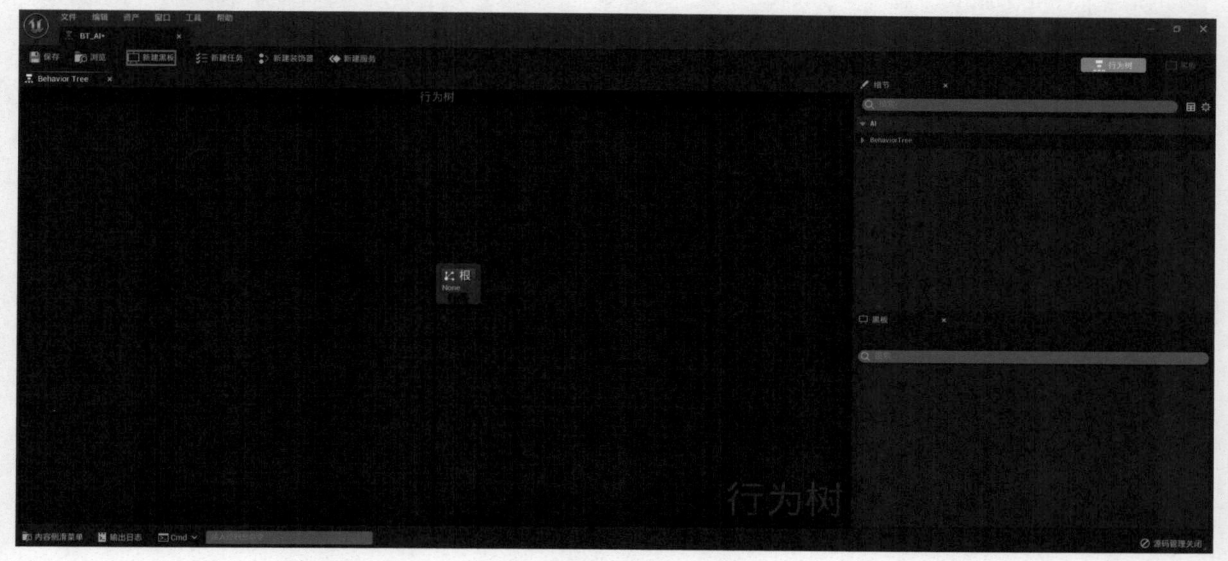

图13-7

在弹出的“资产另存为”对话框中设置“命名”为“BT_AI”后单击“保存”按钮保存，如图13-8所示。

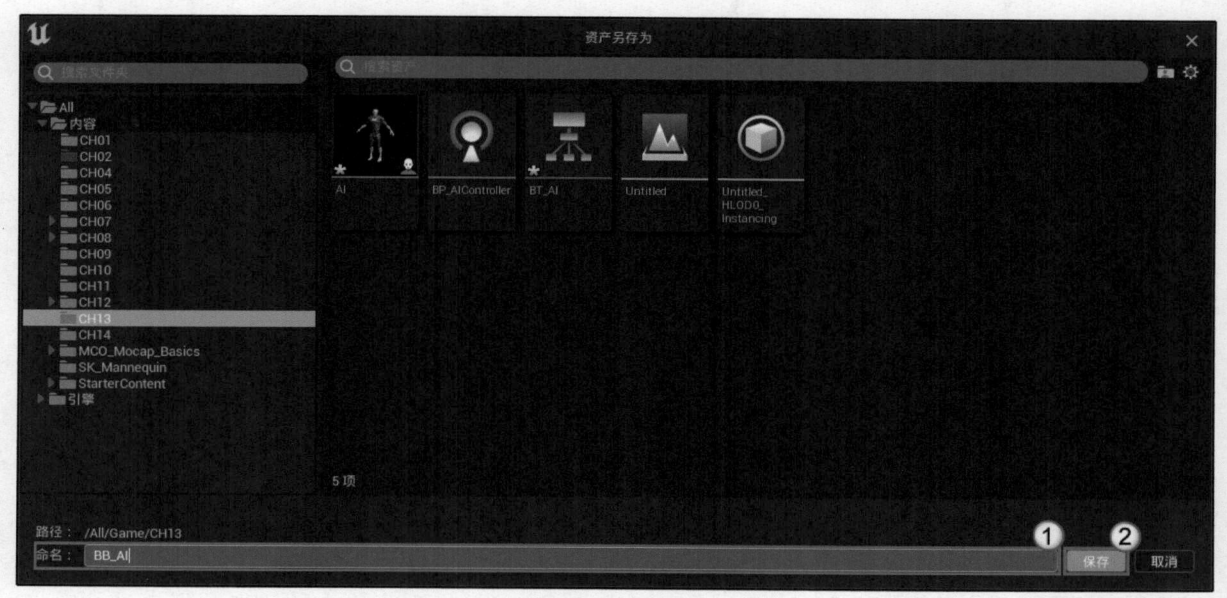

图13-8

技术专题：黑板

“黑板”是一个非常形象的概念，AI在运行时会接收各种各样的信息，并可以将信息存入变量，而“黑板”可以存储行为树中的将要使用的变量。就像可以使用粉笔在黑板上记录信息一样，在行为树的“黑板”中可以随时擦除或重写记录的信息。

最好为每个行为树都添加一个黑板。可以在“细节”面板中打开“BehaviorTree”卷展栏，通过“黑板资产”来替换黑板，如图13-9所示。

在行为树中新建的黑板会自动设置在行为树中，如果是在“内容浏览器”面板中通过执行“人工智能 > 黑板”菜单命令创建的黑板，如图13-10所示，则需要手动设置到行为树中，否则行为树的“黑板资产”为空。

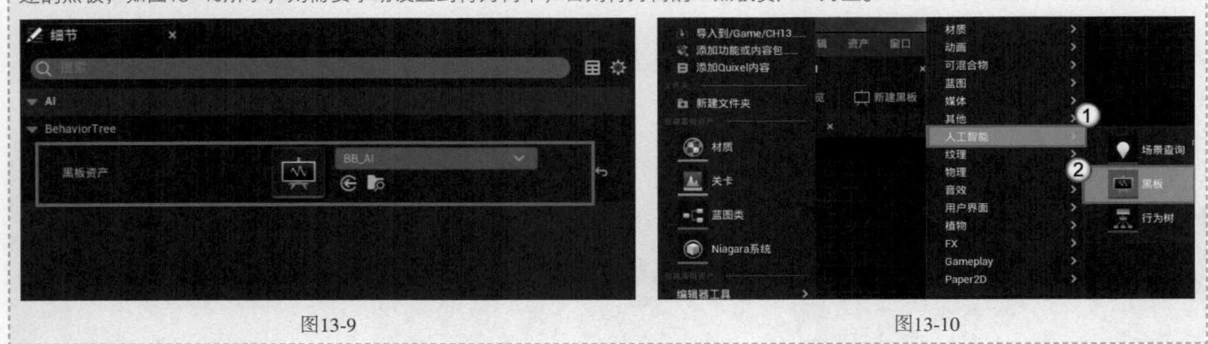

图13-9　　图13-10

13.1.2 选择器与序列

打开“BT_AI”行为树，拖曳“根”下方的接口到空白处打开“新建节点”面板，其中的“Selector”是选择器，“Sequence”是序列，两者都是较为常用的节点，如图13-11所示。

“Selector”节点会从左到右执行，并检测所有子节点是否执行成功，也就是检测是否返回“True”，一旦有一个节点执行成功（返回“True”），那么选择器将会停止对后续节点的执行，选择器本身会返回“True”。如果所有节点都执行失败，则选择器返回“False”。返回的值可以由更靠近“根”的父项层的选择器进行判断。如果“PlaySound”节点执行成功，则后续的“Wait”节点和第2个“PlaySound”节点都不会再执行，如果第1个“PlaySound”节点执行失败，则会执行“Wait”节点，以此类推，如图13-12所示。

“Sequence”节点会从左到右执行所有的子节点，不会因执行成功或失败而产生一定后果。先执行“Wait”节点，“Wait”节点会迫使序列暂停5秒，暂停5秒后执行“Play Animation”节点，如图13-13所示。

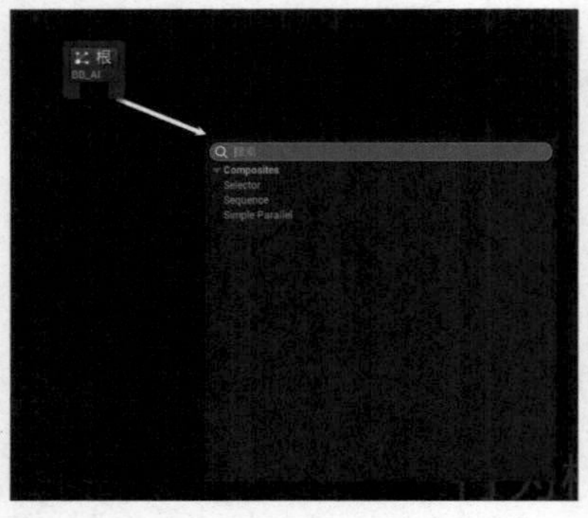

图13-11

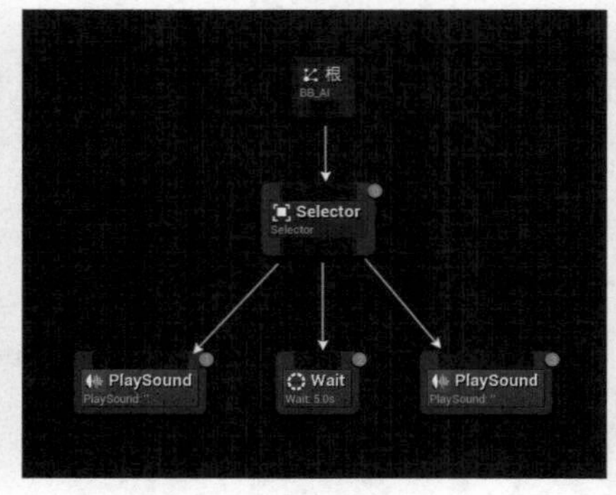

图13-12

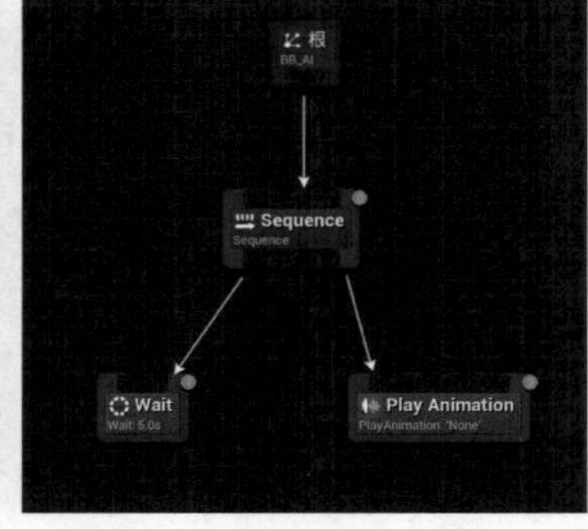

图13-13

重点

13.1.3 寻路到随机地点

可以使用任务让蓝图执行一些功能，新建任务就相当于使用蓝图制作一个AI行为树的节点。单击工具栏中的“新建任务”按钮，在“资产另存为”对话框中设置“命名”为“Task_RandomLocation”后单击“保存”按钮，如

图13-14所示。使用该任务计算一个随机移动的值后，将值记录在黑板上，接着在行为树中使用“Move To”节点移动角色到黑板上的值中。这就是随机移动的核心思想，也是行为树的基本运作原理。

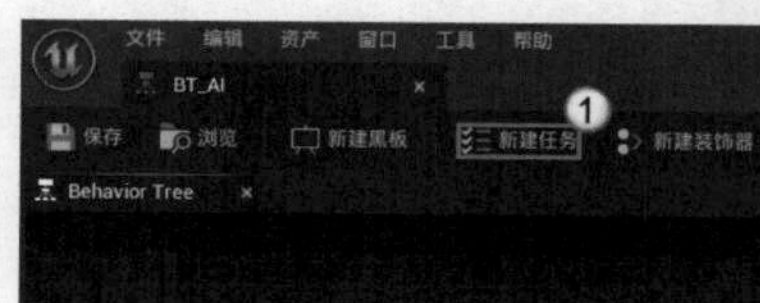
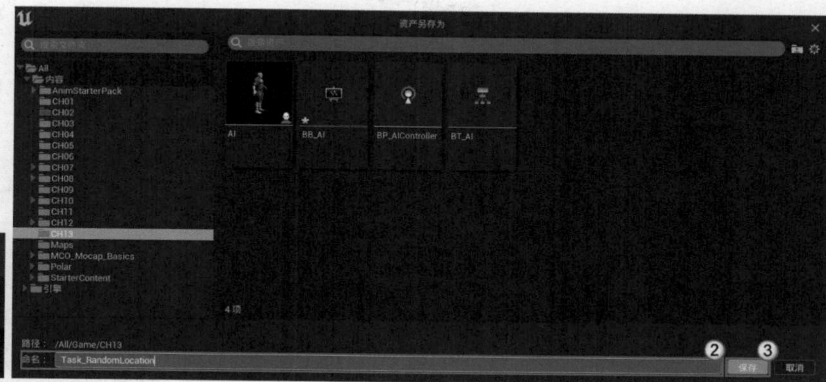

图13-14

进入“Task_RandomLocation”蓝图，在“我的蓝图”面板中单击“函数”右侧的“重载”按钮，可以看到有很多函数可供使用，如图13-15所示。“接收执行AI”函数会让行为树在执行当前任务所在蓝图时调用此函数，从而执行任务。“接收Tick AI”函数的作用与“事件Tick”相同，在被创建后会持续被脉冲调用。

创建“事件接收执行AI”节点，可以看到此节点有两个引脚，如图13-16所示。一个是“Owner Controller”，用于显示该行为树目前在哪个控制器上运行；另一个是“Controlled Pawn”，用于显示该行为树当前控制哪个Pawn，也可以理解为控制哪个角色。

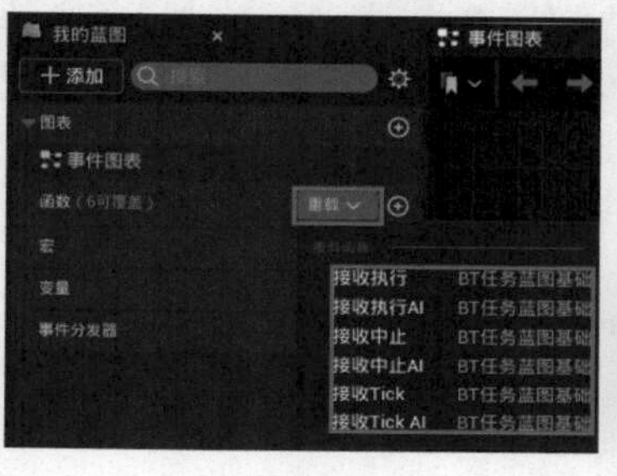

图13-15

图13-16

拖曳“Controlled Pawn”引脚到空白处，使用“获取Actor位置”节点得到AI的位置，如果希望让AI随机移动到以自身位置为起点的2000个单位内的任意点处，可以使用“获取半径内可抵达的随机点”节点，连接“Origin”引脚到“获取Actor位置”节点，设置“Radius”为2000.0，如图13-17所示。

添加“将黑板值设为向量”节点，连接“Value”引脚与“Random Location”引脚，具体设置如图13-18所示。

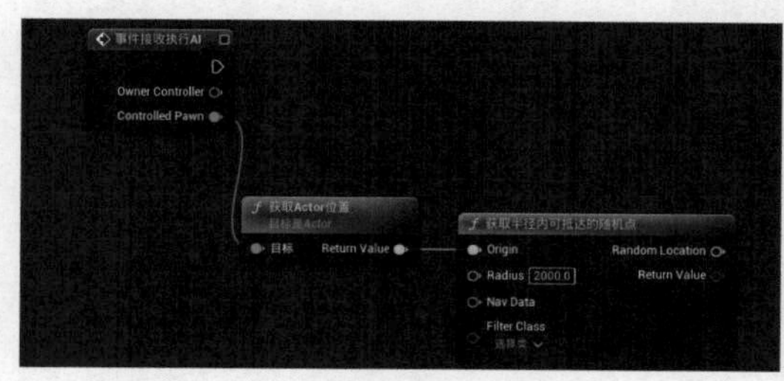

图13-17

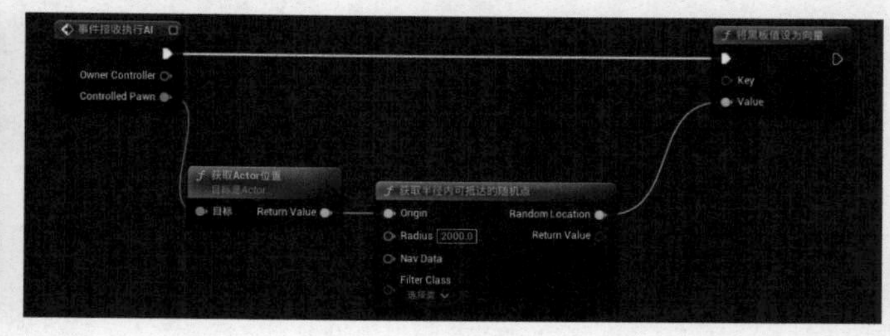

图13-18

拖曳“将黑板值设为向量”节点的“Key”引脚到空白处，执行“提升为变量”菜单命令新建一个变量，在“细节”面板中勾选“可编辑实例”选项，如图13-19所示。完成后编译并保存蓝图。

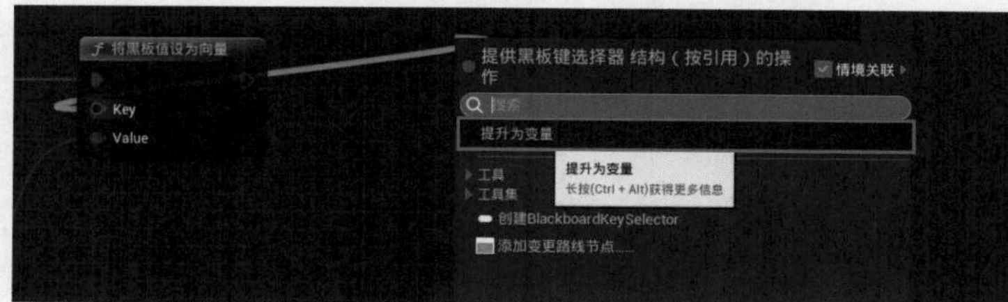

图13-19

提示 因为需要设置黑板上的某个Key为返回的随机位置，所以需要一个Key变量，在行为树中手动设置这个Key为黑板中暂时存储随机位置的变量。这样行为树在使用此节点时，此节点就知道设置黑板中的哪个变量为随机位置了。

在“将黑板值设为向量”节点后连接“完成执行”节点，勾选“Success”选项，如图13-20所示。这样此蓝图就执行完毕了，如果不进行这一步，行为树会卡在这个蓝图中，不执行后续命令。

打开“BB_AI”黑板，单击“新键”按钮新建一个“向量”黑板键并命名为“MoveLocation”，如图13-21所示。单击“保存”按钮保存黑板。

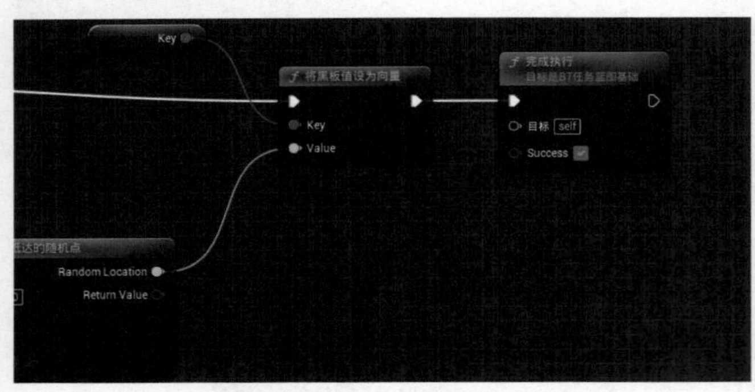

图13-20

图13-21

进入“BT_AI”行为树，新建一个“Sequence”节点，如图13-22所示。因为希望此AI从左到右依次执行，所以该节点非常适合。

拖曳“Sequence”节点下方的接口到空白处，新建一个子节点“Task_RandomLocation”，如图13-23所示。

选择“Task_RandomLocation”节点，在“细节”面板中设置“Key”为“MoveLocation”，如图13-24所示，将“MoveLocation”向量传入“Key”后可以在执行节点时通过蓝图设置该向量的参数。

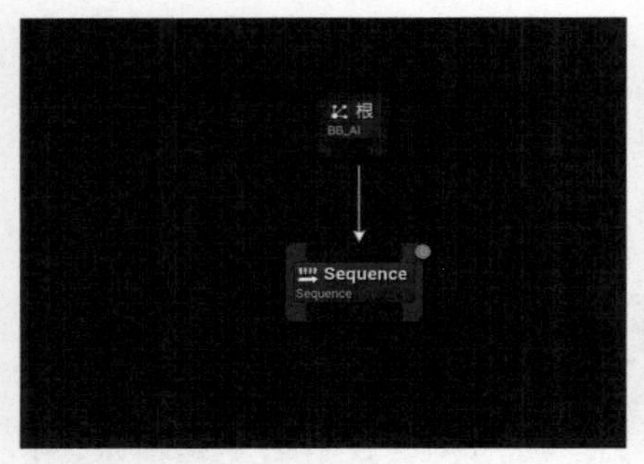

图13-22

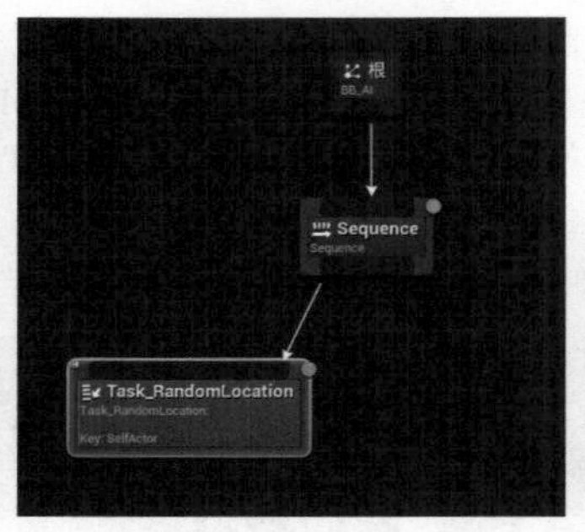

图13-23

图13-24

依次添加“Move To”节点和“Wait”节点，如图13-25所示。“Move To”节点可以让控制的角色移动到某一位置。选择“Move To”节点，在“细节”面板中设置“黑板键”为“MoveLocation”，如图13-26所示。这样“Move To”节点就会将角色移动到计算好的位置。

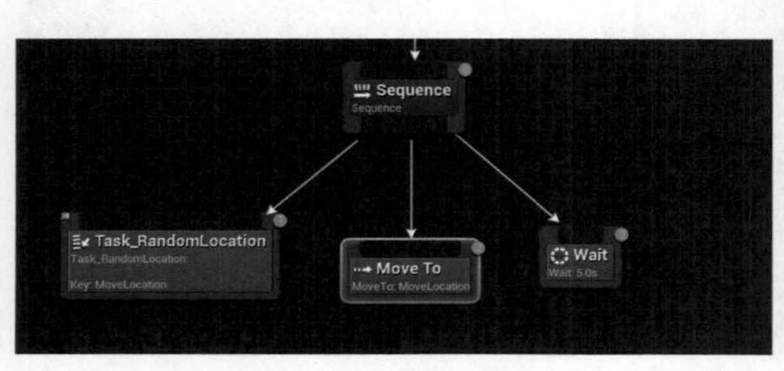

图13-25

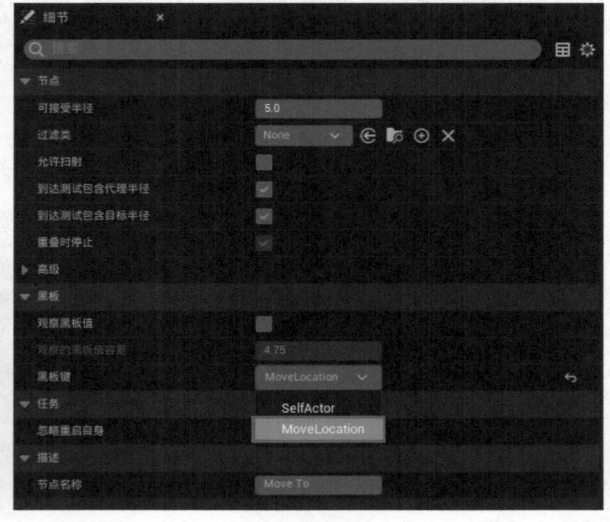

图13-26

选择“Wait”节点，在“细节”面板中设置“等待时间”为5.0，如图13-27所示。增大“等待时间”可以让每次执行的间隔时间延长，等待时间太短会导致AI反复计算新的移动位置，影响效果。完成后单击“保存”按钮 保存 保存行为树。

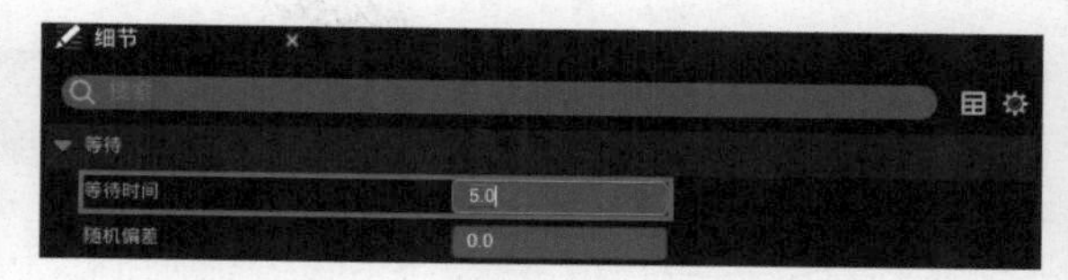

图13-27

进入关卡，在“放置Actor”面板中放置一个“NavMeshBoundsVolume”区域，该区域可以让AI在导航系统中实现移动、寻路和计算等功能，按P键可以观察该区域的影响范围。设置该区域的“缩放”参数，使其影响范围变得更大。拖曳“AI”蓝图到区域中，如图13-28所示。

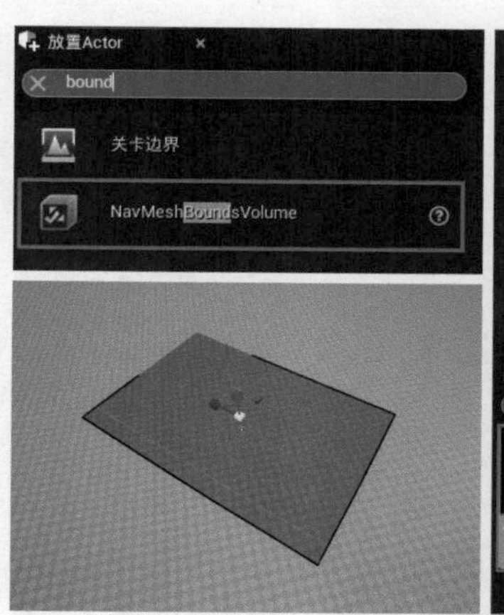

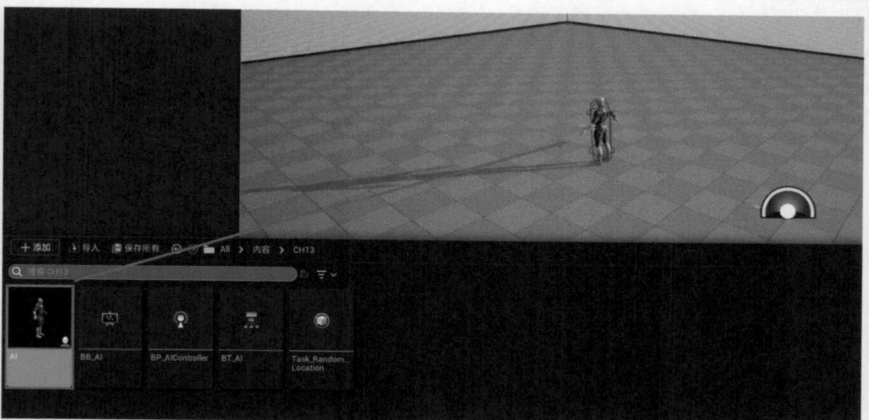

图13-28

只有在控制器中运行对应的行为树，控制器才可以控制角色执行行为树中的操作。打开“BP_AIController”控制器，在“事件开始运行”节点后连接“运行行为树”节点，设置“BTAsset”为“BT_AI”，如图13-29所示。完成后编译并保存控制器。

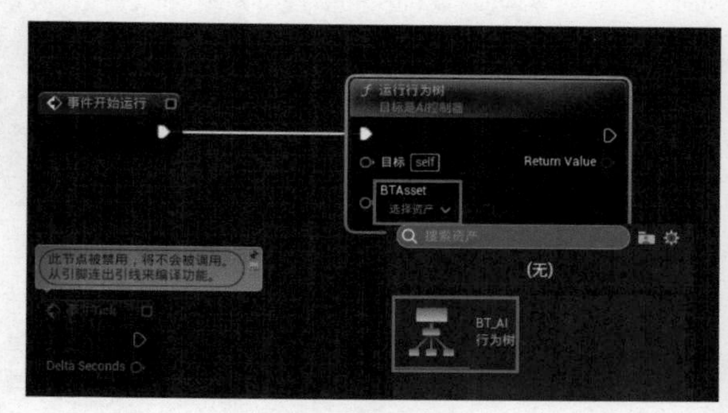

图13-29

进入SIE运行模式，AI每5秒在区域内随机移动一次，如图13-30所示。

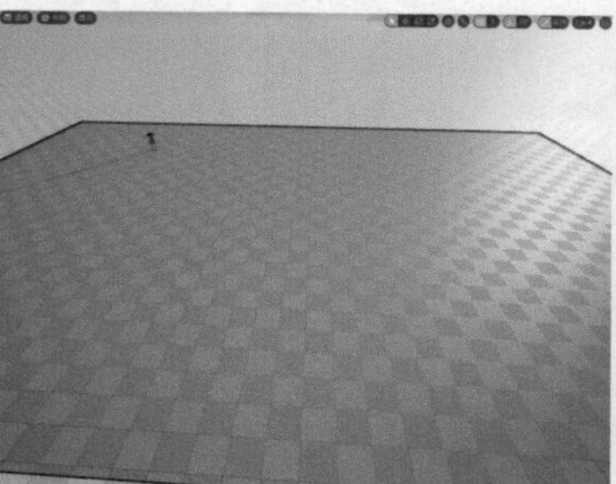

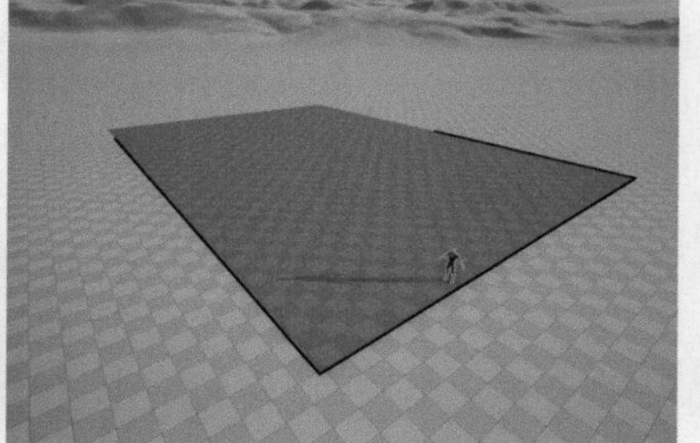

图13-30

问：为什么AI行为树运行过程中会在两个节点之间不断闪烁，且AI不执行任何功能？

答：可能是未在关卡中放置“NavMeshBoundsVolume”区域，或黑板键未在对应的位置设置成功。

13.2 AI感应

在学会如何创建基础行为树并实现角色的随机移动后，可以为AI添加一些感应功能，让AI可以感知到关卡中的各种内容，并且在行为树中做出相应的反应。

♛ 重点

13.2.1 AI视野

为AI赋予视野，可以让AI在看到角色时调用事件。打开“AI”蓝图，为“AI”蓝图新建一个“AI感知组件”，如图13-31所示。

选择“AIPerception”组件，在“细节”面板中的“感官配置”卷展栏中单击“添加元素”按钮⊕新建一个元素，将“索引[0]”设置为“AI视力配置”；打开“按归属检测”卷展栏，勾选“检测中立方”与“检测友方”选项，设置“主导感官”为“AISence_Sight”，如图13-32所示。

图13-31

图13-32

在“细节”面板中找到“感知更新时”事件，单击“添加”按钮 + 新建事件，如图13-33所示。

按住F键并单击“事件图表”面板的空白处，生成“For Each Loop”节点，连接“For Each Loop”节点的“Exec”引脚到“感知更新时（AIPerception）”节点的输出引脚上，连接“Array”引脚到“Updated Actors”引脚上，如图13-34所示。

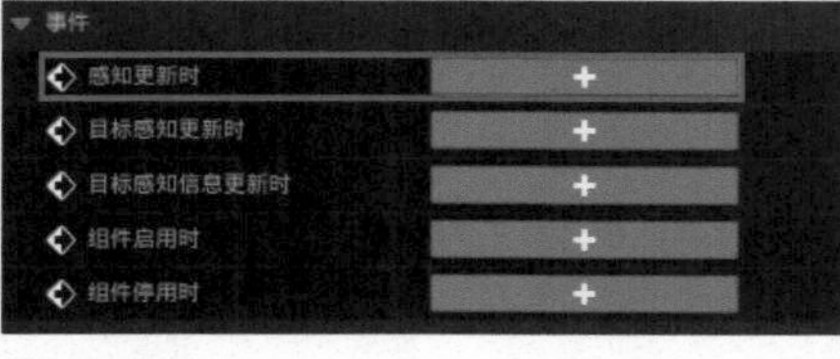

图13-33

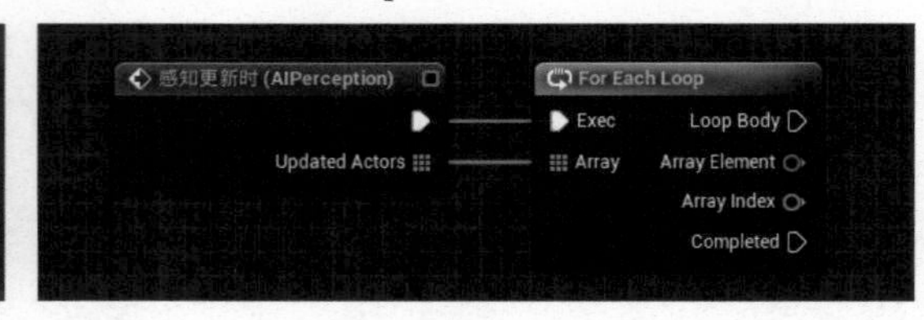

图13-34

在“内容浏览器”面板中新建一个“角色”类蓝图并命名为“BP_Target”，如图13-35所示，这个蓝图将作为AI感知的目标。

图13-35

打开“BP_Target”蓝图，在“内容浏览器”面板中找到“SM_Rock”模型并将其拖曳到“组件”面板中，此时会自动添加一个静态网格体组件，如图13-36所示。

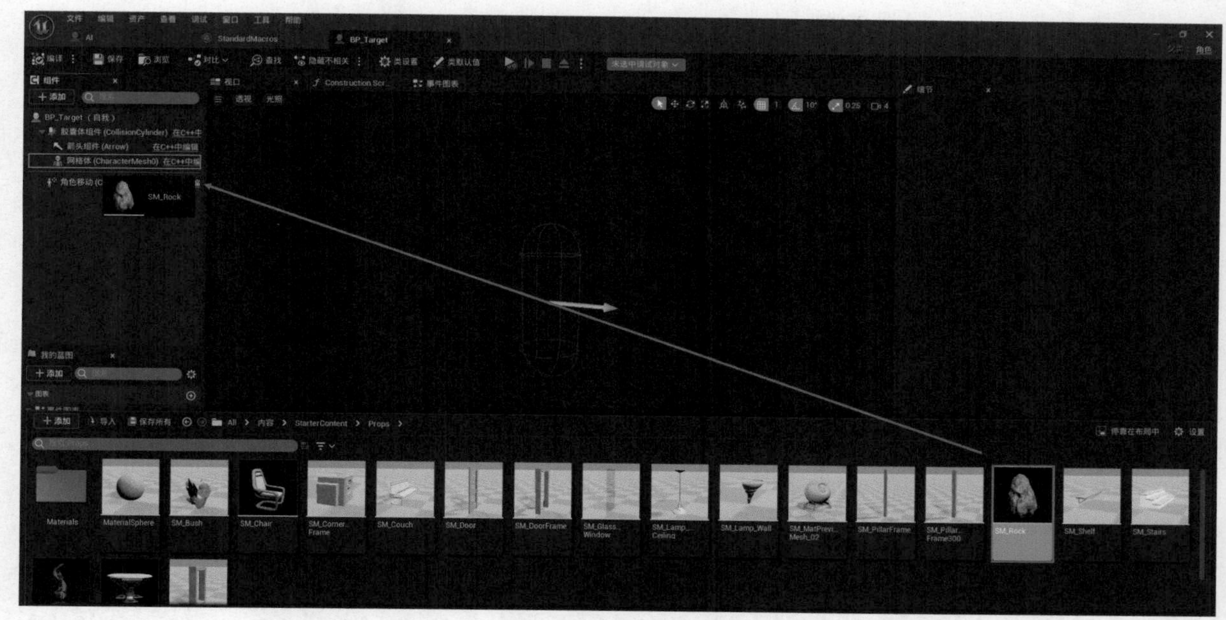

图13-36

拖曳“BP_Target”蓝图到关卡中，让角色面向石头，如图13-37所示。

图13-37

回到“AI”蓝图，使用“类型转换为BP_Target”节点让AI在看到的所有东西中筛选出“BP_Target”蓝图，只有在看到“BP_Target”蓝图时才会执行“打印字符串”节点，并输出“BP_Target”蓝图的名称，如图13-38所示。

图13-38

编译并保存后进入SIE运行模式，可以看到角色看到石头后左上角输出了“BP_Target”蓝图的名称，如图13-39所示。

图13-39

13.2.2 锁敌状态切换

AI在看到目标时应该停止随机移动，并且尝试锁定目标，也就是将自己朝向目标。打开“BB_AI”黑板，在黑板中新建一个类型为“Object”的黑板键并命名为“Target”，在“黑板细节”面板中设置“键类型>基类”为“Actor”，如图13-40所示。

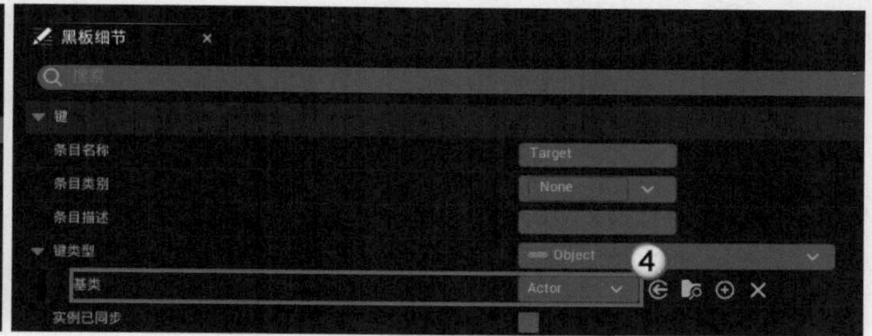

图13-40

当AI看到目标时会设置自身黑板中的“Target”黑板键的值为看到的目标，以便在行为树中通过黑板设置AI的状态。打开“AI”蓝图，删除“打印字符串”节点，添加“获取控制器”节点与“获取黑板”节点，将两者连接起来就可以直接通过黑板的引用设置黑板键的值了，如图13-41所示。

添加“将值设为对象”节点，将“类型转换为BP_Target”节点的“As BP Target”引脚连接到“Object Value”引脚上，如图13-42所示，这样只需要从“Key Name”引脚传入“Target”黑板键的名字就可以直接设置黑板键了。

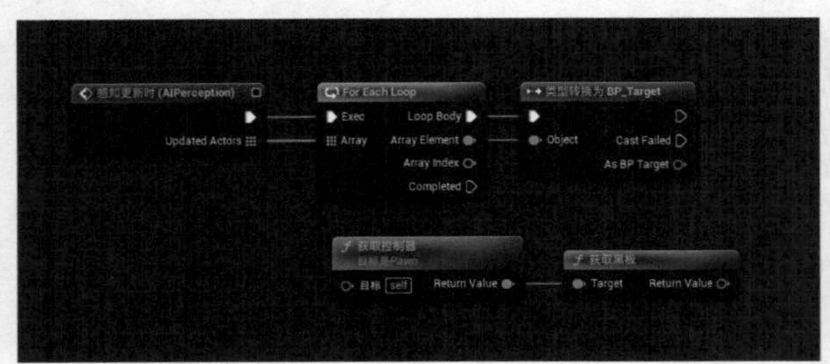

图13-41

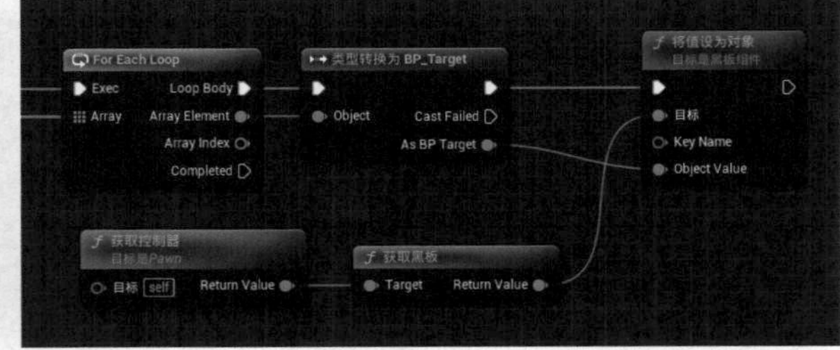

图13-42

添加一个“创建文字命名”节点，将其连接到“Key Name”引脚上，如图13-43所示。完成后编译并保存蓝图。

打开“BT_AI”行为树，新建一个“Selector”节点并分别连接“根”节点与“Sequence”节点，如图13-44所示。

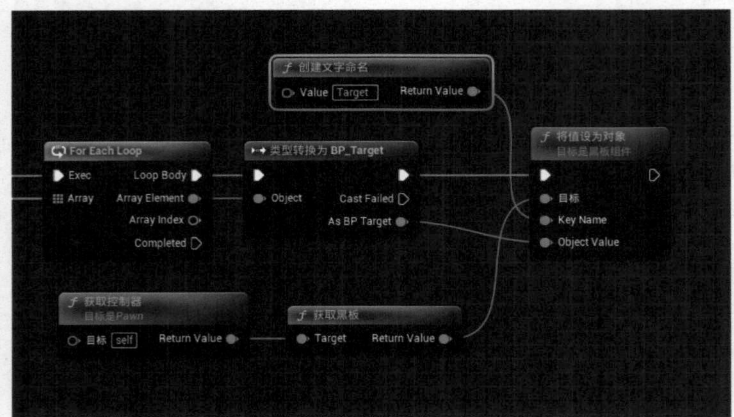

图13-43

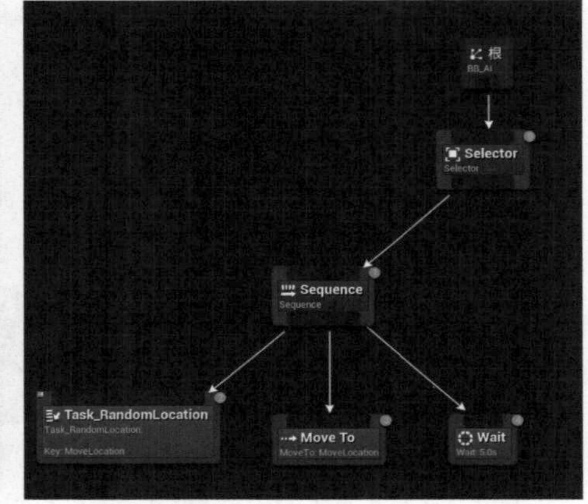

图13-44

使用鼠标右键单击“Sequence”节点，执行“添加装饰器”菜单命令，将“Blackboard”装饰器附加到节点上，如图13-45所示。“Blackboard”装饰器可以对节点进行一些设置，通常为条件设置，只有满足某一个条件，此节点才会被执行。

选择装饰器，在“细节”面板中设置“观察器中止”为“Self”，这样条件不满足时将会中止此序列的执行，设置“黑板键”为“Target”，“键查询”为“未设置”，如图13-46所示。

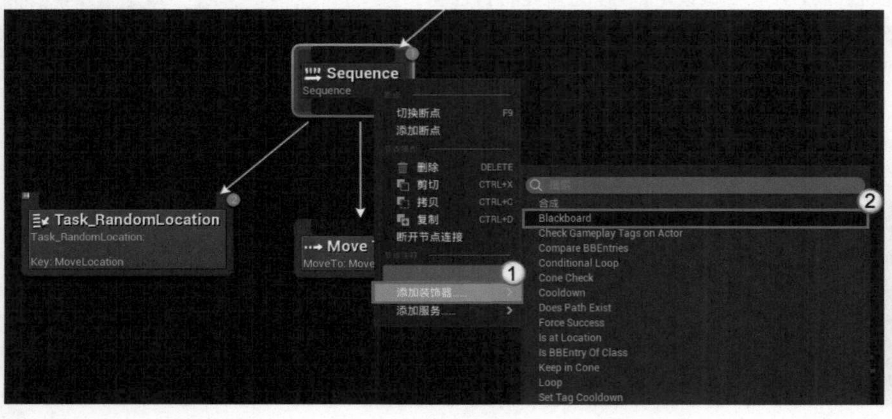

图13-45

图13-46

当"Target"黑板键没被设置时，"Sequence"节点可以正常执行。当通过"AI"蓝图将"Target"黑板键设置为一个Actor时，此节点及之后的节点都不会再执行了。利用选择器的特性，可以从左到右实现"当Target被设置时，不执行此分支并执行下一个"这个功能，如图13-47所示。

单击"保存"按钮 保存 后进入SIE运行模式，可以看到AI观察到石头后不再移动，如图13-48所示。

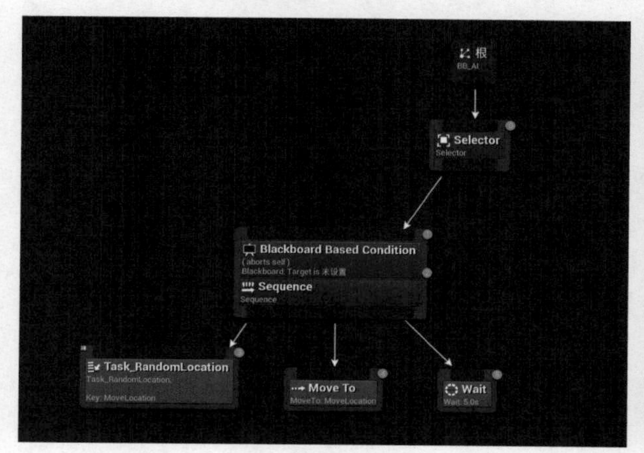

图13-47

图13-48

退出SIE运行模式，删除"BP_Target"蓝图后重新进入SIE运行模式，发现AI在随机移动，如图13-49所示。这说明装饰器成功阻止了AI的随机移动。

提示 结束运行后要将"BP_Target"蓝图重新拖曳到关卡中，便于继续学习AI功能。

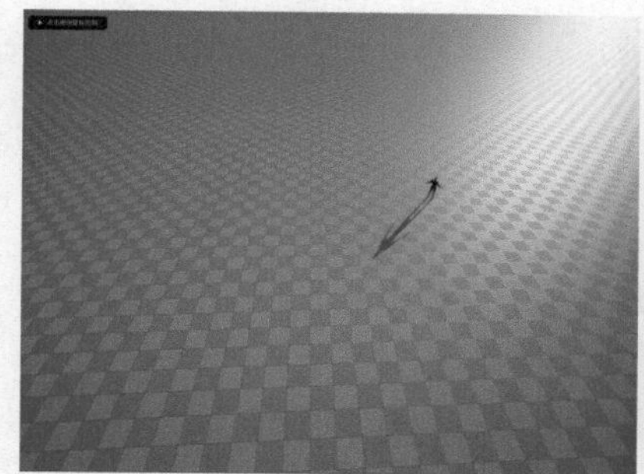

图13-49

13.2.3 AI锁敌

本小节将使用序列节点实现逐一锁敌。打开"BT_AI"行为树，新建"Sequence"节点，将其连接到"Selector"节点的右下方，如图13-50所示。

使用鼠标右键单击右侧的"Sequence"节点，执行"添加服务"菜单命令后添加一个"Default Focus"服务，如图13-51所示。服务是附着在一个节点上并持续执行的工具，"Default Focus"服务可以让AI锁定一个Actor。

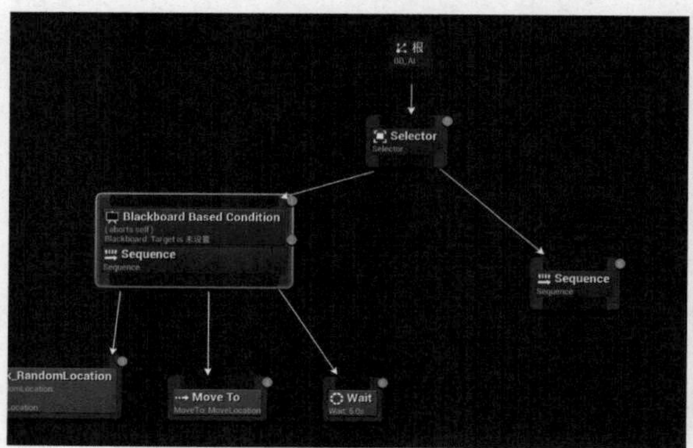

图13-50

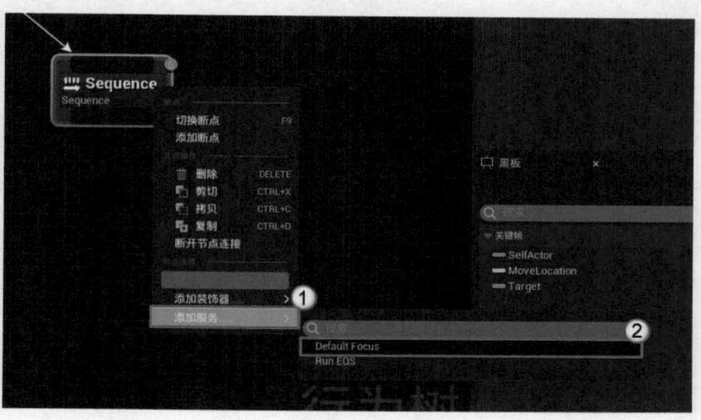

图13-51

选择“Default Focus”服务，在“细节”面板中设置“黑板键”为“Target”，如图13-52所示。

在“Sequence”节点的子项中添加一个“Wait”节点，如图13-53所示，此节点没有实质性的作用，只是为了让行为树知道序列是可以被执行的。

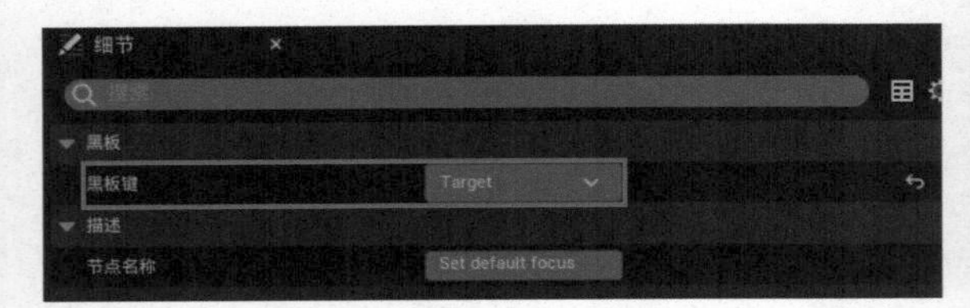

图13-52

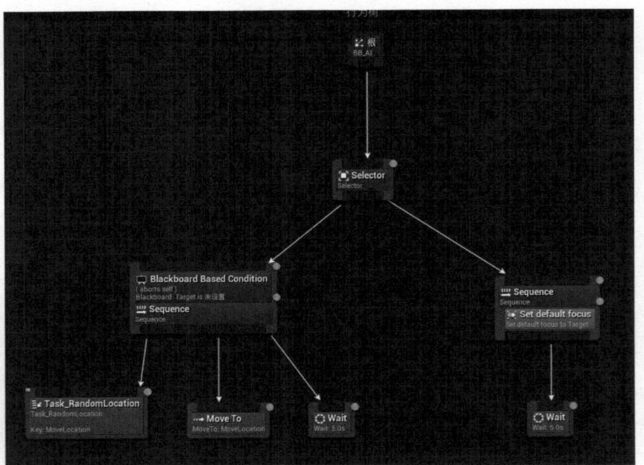

图13-53

单击“保存”按钮。在进入SIE运行模式前，角色朝向其他方向；进入SIE运行模式后，角色会瞬间朝向石头所在的地方，如图13-54所示。

图13-54

13.2.4 AI环绕物体运动

打开“BT_AI”行为树，在工具栏中单击“新建任务”按钮并执行“BTTask_BlueprintBase”菜单命令新建一个任务，在弹出的“资产另存为”对话框中设置“命名”为“Task_SideMove”后单击“保存”按钮，如图13-55所示。

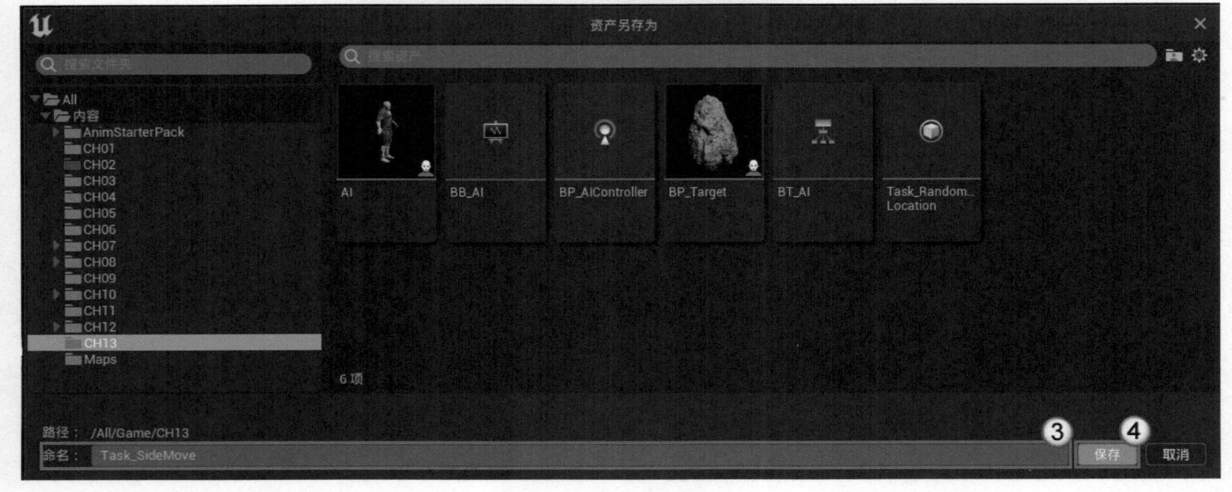

图13-55

进入新建的"Task_SideMove"任务后，在"我的蓝图"面板中单击"函数"右侧的"重载"按钮，执行"接收Tick AI"菜单命令，如图13-56所示。

添加"添加移动输入"节点并连接"目标"引脚到"Controlled Pawn"引脚上，添加"获取Actor向右向量"节点并连接"目标"引脚到"Controlled Pawn"引脚上，连接"Return Value"引脚到"World Direction"引脚上，如图13-57所示。

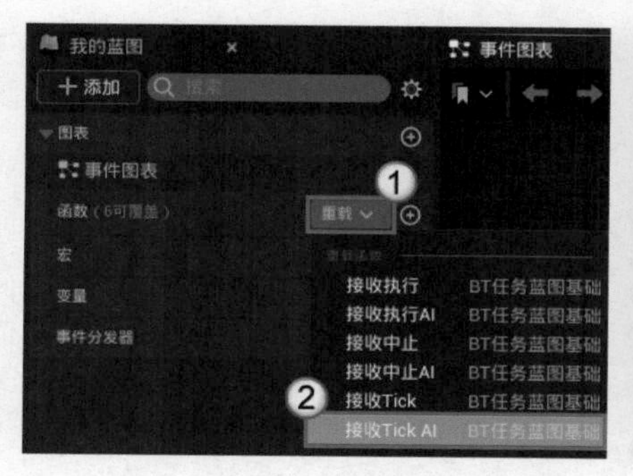

图13-56

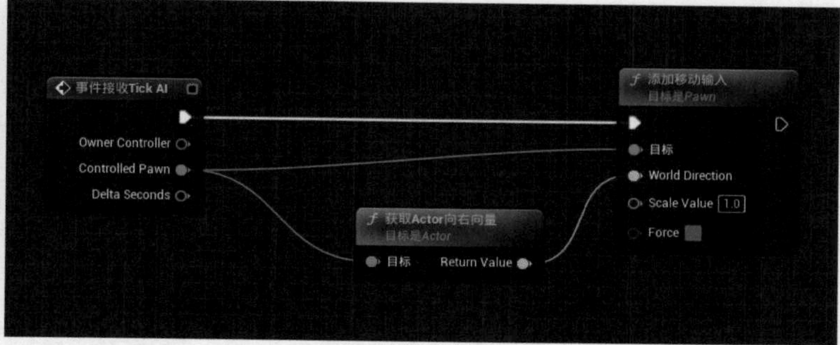

图13-57

回到"BT_AI"行为树，拖曳右侧的"Sequence"节点的下方接口到空白处，新建"Task_SideMove"节点并删除"Wait"节点，如图13-58所示。

单击"保存"按钮后进入SIE运行模式，可以看到AI在围绕石头移动，如图13-59所示。

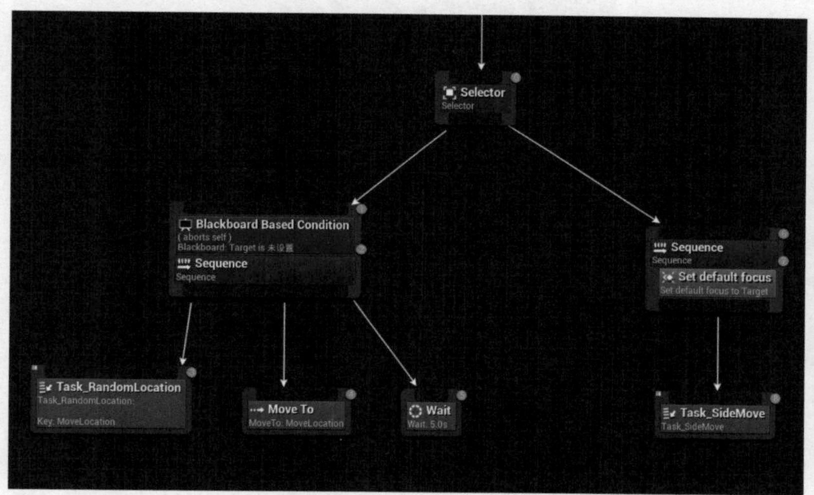

图13-58

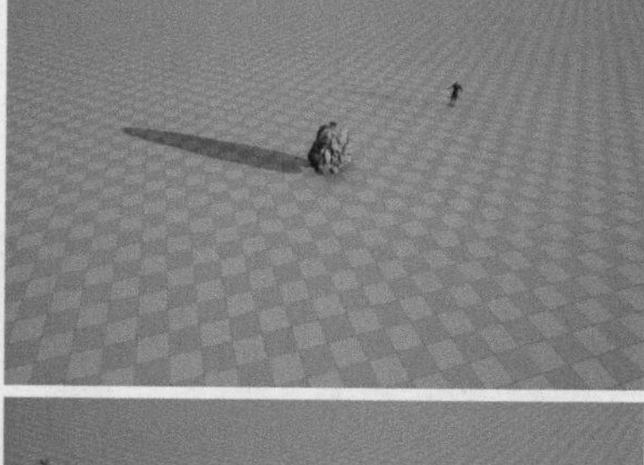

图13-59

13.3 AI攻击

让AI在环绕目标时对目标发动攻击，攻击的方式有很多种，包括近战攻击、远程攻击等，其中远程攻击需要在远处锁定并攻击目标，可以使用魔法、物理等攻击形式。

13.3.1 魔法球

将虚幻商城中的永久免费资源"Realistic Starter VFX Pack Vol 2"导入项目，其中有火焰、烟雾、撞击和蒸汽等粒子特效，如图13-60所示。

图13-60

新建一个名为“BP_Magic”的“Actor”类蓝图，双击打开蓝图，在“组件”面板中添加一个球体组件并将其设置为根组件，在“细节”面板中勾选“模拟物理”选项，如图13-61所示。

在“组件”面板中添加一个发射物移动组件，在“细节”面板中设置“初始速度”和“最大速度”均为5000.0，“发射物重力范围”为0.0，如图13-62所示。

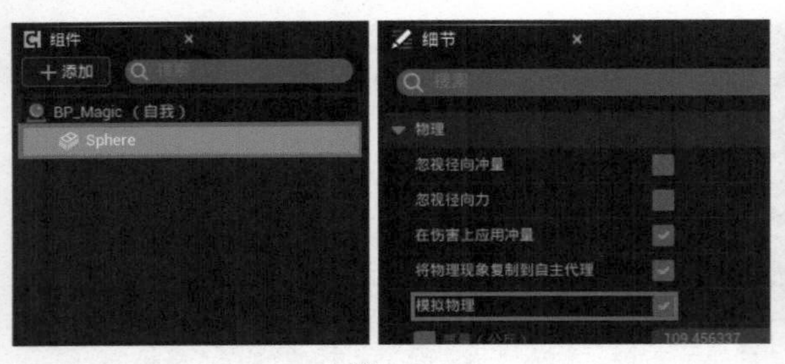

图13-61

图13-62

在“内容浏览器”面板中新建一个材质并命名为“M_Magic”，如图13-63所示。

双击打开“M_Magic”材质，按住V键并单击“材质图表”面板的空白处，新建一个“Param”节点，再新建一个“Multiply”节点；按住1键并单击空白处，生成一个“Constant”（标量）节点，将相乘的结果连接到“自发光颜色”引脚，如图13-64所示。

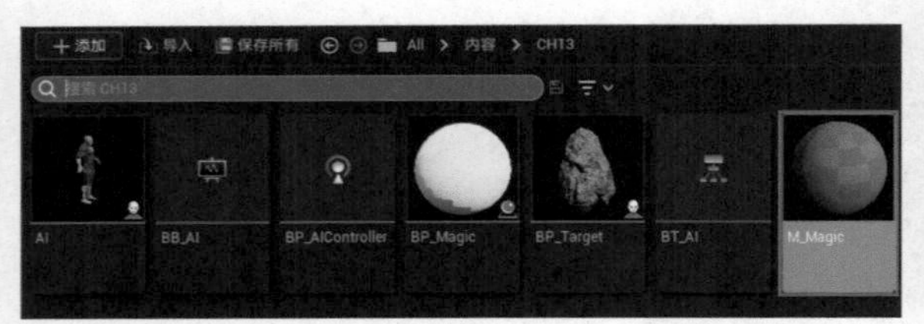

图13-63

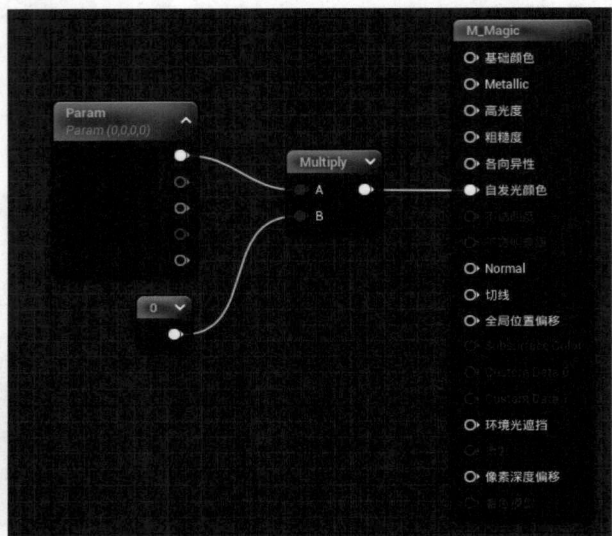

图13-64

选择“Constant”节点，在“细节”面板中设置“值”为50.0，如图13-65所示。设置“Param”节点的“颜色”为蓝色（R:0.0，G:0.58，B:1.0），如图13-66所示。

图13-65

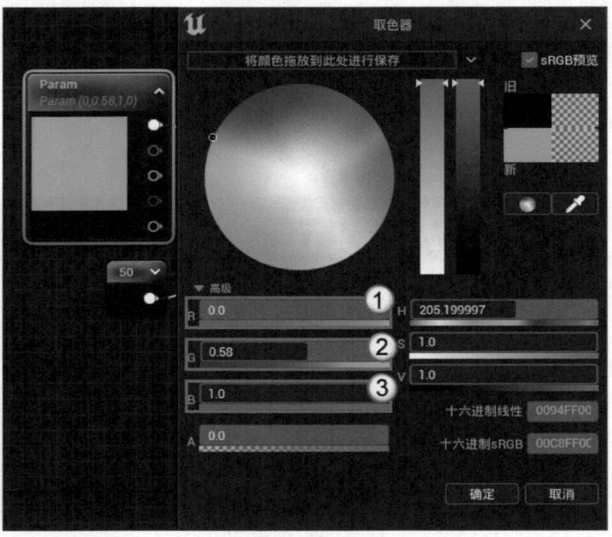

图13-66

单击工具栏中的“保存”按钮 保存 与“应用”按钮 应用，此时的材质球已经变成了蓝色的自发光球，如图13-67所示。

打开“BP_Magic”蓝图，在“组件”面板中选择球体组件，在“细节”面板中设置“元素0”为“M_Magic”，如图13-68所示。

图13-67

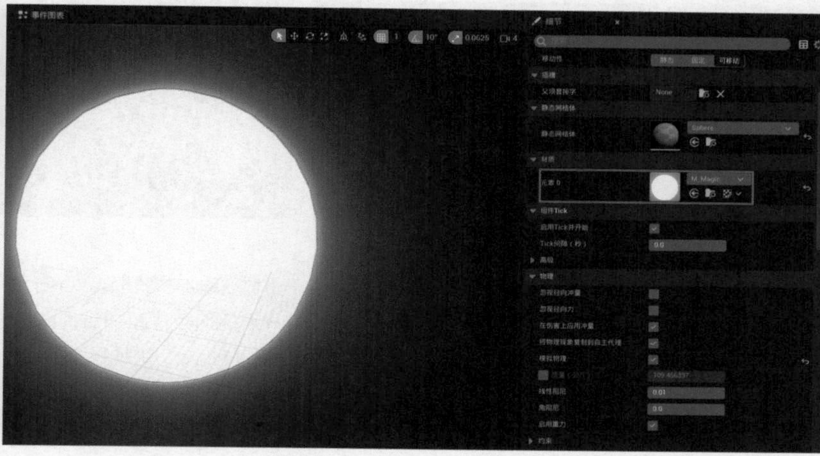

图13-68

重点

13.3.2 AI攻击任务

本小节将为AI添加攻击任务。打开“BT_AI”行为树，在工具栏中单击“新建服务”按钮 新建服务 新建一个服务，设置“命名”为“BTService_Attack”并单击“保存”按钮 保存，如图13-69所示。

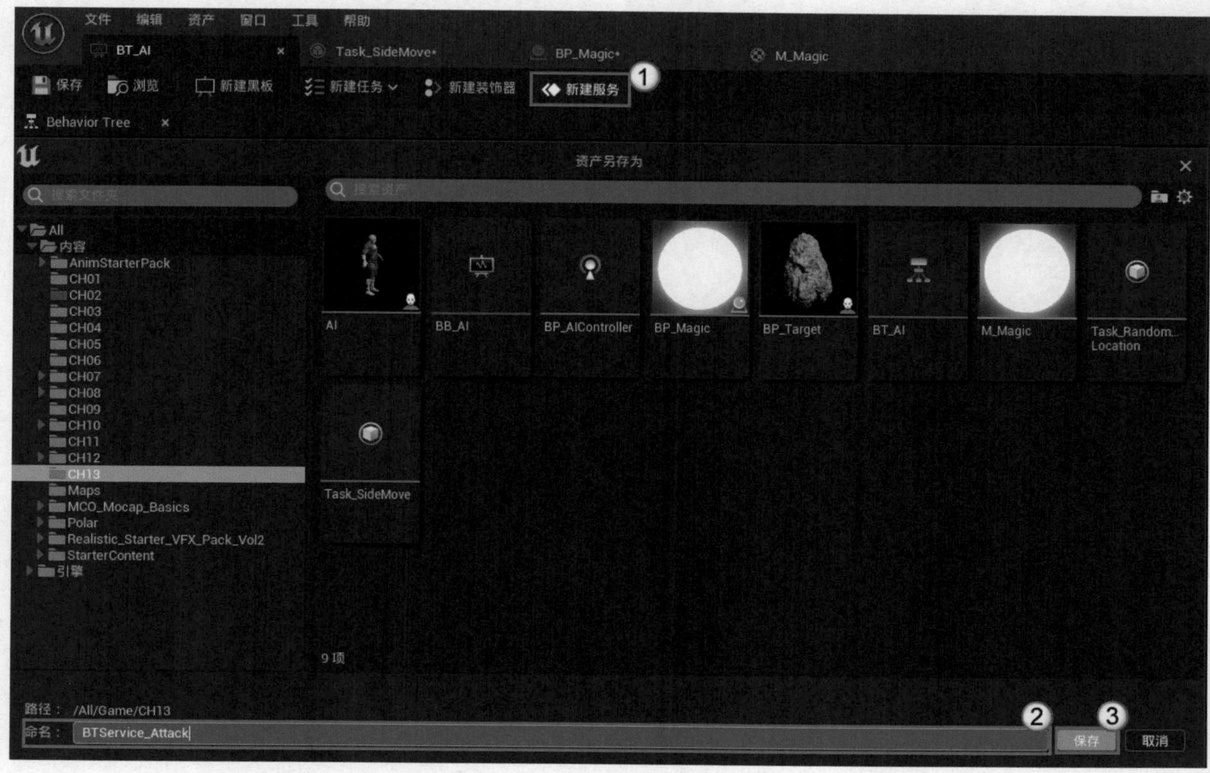

图13-69

在新建的“BTService_Attack”服务中单击“我的蓝图”面板中的“函数”右侧的“重载”按钮[重载]，执行“接收Tick AI”菜单命令，如图13-70所示，让AI在使用服务时持续调用函数。

添加“延迟”节点，设置“Duration”为1.0，使得服务每一秒执行一次其中的蓝图；添加“生成Actor BP Magic”节点并连接“延迟”节点的“Completed”引脚，设置“Class”为“BP Magic”，如图13-71所示。

图13-70

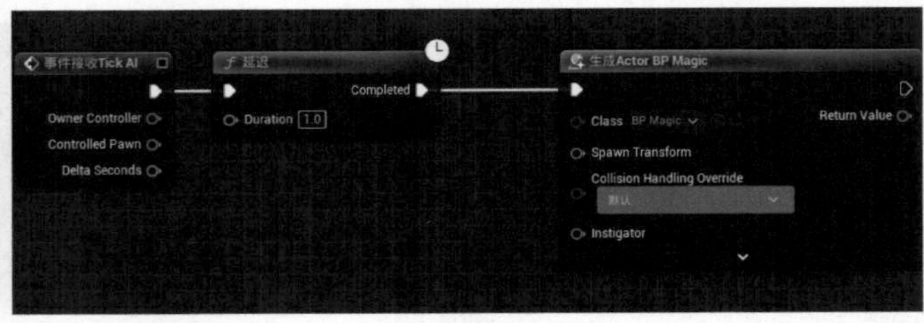

图13-71

添加“创建变换”节点并连接“Spawn Transform”引脚，添加“获取Actor向上向量”节点并用“乘”节点将返回值乘以50.0，添加“获取Actor位置”节点，将该节点与“乘”节点的返回值相加后的结果连接到“Location”引脚上，连接“获取Actor位置”节点和“获取Actor向上向量”节点到“Controlled Pawn”引脚上，如图13-72所示。

添加“获取Actor旋转”节点并将其连接到“创建变换”节点的“Rotation”引脚和“事件接收Tick AI”节点的“Controlled Pawn”引脚上，设置“Scale”为（X:0.2，Y:0.2，Z:0.2），如图13-73所示。

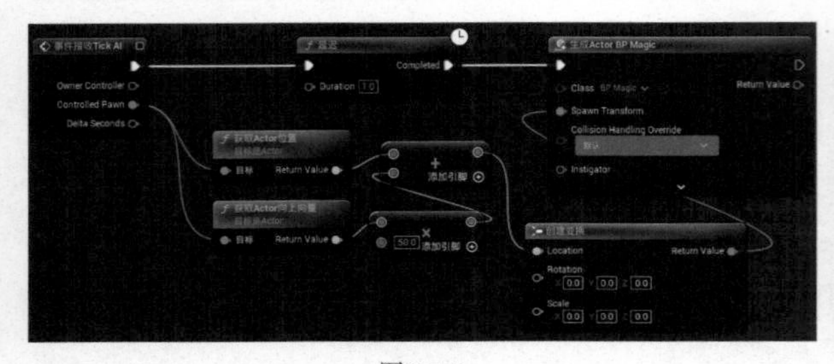

图13-72

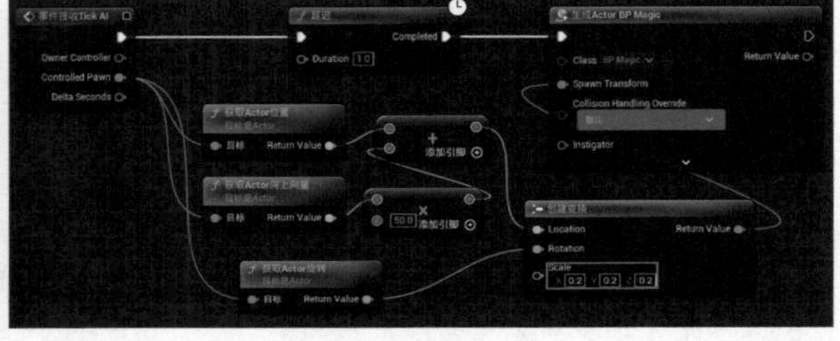

图13-73

双击打开“BT_AI”行为树，使用鼠标右键单击“Task_SideMove”节点，执行“添加服务>BTService Attack”菜单命令添加一个服务，如图13-74所示。

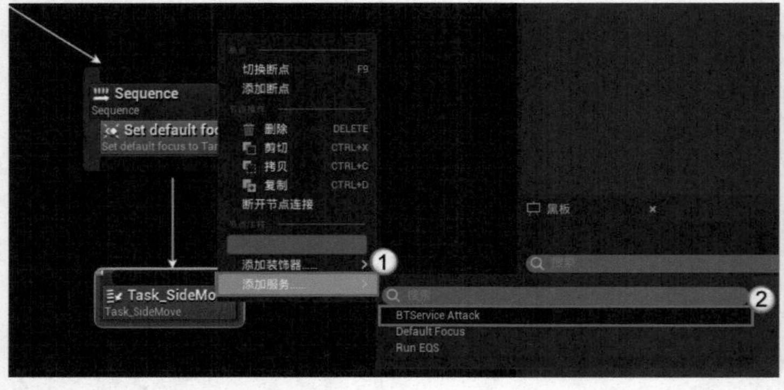

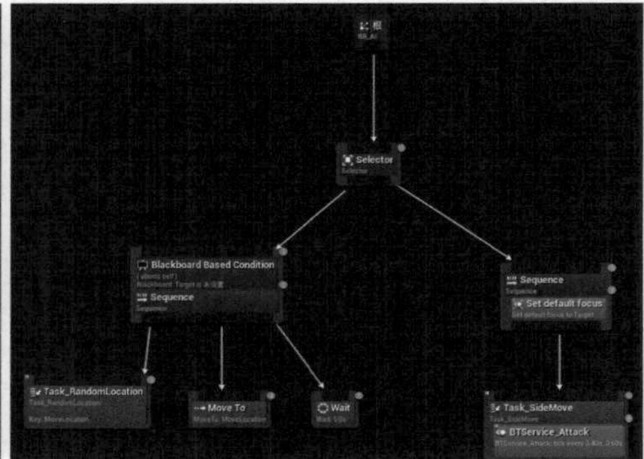

图13-74

单击“保存”按钮[保存]后进入SIE运行模式，可以看到AI每隔一秒对石头发射一个魔法球，如图13-75所示。

图13-75

13.3.3 魔法球击中特效

本小节让魔法球在碰撞到物体时播放一个击中特效，同时删除魔法球本身。双击打开“BP_Magic”蓝图，选择“组件”面板中的球体组件，在“细节”面板中勾选“模拟生成命中事件”选项，如图13-76所示。

在“细节”面板中找到“组件命中时”事件，单击“添加”按钮 + ，让组件在命中时调用该事件，如图13-77所示。

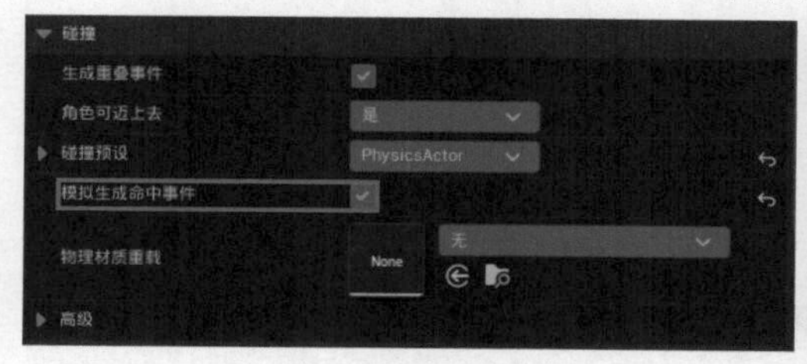

图13-76

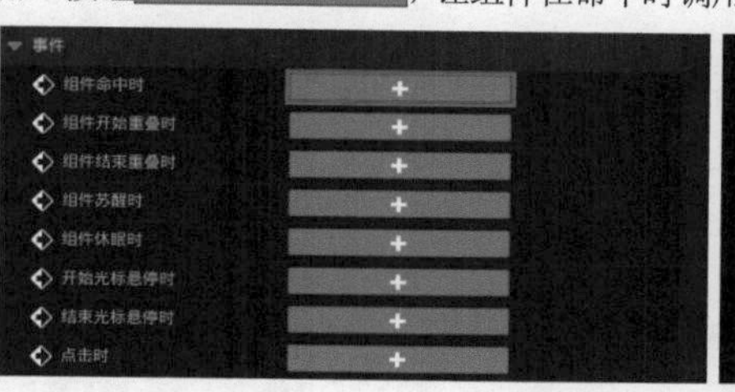

图13-77

添加“在位置处生成发射器”节点并连接“组件命中时(Sphere)”节点，使用“获取Actor位置”节点连接“Location”引脚，让粒子特效在魔法球所在位置生成，设置“Emitter Template”为“P_Explosion_Big_C”，如图13-78所示。

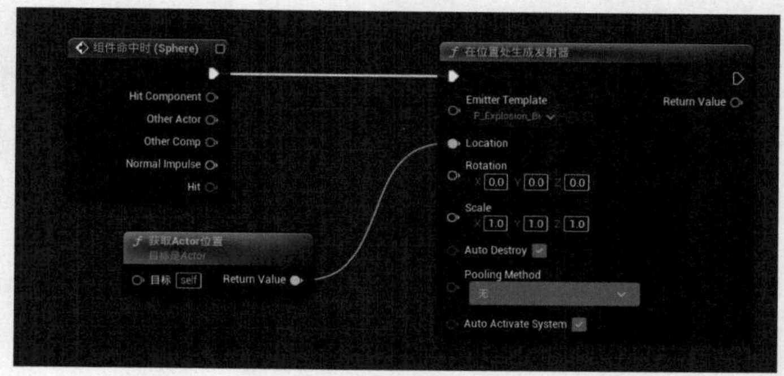

图13-78

在播放完粒子特效后，使用“销毁Actor”节点销毁魔法球，如图13-79所示。编译并保存后进入SIE运行模式，可以看到AI一边环绕着石头移动，一边对石头发动魔法攻击，如图13-80所示。

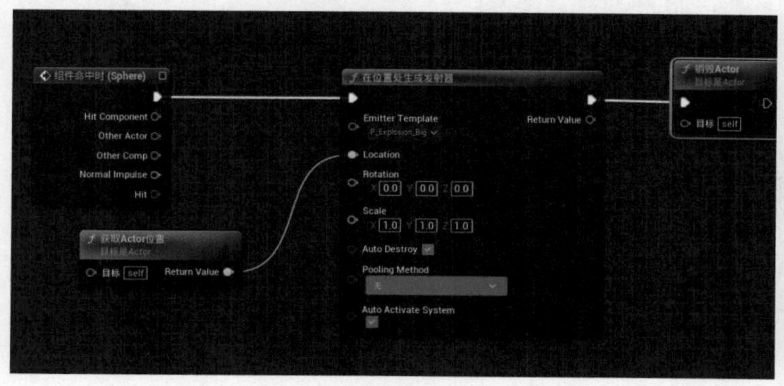

图13-79

图13-80

综合训练：制作敌人AI

实例文件	资源文件 > 实例文件 > CH13 > 综合训练：制作敌人AI
素材文件	虚幻商城 > 动画初学者内容包
难易程度	★★★☆☆
学习目标	使用AI行为树等功能制作出一个可以进行跟随攻击的敌人AI

本案例会使用本章所讲解的内容制作一个可以追随角色并对角色发动攻击的敌人AI，该AI具有发现角色、跟随角色和攻击角色等基础功能，制作过程中需要使用虚幻商城中的“动画初学者内容包”，如图13-81所示，最终效果如图13-82所示。

图13-81

图13-82

01 进入“世界场景设置”面板，设置“游戏模式重载”为第7章创建的“BP_GameMode”蓝图，如图13-83所示，使得进入PIE运行模式时会默认控制角色。

02 在“内容浏览器”面板的空白处单击鼠标右键，分别执行“人工智能>黑板”和“人工智能>行为树”菜单命令新建一个黑板和一个行为树，分别将它们命名为“BB_Enemy”和“BT_Enemy”，如图13-84所示。

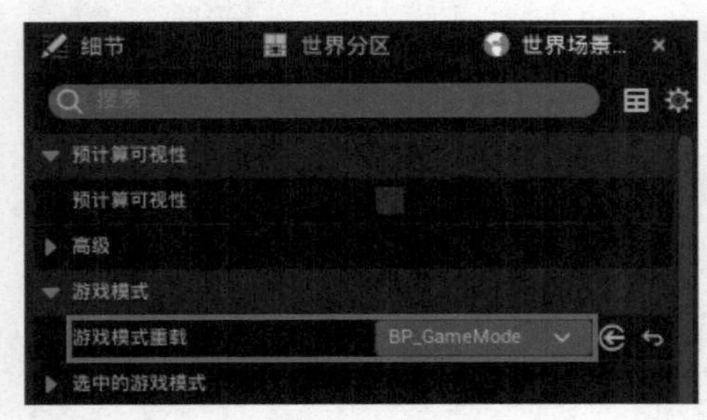

图13-83

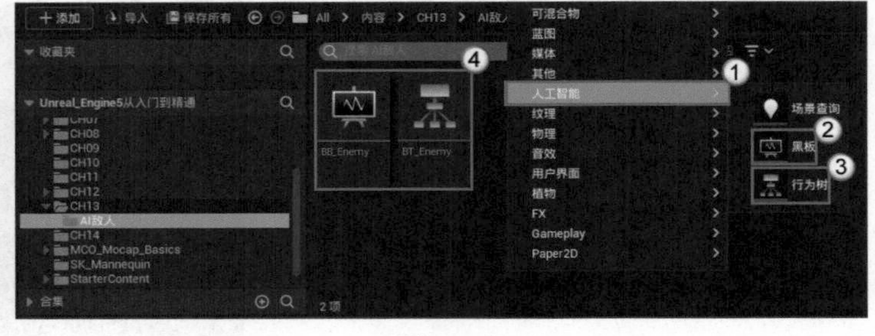

图13-84

03 继续在“内容浏览器”面板中单击鼠标右键，执行“蓝图类”菜单命令，创建一个“AIController”类蓝图并命名为“BP_EnemyController”，如图13-85所示。

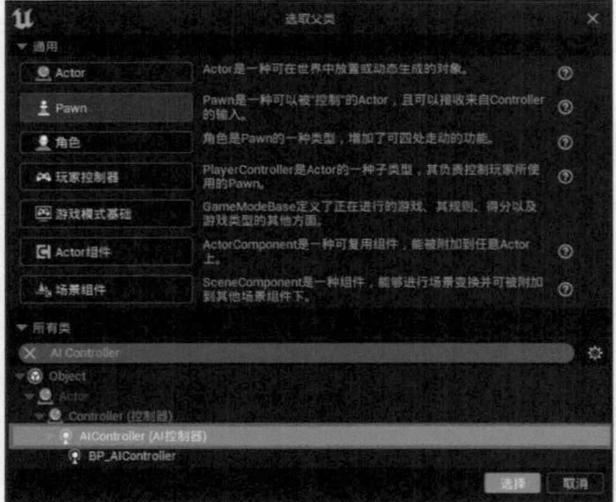

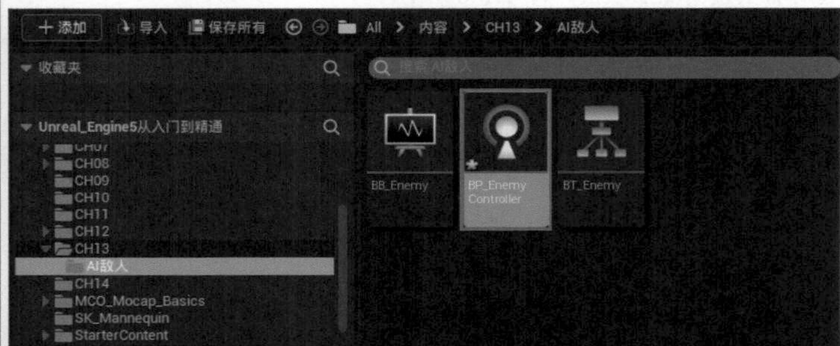

图13-85

04 创建一个“角色”类蓝图并命名为“BP_Enemy”，双击打开“BP_Enemy”蓝图，在“组件”面板中选择“BP_Enemy（自我）”组件，在“细节”面板中设置“AI控制器类”为“BP_EnemyController”，如图13-86所示。

05 双击打开“BP_EnemyController”蓝图，在“事件图表”面板中的“事件开始运行”节点后连接“运行行为树”节点，设置“BTAsset”为“BT_Enemy”，如图13-87所示。

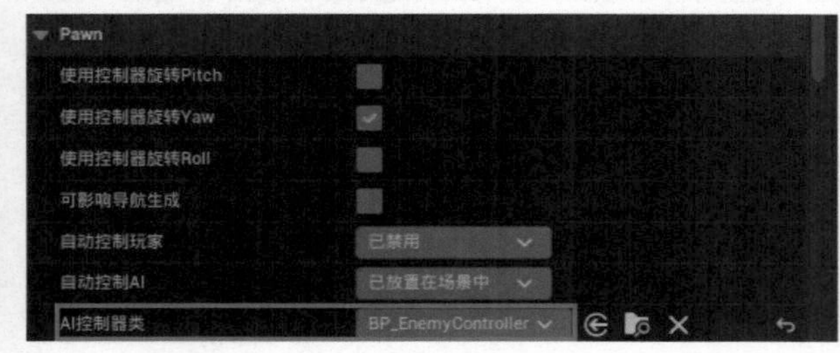

图13-86

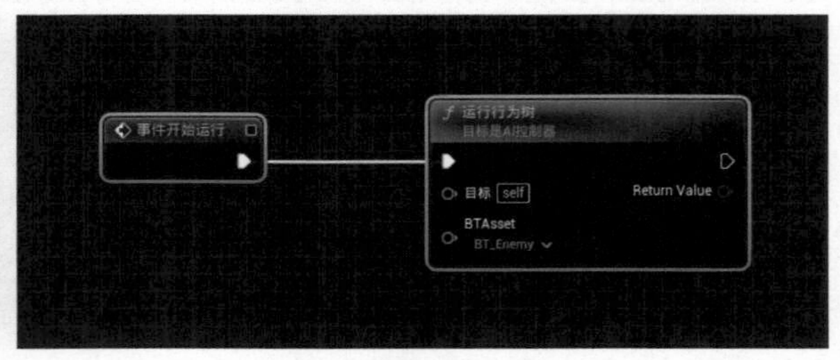

图13-87

06 打开“BP_Enemy”蓝图，在“组件”面板中添加一个AI感知组件，选择该组件后在“细节”面板中单击“感官配置”右侧的“添加元素”按钮，设置“索引[0]”为“AI视力配置”，勾选“按归属检测”卷展栏中的“检测中立方”和“检测友方”选项，如图13-88所示。

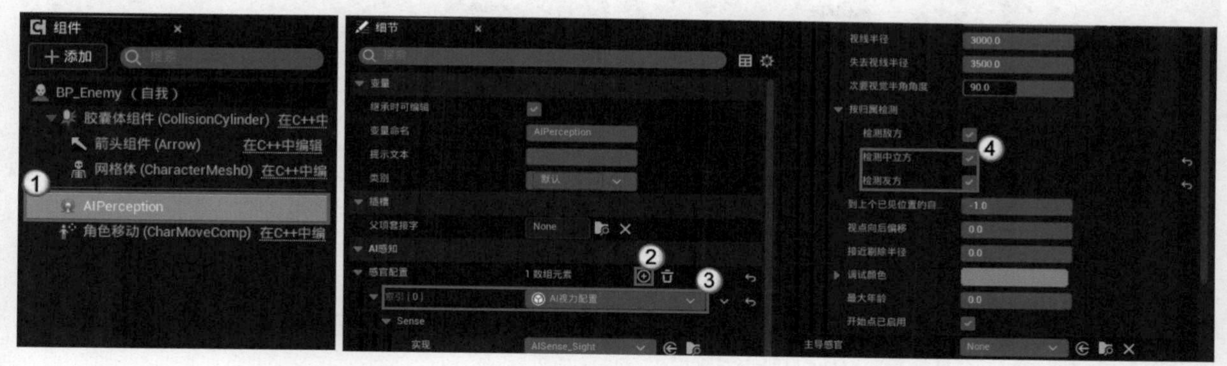

图13-88

07 在“细节”面板中单击“感知更新时”右侧的“添加”按钮，添加一个“感知更新时”事件，使用“For Each Loop”节点遍历看到的角色，使用“类型转换为BP_Player”节点转换所有看到的角色到第7章创建的“BP_Player”蓝图上，如图13-89所示，这样不是“BP_Player”蓝图或“BP_Player”蓝图的子类的蓝图就可以被排除。

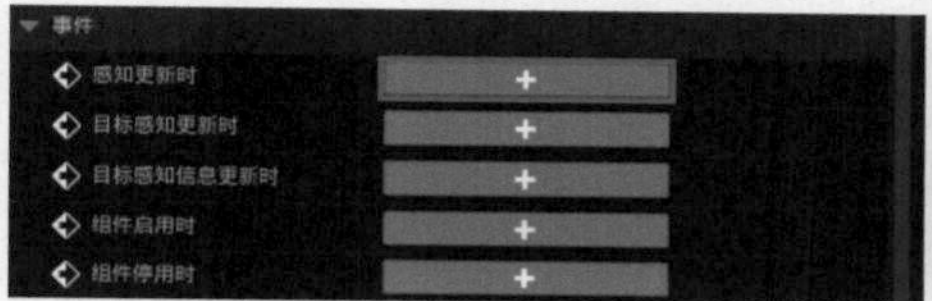

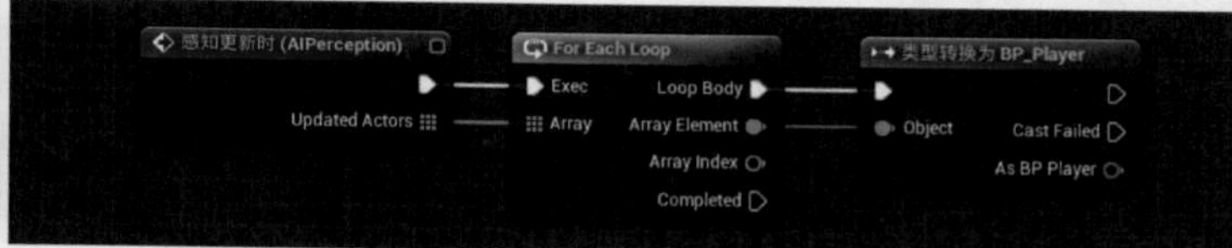

图13-89

08 进入“BB_Enemy”黑板，在黑板中单击“新键”按钮后新建一个“Object”类型的黑板键并命名为“Target”，在“细节”面板中打开“键类型”卷展栏，设置“基类”为“Actor”，如图13-90所示。

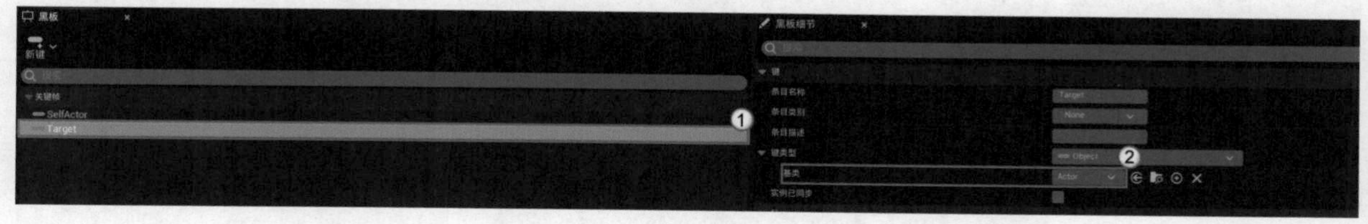

图13-90

09 进入“BT_Enemy”行为树，在“根”节点中设置“黑板资产”为“BB_Enemy”，在子项中新建一个“Selector”节点，再添加一个“Sequence”节点并连接“Selector”节点，如图13-91所示。

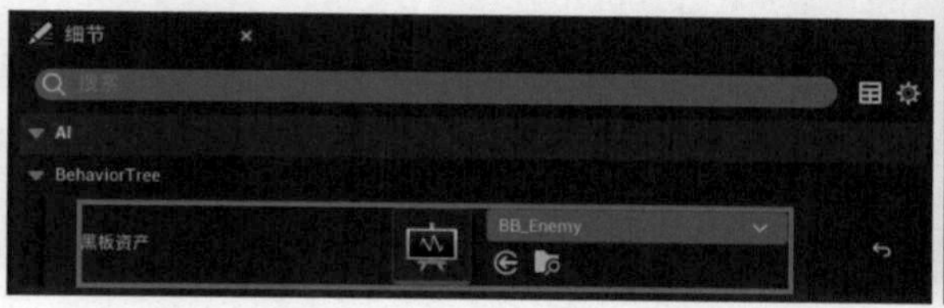

图13-91

10 使用鼠标右键单击“Sequence”节点，执行“添加装饰器>Blackboard”菜单命令新建一个“Blackboard”装饰器，选择装饰器后在“细节”面板中设置“观察器中止”为“Self”，“黑板键”为“Target”，如图13-92所示。

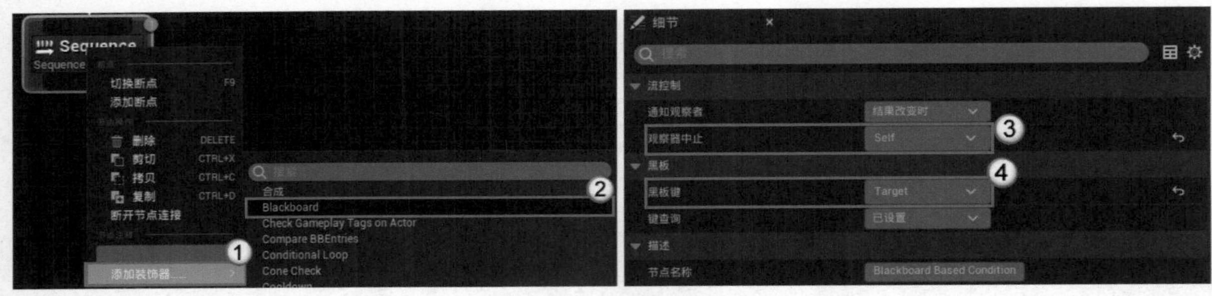

图13-92

11 将“Move To”节点连接到“Sequence”节点，选择“Move To”节点后在“细节”面板中设置“黑板键”为“Target”，如图13-93所示，在Target被设置时允许AI移动到Target旁边。

12 进入“BP_Enemy”蓝图，添加“将值设为对象”节点并连接“类型转换为BP_Player”节点，添加“获取控制器”节点，再添加“获取黑板”节点并将其连接到“获取控制器”节点和“目标”引脚上，添加“创建文字命名”节点并将其连接到“Key Name”引脚上，设置“Value”为“Target”，如图13-94所示。

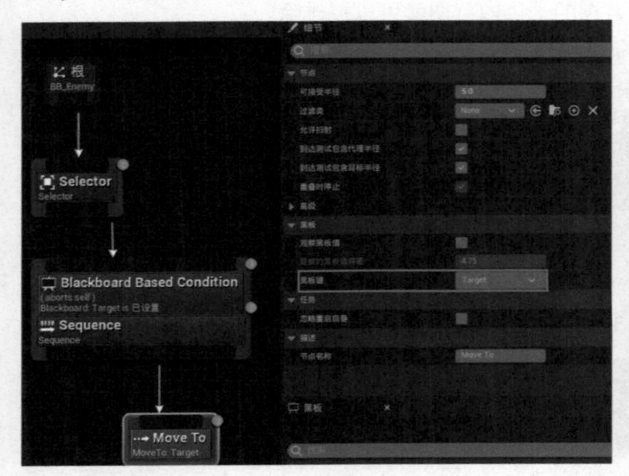

图13-93

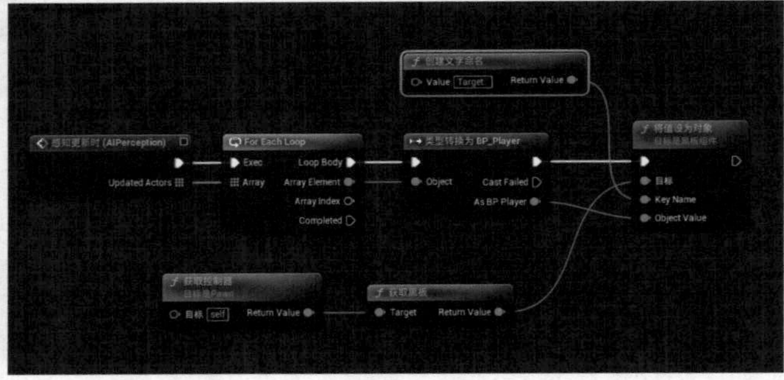

图13-94

13 在“组件”面板中选择网格体组件，在“细节”面板中设置“骨骼网格体”为“SK_Mannequin”，设置“位置”与“旋转”参数，使模型朝向前方并被包在胶囊体内，设置“动画类”为“UE4ASP_HeroTPP_AnimBlueprint”，如图13-95所示。

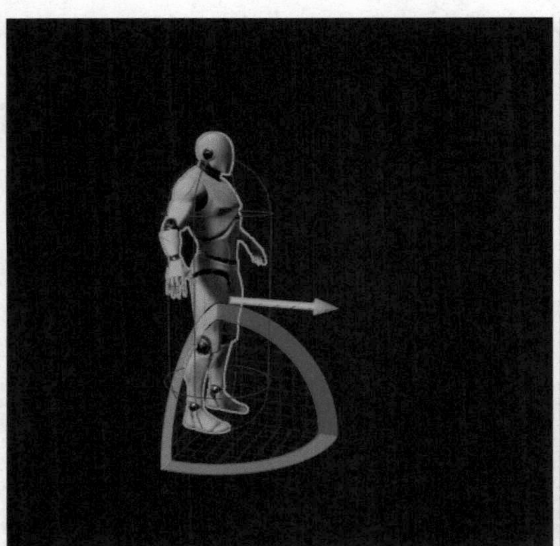

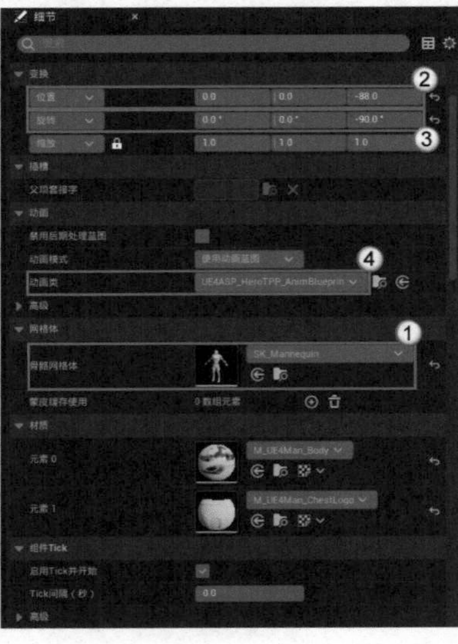

图13-95

14 编译并保存后回到关卡中，在“放置Actor”面板中找到“NavMeshBoundsVolume”区域并将其拖曳到关卡中，如图13-96所示，按P键可以查看其影响范围，AI只有在该范围中才能正确地运动。

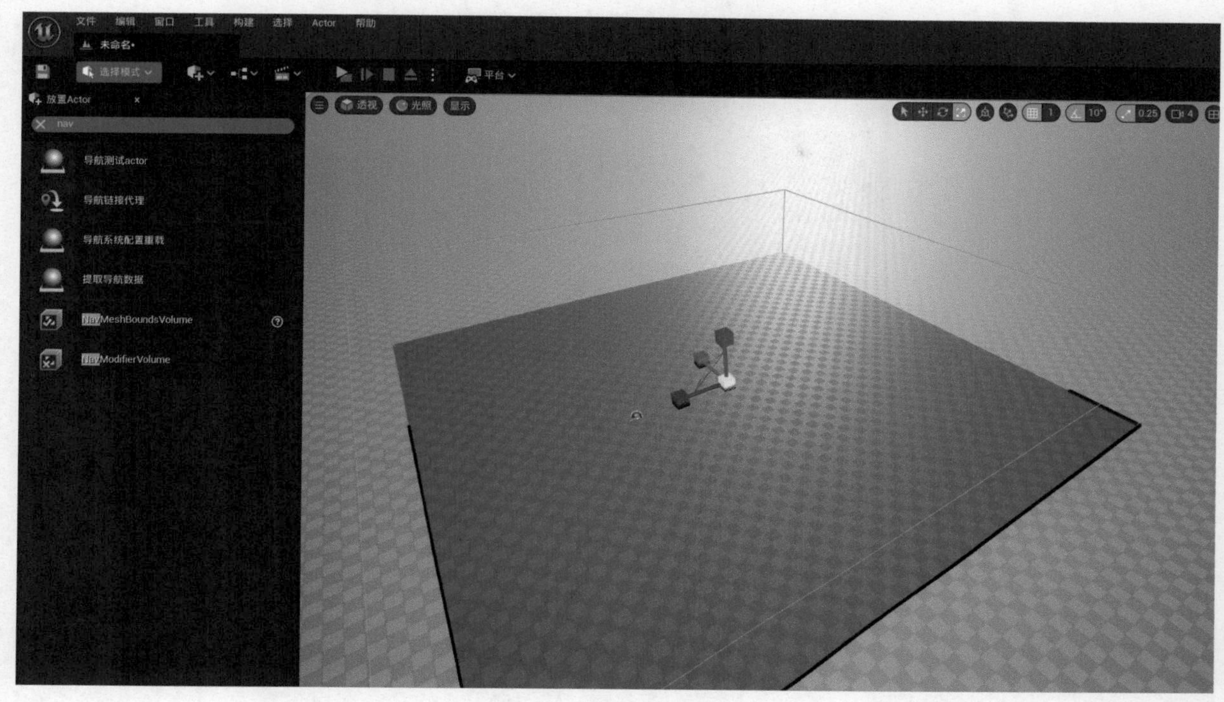

图13-96

15 拖曳“BP_Enemy”蓝图到绿色范围内，然后进入PIE运行模式，AI在看到角色后就开始追踪角色，如图13-97所示。

图13-97

16 接下来为AI添加连续发射魔法球的效果。打开“BT_Enemy”行为树，使用鼠标右键单击“Sequence”节点，执行“添加服务>BTService Attack”菜单命令添加服务，如图13-98所示，这个服务是在前面的内容中被创建出来的，用来发射魔法球。

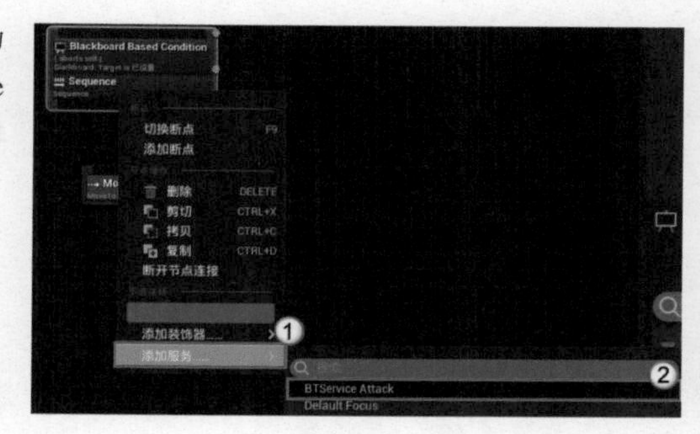

图13-98

17 打开“BP_Enemy”蓝图，在“角色移动：行走”卷展栏中设置“最大行走速度”为180.0cm/s，如图13-99所示。编译并保存后进入PIE运行模式，当AI看到角色时，AI会向角色发射魔法球，如图13-100所示。

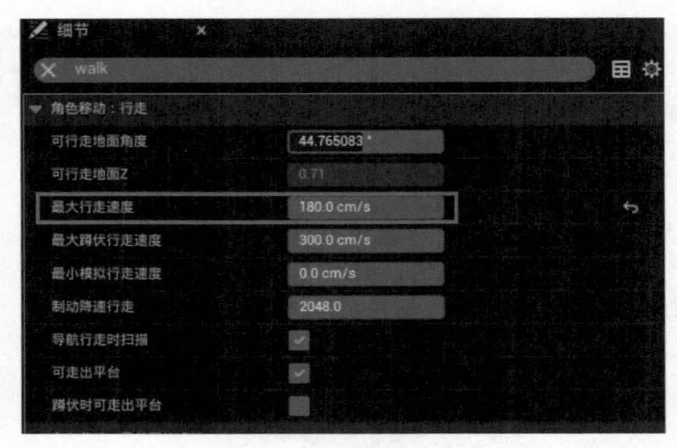

图13-99

图13-100

第14章 2D绘制与动画

■ 学习目的

本章将讲解如何在 Unreal Engine 5 中制作 2D 游戏，以及“Sprite”与“Flip-Book”两个功能的作用和如何在 3D 场景中搭建 2D 场景。

■ 主要内容

- 导入序列帧动画
- 制作 2D 动画
- 制作 2D 移动角色
- 制作一个简单的 2D 小游戏

14.1 2D静物

在Unreal Engine 5中一般使用“Sprite”功能设置2D静物，单个Sprite可以显示一个纹理，多个Sprite可以组成Flip-Book，Sprite代表动画中的某一帧，连续播放多帧就可以形成一个动画。

提示 在制作3D游戏时也可以使用“Sprite”功能，因为Unreal Engine 5中的2D场景是在3D场景中制作的，所以2D游戏在本质上还是3D游戏。Unreal Engine 5并不适合用于制作2D游戏，所以读者在本章应重点学习和了解2D游戏的制作思路。

14.1.1 导入纹理

在“内容浏览器”面板中单击鼠标右键，执行“关卡”菜单命令新建一个空的关卡并命名为“Word14”，如图14-1所示。

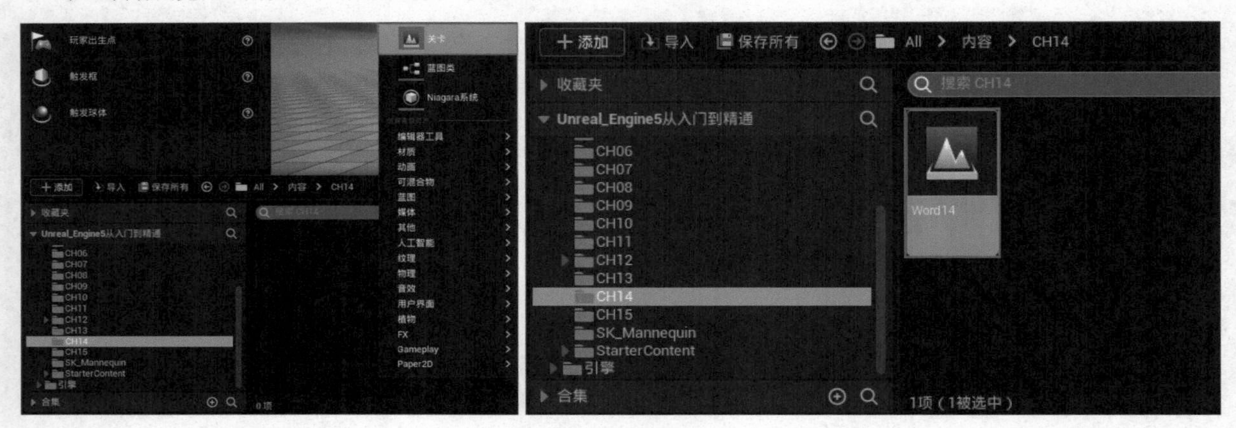

图14-1

双击打开新建的关卡，打开“资源文件>素材文件>CH14”文件夹，将文件夹中的“UFO_01”文件导入“内容浏览器”面板，此时该文件会变成纹理文件，如图14-2所示。

图14-2

14.1.2 制作为Sprite

使用鼠标右键单击“UFO_01”纹理，执行“Sprite操作>创建Sprite”菜单命令新建一个Sprite，如图14-3所示。这就是动画中的一个Sprite，将Sprite拖曳到关卡中，关卡中会出现一个纸片状的纹理，如图14-4所示。

图14-3

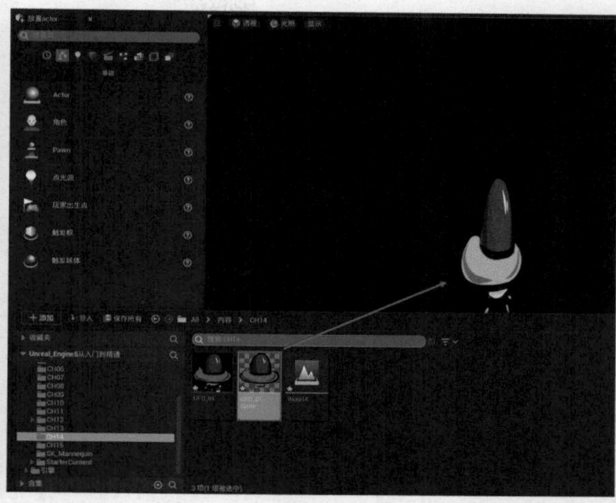

图14-4

14.2 制作2D动画

可以使用Sprite和Flip-Book制作2D动画。先导入序列图并制作成Sprite，接着将由序列图制作成的Sprite打碎，打碎后将它们按照一定的速率拼接到Flip-Book中，就得到了2D动画。

重点

14.2.1 打碎序列帧

打开“资源文件>素材文件>CH14”文件夹，将文件夹中的“palasins_Dead”文件拖曳到“内容浏览器”面板中，如图14-5所示。

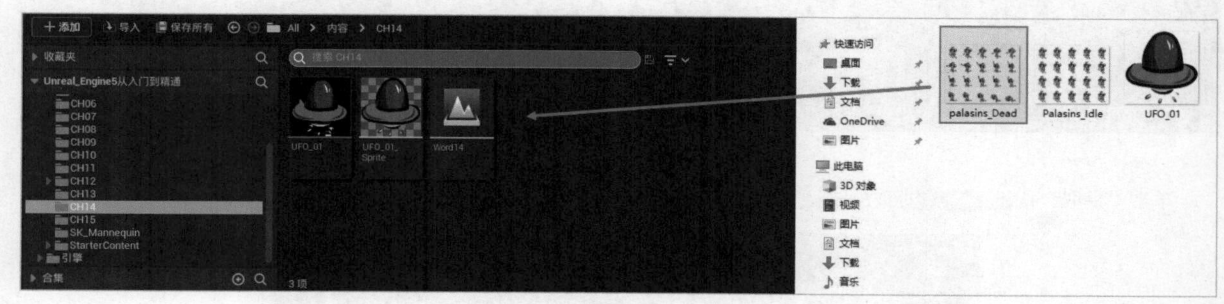

图14-5

使用鼠标右键单击导入的纹理，执行“Sprite操作>创建Sprite”菜单命令新建一个Sprite，如图14-6所示。

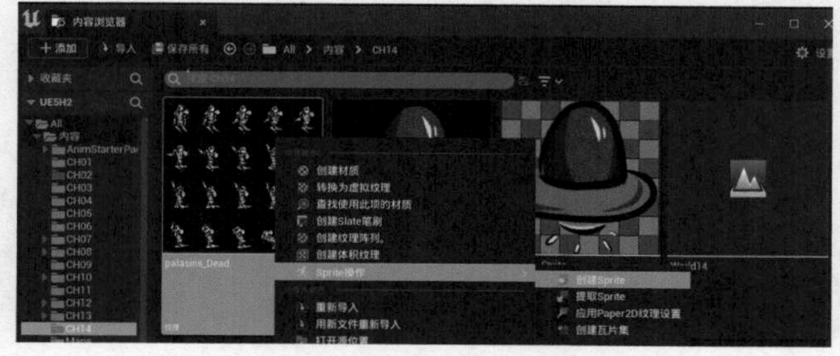

图14-6

双击打开“palasins_Dead_Sprite”，在界面右上角单击“编辑源区域”按钮 编辑源区域 进入编辑面板，单击工具栏中的“提取Sprite”按钮 提取Sprite，如图14-7所示。

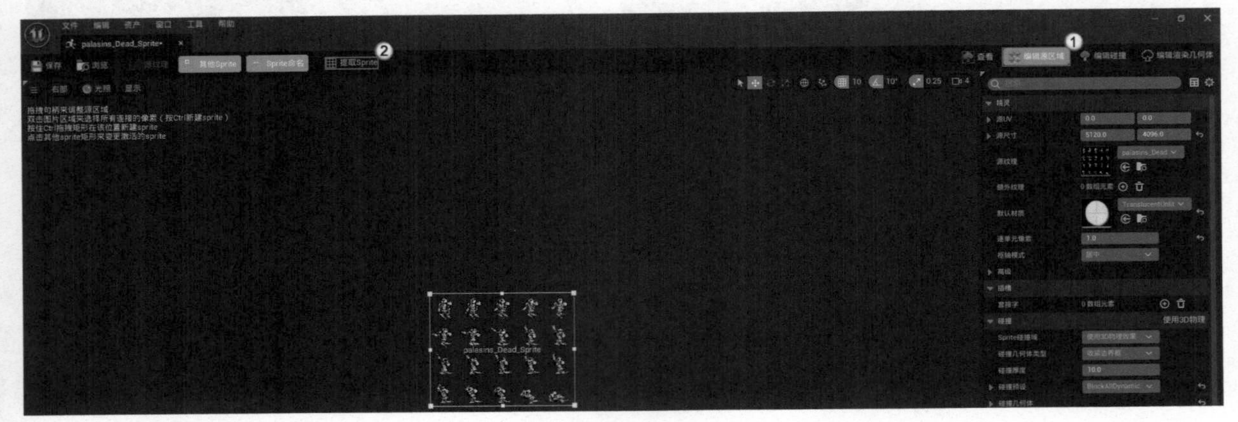

图14-7

在弹出的“提取sprite”对话框中设置“Sprite提取模式”为“网格”，如图14-8所示。

因为是将单帧大小为1024×1024的图像以5×4的规格拼接在一起形成5120×4096的序列图，所以设置“单元宽度”与“单元高度”均为1024，如图14-9所示。

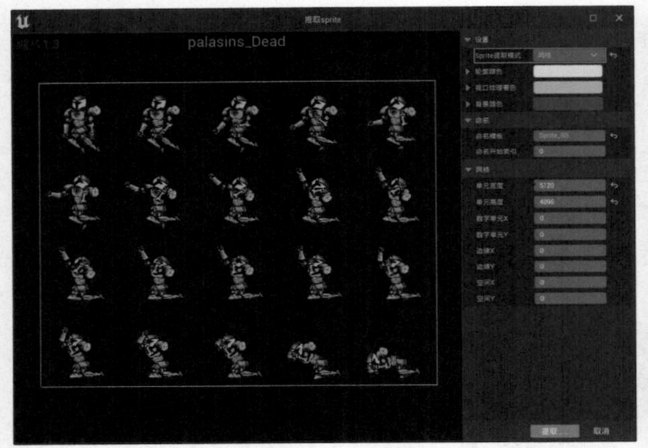

图14-8

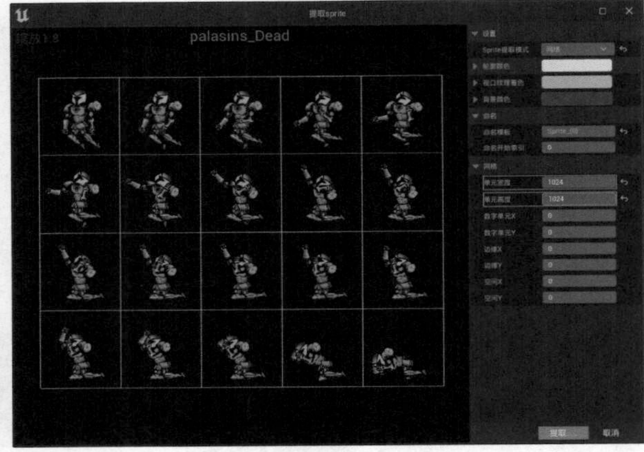

图14-9

单击“提取”按钮 提取 提取Sprite，系统会将每一帧都分成单独的Sprite，如图14-10所示。

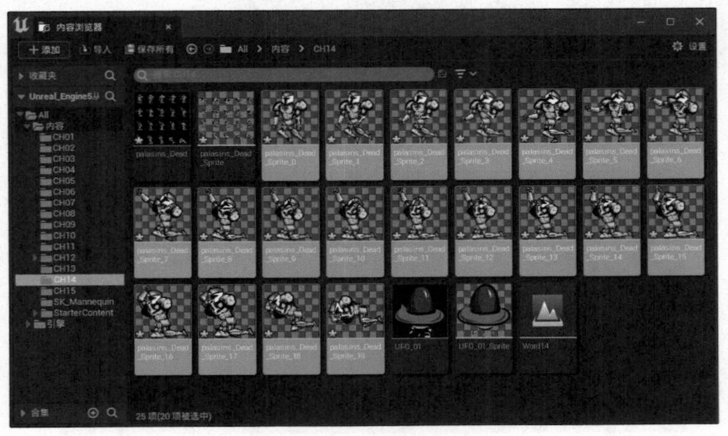

图14-10

14.2.2 Flip-Book

提取Sprite后不要取消选择，直接单击鼠标右键并执行“创建图像序列”菜单命令，这样便会用这些Sprite生成一个Flip-Book，如图14-11所示。

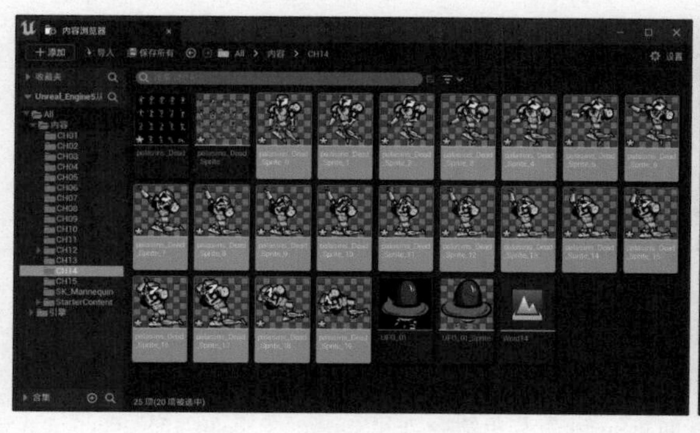
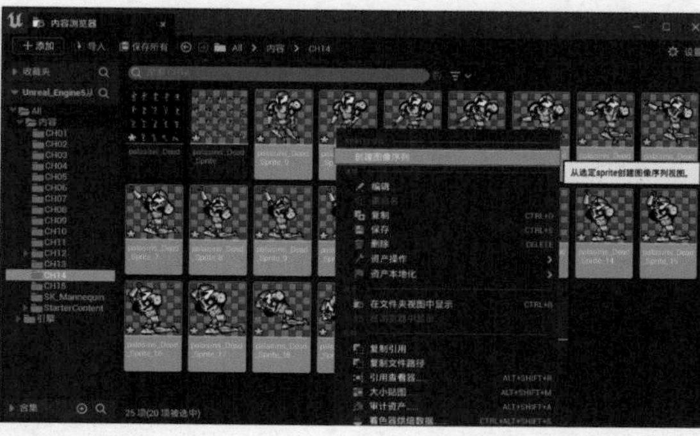

图14-11

双击进入“palasins_Dead1”，可以在下方的时间轴中看到每一帧都是由一个Sprite组成的，如图14-12所示。

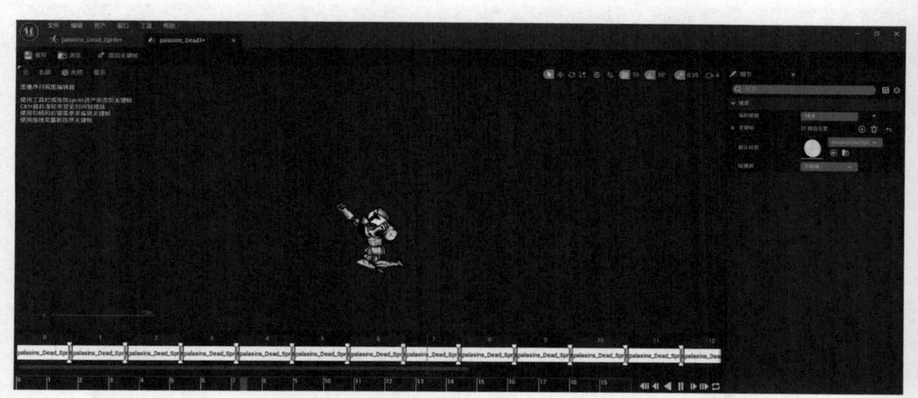

图14-12

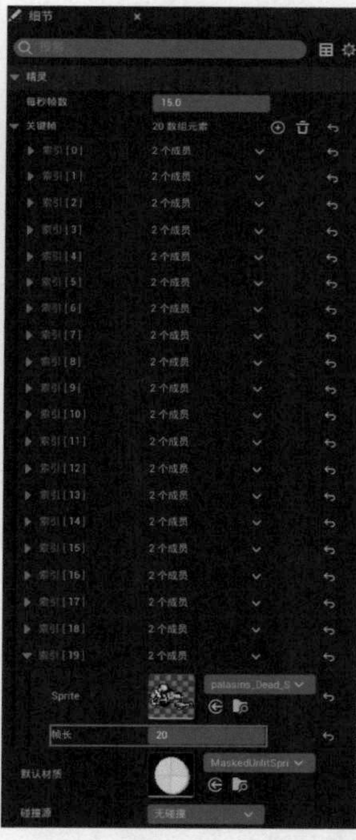

图14-13

提示 可以在“细节”面板中的“关键帧”卷展栏中随意设置某一帧或添加新的关键帧。

因为这个动画是死亡动画，所以动作结束后角色需要长时间保持静止，而提供的序列图不存在静止时间，可以打开“关键帧>索引[19]”卷展栏，设置“帧长”为20，如图14-13所示。这时可以发现角色在倒地后较长时间内都会保持动作不变，如图14-14所示。

图14-14

14.3 制作角色

虽然制作2D类角色可以使用“角色”类蓝图，但是与制作3D角色不同，制作2D角色时可以不使用网格体组件，使用“角色”类蓝图是因为可以使用“角色”类蓝图中的函数与移动组件方便地实现很多功能，而不用亲自编写。

14.3.1 2D角色导入

打开“资源文件>素材文件>CH14”文件夹，将文件夹中的“Palasins_Idle”文件拖曳到“内容浏览器”面板中，如图14-15所示。

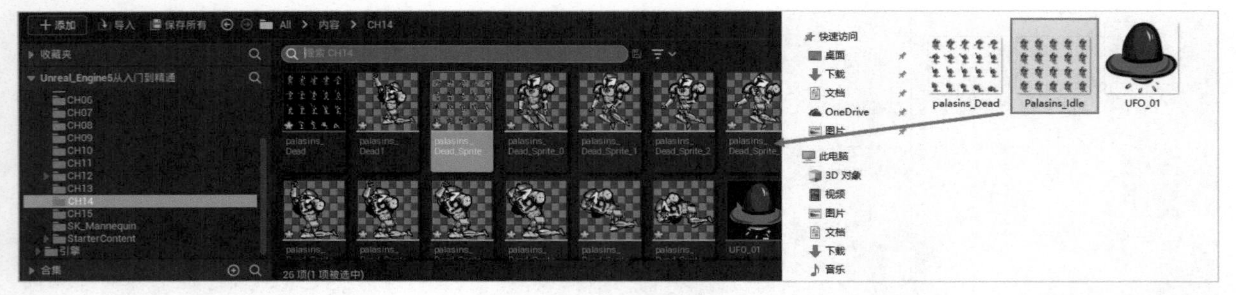

图14-15

使用鼠标右键单击“Palasins_Idle”纹理，执行“Sprite操作>创建Sprite”菜单命令创建Sprite，如图14-16所示。

双击打开Palasins_Idle_Sprite，单击“编辑源区域”按钮编辑源区域后，单击“提取Sprite”按钮提取Sprite，如图14-17所示。

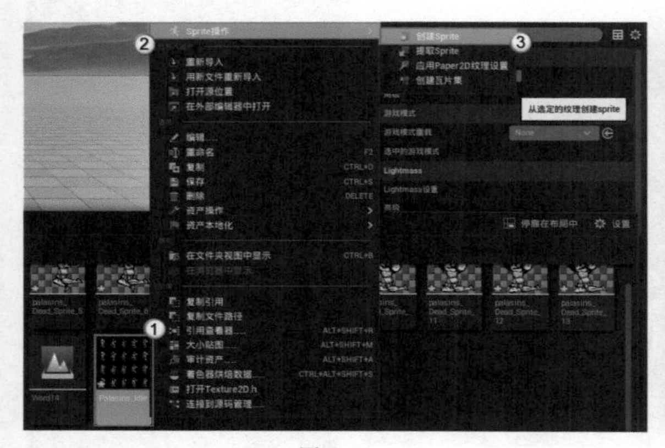

图14-16

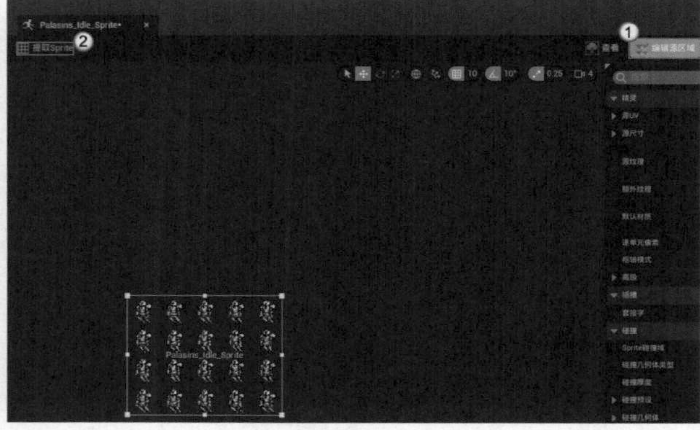

图14-17

在弹出的“提取sprite”对话框中设置“Sprite提取模式”为“网格”,“单元宽度”与“单元高度”均为1024，单击“提取”按钮提取，如图14-18所示。

直接在“内容浏览器”面板中对提取出的文件单击鼠标右键，执行“创建图像序列”菜单命令，如图14-19所示。双击进入图像序列，可以发现这是一个角色的飞行动画，如图14-20所示。

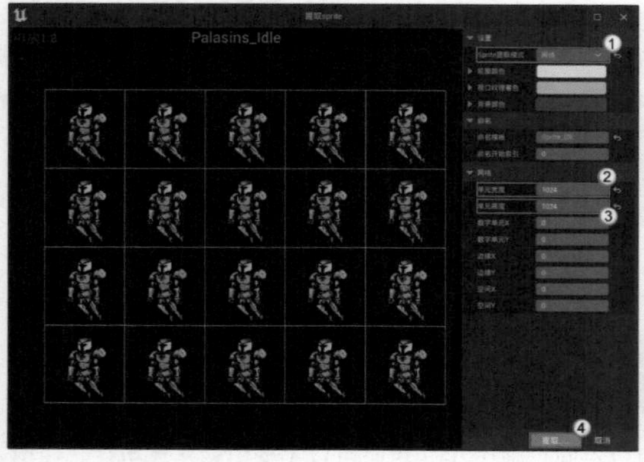

图14-18

图14-19

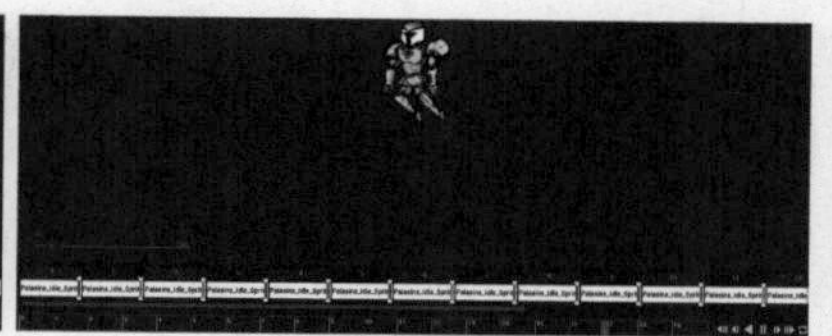

图14-20

创建成功后新建一个“角色”类蓝图并命名为“Paladins”，双击进入蓝图，在“组件”面板中单击“添加”按钮＋添加后添加一个“Paper图像序列视图组件”，如图14-21所示。

图14-21

在“细节”面板中设置“源图像序列视图”为“Palasins_Idle1”，如图14-22所示。

设置“缩放”的3个值均为0.1725，将角色缩放到合适的大小，让角色正好可以被放到胶囊体中，如图14-23所示。

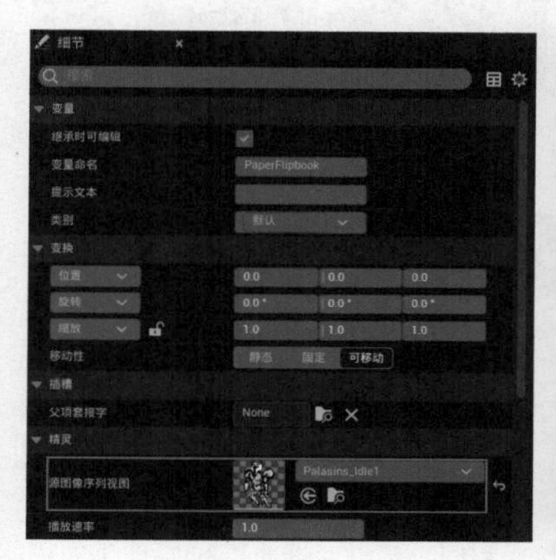

图14-22

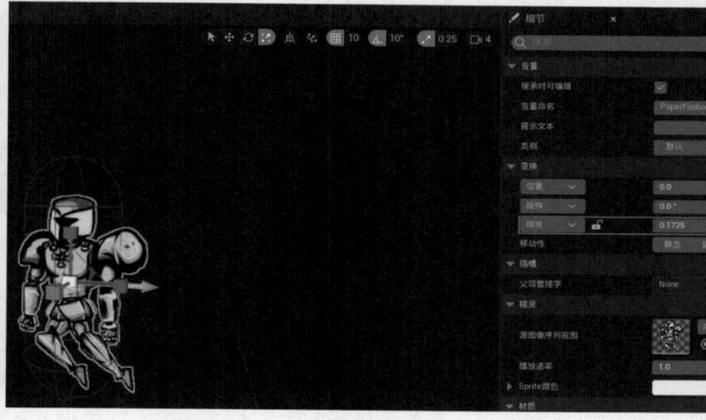

图14-23

在“组件”面板中单击“添加”按钮＋添加后添加一个弹簧臂组件与一个摄像机组件，设置摄像机组件为弹簧臂组件的子组件，如图14-24所示。

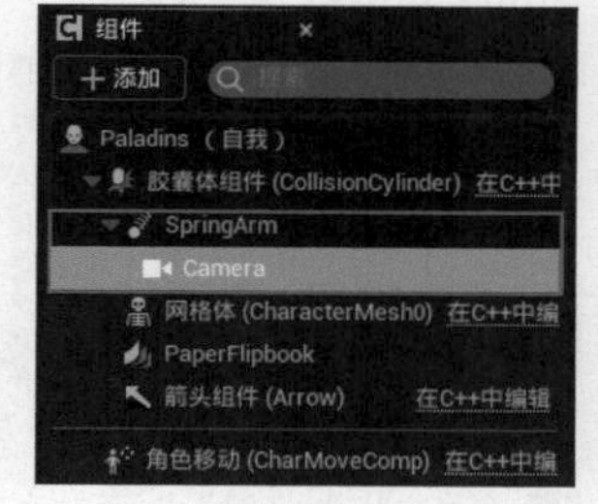

图14-24

设置弹簧臂组件的“旋转”参数的Z值为–90.0°，使摄像机对准角色，如图14-25所示。由于是2D游戏，所以需要让摄像机对准角色的侧面，取消勾选“进行碰撞测试”选项。关闭碰撞测试功能后，摄像机就不会因为碰到东西而随意缩放，排除了摄像机因为碰撞而随意移动的可能。

图14-25

重点

14.3.2 角色动画切换

目前已经制作了Idle动画与Dead动画，如果需要在这两个动画之间进行切换，则可以使用“设置图像序列视图”节点，如图14-26所示。

编译并保存后进入PIE运行模式，可以看到角色切换了播放的动画，如图14-27所示。

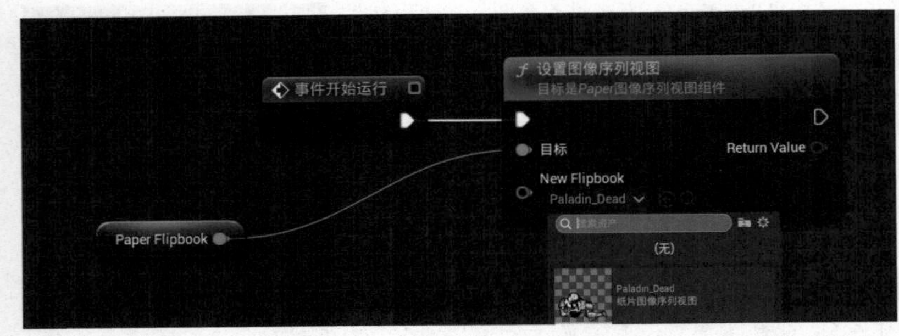

图14-26

图14-27

综合训练：制作横版游戏

实例文件　资源文件>实例文件>CH14>综合训练：制作横版游戏

素材文件　资源文件>素材文件>CH14>综合训练：制作横版游戏

难易程度　★★★★☆

学习目标　使用3D功能与对应的函数制作出横版游戏中可发射光剑的角色

通过前面的学习我们可以制作一个简单的横版闯关游戏，2D游戏与3D游戏的性质相同，可以直接使用3D功能来完成制作，如图14-28所示。

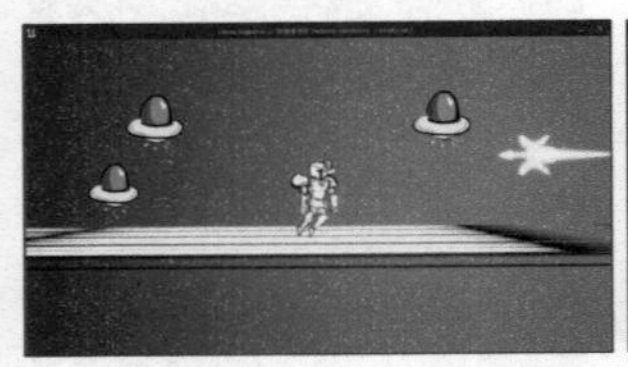
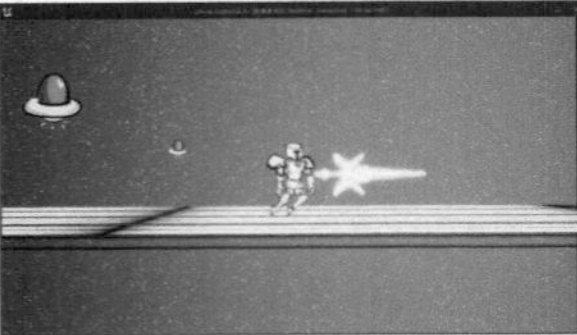
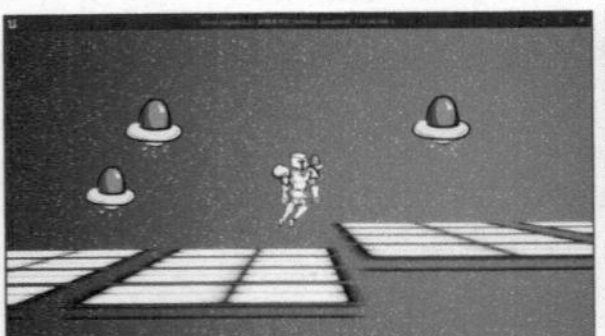
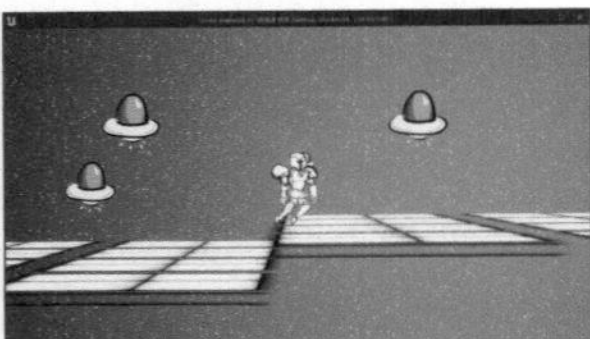

图14-28

01 在“内容浏览器”面板的空白处单击鼠标右键，执行“关卡”菜单命令新建一个关卡并命名为“2DMap”，如图14-29所示。

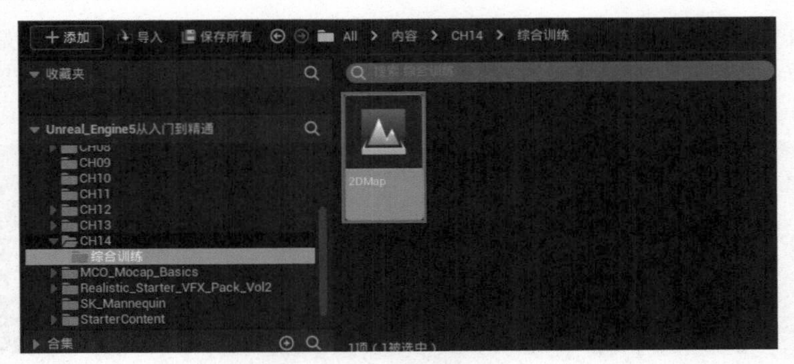

图14-29

02 打开“资源文件>素材文件>CH14”文件夹，找到“Paladin_Dead”与“Paladin_Idle”两个序列帧图片，在“内容浏览器”面板中新建一个“Dead”文件夹与一个“Idle”文件夹，将两个序列帧图片分别导入对应的文件夹，如图14-30所示。

图14-30

03 使用鼠标右键单击“Paladin_Dead”纹理，执行“Sprite操作>创建Sprite”菜单命令创建Sprite，双击打开Paladin_Dead_Sprite，单击“编辑源区域”按钮 编辑源区域 后单击“提取Sprite”按钮 提取Sprite，如图14-31所示。

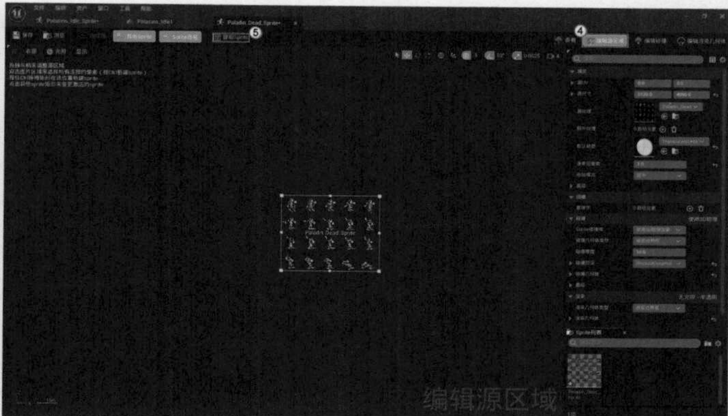

图14-31

04 在弹出的“提取sprite”对话框中设置“Sprite提取模式”为“网格”,“单元宽度”和“单元高度”均为1024，完成后单击“提取”按钮 提取 提取Sprite，如图14-32所示。

05 提取后系统会自动选择所有被拆散的Sprite，此时使用鼠标右键单击其中一个Sprite，执行“创建图像序列”菜单命令，如图14-33所示，为Sprite创建图像序列。

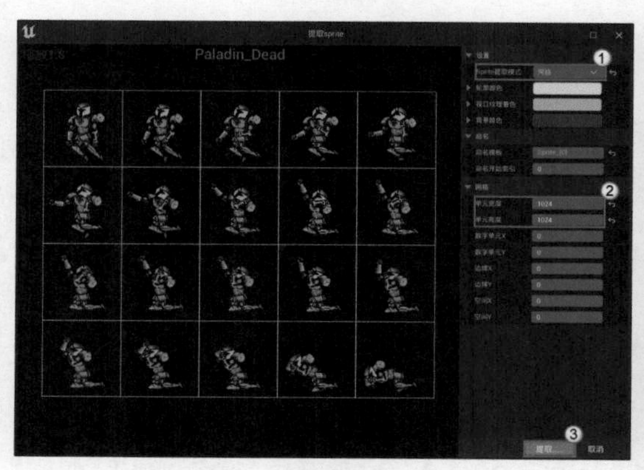

图14-32

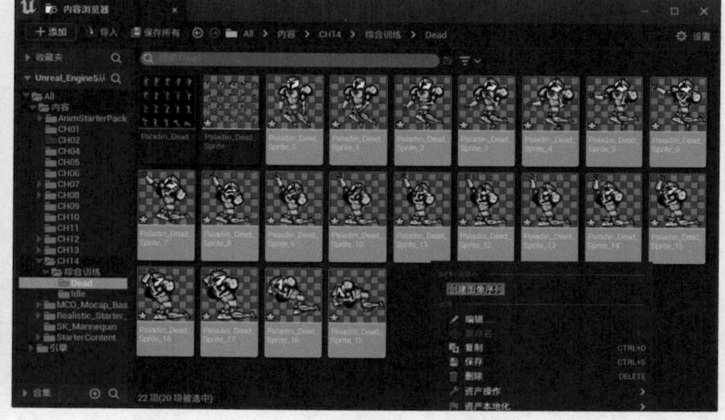

图14-33

提示 如果不小心取消选择了被拆散的Sprite，可以单击第一张Sprite，再按住Shift键并单击最后一张Sprite，这样可以快速选择所有Sprite。

06 双击打开“Paladin_Dead1”图像序列，在“细节”面板的“精灵>关键帧”卷展栏中找到“索引[19]”，设置“帧长”为20后单击“保存”按钮保存保存序列，如图14-34所示。

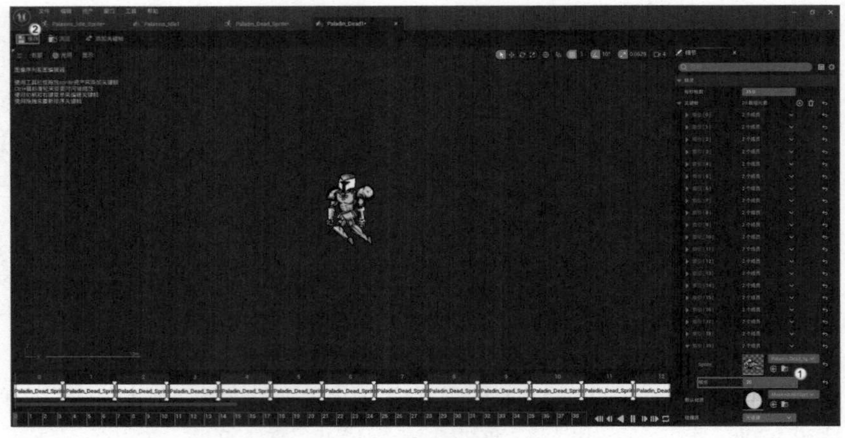

图14-34

07 进入“Idle”文件夹，使用鼠标右键单击“Paladin_Idle”纹理，执行“Sprite操作>创建Sprite”菜单命令创建Sprite，双击打开Paladin_Idle_Sprite，单击“编辑源区域”按钮编辑源区域后单击“提取Sprite”按钮提取Sprite，如图14-35所示。

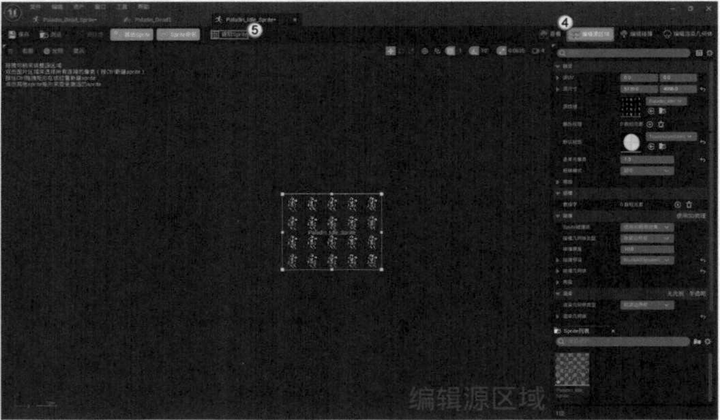

图14-35

08 在弹出的“提取sprite”对话框中设置“Sprite提取模式”为“网格”,“单元宽度”和“单元高度”均为1024，单击“提取”按钮提取提取Sprite，如图14-36所示。

09 提取后系统会自动选择所有被拆散的Sprite，此时使用鼠标右键单击其中一个Sprite，执行“创建图像序列”菜单命令，如图14-37所示，为Sprite创建图像序列，这样Idle动画也制作完成了。

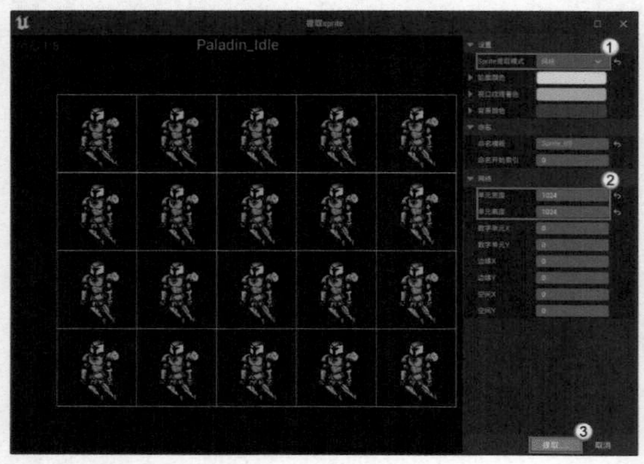

图14-36

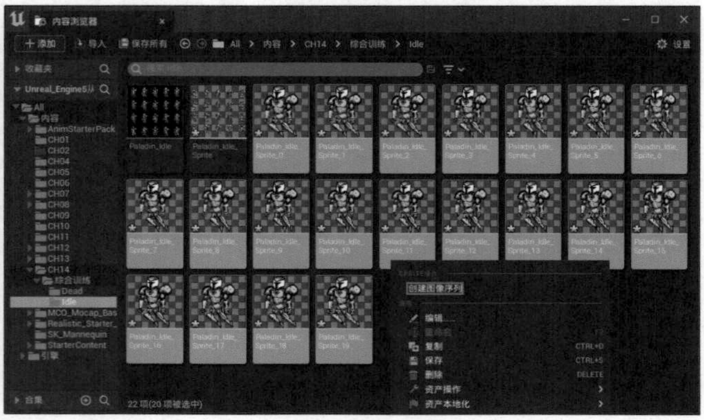

图14-37

10 在“内容浏览器”面板中新建一个“角色”类蓝图并命名为“BP_Paladin”，创建完成后双击打开蓝图，在“组件”面板中添加一个“Paper图像序列视图组件”，如图14-38所示。

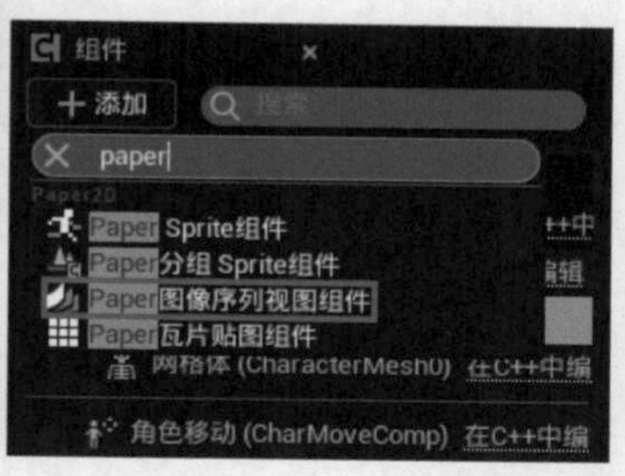

图14-38

11 选中上一步添加的组件，在“细节”面板中设置“源图像序列视图”为“Paladin_Idle1”，设置“缩放”为（X:0.187，Y:0.75，Z:0.187），使角色恰好在胶囊体中，如图14-39所示。

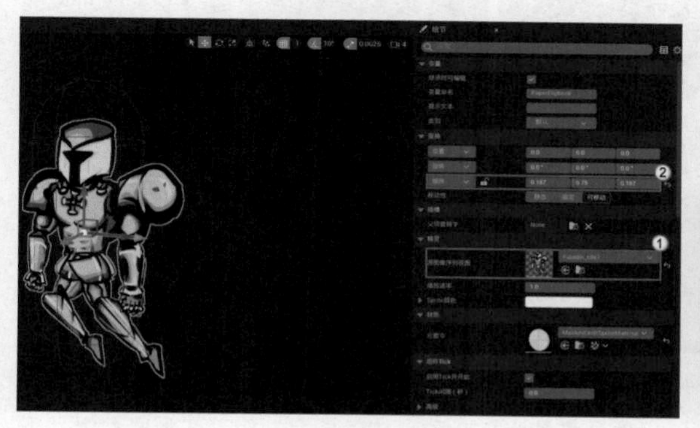

图14-39

12 执行“编辑>项目设置”菜单命令进入“项目设置”窗口，新建一个“轴映射”并命名为“MoveRight”，添加“A”和“D”两个按键后分别设置“缩放”为-1.0和1.0，如图14-40所示。

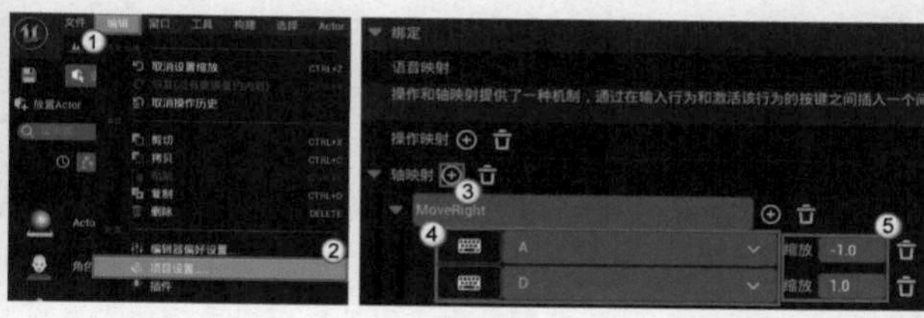

图14-40

13 回到“BP_Paladin”蓝图，新建“输入轴MoveRight”节点，使用“设置相对旋转”节点的“New Rotation”引脚连接“创建旋转体”节点的“Return Value”引脚；新建一个“选择浮点”节点并连接到“Z(Yaw)”引脚上，设置“选择浮点”节点的“A”为180.0后使用“==”节点连接“输入轴MoveRight”节点，设置“==”节点的第2个输入引脚为1.0，如图14-41所示。

14 添加一个“不等于”节点和“分支”节点并将它们与其他节点连接起来，当“Axis Value”不等于0时执行“设置相对旋转”节点，如图14-42所示。完成后编译并保存蓝图。

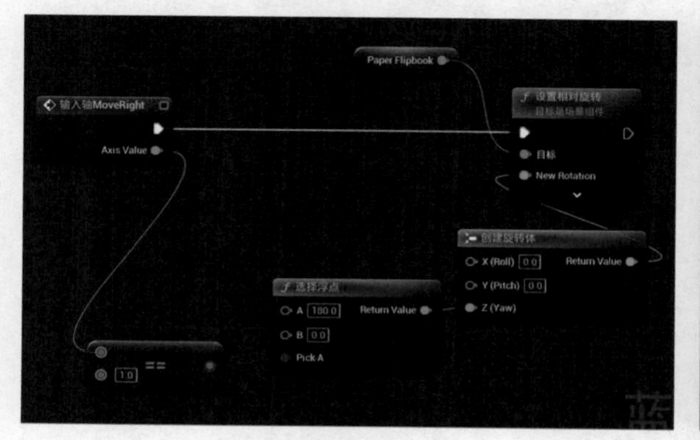

图14-41

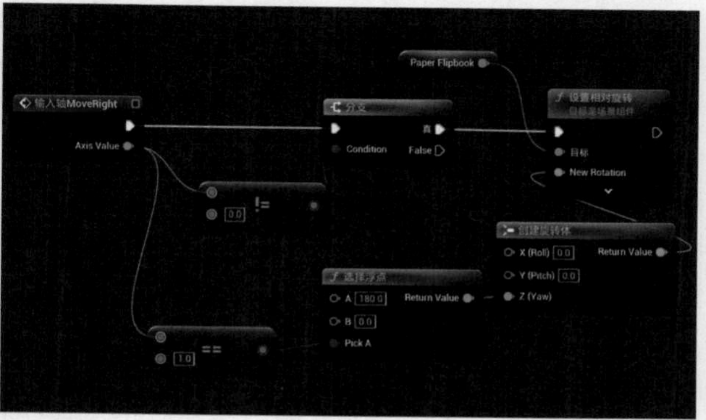

图14-42

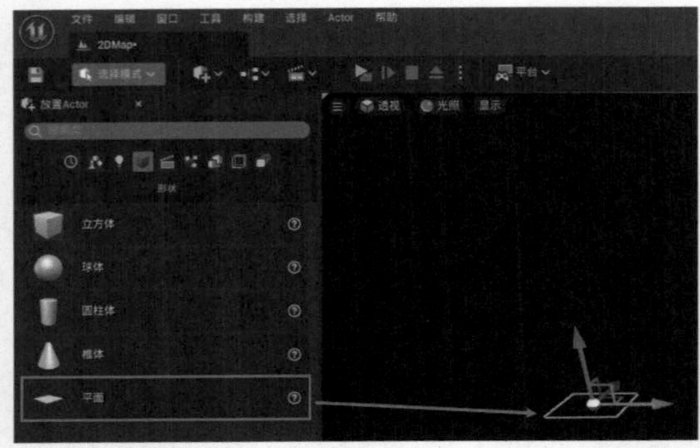

15 在“放置Actor”面板中拖曳一个“平面”资产到“2DMap”关卡中，按R键进入“选择并缩放对象”模式，拖曳绿色的y轴，使平面变得更长，如图14-43所示。

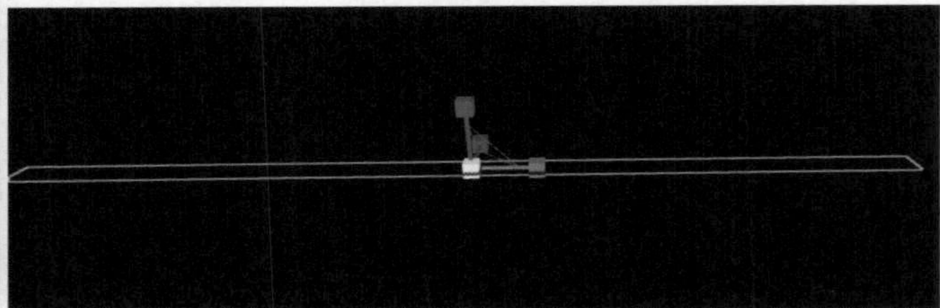

图14-43

16 拖曳“BP_Paladin”蓝图到平面上，在“细节”面板中设置“自动控制玩家”为“玩家0”，如图14-44所示。

图14-44

17 回到“BP_Paladin”蓝图，在“组件”面板中创建一个弹簧臂组件并将其附加在胶囊体组件上，接着在弹簧臂组件下新建一个摄像机组件，如图14-45所示。

18 选择弹簧臂组件，在“细节”面板中设置“旋转”参数的Z值为-90.0°，“目标臂长度”为600.0，以获得更好的视野，取消勾选“进行碰撞测试”选项，如图14-46所示。

19 编译并保存后进入PIE运行模式，可以看到按A键时角色朝向左侧，按D键时角色朝向右侧，如图14-47所示。

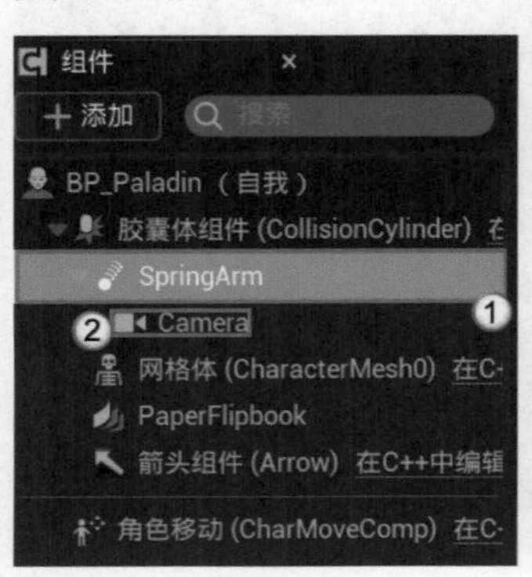

图14-45

图14-46

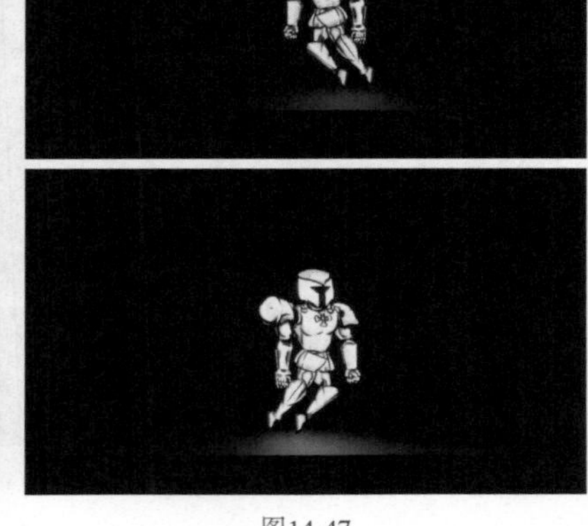

图14-47

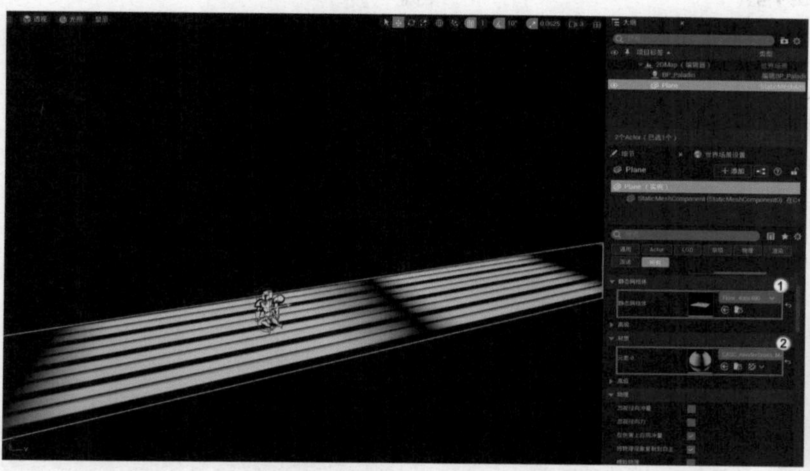
图14-48

20 此时的角色在场景中并不明显，可以先为角色所在的平面添加材质。在关卡中选择平面，在“细节”面板中设置“静态网格体”为“Floor_400×400”，“元素0”为“CASC_RenderCross_MAT”，如图14-48所示。进入PIE运行模式后可以清楚地看到角色在平面上，如图14-49所示。

图14-49

21 为了产生更强的视觉对比，可以为背景添加一些元素。拖曳在前面的学习过程中创建的“UFO_01_Sprite”到关卡中，可以拖曳多次并将它们放在不同的位置，产生前后关系，如图14-50所示。进入PIE运行模式后看到效果较好，如图14-51所示。

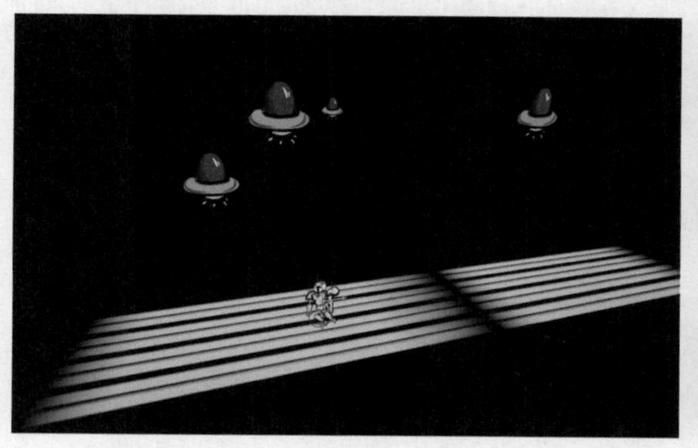
图14-50

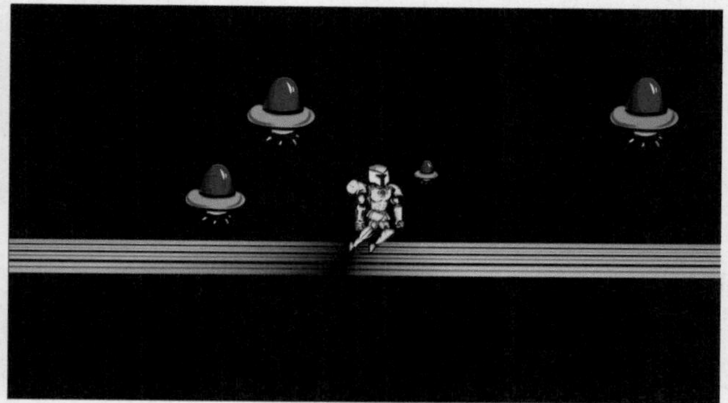
图14-51

22 回到“BP_Paladin”蓝图，使用“添加移动输入”节点连接“输入轴MoveRight”节点和“分支”节点，连接“Scale Value”引脚与“Axis Value”引脚，将“获取向右向量”节点连接到“World Direction”引脚上，如图14-52所示。进入PIE运行模式，按A键和D键时可以看到角色在移动，如图14-53所示。

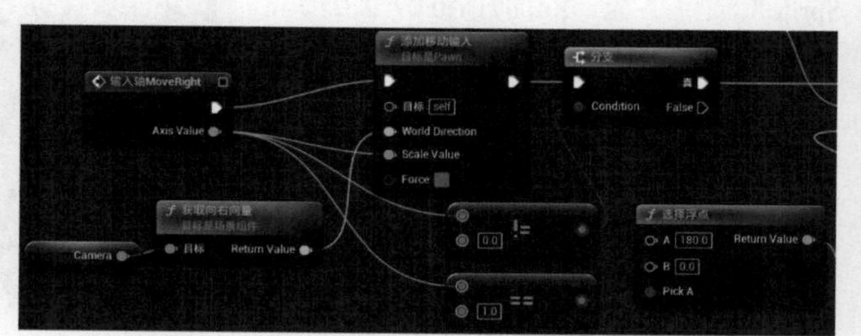

图14-52

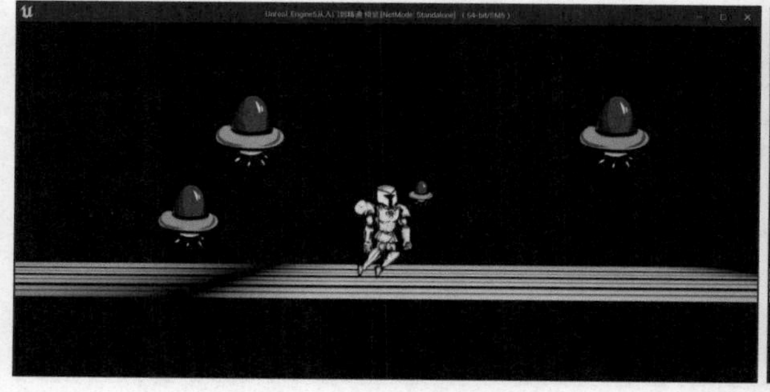

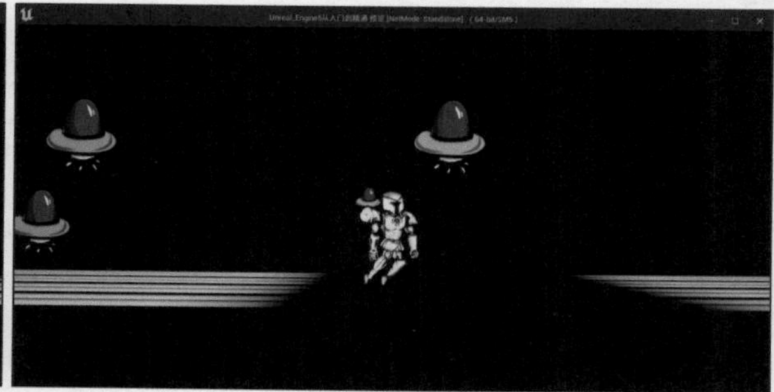
图14-53

23 回到“BP_Paladin”蓝图，使用“空格键”节点控制角色的跳跃，分别将“Pressed”和“Released”两个引脚连接到“跳跃”节点和“停止跳跃”节点上，如图14-54所示。编译并保存后进入PIE运行模式，按Space键控制角色跳跃，如图14-55所示。

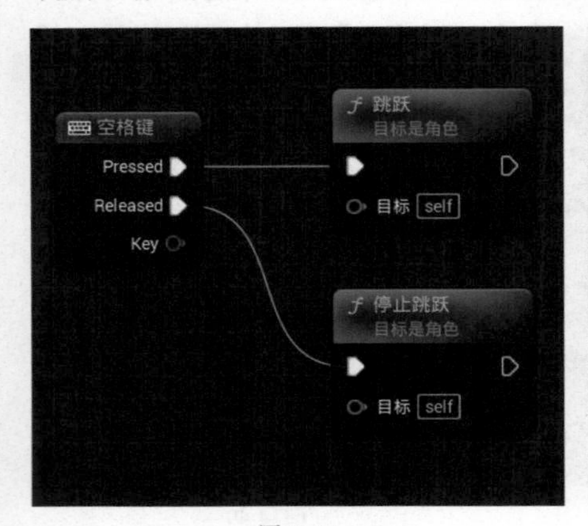

图14-54

图14-55

24 接下来制作角色的武器。打开“资源文件>素材文件>CH14”文件夹，导入“Paladin_Sword”文件，导入后为其创建一个Sprite，再新建一个“Actor”类蓝图并命名为“BP_Sword”，如图14-56所示。

图14-56

25 进入“BP_Sword”蓝图，在“组件”面板中添加一个“PaperSprite”组件并将其作为根组件，如图14-57所示。在“细节”面板中设置“源Sprite”为“Paladin_Sword_Sprite”，“缩放”为（X:0.07，Y:0.07，Z:0.07），如图14-58所示。

图14-57

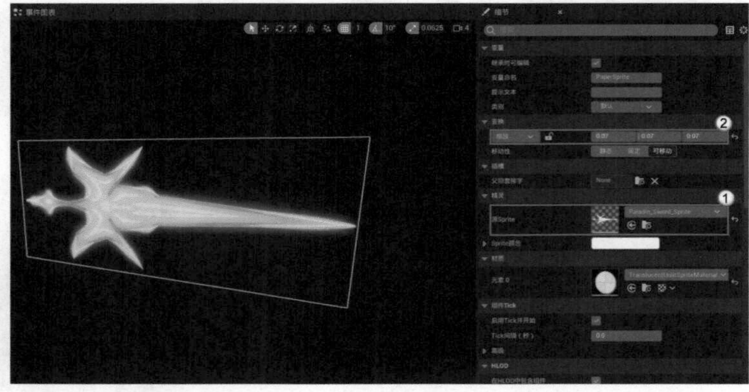

图14-58

26 在“组件”面板中添加一个发射物移动组件，在“细节”面板中设置“初始速度”为1000.0，“最大速度”为1000.0，“发射物重力范围”为0.0，如图14-59所示。

图14-59

27 进入“事件图表”面板，在“事件开始运行”节点后连接“延迟”节点，设置“Duration”为1.0，使用“销毁Actor”节点销毁Actor，如图14-60所示。完成后编译并保存蓝图。

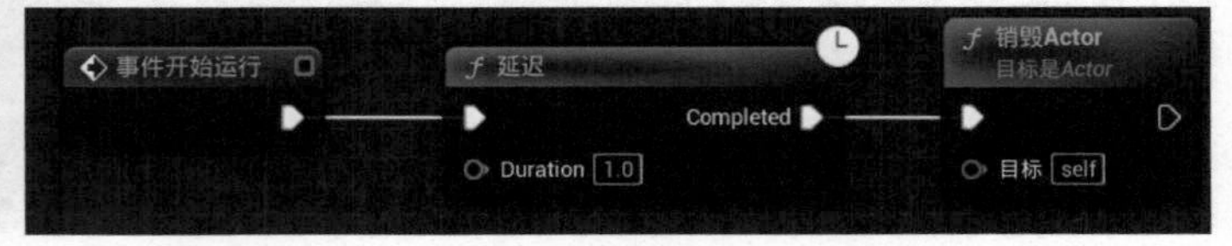

图14-60

28 添加一个“鼠标左键”节点，在单击时使用“生成Actor BP Sword”节点生成一个BP_Sword对象，使用鼠标右键单击“Spawn Transform”引脚并执行“分割结构体引脚”菜单命令；将“获取向右向量”节点乘以200.0后将结果和“获取Actor位置”节点的返回值相加，并将最终结果连接到“Spawn Transform Location”引脚，设置“Spawn Transform Scale”为（X:0.07，Y:0.07，Z:0.07），如图14-61所示。编译并保存后进入PIE运行模式，单击后可以发射光剑，如图14-62所示。

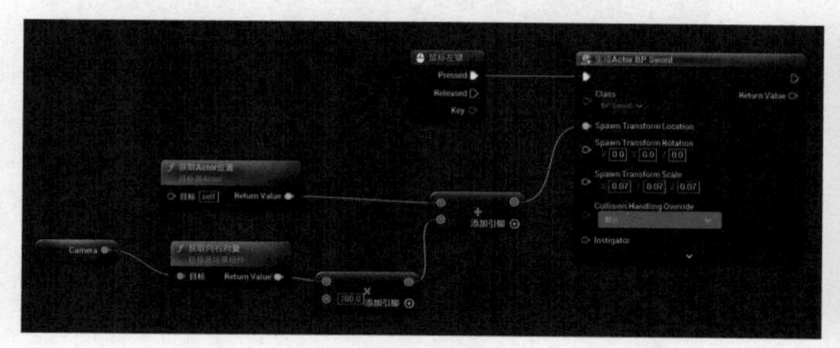

图14-61

图14-62

问：为什么射出的光剑的方向不同？

答：光剑的射出方向与摄像机轴向相同，可能是因为关卡和角色的朝向与书中不同，所以在接下来的操作中需要特别注意旋转的方向，必要时可根据书中的内容设置不同的旋转参数，如图14-63所示。

图14-63

29 因为角色会左右移动，所以需要保持光剑的射出方向与角色的朝向一致。新建一个“浮点”型变量并命名为“Value”，将该变量拖曳到“事件图表”面板中，并将“加”节点加180.0后连接到“创建旋转体”节点的“Z（Yaw）”引脚上，再将返回的旋转体连接到“Spawn Transform Rotation”引脚，如图14-64所示。

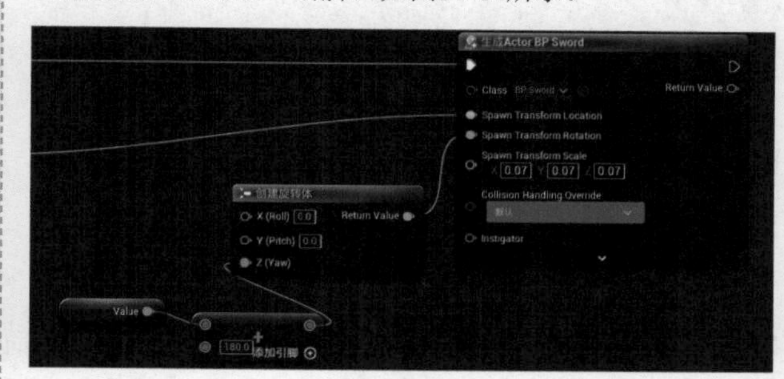

图14-64

技术专题：光剑射出方向问题

如果射出的光剑出现了上方提到的方向不同问题，那么需要在“细节”面板中的“默认值”卷展栏中设置“Value”为90.0，如图14-65所示。

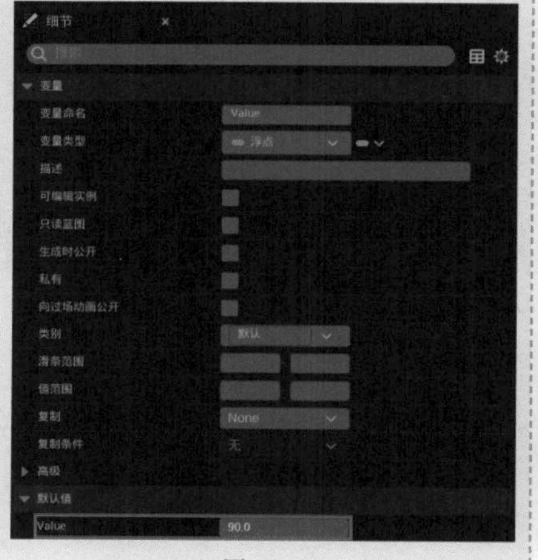

图14-65

30 前面设置的是角色朝向右侧时的参数，在角色朝向左侧时将200.0修改为-200.0，使用“SET”节点为旋转体的z轴加180°，修改角色的飞行朝向，如图14-66所示。

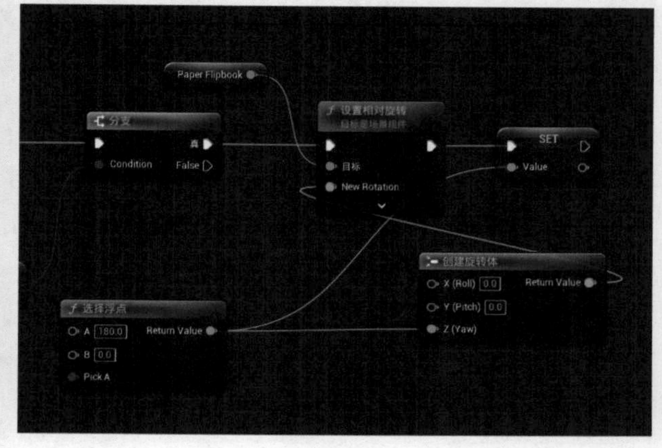

图14-66

技术专题：方向相反的解决办法

如果出现方向相反的情况，那么可以添加一个“加”节点，通过为旋转体的z轴添加90°来改变发射的方向，如图14-67所示。

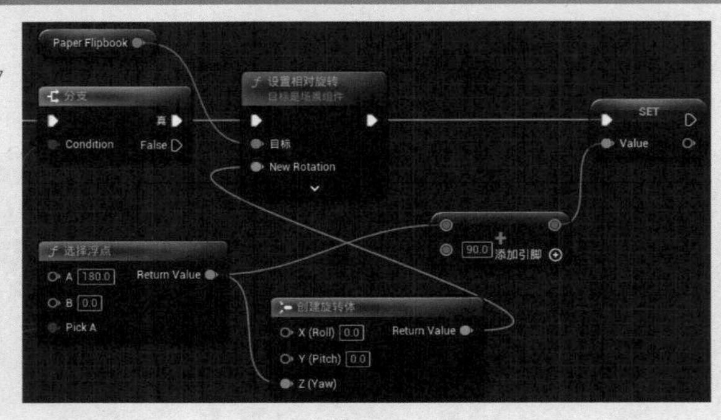

图14-67

31 通过“Value”是否等于0判断角色是朝右还是朝左，将“Value”变量拖曳到面板中，使用“==”节点判断方向，使用“选择浮点”节点选择发射方向，设置“A”为-200.0,“B”为200.0，连接“选择浮点”节点到“乘”节点上，如图14-68所示。

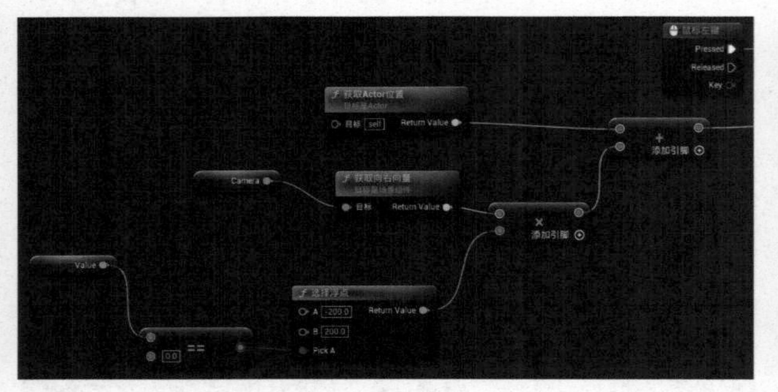

图14-68

技术专题：与书中轴向不同

当方向与书中的轴向不一致时，需要根据“Value”是否等于90来判断角色是朝右还是朝左，所以设置“==”节点为90.0，如图14-69所示。

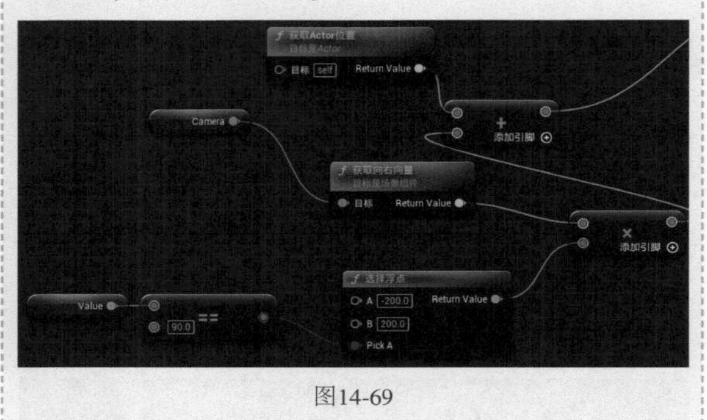

图14-69

32 编译并保存后进入PIE运行模式，单击，角色朝向哪个方向就往哪个方向发射光剑，如图14-70所示。还可以为游戏添加更多的背景元素、层级、其他角色等。至此，一个简单的横版游戏就制作完成了，如图14-71所示。

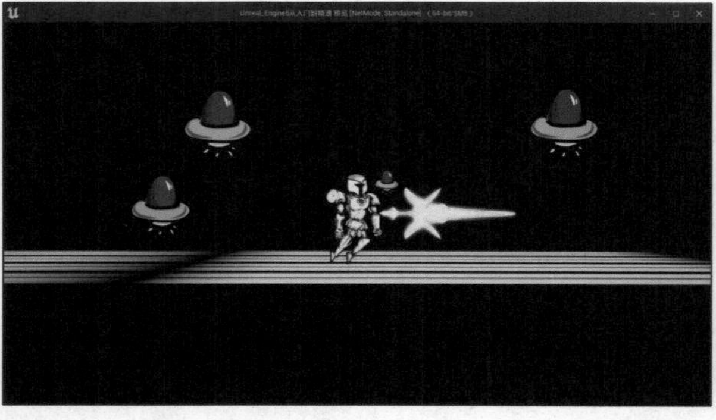
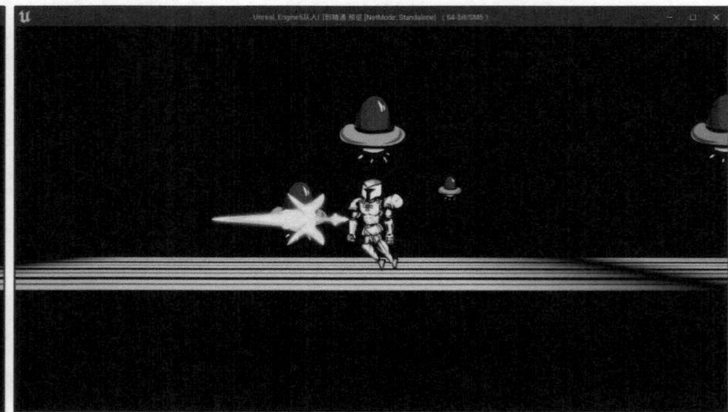

图14-70

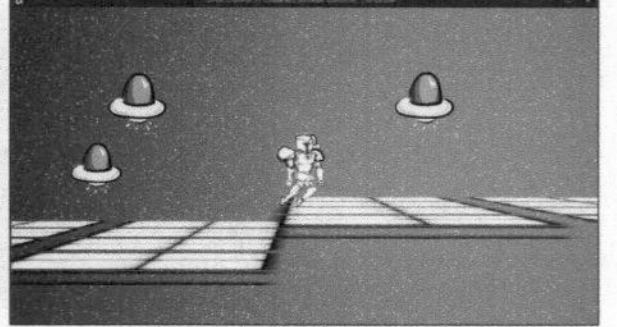

图14-71

第15章 制作第三人称RPG

■ 学习目的

在学习了前面14章的内容后，相信各位读者对Unreal Engine 5已经有了初步了解，本章将从创建项目开始制作一款游戏，如果各位读者可以完全理解本章的内容，那么就具备了独立制作一款拥有闭环流程的游戏的能力。

■ 学习重点

- 了解流程完整性
- 全面了解各个基础功能
- 了解游戏开发流程
- 了解功能的相互依赖
- 熟悉蓝图操作
- 学会打包游戏

15.1 游戏内容概述

实例文件	实例文件 > CH15 > 制作第三人称RPG
素材文件	虚幻商城 > ANIMAL VARIETY PACK、Basic Pickups VFX Set（Niagara）、Realistic Starter VFX Pack Vol 2、Landscape Pro 2.0 Auto-Generated Material
难易程度	★★★★★
学习目标	学会综合运用Unreal Engine 5的各个功能制作一款完整的游戏

本章将使用虚幻商城中的免费资源来打造一款游戏，该游戏是以狼与鹿为主的第三人称游戏，制作过程中会用到本书中讲到的大部分内容，同时会以案例的形式将每个部分的内容串联起来，从而帮助读者达到较好的学习效果，如图15-1所示。

图15-1

15.2 制作主菜单

本节将使用绘制UI功能与蓝图功能制作一个游戏的主菜单，该主菜单具备进入游戏、介绍游戏和退出游戏3个功能。

15.2.1 项目新建与资源导入

打开Unreal Engine 5，在“虚幻项目浏览器”窗口中选择“游戏>空白”，设置“项目名称”为“MyGame”后单击“创建”按钮创建一个新的项目，如图15-2所示。

在虚幻商城中的永久免费专区中购买“ANIMAL VARIETY PACK”“Basic Pickups VFX Set（Niagara）”“Realistic Starter VFX Pack Vol 2”“Landscape Pro 2.0 Auto-Generated Material”等资源，如图15-3所示。

图15-2

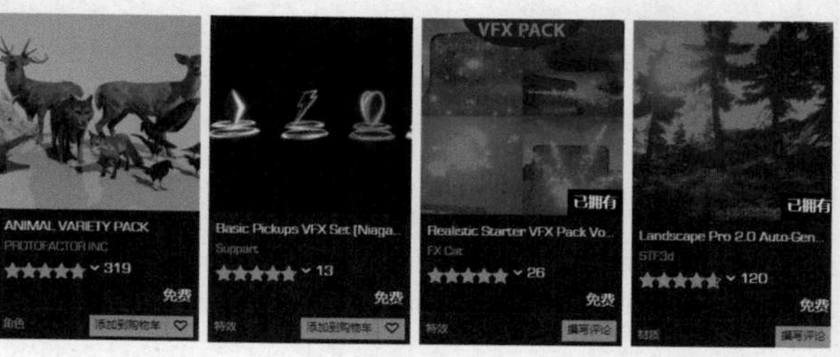

图15-3

15.2.2 绘制游戏主菜单

在“内容浏览器”面板的空白处单击鼠标右键，执行“新建文件夹”菜单命令，新建一个文件夹并命名为“UI”，如图15-4所示，将与主菜单相关的内容放置到“UI”文件夹中，便于在制作时找到需要的资源。

进入“UI”文件夹，再次单击鼠标右键并执行“用户界面>控件蓝图”菜单命令，在弹出的“选择新控件蓝图的根控件”对话框中选择“用户控件”后创建一个控件蓝图并命名为“UI_Menu”，如图15-5所示。

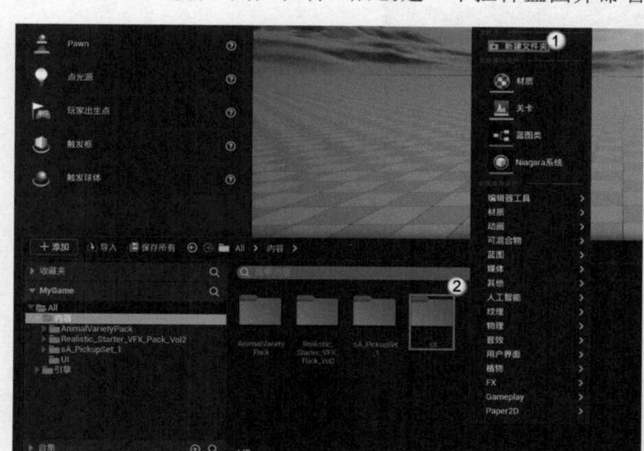

图15-4

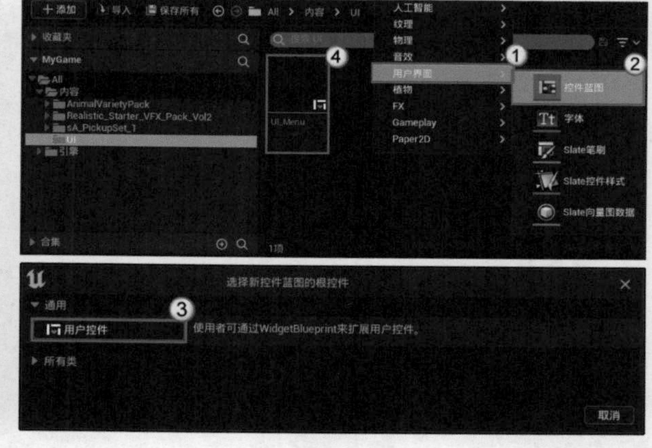

图15-5

双击打开“UI_Menu”控件蓝图，在“控制板”面板中搜索“Canva”，找到“画布面板”子控件后将其拖曳到“层级”面板中，如图15-6所示。

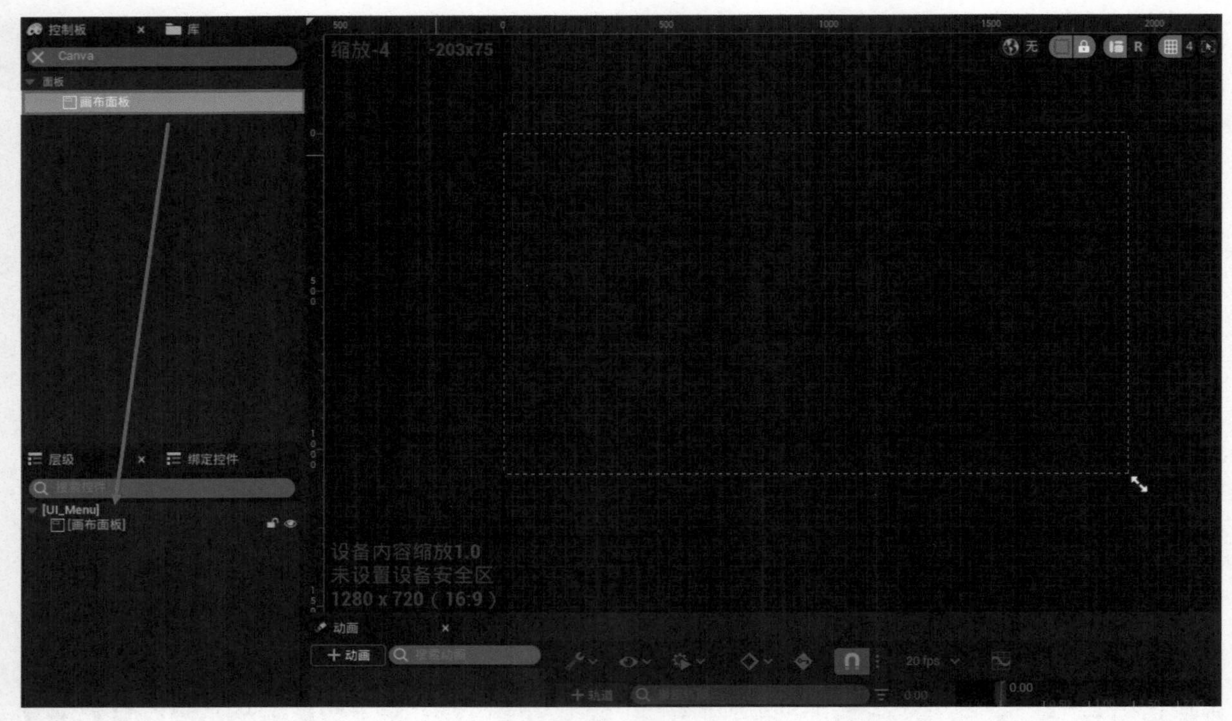

图15-6

继续在“控制板”面板中找到“水平框”子控件并将其拖曳到“画布面板”子控件下，在“细节”面板中设置“锚点”为全屏幕，设置水平框的大小和位置，使其位于画板的中间，如图15-7所示。

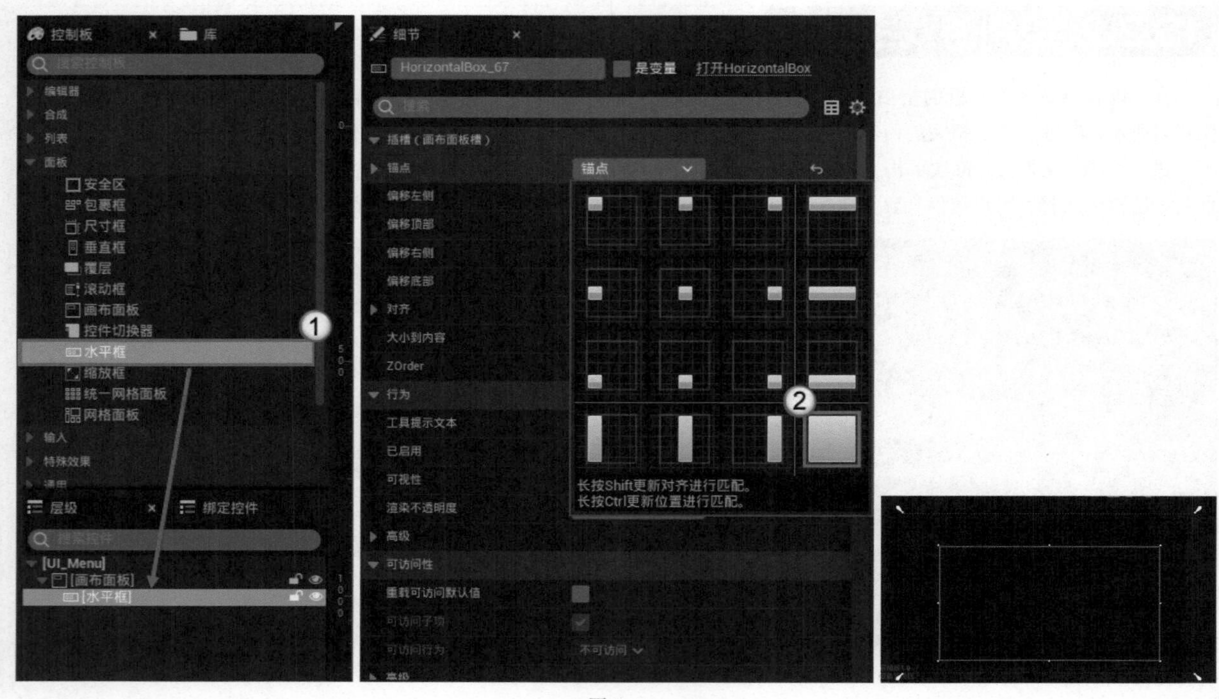

图15-7

分别拖曳一个“按钮”子控件与一个“垂直框”子控件到“水平框”子控件下，在“细节”面板中分别设置“按钮”与“垂直框”两个子控件的“尺寸”为“填充”，如图15-8所示。

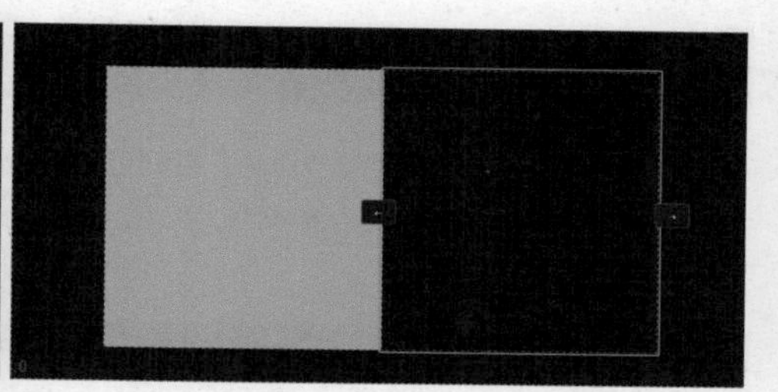

图15-8

在“控制板”面板中拖曳两个“按钮”子控件到“垂直框”子控件下，在“细节”面板中设置两个按钮的“尺寸”为“填充”，如图15-9所示。这样按钮就会从中间被分割成两份，此时画板左边有一个正方形按钮，右边有两个长方形按钮，如图15-10所示。

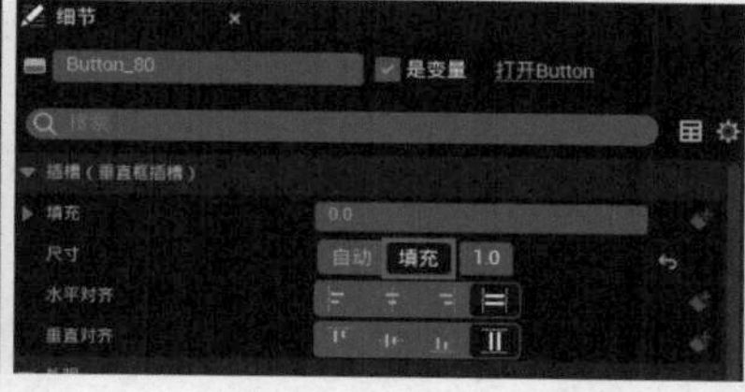

图15-9

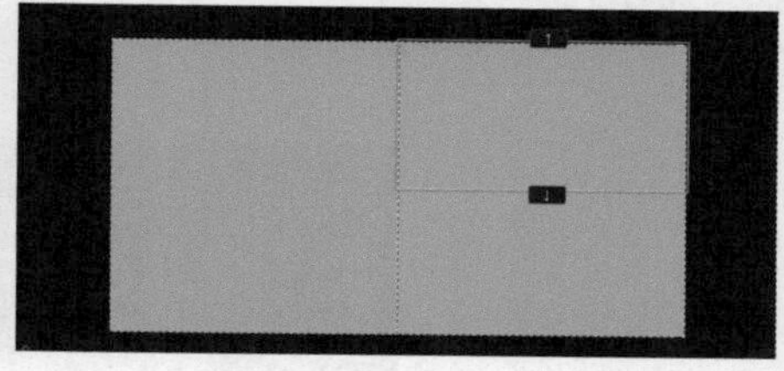

图15-10

选择左边的按钮，在“细节”面板中设置“命名”为“开始游戏”；选择右上方的按钮，在“细节”面板中设置“命名”为“游玩介绍”；选择右下方的按钮，在“细节”面板中设置“命名”为“退出游戏”，如图15-11所示。

打开“资源文件>素材文件>CH15”文件夹，拖曳“T_Title.png”文件到“内容浏览器”面板中，拖曳导入的图片到UI中，设置“锚点”为全屏幕并设置图片的大小，如图15-12所示。

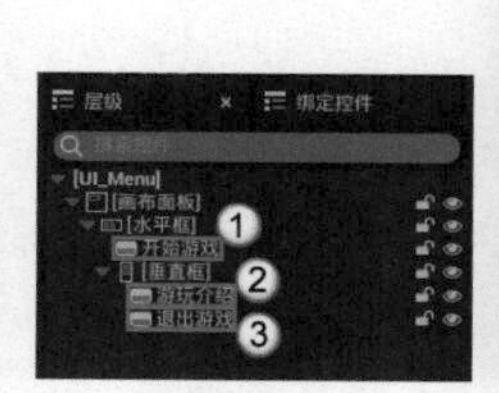

图15-11

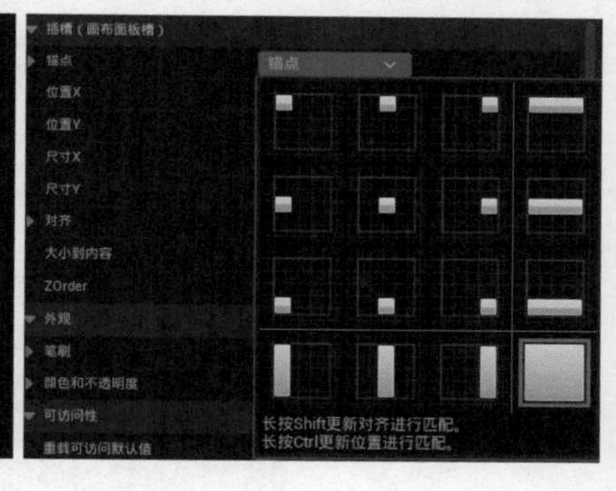

图15-12

继续导入“T_StartGame.png”“T_QuitGame.png”“T_HowToPlay.png”3张图片，在“细节”面板中设置3个按钮的“样式>普通>图像”为对应的图片，左侧按钮为“T_StartGame”，右上方按钮为“T_HowToPlay”，右下方按钮为“T_QuitGame”，如图15-13所示。

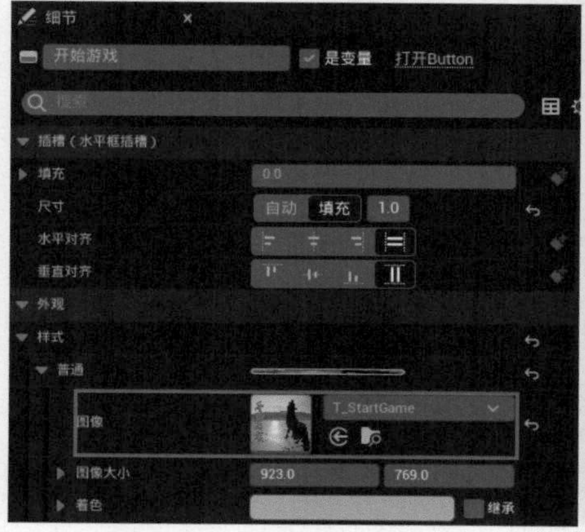

图15-13

15.2.3 游戏主菜单动画

在“动画”面板中单击“动画”按钮 新建一个动画并命名为“StartAnim”，如图15-14所示。选择标题图片，在“细节”面板中设置“变换>平移”为0.0和–300.0，使图片离开UI显示区域，单击“添加关键帧”按钮 添加一个关键帧，如图15-15所示。

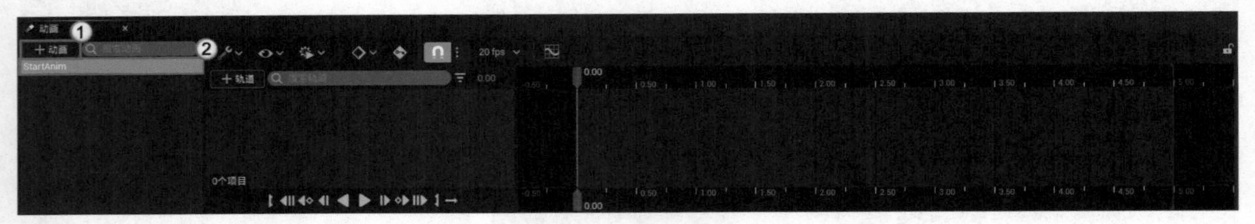

图15-14

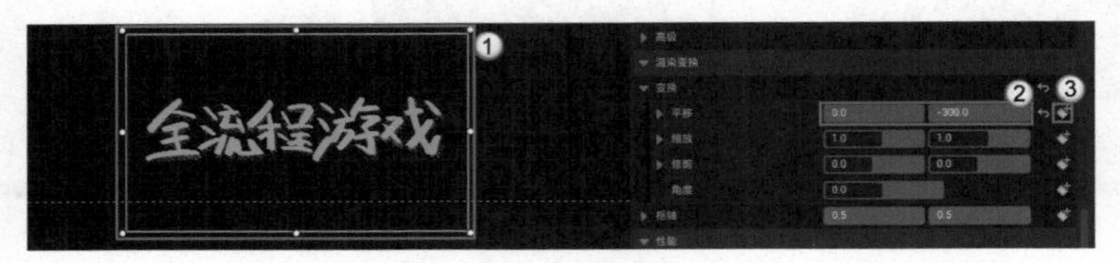

图15-15

在“动画”面板中拖曳时间线到1.00处，选择标题图片，在“细节”面板中设置“平移”为0.0和0.0，单击“添加关键帧”按钮 ，使标题图片返回到最初的位置，这样就形成了时长为1秒的动画，如图15-16所示。

图15-16

在“我的蓝图”面板中找到“StartAnim”动画并将其拖曳到“事件图表”面板中，添加一个“播放动画”节点，使用该节点连接“事件构造”节点和“Start Anim”动画，如图15-17所示。完成后编译并保存蓝图。

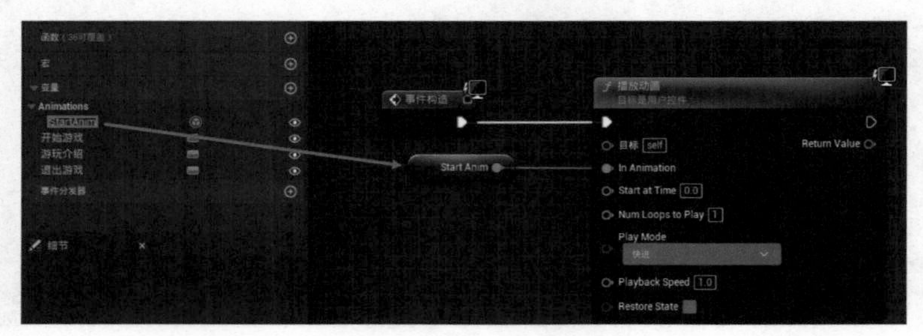

图15-17

执行“文件>新建关卡”菜单命令，在“新建关卡”对话框中选择“空白关卡”，单击“创建”按钮 创建 新建一个空白关卡，进入空白关卡后，使用快捷键Ctrl+S打开“将关卡另存为”对话框，设置“命名”为“MenuMap”，单击“保存”按钮 保存 ，如图15-18所示。

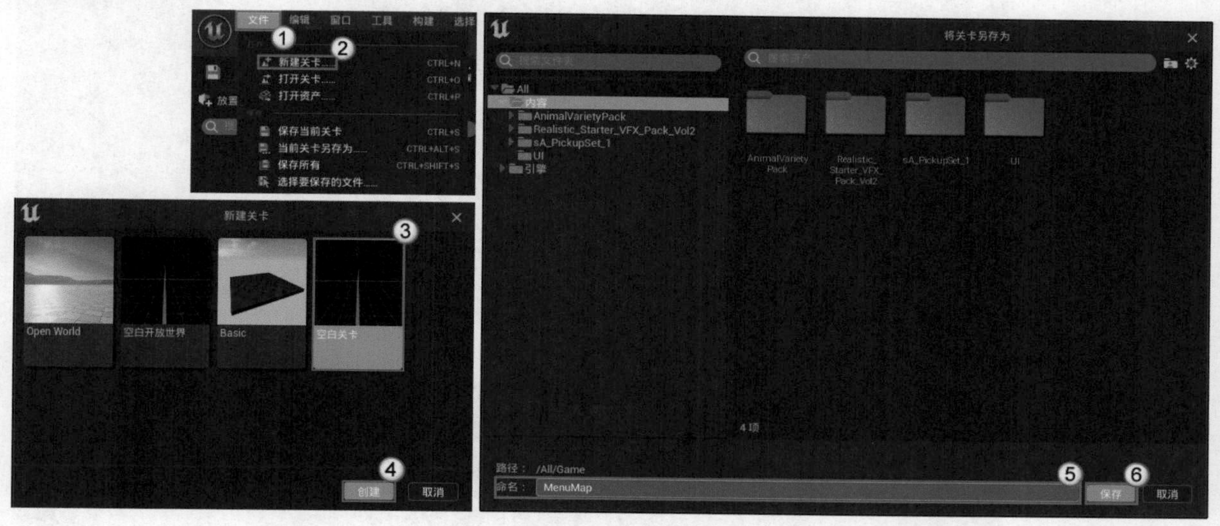

图15-18

在工具栏中单击“供用户编辑或创建的世界场景蓝图列表”按钮 并执行“打开关卡蓝图”菜单命令，在“关卡蓝图”窗口中添加“创建UI Menu控件”节点，并设置“Class”为“UI Menu”，添加“添加到视口”节点并将它们连接起来，如图15-19所示。

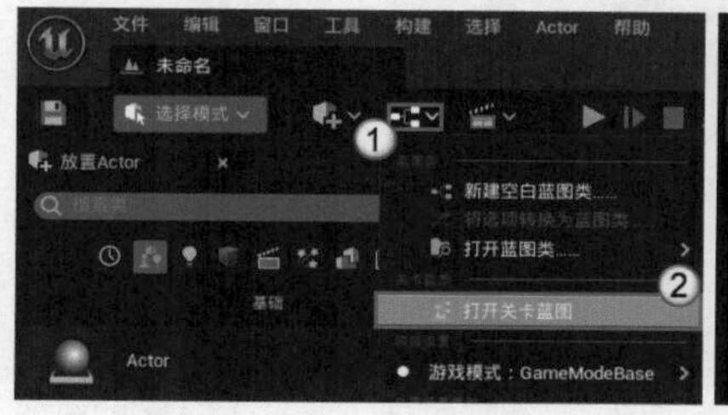

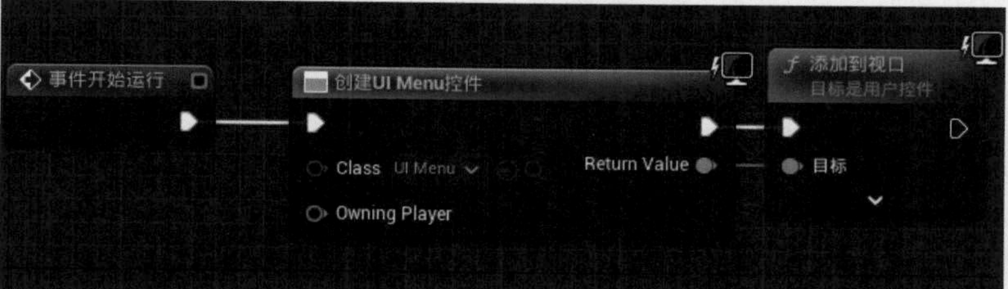

图15-19

添加“获取玩家控制器”节点，拖曳“Return Value”引脚到空白处并搜索“设置 Show Mouse Cursor”，创建“SET”节点，勾选“显示鼠标光标”选项，如图15-20所示。完成后保存关卡。

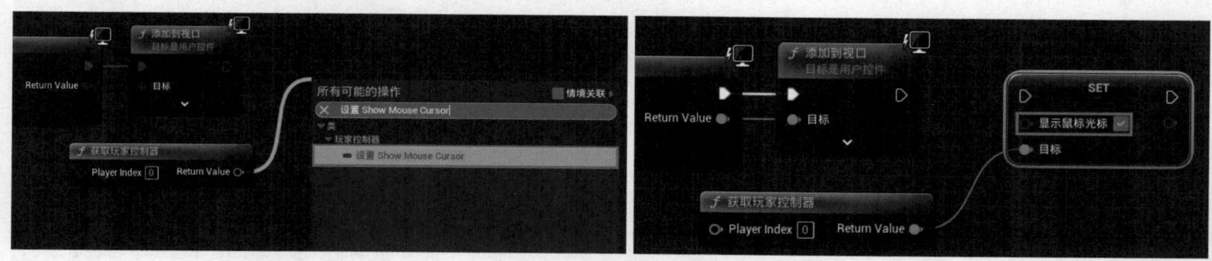

图15-20

再次拖曳“Return Value”引脚到空白处并搜索“设置仅输入模式UI”，创建对应节点，最后将这些节点连接起来，如图15-21所示。

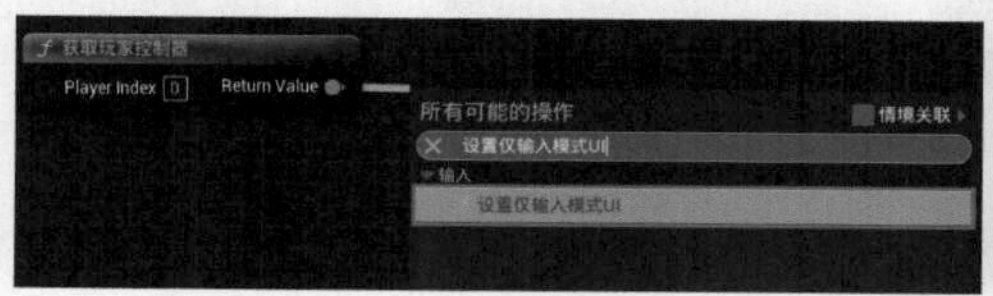

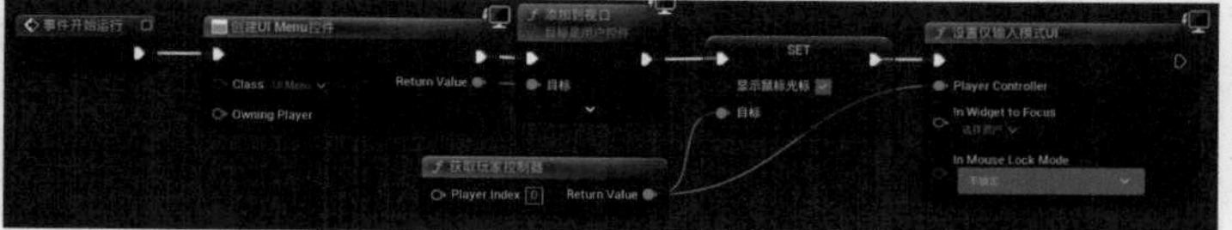

图15-21

单击“修改游戏模式和游戏设置”按钮⋮并执行“新建编辑器窗口（PIE）”菜单命令进入PIE运行模式，如图15-22所示。在PIE运行模式中，可以看到标题图片缓慢地从上方降下，如图15-23所示。

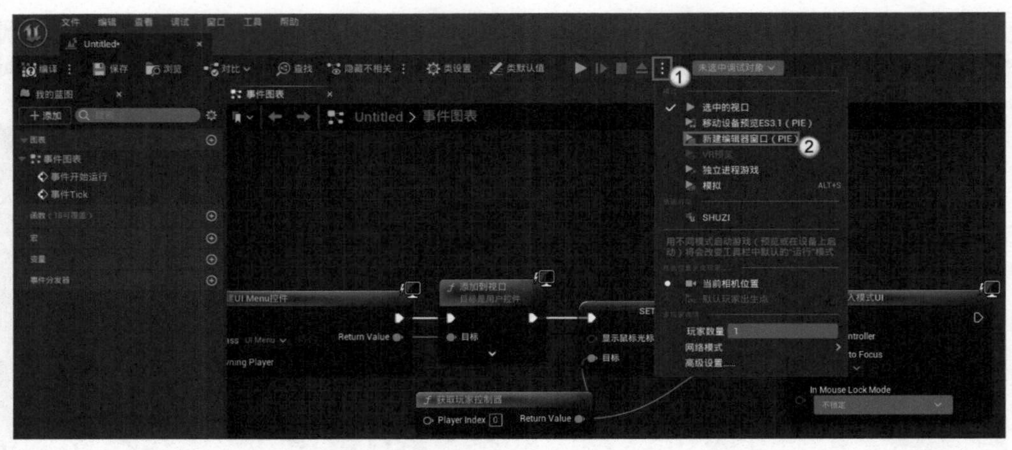

图15-22

图15-23

重点

15.2.4 游戏主菜单逻辑

执行“文件>新建关卡”菜单命令新建一个基于“Open World”预设的关卡并命名为“GameMap”，如图15-24所示。在后续操作中会使用这个名字进行关卡转移。

回到“UI_Menu”控件蓝图，选择“开始游戏”按钮，在“细节”面板中单击“点击时”事件右侧的“添加”按钮 + ，接着添加“游玩介绍”与“退出游戏”两个按钮的“点击时”事件到“事件图表”面板中，如图15-25所示。

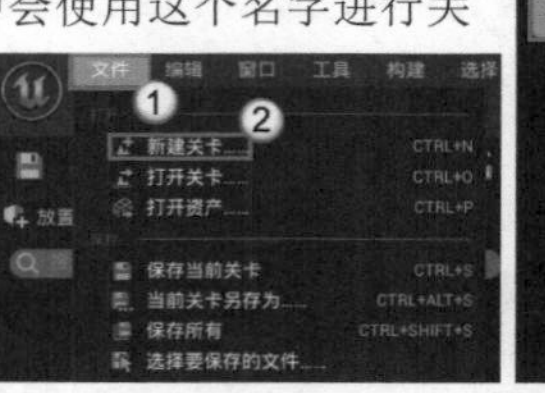

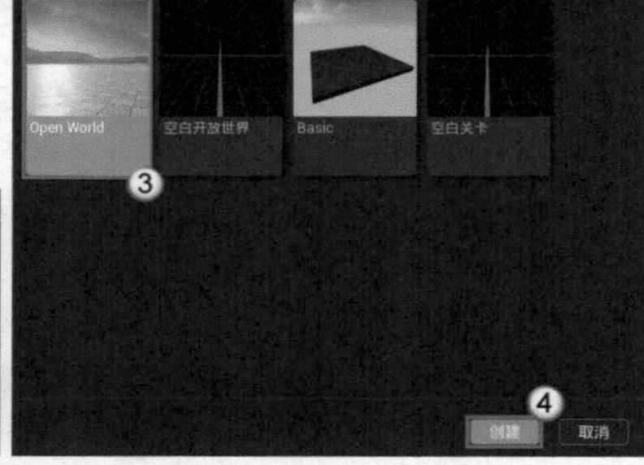

图15-24

添加“打开关卡（按名称）”节点并与“点击时（开始游戏）”节点连接，设置“Level Name”为“GameMap”，添加“退出游戏”节点并与“点击时（退出游戏）”节点连接，如图15-26所示。

图15-25

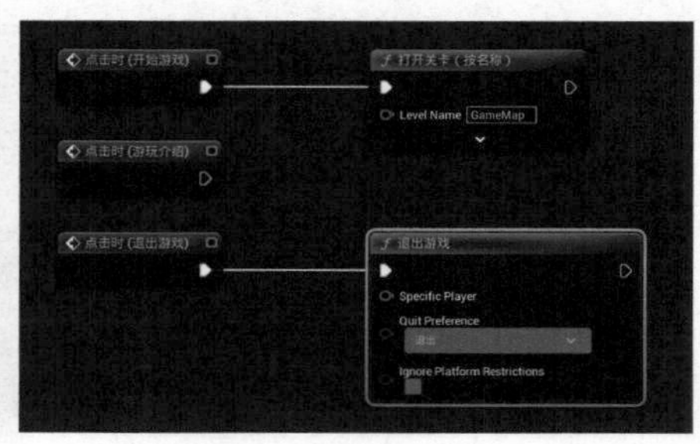

图15-26

新建一个控件蓝图并命名为“UI_Info”，如图15-27所示，用来显示游戏介绍。双击打开“UI_Info”控件蓝图，添加一个“画布面板”子控件，在“画布面板”子控件下添加“文本”子控件，如图15-28所示。

图15-27

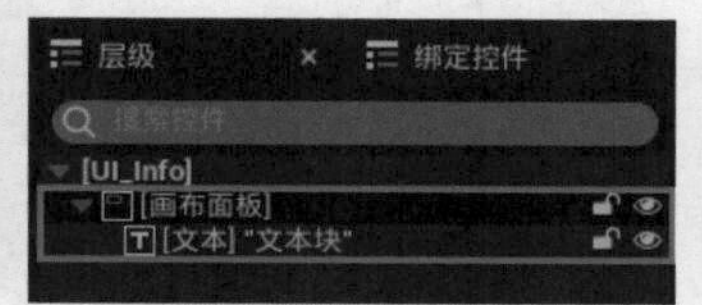

图15-28

选择“文本”子控件，在“细节”面板中设置“锚点”为全屏幕，“对齐”为“将文本居中对齐”，移动文本到画板中心附近，如图15-29所示。

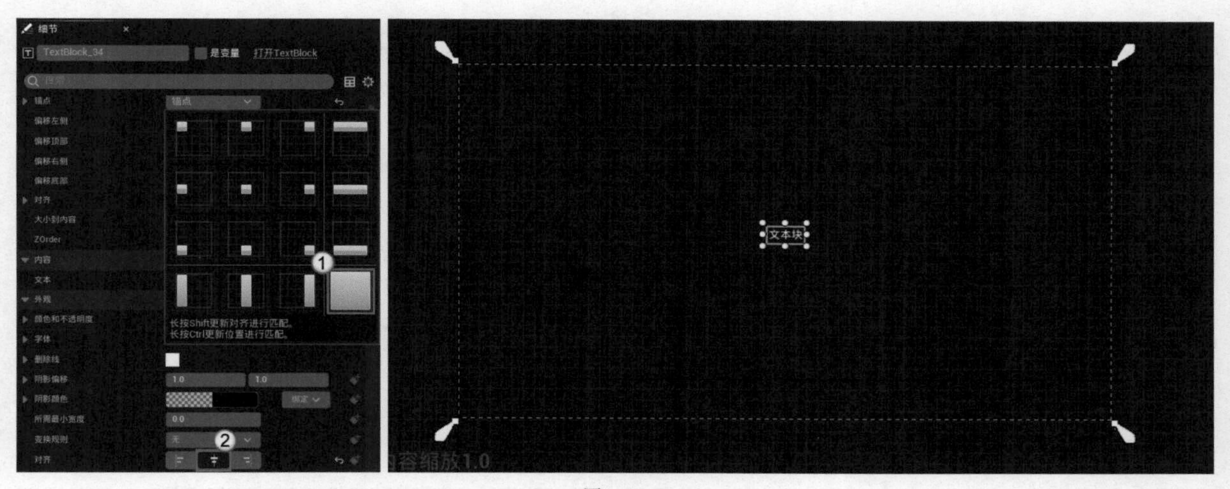

图15-29

在“细节”面板中添加文本内容，设置“文本”为游戏介绍内容，如图15-30所示。

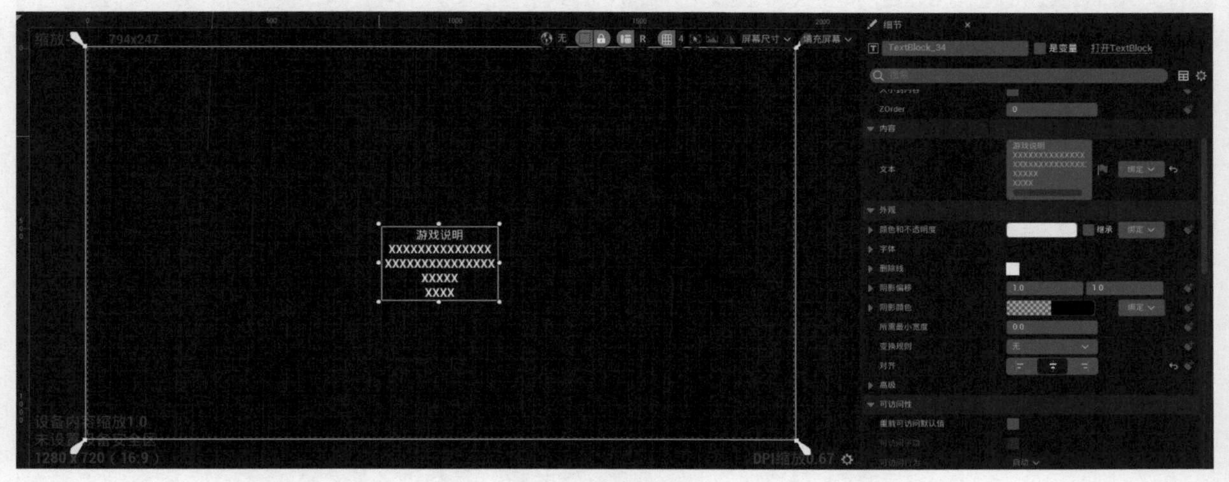

图15-30

在画板左上方添加一个按钮，用于返回主菜单界面，为按钮添加一个“文本”子控件并设置“文本”为“返回”，选择“按钮”子控件并添加一个“点击时”事件，如图15-31所示。

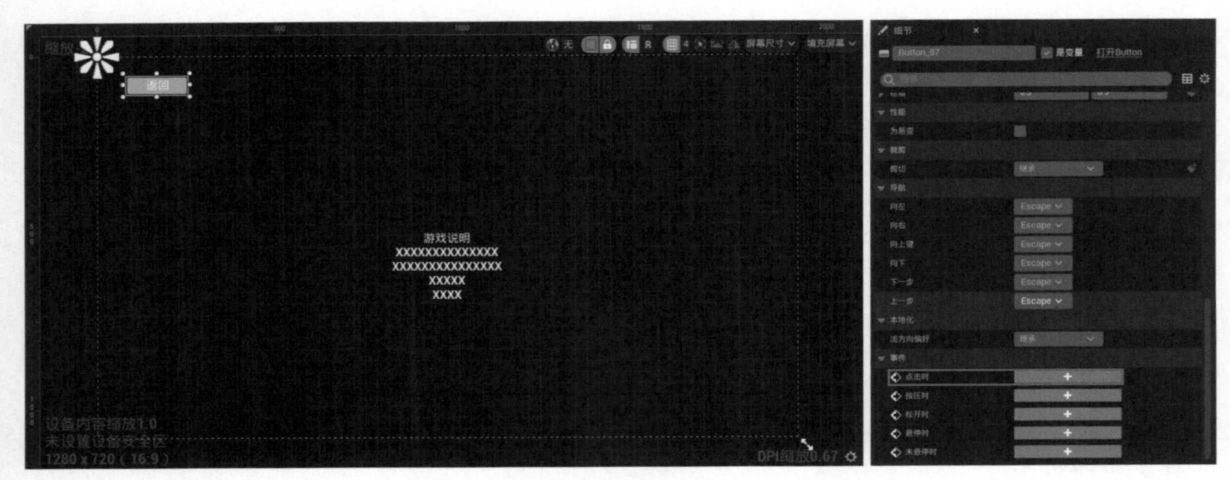

图15-31

添加一个“创建UI Menu控件”节点并设置“Class”为“UI Menu”，使用“添加到视口”节点添加主菜单界面，使用“从父项中移除”节点移除当前UI，如图15-32所示，当单击“返回”按钮时会创建主菜单界面并移除当前UI，从而达到返回效果。完成后编译并保存控件蓝图。

回到“UI_Menu”控件蓝图，在“点击时（游玩介绍）”节点后添加“创建UI Info控件”“添加到视口”“从父项中移除”节点，设置“Class”为“UI Info”，如图15-33所示。

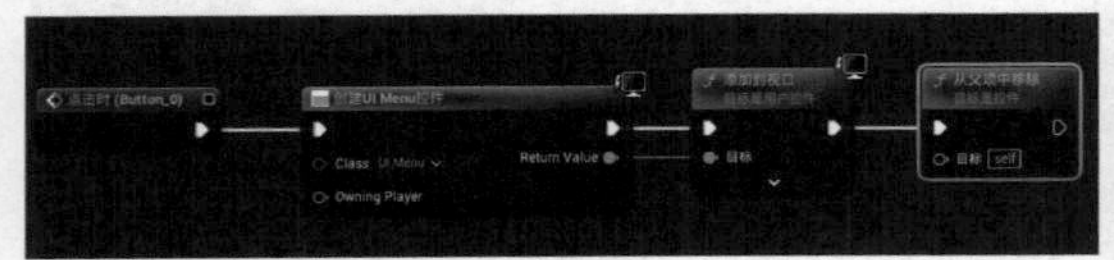

图15-32

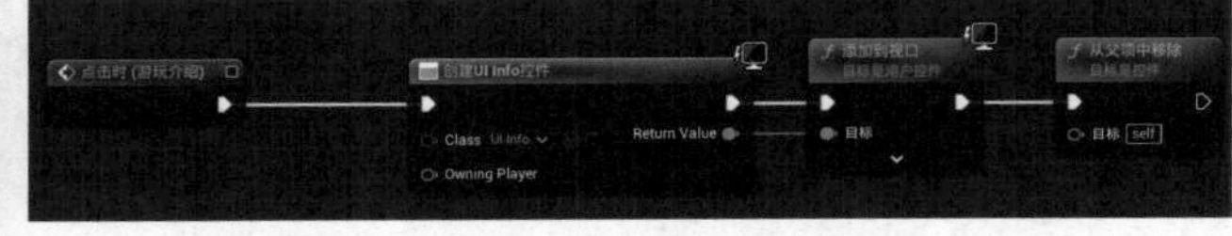

图15-33

编译并保存后进入PIE运行模式，单击“游玩介绍”按钮后会创建一个新的UI，单击“返回”按钮后会回到原来的界面，如图15-34所示。

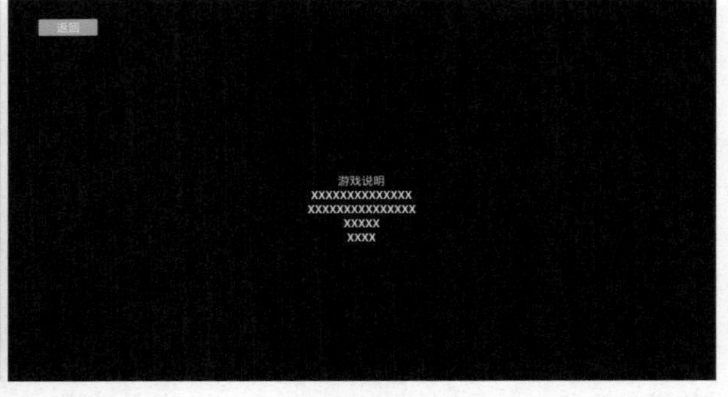

图15-34

单击“开始游戏”按钮会进入关卡，单击“退出游戏”按钮会离开游戏，如图15-35所示。进入“GameMap”关卡的关卡蓝图，在“事件开始运行”节点后连接一个“设置仅输入模式游戏”节点和“获取玩家控制器”节点，如图15-36所示，这样开始游戏后玩家就可以控制游戏并进行相关操作。

图15-35

图15-36

15.3 设计玩家角色

我们在上一节中成功创建了游戏的主菜单，它包含进入游戏、介绍游戏和退出游戏3个功能，本节将创建玩家角色，需要新建一个“Core”文件夹用来存放玩家角色的相关内容，如图15-37所示。

图15-37

15.3.1 创建基本框架

进入“Core”文件夹，在“内容浏览器”面板的空白处单击鼠标右键，执行“蓝图类”菜单命令，依次在“选取父类”对话框中创建“游戏模式基础”“玩家控制器”“角色”类蓝图，将它们分别命名为“BP_GameMode”“BP_PlayerController”“BP_CharacterBase”，如图15-38所示。

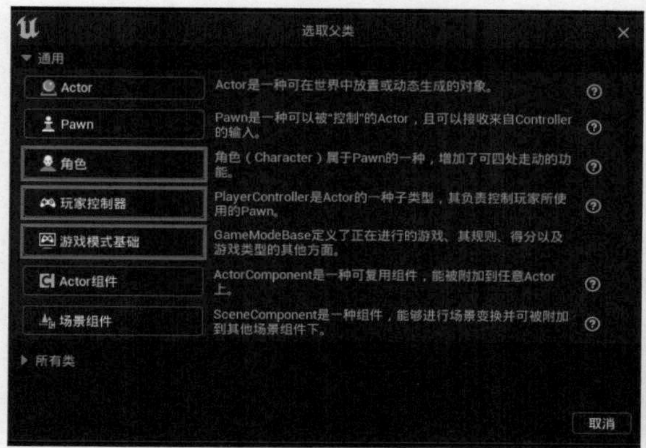

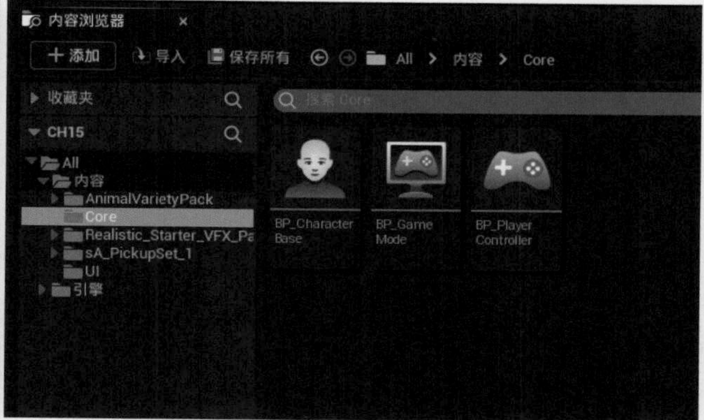

图15-38

使用鼠标右键单击“BP_CharacterBase”蓝图，执行“创建子蓝图类”菜单命令，创建一个子类蓝图并命名为“BP_Player”，如图15-39所示。玩家角色和其他AI的蓝图均会继承“BP_CharacterBase”蓝图，这样可以实现统一管控，方便写入良好的逻辑架构。

双击打开“BP_GameMode”蓝图，在“细节”面板中设置“玩家控制器类”为“BP_PlayerController”，“默认pawn类”为“BP_Player”，如图15-40所示。完成后编译并保存蓝图。

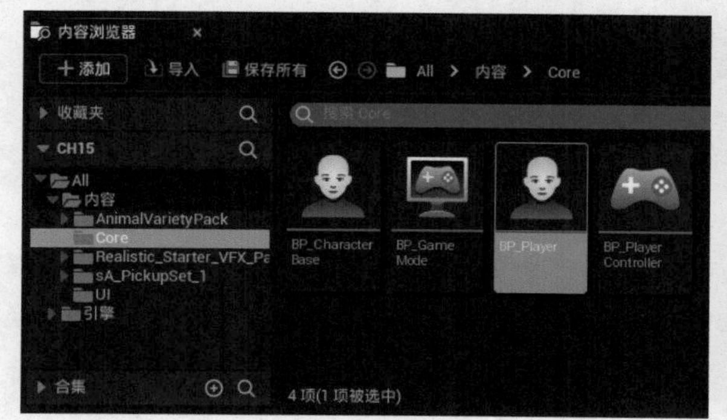

图15-39

图15-40

进入“GameMap”关卡，在“世界场景设置”面板中设置“游戏模式重载”为“BP_GameMode”，如图15-41所示，完成后使用快捷键Ctrl+S保存设置。

图15-41

在“放置actor”面板中拖曳“玩家出生点”资产到关卡中，单击“修改游戏模式和游戏设置”按钮⋮并执行“默认玩家出生点”菜单命令，如图15-42所示。

图15-42

15.3.2 玩家控制

执行“编辑>项目设置”菜单命令进入“项目设置”窗口，在“引擎 - 输入”卷展栏中添加4个“轴映射”，将它们分别命名为“MoveForward”“MoveRight”“Turn”“LookUp”，如图15-43所示，用来响应角色的移动与视角的旋转等操作。

在“MoveForward”中输入“W”和“S”，设置“S”的“缩放”为–1.0；在“MoveRight”中输入“A”与“D”，设置“A”的“缩放”为–1.0；在“Turn”中输入“鼠标X”，在“LookUp”中输入“鼠标Y”并设置“缩放”为–1.0，如图15-44所示。

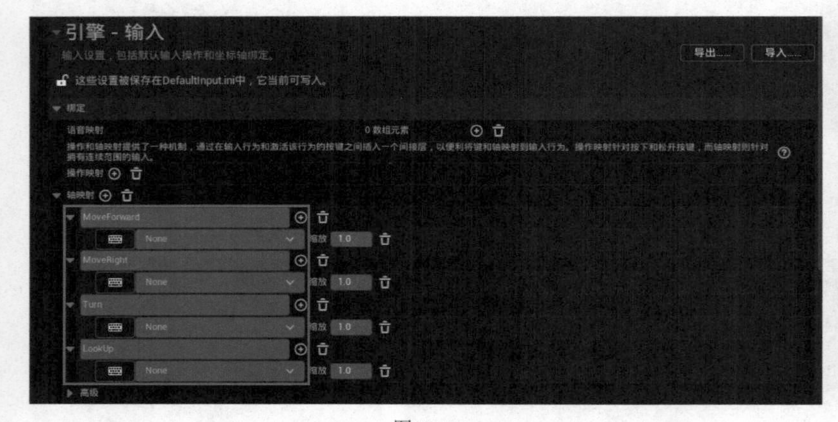

图15-43

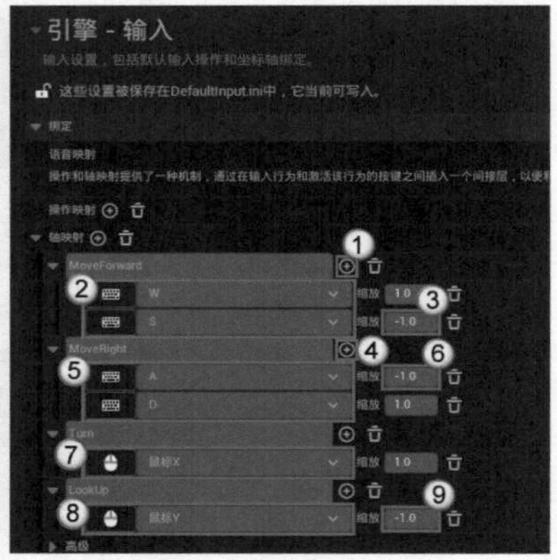

图15-44

进入“BP_CharacterBase”蓝图，分别新建MoveForward、MoveRight、Turn和LookUp等4个轴事件，添加两个“添加移动输入”节点并连接“输入轴MoveForward”节点与“输入轴MoveRight”节点到“Scale Value”引脚上，如图15-45所示。

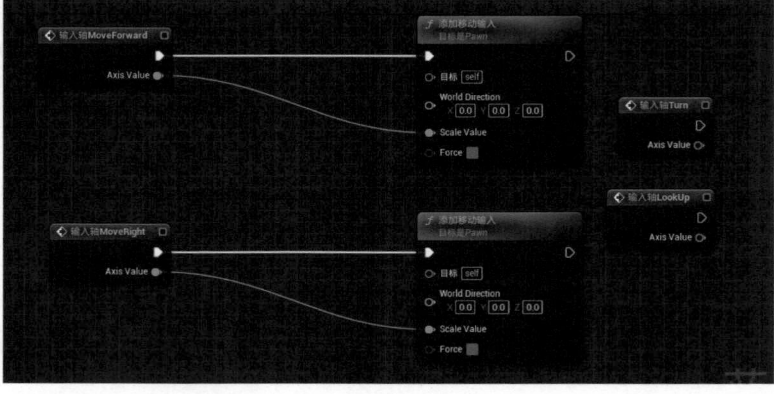

图15-45

创建一个“获取控制旋转”节点，使用“拆分旋转体”节点将旋转体分成3个浮点型变量，再使用“创建旋转体”节点让旋转体只剩下z轴，最后使用“获取向前向量”节点与“获取向右向量”节点分别连接两个“World Direction”引脚，如图15-46所示。

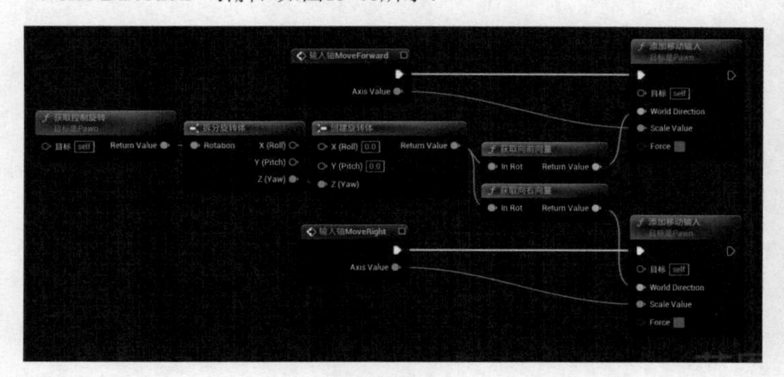

图15-46

技术专题：同名的“获取控制旋转”节点

在创建“获取控制旋转”节点时需要注意的是，因为当前蓝图继承自Pawn类，所以在“目标”为“self”的情况下只能使用Pawn类及其派生类中的函数，不可以使用控制器类中的函数，否则会报错，如图15-47所示。

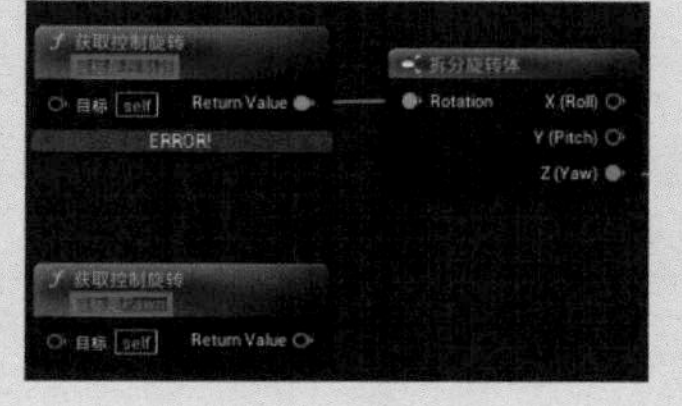

图15-47

添加“添加控制器Yaw输入”节点和“添加控制器Pitch输入”节点并将它们分别连接到“输入轴Turn”节点与“输入轴LookUp”节点上，连接“Val”引脚与对应的“Axis Value”引脚，如图15-48所示。

编译并保存后进入PIE运行模式，可以发现玩家控制的“BP_Player”蓝图能够移动了，如图15-49所示。因为移动功能写在父类蓝图“BP_CharacterBase”中，所以在控制其他子类时也可以控制角色移动。不需要玩家控制的子类可以被AI接管，实现开放式控制。

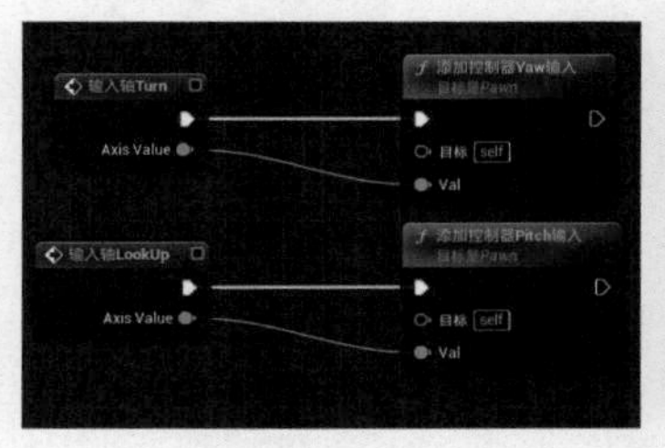

图15-48

图15-49

15.3.3 角色模型

进入“BP_Player”蓝图，为角色添加一个模型，在“组件”面板中选择网格体组件，在“细节”面板中设置“骨骼网格体”为“SK_Wolf”，如图15-50所示。

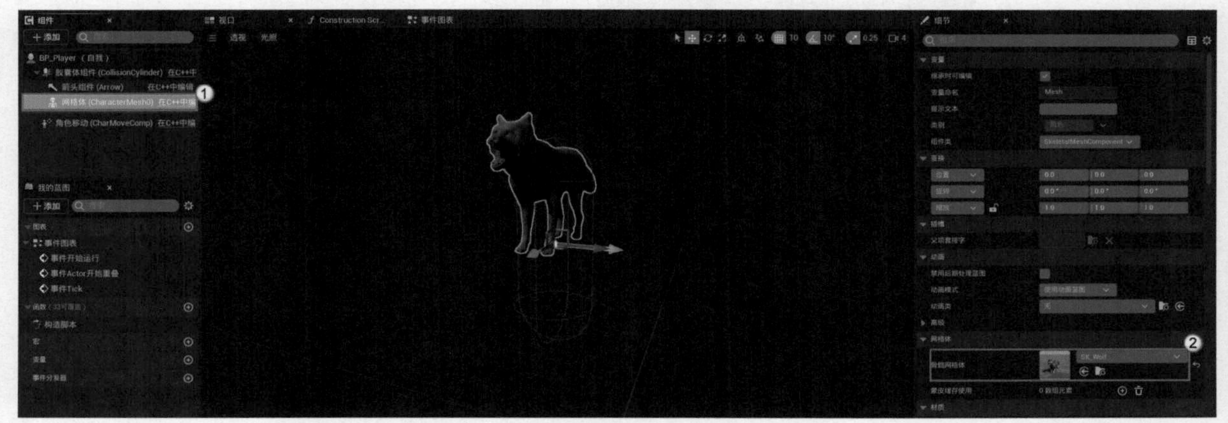

图15-50

在“组件”面板中选择胶囊体组件，在“细节”面板中设置“胶囊体半高”和“胶囊体半径”均为42.0，这两个数值符合狼的体型，如图15-51所示。选择网格体组件，让狼朝向前方，并且使狼的脚底与胶囊体底部齐平，如图15-52所示。

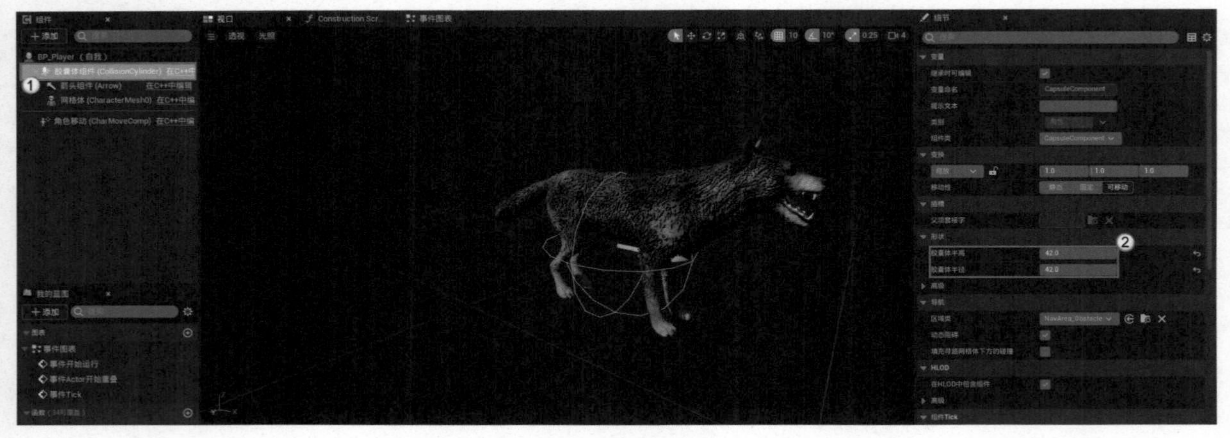

图15-51

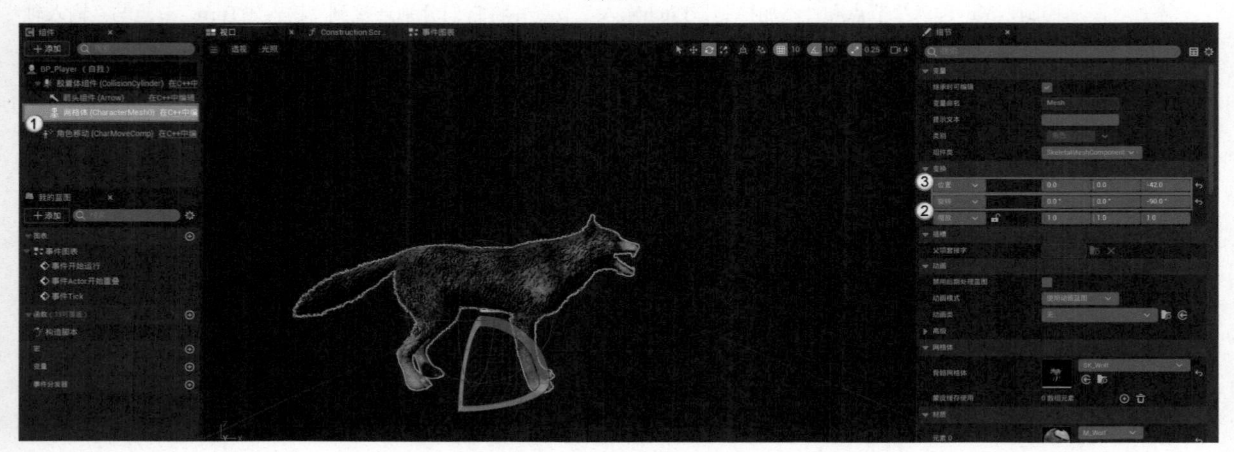

图15-52

在“组件”面板中选择“BP_Player（自我）”组件，在“细节”面板中取消勾选“使用控制器旋转Yaw”选项，如图15-53所示。选择“角色移动（CharMoveComp）”组件，在“细节”面板中设置“旋转速率”为(X:0.0，Y:0.0，Z:180.0)，勾选“将旋转朝向运动”选项，如图15-54所示。

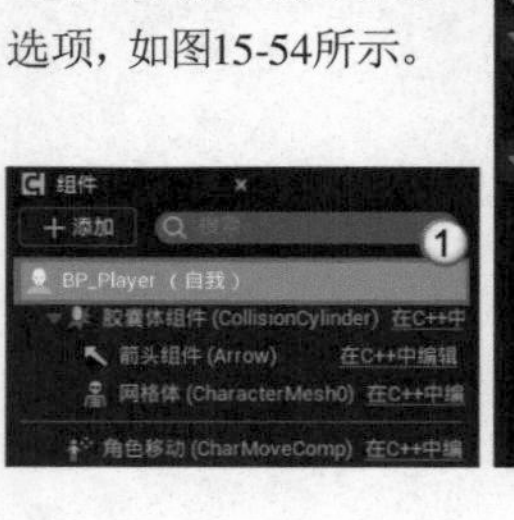

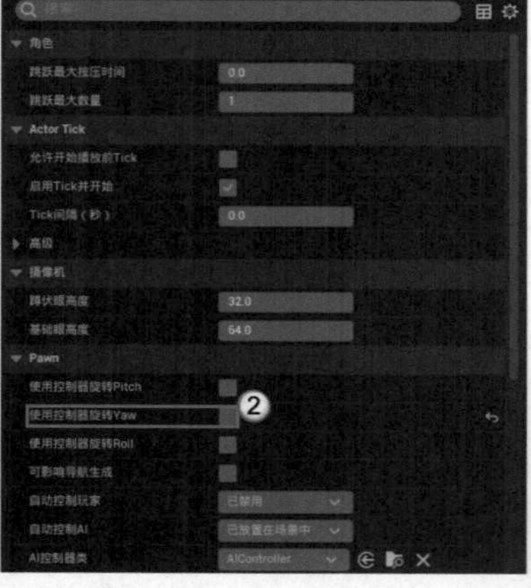

图15-53

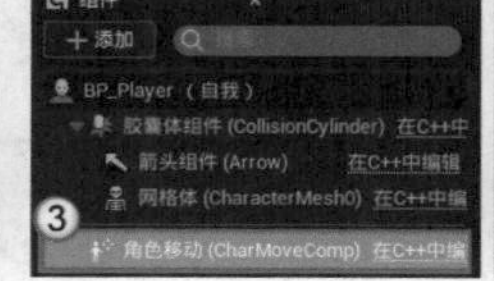

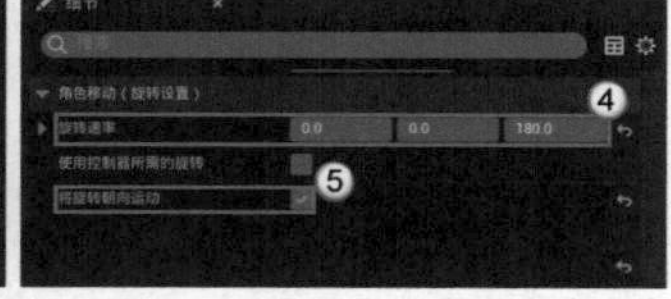

图15-54

在“组件”面板中新建一个弹簧臂组件并将其附加到网格体组件下，同时新建一个摄像机组件，将其附加到弹簧臂组件下，设置弹簧臂组件的朝向为正前方，也就是狼所在的方向，并且向上移动视角，如图15-55所示。

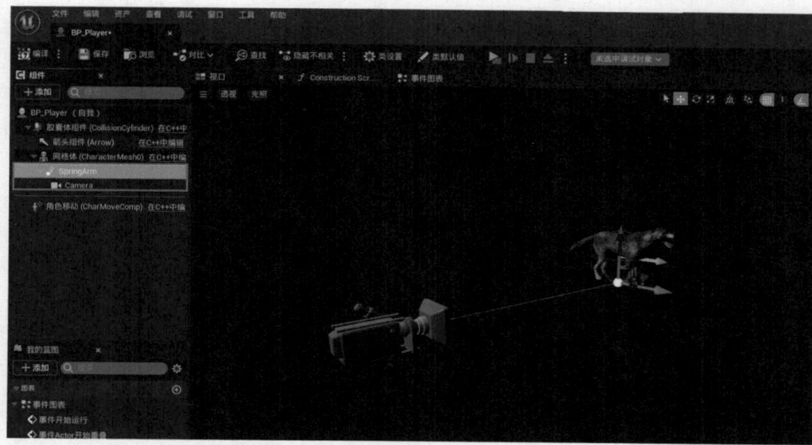
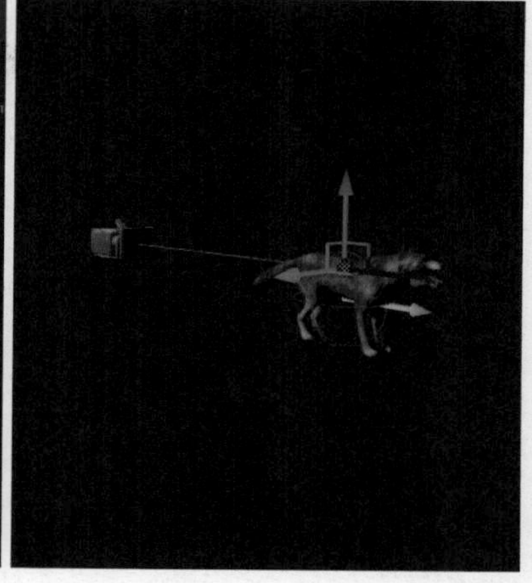

图15-55

选择弹簧臂组件，在“细节”面板中勾选“使用Pawn控制旋转”和“启用摄像机延迟”选项，取消勾选“进行碰撞测试”选项，如图15-56所示。

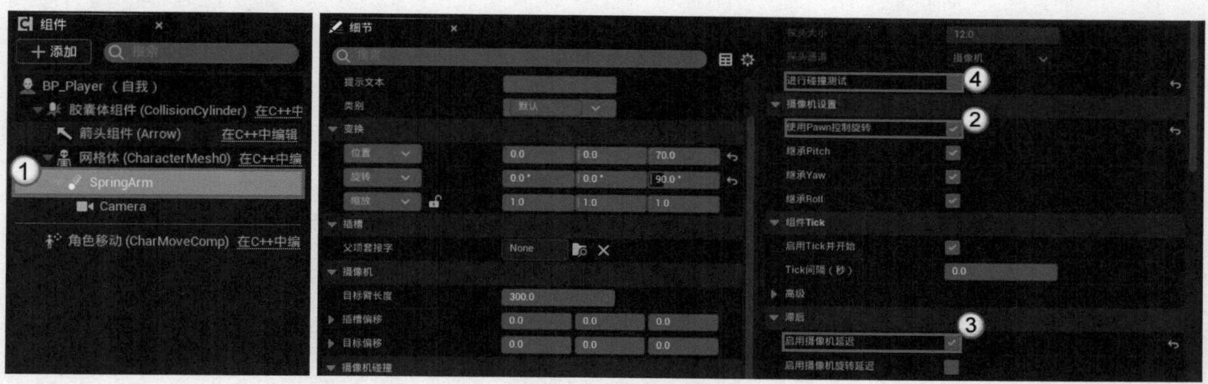

图15-56

编译并保存后进入PIE运行模式，通过按键与鼠标能够正常操控狼的视角与移动，如图15-57所示。

图15-57

15.3.4 角色动画

在“内容浏览器”面板的空白处单击鼠标右键，执行“动画>混合空间1D”菜单命令，在“选取骨骼”对话框中选择“SK_Wolf_Skeleton”骨骼，命名动画为“BS_WolfMove”，如图15-58所示。

图15-58

双击打开“BS_WolfMove”动画，在“资产详情”面板中设置“水平坐标”的“名称”为“Speed”，“最小轴值”为0.0，“最大轴值”为360.0，如图15-59所示。此时狼的最小移动速度为0，最大移动速度为360。

图15-59

在“资产浏览器”面板中找到“ANIM_Wolf_IdleBreathe”资产，按住Shift键并将其拖曳到坐标系的最左侧；找到“ANIM_Wolf_Run”资产，按住Shift键并将其拖曳到坐标系的最右侧，如图15-60所示。

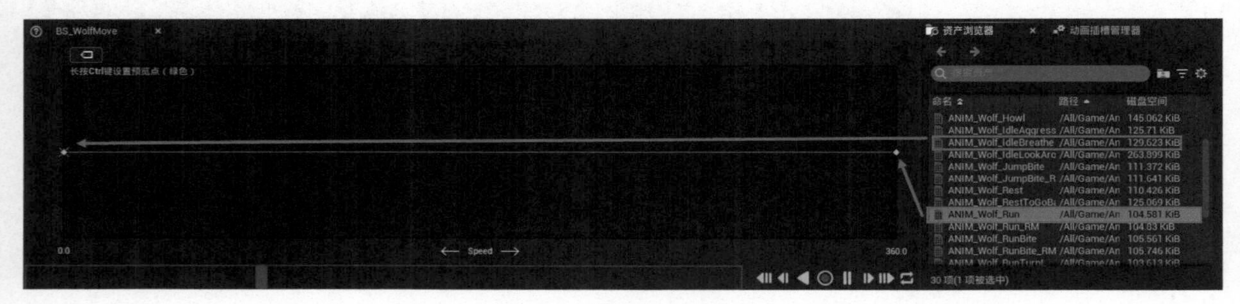

图15-60

在“内容浏览器”面板的空白处单击鼠标右键，执行“动画>动画蓝图”菜单命令，在弹出的“创建动画蓝图”对话框中选择“SK_Wolf_Skeleton”骨骼，命名动画蓝图为“Anim_Wolf”，如图15-61所示。

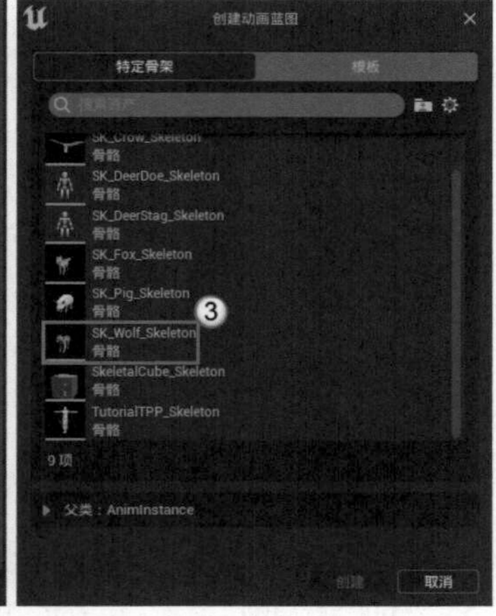

图15-61

双击打开“Anim_Wolf”动画蓝图，在“资产浏览器”面板中拖曳“BS_WolfMove”动画到“动画图表”面板中，在“我的蓝图”面板中新建一个“浮点”型变量并命名为“Speed”，拖曳“Speed”变量到“动画图表”面板中并连接3个节点，如图15-62所示。

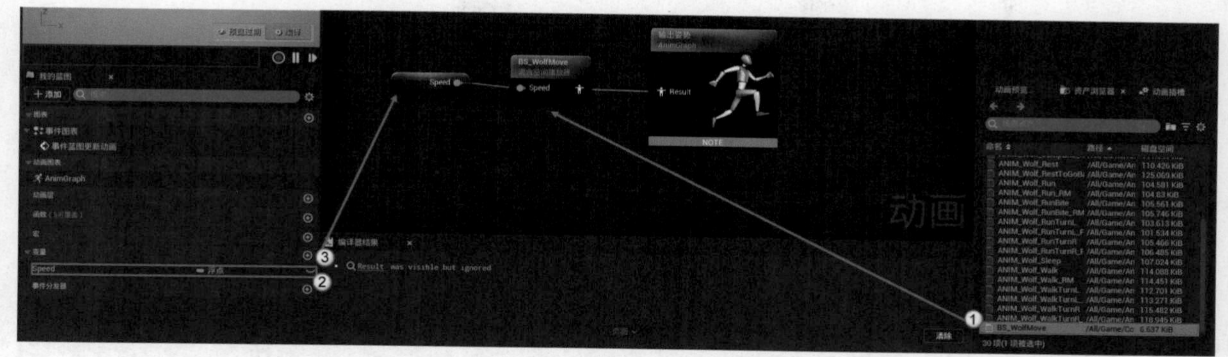

图15-62

进入“事件图表”面板，使用“获取速度”节点连接“尝试获取Pawn拥有者”节点和“向量长度”节点，添加“SET”节点并将它与“事件蓝图更新动画”节点和“向量长度”节点连接起来，如图15-63所示。完成后编译并保存蓝图。

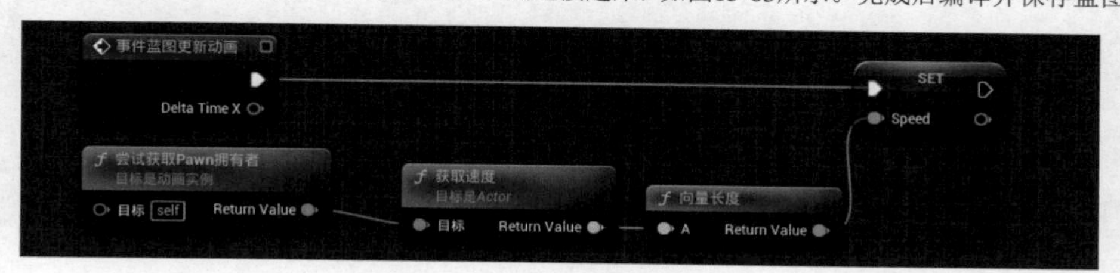

图15-63

进入“BP_Player”蓝图，选择网格体组件，在“细节”面板中设置“动画类”为“Anim_Wolf_C”，如图15-64所示。编译并保存后进入PIE运行模式，在狼移动时系统正常播放动画，如图15-65所示。

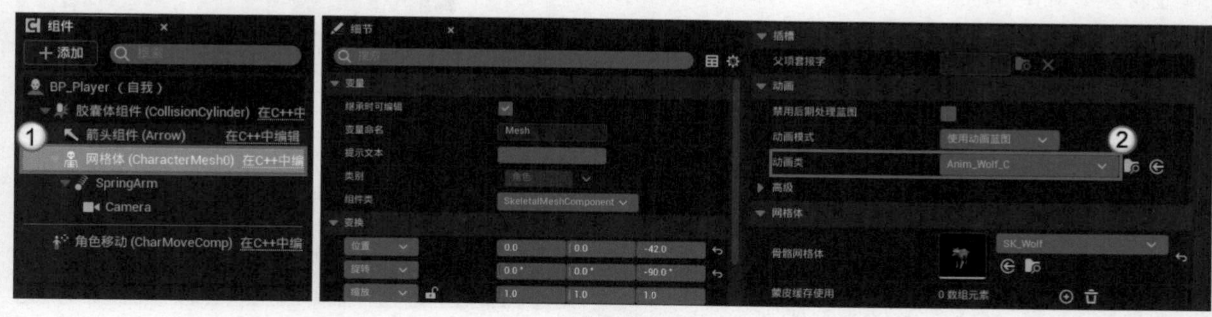

图15-64

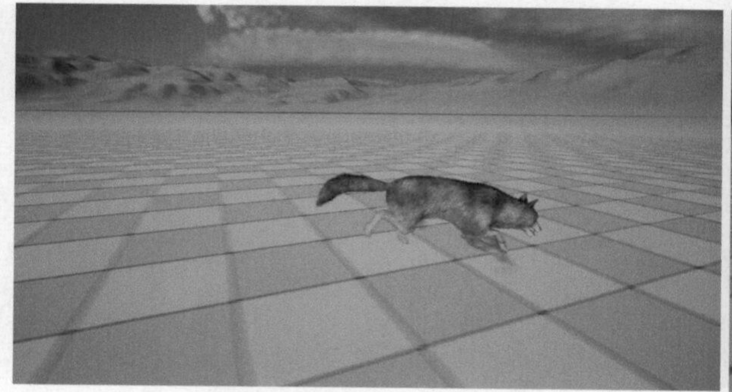

图15-65

15.3.5 角色休息

可以为角色添加一个设定，让角色在生命值不足时躺下并进入休息状态，在生命值完全恢复后重新站立起来并继续游戏。

打开“BP_CharacterBase”蓝图，在“我的蓝图”面板中创建两个“浮点”型变量，一个是“CurrentHealth”，另一个是“MaxHealth”，如图15-66所示，这两个变量分别代表了角色当前血量与角色最大血量。

血量创建在“BP_CharacterBase”蓝图中，玩家角色和其他AI都会继承血量，这样能够很方便地实现血量控制。编译并保存蓝图，分别选择新建的两个变量，在“细节”面板中的“默认值”卷展栏中设置默认值为100.0，如图15-67所示。

图15-66

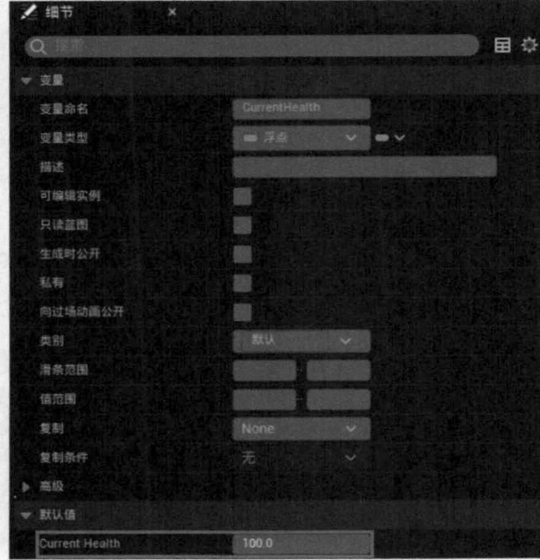

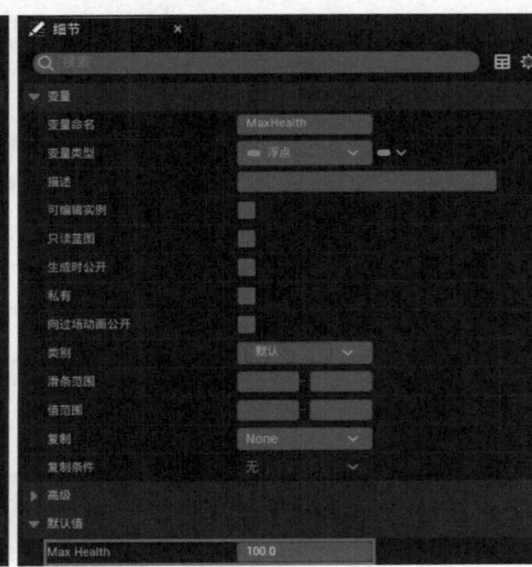

图15-67

在“事件图表”面板中新建一个“事件任意伤害”节点，“事件任意伤害”节点就是接收伤害的节点，在接收伤害时设置自身的生命值为自身生命值减去伤害值，如图15-68所示。

提示 “事件任意伤害”节点是Unreal Engine 5中的封装事件节点，可以方便地对Actor类发送伤害并使Actor类接收伤害。

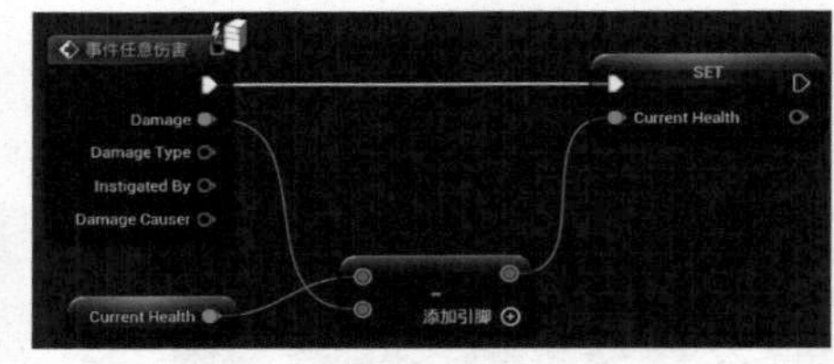

图15-68

新建一个“布尔”型变量并命名为“IsSlept”，使用“Compare Float”节点将“Current Health”与0作比较，当生命值小于等于0时勾选“Is Slept”选项，并且将生命值锁定在0，也就是设置“Current Health”为0.0，如图15-69所示。

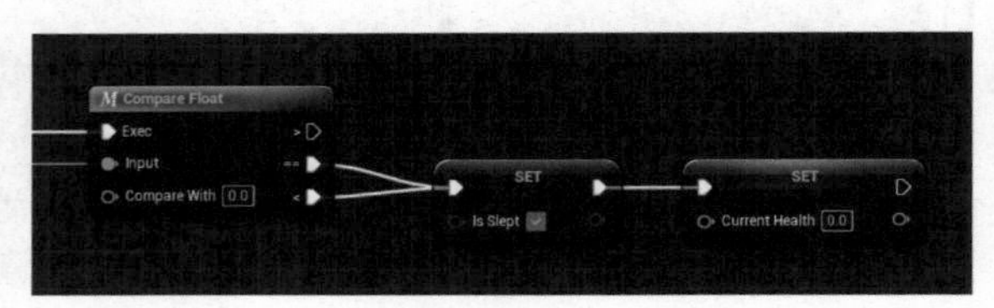

图15-69

新建一个“自定义事件”节点并命名为“WakeUp”，在设置生命值后添加“以事件设置定时器”节点，连接“Event”引脚到“WakeUp”节点，设置“Time”为1.0并勾选“Looping”选项，如图15-70所示。添加“分支”节点，当“Is Slept”为真时不允许角色接收伤害，如图15-71所示。

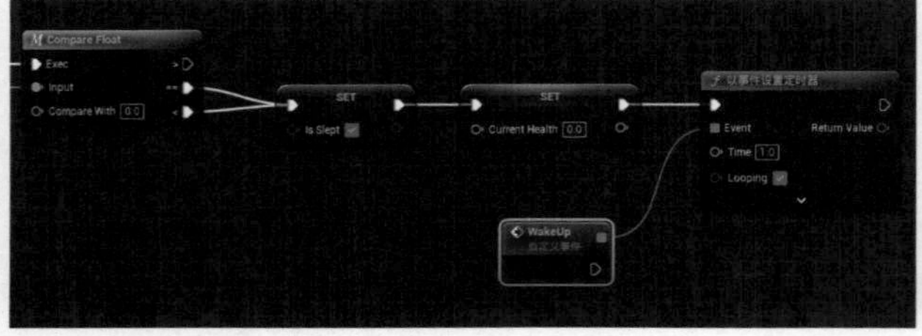

图15-70

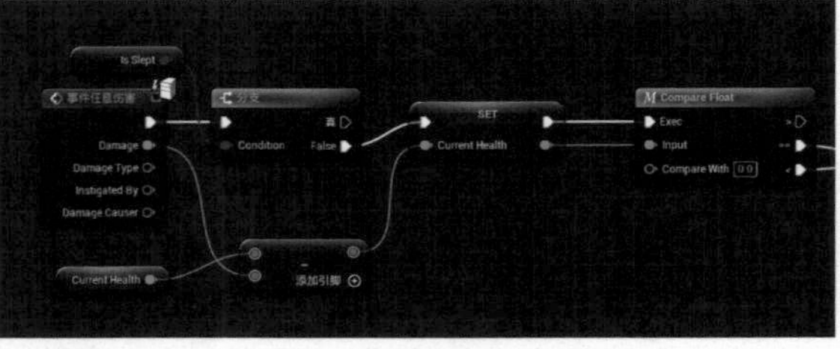

图15-71

将“Max Health”变量乘以0.2后与当前血量相加，将结果设置为当前血量，如图15-72所示。此操作可以让角色每秒恢复最大血量的20%，这样就可以保证无论当前血量为多少，都可以在5秒内恢复完成。

每次恢复后都要检测血量，添加“Compare Float”节点，连接“Input”引脚与“Current Health”变量，连接“Compare With”引脚与“Max Health”变量，当血量大于等于最大血量时执行“以句柄清除定时器并使之无效”节点，清除恢复血量的定时器，如图15-73所示。

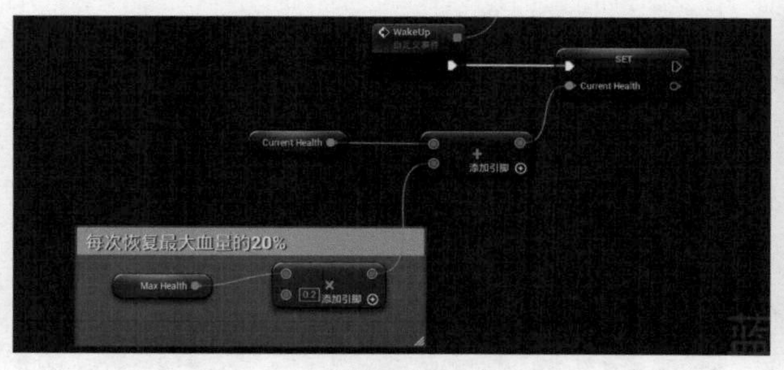

图15-72

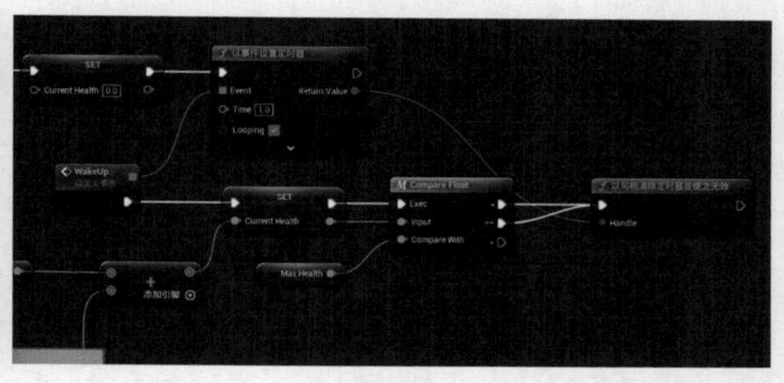

图15-73

当血量小于等于0时，设置“角色移动”组件的“最大行走速度”为0.0，清除定时器后取消勾选“Is Slept”选项，并且设置“角色移动”组件的“最大行走速度”为360.0，如图15-74所示。

编译并保存后进入“Anim_Wolf”蓝图，在“动画图表”面板的空白处单击鼠标右键，搜索并选择“添加新状态机”，创建一个状态机并命名为“BaseMovement”，如图15-75所示，连接状态机与“输出姿势”节点。

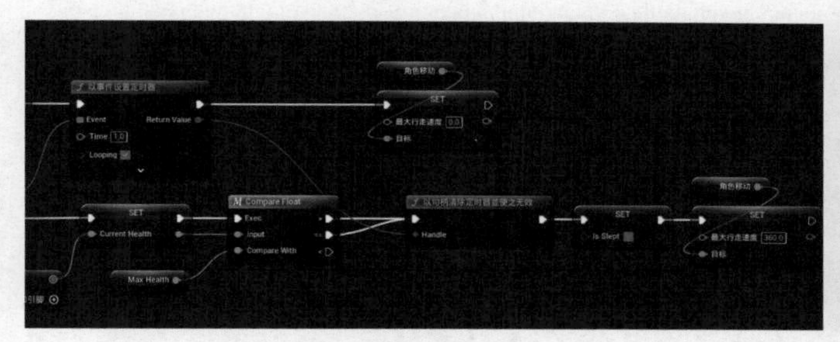

图15-74

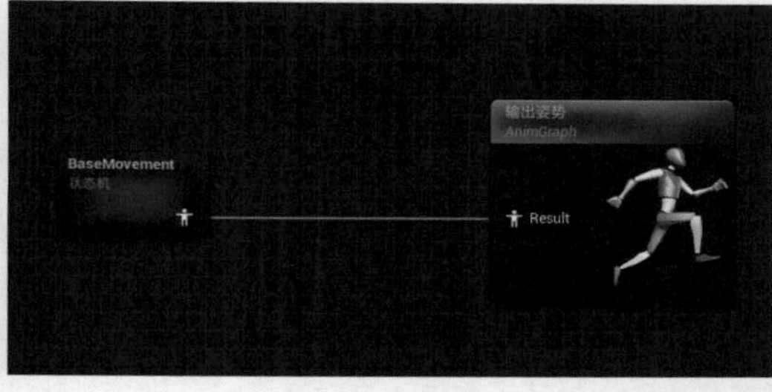

图15-75

双击进入状态机，拖曳“Entry”节点的输出引脚到空白处后新建一个状态并命名为“Move”，如图15-76所示。双击打开“Move”状态，将之前创建的“BS_WolfMove”动画和“Speed”变量剪切到“Move”状态中，如图15-77所示。

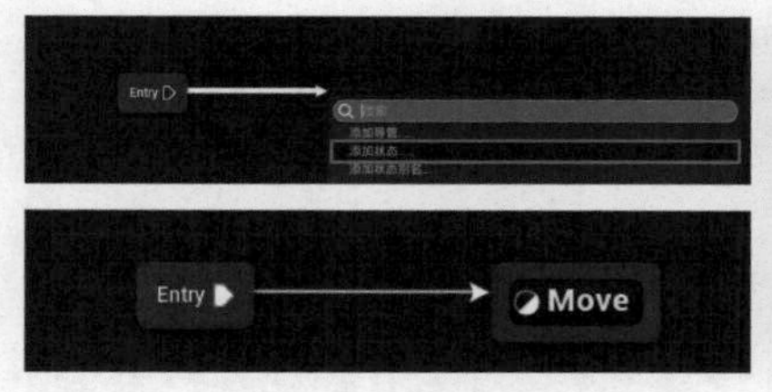

图15-76

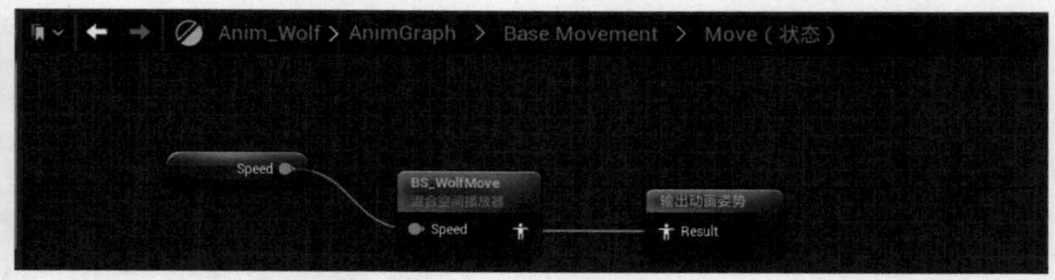

图15-77

回到状态机，新建3个状态，将它们分别命名为“StartRest”“Resting”“EndRest”，再将它们连接起来，如图15-78所示。

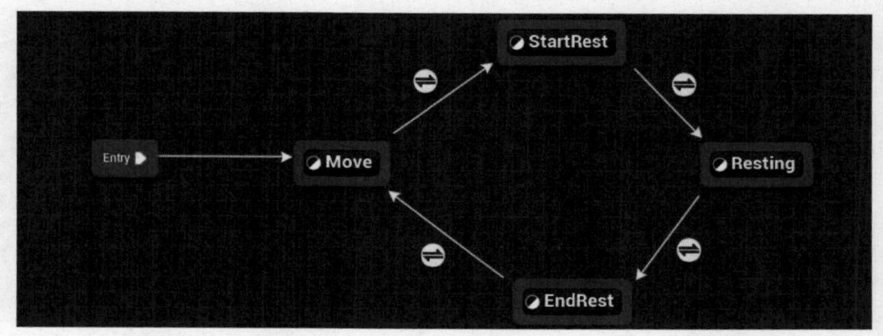

图15-78

双击进入“StartRest”状态，在“资产浏览器”面板中拖曳“ANIM_Wolf_GoToRest”动画到图表中并连接“输出动画姿势”节点，在“细节”面板中取消勾选“循环动画”选项，如图15-79所示。

进入“Resting”状态，在“资产浏览器”面板中拖曳“ANIM_Wolf_Rest”动画到图表中并连接“输出动画姿势”节点，如图15-80所示。

图15-79

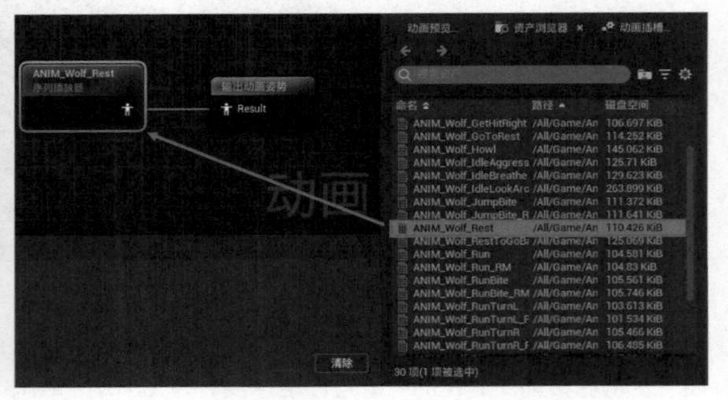

图15-80

进入“EndRest”状态，在“资产浏览器”面板中拖曳“ANIM_Wolf_RestToGoBackUp”动画到图表中并连接“输出动画姿势”节点，在“细节”面板中取消勾选“循环动画”选项，如图15-81所示。

图15-81

进入“事件图表”面板，在“事件蓝图更新动画”节点后添加“类型转换为BP_CharacterBase”节点，在“我的蓝图”面板中创建一个“布尔”型变量并拖曳到动画蓝图中，拖曳“As BP Character Base”引脚到空白处创建“获取Is Slept”节点，如图15-82所示。

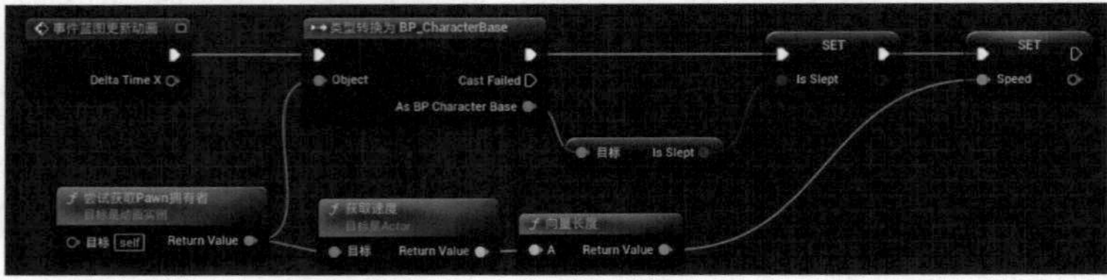

图15-82

回到“动画图表”面板，选择“Move”状态与“StartRest”状态的连接线，使用“Is Slept”变量连接“Can Enter Transition”引脚，如图15-83所示。

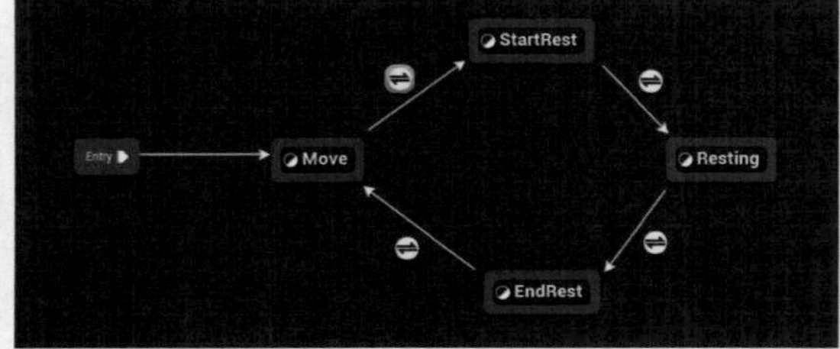

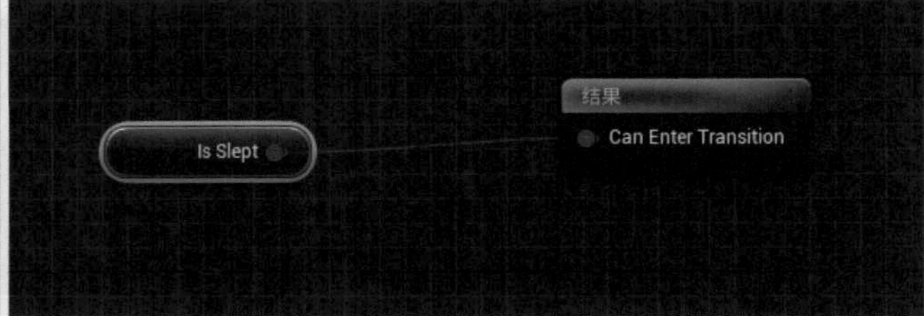

图15-83

选择“StartRest”状态与“Resting”状态的连接线，添加“获取相关剩余动画时间(StartRest)”节点，使用“小于”节点判断“Return Value”引脚的值是否小于0.1，并将布尔型引脚连接到“结果”节点，如图15-84所示。

选择“Resting”状态与“EndRest”状态的连接线，使用“Is Slept”变量连接“NOT”节点并将布尔值连接到“Can Enter Transition”引脚，如图15-85所示。

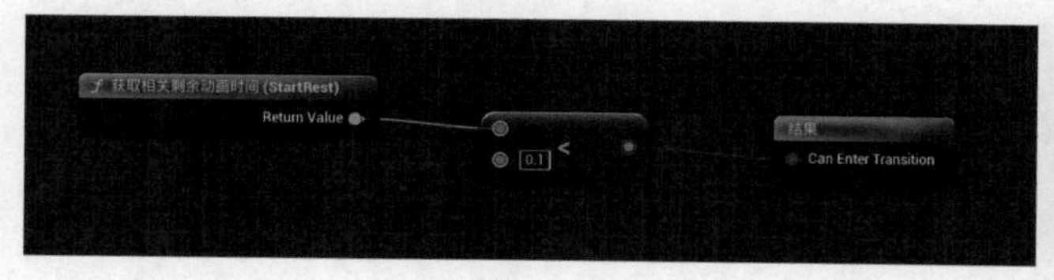

图15-84

图15-85

选择“EndRest”状态与“Move”状态的连接线，添加“获取相关剩余动画时间(EndRest)”节点，并使用“小于”节点判断返回值是否小于0.1，将布尔型引脚连接至“结果”节点，如图15-86所示。

编译并保存后进入“BP_CharacterBase”蓝图，使用“1”节点连接“应用伤害”节点，设置“Base Damage”为20.0，如图15-87所示，在按1键时蓝图会对自身施加20点伤害。

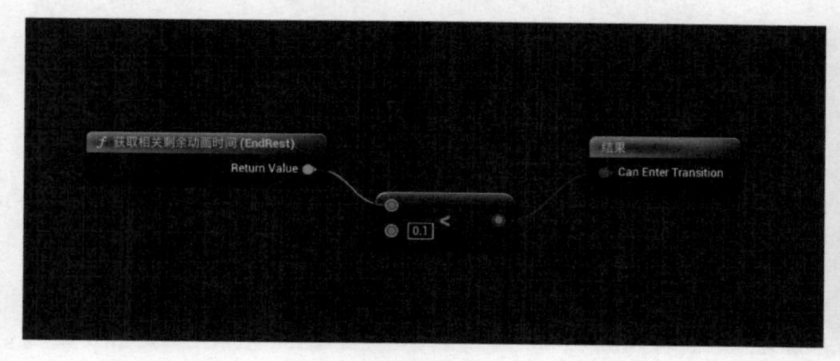

图15-86

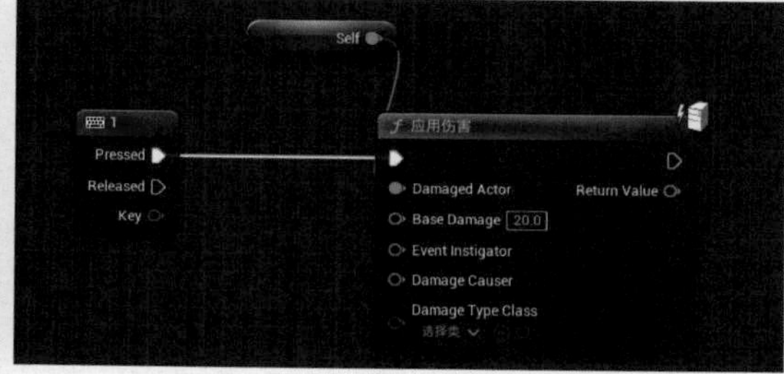

图15-87

编译并保存后进入PIE运行模式，按1键5次后玩家角色会进入休息状态，如图15-88所示。在血量恢复后，玩家角色会重新进入移动状态，如图15-89所示。因为休息状态写入了父类蓝图，所以所有新建的子类，包括AI都可以在低血量的情况下进入休息状态。

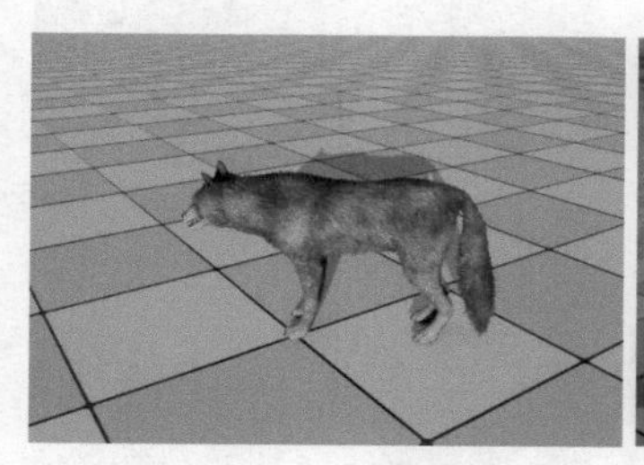

图15-88

图15-89

15.3.6 玩家UI设计

本小节将为玩家设计一个UI，它可以显示玩家的血条、头像与游戏游玩进度。

1.血条

接下来使用“控件蓝图”功能制作玩家的血条。在“UI”文件夹中新建一个控件蓝图并命名为“UI_PlayerStatus”，双击打开“UI_PlayerStatus”控件蓝图，在“控制板”面板中拖曳一个“画布面板”子控件到屏幕中，再拖曳一个“进度条”子控件到屏幕的左上角，如图15-90所示。

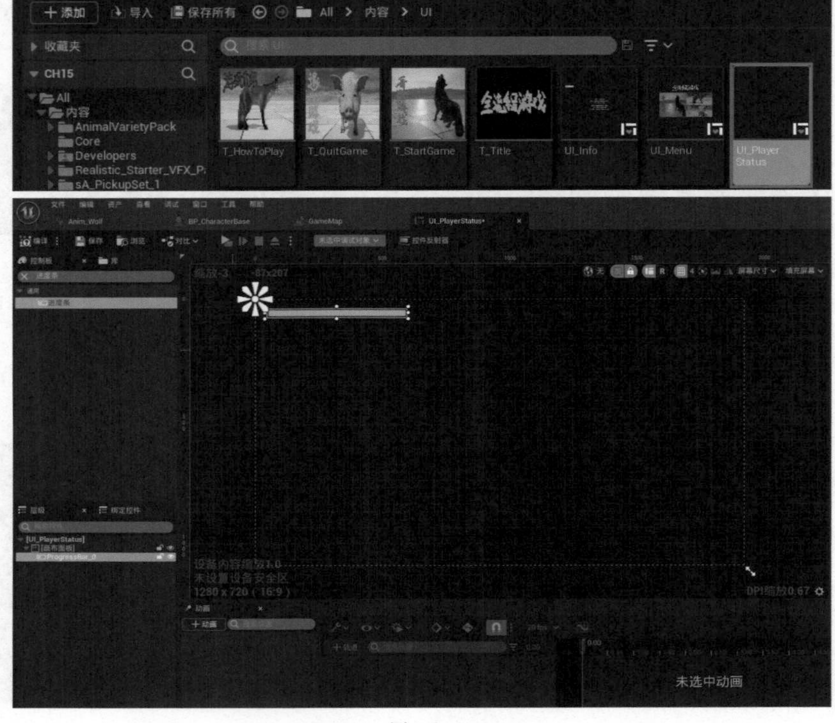

图15-90

这个进度条会显示玩家的当前血量。选择进度条，在“细节”面板中展开“百分比”右侧的“绑定”下拉列表，单击“创建绑定”按钮，如图15-91所示，绑定一个新函数。

新建一个“BP CharacterBase”类型的变量并命名为“Character”，在“细节”面板中勾选此变量的“可编辑实例”与“生成时公开”选项后编译蓝图，如图15-92所示。因为此变量的类型为之前创建的角色父类蓝图，所以可以在此变量中传入玩家，获取玩家的当前血量并输出在UI进度条上。

图15-91

图15-92

在控件蓝图中添加“Character”变量，并连接“Current Health”与“Max Health”两个变量，使用“除”节点将两个变量相除后可以得到一个在0～1内的数字（假设Current Health不小于0并且小于等于Max Health），再将这个数字连接到“Return Value”引脚，如图15-93所示。

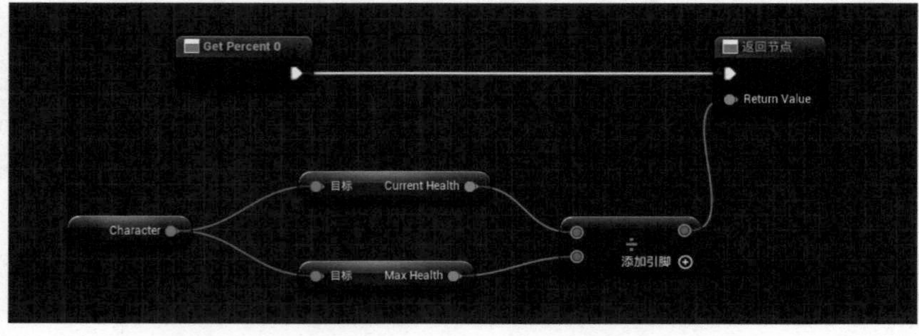

图15-93

选择“进度条”子控件，在“细节”面板中设置“填充颜色和不透明度”为红色（R:1.0，G:0.01，B:0.0），如图15-94所示，这样进度条会显示为红色。完成后编译并保存控件蓝图。

进入“BP_Player”蓝图，要让只有“BP_Player”蓝图被控制器操控时才生成UI，避免创建每个“BP_CharacterBase”蓝图的子类时都会为玩家创建UI，可以单独将创建UI的内容写在玩家蓝图中。使用鼠标右键单击“事件开始运行”节点，执行“将调用添加到父项函数”菜单命令并连接两个节点，如图15-95所示。这样在开始时玩家蓝图会执行父类蓝图的内容。

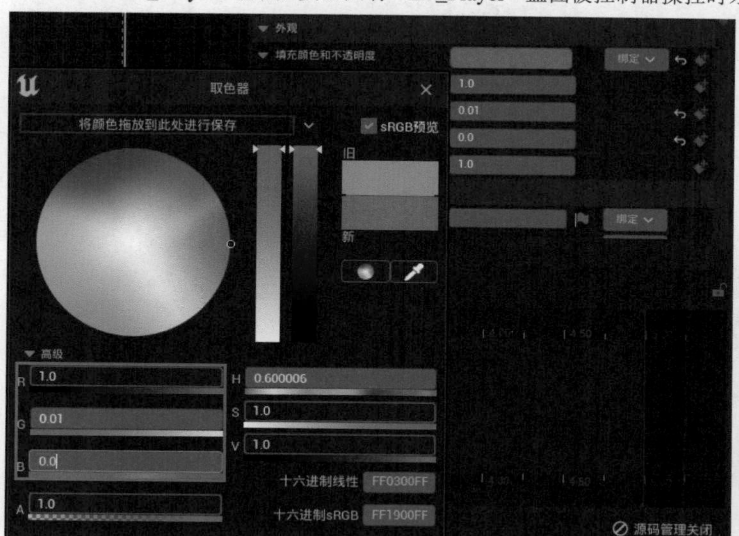

图15-94

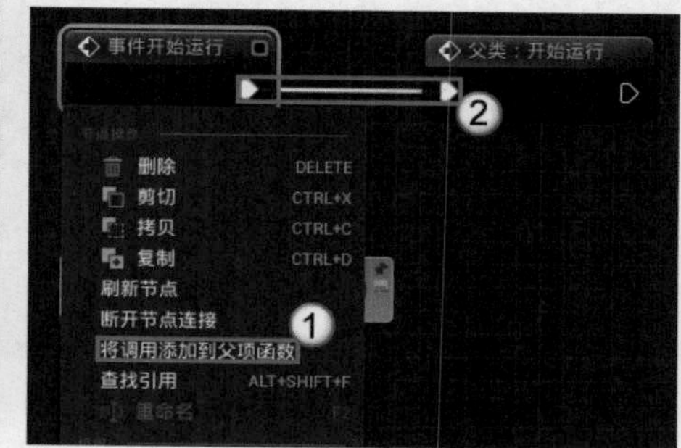

图15-95

连接“分支”节点和“父类：开始运行”节点并使用“已控制玩家”节点连接“Condition”引脚，使用“创建UI Player Status控件”节点连接“添加到视口”节点，设置“Class”为“UI Player Status”，用“Character”引脚连接“Self”节点（获得对自身的引用），如图15-96所示。

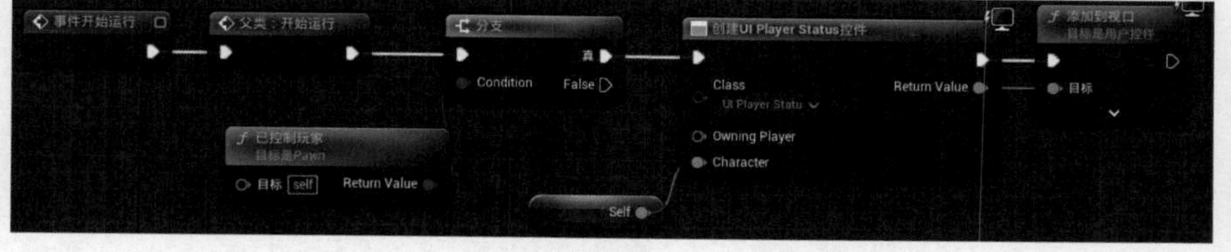

图15-96

编译并保存后进入PIE运行模式，可以看到左上角出现红色血条，按1键后血量会减少，玩家角色处于休息状态时血量会增加，如图15-97所示。

图15-97

2.头像

打开“资源文件>素材文件>CH15”文件夹，拖曳“T_WolfIcon.png”文件到“UI”文件夹中，如图15-98所示。

图15-98

双击打开“UI_PlayerStatus”控件蓝图，从“控制板”面板中拖曳“图像”子控件到画板中，在“细节”面板中设置“尺寸X”与“尺寸Y”均为150.0，如图15-99所示。

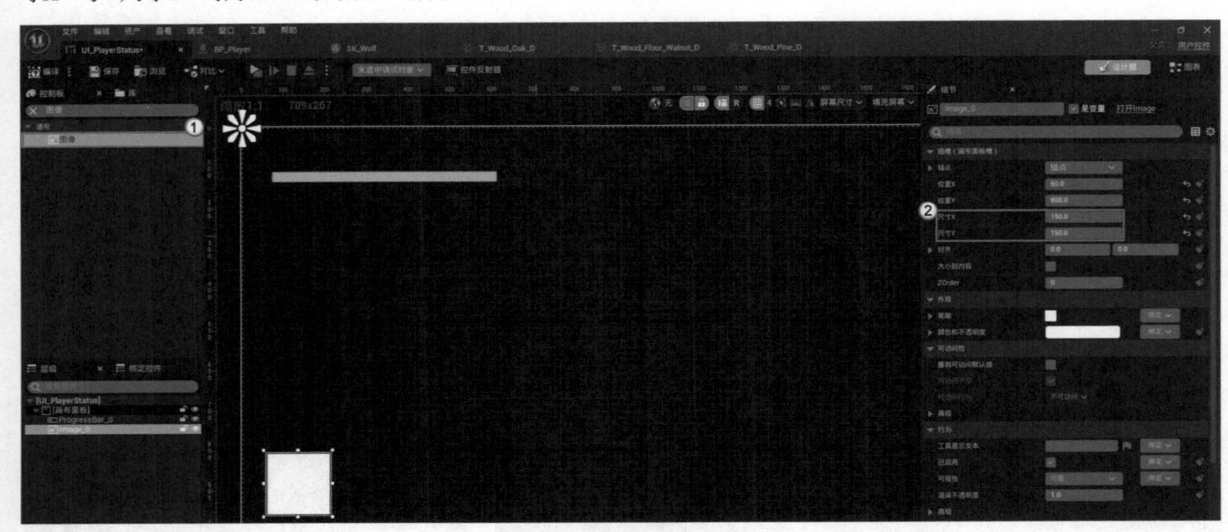

图15-99

拖曳“进度条”子控件到“图像”子控件右侧，在“细节”面板中设置“锚点”为左下角，如图15-100所示。

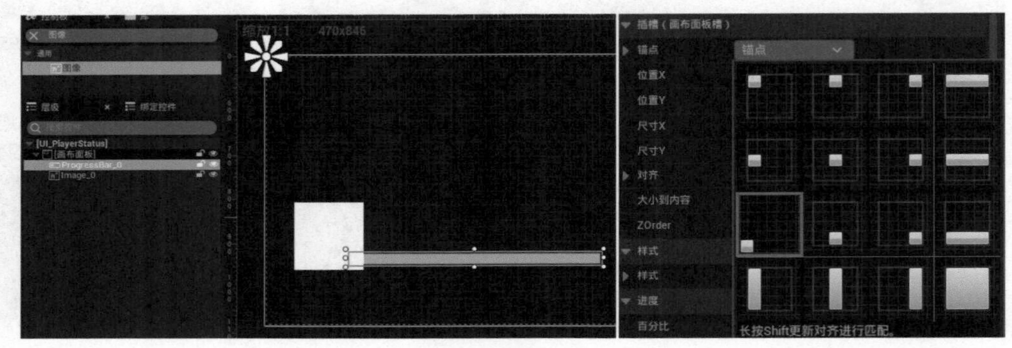

图15-100

选择“图像”子控件，在“细节”面板的“笔刷”卷展栏中设置“图像”为“T_WolfIcon”，如图15-101所示。完成后编译并保存蓝图。

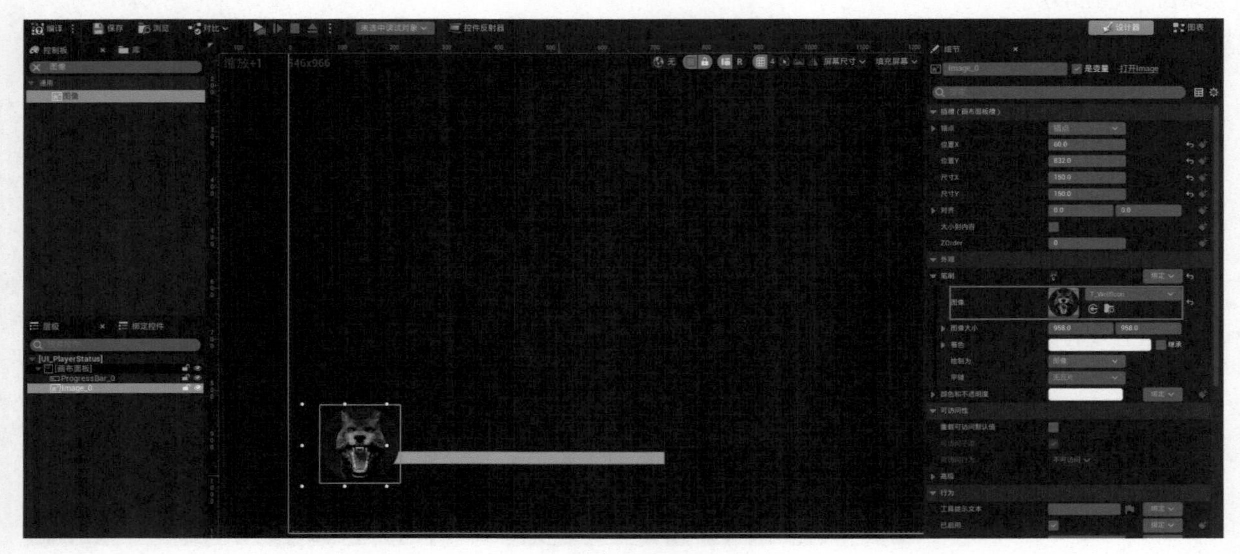

图15-101

3.游戏进度条

选择“进度条”子控件，使用快捷键Ctrl＋C和Ctrl＋V将进度条复制一份，将第2个进度条放置在血条的下方作为游戏的进度条，如图15-102所示。当玩家角色击败一只鹿后此进度条会增加，当击败数量等于5时游戏结束。

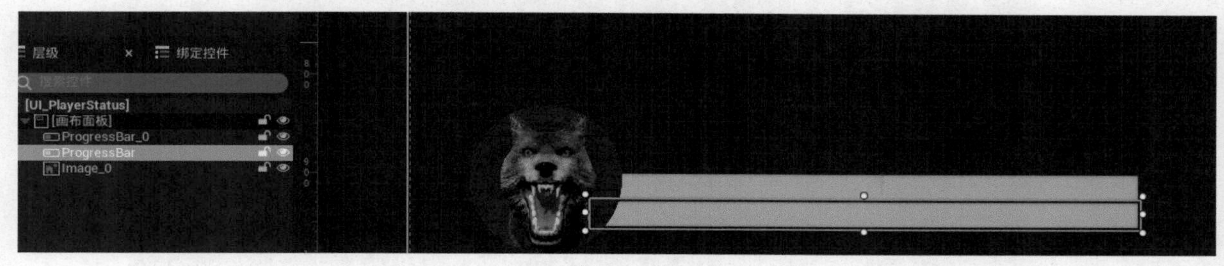

图15-102

选择下方的进度条，设置“填充颜色和不透明度”为黄色（R:1.0，G:1.0，B:0.0），如图15-103所示。

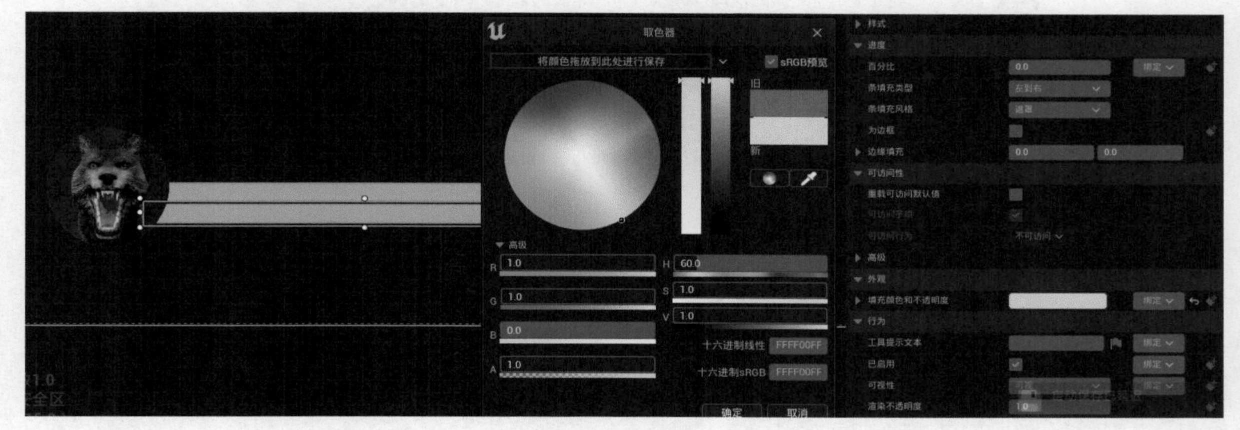

图15-103

15.3.7 角色攻击操作

在制作玩家UI后，利用蒙太奇功能为玩家角色添加攻击操作。在“AnimalVarietyPack＞Wolf＞Animations”文件夹中找到“ANIM_Wolf_RunBite_RM”动画，双击打开该动画，可以看到该动画是狼在边奔跑边撕咬的动画，如图15-104所示。在“资产详情”面板中勾选“启用根运动”选项，如图15-105所示，让动画在播放时可以将根的位移应用到“角色”类上。

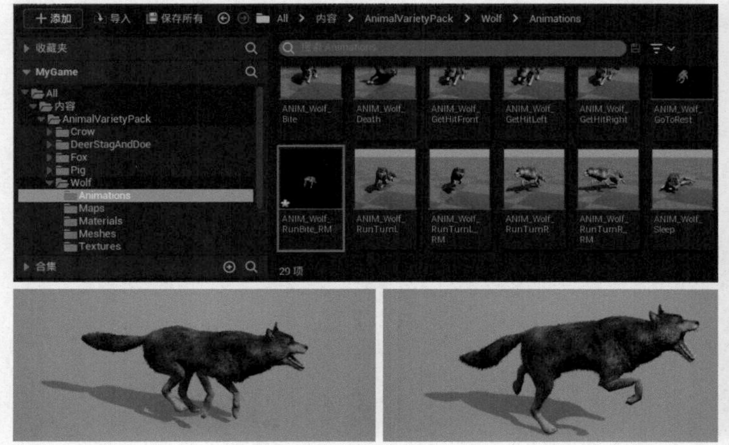

图15-104

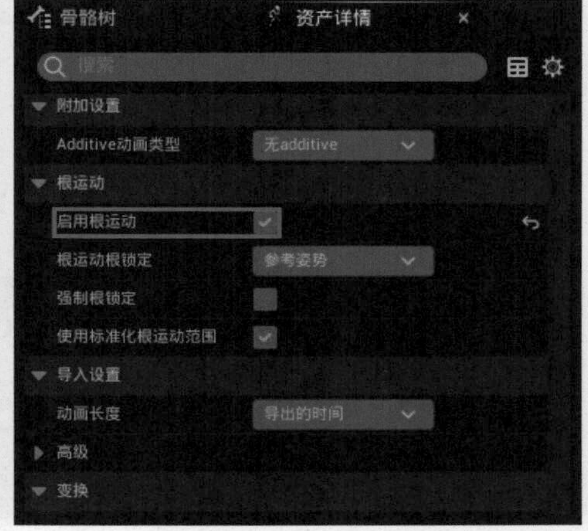

图15-105

使用鼠标右键单击“ANIM_Wolf_RunBite_RM”动画，执行“创建>创建动画蒙太奇”菜单命令，如图15-106所示。

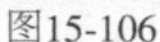
图15-106

打开“项目设置”窗口，在“引擎 - 输入”卷展栏中添加一个新的“操作映射”并命名为“AttackButton”，设置“按键”为“鼠标左键”，如图15-107所示。

在“引擎 - 碰撞”下的“Trace Channels”卷展栏中单击“新建检测通道”按钮 新建检测通道... 新建一个通道，设置“命名”为“Attack”，“默认响应”为“Ignore”，完成后单击“接受”按钮 接受 ，如图15-108所示。

图15-107

图15-108

进入“BP_CharacterBase”蓝图，在“事件图表”面板中添加“AttackButton”输入操作，新建一个“布尔”型变量并命名为“Can Attack”，编译后在“细节”面板中勾选“Can Attack”选项，如果“分支”节点为“真”，则将“Can Attack”设置为“假”，如图15-109所示。

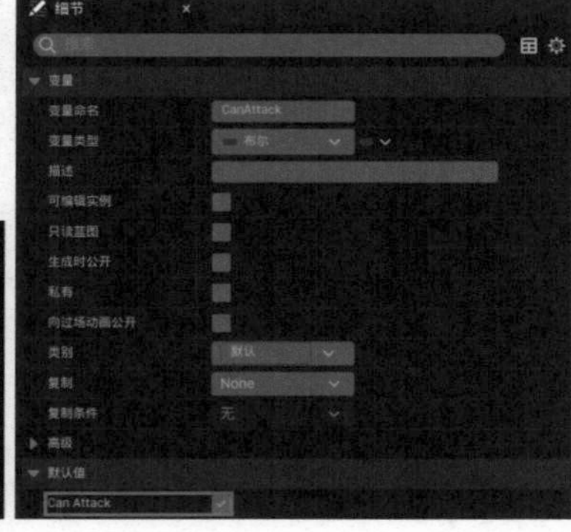

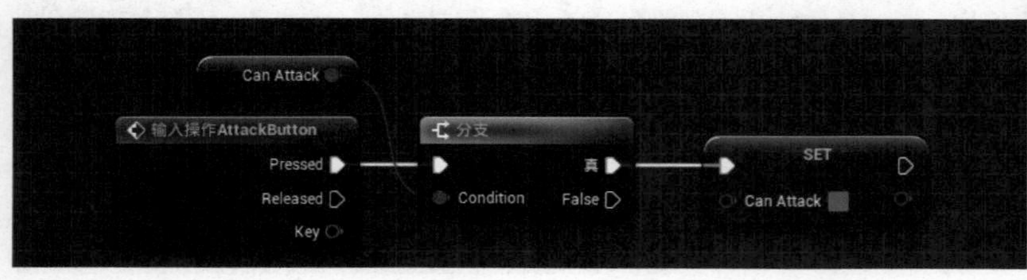

图15-109

使用“播放动画蒙太奇”节点连接“SET”节点，设置“Anim Montage”为新建的蒙太奇，如图15-110所示。完成后编译并保存蓝图。

图15-110

进入“Anim_Wolf”蓝图的“动画图表”面板，新建一个“插槽‘DefaultSlot’”节点，它位于状态机与“输出姿势”节点中间，如图15-111所示。

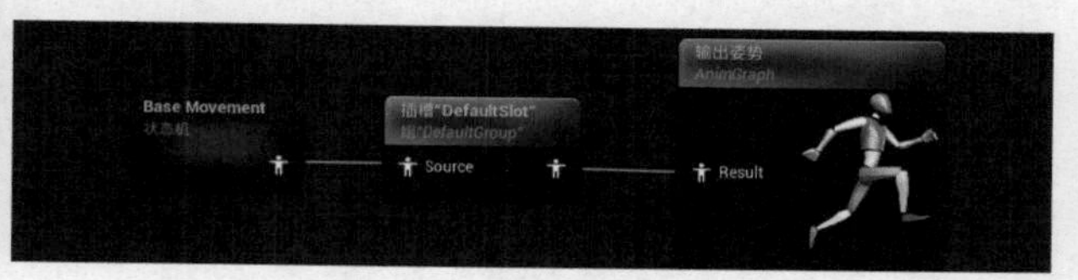

图15-111

进入“ANIM_Wolf_RunBite_RM_Montage”动画蒙太奇，在“1”轨道中单击鼠标右键，执行“添加通知>新建通知”菜单命令新建一个通知并命名为“AttackEnd”，将通知放置在第13帧处，用来刷新动画播放条件，如图15-112所示。同时在狼准备撕咬时新建一个通知并命名为“Attack”，如图15-113所示。

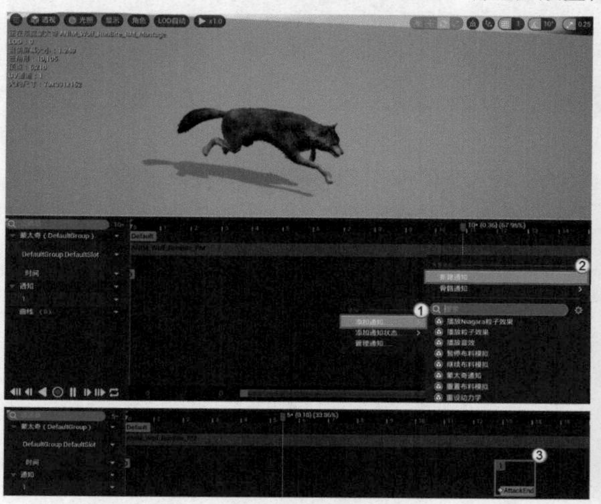

图15-112

图15-113

在“资产详情”面板中设置“混入”与“混出”的“混合时间”均为0.1，如图15-114所示，这样可以使狼从正常姿态到攻击状态的过渡时间变短，并使攻击动画更完整、更有力量感。

单击“Anim_Wolf”蓝图的“事件图表”按钮进入“事件图表”面板，新建一个“AnimNotify_AttackEnd”动画通知，使用“SET”节点从下方的“类型转换为BP_CharacterBase”节点中获得角色的“Can Attack”布尔值，布尔值为真时勾选“Can Attack”选项，如图15-115所示。

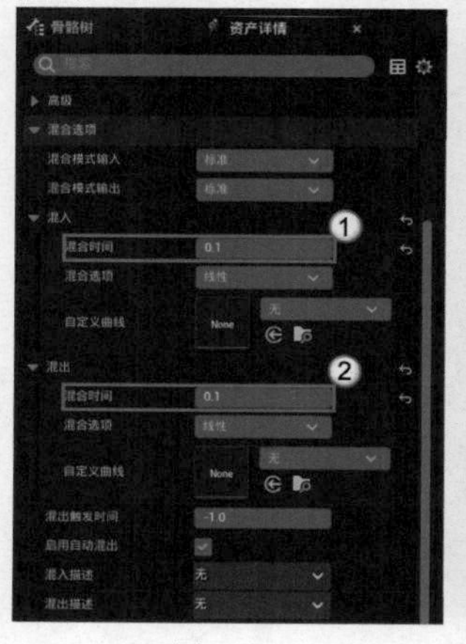

图15-114

图15-115

将“AnimNotify_Attack”动画通知创建到“事件图表”面板中，得到转换节点引用引脚的位置与向前向量，添加“获取Actor向前向量”节点并用“乘”节点乘以300.0后将其与“获取Actor位置”节点相加，使用“按通道进行球体追踪”节点分别连接“获取Actor位置”节点与计算结果到“Start”和“End”引脚，如图15-116所示。

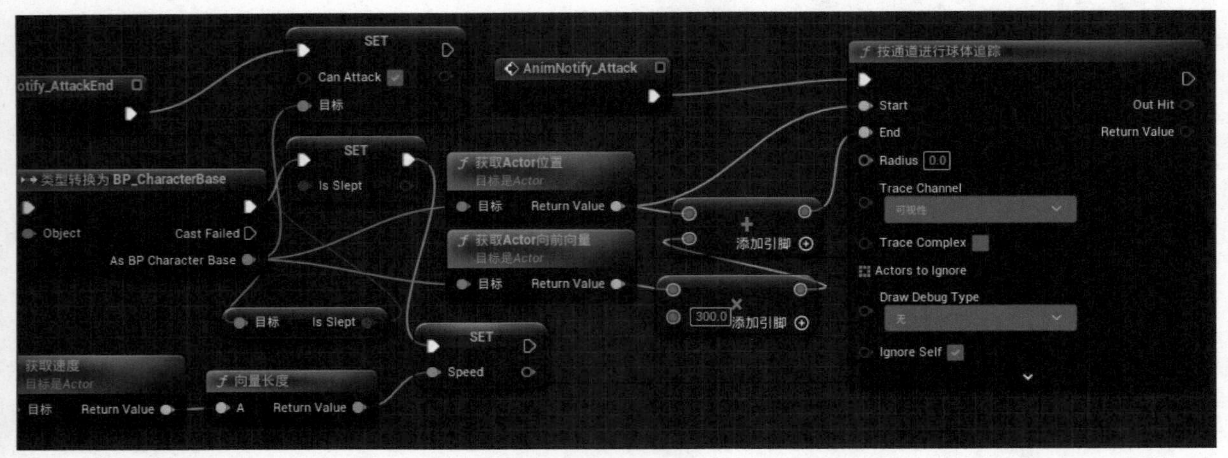

图15-116

设置“按通道进行球体追踪”节点的“Radius”为40.0，“Trace Channel”为“Attack”，使用“分支”节点与“中断命中结果”节点分别连接“按通道进行球体追踪”节点的“Return Value”和“Out Hit”引脚，使用“应用伤害”节点的“Damaged Actor”引脚连接“中断命中结果”的“Hit Actor”引脚，设置“Base Damage”为25.0，代表1次攻击造成25点伤害，如图15-117所示。

连接“Damage Causer”引脚到“类型转换为BP_CharacterBase”节点的“As BP CharacterBase”引脚，如图15-118所示。完成后编译并保存蓝图。

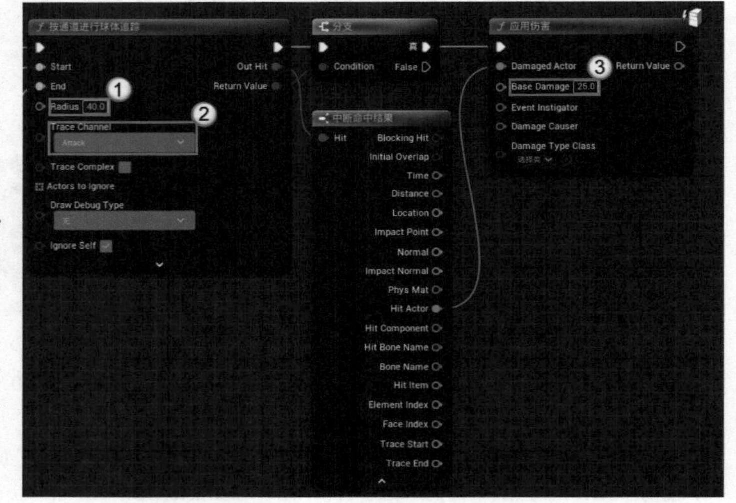

图15-117

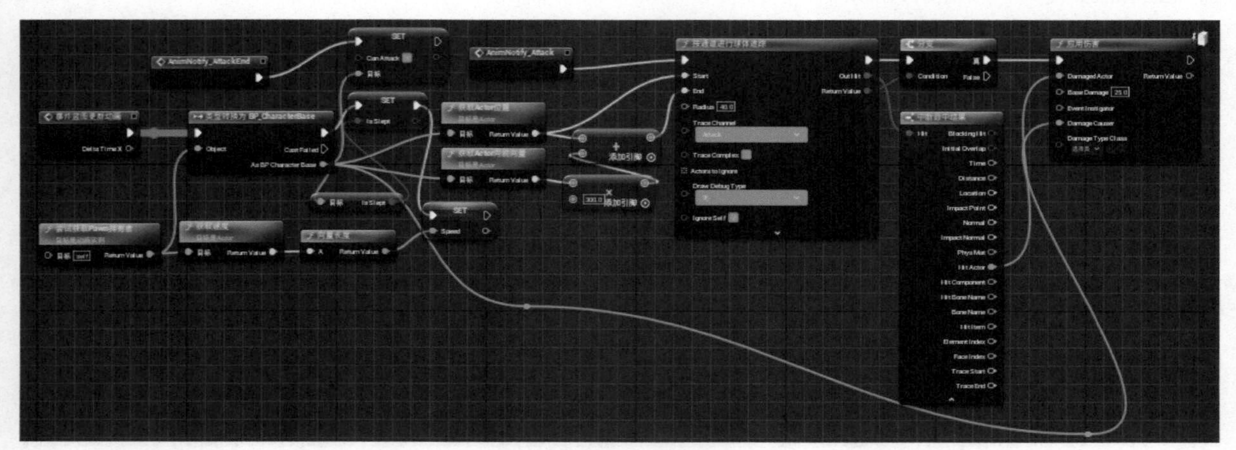

图15-118

进入“BP_CharacterBase”蓝图，选择胶囊体组件，设置“碰撞预设”为“Custom”，勾选“Attack”通道的“阻挡”选项，如图15-119所示。

编译并保存蓝图后进入PIE运行模式，单击后会播放撕咬动画，如图15-120所示。

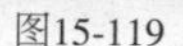

图15-119

图15-120

15.4 设计AI

前面制作了玩家的控制、动画等内容，接下来将制作游戏中与玩家角色互动的AI，可以创建一头鹿作为玩家角色的攻击对象，鹿看见玩家角色后会逃跑，没有看到玩家角色时会随机移动。

15.4.1 AI创建

使用鼠标右键单击“BP_CharacterBase”蓝图，执行“创建子蓝图类”菜单命令创建一个子类蓝图并命名为“BP_Deer”，如图15-121所示。

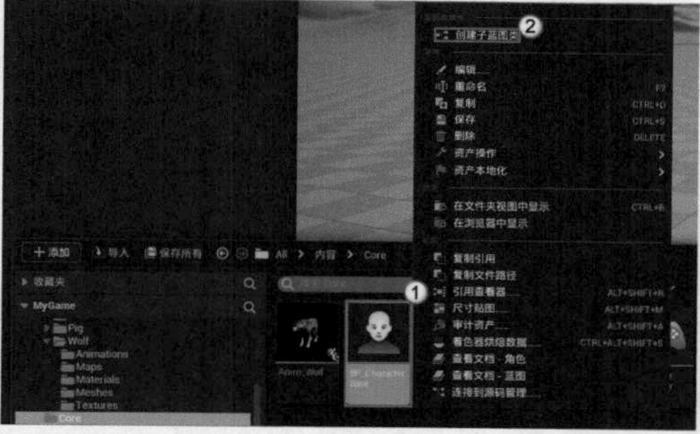

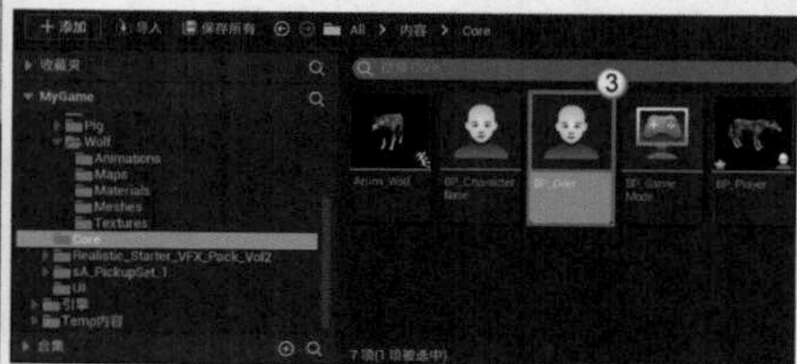

图15-121

进入“BP_Deer”蓝图，在“组件”面板中选择网格体组件，设置“骨骼网格体”为“SK_DeerDoe”，设置骨骼网格体的“位置”与“旋转”参数，如图15-122所示。

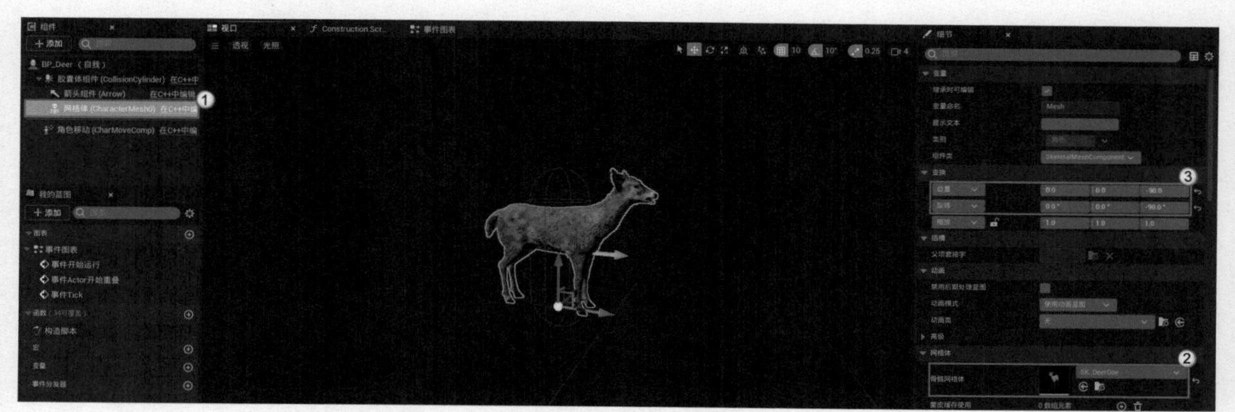

图15-122

在“组件”面板中选择“BP_Deer（自我）”组件，在“细节”面板中取消勾选“使用控制器旋转Yaw”选项，选择“角色移动（CharMoveComp）”组件，勾选“将旋转朝向运动”选项，如图15-123所示。

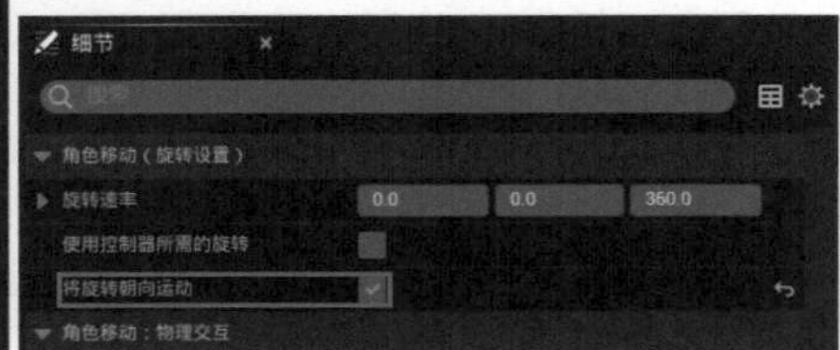

图15-123

在“组件”面板中添加一个AI感知组件，在“细节”面板中添加一个“感官配置”并设置“索引[0]”为“AI视力配置”，勾选“按归属检测”卷展栏中的“检测中立方”和“检测友方”选项，如图15-124所示。

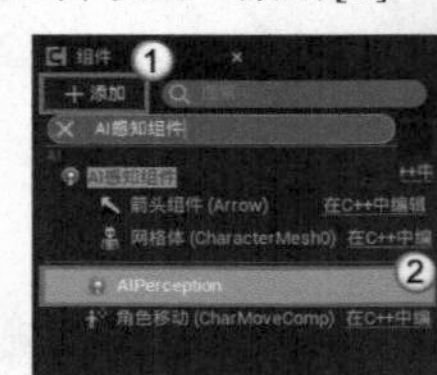

图15-124

在“细节”面板中单击“感知更新时”事件右侧的“添加”按钮 + ，使用“For Each Loop”节点遍历看到的角色，使用“类型转换为BP_Player”节点将类型限制在玩家角色上，拖曳“As BP Player”引脚到空白处并执行“提升为变量”菜单命令，设置“变量命名”为“Target”，如图15-125所示。

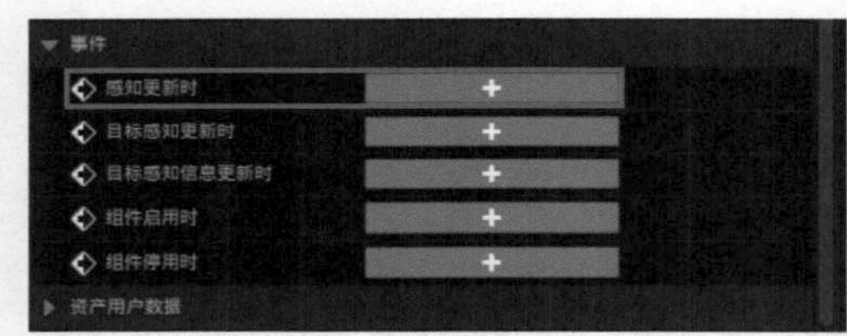

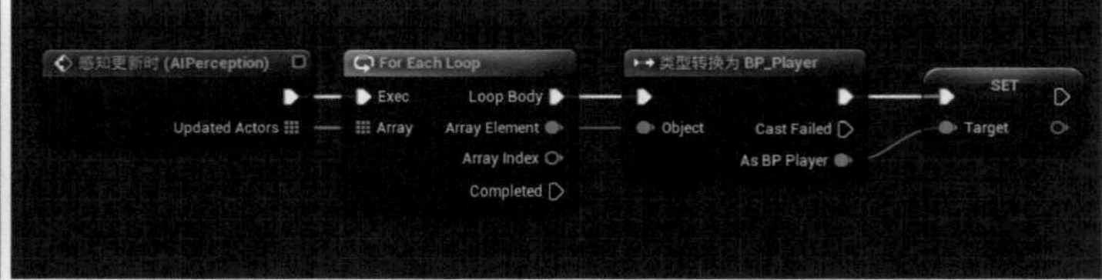

图15-125

在“内容浏览器”面板的空白处单击鼠标右键，执行“人工智能>行为树”菜单命令新建一个行为树并命名为“BT_Deer”，再新建一个黑板并命名为“BB_Deer”，双击打开“BT_Deer”行为树，在“细节”面板中将“黑板资产”设置为“BB_Deer”，如图15-126所示。

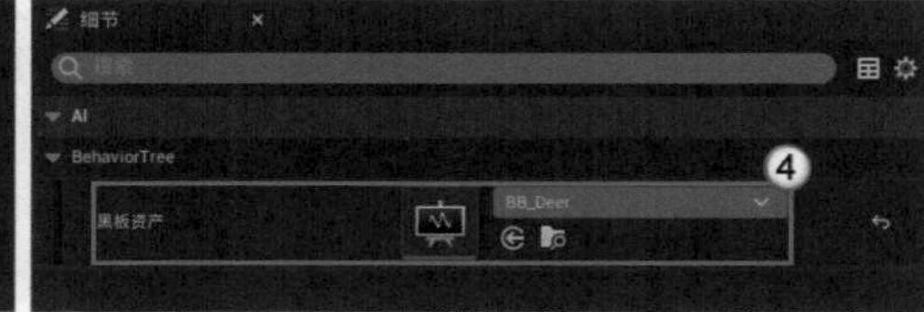

图15-126

15.4.2 AI随机移动

在完成了AI的创建后需为AI添加随机移动功能。进入“BB_Deer”黑板，在“黑板”面板中单击“新键”按钮新建一个“Object”类型的变量，在“黑板细节”面板中设置变量的“条目名称”为“Target”，“键类型>基类”为“BP_CharacterBase”，如图15-127所示。

图15-127

进入“BT_Deer”行为树，新建一个“Selector”节点并连接到“根”节点，新建一个“Sequence”节点并连接到“Selector”节点，如图15-128所示。

使用鼠标右键单击“Sequence”节点，执行“添加装饰器>Blackboard”菜单命令添加一个“Blackboard”装饰器，选择装饰器，在“细节”面板中设置“观察器中止”为“Self”，“黑板键”为“Target”，“键查询”为“未设置”，如图15-129所示。

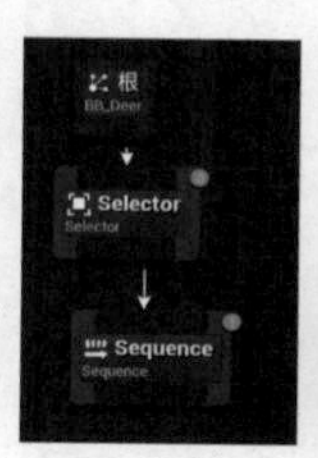

图15-128

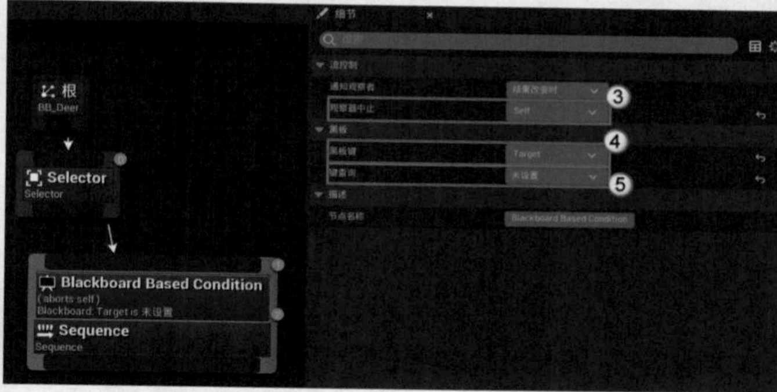

图15-129

单击“新建任务”按钮新建一个任务，设置“命名”为“BTTask_RandomMove”后单击“保存”按钮完成创建，如图15-130所示。

在“我的蓝图”面板中重载一个“接收执行AI”函数，连接“Controlled Pawn”引脚到新建的“获取Actor位置”节点，连接“获取Actor位置”节点到新建的“获取可导航半径内的随机点”节点，设置“Radius”为3000.0，如图15-131所示。

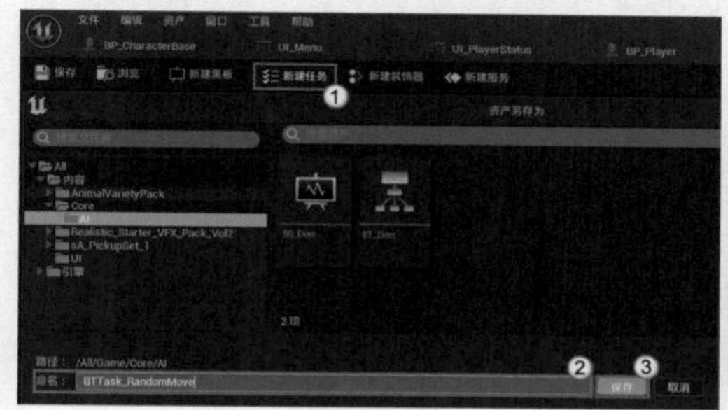

图15-130

图15-131

进入“BB_Deer”黑板，新建一个“向量”类型的黑板键，设置“条目名称”为“RandomLocation”，用来存储随机移动的位置，如图15-132所示。

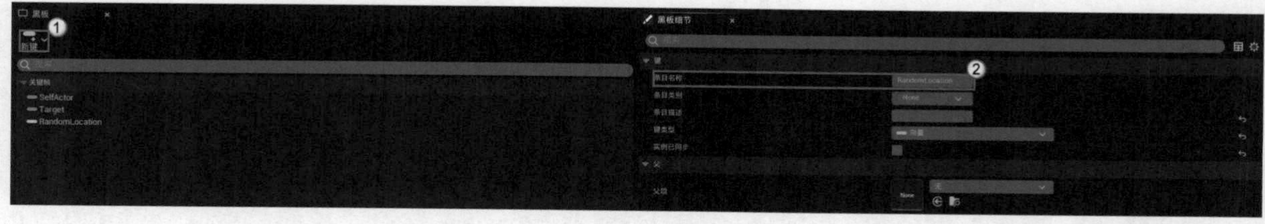

图15-132

回到“BTTask_RandomMove”任务中，新建一个“将黑板值设为向量”节点，拖曳“Key”引脚到空白处并执行“提升为变量”菜单命令新建“Key”变量，在“细节”面板中勾选“可编辑实例”和“生成时公开”选项，连接“Random Location”引脚与“Value”引脚，在计算完成后调用一个“完成执行”节点并勾选“Success”选项，如图15-133所示。完成后编译并保存任务。

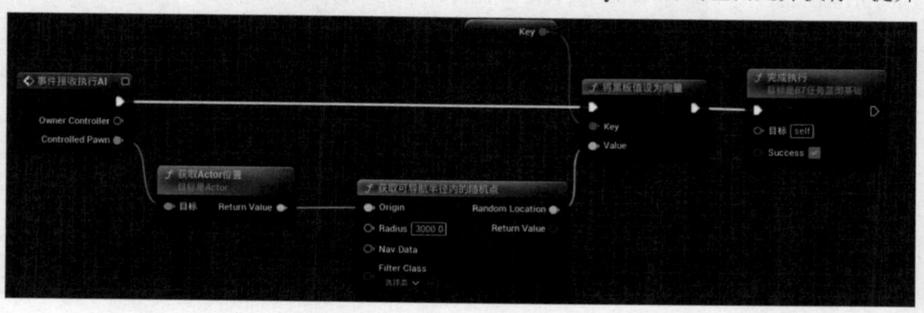

图15-133

回到“BT_Deer”行为树，拖曳“Sequence”节点的下方接口到空白处，添加“BTTask_RandomMove”任务到序列的下方，在任务右侧添加“Move To”节点和“Wait”节点，如图15-134所示。

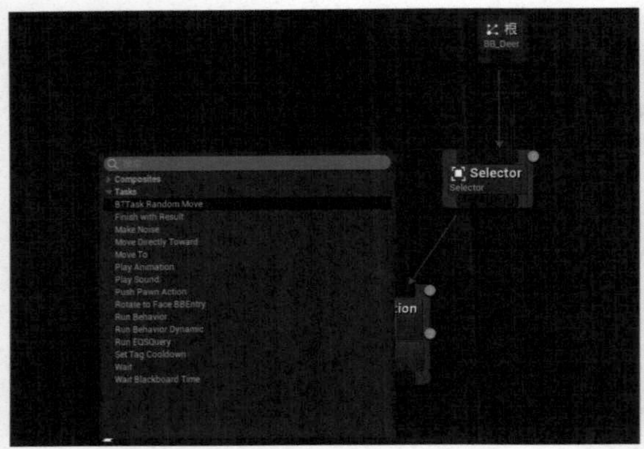

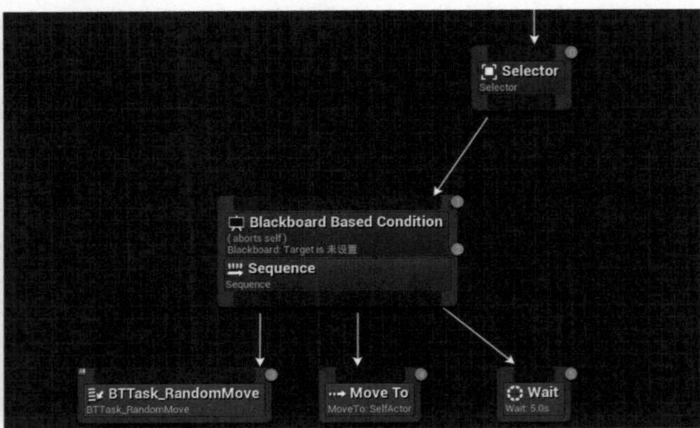

图15-134

选择“Move To”节点，设置“黑板键”为“Random Location”，选择左侧的任务，在“细节”面板中设置“Key”为“Random Location”，如图15-135所示。

图15-135

15.4.3 AI逃跑

为AI添加逃跑功能，AI看到玩家角色后会朝玩家角色的反方向移动。单击“新建任务”按钮 新建任务 并执行“BTTask_BlueprintBase”菜单命令新建一个任务，设置“命名”为“BTTask_ReverseDistance”后单击“保存”按钮 保存 ，如图15-136所示。

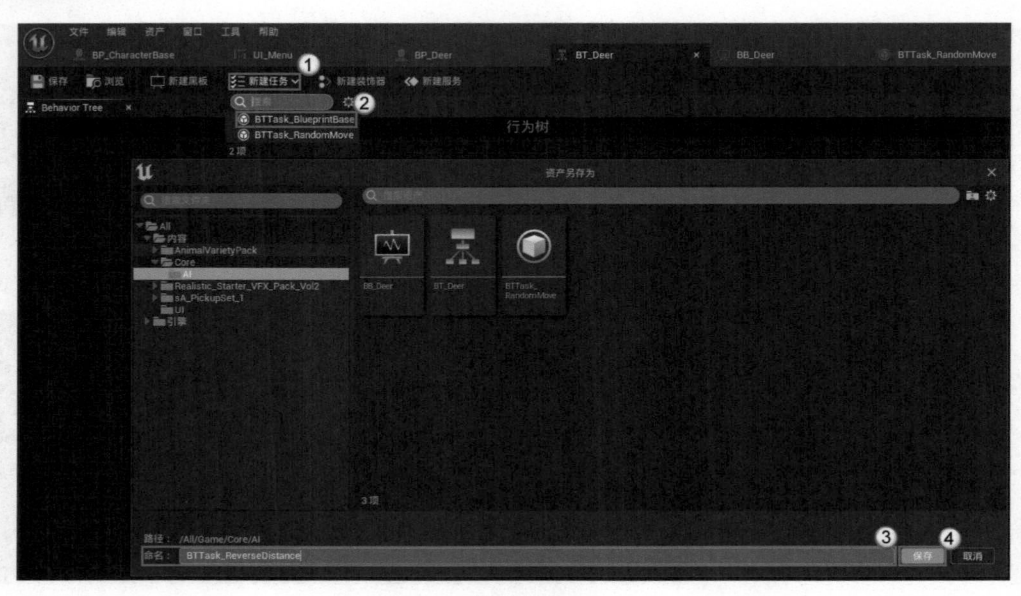

图15-136

在“我的蓝图”面板中重载“接收执行AI”函数，使用“类型转换为BP_Deer”节点连接“Controlled Pawn”引脚与“Target”变量，使用“获取Actor位置”节点得到“Target”变量的位置，使用“Controlled Pawn”引脚的位置减去得到的位置，如图15-137所示。

使用“规格化”节点将向量归一后乘以2000.0，如图15-138所示，这时AI会朝角色的反方向移动2000个单位。

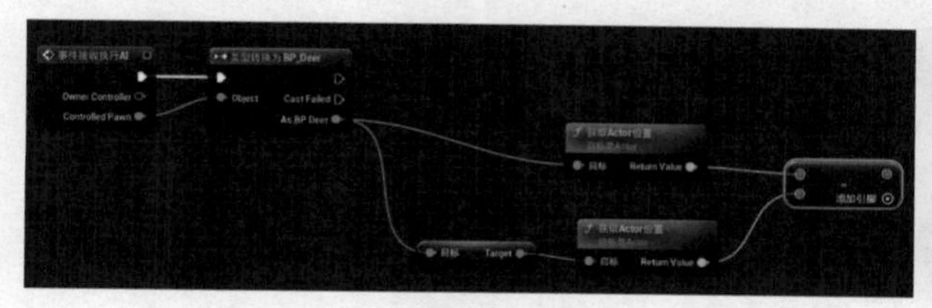

图15-137

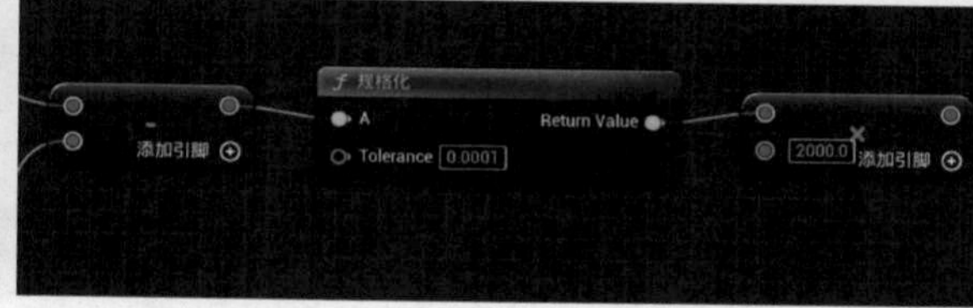

图15-138

添加“将黑板值设为向量”节点，拖曳“Key”引脚到空白处并执行“提升为变量”菜单命令创建“Key”变量，选择“Key”变量后在“细节”面板中勾选“可编辑实例”和“生成时公开”选项，将“乘”节点的输出引脚连接到“Value”引脚，使用“完成执行”节点连接“将黑板值设为向量”节点并勾选“Success”选项，如图15-139所示。完成后编译并保存任务。

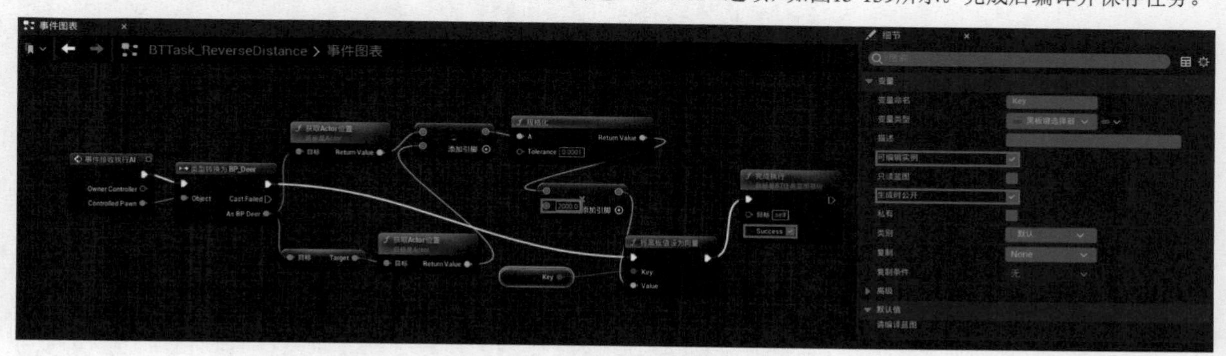

图15-139

进入“BT_Deer”行为树，在“Selector”节点的右下方新建一个“Sequence”节点，将“BTTask_ReverseDistance”任务和“Move To”节点连接到序列下方，如图15-140所示。

选择“Move To”节点，设置“黑板键”为“RandomLocation”；选中任务，在“细节”面板中设置“Key”为“RandomLocation”，如图15-141所示。

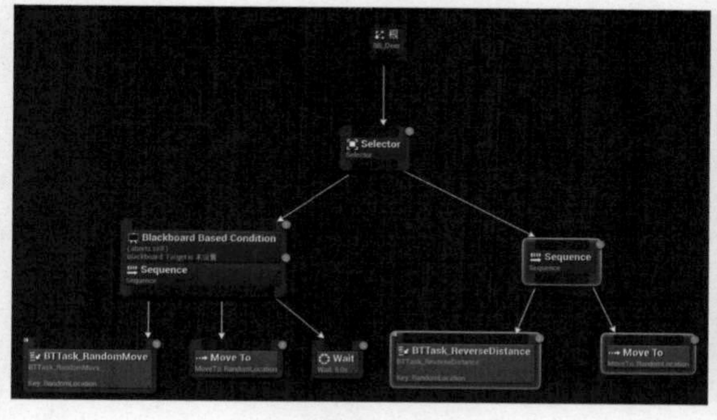

图15-140

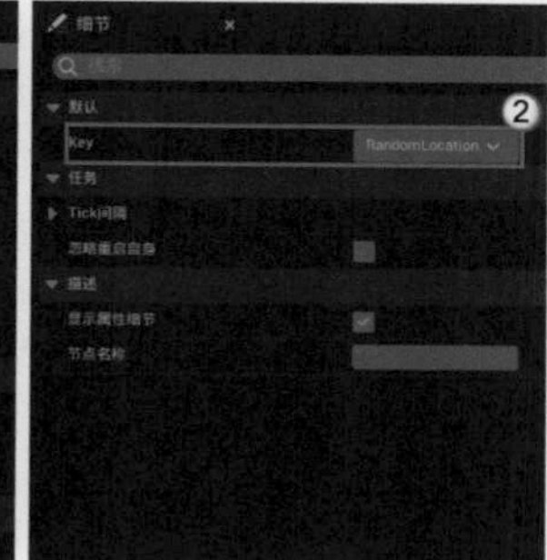

图15-141

♛ 重点

15.4.4 AI部署

接下来为AI布置导航区域并运行行为树。在“内容浏览器”面板中新建一个继承了“AIController（AI控制器）”的蓝图并命名为“BPC_Deer”，双击打开“BPC_Deer”蓝图，在“事件开始运行”节点后连接一个“运行行为树”节点，设置“BTAsset”为“BT_Deer”，如图15-142所示。

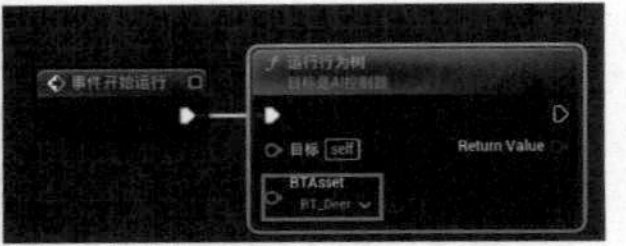

图15-142

进入“BP_Deer”蓝图，在“组件”面板中选中“BP_Deer（自我）”组件，在“细节”面板中设置“AI控制器类”为“BPC_Deer”，如图15-143所示。

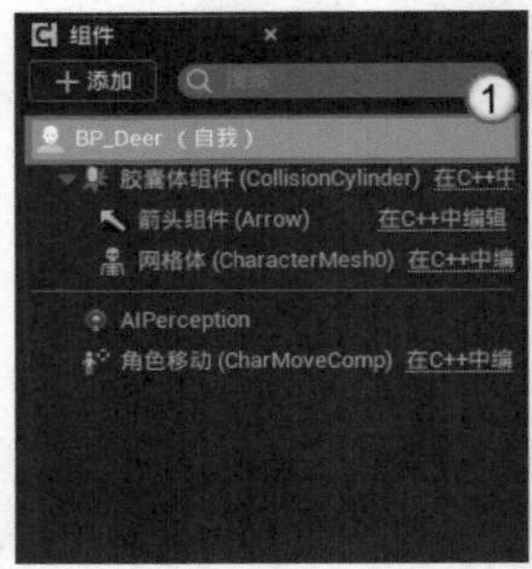
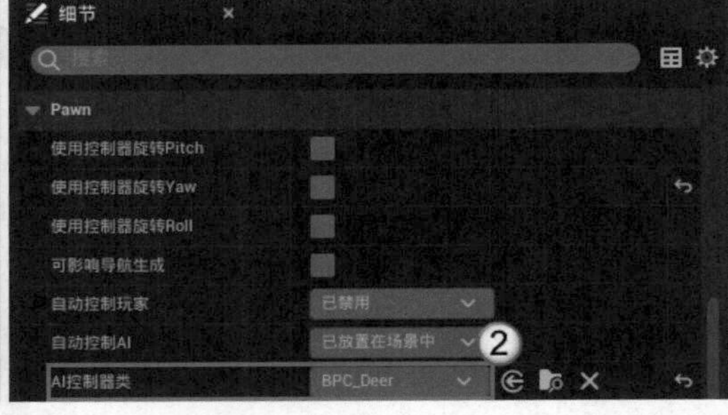

图15-143

进入“事件图表”面板，使用“获取控制器”节点连接“获取黑板”节点，使用“将值设为对象”节点连接“获取黑板”节点，将“Target”引脚连接到“Object Value”引脚上，使用“创建文字命名”节点连接“Key Name”引脚并设置“Value”为“Target”，如图15-144所示。

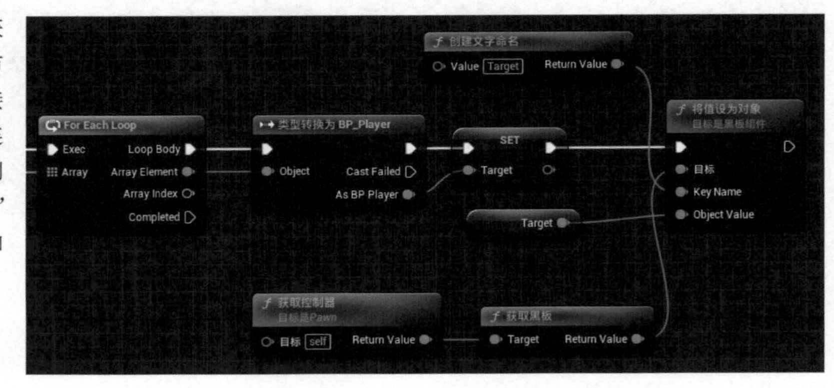

图15-144

编译并保存后进入关卡，在“放置Actor”面板中拖曳一个“Nav Mesh Bounds Volume”区域到关卡中，按P键可查看其范围，将其缩放到游戏需要的大小，如图15-145所示。游玩范围可以根据游戏的需求确定。

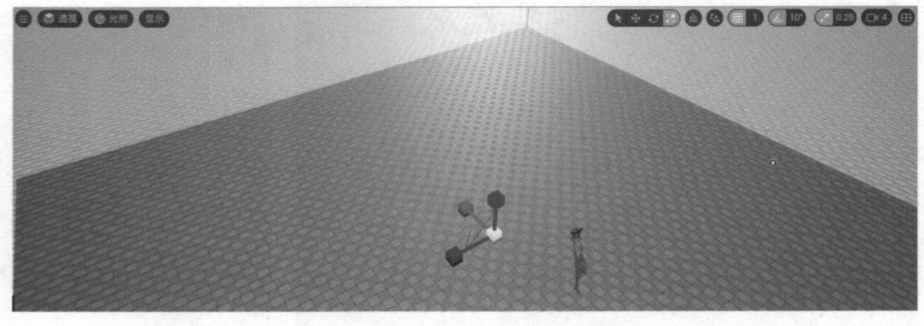

图15-145

拖曳几个“BP_Deer”蓝图到关卡中，进入PIE运行模式后可以看到AI没有看到玩家角色时会随机移动，看到玩家角色时会朝玩家角色的反方向奔跑，如图15-146所示。

图15-146

15.4.5 AI动画

把“Anim_Wolf”动画蓝图作为父类，它的子类可以方便地继承它已经写好的操作，只需要替换其中的动画就可以将其子类应用到鹿的模型上。进入“Anim_Wolf”动画蓝图的“Move”状态，选择“BS_WolfMove”混合空间，在“细节”面板中找到“混合空间”参数，打开“绑定”下拉列表并选择“公开为引脚”选项，如图15-147所示。

拖曳节点的“Blend Space”引脚到空白处并执行“提升为变量”菜单命令，创建一个变量并命名为“Move Blend”，如图15-148所示。子类动画蓝图会继承此变量，并可以直接修改它。

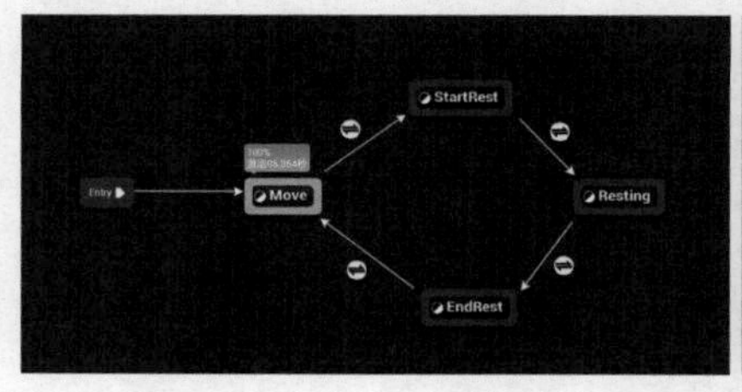

图15-147

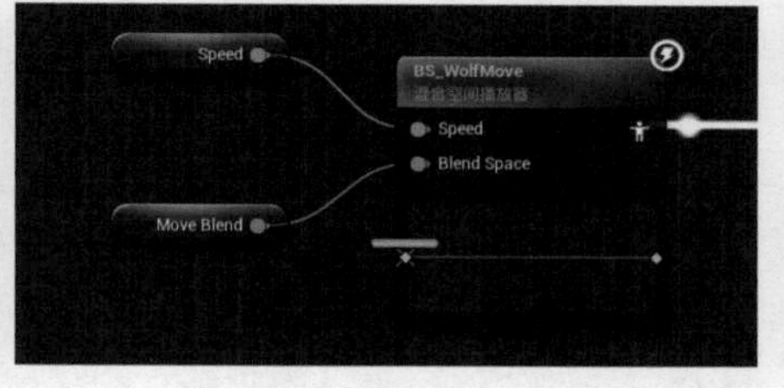

图15-148

进入“StartRest”状态，选择序列播放器节点，在“细节”面板中打开“序列”右侧的“绑定”下拉列表并选择“公开为引脚”选项，拖曳“Sequence”引脚到空白处并执行“提升为变量”菜单命令，创建一个变量并命名为“Start Rest Anim”，如图15-149所示。

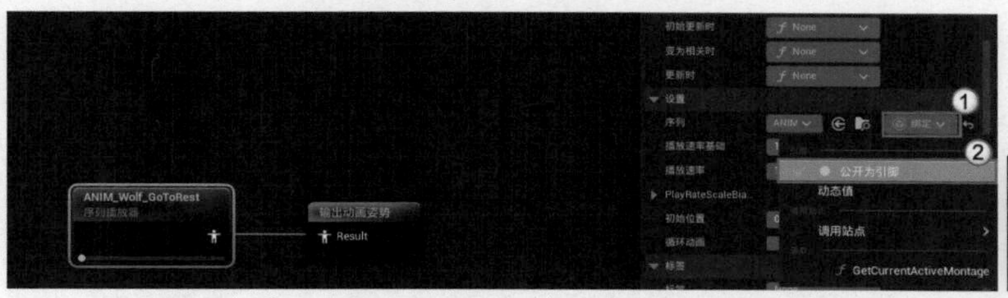

图15-149

对剩余两个状态“Rest”和“EndRest”执行相同的操作，分别命名变量为“Rest Anim”和“End Rest Anim”，如图15-150所示。完成后编译并保存动画蓝图。

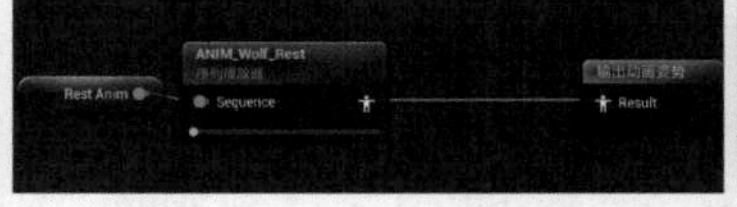

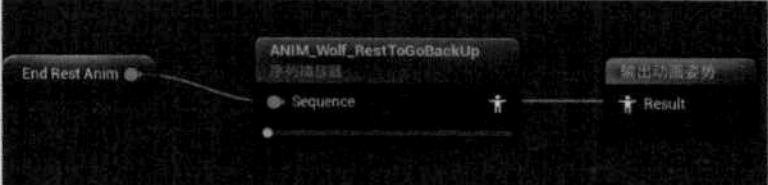

图15-150

使用鼠标右键单击“Anim_Wolf”动画蓝图，执行“创建子蓝图类”菜单命令新建一个子类蓝图并命名为“Anim_Deer”，如图15-151所示。

进入“Anim_Deer”动画蓝图，单击工具栏中的“类设置”按钮 类设置，在“细节”面板中设置“目标骨骼”为“SK_DeerDoe_Skeleton”，也就是鹿的骨架，如图15-152所示。编译并保存后关闭此动画蓝图。

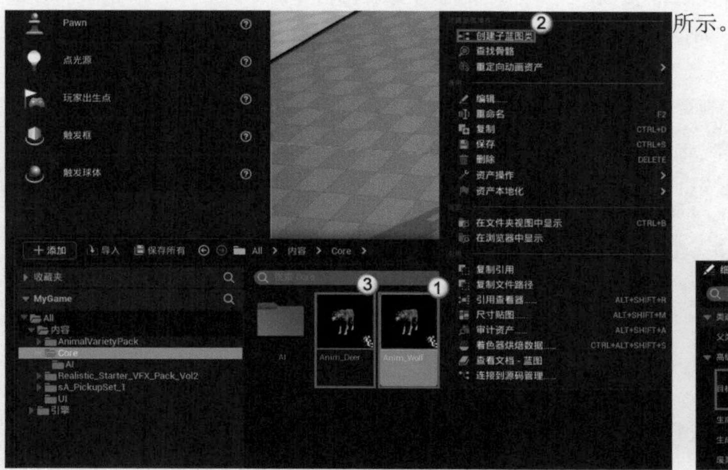

图15-151

图15-152

在“内容浏览器”面板中的空白处单击鼠标右键并执行“动画>混合空间1D”菜单命令新建一个混合空间1D，在弹出的“选择骨骼”对话框中选择“SK_DoorDoe_Skeleton”骨骼并命名动画为“BS_DeerMove”，如图15-153所示。

进入“BS_DeerMove”动画，在左侧的“资产详情”面板中设置“水平坐标”的“名称”为Speed，“最大轴值”为360.0，如图15-154所示。

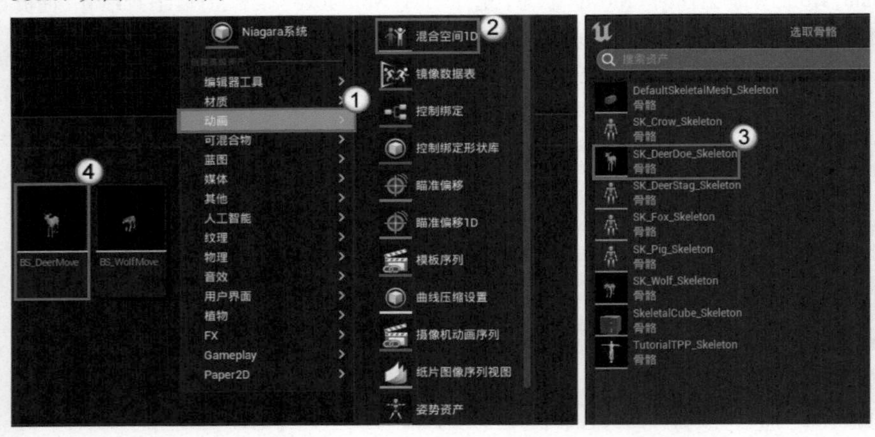

图15-153

图15-154

按住Shift键并分别拖曳“资产浏览器”面板中的“ANIM_DeerDoe_IdleBreathe”与“ANIM_DeerDoe_Run”两个动画到时间轴的最左侧与最右侧，如图15-155所示。完成后保存蓝图。

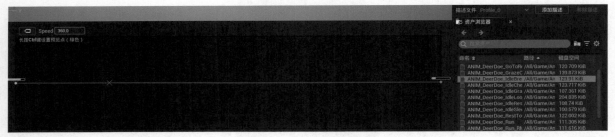

图15-155

回到“Anim_Deer”动画蓝图，在“动画预览编辑器”面板中设置从父类继承下来的变量的参数。选择“编辑默认项”选项后设置“Move Blend”为“BS_DeerMove”，“Start Rest Anim”为“ANIM_DeerDoe_GoToRest”，“Rest Anim”为“ANIM_DeerDoe_IdleRest”，“End Rest Anim”为“ANIM_DeerDoe_RestToGoBackUp”，如图15-156所示。

编译并保存后打开“BP_Deer”蓝图，在“组件”面板中选择网格体组件，在“细节”面板中设置“动画类”为“Anim_Deer_C”，如图15-157所示。编译并保存后进入PIE运行模式，可以看到鹿拥有了奔跑动画，并且在血量等于0时也会进入休息状态，如图15-158所示。

图15-156

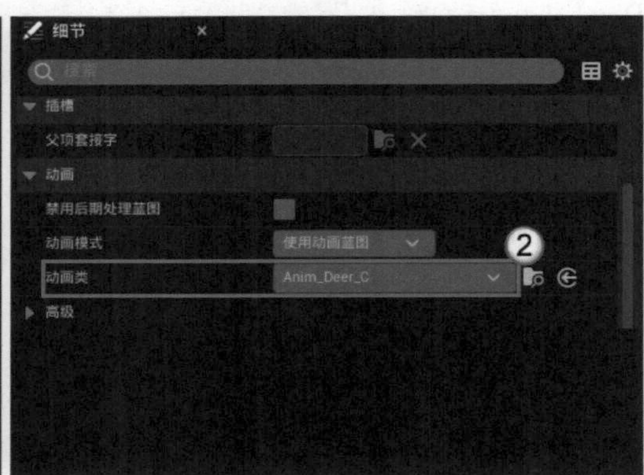

图15-157

图15-158

15.4.6 重写AI倒地函数

双击打开“BP_CharacterBase”蓝图，在“我的蓝图”面板中添加一个“整数”型变量并命名为“CaughtCount”，如图15-159所示，将其作为角色的击倒数，这个数会作为游戏进度传入UI。完成后编译并保存蓝图。

在“事件图表”面板中的“SET”节点后新建一个“自定义事件”节点并命名为“OnCaught”，虽然这个事件默认不执行任何节点，但是在AI蓝图中被重写后可以让AI在被抓获的情况下单独执行某些操作，如图15-160所示。

图15-159

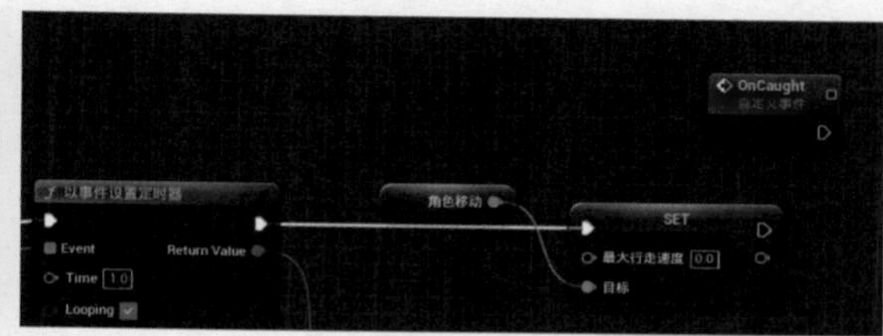

图15-160

在“On Caught”事件前添加一个“Do Once”节点，使其只执行一次，在休息完成后连接第2个“SET”节点到“Reset”引脚，如图15-161所示。完成后编译并保存蓝图。

双击打开“BP_Deer”蓝图，重写“On Caught”事件，使用“获取玩家角色”节点连接“类型转换为BP_CharacterBase”节点的“Object”引脚，如图15-162所示。

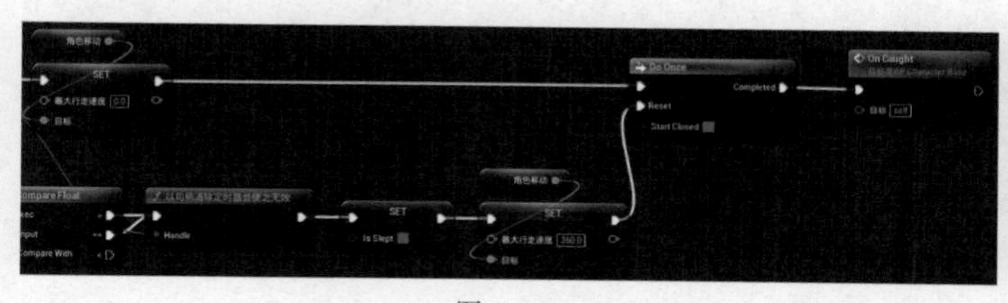

图15-161

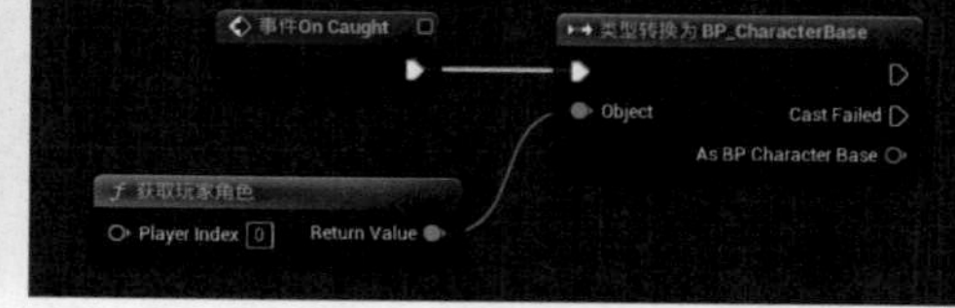

图15-162

从“类型转换为BP_CharacterBase”节点的引脚处拖曳出“CaughtCount”变量，并使用“++”节点将其加一，如图15-163所示。使用“Compare Int”节点比较“++”节点的返回值，当值等于5时，执行“打开关卡（按名称）”节点，设置“Level Name”为“MenuMap”，如图15-164所示。

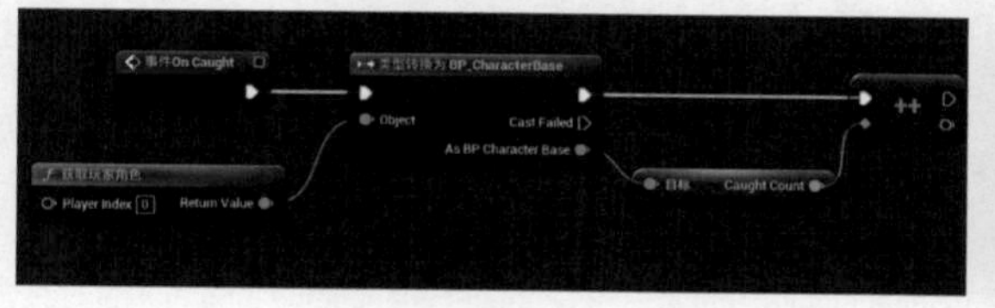

图15-163

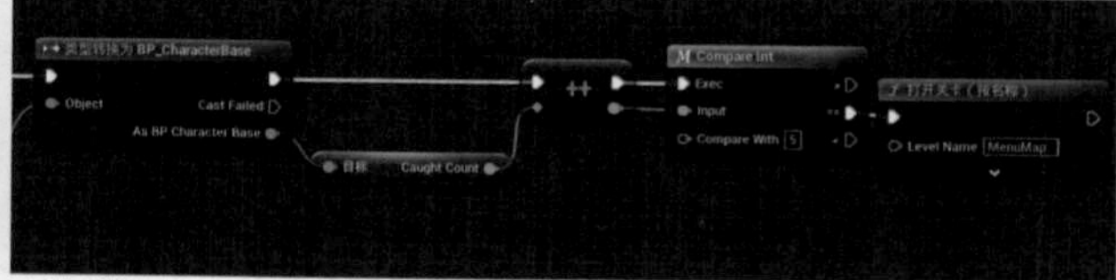

图15-164

15.4.7 游戏进度UI更新

双击打开“UI_PlayerStatus”控件蓝图，选择下方的进度条并在“细节”面板中展开“百分比”右侧的“绑定”下拉列表，创建一个新的绑定，如图15-165所示。

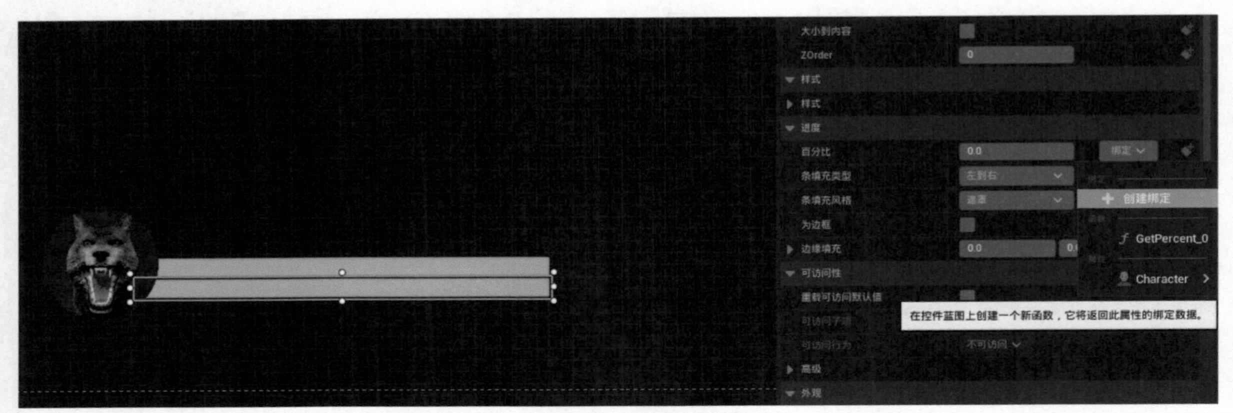

图15-165

在“我的蓝图”面板中拖曳“Character”变量到“事件图表”面板中，从变量中得到“Caught Count”整型变量，使用“除”节点将其除以5，然后使用鼠标右键单击“除”节点的输出引脚，执行“转换引脚>浮点（双精度）”菜单命令后与“Return Value”引脚连接，如图15-166所示。

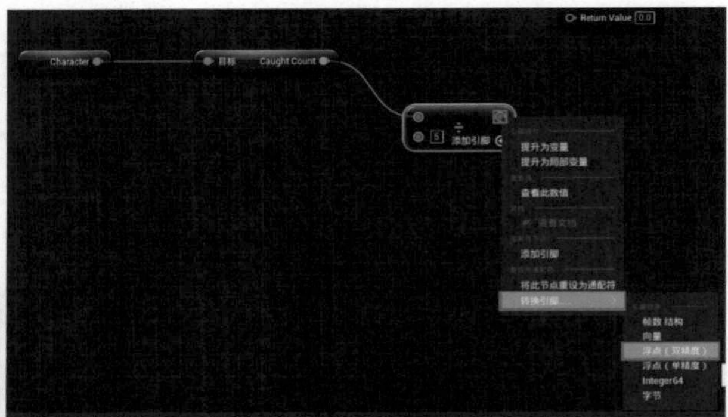

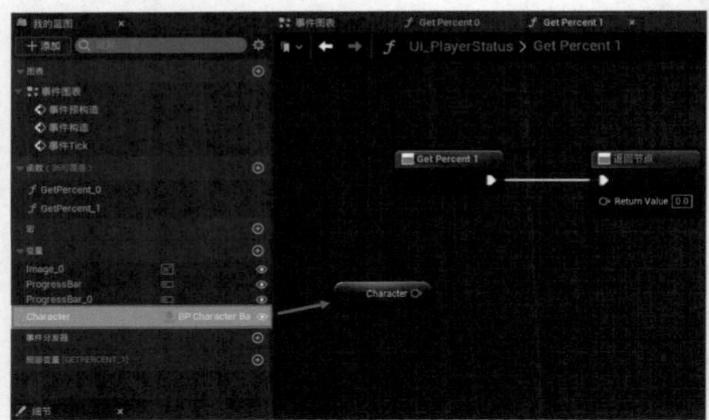

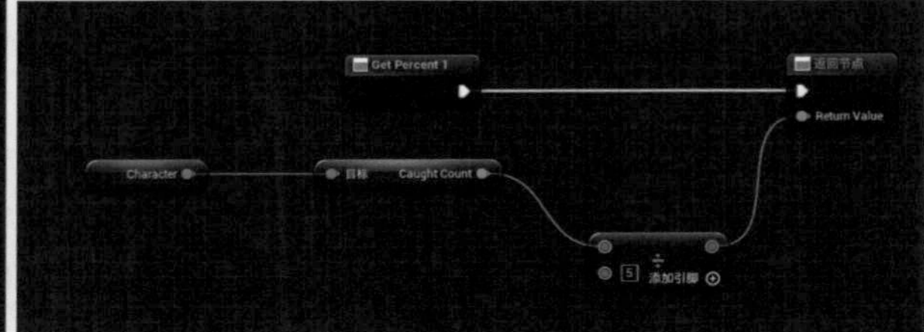

图15-166

编译并保存蓝图后进入PIE运行模式，控制狼捕一头鹿后发现进度条中的黄色增加了，如图15-167所示。

图15-167

15.4.8 AI名称

本小节将为游戏中的AI添加悬浮显示的名称。在“内容浏览器”面板的空白处单击鼠标右键，执行“用户界面>控件蓝图”菜单命令新建一个控件蓝图并命名为“UI_Name”，如图15-168所示。

图15-168

双击打开“UI_Name”控件蓝图，在“控制板”面板中将“画布面板”子控件拖曳到“层级”面板中，如图15-169所示。

图15-169

在“控制板”面板中找到“文本”子控件并将其拖曳到画板正中心，在“细节”面板中设置“锚点”为正中心，如图15-170所示。

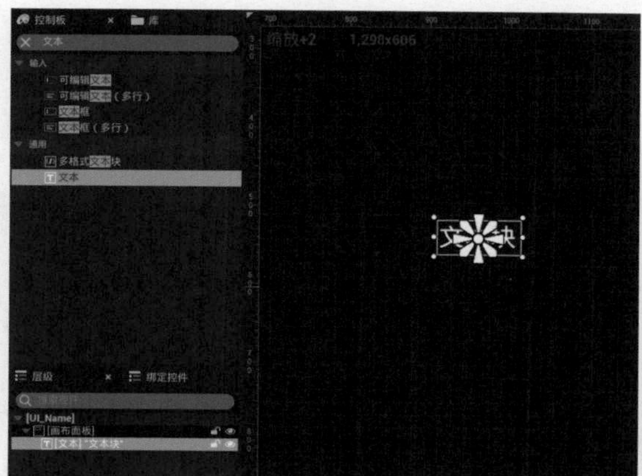

图15-170

继续在“细节”面板中设置“文本”为“鹿”，“对齐”为“将文本中对齐”，如图15-171所示。完成后编译并保存蓝图。

双击打开“BP_Deer”蓝图，在“组件”面板中添加一个“控件组件”，选择“控件组件”，在“细节”面板中设置“位置”为（X:0.0，Y:0.0，Z:100.0），“空间”为“屏幕”，“控件类”为“UI_Name”，如图15-172所示。

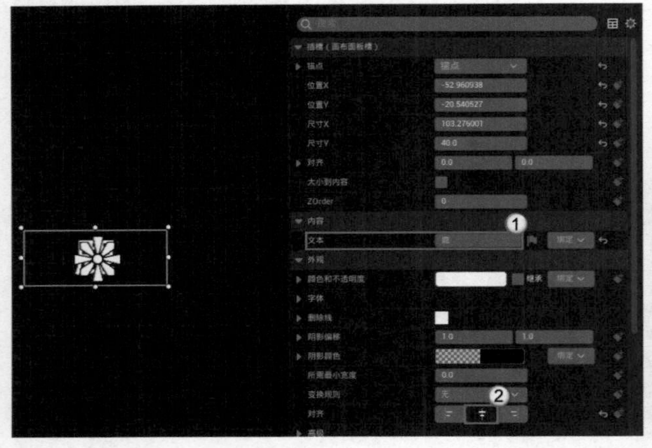

图15-171

图15-172

编译并保存蓝图后进入PIE运行模式，可以在鹿的上方看到UI文本，如图15-173所示，这样就为游戏中的AI添加了名称。

图15-173

15.5 制作关卡道具和机关

通过前面的操作我们已经成功实现了狼与鹿的基本功能，本节会在关卡中加入一些可获取的道具和机关，如血量恢复道具等。

重点

15.5.1 血量恢复道具

在“内容浏览器”面板中新建一个“Item”文件夹，用来存放道具的相关内容，进入文件夹后新建一个“Actor”类蓝图并命名为“BP_Item”，将其作为道具的父类蓝图，如图15-174所示。

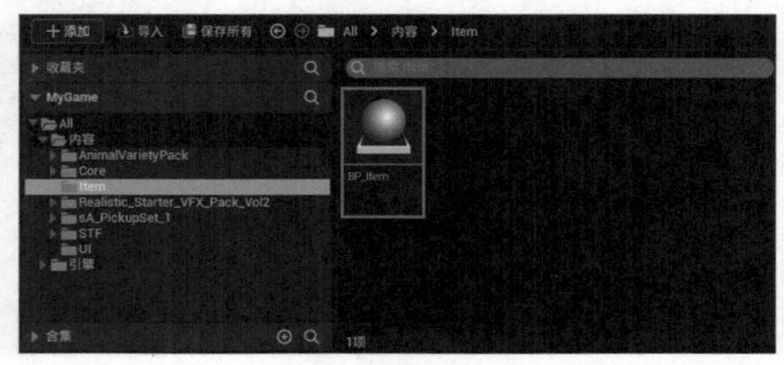

图15-174

进入“BP_Item”蓝图，在“组件”面板中单击“添加”按钮 + 添加 后新建一个“Box”组件，在“细节”面板中设置“缩放”为（X:2.0，Y:2.0，Z:2.0），“位置”为（X:0.0，Y:0.0，Z:70.0），如图15-175所示。

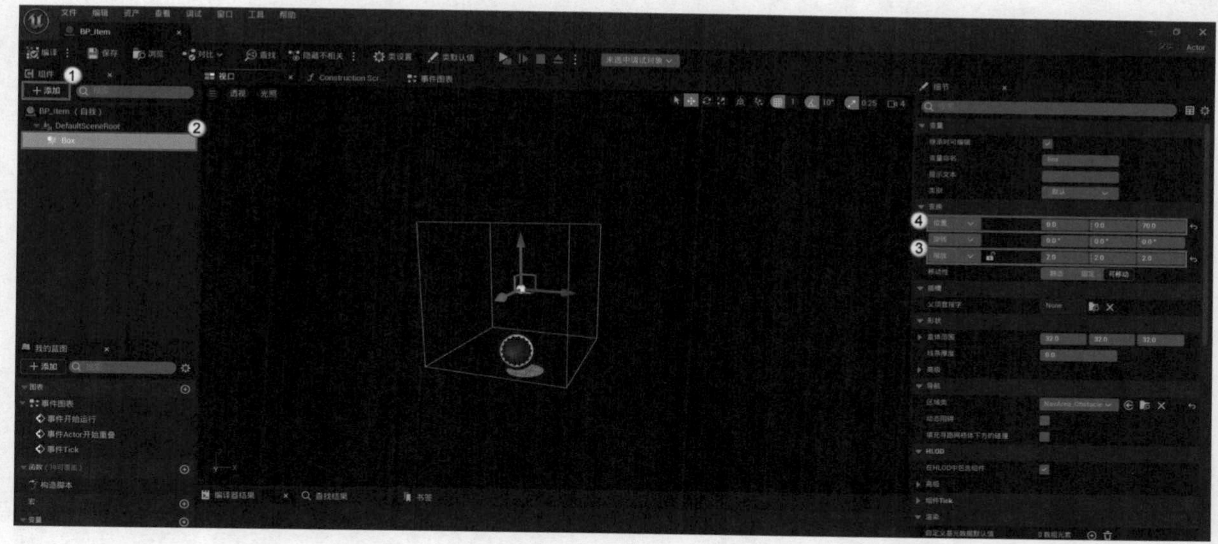

图15-175

编译并保存后使用鼠标右键单击“BP_Item”蓝图，执行“创建子类蓝图”菜单命令创建一个子类蓝图并命名为“BP_HP”。进入“BP_HP”蓝图，在“组件”面板中新建一个“Niagara ”组件，如图15-176所示。

选择“Niagara”组件，在“细节”面板中设置“Niagara系统资产”为从商城中导入的粒子特效资产中的“NS_Pickup_3”，如图15-177所示。

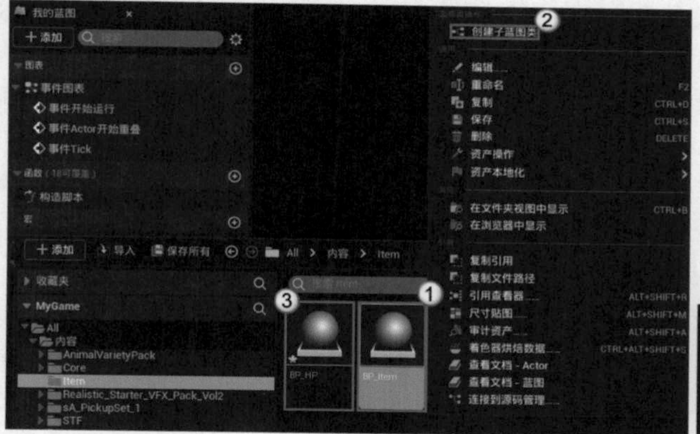

图15-176

进入“BP_Item”蓝图，选择“Box”组件，在“细节”面板中添加“组件开始重叠时”事件，并与“类型转换为BP_CharacterBase”节点连接，使用鼠标右键单击“As BP Character Base”引脚并执行“提升为变量”菜单命令新建一个变量，并命名为“As角色”，如图15-178所示。

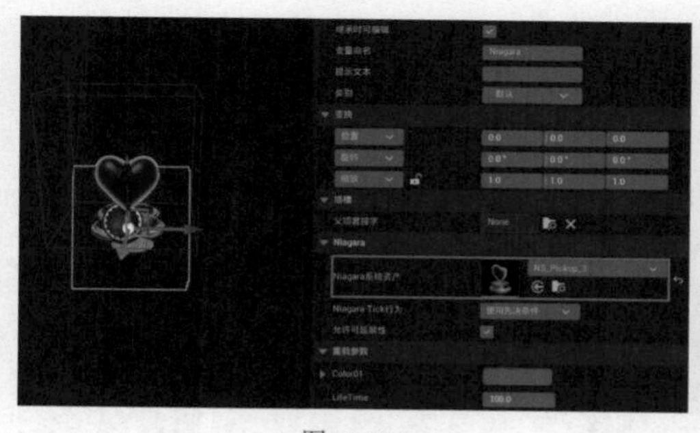

图15-177

图15-178

新建一个“自定义事件”节点并命名为“OnUsed”，在最后连接一个“On Used”函数，如图15-179所示，设置变量后调用该函数，道具不同时会重载“On Used”事件，从而达到不同的效果。

进入“BP_HP”蓝图，添加一个“事件On Used”节点，用于重载父类事件，如图15-180所示。因为父类中的“On Used”事件没写入内容，所以可以不调用父类函数。

图15-179

图15-180

“As角色”变量是直接从父类中继承下来的，在调用“On Used”事件时设置“BP_CharacterBase”蓝图中的“Current Health”变量为“Max Health”，也就是设置为满血状态，如图15-181所示。

因为道具在被使用后一般会消失，所以需要在事件结束后使用“销毁Actor”节点销毁该Actor，如图15-182所示。

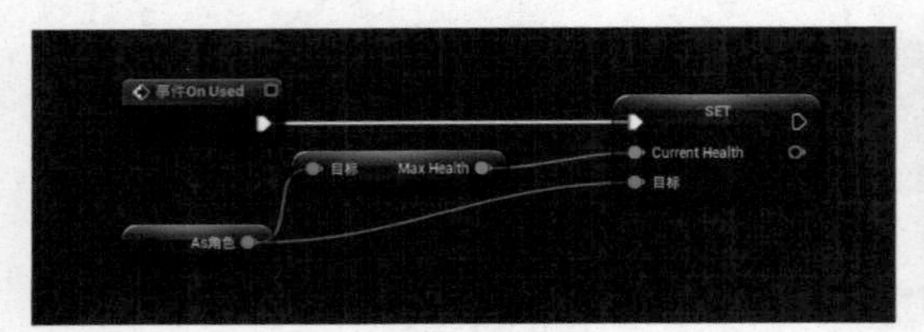

图15-181

图15-182

编译并保存后拖曳“BP_HP”蓝图到关卡中，进入PIE运行模式，玩家角色触碰回血道具时会立刻变成满血状态，同时道具会消失，如图15-183所示。

图15-183

15.5.2 受伤道具

使用鼠标右键单击“BP_Item”蓝图，执行“创建子蓝图类”菜单命令新建一个子类蓝图并命名为“BP_Damage”。双击打开“BP_Damage”蓝图，新建一个“事件On Used”节点，用于重载父类事件，如图15-184所示。

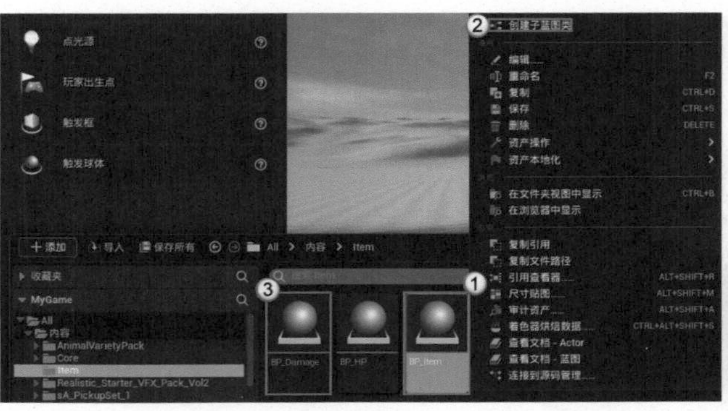

图15-184

玩家角色使用受伤道具时会被施加100点伤害，添加“应用伤害”节点，使用“As角色”变量连接“Damaged Actor”引脚，用“Damage Causer”引脚连接“Self”变量，玩家角色使用该道具后使用“销毁Actor”节点销毁道具，如图15-185所示。

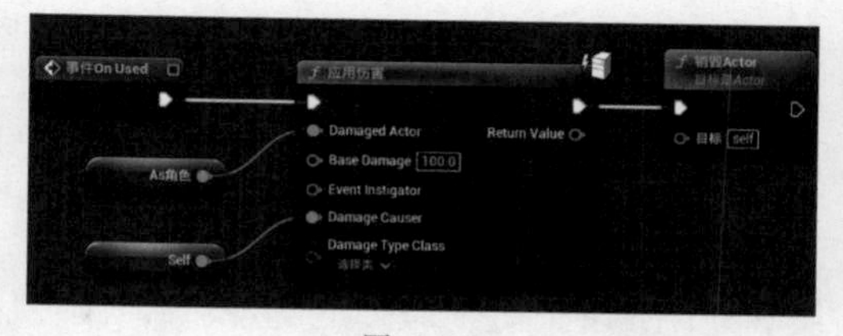

图15-185

在“组件”面板中新建一个“Niagara”组件，在“细节”面板中设置“Niagara系统资产”为“NS_Pickup_5”，如图15-186所示。

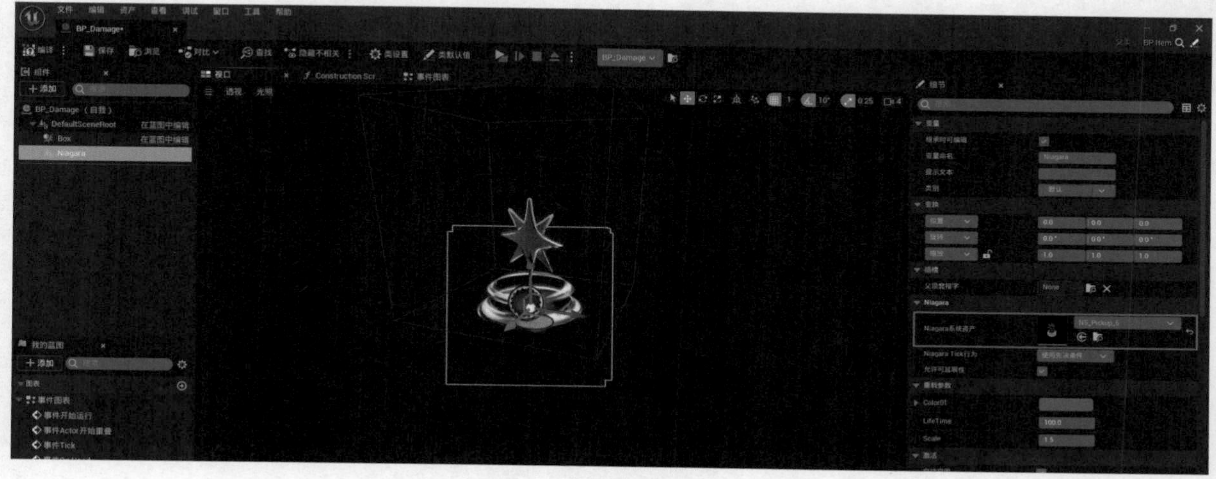

图15-186

编译并保存后拖曳此蓝图到关卡中，进入PIE运行模式，玩家角色触碰受伤道具时会受到伤害，血量过低时进入休息状态，如图15-187所示。

图15-187

15.5.3 陷阱

使用鼠标右键单击“BP_Item”蓝图，执行“创建子蓝图类”菜单命令创建一个子类蓝图并命名为“BP_Trap”。打开“BP_Trap”蓝图，使用“事件On Used”节点继承父类中的函数，如图15-188所示。

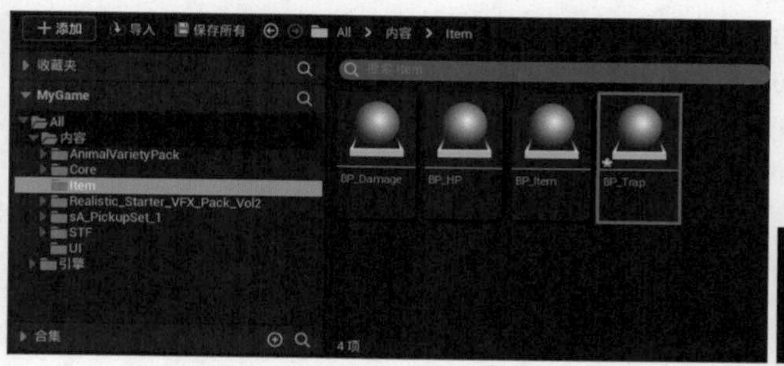

图15-188

当“On Used”事件被执行时执行“在位置处生成发射器”节点，设置“Emitter Template”为“P_Explosion_Big_C”，使用“获取Actor位置”节点连接“Location”引脚，如图15-189所示。

使用“应用伤害”节点连接“在位置处生成发射器”节点与“销毁Actor”节点，使用“As角色”变量连接“Damaged Actor”引脚，使用“Damage Causer”引脚连接“Self”变量，设置“Base Damage”为100.0，如图15-190所示。

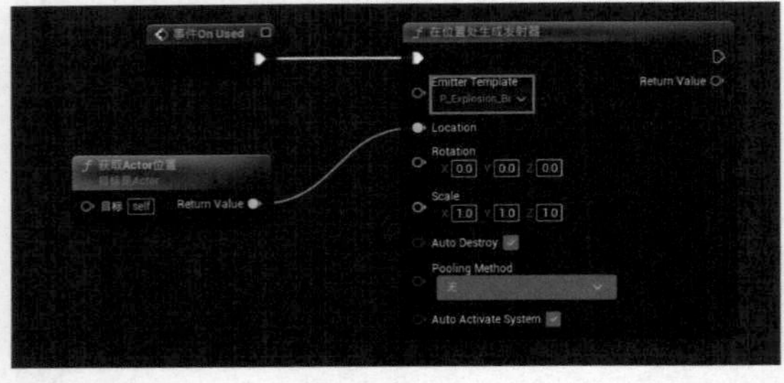

图15-189

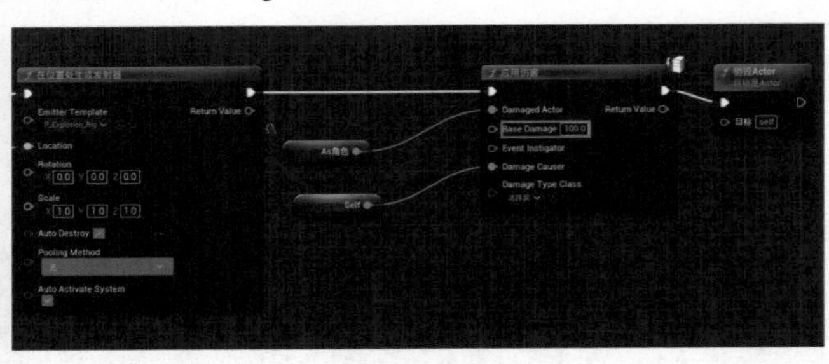

图15-190

编译并保存后将“BP_Trap”蓝图拖曳到关卡中，进入PIE运行模式，当玩家角色踩到陷阱时会发生爆炸，迫使玩家角色进入休息状态，如图15-191所示。

图15-191

15.6 场景优化与游戏打包

完成了关卡中的道具和机关的制作后，还需要完成地图的美化与打包工作，在打包完成后，一款游戏就制作完成了。

15.6.1 刷涂植被

展开“选择模式”下拉列表并选择“植物”选项或使用快捷键Shift+3进入“植物”模式，如图15-192所示。

进入“STF>Pack03-LandscapePro>Environment>Foliage>GreenTrees”文件夹，拖曳“tree”文件夹中的“green-tree01_FoliageType”“green-tree02_FoliageType”“green-tree03_FoliageType”，“green-tree04_FoliageType”“green-tree05_FoliageType”到“植物”面板中，如图15-193所示。

图15-192

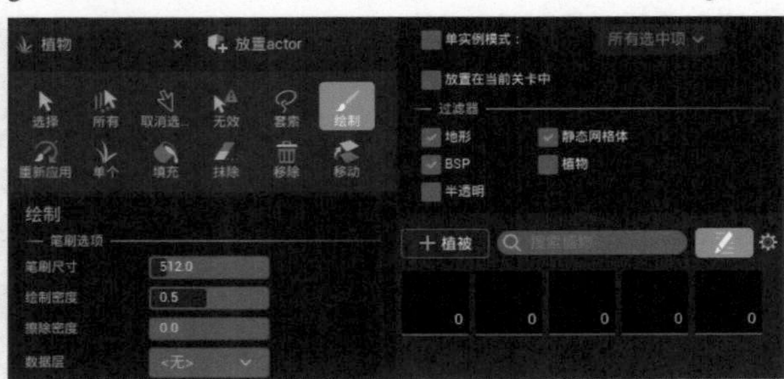

图15-193

移动鼠标指针到“植物”面板中的植物上，勾选5种植物，启用这些植物的笔刷，设置“笔刷尺寸”为2048.0，“绘制密度”为0.2，如图15-194所示。

在关卡中单击喷涂植被，按住Shift键后单击可以抹除植被，在场景各处都喷涂上植被，如图15-195所示。

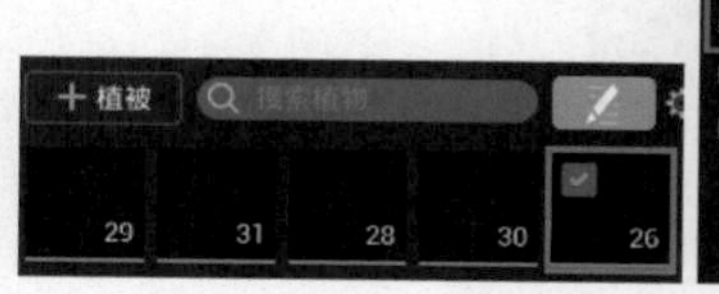

图15-194

图15-195

进入“STF＞Pack03-LandscapePro＞Environment＞Foliage＞RocksLarge”文件夹，使用资源包中的石头资源将可游玩区域包围，用石头组成游戏边界，设置“缩放”与“位置”参数，以达到一个良好的效果，如图15-196所示。

图15-196

选择游玩区域内的4块地板，在“细节”面板中设置“地形材质”为“MI_landscapeGround_ajustabel_inst”，将地板替换为草地，这样游戏场景就更有生机了，如图15-197和图15-198所示。

图15-197

图15-198

重点

15.6.2 打包游戏

完成前面所有的操作后游戏就基本成型了，可以利用资源包中的资源添加更多的内容，如制作更多的功能性内容、优化玩家动画和添加技能等，这些需要读者自己去探索研究。Unreal Engine 5是一款体量庞大、功能强大的引擎，希望读者可以在这款引擎里找到最适合自己的功能。

进入“项目设置”窗口，在“项目 - 地图和模式”卷展栏中设置“游戏默认地图”为“MenuMap”，如图15-199所示，保证进入游戏后不会出现黑屏或空地图。

单击上方的“平台”按钮，执行“Windows＞打包项目”菜单命令即可立刻打包项目，如图15-200所示。

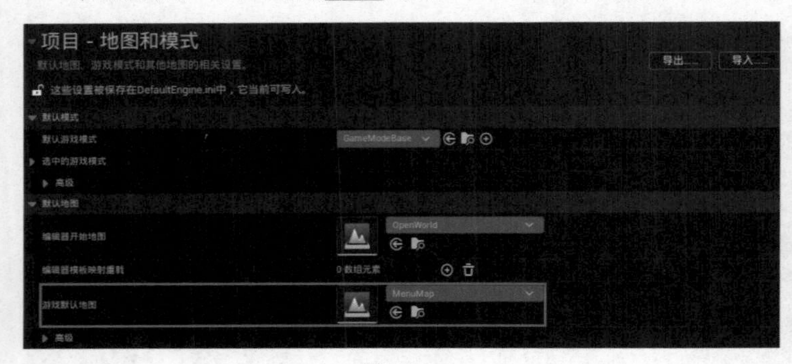

图15-199

图15-200

问：打包时为什么会弹出“SDK未设置”对话框？

答：弹出“SDK未设置”对话框是因为缺少对应的SDK，如图15-201所示。这时需要安装不同打包方式对应的NET框架，安装完成后重启计算机。在Windows中输出时需要使用“Visual Studio Installer”安装Windows SDK和Core 3.1。

图15-201

选择想要保存的位置后单击“选择文件夹”按钮即可返回Unreal Engine 5并开始打包，如图15-202所示，经过一段时间后，打包项目的状态会显示在右下角。打包完成后双击“MyGame.exe”即可打开游戏，如图15-203所示。恭喜各位读者成功制作了属于自己的第一款游戏。在游戏的开发中还有更多的可能性需要读者继续探索。

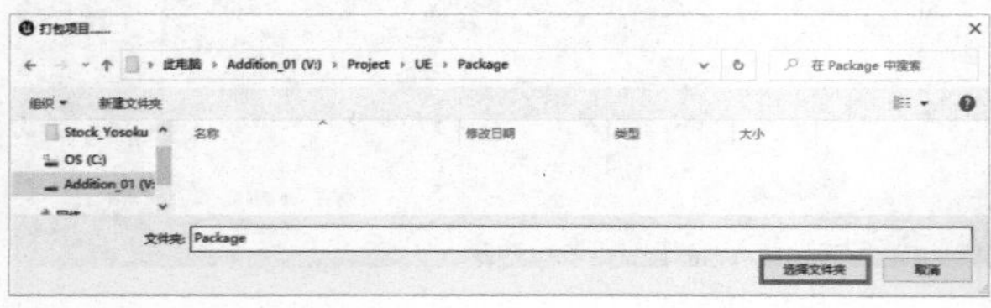

图15-202

图15-203